高等学校给排水科学与工程专业系列教材

建筑给水排水
实用技术工程

主　编　张　勤　谭立国
副主编　李　楠　任盼盼　冯家俊　张殿权　马向伟
　　　　都的箭　牛春霞　褚敬松　刘少由　崔娇娇
　　　　王广智　李虎军　周　立
主　审　姜文源　高乃云　赵世明　王　峰　吕振纲

U0229980

高等教育出版社·北京

内容提要

本书以行业现行设计规范、手册、国家标准图集及技术措施等为依据,分类整理了相关知识点,对难点、疑点、新产品及新技术等相关内容,通过图形、表格及注解等方式进行细致的剖析和详解。 具体内容包括:建筑给水、建筑排水、建筑雨水、建筑热水、建筑消防、建筑中水、游泳池及水上游乐设施。 每章都配有相关例题,每节后面都附有精选习题,便于学生全面、系统地掌握建筑给水排水的基本原理与应用技巧,让从业人员广泛地理解建筑给水排水理论,以便有能力承接全球范围内的工程设计和咨询。

本书可以作为高等学校给水排水科学与工程专业的教材和参考书,也可以作为注册公用设备(给水排水)工程师执业资格考试的参考用书。

图书在版编目(CIP)数据

建筑给水排水实用技术工程/张勤,谭立国主编
. --北京:高等教育出版社,2018.1
ISBN 978 - 7 - 04 - 049243 - 9

Ⅰ.①建… Ⅱ.①张… ②谭… Ⅲ.① 建筑-给水工程-教材 ②建筑-排水工程-教材 Ⅳ.①TU82

中国版本图书馆 CIP 数据核字(2018)第 002743 号

| 策划编辑 | 单 蕾 | 责任编辑 | 单 蕾 | 封面设计 | 李小璐 | 版式设计 | 于 婕 |
| 插图绘制 | 杜晓丹 | 责任校对 | 刘娟娟 | 责任印制 | 韩 刚 | | |

出版发行	高等教育出版社	网 址	http://www.hep.edu.cn
社 址	北京市西城区德外大街 4 号		http://www.hep.com.cn
邮政编码	100120	网上订购	http://www.hepmall.com.cn
印 刷	保定市中画美凯印刷有限公司		http://www.hepmall.com
开 本	787mm×1092mm 1/16		http://www.hepmall.cn
印 张	45.25		
字 数	1120 千字	版 次	2018 年 1 月第 1 版
购书热线	010-58581118	印 次	2018 年 1 月第 1 次印刷
咨询电话	400-810-0598	定 价	86.00 元

前　　言

建筑给水排水工程在工程建设方面有着至关重要的作用,其质量好坏将直接关系到建筑物自身的使用品质和质量,在促进国民经济的发展,满足人们日益增长的需求和保障国家及人民生命财产安全等方面,起着十分重要的作用。其完善程度也是衡量社会经济发展和人民生活水平及质量的重要标志。

本书注重实用性,建筑给水排水行业内的相关大学教材、设计规范、设计手册及技术措施等多而繁杂,且存在关键知识点说法不一之处,导致工程技术人员在使用和理解方面有一定的困难,如对个别条文理解偏差,会在工程中出现问题,基于此,本书每章都配有相关例题,每节后面都附有精选习题,便于学生全面、系统地掌握建筑给水排水的基本原理与应用技巧。

本书突出"应用型"特点,以国家现行的设计规范与手册等为依据,结合作者多年工程设计及工程管理经验,分类整理了相关知识点,对难点、疑点、新产品及新技术等相关内容,通过图形、表格及注解等方式进行细致的剖析和详解,精选实际工程案例,使从业人员深入地理解建筑给水排水理论,以便有能力承接全球范围内的工程设计和咨询。

本书基本内容包括:建筑给水、建筑排水、建筑雨水、建筑热水、建筑消防、建筑中水、游泳池及水上游乐设施,共七章。第 1 章由谭立国、李楠、张雪娇、张吉营、任盼盼、蒋加林、孙少游、杜祥奎、谢华明、周立编写,第 2 章由谭立国、陈吉、马向伟、都的箭、史文赞、张勤、赵鸿达、刘园、王广智、李虎军编写,第 3 章由谭立国、崔娇娇、冯家俊、吴莉萱、蒋浩、吕文强、赵海华、陈吉、谢华明编写,第 4 章由谷妲琳、牛春霞、雷俊宁、李宇基、吕文强、马静晨、张殿权、张耀芳、李虎军、张勤编写,第 5 章由谭立国、李楠、何金妹、任盼盼、刘少由、吴聪莉、崔娇娇、夏雄涛、毛晖艳、周立编写,第 6 章由赵海华、田建国、刘园、王广智、马向伟、牛春霞、唐佳宾、刘艳宾、张莉萍、李恒强编写,第 7 章由马静晨、孙少游、刘丙生、操亮、褚敬松、张耀芳、冯家俊、都的箭、杜鉴瑜、周立编写。全书由谭立国、张勤统稿。

本书由重庆大学张勤教授、中国电子工程设计院谭立国高级工程师主编,由西安热工研究院有限公司李楠、中铁上海设计院集团有限公司任盼盼、华东建筑设计研究院有限公司冯家俊、哈尔滨工业大学王广智、空军研究院工程设计研究所马向伟和都的箭、广东省建筑设计研究院刘少由、河南省济源市城乡规划设计服务中心牛春霞、银川市规划建筑设计研究院有限公司崔娇娇、辽宁省市政工程设计研究院有限责任公司张殿权、湖南城市学院规划建筑设计研究院北京海淀分院褚敬松任副主编。编写过程中,由北京市地质工程勘察院马静晨和孙少游、华蓝设计(集团)有限公司蒋加林、江苏诚智工程设计咨询有限公司陈吉、友谊国际工程咨询有限公司谷妲琳、重庆市川东燃气工程设计研究院何金妹、深圳华森建筑与工程设计顾问有限公司南京分公司蒋浩、深圳市建筑设计研究总院有限公司北京分院吕文强、中国建筑科学研究院厦门分院吴莉萱、安徽安德建筑设计有限公司张雪娇、张家港康得新光电材料有限公司张耀芳、湖北工程学院赵海华、厦门市市政工程设计院有限公司赵鸿达、山东润昌工程设计有限公司武汉分公司夏雄涛、中钢石家庄工程设计研究院有限公司刘艳宾、厚石建筑设计(上海)有限公司杜祥奎、河南龙华工程咨询有限公司史文赞、泛华建设集团有限公司湖南设计分公司谢华明、湖南省建筑设计院有限公司毛晖艳、广州华浩能源环保集团股份有限公司张莉萍、河北大地建设科技有限公司李恒强提供了国内外相关文献资料,在此一并感谢。

本书由国内相关行业资深专家悉地国际(深圳)设计顾问有限公司姜文源教授、同济大学高乃云教授、中国建筑设计研究院赵世明教授、华南理工大学建筑设计院王峰教授、中国建筑科学研究院吕振纲研究员审阅并提出了宝贵意见,编者对参考文献的作者及专家表示衷心的感谢!

本书可以作为高等学校的教材和参考书,也可以作为注册公用设备(给水排水)工程师执业资格考试的参考用书,对于我国建筑给水排水工程高校学生、工程技术人员水平快速提高,起着积极的推动作用。

由于编者水平所限,错漏和不当之处在所难免,恳请广大读者指正。

电子邮箱:103624051@qq.com

编者

2017 年 10 月

目　　录

第1章 建 筑 给 水

1.1 系统选择和供水方式

1.1.1 系统选择

1. 建筑内部生活给水系统,一般由引入管、给水管道、给水附件、给水设备、配水设施和计量仪表等组成,如图 1.1-1 所示。

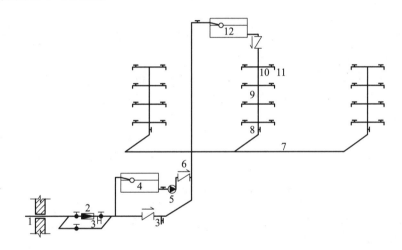

图 1.1-1 建筑内部给水管道系统示意图

1—引入管;2—水表;3—泄水阀;4—贮水池;5—水泵;6—止回阀;7—水平干管;8—检修阀门;
9—立管(竖管);10—支管;11—配水点;12—高位水箱

(1)引入管。

单体建筑引入管是指从室外给水管网的接管点至建筑物内的管段。引入管段上一般设有水表、阀门等附件。直接从城镇给水管网接入建筑物的引入管上应设置止回阀,如装有倒流防止器则不需再装止回阀。

(2)水表节点。

水表节点是安装在引入管上的水表及其前后设置的阀门和泄水装置的总称。水表前后的阀门用以水表检修、拆换时关闭管路,泄水口主要用于系统检修时放空管网的余水,也可用来检测水表精度和测定管道水压值。

(3)给水管道。

给水管道包括水平干管、立管、支管和分支管。

居住建筑入户管给水压力不应大于 0.35 MPa,否则应有减压措施。

（4）给水控制附件。

即管道系统中调节水量、水压、控制水流方向，以及关断水流，便于管道、仪表和设备检修的各类阀门和设备。

（5）配水设施。

即用水设施。生活给水系统配水设施主要指卫生器具的给水配件或配水龙头。

（6）增压和贮水。

增压和贮水设备包括升压设备和贮水设备。如水泵、气压罐、水箱、贮水池和吸水井等。

（7）计量仪表。

用于计量水量、压力、温度和水位等的专用仪表。

2. 根据建筑性质、用水量，城镇供水管网供水水量、水压和供水管理部门对接管要求确定。

3. 应尽量利用城镇供水管网水压直接供水。

4. 建筑物内不同使用性质或不同水费单价的用水系统，应在引入管后分成各自独立的给水系统，并分表计量。

5. 根据不同部位的压力控制要求（表 1.2-12）确定供水系统。

6. 常用的给水系统有四大类，见表 1.1-1。

（1）无自备加压供水（① 市政管网直供；② 局部设水箱）；

（2）有自备加压供水，市政管网不允许直接吸水（① 水箱+泵+高位水箱；② 水箱+变频供水；③ 水箱+气压供水）；

（3）有自备加压供水，市政管网允许直接吸水（① 稳流罐叠压供水；② 箱式叠压供水）；

（4）分区供水给水系统（多种供水方式的组合，适合于高层和超高层建筑）。

表 1.1-1 常用给水系统图式说明

分类	图 示	供水方式说明	供电和控制要求	适用条件
一、无自备加压供水				
市政管网直供	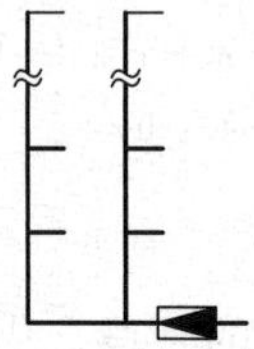	与外部管网直接连接，利用外网水压供水	无	外网水压、水量能经常满足用水要求，室内用水无特殊要求
局部设水箱	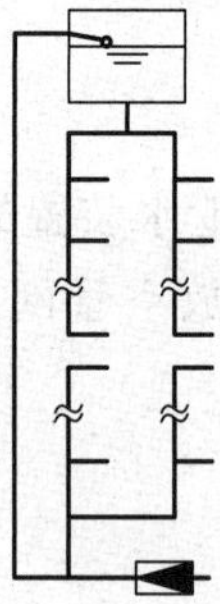	与外部管网直接连接供水，屋顶设水箱调节水量和水压。一般利用夜间外网压力高时向水箱进水，供白天用水	无	外网水压周期性不足，建筑允许设置高位水箱的多层建筑

分类	图　示	供水方式说明	供电和控制要求	适用条件
二、有自备加压供水,市政管网不允许直接吸水				
低位水箱+泵+高位水箱	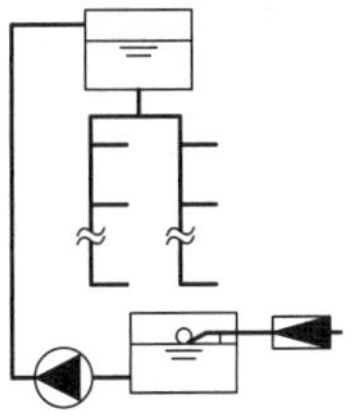	外网供水至低位水箱,利用水泵提升至高位水箱,再由高位水箱重力供水,水箱起调节水量和稳定供水压力的作用	二级供电 二级供电提升泵由高位水箱水位控制,高水位停泵;低水位起泵。工频运行,备用泵交替运行	外网压力不能满足室内用水要求,且不允许直接向外网抽水,建筑允许设置高位水箱
水箱+变频供水	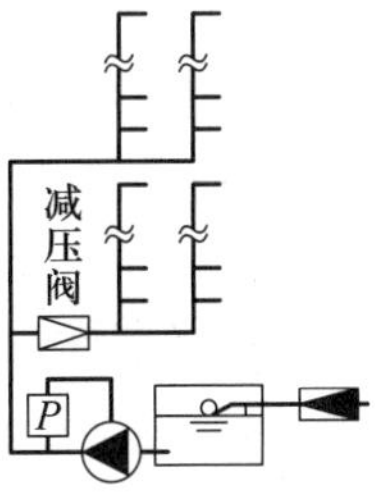	外网供水至低位水箱,变频供水泵组从低位水箱吸水向用水管网直接加压供水	供电电源可靠,并宜采用双电源或双回路供电 供水设备根据用水点压力和流量的变化全自动运行	外网压力不能满足室内用水要求,且不允许直接向外网抽水,建筑不允许设置高位水箱
水箱+气压罐供水	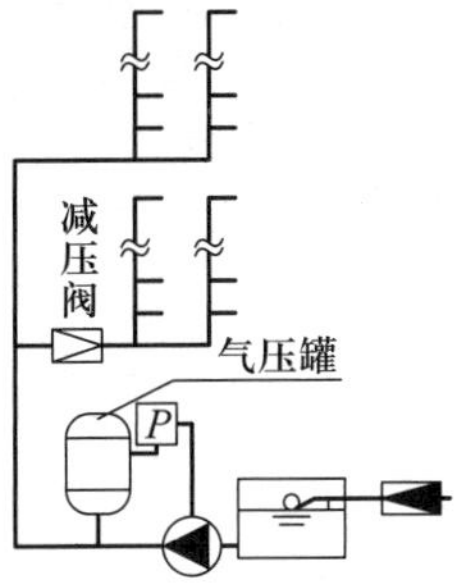	外网供水至低位水箱,泵组从低位水箱吸水,平时气压罐维持管网压力供用水点用水,并利用气压罐的压力变化控制水泵启停	供电电源可靠,并宜采用双电源或双回路供电 供水设备根据气压罐的压力变化全自动运行	除以上条件外,一般适用于对水压波动无特殊要求的多层建筑
三、有自备加压供水,市政管网允许直接吸水				
稳流罐叠压供水	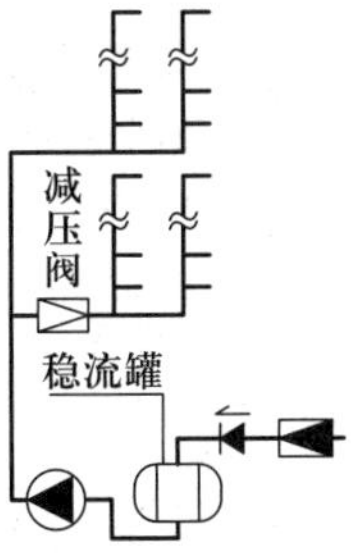	与市政给水管网经引入管直接串联,不产生负压,且能够补偿流量和稳定压力,不与外界空气连通,全封闭运行	供电电源可靠,并宜采用双电源或双回路供电 供水设备根据用水点压力和流量的变化全自动运行	市政管网供水量能满足要求,市政管网水压不低于 0.23 MPa,且没有经常性停水情况。建筑内瞬间用水量不过于集中

续表

分类	图　　示	供水方式说明	供电和控制要求	适用条件
箱式叠压供水	减压阀　稳流罐	与市政给水管网经引入管直接串联,确保管网不产生负压,在高峰时将密闭水箱的水增压,补偿供水管网供水量的不足,满足用户用水需要	供电电源可靠,并宜采用双电源或双回路供电　供水设备根据用水点压力和流量的变化全自动运行	市政管网供水量能满足要求,市政管网水压有波动,且没有经常性停水情况。建筑内瞬间用水量不过于集中

四、分区供水给水系统

| 分区串联供水 | A　B | 分区设置水箱和水泵,水泵分散布置,自下区水箱或管网吸水,供上区用水(转输水箱可以采用倒流防止器替代) | A.各区加压泵受各区高位水箱水位控制; B.同变频供水要求 | 允许分区设置水箱或水泵的超高层建筑 |
| 分区并联供水 | A　B | 分区设置水箱和水泵,水泵集中布置在地下设备间 | A.各区加压泵受各区高位水箱水位控制; B.同变频供水要求 | 允许分区设置水箱而中间层不能设置水泵的高层建筑 |

7. 综合供水系统图示及说明见图 1.1-2。

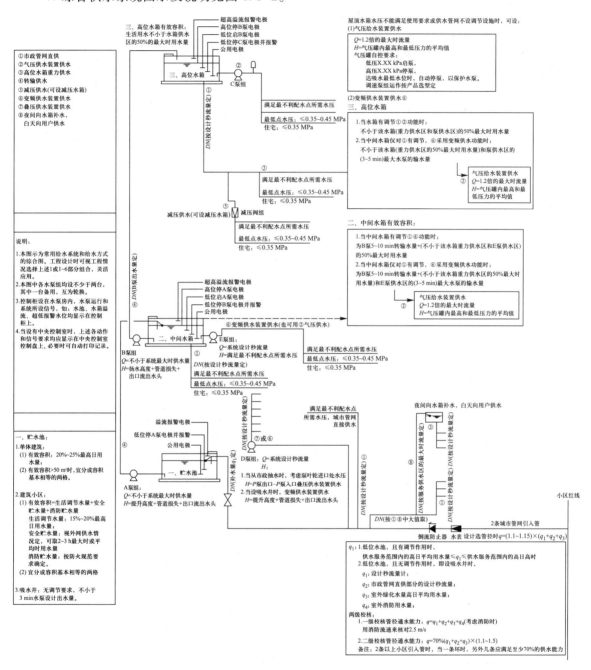

图 1.1-2　综合供水系统图示及说明

1.1.2　供水方式

供水方式是指建筑内部给水系统的供水方案。应根据供水安全可靠、利于节水节能、便于操作管理和基建及经常费用等因素通过技术经济比较后确定。按照水流通畅、管路短的原则,进行建筑布管设计,有下行上给、上行下给、中行上下给供水方式,见表 1.1-2。

表 1.1-2 管网布置方式

名称	特征及使用范围	优缺点
下行上给式	水平配水干管敷设在底层(明装、埋设或沟壑)或地下室顶板下 居住建筑、公共建筑和工业建筑,在利用外网水压直接供水时多采用这种方式	图式简单,明装时便于安装维修 与上行下给式布置相比较为最高层配水点流出水头较低,埋地管道检修不便,立管设计应注意适当放大立管管径
上行下给式	水平配水干管敷设在顶层顶板下或吊顶之内,对于非冰冻地区,也有敷设在屋顶上的,对于高层建筑也可设在技术夹层内 设有高位水箱的居住、公共建筑、机械设备或地下管线较多的工业厂房多采用这种方式	与下行上给式布置相比较为最高层配水点流出水头稍高 安装在吊顶内的水平干管可能因漏水或结露损坏吊顶和墙面,设计时注意防结露,要求外网水压稍高一些,管材消耗也比较多些
中分式	水平干管敷设在中间技术层的吊顶,向上下两个方向供水 屋顶用作露天茶座、舞厅或设有中间技术层的高层建筑多采用这种方式	管道安装在技术层内便于安装维修,有利于管道排气,不影响屋顶多功能使用 需要设置技术层或增加某中间层的层高
环状式	水平配水干管或配水立管互相连接成环,组成水平干管环状或立管环状,在有两个引入管时,也可将两个引入管通过配水立管和水平干管相连通,组成贯穿环状 高层建筑、大型公共建筑和工艺要求不间断供水的工业建筑常采用这种方式,消防管网均采用环状式	任何管段发生事故时,可用阀门关闭事故管段而不中断供水,水流通畅,水头损失小。水质不易因滞留而变质 管网造价较高

注:热水系统的供水方式设计亦如此。但在供水方式的选择上,常常结合给水系统按同程式的原则一并考虑,详见热水相关章节。

【本节精选习题】

1. 下列有关建筑生活给水系统供水方式的说法中,哪项最准确?(　　)

A. 多层建筑没必要采用分区供水方式

B. 多层建筑没必要采用加压供水方式

C. 高层建筑可不采用分区供水方式

D. 超高层建筑可采用串联供水方式

答案:【D】

解析:多层建筑在一定条件下如要求较高酒店或市政压力能保证水头较低等工况,则可以采用分区供水,故 A 错误;若市政压力过低,不能满足楼层水压要求,则可以采用加压供水方式,故 B 错误。高层建筑应竖向分区,故 C 错误;D 正确。

2. 某建筑高区生活给水系统拟采用以下三种供水方案:① 市政供水管→叠压供水设备→系统用水点;② 市政供水管→调节水池→变频供水设备→系统用水点;③ 市政供水管→调节水池→水泵→高位水箱→系统用水点;下列关于上述供水设计方案比选的叙述中,哪几项正确?(　　)

A. 供水水量可靠、水压稳定性:③>②>①

B. 供水水质保证程度:①>②>③

C. 系统控制复杂程度,方案①和②一样,但均比方案③复杂

D. 配水管网的设计供水量:方案①、②相同,但均比方案③高

答案:【ABC】

解析:方案③中既设调节水池又设调节水箱,水压稳定(水头为高位水箱水面高度),在市政供水管出现问题或水泵出现问题情况下,都能保证一定时间的供水;方案②水压不受市政压力影响,在市政供水管出现问题时仍能保证一定的供水量;方案①水压受市政压力变化而变化,无论市政管还是叠压供水设备出现问题,都将停止供水,综上所述 A 正确;方案③有调节水池和高位水箱,比方案①多两个潜在的污染源,方案②比方案①多一个潜在的污染源,故 B 正确;方案①和方案②水泵流量变化都必须与管网流量变化保持一致,某一天时间内变化幅度较大,控制复杂,而方案③则可以保证一个不变的流量,控制简单,故 C 正确。配水管网的设计供水量就是设计秒流量,其不因系统的变化而变化,故 D 错误。

1.2 用水定额、用水量和水压

1.2.1 用水定额

1. 居住小区生活用水定额

居住小区内有住宅、配套公建及车库、景观,应分别按表 1.2-1、表 1.2-2、表 1.2-4、表 1.2-5、表 1.2-6 计算确定。

2. 住宅生活用水定额

住宅的最高日生活用水定额及小时变化系数,可根据住宅类别、建筑标准、卫生洁具设置标准按表 1.2-1 确定。

表 1.2-1　住宅的最高日生活用水定额及小时变化系数

住宅类别		卫生器具设置标准	用水定额 /(L/人·d)	小时变化系数	使用时间 /h
普通住宅	Ⅰ	有大便器、洗涤盆	85~150	3.0~2.5	24
	Ⅱ	有大便器、洗脸盆、洗涤盆、洗衣机、热水器和沐浴设备	130~300	2.8~2.3	24
	Ⅲ	有大便器、洗脸盆、洗涤盆、洗衣机、集中热水供应(或家用热水机组)和沐浴设备	180~320	2.5~2.0	24
别墅		有大便器、洗脸盆、洗涤盆、洗衣机及其他设备(净身盆、洗碗机等)、集中热水供应(或家用热水机组)和沐浴设备、洒水栓	200~350	2.3~1.8	24

注:1. 用水定额的取值可参照《室外给水设计规范》(GB 50013—2006)的分区、城市规模大小的不同要求来确定,缺水地区宜采用较低值。

2. 当地主管部门对住宅生活用水标准有规定时,按当地规定执行。

3. 别墅用水定额中含庭院绿化用水,汽车洗车用水。

4. 用水设施与别墅相同或相近的住宅可按别墅的标准设计。

3. 公共建筑生活用水定额

公共建筑生活用水定额及小时变化系数,应根据卫生洁具完善程度和地区条件,按表 1.2-2 确定。

表 1.2-2　公共建筑生活用水定额及小时变化系数

序号	建筑物名称	单位	最高日生活用水定额/L	小时变化系数	使用时间 /h	说明
1	宿舍 Ⅰ类、Ⅱ类 Ⅲ类、Ⅳ类	每人每日 每人每日	50~200 100~150	3.0~2.5 3.5~3.0	24 24	不包括食堂、洗衣房用水
2	招待所、培训中心、普通旅馆 　设公用盥洗室 　设公用盥洗室、淋浴室 　设公用盥洗室、淋浴室、洗衣室 　设单独卫生间、公用洗衣室	每人每日 每人每日 每人每日 每人每日	50~100 80~130 100~150 120~200	3.0~2.5 3.0~2.5 3.0~2.5 3.0~2.5	24 24 24 24	包括客房服务员生活用水,不包括其他服务人员生活用水量 不包括食堂、洗衣房、空调、采暖等用水 若客房标准不一时,各类客房用水量应分别计算,然后叠加

续表

序号	建筑物名称	单位	最高日生活用水定额/L	小时变化系数	使用时间/h	说明
3	酒店式公寓	每人每日	200~300	2.5~2.0	24	
4	宾馆客房 旅客 员工	每床位每日 每人每日	250~400 80~100	2.5~2.0 2.5~2.0	24 24	包括客房服务员生活用水,不包括其他服务人员生活用水量 不包括餐厅、厨房、洗衣房、空调、采暖、水景、绿化等用水。宾馆指各类星级旅馆、饭店、酒店、度假村等,客房内均有卫生间
5	医院住院部 设公用盥洗室 设公用盥洗室和淋浴室 设单独卫生间 医务人员 门诊部、诊疗所 疗养院、休养所住房部	每床每日 每床每日 每床每日 每人每班 每病人每次 每床位每日	100~200 150~250 250~400 150~250 10~15 200~300	2.5~2.0 2.5~2.0 2.5~2.0 2.0~1.5 1.5~1.2 2.0~1.5	24 24 24 8 8~12 24	指病房生活用水和医疗用水,不包括食堂、洗衣房、空调、采暖等用水,陪住人员应按人数折算成病床数
6	养老院、托老所 全托 日托	每人每日 每人每日	100~150 50~80	2.5~2.0 2.0	24 10	已含食堂用水
7	幼儿园、托儿所 有住宿 无住宿	每儿童每日 每儿童每日	50~100 30~50	3.0~2.5 2.0	24 10	定额值为生活用水综合指标,已含食堂用水
8	教学、实验楼 中小学校 高等院校	每学生每日 每学生每日	20~40 (30~50) 40~50 (100~200)	1.5~1.2 (2.5~2.0) 1.5~1.2 (2.0~1.5)	8~9 (10) 8~9 (24)	括号内为有住宿的中小学校和有住宿的高等学校综合指标;不包括实验室、校办工厂、游泳池、教职工宿舍用水

续表

序号	建筑物名称	单位	最高日生活用水定额/L	小时变化系数	使用时间/h	说明
9	坐班制办公楼 公寓式办公楼 酒店式办公楼	每人每班 每人每天 每人每天	30~50 130~300 250~400	1.5~1.2 2.5~1.8 2.0	8~10 10~24 24	不包括食堂、空调等用水
10	图书馆 阅览者 员工	每人每次 每人每日	5~10 50	1.2~1.5 1.2~1.5	8~10 8~10	
11	科研楼 化学 生物 物理 药剂调制	每工作人员每班	(460) (310) (125) (310)			应根据使用要求确定
12	商场 员工及顾客	每 m² 营业厅面积每日	5~8	1.5~1.2	12	
13	公共浴室 淋浴 浴盆、淋浴 桑拿浴(淋浴、按摩池)	每顾客每次 每顾客每次 每顾客每次	100 120~150 150~200	2.0~1.5 2.0~1.5 2.0~1.5	12 12 12	淋浴器用水与设置方式有关,单间最大,隔断其次,通间最小 单管热水供应比双管热水供应用水量小,女浴室用水量比男浴室多 应按浴室中设置的浴盆,淋浴器和浴池的数量及服务人数确定浴室用水定额或各类淋浴用水量分别计算,然后叠加
14	理发室、美容院	每顾客每次	40~100	2.0~1.5	12	包括洗毛巾用水 用水定额与用水设备、热水供应方式、理发设备及男女顾客比例有关

序号	建筑物名称	单位	最高日生活用水定额/L	小时变化系数	使用时间/h	说明
15	洗衣房	每 kg 干衣	40~80	1.5~1.2	8	职工生活用水应另行计算
16	餐饮业 中餐酒楼 快餐店、职工及学生食堂 酒吧、咖啡厅、茶座、卡拉 OK 房	每顾客每次 每顾客每次 每顾客每次	40~60 20~25 5~15	1.5~1.2 1.5~1.2 1.5~1.2	10~12 12~16 8~18	不包括冷冻机冷却用水 中餐比西餐用水量大、洗碗机比人工洗餐具用水量大
17	电影院	每观众每场	3~5	1.5~1.2	3	不包括空调用水。地面用水冲式清扫系统时用水量应另行计算
18	剧院、俱乐部、礼堂 观众 演职员	每观众每场 每人每场	3~5 (40)	1.5~1.2 (2.5~2.0)	3 (4~6)	不包括空调用水
19	会议厅	每座位每次	6~8	1.5~1.2	4	
20	会展中心(博物馆、展览馆) 员工	每 m² 展厅每日 每人每班	3~6 (30~50)	1.5~1.2 1.5~1.2	8~16	
21	书店 员工	每 m² 营业厅 每人每班	3~6 (30~50)	1.5~1.2 1.5~1.2	8~12 8~12	
22	体育场、体育馆 运动员淋浴 观众	每人每次 每人每场	30~40 3	3.0~2.0 1.2	(一场为4) (二场为6) (三场为8~9)	不包括空调、场地浇洒用水 运动员人数按大型活动计算,体育场有住宿时,用水量另行计算
23	健身中心	每人每次	30~50	1.5~1.2	8~12	

续表

序号	建筑物名称	单位	最高日生活用水定额/L	小时变化系数	使用时间/h	说明
24	停车库地面冲洗水	每 m² 每次	2~3	1.0	6~8	不包括洗车用水量（另见表1.2-4）
25	航站楼、客运站旅客	每人次	3~6	1.5~1.2	8~16	
26	菜市场地面冲洗及保鲜用水	每 m² 每日	10~20	2.5~2.0	8~10	不包括肉食、水产化冻和工作人员用水

注:1. 宿舍分类(按现行的《宿舍建筑设计规范》(JGJ 36—2005)进行分类):

Ⅰ类——博士研究生、教师和企业科技人员,每居室1人,有单独卫生间;

Ⅱ类——高等院校的硕士研究生,每居室2人,有单独卫生间;

Ⅲ类——高等院校的本、专科学生,每居室3人~4人,有相对集中卫生间;

Ⅳ类——中等院校的学生和工厂企业的职工,每居室6人~8人,集中盥洗卫生间。

2. 除养老院、托儿所、幼儿园的用水定额中含食堂用水,其他均不含食堂用水;除注明外,均不含员工生活用水,员工用水定额为每人每班40~60 L;医疗建筑用水中已含医疗用水;空调用水应另计。

3. 生活用水定额中包括生活用热水定额和饮水定额。括号内数量是单独计算冷水定额式热水定额时采用。

4. 办公楼的人数一般应由甲方或建筑专业提供,当无法获得确切人数时可按5~7 m²(有效面积)/人计算(有效面积可按图纸取得,若资料不全,可按60%的建筑面积估算)。

5. 餐饮业的顾客人数,一般应由甲方或建筑专业提供,当无法获得确切人数时,中餐酒楼可按0.85~1.3 m²(餐厅有效面积)/位计算(餐厅有效面积可按图纸取得,若资料不全,可按80%的餐厅建筑面积估算)。用餐次数按2.5~4次计。餐厅业服务人员按20%席位计(其用水量应另计)。海鲜酒楼还应另加海鲜养殖水量。

6. 将Ⅲ、Ⅳ类宿舍归为用水密集型建筑。其卫生器具同时给水百分数随器具数增多而减少。实际应用中,需根据用水集中情况、冷热水是否有计费措施等情况选择上限或下限值。对于Ⅲ类宿舍设有单独卫生间时,可按表1选用。对于Ⅳ类宿舍设置单独卫生间的情况由于并不合理,本表格未予列入。对于Ⅲ、Ⅳ类宿舍设有集中卫生间时,按表2选用。

表1　宿舍(Ⅲ类、单独卫生间)的卫生器具同时给水百分数　　　　　　%

卫生器具数量		1~30	31~50	51~100	101~250	251~500	501~1 000	1 001~3 000	3 000 以上
卫生器具名称	洗脸盆、盥洗槽水嘴	60~100	45~60	35~45	25~35	20~25	17~20	15~17	5~15
	有间隔淋浴器	60~80	45~60	35~45	25~35	20~25	17~20	15~17	5~15
	大便器冲洗水箱	60~70	45~60	30~40	22~30	18~22	15~18	11~15	5~11

表2　宿舍(Ⅲ、Ⅳ类,集中卫生间)的卫生器具同时给水百分数　　　　　　%

卫生器具数量		1~30	31~50	51~100	101~200	201~500	501~1 000	1 000 以上
卫生器具名称	洗涤盆(池)	—	—	—	—	—	—	—
	洗手盆	—	—	—	—	—	—	—
	洗脸盆、盥洗槽水嘴	80~100	75~80	70~75	55~70	45~55	40~45	20~40
	浴盆	—	—	—	—	—	—	—

续表

卫生器具数量		1~30	31~50	51~100	101~200	201~500	501~1 000	1 000 以上
卫生器具名称	无间隔淋浴器	100	80~100	75~80	60~75	50~60	40~50	20~40
	有间隔淋浴器	80	75~80	60~75	50~60	40~50	35~40	20~35
	大便器冲洗水箱	70	65~70	55~65	45~55	40~45	35~40	20~35
	大便槽自动冲洗水箱	100	100	100	100	100	100	100
	大便器自闭式冲洗阀	2	2	2	1~2	1	1	1
	小便槽自动冲洗水箱	100	100	100	100	100	100	100
	小便器自闭式冲洗阀	10	9~10	8~9	6~7	5~6	4~5	2~4

4. 工业企业建筑生活用水定额

工业企业建筑生活用水定额应根据车间的卫生特征分级，按表 1.2-3 确定。

表 1.2-3 工业建筑生活用水定额及小时变化系数

人员	卫生级别	车间卫生特征			生活用水			淋浴用水		
		有毒物质	粉尘	其他	用水定额/[L/(人·班)]	时变化系数	使用时间/h	用水定额/[L/(人·班)]	时变化系数	使用时间/h
工人	1 级	极易经皮肤吸收引起中毒的剧毒物质(如有机磷、三硝基甲苯、四乙基铅等)		处理传染性材料，动物原料(如皮毛等)	30~50	2.5~1.5	8	60	1	1
	2 级	易经皮肤吸收或有恶臭的物质(如丙烯腈、吡啶苯酚等)	严重污染全身或对皮肤有刺激(如炭黑、玻璃棉等)	高温作业、井下作业	30~50	2.5~1.5	8	60	1	1

人员	卫生级别	车间卫生特征			生活用水			淋浴用水		
		有毒物质	粉尘	其他	用水定额/[L/(人·班)]	时变化系数	使用时间/h	用水定额/[L/(人·班)]	时变化系数	使用时间/h
工人	3级	其他毒物	一般粉尘（如棉尘）	重作业	30~40	2.5~1.5	8	50	1	1
	4级	不接触有毒物质或粉尘、不污染或轻度污染身体（如仪表、金属冷加工、机械加工等）			30~40	2.5~1.5	8	40	1	1
管理人员					30~50	2.5~1.5	8			

5. 汽车冲洗用水定额

汽车冲洗用水定额根据冲洗方式、车辆种类,按表1.2-4确定。

表 1.2-4　汽车冲洗用水定额　　　　　　　　L/(辆·次)

冲洗方式	高压水枪冲洗	循环用水冲洗补水	擦车、微水冲洗	蒸汽冲洗
小轿车、吉普车、小面包车	40~60	20~30	10~15	3~5
大轿车、公共汽车、大卡车、载重汽车	80~120	40~60	15~30	—

注:1. 供洗车场设计选用,附设在民用建筑中的停车库可按10%~15%轿车车位计擦车用水。

2. 同时洗车数量按洗车台数量确定。

3. 在水泥和沥青路面行驶的汽车,宜取下限值,路面等级较低时,宜取上限值。

4. 冲洗一辆车可按10 min考虑。

5. 洗车冲洗设备有特殊要求时,宜按产品要求确定。

6. 汽车库总用水量为汽车冲洗或擦洗用水、地面冲洗用水和汽车库工作人员生活用水三者之和。

6. 浇洒道路、广场和绿化用水定额（表1.2-5）

表 1.2-5　浇洒道路、广场和绿化用水定额

项目		用水定额/[L/(m³·d)]	浇洒时间/h	全年用水天数
浇洒道路、广场	碎石路面	0.8~1.4	2~4	按当地情况确定,一般为30 d
	土路面			
	水泥或沥青路面	2.0~3.0	2~4	
绿化及草地		1~3	4~8	按草坪种类确定,一般不少于35 d

注:绿化浇灌用水定额应根据气候条件、种植种类、土壤理化性状、浇灌方式和管理制度等因素综合确定。

7. 其他项目用水定额（表 1.2-6）

表 1.2-6 其他项目用水定额

项目	用水定额
冷却塔补水	冷却水循环水量的 1%～2%
冷冻水系统补水	冷冻水循环水量的 1%～2%
游泳池、游乐池等补水	见第 7 章
水景补水	由工艺设计定
生产用水	按生产工艺要求确定
未预见水量和管网漏失水量	按全天用水项目的最高日用水量之和的 10%～15%
消防用水量	按现行的有关消防规范的规定确定
旅馆和医院生活综合用水量	旅馆和医院生活综合用水量见表 1.2-7

8. 旅馆和医院生活综合用水量

在方案设计阶段可按表 1.2-7 的综合用水量定额估算用水量。

表 1.2-7 旅馆和医院生活综合用水定额

序号	建筑物名称	单位	综合用水定额 /L	小时变化系数
1	旅馆 低标准社会旅馆 中等标准社会旅馆（三星级） 高标准旅游旅馆（四、五星级）	每床位每日 每床位每日 每床位每日	90～120 300～400 1 000～1 200	2.5～2.0 2.0 2.0～1.5
2	医院、疗养院、休养所 100 病床以下 100～500 病床 500 病床以上	每病床每日 每病床每日 每病床每日	500～800 1 000～1 500 1 500～2 000	2.0 2.0～1.5 1.8～1.5

9. 卫生器具的一次和一小时用水量（表 1.2-8）

表 1.2-8 卫生器具的一次和一小时用水量

序号	卫生器具名称	一次用水量 /（L/次）	一小时用水量/（L/h）	
			住宅	公用和公共建筑
1	污水盆（池）	15～25		45～360
2	洗涤盆（池）		180	60～300
3	洗脸盆、盥洗槽水龙头	3～5	30	50～150

续表

序号	卫生器具名称	一次用水量/(L/次)	一小时用水量/(L/h)	
			住宅	公用和公共建筑
4	洗手盆			15~25
5	浴盆:带淋浴器	150	300	300
	无淋浴器	125	250	250
6	淋浴器	70~150	140~200	210~540
7	大便器:高水箱	9~14	27~42	27~168
	低水箱	3~6	12~24	12~96
	自闭式冲洗阀	6~12	18~36	18~144
8	大便槽(每蹲位)	9~12		
9	小便器:手动冲洗阀	2~6		20~120
	自闭式冲洗阀	2~6		20~120
	自动冲洗水箱	15~30		150~600
10	小便槽:(每 m 长) 多孔冲洗管	—		180
	自动冲洗水箱	3.8		180
11	化验盆:单联化验水龙头			40~60
	双联化验水龙头			60~80
	三联化验水龙头			80~120
12	净身器	10~15		120~180
13	洒水栓:φ15	60~720		60~720
	φ20	120~1 440		120~1 440
	φ25	210~2 520		210~2 520

注:本节内所列的给水定额适用于 1.5 万人以下的居住小区和单体建筑的给水设计。1.5 万人以上的城市居住区应按《室外给水设计规范》(GB 50013—2006)确定。

1.2.2 用水量

各类项目最高日、平均时、最大时用水量见表 1.2-9、表 1.2-10、表 1.2-11。

1. 最高日生活用水量

表 1.2-9 最高日生活用水量计算

项目	用水量计算	备注
居住小区	$Q_d = (1+b_0)\sum Q_{di}$ 式中 Q_d——小区最高日用水量（m³/d）； b_0——未预见水量和管网漏失水量，见表 1.2-6； Q_{di}——小区内各类用水项目的最高日用水量（m³/d）； 详见以下各项	计算最高日用水量时，应注意下列几点： 1. 只有同时用水的项目才能叠加。对于不是每日都用水的项目，若不可能同时用水的则不应叠加，如大会堂（办公、会场、宴会厅等组合在一起）等，应分别按不同建筑的用水量标准，计算各自最高日生活用水量，然后将一天内可能同时用水者叠加，取最大一组用水量作为整个建筑的最高日生活用水量 2. 在计算建筑物（住宅、公共建筑）最高日用水量时，若建筑物中还包括绿化、冷却塔、游泳池、水景、锅炉房、道路、汽车冲洗等用水时，则应加上这部分用水量 3. 一幢建筑兼有多种功能时，如食堂兼作礼堂、剧院兼作电影院等，应按用水量最大的计算 4. 一幢建筑有多种卫生器具设置标准时，如部分住宅有热水供应，集体宿舍、旅馆中部分设公共厕所、部分设小卫生间，则应分别按不同标准的用水定额和服务人数，计算各部分的最高日生活用水量，然后叠加求得整个建筑的最高日生活用水量 5. 一幢建筑的某部分兼为其他人员服务时，如在集体宿舍内设有公共浴室，而浴室还供外来人员使用，则其用水量应按全部服务对象计算
住宅建筑	$Q_{d1} = \sum \dfrac{q_{1i}N_i}{1\,000}$ 式中 Q_{d1}——各类住宅的最高日用水量（m³/d）； q_{1i}——住宅最高日生活用水定额（L/人·d），见表 1.2-1； N_i——各类住宅居住人数（人）	
公共建筑	$Q_{d2} = \sum \dfrac{q_{2i}m_i}{1\,000}$ 式中 Q_{d2}——各公共建筑最高日用水量（m³/d）； m_i——计算单位（人；床；m²等）； q_{2i}——单位最高日用水定额[L/(人·d)；L/(床·d)；L/(m²·d)]见表 1.2-2	
浇洒道路或绿化	$Q_{d3} = \sum \dfrac{q_{3i}F_i}{1\,000}$ 式中 Q_{d3}——浇洒道路或绿化的用水量（m³/d）； q_{3i}——浇洒道路或绿化的用水量标准[L/(m²·d)]，见表 1.2-5； F_i——浇洒道路或绿化的面积（m²）	
汽车冲洗	$Q_{d4} = \sum \dfrac{q_{4i}\cdot m_{4i}\cdot n_{4i}}{1\,000}$ 式中 Q_{d4}——汽车冲洗的用水量（m³/d）； q_{4i}——各种汽车冲洗用水定额（L/辆·次），见表 1.2-4； m_{4i}——各种汽车每日一次冲洗汽车的数量（辆/d）； n_{4i}——冲洗次数，一般一天按次计	

续表

项目	用水量计算	备注
冷却塔补充水	$Q_{d5}=(1.0\%\sim2.0\%)Q_{XU}\cdot T_5$ 式中　Q_{d5}——冷却塔补充水用水量（m³/d）； 　　　Q_{XU}——冷却塔循环流量（m³/h）； 　　　T_5——设计补水时间（h/d）	6. 在选用用水定额时，应注意其用水范围。当实际用水超出或少于该范围时则应作调整，如中小学内设食堂，应增加食堂用水量；医院、旅馆设洗衣房时，应增加洗衣房用水量
游泳池补水	游泳池的用水量 Q_{d6} 详见第7章	
水景补水	水景的补水量 Q_{d7} 按工艺设计确定	7. 对于任何建筑 Q_h 是变化的；对于同一建筑，Q_h 也是变化的，注意 K_h 的取值范围
锅炉房等用水	锅炉房等用水的日用水量 Q_{d8} 由相关专业提供	

2. 各类用水项目的平均时用水量

表 1.2-10　平均时用水量计算

平均时用水量计算	备注
$$Q_{cp}=\frac{Q_{di}}{T_i}$$ 式中　Q_{cp}——平均小时用水量（m³/h）； 　　　T_i——使用时间（h）	1. 因不同的用水项目使用时间不同，故不同的用水项目应采用对应的使用时间 2. 管网漏水量和未预见水量之和应按下式求得： $$Q_{LW}=\frac{b_0}{24}\sum Q_{di}$$ 3. 对于非24h用水的项目，若用水时段完全错开，可只计入其中最大的一项用水量

3. 各类用水项目的最大时用水量

表 1.2-11　最大时用水量计算

最大时用水量计算	备注
$$Q_{max}=\frac{Q_{di}}{T_i}\cdot K_{hi}$$ 式中　Q_{max}——最大时用水量（m³/h）； 　　　K_{hi}——各类用水项目的小时变化系数	1. 因不同的用水项目其 K_{hi} 值不同，故应按不同的用水项目采用对应的 K_{hi} 2. 总最大时用水量应考虑用水项目的最大用水时段是否一致。一般按最大用水时段处在同一时段的用水项目最大时用水量与其他用水项目的平均时用水量之和计算 3. 若居住小区管网还向非小区配套的公建供水，则应根据该建筑物的性质、用水要求，室内供水方式及该建筑与其他建筑的最大小时用水时是否处在同一时段等因素计算确定

1.2.3 给水水压

1. 民用建筑给水系统水压要求(表1.2-12)

表1.2-12 民用建筑给水系统各部位水压要求

部位	水压/MPa	备注
卫生器具给水配件最大工作压力	0.60	系统分区极限值
各分区卫生器具配水点最大静水压	0.45	系统分区上限值
入户管(或配水横管处)最大静水压	0.20	超压宜设支管减压设施
居住建筑入户管最大供水压力	0.35	超压应设减压设施
卫生洁具最低工作压力	满足使用要求	见表1.2-13

2. 卫生洁具最低工作压力(表1.2-13)

表1.2-13 卫生器具的给水额定流量、当量、连接管径和最低工作压力

序号	给水配件名称	额定流量/(L/s)	当量	公称管径/mm	最低工作压力/MPa
1	洗涤盆、拖布盆、盥洗槽 单阀水嘴 单阀水嘴 混合水嘴	0.15~0.20 0.30~0.40 0.15~0.20(0.14)	0.75~1.00 1.50~2.00 0.75~1.00(0.70)	15 20 15	0.050
2	洗脸盆 单阀水嘴 混合水嘴	0.15 0.15(0.10)	0.75 0.75(0.50)	15 15	0.050
3	洗手盆感应水嘴 混合水嘴	0.10 0.15(0.10)	0.50 0.75(0.5)	15 15	0.050
4	浴盆 单阀水嘴 混合水嘴(含带淋浴转换器)	0.20 0.24(0.20)	1.0 1.2(1.0)	15 15	0.050 0.050~0.070
5	淋浴器 混合阀	0.15(0.10)	0.75(0.50)	15	0.050~0.100
6	大便器 冲洗水箱浮球阀 延时自闭式冲洗阀	0.10 1.20	0.50 6.00	15 25	0.020 0.100~0.150

续表

序号	给水配件名称		额定流量 /(L/s)	当量	公称管径 /mm	最低工作压力 /MPa
7	小便器 手动或自动自闭式冲洗阀 自动冲洗水箱进水阀		0.10 0.10	0.50 0.50	15 15	0.050 0.020
8	小便槽穿孔冲洗管（每米长）		0.05	0.25	15~20	0.015
9	净身盆冲洗水嘴		0.10(0.07)	0.50(0.35)	15	0.050
10	医院倒便器		0.20	1.00	15	0.050
11	实验室 化验水嘴 （鹅颈）	单联	0.07	0.35	15	0.020
		双联	0.15	0.75	15	0.020
		三联	0.20	1.00	15	0.020
12	饮水器喷嘴		0.05	0.25	15	0.050
13	洒水栓		0.40 0.70	2.00 3.50	20 25	0.050~0.100 0.050~0.100
14	室内地面冲洗水嘴		0.20	1.0	15	0.050
15	家用洗衣机水嘴		0.20	1.0	15	0.050
16	器皿洗涤机		0.20	1.0		
17	土豆剥皮机		0.20	1.0	15	
18	土豆清洗机		0.20	1.0	15	
19	蒸锅及煮锅		0.20	1.0		

注：1. 表中括弧内的数值系在有热水供应时,单独计算冷水或热水时使用；

2. 当浴盆上附设淋浴器时,或混合水嘴有淋浴转换开关时,其额定流量和当量只计水嘴,不计淋浴器,但水压应按淋浴器计；

3. 家用燃气热水器,所需水压按产品要求和热水供应系统最不利配水点所需工作压力确定,即配水点最低工作压力和打火压力取大值即可；

4. 绿地的自动喷灌应按产品要求设计；

5. 卫生器具给水配件所需额定流量和最低工作压力,如有特殊要求时,其值应按产品要求确定；

6. 所需的最低工作压力及配管径均按产品要求确定（表中数值供参考）；

7. 卫生器具和配件应符合现行行业标准《节水型生活用水器具》(CJ 164—2002)的有关要求；

8. 公共场所卫生间的洗手盆宜采用感应式水嘴或自闭式水嘴等限流节水装置；

9. 公共场所卫生间的小便器宜采用感应式或延时自闭式冲洗阀。

3. 居住建筑最小水压

对于居住建筑的生活给水管网,在方案设计时,可按表 1.2-14 估算自室外地面算起的最小水压值。

表 1.2-14 住宅所需最小水压(自室外地面算起)

建筑层数	1	2	3	4	5	6	7	8	9	10
最小水压 /MPa	0.1	0.12	0.16	0.20	0.24	0.28	0.32	0.36	0.40	0.44
换算公斤数	1	1.2	1.6	2	2.4	2.8	3.2	3.6	4	4.4

注:1. 上述水压指建筑给水引入管与接户管连接处的最小服务水压;

2. 卫生器具用水压力大于 0.03 MPa 时,最小服务水压应按实际要求计算;

3. 此处最小水压的值可按公式 $H=4(n+1)$,其中 $n \geqslant 3$,是针对层高不超过 3.5 m 的民用建筑的经验估算。

【本节精选习题】

1. 某住宅建筑供水系统贮水罐的容积以居民的平均日用水量定额计算,应采用下列哪种方法确定定额?( )

A. 规范中日用水定额的下限值 B. 规范中日用水定额的上、下限中值

C. 规范中日用水定额除以时变化系数 D. 规范中日用水定额除以日变化系数

答案:【D】
解析:最高日生活用水定额除以平均日用水量定额为日变化系数。

2. 某别墅住宅小区总 20 户(每户 4 人),最高日生活用水定额为 250 L/(人·d),每户庭院绿化面积 30 m²,小车停车位 2 个(每天一次微水冲洗 1 辆),则每户日用水量最多不应大于下列哪项?( )

A. 1 000 L/d B. 1 090 L/d

C. 1 105 L/d D. 1 120 L/d

答案:【A】
解析:别墅用水定额中含庭院绿化用水和汽车洗车用水。

3. 某住宅住人数 300 人,每户设有大便器、洗脸盆、洗衣机、淋浴器用电热水器。则下列哪几项的 Q 在该住宅最高日生活用水量的合理取值范围内?( )

A. $Q = 300(人) \times 100$ L(人·d) $= 30$ m³/d

B. $Q = 300(人) \times 130$ L(人·d) $= 30$ m³/d

C. $Q = 300(人) \times 330$ L(人·d) $= 30$ m³/d

D. $Q = 300(人) \times 200$ L(人·d) $= 30$ m³/d

答案:【BD】
解析:题干住宅的卫生器具设置情况,属于普通住宅Ⅱ类,故用水定额为 130~300 L/(人·d)。

1.3 水质和防水质污染

1.3.1 水质标准

1. 生活饮用水的水质应符合现行的《生活饮用水卫生标准》(GB 5749—2006),饮用水净水应符合《饮用净水水质标准》(CJ 94—2005),常规指标见表 1.3-1。

表 1.3-1　水质常规指标限制

项目		饮用净水限值	生活水限值
感官性状	色	5 度	15 度
	浑浊度	0.5 NTU	1 NTU
	臭和味	无异臭异味	无
	肉眼可见物	无	无
一般化学指标	pH	6.0~8.5	6.5~8.5
	总硬度(以 $CaCO_3$ 计)	300 mg/L	450 mg/L
	铁	0.20 mg/L	0.3 mg/L
	锰	0.05 mg/L	0.1 mg/L
	铜	1.0 mg/L	1.0 mg/L
	锌	1.0 mg/L	1.0 mg/L
	铝	0.20 mg/L	0.20 mg/L
	挥发性酚类(以苯酚计)	0.002 mg/L	0.002 mg/L
	阴离子合成洗涤剂	0.20 mg/L	0.30 mg/L
	硫酸盐	100 mg/L	250 mg/L
	氯化物	100 mg/L	250 mg/L
	溶解性总固体	500 mg/L	1 000 mg/L
	耗氧量(COD_{Mn},以 O_2 计)	2.0 mg/L	5 mg/L
毒理学指标	氟化物	1.0 mg/L	1.0 mg/L
	硝酸盐氮(以 N 计)	10 mg/L	20 mg/L
	砷	0.01 mg/L	0.01 mg/L
	硒	0.01 mg/L	0.01 mg/L
	汞	0.001 mg/L	0.001 mg/L
	镉	0.003 mg/L	0.005 mg/L
	铬(六价)	0.05 mg/L	0.05 mg/L
	铅	0.01 mg/L	0.01 mg/L
	银(采用载银活性炭时测定)	0.05 mg/L	0.05 mg/L
	氯仿	0.03 mg/L	
	四氯化碳	0.002 mg/L	0.002 mg/L
	亚氯酸盐(采用 ClO_2 消毒时测定)	0.70 mg/L	0.70 mg/L

续表

项 目		饮用净水限值	生活水限值
毒理学指标	氯酸盐(采用 ClO_2 消毒时测定)	0.70 mg/L	0.70 mg/L
	溴酸盐(采用 O_3 消毒时测定)	0.01 mg/L	0.01 mg/L
	甲醛(采用 O_3 消毒时测定)	0.90 mg/L	0.90 mg/L
细菌学指标	细菌总数	50 cfu/mL	100 cfu/mL
	总大肠菌群	每 100 mL 水样中不得检出	每 100 mL 水样中不得检出
	粪大肠菌群	每 100 mL 水样中不得检出	每 100 mL 水样中不得检出
	余氯	≥0.01 mg/L(管网末梢水)	0.05 mg/L(管网末梢水)
	臭氧(采用 O_3 消毒时测定)	≥0.01 mg/L(管网末梢水)	0.02 mg/L(管网末梢水)
	二氧化氯 (采用 ClO_2 消毒时测定)	≥0.01 mg/L(管网末梢水) 或余氯 0.01 mg/L(管网末梢水)	0.02 mg/L(管网末梢水)

2. 其他用水:工业、锅炉、循环冷却水水质标准见有关章节。

1.3.2 防水质污染

建筑生活给水系统不采取防污染措施,就无法保证用水点的水质标准。

1. 系统、设备和管道采取的防污染措施见表 1.3-2。

表 1.3-2 系统、设备和管道采取的防污染措施

项目	措 施
贮水池(箱)	1. 生活饮用水水池(箱)的进水管口的最低点高出溢流边缘的空气间隙应等于进水管管径,但最小不应小于 25 mm,最大可不大于 150 mm。当进水管从最高水位以上进入水池(箱),管口为淹没出流时,应采取真空破坏器等防虹吸回流措施。(不存在虹吸回流的低位生活饮用水贮水池,其进水管不受本条限制,但进水管仍宜从最高水面以上进入水池) 2. 从生活饮用水管网向消防、中水和雨水回用水等其他用水的贮水池(箱)补水时,其进水管口最低点高出溢流边缘的空气间隙不应小于 150 mm,如下图所示:

项目	措　施
贮水池(箱)	3. 供单体建筑的生活饮用水池(箱)应与其他用水的水池(箱)分开设置 　4. 当小区的生活贮水量大于消防贮水量时,小区的生活用水贮水池与消防用贮水池可合并设置,合并贮水池容积的贮水设计更新周期不得大于 48 h 　5. 埋地式生活饮用水贮水池周围 10 m 以内,不得有化粪池、污水处理构筑物、渗水井、垃圾堆放点等污染源;周围 2 m 以内不得有污水管和污染物。当达不到此要求时,应采取防污染的措施,如防水隔墙、防护套管 　6. 建筑物内的生活饮用水水池(箱)体,应采用独立结构形式,不得利用建筑物的本体结构作为水池(箱)的壁板、底板及顶盖。生活饮用水水池(箱)与其他用水水池(箱)并列设置时,应有各自独立的分隔墙 　7. 建筑物内的生活饮用水水池(箱)宜设在专用的房间内,其上层的房间不应有厕所、浴室、盥洗室、厨房、污水处理间等 　8. 生活饮用水水池(箱)的构造和配管,应符合下列规定: 　(1) 人孔、通气管、溢流管应有防止生物进入水池(箱)的措施,如滤网等 　(2) 进水管宜在水池(箱)的溢流水位以上接入 　(3) 进出水管布置不得产生水流短路,必要时应设导流装置 　(4) 不得接纳消防管道试压水、泄压水等回流水或溢流水 　(5) 泄水管和溢流管的排水应采取间接排水方式 　(6) 池(箱)内管材及管件(包括吸水管、溢水管、吸水喇叭、溢水漏斗、法兰等)内外及管道的支撑件、紧固件及爬梯等材料应耐腐蚀或应经耐腐蚀处理 　9. 叠压供水当配置低位水箱时,其贮水有效容积应按给水管网不允许低水压抽水时段的用水量确定,并应采取技术措施保证贮水在水箱中停留时间不得超过 12 h
设备、器材和管道材质	1. 水池(箱)材质、衬砌材料和内壁涂料,不得影响水质 2. 管材应耐腐蚀(塑料给水管、有衬里复合管、不锈钢管)及经可靠防腐措施的钢管 3. 各类阀门的材质,应耐腐蚀。可采用全铜、全不锈钢、铁壳铜芯和全塑阀门等
管道与设备连接	1. 从城镇生活给水管网直接抽水的水泵的吸水管上,应设置倒流防止器 　2. 利用城镇给水管网水压且小区引入管无防回流措施时,向商用的锅炉、热水机组、水加热器、气压水罐等有压容器或密闭容器注水的进水管上应设置倒流防止器 　3. 从生活饮用水贮水池抽水的消防水泵出水管上应设置倒流防止器
管道与管道连接	1. 城镇给水管道严禁与自备水源的供水管道直接连接 　2. 中水、回用雨水等非生活饮用水管道严禁与生活饮用水管道连接 　3. 从城镇给水管网的不同管段接出两路及两路以上的引入管,且与城镇给水管形成环状管网的小区或建筑物,在其引入管上应设置倒流防止器 　4. 单独接出消防用水管道时,在消防用水管道的起端(不含室外生活饮用水给水管道接出的室外消火栓那一段短管)应设置倒流防止器 　5. 从小区或建筑物内生活饮用水管道上直接接出下列用水管道时,应在这些用水管道的起端设置真空破坏器:

续表

项目	措 施
管道与管道连接	（1）当游泳池、水上游乐池、按摩池、水景池、循环冷却水集水池等的充水或补水管道出口与溢流水位之间的空气间隙小于出口管径的 2.5 倍时，在其充（补）水管上 （2）不含有化学药剂的绿地喷灌系统，当喷头为地下式或自动升降式时，在其管道起端 （3）消防（软管）卷盘 （4）出口接软管的冲洗水嘴与给水管道连接处 6. 严禁生活饮用水管道与大便器（槽）、小便斗（槽）采用非专用冲洗阀直接连接冲洗 7. 给水管道的下列管段上应设置止回阀： （1）直接从城镇给水管网接入小区或建筑物的引入管上 （2）密闭的水加热器或用水设备的进水管上 （3）每台水泵出水管上 （4）进出水管合用一条管道的水箱、水塔和高地水池的出水管段上 注：装有倒流防止器的管段，不需再装止回阀
防倒流、防虹吸	卫生器具和用水设备、构筑物等的生活饮用水管配水件出水口应符合下列规定： 1. 出水口不得被任何液体或杂质所淹没 2. 出水口高出承接用水容器溢流边缘的最小空气间隙，不得小于出水口直径的 2.5 倍
消毒	当生活饮用水水池（箱）内的贮水 48 h 内不能得到更新时，应设置水消毒处理装置
其他	1. 生活饮用水管道应避开毒物污染区，当条件限制不能避开时，应采取防护措施，如做套管或管沟 2. 在非饮用水管道上接出水嘴或取水短管时，应采取防止误饮误用的措施，如挂牌标识

2. 防污染措施的选择，应根据回流性质、回流污染的危害程度及设防等级采用空气间隙、倒流防止器或真空破坏器。但在给水管道防回流设施的设置点，三种设施不应重复设置。回流污染危害等级划分见表 1.3-3，防回流设施选择见表 1.3-4。

表 1.3-3　生活饮用水回流污染危害等级划分

生活饮用水与之连接场所、管道、设备	回流危害等级		
	低	中	高
贮存有害有毒液体的罐区	—	—	√
化学液槽生产流水线	—	—	√
含放射性材料加工及核反应堆	—	—	√
加工或制造毒性化学物的车间	—	—	√
化学、病理、动物试验室	—	—	√
医疗机构医疗器械清洗间	—	—	√
尸体解剖、屠宰车间	—	—	√

续表

生活饮用水与之连接场所、管道、设备		回流危害等级		
		低	中	高
其他有毒有害污染场所和设备		—	—	√
消防	消火栓系统	—	√	—
	湿式喷淋系统、水喷雾灭火系统	—	√	—
	简易喷淋系统	√	—	—
	泡沫灭火系统	—	—	√
	软管卷盘	—	√	—
	消防水箱(池)补水	—	√	—
	消防水泵直接吸水	—	√	—
中水、雨水等再生水水箱(池)补水		—	√	—
生活饮用水水箱(池)补水		√	—	—
小区生活饮用水引入管		√	—	—
生活饮用水有温、有压容器		√	—	—
叠压供水		√	—	—
卫生器具、洗涤设备给水		—	√	—
游泳池补水、水上游乐池等		—	√	—
循环冷却水集水池等		—	—	√
水景补水		—	√	—
注入杀虫剂等药剂的喷灌系统		—	—	√
无注入任何药剂的喷灌系统		√	—	—
畜禽饮水系统		—	√	—
冲洗道路、汽车冲洗软管		√	—	—
垃圾中转站冲洗给水栓		—	—	√

表 1.3-4　防回流设施选择

防回流设施	回流污染危害程度					
	低		中		高	
	虹吸回流	背压回流	虹吸回流	背压回流	虹吸回流	背压回流
空气间隙	√	—	√	—	√	—
减压型倒流防止器	√	√	√	√	√	√
非减压型倒流防止器	√	√	√	√	—	—
双止回阀倒流防止器	—	√	—	√	—	—
压力型真空破坏器	√	—	√	—	√	—
大气型真空破坏器	√	—	√	—	—	—

【本节精选习题】

1. 某企业车间生产用水取自自备水源井,其水质符合城市给水水质要求。为生产安全,拟以城市给水管网水作为备用水源,下列四个备用水供水方案中哪一个是符合要求的?(　　)

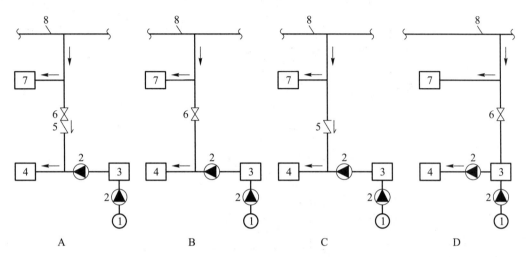

图中:1—自备水源井;2—水泵;3—贮水池;4—车间;5—止回阀;6—阀门;7—职工宿舍;8—城市给水管

　答案:【D】
　解析:城镇给水管道严禁与自备水源的供水管道直接连接。图 ABC 均为城镇给水管网与自备水源以管道形式连接,虽然设置了止回阀,但依然不允许。

2. 下列关于防水质污染措施中,哪项正确?(　　)

A. 回用雨水管道严禁与生活饮用水系统管道连接

B. 建筑物内的增压水泵吸水管不得直接从城镇生活给水管道上抽水

C. 居住小区从城镇给水管网接出的引入管上应设置倒流防止器

D. 设置在地下室的生活贮水池,其进水管口的最低点高出溢流边缘的空气间隙不应小于 25 mm

　答案:【A】
　解析:A 正确,中水、回用雨水等非生活饮用水管道严禁与生活饮用水管道连接。

　B、C 错误。从给水饮用水管道上直接供下列用水管道时,应在这些用水管道的下列部位设置倒流防止器:

　　1. 从城镇给水管网的不同管段接出两路及两路以上的引入管,且与城镇给水管形成环状管网的小区或建筑物,在其引入管上;

　　2. 从城镇生活给水管网直接抽水的水泵的吸水管上;

　　3. 利用城镇给水管网水压且小区引入管无倒流防止设施时,向商用的锅炉、热水机组、水加热器、气压水罐等有压容器或密闭容器注水的进水管上;

　D 错误。生活饮用水水池(箱)进水管口的最低点高出溢流边缘的空气间隙应等于进水管管径,但最小不应小于 25 mm,最大可不大于 150 mm。当进水管从最高水位以上进入水池(箱),管口为淹没出流时应采取真空破坏器等防虹吸回流措施。注:不存在虹吸回流的低位生活饮用水贮水池,其进水管不受本条限制,但进水管仍宜从最高水面以上进入水池。所以选 A。

3. 根据供水系统图所述的防水质污染措施中,哪些叙述是正确合理的?(   )

A. 自备水源管上未设置倒流防止器

B. 自备水源不应与自来水管连接

C. 应将连接室内消火栓立管上的止回阀改为倒流防止器

D. 贮水池补水管出口与溢流水位之间距应 ≥2.5×80 mm = 200 mm

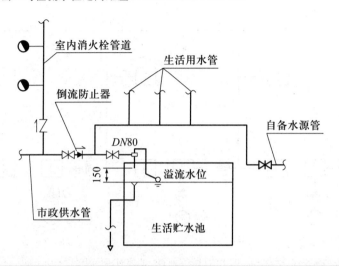

答案:【BC】

解析:城镇给水管道严禁与自备水源的供水管道直接连接。即使设置倒流防止器也不行,A 错误,B 正确。

从给水饮用水管道上直接供下列用水管道时,应在这些用水管道的下列部位设置倒流防止器:从城镇给水管网的不同管段接出两路及两路以上的引入管,且与城镇给水管形成环状管网的小区或建筑物,在其引入管上,C 正确。

生活饮用水水池(箱)进水管口的最低点高出溢流边缘的空气间隙应等于进水管管径,但最小不应小于 25 mm,最大可不大于 150 mm。当进水管从最高水位以上进入水池(箱),管口为淹没出流时应采取真空破坏器等防虹吸回流措施,D 错误。答案选 BC。

4. 下列建筑给水系统设计,哪项可行?(   )

A. 住宅小区支状生活给水管网的引入管上未设置倒流防止器

B. 水池侧壁进水的生活饮用水进水管口最低点高于水池最高设计水位

C. 利用市政水压叠压供水时,仅在水泵的出水管上设置止回阀

D. 游泳池淹没补水管上设置倒流防止器

答案:【A】

解析:从城镇给水管网的不同管段接出两路及两路以上的引入管,且与城镇给水管形成环状管网的小区或建筑物,应在其引入管上设置倒流防止器,题干为支状管网,可不设置倒流防止器。A 正确。

生活饮用水水池(箱)进水管口的最低点高出溢流边缘的空气间隙应等于进水管管径,但最小不应小于 25 mm,最大可不大于 150 mm。当进水管从最高水位以上进入水池(箱),管口为淹没出流时采取真空破坏器等防虹吸回流措施。注:不存在虹吸回流的低位生活饮用水贮水池,其进水管不受本条限制,但进水管仍宜从最高水面以上进入水池。选项进水管口最低点仅高于设计水位,且未采取其他措施,也未说明不存在虹吸回流,因此认为不可行,B 错误。

从城镇生活给水管网直接抽水的水泵的吸水管上应设置倒流防止器。故 C 仅在出水管上设置止回阀不可行。C 错误。

从小区或建筑物内生活饮用水管道上直接接出下列用水管道时,应在这些用水管道上设置真空破坏器:游泳池、水上游乐池、按摩池、水景池、循环冷却水集水池等,其充水或补水管道出口与溢流水位之间的空气间隙小于出口管径 2.5 倍时,在其充(补)水管上设置。D 设置倒流防止器不正确,应设置真空破坏器。本题选 A。

5. 某小区的城市自来水引入管上设置了倒流防止器,建筑内的下列给水设施中,哪几种情况下还应采取防回流污染的措施?( )

 A. 高位生活水箱的淹没进水管   B. 生活热水热交换器的进水管

 C. 从建筑引入管上直接抽水的消防泵吸水管上 D. 从建筑引入管上直接抽水的生活泵吸水管上

答案:【AC】

解析:防回流污染的措施是个较综合的概念。防止回流污染可采取空气间隙、倒流防止器、真空破坏器等措施和装置。

A 选项正确,生活饮用水水池(箱)进水管口的最低点高出溢流边缘的空气间隙应等于进水管管径,但最小不应小于 25 mm,最大可不大于 150 mm。当进水管从最高水位以上进入水池(箱),管口为淹没出流时应采取真空破坏器等防虹吸回流措施。注:不存在虹吸回流的低位生活饮用水贮水池,其进水管不受本条限制,但进水管仍宜从最高水面以上进入水池。

B 选项不正确,利用城镇给水管网水压且小区引入管无倒流防止设施时,向商用的锅炉、热水机组、水加热器、气压水罐等有压容器或密闭容器注水的进水管上。

C 选项正确,从小区或建筑物内生活饮用水管道系统上接至下列用水管道或设备时应设置倒流防止器:1. 单独接出消防用水管道时,在消防用水管道的起端;2. 从生活饮用水贮水池抽水的消防水泵出水管上。综合以上内容,C 应选择。D 项不选择,不需要重复设置。

6. 某车间生产设备不允许间断供水,其给水系统采用市政水源及自备水源双水源供水,下列哪些设计方案图是可行的?( )

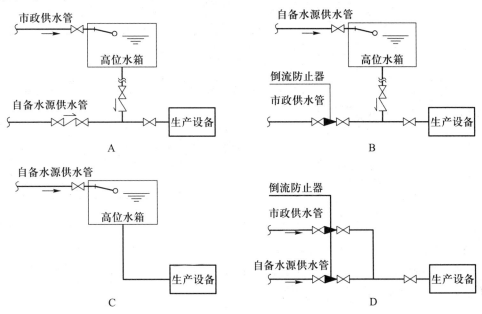

答案:【AC】

解析:城镇给水管道严禁与自备水源的供水管道直接连接;中水、回用雨水等非生活饮用水管道严禁与生活饮用水管道连接,即使使用倒流防止器也不可以。由此题可以归纳总结如下:

1. 市政水补水到"它们水箱"可以;
2. 市政水与"它们"共补水到一个水箱可以;
3. 市政水进"高位水箱"后出水管道与"它们"管道相连可以;
4. 它们补水到它们水箱后出水管不可与市政管道相连。

说明:它们是指:自备水、中水及回用雨水。

1.4 设计流量和管道水力计算

建筑小区内给水管道计算,根据建筑物的使用性质、功能、供水方式以及管段服务范围等因素来确定。给水管道水力计算基本流程见图1.4-1:

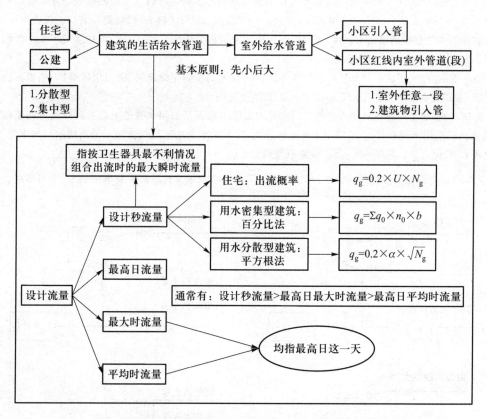

图 1.4-1 给水管道水力计算基本流程图

【例1】某中学共有学生3 200人,教职员工120人,学生和教职员工早、午餐均安排在学校食堂用餐(不寄宿)。该中学最高日生活用水量最小不应小于下列哪项(不计其他用水及未预见用水量)(   )?

A. 64.0 m³

B. 68.8 m³

C. 135.2 m³

D. 201.6 m³

答案:【D】

解析:查表 1.2-2,利用公式 $Q_{d2} = \sum \dfrac{q_{2i}m_i}{1\,000} = 3\,200 \times (20 + 20 \times 2)$ L $+ 120 \times (20 \times 2 + 40)$ L $=$ 201 600 L = 201.6 m³;

题干问的是生活用水量,包含两部分:日常生活用水定额对应用水 + 食堂用水(就餐算 2 次)。

【例 2】某住宅生活给水系统如图所示,水泵设计流量按最高日最大时用水量计。则下列各管段管径表达式中,分析说明哪项正确( )?

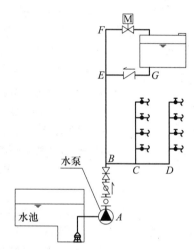

A. $d_{AB} = d_{BE} = d_{EG}$

B. $d_{AB} = d_{BC} > d_{CD}$

C. $d_{BC} = d_{BE} = d_{EG}$

D. $d_{BE} = d_{EF} > d_{EG}$

答案:【C】

解析:现在流行的供水系统方案很少采用这种供水方式。但考察了高日高时与设计秒流量的区别。建筑物内采用高位水箱调节的生活给水系统时,水泵的最大出水量不应小于最大小时用水量。由此可粗略判断,夜间泵提升至水箱,白天全部由水箱供水,水泵不工作。

AB、*EF*:设计管段管径由高日高时流量确定;

BC、*EG*:设计管段管径由设计秒流量确定;

BE:水箱进水管管径由高日高时流量确定;

供水段时管径由设计秒流量确定。取最大值,所以 $d_{BC} = d_{BE} = d_{EG} > d_{EF} = d_{AB}$。

1.4.1　设计秒流量计算

根据建筑性质,分别采用概率法、当量法、同时使用百分数法计算管道系统设计秒流量,计算方法见表 1.4-1。

表 1.4-1 设计秒流量计算

项 目	计 算	备 注
住宅	1. 根据建筑物配置的卫生器具给水当量、使用人数、用水定额、使用时数及小时变化系数，按下式计算出最大用水时卫生器具给水当量平均出流概率： $$U_0 = \frac{q \times m \times K_h}{0.2 \times N_g' \times T \times 3\ 600} \times 100\%$$ 式中 U_0——生活给水排水管道的最大用水时卫生器具给水当量平均出流概率（%）； q——最高日用水定额，按表1.2-1取用（L/人·d）； m——每户用水人数（人）； K_h——小时变化系数按表1.2-1取用； N_g'——每户设置的卫生器具给水当量平均数； T——用水小时数（h）； 0.2——一个卫生器具给水当量的额定流量（L/s） 2. 根据计算管段上的卫生器具的给水当量总数，按下式计算出该管段的卫生器具给水当量的同时出流概率： $$U = \frac{1 + \alpha_0 (N_g - 1)^{0.49}}{\sqrt{N_g}} \times 100\%$$ 式中 U——计算管段的卫生器具给水当量同时出流概率（%）； N_g——计算管段的卫生器具给水当量总数； α_0——对应于不同 U_0 值的系数查表1.4-2。 3. 根据算得的 U，按下式计算出计算管段的设计秒流量： $$q_g = 0.2 \cdot U \cdot N_g$$ 式中 q_g——计算管段的设计秒流量（L/s）。 4. 当管段接有2条及以上 U_0 值不同（即 q、m、K_h 等参数不同）的支管时，该管段的最大用水时卫生器具给水当量平均出流概率按下式计算： $$\bar{U}_0 = \frac{\sum U_{0i} \cdot N_{gi}}{\sum N_{gi}}$$ 式中 $\bar{U}_0$——计算管段的卫生器具给水当量平均出流概率； U_{0i}——所接支管的最大用水时卫生器具给水当量平均出流概率； N_{gi}——相应支管的卫生器具给水当量总数	使用公式时应注意以下几点： 1. 应按当地实际使用情况，正确选用各项参数 2. 住宅的卫生器具给水当量最大用水时的平均出流概率 U_0 参考值见下表 3. 当计算管段的卫生器具给水当量总数超过20 000时，其设计流量应取最大小时平均秒流量 4. 当大便器采用延时自闭冲洗阀时，其当量以0.5计，但要在计算得到的 q_g 值上再附加1.20 L/s为管段的设计秒流量 5. 本式只适用于枝状管网的计算 6. 本式只适用于各支管的最大用水发生在同一时段的给水管。当最大用水不发生在同一时段时，应将设计流量小的支管以平均用水时平均秒流量与设计流量大的支管的设计秒流量叠加为该管段的设计秒流量 **平均出流概率参考值** 表格如下：

平均出流概率参考值

住宅类型	U_0 参考值/%
普通住宅 I 型	3.0~4.0
普通住宅 II 型	2.5~3.5
普通住宅 III 型	2.0~2.5
别墅	1.5~2.0

续表

项目	计　　算	备　　注
旅馆等	宿舍（Ⅰ类、Ⅱ类）、旅馆、宾馆、酒店式公寓、医院、疗养院、幼儿园、养老院、办公楼、商场、图书馆、书店、客运站、航站楼、会展中心、中小学教学楼、公共厕所等建筑，按下式计算： $$q_g = 0.2\alpha\sqrt{N_g}$$ 式中　q_g——计算管段的给水设计秒流量（L/s）； 　　　N_g——计算管段的卫生器具给水当量总数； 　　　α——根据建筑物用途定的设计秒流量系数，应按表1.4-3选用	使用公式时应注意以下几点： 　1. 如计算值小于该管段上一个最大卫生器具给水额定流量时，应采用一个最大的卫生器具给水额定流量作为设计秒流量 　2. 如计算值大于该管段上按卫生器具给水额定流量累加所得流量值时，应按卫生器具给水额定流量累加所得流量值采用 　3. 有大便器延时自闭冲洗阀的给水管段，大便器延时自闭冲洗阀的给水当量均以0.5计，计算得到的q_g附加1.20 L/s的流量后，为该管段的给水设计秒流量 　4. 综合楼（不含住宅）建筑α值应按下式计算： $$\alpha = \frac{\alpha_1 N_{g1} + \alpha_2 N_{g2} + \alpha_3 N_{g3} + \cdots}{N_{g1} + N_{g2} + N_{g3} + \cdots}$$ 式中　α——综合楼建筑总的秒流量系数； $N_{g1}, N_{g2}, N_{g3}, \cdots$——综合楼建筑内各类建筑的卫生器具的给水当量数； $\alpha_1, \alpha_2, \alpha_3, \cdots$——对应于$N_{g1}, N_{g2}, N_{g3}, \cdots$的设计秒流量系数，详见表1.4-3
公共浴室等	宿舍（Ⅲ类、Ⅳ类）、工业企业的生活间、公共浴室、职工食堂或营业餐馆的厨房、体育场馆、剧院、洗衣房、普通理化实验室等建筑按下式计算： $$q_g = \sum q_0 \cdot n_0 \cdot b$$ 式中　q_g——计算管段的给水设计秒流量（L/s）； 　　　q_0——同类型的一个卫生器具的给水额定流量（L/s）； 　　　n_0——同类型的卫生器具数； 　　　b——卫生器具的同时给水百分数，应按表1.4-4~表1.4-6采用	1. 如计算值小于管段上一个最大卫生器具给水额定流量时，应采用一个最大的卫生器具给水额定流量作为设计秒流量 　2. 大便器自闭冲洗阀应单列计算，当单列计算值小于1.2 L/s时，以1.2 L/s计，大于1.2 L/s时，以计算值计 　3. 仅对有可能同时使用的进行叠加

表 1.4-2   给水管段卫生器具给水当量同时出流概率计算式 α_c 系数取值表

$U_0/\%$	α_c	$U_0/\%$	α_c	$U_0/\%$	α_c
1.0	0.003 23	3.0	0.019 39	5.0	0.037 15
1.5	0.006 97	3.5	0.023 74	6.0	0.046 29
2.0	0.010 97	4.0	0.028 16	7.0	0.055 55
2.5	0.015 12	4.5	0.032 63	8.0	0.064 89

表 1.4-3   根据建筑物用途而定的设计秒流量系数值（α 值）

建筑物名称	α 值	建筑物名称	α 值
幼儿园、托儿所、养老院	1.2	学校	1.8
门诊部、诊疗所	1.4	医院、疗养院、休养所	2.0
办公楼、商场	1.5	酒店式公寓	2.2
图书馆	1.6	宿舍（Ⅰ、Ⅱ类）、旅馆、招待所、宾馆	2.5
书店	1.7	客运站、航站楼、会展中心、公共厕所	3.0

表 1.4-4   宿舍（Ⅲ、Ⅳ类）、工业企业的生活间、公共浴室、洗衣房、
影剧院、体育场馆等卫生器具同时给水百分数   %

卫生器具名称	同时给水百分数					
	宿舍 （Ⅲ、Ⅳ类）	工业企业 生活间	公共浴室	影剧院	体育场馆	洗衣房
洗涤盆（池）	—	33	15	15	15	
洗手盆	—	50	50	50	70（50）	—
洗脸盆、盥洗槽水嘴	5~100	60~100	60~100	50	80	60
浴盆	—	—	50	—	—	—
无间隔淋浴器	20~100	100	100		100	100
有间隔淋浴器	5~80	80	60~80	（60~80）	（60~100）	—
大便器冲洗水箱	5~70	30	20	50（20）	70（20）	30
大便槽自动冲洗水箱	100	100	—	100	100	—
大便器自闭式冲洗阀	1~2	2	2	10（2）	5（2）	—
小便器自闭式冲洗阀	2~10	10	10	50（10）	70（10）	—

卫生器具名称	同时给水百分数					
	宿舍（Ⅲ、Ⅳ类）	工业企业生活间	公共浴室	影剧院	体育场馆	洗衣房
小便器（槽）自动冲洗水箱	—	100	100	100	100	—
净身盆	—	33	—	—	—	—
饮水器	—	30~60	30	30	30	—
小卖部洗涤盆	—	—	50	50	50	—

注:1. 表中括号内的数值系电影院、剧院的化妆间，体育场馆的运动员休息室使用;

2. 健身中心的卫生间，可采用本表体育场馆运动员休息室的同时给水百分率;

3. 洗衣房的数值为参考数。

表 1.4-5　职工食堂、营业餐馆厨房设备同时给水百分数　　　　%

厨房设备名称	同时给水百分数	厨房设备名称	同时给水百分数
污水盆（池）	50	器皿洗涤机	90
洗涤盆（池）	70	开水器	50
煮锅	60	蒸汽发生器	100
生产性洗涤机	40	灶台水嘴	30

注:职工或学生饭堂的洗碗台水嘴，按 100% 同时给水，但不与厨房用水叠加。

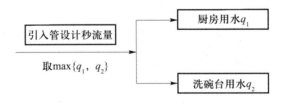

表 1.4-6　实验室化验水嘴同时给水百分数　　　　%

化验水嘴名称	同时给水百分数	
	科研教学实验室	生产实验室
单联化验水嘴	20	30
双联或三联化验水嘴	30	50

【例 1】 某 6 层住宅，采用市政供水，每层 1 户，用水定额为 200 L/人·d，每户按 4 人计算，每户卫生洁具当量为 $N_g = 3.5$;试求:每户入户管的设计流量。

解:

方法一,公式计算方法。

第一步求 U_0,经计算 $U_0 = \dfrac{q \times m \times K_h}{0.2 \times N_g' \times T \times 3\,600} \times 100\% = \dfrac{200 \times 4 \times 2.5}{0.2 \times 3.5 \times 24 \times 3\,600} \times 100\% = 3.3\%$

第二步求 α_c,给水当量: $N_g = 3.5$; $U_0 = 3.3\%$;查表 1.4-2 采用内插法计算 α_c:

$$\frac{3.3-3.0}{\alpha_c-0.019\,3} = \frac{3.5-3.3}{0.023\,74-0.019\,3}\text{经计算解得},\ \alpha_c = 0.022\,00$$

第三步求 U, $U = \dfrac{1+\alpha_0(N_g-1)^{0.49}}{\sqrt{N_g}} \times 100\% = \dfrac{1+0.022\,00\,(3.5-1)^{0.49}}{\sqrt{3.5}} \times 100\% = 0.553$

第四步求每户入户管的设计流量(即秒流量) q_g:

$$q_g = 0.2 \cdot U \cdot N_g = 0.2 \times 0.553 \times 3.5\ \text{L/s} = 0.39\ \text{L/s}$$

方法二,双内插计算方法。

从方法一的第三步开始,连续使用三次单内插计算法,查给水管段设计秒流量计算表(该表见《建筑给水排水设计规范(2009 版)》(GB 50015—2003)[①]附录 E),即可求出每户入户管的设计流量(即秒流量) q_g。

U_0	3.0	3.3	3.5
N_g	q	q	q
3	0.36		0.36
3.5	q_1	q_g	q_2
4	0.41		0.42

先求 q_1: $\dfrac{4-3}{0.41-0.36} = \dfrac{3.5-3.0}{q_1-0.36}$,经计算解得, $q_1 = 0.385\ \text{L/s}$,同理可求 $q_2 = 0.388\ \text{L/s}$,

最后求 q_g: $\dfrac{3.5-3.0}{q_2-q_1} = \dfrac{3.3-3.0}{q_g-q_1}$ 经计算解得, $q_g = 0.39\ \text{L/s}$

【例 2】 某宾馆集中供应冷、热水,客房卫生间设洗脸盆、浴盆及大便器各一套,其中洗脸盆、浴盆均安装混合水嘴,大便器带低水箱冲洗,则各客房卫生间冷水进水管的设计秒流量应为何值?

解: $q_g = 0.2\alpha\sqrt{N_g} = 0.71\ \text{L/s}$,此题只计算冷水进水管,故仅需计算表 1.2-13 中的括号内数据即可。

校核:卫生器具给水定额累加值 $= 0.4\ \text{L/s} < 0.71\ \text{L/s}$,故取 $0.40\ \text{L/s}$。

【例 3】 下列某工业企业生活间的给水系统简图中,管段 0-1、1-2 的设计秒流量 q_1、q_2 应为下列何值?

---

① 《建筑给水排水设计规范(2009 版)》GB 50015—2003,以下简称《建水规》。

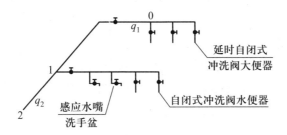

解：根据表 1.4-1 中公式 $q_g = \sum q_0 \cdot n_0 \cdot b$，查表 1.2-13 中对应的卫生洁具额定流量，查表 1.4-4 中的同时给水百分数，

对于 $q_1 = \sum q_0 \cdot n_0 \cdot b = 3 \times 1.2 \times 0.02$ L/s $= 0.072$ L/s< 1.2 L/s，取 1.2 L/s（大便器自闭冲洗阀应单列计算，当单列计算值小于 1.2 L/s 时，以 1.2 L/s 计）。

对于 q_2，需要将 0-1 管段自闭式冲洗阀大便器单列计算，再与其他卫生器具计算流量相加，则有：$q_2 = \sum q_0 \cdot n_0 \cdot b + q_1 = (2 \times 0.1 \times 10\% + 2 \times 0.1 \times 50\%)$ L/s $+ 1.2$ L/s $= 1.32$ L/s。

解析：大便器自闭冲洗阀应单列计算，当单列计算值大于 1.2 L/s 时，以计算值计。

【例 4】 某高层建筑生活给水系统竖向分区 5~14 层（中区）由变频水泵直接供水。5~9 层为商场，每层营业面积均为 800 m^2；10~14 层为公寓式酒店，每层服务人数均为 100 人，则中区变频水泵的设计流量应为多少？

楼层功能	用水定额	小时变化系数	用水时间/h	每层给水当量
商场	5 L/（$m^2 \cdot$ d）	1.5	12	12
公寓式酒店	200 L/（人 · d）	2.5	24	30

解：生活给水系统采用调速泵组供水时，应按系统最大设计流量选泵

$$\alpha = \frac{\alpha_{商} \times N_{商} + \alpha_{住} \times N_{住}}{N_{商} + N_{住}} = \frac{1.5 \times 5 \times 12 + 2.2 \times 5 \times 30}{5 \times 12 + 5 \times 30} = 2$$

$$q_g = 0.2\alpha\sqrt{N_{商} + N_{住}} = 0.2 \times 2 \times \sqrt{5 \times 12 + 5 \times 30} \text{ L/s} = 5.8 \text{ L/s}$$

1.4.2 单栋建筑引入管的设计流量

1. 当建筑物内的生活用水全部由室外管网直接供水时，应取建筑物内的生活用水设计秒流量，即 $Q_{直} = q_{秒}$；

2. 当建筑物内的生活用水全部自行加压供给时，引入管的设计流量应为贮水调节池的设计补水量；设计补水量不宜大于建筑物最高日最大时用水量，且不得小于建筑物最高日平均时用水量；

$$\overline{Q}_h \leqslant Q_{补} \leqslant Q_h$$

3. 当建筑物内的生活用水既有室外管网直接供水，又有自行加压供水时，应按本条第 1、2 款计算设计流量后，将两者叠加作为引入管的设计流量。

（1）当采用水池调节后再加压时有：$Q = Q_{直} + Q_{补}$，详见图 1.4-2。

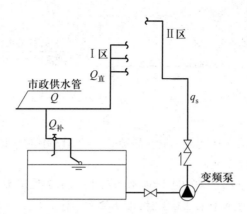

图 1.4-2 变频泵加调节水池给水系统的流量计算

（2）当有加压泵从室外管网直接抽水与室外直供两种情况时,应分别设引入管,各自按秒流量计算:

$$Q_{直} = q_s, \quad Q_{泵} = q_s$$

4. 市政（夜间）供水到高位水箱,无加压泵时,建筑物引入管设计流量为:

$$Q_{引} = \sum \frac{Q_{di}}{T}$$

式中　$Q_{引}$——引入管的设计流量（m^3/h）;

　　　Q_{di}——高位水箱服务对象的日用水量（m^3）;

　　　T——晚上持续进水时间（h）。

5. 无负压（管网叠压供水）,建筑物引入管设计流量为:

$$Q_{引} \geqslant Q_{泵} = q_s$$

6. 当采用泵→高位水箱→用户的供水方式时,建筑物引入管设计流量为:

$$Q_{引} \geqslant Q_{泵} \geqslant Q_h, \quad 注意此时 V_{箱} = 0.5Q_h$$

7. 当建筑物引入管白天为低区供水,高区由建筑屋顶水箱供给,夜间由引入管向屋顶水箱补水时,则该建筑物引入管的设计流量为: $Q_{引} = \max\{ q_{s低}, V_{箱}/t, （其中 t 为夜间连续补水时间）\}$

1.4.3　小区引入管的设计流量

居住小区供水对象分为两类:第一类是住宅及小区内配套的文体、餐饮娱乐、商铺及市场等设施的生活给水设计流量;第二类是小区内配套的文教、医疗保健、社区管理等设施,以及绿化和景观用水、道路及广场洒水、公共设施用水等设施的生活给水设计流量。

1. 居住小区的室外给水管道的计算流程图见图 1.4-3,设计流量应根据管段服务人数、用水定额及卫生器具设置标准等因素确定,并应符合下列规定:

（1）服务人数小于等于表 1.4-7 中数值的室外给水管段,第一类供水对象的应按表 1.4-1 中相应公式来计算管段流量;

（2）服务人数大于表 1.4-7 中数值的给水干管,第一类供水对象的应按表 1.2-11 中公式来计算最大小时流量为节点流量；

（3）第二类供水对象不受服务人数限制，均以平均时用水量计算节点流量；

（4）凡不属于小区配套的公共建筑均应另计。

表 1.4-7　居住小区室外给水管道设计流量计算人数

每户 N_g $q_L K_h$	3	4	5	6	7	8	9	10
350	10 200	9 600	8 900	8 200	7 600	—	—	—
400	9 100	8 700	8 100	7 600	7 100	6 650	—	—
450	8 200	7 900	7 500	7 100	6 650	6 250	5 900	—
500	7 400	7 200	6 900	6 600	6 250	5 900	5 600	5 350
550	6 700	6 700	6 400	6 200	5 900	5 600	5 350	5 100
600	6 100	6 100	6 000	5 800	5 550	5 300	5 050	4 850
650	5 600	5 700	5 600	5 400	5 250	5 000	4 800	4 650
700	5 200	5 300	5 200	5 100	4 950	4 800	4 600	4 450

注：1. 当居住小区内含多种住宅类别及户内 N_g 不同时，可采用加权平均法计算；

2. 表内数据可用内插法。

2. 公共建筑的给水管道应按表 1.4-1 中相应公式来计算管段流量。但当建筑物内设贮水调节池，用提升泵供水时，则该部分按贮水调节池的补水量计（不宜大于建筑物最高日最大时用水量，且不得小于建筑物最高日平均时用水量）可参考 1.4.2 节第 2 款计算。

3. 从城镇供水管网引至小区的引入管的设计流量应根据下列工况分别确定：

（1）小区不设提升设施，由小区管网直接供至各建筑物时，居住小区的引入管可参考 1.4.3 节第 1 条计算，公共建筑区的引入管可参考 1.4.3 节第 2 款计算。

（2）小区设置提升泵、水塔、贮水调节池等设施时：

① 当小区设置提升泵，但不设贮水调节池时，由提升泵从外网或吸水井抽水直供至各用水点，其引入管流量不小于提升泵的设计流量，提升泵的设计流量不应小于其服务对象的生活给水设计流量（1.4.3 节第 1、2 款规定）。

② 当设置水塔，不设提升泵，由外网供至水塔，再从水塔向用水点供水时，或由夜间供至水塔并充满，再由水塔供全天用水时，其小区引入管的流量可参见 1.4.2 节第 4 款。

③ 当设置贮水调节池，全部从水池内抽水加压供水时，其引入管的设计流量应为贮水调节池的设计补水量（不宜大于建筑物最高日最大时用水量，且不得小于建筑物最高日平均时用水量）可参考 1.4.2 节第 2 款计算。

④ 当既有外网直供,又有二次加压供水时,其引入管的设计流量可参考 1.4.2 节第 3 款计算。

4. 小区给水引入管的设计流量应考虑未预计水量和管网漏失量;

5. 不少于两条引入管的小区室外环状给水管网,当其中一条发生故障时,其余的引入管应能保证不小于 70% 的流量。

6. 当小区室外给水管网为支状布置时,小区引入管的管径不应小于室外给水干管的管径;小区环状管道宜管径相同。

7. 居住小区的室外生活、消防合用给水管道,应按规范规定计算设计流量(淋浴用水量可按 15% 计算,绿化、道路及广场浇洒用水可不计算在内),再叠加区内一次火灾的最大消防流量(有消防贮水和专用消防管道供水的部分应扣除),并应对管道进行水力计算校核,管道末梢的室外消火栓从地面算起的水压,不得低于 0.1 MPa。设有室外消火栓的室外给水管道,管径不得小于 100 mm。

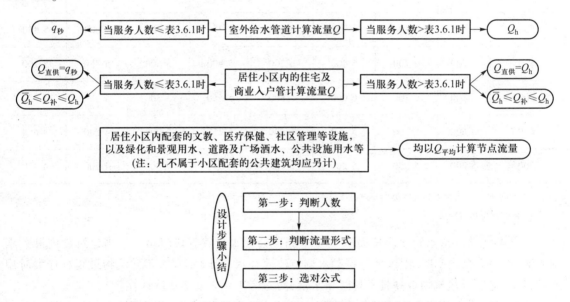

图 1.4-3 居住小区内室外给水管道(含单体入户管)计算流程图

【例】某居住小区有甲、乙两种户型,该小区生活给水系统全部利用市政管网压力直接供水,小区用水量见下表。则该小区市政给水引入管的设计流量应按下列哪项计算?并应说明理由。

户型	户型总户数	每户人数	用水定额	小时变化系数	每户给水当量
甲	1 200	4 人	140 L/(人·d)	2.5	4.0
乙	1 200	4 人	225 L/(人·d)	2.0	6.0

注:其他用水量不计

A. 按设计秒流量计算方法计算   B. 按小区最高日最大时用水量计算

C. 按小区最高日平均小时用水量计算   D. 按小区平均日平均小时用水量计算

解:方法一,公式计算方法。小区平均用水 $q_L K_h$ 数:

$$q_L K_h = \frac{140 \times 4 \times 1\,200 \times 2.5 + 225 \times 4 \times 1\,200 \times 2.0}{4 \times 1\,200 \times 2} = 400$$

当居住小区内含多种住宅类别及户内 N_g 不同时,可采用加权平均法计算,则有:

$$N_{加权} = (4 \times 1\,200 + 6 \times 1\,200)/1\,200 \times 2 = 5$$

查表 1.4-7 人数 8 100,然而,小区人数 = 1 200×2×4 = 9 600>8 100,所以采用最大时流量为引入管段流量,本题选 B

方法二,逻辑推理方法。小区人数 = 1 200×2×4 = 9 600 人,查表 1.4-7 发现,只有 $N_g = 4$ 和 $q_L K_h = 350$ 时才达到 9 600 人,当 $N_g = 6$ 和 $q_L K_h = 450$ 时才达到 7 100 人,从题意可知,本小区的 $N_{加权}$ 应该满足 4<$N_{加权}$<6,且 350<$q_L K_h$<450,然而,在此条件下对应的人数满足 7 100<n<9 600;实际小区人数为 9 600 人,所以采用最大时流量为引入管段流量,本题选 B。

每户 N_g / $q_L K_h$	3	4	5	6
350	10 200	9 600	8 900	8 200
400	9 100	8 700	8 100	7 600
450	8 200	7 900	7 500	7 100

1.4.4 提升泵的设计流量及扬程

1. 当建筑内设提升泵供水时,提升泵的设计流量应满足表 1.4-8 的相关规定,提升泵的扬程详见表 1.4-17 的相关规定。

2. 当小区设提升泵供水时,应尽量利用城镇管网的压力供水,在条件许可时,应采用压力分区供水方案。提升泵的设计流量和扬程应满足以下相关规定:

(1)小区内不设水塔时,由提升泵直供至服务对象时,提升泵的设计流量不应小于其服务对象的生活给水设计流量(见 1.4.3 节第 1、2 款规定)。

(2)小区内设水塔时,全部(或部分)由水塔供水时,可按不应小于其服务对象的最大小时用水量计。

提升泵的扬程一般按下列要求确定(按从贮水调节池或吸水井抽水计):

(3)当提升泵既直接向用水点供水,又向水塔供水(再由水塔供至其他用水点)时,应分别计算,取其大值为泵的流量。这时水塔要求启泵的水位宜适当提高。泵的扬程应满足两者的供水要求。

(4)提升泵扬程可参见 1.4.4 节中第 1 款相关规定。

(5)水塔或提升泵直接向用水点供水的宜有不少于两条的管道与小区环网相接。负有消防职能时,还应满足消防要求。

表 1.4-8 提升泵的设计流量

序号	分区方式和供水方式	图示	设计流量计算方法
1	建筑物不设高位水箱由提升泵直供时	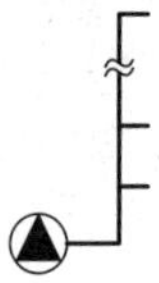	按其服务对象的设计秒流量确定
2	建筑物内设高位水箱,全部(或部分)由高位水箱供至各用水点	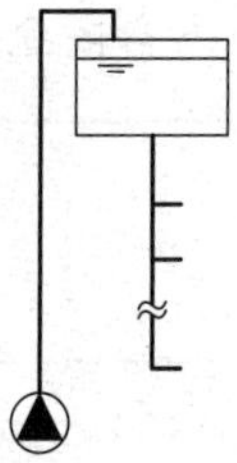	按不小于服务对象的最大小时用水量计(当水箱调节容积小于 50% 的最大小时用水量时,提升泵的流量宜放大)
3	当提升泵既向用水点直接供水,又向水箱供水(再由水箱供至其余的用水点)时	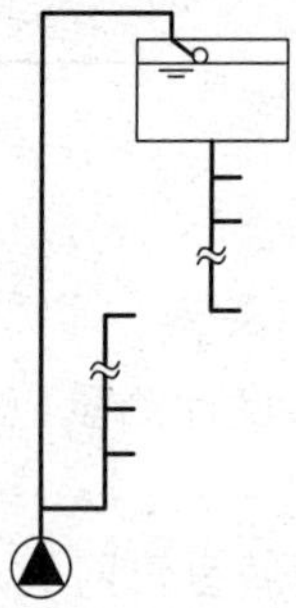	应分别计算向用水点直接供水的设计秒流量及由高位水箱供水部分的最大时流量,取两者最大值为提升泵的流量。但系统中的高位水箱的调节容积不宜小于服务对象最大小时用水量的 50%,而且启泵水位应设在高位水箱水深的一半处
4	当采用水箱串联供水时	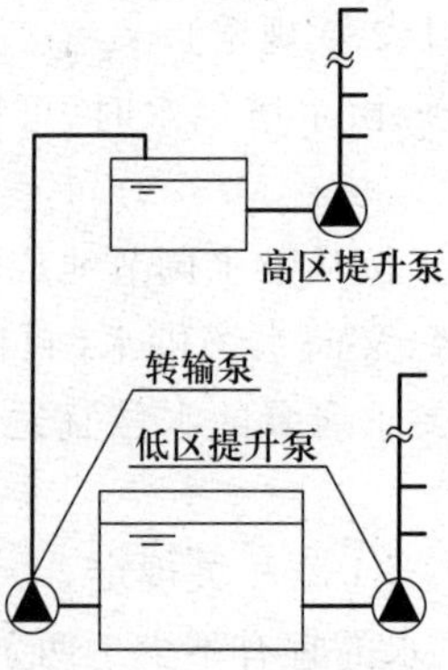 高区提升泵 转输泵 低区提升泵	各区按本区所负担供水对象的设计秒流量确定本区的提升泵流量,低位转输泵的流量应为服务对象最大小时用水量,转输泵受高位水箱水位控制,中间水箱容积不小于服务对象最大小时用水量的 50%。提升泵与下面的转输泵应自成连锁控制系统

续表

序号	分区方式和供水方式	图示	设计流量计算方法
5	当采用水泵直接串联供水时	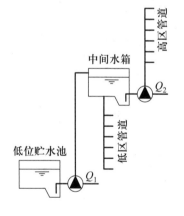 高区提升泵 转输泵 低区提升泵	各区按本区所负担供水对象的设计秒流量确定本区的提升泵流量,并应设与高区提升泵流量相同的低位转输泵,并与高区提升泵连锁,启动时先启动转输泵才随即启动高区泵,停泵则是先停高区提升泵后停低位转输泵

【例】某 30 层集体宿舍,用水定额为 200 L/人·d,小时变化系数 $K_h = 3.0$;每层 20 个房间,每间住 2 人并设一卫生间,其卫生器具当量总数 $N = 3$,采用图示分区供水系统全天供水,每区服务 15 个楼层,低区采用恒速泵、高区采用变频水泵供水,则水泵流量 Q_1、Q_2 应为下列哪项?(　　)

A. $Q_1 = 8.33$ L/s,$Q_2 = 4.17$ L/s

B. $Q_1 = 21.21$ L/s,$Q_2 = 15.00$ L/s

C. $Q_1 = 8.33$ L/s,$Q_2 = 15.00$ L/s

D. $Q_1 = 4.17$ L/s,$Q_2 = 12.00$ L/s

解:水泵流量 Q_1 应为其所服务的对象的最大小时用水量,则有:

$$Q_1 = K_h \cdot m \cdot q = (30 \times 20 \times 2) \times 200 \times 3 \text{ L/d} = 720\ 000 \text{ L/d} = 8.33 \text{ L/s};$$

水泵流量 Q_2 应为其所服务的对象的设计秒流量,则有:

$$Q_2 = q_{g2} = 0.2\alpha\sqrt{N_g} = 0.2 \times 2.5 \times \sqrt{15 \times 20 \times 3} \text{ L/s} = 15 \text{ L/s}$$

本题选 C。

1.4.5 管道水力计算

给水管道水力计算的目的是通过计算管段设计流量合理确定管径、确定系统的水头损失及水压,根据水量、水压选择设备和设施。

1. 管道水力计算目的及要求见表 1.4-9。

表 1.4-9　管道水力计算目的及要求

计算目的	计算要求
1. 确定给水管网各管段的管径 2. 求得通过设计秒流量时造成的水头损失 3. 复核室外给水管网水压是否满足使用要求 4. 选定加压装置所需扬程 5. 确定高位水箱设置高度	1. 根据建筑物类别正确选用生活给水设计秒流量公式,计算生活给水设计秒流量 2. 充分利用室外给水管网所能保证的水压 3. 满足建筑物内部给水管网中最不利配水点(水龙头或其他用水设备)的水压要求 4. 根据设计秒流量及符合规定的水流速度来确定给水管径 5. 根据已确定的管径,计算出相应的水头损失值,复核室外给水管网或高位水箱能保证的水压经水头损失后能否满足最不利配水点水压要求,若不能满足,可再对管径作相应的适当调整

　　2. 给水管道的流速,不宜大也不宜小,流速太大,水头损失大,能耗就大,过大的流速还会有啸叫声;流速太小,管径就会偏大,不经济。一般经济的流速按表 1.4-10~1.4-12 进行校核。

表 1.4-10　给水管道的通用流速

公称直径/mm	15~20	25~40	50~70	≥80
流速/(m/s)	≤1.0	≤1.2	≤1.5	≤1.8

表 1.4-11　给水系统不同管道部位推荐流速

管道部位	卫生器具配水支管	横向配水管	环状管、干管和立管
流速/(m/s)	0.6~1.0	0.8~1.2	1.0~1.8

表 1.4-12　给水管道不同管材的流速

钢管	公称直径/mm	<25	≥25	
	流速/(m/s)	0.6~0.8	0.8~1.5	
薄壁不锈钢管	公称直径/mm	≤25	>25	
	流速/(m/s)	0.8~1.0	≥1.0	
PVC-U 管	公称直径/mm	≤50	>50	
	流速/(m/s)	≤1.0	≤1.5	
PPR 管	公称直径/mm	<32	40~63	>63
	流速/(m/s)	≤1.2	≤1.5	≤2.0
PVC-C 管	公称直径/mm	≤32	40~75	>90
	流速/(m/s)	<1.2	<1.5	<2.0

复合管可参照内衬材料的管道流速选用(建筑给水超薄壁不锈钢塑料复合管流速宜取 0.8~1.2 m/s)。管内最大流速不应超过 2.0 m/s。

小区给水管道的流速可按各种管材确定。在资料不全时一般可按 0.6~0.9 m/s 设计,最小不得小于 0.5 m/s,一般也不宜大于 1.5 m/s。

与消防合用的给水管网,消防时其管内流速不宜大于 2.5 m/s。

3. 给水管道的水头损失,包含沿程损失和局部损失两部分,按表 1.4-13 计算。

表 1.4-13 水头损失计算

沿程水头损失	局部水头损失
$h = i \cdot L$ 式中 h——管道沿程水头损失(kPa); L——管道长度(m); i——管道单位长度的水头损失(kPa/m)(按下式计算) $i = 105 C_h^{-1.85} d_j^{-4.87} q_g^{1.85}$ 式中 d_j——管道计算内径(m); q_g——给水设计流量(m³/s); C_h——海澄-威廉系数(见下行)	$h_f = 10 \sum \varepsilon \dfrac{V}{g}$ 式中 h_f——局部水头损失(kPa); ε——局部阻力系数; V——管道断面水流平均流速(m/s); g——重力加速度(m/s²)
① 各种管材的 C_h 值: 塑料管、内衬(涂)塑管:140; 铜管、不锈钢管:130; 内衬水泥、树脂的铸铁管:130; 普通钢管、铸铁管:100。 ② 单位长度管道的水头损失 i,可由相关管材的水力计算表查出	生活给水管道的局部水头损失计算比较复杂,一般按管道的连接方式,采用管(配)件当量长度法计算。表 1.4-14 为螺纹接口的阀门及管件的摩阻损失当量长度表。当管道的管(配)件当量资料不足时,可按下列管件的连接状况,按管网的沿程水头损失的百分数取值,见表 1.4-15,给水系统中采用设备、装置其水头损失按表 1.4-16

表 1.4-14 阀门和螺纹管件的摩阻损失的折算补偿当量长度

管件内径 /mm	各种管件的折算当量长度/m						
	90°标准 弯头	45°标准 弯头	标准三通 90°转角流	三通直向流	闸板阀	球阀	角阀
9.5	0.3	0.2	0.5	0.1	0.1	2.4	1.2
12.7	0.6	0.4	0.9	0.2	0.1	4.6	2.4
19.1	0.8	0.5	1.2	0.2	0.2	6.1	3.6
25.4	0.9	0.5	1.5	0.3	0.2	7.6	4.6
31.8	1.2	0.7	1.8	0.4	0.2	10.6	5.5

管件内径 /mm	各种管件的折算当量长度/m						
	90°标准弯头	45°标准弯头	标准三通 90°转角流	三通直向流	闸板阀	球阀	角阀
38.1	1.5	0.9	2.1	0.5	0.3	13.7	6.7
50.8	2.1	1.2	3	0.6	0.4	16.7	8.5
63.5	2.4	1.5	3.6	0.8	0.5	19.8	10.3
76.2	3	1.8	4.6	0.9	0.6	24.3	12.2
101.6	4.3	2.4	6.4	1.2	0.6	38	16.7
127	5.2	3	7.6	1.5	1	42.6	21.3
152.4	6.1	3.6	9.1	1.8	1.2	50.2	24.3

注:本表的螺纹接口是指管件无凹口的螺纹,即管件与管道在连接点内径有突变,管件内径大于管道内径。当管件为凹口螺纹,或管件与管道为等径焊接,其折算补偿长度取本表值的 1/2。

表 1.4-15　各种管材的局部水头损失值

管材名称	局部水头损失按沿程水头损失的百分数
建筑给水钢塑复合管(PAP)	采用三通配水:50%~60%,分水器配水:30%
建筑给水钢塑复合管	螺纹连接内衬塑可锻铸铁管件:生活给水管网 30%~40%,生活、生产合用给水管网 25%~30%;法兰或沟槽式连接内涂(衬)塑钢管件:10%~20%
建筑给水超薄壁不锈钢塑料复合管	承插式连接:20%~30%;卡套式连接:30%~35%
给水钢塑复合压力管	室内可按 25%~30%计
建筑给水硬聚氯乙烯管(PVC-U)	25%~30%
建筑给水氯化硬聚氯乙烯管(PVC-C)	25%~30%
建筑给水聚丙烯管(PP-R、PP-B)	25%~30%
建筑给水聚乙烯管(PE、PEX、PE-RT)	1. 热熔连接、电熔连接、承插式柔性连接和法兰连接,采用三通分水时宜取 25%~30%,采用分水器分水时宜取 15%~30% 2. 管材端口内插不锈钢衬套的卡套式连接,采用三通分水时宜取 35%~40%,采用分水器分水时宜取 30%~35% 3. 卡压式连接和管材端口插入管件本体的卡套式连接,采用三通分水时宜取 60%~70%,采用分水器分水时宜取 35%~40%
建筑给水薄壁不锈钢管	25%~30%
建筑给水铜管	25%~30%
铸铁管、热镀锌钢管	25%~30%

注:1. 表中数值只适用于室内生活给水的配水管,不适用于给水干管(如由泵提升至水箱等输水管应按管道的实际布置状况经计算确定);

2. 小区埋地输水管的局部水头损失值:埋地聚乙烯给水管按沿程水头损失的 12%~18%计。埋地聚氯乙烯给水管的局部水头损失值应由制造厂提供或查相关技术规程。埋地金属管道宜按相关公式计算,当资料不足时除水表和止回阀等需单独计算外,可按管网沿程水头损失的 15%~20%计算。

表 1.4-16 设备、装置的水头损失

名　称	水　头　损　失
水表	1. 住宅入户管上的水表,按计算确定 2. 建筑物或小区引入管上的水表,在生活用水工况时,宜取 0.03 MPa;在校核消防工况时,宜取 0.05 MPa
比例式减压阀	阀后动水压宜按阀后静水压的 80%～90%采用
管道过滤器的局部水头损失	宜取 0.01 MPa
倒流防止器的局部水头损失	按产品测试参数确定,(0.025～0.040 MPa)
真空破坏器的局部水头损失	按产品测试参数确定,(0.025～0.040 MPa)

注:1. 水表的水头损失,应按选用产品所给定的压力损失值计算。在未确定具体产品时,可按表内数值定;

2. 倒流防止器和真空破坏器的水头损失,在未确定具体产品时,可按表内数值定。

4. 给水管道水压计算。

(1) 给水管道水压计算根据供水方式按 1.4-17 计算。

表 1.4-17 给水管道水压计算表

供水方式	水　压　计　算
市政管网直供	$$H \geqslant 0.01H_1 + 0.001H_2 + H_3$$ 式中　H——引入管与外网市政接点处的要求水压(MPa); 　　　H_1——最不利配水点与引入管的高程差(m); 　　　H_2——由引入管与外网接点至最不利配水点的管路的沿程和局部水头损失之和(kPa); 　　　H_3——建筑物内最不利配水点满足工作要求的最低工作压力(MPa)。 　　当室外市政管网能保证的水压 $H_0 \geqslant H$ 时,则表示直供方案成立,若两者相差过大时,还可在允许流速范围内,缩小某些管段管径(一般为原较大的管径);当 $H_0 < H$ 时,若相差不多,可放大某些管段的管径(一般为原较小的管径),使其满足要求;若相差较大时应采用泵提升直供(或设立高位水箱供水)
提升泵加压供水	
向用水点供水	$$H \geqslant 0.01H_{B1} + 0.001H_{B2} + H_3$$ 式中　H——泵的扬程(MPa); 　　　H_{B1}——最不利配水点与吸水井或贮水池的最低水位的高程差(m); 　　　H_{B2}——最不利配水点与泵的吸水口之间管路的沿程和局部阻力损失之和(kPa); 　　　H_3——同上

供水方式	水　压　计　算
向高位水箱供水	$$H \geqslant 0.01H'_{B1} + 0.001H'_{B2} + \frac{V^2}{2g}$$ 式中　H'_{B1}——高位水箱的最高水位与吸水井或贮水池的最低水位的高程差(m); 　　　H'_{B2}——高位水箱的进水口与泵的吸水口之间管路的沿程和局部阻力损失之和(kPa); 　　　g——重力加速度(9.81 m/s²); 　　　V——高位水箱进水管入口处的流速(m/s),一般$\left(\dfrac{V^2}{2g}\right)$取2~3 m
从外网直接吸水	$$H_b \geqslant 0.01H_1 + 0.001H_2 + H_3 - H_L$$ 式中　H_b——泵的扬程(MPa); 　　　H_1——最不利配水点与引入管的高程差(m); 　　　H_2——由引入管与外网接点至最不利配水点的管路的沿程和局部水头损失之和(kPa); 　　　H_3——建筑物内最不利配水点满足工作要求的最低工作压力(MPa); 　　　H_L——可以利用的市政最低水压(MPa)
高位水箱重力供水	$$Z_z \geqslant Z_b + 0.1H_x + H_3$$ 式中　Z_z——高位水箱的设置标高(以水箱的最低水位计)(m); 　　　Z_b——最不利配水点标高(m); 　　　H_x——由水箱出口至最不利配水点的管道沿程和局部阻力损失之和(kPa); 　　　H_3——同上

注:市政压力最大时,对系统压力进行复核,使得系统最低配水点的给水配件承受的最大工作压力不大于0.55 MPa。

(2) 给水管道水压计算在缺少相关资料情况下亦可采用经验法估算。

在初定生活给水系统的给水方式时,对层高不超过3.5 m的民用建筑,室内给水系统所需压力(自室外地面算起),可用经验法估算,详见图1.4-4:1层为100 kPa;2层为120 kPa;3层及以上每增加1层,增加40 kPa。

水泵扬程计算:

$$H = H_1 + H_2 + H_3 + H_4$$

$$H_泵 = 高差 + 水损 + 自由水头$$

式中　H——给水系统所需水压(kPa);

　　　H_1——室内管网中最不利配水点与引入管之间的静压差(kPa);

　　　H_2——计算管路的沿程和局部水头损失之和(kPa);

H_3——计算管路中水表的水头损失(kPa);

H_4——最不利配水点所需最低工作压力(kPa)。

估算时,$H=4(n+1)$　　$n \geq 3$ 层,层高小于 3.5 m。

(3) 当采用叠压供水设备或无负压供水设备,直接从市政供水管网抽水时,水泵的扬程计算可按 $H_泵 = P_{出口} - P_{入口}$,详见 1.4-5 图,注意此时要按市政引入管的最低压力计算;按最高压力校核是否超压。

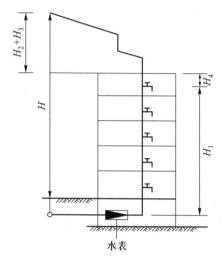

图 1.4-4　经验法估算系统水压图

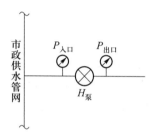

图 1.4-5　直接从市政管网抽水时简图

【本节精选习题】

1. 某居住小区各部分最高日用水量如下:居民生活用水量 150 m³/d,绿化用水量 5 m³/d,公用设施用水量 10 m³/d,消防用水量 144 m³/次(同一时间内的火灾次数以 1 次计);未预见用水量及管网漏失水量 15 m³/d,该居住小区的给水设计正常水量应为下列哪一项?(　　)

A. (150+5+10+15) m³/d=180 m³/d

B. (150+5+10+144) m³/d=309 m³/d

C. (150+5+10) m³/d=165 m³/d

D. (150+5+10+15+144) m³/d=324 m³/d

答案:【A】

解析:小区给水设计用水量,应根据下列用水量确定:1. 居民生活用水量;2. 公共建筑用水量;3. 绿化用水量;4. 水景、娱乐设施用水量;5. 道路、广场用水量;6. 公用设施用水量;7. 未预见用水量及管网漏失水量;8. 消防用水量。注:消防用水量仅用于校核管网计算,不计入正常用水量。

2. 某小区从城市给水环状网东西两侧干管分别连接引入管,小区内室外给水干管与市政管网连接成环,引入管上水表前供水压力为 0.25 MPa(从地面算起),若不计水表及小区内管网水头损失,则下述小区住宅供水方案中哪几项正确合理?(　　)

A. 利用市政供水压力直接供至 5 层,6 层及 6 层以上采用变频加压供水

B. 利用市政供水压力直接供至 4 层,5 层及 5 层以上采用变频加压供水

C. 利用市政供水压力直接供至 3 层,4 层及 4 层以上采用变频加压供水

D. 利用市政供水压力直接供至 4 层,5 层及 5 层以上采用水泵加高位水箱供水

答案:【BD】

解析:本题说不计水表和小区管网的水头损失,我们可以理解为小区引入管和建筑引入管中的水表水头损失都不计,但不是说所有的附件的水头损失都不计。题干着重描述了管道的设置方式,该设置方式隐含的附件就是倒流防止器。从给水饮用水管道上直接供下列用水管道时,应在这些用水管道的下列部位设置倒流防止器:从城镇给水管网的不同管段接出两路及两路以上的引入管,且与城镇给水管形成环状管网的小区或建筑物,在其引入管上;这里倒流防止器设在水表后面,它的局损还是要计的,一般为 2~5 m,所以住宅可利用的水头 = 0.25-(0.02~0.05) = 0.2~0.23 MPa,$H = (n-2) \times 0.04 + 0.12 = 0.2 \sim 0.23$ MPa,解得 $n = 4$ 层,故 A 错误,BD 正确,C 不经济。

3. 下列有关建筑给水系统设计的说法中,哪几项正确?(　　)

A. 生活给水干管局部水头损失可按沿程水头损失的百分数取值

B. 给水设计秒流量与生活给水系统管网的压力大小无关

C. 住宅建筑生活给水设计秒流量与卫生器具给水当量有关,与使用人数无关

D. 室外生活、消防合用给水管,其管径不得小于 100 mm

答案:【BD】

解析:对于选项 A,百分比取值只适用于配水管,不适用于给水干管,A 错误;对于选项 B,建筑给水设计秒流量与水系统管网的压力大小无关,B 正确;对于选项 C,住宅建筑的设计秒流量公式可知使用人数会影响平均出流概率,进而影响同时出流概率,进而影响设计秒流量,C 错误;D 正确;故本题选 BD。

4. 图示某旅馆局部给水管路,对图中节点 A 的有关叙述中,哪几项正确?(　　)

A. 管段 1-A 的设计秒流量为管段 A-2、A-3 的设计秒流量之和

B. 流入点 A 流量等于流离点 A 流量

C. 点 A 上游各管段的管内压力必不小于下游管段的管内压力

D. 点 A 上游干管段的直径必不小于下游管段的管径

答案:【BD】

解析:A 错误,应该按点 A 以后进行整体计算;C 错误,因为总的来说,能量流动是高到低,但是这里的"压力"不是总的能量,是压强水头,没有考虑流速水头的影响。

5. 某建筑生活给水系统如右图所示,下列关于其给水管段设计流量关系,哪几项错误?(　　)

A. $Q_{AB} = Q_{BF} + Q_{BC}$

B. $Q_{BF} \leqslant Q_{GH}$

C. $Q_{BC} = Q_{CE} + Q_{CD}$

D. $Q_{GH} = Q_{LJ}$

答案:【CD】

解析:A 正确,引入管设计流量等于二者之和,B 正确,GH 流量大于等于最大时流量,BF 流量为补水量,在平均时与最大时之间,C 错误;BC 设计秒流量与 CE,CD 的当量之和有关,D 错误,Q_{GH} 大于等于最大时流量,LJ 为设计秒流量。所以本题选 CD。

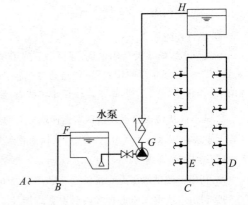

6. 图示为某建筑办公与集体宿舍共用给水引入管的简图,其给水支管的设计秒流量为 q_1、q_2;根据建筑功能用途而定的系数为 a_1、a_2;管段当量总数为 N_{g1}、N_{g2},则给水引入管的设计秒流量 q_0 应为下面哪一项?(　　)

A. $q_0 = 0.2 \times \alpha_1 \times \sqrt{N_{g1}} + 0.2 \times \alpha_1 \times \sqrt{N_{g2}}$

B. $q_0 = 0.2 \times \dfrac{\alpha_1 \times N_{g1} + \alpha_2 \times N_{g2}}{N_{g1} + N_{g2}} \times \sqrt{N_{g1} + N_{g2}}$

C. $q_0 = 0.2 \times \dfrac{\alpha_1 + \alpha_2}{2} \sqrt{N_{g1} + N_{g2}}$

D. $q_0 = 0.2 \times (\alpha_1 + \alpha_2) \times \sqrt{N_{g1} + N_{g2}}$

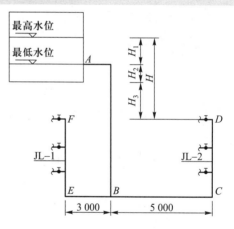

答案:【B】

解析:采用加权平均法的基本公式。

7. 某十层的普通住宅,市政管网的供水压力为 210 kPa,以下供水方案中何种最为合理?(　　)

A. 1~3 层由市政管网直接供水,3 层以上由高位水箱与加压泵供水

B. 1~4 层由市政管网直接供水,4 层以上由高位水箱与加压泵供水

C. 1~5 层由市政管网直接供水,5 层以上由高位水箱与加压泵供水

D. 1~6 层由市政管网直接供水,6 层以上由高位水箱与加压泵供水

答案:【B】

解析:用经验法,求得 $n=4.25$,此含义是市政压力可以满足 4 层,答案选 B。

8. 某建筑生活给水系统如右图所示,图中两根给水立管的布置相同(且其各层配水支管布置也相同)。则下列表达式中,哪项正确?(　　)(注:h_4 为点 D、点 F 处所需最小压力,h_{c-d} 为给水立管 JL-1(JL-2)的水头损失)

A. $H = H_1 + H_2 + h_4 + h_{A-B} + h_{B-C} + h_{C-D}$

B. $H = H_1 + H_3 + h_4 + h_{A-B} + h_{B-C} + h_{C-D}$

C. $H = H_1 + h_4 + h_{A-B} + h_{B-C} + h_{C-D}$

D. $H = h_4 + h_{A-B} + h_{B-C} + h_{C-D}$

答案:【C】

解析:根据能量守恒,本题选 C。

9. 下列关于建筑生活给水系统配水管网水力计算的说法中,哪项正确?(　　)

A. 采用分水器配水时,局部水头损失最小

B. 室内配水管道的局部水头损失小于其沿程水头损失

C. 沿程水头损失与管材有关,局部水头损失与管(配)件形式无关

D. 管件内径大于管道内径的局部水头损失小于管件为凹口螺纹的局部水头损失

答案:【A】

解析:生活给水管道的配水管的局部水头损失,宜按管道的连接方式,采用管(配)件当量长度法计算。当管道的管(配)件当量长度资料不足时,可按下列管件的连接状况,按管网的沿程水头损失的百分数取值:1. 管(配)件内径与管道内径一致,采用三通分水时,取 25%~30%;采用分水器分水时,取 15%~20%;2. 管(配)件内径略大于管道内径,采用三通分水时,取 50%~60%;采用分水器分水时,取 30%~35%;3. 管(配)件内径略小于管道内径,管(配)件的插口插入管口内连接,采用三通分水时,取 70%~80%;采用分水器分水时,取 35%~40%。所以 A 正确。

当管件当量长度大于管长时,局部损失大于沿程损失,B 错误。

螺纹接口是指管件无凹口的螺纹,即管件与管道在连接点内径有突变,管件内径大于管件外径,C 错误。

当管件为凹口螺纹,或管件与管道为等径焊接,其折算补偿长度取表 1.4-14 值的 1/2,所以 D 错误。

10. 某 20 层办公楼,层高 3 m,分高、中、低三个区供水,地区为-2~4 层,中区 5~12 层,高区 13~20 层,分区后各区最低卫生器具配水点静水压力均小于 350 kPa,以下叙述正确的是?(　　)

A. 该楼各区最低卫生器具配水点静水压力符合分区要求

B. 该楼各区最低层卫生器具配水点静水压力不符合分区要求

C. 分区后能满足各层卫生器具配水点最佳使用压力要求

D. 分区后不能满足各层卫生器具配水点最佳使用压力要求

答案:【AD】

解析:最底层卫生器具均不超过 350 kPa,分区最多层为 8×3 m = 24 m,即顶层压力为 350 kPa - 240 kPa = 110 kPa>100 kPa,故 A 正确,B 错误;卫生器具正常使用的最佳水压为 0.2~0.3 MPa,故 D 正确,C 错误。

1.5　贮水池(箱)、吸水井、高位水箱

1.5.1　贮水池(箱)的设置

详见表 1.5-1。

表 1.5-1　贮水池(箱)的设置

设置条件	调节市政(室外)供水和区域(室)内用水(水量和水压)之间的不平衡而设置
有效容积	小区集中贮水池:$V = V_1 + V_2 + V_3$ 式中　V——贮水池有效容积(m^3); 　　　　V_1——调节水量(m^3),应按流入量与流出量的变化曲线经计算确定,资料不足时,可按小区最高日生活用水量的 15%~20% 计算; 　　　　V_2——安全贮水量(m^3),根据城镇供水制度、供水可靠程度及小区对供水的保证要求确定,一般按 2~3 h 最高日最大时或平均时用水量; 　　　　V_3——消防贮水量(m^3),按照现行的有关消防规范执行。 宜分成容积基本相等,并能独立使用的两格 单体建筑物内低位生活贮水箱:按建筑内最高日生活用水量的 20%~25% 计算 有效容积大于 50 m^3,宜分成容积基本相等,并能独立使用的两格
设置位置	室外设置: 1. 埋地贮水池周围 10 m 以内,不得有化粪池、污水处理构筑物、渗水井、垃圾堆放点 2. 周围 2 m 以内不得有污水管和污染物 3. 当达不到以上要求时,应采取防污染措施

续表

设置 位置	室内设置： 1. 贮水箱体应采用独立结构形式，不得利用建筑物本体结构作为水箱的壁、底及顶板 2. 贮水箱与其他用水箱并列设置时，应有各自独立的分隔墙 3. 宜设在专用房间内，其上方的房间不应有厕所、浴室、盥洗室、厨房、污水处理间等，房间内通风良好，不结冻 4. 不宜毗邻电气用房和居住用房或在其正下方
材质	室外埋地水池：钢筋混凝土池体，内衬材料或涂料，不得影响水质 室内水箱：食品级不锈钢、衬砌材料和内壁涂料不影响水质的冲压钢板
防污染 措施	1. 进水管应从溢流水位以上进入 2. 人孔、通气管、溢流管、泄水管应有防止生物进入水池的措施 3. 进出水管布置不得产生水流短路，必要时设导流装置 4. 不得接纳消防管道试压水、泄压水等回流水或溢流水 5. 泄水管和溢流管应采取间接排水方式
配管 要求	1. 进水管：应设两个相同管径的液位控制阀(浮球阀或液压阀)，液位阀前设阀门和过滤器，两个液位阀的安装标高应一致 2. 出水管：贮水箱的出水管即为水泵吸水管，水泵吸水管应位于进水管的不同侧，吸水管应做成向下的喇叭口，并在池底设吸水坑，吸水坑尺寸应满足吸水喇叭口布置和吸水要求(见表 1.5-2A 附图)，若采用成品水箱，吸水管最小间距要求见本表附图 A，条件限制达不到要求时，吸水喇叭口宜设旋流防止器，旋流器直径应不小于喇叭口缘直径的 2 倍以增大有效贮水容积减少死容积。若从消防和生活合用水池吸水时，吸水管上应设虹吸破坏孔(见本表附图 B)，防止消防水被动用 3. 溢流管：管径应按能排泄进水管的最大入流量确定，一般比进水管大一级，并采用喇叭口集水，喇叭口下垂管段长度不宜小于 4 倍的溢流管管径 4. 泄水管：按水池(箱)泄空时间和泄水受体排泄能力确定，当不能以重力自流泄空时，应设移动或固定的提升装置 5. 通气管：管径宜比进水管大一级，宜设高低错落的两个通气管，间距适当远离 6. 配管材质要求见表 1.3-2
布置 要求	水箱与建筑结构本体墙面或其他池壁之间的净距，除满足施工与装配要求外，还应满足以下要求：无管道的侧面，净距不宜小于 0.7 m；安装有管道的侧面，净距不宜小于 1.0 m，且管道外壁与建筑本体墙面之间的通道宽度不宜小于 0.6 m；设有人孔的顶面，顶板面与上面建筑本体板底的净空不应小于 0.8 m

续表

其他	1. 人孔:人孔直径不小于 700 mm(或相同边长的正方形),一般从箱顶进入,人孔盖密闭并加锁 2. 爬梯:人孔旁的内外均设爬梯,水箱内的爬梯应采用不锈钢材质 3. 宜设置水位监视和溢流报警装置,信号传至监控中心 4. 箱内水温低于安装地点的环境空气露点温度时,箱体应做防结露保温 5. 水箱内水容积 48 h 不能得到更新时,应设置水消毒处理装置
附图	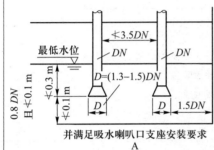 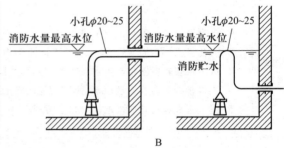

1.5.2 吸水井的设置

详见表 1.5-2、表 1.5-2A。

表 1.5-2 吸水井的设置表

设 置 条 件	设 计 要 点
1. 不允许从室外管网或水池内直接用水泵吸水 2. 水泵吸水管的长度过长,其水头损失影响水泵的吸水高度 3. 室外消防水池设在地下室内,火灾时,消防车只能从室外吸水井吸水	1. 吸水井的有效容积不得小于最大一台或多台同时工作水泵 3 min 的设计出水量,吸水井的尺寸应同时满足吸水管的布置安装、检修和水泵正常工作的要求(不同管径的吸水管最小安装要求见表 1.5-2A) 2. 吸水井的位置宜设在距离吸水泵较近的地方 3. 吸水井应设检修人孔,室外采用双层井盖

表 1.5-2A　吸水井内吸水管最小安装尺寸　　　　　　　　mm

吸水管直径 DN	喇叭口直径 D	喇叭口高出井底 h_1	喇叭口最小淹没水深 h_2[①]	喇叭口最小净距 $L=(1.5\sim2.0)D$	喇叭口与井壁最小净距 $b=(0.75\sim1.0)D$
80	104~120	500	500~1 000	156~240	78~120
100	130~150	500	500~1 000	195~300	98~150
125	163~188	500	500~1 000	245~376	122~188
150	195~225	500	500~1 000	293~450	146~225
200	260~300	500	500~1 000	390~600	195~300
附图	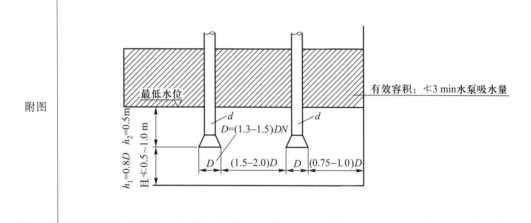				

注:① 达不到此要求时,可设旋流消除器。

1.5.3 高位水箱(转输水箱)的设置

高位水箱(水塔)设置详见表 1.5-3 的相关规定。

表 1.5-3　高位水箱(转输水箱)的设置

设置条件	调节市政(水泵)供水和管网用水之间的不平衡而设置。生活水箱应单独设置,不得与消防水箱合用
有效容积	1. 水泵、水箱联合工作供水时, $V\geqslant$水箱供水区的 50%最大时用水量 2. 兼作中间转输水箱时, $V\geqslant$上述 1 容积+5~10 min 转输泵流量 3. 专作中间转输水箱时, $V\geqslant$5~10 min 转输泵流量 4. 夜间进水供白天使用时, $V\geqslant$最高日用水量 5. 根据地区的市政供水情况,为维护管理,用水要求,可考虑一定的安全余量
	有效容积大于 50 m^3,宜分成容积基本相等,并能独立使用的两格

	位置(高度)应满足最不利用水点的水压要求,若不能满足时,则最不利区应采取变频或气压供水设备解决
设置要求	1. 水箱与其他用水箱并列设置时,应有各自独立的分隔墙 2. 宜设在专用房间内,其上方的房间不应有厕所、浴室、盥洗室、厨房、污水处理间等,房间内通风良好,不结冻 3. 不宜毗邻电气用房和居住用房或在其正上方
材质	食品级不锈钢、衬砌材料和内壁涂料不影响水质的冲压钢板
防污染措施	1. 进水管口的最低点高出溢流边缘的空气间隙应等于进水管管径,但最小不应小于25 mm,最大可不大于150 mm。当进水管从最高水位以上进入水池(箱),管口为淹没出流时,应采取真空破坏器等防虹吸回流措施 2. 人孔、通气管、溢流管、泄水管应有防止生物进入水池的措施 3. 进出水管布置不得产生水流短路,必要时设导流装置 4. 不得接纳消防管道试压水、泄压水、热水膨胀等回流水或溢流水 5. 泄水管和溢流管应采取间接排水方式
配管要求	1. 进水管:按供水泵流量确定管径,由水箱水位控制供水泵的启停时,进水管上不应设浮球阀 2. 出水管:按系统设计秒流量确定管径。出水管管底高于水箱底不小于100 mm 3. 溢流管:管径应按能排泄进水管的最大入流量确定,一般比进水管大一级,并采用喇叭口集水,喇叭口下垂管段长度不宜小于4倍的溢流管管径,管口高于最高水位不小于50 mm 4. 泄水管:按水箱泄空时间和泄水受体排泄能力确定 5. 通气管:管径宜比进水管大一级,宜设高低错落的两个通气管
布置要求	水箱与建筑结构本体墙面或其他池壁之间的净距,除满足施工与装配要求外,还应满足表1.5-3A的要求
其他要求	同贮水池(箱)

表 1.5-3A 水箱布置最小距离要求

水箱形式	箱外壁至墙面的距离/m		水箱之间的距离/m	水箱顶至建筑结构最低点的距离/m	水箱底至楼面净空距离/m
	有管道、阀门一侧	无管道、阀门一侧			
圆形水箱	0.8	0.5	0.7	0.8	≥0.5
矩形水箱	1.0	0.7	0.7	0.8	≥0.5

【本节精选习题】

1. 某高级宾馆内设总统套房两套(每套按 8 床位计);高级豪华套房 20 套(每套按 2 床位计);高级标准间 280 套(每套按 2 床位计);配有员工 110 人,该建筑物底层设有生活用水调节水池。当用水量标准均取高值时,其调节水池最小有效容积为下列何项?(　　)

A. 64.35 m³

B. 51.48 m³

C. 62.35 m³

D. 59.60 m³

答案:【B】

解析:共有床位数 616 床,最大用水标准为 400 L/(床·天),员工 110 人,最大用水标准为 100 L/(人·天),则最高日用水量为:616×0.4 m³/d+110×0.1 m³/d=257.4 m³/d。调节水池下限取最高日用水量的 20%,则 V=257.4 m³×20%=51.48 m³。故选 B。

2. 如图所示,下列哪几项叙述是正确的?(　　)

A. 水泵吸水喇叭口应朝下设置

B. 吸水喇叭口距最低水位 250 mm,太小

C. 溢流喇叭口下的垂直管段 300 mm,太短

D. 溢水管管径 $DN125$,太小

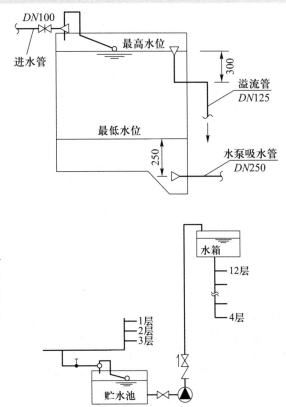

答案:【ABC】

解析:A、B 项,吸水管口应设置向下的喇叭口,喇叭口低于水池最低水位,不宜小于 0.5 m;C、D 项,溢流管宜采用水平喇叭口集水;喇叭口下的垂直管段不宜小于 4 倍溢流管管径(500 mm)才满足。溢流管的管径比进水管管径大一级,应为 $DN150$ 综上,选 ABC。

3. 某 12 层医院的供水系统如图示,设计参数为:总人数 960 人,每层 80 人,最高日用水定额以 200 L/(人·d) 计,小时变化系数 2.5~2.0,使用时间 24 h,则该系统低位贮水池最小容积 V_1 和高位水池最小贮水容积 V_2 应为以下何项?(　　)

A. V_1 = 28.8 m³,V_2 = 6 m³

B. V_1 = 38.4 m³,V_2 = 8 m³

C. V_1 = 28.8 m³,V_2 = 8 m³

D. V_1 = 38.4 m³,V_2 = 6 m³

答案:【A】

解析:低位水池宜为最高日用水量的 20%~25%,最小取 20%。水泵联合供水的高位水池,不宜小于最大时用水量的 50%。V_1 取最高日用水量的 20%:(9×80×0.2×20%) m³ = 28.8 m³;V_2 按 50% 的最大时用水量计算:(9×80×0.2/24)×2×50% m³ = 6 m³,故选 A。

4. 生活给水系统贮水设施的有效容积按百分比取值时,下列哪项是错误的?(　　)

A. 居住小区加压泵站贮水池容积,可按最高日用水量的 15%~20% 确定

B. 建筑物内由水泵联动提升供水系统的生活低位贮水池容积宜按最高日用水量的 50% 确定

    C. 吸水井的有效容积不应小于水泵 3 min 设计秒流量

    D. 由外网夜间直接供水的高位水箱的生活用水调节容积可按最高日用水量确定

答案:【C】

解析:吸水井的有效容积不应小于水泵 3 min 设计秒流量,吸水井无贮水功能,故选 C。

5. 某居住小区高区生活给水系统最高日设计用水量为 253.3 m³/d,其供水方式:低位贮水池(成品)—供水泵—高位水箱—高区生活用水点(如图示),已知低位贮水池的平面尺寸为 5 m×4 m,则其低位贮水池的高度最小不应小于下列哪项?(　　)

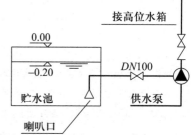

    A. 1.90 m

    B. 2.10 m

    C. 2.40 m

    D. 2.50 m

答案:【D】

解析:贮水池的最小容积为 V_{min} = 253.3 m³×15% = 37.995 m³,贮水池的有效高度(即水池最高水位与最低水位的高差)为 $H = V_{min}/A = [37.995/(5×4)]$ m = 1.9 m;吸水管喇叭口至池底的净距不应小于 0.8 倍的吸水管径,且不小于 0.1 m,据此取 0.1 m;喇叭口低于水池最低水位不宜小于 0.3 m;成品贮水池的超高如图为 0.2 m;则水池的最小高度为(1.9+0.1+0.3+0.2)m = 2.5 m。正确答案为 D。

6. 某建筑生活给水系统采用"水泵—高位水箱—配水点"的供水方式。下列关于该系统高位水箱配管管径的叙述中,哪几项正确?(　　)

    A. 高位水箱出水管管径按水泵设计出水量计算确定

    B. 高位水箱泄水管管径与水箱容积有关

    C. 高位水箱进水管管径按水泵设计出水量计算确定

    D. 高位水箱溢流管管径可按比水箱进水管管径大一级确定

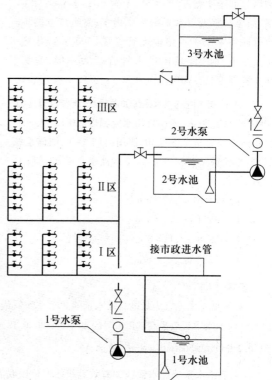

答案:【CD】

解析:选项 A 错误,高位水箱出水管管径按照设计秒流量确定;选项 B 错误,泄水管的管径,应按水池(箱)泄空时间和泄水受体排泄能力确定;选项 C 正确,高位水箱进水管管径按水泵设计出水量计算确定;选项 D 正确,溢流管宜采用水平喇叭口集水;喇叭口下的垂直管段不宜小于 4 倍溢流管管径。溢流管的管径,应按能排泄水塔(池、箱)的最大入流量确定,并宜比进水管管径大一级;综上,答案选 CD。

7. 某高层住宅生活给水系统如图所示,图中 2 号水箱的最小有效容积宜为下列哪项?(　　)

    A. 0.96 m³　　　　　　B. 1.92 m³

    C. 24 m³　　　　　　　D. 30 m³

用水部门	用水人数	用水定额	小时变化系数
Ⅰ区	60人	130 L/(人·d)	2.8
Ⅱ区	300人	180 L/(人·d)	2.5
Ⅲ区	400人	300 L/(人·d)	2.3

答案:【A】

解析:2号水箱只起转输作用,生活用水中途转输水箱的转输调节容积宜取转输水泵 5~10 min 的流量。转输水箱时:

$$V_{转输水箱} = (5\sim10\ \text{min}) \times Q_{zh} = (5\sim10\ \text{min}) \times K_h \times Q/24$$
$$= [(5\sim10) \times 2.3 \times (400 \times 0.3)/(24 \times 60)]\ \text{m}^3$$
$$= 0.96 \sim 1.92\ \text{m}^3, 取值\ 0.96\ \text{m}^3。故选\ A。$$

8. 某生活高位水箱设在专用屋顶水箱间内,水箱设有:① DN80 的进水管(设在人孔附近);② 浮球阀控制进水(市政供水);③ 水箱盖板上设浮球阀检修人孔;④ 箱内设爬梯;⑤ 出水管 DN100,侧出水,管口位于爬梯下方,便于清理;⑥ 出水管内底高于水箱底 100 mm;⑦ 水箱顶上设 2 个通气管;⑧ 水箱盖板面到水箱间顶板底的净高 0.7 m。以上给出的 8 个信息中存在几处错误?(　　)

A. 1 处　　　　B. 2 处　　　　C. 3 处　　　　D. 4 处

答案:【B】

解析:① 设置方式不违背什么规范条文,而且设在人孔附近方便检修,正确;② 当利用城镇给水管网压力直接进水时,应设置自动水位控制阀,控制阀直径应与进水管管径相同,当采用直接作用式浮球阀时不宜少于两个,且进水管标高应一致;② 没说浮球阀不是直接作用式也没说只设一个,正确(如果按技术措施 2.8.10,浮球阀适用于 ≤DN50 的进水管);③④ 没有问题;⑤由于进水管①在人孔附近,排水管位于爬梯下方,进水管和排水管同侧,容易死水,错误;⑥⑦没有问题;⑧不符合 0.8 m 的要求。综上,共 2 处错误,故选 B。

9. 某公共建筑,在用水高峰时,市政管网的水压不满足其生活给水系统用水要求,但在夜间或用水低峰时,市政管网的水压、水量均可满足其用水要求。则该建筑生活给水系统设置下列哪项设施既节能又能满足其用水要求?(　　)

A. 高位调节水箱
B. 变频加压供水设备
C. 低位调节水箱+变频加压供水设备
D. 低位调节水箱+增压泵+高位调节水箱

答案:【A】

解析:A 项在给水系统中设置高位调节水箱,可在夜间或用水低峰时蓄水,在满足高峰时段的建筑用水的同时不增加额外能耗,即节能又满足用水要求;BCD 项中各设施均能满足建筑用水要求,但均需通过水泵加压,不节能。故选项 A 最符合题意要求。

10. 下列关于建筑生活给水系统防止水质污染设计中,哪几项错误?(　　)

A. 在生活饮用水贮水池内设置导流隔墙
B. 地下生活饮用水贮水池的底板、池壁共用地下室的底板、外墙
C. 由建筑高位水箱向其热水机组注水的进水管上不设倒流防止器
D. 高位生活饮用水贮水池溢流管和放空管的合用排出管与雨水排水管连接

答案:【BD】

解析:生活饮用水池内设置导流隔墙合理,A 项正确;建筑物内的生活饮用水水池(箱)体,应采用独立结构形式,不得利用建筑物的本体结构作为水池(箱)的壁板、底板及顶盖。B 项错误;利用城镇给水管网水压且

小区引入管无倒流防止设施时,向商用的锅炉、热水机组、水加热器、气压水罐等有压容器或密闭容器注水的进水管上需设倒流防止器,C项中热水机组为住宅用,可不设,C项正确;中水、回用雨水等非生活饮用水管道严禁与生活饮用水管道连接。D项错误。故选BD。

1.6 增压设备和泵房设计

1.6.1 一般设计选型原则

1. 应选择节能型低噪声水泵。宜选效率高且高效率范围大的水泵;一般不宜选用 $Q \sim H$ 曲线有上升段的泵,若并联运行,则不得采用。严禁采用淘汰型产品。当负有消防职能时,应满足消防的有关要求。

2. 根据系统设计流量、计算扬程(表1.6-1、表1.6-2)选泵。当还负有消防职能时,还应按消防工况校核,满足消防要求。

表1.6-1 水泵流量的确定

供 水 方 式	水 泵 流 量
给水系统设有调节水箱,水泵与水箱联合工作,水箱起调节蓄存作用	不小于最大小时用水量(当高位水箱容积较大,用水量较均匀时,可按平均小时流量)
给水系统无水箱时,水泵直供,如变频调速给水装置	不小于设备供水区域的设计秒流量
气压给水设备供水	按≥1.2倍最大小时流量

注:生活水泵流量选取时,应有1.1~1.2的余量,即 $Q_{泵}=(1.1 \sim 1.2)Q_{设计}$

表1.6-2 水泵扬程的确定

供水方式	从水箱或吸水井吸水向用水点直接供水	向高位水箱供水	从外网吸水向用水点直接供水
计算公式	见表1.4-17		

注:考虑因磨损等原因造成水泵出力下降,可按计算所得扬程 H 乘以1.05~1.10后选泵。

3. 应设置备用泵,备用泵的供水能力不应小于最大一台运行水泵的供水能力,并宜自动切换交替运行。

4. 当生活水泵从调节水箱或吸水井吸水时,水泵宜采用自灌式充水,当因条件所限,不能采用自灌式启泵而采用自吸式时,应有抽气或灌水装置(如真空泵、底阀、水射器或在泵体上部设小水箱等)。引水时间不超过下列规定:4 kW 以下的为 3 min,大于等于 4 kW 的为 5 min。其水泵的允许安装高度应以最低水位为基准,根据当地的大气压力、最高水温的饱和蒸汽压,水泵的汽蚀余量和吸水管路的水头损失计算确定,并应有不小于 0.3 m 的安全余量(一般采用 0.4~0.6 m)。

(1)自灌吸水应满足:卧式离心泵的泵顶放气孔、立式多级离心泵吸水端第一级(段)泵体应置于吸水池(箱)最低设计水位标高以下。

当不能满足时,应有防止水泵空载启动的保护措施。

(2)自吸式水泵每台应设独立吸水管,水泵安装高度要求见下式:

$$Z_s \leqslant \frac{1}{10}(H_g - H_z - H_s) - \Delta h - (0.4 \sim 0.6)$$

式中　Z_s——水泵安装高度:卧式泵为轴中心与最低水位的高差(m);
　　　　　　　立式泵为基准面(向厂家索取)与最低水位的高差(m);

　　　　H_g——水泵安装所在地的大气压力(kPa),见表1.6-3;

　　　　H_s——吸水管的沿程和局部水头损失之和(kPa);

　　　　Δh——水泵汽蚀余量(m),见产品样本,并取最大值;

　　　　H_z——设计吸水最高水温的饱和蒸汽压力(kPa),见表1.6-4;

0.4~0.6——为安全余量(m)。

表 1.6-3　不同海拔高度的大气压力

海拔高度/m	-600	0	100	200	300	400	500	600	700	800	900	1 000	1 500	2 000	3 000	4 000
大气压力/kPa	113	103	102	101	100	98	97	96	95	94	93	92	86	81	73	63

表 1.6-4　不同水温时的饱和蒸汽压力

水温/℃	0	5	10	15	20	30	40	50	60	70	80	90	100
饱和蒸汽压力/kPa	0.6	0.9	1.2	1.7	2.4	4.3	7.5	12.5	20.2	31.7	48.2	71.4	103.3

1.6.2　常用增压设备类型和设计要点

气压给水设备选型和设计要点详见表1.6-5,变频调速给水设备选型和设计要点详见表1.6-6,叠压供水设备选型和设计要点详见表1.6-7。

表 1.6-5　气压给水设备选型和设计要点

设备选用的计算公式	设 计 要 点
1. $Q_B \geqslant 1.2 Q_h$ 式中　Q_h——最大小时流量(m³/h) 2. $H_B \geqslant (1.05 \sim 1.10) \dfrac{P_1 + P_2}{2}$ $P_2 = \dfrac{P_1 + 0.1}{a_b} - 0.1$	1. 气压给水设备宜采用变压式,供水压力有恒定要求时,应采用定压式 2. 根据计算的 Q_B、H_B 选型水泵,宜选用一用一备,自动切换。多台运行时,工作泵台数不宜多于3台,并应依次交替和并联运行

设备选用的计算公式	设 计 要 点

$P_1 = 0.01h_1 + 0.001h_2 + h_3$
 	
式中 P_1——罐内气体最低工作压力(表压,MPa);
       h_1——水池最低水位至最不利配水点高差(m);
       h_2——水池最低水位至最不利配水点之间管路的沿程和局部水头损失(kPa);
       h_3——卫生设备的最低工作压力(MPa);
       P_2——罐内气体最高工作压力(MPa);
       a_b——罐内空气最小工作压力与最大工作压力之比(以绝对大气压力计,1 个大气压 = 10 m H_2O = 100 kPa = 0.1 MPa),一般采用 0.65 ~ 0.85(当气压水罐高置时取低值)
3. 气压水罐的总容积
 	
$$V_z = \beta \frac{V_x}{1-a_b}$$
 	
式中 V_z——气压水罐的总容积(m^3);
       V_x——气压水罐内水的容积,应大于或等于调节容积(m^3);
       β——气压水罐的容积附加系数,补气式卧式水罐宜为 1.25;补气式立式水罐宜为 1.10;隔膜式水罐宜为 1.05
4. 气体水罐内水的调节容积
 	
$$V_x = C \frac{q_b}{4n_{max}}$$
 	
式中 V_x——气压水罐内水的调节容积(m^3);
       q_b——工作水泵或泵组的出水流量(m^3/h);
       C——安全系数(宜采用 1.0 ~ 1.3);
       n_{max}——水泵在一小时内最多启动系数(宜采用 6 ~ 8 次)
	3. 根据气压水罐调节容积 V_x 和最高工作压力 P_2 确定气压罐型号、规格和数量;一般宜选用胆囊型隔膜式气压罐;当选用补气式气压罐时,其环境应满足无灰尘、粉尘和无不洁净空气等条件。而且宜采用限量补气或自平衡限量补气式气压罐
	4. 隔膜式气压罐的隔膜,应采用食品级橡胶制作,补气式气压给水罐及补气罐的内表面及止气装置外表面应涂以无毒型防腐涂料或采取无毒防腐措施
	5. 气压给水设备应装设安全阀、压力表、水位计、泄水管和密闭人(手)孔。安全阀开启压力不得超过气压水罐的罐体设计压力
	6. 定压式气压给水设备应装设自动调压装置,补气式气压水罐进水管上应装设止气装置。在罐体上宜装设水位计,其补气罐或空气压缩机的进气口应设空气过滤装置
	7. 采用空气压缩机补气时,定压式气压给水设备的空气压缩机不得少于两台,其中一台备用,充气时间不宜大于 2 h;变压式气压给水设备,可不设置备用的空气压缩机组。生活气压给水系统空气压缩机应采用无油润滑型;在保证有足够压力和不间断供给压缩气体及保证气质,不致影响水质的情况下,可利用共用的压缩空气系统
	8. 气压给水设备在最低处应设泄空阀门
	9. 气压给水设备,应有可靠的和完善的自动控制运行、工作显示和报警等功能
	10. 气压给水设备宜装在泵房或设备间内,且光线及通风良好,室内温度 5 ~ 40℃,空气相对湿度不宜大于 85%;位于地下室时,通风换气次数每小时不应少于 6 次
	11. 罐体及机组布置应便于安装与维修,并留有人行通道及电控及设备机组等的位置
	12. 气压给水设备距墙及罐与罐之间距离 $b \geqslant$ 700 mm,罐顶距建筑结构的最低点 $H \geqslant 1\ 000$ mm,罐体应置于混凝土基础上,底座应高出地面不小于 0.1 m。整体组装式气压给水设备采用金属框架支承时,可不设设备基础

表 1.6-6　变频调速给水设备选型和设计要点

设 备 选 用 的 计 算 方 法	设 计 要 点
1. 确定设备供水量：$$Q_B \geqslant (1.1 \sim 1.2) Q_g$$ 式中　Q_g——设计秒流量 2. 确定设备所需压力：$$H_B \geqslant (1.05 \sim 1.10) H_b$$ ① 恒压运行时水泵（组）出水口压力计算见表 1.4-17； ② 变压运行时水泵（组）出水口压力：$$H_b = 0.01 H_{B1} + 0.001 S Q_P^2 + H_3$$ 式中　S——等效管路特性系数 $S = \dfrac{H_{B2}}{Q^2}$； Q——设计流量（L/s 或 m^3/h）； Q_P——变化范围内的流量（L/s 或 m^3/h）； H_{B1}、H_{B2}、H_3 同表 1.4-17 3. 选择水泵： ① 三泵组时，有 H_B 和 $\dfrac{1}{2} Q_B$ 选三台主泵（其中一台备用）； ② 四泵组时，H_B 和 $\dfrac{1}{3} Q_B$ 选四台主泵（其中一台备用） 4. 小流量泵和小气压罐应根据设备的供水量服务对象而定	1. 变频调速水泵应由自动调节水泵转速和软启动的功能，且应由过载、短路、过压、缺相、欠压、过热等保护功能 2. 变频调速水泵的选择： （1）水泵工作点应在水泵主高效区范围内 （2）额定转速时，水泵的工作点宜在高效区段右侧的末端；水泵调速范围宜在 0.7~1.0 范围内，在高效区内可允许下调20%，一般可采用一台调速泵，其余为恒速泵的方式。当管网流量变化较大，或用户要求压力波动小时也可采用多台调速泵的方案。 （3）当用水不均匀时，为减少零流量时的能耗，变频调速泵组宜配置适用于小流量工况的水泵，其流量可为 1/3~1/2 单台主泵的流量，并宜配有小型气压水罐在夜间供水 3. 压力传感器应安装在供水干管震动小，水压较平稳处；以恒压变流量供水方式为多。当条件许可时，可将控制点设置在最不利配水点或泵出口（按管网特性曲线的规律来控制），采用变压变流量供水方式运行（大型区域的低区泵站可考虑采用）。恒压供水时宜采用同一型号主泵，变压供水可采用不同型号的主泵（大、中、小型泵搭配） 4. 定压给水时，设定压力与实际压力之间的差不得超过 0.01 MPa 5. 电源可靠，应为双电源或双回路供电 6. 应具有水位控制的功能。当水位降至设定下限水位时，自动停机；当恢复至启泵水位时，自动启动 7. 应具有对各类故障进行自检、报警、自动保护的功能。对可恢复的故障应能自动或手动消警，恢复正常运行 8. 变频调速给水设备应安放在环境温度 5~40℃，相对湿度在 90% 以下，具有良好的通风的房间内；设备运行地点海拔高度不超过 1 000 m，且应无导电或爆炸性尘埃，无腐蚀金属或破坏绝缘的气体或蒸汽

设备选用的计算方法	设 计 要 点
5. 设备选型:根据每个工程的具体供水情况,可选择 2 泵组或多泵组的整套设备,每组设备组合形式中,最多不宜超过四台主泵 6. 电控柜:根据所选设备组合形式,厂家配备相应的电控柜	9. 设备垂直地面放置,周围应留有充分的散热空间 10. 电控柜后净距 $b \geqslant 800$ mm,柜顶距建筑结构的最低点 $H \geqslant 1\,000$ mm,柜底高出地面 300 mm。控制柜(箱)面板上应有观察设定压力、实际压力、供电频率、故障等的显示窗口

表 1.6-7 叠压供水设备选型和设计要点

设备选用的计算方法	设 计 要 点
1. 向用水点直供应采用变频调速泵(组) (1)确定设备供水量:$Q_B \geqslant (1.1 \sim 1.2) Q_g$ 式中 Q_g——设计秒流量 (2)确定设备所需压力:$H_B \geqslant (1.05 \sim 1.10) H_b$ H_b 计算见表 1.4-17 2. 向高位水箱供水应采用恒速泵(一用一备,交替使用)。 (1)确定设备供水量:$Q_B \geqslant (1.1 \sim 1.2) Q_h$ 式中 Q_h——最大小时流量(m^3/h) (2)确定设备所需压力: $$H_b \geqslant 0.01 H'_{B1} + 0.001 H'_{B2} + \frac{V^2}{2g} - H_L$$ 式中符号意义见表 1.4-17 3. 选择水泵:按照 H_B 和 Q_B 选 2~4 台泵(其中必须有一台备用); 4. 设备流量、扬程在额定频率时,不应低于设计值 5% 5. 成套设备:设备由水泵机组限压保护装置、防负压装置、控制柜、阀件、管道系统、配套附件及防倒流装置等组成。根据每个工程的具体供水情况。可选择 2 泵组或多泵组的整套设备,每组设备组合形式中,最多不宜超过四台泵	1. 为减少二次污染及充分利用外网的压力,在条件许可时应优先考虑叠压供水的方案 2. 叠压供水的系统设计和设备选用应符合当地有关部门的规定,当叠压供水设备直接从城镇给水管网吸水时,其设计方案应经当地供水行政部门及供水部门的批准 3. 根据系统供水形式,选择① 直接向用水点供水(变频供水);② 向高位水箱供水(恒速泵供水);③ 向管网供水;也向高位水箱供水(变频供水);④ 与稳流罐并联设一个水箱,以解决在短时间内水量(或水压)不足时保证供水的设备形式(箱式)。见表 1.6-7A 图示。或不设稳流罐和隔膜式气压水罐,选用管中泵作为水泵机组,与其他部件一起现场组装而成 4. 当配置气压给水设备时,应符合气压供水的有关规定。见表 1.6-5 5. 设备应具有防水泵空转、超温保护功能、双(多)泵自动切换,循环运行功能 6. 设备应具有对过压、欠压、短路、过流、缺相等故障进行报警及自动保护的功能。对可恢复的故障应能自动或手动消除,恢复正常运行。并应有消除瞬间流量、压力波动过大的功能 7. 当供水设备抽吸的供水干管的流量小于设备的工作流量时,防负压装置启动;当供水流量大于设备的工作流量时,防负压装置自动关闭 8. 应具有远程监控或网络监控、报警功能

设备选用的计算方法	设 计 要 点
6. 设备应具有限压控制功能,当进水管水压降至限定压力时,30 s 内设备应自动停止运行,或减速运行,或转换至从水箱吸水。当进水断水或缺水时,设备 20 s 内应停止运行。当设备恢复进水且压力达到限定压力值时,设备自动恢复正常运行。水泵进口的限定压力值 P_{D1}(在外网压力低于 P_{D1} 值时泵不得运转),在有规定时按规定设置,无规定时可按下式计算: $$P_{D1}=P_L-0.01H_{D11}-0.001H_{D21}$$ 式中 P_{D1}——水泵(组)进口限定压力(MPa); P_L——可以利用的市政最低水压(MPa); H_{D11}——水泵(组)进口与外网供水干管中心的标高差(±m); H_{D21}——水泵(组)进口至外网供水干管的管道沿程、局部阻力损失(kPa) 7. 当配有低位调节水箱时,调节水箱的有效容积应按给水管网不允许低水压抽水时段的用水量确定,缺乏相关资料时,一般可按 1~2 h;最大小时流量设置。应采取贮水在水箱中停留时间不得超过 12 h 的技术措施。否则应设置持续的消毒设施 8. 稳流罐的容积不应小于 1 min 系统设计流量	9. 用于生活饮用水时,设备(包括输水管材)对水质的影响应符合 GB/T 17219 及国家相关规范的要求 10. 所选用的设备应符合行业标准《管网叠压供水设备》CJ/T 254 的规定 11. 管网叠压供水设备应单独接自供水干管,供水干管为环状时宜从环网接入 12. 设备的进水管管径宜比供水干管小两级或两级以上,或不大于供水干管过水面积的 1/3。工作泵两台及以上时,设备进水管管径应按两台及以上水泵吸水管过水断面积叠加后换算确定。对管径级差和过流断面积比有特殊要求时,应征得供水部门同意 13. 设备进水管流速不宜大于 1.2 m/s。管道应设过滤器。当管道上设有倒流防止器时,过滤器应设在倒流防止器前;不设倒流防止器时,过滤器应设置在水泵吸水管上 14. 当条件许可时,应优先采用双电源,双水源的系统。当采用变频泵供水时供电应符合变频泵的相关要求 15. 设备应安放在环境温度 4~40℃,相对湿度在 90%(20%)(室外型可允许为 95%)以下,且有良好的通风的房间内;设备运行地点海拔高度不超过 1 000 m。供电频率:50 Hz±5%;供电电压 380 V±10%。设备运行地点应无导电或爆炸性尘埃,无腐蚀金属或破坏绝缘的气体或蒸汽 16. 在不结冻地区,可选用室外整体式管网叠压供水设备 17. 设备垂直地面放置,周围应留有充分的散热空间 18. 电控柜后净距 $b \geqslant 800$ mm,柜顶距建筑结构的最低点 $H \geqslant 1\,000$ mm,柜底高出地面 300 mm

表 1.6-7A 叠压供水方式的图示表

供水方式	图 示
直接向用水点供水	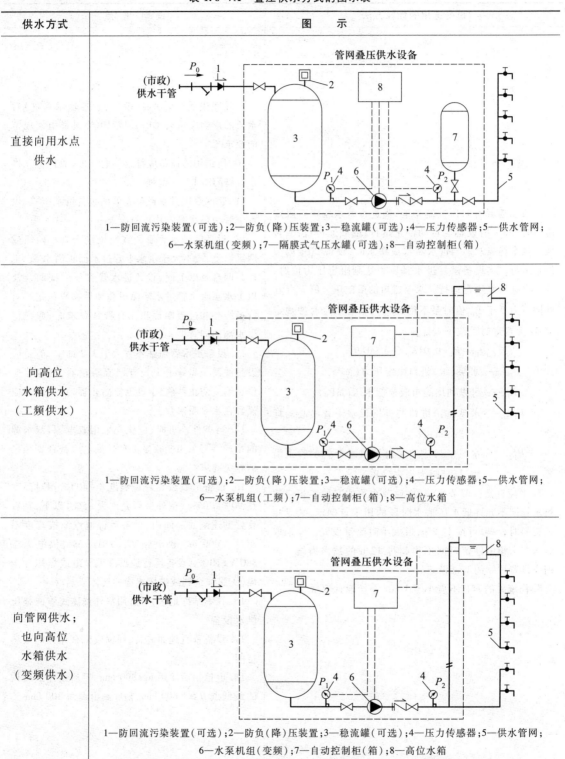 1—防回流污染装置(可选);2—防负(降)压装置;3—稳流罐(可选);4—压力传感器;5—供水管网; 6—水泵机组(变频);7—隔膜式气压水罐(可选);8—自动控制柜(箱)
向高位水箱供水(工频供水)	1—防回流污染装置(可选);2—防负(降)压装置;3—稳流罐(可选);4—压力传感器;5—供水管网; 6—水泵机组(工频);7—自动控制柜(箱);8—高位水箱
向管网供水;也向高位水箱供水(变频供水)	1—防回流污染装置(可选);2—防负(降)压装置;3—稳流罐(可选);4—压力传感器;5—供水管网; 6—水泵机组(变频);7—自动控制柜(箱);8—高位水箱

供水方式	图　示
箱式叠压 供水	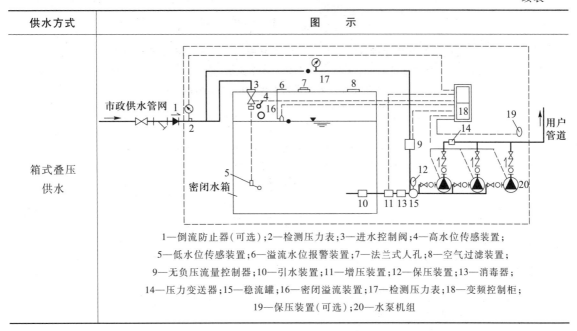 1—倒流防止器(可选);2—检测压力表;3—进水控制阀;4—高水位传感装置; 5—低水位传感装置;6—溢流水位报警装置;7—法兰式人孔;8—空气过滤装置; 9—无负压流量控制器;10—引水装置;11—增压装置;12—保压装置;13—消毒器; 14—压力变送器;15—稳流罐;16—密闭溢流装置;17—检测压力表;18—变频控制柜; 19—保压装置(可选);20—水泵机组

1.6.3　泵房设计

1. 生活给水泵房设计与各专业有关。应根据规模、服务范围、使用要求、现场环境等确定单独设置还是与动力站等设备用房合建。是建地上式还是地下式、半地下式;独立设置的水泵房应将泵房、配电间和辅助用房(如检修间、值班室等)建在一栋建筑内;当和热交换间、冷冻机房等设备用房合建时,辅助用房可共用。

2. 居住小区独立设置的水泵房宜靠近用水大户:附属在建筑物内的水泵房,宜设置在贮水池的侧面或下方,不得毗邻需要安静的房间或在其上层或下层。

3. 泵房内的配电箱或控制箱应与水泵、水箱(池)、水管有足够的安全距离,应保证水管或管道附件崩裂等损坏的情况发生时,不至于发生水溅配电柜的情况。

4. 泵房应设置可靠的消声降噪措施。

5. 有关设计要点见表 1.6-8。

表 1.6-8　泵房设计要点

项目	要　求
建筑	1. 生活给水泵房应为一、二级耐火等级的建筑。泵房门应为防火门,必要时还应做吸音处理 2. 泵房应设置吊装口或足够宽度的大门,并考虑设备安装及检修时的适宜宽度和承载力的运输通道 3. 泵房内地面应采取必要的防水措施。并应铺设卫生指标满足卫生防疫要求的地砖。地面应设排水沟(沟宽一般不小于 200 mm)和集水坑,并应有 0.01 坡度坡向排水沟(排水沟纵向坡度不小于 0.01),集水坑不能自流排出时可采用潜水排污泵提升排出。集水坑与生活泵房之间宜有隔墙隔开

续表

项目	要　　求
建筑	4. 泵房高度:无起重设备的地上式泵房,净高应不低于 3 m;有起重设备时,应按搬运机件底和吊运所通过水泵机组顶部 0.5 m 以上的净空确定 5. 墙面和顶板可装隔声吸音材料并采用卫生指标达标的漆料涂装
结构	位于楼层上的给水泵房,其楼板梁的承载能力应能满足设备运行重量的要求
暖通	泵房应有良好的通风。采暖温度不应低于 16℃,如设置有加氯或二氧化氯发生器等消毒设备应为 18~20℃。无人值守的房间温度不应低于 5℃,并应保证不发生冰冻。地下式或半地下式泵房设置通风系统,换气次数每小时不少于 6 次
电气	1. 不允许间断供水的泵房,应设置双电源或双回路供电方式。泵房内应有良好的照明和供检修用的插座。配电盘前的通道宽度不得小于 1.5~2 m 2. 设备位置应充分考虑与水箱的位置关系和电源进线的位置,以接近和接线方便为宜
消声隔振	1. 尽量选用低噪声水泵 2. 水泵基础下安装隔振垫、隔振器、减振器等隔振减振装置 3. 水泵进出水管上安装软接头 4. 管道支架宜采用弹性支吊架、托架 5. 管道穿墙或楼板处,应有防止固体传声的措施,其孔口与管道间宜用玻璃纤维填充 6. 为保证消声隔振效果,基础隔振、管道隔振和支架隔振三者缺一不可。建在建筑物内的水泵房以隔振为主、吸声为辅,如有条件和必要时,特别是高级住宅和高档办公楼等安静要求较高的建筑,应采用隔振、隔声和吸声措施
卫生要求	1. 生活给水泵房的卫生要求较高,可将生活水箱与水泵机组共同安装在一个房间内。泵房的墙面及顶面的铺装材料(涂料或墙砖)应满足卫生防疫部门的要求 2. 泵房内不可通过任何污水管
安全要求	泵房内不可通过任何高低压电缆管线
机组布置	1. 水泵基础的平面尺寸,应每边比水泵机组底座宽 100~150 mm 2. 独立基础的厚度按计算决定,且不小于 0.5 m,基础高出地面的高度应便于水泵安装,至少高出地面 100 mm(一般为 100~300 mm,不宜过高)。基础重量按照机组重量的 2.5~4.5 倍考虑 3. 当电机容量小于 20 kW 或吸水管管径不大于 100 mm 时,泵基础的一侧可与墙面不留通道,且两台同型号的泵可共用一个基础彼此不留通道,但该基础的侧边与墙面(或别的基础的侧边)应有不小于 0.7 m 的通道。不留通道机组的突出部分与墙的净距或同基础两个相邻机组的突出部分的净距不小于 0.2 m 4. 水泵机组基础端边之间或至墙面的净距应保证泵轴和电机转子的拆卸,一般不小于 1.0 m 5. 泵房的主要通道宽度不小于 1.2 m。检修场地按照水泵或电机外形尺寸四周有不小于 0.7 m 的通道确定。若考虑就地检修,至少应在每个机组一侧留出大于水泵机组宽度 0.5 m 的通道 6. 水泵机组之间及墙的间距见表 1.6-8A

续表

项目	要　　求
其他	1. 水泵吸水管尽量短,机组与水箱之间的最小距离应满足吸水管上各种阀件的安装要求,吸水管的最小距离要求及吸水喇叭口的最小淹没深度参见表 1.5-1 中的附图;水泵出水管布置应满足各种阀件的安装,详见表 1.6-8B 2. 低位水泵房溢流水淹没可采取如下措施 (1) 贮水池(箱)溢流时,发出声光报警,同时自动关闭进水管上的电动阀 (2) 适当加大集水坑内潜水泵的排水能力,必要时备用泵同时自动投入排水使总排水能力大于贮水池(箱)的溢流量,溢流时应发出声光报警

表 1.6-8A　水泵机组外轮廓面与墙面和相邻机组间的最小间距

电动机额定功率/kW	水泵机组外轮廓面与 墙面之间最小间距/m	相邻水泵机组外轮廓面 之间最小距离/m
<22	0.8	0.4
22~55	1.0	0.8
≥55~≤160	1.2	1.2

注:1. 水泵侧面有管道时,外轮廓面计至管道外壁面;

2. 水泵机组指单泵或安装在共同金属底架上的多台水泵组合体。

表 1.6-8B　水泵进出水管的规定

项目	一　般　规　定
吸水管	1. 管径根据流速确定,一般比水泵吸水口至少大一级 2. 水泵宜自灌吸水,每台水泵宜设单独吸水管;非自灌式(自吸式)启动时,每台水泵必须设置独立的吸水管,单根吸水管流速一般为 1.0~1.2 m/s。吸水管口应设置向下的喇叭口,吸水喇叭口的间距要求见表 1.5-1 中的附图(当吸水喇叭口不朝下(水平安装)时,低于最低水位的距离按喇叭口顶计,与池底的净距按喇叭口最低处计) 3. 成套泵组的每台泵可采用单独从吸水总管上自灌吸水,吸水总管伸入水池的引水管不宜少于 2 条(水池有独立的两个及以上的分格,每格有一条引水管,可视为有两条以上引水管),当一条引水管发生故障时,其余引水管应能通过全部设计流量。每条引水管上应设阀门,并宜设向下喇叭口,并应满足表 1.5-1 中的附图的要求。吸水总管内的流速应为 0.8~1.2 m/s;水泵吸水管与吸水总管的连接,应采用管顶平接,或高出管顶连接 4. 自吸式水泵每台应设置独立从水池吸水的吸水管。水泵以水池最低水位计算的允许安装高度,应根据当地的大气压力、最高水温时的饱和蒸汽压、水泵的汽蚀余量、水池最低水位和吸水管路的水头损失,经计算确定,并应有不小于 0.3 m 的安全余量 5. 自灌式吸水管上,应装设阀门及软接头,并宜装管道过滤器(贮水池进水管的自动水位控制阀前已设者除外) 6. 采用偏心渐缩管时,管顶应成水平,与水泵相接时宜有不小于 0.005 的上升坡度

续表

项目	一般规定
出水管	1. 管径根据流速确定,一般比水泵吐水口至少大一级 2. 流速一般为 1.5~2.0 m/s 3. 每台水泵的出水管上,应装设压力表、可曲挠橡胶接头、缓闭式止回阀和阀门。必要时应设置水锤消除装置,如气囊式水锤消除器等 4. 出水干管的最高点应设排气装置、最低点设泄水装置

【本节精选习题】

1. 某建筑给水系统所需压力为 200 kPa,选用隔膜式气压给水设备升压供水。经计算气压水罐水容积为 0.5 m^3,气压水罐内的工作压力比为 0.65,求气压水罐总容积 V_q 和该设备运行时气压罐压力表显示的最大压力 P_2 应为下列何项值(注:以 1 kgf/cm^2 = 9.806 65×104 Pa 计)?(　　)

A. V_q = 1.43 m^3,P_2 = 307.69 kPa

B. V_q = 1.50 m^3,P_2 = 307.69 kPa

C. V_q = 1.50 m^3,P_2 = 360.50 kPa

D. V_q = 1.50 m^3,P_2 = 458.46 kPa

答案:【C】

解析:(1) α_b = 气压罐内最低工作压力/气压罐内最高工作压力。

(2) α_b 中的压力均为绝对压力。表压为相对压力。相对压力 = 绝对压力-大气压。

(3) 隔膜式容积系数 β 为 1.05。

气压水罐的总容积为:

$$V_q = \beta V_{q_1}/(1-\alpha b) = [1.05×0.5/(1-0.65)] \ m^3 = 1.5 \ m^3$$

气压水罐压力表显示的最大压力为:

$$P_2 = [(200+98.066\ 5)/0.65-98.066\ 5] \ kPa = 360.50 \ kPa,故选 C。$$

2. 下图为设在建筑物内的居住小区加压泵站生活引用水池平面布置与接管示意图(图中:1—通气管;2—溢、泄水管;3—水位计;4—高区加压泵;5—低区加压泵),正确指出图中错误的是哪几项?(　　)

A. 两格水池大小相差太大

B. 左池溢、泄水管可取消,共用右池溢、泄水管

C. 进出水管同侧

D. 水池后侧距墙 500 mm,距离太小

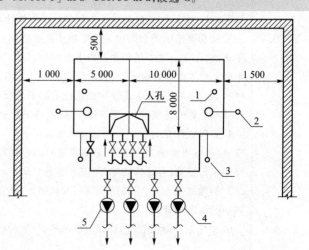

答案:【ACD】

解析:A项水池宜分成两格容积基本相等的两格。C项进出水管同侧,未设导流设施。D项无管道的一侧净距不宜小于0.7 m。B项错误,如果取消,在检修或清洗时无溢流、泄水设施可用。综上,故选ACD。

3. 某10层办公楼,共1 000人办公,用水量定额为50 L/(人·d),使用时间为8 h,小时变化系数 $K_h = 1.2$,楼内卫生间的卫生器具当量总数 $N = 210$,采用气压给水设备供水,则气压水罐的最小调节容积应为下列哪项?(   )

A. 0.23 m^3 B. 0.28 m^3

C. 0.38 m^3 D. 0.59 m^3

答案:【B】

解析:此办公楼最高时用水量: $Q_h = 1.2 \times 0.05 \times 1 000/8$ $m^3/h = 7.5$ m^3/h 泵组流量

$$qb = 1.2 \times Q_h = 1.2 \times 7.5 \ m^3/h = 9 \ m^3/h$$

$$V_{q_2} = 1.0 \times 9/(4 \times 8) \ m^3 = 0.28 \ m^3$$

4. 某30层集体宿舍,用水定额为200 L/(人·d),小时变化系数 $K_h = 3.0$;每层20个房间,每间住2人并设一卫生间,其卫生器具当量总数 $N = 3$,采用图示分区供水系统全天供水,每区服务15个楼层,低区采用恒速泵、高区采用变频水泵供水,则水泵流量 Q_1、Q_2 应为下列哪项?(   )

A. $Q_1 = 8.33$ L/s,$Q_2 = 4.17$ L/s

B. $Q_1 = 21.91$ L/s,$Q_2 = 15.00$ L/s

C. $Q_1 = 8.33$ L/s,$Q_2 = 15.00$ L/s

D. $Q_1 = 4.17$ L/s,$Q_2 = 12.00$ L/s

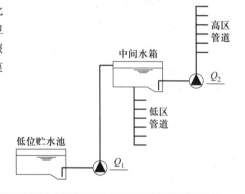

答案:【C】

解析:建筑物内采用高位水箱调节的生活给水系统时,水泵的最大出水量不应小于最大小时用水量。

Q_1 按最高时流量计算: $Q_1 = (30 \times 20 \times 2) \times 200 \times 3$ L/d $= 720\ 000$ L/d $= 8.33$ L/s

生活给水系统采用调速泵组供水时,应按系统设计秒流量选泵,调速泵在额定转速时的工作点应位于水泵高效区的末端。Q_2 按设计秒流量计算: $Q_2 = 0.2\alpha \sqrt{N_g} = 0.2 \times 2.5 \times \sqrt{15 \times 20 \times 3}$ L/s $= 15$ L/s。故选C。

5. 一叠压供水系统,外网供水压力为0.15 MPa(水泵入口处),最不利配水点所需水压为0.1 MPa,该最不利配水点与水泵入口处的几何高差为30 m,水泵至该不利配水点管路的总水头损失为0.1 MPa。则水泵出口的供水压力 P 及水泵扬程 H 应为下列哪项(水泵水头损失忽略不计)?(   )

A. $P = 0.5$ MPa, $H = 0.5$ MPa   B. $P = 0.35$ MPa, $H = 0.5$ MPa

C. $P = 0.5$ MPa, $H = 0.35$ MPa   D. $P = 0.35$ MPa, $H = 0.35$ MPa

答案:【C】

解析:(1)泵的扬程主要由三部分组成。一要克服沿程及局部阻力损失,二要提供位能,三要满足最不利点所需的压力。由于叠压供水,外网提供了一个压能,所以计算扬程时,要减掉这部分。

(2)叠压供水时,水泵出口压力不等于扬程,泵的扬程为 $H = (0.1 + 0.3 + 0.1 - 0.15)$ MPa $= 0.35$ MPa,泵出口的供水压力 $P = (0.1 + 0.3 + 0.1)$ MPa $= 0.5$ MPa,故选C。

6. 某建筑生活给水系统原理如图示,最不利配水横管处的设计水压为 0.10 MPa,市政给水管在点 A 处(泵入口)的压力为 0.15～0.25 MPa,水头损失 $i_{AB}=2.5$ kPa/m(管路长度 $L_{AB}=20$ m),$i_{BC}=2.0$ kPa/m(管路长度 $L_{BC}=40$ m),$i_{BD}=1.2$ kPa/m(管路长度 $L_{BD}=50$ m),以上单位水头损失均含局部损失,则变频供水泵的扬程应不小于哪项?(   )

A. 0.50 MPa

B. 0.60 MPa

C. 0.48 MPa

D. 0.58 MPa

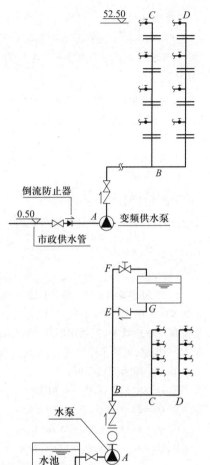

答案:【B】

解析:系统最高点与市政给水管的高差为 52.50-0.50=52.00 m 为 0.52 MPa,

管道 AB 的水头损失为 $H_{AB}=2.5\times20$ MPa=0.05 MPa;

管道 BC 的水头损失为 $H_{BC}=2.0\times40$ MPa=0.08 MPa;

管道 BD 的水头损失为 $H_{BD}=1.2\times50$ MPa=0.06 MPa;

$H_{BC}>H_{BD}$,应按管道 ABC 计算扬程:

$H=(0.52+0.05+0.08+0.1-0.15)$ MPa=0.60 MPa,故选 B。

7. 某住宅生活给水系统如图所示,水泵设计流量按最高用水量计。则下列各管段管径表达式中,分析说明哪项正确?(   )

A. $d_{AB}=d_{BE}=d_{EG}$

B. $d_{AB}=d_{BC}>d_{CD}$

C. $d_{BC}=d_{BE}=d_{EG}$

D. $d_{BE}=d_{EF}=d_{EG}$

答案:【C】

解析:建筑物内采用高位水箱调节的生活给水系统时,水泵的最大出水量不应小于最大下水用水量。

AB、EF 管段管径由最高日最高时流量确定;BC、EG 管段管径由设计秒流量确定;BE 管段当水箱进水时按高日高时流量确定,当供水时按设计秒流量确定,两者取最大值。所以:$d_{BC}=d_{EG}=d_{BE}>d_{EF}=d_{AB}$,故选 C。

8. 下列关于建筑给水系统加压设施设计的说法中,哪项正确?(   )

A. 当两台水泵一用一备时,其出水管上共用止回阀和阀门

B. 当水泵从水箱(池)自灌式直接吸水加压时,其吸水管口未设置喇叭口

C. 当由高位水箱供水且其内底板面高度满足最高层用水要求时,未设增压设施

D. 当高位水箱采用水泵加压补水时,采用直接作用式浮球阀控制水箱水位

答案:【C】

解析:设置两台水泵时应每台水泵单独设置止回阀,故 A 项错误;水泵吸水管应设置喇叭口,故 B 项错误;水箱的设置高度(以底板面计)应满足最高层用户的用水水压要求,当达不到要求时,宜采取管道增压措施。C 项水箱设置满足最高层用水,无需设置增压设施,C 项正确;当水箱采用水泵加压进水时,应设置水箱水位自动控制水泵开、停的装置,D 项错误。故选 C。

9. 某宾馆(350床)高区生活给水系统拟采用如下供水方案:

方案一:市政供水管→低位贮水池→变频增压设备→配水点;

方案二:市政供水管→低位贮水池→增压水泵→高位水箱→配水点。

下列关于上述方案一、方案二比较的叙述中,哪几项正确?(   )

A. 方案一、方案二的市政进水管设计流量可相同

B. 方案一、方案二的增压供水设备设计流量可相同

C. 方案一、方案二的低位贮水池设计有容积可相同

D. 方案一、方案二的生活给水系统配水管网设计流量可相同

答案:【ACD】

解析:当建筑物内的生活用水全部自行加压供给时,引入管的设计流量应为贮水调节池的设计补水量;设计补水量不宜大于建筑物最高日最大时用水量,且不得小于建筑物最高日平均时用水量。方案一、二的市政进水管设计流量可相同,A项正确;建筑物内采用高位水箱调节的生活给水系统时,水泵的最大出水量不应小于最大小时用水量。方案二中增压水泵设计流量为不小于高区的最大小时用水量;方案一中变频增压设备设计流量应为高区用水的设计秒流量,B项错误;生活用水低位贮水池(箱)的有效容积应按进水量与用水量变化曲线经计算确定;当资料不足时,宜按建筑物最高日用水量的20%~25%确定;方案一、二中低位贮水池容积均可采用建筑最高日用水量的20%~25%确定,C项正确;高区生活给水系统配水管网设计流量均为高区用水的设计秒流量,D项正确。故选ACD。

10. 下列有关建筑生活给水系统设计的说法中,哪项正确?(   )

A. 当生活给水系统采用分区供水时,每区应分别设置增压供水设备

B. 当利用市政管网水压直接供水时,生活给水系统不必采用分区供水

C. 当生活给水系统采用增压供水时,应设置低位调节构筑物如水箱(池)

D. 当生活给水系统要求水压稳定时,应设置高位调节构筑物如水箱(池)

答案:【D】

解析:根据常见给水方式及适用条件,其中下层直接供水、上层设水箱供水方式的相关说明,可知AB项说法不正确;生活给水系统采用增压供水、叠压供水时,可不设置低位调节构筑物,C项说法不正确;D项说法正确,故选D。

11. 因不允许从市政管网直接吸水增压,某住宅小区高区生活给水系统采用的供水方式为:市政供水管→吸水井→增压泵→高位水箱→高区配水点;增压泵房及吸水井均设在地下室,吸水井、高位水箱均采用成品不锈钢水箱。另外,已知住宅小区用水定额为250 L/(人·d),高区总户数为1 600户,每户人数按3.5人计,每户卫生器具给水当量按6.0计,时变化系数取2.6。则下列该住宅小区高区生活给水系统的设计有几处正确?(   )

① 吸水井的最小有效容积按不小于7.6 m³设计;

② 高位水箱的最小有效容积按不小于75.8 m³设计;

③ 吸水井进水总管的设计流量按不小于105.0 m³/h设计;

④ 增压水泵出水总管的设计流量按不小于151.7 m³/h设计;

⑤ 增压泵房设置较大流量水泵一台,较小流量水泵两台(一用一备)。

A. 2处   B. 3处   C. 4处   D. 5处

答案:【B】

解析:① 正确,理由为:$Q_h = 250 \times 1\,600 \times 3.5 \times 2.6/1\,000/24 \text{ m}^3/\text{h} = 151.67 \text{ m}^3/\text{h}$,$V_{吸水井} \geq 3 \text{ min} Q_h = 3/60 \times 151.67 \text{ m}^3 = 7.6 \text{ m}^3$

② 正确,理由为:$V_{水箱} \geq 0.5 Q_h = 0.5 \times 151.67 \text{ m}^3 = 75.8 \text{ m}^3$

④ 正确,理由为:$Q_{增压水泵出水总管} = Q_泵 \geq Q_h = 151.7 \text{ m}^3/\text{h}$

③ 错误,吸水井进水总管的设计流量不小于增压水泵出水管的设计流量,即不小于151.7 m³/h。

⑤ 错误,依据建水规范3.8.1条,备用泵的供水能力不应小于最大一台运行水泵的供水能力。故选B。

1.7　建筑小区给水

1.7.1　小区给水系统与供水方式

1. 给水系统

建筑小区给水系统的任务是从城镇给水管网(或自备水源)取水,按各建筑物对水量、水压、水质的要求,将水输送并分配到各建筑物给水引入点处。小区给水系统设计应综合利用各种资源,宜实行分质给水,充分利用再生水、雨水等非传统水源;优先采用循环和重复利用给水系统。

小区给水系统由小区(给水)引入管(即由市政给水管道引入至小区给水管网的管段)、管网(干管、支管等)、室外消火栓、加压设施、调节与贮水构筑物(水塔、水池)、管道附件、阀门井、洒水栓等组成。当小区内某些建筑物设有管道直饮水系统,并经技术经济比较后确定采用集中处理方式时,小区还需考虑设置直饮水处理和管道供应系统。

小区给水系统既可以直接利用现有供水管网作为给水水源,也可以适当利用自备水源。位于市区或厂矿区供水范围内的居住小区,应采用市政或厂矿给水管网作为给水水源,以减少工程投资,利于城市集中管理。远离市区或厂矿区的居住小区,若难以铺设供水管线,在技术经济合理的前提下,可采用自备水源。对于远离市区或厂矿区,但可以铺设专门的输水管线供水的居住小区,应通过技术经济比较确定是否自备水源。自备水源的居住小区给水系统严禁与城市给水管道直接连接。当需要将城市给水作为自备水源的备用水或补充水时,只能将城市给水管道的水放入自备水源的贮水(或调节)池,经各自系统加压后使用。在严重缺水地区,应考虑建设居住小区中水工程,用中水来冲洗厕所,浇洒绿地和道路。

2. 供水方式

小区室外给水系统按用途可分为生活用水、消防用水、生活-消防共用给水系统 3 类。宜采用生活-消防共用系统,若可利用其他水源作消防水源时,则应分设系统。

小区供水方式应根据小区内建筑物的类型、建筑高度、市政给水管网的水头和水量等因素综合考虑来确定。选择供水方式时首先应保证供水安全可靠,同时要做到技术先进合理,投资节省,运行费用低,管理方便。居住小区供水方式可分为直接供水方式、小区二次加压供水、混合供水系统及重力供水系统等。

小区的室外给水系统应尽量利用城镇给水管网的水压直接供水。当城镇给水管网的水压不满足最不利配水点要求、水量不满足小区全部用水要求时,应设置贮水调节和加压装置。

小区给水系统的供水方式主要有两种:

(1) 由城镇给水管网直接供水,小区室外给水管网中不设升压、贮水设备。适用于城镇给水管网能满足小区内所有建筑的水压、水量要求;或能满足小区大部分建筑供水要求,仅不能满足少数建筑的供水要求(建筑内部升压)的供水方式,如图 1.7-1、图 1.7-3 所示。

图 1.7-1 为市政给水管网直接供水的生活给水系统,市政给水管网的水量与水压能满足小区内各建筑物生活给水系统的用水要求,室外消防用水由市政给水管网上的市政消火栓满足供水要求。

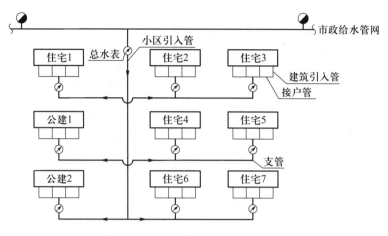

图 1.7-1　直接供水的生活给水系统

图 1.7-2 为市政给水管网直接供水的生活-消防合用给水系统(枝状),市政给水管的水量与水压不仅能满足各建筑物内部的生活用水要求,还能满足其室内、室外消防给水系统的用水要求。该小区室外消防用水量不大于 15 L/s,小区室外消防给水管网布置成枝状。

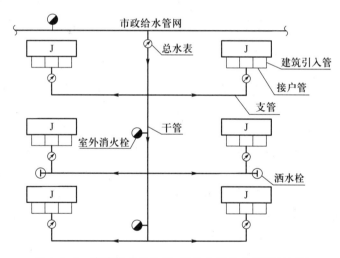

图 1.7-2　直接供水的生活-消防合用给水系统(枝状)

图 1.7-3 为市政给水管网直接供水的生活-消防合用给水系统(环状),市政给水管的水量与水压不仅能满足各建筑物内部生活给水系统的用水要求,还能满足其室内、室外消防给水系统的用水要求。

该小区室外消防用水量大于 15 L/s,消防给水管网应布置成环状,向环状管网输水的进水管不应少于两条,并宜从两条市政给水管道引入。

(2)由城镇给水管网直接供水,小区室外给水管网中设置升压、贮水设备。适用于市政给水管网不满足小区全部建筑或多数建筑的供水要求,需在小区室外管网中设置升压、贮水设备的供水方式,有以下 3 种情况:

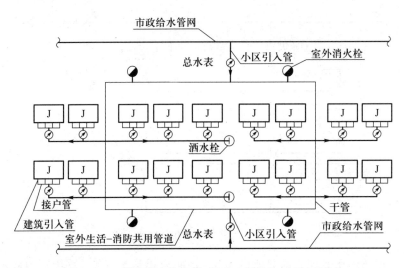

图 1.7-3　直接供水的生活-消防合用给水系统(环状)

① 小区室外给水管网中仅设置升压设备(不设贮水调节池),由水泵直接从市政给水管网或吸水井抽水供至各用水点。适用于市政给水管网水量充足(满足小区高峰用水时段的用水量要求)的情况。当采用直接从城镇给水管网吸水的叠压供水时,应符合下列要求:

a. 叠压供水设计方案应经当地供水行政主管部门及供水部门批准认可。

b. 叠压供水的调速泵机组的扬程应按吸水端城镇给水管网允许最低水压确定;泵组最大出水量不应小于小区生活给水设计流量;叠压供水系统在用户正常用水情况下不得断水。

注:当城镇给水管网用水低谷时段的水压能满足最不利用水点水压要求时,可设置旁通管,由城镇给水管网直接供水。

c. 叠压供水当配置气压给水设备时,应符合表 1.6-5 的规定;当配置低位水箱时,其贮水有效容积应按给水管网不允许低水压抽水时段的用水量确定,并应采取技术措施保证贮水在水箱中停留时间不得超过 12 h。

d. 叠压供水设备的技术性能应符合现行国家及行业标准的要求。

② 小区仅设置水塔(不设升压设备),由市政给水管网供至水塔,再从水塔供至各用水点。或夜间由市政给水管网供水至水塔,由水塔供全天用水。

③ 小区设置升压、贮水设备,如图 1.7-4 ~ 图 1.7-6 所示。

图 1.7-4 为市政给水管网的水量与水压能满足小区内多层建筑物内的生活-消防用水要求和高层建筑室外消防用水量(即低压室外消防给水系统)的要求,但不满足高层建筑物内的生活和消防用水要求。则在小区设置集中加压供水设施以满足高层建筑的用水要求。

图 1.7-5 为从市政给水管网引入的低压给水管道,直接供给各建筑物低区的生活用水;小区设置集中加压供水设施供给各建筑物高区的生活用水。

图 1.7-6 表示小区内全部为高层建筑,市政给水管网的水量与水压仅能满足室外低压消防给水系统的要求,建筑物内的生活-消防用水均由二次加压设施供给。

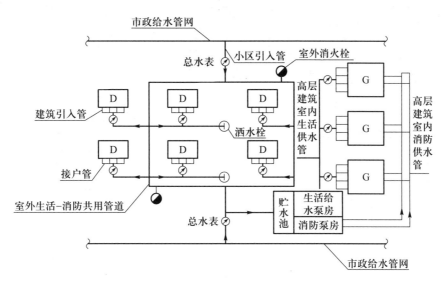

图 1.7-4　混合给水方式

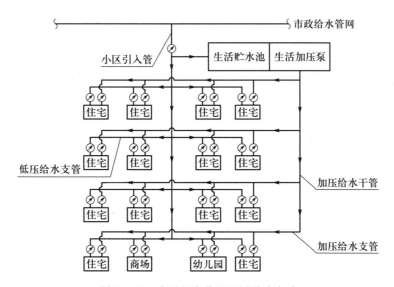

图 1.7-5　小区竖向分区生活给水方式

1.7.2　小区给水设计用水量的计算

小区给水设计用水量,应根据各类用水量确定,详见 1.2.2 相关规定。

1.7.3　管道设计流量

1. 小区室外生活给水管道

小区室外生活给水管道设计流量详见 1.4 节相关规定。

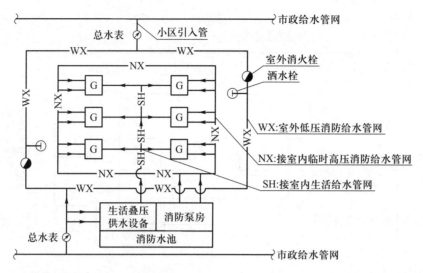

图 1.7-6 小区二次加压给水系统

2. 小区室外消防给水管道

（1）室外消防用水量。

居住小区的室外消防用水量应按同一时间内的火灾次数和一次灭火用水量确定。人数在 1 万（包括 1 万）以下的居住小区，在同一时间内的火灾次数为 1 次，一次灭火用水量为 10 L/s，即室外消防用水量不应小于 10 L/s；人数大于 1 万、在 1.5 万以下的居住小区，一次灭火用水量为 15 L/s，即室外消防用水量不应小于 15 L/s。当小区内建筑物的室外消火栓用水量大于 10 L/s 或 15 L/s 时，应取建筑物中要求室外消防用水量最大者作为该小区室外消防系统的设计用水量。

（2）室外消防给水管道的直径不应小于 $DN100$。

（3）小区消防给水引入管。

小区内室外消防给水管网应布置成环状，向环状管网输水的进水管不应少于两条，并宜从两条市政给水管道引入。当其中一条进水管发生故障时，其余的进水管应能满足消防用水总量的供给要求。

3. 小区室外生活-消防共用给水管道

小区内低压室外消防给水系统可与生产-生活给水管道系统合并。当生产-生活用水达到最大小时用水量时（淋浴用水量可按 15% 计算，浇洒及洗刷用水量可不计算在内），合并的给水管道系统，仍应保证通过全部消防用水量（消防用水量应按最大秒流量计算）。

对于生活-生产-消防共用的给水系统，在消防时小区的室外给水管网的水量、水压应满足消防车从室外消火栓取水灭火的要求。应以最大用水时的生活用水量叠加消防流量，复核管网末梢的室外消火栓的水压，其水压应达到以地面标高算起的流出水头不小于 0.1 MPa 的要求，即当生活、生产和消防用水量达到最大时，室外低压给水管道的水压不应小于 0.1 MPa（从室外地面算起）。

1.7.4 加压、贮水设施

1. 加压设施

小区的加压给水系统应根据小区的规模、建筑高度和建筑物的分布等因素确定加压泵站的数量、规模和水压。

当给水管网无调节设施时,小区的给水加压泵站,应采用水泵调节。一般情况下生活给水加压泵多采用调速泵组供水方式;当小区给水系统服务人数多、用水较均匀、小时变化系数较低或管网有一定容量的调节措施时,亦可采用额定转速工频水泵编组运行的供水方式。

当采用直接从城镇给水管网吸水的叠压设备供水时,泵组的最大出水量不应小于小区生活给水设计流量,生活与消防合用给水管道系统应以消防工况进行校核。叠压供水的调速泵机组的扬程,应按吸水端城镇给水管网允许最低水压确定。当城镇给水管网用水低谷时段的水压能满足最不利用水点水压要求时,可设置旁通管,由城镇给水管网直接供水。当配置低位水箱时,其有效容积应按给水管网不允许抽水时段的用水量确定,并应采取技术措施保证贮水在水箱中停留时间不得超过 12 h。当配置气压给水设备时,应符合 1.6 节有关气压给水设备计算的规定。

小区独立设置的水泵房,宜靠近用水大户。水泵机组的运行噪声应符合现行的国家标准《声环境质量标准》(GB 3096—2008)的要求。

2. 水塔与贮水池

(1) 水塔

小区采用水塔作为生活用水的调节构筑物时,水塔的有效容积应经计算确定。若资料不全时可参照表 1.7-1 选定。水泵-水塔联合供水时,宜采用前置方式。由外网夜间直接进水充满水塔(供全天使用),其有效调节容积应按供水的用水人数和最高日用水定额确定。

表 1.7-1　水塔(水池)生活用水调蓄贮水量

居住小区最高日用水量/m³	<100	101～300	301～500	501～1 000	1 001～2 000	2 001～4 000
调蓄贮水量占最高日用水量的百分数	30%～20%	20%～15%	15%～12%	12%～8%	8%～6%	6%～4%

注:有冻结危险的水塔应有保温防冻措施。

(2) 生活用水贮水池

小区生活用水贮水池的有效容积应根据生活用水调节量和安全贮水量等确定,宜分成容积基本相等的 2 格,以便清洗水池时不停止供水。生活用水调节量应按流入量和供出量的变化曲线经计算确定,资料不足时可按小区最高日生活用水量的 15%～20%确定;安全贮水量应根据城镇供水制度、供水可靠程度及小区对供水的保证要求确定。主要考虑以下因素:

① 城镇给水管网供水的可靠性。如小区给水引入管的数目、不同引入管所连接的城镇供水管的可靠程度:同侧引入还是不同侧引入;同一水源还是不同水源等;

② 小区建筑用水的重要程度,如医院、不允许断水的其他重要建筑等;

③ 满足水泵吸水的安全贮水量,一般最低水位距池底不小于 0.5 m。

埋地式生活饮用水贮水池周围 10 m 以内,不得有化粪池、污水处理构筑物、渗水井、垃圾堆放点等污染源;周围 2 m 以内不得有污水管和污染物。当达不到此要求时,应采取防污染的措施。

【本节精选习题】

1. 某居住小区各部分最高日用水量如下:居民生活用水量 150 m³/d,绿化用水量 5 m³/d,公用设施用水量 10 m³/d,消防用水量 144 m³/次(同一时间内的火灾次数以 1 次计);未预见用水量及管网漏失水量 15 m³/d,该居住小区的给水设计正常水量应为下列哪一项? (　　)

   A. (150+5+10+15) m³/d = 180 m³/d   B. (150+5+10+144) m³/d = 309 m³/d

   C. (150+5+10) m³/d = 165 m³/d   D. (150+5+10+15+144) m³/d = 324 m³/d

> 答案:【A】
> 解析:小区给水设计用水量,应根据下列用水量确定:① 居民生活用水量;② 公共建筑用水量;③ 绿化用水量;④ 水景、娱乐设施用水量;⑤ 道路、广场用水量;⑥ 公用设施用水量;⑦ 未预见用水量及管网漏失水量;⑧ 消防用水量。注:消防用水量仅用于校核管网计算,不计入正常用水量。该小区给水设计正常水量应为 (150+5+10+15) m³/d = 180 m³/d,故选 A。

2. 下列关于住宅小区的室外给水管道设计流量计算的说法中,哪项不正确? (　　)

   A. 与用水定额有关   B. 与卫生器具设置标准有关

   C. 与服务人数有关   D. 与住宅类别无关

> 答案:【D】
> 解析:室外给水管道设计流量,可分设计秒流量、最大时流量、平均时流量,设计秒流量与用水定额、小时变化系数、卫生器具数量有关;最大时流量与用水定额、小时变化系数、服务人数有关;平均时流量与用水定额、服务人数有关;住宅的最高日生活用水定额及小时变化系数,可根据住宅类别、建筑标准、卫生器具设置标准确定。室外给水管道设计流量与住宅类别(Ⅰ,Ⅱ,Ⅲ)、卫生器具设置标准、用水定额、服务人数有关。本题选 D。

1.8　管材、附件和仪表

1.8.1　管材和连接

常用管材见表 1.8-1、表 1.8-2,连接方式与适用范围见表 1.8-3。

表 1.8-1　埋地给水管常用管材

管材	连接方式	适用范围	公称压力等级 /MPa	执行标准
离心球墨给水铸铁管(内衬水泥砂浆、无毒环氧粉末、环氧陶瓷、聚氨酯、聚乙烯,外喷锌,再喷涂沥青涂层)	承插柔性(胶圈式或机械式)连接	土质较松软,有可能产生局部沉陷的地区	0.6、1.0、1.6、2.5	《水及煤气管道用球墨铸铁管、管件及附件》(GB/T 13295—2013)

续表

管材	连接方式	适用范围	公称压力等级/MPa	执行标准
硬聚氯乙烯（PVC-U）给水管	$DN<160$ mm,黏接连接;$DN\geqslant160$ mm,橡胶圈接口	建设在腐蚀性土质,且投资不高的项目。适用水温不得大于40℃,水系统压力不大于0.60 MPa	0.6、1.0	《室外埋地硬聚氯乙烯给水管道工程技术规程》（CECS 17：2000）
聚乙烯（PE）给水管	柔性连接:承插式密封圈连接(承口需刚度加强) 刚性连接:热熔对接连接、电熔连接、法兰连接、钢塑转换接头连接	建设在腐蚀性土质。适用水温不得大于40℃,水系统压力不大于1.0 MPa	0.6、0.8、1.0、1.25、1.6	《埋地塑料给水管道工程技术规程》（CJJ 101—2016）
给水钢塑复合压力管	刚性连接有:扩口式、内胀式、卡槽式 柔性连接有:承插式	适用水温不得大于40℃,管径不大于$DN$400。承插式接口不适用于系统压力大于1.0 MPa	普通型:1.25 加强型:2.0、2.5	《给水钢塑复合压力管管道工程技术规程》（CECS 237：2008）
钢丝网骨架聚乙烯(PE)给水管	电熔(承插式和套筒式)连接、法兰连接	适用于水温不得大于70℃,管径不大于$DN$500	普通型:1.0、1.6 加强型:2.0、2.5	《给水钢丝网骨架塑料(聚乙烯)复合管管道工程技术规程》（CECS 181：2005）

注:1. 公称压力等级指管内水温20℃,当水温大于20℃,其额定压力降低,折减系数参照相关管材的技术标准。

2. 室外埋地管应具有耐腐蚀性和能承受相应地面上荷载的能力。

表 1.8-2 室内给水管常用管材

管材		连接方式	适用范围	公称压力等级/MPa	执行标准
塑料给水管	硬聚氯乙烯给水管（PVC-U）	$D_e<63$ 承插黏接;$D_e\geqslant63$ 承插式弹性橡胶密封圈柔性连接	水温不大于45℃,系统工作压力不大于0.6 MPa的多层建筑或高层建筑的给水支管; 可嵌墙和建筑找平层内敷设	0.8、1.0、1.25、1.60	《建筑给水硬聚氯乙烯管管道工程技术规程》（CECS 41：2004）

管材		连接方式	适用范围	公称压力等级/MPa	执行标准
塑料给水管	无规共聚聚丙烯（PP-R）	热熔承插连接（$d_n \leqslant 110$ mm）；法兰连接（$d_n \geqslant 32$ mm）	冷水管道长期工作温度不应大于40℃，最大工作压力不应大于1.0 MPa；热水管道长期工作温度不应大于70℃，最大工作压力不应大于0.60 MPa	根据设计压力，冷水系统按表4.2.3-1选择管材S系列；热水系统按表4.2.3-2选择管材S系列	《建筑给水塑料管道工程技术规程》(CJJ/T 98—2014)
	聚乙烯（PE）	热熔承插连接（$d_n \leqslant 110$ mm）；热熔对接（$d_n \geqslant 110$ mm）；电熔管件连接；法兰连接（$d_n \geqslant 32$ mm）			
	交联聚乙烯（PE-X）	金属管件连接（$d_n \leqslant 25$ mm）			
	耐热聚乙烯（PE-RT）	热熔承插连接（$d_n \leqslant 110$ mm）；电熔管件连接；法兰连接（$d_n \geqslant 32$ mm）			
	氯化聚氯乙烯给水管（PVC-C）	黏接	适用于水温不大于45℃，系统工作压力不大于1.0 MPa的冷水管道系统；适用于水温不大于75℃，系统工作压力不大于0.6 MPa的热水管道系统。不适用于建筑物内消防供水系统或与消防供水系统相连接的生活给水系统	多层建筑冷水管道可采用S6.3系列，热水管道可采用S5系列；高层建筑冷水管道可采用S5系列，热水管道可采用S4系列；当室外冷水管道的工作压力不大于1.0 MPa时，采用S6.3系列，当其工作压力大于1.0 MPa时，采用S5系列；室外热水管道可采用S5系列	《建筑给水氯化聚氯乙烯（PVC-C）管管道工程技术规程》(CECS 136：2002)

	管材	连接方式	适用范围	公称压力等级 /MPa	执行标准
复合管	内衬(涂)塑料管	螺纹、法兰、沟槽连接	系统压力不大于2.0 MPa的中档标准的多层、高层建筑	1.0、1.6、2.5	《建筑给水钢塑复合管管道工程技术规程》(CECS 125:2001)
	内衬不锈钢复合管	螺纹连接:DN≤100 mm,管道系统工作压力≤1.0 MPa;沟槽式卡箍连接:DN>100 mm,管道系统工作压力>1.0 MPa;法兰连接:DN=100~500 mm,管道系统工作压力>1.0 MPa;焊接连接:DN>100 mm,管道系统工作压力>1.0 MPa	系统压力不大于2.0 MPa,管径不大于500 mm的中高档标准的多层、高层建筑	1.0、1.6、2.5	《给水内衬不锈钢复合钢管管道工程技术规程》(CECS 205:2006)
	超薄壁不锈钢塑料复合管	承插式不锈钢管件连接、卡套式金属管件连接、不锈钢套法兰管件连接	系统压力不大于1.6 MPa的中高档标准的多层、高层建筑;冷水管温度不应大于40℃,热水管长期工作温度不应大于70℃,瞬时温度不应大于90℃;管道在建筑物内明敷或暗设(包括嵌墙和在非钢筋砼结构内埋设)	1.0、1.6	《建筑给水超薄壁不锈钢塑料复合管管道工程技术规程》(CECS 135:2002)
金属管	薄壁不锈钢管	挤压式、卡压式、环压式、扩环式、沟槽、法兰、焊接连接	系统压力不大于1.6 MPa,温度不大于100℃、不低于−10℃的高档标准的多层、高层建筑	1.0、1.6	《建筑给水薄壁不锈钢管管道工程技术规程》(CECS 153:2003)

续表

管材		连接方式	适用范围	公称压力等级/MPa	执行标准
金属管	薄壁铜管	钎焊连接、卡套、卡压连接、沟槽连接	系统压力不大于2.5 MPa的高档标准的多层、高层建筑	1.0、1.6、2.5	《建筑给水铜管管道工程技术规程》(CECS 171:2004)

注:1. 当管道系统工作压力不大于1.0 MPa,钢管基材采用焊接钢管、可锻铸铁衬塑管件,螺纹连接;当管道系统工作压力大于1.0 MPa,且不大于1.6 MPa时,钢管基材采用无缝钢管、无缝钢管件或球墨铸铁衬塑管件,法兰或沟槽连接;当管道系统工作压力大于1.6 MPa,且不大于2.5 MPa时,钢管基材采用无缝钢管,无缝钢管件或铸钢衬塑管件,法兰或沟槽连接。

2. 系统压力大于1.6 MPa者,可采用(非薄壁)不锈钢管,应明确不锈钢管的壁厚,并采用氩弧焊接。

3. 卡套连接适用于系统工作压力≤1.0 MPa,公称直径≤DN50;卡压连接适用于系统工作压力≤1.6 MPa,公称直径≤DN50;钎焊连接适用于系统工作压力≤2.5 MPa,非埋设公称直径≤DN25的支管可采用软钎焊连接,埋设铜管应采用硬钎焊连接;沟槽连接适用于公称直径>DN50。

(1) 给水系统中使用的管材、管件,必须符合现行产品标准的要求。

(2) 管道的允许工作压力,除取决于管材、管件的承压能力外,还与管道接口能承受的拉力有关。这三个允许工作压力中的最低者,为管道的允许工作压力。管道系统的工作压力不得大于管道的允许工作压力。

(3) 生活给水管管材、管件和接口材料,必须符合现行的《生活饮用水卫生标准》(GB 5749—2006)。

表 1.8-3　聚乙烯类给水管的连接方式与适用范围

序号	管件结构及连接方式		材料	适用范围
1	热熔连接	热熔对接连接	管件由与管材材质相同的 PE 或 PE-RT 注塑成型	$d_n \geq 63$ mm 的 PE 冷水管、PE-RT 冷热水管
		热熔承插连接	管件由与管材材质相同的 PE 或 PE-RT 注塑成型	$d_n \leq 63$ mm 的 PE 冷水管、PE-RT 冷热水管
2	电熔连接		管件由与管材材质相同的 PE 或 PE-RT 注塑成型	$d_n \leq 160$ mm 的 PE 冷水管、PE-RT 冷热水管
3	机械式连接	卡套式连接(1)	管件本体和锁紧螺母的材料为锻压黄铜	$d_n20 \sim d_n32$ 的 PE-X 冷热水管
		卡套式连接(2)	管件本体和锁紧螺母的材料为特种增强塑料,内插衬套材料为不锈钢(304)	$d_n20 \sim d_n32$ 的 PE-X 冷热水管、PE 冷水管、PE-RT 冷热水管
		卡套式连接(3)	管件本体、倒钩环、锁环和锁紧螺母的材料为特种增强塑料,倒钩件、内插衬套材料为不锈钢(304)	$d_n20 \sim d_n32$ 的 PE-X 冷热水管、PE 冷水管、PE-RT 冷热水管

序号	管件结构及连接方式		材料	适用范围
3	机械式连接	卡压式连接(1)	管件本体材料为锻压黄铜或不锈钢(304);圆形卡环(套管)材料为不锈钢(304)	$d_n20 \sim d_n63$ 的 PE-X 冷热水管
		卡压式连接(2)	管件本体材料为锻压黄铜或不锈钢(304);圆形卡箍材料为紫铜	$d_n20 \sim d_n32$ 的 PE-X 冷热水管
4	承插式柔性连接		承口为增强聚乙烯材料,承口内嵌有抗拉拔和密封功能的橡胶圈,材料为三元乙丙(EPDM)或丁腈橡胶(NBR)	$d_n63 \sim d_n160$ 的 PE 冷水管
5	法兰连接		法兰连接件材料由与管材材质相同 PE 或 PE-RT 注塑成型,法兰片材料为钢质,并且表面经防腐处理	$d_n \geq 63$ mm 的 PE 冷水管、PE-RT 冷热水管
6	钢塑过渡接头连接		钢塑过渡接头塑料端材料为与管材材质相同 PE 或 PE-RT,金属端为钢质或铜质,并经过防腐处理	$d_n32 \sim d_n160$ 的 PE 冷水管、PE-RT 冷热水管

1.8.2 附件

给水管道上阀门的工作压力等级,应等于或大于其所在管段的管道工作压力。阀门的材质,必须耐腐蚀,经久耐用。各种阀件的设置及选用见表 1.8-4 至表 1.8-9。

表 1.8-4　阀门的设置及选用

阀门设置位置	选用原则
1. 小区给水管道从城镇给水管道的引入管段上 2. 小区室外环状管网的节点处,应按分隔要求设置;环状管段过长时,宜设置分段阀门 3. 从小区给水干管上接出的支管起端或接户管起端 4. 入户管、水表前和各分支立管 5. 室内给水管道向住户、公用卫生间等接出的配水管起端 6. 水池(箱)、加压泵房、加热器、减压阀、倒流防止器等处应按安装要求设置	1. 需调节流量、水压时,宜采用调节阀、截止阀 2. 要求水流阻力小的部位宜采用闸板阀、球阀、半球阀 3. 安装空间小的场所,宜采用蝶阀、球阀 4. 水流需双向流动的管段上,不得使用截止阀 5. 口径较大的水泵,出水管上宜采用多功能阀

表 1.8-5　止回阀的设置及选用

止回阀设置位置	选用原则
1. 直接从城镇给水管网接入小区或建筑物的引入管上(装有倒流防止器的管段,不需再装止回阀) 2. 密闭的水加热器或用水设备的进水管上(由高位水箱直接供水的除外) 3. 每台水泵出水管上 4. 进出水管合用一条管道的水箱、水塔和高地水池的出水管段上,如下图所示: 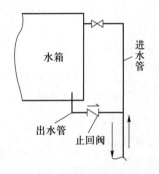	1. 阀前水压小的部位,宜选用旋启式、球式和梭式止回阀 2. 关闭后密闭性能要求严密的部位,宜选用有关闭弹簧的止回阀 3. 要求削弱关闭水锤的部位,宜选用速闭消声止回阀或有阻尼装置的缓闭止回阀 4. 止回阀的阀瓣或阀芯,应能在重力或弹簧力作用下自行关闭 5. 管网最小压力或水箱最低水位应能自动开启止回阀 6. 当水箱、水塔进出水为同一管道时,不宜选用振动大的旋启式或升降式止回阀 7. 排水泵出水管上宜选用排水专用球形止回阀

表 1.8-6　减压阀的设置及选用

减压阀设置位置和要求	选用原则
1. 给水管网的压力高于配水点允许的最高使用压力的管段上 2. 当供水保证率要求高、停水会引起重大经济损失的给水管道上设置减压阀时,宜采用两个减压阀,并联设置,一用一备,但不得设置旁通管 3. 减压阀公称直径宜与管道直径一致 4. 减压阀前后应设阀门和压力表,阀前应设过滤器,阀后管道设伸缩器 5. 设置减压阀的位置,地面宜有排水设施 6. 比例式减压阀宜垂直安装,可调式减压阀宜水平安装 7. 减压阀前水压宜稳定,阀前管道不宜兼作配水管 8. 阀后管材和配件应按减压阀失效情况下进行校核,并不大于产品标准规定的水压试验压力(减压阀串联使用时,按其中一个失效计;配水件试验压力应按其工作压力的 1.5 倍计)	1. 当阀后压力允许波动时,宜采用比例式减压阀 2. 当阀后压力要求稳定时,宜采用可调式减压阀 3. 比例式减压阀的减压比不宜大于 3∶1;当采用减压比大于 3∶1 时,应避免气蚀区 4. 可调式减压阀的阀前与阀后的最大压差不宜大于 0.4 MPa,要求环境安静的场所不应大于 0.3 MPa;当最大压差超过规定值时,宜串联设置,阀前与阀后的最小压差不宜小于 0.1 MPa

表 1.8-7 过滤器的设置及选用

过滤器设置位置	选用原则
1. 减压阀、泄压阀、自动水位控制阀、温度调节阀等阀件前 2. 水加热器的进水管上,换热装置的循环冷却水进水管上[①] 3. 水泵吸水管上[①]	1. 过滤器的滤网应采用耐腐蚀材料,滤网网孔尺寸应按使用要求确定 2. 不能停止供水的管道上宜采用自动排污式过滤器

注:① 当满足本项 1 设置过滤器时,在过滤器之后的系统中的加热器进水管和水泵吸水管等处可不设过滤器。

表 1.8-8 泄压阀的设置及要求

泄压阀设置位置	设置要求
在管网采用额定转速水泵直接供水时(尤其是直接串联供水时),给水管网存在短时超压工况,且短时超压会引起使用不安全时,应设置	1. 泄压阀前应设置阀门 2. 泄压阀的泄水口应连接管道,排入非生活用水水池,当直接排放时,可排入集水井或排水沟

表 1.8-9 其他附件的设置及选用

名称	设置原则和要求
水锤消除器	给水加压系统,应根据水泵扬程、管道走向、环境噪音要求等因素,设置水锤消除装置
安全阀	压力容器因超温引起的超压泄压,安装安全阀。安全阀阀前不得设置阀门,泄压口应连接管道将泄压水(气)引至安全地点排放
真空破坏器	1. 不应装在有腐蚀性和污染的环境 2. 应直接安装于配水支管的最高点,其位置高出最高用水点或最高溢流水位的垂直高度,压力型不得小于 300 mm;大气型不得小于 150 mm 3. 真空破坏器的进气口应向下
排气阀	1. 间歇式使用的给水管网,其管网末端和最高点应设置自动排气阀 2. 给水管网有明显起伏,积聚空气的管段,宜在该段的峰点设自动排气阀或手动阀门排气 3. 气压给水装置,当采用自动补气式气压水罐时,其配水管网的最高点应设自动排气阀 4. 设有减压阀的给水系统的立管顶端应设置自动排气阀
倒流防止器	1. 不应装在有腐蚀性和污染的环境 2. 必须水平安装,排水口不得直接接至排水管,应采用间接排水 3. 应安装在便于维护的地方,不得安装在可能结冻或被水淹没的场所,一般宜高出地面 300 mm
自动水位控制阀	水池(箱)的进水管上,除电信号自动控制切断进水者外,均应设自动水位控制阀,且应与进水管管径一致

1.8.3　仪表

1. 压力表

水泵的出水管、减压阀的前后及压力容器应设压力表,压力表的量程应为系统压力的 1.5～2.0 倍。选型与安装见《常用小型仪表及特种阀门选用安装》01SS105。

2. 水表

水表的设置及选用见表 1.8-10。

表 1.8-10　水表的设置及选用

设置位置	1. 小区的引入管 2. 居住建筑和公共建筑的引入管 3. 住宅和公寓的进户管 4. 综合建筑的不同功能分区(如商场、餐饮等)或不同用户的进入管 5. 浇洒道路和绿化用水的配水管上 6. 必须计量的用水设备(如锅炉、水加热器、冷却塔、游泳池、喷水池及中水系统等)的进水管或补水管上 7. 收费标准不同的部位
选型原则	1. 接管公称直径不超过 50 mm 时,应采用旋翼式水表;接管公称直径超过 50 mm 时应采用螺翼式水表 2. 通过水表的流量变化幅度很大时,应采用复式水表 3. 宜采用干式水表 4. 设在户内的住宅分户水表宜采用远传水表或 IC 卡水表
口径确定	1. 用水量均匀的生活给水系统,如公共浴室、洗衣房、公共食堂等用水密集型的建筑可按设计秒流量不超过但接近水表的常用流量值确定水表公称直径 2. 用水量不均匀的生活给水系统,如住宅及旅馆等公建可按设计秒流量不超过但接近水表的过载流量来确定水表的公称直径 3. 小区引入管水表可按引入管的设计流量不超过但接近水表常用流量确定水表的公称直径,还应符合当地有关部门的规定 4. 在消防时,除生活用水量外尚需通过消防流量的水表,应以生活用水的设计流量叠加消防流量(一次火灾的最大消防流量)进行校核,校核流量不应大于水表的过载流量 5. 新建住宅的分户水表,其公称直径一般宜采用 20 mm;当一户有多个卫生间时,应按计算的秒流量选择

续表

安装原则	1. 旋翼式水表和垂直螺翼式水表应水平安装;水平螺翼式和容积式水表可根据实际情况确定水平、倾斜或垂直安装。当垂直安装时水流方向必须自下而上 2. 水表前后直线管段的最小长度,应符合水表的产品样本的规定,一般可按下列要求确定: (1) 螺翼式水表的前端应有 8~10 倍水表公称直径的直管段 (2) 其他类型水表前后,宜有不小于 300 mm 的直管段 3. 装设水表的地点应符合下列要求: 1) 便于读数和检修 2) 不被曝晒、不致冻结、不被任何液体及杂质所淹没和不易受碰撞的地方 3) 住宅的分户水表宜设置在户外,并相对集中,一般可用下列方式: ① 分层集中设在专用的水表间(箱) ② 集中设在设备层、避难层或屋顶水箱间 ③ 非冰冻地区的多层住宅建筑,可集中设在底层建筑的外墙面,但应有保护措施 ④ 采用远传水表时,控制箱宜设在一层管理室 4. 对于生活、生产、消防合用的给水系统,如只有一条引入管时,应绕水表设旁通管,旁通管管径应与引入管管径相同,但需经当地有关部门批准 5. 引入管的水表前后和旁通管上均应设检修闸阀;水表与表后阀门之间应设泄水装置;但住宅中的分户水表,其表后允许不设阀门和泄水装置 6. 当水表可能发生反转、影响计量和损坏水表时,应在水表后设止回阀

【本节精选习题】

1. 给水管网的压力高于配水点的最高使用压力时,应设置减压阀,减压阀的设置与安装应符合下述哪几项规定?(   )

A. 可调式减压阀的阀前与阀后的最大压力差不应大于 0.40 MPa,要求环境安静的场所不应大于 0.30 MPa

B. 可调式减压阀的阀前与阀后的最大压力差不应大于 0.60 MPa,要求环境安静的场所不应大于 0.40 MPa

C. 可调式减压阀宜垂直安装

D. 可调式减压阀宜水平安装

答案:【AD】
解析:本题 A 项不精确,应该是不宜大于 0.40 MPa,要求环境安静的场所不应大于 0.30 MPa,选 AD。

2. 下列哪一类建筑生活给水系统水表的口径应以通过安装水表管段的设计秒流量不大于水表的过载流量来选定?(   )

A. 旅馆   B. 公共浴室   C. 洗衣房   D. 体育场

答案:【A】
解析:对于用水量在计算时段时用水量相对均匀的给水系统,如用水量相对集中的工业企业生活间、公共浴室、洗衣房、公共食堂、体育场等建筑物,应以设计秒流量来选用水表的常用流量;而对于住宅、旅馆、医院……用水疏散型的建筑物,宜按给水系统的设计秒流量选用水表的过载流量较合理,故选 A。

3. 下面室内给水系统图示中,有几处应设而漏设阀门?（　　）

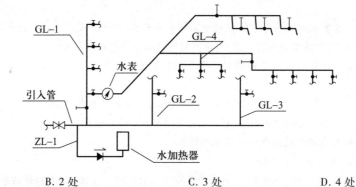

A. 1 处　　　　　　　　B. 2 处　　　　　　　　C. 3 处　　　　　　　　D. 4 处

答案:【D】

解析:此题中漏设阀门如下:

(1) 分支立管 GL-2;(2) 分支立管 GL-3;(3) 配水支管上配水点在 3 个及 3 个以上时设置阀门,GL-4 处也漏设(此条 2009 版规范已删除);(4) 加热器及倒流防止器前端,故选 D。

4. 某五星级宾馆采用可调式减压阀分区给水系统如图所示(图中不考虑减压阀安装方式),P_1、P_2 分别为中区、低区给水 L_1、L_2 立管上减压阀的阀前和阀后压力,则有关减压阀的设置叙述中哪几项是正确的?（　　）

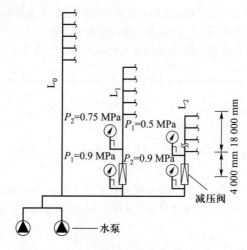

A. 该给水系统设可调式减压阀分区不妥,应设比例式减压阀

B. L_1 管段上减压阀的压差 $P_1-P_2=0.15$ MPa 偏小,不满足产品要求

C. L_2 立管上减压阀的压差 $P_1-P_2=0.4$ MPa,偏大

D. L_2 立管上最低横支管处静压力为 $(0.5-0.04)$ MPa $=0.46$ MPa,压力偏大

答案:【BCD】

解析:A 项在题中注明不考虑减压阀的安装方式的前提下,可调式与比例式的区别仅在于出口的压力是否允许波动,并且可调式能更好地达到效果;B 项可调式减压阀的阀前与阀后的最大压差不应大于 0.4 MPa,要求环境安静的场所不应大于 0.3 MPa;阀前最低压力应大于阀后动压力 0.2 MPa;C 项可调式减压阀的阀前与阀后的最大压差不应大于 0.4 MPa,要求环境安静的场所不应大于 0.3 MPa;五星级酒店属于要求环境安静的场所;D 项各分区最低卫生器具配水点处的静水压不宜大于 0.45 MPa,故选 BCD。

5. 在多、高层住宅的给水系统中,下列哪项不允许设在户内?(　　)

A. 住户水表

B. 立管上的阀门

C. 支管上的减压阀

D. 卡压式接头

答案:【B】

解析:"住宅的给水总立管、雨水立管、消防立管、采暖供回水总立管和电气、电信干线(管),不应布置在套内。公共功能的阀门、电气设备和用于总体调节和检修的部件,应设在公用部位,故选B。

6. 符合建设行业标准的节水器具具有节水效果,但大部分还受到给水管网系统工程设计的影响,下列节水器具中有几种节水效果不受工程设计影响?(　　)

① 淋浴器;② 水嘴;③ 大便器自动冲洗阀;④ 大便器冲洗水箱

A. 1 种　　　　　　B. 2 种　　　　　　C. 3 种　　　　　　D. 4 种

答案:【A】

解析:前三项的出流量均与阀前压力有关,是否节水,除了器具本身的构造、质量外,阀前水压大出流量就大,另外为了考虑使用者的舒适性,阀前水压又不能太低,所以与系统设计有关。只有大便器冲洗水箱节水效果不受所在处的供水压力影响,只影响水箱充水的快慢,每次冲洗的水量是一定的,故选 A。

7. 判断以下哪几项说法是正确的?(　　)

A. 截止阀具有控制并截断水流的功能

B. 环状管道上的检修阀应采用闸阀

C. 减压阀前后压差不宜大于 0.4 MPa

D. 安全阀前不得设置检修阀

答案:【AD】

解析:选项 B,并非只有闸阀可安装在水流双向流动的管道上,无此规定,B 错误;对于选项 C,比例式减压阀不受此约束,C 错误;故选 AD。

8. 下列关于建筑给水管材设计选型及管道布置、敷设的叙述中,哪项错误?(　　)

A. 满足承压要求的塑料给水管、不锈钢管或经可靠防腐处理的钢管均可作为建筑给水管材

B. 敷设在墙体内的金属给水管道,可采用螺纹连接方式

C. 应根据管道材质、管内水温、环境温度等因素设置管道伸缩补偿措施

D. 室内埋地生活给水管与污水管平行敷设时,其管中心间距不宜小于 0.5 m

答案:【D】

解析:敷设在垫层或墙体管槽内的管材,不得有卡套式或卡环式接口,B 项中金属给水管道采用螺纹连接方式,说法正确;建筑物内埋地敷设的生活给水管与排水管之间的最小净距,平行埋设时不宜小于 0.50 m。净距指外管壁之间的距离,非中心间距,D 项错误。故选 D。

9. 下列关于建筑生活给水系统管道布置、敷设及附件选用的叙述中,哪几项正确?(　　)

A. 敷设在管井内的给水立管与其他立管之间的净距应满足维修要求

B. 要求塑料给水管道在室内采用暗设,主要是因为塑料管被撞击后易损坏

C. 宾馆引入管上设置的水表宜按其给水系统设计秒流量选用水表的常用流量

D. 速闭消声止回阀可安装在水平管上,也可安装在水流方向自下而上的立管上

答案:【ABD】

解析:水量不均匀的生活给水系统的水表应以给水设计流量选定水表的过载流量,宾馆用水不均匀,应选定水表的过载流量,C 项错误;故选 ABD。

10. 某建筑生活给水立管(水流向下)上的减压阀设置大样如图所示,减压阀设在管井内(设有排水地漏),减压阀直径与管道直径一致,并设置方便阀体拆卸的管道伸缩器(图中未画出)。图中减压阀系统设置存在几处错误?( )

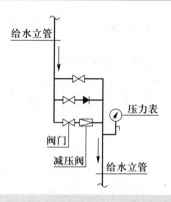

A. 1 处

B. 2 处

C. 3 处

D. ≥4 处

答案:【D】

解析:当在供水保证率要求高、停水会引起重大经济损失的给水管道上设置减压阀时,宜采用两个减压阀,并联设置,不得设置旁通管。图中设置旁通管,错误。减压阀前应设阀门和过滤器;需拆卸阀体才能检修的减压阀后,应设管道伸缩器;检修时阀后水会倒流时,阀后应设阀门。图中未设过滤器,错误;阀后未设检修阀,错误。减压阀节点处的前后应装设压力表,图中减压阀前未设压力表,错误。图中共 4 处错误,故选 D。

11. 下列关于建筑生活给水系统节水设计措施或说法中,哪几项设计措施欠合理或说法不正确?( )

A. 自闭式水嘴、脚踏开关、球阀等均属于节水型给水器材

B. 给水设备、器材如水泵、水表等的使用年限一般在 10~15 a

C. 对采用节水器具的建筑生活给水系统,可适当降低其生活用水定额

D. 在高位水箱供水立管上沿水流方向串联设置中、低区给水系统减压阀

答案:【ABCD】

解析:自闭式水嘴、脚踏开关等均属于节水型器材,但球阀是非自闭阀门,无节水功能,A 项说法不正确;口径 $DN15~DN25$ 的水表,使用期限不得超过 6 a;口径大于 $DN25$ 的水表,使用期限不得超过 4a,B 项说法错误;工程设计时,建筑给水排水的设计中有关"用水定额"计算仍按《建水规》等标准执行,C 项欠合理;减压阀的设置不宜采用共用供水立管串联减压分区供水,D 项欠合理。故选 ABCD。

12. 某医院住院部共有 576 个床位,全日制供水,用水定额为 400 L/床·d,小时变化系数 $K_h = 2.5$,卫生器具给水当量总数 $N = 625$。其给水系统由市政管网直接供水,则安装在引入管上总水表(水表流量参数见下表)的口径应为何项?( )

A. $DN32$ B. $DN40$ C. $DN50$ D. $DN80$

水表流量参数表 m^3/h

公称口径 DN/mm	过载流量	常用流量	分界流量	最小流量
32	19.2	9.6	4.2	0.1
40	24.0	12.0	8.3	0.2
50	36.0	18.0	12.0	0.4
80	72.0	36.0	16.0	1.1

答案:【C】

解析:水表的流量分为:过载流量(Q_{max})、常用流量($1/2Q_{max}$)和最小流量(Q_{min});用水量均匀的生活给水系统的水表应以给水设计秒流量选定水表的常用流量,例如:冷却塔或空调补水、宿舍(Ⅲ、Ⅳ类)、工业企业的生活间、公共浴室、职工食堂或营业餐馆的厨房、体育场馆、剧院、普通理化试验室等建筑。用水量不均匀的生活给水系统的水表应以给水设计秒流量选定水表的过载流量,除用水量均匀的给水系统以外的大部分都属于这一类,例如:住宅、旅馆和医院等。

根据本题题意,计算引入管设计流量:$q_g = 0.2\alpha\sqrt{N_g} = 0.2 \times 2.0 \times \sqrt{625}$ L/s = 10 L/s = 36 m³/h

因医院属于用水分散型单位,故应以过载流量选取水表,选择 DN50 公称口径的水表。

1.9　管道布置和敷设

1.9.1　室内管道布置

1. 室内给水管道可明敷、暗敷,一般应根据建筑中室内工艺设备的要求及管道材质的不同来确定。

2. 暗装干管一般敷设在吊顶、管道井、管沟、管窿内。卫生间支管暗装时,对于轻钢龙骨墙,横支管安装于墙体内;对于砌块墙体,横支管安装于吊顶内,接洁具的短管竖向剔墙槽敷设。砌块墙体不允许剔横向墙槽。

3. 明装管道的安装应尽量减小对建筑视觉效果的影响,并不得影响生活、工作、通行。沿墙柱敷设的明装立管除满足安装操作外,均以最小安装距离敷设,一般参见图 1.9-1(特殊墙面做法按完成面考虑:机房隔音做法 100 mm 厚,卫生间墙面做法 20 mm 厚)。

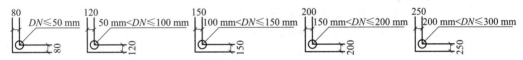

80　　　120　　　150　　　200　　　250
$DN \leqslant 50$ mm　50 mm$<DN \leqslant 100$ mm　100 mm$<DN \leqslant 150$ mm　150 mm$<DN \leqslant 200$ mm　200 mm$<DN \leqslant 300$ mm
80　　120　　150　　200　　250

图 1.9-1　明装给水立管与墙柱的最小距离

4. 给水管道宜布置成支状管网,单向供水。不允许间断供水的建筑和设备可采用环状供水或贯通支状双向供水。

5. 其他相关敷设要求见表 1.9-1。

表 1.9-1　室内给水管敷设要求

项目	要　　求
暗敷给水管	1. 不得直接敷设在建筑物结构层内 2. 敷设在垫层或墙体管槽内的给水支管的外径不宜大于 25 mm 3. 敷设在垫层或墙体管槽内的给水管管材宜采用塑料、金属与塑料复合管材或耐腐蚀的金属管材 4. 敷设在垫层或墙体管槽内的管材,不得有卡套式或卡环式接口,柔性管材宜采用分水器向各卫生器具配水,中途不得有连接配件,两端接口应明露 5. 埋地时,不应布置在可能受重物压坏处

项 目	要　　求
明装给水管	1. 立管穿越楼板时,应采取防水措施 2. 在室外明设时,应避免受阳光直接照射;在结冻地区应做保温层,保温层的外壳应密封防渗
与其他管道的关系	1. 建筑物内埋地敷设的生活给水管与排水管之间的最小净距,平行埋设时不宜小于0.50 m;交叉埋设时不应小于0.15 m,且给水管应在排水管的上面 2. 与热水管上、下平行敷设时,应在热水管下方 3. 卫生器具的冷水连接管,应在热水连接管的右侧
塑料给水管	1. 塑料给水管道在室内宜暗设。明设时立管应布置在不易受撞击处,如不能避免时,应在管外加保护措施 2. 塑料给水管道不得布置在灶台上边缘;明设的塑料给水立管距灶台边缘不得小于0.4 m,距燃气热水器边缘不宜小于0.2 m。达不到此要求时,应有保护措施 3. 塑料给水管道不得与水加热器或热水炉直接连接,应有不小于0.4 m的金属管段过渡 4. 塑料给水管室外明设时,应有有效保护措施
不得(宜)穿越的部位	1. 不应穿越变配电间、电梯机房、通信机房、大中型计算机房、计算机网络中心、有屏蔽要求的X光、CT室、档案室、书库、音像库房等遇水会损坏设备和引发事故的房间 2. 不宜穿越卧室、书房及贮藏间 3. 应避免在生产设备、配电柜上方通过 4. 不得布置在遇水能引起爆炸、燃烧或损坏的原料、产品和设备上面 5. 不得敷设在烟道、风道、电梯井、排水沟内 6. 不得穿过大、小便槽(给水立管距大、小便槽端部不得小于0.5 m) 7. 不宜穿越橱窗、壁柜,如不可避免时,应采取隔离和防护措施 8. 不宜穿越伸缩缝、沉降缝、变形缝。当必须穿越时,应设置补偿管道伸缩和剪切变形的装置,如采用橡胶软管或金属波纹管连接伸缩缝等两边的管道或采用方形补偿器等 9. 不得穿越生产设备基础
设防水套管的部位	1. 穿越地下室或地下构筑物外墙处 2. 穿越屋面处(有可靠防水措施时,可不设防水套管) 3. 穿越钢筋混凝土水池(箱)的壁板或底板连接管道时
设套管的部位	1. 设于厨房、卫生间、机房的管道穿楼板时,应设套管。套管内径应比管道外径大10~20 mm,下面与楼板齐、上面比楼板高20~30 mm 2. 塑料立管的金属套管应高出楼板面100 mm
其他	给水管道上的阀门宜设在便于检修和操作的位置

1.9.2 室外给水管道布置和敷设

室外给水管道布置和敷设详见表 1.9-2 至表 1.9-4。

表 1.9-2　室外给水管布置和敷设要求

项目	要　　求
布置方式	1. 室外给水管网,宜布置成环状网,或与城镇给水管连接成环状网。环状给水管网与城镇给水管的连接管不宜少于两条 2. 室外给水管道应沿区内道路敷设,宜平行于建筑物敷设在人行道、慢车道或草地下 3. 架空敷设管道不得影响运输、人行、交通及建筑物的自然采光
敷设深度	应根据土壤冰冻深度、车辆荷载、管道材质及管道交叉等因素确定。管顶最小覆土深度不得小于土壤冰冻线以下 0.15 m,且行车道下金属管道覆土厚度不小于 0.7 m;非金属管道覆土厚度不小于 1.2 m。若在非机动车道路下或道路边缘地下,金属管覆土厚度不宜小于 0.3 m,塑料管不宜小于 1.0 m
与其他管道的关系	1. 给水管道与污水管道交叉时,给水管道应敷设在上面,且接口不应重叠;当给水管道敷设在下面时,应设置钢套管,钢套管的两端应采用防水材料封闭 2. 敷设在室外综合管廊(沟)内的给水管道,宜在热水、热力管道下方,冷冻管和排水管的上方。给水管道与各种管道之间的净距,应满足安装操作的需要,且不宜小于 0.3 m 3. 直埋敷设时,与其他管道的最小净距见表 1.9-3
与建筑物、构筑物的关系	1. 管道外壁距建筑物外墙的净距不宜小于 1 m,且不得影响建筑物的基础 2. 与其他设施及构筑物间距见表 1.9-4
其他	室外给水管道上的阀门,宜设置阀门井或阀门套筒

表 1.9-3　室外给水管与地下管线间最小净距　　　　　　m

	给水管	污水管	雨水管	低压煤气管	电力电缆	通信电缆	直埋式热水管	热力管沟
水平净距	0.5~1.0	0.8~1.5	0.8~1.5	0.5~1.0	1.0	1.0	1.0	0.5~1.0
垂直净距	0.10~0.15	0.10~0.15	0.10~0.15	0.10~0.15	直埋 0.50 穿管 0.25	直埋 0.50 穿管 0.15	0.10~0.15	—

注:净距指管外壁距离,管道交叉设套管时指套管外壁距离,直埋式热力管指保温管壳外壁距离。

表 1.9-4　室外给水管与其他设施间最小净距　　　　　　m

净距＼名称 管径(DN)	建筑物基础	乔木中心	地上杆柱		道路侧石边缘	铁路钢轨(或坡脚)	围墙
			通信照明<10 kV	高压铁塔基础边			
DN≤200 mm	1.0	1.0	0.5	3.0	1.5	6.0	1.5
DN>200 mm	3.0						2.5

1.9.3　管道支、吊架

管道支架或管卡应固定在楼板上或承重结构上,并符合表 1.9-5 的要求。

表 1.9-5　室内给水管支、吊架要求

管材或部位	支、吊架要求或执行标准
泵房内	采用减震弹性吊架及支架且管道重量不得压在水泵上
钢管	按《建筑给水排水及采暖工程施工质量验收规范》(GB 50242—2002)第 3.3.8 条、3.3.10 条规定。立管每层装一管卡,安装高度距地面 1.5 m
内衬塑钢管	按《建筑给水钢塑复合管管道工程技术规程》(CECS 125:2001)第 6.4.10 条规定
内衬不锈钢复合钢管	参见《建筑给水钢塑复合管管道工程技术规程》(CECS 125:2001)第 6.4.10 条规定
超薄壁不锈钢塑料复合管	按《建筑给水超薄壁不锈钢塑料复合管管道工程技术规程》(CECS 135:2002)第 5.3.7 条规定
铜管	按《建筑给水铜管管道工程技术规程》(CECS 171:2004)第 5.2.6 条规定
薄壁不锈钢管	按《建筑给水薄壁不锈钢管管道工程技术规程》(CECS 153:2003)第 5.3.3 条规定
UVPC	按《建筑给水硬聚氯乙烯管管道工程技术规程》(CECS 41:2004)第 6.2 条规定
PP-R、PE、PE-X、PE-RT	按《建筑给水塑料管道工程技术规程》(CJJ/T 98—2014)表 4.6.6 条规定
PVC-C	按《建筑给水氯化聚氯乙烯(PVC-C)管管道工程技术规程》(CECS 136:2002)第 5.2.10 条规定

1.9.4　伸缩补偿

给水管道的伸缩补偿装置,应按直线长度、管材的线胀系数、环境温度和管内水温的变化、管道节点的允许位移量等因素经计算确定。

1. 穿过结构变形缝、伸缩缝、沉降缝处,应设置具有轴向和径向变形功能的金属软管,金属软管的长度应根据结构变形量配置,在其两端设置固定支架,金属软管的补偿量根据产品性能而定,可查相应的产品样本。

2. 超高层建筑的立管应设金属软管,以补偿结构的层间位移,补偿量应根据结构位移量确定所需金属软管长度,补偿范围的两侧应设固定支架。以挠性沟槽件连接的管道,可不考虑设置补偿结构位移的设施。

3. 直线管段因水温和环境温度变化而引起的管道伸缩量及补偿措施见第 4 章。因管道的线膨胀系数引起的变形补偿措施,根据管材特性而定,参见表 1.9-6。

表 1.9-6　常用管材的补偿措施

管材	直线补偿范围	补偿装置	固定支架
PVC-U 管	黏接时：≤18 m	伸缩节	1. 立管每层设一个固定支架（立管穿越楼板和屋面处视为固定支承点）； 2. 阀门或其他附件处、两个伸缩节之间、管道接出支管和连接用水配件处； 3. 干管水流改变方向的位置也应设
PE 类	黏接时：≤12 m	伸缩节或弹性橡胶圈连接	除以上 3 条外，如为弹性橡胶圈柔性连接的管道，在承口部位应设置
PP-R、PP-B	利用自由臂补偿管道变形时，不设固定支架的直线管道最大长度不宜超过 3 m	专用补偿器	1. 补偿器两侧管道适当位置； 2. 阀门或其他附件处，与附件的净距不宜大于 100 mm
PVC-C 管	直线管段较长时，可设置与管道设计压力匹配的专用伸缩器，且管段的最大伸缩量应小于伸缩器的最大补偿量；立管接出的横支管、横干管接出的立管和横支管接出的分支管均应偏置，偏置的自由臂与接出的立管、横干管、支管的轴线间距不得小于 0.2 m		

4. 干管与支管、立管与横支管、支管与设备等连接，应尽量利用管道转弯，以悬臂段进行伸缩补偿。

1.9.5　防腐、油漆、管道标识

给水管的防腐、标识见表 1.9-7。

表 1.9-7　给水管的防腐、标识

内容	做法
防腐	1. 铜管和不锈钢管：正常环境下，不必做防腐层，当敷设在有腐蚀性的环境中，可采用带钝化防腐膜的管材。埋地敷设时，采用外覆塑层的管材 2. 塑料管：不必做防腐层 3. 外壁为钢管的复合管：室内敷设时，管外壁刷银粉漆或调和漆两道。埋地敷设时，外壁刷冷底子油一道，石油沥青两道，外加保护层，当土壤腐蚀性较强时，可采用加强级或特加强级防腐（见《建筑给水排水及采暖工程施工质量验收规范》GB 50242—2002 表 9.2.6） 4. 球墨铸铁给水管外壁采用喷涂沥青或喷锌防腐，内壁衬水泥砂浆防腐
油漆和管道标识	1. 颜色应为浅蓝色 2. 刷银粉漆时，再刷浅蓝色色环。色环间距：立管应每层，水平管应每隔 4 m，以及阀门、三通、管道交叉处等 3. 不需做防腐的给水管均需浅蓝色色环 4. 二次供水系统的给水管需注明"二次供水"的蓝色字样，并保证在每区域至少有 1 处

1.9.6 防冻、防结露和防渗（潮）保护层

敷设在有可能结冻的房间、地下室及管井、管沟等场所的生活给水管道应有防冻保温措施；在结冻地区应做保温层，保温层外壳应密封防渗。当处于寒冷地区或计算厚度过厚时则应采用蒸汽伴管或电伴热等措施。

当管道内水温低于室内空气露点温度时，空气中的水蒸气将在管外壁表面产生凝结水。当给水管道结露会影响环境，引起装饰、物品等受损害时，给水管道应做防结露保冷层。防结露保冷层的计算和构造，按现行的《设备及管道保冷技术通则》（GB/T 11790—1996）执行。在采用金属给水管会出现结露的地区，塑料管也会出现结露，故也需做防结露保冷层。目前防结露保冷层的选择与施工，可按国标图集 16S401 实施。防结露保冷层外壳应密封防渗。

防渗（潮）保护层做法见表 1.9-8。

表 1.9-8　防渗（潮）保护层做法

	防潮层	保护层
设置条件	除采用泡沫橡塑绝热层外不设防潮层，设置在室外、地沟内和潮湿场合的管道设备绝热层外应设防潮层，防潮层一般设一道，要求密封不透气	需要保护的绝热层或防潮层外，或由于美观的需要而设置　当采用无覆盖表面的绝热层时其外表面应设置（泡沫橡塑除外）
材料选用	选用具有抗蒸汽渗透性能、防水性能和防潮性能，且吸水率不大于1%，化学性能稳定、无毒且耐腐蚀、高温时不软化、不起泡、不流淌，低温时不脆化、不开裂，不脱落的材料	选用强度高，具有防水、防潮、抗大气腐蚀、化学稳定性好，并不得对防潮层或绝热层产生腐蚀或溶解作用的材料。在使用环境温度下不得软化、脆裂，且应抗老化，其使用寿命不得小于设计年限
燃烧等级	与绝热层的燃烧性能相匹配	应采用不燃性（A级）或难燃性（B1级）

【本节精选习题】

1. 在住宅设计中采用塑料管材应遵守以下哪几项规定？（　　）

A. 塑料给水管道在室内宜暗设

B. 塑料给水管道不得布置在灶台上边缘

C. 明设的塑料给水立管距燃气热水器边缘不宜小于0.20 m，达不到此要求时应有保护措施

D. 塑料给水管道与加热器连接时，中间应该有4倍管径（DN<100 mm）长的金属连接管段

答案：【ABC】

解析：塑料给水管道不得与水加热器或热水炉直接连接，应有不小于0.4 m的金属管段过渡。综上选ABC。

2. 下述居住小区建筑内外给水管道布置的要求，哪一项是错误的？（　　）

A. 居住小区室外给水管网和建筑内的给水管道均宜环状布置，以利安全供水

B. 居住小区室外环状给水管网与市政给水管网的连接管不宜少于两条

C. 室内生活给水管道宜布置成枝状管网,单向供水

D. 不允许间断供水的建筑,可从室外环状给水管网的不同管段引入两条引入管,在室内将管道连成贯通枝状,双向供水

答案:【A】

解析:A、B、C项,小区的室外给水管网,宜布置成环状网,或与城镇给水管连接成环状网。环状给水管网与城镇给水管的连接管不宜少于两条;室内生活给水管道宜布置成枝状管网,单向供水。故选A。

3. 下述某工程卫生间选用的给水管及其敷设方式中,哪一项是正确合理的?（　　）

A. 选用PP-R聚丙烯管,热熔连接,敷设在结构板内

B. 选用PP-R聚丙烯管,热熔连接,敷设在地面找平层内

C. 选用PP-R聚丙烯管,热熔连接,靠墙、顶板明设

D. 选用薄壁不锈钢管,卡环式连接,敷设在找平层内

答案:【B】

解析:A不得直接敷设在建筑物结构层内;C应沿墙敷设在管槽内;D敷设在找平层的管材不得采用卡套式、卡环式连接,故选B。

4. 以下关于室内给水管道的布置叙述中,哪几项是错误或不合理的?（　　）

A. 室内给水管道宜成环状布置,以保证安全供水

B. 室内冷、热水管布置时,冷水管应位于热水管的下方或左侧

C. 给水管不得敷设在电梯井内、排水沟内,且不宜穿越风道、橱窗和橱柜

D. 给水管不宜穿越伸缩缝、沉降缝或变形缝

答案:【ABC】

解析:A项,室内生活给水管道宜布置成枝状管网,单向供水。B项,冷水位于右侧。C项,给水管道不得敷设在烟道、风道、电梯井内、排水沟内;也就是对于"风道"是"不得"的要求。综上,选ABC。

5. 下面关于给水管井布置的叙述中,何项是错误的?（　　）

A. 居住小区的室外给水管网宜布置成环状,室内生活给水管网宜布置成枝状

B. 居住小区的室内外给水管网均宜布置成环状

C. 给水管、热水管、排水管同沟敷设时,给水管应在热水管之下,排水管之上

D. 同沟敷设的给水管、热水管、排水管之间净距宜≥0.3 m

答案:【B】

解析:室内生活给水管道宜布置成枝状管网,单向供水,故选B。

6. 某卫生间采用外径$D_e=32$ mm的塑料管暗敷在结构楼板和找平层内,经卡套式连接配件向各用水器具供水,地面有管道走向标识。以上给水管道布置的说明中有几处错误?（　　）

A. 3处　　　　　B. 2处　　　　　C. 1处　　　　　D. 无错

答案:【A】

解析:给水管道暗设时,不得直接敷设在建筑物结构层内;敷设在垫层或墙体管槽内的给水支管的外径不宜大于25 mm;敷设在垫层或墙体管槽内的管材不得有卡套式或卡环式接口,柔性管材宜采用分水器向各卫生器具配水,中途不得有连接配件,两端接口应明露,综合以上共3处,故选A。

7. 下列关于建筑给水管材设计选型及管道布置、敷设的叙述中,哪项错误?（　　）

A. 管材、管件的公称压力应不小于其管道系统的工作压力

B. 需进人维修的管井,其维修通道净宽不宜小于0.6 m

C. 卫生器具与冷、热水管连接时,其冷水连接管可设在热水连接管的左侧

D. 高层建筑给水立管不宜采用塑料给水管

答案:【C】

解析:A 项,管材和管件的工作压力不得大于产品标准公称压力或标称的允许工作压力;B 项,需进人维修管道的管井,其维修人员的工作通道净宽度不宜小于 0.6 m;C 项,卫生器具的冷水连接管,应在热水连接管的右侧;D 项,高层建筑给水立管不宜采用塑料管,故选 C。

8. 某小区的车行道、绿地下均敷设给水管道,地坪标高均按-3.0 m 计,土壤冰冻深度为 0.5 m。则下列哪项是错误的?( )

A. 车行道下给水管顶标高不得高于-3.65 m

B. 车行道下给水管的管顶覆土厚度不得小于 0.7 m

C. 绿地下给水管的管顶标高不得高于-3.65 m

D. 绿地下给水管的管顶覆土厚度不得小于 0.65 m

答案:【B】

解析:室外给水管道的覆土深度,应根据土壤冰冻深度、车辆荷载、管道材质及管道交叉等因素确定。管顶最小覆土深度不得小于土壤冰冻线以下 0.15 m,行车道下的管线覆土深度不宜小于 0.70 m,选 B。

9. 下列哪项因素是规范不推荐高层建筑给水立管采用塑料管的主要原因?( )

A. 塑料给水管的承压较低　　　　　　　B. 塑料给水管易燃

C. 塑料给水管容易老化　　　　　　　　D. 塑料给水管容易断裂漏水

答案:【D】

解析:根据工程实践经验,塑料给水管由于线胀系数大,又无消除线胀的伸缩节,用作高层建筑给水主管,在支管连接处累积变形大,容易断裂漏水。故立管推荐采用金属管或钢塑复合管。故选 D。

第2章 建 筑 排 水

2.1 排水系统及排水方式选择

2.1.1 排水体制和系统

建筑排水体制应根据排水性质、水量、污染程度、排放去向(市政管网或附近水体)、有利综合利用和处理等因素,经技术经济比较确定。室内排水管道系统应根据建筑标准、建筑高度与功能、卫生间器具布置与数量、设计流量等因素确定。一般排水体制与系统详见表2.1-1。

表 2.1-1　排水体制、方法和管道系统

序号	排水系统	使用条件与技术要求
1	合流	建筑内:生活(生产)污废水合流 建筑小区内:生活排水和雨水合用一套管网
	分流	建筑内:生活(生产)污水、废水分别独立排放 建筑小区内:生活排水、雨水分别各自独立管网
2	污废宜分流	生活污水与生活废水一般采用合流制排水系统 但下列情况室内宜采用分流制排水系统: 1. 建筑物使用性质对卫生标准要求较高时 2. 生活废水量较大,且环卫部门要求生活污水需经化粪池处理后才能排入城镇排水管道时 3. 生活废水需回收利用时 4. 住宅厨房废水和生活污水应分流,在室外合流
3	污废应分流	下列建筑排水应采用分流制,单独排水至水处理或回收构筑物。经处理后的水或回收后的余水,再排入生活排水系统 1. 职工食堂、营业餐厅的厨房含有大量油脂的洗涤废水排入隔油池(或油脂分离器)处理 2. 机械自动洗车台冲洗水排入沉淀隔油池处理 3. 含有大量致病菌的医院污水单独消毒处理。放射性元素超过排放标准的医院污水排入衰减池处理 4. 水温超过40℃的锅炉、水加热器等加热设备排水,需设降温池降温处理后排放入生活或雨水系统 5. 用作回用水水源的生活排水应处理回用,详建筑中水章节 6. 实验室有害有毒废水进行无害、无毒化处理 7. 理发室洗头废水经毛发截留器截流后排入生活排水系统

续表

序号	排水系统	使用条件与技术要求
4	卫生器具以外的其他排水	视水质污染程度和水量可分别接入生活排水或雨水排水系统 污染较轻或无污染的,如:生活水池和水箱的溢流水或泄水、机房地面排水、空调冷凝水、冷却水系统排水、消防电梯井下排水、泳池及喷水池排水等可排入就近雨水管系统(一般应采用间接排水法) 污染较重或严重的,如:污水集水池、车库地面冲洗废水、洗衣机房排水、食品仓库排水、中水处理站排水等,可排入生活排水管道系统
5	室内排水管道系统	

		不通气排水系统	用于建筑物底层单独排出且无条件伸顶通气
		单立管排水系统	用于多层建筑或建筑标准要求不高的高层建筑
		专用通气立管排水系统	适用于: 1. 建筑标准要求较高的多层住宅、公建和标准要求较高的≥10层的高层建筑 2. 排水负荷超出普通单立管系统排水能力的建筑
		环形通气排水系统	适用于: 1. 横支管连接卫生器具≥4个且长度 $L>12$ m 的建筑 2. 横支管连接6个及6个以上大便器的卫生间的建筑 3. 卫生条件要求较高的建筑
		器具通气排水系统	用于卫生和安静要求较高的建筑
		特殊单立管排水系统	适用于: 1. 卫生间器具较少且设置层数≥10的建筑,如:住宅、公寓、酒店客房、住院病房等 2. 卫生间管道井面积较小,需要设置专用通气立管但难以布置 3. 排水负荷超出普通单立管系统排水能力的建筑 4. 卫生间单层接入立管的横支管数大于或等于3根
		自循环通气排水系统	用于屋顶和外墙无法伸出通气管的建筑

2.1.2 排水方式

从方便、安全、节能和经济诸方面讲,生活排水和雨水排水一般情况下应采用重力自流并直接排出,压力提升排水和间接排水只适用于特定场合。排水方式的选用见表 2.1-2。

表 2.1-2 排 水 方 式

序号	排水方式	使 用 条 件
1	重力自流	适用室内、室外所有排水系统,应首选
2	压力提升	下列情况应设水泵提升排水: 1. 室内卫生器具或排水设备的排水口标高或室内排水地漏的受水口标高,低于接入的室外排水管系附近的检查井井盖标高时,如地下室或半地下室排水,室内应设集水池用泵提升排出 2. 室外排水管道埋设太深、重力流排出管道敷设经技术经济比较后不经济,应设中途提升泵站 3. 室外排水管道的排水端口内底低于接入的市政管、渠的设计水位或排入的小区水体设计水位时,应设提升泵站
3	真空排水	适用场所: 1. 当小区排水点分散且室外管网需要浅埋时 2. 特殊情况下,经技术经济比较合理时
4	间接排水	下列构筑物和设备的排水不得与污废水管道系统直接连接,应采取间接排水的方式: 1. 生活饮用水池(箱)的溢水管或泄水管 2. 开水器、热水器排水 3. 医疗灭菌消毒设备的排水 4. 蒸发式冷却器、空调设备的冷凝水的排水 5. 贮存食品或饮料的冷藏库房的地面排水和冷风机溶霜水盘的排水 6. 公共厨房洗碗机、洗肉池排水 7. 下列场所的排水,由于操作工艺或接管麻烦,也常采取间接排水方式,如:各类水泵房设备和地面排水、洗衣机房的地面和设备排水、中餐厨房等,常设集水沟收集排水,再接入排水管道系统或集水池。当接入生活排水管系时,应在集水沟处(或附近)设水封装置(水封井或带水封地漏)

【本节精选习题】

1. 根据下图试述住宅 A 及所在小区的排水体制应为以下哪项?（　　　）

编号	住宅 A	小区
（A）	合流制	分流制
（B）	分流制	分流制
（C）	合流制	合流制
（D）	分流制	合流制

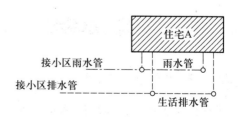

答案:【A】

解析:建筑物内指的是污废分流,小区指的是生活排水与雨水分流。

2. 某建筑物一层为营业餐厅及厨房,二至三层为大型公共浴室,四至十层为宾馆客房,则该建筑排水应至少分几种水质分类排出?(　　)

A. 1 种　　　　　　B. 2 种　　　　　　C. 3 种　　　　　　D. 4 种

答案:【B】

解析:下列建筑排水应单独排水至水处理或回收构筑物。

1. 职工食堂、营业餐厅的厨房含有大量油脂的洗涤废水。

2. 水温超过 40℃ 的锅炉、水加热器等加热设备排水。

公共浴室排水不认为一定超过 40℃,故不是必须单独排。

宾馆一般是污废分流,但是也不是一定应污废分流,公共浴室也是同样的道理(大型公共浴室也有卫生间和其他生活用水),若采用污废合流,其两者水质是一样的。

本题选 B。

3. 建筑内部生活排水采用分流制的作用,包括以下哪几项?(　　)

A. 可减轻对小区室外雨水管道系统的污染

B. 可减轻建筑内部生活污水处理设施的设计规模

C. 可增加中水水源的可收集水量

D. 可防止大便器排水造成的水封破坏

答案:【BD】

解析:对于选项 A,建筑内部的分流制是指污废分流,与雨水无关,A 错误;

对于选项 C,分流并不增加可收集原水量,C 错误;

本题选 BD。

4. 下列关于建筑排水系统的叙述中,哪几项正确?(　　)

A. 排水分流制是指生活污水与生活废水或生产污水与生产废水设置独立的排水系统

B. 工厂的生活污水与生产废水应采用分流制排水系统

C. 生活排水采用分流制排水可减少化粪池容积

D. 医院污水应采用分流制排水系统

答案:【ACD】

解析:排水分流制是指生活污水与生活废水或生产污水与生产废水设置独立的排水系统,A 正确;生活废水与生活污水分流的目的是提高粪便污水处理的效果,减小化粪池的容积,C 正确;含有大量致病菌、放射性元素超过排放标准的医院污水应单独排水至水处理或回收构筑物,D 项说法合理。故选 ACD 项。

2.2 排水类别、水量和水质及排放条件

2.2.1 排水类别、水量和水质

建筑物及室外排水的类别、水量和水质见表 2.2-1。生活排水水质与建筑物性质、用水量标准(高、低)等因素有关。

表 2.2-1   建筑排水类别、水量、水质表

序号	排水类别		排水内容举例		排水量	水质	
1	生活排水	生活污水	日常生活中排泄的粪便污水,如大便器(槽)、小便器(槽)以及相似的卫生设备(如医院倒便器)等排水		住宅: 按日用水量的 85%~95% 计算 公建: 同其相应的生活给水系统用水量	污染严重	医院排水含病菌多,应消毒。其他排水水质见建筑中水章节
		生活废水	日常生活中排泄的洗涤水	洗脸盆、化验盆、沐浴设备等卫生器具排水		污染轻度,较洁净	
				洗涤盆(池)、洗衣机等排水		一般污染	
				职工食堂和营业餐厅的厨房等洗涤排水		污染严重	
2	其他排水	机房和设备排水	如锅炉排污、热交换间排水、冷却水系统排放、空调系统冷凝水排放、各类泵房排水、各类水处理房排水等		视工艺而定	一般属洁净、污染轻度。锅炉排污水需设冷却降温水池	
		贮水池、集水池、水箱等溢流水和泄水	如给水贮水池、吸水井、水箱、污水废水集水池、中水系统集水池、调节池、清水池、泳池、喷水池等		溢水一般同池、箱的进水管入流量,间歇或偶发。泄水视泄水管径定	一般同贮存容器内水质。生活排水集水池水质较差	
		洗车、道路广场的浇洒排水	冲洗汽车、道路、广场和绿地灌溉用水排放		一般不计排水量,直接排入雨水井或渗入地下	冲洗车辆废水污染严重	
		消防排水	主要指消防电梯井下排水和各系统试验排、泄水		间歇,电梯井下排水 10 L/s	污染轻、较洁净	
		一般工业排水	如产品加工过程中排出的污废水、设备冷却水等		视工艺而定	视工艺而定	
3	雨水	室外雨水	用地红线范围内小区室外场地排水,敞开窗井、敞开地下车库坡道排水,下沉式广场排水		详见本书雨水部分	污染轻、较洁净,室外早期雨水水质较差	
		屋面雨水	屋面、阳台				

2.2.2　污废水排放条件

1. 生活排水

生活排水排放条件见表 2.2-2。

表 2.2-2　生活排水排放条件

排放去向	排 放 条 件
接入市政排水管道 （下游有污水处理厂）	排放水质应符合《污水排入城市下水道水质标准》(CJ 3082—2010) 主要控制指标如下： 温度：≤ 35℃ 油脂：≤ 100 mL/L BOD_5：≤ 350 mg/L COD：≤ 500 mg/L
接入就近水体	排入水体的污水应符合《污水综合排放标准》(GB 8978—1996) 排入《地表水环境质量标准》(GB 3838—2002)标准中规定的Ⅳ、Ⅴ类水域和排入《海水水质标准》(GB 3097—1997)标准中规定的三类海域时： 《地表水环境质量标准》(GB 3838—2002)标准 　Ⅳ类　BOD_5：≤6 mg/L COD：≤30 mg/L　NH_3-N：≤1.5 mg/L 　　　　总磷：≤0.2 mg/L(湖、库 0.1 mg/L)总氮：≤1.5 mg/L 　Ⅴ类　BOD_5：≤10 mg/L COD：≤40 mg/L　NH_3-N：≤2.0 mg/L 　　　　总磷：≤0.4 mg/L(湖、库 0.2 mg/L)总氮：≤2.0 mg/L 《海水水质标准》(GB 3097—1997)标准 　Ⅲ类　BOD_5：≤4 mg/L COD：≤4 mg/L 排入《地表水环境质量标准》(GB 3838—2002)标准中规定的Ⅲ类水域和排入《海水水质标准》(GB 3097—1997)标准中规定的二类海域时： 《地表水环境质量标准》(GB 3838—2002)标准 　Ⅲ类　BOD_5：≤4 mg/L COD：≤20 mg/L　NH_3-N：≤1.0 mg/L 　　　　总磷：≤0.2 mg/L(湖、库 0.05 mg/L)总氮：≤1.0 mg/L 《海水水质标准》(GB 3097—1997)标准 　Ⅱ类　BOD_5：≤3 mg/L COD：≤3 mg/L
灌溉农田	水质应符合《农田灌溉水质标准》(GB 5084—2005) 主要控制指标如下： BOD_5：水作物 ≤ 60 mg/L,旱作物 ≤ 100 mg/L COD：水作物 ≤ 150 mg/L,旱作物 ≤ 200 mg/L 悬浮物：水作物≤80 mg/L,旱作物 ≤ 100 mg/L pH：5.5~8.5 温度：≤25℃

2. 医院排水

医院排水应符合《医疗机构水污染排放标准》(GB 18466—2005)的有关规定,排放条件见表 2.2-3。

表 2.2-3 医院排水排放条件

排放去向	排水条件(日均值)
接入市政排水管道 (下游有污水处理厂)	排放水质应符合《医疗机构水污染排放标准》(GB 18466—2005)的预处理标准; 主要控制指标如下: BOD_5:≤100 mg/L COD:≤250 mg/L 动植物油:≤20 mg/L 粪大肠菌群数:≤5 000 MPN/L
地面水体	排放水质应符合《医疗机构水污染排放标准》(GB 18466—2005)的有关规定; 主要控制指标如下: BOD_5:≤20 mg/L COD:≤60 mg/L 动植物油:≤5 mg/L 粪大肠菌群数:≤500 MPN/L

3. 工业排水

工业废水排放应符合《污水综合排放标准》(GB 8978—1996)和《工业企业设计卫生标准》(GBZ 1—2010)的有关规定。

2.3 管道水力计算

水力计算目的是选择排水管的管径、管道敷设坡度、提升泵的流量和扬程、集水池容积等,见表 2.3-1。

表 2.3-1 水力计算依据和目的

序号	排水类别		设计依据	计算目的
1	室内生活污废水管道		排水设计秒流量	管径、坡度
2	室外生活排水管道		排水最大小时流量	管径、坡度
3	排水泵站	无调节池	设计秒流量	水泵流量和扬程、集水池容积
		有调节池	最大小时流量	
4	贮(集)水池、水箱等	溢流水	进水管设计流量或管径	管径
		泄水	排空时间	管径
5	消防排水		10 L/s	管径、排水泵参数
6	化粪池		最高日用水量和时间	容积
7	隔油池		设计秒流量	容积

2.3.1 排水设计流量计算

1. 小区生活排水设计流量(最高日、最大时)应根据居民生活排水量与公共建筑生活排水量之和确定,其他排水如:(1) 绿化排水量;(2) 道路、广场排水量;(3) 消防排水量;(4) 公用设施排水量;(5) 生活给水管网漏失水量,一般不排入生活排水管道系统,因而可不计入排水量。

2. 居民生活最高日和最大小时排水量宜为其相应的生活给水系统用水量的 85%~95%。

3. 公共建筑最高日和最大小时排水量同其相应的生活给水系统用水量。

4. 居住小区内生活排水的最大小时设计流量应按住宅生活排水最大小时流量与公共建筑生活排水最大小时流量之和确定。

5. 卫生器具排水流量、当量和排水管径见表 2.3-2。

表 2.3-2   卫生器具排水流量、当量和排水管径

序号	卫生器具名称	排水流量 /(L/s)	当量	排水管径 /mm
1	洗涤盆、污水盆(池)	0.33	1.00	50
2	餐厅、厨房洗菜盆(池)			
	单格洗涤盆(池)	0.67	2.00	50
	双格洗涤盆(池)	1.00	3.00	50
3	盥洗槽(每个水嘴)	0.33	1.00	50~75
4	洗手盆	0.10	0.30	32~50
5	洗脸盆	0.25	0.75	32~50
6	浴盆	1.00	3.00	50
7	淋浴器	0.15	0.45	50
8	大便器			
	冲洗水箱	1.50	4.50	100
	自闭式冲洗阀	1.20	3.60	100
9	医用倒便器	1.50	4.50	100
10	小便器			
	自闭式冲洗阀	0.10	0.30	40~50
	感应式冲洗阀	0.10	0.30	40~50
11	大便槽			
	≤4 个蹲位	2.50	7.50	100
	>4 个蹲位	3.00	9.00	150
12	小便槽(每米长)			
	自动冲洗水箱	0.17	0.50	—
13	化验盆(无塞)	0.20	0.60	40~50
14	净身器	0.10	0.30	40~50
15	饮水器	0.05	0.15	25~50
16	家用洗衣机[①]	0.50	1.50	50

注:① 家用洗衣机下排水软管直径为 30 mm,上排水软管内径为 19 mm。

2.3.2 用水分散型——住宅、宿舍（I、II类）等建筑的生活排水管道设计秒流量计算

住宅、宿舍（I、II类）、旅馆、宾馆、酒店式公寓、医院、疗养院、幼儿园、养老院、办公楼、商场、图书馆、书店、客运中心、航站楼、会展中心、中小学教学楼、食堂或营业餐厅等建筑的生活排水管道设计秒流量应按式(2.3-1)计算：

$$q_p = 0.12\alpha\sqrt{N_p} + q_{max} \qquad (2.3-1)$$

式中 q_p——计算管段排水设计秒流量(L/s)，可从表 2.3-4 查得，如计算所得流量值大于该管段上按卫生器具排水流量累加值时，应按卫生器具排水流量累加值计；

     N_p——计算管段的卫生器具排水当量总数；

     α——根据建筑物用途而定的系数，见表 2.3-3；

     q_{max}——计算管段上最大一个卫生器具的排水流量(L/s)，从表 2.3-2 取值。

表 2.3-3 根据建筑物用途而定的系数 α 值

建筑物名称	宿舍(I、II类)、住宅、宾馆、酒店式公寓、医院、疗养院、幼儿园、养老院的卫生间	旅馆和其他公共建筑的公共盥洗室和厕所间
α 值	1.5	2.0~2.5

表 2.3-4 $q_p = 0.12\alpha\sqrt{N_p} + q_{max}$ ($q_{max} = 1.5$ L/s)

排水当量总数 N_p	相当于下列 α 值时的排水设计秒流量 q_p(L/s)						
	$\alpha = 1.5$	$\alpha = 2.0$	$\alpha = 2.1$	$\alpha = 2.2$	$\alpha = 2.3$	$\alpha = 2.4$	$\alpha = 2.5$
5	1.90	2.04	2.06	2.09	2.12	2.14	2.17
6	1.94	2.09	2.12	2.15	2.18	2.21	2.24
7	1.98	2.13	2.17	2.20	2.23	2.26	2.29
8	2.01	2.18	2.21	2.25	2.28	2.31	2.35
9	2.04	2.22	2.26	2.29	2.33	2.36	2.40
10	2.07	2.26	2.30	2.34	2.37	2.41	2.45
12	2.12	2.33	2.37	2.41	2.46	2.50	2.54
14	2.17	2.40	2.44	2.49	2.53	2.58	2.62
16	2.22	2.46	2.51	2.56	2.60	2.65	2.70
18	2.26	2.52	2.57	2.62	2.67	2.72	2.77
20	2.30	2.57	2.63	2.68	2.73	2.79	2.84
22	2.34	2.63	2.68	2.74	2.79	2.85	2.91
24	2.38	2.68	2.73	2.79	2.85	2.91	2.97

续表

排水当量总数 N_p	相当于下列 α 值时的排水设计秒流量 q_p(L/s)						
	$\alpha = 1.5$	$\alpha = 2.0$	$\alpha = 2.1$	$\alpha = 2.2$	$\alpha = 2.3$	$\alpha = 2.4$	$\alpha = 2.5$
26	2.42	2.72	2.78	2.85	2.91	2.97	3.03
28	2.45	2.77	2.83	2.90	2.96	3.02	3.09
30	2.49	2.81	2.88	2.95	3.01	3.08	3.14
35	2.56	2.92	2.99	3.06	3.13	3.20	3.27
40	2.64	3.02	3.09	3.17	3.25	3.32	3.40
45	2.71	3.11	3.19	3.27	3.35	3.43	3.51
50	2.77	3.20	3.28	3.37	3.45	3.54	3.62
55	2.83	3.28	3.37	3.46	3.55	3.64	3.72
60	2.89	3.36	3.45	3.54	3.64	3.73	3.82
70	3.01	3.51	3.61	3.71	3.81	3.91	4.01
80	3.11	3.65	3.75	3.86	3.97	4.08	4.18
90	3.21	3.78	3.89	4.00	4.12	4.23	4.35
100	3.30	3.90	4.02	4.14	4.26	4.38	4.50
120	3.47	4.13	4.26	4.39	4.52	4.65	4.79
140	3.63	4.34	4.48	4.62	4.77	4.91	5.05
160	3.78	4.54	4.69	4.84	4.99	5.14	5.29
180	3.91	4.72	4.88	5.04	5.20	5.36	5.52
200	4.05	4.89	5.06	5.23	5.40	5.57	5.74
250	4.35	5.29	5.48	5.67	5.86	6.05	6.24
300	4.62	5.66	5.86	6.07	6.28	6.49	6.70
350	4.87	5.99	6.21	6.44	6.66	6.89	7.11
400	5.10	6.30	6.54	6.78	7.02	7.26	7.50
450	5.32	6.59	6.85	7.10	7.35	7.61	7.86
500	5.52	6.87	7.13	7.40	7.67	7.94	8.21
550	5.72	7.13	7.41	7.69	7.97	8.25	8.54
600	5.91	7.38	7.67	7.97	8.26	8.55	8.85

续表

排水当量总数 N_p	相当于下列 α 值时的排水设计秒流量 q_p(L/s)						
	$\alpha=1.5$	$\alpha=2.0$	$\alpha=2.1$	$\alpha=2.2$	$\alpha=2.3$	$\alpha=2.4$	$\alpha=2.5$
650	6.09	7.62	7.92	8.23	8.54	8.84	9.15
700	6.26	7.85	8.17	8.48	8.80	9.12	9.44
750	6.43	8.07	8.40	8.73	9.06	9.39	9.72
800	6.59	8.29	8.63	8.97	9.31	9.65	9.99
850	6.75	8.50	8.85	9.20	9.55	9.90	10.25
900	6.90	8.70	9.06	9.42	9.78	10.14	10.50
950	7.05	8.90	9.27	9.64	10.01	10.38	10.75
1 000	7.19	9.09	9.47	9.85	10.23	10.61	10.99
1 100	7.47	9.46	9.86	10.26	10.65	11.05	11.45
1 200	7.74	9.81	10.23	10.65	11.06	11.48	11.89
1 300	7.99	10.15	10.59	11.02	11.45	11.88	12.32
1 400	8.23	10.48	10.93	11.38	11.83	12.28	12.72
1 500	8.47	10.80	11.26	11.73	12.19	12.65	13.12

2.3.3 用水集中型——宿舍（Ⅲ、Ⅳ类）等建筑的生活排水管道设计秒流量计算

宿舍（Ⅲ、Ⅳ类）、工业企业生活间、公共浴室、洗衣房、职工食堂或营业餐厅的厨房、实验室、影剧院、体育场（馆）等建筑的生活管道排水设计秒流量,应按下式计算:

$$q_p = \sum q_0 n_0 b \qquad (2.3-2)$$

式中　q_p——计算管段排水设计秒流量(L/s),当计算排水量小于一个大便器排水量时,应按一个大便器的排水流量计算;

　　　q_0——同类型的一个卫生器具排水流量(L/s);

　　　n_0——同类型卫生器具数;

　　　b——卫生器具的同时排水百分数(同给水,按给水章节卫生器具同时给水百分数选取),冲洗水箱式大便器的同时排水百分数应按 12% 计算。

2.3.4 排水横管的水力计算

1. 排水横管的水力计算,应按式(2.3-3)、式(2.3-4)计算:

$$q_p = A \cdot V \qquad (2.3-3)$$

$$V = \frac{1}{n} R^{\frac{2}{3}} I^{\frac{1}{2}} \qquad\qquad (2.3-4)$$

式中 q_p——计算管段排水设计秒流量(L/s);

A——管道在设计充满度的过水断面(m^2);

V——速度(m/s);

R——水力半径(m);

I——水力坡度,采用排水管的敷设坡度;

n——粗糙系数,铸铁管为 0.013;混凝土管、钢筋混凝土管为 0.013~0.014;钢管为 0.012;塑料管为 0.009。

2. 生活排水包括同层排水管道的最小坡度、通用坡度、最大设计充满度见表 2.3-5。设计坡度宜取通用坡度,黏接、熔接塑料管道宜取标准坡度 0.026。

表 2.3-5 生活排水横管的最小坡度、通用坡度和最大设计充满度

管道类型		管径/mm	最小坡度	通用坡度	最大设计充满度
室内	铸铁管道	50	0.025	0.035	0.5
		75	0.015	0.025	
		100	0.012	0.020	
		125	0.010	0.015	
		150	0.007	0.010	0.6
		200	0.005	0.008	
	塑料管道	50	0.012	0.025	0.5
		75	0.007	0.015	
		110	0.004	0.012	
		125	0.003 5	0.010	
		160	0.003	0.007	
		200	0.003	0.005	0.6
		250	0.003	0.005	
室外	塑料管	160	0.005		0.5
		200	0.004		
		250	0.004		

注:1. 化粪池与其连接的第一个检查井的污水管最小设计坡度取值:管径 150 mm 宜为 0.010~0.012;管径 200 mm 宜为 0.010。

2. 接户管管径不得小于建筑物排出管管径。

3. 为保证水流通畅,生活排水管道的最小管径宜按表 2.3-6 取值。

表 2.3-6　生活排水管道最小管径

	管道类型		最小管径/mm	备注
室内	住宅厨房排水管		不宜小于 75	
	公共厨房	干管	不得小于 100	且应比计算管径放大一级
		支管	不得小于 75	且应比计算管径放大一级
	大便器排水管		不得小于 110	
	小便槽或≥3 个小便器的排水管		不宜小于 75	
	排出管		不得小于 50	单根排水立管的排出管宜与立管同管径 特殊单立管系统管径宜放大一号 与多根立管连接时,不得小于任一立管管径
	浴池泄水管		宜采用 100	
	医院污物洗涤盆(池)和污水盆(池)		不得小于 75	
室外	接户管		不得小于 160	且不小于排出管管径
	支管		不得小于 160	
	干管		不得小于 200	

3. 生活排水管道(渠)的自净流速和最大允许流速如表 2.3-7,设计流速应大于自净流速,小于最大允许流速。当速度太小时,应加大坡度或减小管径。

表 2.3-7　自净流速和最大允许流速

	金属管道	非金属管道	排水沟
自净流速/(m/s)	0.6	0.6	0.4
最大允许流速/(m/s)	10	5	

4. 生活排水横管的负荷流量:铸铁管应不大于表 2.3-8、塑料管应不大于表 2.3-9 的值,且流速不应小于自净流速。

5. 建筑底层排水单独排出且无通气管的横支管最大设计排水能力见表 2.3-10。

表 2.3-8 铸铁横管管径选用表(*n* = 0.013)

坡度 *i*	充满度 0.5										充满度 0.6	
	*DN*50		*DN*75		*DN*100		*DN*125		*DN*150		*DN*200	
	Q/ (L/s)	*v/* (m/s)	*Q/* (L/s)	*v/* (m/s)	*Q/* (L/s)	*v/* (m/s)	*Q/* (L/s)	*v/* (m/s)	*Q/* (L/s)	*v/* (m/s)	*Q/* (L/s)	*v/* (m/s)
0.005											15.58	0.79
0.006											17.07	0.87
0.007									8.56	0.77	18.44	0.94
0.008									9.15	0.83	19.71	1.00
0.009									9.71	0.88	20.90	1.06
0.010							4.68	0.76	10.23	0.92	22.04	1.12
0.012					2.83	0.72	5.13	0.84	11.21	1.01	24.14	1.23
0.015			1.47	0.66	3.16	0.81	5.74	0.93	12.53	1.13	26.99	1.37
0.020			1.70	0.77	3.65	0.93	6.62	1.08	14.47	1.31	31.16	1.58
0.025	0.64	0.66	1.90	0.86	4.08	1.04	7.40	1.21	16.18	1.46	34.84	1.77
0.030	0.70	0.72	2.08	0.94	4.47	1.14	8.11	1.32	17.72	1.60	38.17	1.94
0.035	0.76	0.78	2.24	1.02	4.83	1.23	8.76	1.43	19.14	1.73	41.22	2.09
0.040	0.81	0.83	2.40	1.09	5.17	1.32	9.37	1.53	20.46	1.85	44.07	2.24
0.045	0.86	0.88	2.54	1.15	5.48	1.40	9.93	1.62	21.70	1.96	46.74	2.38
0.050	0.91	0.93	2.68	1.21	5.78	1.47	10.47	1.71	22.88	2.07	49.27	2.50
0.055	0.95	0.97	2.81	1.27	6.06	1.54	10.98	1.79	24.00	2.17	51.68	2.63
0.060	1.00	1.01	2.94	1.33	6.33	1.61	11.47	1.87	25.06	2.26	53.98	2.74
0.065	1.04	1.06	3.06	1.38	6.58	1.68	11.94	1.95	26.09	2.36	56.18	2.85
0.070	1.08	1.10	3.17	1.44	6.83	1.74	12.39	2.02	27.07	2.45	58.30	2.96
0.075	1.11	1.13	3.28	1.49	7.07	1.80	12.82	2.09	28.02	2.53	60.35	3.07
0.080	1.15	1.17	3.39	1.54	7.31	1.86	13.24	2.16	28.94	2.61	62.33	3.17

表 2.3-9 塑料横管管径选用表 ($n=0.009$)

坡度 i	充满度 0.5								充满度 0.6			
	DN50		DN75		DN90		DN110		DN125		DN160	
	$Q/$ (L/s)	$v/$ (m/s)	$Q/$ (L/s)	$v/$ (m/s)	$Q/$ (L/s)	$v/$ (m/s)	$Q/$ (L/s)	$v/$ (m/s)	$Q/$ (L/s)	$v/$ (m/s)	$Q/$ (L/s)	$v/$ (m/s)
0.003	—								3.22	0.58	8.39	0.74
0.003 5	—						2.43	0.58	3.48	0.63	9.06	0.80
0.004	—						2.59	0.61	3.72	0.67	9.68	0.85
0.004 5	—						2.75	0.65	3.94	0.71	10.27	0.90
0.005	—				1.64	0.60	2.90	0.69	4.16	0.75	10.82	0.95
0.006	—		1.13	0.58	1.79	0.65	3.18	0.75	4.55	0.82	11.86	1.04
0.007			1.22	0.63	1.94	0.71	3.43	0.81	4.92	0.89	12.81	1.13
0.008			1.31	0.67	2.07	0.75	3.67	0.87	5.26	0.95	13.69	1.20
0.009			1.39	0.71	2.19	0.80	3.89	0.92	5.58	1.01	14.52	1.28
0.010	0.47	0.57	1.46	0.75	2.31	0.84	4.10	0.97	5.88	1.06	15.31	1.35
0.012	0.52	0.63	1.60	0.82	2.53	0.92	4.49	1.07	6.44	1.17	16.77	1.48
0.015	0.58	0.70	1.79	0.92	2.83	1.03	5.02	1.19	7.20	1.30	18.75	1.65
0.020	0.67	0.81	2.07	1.06	3.27	1.19	5.80	1.38	8.31	1.50	21.65	1.90
0.025	0.74	0.89	2.31	1.19	3.66	1.33	6.48	1.54	9.30	1.68	24.24	2.13
0.030	0.81	0.97	2.53	1.30	4.01	1.46	7.10	1.68	10.18	1.84	26.52	2.33
0.035	0.88	1.06	2.74	1.41	4.33	1.58	7.67	1.82	11.00	1.99	28.64	2.52
0.040	0.94	1.13	2.93	1.51	4.63	1.69	8.20	1.95	11.76	2.13	30.62	2.69
0.045	1.00	1.20	3.10	1.59	4.91	1.79	8.70	2.06	12.47	2.26	32.47	2.86
0.050	1.05	1.26	3.27	1.68	5.17	1.88	9.17	2.18	13.15	2.38	34.23	3.01
0.060	1.15	1.38	3.58	1.84	5.67	2.07	10.04	2.38	14.40	2.61	37.50	3.30

表 2.3-10 无通气管的底层单独排出的排水横支管最大设计排水能力

排水横支管管径/mm	50	75	100	125	150
最大设计排水能力/(L/s)	1.0	1.7	2.5	3.5	4.8

注:2 层门诊室脸盆排水单独排出且无通气管时,可参考本表取值。

2.3.5   排水立管水力计算

室内生活排水立管的最大设计排水能力见表 2.3-11。立管管径不得小于所连接的横支管管径。表中数据根据试验结果确定,不采用膜流公式计算。

对于超高层建筑,当设计秒流量超过表中的 8.8 L/s 和 11.5 L/s 时,推荐按表中括号中的流量选择管径。

表 2.3-11   室内生活排水立管的最大设计排水能力

排水立管系统类型			排水立管最大设计排水能力/(L/s)				
			排水立管管径/mm				
			50	75	100 (110)	125	150 (160)
伸顶通气	立管与横支管连接配件	90°顺水三通	0.8	1.3	3.2	4.0	5.7
		45°斜三通	1.0	1.7	4.0	5.2	7.4
专用通气	专用通气管 75 mm	结合通气管每层连接	—	5.5			
		结合通气管隔层连接		3.0	4.4		
	专用通气管 100 mm	结合通气管每层连接	—		8.8	(14)	(25)
		结合通气管隔层连接			4.8		
	主、副通气立管+环形通气管		—		11.5	(14)	(25)
自循环通气	专用通气形式				4.4		
	环形通气形式				5.9		
特殊单立管	混合器		—		4.5		
	内螺旋管+旋流器	普通型		1.7	3.5		8.0
		加强型			6.3		

注:1. 设有器具通气的排水系统,可不验算排水立管的设计能力;

2. 排水层数在 15 层以上时,宜乘 0.9 系数;

3. 表中的数据未区分管材,在相同管径下,光壁塑料管的通水能力要低于铸铁管;

4. 括号内数字为推荐值。

【本节精选习题】

1. 某体育场运动员休息室的排水立管连接有洗涤盆及低水箱冲落式大便器各 2 个,洗手盆 4 个,求该立管的设计秒流量为下面哪一项?(   )

A. 0.66 L/s   B. 1.50 L/s   C. 0.90 L/s   D. 2.34 L/s

答案:【B】

解析:冲洗水箱大便器的同时排水百分数应按 12% 计算。

$q_p = \sum q_0 n_0 b = (1.5 \times 2 \times 12\% + 0.33 \times 2 \times 15\% + 0.1 \times 4 \times 50\%) \text{ L/s} = 0.66 \text{ L/s}(<1.5 \text{ L/s})$。故取 1.5 L/s。

2. 某建筑生活排水系统汇合排出管设计秒流量为 7.8 L/s,当其接户排水管(采用塑料排水管)坡度为 0.005 时,其接户排水管最小管径应为下列哪项?(　　)

A. $DN100$ B. $DN150$

C. $DN200$ D. $DN250$

答案:【B】

解析:小区室外生活排水管道接户管最小管径为 160 mm($DN150$),接户管的最大充满度为 0.5,塑料排水管的粗糙系数为 0.009,当充满度为 $\alpha = 0.5$ 时,

$$A = \pi \frac{D^2}{8}, \quad R = D/4, \quad Q = A \frac{1}{n} R^{\frac{2}{3}} I^{\frac{1}{2}} = \pi \frac{D^2}{8} \frac{1}{n} \left(\frac{D}{4}\right)^{\frac{2}{3}} I^{\frac{1}{2}} = 0.155\ 8 \frac{1}{n} D^{\frac{8}{3}} I^{\frac{1}{2}}$$

当流量 $Q = 7.8$ L/s 时,$DN = 150$,故选 B。

3. 某 31 层一梯 4 户单元式住宅,户内主人房卫生间内配置冲洗水箱坐便器、普通浴缸、洗脸盆各一个,设计拟采用污废合流、加强型内螺旋特殊单立管、伸顶通气排水系统,则主人房卫生间的排水横支管(设一根横支管)的设计流量应为下列哪项?(　　)

A. 2.02 L/s   B. 2.53 L/s

C. 2.75 L/s   D. 5.02 L/s

答案:【A】

解析:$q_g = 0.12 \alpha \sqrt{N_p} + q_{max} = (0.12 \times 1.5 \times \sqrt{4.5 + 0.75 + 3} + 1.5) \text{ L/s} = 2.02 \text{ L/s}$,累加值为:$(1.5 + 1 + 0.25) \text{ L/s} = 2.75 \text{ L/s}$,

计算值小于累加值,取计算值 2.02 L/s。

选 A。

4. 下列关于建筑生活排水系统的表述,哪项正确?(　　)

A. 居住小区生活排水定额小于其生活给水定额

B. 是否适当放大排水管径,应通过排水水力计算确定

C. 塑料排水横支管的标准坡度由管道中的水流速度决定

D. 小区生活排水系统小时变化系数小于其相应生活给水系统小时变化系数

答案:【A】

解析:小区生活排水系统排水定额宜为其相应的生活给水系统用水定额的 85% ~ 95%。小区生活排水系统小时变化系数应与其相应的生活给水系统小时变化系数相同。可得 A 项正确,D 项错误;排水管的管径大小通过水力计算确定,是否放大管径的依据是规范的最小管径规定及其他相关规定,故 B 错误。建筑排水塑料管黏接、熔接连接的排水横支管的标准坡度应为 0.026,与管道中水流速度无关,C 项错误。故选 A 项。

2.4 卫生器具和存水弯

2.4.1 卫生器具

卫生器具的选用与设置见表 2.4-1。

表 2.4-1 卫生器具的选用与设置

序号	项目	选用与设置要求
1	设置标准和要求	卫生器具的设置位置、数量和种类等详见建筑专业作业图
2	质量要求	卫生器具陶瓷产品应符合国标《卫生陶瓷》（GB/T 6952—2015）的规定 其他产品应有合格证，并符合相应的国家标准和行业标准
3	选型	1. 卫生器具选型应综合考虑下列诸多因素：工程性质、设计标准、气候特点、生活习惯、器具造型和卫生性能、安装形式、节水性能等 2. 一般由业主、建筑设计师或装饰设计师和本专业人员商定。若设计阶段不能选定，则应说明暂按国家通用标准定位和留洞或设预埋安装件 3. 不得选用淘汰产品 4. 应选用节水器具，并应符合《节水型生活用水器具》（CJ 164—2014） 5. 不得指定生产厂家，除非业主要求
4	配件选用	1. 排水栓、存水弯应按卫生器具配套，材质有铜镀铬或镀镍、工程塑料等 2. 存水弯视安装空间条件可选 P 型或 S 型，洗脸盆还可选择瓶式

2.4.2 存水弯和水封

存水弯和水封的作用和设置要求见表 2.4-2。

表 2.4-2 存水弯和水封的作用和设置要求

序号	项目	作用和设置要求
1	作用	防止生活污水管道或其他可能产生有害气体的排水管道内的有害气体，通过连接的卫生器具的排水口或其他设备的排水口进入室内，需要设置存水弯、水封，加以阻隔
2	设置部位	1. 卫生器具的排水口处 2. 与生活污、废水管道连接的其他设备的排水口处（向明沟排水时可不设） 3. 向室内外生活污、废水管道排水的地漏和排水沟的排水口处

续表

序号	项目	作用和设置要求
3	存水弯和水封设置要求	1. 存水弯水封深度不得小于 50 mm 2. 存水弯在最大允许负压作用后的剩余水封深度不得小于 25 mm 3. 存水弯内水封水面距离排水口高度不宜大于 0.7 m 4. 卫生器具或排水设备构造内已设置存水弯的,如坐便器、内置存水弯的挂式小便器不应再设存水弯 5. 排水管道上不得重复设置存水弯,除非中间设有通气管 6. 严禁采用活动机械密封替代水封 7. 医疗卫生机构的门诊、病房、化验室、试验室等处不在同一房间内的卫生器具不得共用存水弯 8. 无法设置存水弯时可通过间接排水(见表 2.1-2)排入排水管道 9. 虹吸式坐便器应具备在冲洗结束后有尾流自动充满水封的功能 10. 地面排水常设带水封地漏

2.5 通气管系统

2.5.1 通气管

各类通气管道的含义与作用见表 2.5-1。

表 2.5-1 各类通气管道的含义与作用

序号	名称	含义与作用
1	通气管	为使排水系统内空气流通、压力稳定,防止水封破坏而设置的与大气相通的管道
2	伸顶通气管	排水立管与最上层排水横支管连接处向上垂直延伸至室外通气用的管道,见图 2.5-1
3	专用通气立管	仅与排水立管连接,为排水立管内空气流通而设置的垂直通气管道,见图 2.5-1
4	主通气立管	连接环形通气立管和排水立管,为排水支管和排水立管内空气流通而设置的垂直管道,见图 2.5-1
5	副通气立管	仅与环形通气管连接,为使排水横支管内空气流通而设置的通气立管,见图 2.5-1
6	环形通气管	在多个卫生器具的排水横支管上,从最始端卫生器具的下游端接至主通气管或副通气立管的通气管段,见图 2.5-1
7	器具通气管	卫生器具存水弯出口端接至主通气管的管段,见图 2.5-1
8	汇合通气管	连接数根通气立管或排水立管顶端通气部分,并延伸至室外接通大气的通气管段
9	结合通气管	排水立管与通气立管的连接管段,见图 2.5-1
10	H 管	连接排水立管与通气立管形如 H 的专用配件

2.5.2 通气管系统和设置

通气管系统图示和连接见图 2.5-1。系统和设置要求见表 2.5-2。

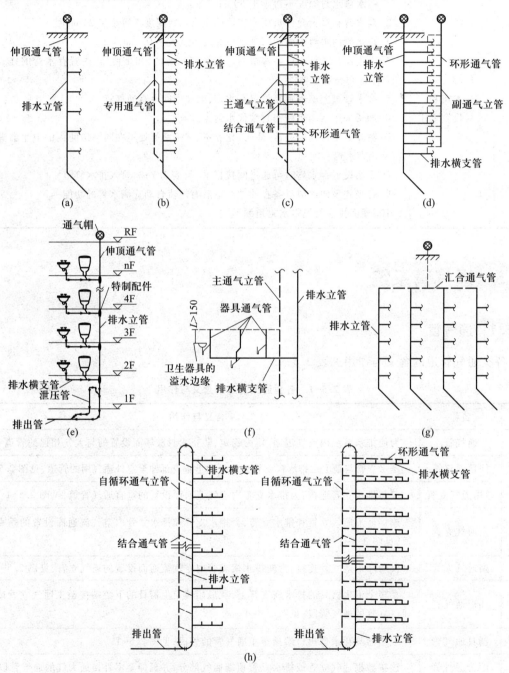

图 2.5-1 通气管类型与系统

(a)伸顶通气管;(b)专用通气立管;(c)主通气立管与环形通气管;

(d)副通气立管与环形通气管;(e)特制配件的伸顶通气管;

(f)主通气立管与器具通气管;(g)汇合通气管;(h)自循环通气管系统

表 2.5-2　通气管系统设置要求

序号	名称	设置条件	连接和布置要求
1	伸顶通气管	生活排水管道的立管顶端,应设置伸顶通气管。当遇特殊情况,伸顶通气管无法伸出屋面时,可采用下列通气方式: 1. 设置侧墙通气 2. 在室内设置成汇合通气管后在侧墙伸出延伸到屋面以上	1. 通气管高出屋面不得小于 0.3 m(从屋顶隔热层板面算起),且应大于最大积雪厚度,通气管顶端应装设风帽或网罩 2. 在通气管口周围 4 m 以内有门窗时,通气管口应高出窗顶 0.6 m 或引向无门窗一侧 3. 在经常有人停留的平屋面上,通气管口应高出屋面 2 m,当排水管为金属管材时,应根据防雷要求考虑防雷装置 4. 通气管口不宜设在建筑物挑出部分(如屋檐檐口、阳台和雨篷等)的下面
2	通气立管	下列情况应设置通气立管: 1. 建筑标准要求较高的住宅、公共建筑 2. 生活排水立管所承担的设计流量超过仅设伸顶通气管的排水立管最大排水能力时 3. 设有环形通气管时 4. 设有器具通气管时	1. 专用通气立管和主通气立管的上端可在最高层卫生器具上边缘以上不少于 0.15 m 检查口以上与排水立管通气部分以斜三通连接。下端应在最低排水横支管以下与排水立管以斜三通连接 2. 专用通气立管宜每层或隔层、主通气立管不宜多于 8 层设结合通气管与排水立管连接 3. 副通气立管出屋顶或侧墙时的布置要求同伸顶通气管 4. 通气立管不得接纳器具污水、废水和雨水,不得与风道和烟道连接
3	环形通气管	下列排水管段应设置环形通气管: 1. 连接卫生器具 ≥4 个且长度>12 m 的排水横支管 2. 连接 6 个及以上大便器的污水横支管 3. 设有器具通气管	1. 在横支管上设环形通气管时,应在其最始端的两个卫生器具之间接出,并应在排水支管中心线以上与排水支管呈垂直或 45° 连接 2. 环形通气管应在卫生器具上边缘以上不小于 0.15 m 处按不小于 0.01 的上升坡度与通气立管相连 3. 建筑物内各层的排水管道上设有环形通气管时,环形通气管应每层与主通气立管或副通气立管连接
4	器具通气管	对卫生、安静要求较高的建筑物内,生活排水管道宜设置器具通气管	1. 器具通气管应设在存水弯出口端 2. 器具通气管应在卫生器具上边缘以上不小于 0.15 m 处按不小于 0.01 的上升坡度与通气立管相连

续表

序号	名称	设置条件	连接和布置要求
5	自循环通气管	当下列情况同时存在时,可设置自循环通气管道系统: 1. 无法设置伸顶通气管 2. 无法设置侧墙通气 3. 无法在室内设置成汇合通气管后在侧墙伸出延伸到屋面以上	1. 顶端应在卫生器具上边缘以上不小于 0.15 m 处采用 2 个 90°弯头相连 2. 通气立管下端应在排水横管或排出管上采用倒顺水三通或倒斜三通相接 3. 宜在其室外接户管的起始检查井上设置管径 ≥100 mm 的通气管
6	结合通气管	设有专用通气立管或主通气立管时,应设结合通气管或 H 管	结合通气管下端宜在排水横支管以下与排水立管以斜三通连接;上端可在卫生器具上边缘以上不小于 0.15 m 处与通气立管以斜三通连接
7	H 管	1. 可替代结合通气管 2. 最低排水横支管与立管连接点以下的结合通气管不得用 H 管替代	1. H 管与通气管的连接点应设在卫生器具上边缘以上不小于 0.15 m 处 2. 当污水立管与废水立管合用一根通气立管时,H 管配件可隔层分别与污水立管和废水立管连接
8	汇合通气管	为减少排水立管的伸顶管根数时可采用	各排水立管顶端应以＜1%上升坡度与汇合通气管连接
9	注意	1. 在建筑物内不得设置吸气阀替代通气管 2. 通气横管均应以不小于 0.01 坡度坡向排水管	

2.5.3   通气管管径和管材

1. 通气管最小管径不宜小于排水管管径的 1/2,通常按表 2.5-3 确定。

表 2.5-3   通气管最小管径   mm

通气管名称	排水管管径[②]							
	32	**40**	**50**	**75**	**90**	**100**	**125**	**150**
器具通气管	32	32	32	—	—	50	50	
环形通气管	—	—	32	40	40	50	50	
通气立管[①]	—	—	40	50	75	100	100	

注:自循环通气立管管径应与排水立管管径相等。

[①] 表中通气立管系指通气立管、主通气立管、副通气立管。

[②] 表中排水管管径 100 mm、150 mm,当采用塑料排水管时,其公称外径分别为 110 mm、160 mm。

2. 通气管管径应根据排水负荷、排水管管径和长度决定,见表 2.5-4。

表 2.5-4　通气管管径选择表

序号	通气管名称	服务的排水立管		通气管管径
		高度/m	根数/根	
1	通气立管	>50 m	单根	同排水立管
			≥2 根	同最大一根排水立管
		≤50 m	单根	按表 2.5-3 确定
			≥2 根	以最大一根排水立管按表 2.5-3 确定,但不小于其余排水管管径
2	结合通气管			同通气立管 当≥2 根排水管,有小于通气立管管径时,该管的结合通气管管径应同排水立管
3	汇合通气管			断面面积≥(最大通气立管断面积+25%其余通气立管断面积)
4	伸顶通气管			同排水立管 最冷月平均气温<-13℃地区,在室内平顶或吊顶以下 0.3 m 处开始放大一级出屋面

3. 通气管的管材,可采用塑料管、柔性接口排水铸铁管、复合管等。

【本节精选习题】

1. 北方某地区一座 6 层办公楼,排水系统如图所示,采用柔性接口机制排水铸铁管,排水立管管径均为 DN125 mm,试计算通气立管①和通气管 AB、BC、CD 各段管径,下面何项为正确值?(注:管径级别为:DN125、DN150、DN200、DN225。)(　　)

A. ①:DN100 mm、AB:DN225 mm、BC:DN150 mm、CD:DN125 mm

B. ①:DN100 mm、AB:DN150 mm、BC:DN125 mm、CD:DN100 mm

C. ①:DN100 mm、AB:DN200 mm、BC:DN150 mm、CD:DN125 mm

D. ①:DN125 mm、AB:DN200 mm、BC:DN150 mm、CD:DN125 mm

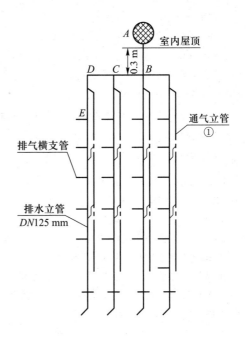

答案:【C】

解析:在排水管管径 $DN125$ mm 时,通气立管①的最小管径应该为 $DN100$ mm。(通气立管①服务于一根排水立管时,且 $L<50$ m 时,按表取最小值 $DN100$)

CD 段只负担最左侧一道排水管,CD 段选用 $DN125$ mm。

BC 段负担最左侧两道排水管,故其管径为:

$d_{BC} \geqslant \sqrt{125^2+0.25\times125^2}$ mm = 140 mm。

根据管径级别,BC 段选用 $DN150$ mm。

汇合通气管的计算式按通气立管的管径计算,AB 最小管径为:$d_{AB} \geqslant \sqrt{125^2+0.25\times(125^2+125^2+125^2)}$ mm = 165 mm。根据管径级别,AB 段应选用 $DN200$ mm。

2. 某建筑铸铁管排水系统有 3 根直径分别为 $DN50$ mm、$DN75$ mm、$DN100$ mm 的污水立管,需汇合后伸出屋面。则汇合后总伸顶通气管的最小管径为以下何值?（　　）

A. $DN75$ mm　　　　B. $DN100$ mm　　　　C. $DN125$ mm　　　　D. $DN150$ mm

答案:【C】

解析:$d_e \geqslant \sqrt{d_{max}^2+0.25\sum d_i^2} = \sqrt{100^2+0.25\times(50^2+75^2)}$ mm = 109.7 mm。取 $DN125$。

3. 某 12 层宾馆(建筑高度 42.8 m),客房卫生间污水排水立管(管径为 100 mm)和废水排水立管(管径为 75 mm)共用一根通气立管,则该通气立管(DN_1)以及连接污水排水立管与通气立管的结合通气管(DN_2)和连接废水排水立管与通气立管的结合通气管(DN_3)的最小设计管径应为下列哪项?（　　）

A. $DN_1=75$ mm,$DN_2=75$ mm,$DN_3=75$ mm

B. $DN_1=100$ mm,$DN_2=75$ mm,$DN_3=50$ mm

C. $DN_1=100$ mm,$DN_2=100$ mm,$DN_3=75$ mm

D. $DN_1=100$ mm,$DN_2=100$ mm,$DN_3=100$ mm

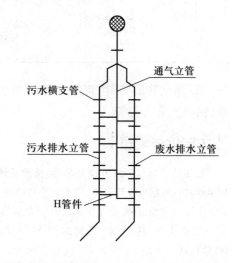

答案:【A】

解析:如右图:

DN_1:通气立管长度小于等于 50 m 且两根及两根以上排水立管同时与一根通气立管相连,应以最大一根排水立管按本规范表 4.6.11 确定通气立管管径,且其管径不宜小于其余任何一根排水立管管径。$DN_1=75$ mm。

DN_2 和 DN_3:结合通气管的管径不宜小于与其连接的通气立管管径。

$DN_2=DN_3=75$ mm。

4. 某 12 层(层高 3.6 m)普通综合办公楼,室内排水管采用排水铸铁管,该建筑部分生活污水排水系统如图所示,有人对其提出如下意见:

① 排水立管应设专用通气管;

② 在第 2 层悬吊管上应增设与排水管同材质的清扫口;

③ 排水立管上的检查口宜隔层设置;

④ WL-3 污水立管在第 8 层应设置检查口;

⑤ WL-2 污水立管最上部的检查口应设在第 10 层或第 11 层。

上述意见中有几处正确?（　　）

A. 2 处　　　　B. 3 处　　　　C. 4 处　　　　D. 5 处

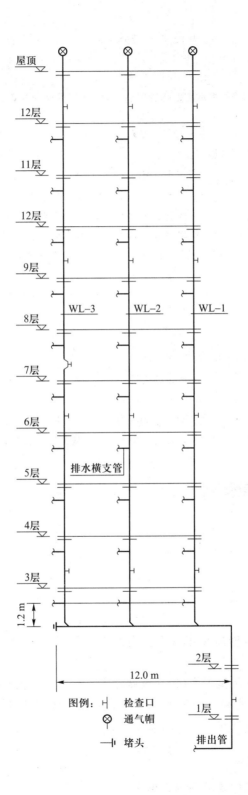

屋顶

12层

11层

12层

9层

8层

7层

6层

5层

4层

3层

WL-3   WL-2   WL-1

排水横支管

1.2 m

12.0 m

2层

1层

图例： ⊢ 检查口
        ⊗ 通气帽
        ⊣ 堵头

排出管

答案:【B】

解析:① 正确,理由为:综合办公楼为 12 层,应设通气立管。

③ 正确,理由为:铸铁排水立管上检查口之间的距离不宜大于 10 m,按照本图层高考虑,正好是宜隔层设置。

④ 正确,理由为:当立管水平拐弯或有乙字管时,在该层立管拐弯处和乙字管的上部应设检查口。三处正确,选 B。

② 错误,理由为:室内排水管采用排水铸铁管清扫口材质应为铜质。

⑤ 错误,理由为:在建筑物最低层和设有卫生器具的二层以上建筑物的最高层,应设置检查口,本建筑设有卫生器具的最高层为 11 层,故最上部的检查口应设在第 11 层。

5. 某 30 层综合办公楼,6~30 层(层高均为 3.4 m)塔楼部分每层设一处集中卫生间,其中男卫生间内设有低水箱冲洗大便器 4 个,感应冲洗小便器 5 个,洗手盆 2 个,洗涤池 1 个,女卫生间内设有低水箱冲洗大便器 3 个,洗手盆 2 个,洗涤池 1 个;拟集中采用污废分流排水系统并分别单独排出室外,且只设 1 根污水和 1 根废水排水立管以及专用通气立管。则该专用通气立管的最小管径(DN_{min})不宜小于下列哪项?(　　)

A. $DN_{min}=75$ mm
B. $DN_{min}=100$ mm
C. $DN_{min}=125$ mm
D. $DN_{min}=150$ mm

答案:【C】

解析:污水立管设计流量:$q_1=(0.12\times2.0\times\sqrt{25\times(7\times4.5+5\times0.3)}+1.5)$ L/s $=8.39$ L/s

废水立管设计流量:$q_2=(0.12\times2.0\times\sqrt{25\times(4\times0.3+2\times1)}+0.33)$ L/s $=2.48$ L/s

排水层数在 15 层以上,表 2.3-11 中排水能力宜乘 0.9 系数。则 $3\times0.9=2.7>2.48$,废水立管管径为 $DN75$;$8.8\times0.9=7.92<8.39$,则污水立管管径为 $DN100$ 满足不了排水要求,应为 $DN125$;通气管长度大于 50 m 时,通气立管管径与最大一根排水立管管径相同,即为 $DN125$。选 C。

2.6　污水泵和集水池

2.6.1　设置条件

1. 设置条件

见本章表 2.1-2 排水方式。

2. 设置位置

服务于室内排水的集水池应设于室内。当设于室外时,应确保池盖或人孔不被雨水淹没倒灌。

室内集水池一般设在地下室最底层,并应靠近主要排水点。消防电梯集水池设于电梯坑附近,见图 2.6-1、图 2.6-2。水泵设于集水池内时,水池宜靠近墙体,便于水泵出水管沿墙敷设。

室外排水泵及水池宜设在室外管网的汇总点或其下游。

2.6.2　排水集水池

排水集水池设计技术条件要求见表 2.6-1。

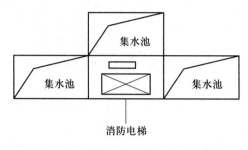

图 2.6-1　消防电梯坑集水池布置(一)

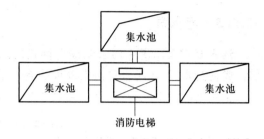

图 2.6-2　消防电梯坑集水池布置(二)

表 2.6-1　排水集水池设计技术条件

序号	项目	技术条件(要求)
1	容积	1. 有效容积不宜小于最大一台污水泵 5 min 的出水量,且污水泵每小时启动次数不宜超过 6 次 2. 有效容积应是启泵水位和停泵水位之间的容积 3. 集水池除满足有效容积外,还应满足水泵设置、水位控制器、格栅等安装、检查要求 4. 生活排水调节池的有效容积不得大于 6 h 生活排水平均小时流量 5. 地下室淋浴间按淋浴器 100% 同时使用的秒流量或小时流量来计算 6. 消防电梯井集水池的有效容积不得小于 2.00 m³
2	水池设置	1. 集水池设计最低水位应满足水泵吸水要求 2. 集水池底应有不小于 0.05 坡度坡向泵位。集水坑的深度及其平面尺寸,应按水泵类型而定 3. 应设停泵水位、启泵水位、超高报警水位等,见图 2.6-3
3	附属配置	1. 室内地下室污水集水池,其池盖应密封,并设通气管系;排水机房内有敞开的污水池时,应设强制通风装置 2. 水池盖一般为钢筋混凝土。盖上设人孔,池壁设下人爬梯。污水池人孔盖板应设密封圈 3. 集水池应设置水位指示装置,必要时应设置超警戒水位报警装置,将信号引至物业管理中心
4	标准图	国标图集 08S305《小型潜水排污泵选用及安装》

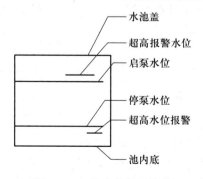

图 2.6-3　集水池控制水位

2.6.3　污水泵

污水泵宜采用潜水污水泵或自耦式潜水污水泵,因安装、检修方便,不占空间,不需单设泵房。粪便污水、厨房污水等污染较重的应采用自耦式潜水污水泵。

常用潜水污水泵种类、规格见表 2.6-2。

表 2.6-2　常用潜水污水泵种类、规格

序号	排水泵种类	型号	适用场所(排水温度≥40℃)或水泵特点
1	自动搅匀潜水排污泵	JYWQ 系列	沉淀较多、停留时间较长、密度为 1~1.3 T/m³ 的污、废水
2	潜水排污泵	Flygt C 型、M 型、N 型	各种污、废水 C 型能有效降低阻塞 M 型有磨碎装置,适于污水 N 型可使水泵高效运转
3	小型潜水排水泵	QX(WQK)、QDX(WQKD)系列	较清洁废水。如泵房排水、自行车库排水
4	普通潜水污水泵	AS、AV、QW、WQ 系列	停留时间较短的污、废水

注:1. 各系列水泵型号、规格、技术特性,可参见国标图集 08S305《小型潜水排污泵选用及安装》;

2. 应尽量选用自动耦合式,方便安装和检修。

2.6.4　污水泵站设计

污水泵站设计技术要求见表 2.6-3。

表 2.6-3　污水泵站设计技术要求

项目			技术要求
选泵	流量	室内	1. 当无调节时,按生活排水设计秒流量选定 2. 当有排水量调节时,可按最大小时生活排水流量确定 3. 当集水池接纳水池溢流水、泄空水时,若溢流采用单阀控制时,应按水池溢流量、泄流量与排入集水池的其他排水量中大者确定;若溢流采用双阀控制时,应按泄流量与排入集水池的其他排水量中大者确定
		室外	按小区最大小时生活排水流量选定
	扬程		应按提升高度、管路系统水头损失、另附加 2~3 m 流出水头计算
	备用泵设置		公共建筑内应以每个生活污水集水池为单元设置一台备用泵。地下室、设备机房、车库冲洗地面的排水,如有 2 台及 2 台以上排水泵时可不设备用泵
	供电要求		泵 1 用 1 备时,用电量为单台泵 泵 2 台同时使用时,按 2 台泵用电负荷计 水泵应有双电源或双回路供电,自控应要求不间断供电

续表

项目	技 术 要 求
自控要求	自动:受水池水位控制,当池水达高位时启泵,低位时停泵。当有可能出现超排水量之涌水时,则池水达超高水位时,备用泵自动投入,两台泵同时向外排水,并同时向值班室或控制中心发出声、光报警讯号
安装方式	固定式安装(硬管),单泵、双泵两种形式
	带自动耦合装置固定式安装,单泵、双泵两种形式,用于粪便、厨房等较脏污水
	移动式(软管)单泵安装,仅限于电机功率 $N \leqslant 7.5$ kW 的排水泵及管道 $DN \leqslant 100$ mm 的场合
检修装置	单台污水泵重量大于 80 kg 的污水池检修孔上方楼板或梁上宜预埋吊钩,其规格及具体位置由设计人定
水泵出水管	1. 污水泵宜设置排水管单独排至室外,不应与室内生活排水重力管道合流。排出管的横管段应有坡度坡向出口 2. 当两台或两台以上水泵共用一条出水管时,应在每台水泵出水管上装设阀门和止回阀 3. 单台水泵排水的出水管上应设止回阀,也可将出水管中途局部抬高至高于室外检查井井盖标高后再降低排出,但局部抬高处的上游横管应坡向水泵

【本节精选习题】

1. 设计居住小区的生活排水调节池时,其调节池的有效容积按不大于下列哪项计算?（ ）

A. 其最大时的生活污水量

B. 其平均时 6 小时的生活污水量

C. 其平均时 12 小时的生活污水量

D. 其 24 小时的生活污水量

答案:【B】

解析:生活排水调节池的有效容积不得大于 6 h 生活排水平均小时流量。故选 B 项。

2. 某高层住宅楼的地下室设有消防水池、快餐店和商场:消防水池进水管上设有液位双阀串联控制,消防水池的溢流管、泄空管排水和快餐店及商场的污水均排入污水调节池中,由污水泵提升排至室外,地下室各部位的排水量见下表。则污水泵机组的设计流量不应小于下列哪项?（ ）

A. 126 m³

B. 80 m³

C. 134 m³

D. 180 m³

排水单元	最大小时排水量/(m³/h)	排水设计秒流量/(L/s)
快餐店	50	20
商场	30	15
消防水池的溢流量为 100 m³/h,泄流量为 54 m³/h		

答案:【B】

解析:建筑物内的污水水泵的流量应按生活排水设计秒流量选定;当有排水量调节时,可按生活排水最大小时流量选定;此住宅楼设有污水调节池,污水泵组的设计流量按生活排水最大时流量选定。

集水池接纳水池溢流水、泄空水时,应按水池溢流量、泄流量与排水集水池的其他排水量中大者选择水泵机组;若液位水力控制阀前装电动阀等双阀时,水池溢流量可不予考虑,故该楼污水泵组的设计流量为:(50+30) m³/h = 80 m³/h

3. 某宾馆地下室设有可供 80 名员工使用的男、女浴室各一间,最高日用水定额为 80 L/(人·d),共有间隔淋浴器 10 个、洗脸盆 4 个,浴室废水流入集水池由自动控制的排水泵即时提升排出,则废水集水池最小有效容积应为下列哪项?(　　　)

　　A. 0.27 m³　　　　　　　B. 0.45 m³　　　　　　　C. 0.55 m³　　　　　　　D. 0.90 m³

答案:【B】

解析:集水池有效容积不宜小于最大一台水泵 5 min 的出水量,且污水泵每小时启动次数不宜超过 6 次;排水泵以生活排水的设计秒流量选定。

按照公式 $q_p = \sum q_0 n_0 b = (0.15 \times 10 \times 60\% + 4 \times 0.25 \times 60\%)\ \text{L/s} = 1.5\ \text{L/s}$

$V_{有效} \geqslant 5\ \text{min} \cdot Q_泵 = (5 \times 1.5 \times 60/1\,000)\ \text{m}^3 = 0.45\ \text{m}^3$

2.7　小型排水构筑物和设施

2.7.1　设置条件

根据污水排放条件要求(见本章 2.2 节),下列污水应经适当处理后方准排入城镇污水管道,见表 2.7-1。

表 2.7-1　污水类别和处理构筑物

序号	污水类别	处理构筑物
1	生活排水接入城镇排水管网有下列情况之一者应设化粪池: 1. 城镇没有污水处理厂或污水处理厂尚未建成投入运行者 2. 市政管理部门有要求者 3. 大、中城市排水管网管线较长,市政部门要求需防止管道内淤积者 4. 城市排水管网为合流制系统者	化粪池
2	职工食堂、营业餐厅的厨房等含油污水	除油装置(隔油池、隔油器、油脂分离器等)
3	温度高于 40℃ 的不连续排水	热量回收利用,当不可行或不合理时,设降温池

序号	污水类别	处理构筑物
4	汽(修)车库洗车台、机加工或维修车间以及其他工业用油场所,排水含有汽油、煤油、柴油、润滑油时	隔油沉淀池
5	医院污水	必须进行消毒处理 一级(消毒)处理 二级(生物)处理
6	小区生活排水直接或间接排入地表水体或海域时	应进行二级处理

2.7.2　排水处理构筑物设置技术要求

排水处理构筑物设置技术要求见表 2.7-2。

表 2.7-2　排水处理构筑物设置技术要求

序号	项目	技 术 要 求	处理效果
1	化粪池	1. 位置 (1) 距离地下水取水构筑物不得小于 30 m (2) 接户管的下游端,便于机动车清掏的位置 (3) 池外壁距建筑物外墙不宜小于 5 m,并不得影响建筑物基础。当受条件限制设于建筑物内时,应采取通气、防臭和防爆措施 2. 容积 　根据排水系统,确定排水种类和水量,确定建筑内粪便污水与生活废水合流或单独排放;根据不同类型建筑物、不同用水量标准、设计总人数、日用水时间、不同清掏周期、污水停留时间,确定化粪池容积。化粪池总容积由有效容积和保护层容积组成,保护层高度一般为 250~450 mm。化粪池的有效容积由污水容积和污泥容积组成,按下式表示: $$V = V_w + V_n \qquad (2.7.2\text{-}1)$$ $$V_w = \frac{m \cdot b_f \cdot q_w \cdot t_w}{24 \times 1\,000} \qquad (2.7.2\text{-}2)$$ $$V_n = \frac{m \cdot b_f \cdot q_n \cdot t_n \cdot (1-b_x) M_s \cdot 1.2}{(1-b_n) \times 1\,000} \qquad (2.7.2\text{-}3)$$ 式中　V——化粪池有效容积(m^3); 　　　V_w——污水部分容积(m^3); 　　　V_n——污泥部分容积(m^3); 　　　m——设计服务人数; 　　　q_w——每人每日计算污水量(L/(人·d)),按表 1 选值;	

序号	项目	技 术 要 求	处理效果
1	化粪池	t_w——污水在池内停留时间(h),应根据污水量确定,宜取 12~24 h;当化粪池作为医院消毒前的预处理时,停留时间宜取 24~36 h; q_n——每人每日计算污泥量(L/(人·d)),按表2选值; t_n——污泥清掏周期,应根据污水温度和当地气候条件确定,宜采用 3~12 个月;当化粪池作为医院消毒前的预处理时,污泥清掏周期宜取 0.5~1a; b_x——新鲜污泥含水率,可取 95%; b_n——污泥发酵浓缩后的含水率,可取 90%; M_s——污泥发酵后体积缩减系数,宜取 0.8; 1.2——清掏后遗留 20% 的容积系数; B_f——化粪池实际使用人数占总人数的百分比,按表3确定。	

表 1　每人每日计算污水量

分类	生活污水和生活废水合流排入	生活污水单独排入
每人每日污水量/L	(0.85~0.95)用水量	15~20

表 2　每人每日计算污泥量　　　　　L/(人·d)

建筑物分类	生活污水和生活废水合流排入	生活污水单独排入
有住宿的建筑物	0.7	0.4
人员逗留时间大于 4 h 并小于等于 10 h 的建筑物	0.3	0.2
人员逗留时间小于 4 h 的建筑物	0.1	0.07

表 3　化粪池使用人数百分数

建筑物名称	百分数/%
医院、疗养院、养老院、有住宿的幼儿园	100
住宅、宿舍、旅馆	70
办公楼、教学楼、试验楼、工业企业生活间	40
职工食堂、餐饮业、影剧院、体育场(馆)、商场和其他场所(按座位)	5~10

续表

序号	项目	技 术 要 求	处理效果
1	化粪池	3. 构造要求 （1）化粪池的长度与深度、宽度的比例应按污水中悬浮物的沉降条件和积存数量，经水力计算确定，但深度（水面至池底）不得小于1.3 m，宽度不得小于0.75 m，长度不得小于1.0 m，圆形化粪池直径不得小于1.0 m （2）双格化粪池第一格的容量宜为计算总容量的75%，三格化粪池第一格的容量宜为总容量的60%，第二格和第三格各宜为总容量的20% （3）化粪池格与格、池与连接井之间应设通气孔洞 （4）化粪池进水口、出水口应设置连接井与进水管、出水管相接 （5）化粪池进水管口应设导流装置，出水口处及格与格之间应设拦截污泥浮渣的设施 （6）化粪池池壁和池底，应防止渗漏 （7）化粪池顶板上应设有人孔和盖板 4. 选用 参见国标图集02S701《砖砌化粪池》、03S702《钢筋混凝土化粪池》、08SS704《混凝土模块式化粪池》以及14SS706《玻璃钢化粪池选用与埋设》 注意： （1）化粪池分无覆土和有覆土两种。在寒冷地区，当采暖计算温度低于-10℃时，必须采用覆土化粪池 （2）选择化粪池应考虑有无地下水，池顶地面是否过汽车等因素 （3）当施工场地狭窄，不便开挖或开挖会影响邻近建筑物基础安全，可选用沉井式化粪池 （4）当施工工期较紧时，可采用玻璃钢成品化粪池 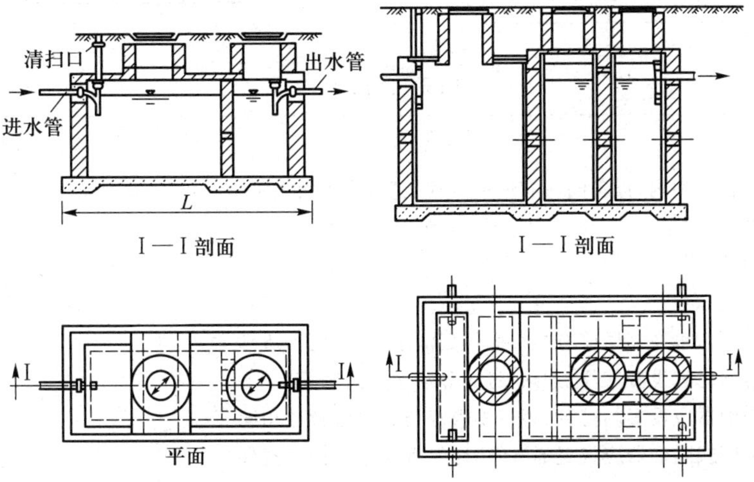 图1 化粪池构造简图	

序号	项目	技 术 要 求	处理效果
2	隔油池	**1. 位置** 用于职工食堂、营业餐厅的厨房等需要清除油污的室外排水管道处 **2. 容积** （1）污水流量按设计秒流量计算，含食用油污水在池内流速不得大于 0.005 m/s （2）含食用油污水停留时间宜为 2~10 min （3）人工除油的隔油池内存油部分的容积不得小于该池有效容积的 25% **3. 构造要求** （1）隔油池应设活动盖板。进水管应考虑有清通的可能 （2）隔油池出水管管底至池底的深度，不得小于 0.6 m （3）室内隔油池应设通气管 **4.** 容积计算和选用参见国标 04S519《小型排水构筑物》。注意： （1）分砖砌池和钢筋混凝土池两种，砖砌池和钢筋混凝土池均按无覆土和有覆土两种情况，且均不考虑过车，砖砌池按无地下水设计 （2）在寒冷地区，当采暖计算温度低于－10℃时，应采用有保温措施的隔油池 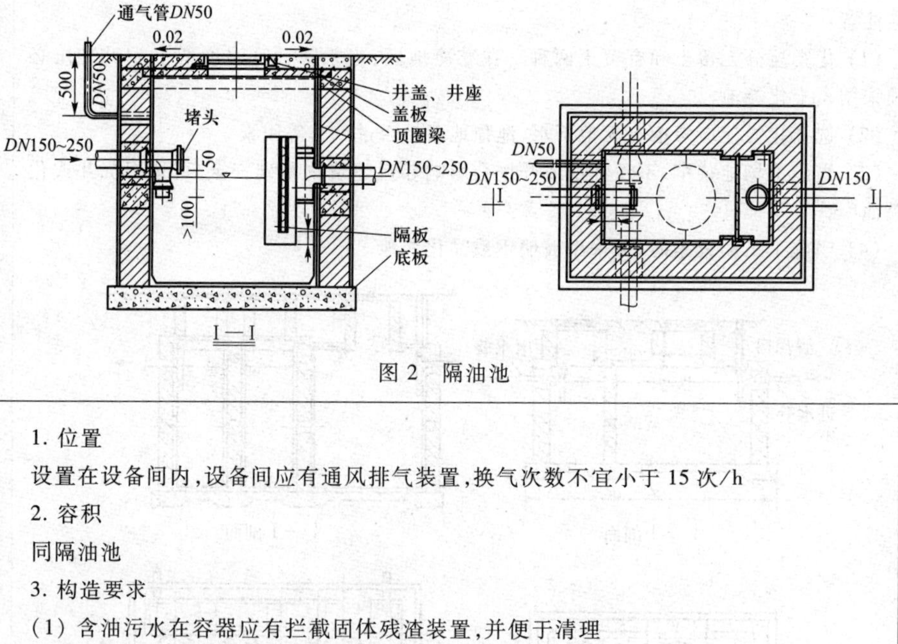 图 2　隔油池	出水油脂含量≤100 mg/L
3	隔油器及油脂分离器	**1. 位置** 设置在设备间内，设备间应有通风排气装置，换气次数不宜小于 15 次/h **2. 容积** 同隔油池 **3. 构造要求** （1）含油污水在容器应有拦截固体残渣装置，并便于清理 （2）容器内宜设置气浮、加热、过滤等油水分离装置 （3）隔油器应设置超越管，超越管管径与进水管管径相同 （4）密闭式隔油器应设置通气管，通气管应单独接至室外 （5）应设可移动集油桶 （6）有电加热融油和无加热两种 （7）可替代室外隔油池	出水油脂含量≤100 mg/L

序号	项目	技 术 要 求	处理效果
4	隔油沉淀池	1. 位置 设于洗车台附近,不得设于室内 2. 容积 (1) 污水停留时间 10 min (2) 污水流速不得大于 0.005 m/s (3) 污泥容积按每辆车冲洗水量 3% 计,污泥清除周期 15 d 3. 构造要求 (1) 洗车污水量较大时,沉淀后的水应循环使用 (2) 隔油沉淀池设通气管 4. 容积计算和选用参见国标图 04S519《小型排水构筑物》。注意: (1) 分无覆土和有覆土、砖砌和钢筋混凝土、过车和不过车、有无地下水等多种。砖砌池按无地下水设计 (2) 在寒冷地区,当采暖计算温度低于 -10℃ 时,应采用覆土隔油沉淀池并采取保温措施 (3) 可用轻质油油脂分离器替代隔油沉淀池	
5	降温池	1. 一般规定: (1) 用于定期排污的锅炉房,排水温度>40℃,不连续排污 (2) 应优先考虑将热量回收利用。如不可能或不合理时,再排入降温池。降温一般用冷水(温度<30℃)在池内混合降温 (3) 冷水应尽可能利用低温废水或再生水。如采用自来水作冷却水时,应采取防止回流污染措施 (4) 为保证降温效果,冷水与高温水应充分混合,可采用穿孔管喷洒 (5) 降温池一般设在室外。当受条件限制需设在室内时,水池应作密闭处理,并应设置人孔和通向室外的通气管 (6) 根据工程现况情况二次蒸发筒附近设栏杆,以防烫伤 2. 容积计算 (1) 间断排放污水:应按一次最大排水量与所需冷却水量的总和计算有效容积 $$V_{间} = Q_{热\,max} + Q_{冷}$$ $$Q_{冷} \geqslant K \frac{Q_{排} \cdot (T_{排} - 40℃)}{40℃ - T_{冷(兑)}}$$ 式中　$V_{间}$——间断排水时降温池有效容积(m^3); 　　　$Q_{热\,max}$——一次最大排水量(m^3); 　　　$Q_{冷}$——冷却水量(m^3); 　　　$Q_{排}$——定期排污量(m^3); 　　　$T_{排}$——排污水温度(℃);	出水温度 ≤40℃

续表

序号	项目	技术要求	处理效果
5	降温池	$T_{冷}$——冷却水温度，一般可利用生产废水，可按30℃计。采用多孔管布水洒入池中； K——混合不均匀系数，取1.5。 （2）连续排放污水。应保证污水与冷却水能充分混合： $$V_{连}=(Q_{热\,max}+Q_{冷})\cdot T_{充分混合时间}$$ 式中符号同上。 3. 管道设置要求： （1）有压高温污水进水管口宜装设消音设施，有两次蒸发时，管口应露出水面向上并应采取防止烫伤人的措施；无两次蒸发时，管口宜插进水中深度200 mm以上； （2）冷却水与高温水混合可采用穿孔管喷洒，当采用生活饮用水做冷却水时，应采取防回流污染措施； （3）降温池虹吸排水管管口应设在水池底部； （4）应设通气管，通气管排出口设置位置应符合安全、环保要求 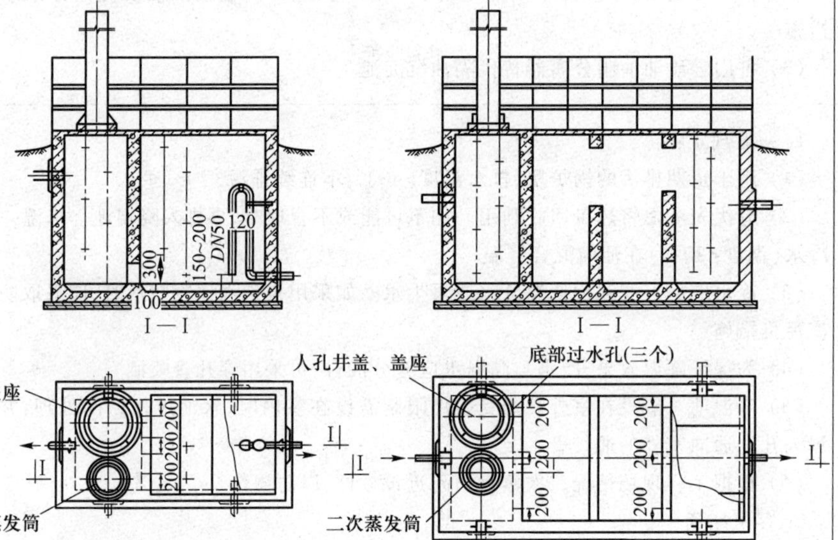 (a) 虹吸式降温池　(b) 隔板式降温池 图3　降温池构造	出水温度≤40℃
6	医院污水处理	医院污水必须进行消毒处理 1. 处理流程选择 （1）医院污水处理流程应根据污水性质、排放条件等因素确定，一般排入终端已建有正常运行的二级污水处理厂的城市下水道时，宜采用一级处理；直接或间接排入地表水体或海域时，应采用二级处理 （2）传染病房的污水，粪便经消毒后方可与普通病房污水进行合并处理	

右上角：续表

序号	项目	技 术 要 求	处理效果
6	医院污水处理	（3）医院污水经处理后，达到《医疗机构水污染物排放标准》（GB 18466—2005）要求的排水当排入下列水体时，还应根据受纳水体的要求进行深度水处理： 　　现行的《地表水环境质量标准》（GB 3838—2002）中的Ⅰ、Ⅱ类水域和Ⅲ类水域的饮用水保护区和游泳区 　　现行的《海水水质标准》（GB 3097—1997）中的一、二类海域 　　经消毒处理后的污水，如排入娱乐和体育用水水体、渔业用水水体时，还应符合有关标准要求 　　2. 一级处理工艺流程 　　病区污水→化粪池→格栅→调节池→（沉淀池→）消毒接触池→排水管道 　　3. 处理构筑物的容积 　　（1）化粪池作为预处理时，容积应按最高排水量设计污水停留时间 24～36 h，污泥清掏周期 0.5～1.0a 计 　　（2）消毒接触池的容积应按最大小时水量和接触时间等因素经计算确定，接触时间不应小于 1 h，传染病医院不应小于 1.5 h 　　（3）提升式污水处理应设调节池，有效容积宜为 5～6 h 污水平均时水量 　　4. 氯消毒接触池的构造 　　（1）消毒接触池应设导流板防止水流短路 　　（2）消毒接触池水流槽宽度和高度比不宜大于 1：1.2，长度和宽度比不宜小于 20：1 　　（3）消毒接触池接触池出水口处应设取样口 　　5. 消毒剂宜采用液氯、次氯酸钠、二氧化氯、三氯异氰尿酸等 　　6. 氯化法消毒 　　（1）一级处理设计加氯量宜为 30～50 mg/L，二级处理加氯量宜为 15～25 mg/L 　　（2）液氯消毒必须采用真空加氯机并设置安全装置，加氯设备严禁设于地下室内 　　（3）采用氯消毒后的污水，当直接排入地表水体和海域时，应进行脱氯处理，处理后余氯应小于 0.5 mg/L 　　7. 二级处理工艺流程 　　病区污水→化粪池→格栅→调节池→生物处理→沉淀池→（过滤→）消毒接触池→排水管道 　　8. 医院污水处理设施应设事故处置设备。中型及以上医院污水处理构筑物应分 2 组，每组按 50% 负荷计 　　9. 污泥宜由市环卫部门按危险废物集中处理。也可采用高温堆肥或石灰消化法处理 　　10. 医院特殊排水处理 　　（1）低放射性废水应经衰变池处理，使医院总排出口污水的放射性物质含量符合国标《辐射防护规定》（GB 8703—1988） 　　（2）洗相室废液应回收银，并对废液进行处理 　　（3）口腔科含汞废水应进行除汞处理 　　（4）检验室废水应根据使用化学品的性质单独收集处理	一级（消毒）处理出水（mg/L） 总余氯： 3～10 （一级） 2～8 （二级）

续表

序号	项目	技 术 要 求	处理效果
6	医院污水处理	11. 污水处理站 （1）位置选择应根据医院总体规划、污水总排出口位置、环境卫生、安全要求、工程地质、维护管理和运输条件等因素确定，并应符合下列要求： ① 宜靠近接入市政管道的排入点 ② 宜设在常年最小频率的上风向，且应用绿化带与建筑物隔开 ③ 宜设在绿地、停车坪及室外空地的地下 ④ 距给水泵站及清水池水平距离不得小于 10 m （2）应独立设置，与病房、医疗室、住宅等的距离不宜小于 10 m，并设置隔离带。当无法满足上述条件时，应采取有效安全隔离措施。不得将污水处理站设于门诊或病房等建筑的地下室，当布置在其他建筑地下室时，应有专用隔间 （3）应对处理水量、构筑物容积等适当留有余地。加氯系统中应考虑应急措施，预留增加投氯量和投氯点的条件 （4）加氯间和液氯储藏室应与其他工作间隔开，并应直接通向室外。应设机械排风系统，换气次数宜为 8~12 次/h；处理构筑物为敞开时，每小时换气次数不宜小于 15 次，当处理设施有盖板时，每小时换气次数不宜小于 5 次 （5）处理站排臭系统宜进行除臭、除味处理，并达到排放标准规定要求［见《医疗机构水污染物排放标准》（GB 18466—2005）］	一级（消毒）处理出水（mg/L）总余氯：3~10（一级）2~8（二级）

【本节精选习题】

1. 某高层写字楼，设计使用人数为 800 人，生活排水设计采用同层排水技术，污废合流，现要求在室外修建一座化粪池，处理其外排生活污水。若化粪池清掏周期为一年，则该化粪池的最小有效容积（V_{min}）应不小于下列哪项？（　　）

A. $V_{min} = 15.29 \ m^3$　　　　B. $V_{min} = 19.22 \ m^3$　　　　C. $V_{min} = 20.90 \ m^3$　　　　D. $V_{min} = 50.25 \ m^3$

答案：【C】

解析：

1. 化粪池有效容积 $V = V_w + V_n$

2. 污水部分容积 $V_w = \dfrac{m \times b_f \times q_w \times t_w}{24 \times 1\ 000} = \dfrac{800 \times 40\% \times 0.85 \times 30 \times 12}{24 \times 1\ 000} \ m^3 = 4.08 \ m^3$

3. 污泥部分容积

$$V_n = \frac{m \times b_f \times q_n \times t_n \times (1 - b_x) M_s \times 1.2}{(1 - b_n) \times 1\ 000} = \frac{800 \times 40\% \times 0.3 \times 365 \times (1 - 95\%) \times 0.8 \times 1.2}{(1 - 90\%) \times 1\ 000} \ m^3 = 16.82 \ m^3$$

4. $V = (4.08 + 16.82) \ m^3 = 20.90 \ m^3$

选 C。

2. 下列有关医院污水处理设计，哪几项正确？（　　　）

A. 化粪池作为医院污水消毒前的预处理时其容积大于用于一般的生活污水处理的化粪池

B. 传染病房污水应单独消毒后再与普通病房污水合并进行处理

C. 医院污水排入城市下水道时,宜采用一级处理

D. 医院污水消毒处理宜采用氯消毒法

答案:【ABD】

解析:常规化粪池污水在池内的停留时间为 12~24 h,化粪池作为医院污水消毒前的预处理时,化粪池的容积宜按污水在池内停留时间 24~36 h 计算,A 项说法正确;

传染病房的污水经消毒后可与普通病房污水进行合并处理,B 项说法正确;

医院污水当排入终端已建有正常运行的二级污水处理厂的城市下水道时,宜采用一级处理;直接或间接排入地表水体或海域时,应采用二级处理。C 项说法不准确;

医院污水消毒宜采用氯消毒,D 项正确。故选 ABD 项。

2.8 建筑小区排水

小区排水系统一般由建筑接户管、检查井、排水支管、排水干管和小型处理构筑物等组成。小区排水系统应采用生活排水与雨水分流制排水,即生活排水和雨水设独立的排水系统分别排水。

2.8.1 管材

排水管材应根据排水性质、成分、温度、地下水侵蚀性、外部荷载、土壤情况和施工条件等因素因地制宜就地取材,条件许可的情况下应优先采用埋地塑料排水管,并应按下列规定选用:

1. 压力流排水管可选用耐压塑料管,金属管或钢塑复合管。

2. 排至小区污水处理装置的排水管宜采用塑料排水管。

3. 穿越管沟、河道等特殊地段或承压的管段可采用钢管或铸铁管,若采用塑料管应外加金属套管(套管直径较塑料管外径大 200 mm)。

4. 当连续排水温度大于 40℃时应采用金属排水管或耐热排水塑料管。

5. 输送腐蚀性污水的管道可采用塑料管。

6. 位于道路及车行道下塑料排水管的环向弯曲刚度不宜小于 8 kN/m²,位于小区非车行道及其他地段下塑料排水管的环向弯曲刚度不宜小于 4 kN/m²。

2.8.2 管道布置原则

小区排水管道的平面布置,应根据小区规划、地形标高、排水流向、各建筑物排出管及市政排水管接口的位置,按管线短、埋深小、尽可能自流排出的原则确定。

建筑物的排出管通常从室内设有卫生间或厨房的一侧引出,以减少建筑物排出管的长度。

定线时还应考虑到小区的扩建发展情况,以免日后改拆管道,造成施工及管理上的返工浪费。

排水管道布置应符合下列要求:

1. 排水管道宜沿道路和建筑物的周边呈平行布置,路线最短,减少转弯,并尽量减少相互间及与其他管线和河流、铁道间的交叉。检查井间的管段应为直线。

2. 管道与铁路、道路交叉时，应尽量垂直于路的中心线。

3. 干管应靠近主要排水建筑物，并布置在连接支管较多的一侧。

4. 管道应尽量布置在道路外侧的人行道或草地的下面。不允许布置在铁路和乔木的下面。

5. 应尽量远离生活饮用水给水管道。

6. 与其他管道和建筑物、构筑物的水平净距离，应符合表 2.8-1 的规定。

表 2.8-1　排水管道与建筑物、构筑物和其他管道的最小距离　　　　　　　　　m

	水平净距离	垂直净距离
建筑物	3.0	—
铁路中心线	4.0	—
城市型道路边缘	1.0	—
郊区型道路边缘	1.0	—
围墙	1.5	—
照明及通信电杆	1.0	—
高压电线杆支座	3.0	—
乔木	1.0	—
给水管 $DN \leqslant 200$	1.0	0.1~0.15
给水管 $DN > 200$	1.5	0.1~0.15
污水管	0.8~1.5	0.1~0.15
雨水管	0.8~1.5	0.1~0.15
热力管沟	1.0(1.5)	0.5
直埋式热水管	1.0(1.5)	0.1~0.15(1.0)
直埋蒸汽管	(2.0)	(1.0)
煤气管(低压)	1.0	0.1~0.15
煤气管(中压)	1.5	0.15
煤气管(高压)	2.0	0.15
煤气管(特高压)	5.0	0.15
压缩空气管	1.5	0.15
乙炔、氧气管	1.5	0.25
石油管	1.5	0.25
电力电缆	1.0	0.5(0.25)
通信电缆	1.0	0.5(0.15)
架空管架基础	3.0	—
涵洞基础底	—	0.15

注：1. 煤气管道压力：低压：不超过 49 kPa；中压：49~147 kPa；高压：148~294 kPa；特高压：295~981 kPa；

2. 特殊情况下不能满足表中数字要求时，在与相关专业协商采取有效措施后，表中数字可适当减小；

3. 在"电力电缆"、"通信电缆"的"垂直净距离"一栏数字，带括号者为穿管敷设，不带括号者为直埋敷设；

4. 在"热力管沟"、"直埋式热水管"、"直埋蒸汽管"的"水平净距离"和"垂直净距离"两栏数字中，带括号者针对塑料排水管。

2.8.3 管道敷设要求

1. 排水管道敷设的基本要求。

小区排水管道宜沿建筑平行敷设,应在与室内排出管连接处设排水检查井,小区排水管道或排水检查井中心至建筑物外墙的距离不宜少于 2.5~3 m。

施工安装和检修管道时,不应造成相互影响;管道损坏时,管内污水不得冲刷或侵蚀建筑物以及构筑物的基础和污染生活饮用水水管;管道应避免机械振动引起损坏,敷设在可能发生冰冻的场合时应保温;排水管道及合流制管道与生活给水管道交叉时,应敷设在给水管道下面。

2. 处理与其他管道敷设矛盾的基本原则。

小管径管道避让大管径管道;可弯的管道避让不能弯的管道;新建管道避让现状管道;临时管道避让永久管道;有压管道避让自流管道。

3. 管道覆土深度。

小区排水管道的最小覆土深度应根据道路的行车等级、管材受压强度、地基承载力、室内排出管的埋深、土壤冰冻深度、管顶所受动荷载情况等因素经计算确定。

小区干管和小区主道路下的管道覆土深度不宜小于 0.7 m。

生活排水接户管的埋设深度,不得高于土壤冰冻线以上 0.15 m,且覆土深度不宜小于 0.3 m。

当采用埋地塑料管道时,排出管埋设深度可不高于土壤冰冻线以上 0.50 m。

4. 穿越铁路、公路管道的敷设要求。

压力管道或带腐蚀性污水的管道,应敷设在套管或地沟内,并设事故排出口和排出套管内、地沟内积水的装置。铁路两侧应设检查井,其位置应在车辆荷载压力以外,并满足与路基坡角间的距离为 5 m。

穿越允许交通间断的铁路、公路的管道,可不设套管或地沟;采用金属管道或钢筋混凝土管道直接敷设,管顶距路面的深度应保证不损坏管道,并符合有关部门的规定。

5. 在地下水位较高的地区,埋地管道和检查井还应考虑采取有效的防渗技术措施。

2.8.4 管道连接

小区室外排水管之间应设检查井连接,检查井的布置应便于清通。排出管较密且无法直接连接检查井时,可在室外采用管件连接后接入检查井,但应设置清扫口。

室外排水管道在转弯、变径、变坡和连接支管处,应设置检查井。管道在检查井内宜采用管顶平接法或水面平接法。井内进水管不得大于出水管(倒虹吸井除外)。

连接处的水流偏转角不得大于 90°,以保证畅通的水力条件,避免水流相互干扰。当排水管管径小于等于 300 mm,且跌落差大于 0.3 m 时水流转弯角度的影响已不明显,可不受角度的限制。

在较长的直线管段上亦需设置排水检查井,室外生活排水管道管径小于等于 160 mm 时,检查井间距不宜大于 30 m;管径大于等于 200 mm 时,检查井间距不宜大于 40 m。

除有水流跌落差外,室外排水管宜采用管顶平接。排出管管顶标高不得低于室外接户管管顶标高。

小区生活排水检查井应优先采用塑料排水检查井。检查井的内径应根据所连接的管道管径、数量和埋设深度确定。生活排水管道的检查井内应有导流槽。

2.8.5 污水泵房

当小区排水管道不能以重力自流排入市政排水管道时,应设置污水泵房。特殊情况下,经技术经济比较合理时可采用真空排水系统。

污水泵房应建成单独构筑物,并应有卫生防护隔离带,有良好的通风条件并靠近集水池。污水泵房与居住建筑和公用建筑应有一定距离,水泵机组噪声对周围环境有影响时应采取消声、隔振措施,泵房周围应考虑较好的绿化。污水泵房设计应按现行国家标准《室外排水设计规范》(GB 50014—2006)(2016年版)执行。

小区污水水泵的流量应按小区最大小时生活排水量选定。

污水泵宜设置压力排水管道单独排至室外检查井,不应排入室内生活排水重力管道内,排出管的横管段应有坡度坡向出口。当两台或两台以上水泵共用一条出水管时,应在每台水泵出水管上装设阀门和止回阀;单台水泵排水有可能产生倒灌时,应设置止回阀。

【本节精选习题】

1. 某居住小区由6栋高层住宅楼,1栋酒店式公寓楼,地下车库及商业网点组成,上述建筑用水资料见下表,则该小区生活排水的设计流量最小应为下列哪项?(   )

   A. 94.63 m^3/h   B. 100.08 m^3/h   C. 107.58 m^3/h   D. 111.35 m^3/h

序号	用水部门	最高日用水量/(m^3/d)	用水时间/h	小时变化系数
1	6栋住宅楼	720	24	2.5
2	酒店式公寓楼	200	24	2.5
3	商业网点	80	12	1.2
4	地下车库	60	8	1.0

答案:【B】

解析:$Q = (0.85 \times 720 \times 2.5/24 + 200 \times 2.5/24 + 80 \times 1.2/12 + 60 \times 1.0/8) m^3/h = 100.08 m^3/h$ 故选 B。

2. 某小区有8栋普通住宅(Ⅱ),居住人数共计3 000人,另设有400 m^2的商场和100人无住宿幼儿园各一座,则该小区的生活排水最小设计流量应为?(注:商场和幼儿园员工用水以及小区内其他设施用水和未预见水量不计。)(   )

   A. 32.62 m^3/h   B. 38.23 m^3/h   C. 39.53 m^3/h   D. 46.35 m^3/h

答案:【A】

解析:住宅(Ⅱ)用水定额为(130~300 L/人·d),$K_h = 2.8 \sim 2.3$,$T = 24$ h,无住宿幼儿园用水定额为(30~50 L/人·d),$K_h = 20$,$T = 10$ h,$Q = 0.85 \times (3\,000 \times 130 \times 2.3/1\,000)/24 \ m^3/h + 100 \times 30 \times 2/10/1\,000 \ m^3/h = 32.368 \ m^3/h$,题设要求最小流量,答案 32.62 m^3/h。

2.9 管材、管道布置和敷设及附件

2.9.1 管材

常用管材、接口方法和适用条件见表 2.9-1。

表 2.9-1 常用管材、接口方法和适用条件

序号	管材名称		规格管径	接口方法	特性	适用场所
1	机制排水铸铁管	《建筑排水用柔性接口承插式铸铁管及管件》CJ/T 178—2013 和《排水用柔性接口铸铁管、管件及附件》（GB/T 12772—2008）	50 75 100 125 150 200	承插接口、橡胶圈密封，法兰压紧密封圈	接口不能承受拉力	1. 对防火等级要求较高的建筑 2. 要求环境安静的场所 3. 各类建筑（含超高层建筑） 4. 适宜地面上敷设 5. 不锈钢卡箍接口较美观，管道明装时宜优先选用 6. 用于生活排水管、通气管 7. 多层建筑雨水管道也可采用 8. 施工安装参见国标 04S409《建筑排水用柔性接口铸铁管安装》
		《建筑排水用卡箍式铸铁管及管件》（CJ/T 177—2002）和《排水用柔性接口铸铁管、管件及附件》（GB/T 12772—2008）	50~300	平口对接、橡胶圈密封，不锈钢卡箍卡紧		
		刚性接口铸铁管	50~150	承插水泥捻口		室内外埋地或埋垫层
2	排水塑料管	《建筑排水用硬聚氯乙烯（PVC-U）管材》GB/T 5836.1 和《建筑排水用硬聚氯乙烯（PVC-U）管件》（GB/T 5836.2—2006）	32~200	胶黏剂黏接、橡胶密封圈连接	接口不能承受拉力	1. 环境温度≮0℃场所 2. 连续排水温度≯40℃或瞬时排水温度≯80℃的排水管道 3. 排放带酸、碱性废水的实验楼和教学楼排水管 4. 对噪声环境要求不高时可采用 PVC-U 管 5. 各类≯100 m 高的建筑 6. 多层建筑雨水管道也可采用 7. 施工安装参见国标 10S406《建筑排水塑料管道安装》
		《排水用芯层发泡硬聚氯乙烯（PVC-U）管材》（GB/T 16800—2008）	40~200	胶黏剂黏接		
		《聚丙烯静音排水管材及管件》（CJ/T 273—2008）	50~160	橡胶密封圈连接		
		《建筑排水用高密度聚乙烯（HDPE）管材及管件》（CJ/T 250—2007）	32~315	熔融连接	接口承拉不详	

续表

序号	管材名称		规格管径	接口方法	特性	适用场所
3	埋地排水塑料管	《埋地排水用硬聚氯乙烯(PVC-U)结构壁管道系统第 1 部分双壁波纹管材》(GB/T 18477.1—2007)	160~1 200	承插式弹性密封圈连接	1. 管顶最大覆土深度≤8 m 2. 接口不能承受拉力	1. 适用于建筑小区室外生活排水和雨水排水管道 2. 适用于一般土质条件。当地基土为淤泥、淤泥质土、充填土等软土地基时,应进行地基处理 3. 施工安装参见国标 04S520《埋地塑料排水管道施工》
		《埋地用硬聚氯乙烯(PVC-U)加筋管材》(QB/T 2782—2006)	150~500			
		《埋地用聚乙烯(PE)结构壁管道系统第 1 部分聚乙烯双壁波纹管材》(GB/T 19472.1—2004)	160~1 200			
		《埋地用聚乙烯(PE)结构壁管道系统第 2 部分聚乙烯缠绕结构壁管材》(GB/T 19472.1—2004)	160~1 200	承插式弹性密封圈、熔接、卡箍、法兰连接等		
4	钢筋混凝土管		150~1 200	承插接口、平口对接、企口连接		适用于管径 ≥ 500 mm 的雨、污水埋地排水管
5	镀锌钢管、衬塑钢管、焊接钢管、给水铸铁管		32~1 200	丝扣接口、法兰接口、沟槽接口	承压能力详给水	排水泵出水管、屋面雨水管、灌水高度超过 10 m 的重力排水管、管径小于 50 mm 的排水管、通气管

2.9.2 管道布置和敷设

1. 室内管道布置和敷设应充分满足排水通畅、管路最短、安全、卫生、美观和维修方便等诸因素要求,见表 2.9-2。

表 2.9-2　室内管道布置和敷设

项目	技术要求
管道布置和敷设	1. 排水管道应按下列要求布置和敷设： （1）高于室外地面的排水应重力排到室外 （2）立管宜靠近排水量最大或水质最脏的排水点 （3）管道行走距离最短，转弯最少 （4）污、废水分流且有条件时，粪便污水立管宜靠近大便器，废水立管宜靠近浴盆 （5）厨房和卫生间的排水立管应分别设置 （6）机房（空调机房、给水水泵房）、开水间的地漏排水应与卫生器具污、废水管道分开设置 （7）宜在地下或在地面上、楼板下明设，如建筑有要求时，可在管槽、管道井、管廊、管沟或吊顶、架空层内暗设，但应便于安装和检修。在气温较高、全年不结冻的地区，可沿建筑物外墙敷设 （8）卫生间立管一般设于管井或管槽内，且立管检查口处设检修门 （9）当排水管道外表面可能结露时，应根据建筑物性质和使用要求，采取防结露措施 （10）排水管道在穿越楼层处设套管且立管底部架空时，应在立管底部设支墩或其他固定措施。地下室立管与排水管转弯处也应设置支墩或固定措施 （11）穿楼板和防火墙的洞口间隙、套管间隙应采用防火材料封堵 2. 排水管道（包括污废水和雨水）不得布置在下列场所： （1）生活饮用水池部位的上方 （2）食堂、饮食业厨房的主副食操作、烹调和备餐的上方。当受条件限制不能避免时，应采取防护措施，如：可在排水管下方设楼板夹层或托板，托板横向应有翘起的边缘（即横断面呈槽形），纵向应与排水管有一致的坡度，末端有管道引至地漏或排水沟 （3）遇水会引起燃烧、爆炸的原料、产品和设备的上面 （4）卧室、住宅客厅、餐厅、书房 （5）浴池、游泳池的上方 （6）对生产工艺或卫生有特殊要求的生产厂房内，以及食品和贵重商品仓库、通风小室、电气机房和电梯机房内 （7）图书馆的书库、档案馆库区 （8）不得穿过沉降缝、伸缩缝、变形缝、烟道和风道。当必须穿过沉降缝、伸缩缝、变形缝时，应采取相应技术措施，比如：柔性接口铸铁管增加接口数量，塑料管采用专用接头 （9）可能受重物压坏处或穿越生产设备基础 （10）结构层或结构柱内 （11）靠近与卧室和书库相邻的内墙、穿越橱窗和壁柜 （12）穿过建筑的大厅等美观要求较高处 3. 特殊单立管： （1）排水支管与立管连接处应设旋流器或苏维托 （2）立管底部应设消减正压的特制配件 （3）立管偏转处应设通气管

续表

<table>
<tr><th>项目</th><th>技 术 要 求</th></tr>
<tr><td>管道连接</td><td>
1. 室内管道的连接应符合下列规定：
(1) 卫生器具排水管与排水横支管垂直连接,宜采用 90°斜三通
(2) 排水管道的横管与立管连接,宜采用 45°斜三通或 45°斜四通和顺水三通或顺水四通
(3) 排水立管与排出管端部的连接,宜采用两个 45°弯头、弯曲半径不小于 4 倍管径的 90°弯头或 90°变径弯头;当排水立管采用内螺旋管时,排水立管底部宜采用长弯变径接头与排出管连接
(4) 排水立管应避免在轴线偏置,当受条件限制时,宜用乙字管或两个 45°弯头连接
(5) 当排水支管、排水立管接入横干管时,应在横干管管顶或其两侧 45°范围内采用 45°斜三通接入
(6) 横管接入横干管的水平连接宜采用 45°斜三通或 45°斜四通,并应管顶平接
(7) 排水横管作 90°水平转弯时,宜采用两个 45°弯头或大转弯半径 90°弯头
(8) 横管需变径时,宜采用偏心异径管,管顶平接
2. 靠近排水立管底部的排水支管连接,应符合下列要求：
(1) 最低层排水横支管与立管连接处距排水立管管底的垂直距离不得小于下表的规定
<table>
<tr><th rowspan="2">立管连接卫生器具的层数</th><th colspan="2">垂直距离/m</th></tr>
<tr><th>仅设伸顶通气</th><th>设通气立管</th></tr>
<tr><td>≤4</td><td>0.45</td><td rowspan="3">按配件最小安装尺寸定</td></tr>
<tr><td>5~6</td><td>0.75</td></tr>
<tr><td>7~12</td><td>1.20</td></tr>
<tr><td>13~19</td><td>3.00</td><td>0.75</td></tr>
<tr><td>≥20</td><td>3.00</td><td>1.20</td></tr>
</table>
(2) 排水支管连接在排出管或排水横干管上时,连接点距立管底部下游水平距离 L 不得小于 1.5 m。见图 2.9-1
(3) 竖支管接入横干管竖直转向管段时,连接点距转向处以下不得小于 0.6 m
(4) 排出管、排水横管在距上游立管底部 1.5 m 的距离内有 90°水平转弯时,则底层排水支管不应接入该排出管或排水横管
</td></tr>
<tr><td>同层排水</td><td>
1. 设置条件：
(1) 住宅的排水管道穿越楼板进入他户难以维修被要求不得穿越时,应采用同层排水
(2) 卫生间下层为卧室、生活饮用水池、遇水会引起燃烧、爆炸的原料、产品和设备时,应采用同层排水
(3) 排水横管设于地板下难以安装维修的场所,如下层为高大空间等场所
(4) 同层排水应优先选用非降板方式,有困难时,也可采用降板方式
2. 同层排水应符合下列技术要求：
(1) 设置地漏时,设置要求与非同层排水相同,但可采用侧墙地漏
(2) 器具排水横支管布置和设置标高不得造成排水滞留、地漏冒溢
</td></tr>
</table>

项目	技 术 要 求
同层排水	（3）埋设于填层中的管道不得采用密封圈橡胶接口，塑料管道应采用黏接，铸铁管道应采用承插水泥接口 （4）降板深度应根据器具和地漏排水管道安装竖向空间要求确定，一般取 250~350 mm，下出水大便器应取大值 （5）下沉的楼板、周壁在敷设管道和填埋前应严格做好防水，并应将防水延伸到装修地面之上，填平的建筑地面亦应做防水 （6）回填材料、面层应能承载器具、设备的荷载
支、吊架	1. 柔性接口排水铸铁管支、吊架应符合下列要求： （1）立管应每层设固定支架，固定支架间距不应超过 3 m。两个固定支架间应设滑动支架 （2）立管底部弯头和三通处应设支墩或固定支（吊）架 （3）横管上的支、吊架间距一般不大于 2 m （4）横管起端和终端的支（吊）架应为固定支（吊）架 （5）横管在平面转弯时，弯头处应增设支（吊）架 （6）吊钩或卡箍应固定在承重结构上 （7）立管和支管支架应靠近接口处，承插式柔性接口的支架应位于承口下方，卡箍式柔性接口的支架应位于承重托管下方 （8）横管支（吊）架应靠近接口处 2. 塑料排水管道支、吊架间距应符合《建筑给水排水及采暖工程施工质量验收规范》（GB 50242—2002）第 5.2.9 条的规定 3. 管道支、吊架设置详国标图 03S402《室内管道支架及吊架》
排出管	1. 排出管应以最短距离出户 2. 排水管与室外排水管道连接时，排出管管顶标高不得低于室外排水管管顶标高；当建筑物沉降可能导致排出管倒坡时，应充分考虑沉降值 3. 下列情况下底层排水支管应单独排至室外或者采取有效的防反压措施： （1）排出管及其立管不符合接入底层排水支管条件（见本表管道连接 2） （2）在距立管底部 1.5 m 范围内的排出管、排水横管有 90°水平转弯 4. 排出管管径宜放大一号（单根排水立管的排出管不宜放大） 5. 排水管穿过地下室外墙或地下构筑物的墙壁处，应采取防水措施，如防水套管 6. 室内排水沟与室外排水管道连接处，应设水封装置 7. 应尽可能抬高排出管埋设深度，可不高于土壤冰冻线以上 0.15 m，且覆土深度不宜小于 0.7 m
间接排水	1. 下列构筑物和设备的排水管不得与污、废水管道直接连接，应采用间接排水，并不得直接接入室外检查井 （1）生活饮用水贮水箱（池）的泄水管和溢流管 （2）医疗灭菌消毒设备的排水 （3）公共厨房设备排水 （4）贮存食品或饮料的冷藏库房的地面排水和冷风机溶霜水盘的排水

项目	技 术 要 求
间接排水	（5）洁净房间的事故排水口 （6）开水器、热水器、饮料贮水箱的排水 （7）蒸发式冷却器、空调设备冷凝水的排水 2. 设备间接排水宜排入临近的洗涤盆、地漏、排水明沟、排水漏斗或容器。间接排水口最小空气间隙，宜按下表确定 **间接排水口最小空气间隙** {{TABLE}} 注：饮料用贮水箱的间接排水口最小空气间隙，不得小于 150 mm 3. 间接排水的漏斗或容器不得产生溅水、溢流，并应布置在容易检查、清洁的位置
排水沟设置	1. 生活废水在下列情况下，可采用有盖的排水沟排除： （1）废水中含有大量悬浮物或沉淀物需经常冲洗 （2）设备排水支管很多，用管道连接有困难 （3）设备排水点的位置不固定 （4）地面需要经常冲洗 2. 排水沟设置举例： （1）中餐厅厨房应设排水沟，承接厨房设备排水和地面清洗排水 （2）下列部位宜设排水沟排水：公共浴室、各类水泵房和水处理机房、洗衣房、菜市场水鲜区。洗衣机房排水集中，排水沟断面尺寸需考虑接纳一次最大排水的集中排水量 （3）汽车库地面排水不宜采用明沟。如必须设置时，地沟不应贯通防火分区 （4）废水中如夹带纤维或大块物体，应在与排水管道连接处设置格网、格栅或采用带网框地漏
塑料管隔热、防火、防伸缩	1. 塑料排水管应避免布置在热源附近，如不能避免，并导致管道表面受热温度大于 60℃ 时，应采取隔热措施。塑料排水立管与家用灶具边净距不得小于 0.4 m 2. 建筑塑料排水管穿越楼层、防火墙、管道井壁时，应根据建筑物性质、管径和设置条件以及穿越部位防火等级等要求设置阻火装置 3. 高层建筑中管径≥110 mm 时，穿楼板、防火墙、每层封堵的管井壁时应设阻火圈或防火套管。阻火圈或防火套管设置的详细要求见国标 04S301《建筑排水设备附件选用安装》 4. 塑料排水管道应避免布置在易受机械撞击处。如不能避免时，应采取设金属套管、做管井或管窿、加防护遮挡等保护措施。 5. 塑料排水管道应根据其管道的伸缩量设置伸缩节，伸缩节宜设置在汇合配件处。排水横管应设置专用伸缩节。但下列情况可不设伸缩节： （1）排水管道如采用橡胶密封配件时 （2）室内、外埋地管道

间接排水口最小空气间隙表：

间接排水管管径/mm	排水口最小空气间隙/mm
≤25	50
32~50	100
>50	150

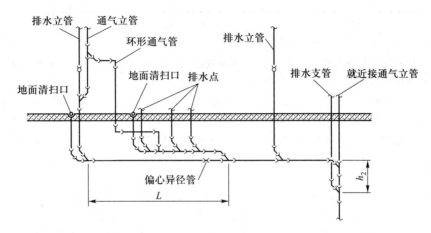

图 2.9-1　底部排水支管连接及横干管转弯连接

2. 室外管道布置和敷设应根据小区规划、道路布置、地面标高、排水流向,按管线短、埋深小、尽可能自流排水的原则确定。当排水管道不能以重力自流排入市政排水管道或处理构筑物时,应设排水集水池和排水泵提升排出。室外管道的具体布置和敷设要求见表 2.9-3。

表 2.9-3　室外管道布置和敷设

项目	技 术 要 求
管道布置	1. 管道应管线短、埋深小,尽可能重力自流排出 2. 管道宜与道路和建筑物的周边呈平行布置,并尽量布置在道路外侧人行道或草地下,不应布置在乔木下面 3. 管道与道路交叉时,应尽可能垂直于道路中心线 4. 干管应靠近主要排水建筑物,并布置在连接支管较多的路边侧 5. 尽可能减少管路与其他管道的交叉。当不可避免时,应进行技术经济比较,一般考虑如下: （1）小管让大管 （2）可弯管让不可弯管 （3）压力管道让自流管道 （4）排水管应在生活给水管的下方,污水管道在雨水管道的下方 （5）新设管道让已建管道 （6）临时管道让永久管道 6. 管线与建筑物、构筑物和其他管道的最小距离见表 2.8-1,并同时应满足: （1）管道敷设、砌筑阀门井、检查井及膨胀伸缩节所需距离 （2）投入使用后维护管理及更换管道时不损坏相邻的地下管道及管基 （3）管道损坏时液体不影响及污染生活给水管、不冲刷建筑物、构筑物基础等 7. 常用的几种管道布置形式见图 2.9-2 8. 重力自流排水的管道内底标高不应低于市政排水或处理构筑物的设计水位(包括雨水系统)

项目	技 术 要 求
埋深 或 覆土 深度	1. 应根据行车等级、管材承压强度、地基承载力、土壤冰冻深度和建筑物排出管标高,结合当地埋管经验综合考虑确定,并符合下列要求: （1）小区干道、小区组团道路和其他车行道下的管道,覆土深度不宜小于 0.7 m。否则,应采取防止管道受压破损的技术措施,比如用金属管或金属套管等 （2）生活污水接户管道埋设深度不得高于土壤冰冻线以上 0.15 m,且覆土深度不宜小于 0.3 m （3）排水管道的最小覆土深度在道路下时不宜小于 0.7 m,在绿地、人行小路等非机动车地面下时不宜小于 0.3 m 2. 应尽可能抬高室外埋设管道的标高,减少管沟开挖量,并应满足下列要求: （1）小区排出管(接入市政管管段)接入市政排水管检查井时的管顶标高不得低于接入点市政管管顶标高,当接入地表水体或排水沟时,管内底不得低于水体或排水沟的设计水位 （2）当不能满足上述要求时,可采取减小管道坡度(但不宜小于最小坡度)和放大管径以减小坡度和埋深 （3）若埋深仍不能满足上述条件或埋深太深经技术经济比较合理时,应设水泵提升排出 3. 当管道埋设在冰冻层内时,管道上侧和检查井四周应敷设炉渣等保温材料,并确保设计坡度
管道 基础	1. 塑料排水管管基: （1）不得采用刚性管基基础,严谨采用刚性桩直接支撑管道 （2）对一般土质,应在管底以下原状土地基上铺设 150 mm 中粗砂基础层 （3）对软土地基,地基原状土被扰动而影响地基承载能力时,应对地基进行加固处理,在达到规定的地基承载能力后,再铺垫 150 mm 中粗砂地基层。加固处理方法详见《埋地塑料排水管道工程技术规范》(CJJ 143—2010)第 4.8.1~第 4.8.4 条的条文说明 （4）当沟槽底为岩石或坚硬物体时,铺垫中粗砂基础层的厚度不应小于 150 mm （5）在同一敷设区段内,当遇到地基刚度相差较大时,应采用换填垫层或其他有效措施减少塑料排水管道的差异沉降,垫层厚度应视现场条件确定,但不应小于 0.3 m 2. 钢筋混凝土管管基: （1）当管道刚性接口时应采用混凝土基础,当企口管和承插管采用橡胶圈连接时,可采用砂石(土弧)基础 （2）混凝土基础宜采用强度等级不低于 C15 的低坍落度混凝土;支撑角可采用 90°、120°、180° （3）砂石基础可铺设 150~200 mm 的砂垫层,亦可铺设 25 mm 以下粒径碎石,表面再铺 20 mm 厚砂垫层(中、粗砂),总厚度为 150~200 mm （4）基础详细做法可参见国标 04S516《混凝土排水管道基础及接口》
检查井	1. 下列情况应设检查井: （1）在管道转弯(≥45°)和管道交叉连接处,包括排出管和接户管的连接 （2）在管道的管径和坡度改变处 （3）不宜在建筑物内设检查井,当必须设置时,污水井应采用密封井盖 （4）检查井位置应避开建筑出入口

续表

项目	技 术 要 求

2. 生活排水直管线检查井间距如下设置:

排水管径/mm	检查井间距/m
≤160	≯30
≥200	≯40

3. 检查井内径视接入的管道直径、数量和埋设深度确定。建筑小区的污水管道直径一般小于400 mm,可选用内径 700~900 mm 检查井,见图 3.3-1。当采用塑料检查井时,井筒直径规格为200 mm、315 mm、450 mm、630 mm

4. 检查井材质:一般采用塑料、砖、钢筋混凝土模块。有地下水常采用后两种,无地下水可采用砖或塑料制品,小区生活排水优先采用塑料排水检查井,并应符合《建筑小区排水用塑料检查井》(CJ/T 233—2016)的规定

5. 检查井内应有导流槽

6. 其连接处的水流偏转角不得大于 90°。当有大于 0.3 m 的跌落差时,可不受角度的限制

7. 塑料检查井由井座、井筒、井盖或防护盖座和配件组成,井座选择参见下表:

井座类型	适用管道条件
直通井座	直线或管线偏转角不大于 30°
弯头井座	起始检查井(管顶平接)
直立弯头井座	起始检查井(有跌落差)
45°弯头井座	水流偏转角 30°~60°
90°弯头井座	水流偏转角 60°~90°
90°三通、45°三通、90°~45°四通井座	有支管接入

8. 检查井的井圈井盖有重型和轻型两种,小区干道、车行道或可能行车道应选择重型井圈井盖,塑料井筒的井圈应安放在混凝土盖座上。其他地带可选轻型,寒冷地区采用双层井盖

9. 检查井及井盖的选用可参见国标图集 08SS523《建筑小区塑料排水检查井》、12SS522《混凝土模块式排水检查井》、02S515《排水检查井(含 03 修订版)》、14S501-1《球墨铸铁单层井盖及踏步施工》、14S501-2《双层井盖》

检查井

跌水井

1. 下列情况设置跌水井:

(1)跌水水头大于 2.0 m,应设跌水井

(2)跌水水头为 1.0~2.0 m 时,宜设跌水井

续表

项目	技 术 要 求
跌水井	（3）管道转弯处不宜设跌水井 2. 跌水水头高度、跌水方式和进水管管径的关系见下表

管径/mm	跌水高度/m	跌水方式
≤200	≤6	竖管或矩形竖槽
300~600	≤4	

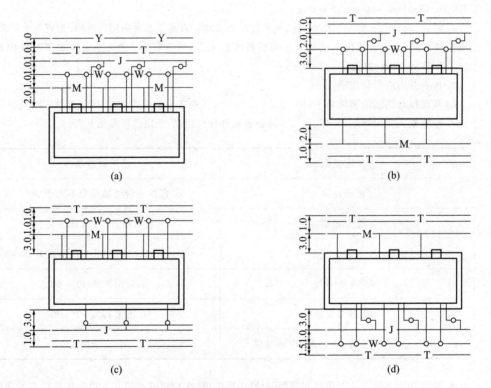

图 2.9-2　常用的管道布置形式

Y—雨水管；T—热力管沟；J—给水管；W—污水管；M—煤气管

（a）管道在建筑物的单侧排列；（b）、（c）、（d）管道在建筑物的两侧排列

2.9.3　管道附件

管道附件种类和设置要求见表 2.9-4。

表 2.9-4　管道附件种类和设置要求

序号	名称	直径规格	技术要求（含规格、种类）	
1	地漏	50 mm、75 mm、100 mm、150 mm	**1. 种类：**	
			普通地漏	适用于无特殊要求的各类场合
			侧墙地漏	用于管道不能下穿楼板的场所
			密闭地漏	用于不允许发生臭气污染的较洁净场所排水。平时密闭，需排水时打开
			磁性密封翻斗式地漏	可抑制存水弯的水封蒸发，可用于卫生间
			多通道地漏	用于汇集脸盆、浴缸排水场所
			带网框地漏	用于排水中含杂物较多的场所。如浴室、厨房等
			防爆地漏	用于人防工程。但需征得当地人防主管部门允许
			自动补水地漏	用于室内空气卫生条件要求较高的场所
			自带水封地漏	用于需要水封的排水点
			不带水封地漏	用于为减少水封损失采用存水弯的场所；不与室内排水管网相连的场所（比如地漏排水管排至明沟）

2. 设置场所：淋浴间、洗衣机处、开水间、厕所、盥洗室、手术室、洁净房间或车间、管道技术层、给排水机房（泵房、水箱间、中水处理机房等）、空调冷冻机房、设给水栓的垃圾间等需经常从地面排水的场所

3. 设置要求：

（1）种类和规格应根据设置场所的排水要求确定

一般卫生间为 $DN50$

空调机房、厨房、车库冲洗排水不小于 $DN75$

淋浴室的地漏可按下表设置，当采用排水沟排水时，8 个淋浴器可设置一个 $DN100$ 的地漏。

淋浴器数量/个	地漏直径/mm
1~2	50
3	75
4~5	100

续表

序号	名称	直径规格	技术要求（含规格、种类）
1	地漏	50 mm、75 mm、100 mm、150 mm	地面不经常排水场所的地漏宜设密闭地漏或有机械密封的地漏 洁净房间、手术室的地漏应采用密闭地漏 洗脸盆、拖布池处的地漏宜设多通道地漏或自动补水地漏 公共餐饮业、厨房和公共浴室等排水中挟有大块杂物时，应设置网框式地漏 当排水管道不允许穿越下层楼板时，可设置侧墙式地漏、直埋式地漏、浅水封高水封强度的地漏 住宅洗衣机排水应采用洗衣机排水专用（算面带插口）地漏 （2）与排水管系直接连接时，应设水封。自带水封的地漏，水封深度不得小于50 mm （3）地漏应设置在易溅水的器具，如浴盆、拖布池、脸盆等附近的地面最低处，地漏顶标高应低于地面 5～10 mm，周围地面应以 0.01 的坡度坡向地漏 （4）地漏安装详国标图 04S301《建筑排水设备附件选用安装》
2	检查口	同排水管径	1. 重力自流排水管道下列部位应设置检查口： （1）排水立管上。两检查口的距离：铸铁管不宜大于 10 m，塑料管宜每六层 （2）在最低层和设有卫生器具的二层以上建筑物的最高层应设 （3）立管水平拐弯或有乙字管时，在该层立管拐弯处和乙字管的上部 （4）排水横管在水流偏转角大于 45°的转弯处应设检查口或清扫口，也可采用带清扫口的转角配件替代 （5）在最冷月平均气温低于-13℃的地区，立管最高层离室内顶棚 0.5 m 处宜设置 2. 检查口设置应符合下列规定： （1）排水横管的直线管段上检查口或清扫口之间的最大间距应符合表 2.9-5 的规定 （2）设置在立管上的检查口，应在地（楼）面以上 1.0 m，并应高于该层卫生器具上边缘 0.15 m （3）埋地横管上设置检查口时，检查口应设在砖砌的井内。也可采用密闭塑料排水检查井替代检查口 （4）地下室立管上设置检查口时，检查口应设置在立管底部之上 （5）立管上检查口的检查盖应面向便于检查清扫的方位；横干管上的检查口应垂直向上 3. 检查口安装详国标图 04S301《建筑排水设备附件选用安装》
3	清扫口	同排水管径，但不大于 100 mm	1. 重力自流排水管道下列部位需设置清扫口： （1）连接 2 个及 2 个以上的大便器或 3 个及以上的卫生器具的铸铁排水横管上 （2）在连接 4 个及以上的卫生器具的塑料排水横管上 （3）排水立管底部或排出管上的清扫口至室外检查井中心的最大长度大于表 2.9-6 的数值的排出管上 2. 清扫口的设置应符合下列规定： （1）横管上的清扫口宜上升到楼板或地坪上与地面相平。

序号	名称	直径规格	技术要求（含规格、种类）
3	清扫口	同排水管径，但不大于100 mm	（2）排水横管起点的清扫口与其端部相垂直的墙面的距离不得小于0.20 m，设置堵头代替清扫口时，堵头与墙面应有不小于0.4 m的距离。也可利用带清扫口的弯头配件代替清扫口。 （3）当排出管悬吊在地下室顶板下设置有困难时，可用检查口替代清扫口。 （4）清扫口应与管道同径，但最大不超过100 mm。 （5）排水横管连接清扫口的连接管管件应与清扫口同径，并采用45°斜三通和45°弯头或由两个45°弯头组合的管件。倾斜方向应与清通和水流方向一致。 （6）铸铁排水管道设置的清扫口，其材质应为铜质；硬聚氯乙烯管道上设置的清扫口材质应与管道相同。 3. 清扫口安装详国标图04S301《建筑排水设备附件选用安装》

表 2.9-5　排水横管的直线管段上检查口或清扫口之间的最大距离

管径/mm	清扫设备种类	距离/m	
		生活废水	生活污水
50~75	检查口	15	12
	清扫口	10	8
100~150	检查口	20	15
	清扫口	15	10
200	检查口	25	20

表 2.9-6　排水立管或排出管上的清扫口至室外检查井中心的最大长度

管径/mm	50	75	100	100以上
最大长度/m	10	12	15	20

【本节精选习题】

1. 下列关于建筑小区生活排水管道及其检查井的叙述中，哪项不正确？（　　）

A. 排水管道在管径改变处设检查井

B. 排出管的管顶标高不得高于室外接户管的管顶标高

C. 检查井应优先选用塑料排水检查井

D. 检查井内应做导流槽

答案:【B】

解析:对于选项 A,室外排水管道的连接在下列情况下应设置检查井:在管道转弯和连接处。故 A 正确。

对于选项 B,室外排水管的连接应符合下列要求:排出管管顶标高不得低于室外接户管管顶标高。故 B 错误。

对于选项 C,小区生活排水检查井应优先采用塑料排水检查井。故 C 正确。

对于选项 D,生活排水管道的检查井内应有导流槽。故 D 正确。

本题选 B。

2. 如图为某公寓(首层为商场,2~7 层为公寓,屋面为上人平屋顶)的卫生间排水系统原理图(采用塑料排水管),图中排水附件设计存在几处错误?(　　　)

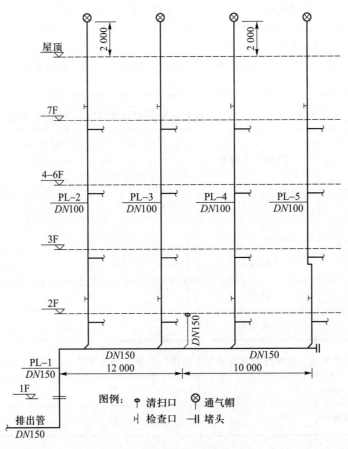

A. 1 处　　　　　　　B. 2 处　　　　　　　C. 3 处　　　　　　　D. 4 处

答案:【C】

解析:本题有 3 个错误:

第一,清扫口距离 12 m,超了,规范最大距离是 10 m;

第二,清扫口直径应该为 DN100;

第三,拐弯上缺少检查口。

3. 下列关于建筑排水系统检查口设置的做法中,哪项不正确?(　　　)

A. 某 6 层建筑(每层设有卫生器具)的排水立管分别按 1、3、5 层设置了检查口

B. 排水立管的偏转处设有乙字弯

C. 在水流偏转角为 60℃ 的排水横管上设置了检查口

D. 排水立管上检查口距所在楼面 1.0 m 以上,并高于该层卫生器具上边缘 0.15 m

答案:【A】

解析:对于选项 A,铸铁排水立管上检查口之间的距离不宜大于 10 m,塑料排水立管宜每六层设置一个检查口;但在建筑物最低层和设有卫生器具的二层以上建筑物的最高层,应设置检查口;6 层是必须要设置的,A 错误;

对于选项 B,当立管水平拐弯或有乙字管时,在该层立管拐弯处和乙字管的上部应设检查口,B 正确;

对于选项 C,在水流偏转角大于 45° 的排水横管上,应设检查口或清扫口,C 正确;

对于选项 D,在排水管上设置检查口应符合下列规定:立管上设置检查口,应在地(楼)面以上 1.00 m,并应高于该层卫生器具上边缘 0.15 m,正确。本题选 A。

第3章 建筑雨水

3.1 雨水量计算

3.1.1 设计雨水流量

设计雨水流量应按式(3.1-1)计算:

$$q_y = \frac{q_j \Psi F_w}{10\,000} \tag{3.1-1}$$

式中 q_y——设计雨水流量(L/s);

q_j——设计暴雨强度(L/s·hm²);当采用天沟集水且沟沿溢水汇流入室内时,乘以 1.5 的系数;

Ψ——径流系数;

F_w——汇水面积(m²)。

3.1.2 设计暴雨强度

1. 设计暴雨强度应按当地或相邻地区暴雨强度公式计算确定,见式(3.1-2):

$$q_j = \frac{167A(1+c\lg P)}{(t+b)^n} \tag{3.1-2}$$

式中 q_j——设计暴雨强度(L/s·100 m²);

P——设计重现期(a);

t——设计降雨历时(min);

A、b、c、n 为当地降雨参数。

2. 设计重现期应根据建筑物的重要程度、汇水区域性质、地形特点、气象特征等因素确定,并不宜小于表 3.1-1 的规定。

3. 设计降雨历时,按式(3.1-3)计算:

$$t = t_1 + mt_2 \tag{3.1-3}$$

式中 t——设计降雨历时(min);

t_1——地(屋)面集水时间(min),视距离长短、地形坡度和地面铺盖情况定,室外管线设计一般取 5~10 min,建筑屋面取 5 min,当屋面坡度较大时且短时积水会造成危害时,可按实际计算集水时间取值;

m——折减系数,按表 3.1-2 取值;

t_2——管渠内雨水流行时间(min),室内管道可取 0。

表 3.1-1 各种汇水区域的设计重现期 P

汇水区域名称		设计重现期/a
屋面	外檐沟式屋面	1~2
	一般性建筑、厂房	2~5
	重要公共建筑、厂房	≥10
室外场地	居住小区	1~3
	车站、码头、机场的基地	2~5
	下沉式广场、地下车库坡道出入口	5~50

注:1. 重现期取值过大时,系统将长期不在设计工况条件下运行;

2. 工业厂房屋面设计重现期应根据重要程度、生产工艺等因素确定;

3. 65 型、87 型雨水斗系统宜取低值;

4. 下沉式广场应根据广场构造、重要程度、短期积水即能引起严重后果等因素确定;

5. 当地主管部门对重现期有具体规定时,应按当地规定执行。

表 3.1-2 折减系数 m

小区支管和接户管	小区干管		陡坡地区干管
	暗管	明沟	
1	2	1.2	1.2~2

3.1.3 汇水面积

汇水面积的计算见表 3.1-3。

表 3.1-3 汇水面积的计算

序号	部位	面积计算
1	屋面	按水平投影面积计算。按分水线坡度划分为不同排水区时,应分区计算
2	大坡度屋面(竖向投影大于水平投影面积的 10%)	竖向投影面积的 50% 折算成汇水面积
3	高出屋面的毗邻侧墙	1. 一面侧墙,按侧墙面积 50% 折算成汇水面积。 2. 两面相邻侧墙,按两面侧墙面积平方和的平方根 $\sqrt{(a^2+b^2)}$ 的 50% 折算成汇水面积。 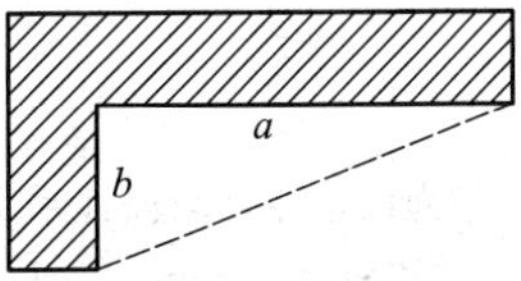 3. 同一排水分区内的两面相对等高侧墙,不计面积。

续表

序号	部位	面积计算
3	高出屋面的毗邻侧墙	4. 三面侧墙,最低墙顶以下的侧墙面积不计入,最低墙顶以上的侧墙面积按上述1或2款计算。 5. 四面侧墙,最低墙顶以下的侧墙面积不计入,最低墙顶以上的侧墙面积按上述1~4款计算
4	窗井、贴近建筑外墙的地下汽车库出入口坡道	附加其高出部分侧墙面积的1/2
5	室外地面	按水平投影面积计算,不附加建筑侧墙面积

3.1.4 径流系数

各种屋面、地面的雨水径流系数可按表 3.1-4 采用。

表 3.1-4 径流系数

屋面、地面种类	ψ	屋面、地面种类	ψ
屋面	0.9~1.0	公园绿地	0.15
混凝土和沥青路面	0.9	地下建筑覆土绿地 (覆土厚度≥500 mm)	0.15
块石路面	0.6		
级配碎石路面	0.45		
干砖及碎石路面	0.40	地下建筑覆土绿地 (覆土厚度<500 mm)	0.3~0.4
非铺砌地面	0.30		

各种汇水面积的综合径流系数应加权平均计算。如资料不足,小区综合径流系数根据建筑稠密程度在 0.5~0.8 内选用。北方干旱地区的小区径流系数一般可取 0.3~0.6。建筑密度大取高值,密度小取低值。

【 本节精选习题 】

1. 某重要展览馆屋面雨水排水系统(满管压力流)如图示,图中两个雨水斗负担的汇水面积相同,若考虑当一个雨水斗发生堵塞无法排水时,其雨水溢流设施的设计流量应为下列哪项(设计重现期 $P=10$ 年,该屋面设计雨水量为 50 L/s;$P=50$ 年时,该屋面设计雨水量为 70 L/s)?(   )

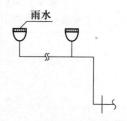
雨水

A. 20 L/s   B. 35 L/s

C. 45 L/s   D. 50 L/s

答案:【C】

解析:重现期10年为雨水斗排水设计水量,重现期50年为雨水斗加一个溢流口总排水量,1个雨水斗设计流量 25 L/s,故溢流口设计流量(70-25) L/s=45 L/s。

故选择 C。

2. 图示为屋面重力流雨水排水系统,若悬吊管两端管内的压力差为 0.5 m H_2O,则其水力坡度 I 值应为下列何值?(　　)

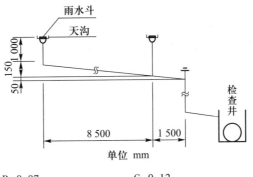

雨水斗
天沟
1 000
150
50
8 500
1 500
检查井
单位 mm

A. 0.02　　　　　　　B. 0.07　　　　　　　C. 0.12　　　　　　　D. 0.17

答案:【D】

解析:由题意可知,题中屋面重力流雨水排水系统按重力半有压流考虑;悬吊管水力坡度可按下列计算式计算:$I=(h+\Delta h)/L=(0.5+1.2)/(8.5+1.5)=0.17$

3. 图示为某高层商住楼屋面,设计暴雨强度 $q=210$ L/(s·ha),屋面径流系数为 0.9,则裙房屋面设计雨水流量为下列哪项?(　　)

A. 30.05 L/s

B. 41.39 L/s

C. 18.71 L/s

D. 32.32 L/s

33 000　　24 000

30 000

20.00
裙楼屋面

60.00
主楼屋面

答案:【A】

解析:(1) 雨水汇水面积应按地面、屋面水平投影面积计算,高出屋面的毗邻侧墙,应附加其最大受雨面正投影的一半作为有效汇水面积计算。则有裙房屋面的总汇水面积为:$(33×30+30×(60-20)/2)$ m² $=1\,590$ m²;

(2) 裙房屋面设计雨水流量计算,即:$q_y=\psi q_j F_w/10^4=0.9×210×1\,590/10^4$ L/s $=30.05$ L/s。

4. 某建筑采用轻质坡屋面,在最底处设钢板内天沟,天沟上沿和屋面板之间用螺丝钉紧固,天沟内设压力流雨水斗。屋面水平投影面积 1 000 m²,5 min、10 min 设计暴雨强度分别为 5.06 L/(s·100 m²)、4.02 L/(s·100 m²)。屋面雨水设计流量应为下列哪项(屋面径流系数取 1.0)?(　　)

A. 75.9 L/s　　　　　　B. 50.6 L/s　　　　　　C. 45.5 L/s　　　　　　D. 40.2 L/s

答案:【A】

解析:屋面雨水排水管道设计降雨历时应按 5 min 计算;屋面雨水设计流量计算时设计暴雨强度应为 5.06 L/(100 m²·s);当采用天沟集水且沟塘溢水会流入室内时,设计暴雨强度应乘上 1.5 的系数。则带入计算式的暴雨强度应为:$5.06×1.5$ L/(100 m²·s) $=7.59$ L/(100 m²·s);

屋面设计雨水流量计算,即:
$$q_y=\psi q_j F_w/10^4=1.0×1\,000×7.59/100 \text{ L/s}=75.9 \text{ L/s}$$

3.2　屋面雨水系统

屋面雨水应迅速、及时、重力自流排至室外雨水管渠或地面。应有组织排水。

通常按排水管道的设置位置分为下列 3 种：

1. 屋面外排水系统；

2. 屋面内排水系统；

3. 混合排水系统。

按雨水系统的构成又分为：65 型、87 型雨水斗系统，重力流雨水斗系统，虹吸雨水斗系统。

3.2.1　屋面外排水系统

屋面外排水系统有檐沟排水系统（图 3.2-1）和天沟排水系统（见图 3.2-2）和阳台排水系统 3 种。3 系统各自特点和敷设要求见表 3.2-1。

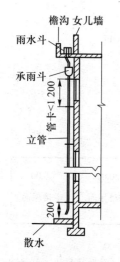

图 3.2-1　檐沟外排水

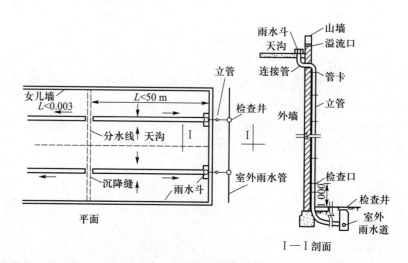

图 3.2-2　天沟外排水

表 3.2-1　外排水系统的特点、敷设技术要求

排水方式	檐沟外排水	天沟外排水	阳台排水
特点	充分利用建筑屋面坡度，将雨水汇集于屋面四周的沟、檐，再用管道引至地面或雨水管渠。雨水立管沿外墙敷设。寒冷地区，天沟排水立管也可沿内墙敷设		阳台设平箅雨水口或无水封地漏，雨水立管设于雨水口附近敷设排至室外
组成	檐沟、承雨斗及立管，参考图 3.2-1	天沟、雨水斗、立管及排出管，参考图 3.2-2	平箅雨水斗、排水立管
适用条件	适用于低层、多层住宅或建筑体量与之相似的一般民用建筑，其屋面积较小，建筑四周排水出路多。室外一般不设雨水管渠。年降雨量较多、较大的南方地区，在建筑散水上设置集水明沟，汇集雨水至雨水口或雨水管渠	1. 室内不允许进雨水、不允许设置雨水管道的大面积厂房、库房等的屋面排水 2. 室外常设有雨水管渠	1. 敞开式阳台 2. 不应承接阳台洗衣机排水 3. 当阳台设有洗衣机排水地漏及管道时，可不再设置阳台排水系统

续表

排水方式	檐沟外排水	天沟外排水	阳台排水
敷设技术要求	1. 沿建筑长度方向的两侧,每隔15~20 m 设 90~100 mm 的雨落管1 根,其汇水面积不超过 250 m² 2. 雨水系统图一般由建筑师设计,表示在建筑专业图纸上	1. 天沟布置应以伸缩缝、沉降缝、变形缝为界 2. 天沟长度一般不大于 50 m、坡度不小于 0.3%(金属屋面水平天沟可无坡度) 3. 天沟敷设、断面、长度及最小坡度等要求参考图 3.2-2 中平面 4. 宜采用 65 型、87(79)型雨水斗,敷设见图 3.2-2 中剖面 5. 立管直接排水到地面时,地面应采用防冲刷措施(一般做混凝土块) 6. 冰冻地区立管须采取防冻措施或设于室内 7. 在湿陷性土壤地区,不准直接排水 8. 溢流口与天沟雨水斗及立管的连接方式如图 3.2-3	阳台上可用 50 mm 的排水管
管道材料	管道多用白铁皮制成的圆形或方形管(接口用锡焊)、塑料管、铸铁管等	立管及排出管用铸铁管、钢管、塑料管、钢塑复合管	排水铸铁管、塑料管、钢塑复合管

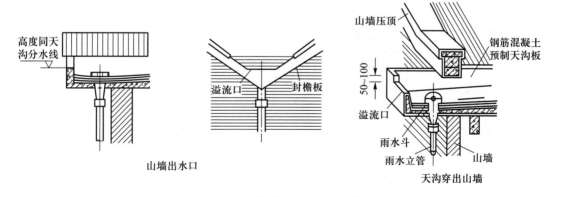

图 3.2-3 天沟雨水斗与立管连接

3.2.2 屋面内排水系统

内排水系统一般采用 65 型及 87(79) 型雨水斗系统、重力流雨水斗系统、虹吸雨水斗系统。各系统的特点和敷设技术要求见表 3.2-2。

表 3.2-2 各系统的特点和敷设技术要求

技术特性		排水系统		
		65 型、87 型雨水斗系统 （半有压设计）	**重力流雨水斗系统** **87 型雨水斗系统** （重力流设计）	**虹吸雨水斗系统**
特点	系统设计依据	《建筑给水排水设计手册》（俗称老白皮手册）和《建筑与小区雨水控制及利用工程技术规范》（GB 50400—2016）	《建筑给水排水设计规范》（2009 年版）（GB 50015—2003）	《虹吸式屋面雨水排水系统技术规程》（CES 183：2006）、《建筑与小区雨水控制及利用工程技术规范》（GB 50400—2016）
	设计工况	管道系压力排水	系统按重力（无压）流设计	系统为满管有压流排水
	超量雨水排除	设计及计算留有充分富余量排超量雨水，宜设溢流口	超量雨水应由溢流设施排出，不应进入雨水斗，以免破坏重力流态	超量雨水难以进入雨水斗，通过溢流排出
	溢流频率	小	大	大
组成部分		雨水斗、连接管、悬吊管、立管、排出管		
		宜设天沟和溢流口，系统图示见图 3.2-4	应设溢流设施，不宜设天沟	应设溢流设施和天沟，应设过渡段
适用条件		各种建筑屋面	高层建筑屋面	短时间积水不会产生危害的大型、复杂屋面
管材、管件		见表 3.2-4		
敷设要求		见表 3.2-4		

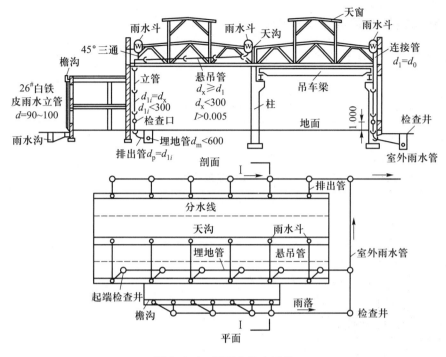

图 3.2-4 屋面内排水系统

3.2.3 混合式排水系统

在大型建筑屋面和大型工业厂房的屋面形式复杂,各部分工艺要求不同时,屋面雨水排水系统就不一定能用某一种形式来较好地完成雨水排出任务,必须采用几种不同形式的混合排水系统。混合式排水系统参考因素见表 3.2-3。

表 3.2-3　混合式排水系统参考因素

项目		内容说明
厂房情况	屋面情况	屋面面积大
	工艺要求	对水患的要求、地下构筑物情况等
	各种管道	各种工艺管道情况、电气设备情况等
雨水系统情况	管道布置原则	根据实际情况,因地制宜,水流适当集中或分散排除,以满足生产要求,求得经济合理排水方案
	可能采用的排水系统	内外排水结合、压力重力排水结合等系统,在大型屋面排水工程中,多采用混合式排水系统
	基本技术要求	应满足工艺要求,做到管路简短、排水通畅、合理解决各种管线间及地下建筑间的矛盾,方便施工和将来使用与维护工作,力求节省原材料、降低工程造价,有关各系统的敷设技术要求,参看表 3.2-1 及表 3.2-4

3.2.4 屋面内排水管道布置和敷设

屋面内排水管道布置和敷设要求见表 3.2-4。当屋面外排水采用表中的雨水系统时,应参照该表要求敷设。

表 3.2-4 屋面内排水管道布置和敷设要求

项目	技术要点		
	65 型、87 型雨水斗系统(半有压设计)	重力流雨水斗系统 87 型雨水斗系统(重力流设计)	虹吸雨水斗系统
一般要求	1. 屋面雨水应重力自流排至室外地面或雨水管网 2. 与其他相关排水的关系: (1)雨水系统可承接屋面冷却塔的排水和屋顶高位水箱的溢流水、泄水等,一般可将水直接排至屋面,由屋面汇入雨水斗排出 (2)雨水系统不得接纳洗衣等生活废水 3. 高跨雨水流至低跨屋面,当高差在一层及以上时,宜采用管道引流,并宜在出水口处设防冲刷设施 4. 高层建筑裙房屋面的雨水应单独排放 5. 限制雨水管道敷设的空间和场所与生活排水管道相间,但住宅室内雨水立管应设在公共空间 6. 敷设安装: (1)雨水管道在工业厂房中一般为明装;在民用建筑中可敷设在楼梯间、阁楼或吊顶内,并应采取防结露措施 (2)雨水系统的管道转向处宜做顺水连接 (3)寒冷地区的雨水口和天沟可考虑电热丝融雪化冰措施,电热丝的具体设置可与供应商共同商定		
	当一根立管连接不同层高雨水斗时,最低雨水斗距立管底端的高度,应大于最高雨水斗距立管底端高度的 2/3	立管中部以上,可承接管系排水能力范围内多个雨水斗的排水	1. 对汇水面积大于 5 000 m² 的大型屋面,宜设 2 组及以上独立的系统单独排出 2. 不同高度、不同形式的屋面,宜采用独立的系统单独排出。塔楼侧墙雨水和裙房雨水应各自独立排出
屋面设置	1. 发生溢流时溢流设施和屋面雨水排水工程的总排水能力不应小于:一般建筑为 10 年重现期的雨水量;重要公共建筑、高层建筑为 50 年重现期的雨水量 2. 溢流排水不得危害建筑设施和行人安全		
	1. 宜设溢流口,无溢流口时雨水立管不应少于 2 根,雨水斗不应少于 2 个 2. 可设天沟	1. 应设溢流设施,并满足: (1)排水能力不小于超出设计重现期的雨量; (2)雨水斗不被淹没 2. 不宜设天沟	1. 应设溢流设施,排水能力不小于超出设计重现期的雨量 2. 应设天沟

续表

项目	技 术 要 点		
	65 型、87 型雨水斗系统（半有压设计）	重力流雨水斗系统87 型雨水斗系统（重力流设计）	虹吸雨水斗系统
雨水斗	1. 屋面排水系统应设置雨水斗。不同设计排水流态、排水特征的屋面雨水排水系统应选用相应的雨水斗 2. 雨水斗设置位置应根据屋面汇水情况并结合建筑结构承载、管系敷设等因素确定,并应充分考虑下列因素: （1）雨水斗的服务面积应与其排水能力相适应 （2）在不能以伸缩缝或沉降缝为屋面雨水分水线时,应在缝的两侧各设一个雨水斗 （3）雨水斗应设在冬季易受室内温度影响的屋顶范围内 3. 虹吸雨水斗和 65 型、87 型雨水斗的选用与安装见国标图 09S302《雨水斗选用及安装》,并应注意下列事项:		
	（1）雨水斗可设于天沟内或屋面上 （2）接入同一悬吊管上的各雨水斗宜设在同一层上 （3）雨水斗宜对雨水立管做对称布置 （4）连接有多个雨水斗的立管,其顶端不得设置雨水斗 （5）雨水斗规格为65 型:$DN$100;87 型:$DN$75（80）、$DN$100、$DN$150、$DN$200	（1）雨水斗不宜设在天沟内。当设在天沟内时,天沟水位不得淹没雨水斗 （2）雨水斗规格为重力流雨水斗:不详87 型雨水斗:$DN$75（80）、$DN$100、$DN$150、$DN$200	（1）雨水斗构造与安装应符合产品标准《虹吸雨水斗》（CJ/T 245—2007）和国标图 09S302《雨水斗选用及安装》 （2）虹吸雨水斗应设在天沟内但 $DN$50 雨水斗可直接埋设于屋面。天沟内雨水斗不宜设在天沟转角处 （3）接入同一悬吊管上的各雨水斗宜设在同一水平面上 （4）雨水斗宜对雨水立管做对称布置 （5）连接有多个雨水斗的系统,立管顶端不得设置雨水斗 （6）雨水斗的间距不宜大于 20 m,设置在裙房屋面上的雨水斗距塔楼墙面的距离不应小于 1 m,且不应大于 10 m （7）雨水斗规格:$DN$50、$DN$75（80）、$DN$100
连接管	1. 连接管应牢固地固定在梁、桁架等承重结构上 2. 变形缝两侧雨水斗的连接管,如合并接入一根立管或悬吊管上时,应设置伸缩器或金属软管		
悬吊管	悬吊管应沿墙、梁或柱布置		
	一根悬吊管连接的雨水斗数量不宜超过 4 个。当管道近似同程或同组布置时,雨水斗数量可不受此限制		1. 宜设排空坡度,不得有倒坡 2. 多斗悬吊管各雨水斗接入悬吊管前应采取阻力平衡措施

项目	技术要点		
	65 型、87 型雨水斗系统（半有压设计）	重力流雨水斗系统 87 型雨水斗系统（重力流设计）	虹吸雨水斗系统
立管	1. 建筑屋面各汇水范围内，雨水排水立管不宜少于两根 2. 立管宜沿墙、柱明装，暗装应留有检查口或门。在民用建筑中，立管常设在楼梯间、管井、走廊或辅助房间内。住宅不应设在套内 3. 寒冷地区立管宜布置在室内。当布置在室外且有横向转弯时，不应采用塑料管 4. 雨水立管的底部弯管处应设支墩或采取牢固的固定措施		
	建筑高低跨的悬吊管，宜单独设置各自的立管	立管可承接不同高度的悬吊管	建筑高低跨的悬吊管，应单独设置各自的立管
排出管和埋地管	1. 排出管应以最短线路出户 2. 接至室外雨水管网时，出建筑外墙处的室外覆土深度不宜小于 0.7 m。排至室外散水时，管内底宜在散水面上 0.1 m 3. 埋地管不得穿越设备基础及其他地下构筑物。埋地管的覆土深度，在民用建筑中不得小于 0.15 m 4. 排出管穿越基础、墙应预留墙洞。穿地下室外墙应做防水套管，做法见国家标准图 02S404《防水套管》 5. 排出管与室外排水管道连接时，排出管管顶标高不得低于室外排水管管顶标高。其连接处的水流偏转角不得大于 90°。当跌落差大于 0.3 时，可不受角度限制		
	1. 埋地管道上不得设置检查井。可采用密闭检查口替代检查井，见图 3.2-5 2. 超高层建筑的排出管与室外接户管道连接时，宜采用钢筋混凝土检查井，井盖应采用格栅，并能和井体锁扣住	埋地管道上检查井的最大间距如下： | 管径/mm	最大间距/m
---	---
150	30
200~300	40		高层建筑的排出管与室外接户管道连接时，宜采用钢筋混凝土检查井，井盖应采用格栅，并能和井体锁扣住
管材管件	1. 管材和接口的工作压力应大于建筑物高度产生的静水压，且应能承受 0.09 MPa 负压	多层建筑宜采用建筑排水塑料管，高层建筑宜采用承压塑料管、耐腐蚀的金属管	1. 管材和接口的工作压力应大于建筑物净高度产生的静水压。且应能承受 0.09 MPa 负压

续表

项目	技 术 要 点		
	65 型、87 型雨水斗系统(半有压设计)	**重力流雨水斗系统 87 型雨水斗系统(重力流设计)**	**虹吸雨水斗系统**
管材管件	2. 管道应采用镀锌钢管、钢塑复合管、承压(正压和负压)塑料管等,多层建筑可采用重力流排水管 3. 高层建筑内排水系统不得采用重力流排水管	多层建筑宜采用建筑排水塑料管,高层建筑宜采用承压塑料管、耐腐蚀的金属管	2. 宜采用内壁较光滑的带内衬的承压排水铸铁管、承压塑料管和钢塑复合管等。承压塑料管的抗环变形外压力应大于 0.15 MPa
附件	1. 横管和立管(金属或塑料)当其直线长度较长或伸缩量超过 25 mm 时,应设伸缩器。伸缩器的设置参考给水部分。 2. 立管底部宜设检查口 3. 检查口等附件及其安装应具有承压能力,并和管材、管件的承压能力一致		
	悬吊管的长度超过 20 m 时,宜设置检查口,位置宜靠近墙柱	悬吊管的长度超过 20 m 时,宜设置检查口,位置宜靠近墙柱	系统应设过渡段,过渡段宜设在立管下部

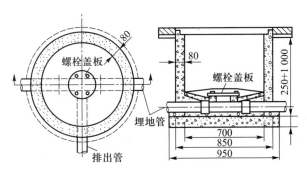

图 3.2-5　水平密闭检查口

3.2.5　屋面雨水排水系统的水力计算

水力计算的目的是选定系统各部的管径或规格,以及设置的坡度(虹吸系统不需选坡度)。雨水系统的计算包括雨水斗、连接管、悬吊管、立管、排出管及天沟、溢流口等。

1. 管道系统的计算

屋面雨水管道系统的计算见表 3.2-5、表 3.2-6、表 3.2-7。

表 3.2-5　屋面雨水管道系统的计算

系统组件		排 水 系 统		
		65 型、87 型雨水斗系统 （半有压设计）	重力流雨水斗系统 87 型雨水斗系统 （重力流设计）	虹吸雨水斗系统
雨水斗	设计流量	雨水斗的设计流量根据 3.1-1 式计算,其中汇水面积取该雨水斗服务的面积。当两面相对的等高侧墙分别划分在不同的汇水区时,每个汇水区都应附加其汇水面积		
	设计最大泄流量	**最大泄流量**　　L/s 口径/mm：75、100、150、200 泄流量：8、12~16、26~36、40~56 注:1. 表中流量为试验最大流量乘安全系数 0.3~0.45; 2. 单斗系统宜取高限值; 3. 多斗悬吊管距立管最近者取高值,其他各斗递减 10%	**最大泄流量** L/s 口径/mm：75、100、150 泄流量：8、12、26 注:重力流斗试验最大流量不详	**最大流量举例** L/s 口径/mm：50、75、100 泄流量：10、18、37 注:表中流量为试验最大流量
	连接管	一般不计算,直径和雨水斗口径相同	一般不计算,直径和雨水斗口径相同	计算选定,但不宜小于 DN40
悬吊管及横管	设计流量	悬吊管的设计流量一般为所连接的雨水斗流量之和。对于多斗悬吊管,当两个及以上的雨水斗汇水面积分别附加了各自的侧墙面积时,在悬吊管计算时应综合考虑、复核侧墙面互相遮挡作用后的附加有效汇水面积		
	水力计算	1. 水力计算公式见式(2.3-3)、式(2.3-4),可按表 3.2-6 查看。式中水力坡度为:雨水斗安装面与悬吊管末端之间的几何高差(m)加 0.5 m 后与悬吊管长度之比 2. 充满度不宜大于 0.8 3. 管内设计流速不宜小于 0.75 m/s 4. 敷设坡度不宜小于 0.05 5. 管径不得小于连接管管径,可按下游段的管径延伸到起点不变径;单斗系统管径宜和雨水口径相同	1. 水力计算公式见式(2.3-3)、式(2.3-4),可按表 3.2-7 查得 2. 充满度不宜大于 0.8 3. 管内设计流速不宜小于 0.75 m/s 4. 最小敷设坡度不宜小于: 铸铁管 0.01;塑料管 0.05 5. 管径不宜小于 DN100,且不得小于连接管管径	1. 水力计算公式见式 3.2-1 2. 管内设计流速不宜小于 1.0 m/s 3. 水力坡度经计算决定。敷设坡度不宜小于排空坡度,不得有倒坡 4. 悬吊管水头损失不得大于 80 kPa,且末端的负压绝对值,应小于 90 kPa(9 m 水柱) 5. 悬吊管与雨水斗出口的高差宜大于 1 m 6. 管径不宜小于 DN50

续表

系统组件		排 水 系 统		
		65 型、87 型雨水斗系统 （半有压设计）	**重力流雨水斗系统** **87 型雨水斗系统** （重力流设计）	**虹吸雨水斗系统**
立管	设计流量	立管的设计流量一般为连接的各悬吊管设计流量之和。当有一面以上的侧墙时，应综合考虑、复核其附加有效汇水面积		
	水力计算	雨水立管泄流量　L/s | 直径/mm	75	100	150	200	250 | |---|---|---|---|---|---| | 泄流量 | 10~12 | 19~25 | 42~55 | 75~90 | 135~155 | 注：1. 表中流量为试验最大流量乘小于 0.5~0.6 安全系数； 2. 连接 1 根悬吊管的立管管径同悬吊管管径； 3. 建筑高度≤12 m 时不宜超过表中低限值，高层建筑不宜超过表中上限值	根据立管膜流公式计算，可从表 3.2-7 查得	1. 水力计算公式见式 3.2-1 2. 设计流速宜≮2.2 m/s,且宜≯10 m/s 3. 立管管径可小于上游悬吊管管径，但不应小于 DN40 4. 雨水斗顶面至过渡段的高差，宜大于下列值： | 立管管径/mm | ≤75 | ≥90 | |---|---|---| | 高差/m | ≥3 | ≥5 | 5. 雨水斗至过渡段的总水头损失与过渡段的流速水头之和，不得大于雨水斗至过渡段及室外地面的高差
排出管	设计流量	1. 排出管的设计流量为所连接的各立管设计流量之和 2. 设计流速不宜小于 0.75 m/s,且不应大于 1.8 m/s 3. 可按满管（充满度为 1）设计 4. 管径不得小于立管管径		
	水力计算	1. 水力计算参照悬吊管 2. 最小敷设坡度同悬吊管	1. 水力计算参照悬吊管 2. 最小敷设坡度同悬吊管	同重力流排出管

表 3.2-6　多斗悬吊管(铸铁管、铜管)的最大排水能力　　　　　　　　　　　　L/s

水力坡度 i	公称直径 DN/mm					
	75	100	150	200	250	300
0.02	3.1	6.6	19.6	42.1	76.3	124.1
0.03	3.8	8.1	23.9	51.6	93.5	152.0
0.04	4.4	9.4	27.7	59.5	108.0	175.5
0.05	4.9	10.5	30.9	66.6	120.2	196.3
0.06	5.3	11.5	33.9	72.9	132.2	215.0
0.07	5.7	12.4	36.6	78.8	142.8	215.0
0.08	6.1	13.3	39.1	84.2	142.8	215.0
0.09	6.5	14.1	41.5	84.2	142.8	215.0
≥0.10	6.9	14.8	41.5	84.2	142.8	215.0

注:表中计算参数:管壁粗糙度 n=0.014,充满度取 0.8。

表 3.2-7　重力流屋面雨水排水立管的泄流量

铸铁管		塑料管		钢管	
公称直径 /mm	最大泄流量 /(L/s)	公称外径×壁厚 /mm	最大泄流量 /(L/s)	公称外径×壁厚 /mm	最大泄流量 /(L/s)
75	4.3	75×2.3	4.5	108×4	9.4
100	9.50	90×3.2	7.40	133×4	17.10
		110×3.2	12.80		
125	17.00	125×3.2	18.30	159×4.5	27.8
		125×3.7	18.00	168×6	30.80
150	27.80	160×4.0	35.50	219×6	65.50
		160×4.7	34.70		
200	60.00	200×4.9	64.60	245×6	89.80
		200×5.9	62.80		
250	108.00	250×6.2	117.00	273×7	119.10
		250×7.3	114.10		
300	176.00	315×7.7	217.00	325×7	194.00
		315×9.2	211.00		

虹吸雨水斗管道系统的沿程水头损失可按下式计算

$$h_f = \lambda \frac{l}{d} \frac{v^2}{2g}$$

(3.2-1)

或 $$h_f = i \cdot l$$

式中　　h_f——管道沿程水头损失(kPa/9.81)或(m);

λ——管道沿程阻力损失系数,按式(3.2-2)计算;

l——管道长度(m);

d——管道内径(m);

v——管道流速(m/s);

g——重力加速度(m/s^2);

i——水力坡度(单位管长水头损失)。

$$\frac{1}{\sqrt{\lambda}} = -2\lg\left(\frac{\Delta}{3.7d} + \frac{2.51}{R_e\sqrt{\lambda}}\right) \tag{3.2-2}$$

式中　Δ——管壁绝对粗糙度(mm),由管材生产厂提供;

R_e——雷诺数。

2. 天沟和溢流口计算

(1) 天沟可采用的断面形式有矩形、梯形、三角形、半圆形,水力计算应符合下列要求:

① 天沟的深度应在设计水深上方留有保护高度,最小保护高度不得小于表 3.2-8 中数据,一般取 50~100 mm。天沟起端深度不宜小于 80 mm。

② 当集水沟有大于 10°的转角时,计算的排水能力应乘以折减系数 0.85。

③ 天沟坡度不宜小于 0.003,轻质屋面的水平金属天沟可无坡度,但雨水出口应为自由出流。

④ 天沟长度一般不超过 50 m,经水力计算确能排出设计流量时,可超过 50 m。

表 3.2-8　天沟和边沟的最小保护高度

含保护高度在内的沟深 h_z/mm	最小保护高度/mm	含保护高度在内的沟深 h_z/mm	最小保护高度/mm
<85 85~250	0.25 $0.3h_z$	>250	75

(2) 有坡度天沟排水流量按式(3.2-3)计算:

$$q_y = 1\,000Av \tag{3.2-3}$$

式中　q_y——天沟排水流量(L/s);

A——天沟过水断面积(m^2);

v——天沟内水流速度(m/s),按式(3.2-4)计算。

$$v = \frac{1}{n}R^{\frac{2}{3}}I^{\frac{1}{2}} \tag{3.2-4}$$

式中　n——天沟的粗糙度,各种材料的 n 值见表 3.2-9;

R——水力半径(m);

I——天沟坡度。

表 3.2-9 各种材料的 n 值

壁面材料的种类	n 值
钢管、石棉水泥管、水泥砂浆光滑水槽	0.012
铸铁管、陶土管、水泥砂浆抹面混凝土槽	0.012~0.013
混凝土及钢筋混凝土槽	0.013~0.014
无抹面的混凝土槽	0.014~0.017
喷浆护面的混凝土槽	0.016~0.021
表面不整齐的混凝土槽	0.020
豆砂沥青玛琋酯护面的混凝土槽	0.025

（3）水平短天沟的排水流量可按式（3.2-5）计算,集水长度不大于 50 倍设计水深的屋面集水沟为短天沟。

$$q_{dg} = k_{dg}k_{df}A_z^{1.25}S_xX_x \qquad (3.2-5)$$

式中　q_{dg}——水平短天沟的排水流量（L/s）;

　　　k_{dg}——安全系数,取 0.9;

　　　k_{df}——断面系数,取值见表 3.2-10;

　　　A_z——沟的有效断面面积（mm^2）,在屋面天沟或边沟中有阻挡物时,有效断面面积应按沟的断面面积减去阻挡物断面面积进行计算;

　　　S_x——深度系数见图 3.2-6,半圆形或相似形状的短檐沟 $S_x = 1.0$;

　　　X_x——形状系数见图 3.2-7,半圆形或相似形状的短檐沟 $X_x = 1.0$。

表 3.2-10 各种沟型的断面系数

沟型	半圆形或相似形状的檐沟	矩形、梯形或相似形状的檐沟	矩形、梯形或相似形状的天沟和边沟
k_{df}	2.78×10^{-5}	3.48×10^{-5}	3.89×10^{-5}

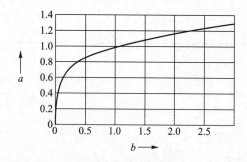

图 3.2-6　深度系数
a—深度系数S_x, b—h_d/B_d;
h_d—设计水深(mm); B_d—设计水位处的沟宽(mm)

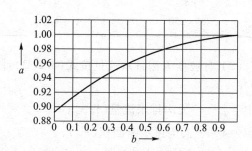

图 3.2-7　形状系数
a—形状系数X_x, b—B/B_d;
B—沟底宽度(mm); B_d—设计水位处的沟宽(mm)

（4）水平长天沟的排水量可按式（3.2-6）计算,集水长度大于 50 倍设计水深的屋面集水沟为长天沟。

$$q_{cg} = q_{dg}L_x \tag{3.2-6}$$

式中 q_{cg}——长天沟的设计排水流量(L/s);

L_x——长天沟容量系数,见表3.2-11。

表 3.2-11 平底或有坡度坡向出水口的长天沟容量系数

$\dfrac{L}{h_d}$	容量系数 L_x				
	平底 0~3‰	坡度 4‰	坡度 6‰	坡度 8‰	坡度 10‰
50	1.00	1.00	1.00	1.00	1.00
75	0.97	1.02	1.04	1.07	1.09
100	0.93	1.03	1.08	1.13	1.18
125	0.90	1.05	1.12	1.20	1.27
150	0.86	1.07	1.17	1.27	1.37
175	0.83	1.08	1.21	1.33	1.46
200	0.80	1.10	1.25	1.40	1.55
225	0.78	1.10	1.25	1.40	1.55
250	0.77	1.10	1.25	1.40	1.55
275	0.75	1.10	1.25	1.40	1.55
300	0.73	1.10	1.25	1.40	1.55
325	0.72	1.10	1.25	1.40	1.55
350	0.70	1.10	1.25	1.40	1.55
375	0.68	1.10	1.25	1.40	1.55
400	0.67	1.10	1.25	1.40	1.55
425	0.65	1.10	1.25	1.40	1.55
450	0.63	1.10	1.25	1.40	1.55
475	0.62	1.10	1.25	1.40	1.55
500	0.60	1.10	1.25	1.40	1.55

注:L——排水长度(mm);

  h_d——设计水深(mm)。

(5)溢流口流量可按式(3.2-7)计算。

$$Q_b = mb\sqrt{2g}\,H^{\frac{3}{2}} \tag{3.2-7}$$

式中 Q_b——溢流口的排水量(L/s);

  m——流量系数,安全起见,可采用宽顶堰流量系数的下限值320;

  b——溢流口宽度(m);

  H——溢流口堰前水头,或溢流口净空高度;

  g——重力加速度,9.8 m/s²。

3. 计算例题。

【例1】已知深圳某厂房室内雨水排水系统的设置如图3.2-8所示。系统按65型、87型雨水斗系统半有压方法设计,计算雨水排水系统。

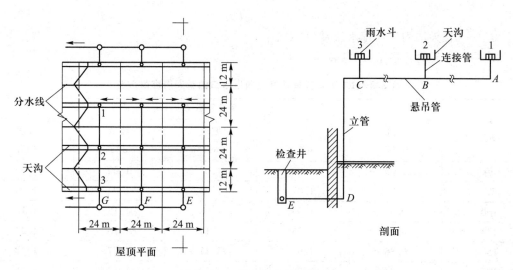

图 3.2-8   雨水排水系统布置

解：

1. 降雨强度：根据表 3.1-1，重现期取 3 年。查《设计手册》附录中深圳市的暴雨强度，5 min 历时的降雨强度：

$$q_5 = 6.49 \text{ L/(s·100 m}^2) = 649 \text{ L/(s·hm}^2)$$

2. 雨水斗：设天沟水深为 0.8 m，且天沟与屋面连接有防水密封。

1、2 号雨水斗的汇水面积均为 $24 \times 24 \text{ m}^2 = 576 \text{ m}^2 = 0.057\ 6 \text{ hm}^2$

3 号雨水斗的汇水面积为 $12 \times 24 \text{ m}^2 = 288 \text{ m}^2$。

根据式（3.1-1），各雨水斗的设计流量为：

$$Q_{1,2} = 649 \text{ L/(s·hm}^2) \times 0.057\ 6 \text{ hm}^2 = 37.4 \text{ L/s}$$

$$Q_3 = 649 \text{ L/(s·hm}^2) \times 0.028\ 8 \text{ hm}^2 = 18.7 \text{ L/s}$$

采用 87 型雨水斗。查表 3.2-5，87 型雨水斗口径为 200 mm 时，最大排水能力在 40~56 L/s 之间，大于 1、2 号的设计水量 37.4 L/s，满足要求，所以 1、2 号斗选用口径 200 mm 的 87 型雨水斗；3 号雨水斗则选用口径 150 mm 的 87 型雨水斗，其最大排水能力在 26~36 L/s 之间，大于 18.7 L/s，满足排水需要。

3. 连接管：连接管选用与雨水斗相同的管径，即 1、2 号雨水斗的连接管 d_{1-A}、d_{2-B} 为 200 mm，3 号雨水斗的连接管 d_{3-C} 为 150 mm。

4. 悬吊管：

悬吊管的长度为 48 m，设雨水斗和悬吊管末端的几何高差 1.0 m，根据表 3.2-5，水力坡度：

$$i = (1.0 + 0.5)/48 = 0.031$$

悬吊管的设计流量为 3 个雨水斗的设计流量之和，为 37.4 L/s×2 + 18.7 L/s = 93.5 L/s。根据表 3.2-6，选出悬吊管的管径 250 mm。该管径在水力坡度 $i = 0.031$ 时，最大排水能力 95.0 L/s，大于设计流量，满足要求。

选择悬吊管管径 250 mm，并且从末端到始端点 A 不变径。

悬吊管敷设坡度取最小坡度 0.005。

5. 立管：

根据设计流量 93.5 L/s，查表 3.2-7，选出立管管径 DN_{C-D} 为 250 mm，该管最大排水能力钢管 119.1 L/s，塑料管 114.1 L/s，满足要求。

6. 排出管：

排出管比悬吊管短，不再计算，管径选用 d_{D-E} 为 250 mm。

7. 点 E 下游的室外埋地管道按室外雨水管道计算。

【例 2】 某厂房的屋面天沟每段汇水面积为 $18 \times 24 \ m^2 = 432 \ m^2$，采用 87 型单斗内排水系统，半有压方法设计，管道系统如图 3.2-9 所示，其中悬吊管长度 24 m。当地的雨量公式为 $q = 767(1 + 1.04 \lg P)/t^{0.522}$。计算雨水管道系统。

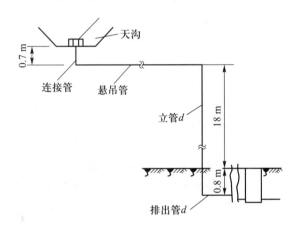

图 3.2-9 雨水排水系统（一）

解：

1. 降雨强度计算：

根据表 3.1-1 重现期取 3 年，$t = 5$ min，则 $q_3 = 767(1 + 1.04 \lg 3)/5^{0.522}$ L/(s·hm²) = 331 L/(s·hm²)

2. 雨水斗：

根据式(3.1-1)，雨水斗设计流量为

$$Q = 331 \ L/(s \cdot hm^2) \times 0.043 \ 2 \ hm^2 = 14.3 \ L/s$$

采用 87 型雨水斗。查表 3.2-5，单斗系统雨水斗口径为 100 mm 时，最大排水能力可达 16 L/s，大于设计水量 14.3 L/s，满足要求，所以选用口径 100 mm 的 87 型雨水斗。

3. 连接管：

连接管与雨水斗同径，即 $DN100$。

4. 悬吊管和立管：

由于是单斗系统，悬吊管和立管的管径采用雨水斗的口径，为 $DN100$。

5. 排出管管径很短，只有 3 m，不再计算，采用与立管同径，即 $DN100$。

【例 3】 已知天津某厂金工车间的全长为 144 m，跨度为 18 m，利用拱形屋架及大型屋面板所形成的矩形凹槽作为天沟，天沟槽的宽度为 0.65 m，天沟的深度为 0.30 m；设计积水深度为 0.15 m；坡度为 0.006；天沟表面铺以绿豆砂，粗糙度为 0.025。天沟边壁与屋面板的搭接缝做防水密封。天沟的布置参看图 3.2-10。采用天沟外排水,计算天沟的排水量是否满足要求、选用适宜的雨水斗、确定立管的直径。

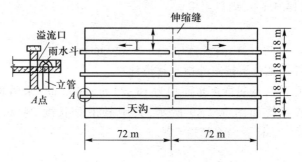

图 3.2-10 雨水排水系统(二)

解：

1. 雨量计算：

取 $P=3a$,查《设计手册》附录暴雨强度,求得 q_5 为 3.89 L/($s \cdot 100 \ m^2$) = 389 L/($s \cdot hm^2$)。

由于天沟较长,须向两面排水,每面排水长度为 72 m。

天沟的汇水面积为

$$F = 72 \times 18 \ m^2 = 1\ 296 \ m^2 = 0.129\ 6 \ hm^2$$

$$k = 1 \times 1 \times 389 \times 0.129\ 6 \ L/s = 50.4 \ L/s$$

2. 天沟计算：

(1) 天沟的断面积。

天沟设计积水深度 0.15 m,过水断面积为

$$A = 0.65 \times 0.15 \ m^2 = 0.097\ 5 \ m^2$$

(2) 天沟的水流速度。

$$v = (1/n) R^{2/3} i^{1/2}$$

$$R = A/C = 0.097\ 5/(0.65 + 2 \times 0.15) = 0.103$$

以 $I = 0.006, n = 0.025$,代入上式

$$v = (1/0.025)(0.103)^{2/3}(0.006)^{1/2} \ m/s = 0.68 \ m/s$$

(3) 天沟的排水能力：

$$q_y = \omega V = 0.097\ 5 \times 0.68 \ m^3/s = 0.066 \ m^3/s = 66 \ L/s$$

天沟排水能力为 66 L/s > 天沟所负担的雨水量 50.4 L/s,因此天沟断面可以满足要求。

3. 雨水斗的选用：

雨水系统为单斗系统,查表 3.2-5,采用口径 200 mm 的 87(79)型雨水斗,半有压方法设计,其泄流能力为 56 L/s,可满足 50.4 L/s 设计雨量要求。

4. 雨水立管选用直径 200 mm,与雨水斗口径相同,不再计算。

【本节精选习题】

1. 以下有关雨水溢流设施的设置要求中,何项是正确的？(　　　　)

A. 建筑采用压力流雨水排水系统时,应设置屋面雨水溢流设施

  B. 重要公共建筑压力流雨水排水系统与溢流设施的排水量之和不应小于 10 年重现期的雨水

  C. 建筑采用重力流雨水排水系统且各汇水面积内设有两根或两根以上排水立管时,可不设雨水溢流设施

  D. 建筑采用重力流雨水排水系统各汇水面积内仅有一根排水立管时,应设雨水溢流设施,其排水量等同于雨水立管的设计流量

> **答案:【A】**
>
> 解析:B 项,重要公共建筑时不应小于 50 年重现期的雨水量;C 项,应设溢流设施;D 项建筑屋面各汇水范围内,雨水排水立管不宜少于 2 根。

2. 下面关于建筑屋面雨水排水系统设计的说法中,哪项错误?( )

  A. 屋面雨水排水工程应设置溢流设施

  B. 采用重力流的屋面雨水排水系统应按满流设计

  C. 采用满管压力流的屋面雨水排水系统,在雨水初期按重力流排水复核计算

  D. 对同一建筑屋面,其屋面雨水可分别采用重力流和满管压力流雨水排水系统

> **答案:【B】**
>
> 解析:A 选项:建筑屋面雨水排水工程应设置溢流口、溢流堰、溢流管系等溢流设置。故 A 正确。
>
>   B 选项:重力流屋面雨水排水管系的悬吊管应按非满流设计,其充满度不宜大于 0.8,管内流速不宜小于 0.75 m/s。故 B 错误。
>
>   C 选项:降水初期仍是重力流,靠雨水斗出口到悬吊管中心线高差的水力坡降排水,故悬吊管中心线与雨水斗出口应有一定的高差,并应进行计算复核。故 C 正确。
>
>   D 选项:高层建筑裙房屋面的雨水应单独排放。
>
>   同一建筑屋面比如:塔楼和裙房,裙房面积很大,两者可以采用不同雨水系统(塔楼重力流系统,裙房面积很大采用虹吸压力流系统)。故 D 正确。
>
>   故本题选:B

3. 下列关于屋面雨水排水系统设计的叙述中,哪项不正确?( )

  A. 满管压力流悬吊管的设计流速一般大于重力流的设计流速

  B. 满管压力流埋地排出管的设计流速一般低于其立管的设计流速

  C. 立管的管径不应小于上游横管管径

  D. 重力流埋地管可按满流设计

> **答案:【C】**
>
> 解析:对于选项 A,重力流屋面雨水排水管系的悬吊管应按非满流设计,其充满度不宜大于 0.8,管内流速不宜小于 0.75 m/s。满管压力流屋面雨水排水管道应符合下列规定:悬吊管设计流速不宜小于 1 m/s,立管设计流速不宜大于 10 m/s。A 正确。
>
>   对于选项 B,满管压力流屋面雨水排水管道应符合下列规定:悬吊管设计流速不宜小于 1 m/s,立管设计流速不宜大于 10 m/s;满管压力流排水管系出口应放大管径,其出口水流速度不宜大于 1.8 m/s,当其出口水流速度大于 1.8 m/s 时,应采取消能措施。B 正确。
>
>   对于选项 C,满管压力流屋面雨水排水管系,立管管径应经计算确定,可小于上游横管管径。C 错误。对于选项 D,重力流屋面雨水排水管系的埋地管可按满流排水设计,D 正确。本题选 C。

4. 下列关于建筑屋面雨水排水系统设计的叙述中,哪几项正确?( )

  A. 高层建筑屋面雨水排水宜按满管压力流设计

  B. 重力流雨水悬吊管管径(公称直径)不应小于 100 mm

  C. 多层建筑重力流雨水排数系统宜采用建筑排水塑料管

D. 屋面雨水排水管道设计降雨历时应按 5 min 计算

答案:【BCD】

解析:"高层建筑屋面雨水排水宜按重力流设计",A 错误;重力流雨水悬吊管管径(公称直径)可小于 100 mm,B 正确;"重力流排水系统多层建筑宜采用建筑排水塑料管",C 正确;屋面雨水排水管道设计降雨历时应按 5 min 计算",D 正确。

5. 某 4 层仓库屋面等冷双坡屋面,屋面投影面积长×宽 = 97.5 m×48.7 m,沿长边方向设外天沟,且长边方向正中间设有伸缩缝。其屋面雨水采用单斗(采用 87 型雨水斗,规格为 150 mm)重力流排水系统,雨水排水管采用排水铸铁管。已知该低区设计暴雨重现期为 3 年的降雨厚度为 200 mm/h,仓库柱距为 12 m×12 m。则该仓库屋面至少应布置多少根 DN150 的雨水排水立管?(　　　)

　　A. 8 根　　　　　　B. 10 根　　　　　　C. 12 根　　　　　　D. 16 根

答案:【C】

解析:(1) 天沟排水不得流经变形缝,天沟在伸缩缝处断开,排水方向以伸缩缝处为高点向另一端排。四分之一屋面面积:$F = 97.5×48.7÷4$ m^2 = 1 187.1 m^2

(2) $q = \psi Fh/3\ 600 = 0.9×1\ 187×200/3\ 600$ L/s = 59.35 L/s

(3) 单个雨水斗泄流量为 26 L/s,59.35÷26 = 2.3,取 3 个。(雨水可由悬吊管就近进入仓库柱边设置的雨落管,因此此处不用考虑柱距。)

(5) 需立管总数:3×4 根 = 12 根。

3.3　建筑小区雨水排水系统

建筑小区雨水排水包括建筑项目红线范围内:地面和收集的屋面雨水、下沉式广场、地下车库敞开出入口坡道和建筑敞开窗井雨水排水等。

3.3.1　小区排水系统的设置

小区雨水排水系统由雨水口、连接管、检查井(跌水井)、管道等组成,设置要求见表 3.3-1。

表 3.3-1　小区雨水排水设施技术要求

序号	项目	技 术 要 求	
1	雨水口	1. 形式、泄水量见下表(详见国标图 16S518《雨水口》)	
		雨水口形式 (算子尺寸为 750 mm×450 mm)	泄水流量/(L/s)
		平算式雨水口单算	20
		平算式雨水口双算	35
		平算式雨水口多算	15(每算)
		边沟式雨水口单算	20
		边沟式雨水口双算	35
		联合式雨水口单算	30
		联合式雨水口双算	50
		联合式雨水口多算	20(每算)

续表

序号	项目	技术要求
1	雨水口	2. 设置位置 (1) 道路交汇处和侧向支路上、能截留雨水径流处 (2) 建筑物单元出入口与道路交界处 (3) 建筑雨落水管地面附近 (4) 小区空地和绿地的低洼点等处 (5) 广场、停车场的适当位置处及低洼处 (6) 无分水点的人行横道的上游处 (7) 地下车道入口处(结合带格栅的排水沟一并处理) (8) 其他低洼和易积水的地段处 (9) 双向坡路面应在路两边设置,单向坡路面应在路面低的一边设置 (10) 不宜设在建筑物门口 3. 选型与设置 (1) 无道牙的路面和广场、停车场,用平箅式雨水口;有道牙的路面,用边沟式雨水口;有道牙路面的低洼处且箅隙易被树叶堵塞时用联合式雨水口 (2) 道路上的雨水口宜每隔 25~40 m 设置一个。当道路纵坡大于 0.02 时,雨水口的间距可大于 50 m (3) 雨水口深度不宜大于 1.0 m。泥砂量大的地区,可根据需要设置沉泥(砂)槽;有冻胀影响的地区,可根据当地经验确定 (4) 平箅式雨水口长边应与道路平行,箅面宜低于路面 30~40 mm (5) 雨水口不得修建在其他管道的顶上 (6) 雨水口一般采用砖砌或预制钢筋混凝土装配。雨水口箅盖一般采用铸铁箅子,也可采用钢筋混凝土箅子 4. 与检查井的连接详见国标图 16S518《雨水口》,安装要求如下: (1) 连接管的长度不宜超过 25 m,连接管上串联的雨水口不宜超过 2 个 (2) 连接管最小管径为 200 mm,坡度为 0.01,管顶覆土深度不宜小于 0.7 m
2	检查井、跌水井	1. 设置位置 (1) 在管道转弯(≥45°)和交叉连接处,包括排出管和接户管的连接 (2) 在管道的管径和坡度改变处 (3) 检查井位置应避开建筑出入口 2. 检查井设置 (1) 直线管段上检查井的最大间距见下表(括号内数据为塑料管外径) 表格如下

管径/mm	最大间距/m
150(160)	30
200~300(200~315)	40
400(400)	50
≥500(500)	70

(2) 检查井内同一高度上接入的管道数量不宜多于 3 条
(3) 雨水检查井的井径和选用见图 3.3-1 及图 3.3-2

续表

序号	项目	技 术 要 求
2	检查井、跌水井	(4) 室外地下或半地下式给水水池的排水口、溢流口,游泳池的排水口,内庭院的雨水口,下沉的绿地、地面、建筑物门口的雨水口,当标高低于雨水检查井处的地面标高时,不得接入该检查井,以防溢水、倒灌 (5) 检查井的形状、构造和尺寸可按国标图选用,见表2.9-3。选用时注意:检查井在车行道上时应采用重型铸铁井盖;排水接户管埋深小于1.0 m时,采用小井径检查井,尺寸一般为Φ700;检查井可采用塑料、混凝土模块、混凝土预制、混凝土现浇、砖砌,应优先采用塑料检查井 (6) 超高层建筑的排出管检查井应采用混凝土现浇,井盖应与井体紧固,且宜采用格栅井盖 3. 跌水井的设置技术要求同生活排水管道跌水井,参见表2.9-3
3	管道敷设	室外雨水管道布置除下列要求外,其管材、管道布置、连接、埋设等均参照本书表2.9-3排水管道执行: 1. 雨水管道宜沿道路和建筑物的周边呈平行布置。宜路线短、转弯少,并尽量减少管线交叉。检查井间的管段应为直线 2. 应尽量远离生活饮用水管道,管中心距离宜≥1.5 m 3. 当雨水管和污水管、给水管并列布置时,雨水管宜布置在给水管和污水管之间。与给水管或污水管垂直交叉时,应设在给水管的下方,污水管的上方 4. 管道在检查井内宜采用管顶平接法,井内出水管管径不宜小于进水管 5. 硬聚氯乙烯材质管道应埋于冰冻线以下 6. 雨水管道的基础做法,参照污废水管道的执行
4	管材与接口	1. 管道宜采用双波纹塑料管、加筋塑料管、钢筋混凝土管等 2. 穿越管沟等特殊地段采用钢管或铸铁管 3. 非金属承插口管采用水泥砂浆接口或水泥砂浆抹带接口,铸铁管采用橡胶圈接口 4. 钢管一律采用焊接接口
5	明沟(渠)	1. 明沟底宽一般不小于0.3 m,超高不得小于0.2 m 2. 明沟与管道互相连接时,连接处必须采取措施,防止冲刷管道基础 3. 明沟下游与管道连接处,应设格栅和挡土墙。明沟应加铺砌,铺砌高度不低于设计超高,长度自格栅算起3~5 m。如明沟与管道衔接处有跌水,且落差为0.3~2.0 m时,应在跌水前5~10 m处开始铺砌 4. 明沟支线与干线的交汇角应大于90°并做成弧形。交汇处应加铺砌,铺砌高度不低于设计超高
6	下沉广场	1. 下沉广场宜设带格栅的排水沟或雨水口收集雨水至集水池,用泵提升排至室外雨水检查井,见本书3.4节;广场上方周围地面的雨水应通过土建设施(如做倒坡或设台阶)进行拦截,不得进入下沉广场 2. 下沉广场设有建筑入口时,广场地面应比室内地面低15~30 cm以上 3. 与建筑物隔开的下沉地面或广场短时积水不会造成危害时,可采用重力排水

续表

序号	项目	技 术 要 求
7	车库入口坡道	车库入口敞开坡道应设下列排水设施： 1. 车库室内入口处设带格栅的排水沟拦截、汇集雨水 2. 适当抬高室外地面入口处标高，并做反坡阻拦室外地面雨水灌入 3. 高层建筑在车库入口处的侧墙面雨水宜做土建拦截汇集、重力排到室外地面 4. 坡道中途设排水沟时，雨水应排到集水坑水泵提升排除。当排水沟格栅面标高不低于室外排水检查井盖标高时，可重力排除
8	敞开窗井	1. 井底面应设排水口，排水口可采用无水封地漏或平箅雨水斗 2. 排水埋地横管道应设在地下室底板上的覆土层内 3. 排水管应排入地下雨水集水池或废水集水池，不应排入污水集水池 4. 当排水口箅面标高不低于室外雨水检查井盖标高时，方可重力排入室外雨水管道

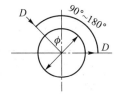

mm

直线、转弯井尺寸表						
井径 Φ	700	800	900	1 100	1 300	1 500
管径 D	≤400	≤400	≤500	400~600	600~700	700~800

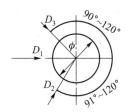

mm

90°~120°三通、四通井尺寸表												
井径 Φ	700、800、900			1 100			1 300			1 500		
管径	D_1	D_2、D_3	D	D_1	D_2、D_3	D	D_1	D_2、D_3	D	D_1	D_2、D_3	D
组合一	≤400	≤200	≤400	≤600	≤200	≤600	≤700	≤200	≤700	≤800	≤200	≤800
组合二	≤300	≤300	≤400	≤500	≤300	≤600	≤600	≤300	≤700	≤700	≤300	≤800
组合三				≤500	≤400	≤700	≤600	≤400	≤700	≤700	≤400	≤800

图 3.3-1 雨水检查井的井径和选用(一)

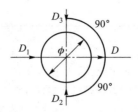

mm

90°三通、四通井尺寸表

井径 Φ	700、800、900			1 100			1 300			1 500		
管径	D_1	D_2、D_3	D	D_1	D_2、D_3	D	D_1	D_2、D_3	D	D_1	D_2、D_3	D
组合	≤400	≤300	≤400	≤600	≤500	≤600	≤700	≤600	≤700	≤800	≤700	≤800

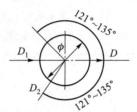

mm

121°~135°三通、四通井尺寸表

井径 Φ	700、800、900			1 100			1 300			1 500		
管径	D_1	D_2、D_3	D	D_1	D_2、D_3	D	D_1	D_2、D_3	D	D_1	D_2、D_3	D
组合一	≤200	≤300	≤400	≤600	≤200	≤600	≤700	≤200	≤700	≤800	≤200	≤800
组合二				≤500	≤300	≤600	≤600	≤300	≤700	≤700	≤300	≤800
组合三							≤500	≤400	≤700	≤600	≤400	≤800

图 3.3-2　雨水检查井的井径和选用(二)

3.3.2　室外雨水系统的水力计算

1. 基本参数和公式

（1）基本参数

管道按满管重力(明渠)流计算,管内流速不应小于或大于表 3.3-2 中的值;管道敷设坡度应不小于最小坡度,见表 3.3-3,并不应大于 15%,雨水口连接管的坡度应不小于 1%;管道直径不得小于表 3.3-4 中的数值。

表 3.3-2　雨水管道流速限值

	金属管	非金属管	明渠(混凝土)
最大流速/(m/s)	10	5	4
最小流速/(m/s)	0.75	0.75	0.4

表 3.3-3 最 小 坡 度

管径/mm		200(225)	250	300(315)	350	400	450	500	600	≥700
最小坡度/%	钢筋混凝土管	0.5	0.4	0.3	0.25	0.2	0.18	0.15	0.12	0.1
	塑料管	0.003		0.001 5						

注:括号内数据为塑料管外径。

表 3.3-4 最 小 管 径

管道名称	接户管(出户管的汇集管)	支管及干管	雨水口连接管
最小管径/mm	200	300	200

（2）基本公式

室外雨水管道的排水能力可按式(3.3-1~3)近似计算。

$$Q = vA \tag{3.3-1}$$

$$v = \frac{1}{n} R^{\frac{2}{3}} I^{\frac{1}{2}} \tag{3.3-2}$$

式中 Q——排水流量(m^3/s);

v——流速(m/s);

A——水流断面积(m^2),按满流计算;

n——粗糙系数,铸铁管为 0.013;混凝土管、钢筋混凝土管为 0.013~0.014;钢管为 0.012;塑料管为 0.009;

R——水力半径(m),按满流计算;

I——管道敷设坡度。

2. 雨水口

雨水口的设计流量根据式(3.1-1)计算,其中降雨强度按 5~10 min 降雨历时计算,汇水面积一般不考虑附加建筑侧墙的汇水面积。

确定雨水口的形式时,其设计流量不应超过表 3.3-1 中的数值。

3. 连接管

连接管的设计流量和雨水口流量相等。管径根据式(3.3-1)、式(3.3-2)计算。最小坡度和管径见表 3.3-3 和表 3.3-4。

4. 汇合管段计算

（1）设计流量

当两路及以上的雨水管道(包括屋面雨水出户管)汇合,汇合流量计算如下:

$$q_y = \frac{q_j \Psi}{10\ 000}(F_1 + F_2 + F_3 \cdots) \tag{3.3-3}$$

式中,面积 F_i 为各管路负担的汇水面积;降雨强度 q_j 中的降雨历时,取各汇合管路降雨历时中最大的值,其余符号同式(3.1-1)。

工程中有时接进来一个雨水口或一个支管后,汇合流量反而比上游主管路的流量降低,这是由于随降雨历时的延长降雨强度降低,而加入进来的汇水面积相对较小,致使流量减小,选管径时可按上游管段流量计算。

（2）管径根据式(3.3-1)、式(3.3-2)计算

【本节精选习题】

某小区占地面积为 12 000 m²,其中混凝土路面 2 400 m²,绿地 7 200 m²,块石路面 1 200 m²,非铺砌路面 1 200 m²,则该小区地面综合径流系数应为下列哪项?（   ）

A. 0. 15　　　　　　B. 0. 36　　　　　　C. 0. 49　　　　　　D. 0. 90

答案:【B】

解析:各种汇水面积的综合径流系数应加权平均计算 Ψ =（2 400×0.9+7 200×0.15+1 200×0.6+1 200× 0.3)/12 000=0.36,本题选 B。

3.4　雨水提升装置

雨水提升系统包括雨水的收集、雨水集水池、水泵装置和排出管道等。设置技术要求见表 3.4-1。

表 3.4-1　雨水提升装置设置技术要求

项目	技 术 要 求
场所	地下车库出入口坡道的明沟排水、与建筑相连的室外下沉式广场、局部下沉式庭院等排水应设置雨水集水池和排水泵提升排至室外雨水检查井
集水池	1. 有效容积 （1）地下车库出入口坡道的明沟排水集水池,不应小于最大一台泵 5 min 的出水量 （2）下沉式广场地面排水集水池,不应小于最大一台泵 30 s 的出水量。当建筑和广场连通的出入口室内外高差小于 15 cm 时,集水池容积应加大 2. 设置位置 （1）雨水集水池宜靠近雨水收集口 （2）地下室汽车坡道和地下室窗井的雨水集水池应设在室内 （3）收集室外雨水的集水池应设在室外 （4）雨水集水池设置可参照污废水集水池,见本书 2.6.2 节
水泵装置	1. 排水泵的设计流量应按排入集水池的设计雨水量确定。大型广场的雨水集水池加设调节容积时,水泵设计流量可相应减小 2. 排水泵不应少于 2 台(1用 1备),不宜大于 8 台,紧急情况下可同时使用。如:接入的雨水超设计重现期、池水达到超高水位时,备用泵自动投入,并同时向值班室或控制中心发出声、光报警信号 3. 排水泵宜采用自动耦合式潜污泵 4. 水泵应由集水池中的水位自动控制运行。控制水位应有:停泵、启泵水位和报警兼备用泵投入运行水位。当有多台工作泵时,则启泵水位设置多个,各泵相继投入运行 5. 其余均同污水排水泵

【本节精选习题】

某雨水利用工程收集建筑屋面雨水回用,屋面集雨面积 5 000 m², 雨水蓄水池设于地下室,且设水泵提升排除溢流雨水,则其提升水泵设计流量应为下列哪项?(　　)

注:① 屋面(混凝土屋面)雨水排水管道设计重现期 $P=10$ a;② 当地暴雨强度公式:$[1\,386(1+0.69\lg P)\div(t+1.4)^{0.64}]\times10^{-4}$,式中,$q$ 为降雨强度,L/(m²·s);P 为设计重现期(a);t 为降雨历时(min)。

A. 322 L/s   B. 357 L/s   C. 423 L/s   D. 459 L/s

答案:【D】

解析:当设置自动提升设备排除溢流雨水时,溢流提升设备的排水标准应按 50 年降雨重现期 5 min 降雨强度设计,并不得小于集雨屋面设计重现期降雨强度;由此可知,该提升水泵的设计重现期 $P=50$ a,设计降雨历时 $t=5$ min;$\psi=1.0$;带入题中给出的当地暴雨强度公式,得:

$$q=[1\,386(1+0.69\lg P)/(t+1.4)^{0.64}]\times10^{-4}=[1\,386(1+0.69\lg 50)/(5+1.4)^{0.64}]\times10^{-4}\ \text{L/(m}^2\cdot\text{s)}$$
$$=0.091\,8\ \text{L/(m}^2\cdot\text{s)}$$

又因为屋面雨水设计流量即溢流雨水提升泵设计流量为:

$$Q_h=\psi_m qF=1.0\times0.091\,8\times5\,000\ \text{L/s}=459\ \text{L/s}$$

3.5　建筑与小区雨水控制及利用

3.5.1　雨水控制及利用系统的总体要求

1. 雨水控制及利用系统的目标、系统类别见表 3.5-1。

表 3.5-1　雨水控制及利用系统的目标和系统类别

系统种类	收集回用系统	入渗系统	调蓄排放系统
目标	雨水控制及利用系统应使场地在建设或改建后,对于常年降雨的年径流总量和外排径流峰值的控制达到建设开发前的水平,控制率及相应的设计降雨量应符合当地海绵城市规划控制指标要求,即拦截硬化面上的雨水径流增量并加以利用		
技术原理	蓄存并消纳硬化面上的雨水		贮存缓排硬化面雨水
作用	1. 减小外排雨峰流量 2. 减少外排雨水总量		减小外排雨峰流量
	替代部分自来水	补充土壤含水量	
适用的雨水	较洁净雨水	非严重污染雨水	各种雨水
雨水来源	屋面、水面、洁净硬化地面	硬化地面、屋面	硬化地面、屋面、水面
系统组成	应设雨水收集、储存、处理和回用水管网等设施	应由雨水收集、储存、入渗设施组成	应设雨水收集、调蓄设施和排放管道等设施
技术适用条件	宜用于年均降雨量大于 400 mm 的地区	1. 土壤渗透系数应为 $10^{-6}\sim10^{-3}$ m/s 2. 渗透面距地下水位应大于 1.0 m,渗透面应从最低处计	宜用于有防洪排涝要求的场所或雨水资源化受条件限制的场所

2. 系统选型。

雨水控制及利用应采用雨水入渗系统、收集回用系统、调蓄排放系统中的单一系统或多种系统组合;雨水控制及利用系统的形式和各系统控制及利用的雨水量,应根据工程项目特点经技术经济比较后确定。

雨水控制及利用应优先采用入渗系统或(和)收集回用系统,当受条件限制或条件不具备时,应增设调蓄排放系统。同时设有收集回用系统和调蓄排放系统时,宜合用雨水储存设施;同时设有雨水回用和中水系统时,原水不应混合,出水可在清水池混合。

(1) 硬化地面的雨水宜采用雨水入渗或排入水体;

(2) 降落在水体上的雨水应就地储存;

(3) 屋面雨水宜采用雨水入渗、收集回用,或二者相结合的方式。屋面雨水利用方式的选择应根据下列因素综合确定:① 当地水资源情况;② 室外土壤的入渗能力;③ 雨水的需求量和用水水质要求;④ 杂用水量和降雨量季节变化的吻合程度;⑤ 经济合理性。符合下列条件之一时,屋面雨水应优先采用收集回用系统:① 降雨量分布较均匀的地区;② 用水量与降雨量季节变化较吻合的建筑区或厂区;③ 降雨量充沛地区;④ 屋面面积相对较大的建筑。

3. 雨水利用与控制径流量。

(1) 雨水利用与控制径流总量可根据式(3.5-1)计算;当水文及降雨资料具备时,也可按多年降雨资料分析确定。

$$W = 10(\psi_c - \psi_0)h_y F \tag{3.5-1}$$

式中　W——需控制及利用的雨水径流总量(m^3);

　　ψ_c——雨量径流系数,见表 3.5-1;

　　ψ_0——控制径流峰值所对应的径流系数,应符合当地规划控制要求;

　　h_y——设计日降雨量(mm);

　　F——硬化汇水面面积(hm^2),应按硬化汇水面水平投影面积计算。

(2) 设计降雨重现期:

雨水入渗系统不宜小于 2 年。

雨水收集回用系统宜为 1~2 年。

雨水调蓄排放系统宜为 2 年。

(3) 设计日降雨量:

设计日降雨量应按常年最大 24 h 降雨量确定,应根据当地近期 20 年以上降雨量资料确定;当缺乏资料时可采用规范《建筑与小区雨水控制及利用工程技术规范》(GB 50400—2016)中附录 A 的数值,且不应小于当地年径流总量控制率所对应的设计降雨量。

(4) 硬化汇水面积:

硬化汇水面面积应按硬化地面、非绿化屋面、水面的面积之和计算,并应扣减透水铺装地面面积。

(5) 雨量径流系数:

雨量径流系数宜按表 3.5-2 采用,汇水面积的综合径流系数应按下垫面种类加权平均计算。

表 3.5-2　雨量径流系数

下垫面种类	雨量径流系数 Ψ_c
硬屋面、未铺石子的平屋面、沥青屋面	0.8~0.9
铺石子的平屋面	0.6~0.7
绿化屋面	0.3~0.4
混凝土和沥青路面	0.8~0.9
块石等铺砌路面	0.5~0.6
干砌砖、石及碎石路面	0.4
非铺砌的土路面	0.3
绿地	0.15
水面	1
地下建筑覆土绿地(覆土厚度≥500 mm)	0.15
地下建筑覆土绿地(覆土厚度<500 mm)	0.3~0.4
透水铺装地面	0.29~0.36

4. 雨水控制及利用设施布置的一般要求。

（1）应结合现状地形地貌进行场地设计与建筑布局,保护并合理利用场地内原有的水体、湿地、坑塘、沟渠等;

（2）应优化不透水硬化面与绿地空间布局,建筑、广场、道路周边宜布置可消纳径流雨水的绿地;

（3）建筑、道路、绿地等竖向设计应有利于径流汇入雨水控制及利用设施;

（4）设有雨水控制及利用系统的建设用地,应设有超标雨水外排措施,并应进行地面标高控制,防止区域外雨水流入用地;

（5）雨水控制及利用系统不应对土壤环境、地下含水层水质、公众健康和环境卫生等造成危害,并应便于维护管理,园林景观的植物选择应适应雨水控制及利用需求;

（6）雨水构筑物及管道设置应符合现行国家标准《给水排水工程构筑物结构设计规范》（GB 50069—2002）和《建筑给水排水设计规范》（GB 50015—2003）（2009 年版）的规定。

3.5.2　雨水收集回用系统

1. 雨水收集回用设施的构成与选用（表 3.5-3）。

表 3.5-3　雨水收集回用设施的构成与选用

设施的组成	汇水面、收集系统、雨水弃流、雨水贮存、雨水处理、清水池、雨水供水系统、雨水用户
应用条件	年回用雨水量替代自来水的比例应大于 3%
雨水回用用途	雨水回用用途应根据收集量、回用量、随时间的变化规律以及卫生要求等因素综合考虑确定。优先作为景观水体的补充水源,其次为绿化用水、循环冷却水、汽车冲洗用水、路面和地面冲洗用水、冲厕用水、消防用水等,不可用于生活饮水、游泳池补水等
雨水收集场所	优先收集屋面雨水,不宜收集机动车道路等污染严重的路面上的雨水。当景观水体以雨水为主要水源之一时,地面雨水可排入景观水体

2. 回用雨水的水质标准。

回用雨水集中供应系统的水质应根据用途确定,COD_{cr} 和 SS 指标应符合表 3.5-4 的规定,其余指标应符合国家现行相关标准的规定。

当雨水同时用于多种用途时,其水质应按最高水质标准确定。

表 3.5-4　雨水处理后 COD_{cr} 和 SS 指标　　　　　　　　mg/L

项目指标	循环冷却系统补水	观赏性水景	娱乐性水景	绿化	车辆冲洗	道路浇洒	冲厕
COD_{cr}	≤30	≤30	≤20	—	≤30	—	≤30
SS	≤5	≤10	≤5	≤10	≤5	≤10	≤10

3. 雨水收集回用设施的技术要求见表 3.5-5。

表 3.5-5　雨水收集回用设施的技术要求

项目	技 术 要 求
雨水收集	1. 屋面雨水收集系统的设计可按雨水排出系统方法,但需注意以下不同点: (1) 设有弃流设施时,其服务的各雨水斗至该设施的管道长度宜相近 (2) 当蓄水池设在室内时,雨水收集管道上应设置能重力排放到室外的超越管,超越转换阀门宜能自动控制 2. 向室外蓄水设施输送屋面雨水的输水管道,可用检查口代替检查井 3. 向景观水体排水的室外雨水排水系统的设计可按室外排水系统的方法处理。室外雨水口宜采用拦污雨水口 4. 传染病医院的雨水、含有重金属污染和化学污染等地表污染严重的场地雨水不得采用雨水收集回用系统。有特殊污染源的建筑与小区,雨水控制及利用工程应经专题论证 5. 单一雨水回用系统的平均日设计用水量不应小于汇水面需控制及利用雨水径流总量的 30%。当不满足时,应在储存设施中设置排水泵,其排水能力应在 12 h 内排空雨水
初期雨水弃流	1. 初期雨水宜弃流。在屋面雨水用做不与人体接触的景观水体补水时,可不做弃流 2. 初期径流弃流量应按照汇水面实测收集雨水的 COD_{cr}、SS、色度等污染物浓度确定。当无资料时,屋面弃流可采用 2~3 mm 径流厚度,地面弃流可采用 3~5 mm 径流厚度 3. 弃流雨水可采用下列方式之一处置: (1) 排入绿地;(2) 土壤入渗;(3) 排入雨水排水管道
雨水蓄存	1. 雨水收集回用系统应设置储存设施,其储水量应按下式计算;当具有逐日用水量变化曲线资料时,也可根据逐日降雨量和逐日用水量经模拟计算确定: $$V_h = W - W_i$$ 式中　V_h——收集回用系统雨水储存设施的出水量(m^3); 　　　　W_i——初期径流弃流量(m^3),按式 $W_i = 10 \times \delta \times F$ 计算,δ 为初期径流弃流厚度(mm)。

续表

项　目	技　术　要　求
雨水蓄存	2. 常用的雨水贮存设施有:景观水体、钢筋混凝土水池、形状各异的成品水池水罐等 3. 景观水体应兼作雨水贮存设施,水面和水体溢流水位之间的空间作为蓄存容积 4. 雨水蓄水池、蓄水罐宜设置在室外地下。室外地下蓄水池(罐)的人孔或检查口应设置防止人员落入水中的双层井盖 5. 蓄水池可兼作自然沉淀池。兼做沉淀池时,应满足: (1) 进水端均匀布水 (2) 出水端避免扰动沉积物 (3) 进、出水管的设置不使水流短路 6. 雨水蓄水池应设溢流。设在室内且溢流水位低于室外地面时,应设置水泵排溢流雨水,溢流水位应设报警 7. 雨水蓄水池宜和中水原水调节水池分开设置
雨水处理	1. 雨水净化处理装置的处理水量按下式确定 $$Q_y = \frac{W_y}{T}$$ 式中　Q_y——设施处理水量(m^3/h); 　　　W_y——雨水回用系统的最高日用水量(m^3); 　　　T——雨水处理设施的日运行时间(h),可取 24 h。 当无雨水清水池和高位水箱时,Q_y 按回用雨水的设计秒流量计 2. 屋面雨水水质处理根据原水水质可选择下列工艺流程: (1) 雨水→(初期径流弃流)→景观水体 (2) 雨水→初期径流弃流→雨水蓄水池沉淀→雨水清水池→植物浇灌、地面冲洗 (3) 雨水→初期径流弃流→雨水蓄水池沉淀→过滤→消毒→雨水清水池→冲厕、车辆冲洗、娱乐性水景 (4) 当雨水用于冷却塔补水或用户对水质有较高的要求时,应增加相应的深度处理措施 3. 雨水用于景观水体时,水体宜优先采用生态处理方式净化水质 4. 雨水回用于室内杂用时应消毒,用于室外绿化和地面冲洗时可不消毒 5. 回用供水管网中,低水质标准水不得进入高水质标准水系统
雨水供应	1. 雨水供应系统应设置补水,且应符合下列要求: (1) 应设自动补水,补水来源可采用中水,也可采用生活饮用水(景观用水系统除外),中水补水的水质应满足雨水供水系统的水质要求 (2) 补水流量应满足雨水中断时系统的用水量要求 (3) 补水应在雨水供不应求时进行,控制方法参照中水系统补水的控制 2. 雨水管网的供应用户范围应尽量大,以便尽快降低雨水蓄水池的水位 3. 补水管道和雨水供水管道上均应设水表计量 4. 雨水配水管网应设防止误饮误用措施

【例】 广东某小区有屋面面积 3.45×10^4 m²,其中 70% 的屋面做雨水收集,回用于小区的杂用水。杂用水管网系统最高日用水量为 449.1 m³,其中冲厕 206.6 m³,绿化浇洒 210 m³,洗车 32.5 m³,补水采用小市政中水。当地 1 年(1a)重现期最大日降雨量为 55 mm。要求确定工程规模。

解:

1. 设计雨水日径流量。

根据表 3.5-1,屋面雨量径流系数 Ψ_c 取 0.9,Ψ_0 取 0.2,则屋面雨水 24 h 径流总量为

$$W = 10(\psi_c - \psi_0)h_y F = 10\times(0.9-0.2)\times55\times3.45\times70\% \text{ m}^3 = 929.78 \text{ m}^3$$

2. 弃流雨水量。

考虑 2 mm 初期径流雨水弃流,则弃流雨水量为

$$W_i = 10\times\delta\times F = 10\times2\times3.45\times70\% \text{ m}^3 = 48.3 \text{ m}^3$$

3. 蓄水池有效容积。

雨水径流量:

$$(929.78-48.3) \text{ m}^3 = 881.48 \text{ m}^3$$

2.5 倍最高日用水量(或按最高日用量/40%):

$$449.1\times2.5 \text{ m}^3 = 1\ 122.8 \text{ m}^3$$

蓄水池有效容积为上面 2 个值中的最小者,为 881.48 m³,取整数为 885 m³。

4. 雨水处理设备。

雨水用途有冲厕和洗车,需要过滤处理。过滤设备规模根据日用水量确定,为

$$Q_y = \frac{W_y}{T} = \frac{449.1}{24} \text{ m}^3/\text{h} = 18.7 \text{ m}^3/\text{h}$$

取整数 20 m³/h 选择过滤设备。

3.5.3　雨水入渗系统

1. 雨水入渗系统的组成与技术特点。

雨水入渗场所应有详细的地质勘察资料,地质勘察资料应包括区域滞水层分布、土壤种类和相应的渗透系数、地下水动态等。

雨水入渗不应引起地质灾害及损害建筑物。下列场所不得采用雨水入渗系统:

(1) 可能造成坍塌、滑坡灾害的场所;

(2) 对居住环境以及自然环境造成危害的场所;

(3) 自重湿陷性黄土、膨胀土和高含盐土等特殊土壤地质场所。

雨水入渗系统的组成见表 3.5-6 和表 3.5-7。

表 3.5-6　地面渗透系统

常用系统	下凹绿地	浅沟与洼地	地面渗透池塘	透水铺装地面
特点	1. 地面渗透,蓄水空间敞开 2. 建造费少,维护简单 3. 接纳场地硬化面上雨水入渗			1. 在面层渗透和土壤渗透面之间蓄水 2. 雨水就地入渗

续表

常用系统	下凹绿地	浅沟与洼地	地面渗透池塘	透水铺装地面
组成	汇水面、雨水收集、沉砂、渗透设施			渗透设施
渗透设施的技术要求	1. 低于周边地面 5~10 cm 的绿地 2. 绿地种植耐浸泡植物	1. 积水深度不超过 300 mm 的沟或洼地 2. 底面尽量无坡度 3. 沟或洼地内种植耐浸泡植物	1. 栽种耐浸泡植物的开阔池塘 2. 边坡坡度不大于 1:3 3. 池面宽度与池深比大于 6:1	1. 透水面层、找平层、透(蓄)水垫层组成 2. 面层渗透系数大于 $1×10^{-4}$ m/s 3. 蓄水量不小于常年 60 min 降雨厚度
技术优势	投资费用最省、维护方便;适用范围广		占地面积小、维护方便	增加硬化面透水性;利于人行
选用	优先采用	绿地入渗面积不足或土壤入渗性较小时采用	1. 不透水面积比渗透面积大于 15 倍时可采用 2. 土壤渗透系数 $K≥1×10^{-5}$ m/s	需硬化的地面可采用

表 3.5-7　地下渗透系统

常用系统	埋地渗透管沟	埋地渗透渠	埋地渗透池
特点	土壤渗透面和蓄水空间均在地下		
组成	汇水面、雨水管道收集系统、固体分离、渗透设施		
渗透设施构成	穿孔管道,外敷砾石层蓄水,砾石层外包渗透土工布	镂空塑料模块拼接而成,外壁包单向渗透土工布	
选用	1. 绿地入渗面积不足以承担硬化面上的雨水时采用 2. 可设于绿地或硬化地面下,不宜设于行车路面下		
	需兼做排水管道时可采用	需要较多的渗透面积时采用	无足够面积建管沟、渠时可采用;土壤渗透系数 $K≥1×10^{-5}$ m/s
优缺点	造价较低,施工复杂,有排水功能,贮水量小	造价高,施工方便、快捷	造价高,施工方便、快捷,占用面积小,贮水量大
距离建筑物、构筑物	≥3 m	≥3 m	≥5 m

2. 常用地下渗透设施的技术要求见表 3.5-8。

表 3.5-8 常用地下渗透设施的技术要求

渗透设施		技 术 要 求
地面雨水收集		地面雨水收集管道系统的设计和计算可按雨水排出系统方法,但需注意以下不同点: 1. 雨水口应采用具有拦污截污功能的成品雨水口,见国标图 10SS705《雨水综合利用》 2. 地面集水宜采用渗透雨水口,见国标图 10SS705《雨水综合利用》 3. 雨水收集与输送管道系统的设计降雨重现期宜与入渗设施的取值一致
泥水分离装置		1. 设于埋地渗透设施入口上游,进行沉砂处理,去除树叶、泥沙等固体杂质 2. 泥沙分离装置设置详见国标图 10SS705《雨水综合利用》 3. 地面雨水进入渗透管前宜设渗透检查井或集水渗透检查井,见国标图 10SS705《雨水综合利用》
雨水入渗设施	渗透管沟	1. 渗透管沟不宜设在行车路面下 2. 渗透管沟宜采用穿孔塑料管、无砂混凝土管或排疏管等透水材料。管径不小于 150 mm,塑料管的开孔率不小于 1.5%,无砂混凝土管的孔隙率不小于 20% 3. 管周围应设蓄水层,蓄水层宜采用砾石,砾石外边应采用土工布包覆 4. 渗透管的检查井之间的管道敷设坡度宜采用 0.01~0.02 5. 在适当的位置设置测试段,长度宜为 2~3 m,两端设置止水壁,测试段应设注水孔和水位观察孔
	渗透渠	1. 一般采用镂空塑料模块拼装 2. 形状布置灵活,布置方法需在有品牌的供货商指导下进行 3. 设在行车地面下时(承压 10 t/m²),顶面覆土深度不应小于 0.8 m
	渗透池	1. 一般采用镂空塑料模块拼装,空隙率高达 95% 2. 设在停车场下时(承压 10 t/m²),顶面覆土深度不应小于 0.8 m 3. 池底设置深度从产品要求,但距地下水位不应小于 1.0 m

3. 入渗计算。

(1) 有效渗透面积。

单一系统渗透设施的渗透能力不应小于汇水面需控制及利用的雨水径流总量,当不满足时,应增加入渗面积或加设其他雨水控制及利用系统。下凹绿地面积大于接纳的硬化汇水面面积时,可不进行渗透能力计算。入渗设施的有效渗透面积应按式(3.5-2)计算:

$$A_s = W/(\alpha K J t_s) \tag{3.5-2}$$

式中 A_s——有效渗透面积(m^2);水平渗透面按投影面积计算,竖直渗透面按有效水位高度所对应的垂直面积的 1/2 计算,斜渗透面按有效水位高度的 1/2 所对应的斜面实际面积计算,埋入地下的渗透设施的顶面积不计;

W——需控制及利用的雨水径流总量(m^3);根据式(3.5-1)计算;

α——综合安全系数,一般可取 0.5~0.8;

K——土壤渗透系数(m/s),根据建筑区的地质勘探资料或现场实测确定,现场测定应取稳定渗透系数,当资料不具备时,可参照表3.5-9采用;

J——水力坡降,一般可取 $J=1.0$;

t_s——渗透时间(s),应按 24 h 计,其中入渗池、入渗井的渗透时间宜按 3 日计。

(2)日雨水渗透量。

渗透设施的日雨水渗透(利用)量应按式(3.5-3)计算:

$$W_s = \alpha K J A_s t_s \tag{3.5-3}$$

式中　W_s——渗透量(m^3);

其他参数同式(3.5-2)。

表 3.5-9　土壤渗透系数

地层	地层粒径		渗透系数 K	
	粒径/mm	所占重量/%	m/s	m/h
黏土			$<5.7×10^{-8}$	—
粉质黏土			$5.7×10^{-8}\sim1.16×10^{-6}$	—
粉土			$1.16×10^{-6}\sim5.79×10^{-6}$	$0.004\,2\sim0.020\,8$
粉砂	>0.075	>50	$5.79×10^{-6}\sim1.16×10^{-5}$	$0.020\,8\sim0.042\,0$
细砂	>0.075	>85	$1.16×10^{-5}\sim5.79×10^{-5}$	$0.042\,0\sim0.208\,0$
中砂	>0.25	>50	$5.79×10^{-5}\sim2.31×10^{-4}$	$0.208\,0\sim0.832\,0$
均质中砂			$4.05×10^{-4}\sim5.79×10^{-4}$	—
粗砂	>0.50	>50	$2.31×10^{-4}\sim5.79×10^{-4}$	—

(3)雨水储存设施储存容积计算。

入渗系统应设置雨水储存设施,单一系统储存容积应能蓄存入渗设施内产流历时的最大蓄积雨水量,并应按式(3.5-4)计算:

$$V_s = \max(W_c - \alpha K J A_s t_c) \tag{3.5-4}$$

式中　V_s——入渗系统的储存水量(m^3);

W_c——渗透设施进水量(m^3),按式(3.5-5)计算,且不宜大于式(3.5-1)计算的日雨水设计径流总量;

$$W_c = \left[60×\frac{q_c}{1\,000}×(F_y\psi_c+F_0)\right]t_c \tag{3.5-5}$$

式中　F_y——渗透设施受纳的集水面积(hm^2);

F_0——渗透设施的直接受水面积(hm^2),对于埋地渗透设施取0;

q_c——渗透设施设计产流历时对应的暴雨强度$[L/(s\cdot hm^2)]$,按2年重现期计算;

t_c——渗透设施设计产流历时(min),不宜大于120 min。

(4)地面渗透设施的简化计算。

硬化面上的雨水采用下凹绿地入渗时,可按硬化面积1:1配置下凹绿地,渗透面积和贮水容积可不再计算,视为满足入渗要求。地下建筑顶面与覆土之间设有渗排设施时,地下建筑顶面的下凹绿地也可按上述比例入渗硬化面雨水。

透水铺装地面上的降雨视为能够就地入渗,可不进行计算。

渗透池塘可按连续 3 日、7 日或月降雨量平衡、计算雨水的贮存和渗透。

【例】 北京某小区有 $1\,000\ m^2(0.1\ hm^2)$ 的屋面雨水需要采用地下渗透,渗透设施为镂空塑料模块渗透渠,孔隙率 95%,土壤为粉土。试计算所需的有效渗透面积和设施总容积。

解:

1. 日雨水径流量

设计降雨重现期取 2 年,北京市最大日降雨厚度为 86 mm。

根据表 3.5-2,屋面雨量径流系数 ψ_c 取 0.9,ψ_0 取 0.2,则屋面设计雨水日径流总量为

$$W = 10(\psi_c - \psi_0)h_y F = 10\times(0.9-0.2)\times86\times0.1\ m^3 = 60.2\ m^3$$

2. 有效渗透面积

设计雨水入渗量取日雨水径流量,渗透时间取 24 h($24\times3\,600$ s)。α 取 0.6。查表 3.5-8,渗透系数取 5×10^{-6} m/s。渗透面积为

$$A_s = \frac{W}{\alpha K J t_s} = \frac{60.2}{0.6\times5\times10^{-6}\times1\times24\times3\,600}\ m^2 = 232.25\ m^2$$

渗透面积 A_s 按 235 m^2 设置。

3. 渗透渠进水量

北京地区降雨强度公式

$$q_T = \frac{2\,001[1+0.811\lg T]}{(t+8)^{0.711}}$$

屋面流量径流系数 Ψ_c 取 1,根据式(3.5-5),渗透设施进水量

$$W_c = \left[60\times\frac{q_c}{1\,000}\times(F_y\psi_c + F_0)\right]t_c = 0.06q_c\times(0.1\times1+0)t_c = 0.006q_c t_c$$

设降雨历时和渗透渠的进水时间相等,当为 60 min 时,有:

降雨强度

$$q_c = 123.9\ L/(s\cdot hm^2)$$

渗透渠进水量

$$W_c = 0.006\times123.9\times60\ m^3 = 44.60\ m^3$$

分别计算各个历时的进水量,填入表 3.5-9 第 3 栏。当降雨历时为 140 min 时,日降雨径流量(60.2 m^3)全部进入渗透设施中,不会再随时间增加。

4. 入渗量

表 3.5-10 中第 4 栏是渗透设施中的雨水入渗量,随时间线性增长。当 t_c 为 60 min 时,入渗量为 $60\alpha A_s k J t_c = 60\times0.6\times235\times5\times10^{-6}\times1\times60\ m^3 = 2.54\ m^3$。

5. 贮水容积

表 3.5-10 中第 5 栏是渗透设施中累积起来的待渗雨水量,为进水量和入渗量之差。随着降雨历时的增加,累积水量不断增加,在 140 min 达到最大,为 53.96 m^3。根据式(3.5-4),贮存容积为 $V_s = \max(W_c - \alpha A_s k J t_c) = 53.96/0.95\ m^3 = 56.8\ m^3$,设计参数取 57 m^3。

表 3.5-10 渗透渠储水量计算表

降雨历时 t_c/min	降雨强度 q_c/[L/(s·hm²)]	渗透渠进水量 W_c/m³	渗透渠渗水量 $60\alpha A_s kJ t_c$/m³	渠中积水量/m³
60	123.9	44.60	2.54	42.06
120	79:05	56.92	5.08	51.84
140	71.29	59.88	5.92	53.96
150		60.20	6.35	53.85

3.5.4 雨水调蓄排放系统

1. 雨水的调蓄排放系统由雨水收集管网、调蓄池、排水管道组成。调蓄池应尽量利用天然洼地、池塘、景观水体等地面设施,条件不具备时,可采用地下调蓄池。

2. 雨水调蓄排放系统计算。

(1)雨水调蓄排放系统的储存设施出水管设计流量计算。

① 当降雨过程中排水时,应按式(3.5-6)计算。

$$Q' = \psi_0 q F \tag{3.5-6}$$

式中 Q'——出水管设计流量(L/s);

ψ_0——控制径流峰值所对应的径流系数,宜取 0.2;

q——暴雨强度[L/(s·hm²)],按 2 年重现期计算。

② 当降雨过后才外排时,宜按 6~12 h 排空调蓄池计算。

(2)雨水调蓄排放系统的储存设施容积计算。

① 降雨过程中排水时,宜根据设计降雨过程变化曲线和设计出流量变化曲线经模拟计算确定,资料不足时可按式(3.5-7)计算。

$$V_t = \max\left[\frac{60}{1\,000}(Q-Q')t_m\right] \tag{3.5-7}$$

式中 V_t——调蓄排放系统雨水储存设施的储水量(m³);

t_m——调蓄池设计蓄水历时(min),不大于 120 min;

Q——调蓄池进水流量(L/s);

Q'——出水管设计流量(L/s),按式(3.5-6)计算。

② 当雨后才排空时,应按汇水面雨水设计径流总量 W 取值。

3.5.5 多系统组合

1. 采用入渗系统和收集回用系统的组合。

入渗量和雨水设计用量应按下列公式进行计算。

$$W = \alpha K J A_s t_s + \sum q_i n_i t_y \tag{3.5-8}$$

$$W_1 = \alpha K J A_s t_s \tag{3.5-9}$$

$$W_2 = \sum q_i n_i t_y \tag{3.5-10}$$

式中 t_s——渗透时间(s),应按 24 h 计;对于渗透池和渗透井,宜按 3 d 计;

       q_i——第 i 种用水户的日用水定额(m^3/d),根据现行国家标准《建筑给水排水设计规范》(GB 50015—2003)(2009 年版)和《建筑中水设计规范》(GB 50336—2002)计算;

       n_i——第 i 种用水户的用户数量;

       t_y——用水时间,宜取 2.5 d;当雨水主要用于小区景观水体,并且作为该水体主要水源时,可取 7 d 甚至更长时间,但需同时加大蓄水容积;

       W_1——入渗设施汇水面上的雨水设计径流量(m^3);

       W_2——收集回用系统汇水面上的雨水设计径流量(m^3)。

2. 当雨水控制及利用采用多系统组合时,各系统的有效储水量计算。

$$W = (V_s + W_{x1}) + V_h + V_t \qquad (3.5-11)$$

式中 V_s——入渗系统的储存水量(m^3);

       W_{x1}——入渗设施内累积的雨水量达到最大值过程中渗透的雨水量(m^3);

       V_h——收集回用系统雨水储存设施的储水量(m^3);

       V_t——调蓄排放系统雨水储存设施的储水量(m^3)。

3. 雨水控制及利用系统的有效截留雨量。

(1) 各雨水控制及利用系统或设施的有效截留雨量应通过水量平衡计算,并应根据表 3.5-11 中影响因素确定:

表 3.5-11   雨水控制及利用系统或设施有效截留雨量的影响因素

系统类别	主要影响因素
收集回用系统	雨水蓄存设施的有效储水容积、汇水面日径流量、雨水用户的用水能力
渗透系统或设施	有效储水容积、汇水面日径流量、日渗透量;当透水铺装按表 3.5-2 取径流系数时,可不计算截留雨量
调蓄排放系统	调蓄设施的有效储水容积、汇水面日径流量

(2) 雨水控制及利用系统的有效截留雨量应为各系统的截留雨量之和,并应按式(3.5-12)计算:

$$V_L = V_{L1} + V_{L2} + V_{L3} \qquad (3.5-12)$$

式中 V_{L1}——渗透设施的截留雨量(m^3);

       V_{L2}——收集回用系统的截留雨量(m^3);

       V_{L3}——调蓄排放设施的截留雨量(m^3)。

(3) 建设场地外排雨水总量应按式(3.5-13)计算:

$$W_p = 10\psi_z h_p F_z - V_L \qquad (3.5-13)$$

式中 ψ_z——建设场地综合雨量径流系数,应按表 3.5-2 确定;

       V_L——雨水控制及利用设施截留雨量(m^3)。

(4) 建设场地日降雨控制及利用率应按式(3.5-14)计算:

$$f_k = 1 - W_p / (10 h_p F_z) \qquad (3.5-14)$$

式中　f_k——建设场地日降雨控制及利用率;

　　　W_p——建设场地外排雨水总量(m^3);

　　　h_p——日降雨量(mm),因重现期而异;

　　　F_z——建设场地总面积(m^2)。

3.5.6　建筑区的雨水排除

建筑区内硬化面上的雨水采用入渗或收集回用方式利用后,仍需要设置雨水排除系统,对雨水控制及利用设施的溢流雨水进行收集、排除。

1. 排水系统的设置

(1)当绿地标高低于道路标高时,路面雨水应引入绿地,雨水口宜设在道路两边的绿地内,其顶面标高应高于绿地 20~50 mm,且不应高于路面。

(2)雨水口宜采用平箅式,设置间距应根据汇水面积确定,且不宜大于 40 m。

(3)透水铺装地面的雨水排水设施宜采用排水沟。

(4)渗透管-排放系统应满足排除雨水流量的要求,管道水力计算可采用有压流。

(5)雨水排除系统的出水口不宜采用淹没出流。

(6)室外下沉式广场、局部下沉式庭院,当与建筑连通时,其雨水排水系统应采用加压提升排放系统;当与建筑物不连通且下沉深度小于 1 m 时,可采用重力排放系统,并应确保排水出口为自由出流。处于山地或坡地且不会雨水倒灌时,可采用重力排放系统。

(7)与市政管网连接的雨水检查井应满足雨水流量测试要求。

(8)外排雨水管道的水力计算应符合现行国家标准《建筑给水排水设计规范》(GB 50015—2003)(2009 年版)和《室外排水设计规范》(GB 50014—2006)(2016 年版)的规定。

2. 排水流量计算中的径流系数

当雨水收集回用系统和入渗系统能够拦截全部硬化面上常年最大日降雨量的 80% 及以上时,则硬化面上的排水流量径流系数可按 0.25~0.4 取值。非硬化面的径流系数按常规取值。

【本节精选习题】

1. 下列关于雨水水质处理工艺的叙述中,哪项正确?(　　　)

A. 雨水处理工艺的选择只考虑原水水质与回用水质

B. 大多数情况下宜采用膜法处理雨水

C. 雨水回用于冲厕时可不设消毒工艺

D. 沉淀-过滤是处理屋面雨水的常规工艺之一

> 答案:【D】
>
> 解析:应考虑收集的雨水水量等因素,A 错误;
>
> 仅用户对水质要求较高时才有可能用膜过滤等,B 错误;
>
> 回用雨水宜消毒,C 错误;
>
> 本题选 D。

2. 下列有关小区绿地喷灌的建筑雨水供水系统设计要求的叙述中,哪项错误?(　　　)

A. 供水管道上应装设水表计量

B. 供水管道上不得装设取水龙头

C. 供水管材不得采用非镀锌钢管

D. 自来水补水管口进入雨水蓄水池内补水时,应采取空气隔断措施

答案:【D】

解析:供水管道和补水管道上应设水表计量,A 项正确;

供水管道上不得装设取水龙头,B 项正确;

供水系统管材可采用塑料和金属复合管、塑料给水管或其他给水管材,但不得采用非镀锌钢管,C 项正确;当采用生活饮用水向蓄水池(箱)补水时,补水管口应设在池外,D 项错误。故选 D 项。

3. 下列关于小区雨水利用系统的说法中,哪几项不正确?( )

A. 雨水收集回用系统可削减小区外排雨水径流总量

B. 雨水调蓄排放系统可削减小区外排雨水径流总量

C. 设有景观水体的小区雨水利用应优先考虑用于景观水体的补充

D. 小区雨水收集回用系统宜用于年平均降雨量小于 400 mm 的地区

答案:【BCD】

解析:调蓄排放系统或技术是把雨水排放的流量峰值减缓、排放时间延长,其手段是储存调节,B 错误;

对于选项 C,强调屋面雨水,C 错误;

对于选项 D,收集回用系统宜用于年均降雨量大于 400 mm 的地区,D 错误。

本题选 BCD。

4. 下列关于雨水收集回用系统处理工艺设计的描述,哪几项错误?( )

A. 雨水蓄水池可兼作沉淀池

B. 应结合雨水可生化性好的特征合理选择处理工艺

C. 雨水用作景观水体的补水时应设置消毒工艺

D. 非种植屋面雨水可不设置初期径流雨水弃流设施

答案:【BCD】

解析:蓄水池可兼作沉淀池,A 项正确;雨水的可生化性很差,B 项错误;回用雨水宜消毒,C 项说法不准确;除种植屋面外,雨水收集回用系统均应设置弃流设施,雨水入渗收集系统应设弃流设施。故选 BCD 项。

5. 某屋面雨水利用工程采用屋面雨水用于建筑冲厕,其屋面雨水设计径流总量(设计重现期 $P=2$ 年)扣除弃流量之后为 120 m³,则其雨水回用系统最高日的设计用水量不宜(不)小于下列哪项?( )

A. 40 m³   B. 48 m³   C. 60 m³   D. 120 m³

答案:【B】

解析:雨水收集回用系统的最高设计用水量不宜小于集水面日雨水设计径流总量的 40%;则雨水回用系统最高日的设计用水量不宜小于:120×40% m² = 48 m²

6. 某居住小区屋面雨水收集利用工程设计汇水面积为 12 000 m²,该屋面设计初期径流弃流量不宜小于下列哪项?( )

A. 12 m³   B. 24 m³   C. 36 m³   D. 60 m³

答案:【B】

解析:"当无资料时,屋面弃流可采用 2~3 mm 径流厚度",取弃流厚度为 2 mm。

$$W = 10×2×12\ 000/10\ 000\ \text{m}^3 = 24\ \text{m}^3,选 B。$$

第4章 建筑热水

4.1 系统选择与设计

4.1.1 系统选择

1. 热水供应系统的分类。

热水供应系统,根据建筑类型、规模、热源情况、用水要求、管网布置、循环方式等分成各种类型,见表 4.1-1。

表 4.1-1 热水供应系统分类

热水供应系统范围分类	局部热水供应系统 集中热水供应系统 区域热水供应系统
按热水供应系统是否敞开分类	开式热水供应系统 闭式热水供应系统
按热水管网循环方式分类	不循环热水供应系统 干管循环热水供应系统 干、立管循环热水供应系统 干、立、支管循环热水供应系统
按热水管网循环动力分类	自然循环热水供应系统 机械循环热水供应系统
按热水管网循环水泵运行方式分类	全日循环热水供应系统 定时循环热水供应系统
按热水管网布置图示分类	上行下给式热水供应系统 下行上给式热水供应系统 上行下给返程式热水供应系统 下行上给返程式热水供应系统
按热水供应系统分区方式分类	加热器集中设置的分区热水供应系统 加热器分散设置的分区热水供应系统

2. 热水供应系统选择原则。

热水供应系统应根据使用对象、建筑物的特点、热水用水量、用水规律、用水点分布、热源类型、水加热设备及操作管理条件等因素,经技术经济比较后选择合适的系统形式。集中热水供应系统一般用于使用要求高、耗热量大,用水点分布较密集或较连续,热源条件充分的场合;局部热水供应系统一般用于使用要求不高,用水范围小、用水点数量少且分散,热源条件不够理想的场合。

4.1.2 常用热水供应系统图式及设计要点

1. 常用热水供应系统图式及评价见表 4.1-2。

表 4.1-2 常用热水供应系统的评价

名称	图式	优缺点	适用条件
局部热水供应系统	采用小型加热器在热水场所就地加热,供局部范围内一个或几个用水点使用	1. 各户按需加热水,避免集中式加热供应盲目贮备热水 2. 系统简单,造价低、维护管理容易 3. 热水分散制备,配水点较少,且和热源较近,热水管道短、热损失小 4. 不需建造锅炉房、加热设备、管道系统和聘用专职司炉工人 5. 热媒系统设施投资增大 6. 小型加热器效率低、热水成本增高	1. 热水用水量小且用水点分散的建筑,如餐饮店、理发店、门诊所、办公楼等 2. 住宅建筑 3. 旧建筑增设热水供应
集中热水供应系统	在锅炉房或热交换站将水集中加热;通过热水管道将热水输送到一栋或几栋建筑	1. 加热设备集中,管理方便 2. 考虑热水用水设备的同时使用率,加热设备的总热负荷可减小 3. 大型锅炉热效率高,可使用煤等廉价的燃料 4. 使用热水方便舒适 5. 设备系统复杂,建设投资较高 6. 管道热损失大 7. 需要专门的管理操作维护工人 8. 改建、扩建困难,大修复杂	热水用水量大、用水点多且较集中的建筑,如旅馆、医院、住宅、公共浴室等

续表

名称	图式	优缺点	适用条件
区域热水供应系统	水在热电厂或区域热交换站加热，通过室外热水管网将热水输送至城市街坊、住宅小区各建筑中	1. 便于集中统一维护管理和热能综合利用 2. 大型锅炉房的热效率和操作管理的自动化程度高 3. 消除分散的小型锅炉房，减少环境污染，减少占地面积 4. 设备、系统复杂，需敷设室外供水和回水管道，基建投资甚高 5. 需专门的管理技术人员	需要热水供应建筑甚多且较集中的城镇住宅区和大型工业企业
开式热水供应系统	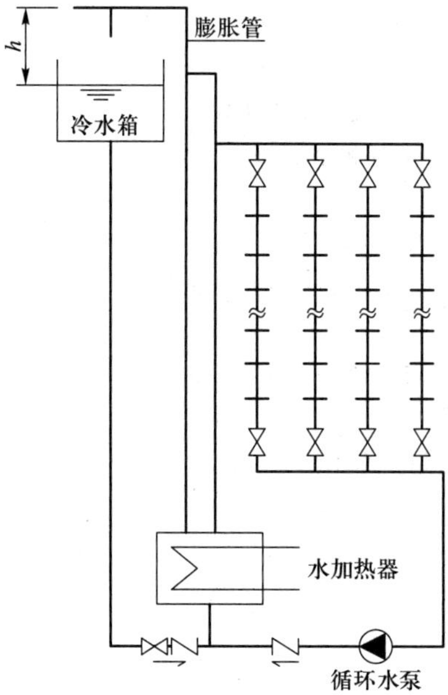 图1	（一）设膨胀管系统（图1） 1. 不需设安全阀或膨胀罐，运行较安全 2. 供水压力较平稳 3. 须设高位冷水箱和膨胀管或高位开式加热水箱，且膨胀管高出水箱水面 h 较高，当高位水箱位于室内时布置较困难 4. 一个加热器一根膨胀管。当加热器多时，膨胀管多 5. 水质易受污染	1. 屋顶设露天高位冷水箱的系统 2. 采用间接式水加热器的系统 3. 采用直接供应热水的热水机组的系统 4. 当给水管道水压变化较大，用水点要求水压稳定时，宜采用开式热水供应系统或采用稳压措施

续表

名称	图式	优缺点	适用条件
开式热水供应系统	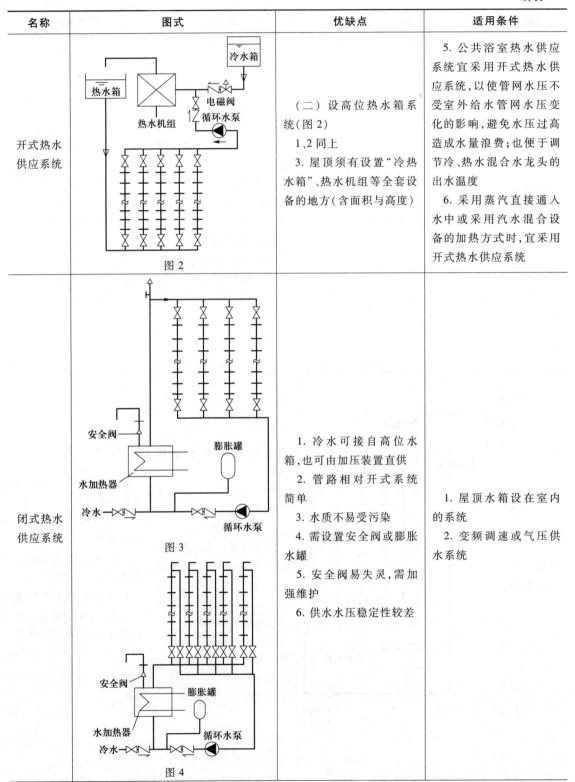 图 2	（二）设高位热水箱系统（图 2） 1、2 同上 3. 屋顶须有设置"冷热水箱"、热水机组等全套设备的地方（含面积与高度）	5. 公共浴室热水供应系统宜采用开式热水供应系统，以使管网水压不受室外给水管网水压变化的影响，避免水压过高造成水量浪费；也便于调节冷、热水混合水龙头的出水温度 6. 采用蒸汽直接通入水中或采用汽水混合设备的加热方式时，宜采用开式热水供应系统
闭式热水供应系统	图 3 图 4	1. 冷水可接自高位水箱，也可由加压装置直供 2. 管路相对开式系统简单 3. 水质不易受污染 4. 需设置安全阀或膨胀水罐 5. 安全阀易失灵，需加强维护 6. 供水水压稳定性较差	1. 屋顶水箱设在室内的系统 2. 变频调速或气压供水系统

名称	图式	优缺点	适用条件
干管循环热水供应系统	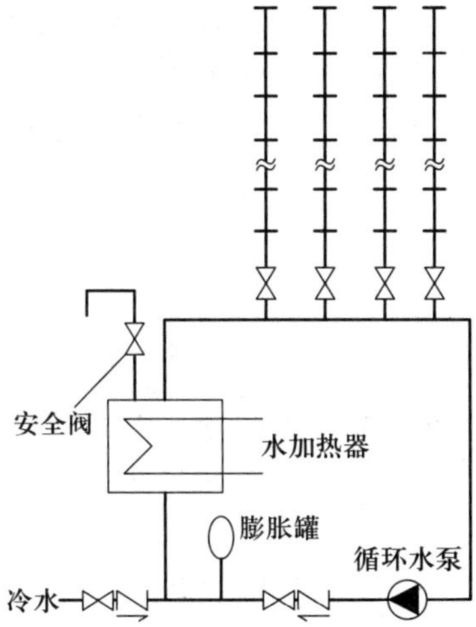 安全阀　水加热器 膨胀罐　循环水泵 冷水 图 5	1. 使用前管系中冷水放水量减少,放水等待时间缩短 2. 简化循环管路,节约一次投资 3. 使用前需放走一部分冷水,消费水,使用不方便	1. 标准低的小型热水系统 2. 中、大型集中浴室供水系统
干、立管热水循环供应系统	见图 1、图 4	1. 可随时较快获得热水,使用方便 2. 节约用水节约能源 3. 第一投资较大	1. 中型以上集中热水供应系统 2. 要求较高的小型热水供应系统
干、立、支管热水循环供应系统	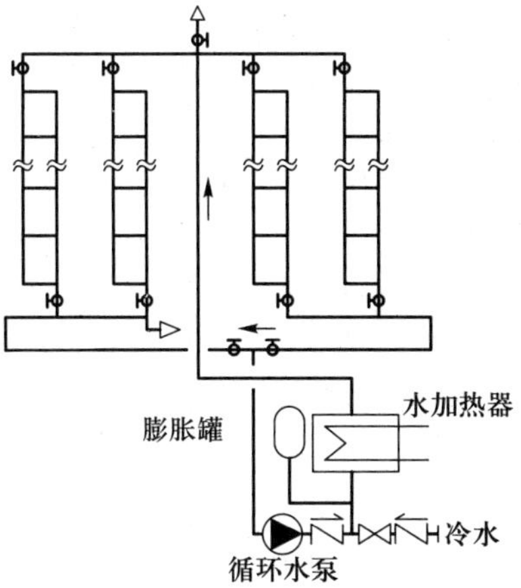 膨胀罐　水加热器 冷水 循环水泵 图 6	1. 可随时迅速获得热水,方便用户 2. 节水 3. 一次投资大 4. 循环管路复杂,难以保证循环效果	1. 要求打开水龙头即可获得所需温度热水的高级宾馆、医院、疗养院、幼儿园、公寓、别墅、高级住宅等建筑

续表

名称	图式	优缺点	适用条件
干、立、支管热水循环供应系统	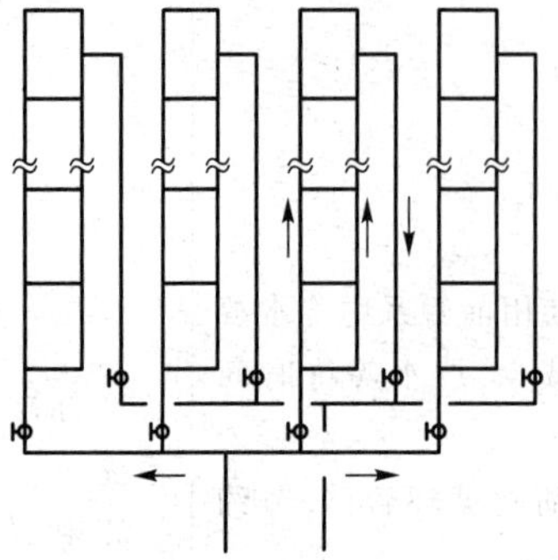 图7 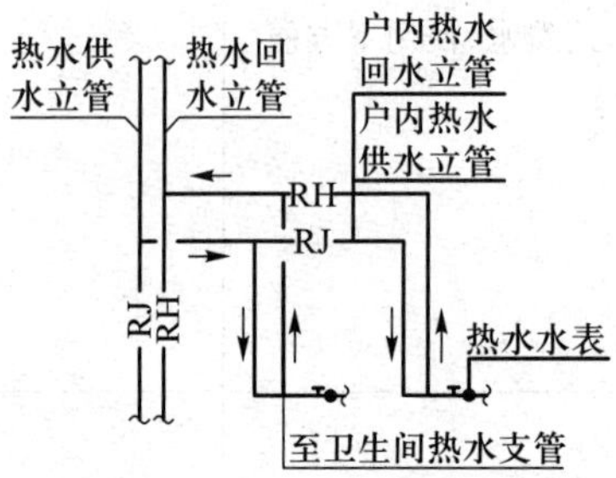 图8	5. 公寓或高级住宅等需计量热水量的用户宜采用图8的方式，避免配水、回水支管上均设水表引起的误差	2. 亦可采用支管加电伴热，仅干、立管循环的方式
上行下给式循环热水供应系统	见图1、图3	1. 供水压力变化与用水压力相应，使用条件好、节能 2. 省了一根回水立管，省管井，方便管路布置 3. 供水、回水干管不同层加建筑装饰要求	顶层有条件敷设干管的建筑
下行上给式循环热水供应系统	见图4	1. 供回水干管集中节省顶层空间 2. 可利用最高配水龙头放气 3. 供水压力的变化与用水压力相逆，使用条件较差 4. 多了一根回水立管、相应增大管井、管路布置较复杂	顶层无条件敷设干管的建筑

名称	图式	优缺点	适用条件
同程式循环热水供应系统	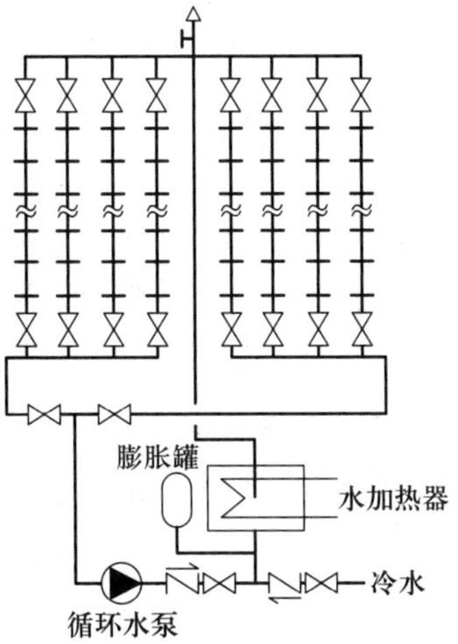 图 9	1. 各环路阻力损失接近，有效地防止循环短路现象，能即时取到热水，用水方便 2. 节能、节水、节省运行调试工作 3. 管路稍增，一次投资加大	1. 中、大型热水供应系统 2. 标准高的小型热水供应系统 3. 图1、图2、图3、图4、图5、图6、图7、图8、图9、图10、图11、图12、图13均为同程式循环
用减压阀分区、每区分设水加热器的系统	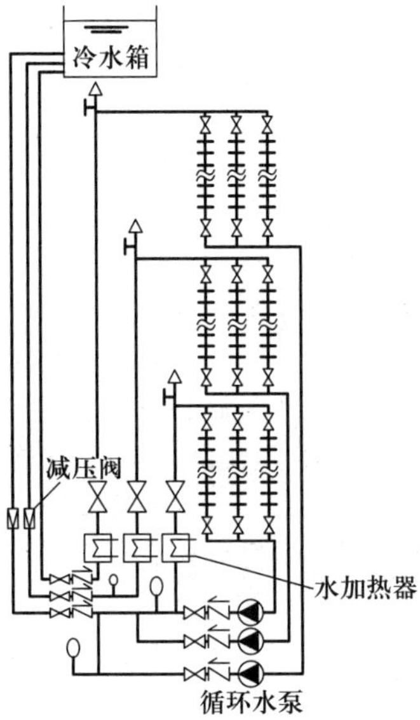 图 10	1. 设备集中，便于操纵管理 2. 可使用地下室或底层辅助建筑 3. 有利于热水回水的循环 4. 各区分设加热设备，设备数量多，管路较复杂 5. 高区加热设备承压高 6. 须用质量可靠的减压阀	适用于高区的水加热设备承压小于1.6 MPa的高层建筑

续表

名称	图式	优缺点	适用条件
支管设减压阀的分区供水系统	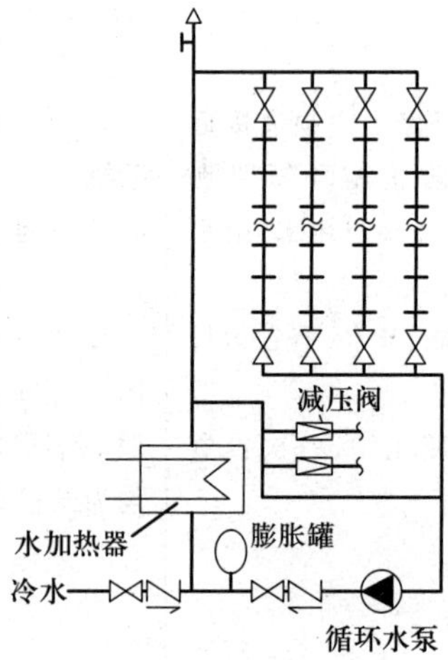 图 11	1. 设备集中,便于维护管理 2. 系统简单、节省一次性投资 3. 低区支管上设减压阀后的管段内热水不能循环 4. 须用质量可靠的减压阀	1. 适用于高区为客房、公寓等带小卫生间、低区为不带淋浴的厨房等服务性配套用房的高层建筑,或低区需要设置减压阀的用户数目少的高层建筑中 2. 建筑高度小于 60 m 的高层建筑
用减压阀分区,水加热器不分区的热水供应系统	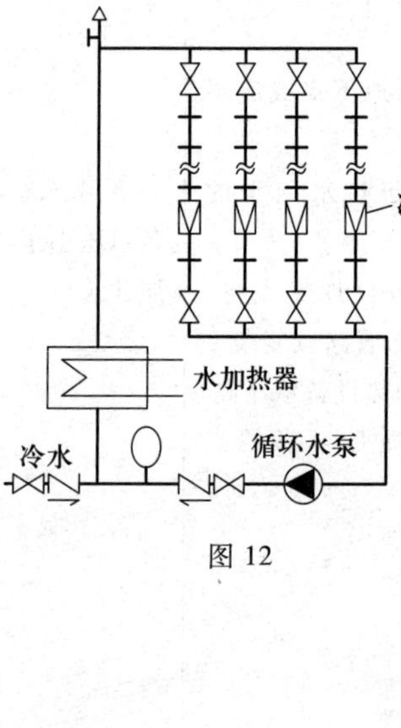 图 12	1. 系统简单 2. 有利于冷热水压力平衡 3. 循环泵的扬程需加上减压阀减掉的压力值,耗能 4. 须选用质量可靠的减压阀	1. 适用于建筑高度 <60 m 的高层住宅 2. 宜单级减压不宜串联几级减压

续表

名称	图式	优缺点	适用条件
用分区高位水箱分区供水的热水供应系统	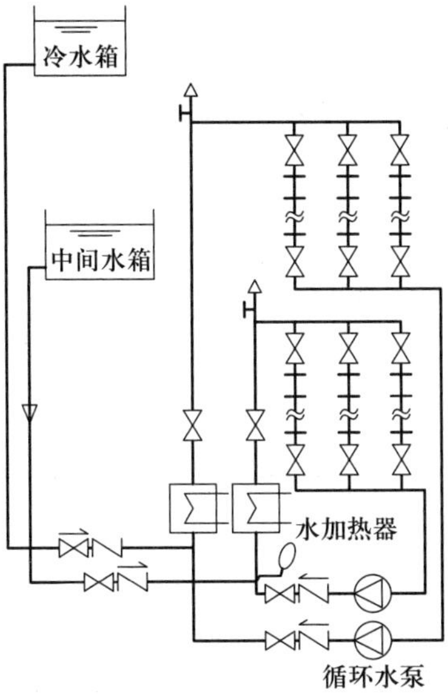 冷水箱 中间水箱 水加热器 循环水泵 图 13	1. 系统安全可靠 2. 有利于冷热水压力平衡及热水回水的循环 3. 中间水箱占地 4. 管路较复杂	适用于要求供水安全可靠的高层建筑
倒循环热水供应系统	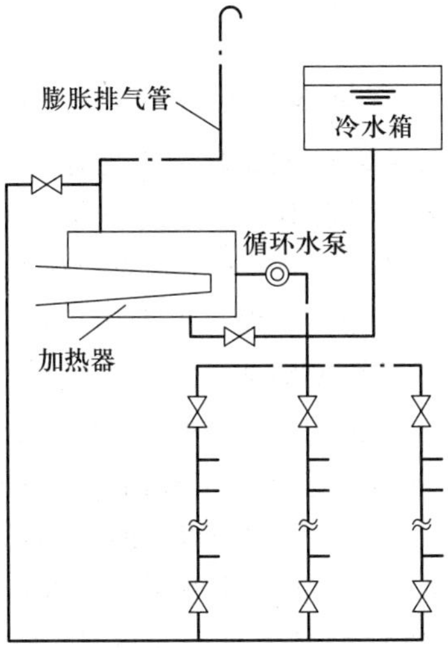 膨胀排气管 冷水箱 循环水泵 加热器 图 14	1. 水加热器承压的水压力小 2. 水加热器的冷水进水管路短,水头损失小,可降低冷水箱设置高度 3. 膨胀排气管短,高出冷水箱水面的高度小 4. 必须设置循环水泵 5. 减震消声处理要求高	一般用于高层建筑

名称	图式	优缺点	适用条件
倒循环热水供应系统	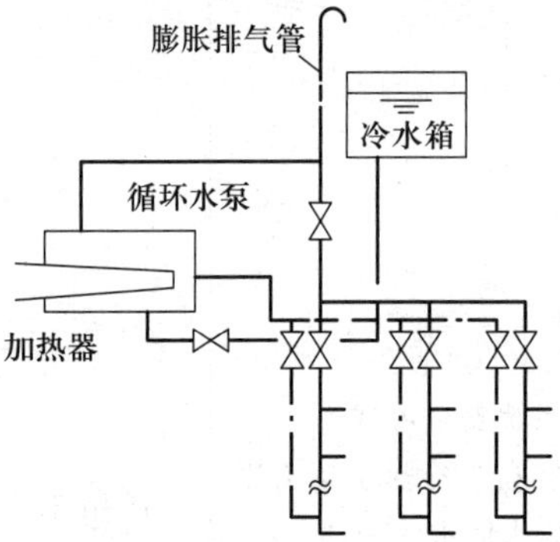 图 15		

2. 系统设计要点。

(1) 设计小时耗热量不超过 293 100 kJ/h(约折合 4 个淋浴器的耗热量)时,宜采用局部热水供水方式。

(2) 热水用水点分散且耗热量不大的建筑(如只为洗手盆设热水供应的办公楼)或采用集中热水供应系统的不合理的地方,宜采用局部热水供水方式。

(3) 热水用水量大,设计小时耗热量超过 293 100 kJ/h,宜采用集中热水供应系统。

(4) 集中热水供应系统应设热水回水管道,保证干管和立管中的热水循环。要求随时取得不低于规定温度的热水的建筑,应保证支管中的热水循环,或有保证支管中热水温度的措施,如采用自控调温电伴热来保持支管中热水温度。居住建筑等需分户计量的集中热水供应系统一般不宜设支管循环,可按本条(6)款 4 处理。

(5) 建筑物内的热水循环管道宜采用同程式布置的方式,当采用同程式布置困难时,应有保证干管和立管循环效果的措施。循环系统应设循环泵,采取机械循环。自然循环只适用于系统小、管路简单、干管水平方向很短、竖向高的系统及对水温要求不严的个别场合。

对于多层的单栋别墅公寓,卫生间较多(一般为 3 个以上),热水用水点也较多,热水器多采用容积式,设置在底层的设备间内,热水管道供水到各用水点,采用一种专用于住宅及别墅热水回水系统的回水配件,使住宅热水自然循环得以实现。系统见图 4.1-1。它作用的原理就是热水管道形成自然循环的条件,即随着热水管道中的水温逐渐下降,它的容重就随之增加,温度低的水向管道底部运动,温度高的水位于管道上部,变冷的水通过回水配件回到加热器内。这个过程虽然是很缓慢的但却不断地在进行,使热水管道中的水保持使用温度,使用者打开热水龙头就可得到所需温度的热水。当系统水平管段较长时,亦可采用小的热水管道循环泵取代回水配件。

(6) 居住小区内集中热水供应系统的热水循环管道宜根据建筑物的布置、各单体建筑物内热水循环管道布置的差异等采取保证循环效果的适宜措施。

① 小区集中生活热水供应系统应设热水回水总干管并设总循环泵,采用机械循环。热水回水总干管的设置应保证每栋建筑中热水干、立管中的热水循环。

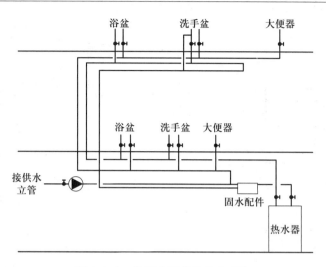

图 4.1-1 设回水配件的热水系统

② 当同一供水系统所服务单体建筑内的热水供、回水管道布置相同或相似时,单体建筑的回水干管与小区热水回水总干管可采用导流三通连接保证循环效果。

③ 当同一供水系统所服务单体建筑内的热水供、回水管道布置不同时,宜在单体建筑连接至小区热水回水总干管的回水管上设分循环泵或温度控制阀,保证循环效果。

④ 当同一供水系统所服务的单体建筑为设有多卫生间的别墅或公寓时,户内热水回水支管宜接在卫生间热水供水支管的分水表前,当有困难时,可对热水供水支管采用电伴热措施,保证供水温度。

(7)冷、热水系统均宜采用上行下给的供水方式。配水立管自上而下管径由大到小的变化与水压由小到大的变化相应,有利于减少上、下层配水的压差,有利于保证同区最高层的供水压力。同时,不需专设回水立管,既节省投资,又节省管井的空间。

(8)工业企业生活间、公共浴室、学校、剧院、体育馆(场)等设集中供应热水系统时,宜采用定时供应热水。普通旅馆、住宅、医院等设置的集中热水供应系统,也可采用定时供应热水。对于定时供应系统,个别用水点对热水供应有特殊要求者(如供水时间、水温等)宜对个别用水点设局部热水供水。

(9)在设有集中热水供应系统的建筑内,对用水量大的公共浴室、洗衣房、厨房等用户,宜设单独的热水管网,以避免对其他用水点造成大的水量水压波动。

(10)高层建筑物内热水供应系统的垂直分区应与给水系统分区一致。各区的水加热器的进水均应由同区的给水系统设专管供给,即此专管上不应分支供给其他用水,以保证热水系统水压的相对稳定。当高、低区热水系统共用水加热设备,采用减压阀分区时,不宜采用在热水干、立管上设减压阀分区的措施,宜在低区热水供水支管上设减压阀(图 4.1-2、图 4.1-3、图 4.1-4、图 4.1-5)。图 4.1-3 所示系统适用于低区热水用水点较多且设备用房有条件分区设水加热器的建筑。图 4.1-4 所示系统适用于低区热水用水点不多、用水量不大且分散及对水温要求严(如理发室、美容院)的地方,高、低区回水管汇合点 C 处的回水压力由调节回水管上的阀门平衡。图 4.1-5 所示系统适用于高层住宅、办公楼等高、低区只能设一套水加热设备或用热水量不大的热水供应系统。高、低区共用供水立管,低区分户供水支管上设减压阀。

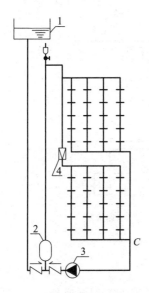

图 4.1-2　减压阀分区热水供应系统
错误图示
1—冷水补水箱;2—水加热器(高、低区共用);
3—循环泵;4—减压泵

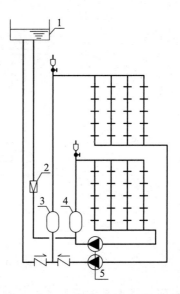

图 4.1-3　减压阀分区热水供应系统
正确图示
1—冷水补水箱;2—减压阀;3—高区水加热器;
4—低区水加热器;5—循环泵

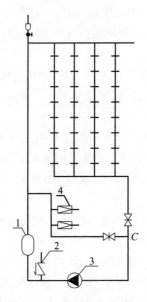

图 4.1-4　支管设减压阀热水
供应系统正确图示
1—水加热器;2—冷水补水管;
3—循环泵;4—减压阀

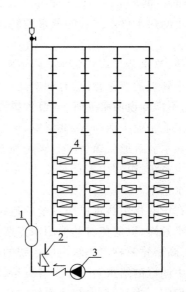

图 4.1-5　高、低区共用立管低区设
支管减压阀热水系统正确图示
1—水加热器;2—冷水补水管;
3—循环泵;4—减压阀

（11）高层、多层高级旅馆建筑的顶层如为高标准套间客房、总统套房,为保证其供水水压的稳定,宜设置单独的热水供水管,即不与其下层共用热水供水立管。

（12）热水供水系统最不利点的供水压力应考虑卫生器具水龙头的水压要求,当采用高档卫生器具时,其水压应按产品要求设计,如缺乏资料,一般最不利点的供水压力可按不小于0.1 MPa设计。

（13）水加热器宜位于热水供应系统的适中位置,应避免热水出水干管过长、阻力损失大而造成用水点出冷、热水压力不平衡的问题。在高位水箱供水的情况下,冷水供最高用水点处距离近、阻力小,容易保证供水压力,为减少该点冷热水的压力差,则更应尽量缩短热水供水管路的长度,即加热间应靠近热水用水的负荷中心。

（14）给水管道水压变化较大而用水点要求水压稳定(如公共浴室的淋浴器等),宜采用开式热水供应系统。

（15）卫生器具带有冷、热水混合器或冷、热水混合龙头时,应考虑冷、热水供水系统在配水点处有相同水压的措施,或设置恒温调节阀以保证安全、舒适供水。

（16）养老院、精神病医院、幼儿园、监狱等特殊建筑的淋浴设备热水供水系统应采取防烫伤措施。一般做法为:严格控制加热器出水温度,保证用水点处冷、热水压力平衡,采用终温防烫温控阀。

【本节精选习题】

1. 从下列集中热水供应系统图示中,确定哪一项对开、闭式系统的判断是正确的。（　　）
A. 开式:图(a)、(b);闭式:图(c)、(d)　　　B. 开式:图(a)、(c);闭式:图(b)、(d)
C. 开式:图(a)、(d);闭式:图(b)、(c)　　　D. 开式:图(c)、(d);闭式:图(a)、(b)

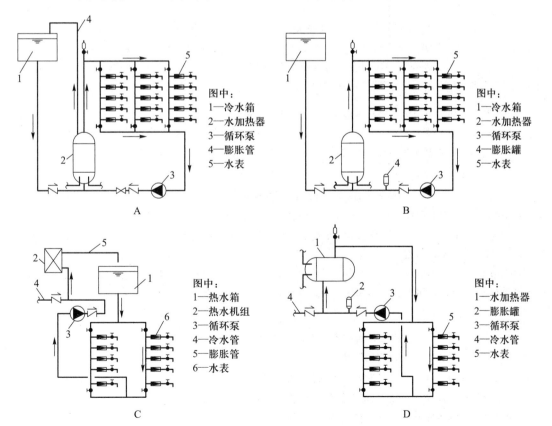

答案:【B】

解析:一般有膨胀管的热水系统是开式。

2. 对于采用蒸汽直接通入水中的加热方式,为防止加热水箱内的水倒流至蒸汽管,拟采取下列措施:① 设置限流阀;② 设置止回装置;③ 设置温控阀;④ 设置消声器;⑤ 抬高热水管标高;⑥ 抬高蒸汽管标高;⑦ 抬高冷水箱标高。上述措施中有几项正确?(　　)

A. 1项正确,正确项为②

B. 2项正确,正确项为②、⑥

C. 3项正确,正确项为②、⑤、⑥

D. 4项正确,正确项为②、⑤、⑥、⑦

答案:【B】

解析:为防止加热水箱内的水倒流至蒸汽管,应采取防止热水倒流的措施,如提高蒸汽管标高、设置止回装置等,故选 B 项。

3. 为防止建筑生活热水供应系统中被热水烫伤事故的发生,下列哪几项措施正确?(　　)

A. 控制水加热设备出水温度与最不利配水点温差≤10℃

B. 保证混合龙头用水点处冷、热水压力的平衡与稳定

C. 在用水终端装设安全可靠的调控阀件

D. 热水供、回水管道采用同程布置

答案:【BC】

解析:控制水加热设备出水温度与最不利配水点温差是为了避免热损失过大,造成能量浪费,故 A 错误。B、C 正确(压力不稳定,就会造成热水忽冷忽热,容易造成烫伤,用水终端可设计恒温控制阀,来调节热水的出水温度,使之恒温出水,避免烫伤)。热水供、回水管道采用同程布置的目的是为了防止热水系统短路循环,从而保证循环效果,不是为了防止烫伤,故 D 错误。故选 BC 项。

4. 下列关于开式集中热水供应系统的设置中,哪几项正确(　　)?

A. 系统中不需设置膨胀罐　　　　　　　B. 半容积式热交换罐上可不设安全阀

C. 下行上给式配水系统可不设排气装置　　D. 管网系统应设热水循环管道

答案:【ABC】

解析:对于选项 A,开式系统不设膨胀罐和安全阀,闭式系统才设;

对于选项 B,装安全阀是闭式热水系统上一项必要的安全措施。AB 正确。

对于选项 C,上行下给式系统配水干管最高点应设排气装置,下行上给式配水系统,可利用最高配水点放气,系统最低点应设泄水装置。C 正确。

对于选项 D,居住小区内集中热水供应系统的热水循环管道宜根据建筑物的布置、各单位建筑物内热水循环管道布置的差异等,采取保证循环效果的适宜措施。其并不要求一定设热水循环管道。D 错误。本题选 ABC。

5. 下列关于建筑生活热水供应系统的说法中,哪几项不正确?(　　)

A. 闭式热水供应系统必须设置膨胀罐

B. 单管热水供应系统是指不设循环管道的热水供应系统

C. 营业时间段不间断供应热水,即可称作全日制热水供应系统

D. 开式热水供应系统适用于对冷热水压力平衡要求较高的建筑

答案:【AB】

解析:"日用水量小于等于 30 m³的热水供应系统可采用安全阀等泄压措施",A 错;

单管热水供应系统是"用一根管道供应单一温度,用水点不再调节水温的热水系统",B 错;

全日热水供应系统指在全日、工作或营业时间内不间断供应热水的系统,C 对;

开式系统中的水压仅取决于高位水箱的设置高度,若冷水亦采用高位水箱供水,则能保证冷热水压力平衡,D 对。

6. 对某高层酒店的全日制集中热水供应系统,为缩短客房卫生间的热水出水时间,拟采用下列措施。确定有几项措施是有效的,应给出有效措施项的编号并说明理由。(   )

① 使热水立管尽量靠近热水器具,减小支管长度。

② 热交换器进水由同区给水系统专管供应。

③ 缩短热交换器至热水配水管网之间的热水输水管道的长度。

④ 加设支管循环。

⑤ 配水点处冷热水有相近的水压。

A. 2 项   B. 3 项   C. 4 项   D. 5 项

答案:【A】

解析:热水出水之所以需要一段时间是因为要先把管道里面的温度较低的水放掉,故能减小热损失、增大配水点最低水温的方法都是可行的。

对于①:减小支管长度可以减小支管中温度较低水的量,正确;

对于②:该方案可以解决冷热水出水温度的稳定(不会忽冷忽热),但不能减小热水出水时间,错误;

对于③:减小输水管道长度可以减小输水管容积,使干管循环泵启动的频率降低,整体情况是输水管中一日平均温度会更高,但不影响放掉的温度低水量,错误;

对于④:支管循环可以使卫生器具不用时支管中水温不过低,正确;

对于⑤:该方案可以解决冷热水出水温度的稳定(不会忽冷忽热),但不能减小热水出水时间,错误。

7. 下图为某建筑全日制集中热水供应系统设计示意图,下列针对该热水供应系统存在问题的说法中,有几项正确(应列出正确项编号并说明理由)?(   )

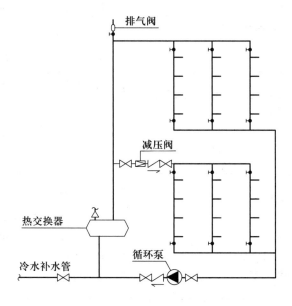

① 无法实现对低区的减压。

② 低区热水循环无法实现。

③ 系统无法应对热水膨胀。

④ 无用水工况时,循环泵不需要运行。

⑤ 无用水工况时,水加热器不需要运行。

A. 1 处　　　　　　　B. 2 处　　　　　　　C. 3 处　　　　　　　D. 4 处

答案:【A】

解析:① 低区如果减压的话其终点压力可能大于起点压力,本质就类似高区是一个大的旁通管,故减压阀无法正常发挥作用,错误;② 由于高区回水水压大于低区回水压力,故低区无法循环,正确;③ 本题不通大气,为闭式系统,未设置膨胀罐,但热交换器上设置了泄压阀,故热水量小于 30 m³ 还是可以应对膨胀的,错误;④ 无用水工况,管道中的水会冷,需要开启循环泵保证用户用水时能较快时间用到热水,错误;⑤ 无用水工况,管道中的水会冷,循环泵送来的回水需要重新加热,故错误。

4.2　热水用水定额、水温和水质

4.2.1　热水用水定额

热水用水定额根据卫生器具完善程度和地区条件,应按表 4.2-1 确定。

卫生器具的一次和小时热水用水定额及水温应按表 4.2-2 确定。

表 4.2-1　热水用水定额

序号	建筑物名称	单位	最高日用水定额 /L	使用时间 /h
1	住宅 　有自备热水供应和沐浴设备 　有集中热水供应和沐浴设备	每人每日 每人每日	40~80 60~100	24 24
2	别墅	每人每日	70~110	24
3	酒店式公寓	每人每日	80~100	24
4	宿舍 　Ⅰ类、Ⅱ类 　Ⅲ类、Ⅳ类	每人每日 每人每日	70~100 40~80	24 或定时供应
5	招待所、培训中心、普通旅馆 　设公用盥洗室 　设公用盥洗室、淋浴室 　设公用盥洗室、淋浴室、洗衣室 　设单独卫生间、公用洗衣室	每人每日 每人每日 每人每日 每人每日	25~40 40~60 50~80 60~100	24 或定时供应

续表

序号	建筑物名称	单位	最高日用水定额 /L	使用时间 /h
6	宾馆客房 　旅客 　员工	每床位每日 每人每日	120~160 40~50	24
7	医院住院部 　设公用盥洗室 　设公用盥洗室、淋浴室 　设单独卫生间 医务人员 门诊部、诊疗所 疗养院、休养所住房部	每床位每日 每床位每日 每床位每日 每人每班 每病人每次 每床位每日	60~100 70~130 110~200 70~130 7~13 100~160	24 8 24
8	养老院	每床位每日	50~70	24
9	幼儿园、托儿所 　有住宿 　无住宿	每儿童每日 每儿童每日	20~40 10~15	24 10
10	公共浴室 　淋浴 　淋浴、浴盆 　桑拿浴(淋浴、按摩池)	每顾客每次 每顾客每次 每顾客每次	40~60 60~80 70~100	12 12 12
11	理发室、美容院	每顾客每次	10~15	12
12	洗衣房	每公斤干衣	15~30	8
13	餐饮厅 　营业餐厅 　快餐店、职工及学生食堂 　酒吧、咖啡厅、茶座、卡拉OK房	每顾客每次 每顾客每次 每顾客每次	15~20 7~10 3~8	10~12 12~16 8~18
14	办公楼	每人每班	5~10	8
15	健身中心	每人每次	15~25	12
16	体育场(馆) 　运动员淋浴	每人每次	17~26	4
17	会议厅	每座位每次	2~3	4

注:1. 热水温度按60℃计;

2. 表内所列用水定额均已包括在给水定额中,详见建筑给水章节;

3. 本表以60℃热水水温为计算温度,卫生器具的使用水温见表4.2-2且热水用水定额同热水温度一一对应。

表 4.2-2 卫生器具的一次和小时热水用水定额及水温

序号	卫生器具名称	一次用水量 /L	小时用水量 /L	使用水温 /℃
1	住宅、旅馆、别墅、宾馆、酒店式公寓			
	带有淋浴器的浴盆	150	300	40
	无淋浴器的浴盆	125	250	40
	淋浴器	70~100	140~200	37~40
	洗脸盆、盥洗槽水嘴	3	30	30
	洗涤盆(池)	—	180	50
2	宿舍、招待所、培训中心			
	淋浴器:有淋浴小间	70~100	210~300	37~40
	无淋浴小间	—	450	37~40
	盥洗槽水嘴	3~5	50~80	30
3	餐饮业			
	洗涤盆(池)	—	250	50
	洗脸盆 工作人员用	3	60	30
	顾客用	—	120	30
	淋浴器	40	400	37~40
4	幼儿园、托儿所			
	浴盆:幼儿园	100	400	35
	托儿所	30	120	35
	淋浴器:幼儿园	30	180	35
	托儿所	15	90	35
	盥洗槽水嘴	15	25	30
	洗涤盆(池)	—	180	50
5	医院、疗养院、休养所			
	洗手盆	—	15~25	35
	洗涤盆(池)	—	300	50
	淋浴器	—	200~300	37~40
	浴盆	125~150	250~300	40

续表

序号	卫生器具名称	一次用水量 /L	小时用水量 /L	使用水温 /℃
6	公共浴室 　浴盆 　淋浴器:有淋浴小间 　　　　　无淋浴小间 　洗脸盆	125 100~150 — 5	250 200~300 450~540 50~80	40 37~40 37~40 35
7	办公楼　洗手盆	—	50~100	35
8	理发室　美容院 　洗脸盆	—	35	35
9	实验室 　洗脸盆 　洗手盆	— —	60 15~25	50 30
10	剧场 　淋浴器 　演员用洗脸盆	60 5	200~400 80	37~40 35
11	体育场馆 　淋浴器	30	300	35
12	工业企业生活间 　淋浴器: 　　一般车间 　　脏车间 　洗脸盆或盥洗槽水嘴: 　　一般车间 　　脏车间	40 60 3 5	360~540 180~480 90~120 100~150	37~40 40 30 35
13	净身器	10~15	120~180	30

　　注:一般车间指现行《工业企业设计卫生标准》(GBZ 1—2002)中规定的3、4级卫生特征的车间,脏车间指该标准中规定的1、2级卫生特征的车间。

4.2.2　水温

1. 冷水的计算温度。

在计算热水系统的耗热量时,冷水温度应以当地最冷月平均水温资料确定。无水温资料时,可按表4.2-3确定。

表 4.2-3　冷水计算温度

区域	省、市、自治区、行政区		地面水/℃	地下水/℃	区域	省、市、自治区、行政区		地面水/℃	地下水/℃
东北	黑龙江		4	6~10	华北	北京		4	10~15
	吉林		4	6~10		天津		4	10~15
	辽宁	大部	4	6~10		河北	北部	4	6~10
		南部	4	10~15			大部	4	10~15
西北	陕西	偏北	4	6~10		山西	北部	4	6~10
		大部	4	10~15			大部	4	10~15
		秦岭以南	7	15~20		内蒙古		4	6~10
	甘肃	南部	4	10~15	中南	河南	北部	4	10~15
		秦岭以南	7	15~20			南部	5	15~20
	青海	偏东	4	10~15		湖北	东部	5	15~20
	宁夏	偏东	4	6~10			西部	7	15~20
		南部	4	10~15		湖南	东部	5	15~20
	新疆	北疆	5	10~11			西部	7	15~20
		南疆	—	12		广东、港澳		10~15	20
		乌鲁木齐	8	12		海南		15~20	17~22
东南	山东		4	10~15	西南	重庆		7	15~20
	上海		5	15~20		贵州		7	15~20
	浙江		5	15~20		四川大部		7	15~20
	江苏	偏北	4	10~15		云南	大部	7	15~20
		大部	5	15~20			南部	10~15	20
	江西大部		5	15~20		广西	大部	10~15	20
	安徽大部		5	15~20			偏北	7	15~20
	福建	北部	5	15~20	西藏			—	5
		南部	10~15	20					
	台湾		10~15	20					

2. 直接供应热水的热水锅炉、热水机组或水加热器出口的最高水温和配水点的最低水温可按表 4.2-4 采用。

表 4.2-4　直接供应热水的热水锅炉、热水机组或水加热器出口的最高水温和配水点的最低水温

水质处理情况	最高水温/℃	最低水温/℃
原水水质无需软化处理,原水水质需水质处理且有水质处理	75	50
原水水质需水质处理但未进行水质处理	60	50

注:1. 医院的水加热设备出口温度不宜低于 60℃。

2. 局部热水供应系统、供水管路较短的小型集中热水供应系统的水加热设备出口温度可控制 ≥50℃。

3. 热水适用温度见表 4.2-5。

表 4.2-5 盥洗用、淋浴用和洗涤用热水水温

用水对象	热水水温/℃
盥洗用(包括洗脸盆、盥洗槽、洗手盆用水)	30~35
沐浴用(包括浴盆、淋浴器用水)	37~40
洗涤用(包括洗脸盆、洗涤池用水)	≈50

注:1. 表中盥洗用、淋浴用的热水温度系指经冷热水混合龙头或淋浴器的混合后的水温,单开热水阀时的出水温度宜≥50℃。

2. 水加热设备的出口处与配水点的热水温度差,一般为 5~10℃。采用集中热水供应系统的住宅配水点的水温不应低于 45℃。

4.2.3 水质及水质处理

1. 水质标准。

生活热水的水质卫生标准应符合《生活热水水质标准》的各项指标要求。

2. 水质处理:见表 4.2-6。

表 4.2-6 水 质 处 理

概述	在以地下水为主要水源的城镇,一般自来水的硬度偏高,加温成热水后,水中的碳酸钙、碳酸镁等将被析出形成水垢附着在水加热设备的加热管束和热水管道上,严重者将全部堵塞水加热管束和热水管道,既耗能又影响使用。因此,热水系统设计时应在水加热设备的冷水进水侧设置合适的防止水垢的水处理措施					
防止结垢的处理	**软化处理**	1. 适用范围: 软化处理法				
			热水水质处理			
		要求处理方法	防垢、除垢			备注
			热水用水量(60℃)<10 m³/d	热水用水量(60℃)≥10 m³/d	出水硬度(CaCO₃计)要求/(mg/L)	
		洗衣房用热水	可不考虑软化处理	总硬度(以 CaCO₃计)在 150~300 mg/L 时,宜采用软化处理。 总硬度(以 CaCO₃计)在 >300 mg/L 时,应采用软化处理。	50~100	1. 采用软化处理需要完善的专业管理水平 2. 硬度较低的水有一定的腐蚀性,故软化后宜配合其他水质稳定措施
		其他生活热水		总硬度(以 CaCO₃计)>300 mg/L 时,宜采用软化处理	75~150	

续表

2. 处理方法:钠离子交换

按原水处理量分为全部软化与部分软化两种软化方式。

(1) 全部软化法:全部生活用水均经过离子交换软化处理,流程如下图所示,图中的离子交换柱为适用于生活用水软化的专用设备,即交换柱中的离子交换树脂卫生标准应符合《生活饮用水输配水设备及防护涂料的安全性评价标准》(GB/T 17219—1998)的要求。

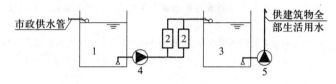

全部软化法流程图

1—贮水池;2—离子交换柱;3—软水池;4—水泵;5—供水水泵

(2) 部分软化法:部分经过离子交换软化的原水与另一部分不经过离子交换软化的原水混合,使混合后的水质总硬度达到上述指标。其流程如下图所示。

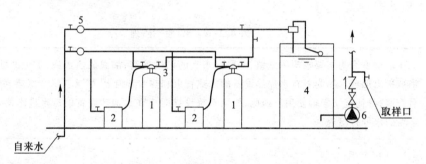

原水软化流程(水池混合法)图

1—软化器;2—盐罐;3—控制阀(多路阀);4—贮水池;5—水表;6—供水泵

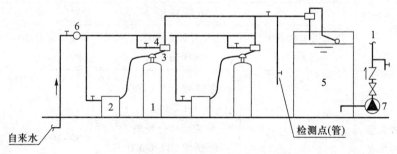

原水软化流程(调节混合法)图

1—软化器;2—盐罐;3—控制阀(多路阀);4—调节混合器(全自动软水器自带或配带);

5—贮水池;6—水表;7—供水泵

3. 全自动软化器:

常用的全自动软化器主要由树脂罐、控制阀(多路阀)、盐箱和盐阀以及连接管等组成。控制阀(多路阀)是其关键部件,市场上有机械旋转式、柱塞式、板式和水力驱动式四种,它们的性能见下表。

防止结垢的处理 | 软化处理

软水器的工作周期有时间型和流量型两种控制方法,时间控制型软水器的价格要低于流量控制型软水器的价格。软水器的再生有逆流和顺流两种形式。在降低盐耗和出水水质上,逆流再生要优于顺流再生。目前,各种全自动软水器采用逆流居多。

全自动软水器主要性能参数表

技术参数		类　型			
		机械旋转式多路阀	柱塞式多路阀	板式多路阀	水力驱动式多路阀
处理水量 /(m³/h)		1~23	1~38	0.5~60	0.2~20
原水硬度 /(mmol/L)		<11,选标准型	≤3时,可选时间控制型,按出水量上限选 ≤6时,可按出水量上限选 ≤8时,可按出水量中间量选		≤13时,按出水量上限选
		<28,选高硬度型	8~10时,按出水量下限选,或采用两级处理≥10时,需选用两级或多级处理		≥15时,按出水量下限选
出水残余硬度 /(mmol/L)		0.03			
原水浊度要求/(NTU)		≤5			
工作温度/℃		0~50	5~50		5~50
工作压力/MPa		0.15~0.3	0.2~0.6		0.2~0.5
自身水耗/%		≤2			
单罐水头损失/MPa		0.03~0.06			
盐耗/(g/mol)		<100			
电源		220 V,50 Hz			
功率/W		10	10~40		不需要
采用树脂型号		001×7 强酸型钠离子交换树脂			
控制阀口径/mm		DN20~50	DN20~75		DN20~32
树脂罐直径/mm		—	φ200~φ1 500		φ150~φ400
盐箱直径/mm		—	φ300~φ1 800		φ300~φ1 000
经济分析	处理水量范围	较小	较大	大	较小
	对原水水质要求	较高	一般	适应性强	适应性强
	能耗	需耗电	需耗电	需耗电	靠水压不需耗电
	故障次数	较多	少	少	少
	使用寿命	短	长	长	长
	大致价格排位 (1低、4高)	1	2	4	3

防止结垢的处理　软化处理

<table>
<tr><td rowspan="8" style="writing-mode: vertical-rl;">防止结垢的处理</td><td rowspan="8" style="writing-mode: vertical-rl;">药剂处理</td><td>

药剂法处理热水水质指的是使用硅磷晶。硅磷晶法的使用条件如下：

（1）水中碳酸盐硬度（即由 HCO_3^- 引起的硬度）<360 mg $CaCO_3$/L

（2）水温≤80℃

（3）有效作用时间 10 h

硅磷晶的投加方式有两种，一种采用烧结成球状的聚磷酸盐/聚硅酸盐微溶性小球，将小球装于加药器内，原水流过加药器时实现了投加的目的。可根据热水系统的平均日用水量来选择加药器的规格，其规格尺寸见下图和下表。这种投加方式适宜于热水原水是自来水的处理。另一种是采用粉末状硅磷晶，将它倒入溶液桶中溶于水中，再通过计量泵提升注入热水管中，该法适用于向热水（温泉）管中投加，见下图

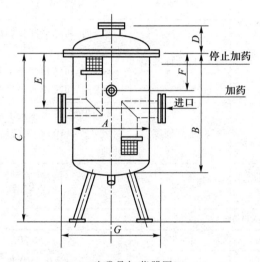

硅磷晶加药器图

选用规格尺寸表

序号	日用水量 /m³	加药器容积 /L	加药量 /kg	容积 /L	A	B	C	D	E	F	G	进口直径
1	37~60	20	25	20	250	430	600	80	175	145	400	50
2	61~84	30	37.5	30	300	440	600	90	175	150	460	80
3	85~108	40	50	40	300	590	750	90	220	180	460	80
4	109~168	50	75	50	350	530	750	90	250	200	500	100
5	170~216	80	100	80	400	640	850	100	270	215	560	100
6	220~288	100	125	100	450	630	850	110	260	210	600	150
7	290~440	150	175	150	500	770	1 000	130	320	260	700	150
8	440~720	200	250	200	550	995	1 250	130	420	330	700	150

</td></tr>
</table>

药剂处理	 粉末状硅磷晶投加方式图 1—热(温泉)水;2—自来水;3—溶剂桶;4—计量泵	

防止结垢的处理 — 物理处理

　　物理处理属于水质阻垢缓蚀处理范畴。其常用的处理方法及适用条件见下表。常用的设备或装置有磁水处理器、电子水处理器、静电水处理器、高频电子水处理器、碳铝式水处理器、电气石装置和超声波水处理装置等,其相应的适用条件见下表。

物理处理法

要求 处理方法	热水水质处理及适用条件			
	总硬度(以 $CaCO_3$ 计) /(mg/L)	$\dfrac{\text{暂时硬度}}{\text{永久硬度}}$	$\dfrac{Mg^{2+}}{Ca^{2+}}$	效果
磁处理法	≤500	$\dfrac{\text{永久硬度}}{\text{暂时硬度}}$≤500		原水有负硬度时效果显著,对硅酸盐、硫酸盐引起的水垢效果差
电子水处理法	≤250	<1.5		抑垢率约为50%
	≤350	<1		效果显著
	≤300	=1	≥1.5	

注:上表资料引自产品样本和太原工业大学试验研究资料。

水质物理法处理设备、装置的适用条件

处理装置		适用条件
磁水处理器	内磁式	(1)当地水质使用磁水器有效;(2)要选用钕铁硼超磁体材料;(3)产品符合行业标准《内磁水处理器》;(4)原水以钙、镁离子为主,总硬度≯504 mg $CaCO_3$/L(28 德国度),永久硬度≯200 mg $CaCO_3$/L(11 德国度);(5)水流速最佳值 0.8~2.0 m/s;(6)有效作用长度 500~1 000 m,否则应串联使用
	外磁式	(1)处理器表面磁场强度应达 1 200~2 100 T(特斯拉,合 12 000~21 000 高斯);(2)根据不同管径和壁厚选用不同规格处理器;(3)适宜处理小流量场合,不宜安装在处理流量 1 000 m^3/h 以上的管径以上;(4)管内流速不低于 1 m/s,最佳流速 2.5~3.0 m/s;(5)安装时直接贴在管道外壁,最适宜老旧工程改造

续表

续表

处理装置	适用条件
电子水处理器	（1）水的总硬度$\not>$600 mg CaCO$_3$/L;（2）水温低于 105℃;（3）有效作用时间约 30 min;（4）工作电压为低压
静电水处理器	（1）水的总硬度$\not>$700 mg CaCO$_3$/L;（2）水温低于 80℃;（3）"活化时间"内水流经的长度约 2 000 m;（4）工作电压为高压
高频电子水处理器	（1）水的总硬度$\not>$700 mg CaCO$_3$/L;（2）水温低于 95℃;（3）流速<2.5 m/s
碳铝式离子水处理器	（1）水的总硬度$\not>$800 mg CaCO$_3$/L;（2）水温 0~100℃;（3）作用时间 48~72 h;（4）不考虑水流速度
电气石装置	（1）国内使用不久,尚未对水的硬度、温度提出要求;（2）电气石放在不锈钢容器内,容器应放置在水流动的地方;（3）装置有效期较长,有使用数年无结垢的记载;（4）每隔 3 个月至半年取出容器进行冲洗
超声波水处理装置	（1）目前暂为国外引进产品。使用时间短,尚须积累经验,对抑藻除藻技术存在的问题进行深入研究与探讨;（2）设备利用效率高,一台超声波发生器最多可带动六个换能器同时工作;（3）控制发生器与换能器之间传输电缆的长度超过 10 m,以减少超声波功率在传输过程中的损耗;（4）超声波发生器的环境工作温度为-5℃~40℃

防止结垢的处理 — 物理处理（左栏标注）

防腐蚀处理

水质处理

当以地表水为水源的地方,一般水质硬度低,但水中氧气和二氧化碳含量大,水加热时,这些气体析出将腐蚀水加热设备及金属管道。

热水水质的防腐蚀处理主要包含除气与设备、管材的防腐蚀处理两方面的内容。

除气即去除热水中的氧、二氧化碳等气体,以往规定为热水用水量≥50 m^3/h、溶解氧含量≥5 mg/L、二氧化碳含量≥20 mg/L 的大系统宜采用除气装置。但至今国内尚无用于生活热水除气的合适设备和装置,因此,很少有工程在热水系统采用除气措施

防腐材质

防腐处理即水加热设备及管道、附件等采用与水质相应的不锈钢、铜等耐腐蚀材料或采用衬、涂复合材料

军团菌防治

概述

生活热水在水温升高过程中,水中余氯减少或消失,水中细菌繁殖增多,国内外多家卫生检测机构检查出一些热水系统中有军团菌等致病细菌存在。

军团菌的存在条件及危害性:

单一的军团菌存在不会对人的健康构成危害,只有在以下条件同时具备的情况下会产生危害。

（1）水温 25℃~42℃,37℃时军团菌最为活跃

（2）含氧量大的环境

（3）含有军团菌所需的养分:如微生物、铁锈和水垢离子等

（4）汽水雾化,形成直径 1~5 μm 的小颗粒

（5）污染程度高,每升水中含有微生物量≥1 000 cfu/L

（6）热水系统中滞水时间很长的管段和设备滞水区

续表

水温/℃	≤20	35~46	50	60	70
军团菌状态	休眠，但仍有生命	生存繁殖活跃	90%在2 h内杀死	90%在2 min杀死	100%快速死亡

（此表位于"军团菌防治 / 防治措施 / （1）采用合适的热水供水温度：军团菌的繁殖、灭亡与水温有密切关系，如下表所示。"之中）

军团菌防治 — 防治措施

（1）采用合适的热水供水温度：

军团菌的繁殖、灭亡与水温有密切关系，如下表所示。

依上表可知：

合适的热水供水温度宜为55℃~60℃，这样既可以在水加热设备内基本上杀死了军团菌，同时也不因水温过高而增加热水系统的能耗。

（2）当采用带贮存贮热容积的水加热设备时，不应采用带冷、温水滞水区的设备，如传统的容积式水加热器等，而宜采用 DBRV-03、04 等大波节管导流型容积式水加热器或 DBHRV-01、02 大波节管半容积式水加热器，尤其在医院建筑中宜采用换热效果好且无冷、温水滞水区的 DBHRV-01、02 半容积式水加热器

（3）采用内壁光滑、管内壁不易形成生物膜、水垢和铁锈的热水管道

（4）系统定期高温循环杀菌一次，如德国标准中明确规定：热水系统选用耐温≥70℃的管材，每周将系统升温至70℃循环一次

（5）系统消毒：国内的集中生活热水系统单独采用消毒措施者尚未发现，而热水系统采用一般的消毒方法均存在局限性。据美国、日本等资料介绍：国外在温泉（SPA）及少数热水系统中采用铜、银离子和银离子消毒器，对于杀死热水中的军团菌等病菌效果较好，试验证明，电解产生 0.4 mg/L Cu^{2+} 和 0.1 mg/L Ag^+ 可有效灭活嗜肺军团菌。但水中有结垢趋势和 pH≥8.0 时，极板可能沉积结垢，降低灭菌效果

（6）采用不产生水雾的淋浴喷头和泡沫喷头

【本节精选习题】

1. 现行《建筑给水排水设计规范》表 5.1.1-1 中办公楼热水用水定额为每天每班 5~10 L（60℃），下列关于该热水用水定额的叙述中，哪几项正确？（   ）

A. 该定额范围内任何一个值都是最高日的用水定额
B. 5 L 是平均日的用水定额
C. 缺水地区一般选用较低的值
D. 该定额水量主要用于洗手

答案：【ACD】

解析：对于选项 A 和 B，定额的全称就是"最高日用水定额"，A 正确 B 错误；

对于选项 C，由于热水定额的幅度较大，可以根据地区水资源情况，酌情选值，一般缺水地区应选定额的低值，C 正确；从表中可见，D 正确；本题选 ACD。

2. 某五星级宾馆集中生活热水供应系统的热水水质如下，哪项不符合要求？（   ）

A. 铝离子的浓度不超过 0.3 mg/L
B. 甲醛的浓度为 0.75 mg/L
C. 溶解氧的浓度为 3 mg/L
D. 总硬度为 100 mg/L（以 $CaCO_3$ 计）

答案：【A】

解析：生活热水水质的水质指标，应符合现行国家标准《生活饮用水卫生标准》（GB 5749—2006）的要求。参见《生活饮用水卫生标准》表1水质常规指标及限值可知，铝离子的浓度限值为 0.2 mg/L，其余各项均满足规定要求。故选 A 项。

3. 下列有关生活热水水质的叙述中,哪几项是不正确的?(　　　)

A. 洗衣房和浴室所供热水总硬度的控制值应相同

B. 当生活热水的硬度下降至 75 mg/L(以碳酸钙计)以下时,更利于热水的使用

C. 当生活热水的硬度下降至 75 mg/L(以碳酸钙计)以下时,更利于管道的维护

D. 为控制热水硬度,设计中也可按比例将部分软化水与非软化水混合使用

答案:【ABC】

解析:热水总硬度也不是越低越好。

4.3　耗热量与热水量计算

4.3.1　日耗热量、热水量计算

日耗热量、热水量计算见表 4.3-1。

表 4.3-1　日耗热量、热水量计算

日耗热量、热水量计算	全日供热水的住宅、宿舍、别墅、招待所、培训中心、旅馆、宾馆、办公楼、医院住院部、养老院、幼儿园、托儿所(有住宿)等建筑的集中热水供应系统的日耗热量、热水量可分别按下式计算:

$$Q_d = m \cdot q_r c \cdot \rho_r (t_r - t_l) \qquad (4.3-1)$$

式中　Q_d——日耗热量(kJ/d);

　　　q_r——热水用水定额[L/(cap·d)或 L/(b·d)],见表 4.2-1;

　　　c——水的比热,$c = 4.187$[kJ/(kg·℃)];

　　　ρ_r——热水密度(kg/L),不同水温下的热水密度见下表:

不同水温条件下的热水密度 ρ_r

温度/℃	40	42	44	46	48	50	52	54
密度/(kg/L)	0.993	0.992	0.991	0.990	0.989	0.988	0.987	0.986
温度/℃	56	58	60	62	64	66	68	70
密度/(kg/L)	0.985	0.984	0.983	0.982	0.981	0.98	0.979	0.978

　　　t_r——热水温度,$t_r = 60$℃;

　　　t_l——冷水温度,见表 4.2-3;

　　　m——用水计量单位数(人数或床位数):

$$q_{rd} = \frac{Q_d}{c\rho_r (t_r' - t_L')} \qquad (4.3-2)$$

式中　q_{rd}——设计日热水量(L/d);

　　　t_r'——设计热水温度(℃);

　　　t_L'——设计冷水温度(℃);

　　　　　　或　$q_{rd} = q_r \cdot m \qquad (4.3-3)$

　　　q_r——热水用水定额[L/(cap·d)或 L/(b·d)],见表 4.2-1;

　　　m——用水计量单位数(人数或床位数)

4.3.2 设计小时耗热量、热水量计算

设计小时耗热量、热水量计算见表4.3-2。

表 4.3-2　设计小时耗热量、热水量

| 设计小时耗热量、热水量计算 | 全日供热水系统 | 1. 全日集中热水供应的居住小区的设计小时耗热量按下列情况分别计算：
（1）当小区的公共建筑（如餐馆、娱乐设施等）的最大用水时段与住宅的最大用水时段一致时，应按两者的设计小时耗热量叠加计算，设计小时耗热量计算见式（4.3-4）
（2）当小区内有与住宅的最大用水时段相同的公共建筑（如餐馆等）和不相同的公共建筑（如办公用房等），则设计小时耗热量应为住宅与前者的设计小时耗热量加后者的平均小时耗热量计算
2. 全日集中供应热水的宿舍（Ⅰ、Ⅱ类）、住宅、别墅、酒店式公寓、招待所、培训中心、旅馆与宾馆的客房（不含员工）、医院住院部、养老院、幼儿园、托儿所（有住宿）、办公楼等建筑的全日集中热水供应系统的设计小时耗热量应按下列公式计算： |

$$Q_h = K_h \frac{mq_r c\rho_r(t_r - t_l)}{T} \qquad (4.3-4)$$

$$Q_h = q_{rh} \times c \times (t_r - t_l)\rho_r$$

式中　Q_h——设计小时耗热量（kJ/h）；

　　　q_{rh}——设计小时热水量（L/h），按 60℃ 计；

　　　m——用水计算单位数（人数或床位数）；

　　　q_r——热水用水定额 [L/(cap·d) 或 L/(b·d)]，见表 4.2-1；

　　　c——水的比热，$c = 4.187$[kJ/(kg·℃)]；

　　　ρ_r——热水密度（kg/L）（见式 3.3-1）；

　　　t_r——热水温度（℃），$t_r = 60℃$；

　　　t_l——冷水温度（℃），见表 4.2-3；

　　　T——每日使用时间（h），按表 4.2-1 确定；

　　　K_h——小时变化系数，见下表：

热水小时变化系数 K_h 值

类别	住宅	别墅	酒店式公寓	宿舍（Ⅰ、Ⅱ类）	招待所培训中心、普通旅馆	宾馆	医院、疗养院	幼儿园托儿所	养老院
热水用水定额/[L/d·人·床)]	60~100	70~110	80~100	70~100	25~50 40~60 50~80 60~100	120~160	60~100 70~130 110~200 100~160	20~40	50~70

设计小时耗热量、热水量计算

全日供热水系统

类别	住宅	别墅	酒店式公寓	宿舍（Ⅰ、Ⅱ类）	招待所培训中心、普通旅馆	宾馆	医院疗养院	幼儿园托儿所	养老院
使用人（床）数	≤100~≥6 000	≤100~≥6 000	≤150~≥1 200	≤150~≥1 200	≤150~≥1 200	≤150~≥1 200	≤50~≥1 000	≤50~≥1 000	≤50~≥1 000
K_h	4.8~2.75	4.21~2.47	4.00~2.58	4.80~3.20	3.84~3.00	3.33~2.60	3.63~2.56	4.80~3.20	3.20~2.74

注:1. K_h 应根据热水用水定额高低、使用人（床）数多少取值,当热水用水定额高、使用人（床）数多时取低值,反之取高值;使用人（床）数小于等于下限值及大于等于上限值时,K_h 就取上限值及下限值,中间值可用内插法求得;

2. 设有全日集中热水供应系统的办公楼、公共浴室等表中未列入的其他类建筑的 K_h 值可参照本书第 1 章给水的小时变化系数选值

定时供热水系统

1. 定时集中供应热水的住宅、旅馆、医院及工业企业生活间、公共浴室、宿舍（Ⅲ、Ⅳ类）、剧院化妆间、体育场（馆）运动员休息室等建筑物的集中热水供应系统的设计小时耗热量应按下式计算:

$$Q_h = \sum q_h(t_r - t_l) n_0 \cdot b \cdot c \cdot \rho_r \tag{4.3-5}$$

式中 Q_h ——设计小时耗热量（kJ/h）;

q_h ——卫生器具的小时用水定额（L/h）,按表 4.2-2 采用（不同洁具、不同水温,q_h 不同,ρ_r 不同,且两者一一对应）;

c ——水的比热,$c = 4.187[kJ/(kg \cdot ℃)]$;

t_r ——热水温度（℃）,按表 4.2-2 采用;

t_l ——冷水温度（℃）,见表 4.2-3;

n_0 ——同类型卫生器具数;

b ——卫生器具的同时使用百分数:住宅、宿舍、旅馆、医院、疗养院病房的卫生间内浴盆或淋浴器可按 70%~100% 计,其他器具不计,但定时连续供水时间应大于等于 2 h;工业企业生活间、公共浴室、学校、剧院、体育场（馆）等的公共浴室内的淋浴器和洗脸盆均按 100% 计;

住宅一户带多个卫生间时,可按一个卫生间计算。

ρ_r ——热水密度（kg/L）。

2. 具有多个不同使用热水部门的单一建筑或具有多种使用功能的综合性建筑,当其热水由同一热水供应系统供应时,设计小时耗热量可按同一时间内出现用水高峰的主要用水部门的设计小时耗热量加其他用水部门的平均小时耗热量计算

续表

| | | |

1. 设计小时热水量计算常用公式:

$$q_{rh} = \frac{Q_h}{(t_r' - t_L')c \cdot \rho_r}$$ (4.3-6)

式中　q_{rh}——设计小时热水量(L/h);

　　　Q_h——设计小时耗热量(kJ/h);

　　　t_r'——设计热水温度(℃);

　　　t_L'——设计冷水温度(℃);

　　　c——水的比热,$c=4.187[kJ/(kg \cdot ℃)]$;

　　　ρ_r——热水密度(kg/L)。

求出耗热量 Q_h,再根据热水的温度 t_r',求出相应热水温度的设计小时热水量 q_{rh}。

三种情况:

(1) 集中供应热水时需要的热水量;

(2) 加热器出水的热水量;

(3) 供应的热水的水温。

q_{rh} 是个变值,根据供出的热水温度 t_r' 不同,q_{rh} 不同。

2. 除上述根据耗热量计算外,亦可以直接按定额量计算,具体计算方法同给水系统中冷水计算一样:包括最大时、平均时及设计秒流量的计算均一致。计算设计秒流量时,热水定额中热水温度按60℃计

(1) 全日供应热水的宿舍(Ⅰ、Ⅱ类)、住宅、酒店式公寓、别墅、招待所、培训中心、旅馆、宾馆的客房(不含员工)、医院住院部、养老院、幼儿园、托儿所(有住宿)、办公楼等建筑的集中热水供应系统,其设计小时热水量应按下式计算:

$$q_{rh} = K_h \frac{mq_r}{T}$$ (4.3-7)

(2) 定时供应热水的住宅、旅馆、医院及工业企业生活间、公共浴室、宿舍(Ⅲ、Ⅳ类)、剧院化妆间、体育馆(场)运动员休息室等建筑的集中热水供应系统,其设计小时热水量应按下式计算:

$$q_{rh} = \sum q_h n_0 b$$ (4.3-8)

应用上述公式时应注意:由于不同类型卫生器具的使用水温不同,必须换算为相同水温后才能正确计算出相应水温的设计小时热水量。换算系数可按下式计算:

$$K_r = \frac{t_h - t_l}{t_r - t_l} \cdot 100\%$$ (4.3-9)

式中　K_r——换算系数(小时热水量占混合水量的百分数);

　　　t_r——热水温度;

　　　t_h——冷热水混合后卫生器具的使用温度(℃),按表4.2-2取值;

　　　t_l——冷水计算温度(℃)

【本节精选习题】

1. 某居住小区集中热水供应系统的供水对象及其高峰用水时段,设计小时耗热量及平均小时耗热量见下表,则该小区热水供应系统的设计小时耗热量应为下列何项? (　　)

A. 31 587 kW   B. 31 754 kW   C. 32 033 kW   D. 32 300 kW

供水对象	高峰用水时段/h	设计小时耗热量/kW	平均小时耗热量/kW
住宅	20:30~21:30	31 500	9 000
公共建筑 I	19:30~20:30	200	33
公共建筑 II	21:00~22:00	500	54

答案:【C】

解析:注意"同一时间内出现用水高峰的主要部门"这个时间段并不一定需要重复1 h以上。

2. 某小区采用全日制集中热水供应系统,各建筑平均小时耗热量、设计小时耗热量及其用水时段如下表,则该热水供应系统设计小时耗热量应为下列哪项?(   )

A. 1 110 000 kJ/h   B. 2 910 000 kJ/h   C. 2 970 000 kJ/h   D. 3 140 000 kJ/h

建筑物类型	平均小时耗热量 /(kJ/h)	设计小时耗热量 /(kJ/h)	用水时间 /h	最大用水时段
住宅	900 000	2 700 000	24	19:00~23:00
活动中心	40 000	60 000	10	15:00~18:00
餐厅	20 000	30 000	12	11:00~14:00 18:00~20:00
公共浴室	100 000	150 000	12	19:00~23:00
幼儿园	50 000	200 000	10	11:00~13:00

答案:【C】

解析:设有集中热水供应系统的居住小区的设计小时耗热量的计算应符合下列要求:① 当居住小区内配套公共设施的最大用水时时段与住宅的最大用水时时段一致时,应按两者的设计小时耗热量叠加计算;② 当居住小区内配套公共设施的最大用水时时段与住宅的最大用水时时段不一致时,应按住宅的设计小时耗热量加配套公共设施的平均小时耗热量叠加计算。根据题中已知条件可得,餐厅和公共浴室的最大用水时段与住宅的最大用水时段一致,总设计小时耗热量应以餐厅和公共浴室的设计小时耗热量与住宅设计小时耗热量叠加;活动中心和幼儿园的最大时段与住宅的最大用水时段不一致,应以活动中心和幼儿园的平均小时耗热量与住宅设计小时耗热量叠加。则该小区热水供应系统设计小时耗热量为

设计小时耗热量 = (2 700 000+30 000+150 000+40 000+50 000) kJ/h = 2 970 000 kJ/h,故选 C 项。

3. 下列关于加热设备设计小时供热量与热水供应系统设计小时耗热量的叙述中,哪几项不正确?(   )

A. 加热设备设计小时供热量是热水供应系统设计小时耗热量的计算依据

B. 容积式水加热器的设计小时供热量小于热水供应系统设计小时耗热量

C. 水源热泵机组的设计小时供热量与热水供应系统设计小时耗热量相同

D. 太阳能热水供应系统的辅助热源设计小时供热量小于设计小时耗热量

答案:【ACD】

解析:加热设备设计小时供热量是根据热水供应系统设计小时耗热量的计算而来的,因此热水供应系统设计小时耗热量是加热设备设计小时供热量的计算依据,A 项不正确;由于容积式水加热器供热时与已贮存部分同时供热,故 B 项说法正确;水源热泵机组的设计小时供热量计算公式,与热水供应系统设计小时耗热量不相同,C 项不正确;太阳能热水供应系统的辅助热源设计小时供热量有可能小于设计小时耗热量,也有可能等于设计小时耗热量,还有可能大于设计小时耗热量,故 D 错误。故选 ACD 项。

4. 某宾馆设全日制集中热水供应系统,该系统供水部位及各部位高峰用水时段等参数见下表,则该系统设计小时耗热量应为下列哪项?(   )

A. 1 605 600 kJ/h   B. 1 576 800 kJ/h   C. 1 521 600 kJ/h   D. 1 492 800 kJ/h

用水部位名称	高峰用水时段	小时变化系数	设计小时耗热量/(kJ/h)
客房 A 区	20:30~22:30	2.7	640 800
客房 B 区	20:30~22:30	2.7	540 000
职工浴室	16:00~18:30	1.5	252 000
洗衣房	14:30~16:30	1.2	172 800

答案:【D】

解析:本题最主要用水为客房。

客房 A 与客房 B 用水时间相同,用水均处于最大时段,客房 B 区与之有重合,职工浴室和洗衣房重合,均为设计小时耗热量,需叠加。

不同用水部门的单一建筑设计小时耗热量可按"同一时间内出现用水高峰的主要用水部门的设计小时耗热量加其他用水部门的平均小时耗热量"计算,本题此时段为 20:30~22:30,此时客房 A 和客房 B 区按设计小时耗热量计算,职工浴室和洗衣房按平均小时耗热量计算。职工浴室、洗衣机房,其热水用水时段与客房用水时段不重合,故采用平均时耗热量:

$$Q_h = \left(640\ 800 + 540\ 000 + \frac{252\ 000}{1.5} + \frac{172\ 800}{1.2}\right) \text{kJ/h} = 1\ 492\ 800\ \text{kJ/h}$$

5. 某建筑设集中热水供水系统,加热设备出口热水温度为 65℃,冷水温度为 10℃。该系统需供 50℃洗衣用水 2.5 m³/d,40℃洗浴用水 6 m³/d,则加热设备每天供应热水量为以下哪项?(   )

A. 5.1 m³/d   B. 7.0 m³/d   C. 8.5 m³/d   D. 14.4 m³/d

答案:【A】

解析:1. $K_r = \frac{t_h - t_l}{t_r - t_l} \cdot 100\% = \frac{50 - 10}{65 - 10} \cdot 100\% = 72.7\%$,$Q_1 = 72.7\% \times 2.5\ \text{m}^3/\text{d} = 1.82\ \text{m}^3/\text{d}$

2. 同理:$Q_2 = 3.27\%\ \text{m}^3/\text{d}$

3. $q_{rh} = 5.1\ \text{m}^3/\text{d}$

6. 北方某酒店式公寓 500 个床位,设置全日制热水集中供应系统,采用以地面水为水源的自来水制备生活热水。最高日热水定额按规范取 80 L(每床·每天),热水供应系统小时变化系数取 3.5,则该热水供应系统的设计小时热水量(按 60℃计)应为下列哪项(酒店员工等其他热水量不计,60℃热水密度为 0.983 2 kg/L)?(   )

A. 1 667 L/h   B. 3 750 L/h   C. 5 833 L/h   D. 9 074 L/h

答案:【C】

解析:$q_{rh} = K_h \frac{mq_r}{T} = 3.5 \times \frac{500 \times 80}{24}\ \text{L/s} = 5\ 833\ \text{L/s}$

7. 某居住小区设置集中热水供应系统。该小区各类建筑生活用水最大时用水量及最大用水时段(时段指一天中 0 时~24 时)、最大小时和平均小时耗热量见下表,该小区设计小时耗热量应为以下何值?(   )

	住宅	食堂	浴池	健身中心
最大时用水量/(m³/h)	1 000	210	250	80
最大用水时段	18:00~24:00	6:00~12:00	18:00~24:00	0:00~6:00
最大小时耗热量/(kJ/s)	2 500	840	400	120
平均小时耗热量/(kJ/s)	1 000	220	200	30

    A. 1 450 kW   B. 2 950 kW   C. 3 150 kW   D. 3 860 kW

答案:【C】

解析:小区设计小时耗热量 $Q_h = (2\ 500+400+220+30)$ kJ/s = 3 150 kJ/s

    8. 上海某企业办公楼采用全日制热水供应系统,已知最高日热水用量为 24 m³(60℃),则该办公楼热水供应系统设计小时耗热量可能的最小值应不小于下列哪项?( )注:该企业有自备地下井水;市政自来水水源为地表水。

    A. 592 799 kJ/h   B. 740 999 kJ/h   C. 815 098 kJ/h   D. 1 018 873 kJ/h

答案:【A】

解析:$Q_h = K_h \dfrac{mq_r c\rho_r(t_r-t_l)}{T} = 1.2 \times \dfrac{24\ 000 \times 4.187 \times (60-20) \times 0.983\ 2}{8}$ kJ/h = 592 799 kJ/h

    9. 浙江某地区的某住宅楼共200户(每户按3人计),每户均设有2个卫生间(每个卫生间内均设有洗脸盆、淋浴器、坐式大便器一套),每天定时供应热水3小时,则该住宅楼热水供应系统设计小时耗热量最小不应小于下列哪项?( )注:① 住宅楼采用的市政自来水水源为地下水;② 冷、热水密度均按 1.0 kg/L 计。

    A. 1 395 108 kJ/h   B. 2 051 630 kJ/h   C. 279 021 kJ/h   D. 4 103 260 kJ/h

答案:【A】

解析:定时供应热水计算:

$$Q_h = \sum qh(t_r-t_l)\rho_r n_0 bc = 140 \times (37-20) \times 1.0 \times 200 \times 70\% \times 4.187 \text{ kJ/h} = 1\ 395\ 108 \text{ kJ/h},选 A。$$

4.4 集中热水供应系统的加热、贮热设备及其设计计算

4.4.1 热源选择

    集中热水供应系统的热源,可按下列顺序选择:

    1. 当条件许可下,应首先利用工业余热、废热、地热和太阳能做热源。集中热水供应系统的热源分类见表 4.4-1。

表 4.4-1 集中热水供应系统的热源分类

热源	使用条件
烟气、废气(锅炉废热)	利用锅炉废热制备热媒,以烟气、废气作热源时,其温度不应低于400℃。当间接加热供水方式利用废热(废气、烟气、高温无毒废液等)作热媒时,水加热器应防腐,其构造应便于清理水垢和杂物;应采取防止热媒管道渗漏的措施,以防水质被污染;还应采取消除废气压力波动、除油等措施

热源	使 用 条 件
地热	地热水资源丰富的地方应充分利用,可用其做热源,也可直接采用地热水作为生活热水。但地热水按其形成条件不同,其水温、水质、水量和水压有很大差别,设计中应采取相应的升温、降温、去除有害物质、选用合适的管材设备、设置存贮调节容器、加压提升等技术措施,以保证地热水的安全合理利用。地热水的热、质应充分利用,有条件时应考虑综合利用,如先将地热水用于发电,后用于采暖空调、理疗和生活用热水,最后再做养殖业和农业灌溉等
太阳能	以太阳能为热水的集中热水供应系统应附设一套电热或其他热源的辅助加热装置。选择辅助热源时应因地制宜,结合热源条件、系统形式及太阳能供热的不稳定状态等因素,经技术经济比较后合理选择、配置,宜采用城市热力管网、燃气、燃油、电、热泵。并在保证充分利用太阳能集热量的前提下,采用手动控制、全日自动控制或定时自动方式控制辅助热源的启闭和运行

2. 选择能保证全年供热的热力管网为热源。如热力管网仅采暖期运行,应经比较后确定。当采用热力管网为热源时,宜设热网检修期用的备用热源。

3. 选择区域锅炉房或附近能充分供热的锅炉房的蒸汽或高温热水作热源。

4. 具有下列条件且经技术经济比较后可分别采用热泵技术制备的热水作为热源或直接供给生活热水:

(1) 有地下水、地表水、污水等水资源可供利用时;

(2) 非寒冷地区可利用室外热空气作热源时;

(3) 室内游泳池、室内水上游乐设施等建筑内湿热空气可用作热源时;

(4) 全年或全年大部分时间运行的空调机组的冷媒、冷却水余热可供利用时。

5. 上述条件不存在、不可能或不合理时,可采用专用的蒸汽或热水锅炉制备热源,也可用燃油、燃气热水机组制备热源或直接供给生活热水。

6. 当地电力供应较富裕和能利用夜间低谷用电分时计费,即有相应的奖励夜间用低谷电能蓄热的政策时,可采用低谷电能作为集中热水系统的热源。用电制备生活热水对设计、运行使用无疑是最方便、最简捷,但电的热功当量低,制备生活热水的成本一般远高于其他水加热能源,另外我国发电量按人均计算很低,因此,在集中热水系统中用电能制备热水只能在少数工程中应用。

4.4.2 采用常规热源时的加热、贮热设备设计计算

1. 以锅炉或热网供给的蒸汽、热媒水为热源时加热、贮热设备的设计计算。

(1) 系统图示。

当集中热水供应系统采用蒸汽或热媒水为热媒时,一般采用导流型容积式水加热器、半容积式水加热器、半即热式水加热器或半即热式、快速式水加热器,配贮热水罐或贮热水箱等间接加热设备制备热水。通用的系统图示如表4.4-2所示。

表 4.4-2　以蒸汽或热媒水为热媒时常用加热系统图示

名称		图示	系统特点	适用范围	优缺点
容积式、导流型容积式水加热器（U型换热管束）	立式	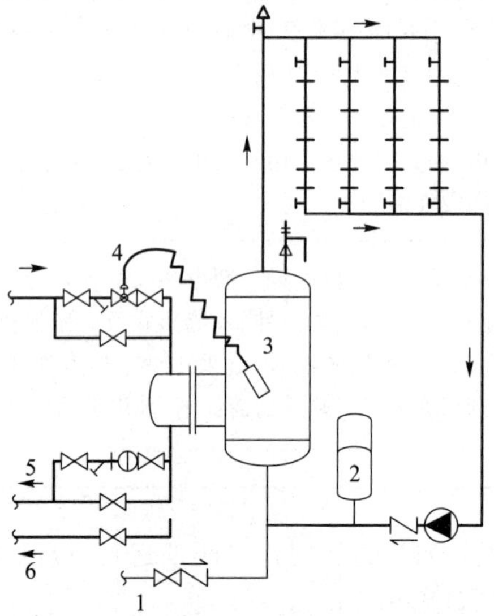 　1—冷水；2—膨胀罐； 3—立式容积式、导流型容积式水加热器； 4—自动温控阀；5—冷凝水回水管（汽-水换热）； 6—热媒水回水管（水-水换热）	1. 导流型容积式水加热器比容积式水加热器传热系数 K 高、冷水区小 2. 波节 U 型管的 K 值为光面 U 型管的 2~3 倍 3. 贮热容积较大 4. 闭式供水系统	1. 热源供应不能满足设计小时耗热量要求 2. 用水量变化大 3. 要求用水水温、水压平稳的系统	1. 要求热源负荷较低 2. 调节容积较大，有利供水水温、水压的平稳 3. 占地较大，换热设备造价高
	卧式	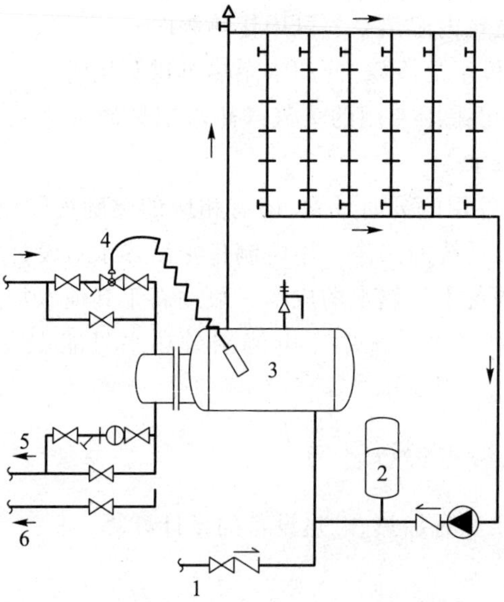 　1、2、4、5、6 同上； 3—卧式容积式、导流型容积式水加热器	同上	同上	与上图式比较要求机房面积大，但机房高度可低

续表

名称		图示	系统特点	适用范围	优缺点
半容积式水加热器（U型管）	立式	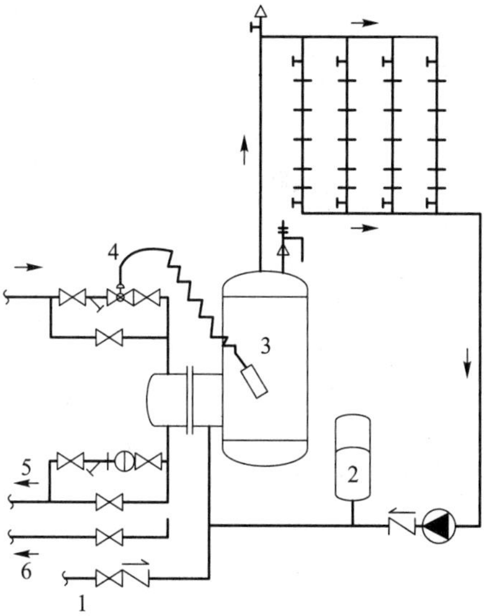 1、2、4、5、6同上； 3—立式半容积式水加热器	1.有15～20 min的贮热容积 2.闭式系统 3.波节U型管的K值为光面U型管的1.5～2倍	1.热源供应满足设计小时耗热量要求 2.供水水温、水压要求较平稳 3.设有机械循环的热水系统	与上图比较： 1.罐内冷、温水区小、约为0～5% 2.换热效果好 3.体型小、占地省 4.热源负荷要求较高
	卧式	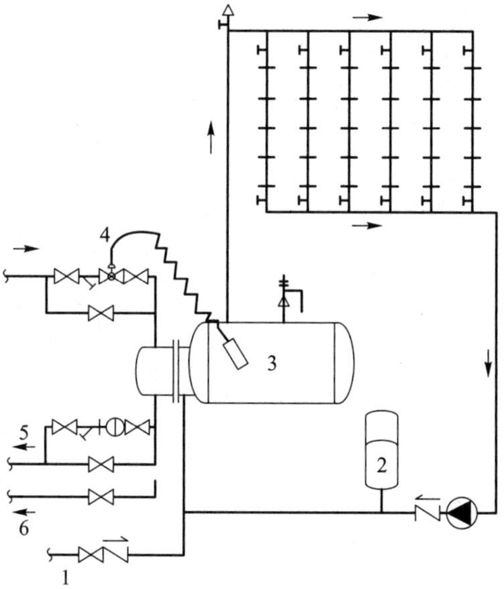 1、2、4、5、6同上； 3—卧式半容积式水加热器	同上	同上	1.同上 2.要求机房面积相对较大，高度较低

名称		图示	系统特点	适用范围	优缺点
容积式、半容积式（浮动盘管型、弹性管束型）水加热器	立式	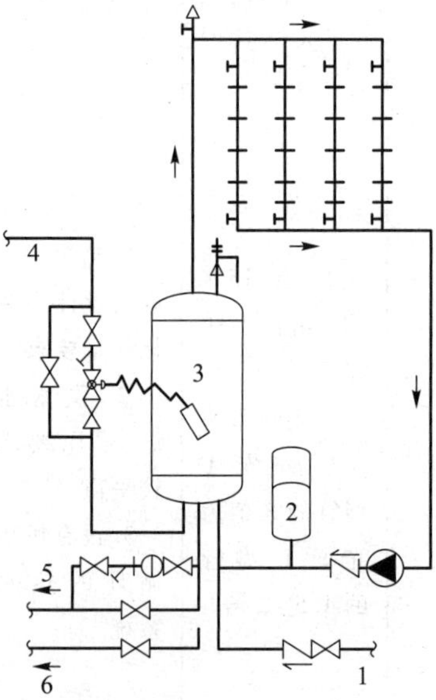 1—冷水；2—膨胀罐； 3—立式容积式（浮动盘管、弹性管束）水加热器； 4—热媒；5—疏水器（汽–水换热用）； 6—热媒水回水（水–水换热用）	1. 分别同上容积式、导流型容积式水加热器和半容积式水加热器 2. 浮动盘管的 K 值约为光面 U 型管的 1.2~2 倍	分别同上容积式、导流容积式水加热器和半容积式水加热器	1. 浮动盘管弹性管束的换热性能高于光面 U 型管，低于波节 U 型管 2. 检修盘管所需机房面积小
	卧式	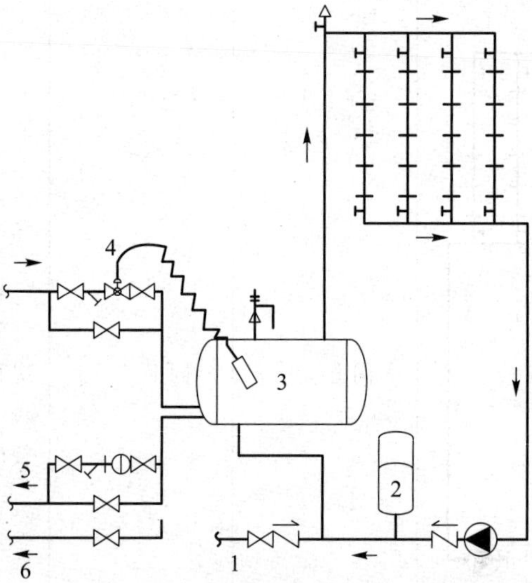 1—冷水；2—膨胀罐； 3—卧式容积式（浮动盘管、弹性管束）水加热器； 4—热媒；5—疏水器（汽–水换热用）； 6—热媒水回水（水–水换热用）	同上	分别同上容积式、导流容积式水加热器和半容积式水加热器	1. 浮动盘管弹性管束的换热性能高于光面 U 型管，低于波节 U 型管 2. 卧式设备换热性能一般不如立式好

续表

名称		图示	系统特点	适用范围	优缺点
半即热式水加热器	立式（一）	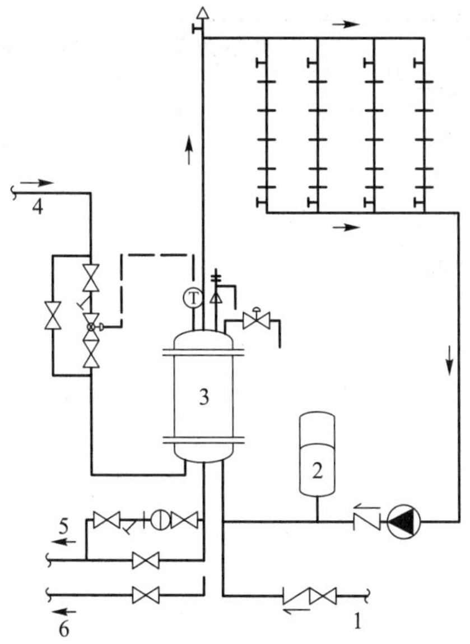 1—冷水;2—膨胀罐;3—半即热式水加热器; 4—热媒;5—疏水器(汽-水换热用); 6—热媒水回水(水-水换热用)	1. 无贮热容积 2. 带安全可靠自动调控温度的调节阀 3. 带超温超压滞水阀	1. 热源供应满足设计秒流量耗热量要求 2. 汽-水换热时,蒸汽压力≥0.15 MPa且稳定	1. 设备小,占地省,造价低 2. 要求热媒供热量大且稳定
	立式（二）	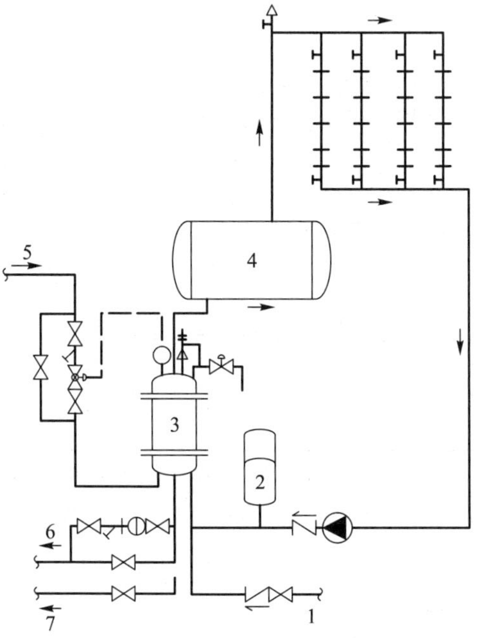 1—冷水;2—膨胀罐;3—半即热式水加热器; 4—贮热水罐;5—热媒;6—疏水器(汽-水换热用); 7—热媒水回水(水-水换热用)	1. 带贮热调节容积 2. 运行工况同半容积式水加热器	热源供应不能满足设计秒流量耗热量要求	与上图比较: 1. 增加了贮热水罐 2. 对热媒供热量及稳定性要求相对低 3. 供水安全度提高

（2）设计计算，见表 4.4-3。

表 4.4-3 各种水加热器的主要设计参数

类型	热媒为 0.1~0.6 MPa 饱和蒸汽					热媒为 70℃~150℃热媒水				
	传热系数 K/[W/(m²·h)]	热媒出口温度 t_{mz}/℃	被加热水温升 Δt/℃	热媒阻力损失 Δh_z/MPa	被加热水水头损失 Δh_c/MPa	传热系数 K/[W/(m²·h)]	热媒出口温度 t_{mz}/℃	被加热水温升 Δt/℃	热媒阻力损失 Δh_z/MPa	被加热水水头损失 Δh_c/MPa
容积式水加热器	2 930~3 140	≥100	≥40	≤0.1	≤0.005	1 382~1 465	60~120	≥25	≤0.03	≤0.005
导流型容积式水加热器	3 140~4 335	40~70	≥40	0.1~0.2	≤0.005	2 448~3 769	50~90	≥35	0.01~0.03	≤0.005
	7 200~9 000				≤0.001	3 960~5 220			0.05~0.1	≤0.01
	9 000~12 240				≤0.001	5 040~7 200			≤0.1	≤0.01
半容积式水加热器	4 200~7 995	70~80	≥40	0.1~0.2	≤0.01	2 930~3 769	50~85	≥35	0.02~0.04	≤0.01
	8 280~12 960	30~50				5 400~7 200			0.03~0.10	
半即热式水加热器	7 200~16 200	≈50	≥40	≈0.02	≈0.02	4 520~10 800	50~90	≥35	≈0.04	≈0.02

注：1. 表中所列参数是根据国内应用最广的 RV、HRV、DBRV、SV、SI、TBF、SW、WW、BFG、TGT、SS、MS、DFHRV、DBHRV 等系列水加热器经热力性能实测整理数据编制的。当选用其他产品时，应以厂家提供的经热力性能测试的数据为设计参数。

2. 表中传热系数 K 均是铜盘管为换热元件的值，当采用钢盘管为换热元件时，K 值应减 15%。

3. 表中导流型容积式水加热器的 K、Δt_z、Δh_c 的三行数字由上而下分别表示换热元件为 U 型管、浮动盘管和波节 U 型管 3 种水加热器的对应参数。

4. 表中半容积式水加热器的 K、Δh_z、Δh_c 的两行数字上行表示 U 型管、下行表示 U 型波节管为换热元件的水加热器的对应值

设计选型要点		以蒸汽或高低温热媒水为热源的间接水加热器宜根据下列条件选择： 1. 热源供应不能满足设计小时平均秒耗热量之要求、用水量变化大且要求供水水温、水压平稳时宜选用导流型容积式水加热器 2. 热源供应能满足设计小时平均秒耗热量但不能满足设计秒流量的要求、用水量变化大且要求供水水温、水压平稳、设有机械循环的集中热水供应系统宜选用半容积式水加热器 3. 热源供应能满足设计秒流量的要求、用水较均匀、当热媒为蒸汽时，其工作压力 ≥ 0.15 MPa 且供汽压力稳定可采用半即热式水加热器 4. 换热元件为二行程 U 型管的容积式水加热器，换热性能差，传热系数 K 值低，换热不充分，耗能，冷、温水区无效容积大，费材，不推荐选用 5. 被加热水侧阻力损失大且出水压力变化大的板式换热器等快速水加热器不宜用于冷水总硬度（以 $CaCO_3$ 计）>150 mg/L 的热水系统，也不宜用于经水加热器直接供给冷热水压力要求平衡较高的热水系统
设计计算步骤		1. 设计计算水加热器需要下列经核对的基础条件： （1）设计小时平均秒耗热量 Q_h （2）热媒条件：当热媒为蒸汽时的饱和蒸汽压力 p_t 和可供给蒸汽量 G 热媒为高、低温热媒水时的供水温度 t_{mc} 工作压力 p_t 和可供给的热媒水流量 q（或热量） （3）冷水温度 t_c （4）要求供水温度 t_z （5）冷水总硬度 （6）集中热水供应系统的工作压力 p_s 2. 根据基础条件及上述设计选择要点选择合适的水加热器

容积式、导流型容积式、半容积式水加热器设计计算	贮水容积	容积式水加热器、导流型容积式水加热器、加热水箱、半容积式水加热器的贮热容积，热水贮水有效容积 $V_{有效}$，按式（4.4-1）计算 $$V_{有效} \geq \frac{TQ_h}{(t_r - t_l)c\rho_r} \qquad (4.4-1)$$ 式中　$V_{有效}$——贮水容积（L）； 　　　　T——贮水时间，见下表； 　　　　c——水的比热，$c = 4.187[\text{kJ}/(\text{kg} \cdot \text{℃})]$； 　　　　ρ_r——热水密度（kg/L）。

水加热器的贮水时间 S 值

加热设备	以蒸汽和95℃以上的高温水为热媒时		以≤95℃的低温水为热媒时	
	工业企业淋浴室	其他建筑物	工业企业淋浴室	其他建筑物
容积式水加热器或加热水箱	≥ 30 min	≥ 45 min	≥ 60 min	≥ 90 min

加热设备	以蒸汽和 95℃ 以上的高温水为热媒时		以 ≤95℃ 的低温水为热媒时	
	工业企业淋浴室	其他建筑物	工业企业淋浴室	其他建筑物
导流型容积式水加热器	≥20 min	≥30 min	≥30 min	≥40 min
半容积式水加热器	≥15 min	≥15 min	≥15 min	≥20 min

注:1. 表中容积式水加热器是指传统的二程式容积式水加热器产品。壳体内无导流装置,被加热水无组织流动,存在换热不充分、传热系数 K 值低等缺点。

2. 表中导流型容积式水加热器,半容积式水加热器是指近年来 RV 系列容积式水加热器、HRV 系列半容积式水加热器及一些热力性能良好的浮动盘管水加热器、波节管水加热器为代表的国内研制成功的新产品,其特点是:热媒流动为多流程、壳体内设有导流装置、被加热水有组织流动,具有换热充分、节能、传热系数 K 值高、冷水区容积较小或无冷水区的优点。

3. 半即热式水加热器与快速式水加热器的贮热容积应根据热媒的供给条件与安全、温控装置的完善程度等因素确定。当热媒可按设计秒流量供应且有完善可靠的温度自动调节装置时,可不考虑贮热容积;当热媒不能保证按设计秒流量供应或无完善可靠的温度自动调节装置时,则应考虑贮热容积,贮热量可参照导流型容积式水加热器计算。

初步设计或方案设计阶段,各种建筑水加热器或贮热容器的贮水容积(60℃ 热水)可按下表估算。

贮水容积估算值

建筑类别	以蒸汽和 95℃ 以上的高温水为热媒时		以 ≤95℃ 低温水为热媒时	
	导流型容积式水加热器	半容积式水加热器	导流型容积式水加热器	半容积式水加热器
有集中热水供应的住宅 [L/(人·d)]	5~8	3~4	6~10	3~5
设单独卫生间的集体宿舍、培训中心、旅馆 [L/(b·d)]	5~8	3~4	6~10	3~5
宾馆、客房 [L/(b·d)]	9~13	4~6	12~16	6~8
医院住院部 设公共盥洗室	4~8	2~4	5~10	2~5
设单独卫生间	8~15	4~8	11~20	6~10
门诊部[L/(b·d)]	0.5~1	0.3~0.6	0.8~1.5	0.4~0.8
有住宿的幼儿园、托儿所[L/(b·d)]	2~4	1~2	2~5	1.5~2.5
办公楼[L/(b·d)]	0.5~1	0.3~0.6	0.8~1.5	0.4~0.8

容积式、导流型容积式、半容积式水加热器设计计算

贮水容积

<table>
<tr><td rowspan="2">容积式、导流型容积式、半容积式水加热器设计计算</td><td>供热量</td><td>

1. 容积式水加热器、导流型容积式水加热器或贮热容积与其相当的水加热器、燃油(气)热水机组,其设计小时供热量应按式(4.4-2)计算:

$$Q_g = Q_h - \eta \frac{V}{T}(t_r - t_l)\rho_r \cdot c \qquad (4.4-2)$$

式中　Q_g——设计小时供热量(kJ/h);

　　　η——有效贮热容积系数:容积式加热器 $\eta = 0.7 \sim 0.8$,导流型容积式加热器 $\eta = 0.8 \sim 0.9$,第一循环系统为自然循环时,卧式贮热水罐 $\eta = 0.8 \sim 0.85$,立式贮热水罐 $\eta = 0.85 \sim 0.90$,第一循环系统为机械循环时,卧、立式贮热水罐 $\eta = 1.0$;

　　　T——设计小时耗热量持续时间(h),$T = 2 \sim 4$ h。

当 Q_g 计算值小于平均小时耗热量时,Q_g 应取平均小时耗热量。

2. 半容积式水加热器或贮热容积与其相当的水加热器、燃油(气)热水机组,其设计小时供热量应按设计小时耗热量计算,见式(4.4-3):

$$Q_g = Q_h \qquad (4.4-3)$$

3. 半即热式、快速式水加热器及无贮热容积的水加热器,其设计小时供热量应按设计秒流量所需的耗热量计算,见式(4.4-4)、式(4.4-5):

$$Q_g = q_{rs}c\rho_r(t_z - t_c) \times 3\,600 \qquad (4.4-4)$$

$$Q_g = q_{rs} \cdot c \cdot (t_r - t_l)\rho_r \qquad (4.4-5)$$

式中　q_{rs}——热水设计秒流量(L/s),计算同冷水。

4. 太阳能加热系统辅助热源的水加热设备采用蒸汽或高温水为热媒的水加热器时,辅助热源的设计小时供热量可根据选用加热设备的不同按以上对应的公式计算。

5. 水源热泵的设计小时供热量,应按式(4.4-6)计算:

$$Q_g = k_1 \frac{mq_r c(t_r - t_l)\rho_r}{T_1} \qquad (4.4-6)$$

式中　Q_g——水源热泵设计小时供热量(kJ/h);

　　　q_r——热水用水定额(L/(人·d)或 L/(床·d)),按不高于表4.2-1中用水定额中下限取值;

　　　m——用水计算单位数(人数或床位数);

　　　t_r——热水温度,采用 $t_r = 60℃$;

　　　T_1——热泵机组设计工作时间(h/d);

　　　k_1——安全系数,$k_1 = 1.05 \sim 1.10$。

水源总水量应按供热量、水源温度和热泵机组性能等综合因素确定。

6. 空气源热泵的设计小时供热量,亦按式(4.4-6)计算:

(1) 当未设辅助热源时,应按最不利条件设计,即取当地最冷月平均气温和冷水供水温度计算;

(2) 当设有辅助热源时,宜按当地农历春分、秋分所在月的平均气温和冷水供水温度计算,以合理经济选用热泵机组。

</td></tr>
<tr><td>热媒耗量</td><td>

热媒耗量是第一循环管网水力计算的依据。热媒耗量应根据热平衡关系以加热设备设计小时供热量来确定。按照不同的加热供水方式,热媒耗量应按下列方法确定:

1. 采用蒸汽直接加热方式时,蒸汽耗量按式(4.4-7)计算:

$$G = K\frac{Q_g}{i'' - i} \qquad (4.4-7)$$

</td></tr>
</table>

续表

容积式、导流型容积式、半容积式水加热器设计计算 — 热媒耗量

式中 G——蒸汽耗量(kg/h);

K——热媒管道热损失附加系数,$K=1.05\sim1.10$,按系统的管线长度取值;

i''——饱和蒸汽热焓(kJ/kg),按下表选用,表中蒸汽压力为相对压力;

i_r——蒸汽与冷水混合后热水的热焓(kJ/kg),$i_r=4.187\cdot t_r$,t_r是蒸汽与冷水混合后的热水温度(℃)。

饱和蒸汽的热焓

蒸汽压力/MPa	0.1	0.2	0.3	0.4	0.5	0.6	0.7	0.8
温度/℃	120.2	133.5	143.6	151.9	158.8	165.0	169.6	174.5
热焓/(kJ/kg)	2 706.9	2 725.5	2 738.5	2 748.5	2 756.4	2 762.9	2 766.8	2 771.8

2. 采用蒸汽间接加热方式时,蒸汽耗量按式(4.4-8)计算:

$$G=K\frac{Q_g}{i''-i'} \tag{4.4-8}$$

式中 G——蒸汽耗量(kg/h);

i'——凝结水的焓(kJ/kg),$i'=4.187\cdot t_{mz}$,t_{mz}是热媒终温即凝结水出水的温度,应由经过热力性能测定的产品样本提供;

i''——饱和蒸汽热焓(kJ/kg),按上表选用,表中蒸汽压力为相对压力;

K——热媒管道热损失附加系数。

3. 采用高温水间接加热方式时,热媒耗量按式(4.4-9)计算:

$$G=K\frac{Q_g}{c(t_{mc}-t_{mz})} \tag{4.4-9}$$

式中 G——热媒耗量(kg/h);

t_{mc}——热媒初温即高温水供水温度(℃),应由经过热力性能测定的产品样本提供;

t_{mz}——热媒终温即热媒回水温度(℃),应由经过热力性能测定的产品样本提供。

4. 采用燃油(气)机组加热时,燃油(气)耗量按式(4.4-10)计算:

$$G=K\frac{Q_g}{Q\eta} \tag{4.4-10}$$

式中 G——热媒耗量(kg/h);

Q——热媒发热量(kJ/kg,kJ/Nm^3)按下表采用;

η——水加热设备的热效率,按下表采用;

K——热媒管道热损失附加系数 $K=1.05\sim1.10$。

热源发热量及加热装置热效率

热源种类	单位	热源发热量 Q	加热设备效率 η/%
轻柴油	kg/h	41 800~44 000(kJ/kg)	≈85
重油	kg/h	38 520~46 050(kJ/kg)	—
天然气	Nm^3/h	34 400~35 600	65~75(85)
城市煤气	Nm^3/h	14 653(kJ/Nm^3)	65~75(85)
液化石油气	Nm^3/h	46 055(kJ/Nm^3)	65~75(85)

注:表内热源发热量及加热设备热效率系参考值,计算中应根据当地热源与选用加热设备的实际参数为准。

热媒耗量	5. 采用电加热时,耗电量按式(4.4-11)计算:
	$$W = \frac{Q_g}{3\,600\eta} \qquad (4.4\text{-}11)$$
	式中　W——耗电量(kW);
	η——加热器的热效率 95%~97%。

| 容积式、导流型容积式、半容积式水加热器设计计算 | 传热面积 | 1. 总传热面积即水加热器的加热面积,按式(4.4-12)计算 |

$$F_{rj} = \frac{C_r Q_g}{\varepsilon K \Delta t_j} \qquad (4.4\text{-}12)$$

式中　F_{rj}——总传热面积(m^2);

C_r——热水系统热损失系数 $C_r = 1.1 \sim 1.15$;

ε——由于水垢和热媒分布不均匀影响热效率的系数,一般取 0.6~0.8;

K——传热系数[$W/(m^2 \cdot h)$],可参照前表"各种水加热器主要设计参数表"选值;

Δt_j——热媒与被加热水的计算温度差(℃),其计算按下列确定:

容积式、导流型容积式、半容积式水加热器按式(4.4-13)取平均差计算

$$\Delta t_j = \frac{t_{mc} + t_{mz}}{2} - \frac{t_l + t_r}{2} \qquad (4.4\text{-}13)$$

式中　t_{mc}——热媒初温(℃);

t_{mz}——热媒终温(℃)。

半即热式、快速式水加热器按式(4.4-14)取对数平均差计算

$$\Delta t_j = \frac{\Delta t_{max} - \Delta t_{min}}{\ln \dfrac{\Delta t_{max}}{\Delta t_{min}}} \qquad (4.4\text{-}14)$$

式中　Δt_{max}——热媒与被加热水一端的最大温度差(℃),见下图及式(4.4-15);

Δt_{min}——热媒与被加热水另一端的最小温度差(℃),见下图及式(4.4-16)。

快速换热器水加热器工况示意图

$$\Delta t_{max} = t_{mc} - t_z \quad 或 \quad \Delta t_{max} = t_{mz} - t_c \qquad (4.4\text{-}15)$$

$$\Delta t_{min} = t_{mz} - t_c \quad 或 \quad \Delta t_{min} = t_{mc} - t_z \qquad (4.4\text{-}16)$$

2. 计算单个水加热器的传热面积,按式(4.4-17)计算

$$F_i = \frac{F}{n} \qquad (4.4\text{-}17)$$

式中　F_i——单个水加热器的传热面积(m^2);

n——水加热器个数,宜 ≥ 2

| 选型 | 按单个水加热器的容积、传热面积 F_i 及热媒被加热水的工作压力 p_t、p_a 选定水加热器的具体型号 |

2. 以热水机组、热水锅炉为热源直接或间接加热、贮热设备的设计计算。

（1）系统图示如表 4.4-4 所示。

表 4.4-4   常用热水机组、热水锅炉制备生活热水的系统图示

名称		图示	系统特点	适用范围	优缺点
热水机组	直接供水（一）	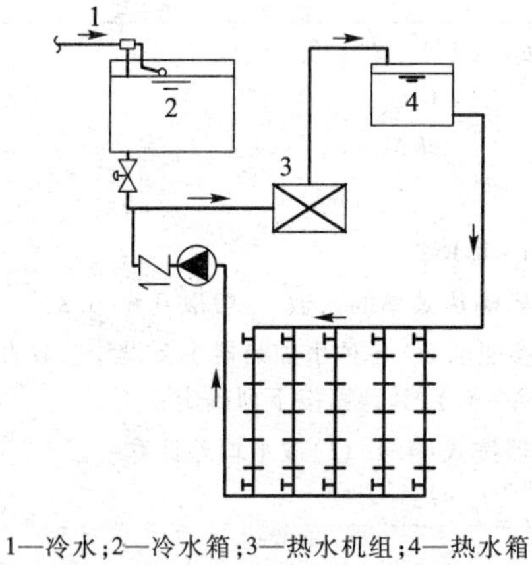 1—冷水；2—冷水箱；3—热水机组；4—热水箱	1. 加热、贮热、供热设备均设在顶层 2. 开式供水系统	1. 顶层有条件设置热水机组及冷热水箱 2. 冷水硬度 ≤150 mg/L 3. 冷、热水箱高度满足系统水压要求	1. 系统较简单、经济 2. 水压稳定，冷热水压力平衡 3. 设备放屋顶受限制 4. 要求冷水硬度低
	直接供水（二）	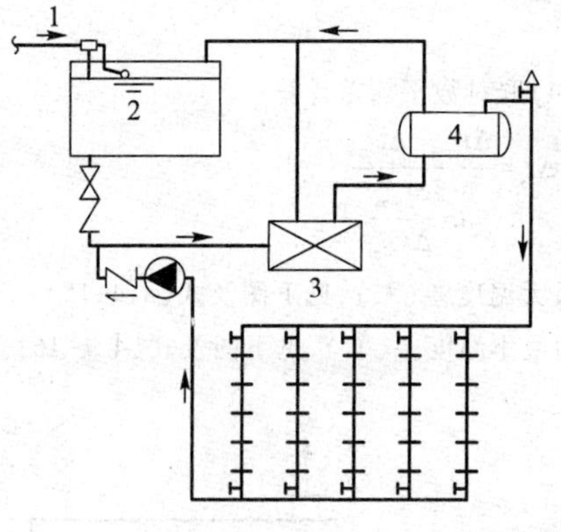 1—冷水；2—冷水箱；3—热水机组；4—贮热水罐	与上图式比较热水罐代替热水箱	同上	与上图式比较： 1. 省去了控制水位的电磁阀 2. 热水罐比热水箱价高
	直接供水（三）	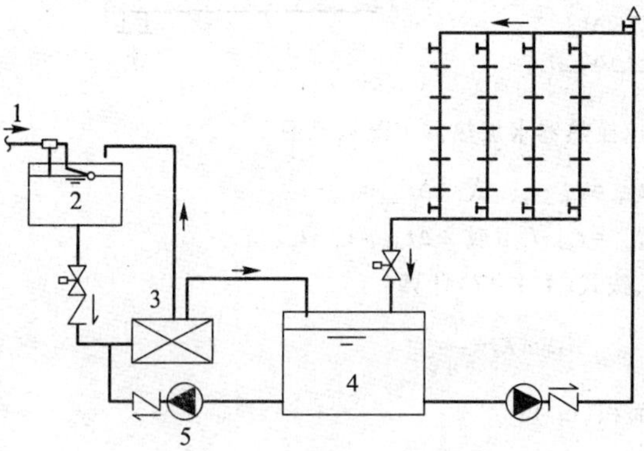 1—冷水；2—冷水箱；3—热水机组； 4—贮热水箱；5—补热循环泵	1. 加热、贮热、供热设备均设在下部设备间 2. 闭式热水供水系统	1. 冷水硬度 ≤150 mg/L 2. 日用热水量较大	与上（一）图示比较： 1. 设备设置位置较灵活 2. 热水另设泵供水，不利冷热水压力平衡

续表

名称		图示	系统特点	适用范围	优缺点
热水机组	间接供水（一）	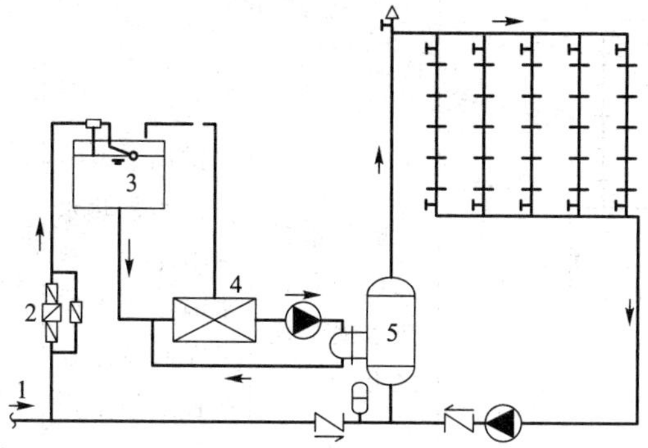 1—冷水;2—软水装置;3—冷水箱; 4—热水机组;5—水加热器	1.加热、贮热、供热设备均设在下部设备间 2.闭式热水供水系统	1.顶层无条件设置设备间 2.系统冷热水压力平衡要求较高 3.日用热水量较大	1.热水机组只供热媒,有利于保持高效延长寿命 2.利用冷水压力,有利于系统冷热水压力平衡 3.造价较高
	间接供水（二）	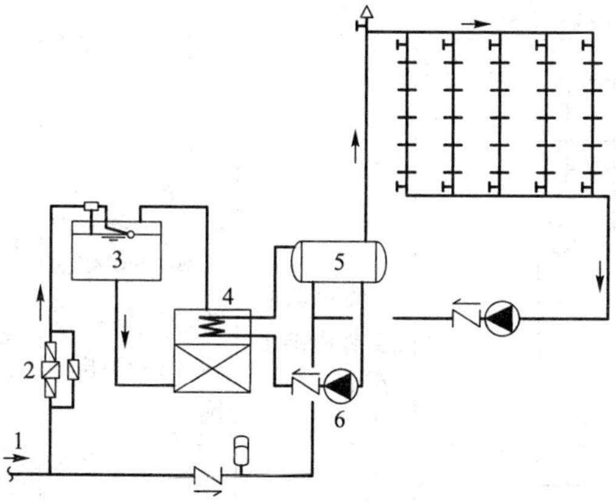 1—冷水;2—软水装置;3—冷水箱; 4—热水机组(自带水加热器); 5—贮热水罐;6—加热循环泵	热水机组自配换热器	冷水硬度≤150 mg/L	与上间接换热(一)图示比较: 1.设备紧凑 2.壳管式间接加热机组,管内走热水要求水质高
热水锅炉	直接供水（一）	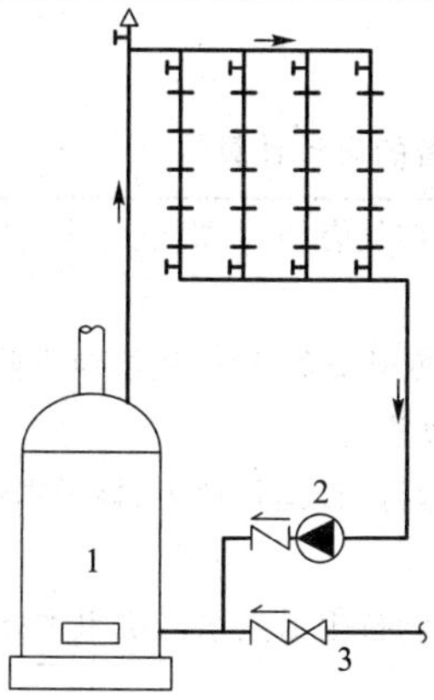 1—热水锅炉;2—循环泵;3—冷水	立式热水锅炉(承压)直接供热水	1.冷水硬度≤150 mg/L 2.用热水量较均匀且日用热水量较小 3.供淋浴水时宜设冷热水混合水箱	1.设备简单造价低 2.水温波动大,安全供水条件差

名称	图示	系统特点	适用范围	优缺点
热水锅炉 — 直接供水（二）	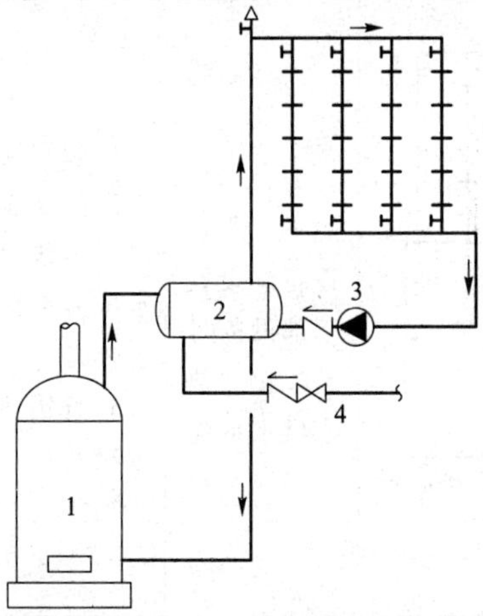 1—热水锅炉;2—贮热水罐;3—循环泵;4—冷水	贮热水罐底位于立式热水锅炉顶之上	1. 同上1 2. 当贮热水罐不能位于热水锅炉之上时可在两者之连接管上加小循环泵	1. 水温较稳定 2. 适用范围较上图大
热水锅炉 — 间接供水	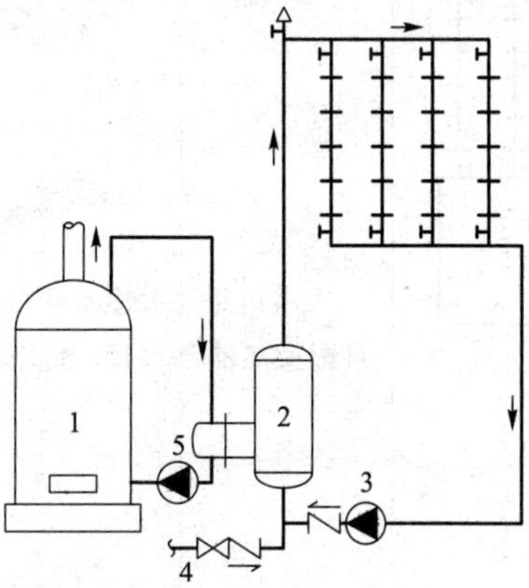 1—热水锅炉;2—水加热器;3—循环泵; 4—冷水;5—热媒水循环泵	传统的间接换热供水方式	常用于各种间接换热供水的各种热水系统	1. 水温较稳定 2. 系统冷热水压力平衡 3. 加热效率稍低

（2）设备的设计计算见表4.4-5。

表4.4-5　加热、贮热设备的设计计算

机组应具有的功能	1. 以油、气为燃料的热水机组应采用高效燃油、燃气燃烧器,燃烧完全、热效率≥85%,无需消烟除尘,节能环保 2. 机组水套与大气相通(真空热水机组除外),使用安全可靠,机组应有防爆装置 3. 燃烧器可根据设定的温度自动工作,出水温度稳定 4. 机组应采用程序控制,实现全自动或半自动运行(设运行仪表,显示本体的工作状况),并应具有超压、超温、缺水、水温、水流、火焰等自动报警功能 5. 机组本体工作压力<0.1MPa,可直接或间接制备生活热水当机组本体内自带间接换热器时,换热部分应能承受热水供应系统的工作压力 6. 机组应满足国家现行有关标准的要求,燃烧应具有质量合格证书

机组的选择原则	1. 安装位置：当其安装在屋顶或顶层且有高位水箱时,一般可采用机组直接制备热水,经贮热水箱(罐)供水,如表4.4-4中热水机组的"直接供水"的图(一)、图(二)所示;当其安装在建筑的地下室或底层时,一般宜采用机组设备热媒水经水加热器换热后供水,如表4.4-4中热水机组的"间接供水"的图(一)、图(二)所示 2. 冷水供水水质：当冷水中硬度(以 $CaCO_3$ 计)≤100 mg/L 时,可采用机组直接制备生活热水的方式,当其硬度>100 mg/L 时,宜采用机组间接制备生活热水的方式 3. 系统水压稳定要求：当热水供水系统的用水点主要是需控制冷热水混合温度的淋浴、盥洗用水时,因其要求冷热水压力平衡、稳定,因此宜采用如表4.4-4中热水机组的"直接供水"的(一)、(二)和"间接供水"的(一) 4. 机组的台数应根据建筑物用水工况、用水要求、负荷大小等综合考虑。一般不宜少于两台(当只作辅助热源或城市热网检修时的备用热源时亦可只设一台)。每台机组的负荷可按50%~75%满负荷时选用 5. 机组的产热量应根据当地冷水温度、燃料品种的热值、压力及供热水温度等进行复核(一般由设计提供冷水、热水或热媒水温度,由设备厂家依所用燃料复核) 6. 机组的燃料品种应根据当地燃烧供应及工程本身条件选择
机组直接供水时的设计计算	1. 机组及配套设施的布置要求如表4.4-4中热水机组的"直接供水"(一)、(二)图示 2. 热水机组的产热量计算： 热水机组的产热量与其所配贮热水箱(罐)或水加热器的贮热容积、形式有关 (1) 当其所配水箱(罐)或水加热器的贮热时间 $t≥0.5h·Q_h$(设计小时耗热量)时,机组产热量可按式(4.4-2)中的 Q_g 计算 (2) 当其所配热水箱(罐)或水加热器的贮热时间 $t<0.5h·Q_h$ 时,机组产热量按 Q_h 计算 3. 贮热水箱(罐)水容积计算： 贮热水容积适当放大,可减少热水机组的负荷,即可选择产热量较小型号的热水机组,不仅可以节省一次投资还可使机组均匀运行,提高效率,节能。因此,贮热水箱(罐)贮水容积宜根据工程具体条件按 $V=1~1.5h·q_{rh}$(设计小时热水量)选择 4. 表4.4-4的图中直接供水图(三)中,补热循环泵设计计算如下。 (1) 流量按式(4.4-18)计算： $$q_x = 1.2\frac{Q_x}{1.163\Delta t_x\rho_r} \quad (4.4-18)$$ 式中　q_x——循环泵流量(L/s); 　　　Q_x——系统及热水箱热损失,可按 $Q_x=5\%Q_h$ 计算; 　　　Δt_x——按 6~10℃ 计算。

机组直接供水时的设计计算	(2) 水泵扬程 H_b 按式(4.4-19)计算： $$H_b = h_p + h_e + (20\sim40) \qquad (4.4-19)$$ 式中　H_b——加热循环泵扬程(kPa)； 　　　h_p——水泵前后与热水机组贮热水箱之连接管的水头损失(kPa)； 　　　h_e——热水机组的水头损失(kPa)其值查所选设备的样本。一般 $h_e \leqslant 10$ kPa。 (3) 水泵由设在泵前管道上的温度传感器控制,水泵的启、停温度可分别按热水供水温度 $-10℃$、$-5℃$ 设置
机组间接供水时的设计计算	1. 间接加热的水加热器设备可根据本表"机组应具有的功能"选择 2. 推荐选用换热效果好、无冷、温水区的半容积式水加热器。为了达到上述适当加大贮热量,选用小型号热水机组的目的,可以选用加大贮热容积的半容积式水加热器 3. 水加热器的传热面积计算参见式(4.4-12) 4. 表4.4-4的图中间接供水(一)图中循环泵的设计计算如下 (1) 循环水泵的流量按式(4.4-20)计算： $$q_x = \frac{Q_z}{1.163(t_{mc}-t_{mz})\rho_r} \qquad (4.4-20)$$ 式中　q_x——循环水泵流量(L/h)； 　　　Q_z——热水机组产热量(W)； 　t_{mc}、t_{mz}——热媒水初温、终温(℃),可按 $t_{mc}-t_{mz}=20\sim30℃$ 计算。 (2) 水泵扬程 H_b 按式(4.4-21)计算： $$H_b = h_p + h_e + (20\sim40) \qquad (4.4-21)$$ 式中　h_p——水泵前后与热水机组水加热器连接管的水头损失(kPa)； 　　　h_e——热水机组及加热器热媒部分的阻力损失(kPa),热水机组的阻力损失可查产品样本(一般 $\leqslant 10$ kPa),水加热器的阻力损失见表4.4-3。 (3) 水泵的启、停可由设在水加热器上的温度传感器控制,其启、停温度可分别为设定水温度 $-5℃\sim10℃$。 5. 表4.4-4的图中间接供水(一)图中加热循环泵的设计计算如下 (1) 循环水泵的流量按式(4.4-22)计算： $$q_x = 1.2\frac{Q_x}{1.163(t_r-t_l)\rho_r} \qquad (4.4-22)$$ 式中　t_r、t_l——分别为被加热水温度、冷水温度(℃)。 (2) 水泵的扬程按式(4.4-23)计算： $$H_b = h_p + h_e + (20\sim40) \qquad (4.4-23)$$ 式中　h_e——热水机组内加热盘管内的被加热水阻力损失(kPa)。 (3) 水泵的启、停由设在贮热水罐下部(离底约1/4罐体直径处)的温度传感器控制,其启、停温度可分别为设定供水温度 $-5℃\sim10℃$

3. 地热水(温泉水)热水系统设计计算。

(1)系统图式见表4.4-6。

表4.4-6 地热水制备生活热水的水加热、贮热系统图示

名称	图示	系统特点	适用范围	优缺点
(一)	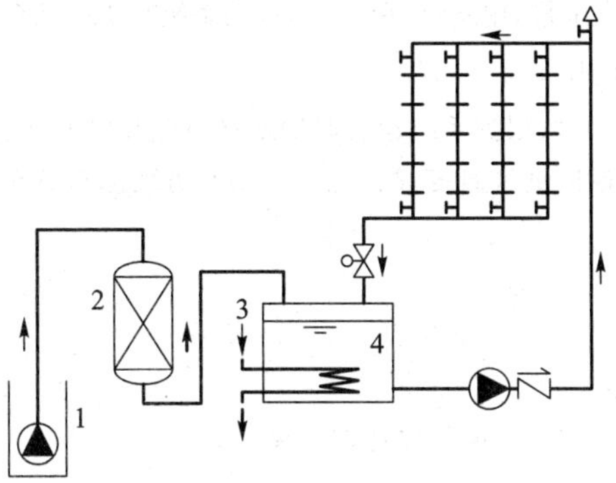 1—地热水井;2—水处理设备; 3—补热热源;4—贮热水箱	贮热水箱兼具贮热、供热、补热作用	1. 有地热水资源且许可开采利用的地方 2. 适于系统冷热水压力平衡不严的地方	1. 系统较简单 2. 控制回水量的电磁阀质量可靠 3. 补热效率低
(二)	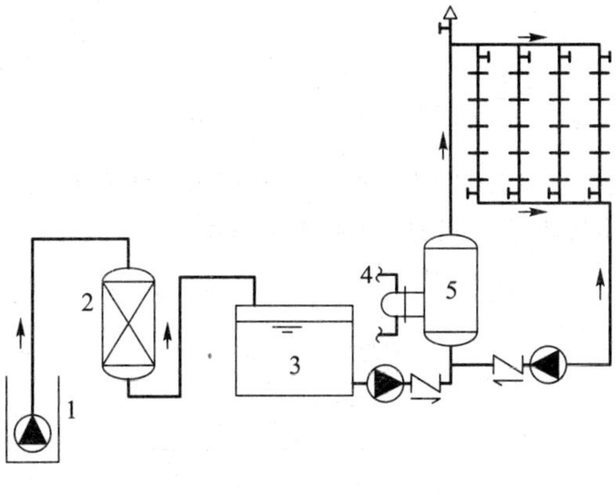 1—地热水;2—水处理设备;3—贮热水箱; 4—补热热源;5—水加热器	贮热水箱加供水补热罐联合供水	1. 同上1 2. 适于多个供水系统	1. 系统比上图复杂,造价稍高 2. 便于分系统灵活补热效率较高、节能

(2)贮热、补热系统的设计计算见表4.4-7。

表4.4-7 贮热、补热系统设计计算

设计基础条件	1. 水量:即通过水文地质勘探,和深井扬水试验,取得可靠的水量资料 2. 水温、地热井取水的稳定水温 3. 水质:地热井取水水质应经国家认可的水质化验部门进行水质化验。 一般地热水(温泉水)含有多种对人体有益的微量元素,也含有一些对人体有害或不符合《生活饮用水卫生标准》(GB 5749—2006)的元素或物质,如不少地区的地热水含氟量均超过《生活饮用水卫生标准》(GB 5749—2006)中关于氟化物应≤1.0 mg/L的标准,而除氟处理较为复杂,要处理达标难度大,造价高。 这些都是涉及采用地热水方案是否可行的大问题

单一贮 热水箱 供水方式 (表 4.4-6) 中图 (一)示	1. 贮热水箱的贮水容积按式(4.4-24)计算: $$V=b_3 q_{rh} \qquad (4.4-24)$$ 式中　V——贮热水容积(L); 　　　$b_3=1\sim2(h)$,b_3 值可按地热水井供水量、用水量、用水均匀性、系统大小等综合考虑; 　　　q_{rh}——60℃热水设计小时热水量(L/h)。 2. 贮热水箱(水池)不宜少于 2 个,使用时,根据系统运行时用水量情况开启 1 个或者 2 个,这样可以减少热水在箱(池)内的停留时间,保证供水温度,减少热耗,同时方便运行管理,不间断热水供应。 3. 补热装置。 地热水供热水系统在下列两种情况下需加补热装置: (1)地热水温度不够,需要升温补热; (2)热水供、回水管道及贮热水箱(池)体散热的热损耗需补热。 4. 补热量计算。 (1)升温补热时补热量按式(4.4-25)计算: $$Q_b=1.163 q_{rh}(t_r-t_{mr})\rho_r \qquad (4.4-25)$$ 式中　Q_b——补热量(W); 　　　t_r——设定供水温度(℃); 　　　t_{mr}——地热水温度(℃)。 (2)热水箱(池)、热水供、回水管道的热损失(即需补热量)应根据选用材质、保温情况、管道敷设及当地气温等条件设计确定,在初步设计时亦可按式(4.4-26)估算: $$Q_b=b_4 Q_h \qquad (4.4-26)$$ 式中　b_4——0.03~0.1; 　　　Q_h——设计小时平均秒耗热量(W)
单一贮 热水箱 供水方式 (表 4.4-6) 中图 (二)示	补热热源可因地制宜采用电、蒸汽、热媒水等。其具体设计计算参见本章辅助热源部分的内容。其系统原理如表 4.4-6 中"地热水"(二)图所示 (1)贮热水箱容积亦按式(4.4-24)计算。 (2)贮热水罐可按热水供水系统分区设置,其贮热水容积可按式(4.4-27)计算: $$V=b_5 q_{rh} \qquad (4.4-27)$$ 式中　V——热水机组充水容积(L); 　　　b_5——0.25~0.33(h); 　　　q_{rh}——贮热水罐所服务供水分区的设计小时热水量(L/h)。 (3)加热、贮热系统所需补热装置应分别设在各分区的贮水罐内。各贮水罐的补热量参照式(4.4-25)、式(4.4-26)分区计算。 (4)当以蒸汽、热媒水为热媒通过贮热水罐补热时,贮热水罐即为水加热器,其设计计算参见本节间接水加热器部分内容

4. 热源热泵类型及选用要点。

（1）热源类型。

具有可再生低温能源的地区可采用热泵热水供应系统，如表4.4-8所示。

表 4.4-8　热泵热水系统适用地区

系统类型	适用地区
空气源热泵热水系统	夏热冬暖地区
地下水源热泵热水供应系统	地下水源充沛、水文地质条件适宜，并能保证回灌的地区
地表水源热泵热水供应系统	沿江、沿海、沿湖、地表水充足、水文地质条件适宜及有条件利用城市污水、再生水的地区

（2）热源选用要点。

热泵热水系统热源的选用要点如表4.4-9所示。

表 4.4-9　热泵热水系统热源选用要点

热源	选 用 要 点
热泵热水系统热源	1. 作为热泵的水源供水应满足其换热量要求，供水水量与水温应能保证长期稳定 2. 采用地下水源和地表水源时应经当地水务主管部门批准，必要时应进行生态环境、水质卫生方面的评估 3. 作为热泵水源的深井数量应大于等于 2 个，经换热的地下水应采取可靠的回灌措施，确保换热后的地下水全部回灌到同一含水层，回灌水不得对地下水源造成污染，严禁换热后的地下水直流排放 4. 取水井与回灌井宜一对一布置，定期互换运行，取水井的取水量应按回灌量计算，回灌井的回灌量一般为取水量的 2/3 5. 采用多井取水时，应由水文地质勘察合理确定井位，避免多井同时取水，相互干扰，达不到设计取水量 6. 在地表水为热源时，取水口宜位于水下 5 m，以保证水温稳定；取水口应远离回水口，并宜位于回水口的上游 7. 地表水源的热负荷约为 40 kJ/（m^2·K） 8. 水源热泵的水源水温冬季不宜低于 10℃，夏季不宜高于 10℃，以保证机组能高效运行和便于机组的维护 9. 水源的水质应满足热泵机组对水质的要求，当不能满足时，应采用水源不直接进入热泵机组的闭式系统间接换热。水源进入间接换热的预换热器前应视水质情况进行除砂、除杂质、污物、灭藻等机械过滤及药剂处理 10. 当地表水为海水时，与海水接触的所有设备、部件及管道应具有防腐、防生物附着的能力；与海水连通的所有设备部件及管道应具有过滤、清理的功能 11. 采用地下水、地表水等水源时，其换热系统的设计还应符合现行《地源热泵系统工程技术规范》（GB 50366—2009）中有关规定的要求

续表

热源	选用要点
热泵热水系统热源	12. 冷冻机组的冷却水是否用作热泵机组的热源应经技术经济比较后确定,一般空调季节很长且生活热水负荷相对空调负荷小的炎热地区可优先考虑 13. 长江流域以南地区的中、小型集中热水供应系统可采用空气源热泵制备热水 (1) 最冷月平均气温大于等于 10℃ 的地区,采用空气源热泵制备生活热水时,可不设辅助热源 (2) 最冷月平均气温小于 10℃,且大于 0℃ 的地区,采用空气源热泵制备生活热水时,应设辅助热源

（3）热泵系统及特点。

常用热泵制备生活热水的加热贮热供热系统、特点、适用范围及优缺点见表 4.4-10。

表 4.4-10　常用热泵制备生活热水系统

名称	图示	系统特点	适用范围	优缺点
水源热泵	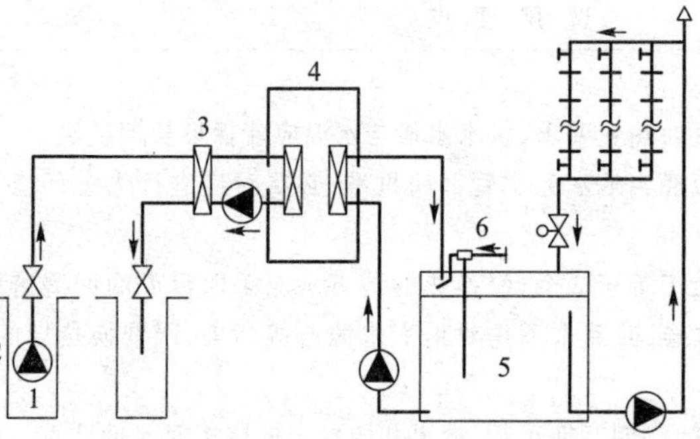 （一） 1—水源井;2—水源泵;3—板式换热器; 4—热泵机组;5—贮热水箱;6—冷水	1. 采用贮热、供热水箱作为集热、贮热及供热的主要设备 2. 热泵机组直接制备热水	1. 冷水硬度 ≤150 mg/L 2. 系统冷热水压力平衡要求不严 3. 供水系统集中管路短的单体建筑 4. 热水供水温度 ≈50℃	1. 系统较简单,设备造价较低 2. 热水另加泵,不利系统冷热水压力平衡 3. 冷水进热泵机组,加大机组维修量
	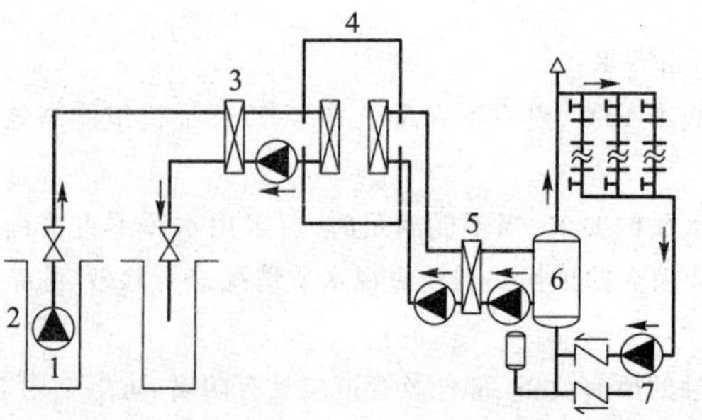 （二） 1—水源井;2—水源泵;3—板式换热器;4—热泵机组; 5—板式换热器;6—贮热水罐;7—冷水	1. 采用板式换热器加贮热水罐作为换热、贮热、供热的主要设备 2. 热泵机组间接换热制备热水	1. 同上 1 2. 系统冷热水压力平衡要求较高 3. 同上 3	与上图比较: 1. 热泵机组不直接接触冷水 2. 利于系统冷热水压力平衡,且利用冷水压力节能 3. 造价稍高

续表

名称		图示	系统特点	适用范围	优缺点
水源热泵	（三）	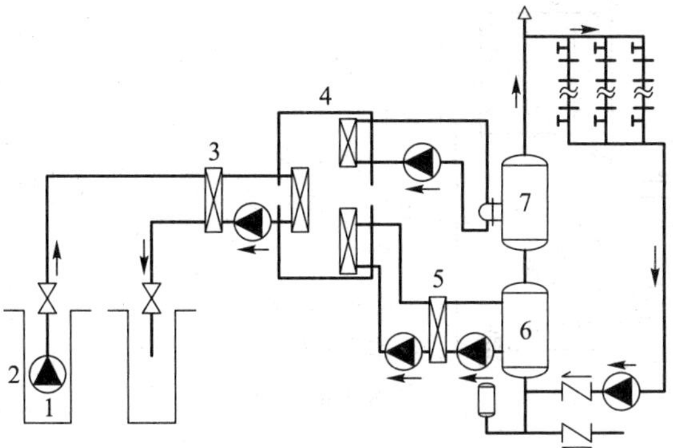 1—水源井；2—水源泵；3—板式换热器；4—热泵机组； 5—板式换热器；6—贮热水罐；7—水加热器	1. 采用Ⅰ级（快速换热器）、Ⅱ级（导流型容积式、半容积式换热器）串联换热、贮热、供热 2. 热泵机组间接换热制备热水	1. 日用热水量较大 2. 系统冷热水压力平衡要求较高	1. 两级换热可提供较高的水温 $t_r \approx 55℃$ 2. 利于系统冷热水压力平衡，且利用冷水压力节能 3. 热泵机组两级换热COP值较低 4. 换热系统较复杂，造价较高
	（四）	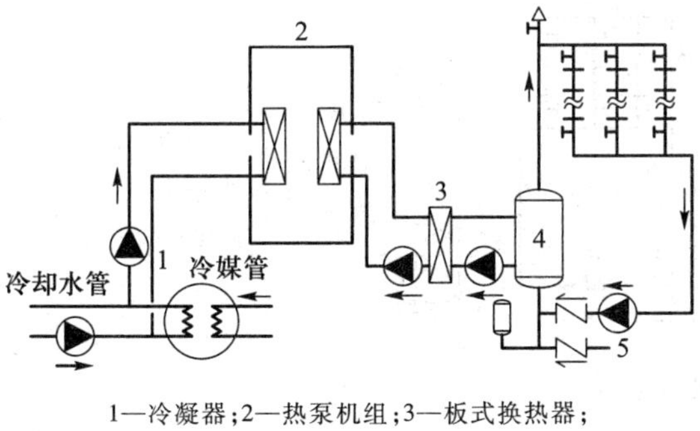 1—冷凝器；2—热泵机组；3—板式换热器； 4—贮热水罐；5—冷水	1. 利用冷冻机组冷却水余热作热源 2. 同上2	同上	同上
空气源热泵	泳池湿热气为热源	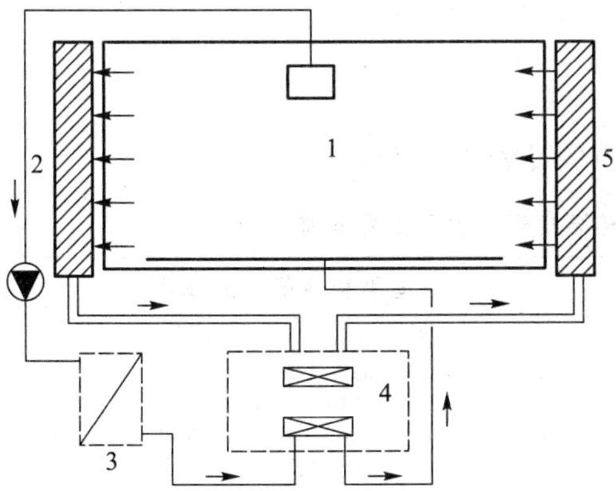 1—游泳池；2—回风；3—泳池水处理； 4—热泵机组；5—送风	收集游泳馆室内热空气中的余热，经热泵机组换热后供泳池循环水加热并供降温除湿的新风	游泳馆、室内水上游乐设施	池水加热，空气降温一举两得，但增加一次投资

名称	图示	系统特点	适用范围	优缺点
空气源热泵 室外空气源直接式	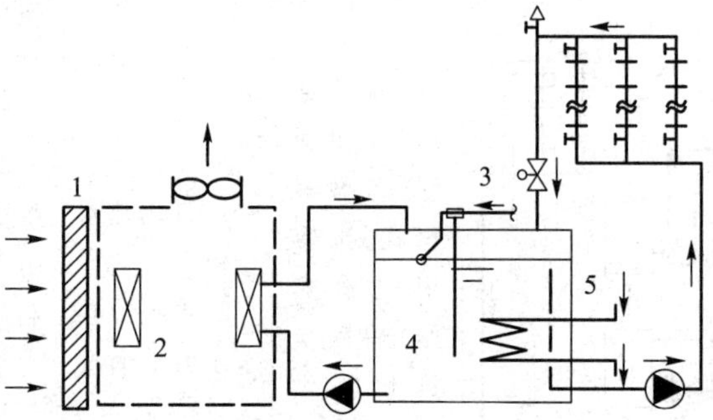 1—进风;2—热泵机组;3—冷水; 4—贮热水箱;5—辐热热源	1. 收集热空气中的余热经热泵机组换热后供热水 2. 以热水箱作为贮热、供热设备	适于最冷月平均气温≥0℃的地区	1. 空气源热泵一般比水源热泵造价高,耗电较大,技术更复杂 2. 需另设热水加压泵,不能利用冷水压力,且不利冷热水供水压力的平衡
室外空气源间接式	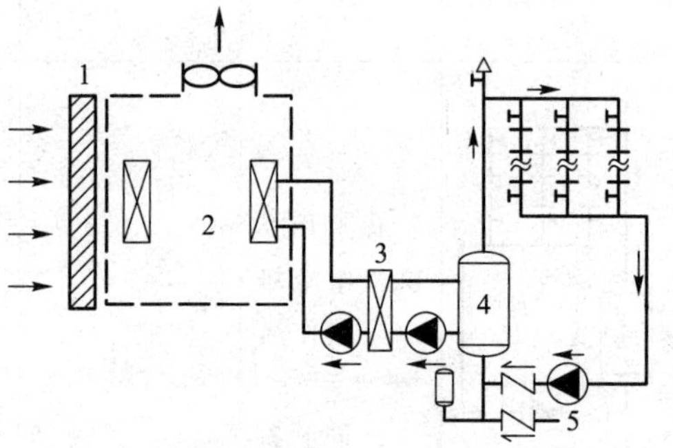 1—进风;2—热泵机组;3—板式换热器; 4—贮热水罐;5—冷水	换热、贮热、供热设备的形式同上水源热泵图式(二)、(三)	适于最冷月平均气温≥10℃的地区	同上

5. 热泵机组。

(1) 类型及特点。

热泵机组按压缩机的形式分类及适用范围见表 4.4-11。

表 4.4-11　热泵机组分类及适用范围

机组类型	适用制热量范围/kW
离心式热泵机组	1 054~28 000
螺杆式热泵机组	116~1 758
活塞式热泵机组	<700

注:空气源热泵机组一般为活塞式、涡旋式压缩机,适于小功率制热量的系统。

其性能系数(COP)不应低于表 4.4-12 的规定值。

表 4.4-12 冷水(热泵)机组性能系数

类型		额定制冷量/kW	性能系数/(W/W)
水冷	活塞式/涡旋式	<528	3.8
		528~1 163	4.0
		>1 163	4.2
	螺杆式	<528	4.1
		528~1 163	4.3
		>1 163	4.6
	离心式	<528	4.4
		528~1 163	4.7
		>1 163	5.1
风冷或蒸发冷却	活塞式/涡旋式	≤50	2.4
		>50	2.6
	螺杆式	≤50	2.6
		>50	2.8

注:若仅使用热泵制备热水,本表仅做参考,具体可参照产品样本中的运行参数。

（2）热泵机组选用要点。

选用热泵机组制备热水的选用要点如表 4.4-13 所示。

表 4.4-13 热泵机组选用要点

类型	选用要点
热回收式空气源热泵机组	1. 热水供水温度一般为 45~60℃,最高 65℃ 2. 当热回收能力小于最大小时热水耗热量时,应设置热水贮水箱 3. 当热泵机组直接提供生活热水时,热回收器的所有连接水管应采用不锈钢管或铜管
地下水源热泵机组	1. 采用地下水为水源时,应采用闭式系统;地下水应全部回灌,并不得对地下水资源造成污染 2. 采用集中设置的机组时,应根据水源水质条件采用水源直接进入机组换热或另设板式换热器间接换热;采用小型分散式机组时,应设板式换热器间接换热 3. 当水温不能满足水源热泵机组使用要求时,可通过混水或设置中间换热器进行调节,满足机组使用要求 4. 地下水地源热泵机组应具备自动调节功能,蒸发器出口应设防冻保护装置,机组本身各环节的控制和安全保护装置应设置齐全
地表水源热泵机组	1. 在冬季有冻结可能的地区,水源输送系统或地表水换热器系统应有防冻措施 2. 建筑物同时有空调冷负荷与空调热负荷或生活热水需求时,宜选用具备热回收功能的水源热泵机组

注:热回收机组通过回收冷却水系统中的散热量,用于加热、预热生活热水或生产工艺热水,不但可以实现废热利用,减少冷凝热对环境产生的热污染,又可减少冷却塔的运行费用和噪声,系统如表 4.4-10 所示。

6. 水质水温及水处理。

（1）水温。

热泵机组的生活热水水温：最高 65℃，推荐值：50~55℃，当局部用水点需要高温热水时，宜局部加热后使用。

（2）水质及水处理方式。

可直接进入热泵机组的水源热泵用水的水质标准，宜符合表 4.4-14 的规定。

表 4.4-14　水源热泵用水的水质参考标准

序号	项目名称	允许值
1	含砂量	≤1/20 万
2	浊度	≤20 NTU
3	pH	6.5~8.5
4	硬度	≤200 mg/L
5	总碱度	≤500 mg/L
6	全铁	≤0.3 mg/L
7	CaO	≤200 mg/L
8	Cl^-	≤100 mg/L
9	SO_4^{2-}	≤20.0 mg/L
10	SiO_2	≤50 mg/L
11	Cu^{2+}	≤0.2 mg/L
12	矿化度	≤350 mg/L
13	游离氯	0.5~1.0 mg/L
14	油污	<5 mg/L
15	游离 CO_2	<10 mg/L
16	H_2S	≤0.5 mg/L

如水源水质不能满足设备要求时，应根据不同的水质，采取相应的水处理技术措施，如表 4.4-15 所示。

表 4.4-15　水源热泵用水处理技术措施

类型	水处理技术措施
水源热泵用水	1. 为避免机组和管网遭受磨损,可在水系统中加装旋流除砂器;如果工程场地面积较大,也可修建沉淀池除砂 2. 当水中含铁量大于 0.3 mg/L 时,应在水系统中安装除铁处理设备 3. 通常在地下水循环管路中安装综合电子水处理仪,除去地下水中的 Ca^{2+}、Mg^{2+} 离子,同时,还可利用综合电子水处理仪杀菌灭藻 4. 对浑浊度大的水源,应安装净水器或过滤器对其进行有效过滤 5. 对于地下水矿化度较高,对金属的腐蚀性较强,采用水处理的办法费用较高时,宜采用板式换热器间接换热的方式 当地下水的矿化度不大于 350 mg/L 时,水源系统可以不加换热器,采用直接连接 当地下水矿化度为 350~500 mg/L 时,可以安装不锈钢板式换热器 当地下水矿化度>500 mg/L 时,应安装抗腐蚀性较强的钛合金板式换热器

7. 利用低谷电制备生活热水的设计计算。

（1）系统图示见表 4.4-16。

表 4.4-16　利用低谷电制备生活热水系统图示

名称	图示	系统特点	适用范围	优缺点
低谷电制备热水	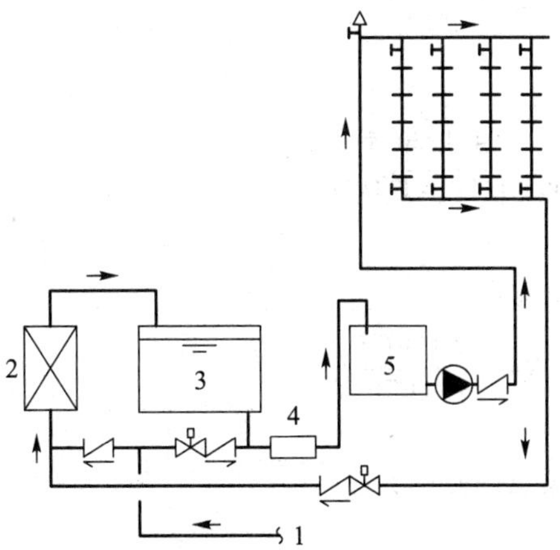 1—冷水;2—电热机组;3—高温热水贮水箱; 4—混合器;5—低温热水贮热水箱	高温热水贮水箱贮一天用水,低温热水贮水箱贮 45 min 热水	有奖励谷电低价政策的地区并得到当地供电部门批准	1. 环保、卫生、简单 2. 耗电量大

（2）设计计算见表 4.4-17。

表 4.4-17　利用低谷电制备生活热水设计计算

加热贮热方式	1. 高温贮热水箱+低温供热水箱联合贮热、供热的方式，如表 4.4-16 中"低谷电制备热水"的图示 高温贮热水箱可贮存≤90℃的一天用热量，提高贮水水温可减少贮水水箱容积，但水箱的保温要求比低温水箱高，否则其散热损失大、耗能亦增大 2. 贮热、供热合一的低温热水箱的方式 此方式比上述方式更为简单，只需将电热水机组制备的 60℃ 左右的热水贮存在一个热水箱内即可。但因贮水水温低，水箱容积比上述方案中的高温水箱约大 40%~70%
设计计算	1. 高温贮热水箱的总容积按式（4.4-28）计算： $$V_1 = 1.1V_d = 1.1k_1mq\frac{t_r-t_l}{t_h-t_l} \tag{4.4-28}$$ 式中　V_1——水箱总容积（L）； 　　　V_d——水箱贮水容积（L）； 　　　k_1——贮热水时间（d，一般 K_1=1d）； 　　　m——用热水量单位数，人、床位或器具数； 　　　q——热水用水定额[L/（人、床位或器具）·d]； 　　　t_r——热水用水定额对应的热水温度（℃）； 　　　t_h——贮热水箱贮水温度（℃，t_h=80~90℃）。 2. 低温供热水箱的总容积按式（4.4-29）计算： $$V_2 = 0.25q_{rh} \tag{4.4-29}$$ 式中　V_2——水箱总容积（L）； 　　　q_{rh}——设计小时热水量（L/h）。 3. 贮热、供热合一的低温热水箱容积按式（4.4-30）计算： $$V_3 = 1.1V_d = 1.1k_1mq \tag{4.4-30}$$ 式中　V_3——水箱总容积（L）。 4. 电热机组的功率 N 按式（4.4-31）计算： $$N = k_2\frac{3600T_dQ_d}{1000T\cdot M} \tag{4.4-31}$$ 式中　N——电热水机组功率（kW）； 　　　k_2——考虑系统热损失的附加系数，k_2=1.1~1.15； 　　　Q_d——日设计秒耗热量（W）； 　　　M——电能转为热能的效率，M=0.98； 　　　T——贮热水箱利用谷电加热的时间，一般为每天 23:00 至第二天 6:00，$T\approx7$ h； 　　　T_d——每日使用时数（h）

4.4.3　太阳能集中热水系统的设计计算

1. 系统参考图示见表 4.4-18。

表 4.4-18　常用的太阳能热水系统水加热、贮热系统图示

名称		图示	系统特点	适用范围	优缺点
直接供水	自然循环（一）	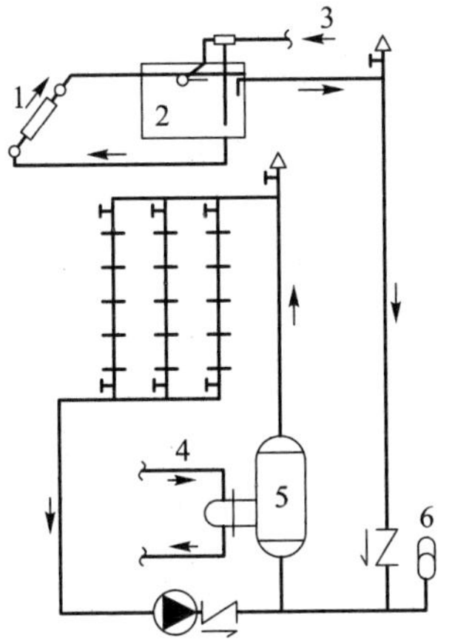 1—集热器；2—集热贮热水箱；3—冷水； 4—辅热热源；5—辅热水加热器；6—膨胀罐	1. 水集热、贮热设备与辅热水加热器上、下分设 2. 集热、贮热水箱箱底高于集热器上集管 3. 闭式供水系统	1. 顶层允许设置集热、贮热水箱，但无条件设辅热水加热器 2. 无冰冻地区 3. 冷水硬度（以 $CaCO_3$ 计）≤150 mg/L 4. 宜有高于贮水箱 ≤1 m 的冷水箱补给冷水 5. 冷热水箱高度满足系统水压要求 6. 日用热水量较小	1. 自然循环集热节能 2. 系统较简单经济 3. 水压稳定冷热水压力平衡 4. 集热、贮热水箱大而高与建筑立面难协调 5. 受适用范围控制条件多
	自然循环（二）	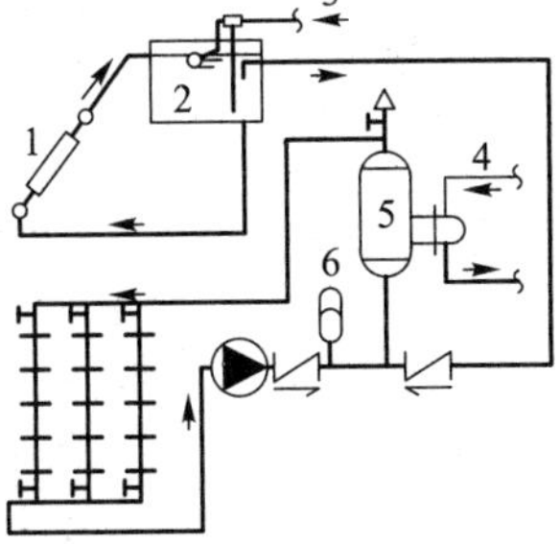 1—集热器；2—集热贮热水箱；3—冷水； 4—辅热热源；5—辅热水加热器；6—膨胀罐	1. 水集热、贮热设备与辅热水加热器均设在屋顶 2. 同上 2 3. 同上 3	1. 屋顶允许并有条件设置集热、贮热、辅热设备 2、3、4、5、6 均同上	与上图比较：设备集中便于管理。其他优缺点同上

续表

名称	图示	系统特点	适用范围	优缺点
直接供水 自然循环（三）	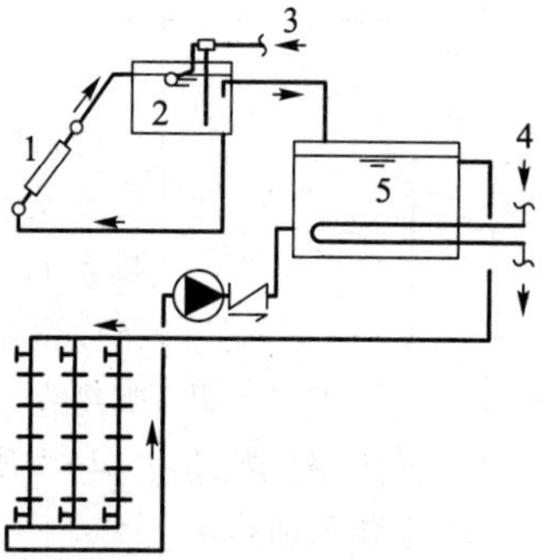 1—集热器；2—集热水箱；3—冷水； 4—辅热热源；5—供热水箱	1. 水集热、贮热设备与辅热水加热器均设在屋顶 2. 同上 2 3. 开式供水系统	同上	与上（二）图示比较优点： 1. 集热水箱只集热、不贮热、体型缩小、便于与建筑立面协调 2. 热水另设泵供水，不利冷热水压力平衡
自然循环（四）	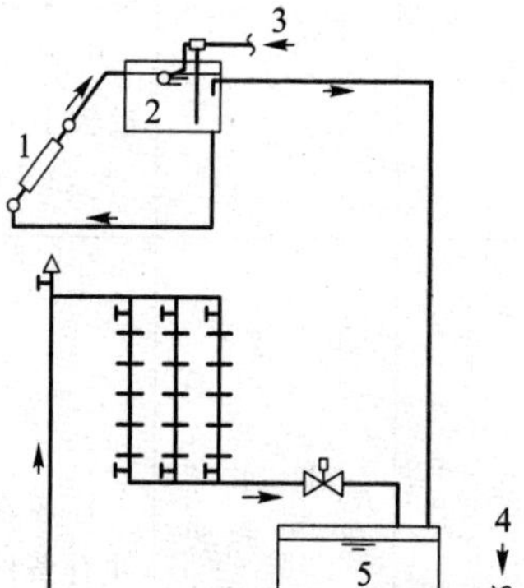 1—集热器；2—集热水箱；3—冷水； 4—辅热热源；5—供热水箱	同直接供水自然循环（一）图示	1. 顶层允许设集热水箱，但无条件设贮热、辅热水箱 2. 无冰冻地区 3. 冷水硬度（以 $CaCO_3$ 计）≤150 mg/L 4. 系统冷热水压力平衡要求不严 5. 日用热水量较小	优点同上 缺点： 1. 辅热效果差 2. 热水另加泵供水，不利冷热水压力平衡

续表

名称		图示	系统特点	适用范围	优缺点
直接供水	强制循环(一)	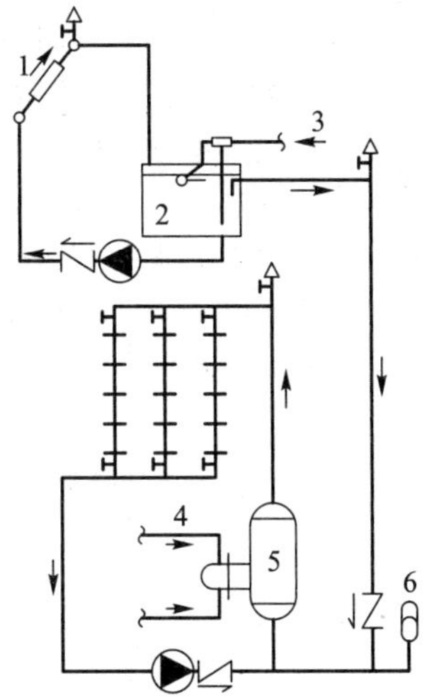 1—集热器;2—集热贮热水箱;3—冷水; 4—辅热热源;5—辅热水加热器;6—膨胀罐	1. 集热、贮热水箱与辅热水加热器上、下分设 2. 集热、贮热水箱和集热器可分开设置,水箱可位于集热器之下 3. 闭式供水系统	1. 屋顶或顶层允许设集热、贮热水箱 2. 冷水硬度(以 $CaCO_3$ 计)≤150 mg/L 3. 冷热水水箱高度满足系统水压要求 4. 日用热水量较小	与自然循环(一)图式比较: 1. 集热、贮热水箱不受高度限制可放室内 2. 强制集热循环,集热效率高 3. 加循环泵耗能
	强制循环(二)	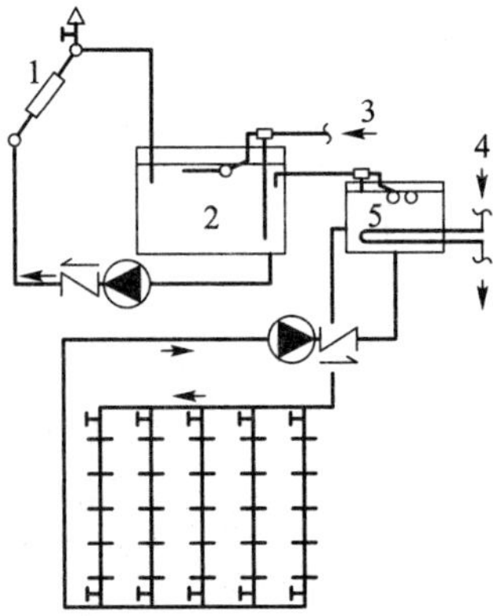 1—集热器;2—集热贮热水箱;3—冷水; 4—辅热热源;5—供热水箱	1. 集热、贮热水箱与辅热供水箱均可位于室内 2. 开式供水系统	1. 屋顶或顶层有条件设置冷热水箱 2. 冷水硬度(以 $CaCO_3$ 计)≤150 mg/L 3. 冷热水水箱高度满足系统水压要求	与自然循环(三)图式比较: 1. 集热、贮热水箱一体可位于顶层,利于与建筑立面协调 2. 辅热供水水箱小,有利节能、快速供热水 3. 集热效率高 4. 加循环泵耗能

名称	图示	系统特点	适用范围	优缺点
直接供水	强制循环（三）	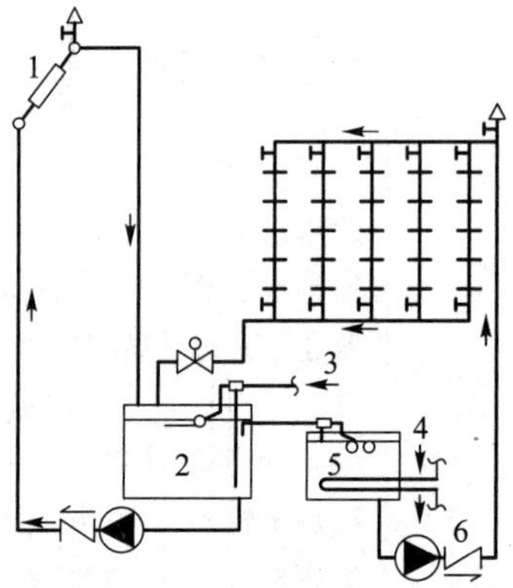 1—集热器；2—集热贮热水箱；3—冷水；4—辅热热源； 5—供热水箱；6—供水加压泵	1. 集热、贮热水箱与辅热供水箱可放在下部机房内 2. 开式系统	1. 屋顶无条件设高位冷、热水箱 2. 冷水硬度（以 $CaCO_3$ 计）≤150 mg/L 3. 系统冷热水压力平衡要求不严	与上图比较 1. 集、贮、辅热水箱可位于下部机房，更有利于与建筑协调 2. 热水需单设加压泵供水，不利冷热水压力平衡
	强制循环（四）	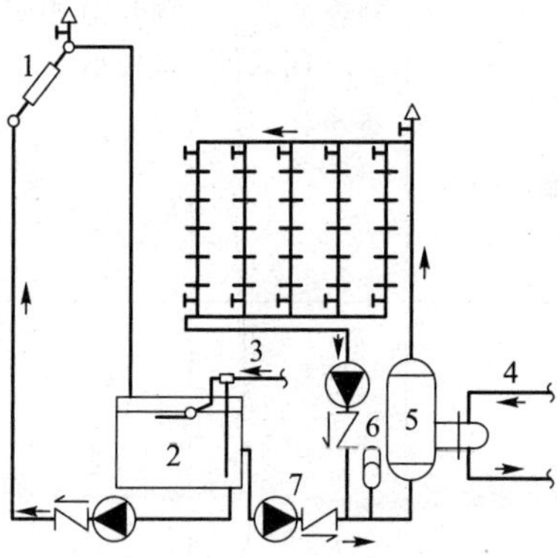 1—集热器；2—集热贮热水箱；3—冷水；4—辅热热源； 5—水加热器；6—膨胀罐；7—供水泵	1. 集热、贮热、辅热集于一水箱，水箱位于下层设备机房 2. 闭式供水系统	1. 屋顶无条件设高位冷、热水箱 2. 冷水硬度（以 $CaCO_3$ 计）≤150 mg/L 3. 系统冷热水压力平衡要求不严	与自然循环（四）图示比较： 1. 不设屋顶集热水箱 2. 集热效率高 3. 加循环泵耗能
间接换热供水	（一）	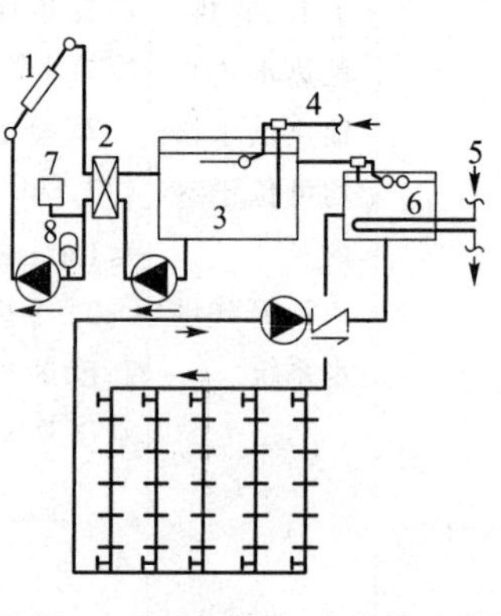 1—集热器；2—板式换热器；3—集热贮热水箱； 4—冷水；5—辅助热源；6—供热水箱； 7—补水系统；8—膨胀罐	同直接供水强制循环（二）	1. 屋顶或顶层有条件设置冷、热水箱 2. 冷、热水箱高度满足系统水压要求	与直接供水的强制循环（二）图式比较： 1. 集热泵系统中的工质仅作热媒用，有利于设备防冻及水垢的危害，集热效率高 2. 增加板换循环泵等

续表

名称	图示	系统特点	适用范围	优缺点
（二）	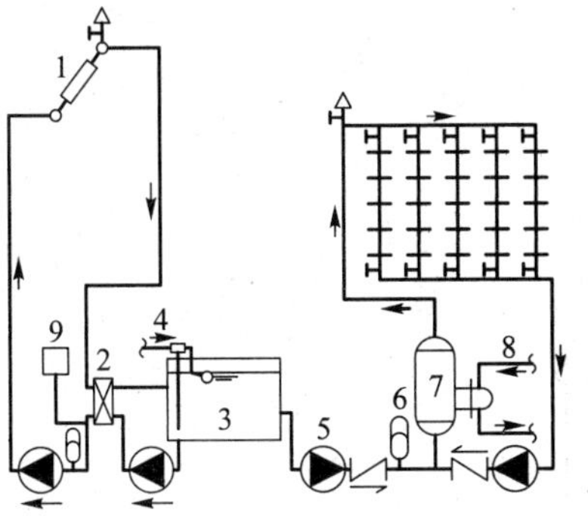 1—集热器;2—板式换热器;3—集热贮热水箱; 4—冷水;5—供水泵;6—膨胀罐;7—辅热水加热器; 8—辅热热源;9—补水系统	同直接供水强制循环（三）	1.屋顶或顶层无条件设置冷、热水箱 2.系统冷热水压力平衡要求不严	与上图比较: 1.集热、贮热、辅热水箱可位于地下室等处,布置灵活 2.热水另加泵供水,不利系统冷热水压力平衡
间接换热供水 （三）	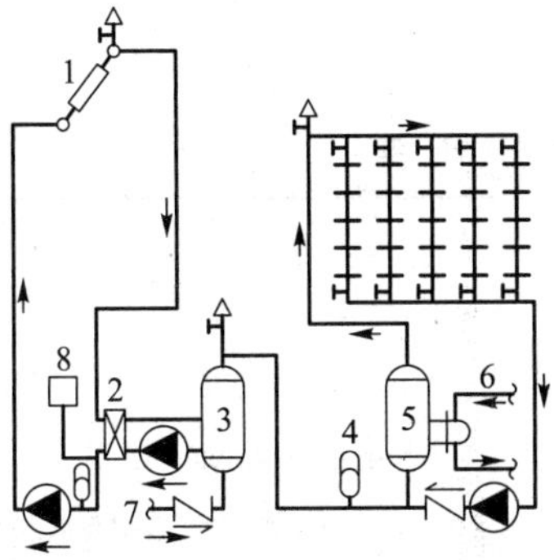 1—集热器;2—板式换热器;3—贮热水罐; 4—膨胀罐;5—辅热水罐;6—辅热热源; 7—冷水;8—补水系统	1.集热、贮热与辅热分别设水加热器 2.闭式供水系统	1.冷水硬度（以 $CaCO_3$ 计）>150 mg/L 2.系统冷热水压力平衡要求较高 3.日用热水量不大	1.有利于系统冷热水压力平衡 2.利于冷水压力,节能 3.集、贮、辅热设备造价较高
（四）	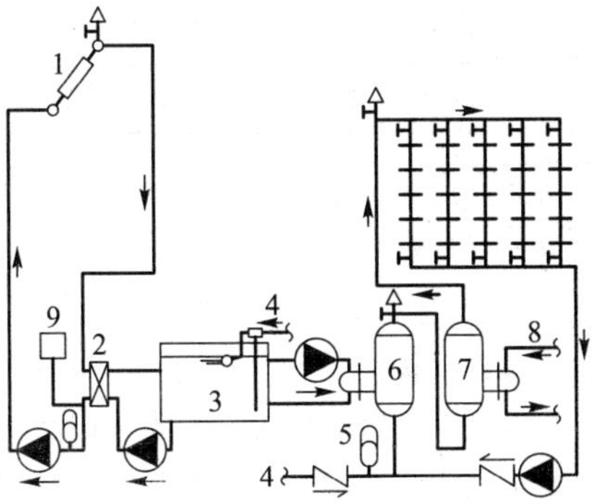 1—集热器;2—板式换热器;3—集热贮热水箱; 4—冷水;5—膨胀罐;6—水加热器;7—辅助水加热器; 8—辅热热源;9—补水系统	1.日集热量贮存在集、贮热水箱中,供热水加热器可小型高效 2.集热、贮热均为闭式系统	1.日用热水量大的系统 2.对热水水质、水压要求高的系统	与上图比较: 1.集热效率高 2.有利于保证热水水质 3.贮热部分造价便宜 4.循环泵多,耗电

名称	图示	系统特点	适用范围	优缺点
间接换热供水（五）	1—集热器;2—集热贮热水箱;3—冷水;4—膨胀罐; 5—水加热器;6—辅热水加热器;7—辅热热源	1. 同上 1 2. 集热为开式系统,供热为闭式系统	1. 同上 1 2. 对热水水质水压要求较高的系统	与上图比较: 1. 系统简单,省去了板换定压补水等设备 2. 集热效率不如上图高

2. 设计计算见表4.4-19。

表 4.4-19 设 计 计 算

<table>
<tr><td rowspan="2">集热器面积</td><td>局部供水时</td><td>

$$A_s = \frac{q_{rd}}{q_s} \tag{4.4-32}$$

式中　A_s——太阳能集热器集热面积(m^2)。

　　　q_{rd}——日用 60℃ 热水量(L/d)可按表 4.2-1 用水定额中低限值选用。

　　　q_s——集热器日产热水量[L/($m^2 \cdot d$)],q_s 由通过检测的产品样本提供,亦可参考下表取值。

太阳能集热器日产热水量

类型	日产热水量[L/($m^2 \cdot d$)]
平板型(普通)	110(40℃)~80(60℃)
玻璃真空管	110(40℃)~70(60℃)

</td></tr>
<tr><td>集中供水系统直接制备热水时</td><td>

$$A_c = \frac{q_{rd} c \rho_r (t_r - t_l) f}{J_T \eta_{cd} (1 - \eta_L)} \tag{4.4-33}$$

式中　A_c——直接式集热器总面积(m^2)。

　　　f——太阳能保证率,无量纲,根据系统使用期内的太阳辐照、系统经济性及用户要求等因素综合考虑后确定,一般取 $f = 0.30 \sim 0.80$,亦可参照本表中"太阳能保证率"取值。

　　　J_T——当地集热器的年平均日太阳辐照量[kJ/($m^2 \cdot d$)]。

　　　η_{cd}——集热器年平均集热效率,无量纲,根据经验可取 $\eta_{cd} = 0.45 \sim 0.50$。亦可依经测试的产品具体取值。

　　　η_L——系统热损失系数,$\eta_L = 0.15 \sim 0.30$

</td></tr>
</table>

集热器面积	集中热水泵系统间接制备热水时	$$A_{IN} = A_c \cdot \left(1 + \frac{F_R U_L \cdot A_c}{K \cdot F} \right)$$ (4.4-34) 式中　A_{IN}——间接式集热器总面积（m²）。 　　　$F_R U_L$——集热器总热损系数，[W/(m²·℃)]，平板型集热器取 4~6，真空管集热器取 1~2，具体数据可依集热器产品的实测数据选定。 　　　K——换热器传热系数，[W/(m²·℃)]。 　　　F——间接系统水加热器传热面积，m²。 方案或初步设计时可按式(4.4-35)估算： $$A_{IN} = b_l A_c$$ (4.4-35) 式中　b_l——间接式系统附加系数。平板式集热器 $b_l = 1.01~1.03$，真空管集热器 $b_l = 1.006~1.01$
强制循环太阳能系统集热水箱		1. 集热水箱的贮水容积按式(4.4-38)计算： $$V_s = b_2 A_s$$ (4.4-36) 式中　V_s——集热水箱贮水容积(L)。 　　　b_2——每平方米集热器所需有效贮水容积(L/m²)： 直接供水系统：$b_2 = 40~100$ 间接供水系统：$b_2 = 30~70$ 注：b_2 值应依选用集热器在用户所在地的得热量选值。局部热水供应、小系统集中热水供应时 b_2 可靠大值选；大系统集中热水供应时，b_2 可靠小值选。 　　　A_s——集热器面积(m²)，直接式的 $A_s = A_c$，间接式的 $A_s = A_{IN}$。 2. 集热水箱材质宜采用不锈钢，其外表应作保温处理
		1. 集热水箱应按下图所示配管，其中辅热部分一般设在供热水箱或水加热器内，只有局部供热水或小系统集中供热水时可设在集热水箱内 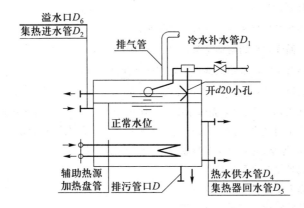 集热水箱配管原理图

<table>
<tr><td rowspan="2">强制循环太阳能系统集热水箱</td><td colspan="7">2. 接管管口管径计算:按下表表示

集热水箱配管管径选择</td></tr>
</table>

管口名称	冷水补水管 D_1	集热器供水管 D_2	集热器回水管 D_3	热水供管 D_4	溢水管 D_5	排污管 D_6
管径 DN	按 Q_h(设计小时流量)	按集热器循环泵流量选	$D_3=D_2$	$D_4=D_1$ 或按 q_s(系统设计秒流量)选	D_5 比 D_1 大 $1^{\#}\sim2^{\#}$	D_6 比 D_1 小 $1^{\#}\sim2^{\#}$

注:1. 热水供管直接与热水系统连接时,D_4 应按系统设计秒流量 q_s,当其通过供热水箱直接供水时则可按 D_1 配管。

　2. 当在集热水箱内设辅助加热盘管时,其配管应经计算确定,详见本节辅热部分设计计算条款。

　3. 溢水管出口应加不锈钢或铜制防虫网罩。并应保证溢流量通过。

3. 集热水箱应设排气管:

（1）排气管管径宜比同容积冷水箱的通气管管径大 $1^{\#}\sim2^{\#}$

（2）排气管管材宜采用不锈钢钢管,其出口应做不锈钢或铜制防虫网罩

（3）排气管出口宜接至合适位置以尽量减少其对环境的热气污染

（4）设有集热水箱的设备间应加强排气措施

强制循环太阳能系统集热循环泵

1. 集热循环泵流量按式(4.4-37)计算:

$$q_x = (0.015\sim0.02)\,A_s \tag{4.4-37}$$

式中　q_x——循环泵流量(L/s)。

2. 集热循环泵扬程计算:开式系统按式(4.4-38)计算,闭式系统按式(4.4-39)计算

$$H_x = h_p + b_3 + h_z \tag{4.4-38}$$

$$H_x = h_p + h_e + b_3 \tag{4.4-39}$$

式中　H_x——循环泵扬程(kPa);

　　　h_p——循环水经集热系统循环管道及集热器时沿程与局部水头损失(kPa);

　　　b_3——保证循环效果的附加水头,一般 $b_3 = 20\sim50$ kPa;

　　　h_z——集热器与贮热水箱最低水位之间的几何高差(kPa);

　　　h_e——板式换热器水头损失,按产品选或取 $h_e = 30\sim50$ kPa。

3. 循环水泵应选用热水泵,水泵壳体承受的工作压力不得小于其所能承受的静水压力加水泵扬程

4. 循环水泵由设在集热器出水干管与循环水泵吸水管上的温度传感器之温差控制,当其温差 $\geqslant 5\sim10℃$ 时启泵,$<5℃$ 时停泵,为避免水泵频繁停泵,可调试其启停温差

5. 循环水泵宜设备用泵交替运行

6. 循环水泵宜靠近集热循环水箱设置

7. 循环水泵及其管道应设减振防噪设置

间接供水时附属设备、设施设计计算（水箱集热）	原理图	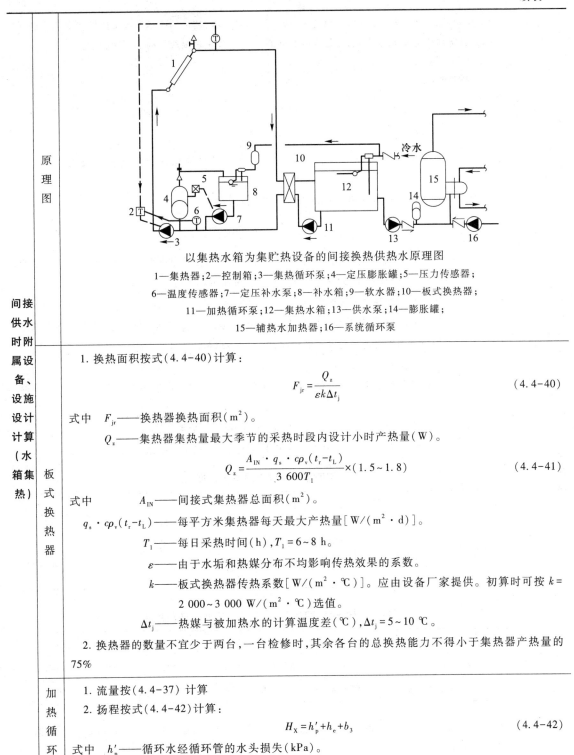 以集热水箱为集贮热设备的间接换热供热水原理图 1—集热器;2—控制箱;3—集热循环泵;4—定压膨胀罐;5—压力传感器; 6—温度传感器;7—定压补水泵;8—补水箱;9—软水器;10—板式换热器; 11—加热循环泵;12—集热水箱;13—供水泵;14—膨胀罐; 15—辅热水加热器;16—系统循环泵
	板式换热器	1. 换热面积按式(4.4-40)计算: $$F_{jr}=\frac{Q_z}{\varepsilon k\Delta t_j}\qquad(4.4\text{-}40)$$ 式中　F_{jr}——换热器换热面积(m^2)。 　Q_z——集热器集热量最大季节的采热时段内设计小时产热量(W)。 $$Q_z=\frac{A_{IN}\cdot q_s\cdot c\rho_v(t_r-t_L)}{3\,600T_1}\times(1.5\sim1.8)\qquad(4.4\text{-}41)$$ 式中　　A_{IN}——间接式集热器总面积(m^2)。 　$q_s\cdot c\rho_v(t_r-t_L)$——每平方米集热器每天最大产热量$[W/(m^2\cdot d)]$。 　T_1——每日采热时间(h),$T_1=6\sim8\ h$。 　ε——由于水垢和热媒分布不均影响传热效果的系数。 　k——板式换热器传热系数$[W/(m^2\cdot ℃)]$。应由设备厂家提供。初算时可按$k=2\,000\sim3\,000\ W/(m^2\cdot℃)$选值。 　Δt_j——热媒与被加热水的计算温度差(℃),$\Delta t_j=5\sim10\ ℃$。 2. 换热器的数量不宜少于两台,一台检修时,其余各台的总换热能力不得小于集热器产热量的75%
	加热循环泵	1. 流量按(4.4-37)计算 2. 扬程按式(4.4-42)计算: $$H_x=h'_p+h_e+b_3\qquad(4.4\text{-}42)$$ 式中　h'_p——循环水经循环管的水头损失(kPa)。 3. 加热循环泵应与集热循环泵同一控制启停

| 间接供水时附属设备、设施设计计算（水箱集热） | 定压膨胀补水装置 | 间接换热的集热系统宜设定压补水装置,应设定压膨胀罐,其目的一是系统定压保持集热系统压力,防止其降压引起热媒水汽化;二是吸收集热系统因温升及超温产生的热水膨胀量。

1. 定压膨胀罐
（1）定容积计算

$$V_E \geq (V_t + V_P) \frac{P_2 + 100}{P_2 - P_0} \qquad (4.4\text{-}43)$$

式中　V_E——总容积(L)。

V_t——调节容积(L),应不小于 3 min 补水泵流量,且应保证水箱调节水位高差不小于 200 mm。

V_P——集热系统的最大膨胀水量(L),其计算按式(4.4-44):

$$V_P = \frac{\rho_L - \rho_r}{\rho_r} 1\,000 V_c \qquad (4.4\text{-}44)$$

ρ_L——热媒水(即集热系统内充装的冷水或防冻液)的初始温度下的密度(kg/L),当充装自来水时,ρ_L即为自来水相应温度的密度,可按下表取值。

ρ_r——热媒水达到高温下的密度(kg/L),一般集热系统的最高温度为 100℃;当为提高集热效果,适当提高集热系统的压力,借以提高系统内的饱和温度时,ρ_r则为集热系统内相应工作压力饱和温度下的密度,可按下表取值。

V_c——集热系统内水容量(m^3)。

P_2——定压膨胀罐正常运行的最高压力(补水泵停泵压力),即集热器内介质达最高温度时的压力(表压,kPa),其值为 $P_2 = 1.2 \sim 1.5 P_1$。

P_1——定压罐处管内介质充装压力(表压,kPa)-补水泵启泵压力。

P_0——定压膨胀罐起始充气压力(表压,kPa),其值应使系统最高点的压力≥大气压力+10 kPa。

不同冷水温度下的冷水密度

不同工作压力（相对压力）对应的饱和温度和密度

（2）定压膨胀罐宜设置在换热器与集热循环水泵的吸入口端,以使膨胀罐内的胶囊处于较低温度的工作状态
（3）定压膨胀罐罐体及胶囊应按系统的工作压力和介质最高温度选择 |

不同冷水温度下的冷水密度

冷水温度 t/℃	4	6	8	10	12	14	16	18	20
密度/(kg/m^3)	1 000	999.97	999.88	999.97	999.52	999.27	998.97	998.62	998.23

不同工作压力（相对压力）对应的饱和温度和密度

工作压力 p/MPa	1.0	2.0	3.0	4.0	5.0	6.0
饱和水温度 T/℃	119.6	132.9	142.9	151.1	158.1	164.2
密度/(kg/m^3)	934.4	932.3	923.4	915.9	909.3	903.3

间接供水时附属设备、设施设计计算（水箱集热）	定压膨胀补水装置	（4）定压膨胀罐上应设安全阀,安全阀开启压力 $P_3 \leqslant 1.1P_2$,且不得使系统内管网和设备承受压力超过其允许的工作压力 　　2.定压补水泵的设计计算: 　　（1）补水泵小时流量宜为集热系统水容量的 5%,且不得超过 10% 　　（2）补水泵扬程按补水点压力+补水管的阻力损失+30~50 kPa 　　（3）补水泵宜设 2 台,1 用 1 备,轮换工作 　　（4）补水泵启泵、停泵压力分别为集热系统的介质充装压力 P_1 和正常运行最高压力 P_2 　　3.补水箱的设计计算: 　　（1）补水箱容积按 30~60 min 的补水泵流量计算 　　（2）补水箱箱体材质宜采用不锈钢 　　（3）补水箱上部应留有一定排泄集热系统膨胀量的容积
间接供水附属设备设计计算（贮热罐贮热）	原理图	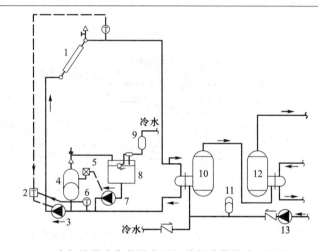 以水加热器为集热设备的间接换热供热水原理图 1—集热器;2—控制箱;3—集热循环泵;4—定压膨胀罐;5—压力传感器; 6—温度传感器;7—定压补水泵;8—补水箱;9—软水器;10—集热用水加热器; 11—膨胀罐;12—辅热水加热器;13—系统循环泵
	热水加热器设计计算	1.集热用水加热器宜选用传热系数 k 高、换热充分(即在热媒与被加热水温差小的条件仍能有好的换热效果)、容积率高(即无冷、温水区或冷、温水区小)、被加热水侧压力损失小的导流型容积式水加热器、半容积式水加热器 　　2.由于水加热器的换热部分约占整个设备造价的 1/2~1/3,因此所需集热容积大时,可以采用水加热器与贮罐相结合的集热贮热方式 　　3.水加热器的集、贮热容积按式(4.4.1)中间接供水系统计算 　　4.水加热器的传热面积按式(4.4-12)计算 　　容积式、导流型容积式、半容积式水加热器的传热系数 k 参见表 4.4-3 中"热媒为 70~150℃热媒水"部分 $\Delta t_j \approx 10℃$ 　　5.集热循环泵的设计计算: 　　除水泵扬程计算公式 $H_x = h'_p + h_e + b_3$(水加热器的热媒测压力损失)可参照表 4.4-5 中 Δh_z 选择外,其他设计计算内容均同前循环泵的要求

辅助热源	热源选择与负荷计算	热源选择： 辅助加热设备的热源可因地制宜地选择城市或区域热网、电、燃气、燃油、热泵等 局部供应热水设备常以电能作为辅助热源。在有鼓励使用谷电政策的地区，推荐采用太阳能与低谷电结合采用双贮热水罐供水的方式 负荷计算： 辅助加热设备的供热量应按无太阳能时正常供热水计算
	直接加热式	直接加热式一般用于局部供应热水设备、小型集中供应热水系统及冷水碳酸盐硬度低的集中供水供应系统中，图示如下 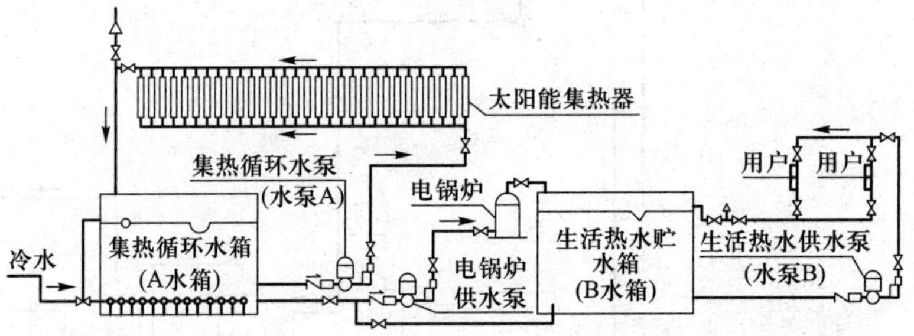 采用电锅炉辅热直接制备生活热水的集中热水供应系统 注：当采用管状电热元件作为太阳能热水器辅助热源时，电热元件应符合《日用管状电热元件》（JB 4088—2012）之要求。工作电压为 220 V 或 380 V；且热水器宜设阴极保护除垢装置，延长电热元件的使用寿命
	间接加热式（采用供热水箱方式）	供热水箱中设置换热盘管的加热方式： 1. 供热水箱的贮水容积按式（4.4-45）计算 $$V_c = b_4 A_s \qquad (4.4\text{-}45)$$ 式中　V_c——热水箱贮水容积（L）。 　　　　b_4——每平方米集热器所需供热水箱贮水容积（L/m²），$b_4 = 5 \sim 10$。b_4 值的选值，主要依据辅助热源供热情况定，当辅助热源供热量 $Q_g >$ 设计小时耗热量 Q_h 时可取小值，当 $Q_g = Q_h$ 时可取大值，当 $Q_g < Q_h$ 时可参照式（4.4-1）计算取值。 2. 供热水箱中换热盘管换热面积设计计算 当以饱和蒸汽或热媒水为热媒时，通常以 U 型盘管方式置于水箱中换热，U 型盘管换热面积按式（4.4-12）计算 计算式中的 k 值与 U 型管行程布置有关，为充分换热不宜采用二行程 U 型管而采用四行程或更多行程的 U 型管布置，见下图。k 值见下表所示。 计算公式中 Δt_j 为热媒与被加热水的计算温度差（℃），按式（4.4-13）计算。

续表

二行程 U 型管布置图　　　四行程 U 型管布置图

间接加热式（采用供热水箱方式）	辅助热源	水箱中换热盘管传热系数值				

水箱中换热盘管传热系数值

类型	热媒为 0.1～0.6 MPa 饱和蒸汽		热媒为 70～150℃热媒水	
	传热系数 $k/(\mathrm{W/m^2 \cdot ℃})$	热媒出口温度 $t_{mz}/℃$	传热系数 $k/(\mathrm{W/m^2 \cdot ℃})$	热媒出口温度 $t_{mz}/℃$
二行程 U 型管	814～872	≥100	384～407	60～120
四行程 U 型管	850～1050	60～95	550～950	55～110

【本节精选习题】

1. 下列关于集中生活热水供应系统热源的选择,哪几项不正确?（　　　）

A. 有工业余热、废热时,宜首先利用

B. 电能是高品质能源,不应用于加热生活热水

C. 在太阳能丰富地区采用太阳能作为热源时,可不再设置其他热源

D. 冷却水升温后如果满足《生活饮用水卫生标准》(GB 5749—2006),可用作生活热水

答案:【BC】

解析:集中热水供应系统的热源,宜首先利用工业余热、废热、地热,A 正确;

我国总体的电力供应紧张,因此,除个别电源供应充沛的地方用于集中生活热水系统的热水制备外,一般用于太阳能等可再生能源局部热水供应系统的辅助能源,B 错误;

太阳能热水供应系统应设辅助热源及其加热设施,C 错误;

升温后的冷却水,当其水质符合要求时,可作为生活用热水,D 正确。本题选 BC。

2. 下列有关热泵热水供应系统热源的叙述中,哪几项不符合要求?（　　　）

A. 环境低温热能为热泵热水供应系统的热源

B. 最冷月平均气温不低于 10℃ 的地区,宜采用空气做热源

C. 空气源热泵热水供应系统均不需设辅助热源

D. 水温、水质符合要求的地热水,均可直接用作水源热泵的热源

答案:【CD】

解析:热泵热水供应系统,通过热泵机组运行吸收环境低温热能制备和供应热水的系统。具备可再生低温能源的下列地区可采用热泵热水供应系统:最冷月平均气温不小于 10℃ 的地区,可不设辅助热源。最冷月平均气温小于 10℃ 且不小于 0℃ 时,宜设置辅助热源。

3. 以下关于热源、热媒的叙述中,哪项不正确?（　　　）

A. 城市热力管网的热媒温度当冬季高夏季低时,要按夏季温度计算换热器的换热面积(冷水采用地下水)

B. 如果城市供热的热力管网每年有约半个月的检修期中断运行,则该热力管网不能采用作为热源

C. 当热交换器设于超高层建筑的避难层时,城市热力管网热媒一般需要换热,换热产生的水再作为热媒供向避难层换热间

D. 空气源热泵做生活热水的热源适用于夏热冬暖地区

答案:【C】

解析:一般认为地下水温度随季节变化较小。若按冬季温度选择换热器面积,在夏季热水温度就达不到要求,故 A 正确。

当没有条件利用工业余热、废热、地热或太阳能等自然热源时,宜优先采用能保证全年供热的热力管网作为集中热水供应的热媒。选项 B 有约半个月检修,故做不到"全年一供热",B 正确。

本题选 C。

4. 某病房楼采用蒸汽制备生活热水,热水制备能力按最大小时用水量(60℃)配置。经计算,所需的热水调节容积为最大小时用水量的 50%,则下列水加热器(两台,型号、规格相同)的设置中,哪项正确(注:下列水加热器的贮热量为单台的容量)? (   )

A. 选用导流型容积式水加热器,贮热量为 30 min 最大小时耗热量

B. 选用半容积式水加热器,贮热量为 20 min 最大小时耗热量

C. 选用容积式水加热器,贮热量为 45 min 最大小时耗热量

D. 选用半即热式水加热器,贮热量为 10 min 最大小时耗热量

答案:【B】

解析:本题题干蒸汽"热媒的热水制备能力按最大小时用水量要求配置,故 D 错误。医院热水供应系统的锅炉或水加热器不得少于 2 台,其他建筑的热水供应系统的水加热设备不宜少于 2 台,一台检修时,其余各台的总供热能力不得小于设计小时耗热量的 50%,医院建筑不得采用有滞水区的容积式水加热器。故 C 错误。本题选 B。

5. 下列关于加(贮)热设备的布置,哪几项不正确? (   )

A. 空气源热泵机组的风机噪声大,应置于密闭的设有隔离材料的房间内

B. 开式系统中冷水补给水箱最高设计水位应高于热水箱的最高设计水位

C. 太阳能集热器的布置应保证每天 4 h 的日照时间

D. 热水机组一般露天布置,以使气流条件良好

答案:【ABD】

解析:空气源热泵机组不得布置在通风条件差、环境噪声控制严及人员密集的场所,A 错。冷水补给水箱的设置高度(以水箱底计算)应保证最不利处的配水点所需水压。B 项中补给水箱最高设计水位不正确,应为水箱底高度,B 错。太阳能集热器的布置应保证每天 4 h 的日照时间,C 项正确。水源热泵机组和燃油(气)热水机组通常设置在机房内,空气源热泵由于风机噪声大,机组一般布置在屋顶或室外,D 项说法不准确。故选 ABD 项。

6. 某宾馆设全日制集中热水供应系统,设计小时热水量为 $Q(\mathrm{m^3/d})$,则该系统选择下列哪种加热设备时,所需热媒耗量最大? (   )

A. 容积式水加热器　　　　　　　　　B. 半容积式水加热器

C. 导流型容积式水加热器　　　　　　D. 半即热式水加热器

答案:【D】

解析:半即热式水加热器的供热量计算中取热水的秒流量进行。

7. 某学生宿舍设公共淋浴室,采用每天集中供应热水 2 h 的热水供应系统,60℃热水定额为 50 L/(人·d)。学生人数 500 人,浴室中设 30 个淋浴器、8 个洗脸盆,其 40℃热水用水量 q_h 如下:淋浴器为 200 L/(个·h),洗脸盆 30 L/(个·h)。热媒为 95℃热水,设计小时供热量 504 000 kJ/h,冷水温度 10℃,通过一台水加热器制成热水,有关设计参数为热水密度 1 kg/L,有效贮热容积系数:半容式、半即热式水加热器取 1,导流型容积式水加热器取 0.85。下列水加热器的选择方案及贮热总容积 V_r 中,正确者为何项?(　　)

A. 选导流型容积式水加热器 $V_r = 3\,144$ L
B. 选导流型容积式水加热器 $V_r = 2\,508$ L
C. 选半容积式水加热器 $V_r = 936$ L
D. 选导流型容积式水加热器 $V_r = 2\,093$ L

答案:【A】

解析:$Q_h = \sum q_h(t_r - t_l)\rho_r nbc = [200 \times 30 \times 100\% + 30 \times 8 \times 100\%] \times (40-10) \times 1 \times 4.187$ kJ/h $= 783\,806.4$ kJ/h

$Q_h > Q_g$,无法采用选项中半容积式水加热器,而可以采用导流容积式水加热器,且要满足:

$$Q_g = Q_h - \frac{\eta V_r}{T}(t_r - t_l) \times C \times \rho_r$$

带入数据:$504\,000 = 783\,806.4 - \frac{0.85 V_r}{2}(60-10) \times 4.187 \times 1$

$V_r = 3\,144$ L,选 A。

8. 某建筑采用全日制集中热水供应系统,采用半容积式水加热器,热媒为蒸汽,其供热量为 1 385 831 kJ/h,则该水加热器的最小有效贮水容积应为下列何项?(热水温度 60℃,冷水温度 10℃,热水密度 1 kg/L)(　　)

A. 1 655 L　　　B. 1 820 L　　　C. 1 903 L　　　D. 2 206 L

答案:【A】

解析:$V = \dfrac{T Q_h}{\eta(t_r - t_l) \times c \times \rho_r} = \dfrac{1\,385\,831 \times 15 \div 60}{1 \times (60-10) \times 4.187 \times 1}$ L $= 1\,655$ L

9. 某住宅采用空调冷却水水源热泵制热的全日制热水供应系统,该住宅设计人数 300 人,热水用水定额 100 L/(人·d),小时变化系数 2.75,设计小时耗热量 707 550 kJ/h,设计小时耗热量持续时间按 2 h 计。按投资最省考虑,则该热泵机组设计小时供热量(Q_g)和贮热水箱总容积(V_r)应不小于下列哪项?(　　)

A. $Q_g = 540\,311$ kJ/h,$V_r = 2.10$ m³
B. $Q_g = 270\,155$ kJ/h,$V_r = 5.50$ m³
C. $Q_g = 324\,187$ kJ/h,$V_r = 4.82$ m³
D. $Q_g = 324\,187$ kJ/h,$V_r = 5.12$ m³

答案:【C】

解析:$Q_g = k_1 \dfrac{m q_r c(t_r - t_l)\rho_r}{T_1} = 1.05 \dfrac{300 \times 100 \times 4.187 \times (60-10) \times 0.983\,2}{20}$ kJ/h $= 324\,187$ kJ/h

$V_r = k_1 \dfrac{(Q_h - Q_g)T}{\eta(t_r - t_l)c\rho_r} = 1.1 \dfrac{(707\,550 - 324\,187) \times 2}{0.85 \times (60-10) \times 4.187 \times 0.983\,2}$ cm³ $= 4.82$ m³,选 C。

10. 某宾馆生活热水供应系统半容积式水加热器设计小时供热量为 3 600 000 kJ/h,采用蒸汽间接加热,已知蒸汽引入管表压为 0.12 MPa,疏水温度 70℃,热水出水温度 65℃,回水温度 55℃,则该半容积式水加热器的加热面积最小应不小于下列哪项?注:半容积式水加热器的传热系数 $K = 10\,800$ kJ/(m²·℃·h)(　　)

A. 7.41 m²　　　B. 16.62 m²　　　C. 16.82 m²　　　D. 16.90 m²

答案:【A】

解析:由于本题求最小面积,所以要求分母温差为最大,冷水温度取 4℃,所以加热面积为:

$$F_r = \dfrac{1.1 \times 3\,600\,000}{\left(0.8 \times 10\,800 \times \dfrac{(122.65 + 70) - (65 + 4)}{2}\right)}\ \text{m}^2 = \dfrac{458.33}{61.825}\ \text{m}^2 = 7.41\ \text{m}^2$$

11. 某宾馆采用全日集中热水供应系统,其设计依据如下:旅客 600 人,员工 80 人,其 60℃ 热水定额为 150 L/(人·d);使用热水的器具如下表。热媒为高温热水,经半即热式水加热器制备热水,其热媒进、出口温度 t_{mc}、t_{mz} 和被加热水进、出口温度 t_c、t_z 如下,上端:$t_{mc} = 90℃$、$t_z = 55℃$,下端:$t_{mz} = 60℃$、$t_c = 10℃$,热水密度以 0.983 计,热损失系数 1.1,水垢影响系数 0.8,水加热器传热系数 1 800 W/(m²·℃)。选用水加热器加热面积 F_{jrz} 正确值最接近下列何项?( )

器具	洗脸盆(混合水嘴)	浴盆(混合水嘴)	洗涤盆(混合水嘴)	淋浴器
数量	450 个	300 个	30 个	20 个

A. $F_{jr} = 44.1$ m²   B. $F_{jr} = 17.86$ m²   C. $F_{jr} = 78$ m²   D. $F_{jr} = 15.8$ m²

答案:【A】

解析:主要解答过程如下

1.
$$\Delta t_{max} = t_{mz} - t_c$$
$$\Delta t_{min} = t_{mc} - t_z$$
$$\Delta t_j = \frac{\Delta t_{max} - \Delta t_{min}}{\ln \dfrac{\Delta t_{max}}{\Delta t_{min}}}$$

2. 当量数:$N = 450 \times 0.5 + 300 \times 1.0 + 30 \times 0.7 + 20 \times 0.5 = 556$

根据《建水设计规范》3.6.5 和 3.1.4,求出热水设计秒流量:

$q_{g(r)} = 0.2 \times 2.5 \times \sqrt{556}$ L/s $= 11.8$ L/s,设计"秒耗热量":
$$Q_s = 11.8 \times 0.983 \times 4.187 \times (60 - 10) \text{ kW} = 2\ 428\ 334 \text{ W}$$

上式中的 60 对应表 3.1.14 中当量的热水计算温度。

3.
$$\Delta t_{max} = t_{mz} - t_c = (60 - 10)℃ = 50℃$$
$$\Delta t_{min} = t_{mc} - t_z = (90 - 55)℃ = 35℃$$
$$\Delta t_j = \frac{\Delta t_{max} - \Delta t_{min}}{\ln \dfrac{\Delta t_{max}}{\Delta t_{min}}} = \frac{50 - 35}{\ln \dfrac{50}{35}}℃ = 42.06℃$$

最后根据 5.4.6 条:
$$F_{jr} = \frac{C_r Q_g}{\varepsilon k \Delta t} = \frac{1.1 \times 2\ 428\ 334}{0.8 \times 1\ 800 \times 42} \text{ m}^2 = 44.1 \text{ m}^2$$

4.5 局部加热设备

4.5.1 燃气热水器

1. 燃气热水器的类型、特点、适用范围见表 4.5-1。

表 4.5-1 燃气热水器的类型、特点、适用范围

类型	图示	特点	适用范围
自然排气式（D）	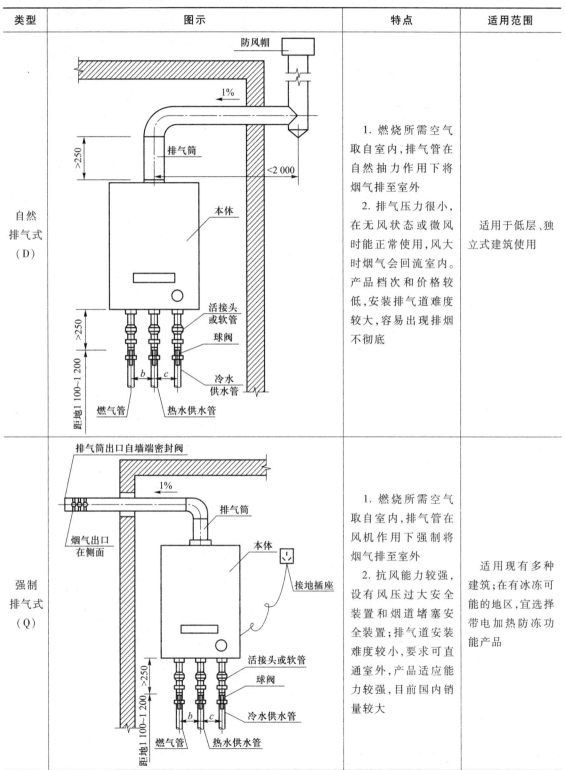	1. 燃烧所需空气取自室内，排气管在自然抽力作用下将烟气排至室外 2. 排气压力很小，在无风状态或微风时能正常使用，风大时烟气会回流室内。产品档次和价格较低，安装排气道难度较大，容易出现排烟不彻底	适用于低层、独立式建筑使用
强制排气式（Q）		1. 燃烧所需空气取自室内，排气管在风机作用下强制将烟气排至室外 2. 抗风能力较强，设有风压过大安全装置和烟道堵塞安全装置；排气道安装难度较小，要求可直通室外，产品适应能力较强，目前国内销量较大	适用现有多种建筑；在有冰冻可能的地区，宜选择带电加热防冻功能产品

图示中文字标注：

自然排气式（D）：防风帽、1%、>250、排气筒、<2 000、本体、活接头或软管、球阀、冷水供水管、热水供水管、燃气管、距地1 100~1 200、>250、b、c

强制排气式（Q）：排气筒出口自墙端密封阀、1%、排气筒、本体、接地插座、烟气出口在侧面、活接头或软管、球阀、冷水供水管、热水供水管、燃气管、距地1 100~1 200、>250、b、c

续表

类型	图示	特点	适用范围
强制给排气式（G）	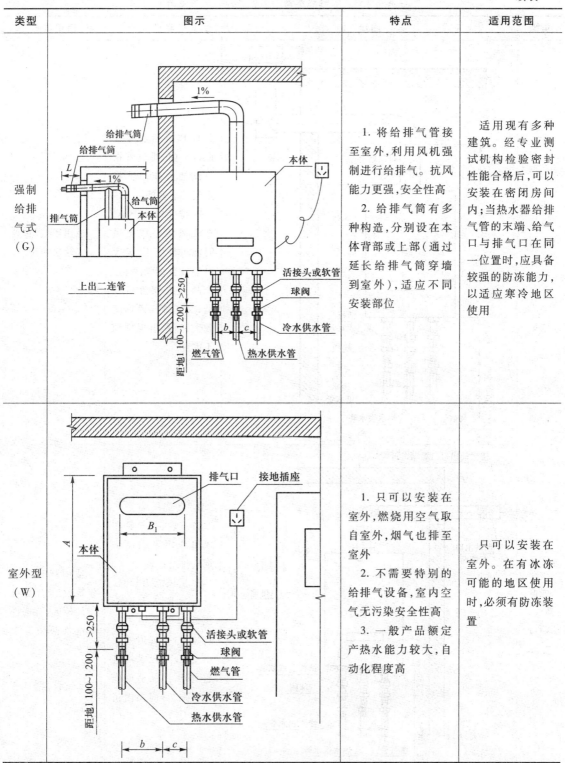	1. 将给排气管接至室外,利用风机强制进行给排气。抗风能力更强,安全性高 2. 给排气筒有多种构造,分别设在本体背部或上部(通过延长给排气筒穿墙到室外),适应不同安装部位	适用现有多种建筑。经专业测试机构检验密封性能合格后,可以安装在密闭房间内;当热水器给排气管的末端、给气口与排气口在同一位置时,应具备较强的防冻能力,以适应寒冷地区使用
室外型（W）		1. 只可以安装在室外,燃烧用空气取自室外,烟气也排至室外 2. 不需要特别的给排气设备,室内空气无污染安全性高 3. 一般产品额定产热水能力较大,自动化程度高	只可以安装在室外。在有冰冻可能的地区使用时,必须有防冻装置

注:本表源自国标 08S126《热水器选用及安装》。

2. 选型计算。

(1) 燃气快速热水器。

① 按同时使用器具的额定流量计算热水器的产热水量。同时使用器具的种类及数量由设计定。

$$Q_m = 1.1 \sum q_s (t_r - t_L) \times 60/25 \qquad (4.5-1)$$

式中　Q_m——水温升 25℃时,热水器每分钟产热水量(L/min);

　　　q_s——器具的额定秒流量(L/s);

　　　t_r——使用时的热水温度(℃),单管系统按使用水温计,双管系统按 60℃计;

　　　t_L——冷水温度(℃);

　　　25——产品额定产热水量所对应的水温升规定值(25℃);

　　　1.1——系数。

② 耗气量计算。

$$q_v = Q_m \cdot c \cdot (t_r - t_L) \times 3.6/Q_d \qquad (4.5-2)$$

式中　q_v——耗气量(m^3/h);

　　　Q_d——燃气干燥基的低发热值(MJ/Nm^3),根据当地燃气品种确定。

(2) 燃气容积式热水器。

① 热水器的使用工况是除在使用前预热外,在使用过程中还继续加热。

a. 根据卫生器具的一次热水定额、水温及一次使用时间,确定全天中最大连续使用时段 T_1 的用水量 $Q(L)$,见下式。住宅宜按沐浴设备计算。

$$Q = \sum qmn \qquad (4.5-3)$$

式中　q——设定贮水温度下,卫生器具的一次热水用量(L/次),按表 4.2-2 选择;

　　　m——同一种卫生器具的同时使用个数(由设计定);

　　　n——每一个卫生器具的连续使用次数(由设计定)。

b. 计算热水器的设计容积 $V_{设计}(L)$,按 50%~65%的用水量(Q)计算热水器的有效容积 $V_{设计}(L)$,见下式:

$$V_{有效} = (50\% \sim 65\%) Q \qquad (4.5-4)$$

$$V_{设计} = (1.3 \sim 1.4) V_{有效} \qquad (4.5-5)$$

式中　1.3~1.4——容积系数。

c. 计算热水器的热负荷 $\Phi_{设计}(MJ/h)$,见式(4.5-6):

$$\Phi_{设计} = (1.10 \sim 1.20) \times (Q - V_{有效}) \times (t_r - t_L) c\rho / (\eta \cdot T_1 \cdot 1\,000) \qquad (4.5-6)$$

$$T_1 = q_1 \cdot n / q_h \qquad (4.5-7)$$

式中　　　T_1——连续用热水时间(h);

　　　　　q_h——卫生器具小时用水量(L/h);

　　　　　q_1——使用温度下,卫生洁具的一次用水量(L/次);

1.10~1.20——热损失系数;

　　　　　ρ——热水密度(kg/L);

　　　　　η——热水器的效率。

d. 根据 $V_{设计}$ 和 $\Phi_{设计}$ 值选产品型号。

e. 校核预热时间 T_2,见下式:

$$T_2 = (1.10 \sim 1.20)V_{实际}(t_r - t_L)c\rho / (\eta \cdot \Phi_{设计} \cdot 1\,000) \tag{4.5-8}$$

② 耗气量计算,见式(4.5-9)。

$$q_v = \Phi_{实际} / Q_d \tag{4.5-9}$$

式中　q_v——耗气量($\mathrm{m^3/h}$);

　　$\Phi_{实际}$——产品的热负荷($\mathrm{MJ/h}$);

　　Q_d——燃气干燥基的低发热值($\mathrm{MJ/Nm^3}$),根据当地燃气品种确定。

（3）普通住宅用燃气热水器选用。

① 燃气快速热水器,应按照住宅卫生器具的数量,参照燃气供给状况和卫生器具同时使用几率,按照供水温度为40℃时,合理确定热水器额定产热水能力(温升25℃)。

a. 供应单个淋浴器,产热水能力宜为 8~10 L/min。

b. 供应单个浴盆时,产热水能力宜大于 12 L/min。

② 燃气容积式热水器,应按住宅常住人口数量及卫生器具使用情况,参照燃气供给状况,确定热水器容量,供水温度60℃。

a. 按住宅家庭人员数量,热水器容量宜按 30~60 L/人选用,不宜小于 50 L。

b. 使用浴盆时,热水器容量应大于 100 L。

4.5.2　储水式电热水器

1. 储水式电热水器类型、性能特征及设置条件见表 4.5-2。

表 4.5-2　储水式电热水器类型、性能特征及设置条件

类型	性能特征	设 置 条 件
密闭式热水器	可承受一定的给水压力,并依靠此压力供热水	1. 安装部位的条件: （1）安装部位应根据用户的环境状况并综合考虑下列因素选定: ① 避开易燃气体发生泄漏的地方或有强烈腐蚀气体的环境 ② 避开强电、强磁场直接作用的地方 ③ 尽量避开产生振动的地方 ④ 除适用于室外安装的电热水器外,安装位置应避免阳光直射、雨淋、风吹等自然环境因素的影响 ⑤ 尽量缩短热水器与用水点之间的距离
出口敞开式热水器	非承压,出口通大气,只能连接生产企业规定的混合阀和淋浴喷头	（2）电热水器的安装形式有内藏式、壁挂式(卧挂、竖挂)和落地式3种。容量大的产品,配管需占用较大空间,应正确选择安装位置。容量小的产品可放置在洗涤池柜或洗面台柜内,用于洗碗或洗脸等 （3）卧挂式、竖挂式热水器通过支架悬挂在墙上;墙体的材料和构造必须保证足够的连接强度。支架应安装在承重墙上;对非承重砌体墙应预埋混凝土块,非承重轻质隔墙板应采取穿墙螺栓固定挂钩(挂钩板、挂架)等加强措施,满足强度要求

续表

类型	性能特征	设　置　条　件
出口敞开式热水器	非承压，出口通大气，只能连接生产企业规定的混合阀和淋浴喷头	（4）电热水器设置处地面宜做防水处理，并设置排水措施 （5）必须预留一定的维修空间，以便于日后进行维修、保养、更换、移机、拆卸等工作。经常操作、维修的部位前方应留有不小于 500 mm 的净空 （6）适用于室外安装的电热水器，接线盒等部位应设防雨罩 2. 供水条件： （1）给水管道上应设置止回阀；当给水压力超过热水器铭牌上规定的额定压力值时，应在止回阀前设减压阀 （2）封闭式电热水器必须设置安全阀，其排水管应保持与大气相通 （3）水管材质应符合卫生要求和水压、水温要求 3. 供电条件： （1）应采用频率为 50 Hz、电压额定值为 85%~110% 范围内的单相 220 V 或三相 380 V 交流电源 （2）额定功率随热水器产品而定，当额定电压为 220 V 时，常用功率为 1~6 kW；额定电压为 380 V 时，常用功率为 10~72 kW （3）电气线路应符合安全和防火要求敷设配线 （4）电源插座应设置于不产生触电危险的安全位置，必须使用单独的固定插座 （5）应采用防溅水型、带开关的接地插座。在浴室安装时，插座应与淋浴喷头分设在电热水器本体两侧

注：本表源自国标 08S126《热水器选用及安装》。

2. 选型计算。

热水器的使用工况：除在使用前预热外，在使用过程中还继续加热。

（1）根据卫生器具的一次热水用水定额、水温及一次使用时间，确定全天中最大连续使用时段 T_1 的用水量 $Q(L)$，见式（4.5-3）。住宅宜按沐浴设备计算。

（2）计算热水器的设计容积 $V_{设计}(L)$，按 70%~85% 的用水量（Q）计算热水器的有效容积 $V_{有效}(L)$，见式（4.5-10）。电热水器宜选上限值。

$$V_{有效} = (70\% \sim 85\%)Q \tag{4.5-10}$$

$$V_{设计} = (1.2 \sim 1.3)V_{有效} \tag{4.5-11}$$

（3）计算热水器的热负荷 $N_{设计}(kW)$。

$$N_{设计} = (1.10 \sim 1.20) \times (Q - V_{有效}) \cdot (t_r - t_L)c\rho/(3\,600 \cdot \eta \cdot T_1) \tag{4.5-12}$$

$$T_1 = q_1 \cdot n/q_h \tag{4.5-13}$$

式中　　t_r——贮热水温度（℃）；

t_L——冷水温度（℃）；

T_1——连续用热水时间（h）；

q_h——卫生器具小时用水量（L/h）；

q_1——使用温度下，卫生器具的一次用水量（L/次）；

1. 10 ~ 1. 20——热损失系数，系统热损失较小时，可选低值；

η——热水器的效率，$V_{实际} \leqslant 50$ L 时，$\eta \geqslant 85\%$；$V_{实际} > 50$ L 时，$\eta \geqslant 90\%$。

（4）根据 $V_{设计}$ 和 $N_{设计}$ 值选产品型号。

（5）校核预热时间 T_2，见式（4.5-14）：

$$T_2 = (1.10 ~ 1.20) V_{实际}(t_r - t_L) \cdot c \cdot \rho / (3\,600 \cdot \eta \cdot N_{实际}) \tag{4.5-14}$$

3. 普通住宅用电热水器选用：

应根据住宅家庭人员数量及是否使用浴盆等因素，参照电力供应状况，确定热水器容量，储热水温度 60℃。

（1）采用卧式安装的热水器，热水器容量宜根据住宅家庭人员数量，按照 30 ~ 50 L/人选用；热水器容量不宜低于 50 L。

（2）采用卧式安装的热水器，使用浴盆时，热水器容量应大于 120 L。

（3）采用立式安装的热水器，热水器容量可在上述卧式安装的热水器数据基础上，适当降低 10% ~ 15%。

4.5.3　太阳能热水器

1. 太阳能热水器由集热器、储热水箱、管道、控制器、支架及其他部件组成。

2. 太阳能热水器按集热器类型分类及特征等见表 4.4-18。

3. 太阳能热水器按集热、换热、运行方式的不同分类及特征等见表 4.5-3。

4. 选型计算。

（1）贮热水箱容积。

① 根据热水用水定额确定每户每日的热水量 Q，按式（4.5-15）计算：

$$Q = m \cdot q_d \tag{4.5-15}$$

式中　Q——每户每日的热水用量（L/户·d）；

q_d——每人每日热水用水定额（L/d），可按现行《建筑给水排水设计规范》（GB 50015—2003）（2009 年版）中下限取值；

m——每户人数。

② 计算热水器的设计容量 $V_{设计}$，按式（4.5-16）计算：

$$V_{设计} = (1.3 ~ 1.4) V_{有效} \tag{4.5-16}$$

$$V_{有效} = Q \tag{4.5-17}$$

式中　1.3 ~ 1.4——容量系数。

（2）集热器面积，按式（4.5-18）计算：

$$A_c = \frac{Qc\rho(t_e - t_L)f}{J_T \eta (1 - \eta_L)} \tag{4.5-18}$$

式中参数同表 4.4-19 中的公式。

表 4.5-3 太阳能热水器按集热、换热、运行方式的不同分类

类型		图示	特征	设置条件
集热方式	自然循环（图A、图B）	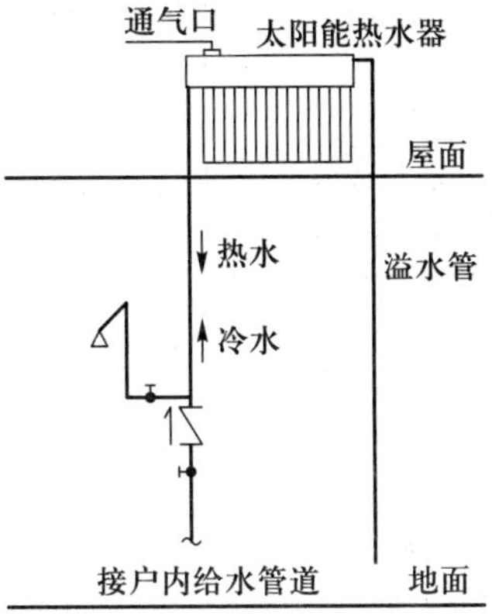 图 A	水箱与集热器之间依靠热流密度的变化形成热循环	
	机械循环（图C、图D）		集热器与水箱之间依靠循环泵形成热循环	
制备热水方式	直接式（图A、图B、图C） 间接式（图D）	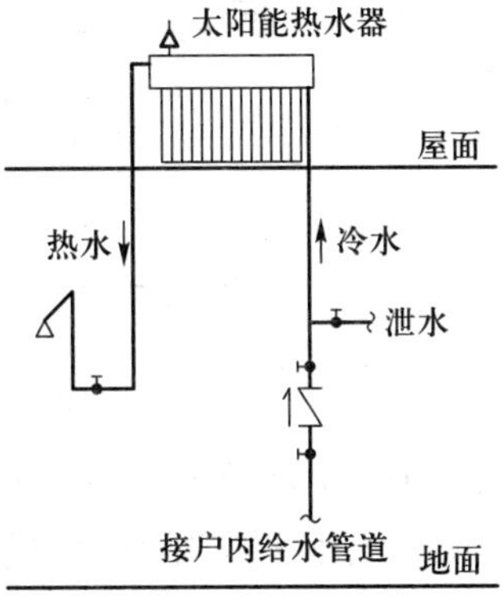 图 B	耗用的热水流经集热器，直接加热水； 非耗用的传热工质流经集热器，利用换热器加热水	
集热器与贮热水箱的放置关系	紧凑式（图A、图B）	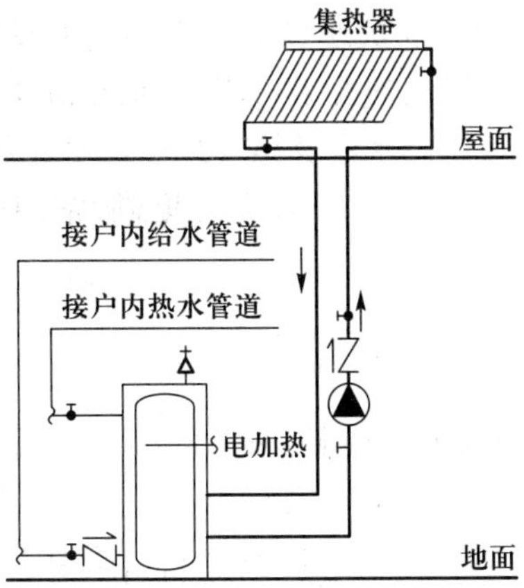	集热器与贮热水箱直接相连或相邻	
	分离式（图C、图D）	图 C	集热器与贮热水箱分开放置	

续表

类型		图示	特征	设置条件
取水方法	落水法（图 A）	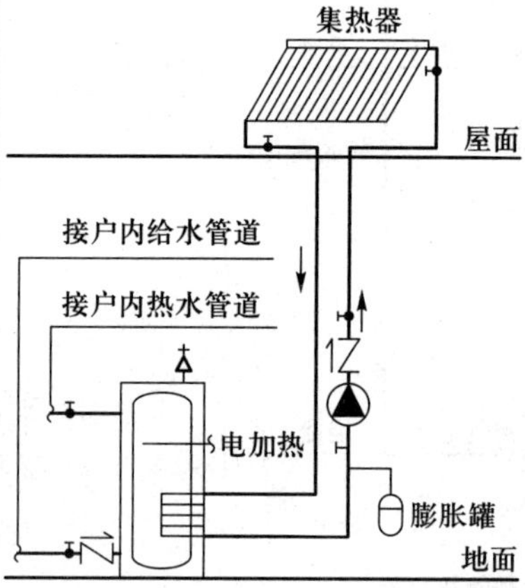	水箱通大气，利用重力落差供水	
	顶水法（图 B）		水箱密闭，利用冷水供水压力供水	

图 D

注：本表源自国标 08S126《热水器选用及安装》。

（3）辅助热源设备选型计算。

① 辅助热源及其加热设施供热量宜按 100% 生活热水耗热量配置；在农村或市政基础设施配套不全，热水用水要求不高的地区，可根据当地的实际情况，适当降低辅助热源的供热量标准。

② 当采用电为辅助热源时，其加热功率 $N_{设计}$ 应按储水式电热水器功率的计算方法设计。

③ 当采用燃气为辅助热源时，宜采用燃气快速热水器或燃气采暖热水炉为辅助热源设备，其允许的进水温度应能满足集热系统出水温度的要求，并具有根据进水温度自动调节燃气量，保证恒温出水的功能。选型计算参照燃气快速热水器及燃气采暖热水炉的计算方法。

④ 强制循环太阳能热水器的循环泵设计应由厂家配套提供，常用的功率<1 kW；泵的噪声应符合相应部位建筑要求。

4.5.4　空气源热泵热水器

1. 空气源热泵热水器，是指以空气作为低温热源，采用蒸汽压缩循环，将空气中的热量转移到被加热的水中来制取生活热水的设备。

2. 全年运行时一般用于长江流域以南地区。最冷月平均气温 ≥10℃ 的地区可不设辅助热源。辅助热源一般可选用电、燃气。

3. 空气源热泵热水器按照制热方式分类及特征等见表 4.5-4。

表 4.5-4　空气源热泵热水器按照制热方式分类

类型	图　　示	特点	适用范围
一次加热式	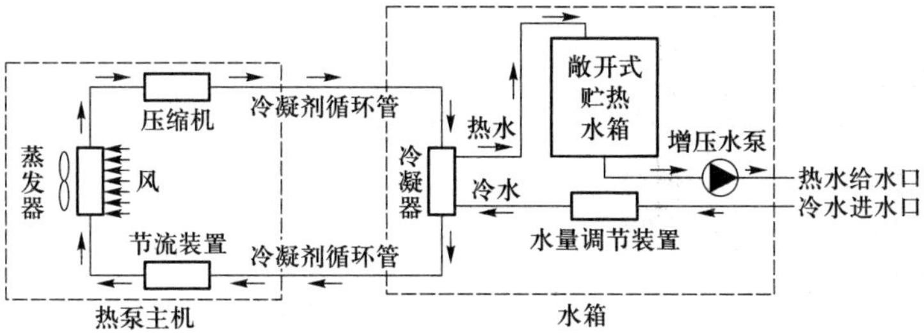	1. 出水温度在 48 ~ 60℃ 内可设定 2. 冷水只流过热泵热水器内部的冷凝器一次就达到用户设定温度。机组效率低,冷热水压力难平衡	较少采用
循环加热式	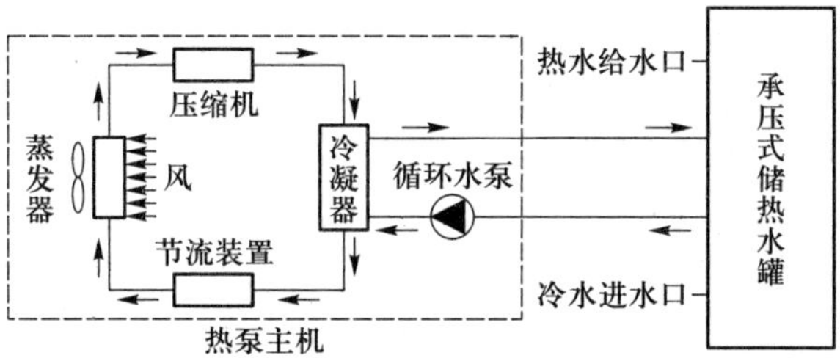	1. 出水温度在 40 ~ 55℃ 内可设定 2. 冷水通过循环水泵,多次流过热泵热水器内的冷凝器逐渐达到设定温度	适用于全年温度较高的南方地区
静态加热式	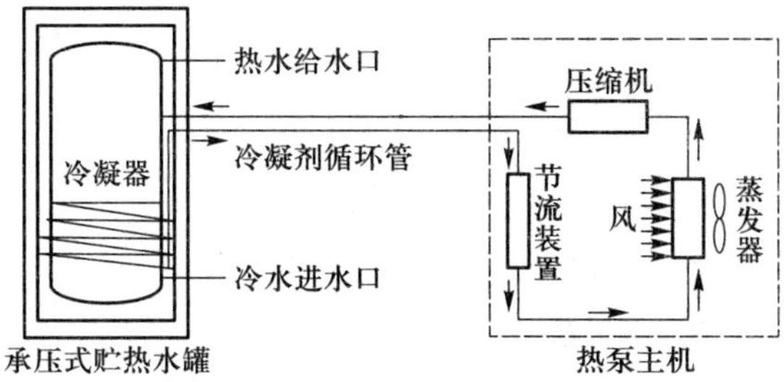	1. 出水温度在 40 ~ 55℃ 内可设定 2. 通过设在贮热水罐处的换热器直接或间接与水接触,被加热水侧以自然对流方式使水温逐渐达到设定温度。不需加循环泵,效率较低	同上

注:本表源自国标 08S126《热水器选用及安装》。

4. 普通住宅用空气源热泵热水器估算选用表,见表 4.5-5。

表 4.5-5 普通住宅用空气源热泵热水器估算选用表

每户人口/人	浴盆个数/个	是否使用峰谷电	循环式或静态加热式空气源热泵热水器			一次加热式空气源热泵热水器			一次供热水量/L	备注
			贮水箱(罐)容量/L	额定制热水能力/(L/h)	额定制热量/kW	贮水箱(罐)容量/L	额定制热水能力/(L/h)	额定制热量/kW		
2	0	否	100	70	3.2	—	—	—	—	最冷月平均气温低、用水要求高的情况下,选大的推荐值
	0	是	100	70	3.2	—	—	—	—	
3	0	否	100、150	80	3.2~3.7	—	—	—	—	
	0	是	150~250	80	3.2~3.7	—	—	—	—	
	1	否	200~250	80~120	3.2~5.5	—	—	—	—	
	1	是	250~300	80~120	3.2~5.5	—	—	—	—	
4	1	否	250~300	120	3.5~5.5	220	160	7.2	400	
	1	是	350~400	120~160	5.0~7.5	220	160	7.2	400	
3~6	2	否	400~500	160	5.0~7.5	220	160	7.2	400	
	2	是	450~600	160	7.2~7.5	375	160	7.2	750	
大于5人	≥2 或有冲浪浴缸	否	≥500	≥160	≥7.2	375	160	7.2	750	
		是	≥600	≥160	≥7.2	375	160	7.2	750	

注:1. 如用水要求更高,需根据使用情况,另行设计;

2. 本表源自国标 08S126《热水器选用及安装》。

5. 空气源热泵热水器设计要点,见表 4.5-6。

表 4.5-6 空气源热泵热水器设计要点

序号	设 计 要 点
1	应考虑机组运行气流和噪音对周围环境的影响,安装位置宜远离卧室
2	整体式空气源热泵热水器一般安装在院落、阳台、屋顶等地
3	分体式空气源热泵热水器的室外机与贮热水箱分开设置,根据贮热水箱的安装形式分为壁挂式和落地式两种。需预留室外机与贮热水箱之间连接管道的安装位置,使室外机与贮热水箱之间的管线距离≤6 m
4	空气源热泵热水器水箱设置处地面应做防水处理,并便于排水
5	承压式空气源热泵热水器必须设置安全阀,其排水应就近排入附近的排水设施

续表

序号	设 计 要 点
6	空气源热泵热水器的供电条件： （1）空气源热泵热水器当安装在卫生间、厨房或阳台,其电源插座设置独立回路 （2）电气线路应按安全和防火要求敷设配线 （3）应采用防溅水型、带开关的接地插座。在浴室安装时,插座应与淋浴喷头分设在热泵热水器本体两侧

注：本表源自国标 08S126《热水器选用及安装》。

【本节精选习题】

关于耗热量与加热设备供热量,下列哪几项错误？（　　　）

A. 半容积式水加热器的设计小时供热量应不大于设计小时耗热量

B. 快速式水加热器的设计小时供热量按设计小时耗热量取值

C. 导流型容积式水加热器的设计小时供热量不应小于平均小时耗热量

D. 水源热泵设计小时供热量与设计小时耗热量无关

答案：【ABD】

解析：半容积式水加热器的设计小时供热量应按设计小时耗热量计算,A错;

快速式水加热器的设计小时供热量按设计秒流量所需耗热量取值,B错;

导流型容积式水加热器的设计小时供热量不应小于平均小时耗热量,C正确;

水源热泵设计小时供热量与设计小时热水量相关联,自然也就与设计小时耗热量有关,D错。

4.6 热水管网计算

4.6.1 热水配水管道计算

热水配水管道计算见表 4.6-1。

表 4.6-1　热水配水管道计算

热水配水管道计算要点	1. 热水系统的设计小时热水量按式（4.3-6）计算。 2. 热水管道的设计秒流量按冷水管道的设计秒流量公式计算。 3. 卫生器具的额定流量和当量值按表 1.2-13 中单阀开的数据。 4. 管道水力计算按"热水管道水力计算表"计算。 5. 热水管道中的流速,根据所供给的水压大小而定,一般采用 0.8~1.5 m/s。对防止噪声有严格要求的建筑或管径小于等于 25 mm 的管道,宜采用 0.6~0.8 m/s。 6. 如需要精确计算热水管道的局部水头损失时,可按下式计算或直接按下表乘局部阻力系数之和值计算：

续表

$$h = \zeta \frac{\gamma v^2}{2g} \qquad (4.6-1)$$

式中　h——局部阻力水头损失(mmH_2O)；

　　　ζ——局部阻力系数,见下表；

　　　γ——60℃的热水密度,$\gamma = 983.24 \text{ kg/m}^3$；

　　　v——流速(m/s)；

　　　g——重力加速度(m/s^2)。

7. 粗略计算时,热水管道的局部水头损失为计算管路沿程水头损失的25%~30%估算。

8. 热水管道的单位长度水头损失,可按下式计算

$$i = 105 C_\text{h}^{-1.85} d_\text{j}^{-4.87} q_\text{g}^{1.85} \qquad (4.6-2)$$

式中　i——单位长度水头损失(kPa/m)；

　　　d_j——管道计算内径(m)；

　　　q_g——热水设计流量(m^3/s)；

　　　C_h——海澄-威廉系数；

　　　g——重力加速度(m/s^2)。

各种塑料管、内衬(涂)塑管($C_\text{h} = 100$)局部阻力系数表

局部阻力形式	ζ 值	局部阻力形式	ζ 值					
热水锅炉	2.5	直流四通	2.0					
突然扩大	1.0	旁流四通	3.0					
突然缩小	0.5	汇流四通	3.0					
逐渐扩大	0.6	止回阀	7.5					
逐渐收缩	0.3		在下列管径时的 ζ 值					
	2.0		$DN15$	$DN20$	$DN25$	$DN32$	$DN40$	$DN50$ 以上
Ω 型伸缩器	0.6		16	10	9	9	8	7
套管伸缩器	0.5	直杆截止阀	3	3	3	2.5	2.5	2
让弯管	1.0	斜杆截止阀	4	2	2	2	—	—
直流三通	1.5	旋塞阀	1.5	0.5	0.5	0.5	0.5	0.5
旁流三通	3.0	闸门	2.0	2.0	1.5	1.5	1.0	1.0
汇流三通		90°弯头						

热水配水管道计算要点

4.6.2　热水循环管道设计计算

热水循环管道设计计算见表4.6-2。

表4.6-2　热水循环管道设计计算

管网循环流量、水头损失计算	1. 全日热水供应系统的热水循环流量按式(4.6-3)计算: $$q_x = \frac{Q_s}{c\rho_r \Delta t} \tag{4.6-3}$$ 式中　q_x——热水循环流量(L/h); Q_s——配水管网的热损失(kJ/h),经计算确定,可按单体建筑:$(3\% \sim 5\%)Q_s$;小区:$(4\% \sim 6\%)Q_s$; Δt——配水管道的热水温度差($^\circ\!C$),按系统大小确定,可按单体建筑 $5 \sim 10^\circ\!C$,小区 $6 \sim 12^\circ\!C$。 2. 管路中通过循环流量时所产生的水头损失按式(4.6-4)计算: $$H = h_p + h_x = \sum Rl + \sum \zeta \frac{v^2 \gamma}{2g} \tag{4.6-4}$$ 式中　H——最不利计算环路的总水头损失(mmH_2O); h_p——循环流量通过配水环路的水头损失(mmH_2O); h_x——循环流量通过回水环路的水头损失(mmH_2O); R——单位长度沿程水头损失(mmH_2O); l——管段长度(m); ζ——局部阻力系数; v——管中流速(m/s); γ——$60^\circ\!C$的热水密度(kg/m^3); g——重力加速度(m/s^2)
循环泵设计计算	1. 全日循环系统水泵流量及扬程按式(4.6-5)、式(4.6-6)计算: $$Q_b \geqslant q_x \tag{4.6-5}$$ $$H_b \geqslant h_p + h_x \tag{4.6-6}$$ 式中　Q_b——循环水泵流量(L/h); H_b——循环水泵扬程(mmH_2O); h_p——循环流量通过配水环路的水头损失(mmH_2O); h_x——循环流量通过回水环路的水头损失(mmH_2O)。 注:当采用半即热式水加热器或快速水加热器时,水泵扬程尚应计算水加热器的损失。 2. 定时循环就是规定每天在热水供应以前,将管网中已冷的存水抽回,并补充热水的循环方式,其水泵流量及扬程按式(4.6-7)、式(4.6-8)计算: $$Q_b \geqslant (2 \sim 4)V \tag{4.6-7}$$

续表

循环泵设计计算	$$H_b \geq h_p + h_x + h_j \qquad (4.6-8)$$ 式中 V——具有循环作用的管网水容积(L),应包括配水管网和回水管网的容积,但不包括无回水管道的各管段和贮水器、加热设备的容积;
	   $2 \sim 4$——每小时循环次数;
	   h_j——加热设备的水头损失(mmH_2O);
	其余符号同上

强制循环管网设计注意点	机械循环管网设计注意事项: 1. 机械循环的回水管管径,一般可比其相应的配水管管径小 2~3 号,但不得小于 20 mm,可按下表示 **强制循环回水管管径选用** 表格见下方 2. 配水管的允许温度差,在采用机械循环时可采用 5~10℃,对于小区集中热水系统,可视系统的大小,采用 6~12℃ 3. 计算机械循环管网时,不考虑自然循环作用水头的影响 4. 循环水泵设在回水管道上

强制循环回水管管径选用

配水管管径/mm	20~25	32	40	50	70~80	100
回水管管径/mm	20	25	25	32	40	50

【本节精选习题】

1. 以下有关机械循环集中热水供应系统管网计算的叙述中,哪几项是错误的?(   )

A. 定时热水供应系统的循环流量应按供水时段内循环管网中的水循环 2~4 次计算

B. 居住小区集中热水供应系统室外热水干管设计流量的计算,与居住小区室外给水管道设计流量的计算方法相同

C. 计算导流型容积式水加热器循环水泵扬程时,可不计加热器的水头损失

D. 选择循环水泵时,其水泵壳体承受的工作压力应以水泵扬程确定

答案:【AD】

解析:"定时热水供应系统的循环流量应按循环管网的水每小时循环 2~4 次计算",A 错;

设有集中热水供应系统的居住小区室外热水干管的设计流量计算,与居住小区室外给水管道设计流量的计算方法相同,B 对;

"当采用半即热式水加热器或快速水加热器时,水泵扬程尚应计算水加热器的水头损失",C 对;

"水泵壳体承受的工作压力不得小于其所承受的静水压力加水泵扬程",D 错。

2. 下列关于建筑生活热水管网计算,哪项正确?(   )

A. 热媒管路的自然循环压力大于第二循环管网的总水头损失时,可采用自然循环

B. 热水管网的水头损失采用的计算公式与其冷水系统采用的计算公式相同

C. 考虑热水结垢等因素,其允许流速应小于同径冷水管的允许流速

D. 全日制建筑物内热水管道设计秒流量计算方法不同于冷水管道

答案:【B】

解析:热媒管路的自然循环压力大于热媒管网的总水头损失时,可采用自然循环,A 项说法不正确;热水管网的沿程及局部阻力计算公式的基本形式也与给水管路的计算公式相同,B 正确;考虑热水结垢和腐蚀引起的过水断面缩小等因素,其经济流速(而非允许流速)宜小于同径冷水管的经济流速(而非允许流速),所以 C 项错误;建筑物内热水供水管网的设计秒流量计算同冷水,D 项说法不正确。故选 B 项。

3. 以下有关热水供水系统管网水力计算要求的叙述中,哪几项不是正确的?(　　)

A. 热水循环供应系统的热水回水管管径,应按管路剩余回流量经水力计算确定

B. 定时循环热水供应系统在供应热水时,不考虑热水循环

C. 定时循环热水供应系统在供应热水时,应考虑热水循环

D. 居住小区设有集中热水供应系统的建筑,其热水引入管管径按该建筑物相应热水供应系统的总干管设计流量确定

答案:【ABC】

解析:A 选项,按循环回水管管径管路的循环流量经水力计算确定,并无剩余流量概念;

B、C 选项,定时供应热水的情况下,用水较集中,故在供应热水时,不考虑热水循环;

D 选项,应按照相应总干管的秒流量确定,"设计流量"可能是最大时流量,也可能是设计秒流量。

4. 某建筑全日热水供应系统的循环管网示意图如图所示。配水管网热损失见下表。水加热器出口温度 60℃($\rho = 0.983\ 2$ kg/L),回水温度 40℃($\rho = 0.992\ 2$ kg/L),冷水温度 10℃($\rho = 0.999\ 7$ kg/L)。其热水供水系统的循环流量最小为哪项?(　　)

A. 69.0 L/h　　　　　　B. 78.2 L/h　　　　　　C. 138.0 L/h　　　　　　D. 156.4 L/h

管段	热损失/(kJ·h)	管段	热损失/(kJ·h)	管段	热损失/(kJ·h)
q_{0-1}	760	q_{2-5}	580	q_{7-8}	40
Q_{1-2}	180	q_{3-6}	560	q_{6-8}	30
q_{2-3}	160	q_{4-7}	70	q_{8-9}	210
q_{1-4}	600	q_{5-7}	30		

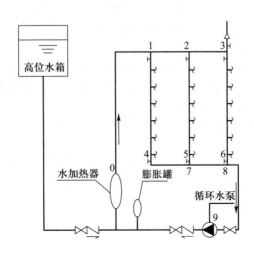

答案:【A】

解析:主要解答过程:

题目要求最小流量,故温差按10℃计算

$$q_x = \frac{Q_s}{c\rho_r \Delta t} = \frac{760+180+160+600+580+560}{4.187 \times 0.983\ 2 \times 10}\ \text{L/h} = 69\ \text{L/h}$$

故选A。

5. 某建筑全日制集中热水供应系统管网及各管段的热损失如图所示,已知图中节点编号为1、5、9、12处的管内水温分别 $t_1 = 60℃$、$t_5 = 54℃$、$t_9 = 52℃$、$t_{12} = 50℃$;图中实线为热水配水管,虚线为热水回水管;冷、热水的密度均取 1.0 kg/L。该热水供应系统的最小循环流量应为下列哪项?(   )

    A. 1 006 L/h   B. 1 257 L/h   C. 1 487 L/h   D. 1 677 L/h

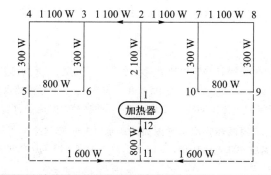

答案:【B】

解析:$q_r = \dfrac{Q_s}{c\rho_r \Delta t} = \dfrac{(2\ 100 + 1\ 100 \times 4 + 1\ 300 \times 4) \times 3.6}{4.187 \times 1 \times (60-52)}\ \text{L/h} = 1\ 257\ \text{L/h}$

6. 某养老院(全托)共70个床位,室内共有30个淋浴器和30个混合水嘴洗脸盆,由全日制集中热水供应系统供应热水。该院热水引入管(热水温度60℃)的设计流量应为下列哪项?(   )

    A. 1.61 L/s   B. 0.18 L/s   C. 1.32 L/s   D. 0.38 L/s

答案:【C】

解析:

$$q_g = 0.2\alpha \sqrt{N_g} = 0.2 \times 1.2 \times \sqrt{30 \times 0.5 + 30 \times 0.5}\ \text{L/s} = 1.32\ \text{L/s}$$

对于热水系统,其供水管网的计算:建筑物内热水供水管网的设计秒流量,即与冷水计算方法是一致的,但需要注意的是定额(当量)的选取。

7. 某机械循环全日制集中热水供水系统,采用半容积式水加热器供应热水,配水管道起点水温65℃,终点水温60℃,回水终点水温55℃,热水密度均以 1 kg/L 计。该系统配水管道热损失 30 000 W,回水管道热损失10 000 W。该系统的热水循环流量应为何项值(   )?

    A. 6 896.6 L/h   B. 5 158.8 L/h   C. 3 439.4 L/h   D. 25 779.5 L/h

答案:【B】

解析:$q_x = \dfrac{Q_s}{c\rho_r \Delta t} = \dfrac{108\ 000}{4.187 \times 1 \times (65-60)}\ \text{L/h} = 5\ 158.8\ \text{L/h}$

4.7 热水管道管材及系统附件

4.7.1 热水管道管材

热水系统采用的管材和管件,应符合现行有关产品的国家标准和行业标准的要求。管道的工作压力和工作温度不得大于产品标准标定的允许工作压力和工作温度。

热水管道应选用耐腐蚀、安装连接方便可靠、符合饮用水卫生要求的管材。根据国家有关部门关于"在城镇新建住宅中,禁止使用冷镀锌钢管用于室内给水管道,并根据当地实际情况逐步限制禁止使用热镀锌钢管,推广应用铝塑复合管、交联聚乙烯(PE-X)管、三型无规共聚聚丙烯(PP-R)管、耐热聚乙烯管(PERT)等新型管材,有条件的地方也可推广应用铜管"的规定,推荐作为热水管道的管材排列顺序为:薄壁铜管、薄壁不锈钢管、塑料热水管、塑料和金属复合热水管等。管材和管件的选择应考虑耐久性和维修方便,特别是管道连接的管接头应可靠,不漏水,施工方便等优点。

当采用塑料热水管或塑料和金属复合热水管材时应符合下列要求:

1. 管道的工作压力应按相应温度下的许用工作压力选择。塑料管材不同于钢管,能承受的压力受相应温度变化的影响很大。流经管内介质温度升高则其承受的压力骤降,因此,必须按相应介质温度下所需承受的工作压力来选择管材。

2. 设备机房内的管道不应采用塑料热水管。设备机房内的管道安装维修时,可能要经常碰撞,有时可能还要站人,一般塑料管材质脆怕撞击,所以不宜用作机房的连接管道。另外在水加热器等加热设备调试时,因各种原因可能使水加热器的水温过高,造成塑料管道因受高温而出现管道变形或破坏等不良现象。

3. 管件宜采用和管道相同的材质。不同的材料有不同的伸缩变形系数。塑料的伸缩系数一般比金属的伸缩系数要大得多。由于热水系统中水的冷热变化将引起塑料管道的较大伸缩,如采用的管件为金属材质,则由于管件、管道两者伸缩系数不同,而又未采取弥补措施,就可能在使用中出现接头处胀缩漏水的问题。因此,采用塑料管时,管道与管件宜为相同材质。

4. 定时供应热水不宜选用塑料热水管。定时供应热水不同于全日供应热水的地方,主要是系统内水温周期性冷热变化大,即周期性的引起管道伸缩变化大。这对于伸缩变化大的塑料管是不合适的。

5. 太阳能集热系统应采用能耐高温 ≥150℃ 耐腐蚀的不锈钢管或其他金属管材、金属复合管材。

4.7.2 自动温控装置

自动温控装置见表 4.7-1。

表 4.7-1 自动温控装置

类型	1. 直接式（自力式）自动温度控制阀，它由温度感温元件执行机构及调节或控制阀组成，不需外加动力 2. 电动式自动温度控制阀，它由温度传感器、控制盘及电磁阀或电动阀组成，需电力传动 3. 压力式自动温度控制阀，它是利用管网的压力变化通过差压式薄膜阀瞬时调节热媒流量，自动控制出水温度
自力式温度控制阀	1. 构造：自力式自动温控阀由阀体、恒温器（执行器）组成，恒温器则是由一个传感器、一个注满液体的毛细管和一个调节气缸组成，其构造如下图所示 2. 工作原理：浸没在被加热水体内的传感器，将水中的温度传给传感器内的液体，根据液体热胀冷缩的原理，液体体积产生膨胀或收缩，毛细管内的液体将此膨胀或收缩及时传递到活塞，使活塞动作从而推动阀体动作。调节气缸主要是根据用户要求设定所需的供水温度，使恒温器按设定的温度工作，推动阀杆调节热媒流量，达到控制被加热水温度的要求
构造图示	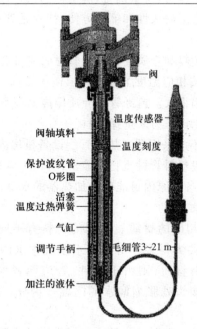 自力式温度控制阀（单阀座）构造简图

阀 温度传感器 温度刻度 阀轴填料 保护波纹管 O形圈 活塞 温度过热弹簧 气缸 调节手柄 毛细管3~21 m 加注的液体

适用范围	使用热媒被加热介质的温度与工作压力			
	介质名称	工作温度	工作压力	备注
	热媒 饱和蒸汽	350℃	4 MPa	
	热水	350℃	4 MPa	
	热油	350℃	4 MPa	
	被加热水 水	0~160℃	4 MPa	根据客户要求可提供温度范围 30℃~280℃
	空气	0~160℃	4 MPa	
	油	0~160℃	4 MPa	

注：此表依据丹麦科罗里斯公司产品编制。

4.7.3 膨胀、泄压装置

1. 膨胀装置见表 4.7-2。

表 4.7-2　膨 胀 装 置

设置条件	膨胀管的作用是在高位冷水箱向水加热器供水的热水系统中将热水系统(包括热水管网及水加热设备)中的水加热膨胀量及时排出,保证系统的安全使用。为使膨胀管中排出的热水不浪费,且不污染环境和污染给水,膨胀管应引至除生活饮用水箱以外的其他高位水箱(如中水水箱、消防专用水箱等)的上空
设置方式和要求	1. 多台水加热器分设膨胀管,各自单独引至水箱上空如左下图示 2. 多台水加热器设总膨胀管引至水箱上空如右下图示 3. 膨胀管上严禁设阀门 4. 膨胀管有冻结可能时,应采取保温措施 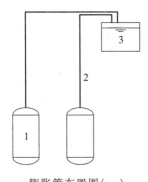　　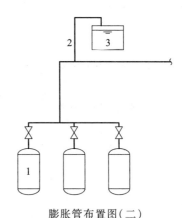 膨胀管布置图(一)　　　　　膨胀管布置图(二) 1—水加热器;2—膨胀管;3—非饮用水箱　　1—水加热器;2—膨胀管; 　　　　　　　　　　　　　　　　　3—非饮用水箱(水加热器自带安全阀)
设置高度及管径计算	1. 设置高度(如右图),应按式(4.7-1)计算: $$h \geqslant H\left(\frac{\rho_{L}}{\rho_{r}}-1\right) \qquad (4.7\text{-}1)$$ 式中　h——膨胀管高出给水水箱水面的垂直高度(m); 　　　H——水加热设备底部至给水水箱水面的高度(m); 　　　ρ_{L}——冷水的密度(kg/L); 　　　ρ_{r}——热水的密度(kg/L)。 2. 膨胀管的最小管径可按下表确定: 膨胀管管径表 <table><tr><td>水加热器的 传热面积/m²</td><td><10</td><td>≥10~<15</td><td>≥15~<20</td><td>≥20</td></tr><tr><td>膨胀管的 最小管径/mm</td><td>25</td><td>32</td><td>40</td><td>50</td></tr></table> 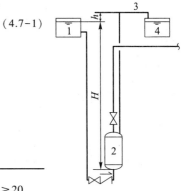 膨胀管高度 1—冷水箱;2—水加热器; 3—膨胀管;4—非饮用水

2. 膨胀水罐见表 4.7-3。

表 4.7-3　膨　胀　水　罐

设置条件	膨胀水罐的作用是借助罐内贮气部分的伸缩吸收热水系统(含热水管网与水加热设备)内水升温时的膨胀量,防止系统超压、保证系统安全使用,同时节能节水 根据《建筑给水排水设计规范》相关条款的要求,闭式热水系统其日用热水量大于 30 m³ 时应设压力式膨胀罐
形式	膨胀水罐的构造同气压水罐 1. 按气、水分隔的构造分,其形式有: (1) 隔膜式压力膨胀水罐 (2) 胶囊式压力膨胀水罐 2. 按放置的形式分有: (1) 立式压力式膨胀水罐 (2) 卧式压力式膨胀水罐
设置位置及要求	1. 为延长膨胀水罐内胶膜或胶囊的使用寿命尽量使其靠近系统的低温处,膨胀水罐宜安装在水加热设备的冷水回水入口端 2. 膨胀水罐与系统连接管上不得装阀门
总容积计算	膨胀水罐布置如下图所示: 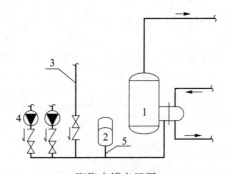<p style="text-align:center">膨胀水罐布置图 1—水加热器;2—膨胀水罐;3—给水管;4—循环泵;5—罐前短管</p>膨胀水罐的总容积按式(4.7-2)计算: $$V_e = \frac{(\rho_f - \rho_r)P_2}{(P_2 - P_1)\rho r}V_s \qquad (4.7\text{-}2)$$式中　V_e——膨胀水罐总容积(m^3); 　　　ρ_f——加热前水加热器内水的密度(kg/L),对应的 ρ_f 时的水温可按下列工况计算:① 全日集中热水供应系统宜按热水回水温度计算;② 定时供应热水系统宜按冷水温度计算; 　　　ρ_r——加热后的热水密度(kg/L);

续表

总容积计算	P_1——膨胀罐处的管内水压力(绝对压力,MPa),为管内工作压力+0.1 MPa; P_2——膨胀罐处管内最大允许压力(绝对压力,MPa),其数值为 $P_2=1.10P_1$; V_s——系统内(含水加热设备,管网)的热水总容积(L)。 将 $P_2=1.10P_1$ 带入式(4.7-2)后,可简化为 $$V_e=\frac{11(\rho_1-\rho_2)}{(P_2-P_1)}V_e \qquad (4.7-3)$$
	当热水温度为 $t_r=60℃$、不同冷水回水温度下 $V_e=1\,000$ L 的 V 值如下表示: **$t_r=60℃$、不同冷水回水温度下 $V_e=1\,000$ L 的 V 值** 表见下

冷水温度/℃	5	10	12	15	18	20	55	53	50	48	45
V/L	184	181	179	175	169	165	28	39	54	64	67

3. 安全阀见表4.7-4。

表4.7-4　安　全　阀

分类原则	类型	特点	适用场所
类型、特点及适用范围 按构造分	杠杆重锤式安全阀	重锤通过杠杆加压与阀瓣上,荷载不随开启高度而变化,对振动较敏感	适用于固定的、无振动的设备和容器,多用于温度、压力较高的系统
	弹簧式安全阀	弹簧力加载于阀瓣,载荷随开启高度而变化,对温度不敏感	可用于运动的,有轻微振动的设备容器和管道上,宜用于温度和压力较低的系统
	脉冲式安全阀	自主阀和副阀组成,副阀首先动作,从而驱动主阀运作	主要用于大口径和高压系统
按开启高度分	微启式安全阀	开启高度为阀座喉径 1/40~1/20,通常为渐开式	主要用于液体
	全启式安全阀	开启高度等于或大于阀座喉径的1/4,通常为急开式	主要用于气体和蒸汽
按介质排放方式分	全封闭式安全阀	气体全部通过排气管排放,介质不向外泄露	主要用于有毒和易燃气体
	半封闭式安全阀	气体的一部分通过排气管排出,一部分从阀盖与阀杆之间的间隙漏出	主要用于不污染环境的气体(如水蒸气)
	敞开式安全阀	介质不能引向室外,直接由阀瓣上方排入周围大气	主要用于压缩空气

续表

选择	1. 安全阀的类型,应根据介质性质、工作温度、工作压力和承压设备、容器的特点按上表选定 2. 在热水和开水供应系统中,宜采用微启式弹簧安全阀,对于工作压力 <0.1 MPa 的热水锅炉,宜安装安全水封和静重式安全阀 3. 对于蒸发量 >500 kg/h 的锅炉,应至少安装两个安全阀,其中一个为控制安全阀;蒸发量 ≤500 kg/h 的锅炉,应至少安装一个安全阀 4. 蒸汽锅炉上的安全阀的总排气能力,应大于锅炉的最大连续蒸汽量;并保证在锅筒和过热器上所有的安全阀开启后,锅炉内的蒸汽压力上升幅度不超过工作安全阀开启的压力的 3% 5. 水加热器上的安全阀的排水量,应大于水加热器热媒引入管上的自动控制装置失灵引起容器内水温突升产生的膨胀量
计算	1. 安全阀阀座面积的计算 （1）热媒为饱和蒸汽时 微启式弹簧安全阀: $$A = 1\ 200\ \frac{G}{P} \qquad (4.7\text{-}4)$$ 微启式重锤安全阀: $$A = 1\ 000\ \frac{G}{P} \qquad (4.7\text{-}5)$$ 全启式安全阀: $$A = 370\ \frac{G}{P} \qquad (4.7\text{-}6)$$ （2）热媒为过热蒸汽时 应按式（4.7-7）进行修正: $$A' = A\sqrt{\frac{v'}{v}} \qquad (4.7\text{-}7)$$ （3）热媒为水时 微启式弹簧安全阀: $$A = 38\ \frac{G}{P} \qquad (4.7\text{-}8)$$ 微启式重锤安全阀: $$A = 35\ \frac{G}{P} \qquad (4.7\text{-}9)$$ 式中　A、A'——热媒通过安全阀座的面积(mm^2); 　　　G——通过阀座面积的流量(kg/h); 　　　P——工作压力(kPa); 　　　v'——过热蒸汽的比容(m^3/kg); 　　　v——饱和蒸汽的比容(m^3/kg)。 式（4.7-8）、式（4.7-9）适用于水温 20℃,若水温为 100℃ 时,则阀座面积应增大 4%;若水温为 150℃,则阀座面积应增大 8.4%。 2. 安全阀的开启压力和排气管面积。当安全阀的工作压力 $P \leqslant 1\ 300\ kPa$ 时,其开启压力应等于工作压力加 30 kPa 压力。安全阀的排气管面积应大于阀座面积的两倍

3. 弹簧式安全阀亦可按其通过的热量选择,如下表所示。

弹簧式安全阀通过的热量   W

安全阀 直径 DN/mm	工作压力/kPa					通路 面积/mm²
	200	**300**	**400**	**500**	**600**	
15	20 400	29 000	37 400	45 200	53 500	177
20	36 000	51 600	66 300	81 000	94 700	314
25	54 000	80 000	103 000	125 000	148 000	490
32	97 300	137 000	176 000	217 000	225 000	805
40	144 000	205 000	264 000	318 000	379 000	1 255
50	226 000	321 000	409 000	501 000	600 000	1 960
70	324 000	459 000	593 000	724 000	851 000	2 820
80	580 000	878 000	1 054 000	1 290 000	1 510 000	5 020
100	781 000	1 280 000	1 328 000	2 030 000	2 380 000	7 850

计算

4. 重锤式安全阀通过的热量见下表。

重锤式安全阀通过的热量(Q_s)

安全阀 直径 DN/mm	工作压力/kPa					通路 面积/mm²
	200	**300**	**400**	**500**	**600**	
15	24 500	34 900	44 900	54 200	64 000	177
20	43 200	61 900	79 500	97 700	113 000	314
25	64 900	96 300	123 000	150 000	178 000	490
32	117 000	165 000	212 000	260 000	307 000	805
40	173 000	245 000	316 000	382 000	450 000	1 255
50	271 000	385 000	491 000	600 000	725 000	1 960
70	389 000	551 000	712 000	869 000	1 020 000	2 820
80	696 000	1 050 000	1 265 000	1 500 000	1 810 000	5 020
100	937 000	1 530 000	1 590 000	2 400 000	2 860 000	7 850

续表

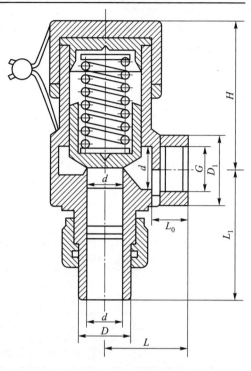

A21H-16C 弹簧封闭
微启式安全阀

注意事项及产品示例	1. 安全阀的进口与出口公称直径均应相同 2. 法兰连接的单弹簧或单杆安全阀座的内径，一般较其公称直径小 1 号，例如 $DN100$ mm 的阀座内径为 $\phi 80$ mm；双弹簧或双杠杆安全阀的阀座内径，则为较其公称通径小 2 号的直径的两倍，例如 $DN100$ mm 的为 2×65 mm = 130 mm 3. 设计中应注明使用压力范围 4. 安全阀的蒸汽进口接管直径不应小于其内径 5. 安全阀通入室外的排气管直径不应小于安全阀的内径，且不得小于 40 mm 6. 系统工作压力为 P 时，安全阀的开启压力应为 P+30 kPa 7. 排出口应放导管将泄水（汽）引至安全地点排水口处，其上不得装设阀门 A21H-16C 弹簧封闭微启式安全阀构造、主要尺寸参数等见右图及下表。

| 公称直径 | 外形尺寸/mm | | | | | | | | 质量/ | 适用介质 |
DN/mm	L	L_1	D	D_1	d	G(in)	L_0	H	kg	
15	35	60	20	30	15	5/8	12	64	1	≤200℃空气、氨气、水、液氨
20	40	68	25	34	20	3/4	16	68	1.25	
25	50	78	31	40	25	1	20	105	2.5	

4.7.4　管道伸缩器

1. 管道热伸长量计算见表 4.7-5。

表 4.7-5　管道热伸长量计算

伸长量计算	管道热伸长量按下式计算： $$\Delta L = \partial \cdot L \Delta T \qquad (4.7\text{-}10)$$ 式中　ΔL——管道热伸缩长度(m)； 　　　∂——管道线膨胀系数[mm/(m℃)]，见下表； 　　　L——直线管段长度(m)； 　　　ΔT——计算温度差(℃)，

续表

伸长量 计算	$$\Delta T = 0.65(t_r - t_L) + 0.1\Delta t_g \qquad (4.7\text{-}11)$$ 式中 t_r——热水供水温度（℃）； $\quad\quad t_L$——冷水供水温度（℃）； $\quad\quad \Delta t_g$——安装管道时，管道周围的最大空气温差，可按当地夏季空调温度-极端平均最低温度 $\quad\quad\quad$取值

线膨胀系数

几种常用管材的线膨胀系数 ∂ 值

管材	碳管	铜	不锈钢	钢型	PVC-C	PP-R	PEX	PB	PAP
ρ	0.012	0.017 6	0.017 3	0.025	0.07	0.15	0.16	0.13	0.025

不同管材伸缩量

1 m 长不同管材的热伸缩量 ΔL　　　　mm/m

温差		管材								
Δt_g/℃	$(t_r - t_L)$/℃	铜	不锈钢	钢塑	碳管	PVC-C	PP-R	PEX	PAP	PB
30	40	0.51	0.50	0.72	0.35	2.03	4.35	4.64	0.72	3.77
	45	0.57	0.56	0.81	0.39	2.26	4.84	5.16	0.81	4.19
	50	0.62	0.61	0.89	0.43	2.49	5.33	5.68	0.89	4.62
	55	0.68	0.67	0.97	0.47	2.71	5.81	6.20	0.97	5.04
35	40	0.52	0.51	0.74	0.36	2.07	4.43	4.72	0.74	3.84
	45	0.50	0.57	0.82	0.40	2.29	4.91	5.24	0.82	4.26
	50	0.63	0.62	0.90	0.44	2.53	5.40	5.76	0.90	4.68
	55	0.69	0.68	0.98	0.475	2.75	5.89	6.28	0.98	5.10
40	40	0.53	0.52	0.76	0.365	2.11	4.51	4.80	0.76	3.91
	45	0.59	0.58	0.83	0.395	2.32	4.89	5.32	0.83	4.33
	50	0.64	0.63	0.91	0.435	2.57	5.47	5.84	0.91	4.74
	55	0.70	0.69	0.99	0.48	2.79	5.97	6.36	0.99	5.16
45	40	0.54	0.53	0.78	0.37	2.15	4.59	4.88	0.78	3.98
	45	0.60	0.59	0.84	0.40	2.35	5.05	5.40	0.84	4.40
	50	0.65	0.64	0.92	0.44	2.61	5.54	5.92	0.92	4.80
	55	0.71	0.70	1.00	0.485	2.83	6.05	6.44	1.00	5.22
50	40	0.55	0.54	0.79	0.375	2.19	4.67	4.96	0.79	4.05
	45	0.61	0.60	0.85	0.405	2.38	5.12	5.48	0.85	4.47
	50	0.66	0.65	0.93	0.445	2.65	5.61	6.00	0.93	4.86
	55	0.72	0.71	1.01	0.49	2.87	6.13	6.52	1.01	5.28
55	40	0.56	0.55	0.80	0.38	2.23	4.75	5.04	0.80	4.12
	45	0.62	0.61	0.86	0.41	2.41	5.19	5.56	0.86	4.54
	50	0.67	0.66	0.94	0.45	2.69	5.68	6.08	0.94	4.92
	55	0.73	0.72	1.02	0.495	2.91	6.21	6.60	1.02	5.34

温差		管材								
Δt_g/℃	(t_r-t_L)/℃	铜	不锈钢	钢塑	碳管	PVC–C	PP–R	PEX	PAP	PB
60	40	0.57	0.56	0.81	0.385	2.27	4.83	5.12	0.81	4.19
	45	0.63	0.62	0.87	0.415	2.44	5.26	5.64	0.87	4.61
	50	0.68	0.67	0.95	0.455	2.73	5.75	6.16	0.95	4.98
	55	0.74	0.73	1.03	0.50	2.95	6.29	6.68	1.03	5.41
65	40	0.58	0.57	0.82	0.39	2.31	4.90	5.20	0.82	4.26
	45	0.64	0.63	0.88	0.42	2.47	5.33	5.72	0.88	4.68
	50	0.69	0.68	0.96	0.46	2.77	5.62	6.24	0.96	5.04
	55	0.75	0.74	1.05	0.505	2.98	6.36	6.76	1.04	5.48
70	40	0.59	0.58	0.83	0.395	2.35	4.98	5.28	0.83	4.33
	45	0.65	0.64	0.89	0.425	2.50	5.40	5.60	0.89	4.75
	50	0.70	0.69	0.98	0.465	2.81	5.69	6.32	0.98	5.10
	55	0.76	0.75	1.07	0.51	3.00	6.43	6.48	1.07	5.55

(最左侧列：不同管材伸缩量)

2. 管道伸缩器见表 4.7–6。

表 4.7–6　管道伸缩器

伸缩器类型	优点	缺点	适用条件
自然补偿	利用管道布置时形成的 L 形、Z 形转向,可不装伸缩器	补偿能力小,伸缩时管道产生横向位移,使管道产生较大的应力	直线距离短,转向多的室内管道
Ω 形伸缩器	用整条管道弯制,工作可靠,制造简单,严密性好,维修方便	安装占地大	如有足够的装置空间,各种热力管道均可适用,装在横管上要保持水平
套管伸缩器	伸缩量大,占地小,安装简单,流体阻力小	容易漏水,需经常检修更换填料,如果管道变形有横向位移时,容易造成"卡住"现象	空间小的地方
波纹管伸缩器	重量轻,占地小,安装简单,流体阻力小	用不锈钢制造,价贵,单波补偿量小,有一定的伸缩寿命次数,产生伸缩疲劳断裂	空间小的地方
橡胶管接头	占地小,安装简单,允许少量的横向位移和偏弯角度	伸缩量小	空间小的地方

(最左侧列：伸缩器类型及其比较)

注:工程设计中一般可采用自然补偿与伸缩器相结合的方式

续表

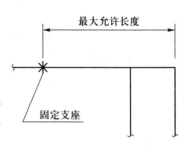

固定支座自由端最大允许长度

自然补偿

1. 热水管道应尽量利用自然补偿,即利用管道敷设的自然弯曲、折转等吸收管道的温差变形。各管材弯曲两侧管段的长度,即从管道固定支座至自由端的最大允许长度,如右图所示,不应大于下表允许长度值

弯曲两侧管段允许的长度

管材	碳钢	铜	不锈钢	钢塑	PP-R	PEX	PB	PAP
允许长度/m	20.0	10.0	10.0	8.0	1.5	1.5	2.0	1.5

2. 塑料热水管利用弯曲进行自然补偿时,管道最大支撑间距不宜大于最小自由臂长度,见下图 最小自由臂长度可按式(4.7-12)计算:

$$L_z = K\sqrt{\Delta L \cdot D_e} \qquad (4.7\text{-}12)$$

式中 L_z——最小自由臂长度(mm);

   K——材料比例系数见下表;

   D_e——计算管段的公称外径(mm);

   ΔL——自固定支撑点起管道的伸缩长度(mm),按式(4.7-10)计算。

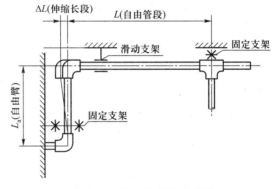

确定自由臂 L_z 长度的示意图

管材比例系数 K 值表

管材	PP-R	PEX	PB	PAP
K	30	20	10	20

3. 卫生间垫层内敷设的小管径塑料热水管可不另考虑伸缩的措施

4. 当塑料热水管直线管段不能利用自然补偿或补偿器时,可通过固定支撑利用管材本身允许的变形量解决温度引起的伸缩量,直线管段最大固定支撑(固定支架)间距见下表:

塑料热水管直线管段最大固定支架间距表

管材	PP-R	PEX	PB	PAP
间距	3.0	3.0	6.0	3.0

续表

| 自然补偿 | 5.塑料热水管直线管段长度大于上表,铜管、不锈钢钢管的直线管段长度大于 20 m、塑钢管的直线管段长度大于 16 m、碳钢管的直线管段长度大于 40 m 时,应分别设不同的伸缩器解决管道的伸缩量

6.热水干管与立管的连接处,立管应加弯头以补偿立管的伸缩应力,其接管方法见右图 | 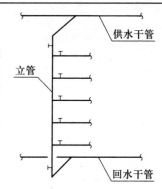 供水干管
立管
回水干管 |

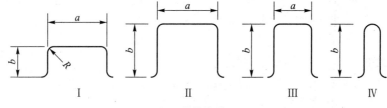

Ω 形伸缩节

Ω 形伸缩器尺寸　　　　　　　　mm

管径		DN25		DN32		DN40		DN50		DN70	
弯曲半径		$R=134$		$R=169$		$R=192$		$R=240$		$R=304$	
ΔL	型号	a	b	a	b	a	b	a	b	a	b
25	Ⅰ	780	520	830	580	860	620	820	650	—	—
	Ⅱ	600	600	650	650	680	680	700	700	—	—
	Ⅲ	470	660	530	720	570	740	620	750	—	—
	Ⅳ	—	800	—	820	—	830	—	840		
50	Ⅰ	1 200	720	1 300	800	1 280	830	1 280	880	1 250	930
	Ⅱ	840	840	920	920	970	970	980	980	1 000	1 000
	Ⅲ	650	980	700	1 000	720	1 050	780	1 080	860	1 100
	Ⅳ	—	1 250	—	1 250	—	1 280	—	1 300	—	1 120
75	Ⅰ	1 500	880	1 600	950	1 660	1 020	1 720	1 100	1 700	1 150
	Ⅱ	1 050	1 050	1 150	1 150	1 200	1 200	1 300	1 300	1 300	1 300
	Ⅲ	750	1 250	830	1 320	890	1 380	970	1 450	1 030	1 450
	Ⅳ	—	1 550	—	1 650	—	1 700	—	1 750	—	1 500
100	Ⅰ	1 750	1 000	1 900	1 100	1 920	1 150	2 020	1 250	2 000	1 300
	Ⅱ	1 200	1 200	1 320	1 320	1 400	1 400	1 500	1 500	1 500	1 500
	Ⅲ	860	1 400	950	1 550	1 010	1 630	1 070	1 650	1 180	1 700
	Ⅳ	—	—	—	1 950	—	2 000	—	2 020	—	1 850

(Ω 形伸缩节 — row label at left spanning the table)

4.7.5 疏水器

疏水器内容见表4.7-7。

表 4.7-7 疏 水 器

作用	阻气通水。保证热媒管道中汽、水分离,使蒸汽畅通,不产生汽水撞击,延长设备使用寿命
安装要求	疏水器前应装过滤器,其旁不宜附设旁通阀,只在偶尔出现大于等于80℃高温凝结水情况下才可设旁通管,正常运行(一般情况低于80℃时)凝结水从旁通管路流出,特殊情况下凝结水才经疏水器流出 1. 疏水器的安装位置应便于检修,并尽量靠近用汽设备,安装高度应低于设备或蒸汽道底部150 mm以上,以便凝结水排出 2. 浮筒式或钟形浮子式疏水器应水平安装 3. 加热设备宜各自单独安装疏水器,以保证系统正常工作 4. 疏水器一般不装设旁通管。对于特别重要的加热设备,如不允许短时间中断排除凝结水或生产上要求速热时,可考虑装设旁通管。旁通管应在疏水器上方或同一平面上安装,避免在疏水器下方安装,见"安装方式"中图示 5. 当采用余压回水系统、回水管高于疏水器时,应在疏水器后装设止回阀 6. 当疏水器距加热设备较远时,宜在疏水器与加热设备之间安装回汽支管,如下图所示 7. 当凝结水量很大,一个疏水器不能排除时,需几个疏水器并联安装。并联安装的疏水器应同型号、同规格,一般适宜并联2个或3个疏水器,且必须安装在同一平面内 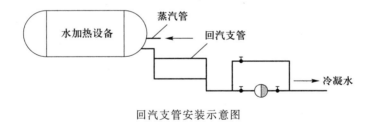 回汽支管安装示意图

口径	1. 疏水器口径经计算确定
	2. 疏水器如仅作排出管道中冷凝积水时,可选用$DN15$、$DN20$的规格。当用于排出水加热器等用汽设备的凝结水时,疏水器管径应按式(4.7-13)计算或确定:
	
	$$Q = k_0 G \qquad (4.7\text{-}13)$$
	
	式中 Q——疏水器最大排水量(kg/h);
	       k_0——附加系数,详见下表;
	       G——水加热设备最大凝结水量(kg/h)。

	不同疏水器附加系数 k_0		
	名称	附加系数 k_0	
		压差 $\Delta P \leqslant 0.2$ MPa	压差 $\Delta P > 0.2$ MPa
口径	上开口浮筒式疏水器	3.0	4.0
	下开口浮筒式疏水器	2.0	2.5
	恒温式疏水器	3.5	4.0
	浮球式疏水器	2.5	3.0
	喷嘴式疏水器	3.0	3.2
	热动力式疏水器	3.0	4.0

进出口压差

疏水器进出口压差 ΔP，可按式 (4.7-14) 计算：

$$\Delta P = P_1 - P_2 \tag{4.7-14}$$

式中　ΔP——疏水器进出口压差 (MPa)；

P_1——疏水器前的压力 (MPa)，对于水加热器等换热设备，可取 $P_1 = 0.7 P_Z$（P_Z 为进入设备的蒸汽压力）；

P_2——疏水器后的压力 (MPa)，当疏水器后凝结水管不抬高，自流坡向开式水箱时，$P_2 = 0$；当疏水器后凝结水管道较长，又需抬高接入闭式凝结水箱时，P_2 按式 (4.7-15) 计算：

$$P_2 = \Delta h + 0.01H + P_3 \tag{4.7-15}$$

式中　Δh——疏水器后至凝结水箱之间的管道压力损失 (MPa)；

P_3——凝结水箱内压力 (MPa)；

H——疏水器后回水管的抬高高度 (m)

安装方式

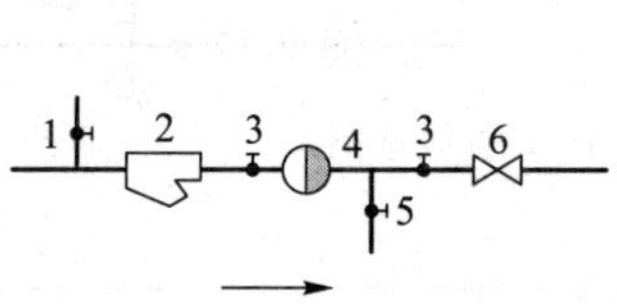

不带旁通管水平安装 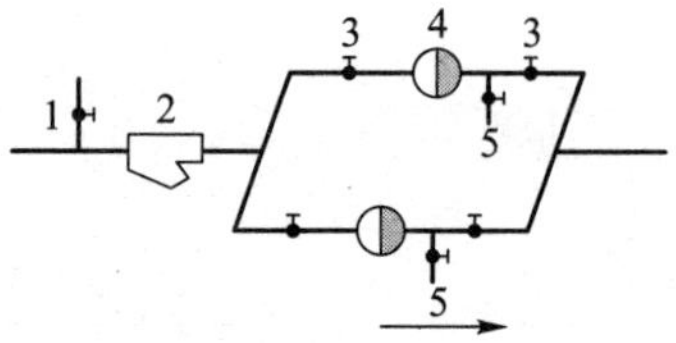　　　　　　　并联安装

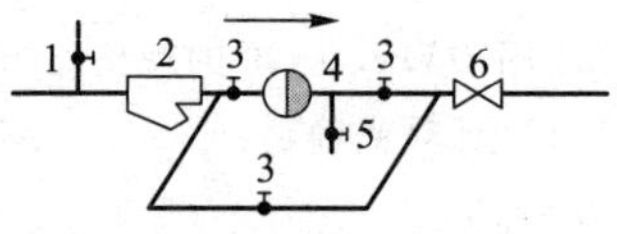

旁通管水平安装 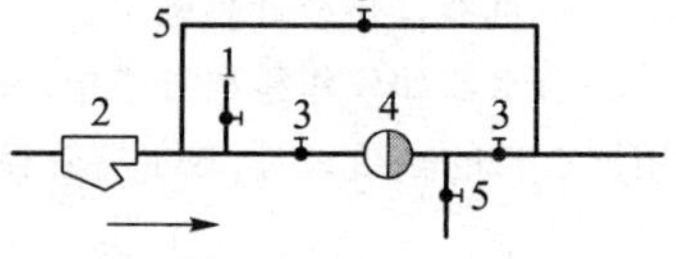　　　　　　　旁通管垂直安装

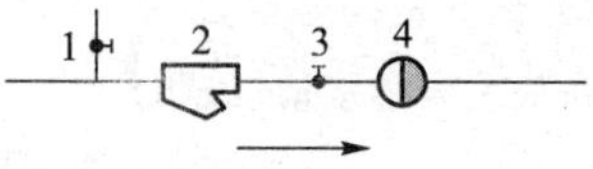

直接排水

【本节精选习题】

1. 下列集中热水供应系统图示中,单台水加热器传热面积均为 $10\ \text{m}^2$,膨胀管的设置正确者为何项?(   )

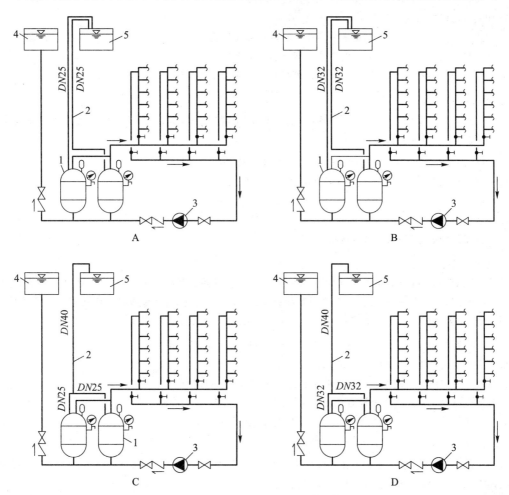

1—水加热器;2—膨胀管;3—循环泵;4—生活高位水箱;5—消防高位水箱

答案:【B】

解析:A 选项,$10\ \text{m}^2$ 时膨胀管最小 $DN32$ mm;

C、D 选项,对多台锅炉或水加热器,宜分设膨胀管。

2. 图示开式热水供应系统中,水加热器甲的传热面积为 $10\ \text{m}^2$,乙的传热

面积为 $20\ \text{m}^2$,则甲、乙水加热器膨胀管的最小直径应为何项?(   )

 A. 甲 50 mm,乙 50 mm

 B. 甲 25 mm,乙 40 mm

 C. 甲 32 mm,乙 32 mm

 D. 甲 32 mm,乙 50 mm

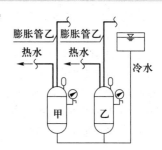

答案:【D】

解析:可查膨胀管最小管径与传热面积的对应关系。

3. 下列关于建筑热水供应系统的说法中,哪几项错误?(　　)

A. 闭式热水供应系统应设泄压阀

B. 闭式热水供应系统中,膨胀罐的总容积与冷热水温度无关

C. 开式热水供应系统中,膨胀管的设置高度与热水系统的大小无关

D. 热水系统由生活冷水高位水箱补水时,可将其膨胀管引至其高位水箱上空

答案:【ABD】

解析:A错,小于 30 m³ 时设泄压阀;B错,温度越大,密度越小;C对,膨胀管的设置高度与 H 密度有关;D错,其膨胀管应引至非生活高位水箱上空。

4. 下列关于建筑热水开式系统的说法中,哪几项不正确?(　　)

A. 开式系统的热水供水压力取决于冷水系统的供水压力

B. 开式系统的热水供水压力不受室外给水供水压力的影响

C. 开式系统中应设置膨胀罐或高位冷水箱

D. 开式系统中膨胀管是用于补偿设备和管道内水容积的膨胀量

答案:【ACD】

解析:开式系统的水压仅取决于高位热水箱的设置高度,可保证系统供水水压稳定,故 A 项不正确,B 项正确;开式系统通常设膨胀管,闭式系统中设置膨胀罐,C 项不正确;膨胀水罐或者膨胀水箱是用于补偿设备和管道内水容积的膨胀量;膨胀管是用来释放这部分膨胀量,故 D 错误。故选 ACD 项。

5. 以下有关热水供应系统管材选择和附件设置的叙述中,哪项是正确的?(　　)

A. 设备机房内温度高,故不应采用塑料热水管

B. 定时供应热水系统内水温冷热周期性变化大,故不宜选用塑料热水管

C. 加热设备凝结水回水管上设有疏水器时,其旁应设旁通管,以利维修

D. 外径小于或等于 32 mm 的塑料管可直接埋在建筑垫层内

答案:【B】

解析:A 选项的主要原因是怕撞击与强度不够站人等;C 选项,其旁不宜设旁通阀;D 选项为 25 mm,因为受找平层厚度的限制,敷设在其中的管道不可太大。

6. 以下有关热水供应系统管材选择和附件设置的叙述中,哪项是正确的?(　　)

A. 设备机房内温度高,故不应采用塑料热水管

B. 定时供应热水系统内水温冷热周期性变化大,故不宜选用塑料热水管

C. 加热设置凝结水回水管上设有疏水器时,其旁应设置旁通管,以利维修

D. 外径小于或等于 32 mm 的塑料管可直接埋在建筑垫层内

答案:【B】

解析:"设备机房内的管道安装维修时,可能要经常碰撞,有时可能还要站人,一般塑料管材质脆怕撞击,所以不宜用作机房的连接管道",并不是因为设备机房内温度高的原因。A 错。

"定时供应热水不宜选用塑料热水管。定时供应热水不同于全日供应热水的地方,主要是系统内水温周期性冷热变化大,即周期性的引起管道伸缩变化大。这对于伸缩变化大的塑料管是不合适的"。B 对。

"疏水器其旁不宜附设旁通阀"。C 错。

"敷设在垫层或墙体管槽内的给水支管的外径不宜大于 25 mm"。D 错。

7. 下图为热水管上伸缩节与固定支架的四种布置方式,已知:弯头的自然补偿 $\zeta \le 10$ m,伸缩节补偿量 ≤ 20 m(长直管的伸缩量),指出下列伸缩节与固定支架布置方式中哪些是经济合理的。(　　)

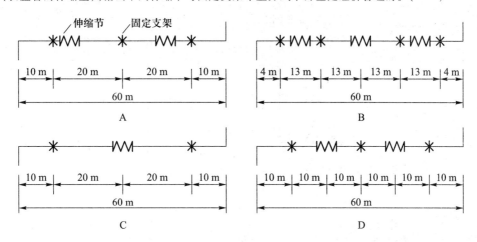

答案:【AD】
解析:选项 B,两侧固定支架距离弯头的距离仅为 4 m,远未达到弯头的最大自然补偿量 10 m,不经济,B 错;

选项 C,两固定支架间的距离达到了 40 m,超过了一个伸缩节的补偿量 20 m,但却只设置了一个伸缩节,C 错。

8. 某水系统如下图所示,加热器热媒蒸汽入口压力为 0.2 MPa,蒸汽入口至疏水器进口管段的压力损失,疏水器出口后的管段压力损失,闭式凝结水箱内压力为 0.02 MPa,请问疏水器的进出口压差值为下列何项?(　　)

A. 0.02 MPa   B. 0.03 MPa   C. 0.05 MPa   D. 0.15 MPa

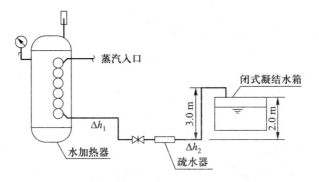

答案:【B】
解析:疏水器后的压力 $P_2 = (0.07+0.03+0.02)$MPa $= 0.12$ MPa,
疏水器前的压力 $P_1 = (0.2-0.05)$MPa $= 0.15$ MPa,
疏水器的进出口压力差值
$\Delta P = P_1 - P_2 = (0.15-0.12)$MPa $= 0.03$ MPa。

9. 已知图示热水系统中,冷水温度 5℃(密度 0.999 7 kg/L),热水温度 600℃(密度 0.983 2 kg/L),系统的水容积为 1 500 L。采用圆筒形膨胀水箱,其有效底面积为 0.04 m²,则膨胀水箱的最小有效水深应为下列哪项?(　　)

A. 1.24 m　　　　B. 2.0 m　　　　C. 2.67 m　　　　D. 3.24 m

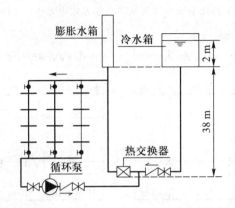

答案:【C】

解析:膨胀所需最小高度应为: $h = H \left(\dfrac{\rho_1}{\rho_2} - 1 \right) = (38+2) \left(\dfrac{0.999\ 7}{0.983\ 2} - 1 \right) = 0.67$ m,

最小有效水深应以冷水箱为计算起点,则有: $H_2 = 2 + 0.67 = 2.67$ m,取 H_1、H_2 中大值,故取 2.67 m。

4.8　热水管道的敷设与保温

4.8.1　室外热水管道的敷设

室外热水管道的敷设见表 4.8-1。

表 4.8-1　室外热水管道的敷设

管沟内敷设	为传统敷设方式,其优点是:安装简单、方便维修与更换保温材料,使用安全可靠。缺点:占地大,一次费用较高
直埋敷设	这是近年来发展的一种新技术,其优点是方便安装、省地、节材、经济,缺点是不便维修和更换保温材料。因此,室外热水管直埋敷设必须解决好保温、防水、防潮、围护伸缩及使用寿命问题,应符合《城镇直埋供热管道工程技术规程》(CJJ/T 81—1998)以及《建筑给水排水及采暖工程施工质量验收规范》(GB 50242—2002)的相关规定 热水管直埋敷设应由具有热力管道安装资质的安装单位施工
架空敷设	热水管道架空敷设因其占地、占空间、影响美观、露明在大气中的管道及保温层等寿命短、能耗大,因此,一般工程设计中很少采用,当局部采用时,架空管离地面净高:人行地区 ≥2.5 m,通行车辆地区 ≥4.5 m,跨越铁路:距轨顶 ≥6 m

4.8.2 室内热水管道的敷设

室内热水管道的敷设见表 4.8-2。

表 4.8-2 室内热水管道的敷设

敷设要点	1. 铜管、薄壁不锈钢管、衬塑钢管等可根据建筑、工艺要求暗设或明设。暗设在墙体或垫层内的铜管、薄壁不锈钢管应采用塑覆管 2. 塑料热水管宜暗设,明设时立管宜布置在不受撞击处,如不可避免时,应在管外加防紫外线照射、防撞击的保护措施 3. 塑料热水管暗设应符合下列要求: (1) 不得直接敷设在建筑物结构层内 (2) 干管、立管应敷设在吊顶、管井、管窿内,支管宜敷设在地面找平层、垫层槽内 (3) 敷设在找平层或墙槽内的支管外径不宜大于 25 mm,管外壁的复层厚度应≥20 mm (4) 敷设在找平层、垫层内的支管宜采用热熔连接,宜采用分水器向卫生器具配水,中途不得有连接配件,两端接口应露明,地面宜有管道位置的临时标识 4. 热水管道穿过建筑物的楼板、墙壁和基础时应加套管,以防管道胀缩时损坏建筑结构和管道设备 (1) 在吊顶内穿墙时,可留孔洞 (2) 地面有积水可能时,套管应高出地面 50~100 mm (3) 套管内填充松软防火材料 5. 下行上给式系统设有循环管道时,回水立管应在最高配水点以下约 0.5 m 处与配水立管连接;上行下给式系统只需将立管与上、下水平干管连接

4.8.3 热水管道防伸缩措施

热水管道防伸缩措施见表 4.8-3。

表 4.8-3 热水管道防伸缩措施

主要措施及要点	1. 室内热水管道防伸缩的措施详见 4.7.4 条"管道伸缩器"部分 2. 室外热水管道防伸缩措施 (1) 管沟敷设与架空敷设时,热水管道防伸缩措施同室内热水管 (2) 直埋敷设时,热水管道防伸缩措施有安装补偿器和无补偿两种做法 ① 安装补偿器法:宜安装 Ω 形补偿器,且补偿器外的保温、防水防潮及防护层做法均应与直管段一致,当采用不锈钢波纹管等作补偿时,应专设保护检修波纹管用的检查井 ② 无补偿法:无补偿的做法有管道预热和不预热两种做法。前者一般用于热水温度较高的热水管道。当热水温度≤60℃可采用后者。但采用后者做法时,必须在管道上下填埋一定厚度的砂层,用砂层与管外壁保护层的摩擦力克服温度变化引起管道伸缩应力,车行道下要保证一定埋深,并位于冰冻线以下,由于无补偿直埋管道要求安装施工的技术及质量高,应由具有热力管道安装资质的专业施工单位安装

4.8.4 排气与泄水

排气与泄水见表4.8-4。

表 4.8-4 排气与泄水

措施	1. 为避免管道中积聚气体,影响过水能力和增重管道腐蚀,室外热水供、回水管及室内热水上行下给式配水干管的最高点应设自动排气装置;下行上给式管网的回水立管可在最高配水点以下(约0.5 m)与配水立管连接,利用最高配水点放气,住宅建筑的下行上给式管网,宜在各供水立管顶设自动排气装置,以防立管内积气影响水表的正常计量 2. 热水水平干管的局部上突处应设自动排气装置,局部下凹处及热水系统的最低处应设泄水阀 3. 热水横管应有≮0.003的敷设坡度,坡向应考虑便于泄水和排出管道内积气

4.8.5 管道支架

管道支架见表4.8-5。

表 4.8-5 管 道 支 架

各种管道支架间距

1. 薄壁不锈钢、铜管、衬塑钢管的支架间距详见本书给水章节相关条款。
2. 聚丙烯(PP-R)、聚丁烯(PB)、胶联聚乙烯(PEX)、PVC-C、铅塑管(PAP)等管道的支架间距见下列表:

聚丙烯(PP-R)管的支架间距

公称直径 D_e/mm	20	25	32	40	50	63	75	90	110
立管/m	0.5	0.6	0.7	0.8	0.9	1.0	1.1	1.2	1.5
水平管/m	0.9	1.0	1.2	1.4	1.6	1.7	1.7	1.8	2.0

注:暗装管道的支架间距可采用1.0~1.5 m。

聚丁烯(PB)管的支架间距

公称直径 D_e/mm	20	25	32	40	50	63	75	90	110
立管/m	0.6	0.7	0.8	1.0	1.2	1.4	1.6	1.8	2.0
水平管/m	0.8	0.9	1.0	1.3	1.6	1.8	2.1	2.3	2.6

交联聚乙烯(PEX)管的支架间距

公称直径 D_e/mm		20	25	32	40	50	63
立管/m		800	900	1 000	1 300	1 600	1 800
横管/m	热水管	300	350	400	500	600	700

续表

各种管道支架间距

PVC-C 管的支架间距

公称直径 D_e/mm	20	25	32	40	50	63	75	90	110	125	140	160
立管/m	0.6	0.7	0.8	1.0	1.2	1.4	1.6	1.8	2.0			
水平管/m	0.8	0.9	1.0	1.3	1.6	1.8	2.1	2.3	2.6			

固定支架

1. 热水管道应设固定支架。固定支架的间距应满足管段的热伸长度所允许的补偿量(管段的热伸长度计算见 4.7.4 节)

2. 固定支架的布置示意图如下图所示

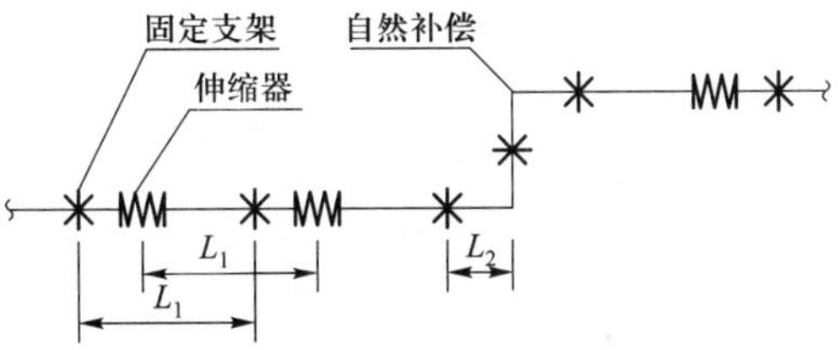

固定支架布置示意图

注:1. 固定支座宜靠近伸缩器布置,以减少伸缩器承受的弯矩。

2. 图中 L_1、L_2 值详见 4.7.4 节"管道伸缩器"的"自然补偿"部分。

3. 固定支架应支撑在承重结构上,并具有足够的强度,与管道相连接处应采用焊接或者其他固定管道的有效措施

4. 固定支架所用材质应与管道材质一致或相适应,不得因此造成管道局部腐蚀

4.8.6 管道及设备保温

管道及设备保温见表 4.8-6。

表 4.8-6 管道及设备保温

范围及要求

1. 热水供水、回水干管、立管及明设支管均应做保温处理

2. 水加热设备、热水箱及热水供水、回水保温管段上的阀件等均应做保温处理

3. 保温绝热层厚度按《工业设备及管道绝热工程设计规范》(GB 50264—2013)标准,管道及设备的最大允许热损失应满足下表要求:

最大允许热损失量表

设备、管道表面温度/℃	50	60	100	150	70	75
最大允许热损失量/(W/m^2)	52	58.4	84	104	64.8	68

4. 暗装在垫层、墙槽内的热水支管可不做保温层,但其管材宜采用导热系数低、壁厚较厚的热水型塑料管,当采用金属管时应采用外表塑覆的管道。

5. 要求随时取得热水的集中热水供应系统,当其不能作支管循环时,可采用自控电伴热措施维持支管热水的供水温度

| 绝热层厚度计算 | 金属管道绝热层厚度计算 | 1. 绝热层厚度 δ 按式(4.8-1)计算: $$\delta = \frac{1}{2}(D_2 - D_1) \quad (4.8\text{-}1)$$ $$D_2 \ln\frac{D_2}{D_1} = 2\lambda\left[\frac{T_0 - T_a}{0.8[Q]} - \frac{1}{\partial_s}\right] \quad (4.8\text{-}2)$$ 式中 δ——绝热层厚度(mm); $\quad\quad D_2$——绝热层外径(m); $\quad\quad D_1$——管道外径(m); $\quad\quad \lambda$——绝热材料导热系数[W/(m·℃)]; $\quad\quad T_0$——介质温度(℃),即管道或设备的外表面温度; $\quad\quad T_a$——环境温度(℃),按下列方法取值 $\quad\quad\quad$ 无采暖空调房间:T_a取年平均温度; $\quad\quad\quad$ 有采暖无空调房间:T_a取采暖设计温度; $\quad\quad\quad$ 有采暖有空调房间:T_a取采暖设计温度; $\quad\quad\quad$ 地沟内温度:T_a取20℃; $\quad\quad [Q]$——最大允许热损失量(W/m²); $\quad\quad \partial_s$——绝热层外表面向周围环境的放热系数,$\partial_s = 11.63$ W/(m²·℃)。 2. 绝热层实际热量损失 Q 的计算: $\quad$ 按式(4.8-1)、式(4.8-2)计算所得的 δ 值为计算值,实际保温层厚度为定值,δ 取为定值后实际热量损失值按式(4.8-3)计算: $$Q = \frac{T_0 - T_a}{\dfrac{D_z'}{Z \cdot \lambda}\ln\dfrac{D_z'}{D_1} + \dfrac{1}{\partial_s}} \quad (4.8\text{-}3)$$ $$q = \pi D_z' Q \quad (4.8\text{-}4)$$ 式中 Q——绝热层热量损失(W/m²); $\quad\quad q$——绝热层热量损失(W/m); $\quad\quad D_z'$——实际绝热层外径(m); $\quad\quad \Delta L$——自固定支撑点起管道的伸缩长度(mm); 其他式4.8-1、式4.8-2。 3. 绝热层表面温度按式(4.8-5)计算: $$T_s = \frac{Q}{\partial_s} + T_a \quad (4.8\text{-}5)$$ 式中符号同式(4.8-1)、式(4.8-2) |
| | 塑料管道绝热层厚度计算 | 1. 绝热层厚度按式(4.8-6)计算: $$\delta = \frac{1}{2}(D_2 - D_1) \quad (4.8\text{-}6)$$ $$D_2 \ln\frac{D_2}{D_1} = 2\lambda\left[\frac{T_0 - T_a}{0.8[Q]} - \frac{1}{\partial_s}\right] \quad (4.8\text{-}7)$$ |

续表

绝热层厚度计算	塑料管道绝热层厚度计算	式中　T_1——塑料管外表面温度(℃)按式(4.8-8)计算： $$T_1 = \frac{T_1 - T_a}{\partial_s\left(\dfrac{D_1}{Z\lambda_1}\ln\dfrac{D_1}{D_0} + \dfrac{1}{\partial_s}\right)} + T_a \qquad (4.8-8)$$ 2. 绝热层实际热量损失 Q 按式(4.8-9)计算： $$Q = \frac{T_1 - T_a}{\dfrac{D_2'}{Z\lambda}\ln\dfrac{D_2'}{D_1} + \dfrac{1}{\partial_s}} \qquad (4.8-9)$$ $$q = \pi D_2' Q \qquad (4.8-10)$$ 3. 绝热层外表面温度 T_s，计算同式(4.8-5)

4.8.7　电伴热保温

电伴热保温见表 4.8-7。

表 4.8-7　电伴热保温

适用范围	1. 要求随时取得不低于规定温度的热水的集中热水供应系统，因采用支管循环困难或不合适时，进入卫生间等的供水支管可采用自控电伴热措施、保持支管内适宜的热水温度 2. 集中热水供应系统中部分难以实现干、立管循环的管段，可采用电伴热保温措施
设置要求	设电伴热的热水管道仍需设保温绝热层和保护层。绝热层厚度仍按前计算。当用电功率过大时，可适当增加绝热层的厚度
电伴热分类	变功率(自限式)电热带	变功率(自限式)电热带是由导电聚合物和两条平行金属导线及绝缘层组成的。其特点是导电聚合物具有很高的电阻正温度系数特性，且相互并联，能随管内热水温度变化自动调节输出功率，自动限制加热的温度，无高温度点及烧坏之虑。适用于要求打开水龙头即出热水的高级宾馆、公寓等场所的支管保温。变功率电热带分屏蔽和加强型，有腐蚀的环境应用加强型。变功率电热带保温的构造见下图所示。变功率电热带规格、技术特性、放热量曲线及电器保护开关的选用等见国家标准图"16S401"《管道和设备保温、防结露及电伴热》中有关"电伴热"部分 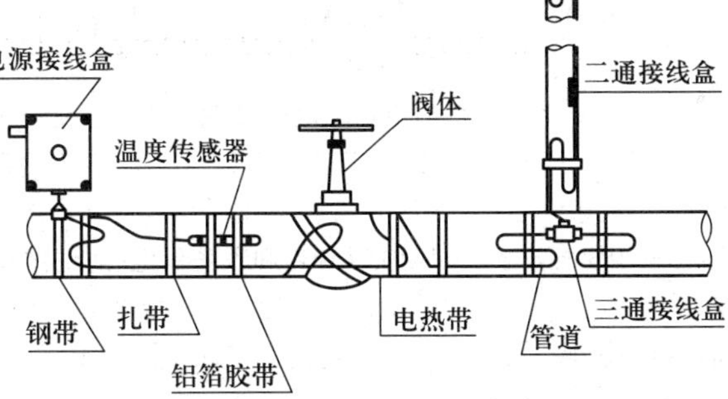

续表

电伴热分类	变功率（自限式）电热带	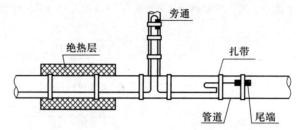 变功率电热带在管道上系统安装示意图
	恒功率电热带	恒功率电热带单位长度的发热量恒定,温度不能自控调节,必须配温控器使用。适用于热水供水干、立管的保温 　　恒功率电热带分并联型、串联型两种,其工作原理、安装要求等见表"16S401"《管道和设备保温、防结露及电伴热》中有关"电伴热"部分 　　恒功率电热带的构造如下图所示 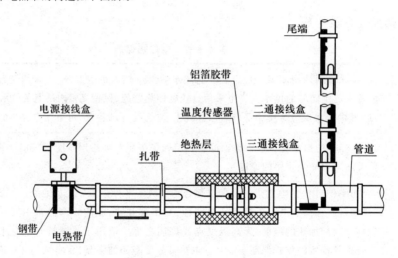 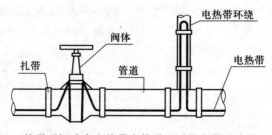 并联型恒功率电热带在管道上系统安装示意图
计算及选型		1. 散热量计算 （1）查表计算:详见国家标准图"16S401"《管道和设备保温、防结露及电伴热》有关"电伴热"部分 （2）直接计算法 散热量按式(4.8-11)计算:

续表

计算及选型	$$Q_{\mathrm{T}} = 1.3 \frac{2\pi(T_0 - T_{\mathrm{a}})}{\frac{1}{\lambda}\ln\frac{D_2}{D_1} + \frac{2}{D_2\partial_{\mathrm{s}}}} \qquad (4.8\text{-}11)$$ 式中 Q_{T}——管道散热量（W/m）； T_0——需电伴热维持的水温（℃）； T_{a}——极端平均最低温度（℃），见国标图"03S401"第15～17页； λ——绝热材料导热系数［W(m·℃)］； D_2——绝热层外径（mm）； D_1——绝热层内径，即管道外径（mm）； ∂_{s}——绝热层外表向周围环境的放热系数，$\partial_{\mathrm{s}} = 11.63$［W(m·℃)］； 1.3——安全系数。 2. 电热带的功率及长度计算、电热带选型、相关的电气设计及电伴热施工验收等详细要求见国家标准图"16S401"相关部分内容

【本节精选习题】

1. 某集中热水供应系统的工作压力 $P_{\mathrm{N}} = 1.0$ MPa，选用管材方案如下，其中哪几项不正确？（　　）

A. 从设备机房内到配水点全部选用 $P_{\mathrm{N}} = 1.6$ MPa 薄壁铜管

B. 从设备机房内到配水点全部选用 $P_{\mathrm{N}} = 1.6$ MPa 薄壁不锈钢管

C. 从设备机房内到配水点全部采用温度为 80℃时 $P_{\mathrm{N}} = 2.0$ MPa 的塑料管

D. 设备机房内采用 $P_{\mathrm{N}} = 1.6$ MPa 钢塑热水管，其他采用温度为 40℃时 $P_{\mathrm{N}} = 1.0$ MPa 的塑料管

答案：【CD】

解析："热水管道应选用耐腐蚀安装连接方便可靠的管材，可采用薄壁铜管、薄壁不锈钢管、塑料热水管、塑料和金属复合热水管等"。当采用塑料热水管或塑料和金属复合热水管材时应符合下列要求：

1. 管道的工作压力应按相应温度下的许用工作压力选择；

2. 设备机房内的管道不应采用塑料热水管。

故选项 A、B 正确；

选项 C 违背了"设备机房内的管道不应采用塑料热水管"，C 错；

选项 D，热水管的工作温度大于 40℃，故 D 选项违背了"管道的工作压力应按相应温度下的许用工作压力选择"这条，D 错。

2. 下列关于建筑热水系统管道布置、敷设和附件设置的叙述中，哪几项正确？（　　）

A. 热水立管与横管应采用乙字弯的连接方式

B. 热水管道穿楼板加套管的目的关键是为了保护管道

C. 下行上给式热水系统配水干管可不设排气阀

D. 热水管道可直埋于楼板找平层内（但不应有接头）

答案：【AC】

解析：A 对，热水立管与横管应采用乙字弯的连接方式；

B 错，防止管道四周出现缝隙，以至漏水；

C 对，下行上给式热水系统可利用最高配水点放气；

D 错，直径小于等于 25 mm 的管道可直埋于楼板找平层。

3. 热水供水管道采用塑料热水管时,下述何项是正确的? (　　　)

A. 管道的工作压力应按相应温度下的许用工作压力选择

B. 设备机房内的管道不宜采用塑料热水管

C. 塑料热水管宜暗设

D. 塑料热水管可直接敷设在楼板结构层内

答案:【AC】

解析:"管道的工作压力应按相应温度下的许用工作压力选择",A 对;

"设备机房内管道'不应'采用塑料热水管",B 错;

"塑料热水管宜暗设,明设时立管宜布置在不受撞击处,当不能避免时,应在管外加保护措施",C 对;

"不得直接敷设在建筑结构层内",D 错。

4.9 饮水供应

4.9.1 管道直饮水系统

管道直饮水系统内容见表 4.9-1。

表 4.9-1　管道直饮水系统

水质	管道直饮水系统用户端水质应符合国家现行标准《饮用净水水质标准》(CJ 94—2005)的规定			
定额	最高日饮水定额及小时变化系数,根据建筑物的性质和地区的条件,应按下表确定			

最高日饮水定额及小时变化系数 K_h

建筑物名称	单位	饮水定额/L	K_h
热车间	每人每班	3~5	1.5
一般车间	每人每班	2~4	1.5
工厂生活间	每人每班	1~2	1.5
办公楼	每人每班	1~2	1.5
宿舍	每人每日	1~2	1.5
教学楼	每人每日	1~2	2.0
医院	每病床每日	2~3	1.5
影剧院	每观众每场	0.2	1.0
招待所、旅馆	每床每日	2~3	1.5
体育馆(场)	每观众每场	0.2	1.0

注:1. 小时变化系数指饮水供应时间内的变化系数;

2. 本表中定额仅为饮用水量;

3. 经济发达地区的居民住宅楼可提高至 4~5 L/(人·d);

4. 最高日直饮水定额亦可根据用户要求确定:

住宅楼、公寓　　　　　　　　每人每日　　　2.0~2.5

会展中心(博物馆、展览馆)　每人每日　　　0.4

航站楼、火车站、客运站　　　每人每日　　　0.2~0.4

续表

1. 体育场馆、会展中心、航站楼、火车站、客运站等类型的建筑的瞬时高峰用水量的计算应符合现行国家标准《建筑给水排水设计规范》(GB 50015—2003)(2009 年版)的规定;居住类及办公类建筑瞬时高峰用水量,应按式(4.9-1)计算:

$$q_g = mq_0 \qquad (4.9\text{-}1)$$

式中　q_g——瞬时高峰用水量(L/s);

　　　q_0——饮水水嘴额定流量,$q_0 = 0.04 \sim 0.06$ L/s;

　　　m——瞬时高峰用水时使用饮水水嘴数量,根据其水嘴数量可按第 2 款确定。

2. 饮用水嘴同时使用数量计算

(1) 当瞬时高峰用水时饮水水嘴数量 $n_0 \leqslant 12$ 个时,同时使用数量 m 可按下表取值。

计算管段上饮水水嘴数量 $n_0 \leqslant 12$ 个时的 m 值　　　　个

水嘴数量 n_0	1	2	3~8	9~12
使用数量 m	1	2	3	4

(2) 当瞬时高峰用水时饮水水嘴数量 $n_0 > 12$ 个时,同时使用数量 m 可按下表取值

计算管段上饮水水嘴数量 $n_0 > 12$ 个时的 m 值　　　　个

n_0	P_0																		
	0.010	0.015	0.020	0.025	0.030	0.035	0.040	0.045	0.050	0.055	0.060	0.065	0.070	0.075	0.080	0.085	0.090	0.095	0.10
25	—	—	—	—	—	4	4	4	4	5	5	5	5	5	6	6	6	6	6
50	—	—	4	4	5	5	6	6	7	7	7	8	8	9	9	9	10	10	10
75	—	4	5	6	6	7	8	8	9	9	10	10	11	11	12	13	13	14	14
100	4	5	6	7	8	8	9	10	11	11	12	13	13	14	15	16	16	17	18
125	4	6	7	8	9	10	11	12	13	13	14	15	16	17	18	18	19	20	21
150	5	6	8	9	10	11	12	13	14	15	16	17	18	19	20	21	22	23	24
175	5	7	8	10	11	12	14	15	16	17	18	20	21	22	23	24	25	26	27
200	6	8	9	11	12	14	15	16	18	19	20	22	23	24	25	27	28	29	30
225	6	8	10	12	13	15	16	18	19	21	22	24	25	27	28	29	31	32	33
250	7	9	11	13	14	16	18	19	21	23	24	26	27	29	31	32	34	35	37
275	7	9	12	14	14	17	19	21	23	25	26	28	30	31	33	35	36	38	40
300	8	10	12	14	16	18	21	22	24	25	28	30	32	34	36	37	39	41	43
325	8	11	13	15	18	20	22	24	26	28	30	32	34	36	38	40	42	44	46
350	8	11	14	16	19	21	23	25	28	30	32	34	36	38	40	42	44	45	49
375	9	12	14	17	20	22	24	27	29	32	34	36	38	41	43	45	47	49	52
400	9	12	15	18	21	23	26	28	31	33	36	38	40	43	45	48	50	52	55
425	10	13	16	19	22	24	27	30	32	35	37	40	43	45	48	50	53	55	57
450	10	13	17	20	23	25	28	31	34	37	39	42	45	47	50	53	55	58	60
475	10	14	17	20	24	27	30	33	35	38	41	44	47	50	52	55	58	61	63
500	11	14	18	21	25	28	31	34	37	40	43	46	49	52	55	58	60	63	66

管道直饮水设计秒流量

注:1. P_0 为水嘴同时使用概率;

　2. 可用插值法求得 m

管道直饮水设计秒流量	（3）水嘴同时使用概率可按式（4.9-2）计算： $$P_0 = \frac{\alpha q_d}{1\,800\,n_0 q_0} \qquad (4.9\text{-}2)$$ 式中　α——经验系数，住宅楼、公寓取 0.22，办公楼、会展中心、航站楼、火车站、客运站取 0.27，教学楼、体育场馆取 0.45，旅馆、医院取 0.15； 　　　　q_d——系统最高日直饮水量（L/d）； 　　　　n_0——水嘴数量（个）； 　　　　q_0——水嘴额定流量。 注：当 n_0 值与表中数据不符时，可用差值法求得 m
材质及管道布置	1. 管道直饮水系统所采用的管材、管件、设备、辅助材料应符合国家现行有关标准，卫生性能应符合现行国家标准《生活饮用水输配水设备及防护材料的安全性评价标准》（GB/T 17219—1998）的规定。饮水管道应选用耐腐蚀、内表面光滑、符合食品级卫生要求的薄壁不锈钢管、薄壁铜管、优质塑料管。系统中宜采用与管道同种材质的管件及附配件 2. 管道直饮水应设循环管道，保证干管和立管中饮水的有效循环。以防止滞留在管道接头、阀门等局部不光滑处滋生细菌或集聚微粒，而产生水质污染。管道直饮水系统循环管道中的供、回水管网应同程布置，保证循环效果。用供水泵兼做循环泵时，回水管上应设控制循环流量的阀门 3. 管道直饮水系统回水宜回流至净水箱或原水水箱，并应加强消毒 4. 循环水量应根据系统工作制度与循环时间要求确定。循环管网内水的停留时间不应超过 12 h 5. 不循环的支管长度不宜大于 6 m 6. 管道不应靠近热源。除敷设在建筑垫层内的管道外均应做隔热保温处理
附件	1. 配水管网循环立管上端和下端应设阀门，供水管网应设检修阀门 2. 在管网最低端应设排水阀，管道最高处应设排气阀。排气阀处应有滤菌、防尘装置，不得有滞水存留，排水口应有防污染措施 3. 室内分户计量水表应采用直饮水水表，宜采用 IC 卡式，远传式等类型的直饮水表 4. 应采用直饮水专用水嘴
饮水供应点	饮水供应点不得设在易污染的地方，对经常产生有害气体或粉尘的车间，应设在不受污染的生活间或小室内；饮水供应点应方便饮水器的使用、检修和清扫，并应有良好的通风和照明
饮水器	当中小学校、体育场（馆）等公共建筑设饮水器时，饮水器应采用不锈钢、铜镀铬或瓷质、搪瓷制品，其表面应光洁易于清洗，并应符合下列要求： 1. 以温水或自来水为原水的直饮水，应进行过滤和消毒处理 2. 应设循环管道，回水应经消毒处理 3. 饮水器喷嘴应倾斜安装并设有防护装置，喷嘴孔的高度应保证排水管堵塞时不被淹没 4. 应使同组喷嘴压力一致

4.9.2　开水供应系统

开水供应系统有集中制备和分散制备两种方式，具体见表 4.9-2。

表 4.9-2　开水供应系统

集中制备系统	集中制备又可分为开水间制备和管道输送： 　1. 开水间制备开水，使用者用容器前去取用，如图 4.9-1 所示；适合于机关、学校等建筑，开水间宜靠近锅炉房、食堂等有热源的地方；开水间的服务半径范围一般不宜大于 250 m 　2. 集中制备开水并用管道输送到各开水供应点，如图 4.9-3 所示；为保证各开水供应点的水温采用机械循环方式，开水器可设于底层，采用下行上给的循环方式，见图 4.9-3(a)，也可设于顶层采用上行下给的循环方式，见图 4.9-3(b)
分散制备系统	分散制备在建筑内每层设开水间，如图 4.9-2 所示，热媒经管道送至各开水器
	开水器服务半径：不宜大于 70 m
开水管道	应选用工作温度大于 100℃的金属管材
配水水嘴	宜为旋塞式
开水器	1. 开水器应装设温度计和水位计，开水锅炉应装设温度计，必要时还应装设沸水箱或安全阀 2. 开水器的通气管应引至室外 3. 开水器的排水管道不宜采用塑料排水管
排水设施	开水间应设给水管和地漏

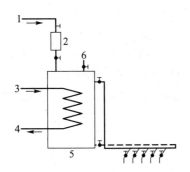

图 4.9-1　集中制备开水

1—给水；2—过滤器；3—蒸汽；4—冷凝水；

5—水加热器；6—安全阀

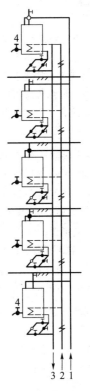

图 4.9-2　分散制备开水

1—给水；2—蒸汽；3—冷凝水；4—开水器

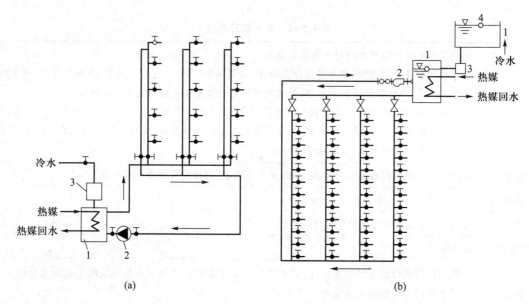

图 4.9-3 管道输送方式

1—开水器(水加热器);2—循环水泵;3—过滤器;4—高位水箱

【本节精选习题】

1. 下列关于管道直饮水系统的设置要求中,哪几项错误?(   )

A. 直饮水净化处理是在保留有益健康的物质前提下,去除有害物质

B. 直饮水净化处理应去除有害物质,保障水质卫生安全

C. 管道直饮水的循环系统可采用自然循环或机械循环

D. 管道直饮水系统宜采用变频调速泵供水

答案:【AC】

解析:管道直饮水应对原水进行深度净化处理,其水质应符合国家现行标准《饮用净水水质标准》CJ 94—2005 的规定;也即直饮水净化处理首先是去除有害物质,而并不要求"保留有益健康",更不可能说将其作为前提了,A 错误,B 正确;

管道直饮水应设循环管道,其供、回水管网应同程布置,循环管网内水的停留时间不应超过 12 h;自然循环是无法做到的,故 C 错误;

管道直饮水宜采用调速泵组直接供水或处理设备置于屋顶的水箱重力式供水方式;推荐管道直饮水系统采用变频机组直接供水的方式,其目的是避免采用高位水箱贮水难以保证循环效果和直饮水水质的问题,同时,采用变频机组供水,还可使所有设备均集中在设备间,便于管理控制。D 正确。本题选 AC。

2. 某全日制循环的管道直饮水系统,拟将变频调速供水泵兼做循环泵,则水泵设计流量应根据下列哪项流量确定?(   )

A. 瞬时高峰流量(或设计秒流量)   B. 最大小时流量

C. 瞬时高峰流量+循环流量   D. 最大小时流量+循环流量

答案:【A】

解析:在用水高峰时不需要考虑循环,而考虑循环时用水量又不大,故不需要叠加,按大者选泵,变频泵不需要考虑水量调节,故要满足瞬时高峰流量,本题选 A。

3. 为保证管道直饮水用户端水质,下列哪项措施正确?(　　)

A. 直饮水配水管宜布置为环状　　　　　B. 设循环管道,供、回水管道采用同程布置

C. 循环支管的长度不宜大于 3 m　　　　D. 直饮水配水立管上装设限流阀

答案:【B】

解析:管道直饮水系统设计应设循环管道,供回水管网应设计为同程式,B 项正确;室内管道宜布置为枝状,单向供水,A 错误;各用户从立管上接出的支管不宜大于 3 m,非循环支管,C 项错误;D 项中设置限流阀是从节水角度考虑,对保证直饮水水质没有作用,D 项错误。故选 B 项。

4. 关于直饮水制备及水质防护措施,下列哪几项不正确?(　　)

A. 集中式直饮水系统供回水管网循环周期不应超过 12 h

B. 直饮水管道系统中可选用与管道材料不同的管件

C. 集中式直饮水处理站处理出水的余氯浓度为 0.01 mg/L

D. 集中式直饮水处理站处理出水的臭氧浓度不得大于 0.01 mg/L

答案:【BCD】

解析:管道直饮水应设循环管道,其供、回水管网应同程布置,循环管网内水的停留时间不应超过 12 h,A 项说法正确;阀门、水表、管道连接件、密封材料、配水水嘴等选用材质均应符合食品级卫生要求,并与管材匹配,B 项说法不正确;管网末梢水中的余氯和臭氧浓度均不得低于 0.01 mg/L,因此集中式直饮水处理站处理出水的余氯和臭氧浓度均应大于 0.01 mg/L,CD 项说法均不正确,故选 BCD 项。

第5章 建 筑 消 防

5.1 消防规范适用范围

本章参照现行的下列消防设计规范要求编写,见表 5.1-1。

表 5.1-1　建筑设计防火规范和适用及不适用范围

建筑设计防火规范	适用及不适用范围
《建筑设计防火规范》 (GB 50016—2014) (以下简称"建规")	1. 适用于下列新建、扩建和改建的建筑: (1) 厂房 (2) 仓库 (3) 民用建筑 (4) 甲、乙、丙类液体储罐(区) (5) 可燃、助燃气体储罐(区) (6) 可燃材料堆场 (7) 城市交通隧道 2. 不适用于火药、炸药及其制品厂房(仓库)、花炮厂房(仓库)的建筑防火设计。人民防空工程、石油和天然气工程、石油化工企业、火力发电厂与变电站等的建筑防火设计,当有专门的国家现行标准时,宜从其规定
《消防给水及消火栓系统技术规范》(GB 50974—2014) (以下简称"消水规")	适用于新建、扩建、改建的工业、民用、市政等建设工程的消防给水及消火栓系统的设计、施工、验收和维护管理
《自动喷水灭火系统设计规范》 (GB 50084—2001)(2017 年版) (以下简称"喷规")	1. 适用于新建、扩建、改建的民用与工业建筑中自动喷水灭火系统的设计 2. 不适用于火药、炸药、弹药、火工品工厂、核电站及飞机库等特殊功能建筑中自动喷水灭火系统的设计
《水喷雾灭火系统技术规范》 (GB 50219—2014) (以下简称"雾规")	1. 适用于新建、扩建和改建工程中设置水喷雾灭火系统的设计、施工、验收及维护管理,可用于扑救固体火灾、丙类液体火灾、饮料酒火灾和电气火灾。并可用于可燃气体和甲、乙、丙类液体的生产、储存装置或装卸设施的防护冷却 2. 不适用于: (1) 移动式水喷雾灭火装置或交通运输工具中的设置 (2) 不得用于扑救遇水发生化学反应造成燃烧、爆炸的火灾,以及水雾会对保护对象造成明显损害的火灾

续表

建筑设计防火规范	适用及不适用范围
《细水雾灭火系统技术规范》（GB 50898—2013）	1. 适用于扑救相对封闭空间内的可燃固体表面火灾、可燃液体火灾和带电设备的火灾 2. 不适用于扑救： （1）可燃固体的深位火灾 （2）能与水发生剧烈反应或产生大量有害物质的活泼金属及其化合物的火灾 （3）可燃气体火灾
《气体灭火系统设计规范》（GB 50370—2005）	适用于新建、扩建、改建的工业与民用建筑中设置的七氟丙烷、IG 541 混合气体和热气溶胶全淹没灭火系统的设计
《建筑灭火器配置设计规范》（GB 50140—2005）	1. 适用于生产、使用或储存可燃物的新建、扩建、改建的工业与民用建筑工程 2. 不适用于生产或储存炸药、弹药、火工品、花炮的厂房或库房
《固定消防炮灭火系统设计规范》（GB 50338—2003）	适用于新建、改建、扩建工程中设置的固定消防炮灭火系统的设计
《汽车库、修车库、停车场设计防火规范》（GB 50067—2014）（以下简称"车规"）	1. 适用于新建、扩建和改建的汽车库、修车库、停车场防火设计 2. 不适用于消防站的汽车库、修车库、停车场防火设计

5.2 消防基础知识

5.2.1 燃烧与火灾

1. 燃烧

燃烧，是指可燃物与氧化剂作用发生的放热反应，通常伴有火焰、发光和（或）发烟现象。燃烧可分为有焰燃烧和无焰燃烧。通常看到的明火都是有焰燃烧；有些固体发生表面燃烧时，有发光发热的现象，但是没有火焰产生，这种燃烧方式则是无焰燃烧。

（1）燃烧的必要条件

燃烧的发生和发展，必须具备 3 个必要条件，即可燃物、助燃物（氧化剂）和温度（引火源）。当燃烧发生时，上述 3 个条件必须同时具备，如果有一个条件不具备，那么燃烧就不会发生或停止发生。

（2）燃烧的充分条件

可燃物、氧化剂和引火源是无焰燃烧的三个必要条件，但燃烧的发生需要三个条件达到一定量的要求，并且存在相互作用的过程，这就是燃烧的充分条件。对于有焰燃烧，还包括未受抑制的链式反应。

（3）燃烧方式与特点

① 气体燃烧。包括扩散燃烧及预混燃烧。

扩散燃烧，即可燃性气体和蒸气与气体氧化剂互相扩散，边混合边燃烧。

② 液体燃烧。

易燃、可燃液体在燃烧过程中，并不是液体本身在燃烧，而是液体受热时蒸发出来的液体蒸气被分解、氧化达到燃点而燃烧，即蒸发燃烧。

在含有水分、黏度较大的重质石油产品，如原油、重油、沥青油等发生燃烧时，有可能产生沸溢现象和喷溅现象。

③ 固体燃烧。包括蒸发燃烧、表面燃烧（异相燃烧）、分解燃烧、熏烟燃烧（阴燃）及动力燃烧（爆炸）。

硫、磷、钾、钠、蜡烛、松香、沥青等可燃固体在受到火源加热时，先熔融蒸发，随后蒸气与氧气发生燃烧反应，这种形式的燃烧一般称为蒸发燃烧。

木炭、焦炭、铁铜等可燃固体的燃烧反应是在其表面由氧和物质直接作用而发生的，称为表面燃烧，这是一种无火焰的燃烧。

木材、煤、合成塑料、钙塑材料等可燃固体在受到火源加热时，先发生热分解，随后分解出的可燃挥发分与氧发生燃烧反应，这种形式的燃烧一般称为分解燃烧。（物质的化学成分发生改变）

阴燃是指物质无可见光的缓慢燃烧，通常产生烟气和温度升高现象。可燃固体在空气不流通、加热温度较低、分解出的可燃挥发分较少或逸散较快、含水分较多等条件下，往往发生只冒烟而无火焰的燃烧现象，这就是熏烟燃烧。

动力燃烧是指可燃固体或其分解析出的可燃挥发分遇引火源发生的爆炸式燃烧，主要包括可燃粉尘爆炸、炸药爆炸、轰燃等几种情形。

上述各种燃烧形式的划分不是绝对的，有些可燃固体的燃烧往往包含两种或两种以上的形式。

2. 火灾

火灾是指在时间或空间上失去控制的燃烧。

（1）按照燃烧对象的性质分类

按照国家标准《火灾分类》（GB/T 4968—2008）的规定，火灾分为 A、B、C、D、E、F 共六类，见表 5.2-1。

表 5.2-1 火 灾 分 类

类别	所属对象	举 例
A 类火灾	固体物质火灾。该物质通常具有有机物性质，一般在燃烧时能产生灼热的余烬	例如，木材、棉、毛、麻、纸张火灾等
B 类火灾	液体或可熔化固体物质火灾	例如，汽油、煤油、原油、甲醇、乙醇、沥青、石蜡等火灾
C 类火灾	气体火灾	例如，煤气、天然气、甲烷、乙烷、氢气、乙炔等火灾

续表

类别	所属对象	举　例
D 类火灾	金属火灾	例如,钾、钠、镁、钛、锆、锂等火灾
E 类火灾	带电火灾	物体带电燃烧的火灾。例如,变压器等设备的电气火灾等
F 类火灾	烹饪器具内的烹饪物火灾	动物油脂或植物油脂等火灾

（2）火灾发生的常见原因

① 电气;② 吸烟;③ 生活用火不慎;④ 生产作业不慎(违章、违规作业);⑤ 设备故障;⑥ 玩火;⑦ 放火;⑧ 雷击(直击雷、雷电波侵入、雷电感应)。

5.2.2 灭火基本原理及方法

为防止火势失去控制,继续扩大燃烧而造成灾害,需要采取以下方法将火扑灭,这些方法的根本原理是破坏燃烧条件。

1. 冷却灭火

可燃物一旦达到着火点,即会燃烧或持续燃烧。在一定条件下,将可燃物的温度降到着火点以下,燃烧即会停止。对于可燃固体,将其冷却在燃点以下;对于可燃液体,将其冷却在闪点以下,燃烧反应就可能会中止。用水扑灭一般固体物质引起的火灾,主要是通过冷却作用来实现的,水具有较大的比热容和很高的汽化热,冷却性能很好。在用水灭火的过程中,水大量地吸收热量,使燃烧物的温度迅速降低,使火焰熄灭、火势得到控制、火灾终止。水喷雾灭火系统的水雾,其水滴直径细小,比表面积大,和空气接触范围大,极易吸收热气流的热量,也能很快地降低温度,效果更为明显。

2. 隔离灭火

在燃烧三要素中,可燃物是燃烧的主要因素。将可燃物与氧气、火焰隔离,就可以中止燃烧、扑灭火灾。如自动喷水泡沫联用系统在喷水的同时,喷出泡沫,泡沫覆盖于燃烧液体或固体的表面,在发挥冷却作用的同时,将可燃物与空气隔开,从而可以灭火。再如,可燃液体或可燃气体火灾,在灭火时,迅速关闭输送可燃液体或可燃气体的管道的阀门,同时打开可燃液体或可燃气体通向安全区域的阀门,使已经燃烧或即将燃烧或受到火势威胁的容器中的可燃液体、可燃气体转移。

3. 窒息灭火

可燃物的燃烧是氧化作用,需要在最低氧浓度以上才能进行,低于最低氧浓度,燃烧不能进行,火灾即被扑灭。一般氧浓度低于 15% 时,就不能维持燃烧。在着火场所内,可以通过灌注不燃气体,如二氧化碳、氮气、蒸汽等,来降低空间的氧浓度,从而达到窒息灭火。此外,水喷雾或细水雾灭火系统工作时,喷出的水滴吸收热气流热量而转化成蒸汽,当空气中水蒸气浓度达到 35% 时,燃烧即停止,这也是窒息灭火的应用。

4. 化学抑制灭火

由于有焰燃烧是通过链式反应进行的,如果能有效地抑制自由基的产生或降低火焰中的自由基浓度,即可使燃烧中止。化学抑制灭火的灭火剂常见的有干粉和七氟丙烷。化学抑制法灭火,灭火速度快,使用得当可有效地扑灭初期火灾,减少人员伤亡和财产损失。但抑制法灭火对于有焰燃烧火灾效果好,对深位火灾,由于渗透性较差,灭火效果不理想。除此之外,灭火机理还有稀释和乳化,如细水雾、水喷雾灭火系统。

5.2.3　建筑分类、耐火等级及火灾危险性

1. 建筑分类

（1）民用建筑

按使用功能和建筑高度,民用建筑的分类见表 5.2-2。

表 5.2-2　民用建筑的分类

名称	高层民用建筑		单、多层民用建筑
	一类	二类	
住宅建筑	建筑高度大于 54 m 的住宅建筑（包括设置商业服务网点的住宅建筑）	建筑高度大于 27 m,但不大于 54 m 的住宅建筑（包括设置商业服务网点的住宅建筑）	建筑高度不大于 27 m 的住宅建筑（包括设置商业服务网点的住宅建筑）
公共建筑	1. 建筑高度大于 50 m 的公共建筑 2. 建筑高度 24 m 以上部分任一楼层建筑面积大于 1 000 m² 的商店、展览、电信、邮政、财贸金融建筑和其他多种功能组合的建筑 3. 医疗建筑、重要公共建筑 4. 省级及以上的广播电视和防灾指挥调度建筑、网局级和省级电力调度建筑 5. 藏书超过 100 万册的图书馆、书库	除一类高层公共建筑外的其他高层公共建筑	1. 建筑高度大于 24 m 的单层公共建筑 2. 建筑高度不大于 24 m 的其他公共建筑

注:1. 表中未列入的建筑,其类别应根据本表类比确定。

　2. 除有特殊规定外,宿舍、公寓等非住宅类居住建筑的防火要求,应符合有关公共建筑的规定。

　3. 除有特殊规定外,裙房的防火要求应符合有关高层民用建筑的规定。

住宅建筑是指供家庭居住使用的建筑（含与其他功能空间处于同一建筑中的住宅部分）。

公共建筑是指供人们进行各种公共活动的建筑,包括教育、办公、科研、文化、商业、服务、体育、医疗、交通、纪念、园林、综合类建筑等。宿舍建筑的防火要求需按公共建筑执行。

（2）工业建筑

工业建筑是指工业生产性建筑,如主要生产厂房、辅助生产厂房等。工业建筑按照使用性质的不同,分为加工、生产类厂房和仓储类库房两大类。厂房和仓库又按其生产或储存物质的性质进行分类。

（3）农业建筑

农业建筑是指农副产业生产建筑,主要有暖棚、牲畜饲养场、蚕房、烤烟房、粮仓等。

2. 建筑火灾危险性

（1）生产的火灾危险性

生产的火灾危险性分类见表5.2-3,生产的火灾危险性分类举例见表5.2-4。

表 5.2-3 生产的火灾危险性分类

生产的火灾 危险性类别	使用或产生下列物质生产的火灾危险性特征
甲	1. 闪点小于28℃的液体 2. 爆炸下限小于10%的气体 3. 常温下能自行分解或在空气中氧化能导致迅速自燃或爆炸的物质 4. 常温下受到水或空气中水蒸气的作用,能产生可燃气体并引起燃烧或爆炸的物质 5. 遇酸、受热、撞击、摩擦、催化以及遇有机物或硫黄等易燃的无机物,极易引起燃烧或爆炸的强氧化剂 6. 受撞击、摩擦或与氧化剂、有机物接触时能引起燃烧或爆炸的物质 7. 在密闭设备内操作温度不小于物质本身自燃点的生产
乙	1. 闪点不小于28℃,但小于60℃的液体 2. 爆炸下限不小于10%的气体 3. 不属于甲类的氧化剂 4. 不属于甲类的易燃固体 5. 助燃气体 6. 能与空气形成爆炸性混合物的浮游状态的粉尘、纤维、闪点不小于60℃的液体雾滴
丙	1. 闪点不小于60℃的液体 2. 可燃固体
丁	1. 对不燃烧物质进行加工,并在高温或熔化状态下经常产生强辐射热、火花或火焰的生产 2. 利用气体、液体、固体作为燃料或将气体、液体进行燃烧作其他用的各种生产 3. 常温下使用或加工难燃烧物质的生产
戊	常温下使用或加工不燃烧物质的生产

注:同一座厂房或厂房的任一防火分区内有不同火灾危险性生产时,该厂房或防火分区内的生产火灾危险性类别应按火灾危险性较大的部分确定;当生产过程中使用或产生易燃、可燃物的量较少,不足以构成爆炸或火灾危险时,可按实际情况确定;当符合下述条件之一时,可按火灾危险性较小的部分确定:

① 火灾危险性较大的生产部分占本层或本防火分区建筑面积的比例小于5%或丁、戊类厂房内的油漆工段小于10%,且发生火灾事故时不足以蔓延到其他部位或火灾危险性较大的生产部分采取了有效的防火措施;

② 丁、戊类厂房内的油漆工段,当采用封闭喷漆工艺,封闭喷漆空间内保持负压、油漆工段设置可燃气体探测报警系统或自动抑爆系统,且油漆工段占所在防火分区建筑面积的比例不大于20%。

表 5.2-4　生产的火灾危险性分类举例

生产类别	举　例
甲	1. 闪点小于 28℃ 的油品和有机溶剂的提炼、回收或洗涤部位及其泵房,橡胶制品的涂胶和胶浆部位,二硫化碳的粗馏、精馏工段及其应用部位,青霉素提炼部位,原料药厂的非纳西汀车间的烃化、回收及电感精馏部位,皂素车间的抽提、结晶及过滤部位,冰片精制部位,农药厂乐果厂房,敌敌畏的合成厂房、磺化法糖精厂房,氯乙醇厂房,环氧乙烷、环氧丙烷工段,苯酚厂房的磺化、蒸馏部位,焦化厂吡啶工段,胶片厂片基厂房,汽油加铅室,甲醇、乙醇、丙酮、丁酮、异丙醇、醋酸乙酯、苯等的合成或精制厂房,集成电路工厂的化学清洗间(使用闪点小于 28℃ 的液体),植物油加工厂的浸出厂房;白酒液态法酿酒车间、酒精蒸馏塔,酒精度为 38 度及以上的勾兑车间、灌装车间、酒泵房;白兰地蒸馏车间、勾兑车阅、灌装车间、酒泵房 2. 乙炔站,氢气站,石油气体分馏(或分离)厂房,氯乙烯厂房,乙烯聚合厂房,天然气、石油伴生气、矿井气、水煤气或焦炉煤气的净化(如脱硫)厂房压缩机室及鼓风机室,液化石油气灌瓶间,丁二烯及其聚合厂房,醋酸乙烯厂房,电解水或电解食盐厂房,环己酮厂房,乙基苯和苯乙烯厂房,化肥厂的氢氮气压缩厂房,半导体材料厂使用氢气的拉晶间,硅烷热分解室 3. 硝化棉厂房及其应用部位,赛璐珞厂房,黄磷制备厂房及其应用部位,三乙基铝厂房,染化厂某些能自行分解的重氮化合物生产,甲胺厂房,丙烯腈厂房 4. 金属钠、钾加工厂房及其应用部位,聚乙烯厂房的一氧二乙基铝部位,三氯化磷厂房,多晶硅车间三氯氢硅部位,五氧化二磷厂房 5. 氯酸钠、氯酸钾厂房及其应用部位,过氧化氢厂房,过氧化钠、过氧化钾厂房,次氯酸钙厂房 6. 赤磷制备厂房及其应用部位,五硫化二磷厂房及其应用部位 7. 洗涤剂厂房石蜡裂解部位,冰醋酸裂解厂房
乙	1. 闪点大于或等于 28℃ 至小于 60℃ 的油品和有机溶剂的提炼、回收、洗涤部位及其泵房,松节油或松香蒸馏厂房及其应用部位,醋酸酐精馏厂房,己内酰胺厂房,甲酚厂房,氯丙醇厂房,樟脑油提取部位,环氧氯丙烷厂房,松针油精制部位,煤油罐桶间 2. 一氧化碳压缩机室及净化部位,发生炉煤气或鼓风炉煤气净化部位,氨压缩机房 3. 发烟硫酸或发烟硝酸浓缩部位,高锰酸钾厂房,重铬酸钠(红矾钠)厂房 4. 樟脑或松香提炼厂房,硫黄回收厂房,焦化厂精萘厂房 5. 氧气站,空分厂房 6. 铝粉或镁粉厂房,金属制品抛光部位,煤粉厂房、面粉厂的碾磨部位、活性炭制造及再生厂房,谷物筒仓的工作塔,亚麻厂的除尘器和过滤器室
丙	1. 闪点大于或等于 60℃ 的油品和有机液体的提炼、回收工段及其抽送泵房,香料厂的松油醇部位和乙酸松油脂部位,苯甲酸厂房,苯乙酮厂房,焦化厂焦油厂房,甘油、桐油的制备厂房,油浸变压器室,机器油或变压油罐桶间,润滑油再生部位,配电室(每台装油量大于 60 kg 的设备),沥青加工厂房,植物油加工厂的精炼部位 2. 煤、焦炭、油母页岩的筛分、转运工段和栈桥或储仓,木工厂房,竹、藤加工厂房,橡胶制品的压延、成型和硫化厂房,针织品厂房,纺织、印染、化纤生产的干燥部位,服装加工厂房,棉花加工和打包厂房,造纸厂备料、干燥车间,印染厂成品厂房,麻纺厂粗加工车间,谷物加工厂房,卷烟厂的切丝、卷制、包装厂房,印刷厂的印刷车间,毛涤厂选毛车间,电视机、收音机装配厂房,显像管厂装配工段烧枪间,磁带装配厂房,集成电路工厂的氧化扩散间、光刻间,泡沫塑料厂的发泡、成型、印片压花部位,饲料加工厂房,畜(禽)屠宰、分割及加工车间、鱼加工车间

续表

生产类别	举 例
丁	1. 金属冶炼、锻造、铆焊、热轧、铸造、热处理厂房 2. 锅炉房,玻璃原料熔化厂房,灯丝烧拉部位,保温瓶胆厂房,陶瓷制品的烘干、烧成厂房,蒸汽机车库,石灰焙烧厂房,电石炉部位,耐火材料烧成部位,转炉厂房,硫酸车间焙烧部位,电极煅烧工段,配电室(每台装油量小于等于 60 kg 的设备) 3. 难燃铝塑料材料的加工厂房,酚醛泡沫塑料的加工厂房,印染厂的漂炼部位,化纤厂后加工润湿部位
戊	制砖车间,石棉加工车间,卷扬机室,不燃液体的泵房和阀门室,不燃液体的净化处理工段,除镁合金外的金属冷加工车间,电动车库,钙镁磷肥车间(焙烧炉除外),造纸厂或化学纤维厂的浆粕蒸煮工段,仪表、器械或车辆装配车间,氟利昂厂房,水泥厂的轮窑厂房,加气混凝土厂的材料准备、构件制作厂房

(2) 储存物品的火灾危险性

储存物品的火灾危险性分类见表 5.2-5,储存物品的火灾危险性分类举例见表 5.2-6。

表 5.2-5 储存物品的火灾危险性分类

储存物品的火灾危险性类别	储存物品的火灾危险性特征
甲	1. 闪点小于 28℃ 的液体 2. 爆炸下限小于 10% 的气体,以及受到水或空气中水蒸气的作用,能产生爆炸下限小于 10% 气体的固体物质 3. 常温下能自行分解或在空气中氧化能导致迅速自燃或爆炸的物质 4. 常温下受到水或空气中水蒸气的作用,能产生可燃气体并引起燃烧或爆炸的物质 5. 遇酸、受热、撞击、摩擦以及遇有机物或硫黄等易燃的无机物,极易引起燃烧或爆炸的强氧化剂 6. 受撞击、摩擦或与氧化剂、有机物接触时能引起燃烧或爆炸的物质
乙	1. 闪点不小于 28℃,但小于 60℃ 的液体 2. 爆炸下限不小于 10% 的气体 3. 不属于甲类的氧化剂 4. 不属于甲类的易燃固体 5. 助燃气体 6. 常温下与空气接触能缓慢氧化,积热不散引起自燃的物品

续表

储存物品的 火灾危险性 类别	储存物品的火灾危险性特征
丙	1. 闪点不小于 60℃ 的液体 2. 可燃固体
丁	难燃烧物品
戊	不燃烧物品

注:1. 同一座仓库或仓库的任一防火分区内储存不同火灾危险性物品时,仓库或防火分区的火灾危险性应按火灾危险性最大的物品确定;

2. 丁、戊类储存物品的可燃包装重量大于物品本身重量1/4 或可燃包装体积大于物品本身体积的1/2 时,其火灾危险性应按丙类确定。

表 5.2-6 储存物品的火灾危险性分类举例

火灾危险性 类别	举 例
甲	1. 己烷,戊烷,环戊烷,石脑油,二硫化碳,苯、甲苯,甲醇、乙醇,乙醚,蚁酸甲脂、醋酸甲酯、硝酸乙酯,汽油,丙酮,丙烯,酒精度为 38 度及以上的白酒 2. 乙炔,氢,甲烷,环氧乙烷,水煤气,液化石油气,乙烯、丙烯、丁二烯,硫化氢,氯乙烯,电石,碳化铝 3. 硝化棉,硝化纤维胶片,喷漆棉,火胶棉,赛璐珞棉,黄磷 4. 金属钾、钠、锂、钙、锶,氢化锂、氢化钠,四氢化锂铝 5. 氯酸钾、氯酸钠、过氧化钾、过氧化钠,硝酸铵 6. 赤磷,五硫化二磷,三硫化二磷
乙	1. 煤油,松节油,丁烯醇、异戊醇,丁醚,醋酸丁酯、硝酸戊酯,乙酰丙酮,环己胺,溶剂油,冰醋酸,樟脑油,蚁酸 2. 氨气、一氧化碳 3. 硝酸铜,铬酸,亚硝酸钾,重铬酸钠,铬酸钾,硝酸,硝酸汞、硝酸钴,发烟硫酸,漂白粉 4. 硫黄,镁粉,铝粉,赛璐珞板(片),樟脑,萘,生松香,硝化纤维漆布,硝化纤维色片 5. 氧气,氟气,液氯 6. 漆布及其制品,油布及其制品,油纸及其制品,油绸及其制品
丙	1. 动物油、植物油,沥青,蜡,润滑油、机油、重油,闪点大于等于 60℃ 的柴油,糖醛,白兰地成品库 2. 化学、人造纤维及其织物,纸张,棉、毛、丝、麻及其织物,谷物,面粉,粒径大于等于 2 mm 的工业成型硫黄,天然橡胶及其制品,竹、木及其制品,中药材,电视机、收录机等电子产品,计算机房已录数据的磁盘储存间,冷库中的鱼、肉间

续表

火灾危险性类别	举例
丁	自熄性塑料及其制品,酚醛泡沫塑料及其制品,水泥刨花板
戊	钢材、铝材、玻璃及其制品、搪瓷制品、陶瓷制品、不燃气体,玻璃棉、岩棉、陶瓷棉、硅酸铝纤维、矿棉、石膏及其无纸制品,水泥、石、膨胀珍珠岩

【本节精选习题】

1. 消火栓、消防水炮、自动喷水系统灭火机理主要是下列哪项?(　　　)

A. 窒息　　　　B. 冷却　　　　C. 乳化　　　　D. 稀释

答案:【B】

解析:水基灭火剂的主要灭火机理是冷却和窒息等,其中冷却功能是灭火的主要作用。消火栓灭火系统、消防水炮灭火系统、自动喷水灭火系统的灭火机理主要是冷却,可扑灭 A 类火灾。

2. 下列哪项车间的生产火灾危险性属丙类?(　　　)

A. 金属烧焊车间　　B. 塑料制品车间　　C. 水泥制品车间　　D. 燃气热水炉间

答案:【B】

解析:A 为丁类,B 为丙类,C 为戊类,D 为丁类。

5.3　建筑消防给水系统设置要求

5.3.1　民用建筑

民用建筑消防给水及灭火设施的设置要求,见表 5.3-1。

表 5.3-1　民用建筑消防给水及灭火设施的设置要求

序号	建筑性质、房间名称和部位	消防给水系统设置	备注
1	城镇(包括居住区、商业区、开发区、工业区等)应沿可通行消防车的街道设置市政消火栓系统 民用建筑、厂房、仓库、储罐(区)和堆场周围应设置室外消火栓系统 用于消防救援和消防车停靠的屋面上,应设置室外消火栓系统 (注:耐火等级不低于二级且建筑体积不大于 3 000 m³ 的戊类厂房,居住区人数不超过 500 人且建筑层数不超过两层的居住区,可不设置室外消火栓系统。)	应设市政消火栓或室外消火栓系统	《建筑设计防火规范》(GB 50016—2014),此表简称《建规》8.1.2 条

序号	建筑性质、房间名称和部位	消防给水系统设置	备注
2	（1）建筑占地面积大于 300 m² 的厂房和仓库 （2）高层公共建筑和建筑高度大于 21 m 的住宅建筑 （注：建筑高度不大于 27 m 的住宅建筑，设置室内消火栓系统确有困难时，可只设置干式消防竖管和不带消火栓箱的 DN65 的室内消火栓。） （3）体积大于 5 000 m³ 的车站、码头、机场的候车（船、机）建筑、展览建筑、商店建筑、旅馆建筑、医疗建筑、图书馆建筑等单、多层建筑 （4）特等、甲等剧场，超过 800 个座位的其他等级的剧场和电影院等以及超过 1 200 个座位的礼堂、体育馆等单、多层建筑 （5）建筑高度大于 15 m 或体积大于 10 000 m³ 的办公建筑、教学建筑和其他单、多层民用建筑	应设室内消火栓系统	《建规》8.2.1 条
3	第 2 条未规定的建筑或场所和符合第 2 条规定的下列建筑或场所： （1）耐火等级为一、二级且可燃物较少的单、多层丁、戊类厂房（仓库） （2）耐火等级为三、四级且建筑体积不大于 3 000 m³ 的丁类厂房，耐火等级为三、四级且建筑体积不大于 5 000 m³ 的戊类厂房（仓库） （3）粮食仓库、金库、远离城镇且无人值班的独立建筑 （4）存有与水接触能引起燃烧爆炸的物品的建筑 （5）室内无生产、生活给水管道，室外消防用水取自储水池且建筑体积不大于 5 000 m³ 的其他建筑	可不设置室内消火栓系统，但宜设置消防软管卷盘或轻便消防水龙	《建规》8.2.2 条
4	国家级文物保护单位的重点砖木或木结构的古建筑	宜设置室内消火栓系统	《建规》8.2.3 条
5	**厂房或生产部位：** （1）不小于 50 000 纱锭的棉纺厂的开包、清花车间；不小于 5 000 锭的麻纺厂的分级、梳麻车间；火柴厂的烤梗、筛选部位 （2）占地面积大于 1 500 m² 或总建筑面积大于 3 000 m² 的单、多层制鞋、制衣、玩具及电子等类似生产的厂房 （3）占地面积大于 1 500 m² 的木器厂房 （4）泡沫塑料厂的预发、成型、切片、压花部位 （5）高层乙、丙类厂房	应设置自动灭火系统，（除《建规》另有规定和不宜用水保护或灭火的场所外），并宜采用自动喷水灭火系统	《建规》8.3.1～8.3.4 条

续表

序号	建筑性质、房间名称和部位	消防给水系统设置	备注
5	（6）建筑面积大于 500 m² 的地下或半地下丙类厂房 **仓库：** （1）每座占地面积大于 1 000 m² 的棉、毛、丝、麻、化纤、毛皮及其制品的仓库 （注：单层占地面积不大于 2 000 m² 的棉花库房，可不设置自动喷水灭火系统。） （2）每座占地面积大于 600 m² 的火柴仓库 （3）邮政建筑内建筑面积大于 500 m² 的空邮袋库 （4）可燃、难燃物品的高架仓库和高层仓库 （5）设计温度高于 0℃ 的高架冷库，设计温度高于 0℃ 且每个防火分区建筑面积大于 1 500 m² 的非高架冷库 （6）总建筑面积大于 500 m² 的可燃物品地下仓库 （7）每座占地面积大于 1 500 m² 或总建筑面积大于 3 000 m² 的其他单层或多层丙类物品仓库。 **高层民用建筑或场所：** （1）一类高层公共建筑（除游泳池、溜冰场外）及其地下、半地下室 （2）二类高层公共建筑及其地下、半地下室的公共活动用房、走道、办公室和旅馆的客房、可燃物品库房、自动扶梯底部 （3）高层民用建筑内的歌舞娱乐放映游艺场所 （4）建筑高度大于 100 m 的住宅建筑 **单、多层民用建筑或场所：** （1）特等、甲等剧场，超过 1 500 个座位的其他等级的剧院；超过 2 000 个座位的会堂或礼堂；超过 3 000 个座位的体育馆；超过 5 000 人的体育场的室内人员休息室与器材间等 （2）任一层建筑面积大于 1 500 m² 或总建筑面积大于 3 000 m² 的展览、商店、餐饮和旅馆建筑以及医院中同样建筑规模的病房楼、门诊楼和手术部 （3）设置送回风道（管）的集中空气调节系统且总建筑面积大于 3 000 m² 的办公楼等 （4）藏书量超过 50 万册的图书馆 （5）大、中型幼儿园，总建筑面积大于 500 m² 的老年人建筑 （6）总建筑面积大于 500 m² 的地下或半地下商店 （7）设置在地下或半地下或地上四层及以上楼层的歌舞娱乐放映游艺场所（除游泳场所外），设置在首层、二层和三层且任一层建筑面积大于 300 m² 的地上歌舞娱乐放映游艺场所（除游泳场所外）	应设置自动灭火系统，（除《建规》另有规定和不宜用水保护或灭火的场所外），并宜采用自动喷水灭火系统	《建规》8.3.1～8.3.4 条

序号	建筑性质、房间名称和部位	消防给水系统设置	备注
6	（1）特等、甲等剧场、超过 1 500 个座位的其他等级的剧场、超过 2 000 个座位的会堂或礼堂和高层民用建筑内超过 800 座位的剧场或礼堂的舞台口及上述场所内与舞台相连的侧台、后台的洞口 （2）应设防火墙等防火分隔物而无法设置的局部开口部位 （3）需要防护冷却的防火卷帘或防火幕的上部 （注：舞台口也可采用防火幕进行分隔，侧台、后台的较小洞口宜设置乙级防火门、窗。）	宜设置水幕系统	《建规》8.3.6 条
7	（1）火柴厂的氯酸钾压碾厂房；建筑面积大于 100 m² 且生产或使用硝化棉、喷漆棉、火胶棉、赛璐珞胶片、硝化纤维的厂房 （2）乒乓球厂的轧坯、切片、磨球、分球检验部位 （3）建筑面积超过 60 m² 或储存量超过 2 t 的硝化棉、喷漆棉、火胶棉、赛璐珞胶片、硝化纤维的仓库 （4）日装瓶数量大于 3 000 瓶的液化石油气储配站的灌瓶间、实瓶库 （5）特等、甲等、超过 1 500 个座位的其他等级剧场和超过 2 000 个座位的会堂或礼堂的舞台的葡萄架下部 （6）建筑面积不小于 400 m² 的演播室，建筑面积不小于 500 m² 的电影摄影棚	应设置雨淋自动喷水灭火系统	《建规》8.3.7 条
8	（1）单台容量在 40 MV·A 及以上的厂矿企业油浸变压器，单台容量在 90 MV·A 及以上的电厂油浸变压器，单台容量在 125 MV·A 及以上的独立变电站油浸变压器 （2）飞机发动机试验台的试车部位 （3）充可燃油并设置在高层民用建筑内的高压电容器和多油开关室 （注：设置在室内的油浸变压器、充可燃油的高压电容器和多油开关室，可采用细水雾灭火系统。）	应设置自动灭火系统，并宜采用水喷雾灭火系统	《建规》8.3.8 条
9	（1）国家、省级或人口超过 100 万的城市广播电视发射塔楼内的微波机房、分米波机房、米波机房、变配电室和不间断电源（UPS）室 （2）国际电信局、大区中心、省中心和一万路以上的地区中心内的长途程控交换机房、控制室和信令转接点室	设置自动灭火系统，并宜采用气体灭火系统	《建规》8.3.9 条

续表

序号	建筑性质、房间名称和部位	消防给水系统设置	备注
9	（3）两万线以上的市话汇接局和六万门以上的市话端局内的程控交换机房、控制室和信令转接点室 （4）中央及省级公安、防灾和网局级及以上的电力等调度指挥中心内的通信机房和控制室 （5）A、B级电子信息系统机房内的主机房和基本工作间的已记录磁（纸）介质库 （6）中央和省级广播电视中心内建筑面积不小于120 m²的音像制品仓库 （7）国家、省级或藏书量超过100万册的图书馆内的特藏库；中央和省级档案馆内的珍藏库和非纸质档案库；大、中型博物馆内的珍品库房；一级纸绢质文物的陈列室 （8）其他特殊重要设备室 注：① 本条第1、4、5、8款规定的部位，可采用细水雾灭火系统。 ② 当有备用主机和备用已记录磁（纸）介质，且设置在不同建筑内或同一建筑内的不同防火分区内时，本条第5款规定的部位可采用预作用自动喷水灭火系统	设置自动灭火系统，并宜采用气体灭火系统	《建规》8.3.9条
10	根据现行《建规》要求，难以设置自动喷水灭火系统的展览厅、观众厅等人员密集的场所和丙类生产车间、库房等高大空间场所	应设置自动灭火系统，并宜采用固定消防炮等灭火系统	《建规》8.3.5条
11	（1）餐厅建筑面积大于1 000 m²的餐馆或食堂，其烹饪操作间的排油烟罩及烹饪部位，并应在燃气或燃油管道上设置与自动灭火装置联动的自动切断装置 （2）食品工业加工场所内有明火作业或高温食用油的食品加工部位	宜设置自动灭火装置	《建规》8.3.11条

注：除本表所列消防给水系统装置外，还均应按《建筑灭火器配置设计规范》（GB 50140—2005）设置灭火器。

5.3.2 汽车库（区）

1. 汽车库、修车库、停车场的防火分类应根据停车（车位）数量和总建筑面积确定，见表5.3-2。

表 5.3-2　汽车库、修车库、停车场的防火分类

名称		I	II	III	IV
汽车库	停车数量/辆	>300	151~300	51~150	≤50
	总建筑面积 S/m^2	$S>10\,000$	$5\,000<S≤10\,000$	$2\,000<S≤5\,000$	$S≤2\,000$
修车库	车位数/个	>15	6~15	3~5	≤2
	总建筑面积 S/m^2	$S>3\,000$	$1\,000<S≤3\,000$	$500<S≤1\,000$	$S≤500$
停车场	停车数量/辆	>400	251~400	101~250	≤100

注:1. 当屋面露天停车场与下部汽车库共用汽车坡道时,其停车数量应计算在汽车库的车辆总数内;

2. 室外坡道、屋面露天停车场的建筑面积可不计入汽车库的建筑面积之内;

3. 公交汽车库的建筑面积可按本表的规定值增加 2.0 倍。

2. 汽车库、修车库、停车场消防给水系统设置要求见表 5.3-3。

表 5.3-3　汽车库、修车库、停车场消防给水系统设置要求

序号	车库性质、规模和部位	消防给水系统设置要求	备注
1	汽车库、修车库、停车场	应设置室外消火栓给水系统②	除本规范另有规定外,汽车库、修车库、停车场的室外消防用水量应按消防用水量最大的一座计算,并应符合下列规定: (1) I、II 类汽车库、修车库、停车场,不应小于 20 L/s (2) III 类汽车库、修车库、停车场,不应小于 15 L/s (3) IV 类汽车库、修车库、停车场,不应小于 10 L/s
2	汽车库、修车库	应设置室内消火栓给水系统③	除本规范另有规定外,汽车库、修车库的室内消防用水量应按消防用水量最大的一座计算,并应符合下列规定: (1) I、II、III 类汽车库及 I、II 类修车库的用水量不应小于 10 L/s,系统管道内的压力应保证相邻两个消火栓的水枪充实水柱同时到达室内任何部位 (2) IV 类汽车库及 III、IV 类修车库的用水量不应小于 5 L/s,系统管道内的压力应保证一个消火栓的水枪充实水柱到达室内任何部位

续表

序号	车库性质、规模和部位	消防给水系统设置要求	备注
3	（1）Ⅰ、Ⅱ、Ⅲ类地上汽车库 （2）停车数＞10辆的地下、半地下汽车库 （3）机械式汽车库 （4）采用汽车专用升降机作汽车疏散出口的汽车库 （5）Ⅰ类修车库	应设置自动喷水灭火系统	（1）敞开式汽车库、屋面停车场可不设置自动喷水灭火系统 （2）对于需要设置自动灭火系统的场所，除符合5、6、7的规定可采用相应类型的灭火系统外，还应采用自动喷水灭火系统 （3）自动喷水灭火系统的危险等级按中危险确定
4	除敞开式汽车库、斜楼板式汽车库外，其他汽车库内的汽车坡道两侧应采用防火墙与停车区隔开，坡道的出入口应采用防火措施与停车区隔开	坡道出入口应设水幕、防火卷帘或甲级防火门等与停车区隔开	当汽车库和汽车坡道上均设置自动灭火系统时，坡道的出入口可不设置水幕、防火卷帘或甲级防火门等措施与停车区隔开
5	（1）Ⅰ类地下、半地下汽车库 （2）Ⅰ类修车库 （3）停车数＞100辆的室内无车道且无人员停留的机械式汽车库	应设置自动喷水灭火系统，宜采用泡沫-水喷淋系统	泡沫-水喷淋系统的设计应符合现行国家标准《泡沫灭火系统设计规范》（GB 50151—2010）的有关规定
6	4层以上的多层汽车库、高层汽车库和地下、半地下汽车库	室内消防给水管网应设置水泵接合器	水泵接合器的数量应按室内消防用水量计算确定，每个水泵接合器的流量应按10~15 L/s计算
7	地下、半地下汽车库	可采用高倍数泡沫灭火系统	高倍数泡沫灭火系统、二氧化碳等气体灭火系统的设计，应符合现行国家标准《泡沫灭火系统设计规范》（GB 50151—2010）、《二氧化碳灭火系统设计规范》（GB 50193—1993）和《气体灭火系统设计规范》（GB 50370—2005）的有关规定
8	停车数≯50辆的室内无车道且无人员停留的机械式汽车库	可采用二氧化碳等气体灭火系统	

注：① 除室内无车道且无人员停留的机械式汽车库外，汽车库、修车库、停车场均应配置灭火器。灭火器的配置设计应符合现行国家标准《建筑灭火器配置设计规范》（GB 50140—2005）的有关规定。

② 耐火等级为一二级且停车数量不大于5辆的汽车库、耐火等级为一二级的Ⅳ类修车库、停车不大于5辆的停车场可不设。

③ 消火栓系统火灾延续时间应按2.00 h计算，但自动喷水灭火系统可按1.00 h计算，泡沫灭火系统可按0.50 h计算。当室外给水管网能确保连续补水时，消防水池的有效容量可减去火灾延续时间内连续补充的水量。

【本节精选习题】

下列关于工业区的消防灭火系统设计的叙述中,哪项错误?( )

A. 工厂、仓库的室外消防用水量应按同一时间内的火灾起数和一起火灾灭火所需室外消防用水量确定

B. 丙类可燃液体储罐区的室外消防用水量应为灭火用水量和冷却用水量之和

C. 厂房、仓库设有自动喷水灭火系统时,可不再另外设置灭火器

D. 埋地的液化石油气储罐可不设置固定喷水冷却装置

答案:【C】

解析:工厂、仓库、堆场、储罐区或民用建筑的室外消防用水量,应按同一时间内的火灾起数和一起火灾灭火所需室外消防用水确定,A 项正确;甲、乙、丙类可燃液体储罐的消防给水设计流量应按最大罐组确定,并应按泡沫灭火系统设计流量、固定冷却水系统设计流量与室外消火栓设计流量之和确定,B 正确;厂房、仓库、储罐区应设灭火器,故 C 错误;埋地的液化石油气储罐可不设置固定喷水冷却装置,D 正确。

5.4 消防用水量和消防时用水量

5.4.1 消防用水量

1. 概述

(1) 本章所述的消防用水量是各规范规定的设计参数,也是指满足消防灭火要求的最低设计水量。

工厂、仓库、堆场、储罐区或民用建筑的室外消防用水量,应按同一时间内的火灾起数和一起火灾灭火所需室外消防用水量确定。同一时间内的火灾起数应符合下列规定:

① 工厂、堆场和储罐区等,当占地面积小于等于 100 hm² ,且附有居住区人数小于等于 1.5 万人时,同一时间内的火灾起数应按 1 起确定;当占地面积小于等于 100 hm² ,且附有居住区人数大于 1.5 万人时,同一时间内的火灾起数应按 2 起确定,居住区应计 1 起,工厂、堆场或储罐区应计 1 起;

② 工厂、堆场和储罐区等,当占地面积大于 100 hm² 时,同一时间内的火灾起数应按 2 起确定,工厂、堆场和储罐区应按需水量最大的两座建筑(或堆场、储罐)各计 1 起;

③ 仓库和民用建筑同一时间内的火灾起数应按 1 起确定。

(2) 建、构筑物的消防用水包括室内和室外两部分,每部分用水有两个设计参数,消防用水量(L/s)和一次消防用水总量(m³/次)。前者是确定消防设施供水能力和规模的主要依据,后者只是满足设定的火灾延续时间(即灭火工作时间)段内的一次消防总用水量,它是确定储存消防用水量(当需要设水池时)的依据。

(3) 消防给水一起火灾的消防灭火用水量应按需要同时作用的室内外消防给水用水量之和计算,两座及以上建筑合用时,应取最大者,具体计算见表 5.4-1。当为 2 次火灾时,应根据第(1)款的要求分别计算确定。

一个建筑或构筑物的室外用水同时与室内用水开启使用,消防用水量为二者之和。当一个

系统防护多个建筑或构筑物时,需要以各建筑或构筑物为单位分别计算消防用水量,取其中的最大者为消防系统的用水量。注意不等同于室内最大用水量和室外最大用水量的叠加。

室内一个防护对象或防护区的消防用水量为消火栓用水、自动灭火用水、水幕或冷却分隔用水之和(三者同时开启)。当室内有多个防护对象或防护区时,需要以各防护对象或防护区为单位分别计算消防用水量,取其中的最大者为建筑物的室内消防用水量。注意不等同于室内消火栓最大用水量、自动灭火最大用水量、防火分隔或冷却最大用水量的叠加。图 5.4-1 为室内消防用水量计算举例。

表 5.4-1 消防用水量计算表

建筑消防给水一起火灾灭火用水总量 V/m^3 $V = V_1 + V_2$	室外消防用水量 V_1/m^3 $\left(Q = 3.6 \sum\limits_{i=1}^{i=n} q_{1i} t_{1i} \right)$	V_1:室外消防给水一起火灾灭火用水量
		q_{1i}:室外第 i 种水灭火系统的设计流量(L/s)
		t_{1i}:室外第 i 种水灭火系统的火灾延续时间(h)
		n:建筑需要同时作用的室外水灭火系统数量
	室内消防用水量 V_2/m^3 $\left(Q = 3.6 \sum\limits_{i=1}^{i=m} q_{2i} t_{2i} \right)$	V_1:室外消防给水一起火灾灭火用水量
		q_{2i}:室内第 i 种水灭火系统的设计流量(L/s)
		t_{2i}:室内第 i 种水灭火系统的火灾延续时间(h)
		m:建筑需要同时作用的室内水灭火系统数量

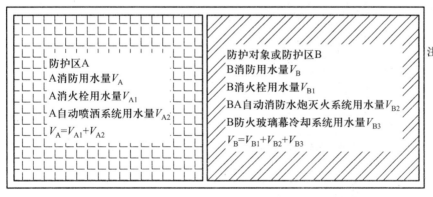

图 5.4-1 室内消防用水量计算举例

注:1. 各系统设计流量应按各系统的技术规范确定。消火栓系统设计流量可查表 5.4-5 和表 5.4-16 确定。

2. 按不同功能分区确定同时开启的系统,并计算水量,取不同功能区用水量最大者作为消防用水量。

自动灭火系统包括自动喷水灭火、水喷雾灭火、自动消防水炮灭火等系统,一个防护对象或防护区的自动灭火系统的用水量按其中用水量最大的一个系统确定。

(4) 建筑物的一次消防用水总量应为各灭火设施的消防用水量和火灾延续时间的乘积的叠加。不同场所消火栓系统和固定冷却水系统的火灾延续时间不应小于表 5.4-2 中所示时间。

表 5.4-2   不同场所的火灾延续时间

建筑			场所与火灾危险性	火灾延续时间/h
建筑物	工业建筑	仓库	甲、乙、丙类仓库	3.0
			丁、戊类仓库	2.0
		厂房	甲、乙、丙类厂房	3.0
			丁、戊类厂房	2.0
	民用建筑	公共建筑	高层建筑中的商业楼、展览楼、综合楼,建筑高度大于 50 m 的财贸金融楼、图书馆、书库、重要的档案楼、科研楼和高级宾馆等	3.0
			其他公共建筑	2.0
			住宅	
	人防工程		建筑面积小于 3 000 m²	1.0
			建筑面积大于或等于 3 000 m²	2.0
	地下建筑、地铁车站			
构筑物	煤、天然气、石油及其产品的工艺装置		—	3.0
	甲、乙、丙类可燃液体储罐		直径大于 20 m 的固定顶罐和直径大于 20 m 浮盘用易熔材料制作的内浮顶罐	6.0
			其他储罐	4.0
			覆土油罐	
构筑物	液化烃储罐、沸点低于 45 ℃甲类液体、液氨储罐			6.0
	空分站,可燃液体、液化烃的火车和汽车装卸栈台			3.0
	变电站			2.0
	装卸油品码头		甲、乙类可燃液体油品一级码头	6.0
			甲、乙类可燃液体油品二、三级码头	4.0
			丙类可燃液体油品码头	
			海港油品码头	6.0
			河港油品码头	4.0
			码头装卸区	2.0
	装卸液化石油气船码头			6.0

续表

建筑		场所与火灾危险性	火灾延续时间/h
构筑物	液化石油气加气站	地上储气罐加气站	3.0
		埋地储气罐加气站	1.0
		加油和液化石油气加气合建站	
	易燃、可燃材料露天、半露天堆场,可燃气体罐区	粮食土圆囤、席穴囤	6.0
		棉、麻、毛、化纤百货	
		稻草、麦秸、芦苇等	
		木材等	
		露天或半露天堆放煤和焦炭	3.0
		可燃气体储罐	

注:表中未列其他消防系统,如消防炮,水喷雾灭火系统,气体消防系统灭火时间见本书相关章节。

【例】某建筑高度 98 m 的办公楼(有地下车库)的消防用水量计算举例见表 5.4-3。表中自动喷水灭火系统按中危险 II 级,水幕(防护冷却水幕)保护长度为 6 m 计。

表 5.4-3 某办公楼的消防用水量计算(例)

灭火系统名称	消防用水量/(L/s)		火灾延续时间/h	一次消防用水总量/(m³/次)	
	室内	室外		室内	室外
消火栓系统	40	30	2	40×2×3.6＝288	30×2×3.6＝216
自动喷水系统	21.3		1	21.3×1×3.6＝76.68	
水幕(喷水点高度小于 4 m)	3		3	6×0.5×3×3.6＝32.4	
合计	64.3	30		397.08	216
总计	94.3			613.08	

2. 各类建筑的消防用水量

(1)市政消防给水设计流量

城镇市政消防给水设计流量,应按同一时间内的火灾起数和一起火灾灭火设计流量经计算确定。同一时间内的火灾起数和一起火灾灭火设计流量不应小于表 5.4-4 规定。

表 5.4-4 城镇同一时间内的火灾起数和一起火灾灭火设计用水量

人数/万人	同一时间内的火灾起数/起	一起火灾灭火设计流量/(L/s)
$N \leqslant 1.0$	1	15
$1.0 < N \leqslant 2.5$		20

续表

人数/万人	同一时间内的火灾起数/起	一起火灾灭火设计流量/(L/s)
2.5<N≤5.0	2	30
5.0<N≤10.0		35
10.0<N≤20.0		45
20.0<N≤30.0		60
30.0<N≤40.0		75
40.0<N≤50.0		
50.0<N<70.0	3	90
N>70.0		100

注:1. 市政消防给水设计流量,应根据当地火灾统计资料、火灾扑救用水量统计资料、灭火用水量保证率、建筑的组成和市政给水管网运行合理性等因素综合分析计算确定;

2. 工业园区、商务区、居住区等市政消防给水设计流量,宜根据其规划区域的规模和同一时间的火灾起数,以及规划中的各类建筑室内外同时作用的水灭火系统设计流量之和经计算分析确定。

（2）建筑物室外消火栓设计流量

建筑物室外消火栓设计流量,应根据建筑物的用途功能、体积、耐火等级、火灾危险性等因素综合分析确定。建筑物室外消火栓设计流量不应小于表 5.4-5 的规定。

表 5.4-5 建筑物室外消火栓设计流量

耐火等级	建筑物名称及类别			建筑体积/m³					
				V≤1 500	1 500<V ≤3 000	3 000<V ≤5 000	5 000<V≤ 20 000	20 000<V≤ 50 000	V>50 000
一、二级	工业建筑	厂房	甲、乙	15	20	25	30	35
			丙	15	20	25	30	40
			丁、戊	15				20
		仓库	甲、乙	15	25		—
			丙	15	25	35	45
			丁、戊	15				20
	民用建筑	住宅		15				
		公共建筑	单层及多层	15	25	30	40
			高层	—	25	30	40
	地下建筑(包括地铁)、平战结合的人防工程			15	20	25	30

续表

耐火等级	建筑物名称及类别		建筑体积/m³					
			$V \leqslant 1\ 500$	$1\ 500 < V \leqslant 3\ 000$	$3\ 000 < V \leqslant 5\ 000$	$5\ 000 < V \leqslant 20\ 000$	$20\ 000 < V \leqslant 50\ 000$	$V > 50\ 000$
三级	工业建筑	乙、丙	15	20	30	40	45	—
		丁、戊	15			20	25	35
	单层及多层民用建筑		15		20	25	30	—
耐火等级	建筑物名称及类别		建筑体积/m³					
			$V \leqslant 1\ 500$	$1\ 500 < V \leqslant 3\ 000$	$3\ 000 < V \leqslant 5\ 000$	$5\ 000 < V \leqslant 20\ 000$	$20\ 000 < V \leqslant 50\ 000$	$V > 50\ 000$
四级	丁、戊类工业建筑		15		20	25	—	
	单层及多层民用建筑		15		20	25	—	

注:1. 成组布置的建筑物应按消火栓设计流量较大的相邻两座建筑物的体积之和确定。

2. 火车站、码头和机场的中转库房,其室外消火栓设计流量应按相应耐火等级的丙类物品库房确定。

3. 国家级文物保护单位的重点砖木、木结构的建筑物室外消火栓设计流量,按三级耐火等级民用建筑物消火栓设计流量确定。

4. 当单座建筑的总建筑面积大于 500 000 m² 时,根据火灾实战数据和供水可靠性,建筑物室外消火栓设计流量应按本表规定的最大值增加一倍。单座建筑指地下室投影线范围内的所有建筑(含地下室),这些建筑的面积之和即为单座建筑的面积,见示意图 5.4-2。

5. 宿舍、公寓等非住宅类居住建筑的室外消火栓设计流量,应按表 5.4-5 中的公共建筑确定。

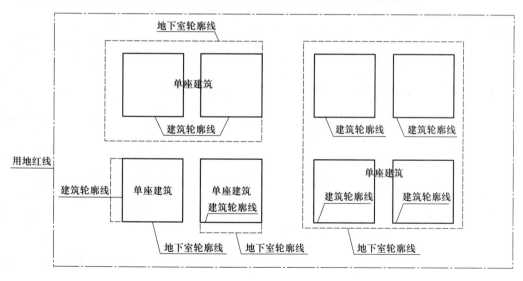

图 5.4-2　单座建筑示意图

(3) 构筑物消防给水设计流量

① 以煤、天然气、石油及其产品等为原料的工艺生产装置的消防给水设计流量,应根据其规模、火灾危险性等因素综合确定,且应为室外消火栓设计流量、泡沫灭火系统和固定冷却水系统

等水灭火系统的设计流量之和,并应符合下列规定:

　　a. 石油化工厂工艺生产装置的消防给水设计流量,应符合现行国家标准《石油化工企业设计防火规范》(GB 50160—2008)的有关规定。

　　b. 石油天然气工程工艺生产装置的消防给水设计流量,应符合现行国家标准《石油天然气工程设计防火规范》(GB 50183—2004)的有关规定。

　　② 甲、乙、丙类可燃液体储罐的消防给水设计流量应按最大罐组确定,并应按泡沫灭火系统设计流量、固定冷却水系统设计流量与室外消火栓设计流量之和确定,同时应符合下列规定:

　　a. 泡沫灭火系统设计流量应按系统扑救储罐区一起火灾的固定式、半固定式或移动式泡沫混合液量及泡沫液混合比经计算确定,并应符合现行国家标准《泡沫灭火系统设计规范》(GB 50151—2010)的有关规定。

　　b. 固定冷却水系统设计流量应按着火罐与邻近罐最大设计流量经计算确定,固定式冷却水系统设计流量应按表 5.4-6 或表 5.4-7 规定的设计参数经计算确定。

　　c. 当储罐采用固定式冷却水系统时室外消火栓设计流量不应小于表 5.4-8 的规定,当采用移动式冷却水系统时室外消火栓设计流量应按表 5.4-6 或表 5.4-7 规定的设计参数经计算确定,且不应小于 15 L/s。

　　d. 甲、乙、丙类可燃液体地上立式储罐冷却水系统保护范围和喷水强度不应小于表 5.4-6 的规定;卧式储罐、无覆土地下及半地下立式储罐冷却水系统保护范围和喷水强度不应小于表 5.4-7 的规定;室外消火栓设计流量应按第③款的规定确定。

　　e. 覆土油罐的室外消火栓设计流量应按最大单罐周长和喷水强度计算确定,喷水强度不应小于 0.3 L/(s·m),当计算设计流量小于 15 L/s 时,应采用 15 L/s。

表 5.4-6　地上立式储罐冷却水系统的保护范围和喷水强度

项目	储罐型式		保护范围	喷水强度
移动式冷却	着火罐	固定顶罐	罐周全长	0.80 L/(s·m)
		浮顶罐、内浮顶罐	罐周全长	0.60 L/(s·m)
	邻近罐		罐周半长	0.70 L/(s·m)
固定式冷却	着火罐	固定顶罐	罐壁表面积	2.5 L/(min·m²)
		浮顶罐、内浮顶罐	罐壁表面积	2.0 L/(min·m²)
	邻近罐		不应小于罐壁表面积的 1/2	与着火罐相同

　　注:1. 当浮顶、内浮顶罐的浮盘采用易熔材料制作时,内浮顶罐的喷水强度应按固定顶罐计算;

　　2. 当浮顶、内浮顶罐的浮盘为浅盘式时,内浮顶罐的喷水强度应按固定顶罐计算;

　　3. 固定冷却水系统邻近罐应按实际冷却面积计算,但不应小于罐壁表面积的 1/2;

　　4. 距着火固定罐罐壁 1.5 倍着火罐直径范围内的邻近罐应设置冷却水系统,当邻近罐超过 3 个时,冷却水系统可按 3 个罐的设计流量计算;

　　5. 除浮盘采用易熔材料制作的储罐外,当着火罐为浮顶、内浮顶罐时,距着火罐壁的净距离大于或等于 0.4D 的邻近罐可不设冷却水系统,D 为着火油罐与相邻油罐两者中较大油罐的直径;距着火罐壁的净距离小于 0.4D 范围内的相邻油罐受火焰辐射热影响比较大的局部应设置冷却水系统,且所有相邻油罐的冷却水系统设计流量之和不应小于 45 L/s;

　　6. 移动式冷却宜为室外消火栓或消防炮。

表 5.4-7　卧式储罐、无覆土地下及半地下立式储罐冷却水系统的保护范围和喷水强度

项目	储罐	保护范围	喷水强度
移动式冷却	着火罐	罐壁表面积	0.10 L/(s·m²)
	邻近罐	罐壁表面积的一半	0.10 L/(s·m²)
固定式冷却	着火罐	罐壁表面积	6.0 L/(min·m²)
	邻近罐	罐壁表面积的一半	6.0 L/(min·m²)

注:1. 当计算出的着火罐冷却水系统设计流量小于 15 L/s 时,应采用 15 L/s;

　2. 着火罐直径与长度之和的一半范围内的邻近卧式罐应进行冷却;着火罐直径 1.5 倍范围内的邻近地下、半地下立式罐应冷却;

　3. 当邻近储罐超过 4 个时,冷却水系统可按 4 个罐的设计流量计算;

　4. 当邻近储罐采用不燃材料作绝热层时,其冷却水系统喷水强度可按本表减少 50%,但设计流量不应小于 7.5 L/s;

　5. 无覆土半地下、地下卧式罐冷却水系统的保护范围和喷水强度应按本表地上卧式罐确定。

表 5.4-8　甲、乙、丙类可燃液体地上立式储罐区的室外消火栓设计流量

单罐储存容积/m³	室外消火栓设计流量/(L/s)
$W \leqslant 5\,000$	15
$5\,000 < W \leqslant 30\,000$	30
$30\,000 < W \leqslant 100\,000$	45
$W > 100\,000$	60

③ 液化烃罐区的消防给水设计流量应按最大罐组确定,并应按固定冷却水系统设计流量与室外消火栓设计流量之和确定,同时应符合下列规定:

a. 固定冷却水系统设计流量应按表 5.4-9 规定的设计参数经计算确定;室外消火栓设计流量不应小于表 5.4-10 的规定值。

b. 当企业设有独立消防站,且单罐容积小于或等于 100 m³ 时,可采用室外消火栓等移动式冷却水系统,其罐区消防给水设计流量应按表 5.4-9 的规定经计算确定,但不应低于 100 L/s。

表 5.4-9　液化烃储罐固定冷却水系统设计流量

项目	储罐型式		保护范围	喷水强度/[L/(min·m²)]
全冷冻式	着火罐	单防罐外壁为钢制	罐壁表面积	2.5
			罐顶表面积	4.0
		双防罐、全防罐外壁为钢筋混凝土结构	—	—
	邻近罐		罐壁表面积的 1/2	2.5

续表

项目	储罐型式	保护范围	喷水强度/[L/(min·m²)]
全压力式 及半冷冻式	着火罐	罐体表面积	9.0
	邻近罐	罐体表面积的1/2	9.0

注:1. 固定冷却水系统当采用水喷雾系统冷却时喷水强度及系统设置还应符合现行国家标准《水喷雾灭火系统技术规范》(GB 50 219—2014)的有关规定;

2. 全冷冻式液化烃储罐,当双防罐、全防罐外壁为钢筋混凝土结构时,罐顶和罐壁的冷却水量可不计,但管道进出口等局部危险处应设置水喷雾系统冷却,供水强度不应小于 20.0 L/(min·m²);

3. 距着火罐罐壁 1.5 倍着火罐直径范围内的邻近罐应计算冷却水系统,当邻近罐超过 3 个时,冷却水系统可按 3 个罐的设计流量计算;

4. 当储罐采用固定消防水炮作为固定冷却设施时,其设计流量不宜小于水喷雾系统计算流量的 1.3 倍。

表 5.4-10　液化烃罐区的室外消火栓设计流量

单罐储存容积/m³	室外消火栓设计流量/(L/s)
$W \leqslant 100$	15
$100 < W \leqslant 400$	30
$400 < W \leqslant 650$	45
$650 < W \leqslant 1\,000$	60
$W > 1\,000$	80

注:1. 罐区的室外消火栓设计流量应按罐组内最大单罐计;

2. 当储罐区四周设固定消防水炮作为辅助冷却设施时,辅助冷却水设计流量不应小于室外消火栓设计流量。

④ 空分站,可燃液体、液化烃的火车和汽车装卸栈台,变电站等室外消火栓设计流量不应小于表 5.4-11 的规定。当室外变压器采用水喷雾灭火系统全保护时,其室外消火栓给水设计流量可按表 5.4-11 规定值的 50% 计算,但不应小于 15 L/s。

表 5.4-11　空分站,可燃液体、液化烃的火车和汽车装卸栈台,变电站室外消火栓设计流量

名　称		室外消火栓设计流量/(L/s)
空分站产氧气能力/(Nm³/h)	$3\,000 < Q \leqslant 10\,000$	15
	$10\,000 < Q \leqslant 30\,000$	30
	$30\,000 < Q \leqslant 50\,000$	45
	$Q > 50\,000$	60
专用可燃液体、液化烃的火车和汽车装卸栈台		60
变电站单台油浸变压器含油量/t	$5 < W \leqslant 10$	15
	$10 < W \leqslant 50$	20
	$W > 50$	30

注:当室外油浸变压器单台功率小于 300 MV·A,且周围无其他建筑物和生产生活给水时,可不设置室外消火栓。

⑤ 液化石油气加气站的消防给水设计流量,应按固定冷却水系统设计流量与室外消火栓设计流量之和确定,固定冷却水系统设计流量应按表 5.4-12 规定的设计参数经计算确定,室外消火栓设计流量不应小于表 5.4-13 的规定;当仅采用移动式冷却系统时,室外消火栓的设计流量应按表 5.4-12 规定的设计参数计算,且不应小于 15 L/s。

表 5.4-12 液化石油气加气站地上储罐冷却系统保护范围和喷水强度

项目	储罐	保护范围	喷水强度
移动式冷却	着火罐	罐壁表面积	0.15 L/(s·m²)
	邻近罐	罐壁表面积的 1/2	0.15 L/(s·m²)
固定式冷却	着火罐	罐壁表面积	9.0 L/(min·m²)
	邻近罐	罐壁表面积的 1/2	9.0 L/(min·m²)

注:着火罐的直径与长度之和 0.75 倍范围内的邻近地上罐应进行冷却。

表 5.4-13 液化石油气加气站室外消火栓设计流量

名　称	室外消火栓设计流量/(L/s)
地上储罐加气站	20
埋地储罐加气站	15
加油和液化石油气加气合建站	

⑥ 易燃、可燃材料露天、半露天堆场,可燃气体罐区的室外消火栓设计流量,不应小于表 5.4-14 的规定。

表 5.4-14 易燃、可燃材料露天、半露天堆场,可燃气体罐区的室外消火栓设计流量

名　称		总储量或总容量	室外消火栓设计流量/(L/s)
粮食/t	土圆囤	$30 < W \leqslant 500$	15
		$500 < W \leqslant 5\,000$	25
		$5\,000 < W \leqslant 20\,000$	40
		$W > 20\,000$	45
	席穴囤	$30 < W \leqslant 500$	20
		$500 < W \leqslant 5\,000$	35
		$5\,000 < W \leqslant 20\,000$	50
棉、麻、毛、化纤百货/t		$10 < W \leqslant 500$	20
		$500 < W \leqslant 1\,000$	35
		$1\,000 < W \leqslant 5\,000$	50

续表

名　称	总储量或总容量	室外消火栓设计流量/(L/s)
稻草、麦秸、芦苇等易燃材料/t	$50<W\leqslant 500$	20
	$500<W\leqslant 5\,000$	35
	$5\,000<W<10\,000$	50
	$W>10\,000$	60
木材等可燃材料/m³	$50<V\leqslant 1\,000$	20
	$1\,000<V\leqslant 5\,000$	30
	$5\,000<V\leqslant 10\,000$	45
	$V>10\,000$	55
煤和焦炭/t 露天或半露天堆放	$100<W\leqslant 5\,000$	15
	$W>5\,000$	20
可燃气体储罐或储罐区/m³	$500<V\leqslant 10\,000$	15
	$10\,000<V\leqslant 50\,000$	20
	$50\,000<V\leqslant 100\,000$	25
	$100\,000<V\leqslant 200\,000$	30
	$V>200\,000$	35

注:1. 固定容积的可燃气体储罐的总容积按其几何容积(m³)和设计工作压力(绝对压力,105 Pa)的乘积计算;

2. 当稻草、麦秸、芦苇等易燃材料堆垛单垛重量大于 5 000 t 或总重量大于 50 000 t、木材等可燃材料堆垛单垛容量大于 5 000 m³或总容量大于 50 000 m³时,室外消火栓设计流量应按本表规定的最大值增加一倍。

⑦ 城市交通隧道洞口外室外消火栓设计流量不应小于表 5.4-15 的规定。

表 5.4-15　城市交通隧道洞口外室外消火栓设计流量

名称	类别	长度/m	室外消火栓设计流量/(L/s)
可通行危险化学品等机动车	一、二	$L>500$	30
	三	$L\leqslant 500$	20
仅限通行非危险化学品等机动车	一、二、三	$L\geqslant 1\,000$	30
	三	$L<1\,000$	20

（4）室内消火栓设计流量

① 建筑物室内消火栓设计流量,应根据建筑物的用途功能、体积、高度、耐火等级、火灾危险性等因素综合确定。

② 建筑物室内消火栓设计流量不应小于表 5.4-16 的规定。

表 5.4-16　建筑物室内消火栓设计流量

建筑物名称		高度 h/m、体积 V/m³、座位数 n/个、火灾危险性		消火栓设计流量/(L/s)	同时使用消防水枪数/支	每根竖管最小流量/(L/s)
工业建筑	厂房	$h \le 24$	甲、乙、丁、戊	10	2	10
			丙 $V \le 5\,000$	10	2	10
			丙 $V > 5\,000$	20	4	15
		$24 < h \le 50$	乙、丁、戊	25	5	15
			丙	30	6	15
		$h > 50$	乙、丁、戊	30	6	15
			丙	40	8	15
	仓库	$h \le 24$	甲、乙、丁、戊	10	2	10
			丙 $V \le 5\,000$	15	3	15
			丙 $V > 5\,000$	25	5	15
		$h > 24$	丁、戊	30	6	15
			丙	40	8	15
民用建筑	单层及多层	科研楼、试验楼 $V \le 10\,000$		10	2	10
		科研楼、试验楼 $V > 10\,000$		15	3	10
		车站、码头、机场的候车(船、机)楼和展览建筑(包括博物馆)等 $5\,000 < V \le 25\,000$		10	2	10
		$25\,000 < V \le 50\,000$		15	3	10
		$V > 50\,000$		20	4	15
		剧场、电影院、会堂、礼堂、体育馆等 $800 < n \le 1200$		10	2	10
		$1\,200 < n \le 5\,000$		15	3	10
		$5\,000 < n \le 10\,000$		20	4	15
		$n > 10\,000$		30	6	15
		旅馆 $5\,000 < V \le 10\,000$		10	2	10
		$10\,000 < V \le 25\,000$		15	3	10
		$V > 25\,000$		20	4	15

建筑物名称			高度 h/m、体积 V/m³、座位数 n/个、火灾危险性	消火栓设计流量/(L/s)	同时使用消防水枪数/支	每根竖管最小流量/(L/s)
民用建筑	单层及多层	商店、图书馆、档案馆等	5 000<V≤10 000	15	3	10
			10 000<V≤25 000	25	5	15
			V>25 000	40	8	15
		病房楼、门诊楼等	5 000<V<25 000	10	2	10
			V>25 000	15	3	10
		办公楼、教学楼、公寓、宿舍等其他建筑	高度超过 15 m 或 V>10 000	15	3	10
		住宅	21<h≤27	5	2	5
	高层	住宅	27<h≤54	10	2	10
			h>54	20	4	10
		二类公共建筑	h≤50	20	4	10
		一类公共建筑	h≤50	30	6	15
			h>50	40	8	15
国家级文物保护单位的重点砖木或木结构的古建筑			V≤10 000	20	4	10
			V>10 000	25	5	15
地下建筑			V≤5 000	10	2	10
			5 000<V≤10 000	20	4	15
			10 000<V≤25 000	30	6	15
			V>25 000	40	8	20
人防工程	展览厅、影院、剧场、礼堂、健身体育场所等		V<1 000	5	1	5
			1 000<V≤2 500	10	2	10
			V>2 500	15	3	10
	商场、餐厅、旅馆、医院等		V≤5 000	5	1	5
			5 000<V≤10 000	10	2	10
			10 000<V≤25 000	15	3	10
			V>25 000	20	4	10

续表

建筑物名称		高度 h/m、体积 V/m³、座位数 n/个、火灾危险性	消火栓设计流量 /(L/s)	同时使用消防水枪数 /支	每根竖管最小流量 /(L/s)
人防工程	丙、丁、戊类生产车间、自行车库	$V<2\,500$	5	1	5
		$V>2\,500$	10	2	10
	丙、丁、戊类物品库房、图书资料档案库	$V\leqslant 3\,000$	5	1	5
		$V>3\,000$	10	2	10

注:1. 丁、戊类高层厂房(仓库)室内消火栓的设计流量可按本表减少 10 L/s,同时使用消防水枪数量可按本表减少 2 支;

2. 消防软管卷盘、轻便消防水龙及多层住宅楼梯间中的干式消防竖管,其消火栓设计流量可不计入室内消防给水设计流量;

3. 当一座多层建筑有多种使用功能时,室内消火栓设计流量应分别按本表中不同功能计算,且应取最大值;

4. 地下建筑主要指修建在地表以下的供人们进行生活或其他活动的房屋或场所,是广场、绿地、道路、铁路、停车场、公园等用地下方相对独立的地下建筑,其中地下轨道交通设施、地下市政设施、地下特殊设施等除外;为地下建筑服务的地上建筑,其面积也计入地下建筑面积,见图 5.4-3;

5. 当建筑物室内设有自动喷水灭火系统、水喷雾灭火系统、泡沫灭火系统或固定消防炮灭火系统等一种及一种以上自动水灭火系统全保护时,高层建筑当高度不超过 50 m 且室内消火栓设计流量超过 20 L/s 时,其室内消火栓设计流量可按本表减少 5 L/s;多层建筑室内消火栓设计流量可减少 50%,但不应小于 10 L/s,见图 5.4-4;

6. 宿舍、公寓等非住宅类居住建筑的室内消火栓设计流量,当为多层建筑时,应按本表中的宿舍、公寓确定,当为高层建筑时,应按本表中的公共建筑确定。

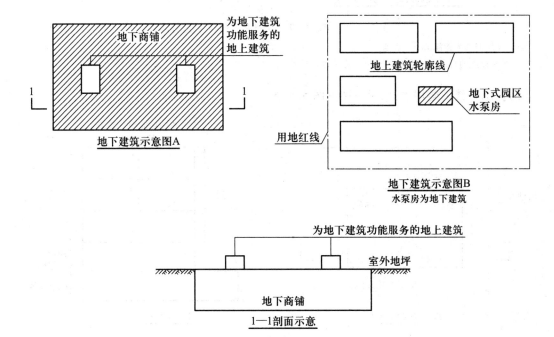

图 5.4-3 地下建筑示意图

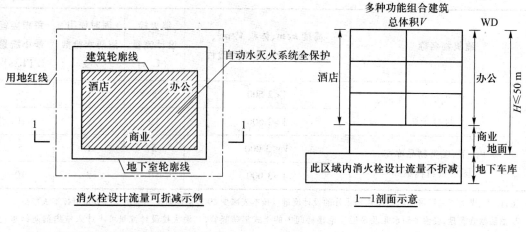

图 5.4-4　消火栓设计流量是否折减示意图

注:1. 车库的消火栓流量不再折减;

2. 一种及以上的自动灭火系统全保护时,方可进行折减。

【例】综合楼消防用水量,示意图见图 5.4-5。

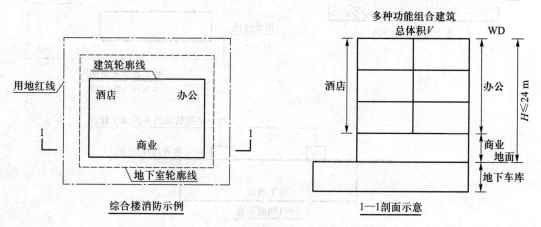

图 5.4-5　综合楼消防用水量示意图

本示例中消防水量分别以地下车库、商业、办公、酒店 4 种功能按照总体积 V 查表 5.4-16，其中最大者为本综合楼消防用水量。

多层综合楼消防水量计算，取全部建筑体积和总高度，按不同功能查表中流量，选取最大值作为消防量。

③ 城市交通隧道内室内消火栓设计流量不应小于表 5.4-17 的规定。

表 5.4-17　城市交通隧道内室内消火栓设计流量

用途	类别	长度/m	设计流量/(L/s)
可通行危险化学品等机动车	一、二	$L > 500$	20
	三	$L \leqslant 500$	10
仅限通行非危险化学品等机动车	一、二、三	$L \geqslant 1\ 000$	20
	三	$L < 1\ 000$	10

④ 地铁地下车站室内消火栓设计流量不应小于 20 L/s，区间隧道不应小于 10 L/s。

（5）汽车库、修车库、停车场的消防用水量

室内、外消火栓用水量不应小于表 5.4-18 的规定。

表 5.4-18　汽车库、修车库、停车场消防用水量和水枪充实水柱

序号	消防系统	汽车库、修车库、停车场防火分类	消防用水量/(L/s)	每支水枪最少	
				流量/(L/s)	充实水柱/m
1	室外消火栓系统（《车规》7.1.5 条）	Ⅰ、Ⅱ类汽车库、修车库、停车场	20		
		Ⅲ类汽车库、修车库、停车场	15		
		Ⅳ类汽车库、修车库、停车场	10		
2	室内消火栓系统（《车规》7.1.8 条）	Ⅰ、Ⅱ、Ⅲ类汽车库及Ⅰ、Ⅱ类修车库	10	5	10
		Ⅳ类汽车库及Ⅲ、Ⅳ类修车库	5	5	10
3	自动喷水灭火系统（《车规》7.2.1～7.2.3 条）	（1）Ⅰ、Ⅱ、Ⅲ类地上汽车库 （2）停车数大于 10 辆的地下、半地下汽车库 （3）机械式汽车库：参见仓库货架喷头设计 （4）采用汽车专用升降机作汽车疏散出口的汽车库 （5）Ⅰ类修车库			
		按中危险级确定			

注：1. 中危险级设计参数见本章 5.7 闭式自动喷水系统部分内容。

2. 耐火等级为一、二级且停车数量不大于 5 辆的汽车库，耐火等级为一、二级的Ⅳ类修车库，停车数量不大于 5 辆的停车场可不设消防给水系统。

5.4.2 消防时用水量

消防时用水量是在满足消防灭火用水量的同时,还需要满足此时供给的生产、生活用水量之总和。它是确定市政管网和给水引入管供水能力(或水源取水量,或与生产、生活合用水池容积)的依据。

各类建筑防火规范对消防时用水量计算要求见表 5.4-19。

表 5.4-19　各类建筑对消防时用水量计算要求

建筑名称	消防时最小用水量/(L/s)
独立的消防给水系统(包括各类建筑)	室内、外消防设计秒流量之和,若由市政管网供水时,此时要求室外水压≮0.1 MPa(从室外地面计)
建筑物内有多个消防系统时	应按需要同时作用的各种水灭火系统最大设计流量之和确定
两座及以上建筑合用消防给水系统时	应按其中一座设计流量最大者确定
与生产、生活给水合并的消防给水系统时	合用系统的给水设计流量应为消防给水设计流量与生活、生产用水最大小时流量之和。计算生活用水最大小时流量时,淋浴用水量宜按 15% 计,浇洒及绿化等火灾时能停用的用水量可不计

【本节精选习题】

1. 某建筑高度为 49 m 的二类建筑商业楼设有室内外消火栓及自动喷水灭火系统,其中自动喷水灭火系统的用水量为 30 L/s,该建筑室内、室外消火栓用水量不应小于下列何项?(　　)
   A. 室内、室外消火栓均为 15 L/s
   B. 室内、室外消火栓均为 20 L/s
   C. 室内消火栓 15 L/s,室外消火栓为 20 L/s
   D. 室内消火栓为 20 L/s,室外消火栓为 15 L/s

答案:【此题无答案】
解析:高度 49 m 的商业楼为二类高层公建,二类公建($h<50$ m)室内消火栓为 20 L/s。室内消火栓设计流量等于 20 L/s,不符合折减条件,不减少 5 L/s,取 20 L/s。二类高层公建室外消火栓设计流量最小为 25 L/s。

2. 某 8 层电子厂房,长 38 m,宽 24 m,层高均为 6 m,建筑高度 48.5 m,设有室内消火栓系统和自动喷水灭火系统,则其室内消火栓系统设计最小用水量应为哪项?(　　)
   A. 135 m³　　　　B. 180 m³　　　　C. 270 m³　　　　D. 324 m³

答案:【C】
解析:电子厂房属于丙类;室内消火栓用水量为 30 L/s,可减少 5 L/s,故为 25 L/s;丙类厂房火灾延续时间为 3 h,则 $25×3.6×3$ m³ $= 270$ m³。

3. 某一栋综合楼,高 49 m,底部 3 层为商场,上部为写字楼,消防用水量按商场部分计算,设有室内外消火栓给水系统,自动喷水灭火系统,其设计流量均为 30 L/s;跨商场 3 层的中庭采用雨淋系统,其设计流量为 45 L/s,中庭与商场防火分隔采用防护冷却水幕,其设计流量为 35 L/s,室内外的消防用水均需储存在消防水池中,则消防水

池的最小有效容积应为以下何项? (   )

    A. 1 188 m³   B. 756 m³   C. 720 m³   D. 828 m³

答案:【A】

解析:本题所给相关信息无法计算该建筑物的设计用水量,但题设已经直接给定室内外消火栓给水、自动喷水灭火系统设计流量均为 30 L/s,故该设计用水量不用考虑室内消火栓设计水量折减 5 L/s 的因素;火灾延续时间取 3 h,自喷系统、雨淋系统火灾延续时间取 1 h,防护冷却水幕的火灾延续时间取 3 h;中庭与商场防火分隔采用防护冷却水幕,按以下两种情况考察:

(1) 当中庭着火时同时启动的灭火系统为室内、外消火栓系统、雨淋系统、防护冷却水幕;

(2) 当商场着火时同时启动的灭火系统为室内、外消火栓系统、自喷系统、防护冷却水幕。

按用水量最大的一个系统进行计算,因此,取中庭部分进行消防水池容积计算,消防水池有效容积

$$V_{min} = (30+30+35)\times3.6\times3+45\times3.6\times1 \text{ m}^3 = 1\ 188\ \text{m}^3$$

4. 某一类高层建筑(建筑高度为 60 m)室内各消防给水系统用水量如下:

① 消火栓给水系统设计用水量为 432 m³;

② 湿式自动喷水灭火系统设计用水量为 30 L/s;

③ 预作用自动喷水灭火系统设计用水量为 30 L/s;

④ 防火卷帘冷却水幕系统设计用水量为 150 m³;

⑤ 80 m² 柴油发电机房喷雾灭火系统设计用水量为 50 m³。

室内消防用水全部贮存于消防水池中,则消防水池有效容积应不小于下列哪项? (   )

    A. 848 m³   B. 740 m³   C. 690 m³   D. 632 m³

答案:【C】

解析:(1) 湿式、预作用系统火灾延续时间为 1.0 h,其设计用水量均为 30×3.6×1.0 m³ = 108 m³;

(2) 湿式、预作用以及水喷雾三种自动灭火系统不会同时启动,只按用水量最大的一个系统进行计算,因此,最不利用水系统组合为:室内消火系统+湿式(或预作用)自动喷水灭火系统+水幕系统;

(3) 消防水池有效容积 $V_{min} = (432+108+150)$ m³ = 690 m³。

5. 某 30 层建筑,其首层设有多间面积为 250~450 m² 的便民商店和商业性服务用房,2~30 层均为普通住宅。则该建筑室内消火栓给水系统用水量应不小于下列哪项? (   )

    A. 432 m³   B. 288 m³   C. 216 m³   D. 144 m³

答案:【此题无答案】

解析:当便民商店的面积均不大于 300 m² 时,该建筑物定性为住宅建筑,属于一类高层住宅,消火栓流量为 20 L/s,火灾延续时间为 2 h,故消防用水量为:20×3.6×2 m³ = 144 m³。

当便民商店多间面积为 250~450 m² 时,说明有个别的便民商店面积大于 300 m²,根据国家现行版《建筑防火规范》可知,本建筑为商店和住宅的组合建筑,属于一类高层公共建筑;根据《建规》5.4.10-3,住宅部分和非住宅部分的室内消防设施配置,可根据各自的建筑高度分别按规范有关住宅建筑和公共建筑的规定执行;此题可按规范分别算出住宅和商业(商店)的室内消火栓用水量,取最大值为该建筑的室内消火栓用水量。

5.5 消防水源

城镇消防给水宜采用城镇市政给水管网供应。

5.5.1 消防水源分类及要求

消防水源分类及要求见表 5.5-1。

表 5.5-1 消防水源的分类及要求

序号	消防水源类型	适用条件	技术要求
1	市政给水管网	市政给水管网能提供消防时用水量,(所在地城市自来水的水压不小于 0.1 MPa,从室外地面计)适用各类建筑,应优先采用。消防时用水量见本章 5.4.2 节	市政给水管网能够连续供水,能满足消防用水的水量和水压,用作两路消防供水的市政给水管网应符合下列要求,见图示 5.5-2: 1. 市政给水厂应至少有两条输水干管向市政给水管网输水 2. 市政给水管网应为环状管网 3. 应至少有两条不同的市政给水干管上不少于两条引入管向消防给水系统供水
2	市政给水管网和消防水池共同供水	1. 市政给水管网符合本表 1 消防给水技术要求条件,但消防时供水量不足,常采用市政给水和消防水池共同供水灭火 2. 市政给水管网能满足消防给水技术要求,但市政主管部门不允许消防水泵直接从市政给水管网吸水者,常采用市政给水通过吸水池供水灭火	一般室外消防尽量用市政给水管网给水,室内消防用水可设消防水池贮存全部或部分水(贮存水量的多少视市政给水管网补水能力确定)
3	消防水池	符合下列规定之一时,应设置消防水池: 1. 当生产、生活用水量达到最大时,市政给水管网或入户引入管不能满足室内、室外消防给水设计流量 2. 当采用一路消防供水或只有一条入户引入管,且室外消火栓设计流量大于 20 L/s 或建筑高度大于 50 m 3. 市政消防给水设计流量小于建筑室内外消防给水设计流量 4. 当市政给水管网最小服务水头小于室内消火栓最低压力要求时,需设置消防水池及水泵增压	水池设置要求见表 5.5-2

续表

序号	消防水源类型	适用条件	技术要求
4	井水	1. 井水作为消防水源向消防给水系统直接供水时,其最不利水位应满足水泵吸水要求,其最小出流量和水泵扬程应满足消防要求,且当需要两路消防供水时,水井不应少于两眼 2. 每眼井的深井泵的供电均应采用一级供电负荷 3. 应设置探测水井水位的水位测试装置	
5	雨水清水池、中水清水池、游泳池、水景水池	利用雨水清水池、中水清水池、游泳池、水景喷水池、循环冷却水池等专用水池兼作消防水池时,应保持全年有水,不得放空(包括冬季),一般在工程中应有2个池子,轮流清洗	1. 应有保证在任何情况下均能满足消防给水系统所需的水量和水质的技术措施 2. 常年储存有足够水量的游泳池、水景水池可作为消防水源。冬季封冻的水池,有效水量计算,应以最大冰层厚度下水线为计算起始水位。并应考虑破冰措施 3. 系统正常补水宜采用生活饮用水系统
6	江、河、湖、海、水库等天然水源	1. 天然水源水量丰富,能满足消防用水量要求 2. 与建筑物距离较近,若由消防车直接取水时,其保护半径不应大于150 m	1. 其设计枯水流量保证率应根据城乡规模和工业项目的重要性、火灾危险性和经济合理性等综合因素确定,宜为90%～97%。但村镇的室外消防给水水源的设计枯水流量保证率可根据当地水源情况适当降低 2. 应采取防止冰凌、漂浮物、悬浮物等物质堵塞消防水泵的技术措施,并应采取确保安全取水的措施 3. 应采取确保消防车、固定和移动消防水泵在枯水位取水的技术措施;当消防车取水时,最大吸水高度不应超过6.0 m(消防水泵取水口至最低水位距离) 4. 天然水源消防车取水口的设置位置和设施,应符合现行国家标准《室外给水设计规范》(GB 50013—2014)中有关地表水取水的规定,且取水头部宜设置格栅,其栅条间距不宜小于50 mm,也可采用过滤管 5. 设有消防车取水口的天然水源,应设置消防车到达取水口的消防车道和消防车回车场或回车道

注:1. 消防水源水质应满足水灭火设施的功能要求,消防给水管道内平时所充水的 pH 应为 6.0~9.0;

2. 严寒、寒冷等冬季结冰地区的消防水池、水塔和高位消防水池等应采取防冻措施;

3. 一些有可能是间歇性或其他用途的水池当必须作为消防水池时,应保证其可靠性。如雨水清水池一般仅在雨季充满水,而在非雨季可能没有水,水景池、游泳池在检修和清洗期可能无水,而增加了消防给水系统无水的风险,因此有本条的规定,目的是提高消防给水的可靠性,见图 5.5-1。

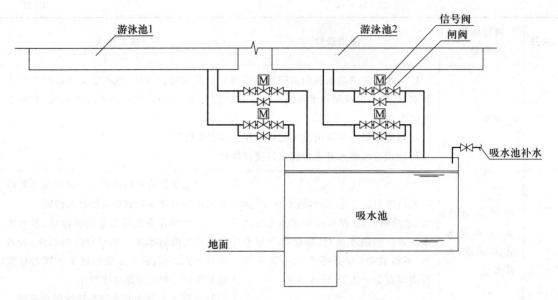

图 5.5-1 游泳池等作为消防水源示意图

注:1. 两个水池不能同时放空检修;

2. 每个水池有效容积都应该大于一起火灾灭火用水量;

3. 清水池及水景等因水质问题不建议采用;

4. 吸水池做法同消防水池。

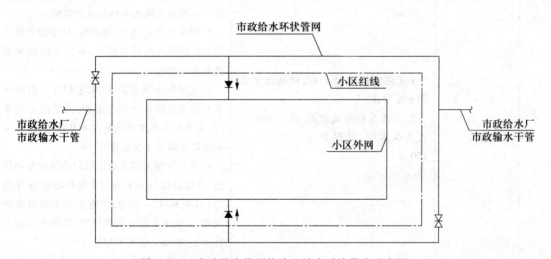

图 5.5-2 市政给水管网给消防给水系统供水示意图

注:1. 表 5.5-1 中技术要求的三条规定须都满足,才为两路供水;

2. 市政给水可以是一个水厂的供水,但此水厂必须有两路输水管。

5.5.2 消防水池

消防水池设置应满足表 5.5-2 要求。

表 5.5-2   消防水池技术要求

项目	说　　明
有效容积	消防水池有效容积的计算应符合下列规定(图 5.5-3): 1. 当市政给水管网能保证室外消防给水设计流量时,消防水池的有效容积应满足在火灾延续时间内室内消防用水量的要求 2. 当市政给水管网不能保证室外消防给水设计流量时,消防水池的有效容积应满足火灾延续时间内室内消防用水量和室外消防用水量不足部分之和的要求 3. 当消防水池采用两路消防供水且在火灾情况下连续补水能满足消防要求时,消防水池的有效容积应根据计算确定,但不应小于 100 m^3,当仅设有消火栓系统时不应小于 50 m^3。见图 5.5-4。(为保证消防给水的安全可靠性。消防水池在火灾时能有效补水的最小有效储水容积,仅设有消火栓系统时不应小于 50 m^3,其他情况消防水池的有效容积不应小于 100 m^3,目的是提高消防给水的可靠性。) 消防水池有效容积,根据服务内容和范围,按式(5.5-1)计算: $$V_a = \sum Q_{pi}t_i - Q_b T_b \qquad (5.5\text{-}1)$$ 式中　V_a——消防水池的有效容积(m^3); 　　　Q_{pi}——建筑物内各种水消防系统灭火的设计流量(m^3/h); 　　　t_i——建筑物内各种水消防系统灭火的火灾延续时间(h); 　　　Q_b——在火灾延续时间内可连续补充的水量(m^3/h); 　　　T_b——民用建筑物内各种水消防系统灭火的火灾延续时间的最大值(h)
补水要求	火灾时消防水池连续补水应符合下列规定: 1. 补水时间:宜≥48 h,但当消防水池有效总容积大于 2 000 m^3 时,不应大于 96 h 2. 消防水池应采用两路消防给水(图 5.5-5) 3. 火灾延续时间内的连续补水流量应按消防水池最不利进水管供水量计算,并可按式(5.5-2)计算: $$q_f = 3 600Av \qquad (5.5\text{-}2)$$ 式中　q_f——火灾时消防水池的补水流量(m^3/h); 　　　A——消防水池进水管断面面积(m^2); 　　　v——管道内水的平均流速(m/s)。 4. 消防水池进水管管径和流速应根据市政给水管网或其他给水管网的压力、入户引入管管径、消防水池进水管管径,以及火灾时其他用水量等经水力计算确定,当计算条件不具备时,给水管的平均流速不宜大于 1.5 m/s
设置要求	1. 消防水池的有效水深是设计最高水位至消防水池最低有效水位之间的距离。消防水池最低有效水位是消防水泵吸水喇叭口或出水管喇叭口以上 0.6 m 水位;当消防水泵吸水管设置旋流防止器时,最低有效水位为旋流防止器顶部以上 0.20 m,见图 5.5-7。(消防水池设置各种水位的目的是保证消防水池不因放空或各种因素漏水而造成有效灭火水源不足的技术措施) 2. 消防水池进水管管径和流量应根据市政给水管网或其他给水管网的压力、入户引入管管径、消防水池进水管流速,以及火灾时其他用水量等经水力计算确定,当计算条件不具备时,给水管的平均流速不宜大于 1.5 m/s

项目	说　明
设置要求	3. 消防水池进水管应根据其有效容积和补水时间经过计算确定,且不应小于 $DN100$ 4. 合用水池有效容积大于 100 m^3 时,水池内宜设置导流墙,以防止死水 5. 消防水池的出水管应保证消防水池的有效容积能被全部利用(消防水池出水管的设计能满足有效容积被全部利用是提高消防水池有效利用率,减少死水区,实现节地的要求) 6. 消防水池应设置就地水位显示装置,并应在消防控制中心或值班室等地点设置显示消防水池水位的装置,同时应有最高和最低报警水位,见图 5.5-8 7. 消防水池应设置溢流水管和排水设施,并应采用间接排水。(消防水池溢流和排水采用间接排水的目的是防止污水倒灌污染消防水池内的水)见图 5.5-9 8. 溢流水位宜高出设计最高水位 50 mm,溢水管喇叭口应与溢流水位在同一水位线上,溢水管比进水管大一级,溢水管上不应装截门
分设要求	消防水池的总蓄水有效容积大于 500 m^3 时,宜设两格能独立使用的消防水池;当大于 1 000 m^3 时,应设置能独立使用的两座消防水池。每格(或座)消防水池应设置独立的出水管,并应设置满足最低有效水位的连通管,且其管径应能满足消防给水设计流量的要求,见图 5.5-6
消防车或水泵取水口	储存室外消防用水的消防水池或供消防车取水的消防水池,应符合下列规定(图 5.5-10): 1. 消防水池应设置取水口(井),且吸水高度不应大于 6.0 m 2. 取水井有效容积不得小于消防车上最大一台(组)水泵 3 min 的出水量,一般不宜小于 3 m^3 3. 取水口(井)与建筑物(水泵房除外)的距离不宜小于 15 m 4. 取水口(井)与甲、乙、丙类液体储罐等构筑物的距离不宜小于 40 m 5. 取水口(井)与液化石油气储罐的距离不宜小于 60 m,当采取防止辐射热保护措施时,可为 40 m 6. 供消防车取水的消防水池,保护半径不应大于 150 m,当保护半径大于 150 m 时,可设置室外消防给水泵,或再增设室外消防水池以及可靠的消防车取水口
防冻	在寒冷地区的室外消防水池应有防冻措施:消防水池必须有盖板,盖板上须覆土保温;人孔和取水口设双层保温井盖
通气管与呼吸管	消防水池的通气管和呼吸管等应符合下列规定,见图 5.5-11 1. 消防水池应设置通气管 2. 消防水池通气管、呼吸管和溢流水管等应采取防止虫鼠等进入消防水池的技术措施
共用条件	消防用水与其他用水共用的水池,应采取确保消防用水量不作他用的技术措施,见图 5.5-12。并宜采取水质保证技术措施。[消防用水与生产、生活用水合并时,为防止消防用水被生产、生活用水所占用,因此要求有可靠的技术设施(例如生产、生活用水的出水管设在消防水面之上)保证消防用水不作他用]
采用其他水池时的条件	利用游泳池、水景喷水池、循环冷却水池等专用水池兼作消防水池时,其功能须全部满足上述要求外,应保持全年有水、不得放空(包括冬季),一般在工程中应有 2 个池子,轮流清洗
高位消防水池	高位消防水池的最低有效水位应能满足其所服务的水灭火设施所需的工作压力和流量,且其有效容积应满足火灾延续时间内所需消防用水量,并应符合下列规定,见图 5.5-13:

续表

项目	说　明
高位消防水池	1. 高位消防水池的有效容积、出水、排水和水位,应符合一般消防水池的规定 2. 高位消防水池的通气管和呼吸管等应符合一般消防水池的规定 3. 除可一路消防供水的建筑物外,向高位消防水池供水的给水管不应少于两条 4. 当高层民用建筑采用高位消防水池供水的高压消防给水系统时,高位消防水池储存室内消防用水量确有困难,但火灾时补水可靠,其总有效容积不应小于室内消防用水量的50% 5. 高层民用建筑高压消防给水系统的高位消防水池总有效容积大于 200 m³ 时,宜设置蓄水有效容积相等且可独立使用的两格;当建筑高度大于 100 m 时应设置独立的两座。每格或座应有一条独立的出水管向消防给水系统供水 6. 高位消防水池设置在建筑物内时,应采用耐火极限不低于 2.00 h 的隔墙和 1.50 h 的楼板与其他部位隔开,并应设甲级防火门;且消防水池及其支承框架与建筑构件应连接牢固 注:高位消防水池(塔)是高压消防给水系统的重要代表形式,本条各款的内容都是以安全可靠性为原则

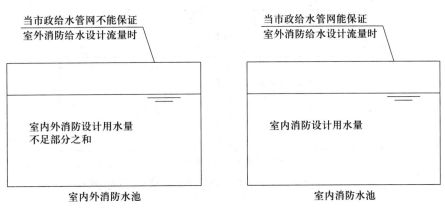

图 5.5-3　消防水池储水示意图

注:当室外管网满足室外消防用水量后还有补水能力时,可为室内消防用水补水,消防水池的有效容积可以将补水容积折减。但应符合第 3 条规定。

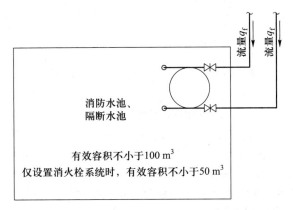

图 5.5-4　消防水池采用两路消防供水时有效容积示意图

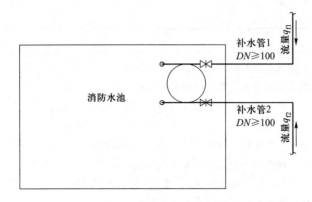

图 5.5-5 消防水池应采用两路消防给水管径、流量要求示例

注:q_{f1}为火灾时消防水池补水管 1 的补水流量;q_{f2}为火灾时消防水池补水管 2 的补水流量;$q_{f1}>q_{f2}$时,按 q_{f2} 计算补水流量。

说明:消防水池补水管管径应按最不利管段计算确定,且不应小于 $DN$100。

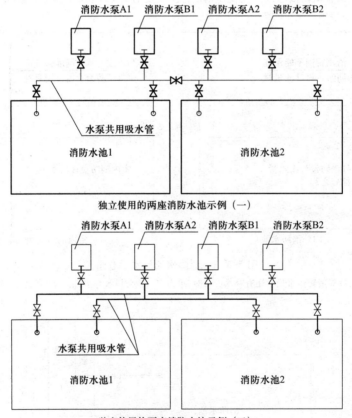

图 5.5-6 独立使用的两座消防水池示例

注:1. 消防水池容量过大时应分成 2 个,以便水池检修、清洗时仍能保证消防用水的供给。

2. 两座或两格消防水池可设置水泵共用吸水管。

3. 两座水池每座应有独立的池壁,不可共用池壁。当为装配水池时,两相邻池壁之间的距离不应小于 0.7 m,用于检修操作。

4. 当最低有效水位低于穿水池壁的吸水管中心线时,应加设连通管。

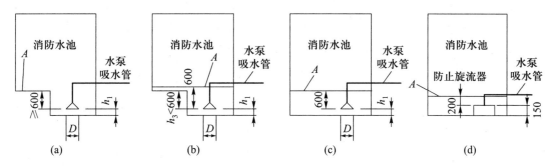

图 5.5-7　消防水池最低有效水位

注:1. 消防水池(箱)的有效容积可根据有效水深计算;

2. 喇叭口吸水管也可在最低有效水位上方出池壁。

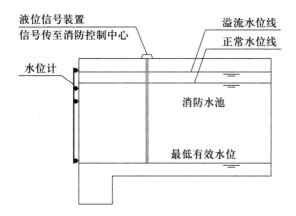

图 5.5-8　消防水池水位计和液位信号装置图

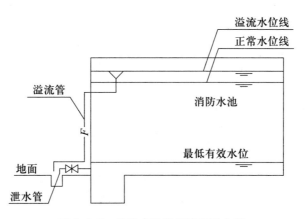

图 5.5-9　消防水池溢流管和泄水管

注:1. 在溢流水位、最低报警水位、最低有效水位时应报警,最低有效水位根据消水规第 5.1.13 条第 4 款确定;

2. 水位低于正常水位 50~100 mm 时,应向消防控制中心或值班室报警;

3. 消防水泵启动后低于正常水位时报警应停止;

4. 室外水池的就地水位显示装置可采用电子显示装置。

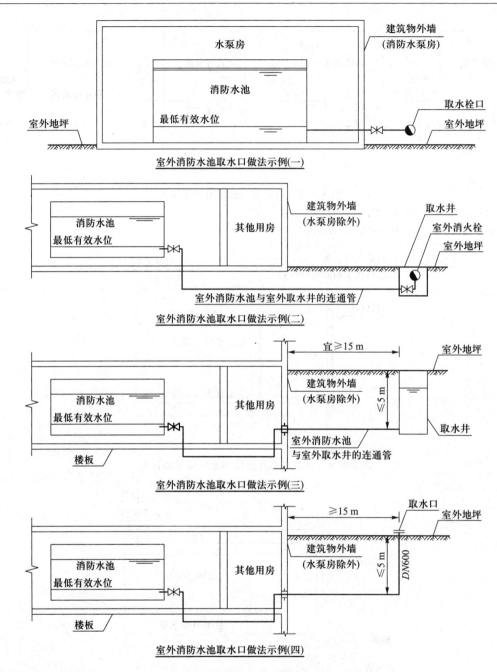

图 5.5-10 室外消防水池取水口做法示例

注:1. 寒冷地区的取水栓口应采用地下式,室外连通管道应埋地。

2. 连通管管径经水力计算确定。

3. 因规范规定吸水高度不应大于 6.0 m,考虑消防车高度 1 m,故取水井连通管的标高定为小于等于 5 m,且管顶低于水池最低有效水位。

4. 取水口具体做法由各地工程具体确定。

5. 室外取水口的连通管应与两座(格)都连接。

6. 连通管管径经水力计算确定。

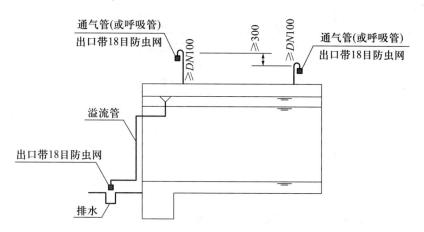

图 5.5-11　消防水池防止虫鼠措施

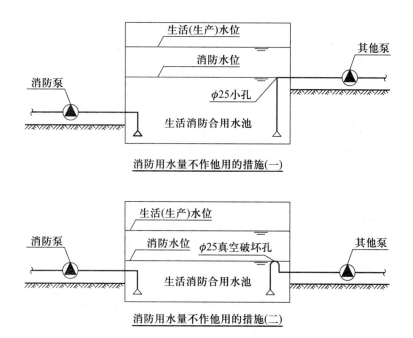

图 5.5-12　合用水池保证消防水不被动用的技术措施

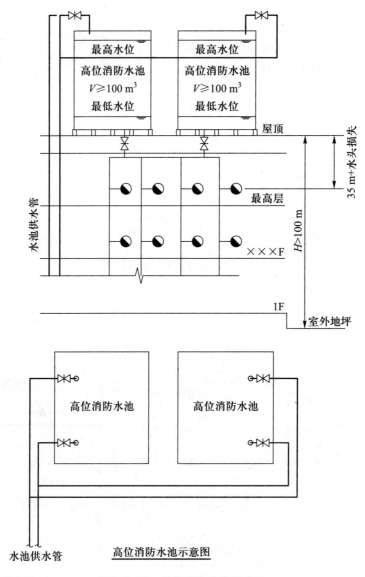

图 5.5-13   高位消防水池示意图

注:1. 图示消防水池容积大于 200 m³,当容积小于等于 200 m³ 时,可不分格;

2. 建筑高度大于 100 m,消防水池容积大于 200 m³ 时,应设置独立的 2 座;

3. 高位消防水池容积为室内消防水量,按表 5.5-2 计算;当全部储存确有困难时,可储存 50% 的消防水量;

4. 图中的消火栓系统也可为自动喷水系统、水喷雾、水炮等自动灭火系统。

【本节精选习题】

1. 下列消防用水水源的叙述中,不正确的是哪几项?(   )

A. 消防用水只能由城市给水管网、消防水池供给

B. 消防用水可由保证率≥97%,且设有可靠取水设施的天然水源供给

C. 消防用水采用季节性天然水源供给时,其保证率不得小于 90%,且天然水源处设可靠取水设施

D. 消防用水不能由天然水源供给

答案:【ACD】

解析:消防用水可由保证率≥97%,且设有可靠取水设施的天然水源供给,B 正确。A 项要考虑天然水源,C 项季节性天然水源要保证常年足够的消防水量。

2. 某建筑高度为 35 m 的办公楼(室外消防用水量为 25 L/s),其市政给水引入管为一条,关于该建筑消防水池的设置方案如下:

① 设消防水池(储存室内外全部消防用水量),水池设于室内。

② 设消防水池(储存室内外全部消防用水量),水池设于室外。

③ 设置室内、外消防水池,各自储存室内、室外全部消防用水。

④ 设置只储存室内全部消防用水的消防水池,水池设于室内。

⑤ 设置只储存室外全部消防用水的消防水池,水池设于室外。

⑥ 该建筑仅 35 m 高,完全在消防车的扑救高度之内,不设消防水池。

上述方案中有几个是错误的?(　　)

A. 2 个　　B. 3 个　　C. 4 个　　D. 5 个

答案:【B】

解析:采用一路供水且室外消火栓设计流量大于 20 L/s,应设消防水池,故⑥错误;

高层公共建筑应设置室内消火栓,故仅存室外消防用水量是不行的,故⑤错误;

建筑物室外宜采用低压消防给水系统,当采用市政给水管网供水时,室外消火栓设计流量小于等于 20 L/s 时可采用一路消防供水,但已知条件告诉室外消防用水量为 25 L/s,故市政一路供水满足不了室外消防用水量,可见消防水池要储存室内外的消防用水量,不能仅存室内消防用水量,故④错误;

消防水池位置不限,故①②③正确。共三处错误。

5.6 供水设施

5.6.1 消防水泵

1. 消防水泵的技术要求见表 5.6-1。

表 5.6-1 消防水泵的技术要求

项目	技术要求
一般规定(水泵选择及应用等)	1. 消防水泵宜根据可靠性、安装场所、消防水源、消防给水设计流量和扬程等综合因素确定水泵的型式 2. 消防水泵机组应由水泵、驱动器和专用控制柜等组成;一组消防水泵可由同一消防给水系统的工作泵和备用泵组成 3. 流量扬程性能曲线应为无驼峰、无拐点的光滑曲线,零流量时的压力不应大于设计工作压力的 140%,且宜大于设计工作压力的 120%;消防水泵生产厂商应提供完整的水泵流量扬程性能曲线,并应标示流量、扬程、气蚀余量、功率和效率等参数

项目	技 术 要 求
一般规定 （水泵选择 及应用等）	4. 当消防水泵采用离心泵时,泵的型式宜根据流量、扬程、气蚀余量、功率和效率、转速、噪声,以及安装场所的环境要求等因素综合确定 5. 消防水泵的性能应满足消防给水系统所需流量和压力的要求 6. 当出流量为设计流量的150%时,其出口压力不应低于设计工作压力的65% 7. 泵轴的密封方式和材料应满足消防水泵在低流量时运转的要求 8. 消防给水同一泵组的消防水泵型号宜一致,且工作泵不宜超过3台 9. 多台消防水泵并联时,应校核流量叠加对消防水泵出口压力的影响 10. 临时高压消防给水系统应采取防止消防水泵低流量空转过热的技术措施。见图5.6-1
水泵吸水	为保证消防水泵的及时正确启动,消防水泵吸水应符合下列规定,见图5.6-2: 1. 消防水泵应采取自灌式吸水。火灾的发生是不定时的,为保证消防水泵随时启动并可靠供水,消防水泵应经常充满水,以保证及时启动供水,所以消防水泵应自灌吸水 2. 消防水泵从市政管网直接抽水时,应在消防水泵出水管上设置有空气隔断的倒流防止器。消防水泵从市政管网直接吸水时为防止消防给水系统的水因背压高而倒灌,系统应设置倒流防止器。倒流防止器因构造原因致使水流紊乱,如果安装在水泵吸水管上,其紊乱的水流进入水泵后会增加水泵的气蚀以及局部真空度,对水泵的寿命和性能有极大的影响,为此规定倒流防止器应安装在水泵出水管上 3. 当吸水口处无吸水井时,吸水口处应设置旋流防止器。当消防水泵从消防水箱吸水时,因消防水箱无法设置吸水井,为减少吸水管的保护高度要求吸水管上设置旋流防止器,以提高消防水箱的储水有效量 当有两路消防供水且允许消防水泵直接吸水时,应符合下列规定,见图5.6-3: 1. 每一路消防供水应满足消防给水设计流量和火灾时必须保证的其他用水 2. 火灾时室外给水管网的压力从地面算起不应小于0.10 MPa 3. 消防水泵扬程应按室外给水管网的最低水压计算,并应以室外给水的最高水压校核消防水泵的工作工况
管道过滤装置	消防水泵吸水管可设置管道过滤器,管道过滤器的过水面积应大于管道过水面积的4倍,且孔径不宜小于3 mm。见图5.6-4
压力表	消防水泵吸水管和出水管上应设置压力表,并应符合下列规定: 1. 消防水泵出水管压力表的最大量程不应低于其设计工作压力的2倍,且不应低于1.60 MPa 2. 消防水泵吸水管宜设置真空表、压力表或真空压力表,压力表的最大量程应根据工程具体情况确定,但不应低于0.70 MPa,真空表的最大量程宜为-0.10 MPa 3. 压力表的直径不应小于100 mm,应采用直径不小于6 mm的管道与消防水泵进出口管相接,并应设置关断阀门

续表

项目	技术要求
驱动装置	1. 水泵驱动器宜采用电动机或柴油机直接传动,消防水泵不应采用双电动机或基于柴油机等组成的双动力驱动水泵 2. 消防水泵所配驱动器的功率应满足所选水泵流量扬程性能曲线上任何一点运行所需功率的要求 3. 当采用电动机驱动的消防水泵时,应选择电动机干式安装的消防水泵。见图 5.6-5
信号及启动控制	1. 消防水泵应由消防水泵出水干管上设置的压力开关、高位消防水箱出水管上的流量开关,或报警阀压力开关等开关信号应能直接自动启动消防水泵。消防水泵房内的压力开关宜引入消防水泵控制柜内。见图 5.6-6 压力开关通常设置在消防水泵房的主干管道上或报警阀上,流量开关通常设置在高位消防水箱出水管上 2. 当消防给水分区供水采用转输消防水泵时,转输泵宜在消防水泵启动后再启动;当消防给水分区供水采用串联消防水泵时,上区消防水泵宜在下区消防水泵启动后再启动。见图 5.6-8
额定流量	单台消防水泵的最小额定流量不应小于 10 L/s,最大额定流量不宜大于 320 L/s
水泵材质	1. 水泵外壳宜为球墨铸铁 2. 叶轮宜为青铜或不锈钢
备用泵	消防水泵应设置备用泵,其性能应与工作泵性能一致,但下列建筑除外: 1. 建筑高度小于 54 m 的住宅和室外消防给水设计流量小于等于 25 L/s 的建筑 2. 室内消防给水设计流量小于等于 10 L/s 的建筑
流量和压力测试装置	一组消防水泵应在消防水泵房内设置流量和压力测试装置,并应符合下列规定,见图 5.6-9: 1. 单台消防水泵的流量不大于 20 L/s、设计工作压力不大于 0.50 MPa 时,泵组应预留测量用流量计和压力计接口,其他泵组宜设置泵组流量和压力测试装置 2. 消防水泵流量检测装置的计量精度应为 0.4 级,最大量程的 75% 应大于最大一台消防水泵设计流量值的 175% 3. 消防水泵压力检测装置的计量精度应为 0.5 级,最大量程的 75% 应大于最大一台消防水泵设计压力值的 165% 4. 每台消防水泵出水管上应设置 DN65 的试水管,并应采取排水措施 注:工程中所安装的消防水泵能否满足该工程的消防需要,要通过检测认定。消防水泵从生产厂运到工地,工人按照图纸安装到位,消防验收时应保证泵的流量和压力满足工程。另外随

项目	技 术 要 求
流量和压力测试装置	着时间的推移,由于动力原因或者是水泵的叶轮磨损、堵塞等原因使水泵的性能降低而不能满足水消防设施所需的压力和流量,因此消防水泵应定期监测其性能。当水泵流量小或压力不高时可采用消防水泵试验管试验或临时设施试验,但当水泵流量和压力大时不便采用试验管或临时设置测试,因此规定采用固定仪表测试
柴油机消防水泵	1. 柴油机消防水泵应采用压缩式点火型柴油机 2. 柴油机的额定功率应校核海拔高度和环境温度对柴油机功率的影响 3. 柴油机消防水泵应具备连续工作的性能,试验运行时间不应小于 24 h 4. 柴油机消防水泵的蓄电池应保证消防水泵随时自动启泵的要求 5. 柴油机消防水泵的供油箱应根据火灾延续时间确定,且油箱最小有效容积应按 1.5 L/kW 配置,柴油机消防水泵油箱内储存的燃料不应小于 50% 的储量
轴流深井泵	轴流深井泵宜安装于水井、消防水池和其他消防水源上,并应符合下列规定: 1. 轴流深井泵安装于水井时,其淹没深度应满足其可靠运行的要求,在水泵出流量为 150% 设计流量时,其最低淹没深度应是第一个水泵叶轮底部水位线以上不少于 3.20 m,且海拔高度每增加 300 m,深井泵的最低淹没深度应至少增加 0.30 m 2. 轴流深井泵安装在消防水池等消防水源上时,其第一个水泵叶轮底部应低于消防水池的最低有效水位线,且淹没深度应根据水力条件经计算确定,并应满足消防水池等消防水源有效储水量或有效水位能全部被利用的要求;当水泵设计流量大于 125 L/s 时,应根据水泵性能确定淹没深度,并应满足水泵气蚀余量的要求 3. 轴流深井泵的出水管与消防给水管网连接应符合离心式消防水泵的相关规定 4. 轴流深井泵出水管的阀门设置应符合离心式消防水泵的相关规定 5. 当消防水池最低水位低于离心水泵出水管中心线或水源水位不能保证离心水泵吸水时,可采用轴流深井泵,并应采用湿式深坑的安装方式安装于消防水池等消防水源上 6. 当轴流深井泵的电动机露天设置时,应有防雨功能 7. 其他应符合现行国家标准《室外给水设计规范》(GB 50013—2006)的有关规定
离心式消防水泵	离心式消防水泵吸水管、出水管和阀门等,应符合下列规定,见图 5.6-10、图 5.6-11: 1. 一组消防水泵,吸水管不应少于两条,当其中一条损坏或检修时,其余吸水管应仍能通过全部消防给水设计流量。依据可靠性的冗余原则,一组消防水泵吸水管应有 100% 备用 2. 消防水泵吸水管布置应避免形成气囊。吸水管若形成气囊,将导致过流面积减少,减少水的过流量,导致灭火用水量减少

续表

项目	技　术　要　求
离心式 消防水泵	3. 一组消防水泵应设不少于两条的输水干管与消防给水环状管网连接,当其中一条输水管检修时,其余输水管应仍能供应全部消防给水设计流量。从可靠性的冗余原则出发,一组消防水泵的出水管应有 100% 备用 4. 消防水泵吸水口的淹没深度应满足消防水泵在最低水位运行安全的要求,为了能使消防水池内的水能最大限度的有效用于灭火,吸水管喇叭口在消防水池最低有效水位下的淹没深度应根据吸水管喇叭口的水流速度和水力条件确定,但不应小于 600 mm,当采用旋流防止器时,淹没深度不应小于 200 mm 5. 消防水泵的吸水管上应设置明杆闸阀或带自锁装置的蝶阀,但当设置暗杆阀门时应设有开启刻度和标志;当管径超过 DN300 时,宜设置电动阀门 6. 消防水泵的出水管上应设止回阀、明杆闸阀;当采用蝶阀时,应带有自锁装置;当管径大于 DN300 时,宜设置电动阀门 7. 消防水泵吸水管的直径小于 DN250 时,其流速宜为 1.0~1.2 m/s;直径大于 DN250 时,宜为 1.2~1.6 m/s 8. 消防水泵出水管的直径小于 DN250 时,其流速宜为 1.5~2.0 m/s;直径大于 DN250 时,宜为 2.0~2.5 m/s 9. 吸水井的布置应满足井内水流顺畅、流速均匀、不产生涡漩的要求,并应便于安装施工 10. 消防水泵的吸水管、出水管道穿越外墙时,应采用防水套管;当穿越墙体和楼板时,应加设套管,套管长度不应小于墙体厚度,或应高出楼面或地面 50 mm;套管与管道的间隙应采用不燃材料填塞,管道接口不应位于套管内 11. 消防水泵的吸水管穿越消防水池时,应采用柔性套管;采用刚性防水套管时应在水泵吸水管上设置柔性接头,且管径不应大于 DN150

2. 消防水泵安装、自动控制及其他技术要求详见图 5.6.1~图 5.6.11。

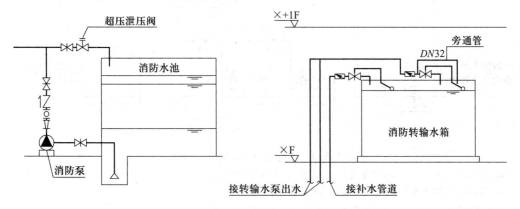

图 5.6-1　防止消防水泵低流量空转过热措施

注:1. 防止消防水泵低流量空转过热的技术措施可采用持压阀、旁通管等技术措施;

2. 持压阀的泄压值不应小于设计扬程的 120%。

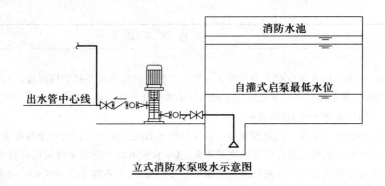

立式消防水泵吸水示意图

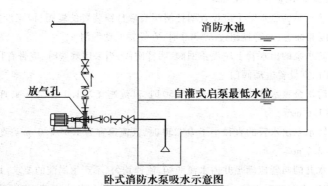

卧式消防水泵吸水示意图

图 5.6-2　消防水泵吸水示意图

注:1.消防水池池底不应低于水泵地面。

2.对于卧式消防水泵,消防水池满足自灌式启泵的最低水位应高于泵壳顶部放气孔。对于立式消防水泵,消防水池满足自灌式启泵的最低水位应高于水泵出水管中心线。

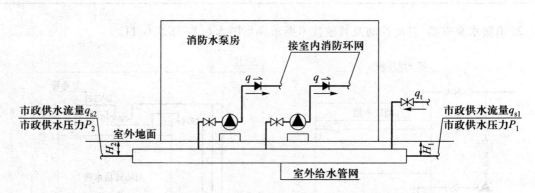

图 5.6-3　消防水泵直接吸水示意图

q—消防给水设计流量;q_t—其他用水流量;q_{s1}—第一路消防供水流量;q_{s2}—第二路消防供水流量。

注:1.最高水压应以当地自来水公司提供的市政压力为准。

2.应同时满足:$q_{s1}>q+q_t$　$q_{s2}>q+q_t$　$P_1>H_1+0.1\text{ MPa}$　$P_2>H_2+0.1\text{ MPa}$。

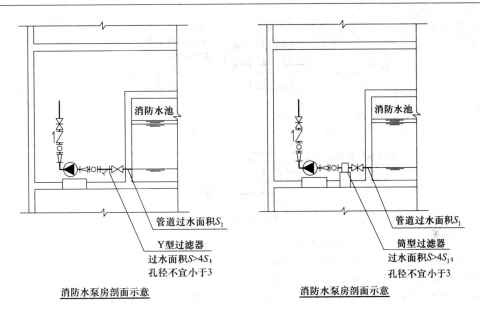

图 5.6-4　消防水泵吸水管过滤器设置示意图

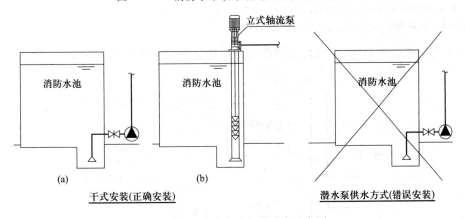

图 5.6-5　消防水泵安装形式示意图

注:消防水泵应干式安装,水泵应放置在水池之外,不能采用潜水泵直接放置在水中进行吸水。

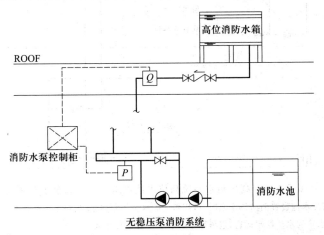

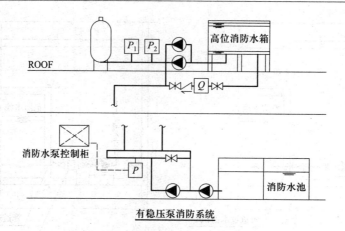

有稳压泵消防系统

图 5.6-6 消防水泵的自动启动控制图

注:1. 消火栓系统中高位消防水箱出水管上设置的流量开关和消防水泵出水干管上设置的压力开关应能直接自动启动消防水泵;消防水泵房内的压力开关宜引入消防水泵控制柜内。

2. 流量开关性能基本要求:(1) 动作后延迟 30 s 再启泵;(2) 流量不超过系统的设计泄漏补水量时,不应动作;(3) 消火栓出水后应动作。

3. 自动喷水系统报警阀的压力开关可取代本图中的压力开关和流量开启泵。

4. 有稳压泵的消防系统中流量开关做报警信号,不直接启泵。

当采用高位水池供消防给水时,水源供水泵及转输水泵启动详见图 5.6-7。

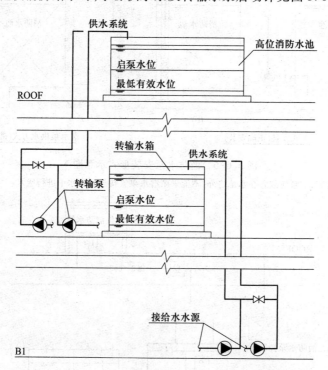

图 5.6-7 高压给水系统高位水池供水泵自动启泵示意图

注:1. 高压给水系统高位水池设置消防供水泵时,可用水池的水位控制启泵,启泵水位建议在 1/2 有效水深处。

2. 转输水泵可由转输水箱的水位控制运行,也可用于转输水箱的平时补水。

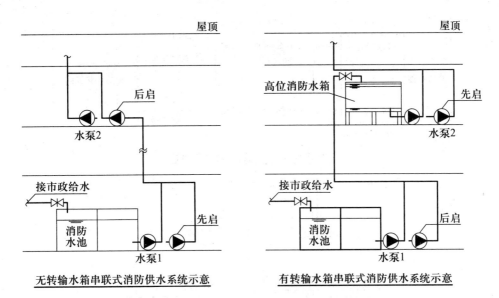

图 5.6-8　转输泵的启动次序

注:1. 水泵直接接力时宜先启动下面的泵,后启动上面的泵,左图先启动水泵 1,后启动水泵 2。

2. 当水泵有水箱吸水时,宜先启动上面的泵,后启动下面的泵,右图先启动水泵 2,后启动水泵 1。

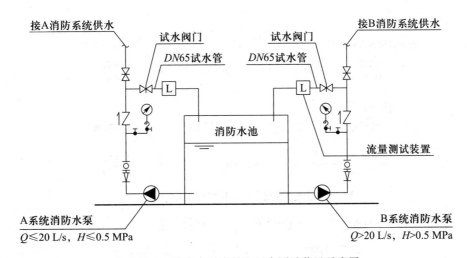

图 5.6-9　消防水泵流量和压力测试装置示意图

注:1. 一组泵的试水排水管可共用一条。

2. 试水阀门各台泵分别设置,共用排水管从试水阀下游合并。

3. 消防水泵试水管排水宜按本章 5.9 节执行。

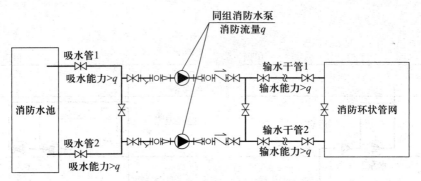

同组消防水泵吸水管、输水干管示意

图 5.6-10　消防水泵吸水管、出水管设置示意图（一）

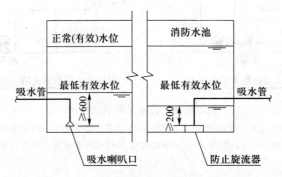

消防水泵吸水口设置

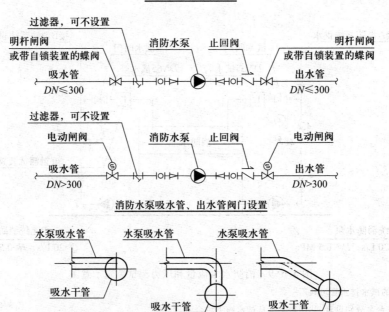

消防水泵吸水管、出水管阀门设置

吸水管避免形成气囊——吸水管连接

图 5.6-11　消防水泵吸水管、出水管设置示意图（二）

注：消防水泵吸水管和出水管上宜采用明杆闸阀或带自锁装置的蝶阀。

5.6.2　高位消防水箱

消防水箱的主要作用是供给建筑初期火灾时的消防用水水量,并保证相应的水压要求。水箱压力的高低对于扑救建筑物顶层或附近几层的火灾关系很大,压力低可能出不了水或达不到要求的充实水柱,影响灭火效率,为此高位消防水箱应规定其最低有效压力或者高度。高位消防水箱的选用与安装可参考国标图集 16S211。

1. 设置条件。

室内采用临时高压消防给水系统时,高位消防水箱的设置应符合下列规定:

（1）高层民用建筑、总建筑面积大于 10 000 m² 且层数超过 2 层的公共建筑和其他重要建筑,必须设置高位消防水箱;

（2）其他建筑应设置高位消防水箱,但当设置高位消防水箱确有困难,且采用安全可靠的消防给水形式时,可不设高位消防水箱,但应设稳压泵;

（3）当市政供水管网的供水能力在满足生产、生活最大小时用水量后,仍能满足初期火灾所需的消防流量和压力时,市政直接供水可替代高位消防水箱。

2. 设置技术要求见表 5.6-2。

表 5.6-2　消防水箱设置技术要求

项目	技 术 要 求				
一般要求	1. 有效容积:临时高压消防给水系统的高位消防水箱的有效容积应满足初期火灾消防用水量的要求 2. 设置高度:应高于其所服务的水灭火设施,且最低有效水位应满足水灭火设施最不利点处的静水压力 3. 当高位消防水箱在屋顶露天设置时,水箱的人孔以及进出水管的阀门等应采取锁具或阀门箱等保护措施 4. 高位消防水箱的有效容积、出水、排水和水位等,应符合 5.5.2 节消防水池有关规定 5. 水箱水位示意图见图 5.6-12				
屋顶水箱有效容积及设置高度	建筑类别		建筑高度/总面积/ 室内消防设计流量 /(m/m²/L/s)	高位消防水箱体积要求 /m³	最不利点 静水压要求 /MPa	备注
	公共建筑	一类高层	50<h≤100	≥36	≥0.1	静水压若不能满足要求,需设置稳压装置(泵)
			100<h≤150	≥50	≥0.15	
			150<h	≥100		
		二类高层	24<h≤50	≥18	应≥0.07	
		多层	24<h 单层及 h≤24 其他			

续表

项目	技 术 要 求				

续表

	建筑类别		建筑高度/总面积/室内消防设计流量/(m/m²/L/s)	高位消防水箱体积要求/m³	最不利点静水压要求/MPa	备注
屋顶水箱有效容积及设置高度	住宅	一类高层	54<h≤100	≥18	应≥0.07	静水压若不能满足要求,需设置稳压装置(泵)
			100<h	≥36		
		二类高层	27<h≤54	≥12		
		多层住宅	21<h≤27	≥6	宜≥0.07	
	商业建筑		10 000<S≤30 000	≥36		与公共建筑规定不一致时取其较大值,其他同上
			30 000<S	≥50		
	工业建筑		Q≤25	≥12	≥0.10,当V<20 000 m³,宜≥0.07	静水压若不能满足要求,需设置稳压装置(泵)
			Q>25	≥18		

注:1. 初期火灾消防用水量可不进行计算,直接选用表中值;

2. 高位水箱容积指屋顶水箱,不含转输水箱兼高位水箱;转输水箱兼作高位水箱时,其容积按转输水箱确定;

3. 一类建筑由裙房公建和其上的住宅构成时,屋顶水箱容积可按公建部分高度查表

水箱材质	可采用热浸锌镀锌钢板、钢筋混凝土、不锈钢板等建造
最低有效水位	1. 应根据出水管喇叭口和旋流防止器的淹没深度确定,当采用出水管喇叭口时,应符合5.6.1节消防水泵的相关规定,见图5.6-13; 2. 当采用旋流防止器时应根据产品确定,且不应小于150 mm的保护高度
通气管、呼吸管	应符合5.5.2节消防水池的相关规定
布置净距	高位消防水箱外壁与建筑本体结构墙面或其他池壁之间的净距,应满足施工或装配的需要,无管道的侧面,净距不宜小于0.7 m;安装有管道的侧面,净距不宜小于1.0 m,且管道外壁与建筑本体墙面之间的通道宽度不宜小于0.6 m,设有人孔的水箱顶,其顶面与其上面的建筑物本体板底的净空不应小于0.8 m

续表

项目	技术要求
溢流设施	溢流管的直径不应小于进水管直径的 2 倍,且不应小于 $DN100$,溢流管的喇叭口直径不应小于溢流管直径的 1.5~2.5 倍
水箱进水管	1. 进水管的管径应满足消防水箱 8 h 充满水的要求,但管径不应小于 $DN32$,进水管宜设置液位阀或浮球阀 2. 进水管应在溢流水位以上接入,进水管口的最低点高出溢流边缘的高度应等于进水管管径,但最小不应小于 100 mm,最大不应大于 150 mm 3. 当进水管为淹没出流时,应在进水管上设置防止倒流的措施或在管道上设置虹吸破坏孔和真空破坏器,虹吸破坏孔的孔径不宜小于管径的 1/5,且不应小于 25 mm。但当采用生活给水系统补水时,进水管不应淹没出流 4. 进水管应设置带有指示启闭装置的阀门
水箱出水管	1. 火灾时有高位水箱和水泵双向向管网供水和水泵直接串联给水系统的中间水箱,消防水泵供水时,供水不应进入。一般在出水管上设止回阀 2. 高层建筑采用间接串联给水的中间转输水箱,出水管可不设止回阀 3. 出水管管径应满足消防给水设计流量的出水要求,且不应小于 $DN100$ 4. 出水管应位于高位消防水箱最低水位以下,并应设置防止消防用水进入高位消防水箱的止回阀,见图 5.6-7。当高位消防水箱的出水管不设喇叭口和旋流防止器时,应满足本条要求 5. 出水管应设置带有指示启闭装置的阀门
防冻	1. 严寒、寒冷等冬季冰冻地区的消防水箱应设置在消防水箱间内,其他地区宜设置在室内,当必须在屋顶露天设置时,应采取防冻隔热等安全措施 2. 高位消防水箱间应通风良好,不应结冰,当必须设置在严寒、寒冷等冬季结冰地区的非采暖房间时,应采取防冻措施,环境温度或水温不应低于5℃
基础	高位消防水箱与基础应牢固连接
个数	一般建筑设一个(每一个功能),重要建筑或高层建筑宜分设两个,分设两个水箱应用管道相连,中间设阀门。管径不小于水箱出水管。配管要求见图 5.6-14
共用条件	1. 各类建筑的消防水箱,不应与生活用水合用。当与其他用水合用时,应有确保消防用水不作他用的技术措施。一般采用虹吸破坏法(在其他用水出水管上),见图 5.6-15 2. 区域集中的临时高压给水系统,当最高建筑屋顶水箱设置高度能满足其他建筑消防水压要求时,其他建筑内可不设高位水箱,当不能满足其压力要求时,如几幢相同高度的建筑群,每幢建筑均宜按上述要求(容量和设置高度)设置
其他	1. 组装或直接搁置水箱,应牢固与建筑物固定,在地震设防区应有足够的抗震能力 2. 消防水箱设置房间防火要求同消防水泵房,见表 5.6-6 3. 设置要求和配管见给水章节

注:1. 屋顶水箱不能满足此高度要求时,应设增压设施;

2. 设置高压给水系统的汽车库、修车库,当能保证最不利点消火栓和自动喷水灭火系统等的水量和水压时,可不设置消防水箱。

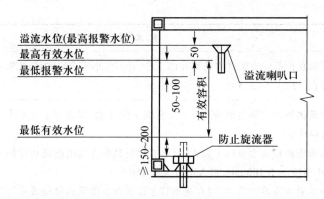

图 5.6-12 水箱水位示意图

注:1. 屋顶停机坪消火栓上方可不设高位水箱;

2. 水灭火设施包括自动喷水灭火系统、固定消防炮灭火系统等;

3. 水箱水位由溢流水位(最高报警水位)、最高有效水位、最低报警水位、最低有效水位四个水位线组成。

溢流水位:水箱开始溢流的最低水位,亦即溢流管喇叭口的标高对应的水位。

最高报警水位:即为溢流水位,表明水箱的溢流或进水系统发生故障,应向消防控制室报警。

最低报警水位:低于最高有效水位 50~100 mm,表明水箱和进水系统发生故障,应向消防控制室报警。

高位消防水箱的有效容积:最高水位和最低有效水位之间的存水容积。

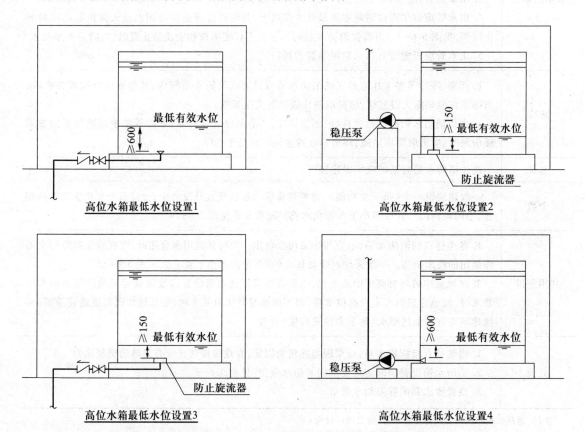

图 5.6-13 高位水箱最低水位设置示意图

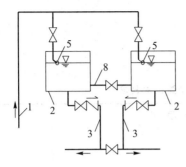 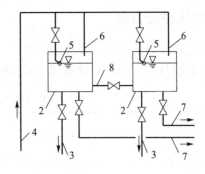

(a) 水泵和水箱双向向管网供水　　　　(b) 间接串联转输水箱配置

图 5.6-14　两水箱并联配管

1—补水管(生活水供给);2—消防水箱;3—出水管(向下区管网和消防泵向下双向供水);
4—消防供水管;5—浮球阀;6—小流量进水管(DN25~40);7—转输泵吸水管;
8—连通管;9—出水管(向下区管网重力流供水,无加压泵向下区供水)

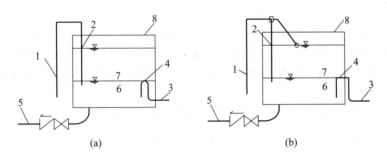

(a)　　　　　　　　　(b)

图 5.6-15　确保消防用水的技术措施

1—进水管;2—管壁开 $\phi 20 \sim 25$ 孔(位于最高水位处作虹吸破坏用);3—生产出水管;
4—管顶开 $\phi 20 \sim 25$ 孔(位于消防贮水位处作虹吸破坏用)管;5—消防出水管;
6、7—消防和生产调节贮水;8—水箱

3. 自动喷水灭火系统中高位消防水箱的设置要求。

(1)采用临时高压给水系统的自动喷水灭火系统,应设高位消防水箱。自动喷水灭火系统可与消火栓系统合用高位消防水箱,其设置应符合现行国家标准《消水规》的要求。

(2)采用临时高压给水系统的自动喷水灭火系统,当按现行国家标准《消水规》的规定可不设置高位消防水箱时,系统应设气压供水设备。气压供水设备的有效水容积,应按系统最不利处4只喷头在最低工作压力下的 5 min 用水量确定。干式系统、预作用系统设置的气压供水设备,应同时满足配水管道的充水要求。

(3)高位消防水箱的设置高度不能满足系统最不利点处喷头的工作压力时,系统应设置增压稳压设施,增压稳压设施的设置应符合现行国家标准《消水规》的规定。

(4)高位消防水箱的出水管应符合下列规定:

① 应设止回阀,并应与报警阀入口前管道连接;

② 轻危险级、中危险级场所的系统,出水管管径不应小于 80 mm;严重危险级和仓库危险级场所的系统,出水管管径应经计算确定,且不应小于 100 mm。

5.6.3 增压稳压设备

1. 增压稳压泵设置技术要求见表 5.6-3。

2. 稳压泵设计压力的确定详见图 5.6-16。

表 5.6-3 增压稳压装置设置技术要求

项目	设 置 要 求
一般要求	稳压泵宜采用离心泵,并宜符合下列规定: 1. 宜采用单吸单级或单吸多级离心泵 2. 泵外壳和叶轮等主要部件的材质宜采用不锈钢
设计流量	稳压泵的设计流量是根据其功能确定,满足系统维持压力的功能要求: 1. 稳压泵的设计流量不应小于消防给水系统管网的正常泄漏量和系统自动启动流量(报警阀等压力开关的启动流量) 2. 消防给水系统管网的正常泄漏量应根据管道材质、接口形式等确定。一般情况下,室外管网比室内管网漏水量大,大管网比小管网漏水量大,工程中应根据具体情况,经相关计算比较确定;当没有管网泄漏量数据时,稳压泵的设计流量宜按消防给水设计流量的 1%~3% 计,且不宜小于 1 L/s 3. 消防给水系统所采用报警阀压力开关等自动启动流量应根据产品确定
设计压力	稳压泵要满足其设定功能,就需要有一定的压力;压力过大,管网压力等级高带来造价提高,压力过低,不能满足其系统充水和启泵功能的要求: 1. 稳压泵的设计压力应满足系统自动启动和管网充满水的要求 2. 稳压泵的设计压力应保持系统自动启泵压力设置点处的压力在准工作状态时大于系统设置自动启泵压力值,且增加值宜为 0.07~0.10 MPa 3. 稳压泵的设计压力应保持系统最不利点处水灭火设施在准工作状态时的静水压力应大于 0.15 MPa 稳压泵要满足其设定功能,就需要有一定的压力,压力过大,管网压力等级高带来造价提高,压力过低不能满足其系统充水和启泵功能的要求
稳压水罐	设置稳压泵的临时高压消防给水系统应设置防止稳压泵频繁启停的技术措施。当采用气压水罐时,其调节容积应根据稳压泵启泵次数不大于 15 次/h 计算确定,但有效储水容积不宜小于 150 L
管路阀门	稳压泵吸水管应设置明杆闸阀,稳压泵出水管应设置消声止回阀和明杆闸阀
备用泵	稳压泵应设置备用泵

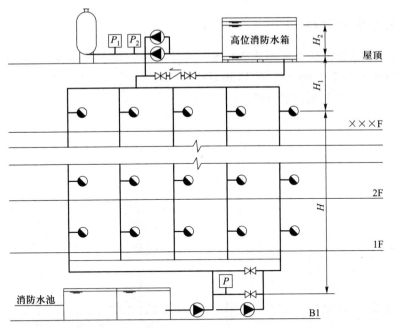

稳压泵设计压力的确定(一)

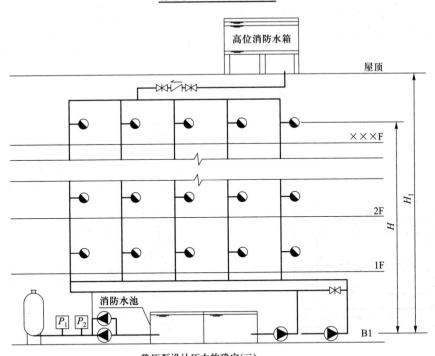

稳压泵设计压力的确定(二)

图 5.6-16　稳压泵设计压力的确定

注:1. 稳压泵停泵压力 $P_2 = P_1/0.85$。压力单位为 mH_2O。图中水泵处阀器件略。

2. 图(一)中稳压泵启泵压力 $P_1 > 15 - H_1$,且 $\geq H_2 + 7$;消防泵启泵压力 $P = P_1 + H_1 + H - 7$。

3. 图(二)中稳压泵启泵压力 $P_1 \geq H + 15$,且 $\geq H_1 + 10$;稳压泵停泵压力 $P_2 = P_1/0.85$;消防泵启泵压力 $P = P_1 - (7 \sim 10)$;当稳压泵从高位水箱吸水时,参数仍适用,但稳压泵壳的承压能力应不小于停泵压力 P_1 的 1.5 倍。

5.6.4　消防水泵接合器

1. 水泵接合器是供消防车向室内管网送水的连接器。形式有地上式、地下式和墙壁式三种。规格有 $DN100$（有 2 个 65 mm 接口）和 $DN150$（有 2 个 80 mm 接口）两种，形式见图 5.6-17 和图 5.6-18。适用于水和泡沫混合液。

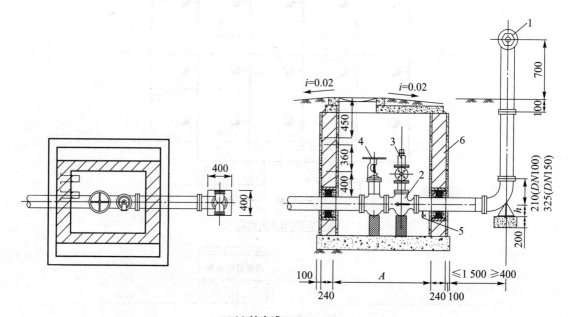

(a) 地上式

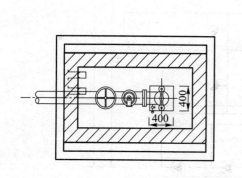

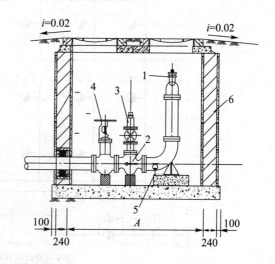

(b) 地下式

图 5.6-17　水泵接合器安装图

1—接合器 $DN100$（或 $DN150$）；2—止回阀 $DN100$（或 $DN150$）；3—安全阀 $DN32$；

4—闸阀 $DN100$（或 $DN150$）；5—放水阀 25；6—砖砌阀门井

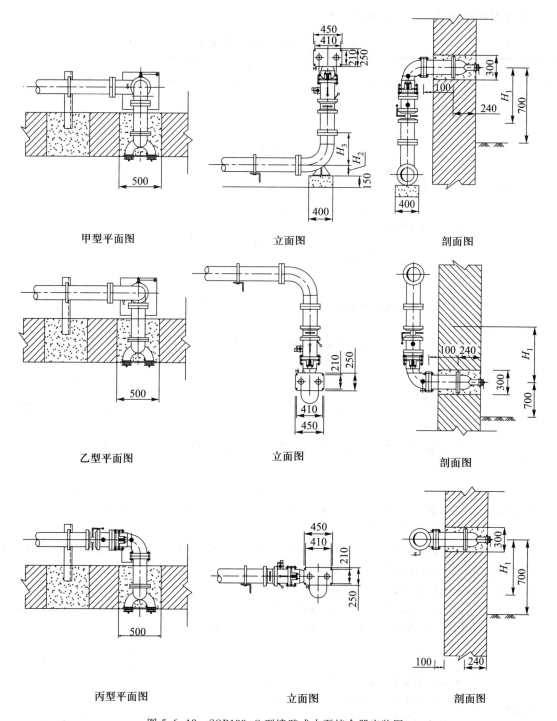

甲型平面图　　　　　　　立面图　　　　　　　剖面图

乙型平面图　　　　　　　立面图　　　　　　　剖面图

丙型平面图　　　　　　　立面图　　　　　　　剖面图

图 5.6-18　SQB100-C 型墙壁式水泵接合器安装图

2. 水泵接合器设置技术要求见表 5.6-4。

表 5.6-4 水泵接合器设置技术要求

项目	技 术 要 求
设置场所	下列场所的室内消火栓给水系统应设置消防水泵接合器: 1. 高层民用建筑 2. 设有消防给水的住宅、超过五层的其他多层民用建筑 3. 超过 2 层或建筑面积大于 10 000 m² 的地下或半地下建筑(室)、室内消火栓设计流量大于 10 L/s 平战结合的人防工程 4. 高层工业建筑和超过四层的多层工业建筑 5. 城市交通隧道 6. 自动喷水灭火系统、水喷雾灭火系统、泡沫灭火系统和固定消防炮灭火系统等水灭火系统,均应设置消防水泵接合器
流量	消防水泵接合器的给水流量宜按每个 10~15 L/s 计算
数量	每种水灭火系统的消防水泵接合器设置的数量应按系统设计流量经计算确定,但当计算数量超过 3 个时,可根据供水可靠性适当减少
设置位置	1. 临时高压消防给水系统向多栋建筑供水时,消防水泵接合器应在每座建筑附近就近设置,见图 5.6-19 2. 水泵接合器应设在室外便于消防车使用的地点,且距室外消火栓或消防水池的距离不宜小于 15 m,并不宜大于 40 m
供水范围	消防水泵接合器的供水范围,应根据当地消防车的供水流量和压力确定
分区用水	消防给水为竖向分区供水时,在消防车供水压力范围内的分区,应分别设置水泵接合器;当建筑高度超过消防车供水高度时,消防给水应在设备层等方便操作的地点设置手抬泵或移动泵接力供水的吸水和加压接口。见图 5.6-20 注:消防车通过消防水泵接合器供水的接力供水措施是采用手抬泵或移动泵,并要求在设计消防给水系统时应考虑手抬泵或移动泵的吸水口和加压水接口
安装高度	1. 墙壁消防水泵接合器的安装高度距地面宜为 0.70 m 2. 与墙面上的门、窗、孔、洞的净距离不应小于 2.0 m,且不应安装在玻璃幕墙下方 3. 地下消防水泵接合器的安装,应使进水口与井盖底面的距离不大于 0.40 m,且不应小于井盖的半径
标识铭牌	水泵接合器处应设置永久性标志铭牌,并应标明供水系统、供水范围和额定压力

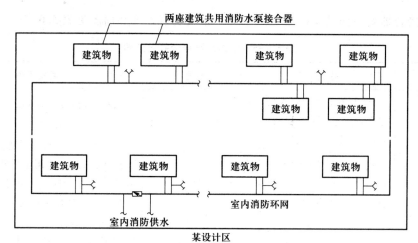

图 5.6-19 多栋建筑水泵接合器设置示意图

注:参与本楼座消防保护的消防给水系统应在本楼座旁设置水泵接合器,不参与本楼座消防保护的系统可不必在本楼座旁设置水泵接合器

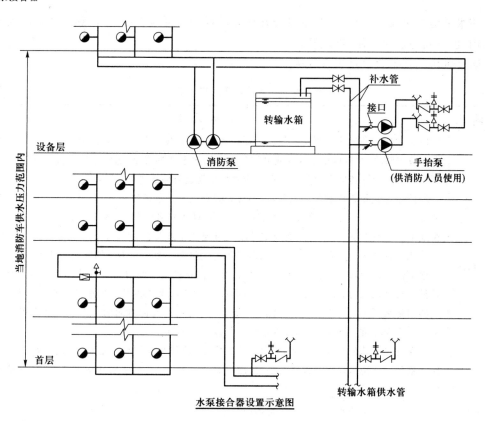

图 5.6-20 高层建筑水泵接合器设置示意图

注:1. 图中水泵处阀器件略。

2. 当地消防车的供水流量和压力以当地消防部门提供的数据为准。

3. 水泵接合器安装详见国标图集 99S203。常用安装形式和简图见表 5.6-5。

表 5.6-5　消防水泵接合器安装图

国标图号	图名	简图号	适用条件
99S203/11	SQ 型地上式消防水泵接合器安装图(有闸阀、止回阀、安全阀)	图 5.6-17(a)	规格:每种图有 $DN100$ 和 $DN150$ 两种 水压≤1.6 MPa 人行道及非汽车行驶地段
99S203/17	SQX 型地下消防水泵接合器安装图(有闸阀、止回阀、安全阀)	图 5.6-17(b)	地上式、地下式用于采暖室外计算温度低于 20℃地区,需做保温井口 各井均有适用于有地下水和无地下水两种,可供选用
99S203/7	SQB 型墙壁式消防水泵接合器安装图(甲型、乙型、丙型)	图 5.6-18	湿陷性黄土、多年冻土和地震烈度≥9度等特殊地区,应另作处理

5.6.5　消防水泵房

消防水泵房可设在建筑物之中,也可分开独立设置。它可与生活、生产和自动喷水灭火系统设备共用,也可几幢建筑合用,以便管理。

消防水泵房的技术要求见表 5.6-6。

表 5.6-6　消防水泵房技术要求

项目	技 术 要 求
平面布置	1. 独立建造的消防水泵房一般在工业企业内,对于石油化工厂而言,消防水泵房要远离各种易燃液体储罐,并应保证其在火灾和爆炸时消防水泵房的安全,通常应根据火灾的辐射热和爆炸的冲击波计算其最小间距。工程经验值最小为远离储罐外壁 15 m 2. 附设在建筑物内的消防水泵房,不应设置在地下三层及以下,或室内地面与室外出入口地坪高差大于 10 m 的地下楼层。火灾时为便于消防人员及时到达,规定了消防水泵房不应设置在地下三层及以下,或室内地面与室外出入口地坪高差大于 10 m 的地下楼层。见图 5.6-21 3. 附设在建筑物内的消防水泵房,应采用耐火极限不低于 2.0 h 的隔墙和 1.50 h 的楼板与其他部位隔开,其疏散门应直通安全出口,且开向疏散走道的门应采用甲级防火门。消防水泵是消防给水系统的心脏。在火灾延续时间内人员和水泵机组都需要坚持工作。因此,独立设置的消防水泵房的耐火等级不应低于二级;设在高层建筑物内的消防水泵房层应用耐火极限不低于 2.00 h 的隔墙和 1.50 h 的楼板与其他部位隔开 4. 为保证在火灾延续时间内,人员的进出安全,消防水泵的正常运行,对消防水泵房的出口作了规定。消防水泵房当设在首层时,出口宜直通室外;设在楼层和地下室时,宜直通安全出口,以便于火灾时消防队员安全接近
耐火等级	独立建造的消防水泵房耐火等级不应低于二级
水泵机组布置	1. 相邻两个机组及机组至墙壁间的净距,当电机容量小于 22 kW 时,不宜小于 0.60 m;当电动机容量不小于 22 kW,且不大于 55 kW 时,不宜小于 0.8 m;当电动机容量大于 55 kW 且小于 255 kW 时,不宜小于 1.2 m;当电动机容量大于 255 kW 时,不宜小于 1.5 m

续表

项目	技 术 要 求
水泵机组布置	2. 当消防水泵就地检修时,应至少在每个机组一侧设消防水泵机组宽度加 0.5 m 的通道,并应保证消防水泵轴和电动机转子在检修时能拆卸 3. 消防水泵房的主要通道宽度不应小于 1.2 m 4. 当采用柴油机消防水泵时,机组间的净距宜按 1~3 条规定值增加 0.2 m,但不应小于 1.2 m
起重设施	1. 消防水泵的重量小于 0.5 t 时,宜设置固定吊钩或移动吊架 2. 消防水泵的重量为 0.5~3 t 时,宜设置手动起重设备 3. 消防水泵的重量大于 3 t 时,应设置电动起重设备
检修场地及通道	1. 当消防水泵房内设有集中检修场地时,其面积应根据水泵或电动机外形尺寸确定,并应在周围留有宽度不小于 0.7 m 的通道 2. 地下式泵房宜利用空间设集中检修场地 3. 对于装有深井水泵的湿式竖井泵房,还应设堆放泵管的场地
管道布置	消防水泵房内的架空水管道,不应阻碍通道和跨越电气设备,当必须跨越时,应采取保证通道畅通和保护电气设备的措施
泵房净高	独立的消防水泵房地面层的地坪至屋盖或天花板等的突出构件底部间的净高,除应按通风采光等条件确定外,且应符合下列规定: 1. 当采用固定吊钩或移动吊架时,其值不应小于 3.0 m 2. 当采用单轨起重机时,应保持吊起物底部与吊运所越过物体顶部之间有 0.50 m 以上的净距 3. 当采用桁架式起重机时,除应符合本条第 2 款的规定外,还应另外增加起重机安装和检修空间的高度 4. 当采用轴流深井水泵时,水泵房净高应按消防水泵吊装和维修的要求确定,当高度过高时,应根据水泵传动轴长度产品规格选择较短规格的产品
进出口	消防水泵房应至少有一个可以搬运最大设备的门
采暖、通风和排水设施	1. 严寒、寒冷等冬季结冰地区采暖温度不应低于 10℃,但当无人值守时不应低于 5℃ 2. 消防水泵房的通风宜按 6 次/h 设计 3. 消防水泵房应设置排水设施 4. 当采用柴油机消防水泵时宜设置独立消防水泵房,并应设置满足柴油机运行的通风、排烟和阻火设施 5. 消防水泵房应采取防水淹没的技术措施,见图 5.6-22
隔振降噪	消防水泵不宜设在有防振或有安静要求房间的上一层、下一层和毗邻位置,当必须时,应采取下列降噪减振措施: 1. 消防水泵应采用低噪声水泵 2. 消防水泵机组应设隔振装置 3. 消防水泵吸水管和出水管上应设隔振装置 4. 消防水泵房内管道支架和管道穿墙和穿楼板处,应采取防止固体传声的措施 5. 在消防水泵房内墙应采取隔声吸音的技术措施

项 目	技 术 要 求	图 例
水锤压力计算	消防水泵出水管应进行停泵水锤压力计算,并宜按式(5.6-1)计算,当计算所得的水锤压力值超过管道试验压力值时,应采取消除停泵水锤的技术措施。停泵水锤消除装置应装设在消防水泵出水总管上,以及消防给水系统管网其他适当的位置: $$\Delta p = \rho c v \qquad (5.6\text{-}1)$$ $$c = \frac{c_0}{\sqrt{1 + \dfrac{K d_i}{E \delta}}} \qquad (5.6\text{-}2)$$ 式中　Δp——水锤最大压力,Pa; 　　　ρ——水的密度,kg/m³; 　　　c——水击波的传播速度,m/s; 　　　v——管道中水流速度,m/s; 　　　c_0——水中声波的传播速度,宜取 $c_0 = 1\,435$ m/s(压强 0.1~2.50 MPa,水温10℃); 　　　K——水的体积弹性模量,宜取 $K = 2.1 \times 10^9$ Pa; 　　　E——管道的材料弹性模量,钢管 $E = 20.6 \times 10^{10}$ Pa,铸铁管 $E = 9.8 \times 10^{10}$ Pa,钢丝网骨架塑料(PE)复合管 $E = 6.5 \times 10^{10}$ Pa; 　　　d_i——管道的公称直径,mm; 　　　δ——管道壁厚,mm	
抗震	独立消防水泵房的抗震应满足当地地震要求,且宜按本地区抗震设防烈度提高 1 度采取抗震措施,但不宜做提高 1 度抗震计算,并应符合现行国家标准《室外给水排水和燃气热力工程抗震设计规范》(GB 50032—2016)的有关规定	
安全保护	消防水泵和控制柜应采取安全保护措施	

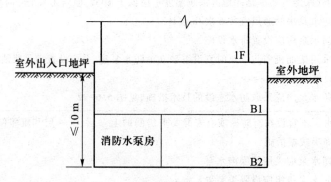

图 5.6-21　消防水泵房设置要求示意图

注:消防水泵房不低于地下二层和距室外出入口地坪高差不大于 10 m 应同时满足。

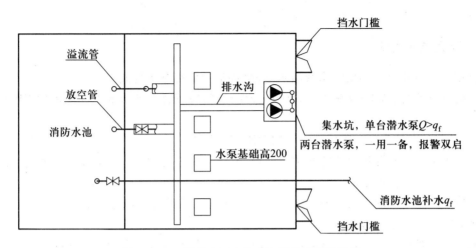

图 5.6-22　消防水泵房防水淹没技术措施图示

注:1. 集水坑的提升泵应按最大补水管流量选取;

2. 用电设备及消防控制柜的基础要高于地面。

【本节精选习题】

1. 下列哪项建筑物的室内消防给水系统可不设消防水泵接合器(　　)?

A. 市政进水管只有一条的高层住宅室内消火栓给水系统

B. 多层办公楼的自动喷水灭火系统(轻危险级)

C. 高层仓库的室内消火栓给水系统

D. 5 层旅馆的室内消火栓给水系统

答案:【D】

解析:超过 5 层的多层民用建筑应设消防水泵接合器,D 项为 5 层旅馆,不需要设置消防水泵接合器。

2. 下列关于水泵接合器和室外消火栓设计的叙述中,哪几项错误?(　　)

A. 墙壁消防水泵接合器距其墙面上的窗的净距为 1.5 m

B. 十层住宅当设有室内消火栓时可不设室外消火栓

C. 水泵接合器的数量应按室内外消防用水量之和计算确定

D. 建筑室外消火栓的数量根据室外消火栓设计流量和保护半径经计算确定

答案:【ABC】

解析:墙壁式水泵接合器距其墙面上的窗的净距不应小于 2 m,故 A 错误;

民用建筑应设室外消火栓,故 B 错误;

水泵接合器的数量应根据室内消防用水量确定,故 C 错误。

5.7　消防给水系统

消防给水系统应根据建筑的用途功能、体积、高度、耐火等级、火灾危险性、重要性、次生灾害、商务连续性、水源条件等因素综合确定其可靠性和供水方式,并应满足水灭火系统所需流量和压力的要求。

5.7.1 室外消防给水

1. 城镇消防给水宜采用城镇市政给水管网供应,并应符合下列规定:

(1) 城镇市政给水管网及输水干管应符合现行国家标准《室外给水设计规范》(GB 50013—2006)的有关规定。

(2) 工业园区、商务区和居住区宜采用两路消防供水。

(3) 当采用天然水源作为消防水源时,每个天然水源消防取水口宜按一个市政消火栓计算或根据消防车停放数量确定。

(4) 当市政给水为间歇供水或供水能力不足时,宜建设市政消防水池,且建筑消防水池宜有作为市政消防给水的技术措施。

(5) 城市避难场所宜设置独立的城市消防水池,且每座容量不宜小于 200 m³。

(6) 当室外采用高压或临时高压消防给水系统时,宜与室内消防给水系统合用,见图 5.7-1。

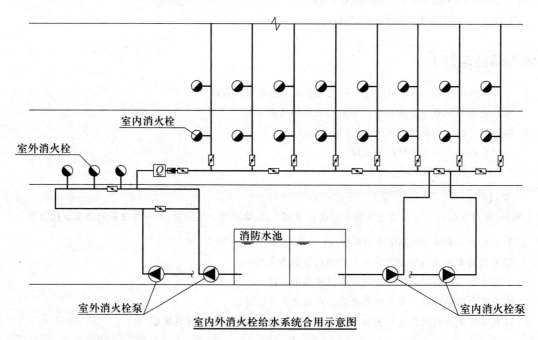

室内外消火栓给水系统合用示意图

图 5.7-1 室内外消火栓合用给水系统

注:1. 图中水泵处阀器件略;

2. 合用系统之一:室内外共用一台消火栓泵,适用于室内外流量之和不太大和扬程不太高的建筑;

3. 合用系统之二:室内外共用两台消火栓泵,适用于室内流量和室外流量均较大且扬程不太高的建筑,先起一台泵,待压力继续降低,启第二台泵;

4. 合用系统之三:如图示,适用于室内消火栓系统扬程很高的建筑,室外消火栓泵由流量开关自动启泵;

5. 室外消防管网压力不宜太高,不大于 0.5 MPa 为宜,以减小地埋地管漏水。

2. 系统分类和适用条件,见表 5.7-1。

表 5.7-1 室外消防给水管网适用条件

系统	图示	技术要求	适用场所
低压消防给水系统	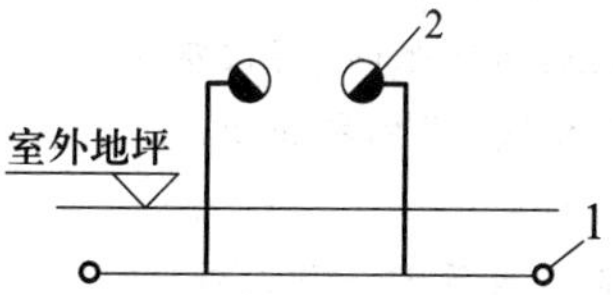 1—市政给水管;2—室外消火栓	1. 由市政管网直接供给,市政给水管网能够连续供水且市政管网供水量能满足消防时室外用水要求,设计消防时水压≥0.1 MPa(以室外设计地面标高计),但不能满足室外消防水压要求,需借助消防车供水灭火 一般建筑室外消防管网与生产、生活给水合并使用,室内消防给水系统单设 2. 应采用两路消防供水,除建筑高度超过 54 m 的住宅外,室外消火栓设计流量小于等于 20 L/s 时可采用一路消防供水 3. 市政消火栓或消防车从消防水池吸水向建筑供应室外消防给水时,应符合下列规定: (1)供消防车吸水的室外消防水池的每个取水口宜按一个室外消火栓计算,且其保护半径不应大于 150 m (2)距建筑外缘 5~150 m 的市政消火栓可计入建筑室外消火栓的数量,但当为消防水泵接合器供水时,距建筑外缘 5~40 m 的市政消火栓可计入建筑室外消火栓的数量 (3)当市政给水管网为环状时,符合本条上述内容的室外消火栓出流量宜计入建筑室外消火栓设计流量;但当市政给水管网为枝状时,计入建筑的室外消火栓设计流量不宜超过一个市政消火栓的出流量	1. 适用于各类建筑 2. 工艺装置区、储罐区等场所,当无泡沫灭火系统、固定冷却水系统和消防炮,室外消防给水设计流量不大于 30 L/s,且在城镇消防站保护范围内时,可采用低压消防给水系统 3. 堆场等场所宜采用低压消防给水系统

系统	图示	技术要求	适用场所
高压消防给水系统	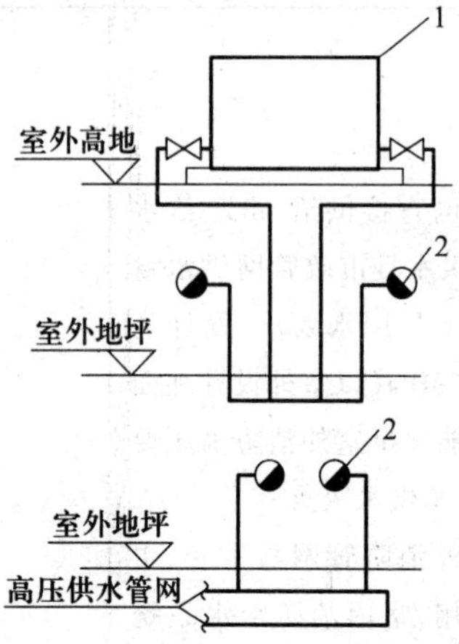 1—高地水池；2—室外消火栓	高压消防给水系统即能始终保持满足水灭火设施所需的工作压力和流量，火灾时无须消防水泵直接加压的供水系统： （1）市政管网或高地水池、水塔供水水量和水压满足室内、外消防时用水要求。一般采用合并的室内、外消防给水系统 （2）由生活给水系统管道接出的消防给水管网的起点，应设倒流防止器 （3）市政给水管网直接供水的高压消防给水系统的系统工作压力，应根据市政给水管网的工作压力确定	1. 一般应用于低层建筑和建筑小区、村镇建筑、汽车库（区）等要求消防水压不高的工程 2. 工艺装置区、储罐区等场所应采用高压或临时高压消防给水系统 3. 堆场等场所，当可燃物堆场规模大、堆垛高、易起火、扑救难度大，应采用高压或临时高压给水系统
临时高压消防给水系统（设水池和水泵加压灭火）	参见图示 5.7-2	（1）市政管网消防时供水水压 <0.1 MPa（以室外设计地面标高计）或供水不能满足消防用水时，需设水池（或利用天然水源）和水泵加压的临时高压系统 （2）应与生活给水系统分开设置，不应与生产生活给水系统合用 （3）室内和室外消火栓亦可各自独立设置系统	
设贮水池和用天然水源供水（由消防车直接取水灭火）		（1）室外设有市政管网，但不能满足消防时用水要求和水压小于 0.1 MPa 时，需设消防水池，由消防车从水池取水灭火。水池设置要求见 5.5.2 节。室外无给水管网，利用天然水源作消防水源时，用消防车取水灭火。天然水源取水设施设置要求见 5.5.1 节 （2）适用于占地面积不大，在贮水池和水源井服务半径范围之内的低层建筑，若占地面积大且分散的多幢低层建筑，应设加压泵站和室外消火栓管网	

注：1. 当室外采用高压或临时高压消防给水系统时，宜与室内消防给水系统合用；

2. 独立的室外临时高压消防给水系统宜采用稳压泵维持系统的充水和压力。

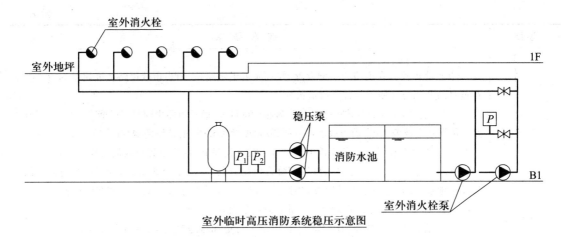

室外临时高压消防系统稳压示意图

图 5.7-2 室外临时高压消防给水系统稳压示意图

注:稳压泵的启泵压力应保证最不利消火栓口处的静压不小于 0.17 MPa,当最不利消火栓口处的静压降至 0.10 MPa 之前应启动消防供水泵。

3. 室外消火栓包含市政消火栓和小区室外消火栓,其系统技术要求,见表 5.7-2、表 5.7-3。

表 5.7-2 市政消火栓系统技术要求

项目	技 术 要 求
消火栓型式	1. 市政消火栓应采用湿式消火栓系统(市政消火栓只有湿式系统,无干式系统) 2. 市政消火栓宜采用地上式室外消火栓 3. 当采用地下式室外消火栓,地下消火栓井的直径不宜小于 1.5 m,且当地下式室外消火栓的取水口在冰冻线以上时,应采取保温措施 4. 在严寒、寒冷等冬季结冰地区宜采用干式、地上式室外消火栓,严寒地区宜增设消防水鹤 注:a. 市政消火栓和室外消火栓用途:通过消防车加压直接用于建筑物下层的火灾扑救;向邻近建筑物淋水降温,防火灾蔓延;向水泵接合器送水,通过水泵接合器向建筑物供水。 b. 水鹤是铁路给水装置(机车进水用),其特点是有一定高度(高于机车车身),地上部分为空管,立管段无水,不会结冻,可旋转配水
消防水鹤	1. 严寒地区在城市主要干道上设置消防水鹤的布置间距宜为 1 000 m 2. 连接消防水鹤的市政给水管的管径不宜小于 $DN200$ 3. 火灾时消防水鹤的出流量不宜低于 30 L/s,且供水压力从地面算起不应小于 0.10 MPa
栓口要求	市政消火栓宜采用直径 $DN150$ 的室外消火栓,并应符合下列要求: 1. 室外地上式消火栓应有一个直径为 150 mm 或 100 mm 和两个直径为 65 mm 的栓口 2. 室外地下式消火栓应有直径为 100 m 和 65 mm 的栓口各一个 注:以上栓口的尺寸均为公称直径,不同口径的栓口用于连接水带

续表

项目	技术要求
设置位置	1. 市政消火栓宜在道路的一侧设置,并宜靠近十字路口,但当市政道路宽度超过 60 m 时,应在道路的两侧交叉错落设置市政消火栓 注:宽度超过 60 m 的市政道路一般车辆通行量很大,而且道路中间很有可能有护栏,若只在道路一侧设置市政消火栓,消防取水不方便,故宽度超过 60 m 的道路两侧都应设置市政消火栓 2. 市政桥桥头和城市交通隧道出入口等市政公用设施处,应设置市政消火栓 注:a. 市政桥桥头和隧道出入口等市政公用设施处,均属于交通密集人流量大,交通事故容易发生地点,故在这类地点设置市政消火栓,以备交通事故引发的火灾能够及时扑救。 b. 当路桥很长时,比如超 3 000 m,桥上应设消火栓。 3. 市政消火栓应布置在消防车易于接近的人行道和绿地等地点,且不应妨碍交通 4. 市政消火栓距路边不宜小于 0.5 m,并不应大于 2.0 mm 5. 市政消火栓距建筑外墙或外墙边缘不宜小于 5.0 m 6. 市政消火栓应避免设置在机械易撞击的地点,确有困难时,应采取防撞措施。 注:a. 与外墙距离 5 m,坠落物不伤害消防人员; b. 距路边不大于 2 m,吸水管长度 3~4 m; c. 不小于 0.5 m,防止撞坏。防撞措施:可采用防撞型地上式消火栓,具有被车辆等外力冲撞后主阀能自动关闭的功能的地上式消火栓
保护半径	市政消火栓的保护半径不应超过 150 m,间距不应大于 120 m。 注:a. 我国城市街区内的道路间距一般不超过 160 m,而消防干管一般沿道路设置。因此,2 条消防干管之间的距离亦不超过 160 m。本规定主要保证沿街建筑能有 2 个消火栓的保护(我国城市消防队一般第一出动力量多为 2 辆消防车,每辆消防车取水灭火时占用 1 个消火栓)。国产消防车的供水能力(双干线最大供水距离)为 180 m,火场水枪手需留机动水带长度 10 m,水带在地面的铺设系数为 0.9,则消防车实际的供水距离为(180−10)×0.9 m = 153 m。若按街区两边道路均设有消火栓计算,则每边街区消火栓的保护范围为 80 m。当直角三角形斜边长为 153 m 时,竖边长为 80 m,则底边长为 123 m。故规定消火栓的间距不应超过 120 m。 b. 室外消火栓也可按此规定
阀门	市政给水管网的阀门设置应便于市政消火栓的使用和维护,并应符合现行国家标准《室外给水设计规范》(GB 50013—2006)的有关规定
供水压力	当市政给水管网设有市政消火栓时,其平时运行工作压力不应小于 0.14 MPa,火灾时水力最不利市政消火栓的出流量不应小于 15 L/s,且供水压力从地面算起不应小于 0.10 Mpa
标识	地下式市政消火栓应有明显的永久性标志,防止使用时寻找困难,耽误灭火

表 5.7-3 小区室外消火栓系统技术要求

项目	技 术 要 求
消火栓型式	1. 建筑室外消火栓应采用湿式消火栓系统(室外消火栓只有湿式系统,无干式系统) 2. 严寒、寒冷等冬季结冰地区城市隧道及其他构筑物的消火栓系统,应采取防冻措施,并宜采用干式地上式室外消火栓
数量	1. 建筑室外消火栓的数量应根据室外消火栓设计流量和保护半径经计算确定 2. 建筑消防扑救面一侧的室外消火栓数量不宜少于 2 个 3. 甲、乙、丙类液体储罐区和液化烃罐罐区等构筑物的室外消火栓,数量应根据每个罐的设计流量经计算确定,但距罐壁 15 m 范围内的消火栓,不应计算在该罐可使用的数量内 4. 工艺装置区等采用高压或临时高压消防给水系统的场所,其数量应根据设计流量经计算确定 注:a. 对于 1 条,水泵接合器的数量并不参与室外消火栓数量的确定。 b. 对于 2 条,建筑消防扑救面应与建筑师沟通确认,不应按水专业的作业图自行推断。 c. 对于 3 条,火灾发生时,距罐壁 15 m 范围内的室外消火栓因辐射热而难以使用,故不应计算在该罐可使用的数量内;消火栓的设置数量应根据消防方式和消防用水量计算确定。每个室外消火栓的出流量按 10~15 L/s 计算。消防用水量按《消水规》中 3.4 节以及《石油天然气工程设计防火规范》(GB 50183—2004)和《石油化工企业设计防火规范》(GB 50160—2008)的规定计算确定
保护半径	保护半径不应大于 150 m,间距不应大于 120 m
设计流量	每个室外消火栓的出流量宜按 10~15 L/s 计算
倒流防止器	室外消防给水引入管当设有倒流防止器,且火灾时因其水头损失导致室外消火栓不能满足本表格中"供水压力"的要求时,应在该倒流防止器前设置一个室外消火栓,见图 5.7-3 a. 倒流防止器有可能会出现故障,造成阀后压力或流量不足。阀前设置的消火栓可应急使用。 b. 倒流防止器的水头损失较大,如减压型倒流防止器在正常设计流量时的水头损失在 0.04~0.10 MPa 之间,火灾时因流量大增,水头损失会剧增,可能导致使室外消火栓的供水压力不能满足 0.10 MPa 的要求,为此应进行水力计算。为保证消防给水的可靠性,规定从市政给水管网接引的入户引入管在倒流防止器前应设置一个室外消火栓。 c. 根据《建筑给水排水设计规范》(GB 50015—2003)(2009 年版)规定,消火栓系统属中度危害回流污染,可采用低阻力倒流防止器
设置位置	1. 室外消火栓宜沿建筑周围均匀布置,且不宜集中布置在建筑一侧 2. 人防工程、地下工程等建筑应在出入口附近设置室外消火栓,且距出入口的距离不宜小于 5 m,并不宜大于 40 m,室外消火栓相当于建筑物消防电梯前室的消火栓,消防队员来时作为首先进攻、火灾侦查和自我保护用的

续表

项目	技术要求
设置位置	3. 停车场的室外消火栓宜沿停车场周边设置,且与最近一排汽车的距离不宜小于 7 m,距加油站或油库不宜小于 15 m,只要汽车处在室外消火栓的保护半径之内即可 4. 甲、乙、丙类液体储罐区和液化烃罐罐区等构筑物的室外消火栓,应设在防火堤或防护墙外 5. 工艺装置区等采用高压或临时高压消防给水系统的场所,其周围应设置室外消火栓,数量应根据设计流量经计算确定,且间距不应大于 60.0 m;当工艺装置区宽度大于 120.0 m 时,宜在该装置区内的路边设置室外消火栓。工艺装置区:由一个或一个以上的独立石油化工装置或联合装置组成的生产区域;随着装置的大型化、联合化,一套装置的占地面积大大增加,装置内有时布置多条消防道路,装置发生火灾时,消防车需进入装置扑救,故要求在装置的消防道路边也要设置消火栓,但距被保护对象 15 m 以内的消火栓不应计算在该保护对象可使用的数量之内;严寒、寒冷地区设置的消火栓、阀门井和管道应有可靠的防冻措施;工艺装置区消防用水量应根据装置场站等级或装置类型和规模、火灾危险性等因素,按照《石油天然气工程设计防火规范》(GB 50183—2004)和《石油化工企业设计防火规范》(GB 50160—2008)的规定计算确定 6. 当工艺装置区、罐区、堆场、可燃气体和液体码头等构筑物的面积较大或高度较高,室外消火栓的充实水柱无法完全覆盖时,宜在适当部位设置室外固定消防炮。堆场:易燃、可燃材料露天、半露天堆场;可燃气体和液体码头:"可燃液体、液化烃的火车和汽车卸卸栈台"及油船的"装卸油品码头"等;目前国内最大的油罐是 10 万立方米,乙烯工程已经达 80～120 万吨,消防水枪已经难以覆盖工艺装置和储罐,为此移动冷却的室外箱式消火栓改为固定消防炮;固定消防炮的系统流量、设置要求等除执行《消水规》外,还应符合《石油天然气工程设计防火规范》(GB 50183—2004)、《石油化工企业设计防火规范》(GB 50160—2008)和《固定消防炮灭火系统设计规范》(GB 50338—2003)的规定,每门消防炮的流量不宜小于 30 L/s 7. 当工艺装置区、储罐区、堆场等构筑物采用高压或临时高压消防给水系统时,消火栓的设置应符合下列规定: (1) 室外消火栓处宜配置消防水带和消防水枪; (2) 工艺装置休息平台等处需要设置的消火栓的场所应采用室内消火栓,并应符合室内消火栓的有关规定 平台上设置消火栓是为了方便对装置进行灭火或冷却;同时应考虑距被保护对象 15 m 以内的消火栓不应计算在该保护对象可使用的数量之内;严寒、寒冷地区设置的消火栓、阀门和管道应有可靠的防冻措施
供水压力	平时稳压的最小压力不应低于 0.10 MPa(从地面算起),室外消火栓泵的扬程应保证系统在消防设计流量时,最不利点的工作压力不低于 0.25 MPa

注:建筑室外消火栓的布置除应符合表的规定外,还应符合表的有关规定。

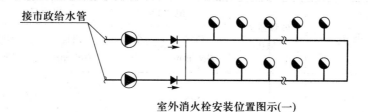

室外消火栓安装位置图示(一)

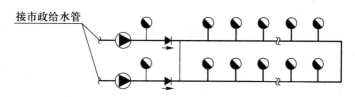

室外消火栓安装位置图示(二)

图 5.7-3 室外消火栓安装位置图示

注:图示(一)用于条件符合表 5.7-3 中"供水压力"时室外消火栓设置;图示(二)用于条件不满足表 5.7-3 中"供水压力"时室外消火栓设置。

4. 室外消火栓设备。

(1)室外消火栓规格见表 5.7-4。

表 5.7-4 室外消火栓规格

类别	型号	公称压力/MPa	进水口		出水口		计算出水量/(L/s)
			口径 DN/mm	个数 /个	口径 DN/mm	个数 /个	
地上式消火栓	SS100/65-1.0	1.0	100	1	65	2	10~15
					100	1	
	SS150/65-1.0	1.0	150	1	65	2	10~15
					150	1	
	SS150/80-1.0	1.0	150	1	80	2	10~15
					150	1	
	SSF100/65-1.0	1.0	100	1	65	2	10~15
					100	1	
	SSF150/65-1.0	1.0	150	1	65	2	10~15
					150	1	
	SSF150/80-1.0	1.0	150	1	80	2	10~15
					150	1	

续表

类别	型号	公称压力 /MPa	进水口		出水口		计算出水量 /(L/s)
			口径 DN/mm	个数 /个	口径 DN/mm	个数 /个	
地上式消火栓	SS100/65-1.6	1.6	100	1	65	2	10~15
					100	1	
	SS150/65-1.6	1.6	150	1	65	2	10~15
					150	1	
	SS150/80-1.6	1.6	150	1	80	2	10~15
					150	1	
	SSF100/65-1.6	1.6	100	1	65	2	10~15
					100	1	
	SSF150/65-1.6	1.6	150	1	65	2	10~15
					150	1	
	SSF150/80-1.6	1.6	150	1	80	2	10~15
					150	1	
	SSP100/65-1.6	1.6	100	1	65	2	10~15
					100	1	
	SSP150/65-1.6	1.6	150	1	65	2	10~15
					150	1	
	SSP150/80-1.6	1.6	150	1	80	2	10~15
					150	1	
地下式消火栓	SA100-1.0	1.0	100	1	100	1	10~15
	SA100-1.6	1.6	100	1	100	1	10~15
	SA100/65-1.0	1.0	100	1	65	1	10~15
					100	1	
	SA100/65-1.6	1.6	100	1	65	1	10~15
					100	1	

（2）室外消火栓设置要求见表5.7-5。

表 5.7-5　室外消火栓设置要求

项目	要　　求
选型	1. 宜采用地上式,寒冷地区可采用地下式,且应有明显标志 2. 栓口要求: 　地上式 $DN150$　　　栓口 $DN150 \times 2DN80$ 　（此规格不常用,若采用需与当地消防部门联系） 　　　　　 $DN100$　　　栓口 $DN100 \times 2DN65$ 　地下式 $DN100$　　　栓口 $DN100 \times DN65$ 各一个 3. 应选用与当地市政管网相同型消火栓
个数	1. 按式(5.7-1)计算 $$N \geqslant Q/Q_q \qquad (5.7\text{-}1)$$ 式中　N——消火栓个数(个),当计算值为小数时,应向上进位取整数; 　　　　Q——室外消防用水量(L/s),见第5.4节; 　　　　Q_q——每个消火栓出水量 10~15 L/s。 2. 市政消火栓距离建筑物外墙≤下列距离时,可计入消火栓数量:高层建筑 40 m,低层建筑、汽车库(区)150 m 3. 人防工程室外消火栓数量应按人防工程内消防用水总量确定
布置	1. 沿建筑物周围均应布置,间距不大于 120 m。大型和高层建筑应适当缩小间距,增加消火栓 2. 沿消防车道设置,并尽量设在靠建筑物一侧,消火栓距路边不宜大于 2 m 3. 消火栓距离建筑物外墙最小距离不宜小于 5 m;村镇建筑有困难时可缩小,但不应小于1.5 m;最大距离:高层建筑不宜大于 40 m;汽车库(区)和低层建筑不应大于 150 m 4. 低层建筑还应符合下列要求 （1）市政或小区、村镇消火栓应沿道路布置,当路宽大于 60 m 时,宜在路两边设置,并宜靠近十字路口 （2）室外消火栓的保护半径不应大于 150 m,在市政消火栓保护半径 150 m 以内,如建筑室外消防用水量不大于 15 L/s,可不设 （3）甲、乙、丙类液体储罐区和液化石油气罐罐区的消火栓应设在防火堤外。但距罐壁 15 m 范围内的消火栓不应计算在该罐可使用的数量内 5. 停车场的室外消火栓宜沿停车场周边设置,且距最近一排汽车不宜小于 7 m,距加油站或油库不宜小于 15 m。停车库、修车库要求同低层建筑 6. 人防工程:距离出入口不宜小于 5 m

（3）室外消火栓安装简图（国标 13S201）见表 5.7-6。

表 5.7-6 室外消火栓安装简图（国标 13S201）

图号	图名	说明	简图
13S201-3		目录、总说明	
13S201/15	室外地上式消火栓安装图支管浅装	1. 管道覆土深度 H_m 可以从 800 mm 逐挡加高到 2 800 mm，每挡 250 mm 2. 适用于冰冻深度 ≤ 200 mm 的地区	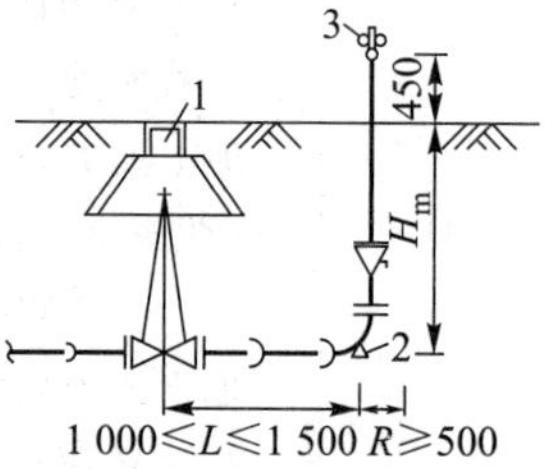 $1\,000 \leqslant L \leqslant 1\,500\ R \geqslant 500$ 1—阀门套管；2—弯管底座； 3—室外地上式消火栓
13S201/19	室外地上式消火栓安装图支管深装		
13S201/25	室外地上式消火栓安装图干管安装	1. 管道覆土深度 H_m 可以从 800 mm 逐挡加高到 2 800 mm，每挡 250 mm 2. 适用于冰冻深度 ≤ 200 mm 的地区	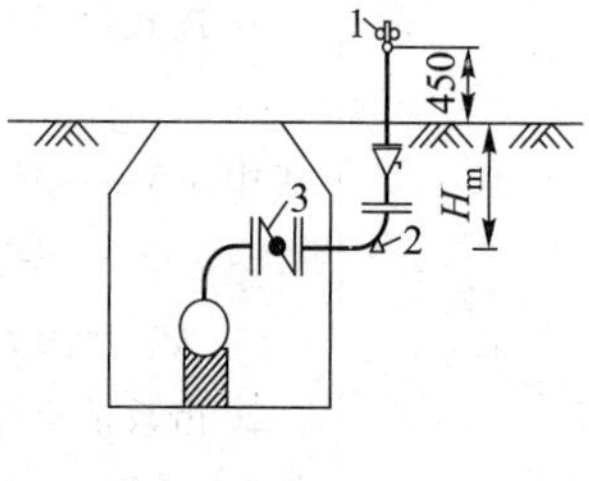 1—室外地下式消火栓； 2—弯管底座；3—阀门； 4—阀门井
13S201/29	室外地下式消火栓安装图支管浅装	1. 管道覆土深度 H_m 可以从 1 000 mm 逐挡加高到 3 000 mm，每挡 250 mm 2. 适用于冰冻深度 ≥ 400 mm 的地区	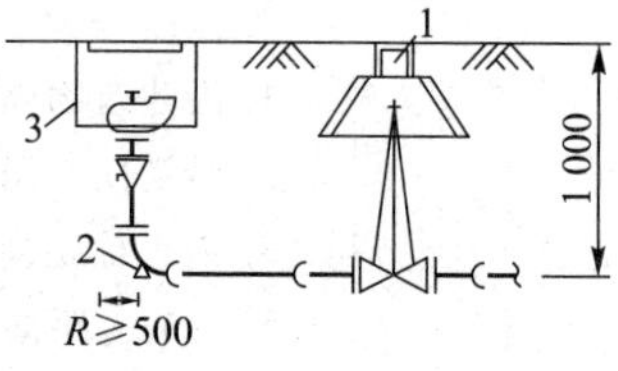 $R \geqslant 500$ 1—室外地下式消火栓； 2—弯管底座；3—阀门井
13S201/31	室外地下式消火栓安装图支管深装	1. 管道覆土深度 H_m 可以从 1 000 mm 逐挡加高到 3 000 mm，每挡 250 mm 2. 适用于冰冻深度 ≥ 400 mm 的地区	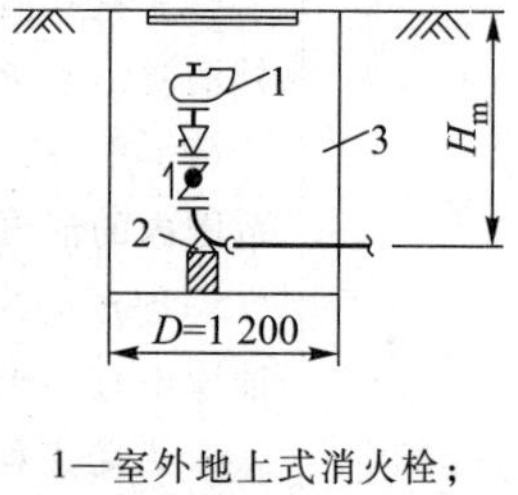 $D = 1\,200$ 1—室外地上式消火栓； 2—弯管底座；3—阀门井

续表

图号	图名	说明	简图
13S201/33	室外地下式消火栓安装图干管安装	1. 管道覆土深度 H_m 可以从 1 000 mm 逐挡加高到 3 000 mm，每挡 250 mm 2. 适用于冰冻深度 ≥ 400 mm 的地区	1—室外地下式消火栓； 2—三通；3—阀门井

5.7.2 室内消防给水

　　室内消防给水应采用高压或临时高压消防给水系统，且不应与生产、生活给水系统合用；但当自动喷水灭火系统局部应用系统和仅设有消防软管卷盘或轻便水龙的室内消防给水系统时，可与生产生活给水系统合用。

　　当建筑物高度超过 100 m 时，室内消防给水系统应分析比较多种系统的可靠性，采用安全可靠的消防给水形式；当采用常高压消防给水系统时，但高位消防水池无法满足上部楼层所需的压力和流量时，上部楼层应采用临时高压消防给水系统，该系统的高位消防水箱的有效容积应按 5.6.2 节的有关规定根据该系统供水高度确定，且不应小于 18 m³。如图 5.7-4 所示。

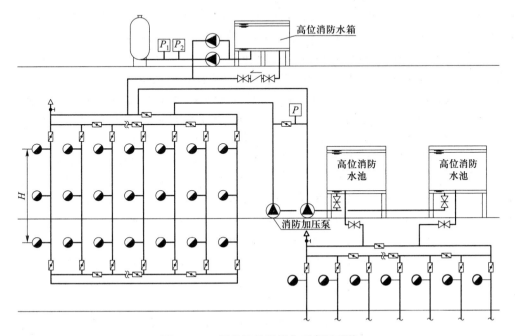

图 5.7-4　超高层及顶部临时高压系统

　　注:安全可靠的消防给水形式:(1) 消防泵有备用泵;(2) 供水管网成环;(3) 设置稳压设施;(4) 转输管线转输水泵两路等消防措施。

1. 室内消防给水管网分类及技术要求,见表 5.7-7。

表 5.7-7　室内消防给水管网分类及技术要求

系统	技　术　要　求
临时高压系统	1. 不应与生产生活给水系统合用 2. 室内采用临时高压消防给水系统时,高位消防水箱的设置应符合下列规定 (1) 高层民用建筑、总建筑面积大于 10 000 m² 且层数超过 2 层的公共建筑和其他重要建筑,必须设置高位消防水箱 (2) 其他建筑应设置高位消防水箱,但当设置高位消防水箱确有困难,且采用安全可靠的消防给水形式时,可不设高位消防水箱,但应设稳压泵,见图 5.7-5 (3) 当市政供水管网的供水能力在满足生产、生活最大小时用水量后,仍能满足初期火灾所需的消防流量和压力时,市政直接供水可替代高位消防水箱 3. 当室内临时高压消防给水系统仅采用稳压泵稳压,且为室外消火栓设计流量大于 20 L/s 的建筑和建筑高度大于 54 m 的住宅时,消防水泵的供电或备用动力应符合下列要求: (1) 消防水泵应按一级负荷要求供电,当不能满足一级负荷要求供电时应采用柴油发电机组作备用动力 (2) 工业建筑备用泵宜采用柴油机消防水泵 4. 建筑群共用临时高压消防给水系统时,应符合下列规定: (1) 工矿企业消防供水的最大保护半径不宜超过 1 200 m,且占地面积不宜大于 200 hm² (2) 居住小区消防供水的最大保护建筑面积不宜超过 500 000 m²,见图 5.7-6 (3) 公共建筑宜为同一产权或物业管理单位 (注:在工业厂区、同一物业管理的居住区等建筑群采用一套临时高压消防给水系统向多栋建筑的水灭火系统供水是一种经济合理消防给水方法。但对于不同物业管理单位的建筑可能出现责任不明等不良现象,导致消防管理出现安全漏洞,因此在工程设计中应考虑消防给水管理的合理性,杜绝安全漏洞) 5. 当市政给水管网能满足生产生活和消防给水设计流量,且市政允许消防水泵直接吸水时,临时高压消防给水系统的消防水泵宜直接从市政给水管网吸水,但城镇市政消防给水设计流量宜大于建筑的室内外消防给水设计流量之和 6. (1) 采用高位消防水箱稳压的临时高压消防给水系统的系统工作压力,应为消防水泵零流量时的压力与水泵吸水口最大静水压力之和,见图 5.7-7(2)、(3) (2) 采用稳压泵稳压的临时高压消防给水系统的系统工作压力,应取消防水泵零流量时的压力、消防水泵吸水口最大静压二者之和与稳压泵维持系统压力时两者其中的较大值。见图 5.7-8 (3) 消防水泵不在系统最低位时的消防给水系统的系统工作压力,见图 5.7-9

续表

系统		技 术 要 求
高压系统	管网高压系统	管网高压系统:至少有独立可靠的两路及以上供水接入消防系统,同时满足: 1. 任一水源供水管最小流量不小于消防给水设计流量 2. 任一水源供水管最小压力不小于消防系统最不利点所需供水压力
	重力高压系统	重力高压系统:由高位水池或水塔至少引出两路及以上供水接入消防系统,同时满足: 1. $V_0 \geqslant$ 建筑物消防给水一起火灾灭火用水总量 2. $H \geqslant P_0 + P_p + P_f$ H——高位水池最低水位与消防系统最不利点之间的静水压; P_0——消防系统最不利点所需的供水压力; P_p——高位消防水池出水管至消防系统最不利点之间的管件和阀门等局部水头损失; P_f——高位消防水池出水管至消防系统最不利点之间的管道沿程水头损失。 3. 高位消防水池任一出水管最小流量不小于消防给水设计流量 4. 高位消防水池、水塔供水的高压消防给水系统的系统工作压力,应为高位消防水池、水塔最大静压,见图 5.7-7(1)
		1. 不应与生产生活给水系统合用 2. 高压消防给水系统的系统工作压力、流量以及可提供水量均应满足水灭火设施所需的工作压力、流量以及水量

(1)高压消防给水系统。

能始终保持满足水灭火设施所需的工作压力和流量,火灾时无须消防水泵直接加压的供水系统。常见有管网高压系统和重力高压系统,如图 5.7-10 所示。

(2)临时高压消防给水系统。

平时不能满足水灭火设施所需的工作压力和流量,火灾时能自动启动消防水泵以满足水灭火设施所需的工作压力和流量的供水系统,如图 5.7-11 所示。

① 当给水系统不能满足水灭火设施所需的工作压力、流量以及水量中的任何一个时,需要启动消防加压设备以满足水灭火设施所需的工作压力、流量以及水量的供水系统则为临时高压消防给水系统。

② 当高位消防水池的有效容积满足不小于室内消防用水量50%储水量情况,且满足消防系统流量、水压要求时,仍属于临时高压系统。

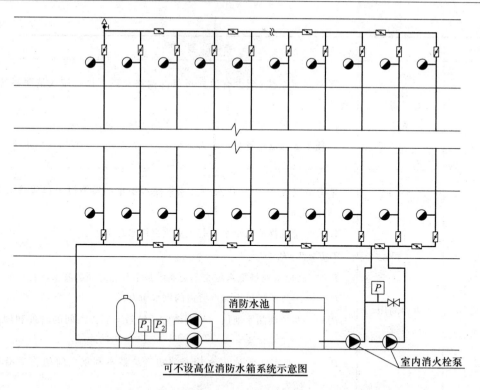

图 5.7-5 可不设高位消防水箱系统示意图

注:1. 其他建筑可不设高位水箱是指第(1)款之外的建筑;

2. 判定安全可靠的消防给水形式,应由专家会论证;

3. 稳压系统应满足本书 5.6.3 节的相关要求。

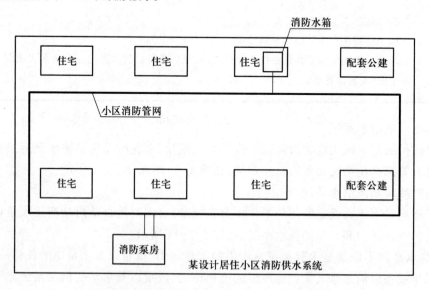

图 5.7-6 消防供水系统保护的最大建筑面积

注:1. 居住小区建筑面积其中含相应的配套公建面积。一个消防泵房的供水建筑面积不宜大于 500 000 m²;

2. 当设置 2 个供水系统时,消防泵房宜分开设置;

3. 该图仅表示居住小区消防供水系统保护的最大建筑面积,矿区、公建小区等与此类似。

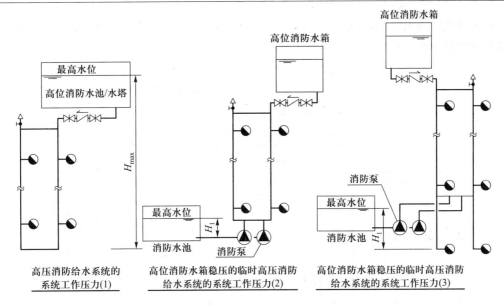

图 5.7-7　消防给水系统的系统工作压力（一）

注：1. 图（1）所示，高压消防给水系统的系统工作压力为 H_{max}；

2. 图（2）、图（3）所示，高位消防水箱稳压的临时高压消防给水系统的系统工作压力为 $H_{max} = H_1 + H_0$，H_0 为水泵零流量时的扬程。

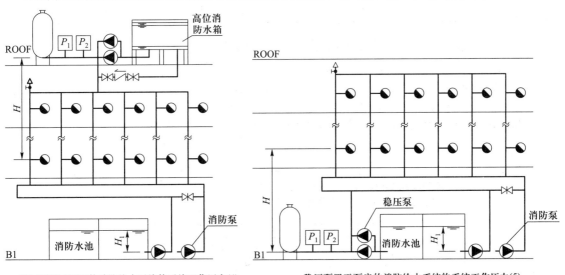

图 5.7-8　消防给水系统的系统工作压力（二）

注：1. 图（4）所示为稳压泵置于屋顶的情况，此时系统工作压力为 $H_{max} = H_1 + H_0$，系统的静压为 $P_2 + H$。

2. 图（5）所示为稳压泵置于消防泵房的情况，此时系统工作压力 H_{max} 为 $H_1 + H_0$ 和 P_2 的较大值，系统的静压为 $P_2 - H$。

3. H_0 为消防水泵零流量时的扬程。

2. 室内消火栓系统设置技术要求。

不同火灾危险性、火灾荷载和火灾类型等对消火栓的选择是有影响的。如 B 类火灾不宜采用直流水枪，火灾荷载大，火灾规模可能大，其辐射热大，消火栓充实水柱应长，如室外储罐、堆场等当消火栓水枪充实水柱不能满足时，应采用消防炮等。此外，消火栓还有多种类型，如旋转型消火栓、双面开门消火栓、减压稳压消火栓等。因此,室内消火栓的选型应根据使用者、火灾危险性、火灾类型和不同灭火功能等因素综合确定。

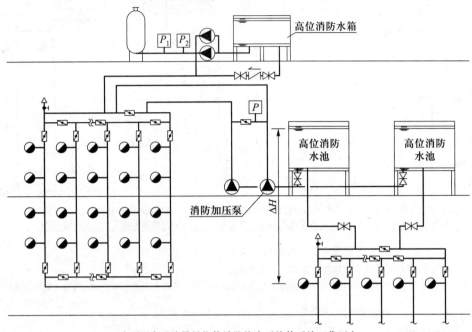

水泵不在系统最低位的消防给水系统的系统工作压力

图 5.7-9 消防给水系统的系统工作压力(三)

注:1. 当消防泵房不处于系统最低位时,如图示,此时消防给水系统的系统工作压力为 $H_{max} = \Delta H + H_2$,H_2 为水泵零流量时的压力。

2. 同理,当稳压泵置于消防泵房位置时,应加上稳压泵与消防系统最低点的高差,然后按照图 5.7-8 执行。

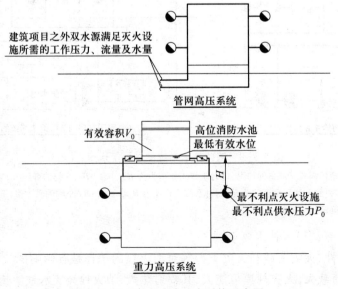

图 5.7-10 高压消防给水系统示意图

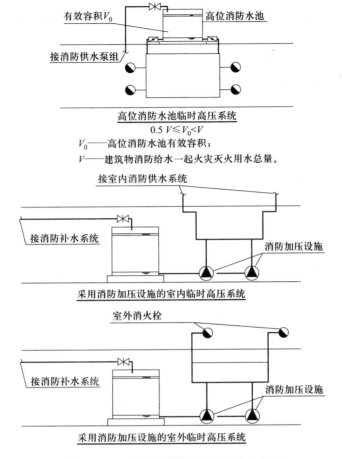

图 5.7-11 临时高压消防给水系统示意图

注：本图未表示稳压系统。

（1）民用建筑、汽车库（区）的室内消火栓系统设置场所参考本章 5.3 节；

（2）室内消火栓设置技术要求见表 5.7-8。

表 5.7-8 室内消火栓系统技术要求

项目	技 术 要 求	说明
湿式消火栓	当 $4℃ \leqslant$ 温度 $T \leqslant 70℃$ 的场所，应采用湿式室内消火栓系统	湿式室内消火栓系统的应用场所的室内环境温度同喷淋系统：不低于 $4℃$（会冰冻）且不高于 $70℃$（会汽化和结垢）
干式消火栓	1. 室内环境温度：当温度 T 小于 $4℃$ 或 $>70℃$ 的场所，宜采用干式室内消火栓系统，见图 5.7-12	

项目	技 术 要 求	说明
干式消火栓	2. 干式消火栓系统的充水时间不应大于 5 min,并应符合下列规定,见图 5.7-13: (1)在供水干管上宜设干式报警阀、雨淋阀或电磁阀、电动阀等快速启闭装置;当采用电动阀时开启时间不应超过 30 s (2)当采用雨淋阀、电磁阀和电动阀时,在消火栓箱处应设置直接开启快速启闭装置的手动按钮 (3)在系统管道的最高处应设置快速排气阀 3. 干式消火栓系统的必要构件含快速启闭阀、快速排气阀、开启快速启闭阀的消火栓箱按钮、干式管网中的排水阀。快速启闭阀的上游是湿式管网,下游是干式管网;管网中的排水阀设置位置应确保把管网排干。和湿式系统相比,干式系统除了多出上述必要的构件外,还有如下区别: (1)系统的启动为手动而非自动,由人工按动消火栓箱上的按钮,开启快速阀门。阀门上游的水流经阀门向干式管网冲水,造成水泵出口的压力下降,压力开启泵 (2)干式系统的消火栓箱必须带有启动快速阀的按钮 (3)干式系统管网往往会被快速启闭阀分隔成几个子管网,以保证每个子管网的充水时间不超过 5 min。而每个子管网如果为环网时,应有两路供水管且两个快速启闭阀 注:干式消防竖管一般指消火栓竖管在准工作状态时不充水,仅在使用时由消防车向竖管供水。 4. 建筑高度不大于 27 m 的多层住宅建筑设置室内湿式消火栓系统确有困难时,可设置干式消防竖管,并应符合下列规定: (1)干式消防竖管宜设置在楼梯间休息平台,且仅应配置消火栓栓口 (2)干式消防竖管应设置消防车供水接口 (3)消防车供水接口应设置在首层便于消防车接近和安全的地点 (4)竖管顶端应设置自动排气阀 注:干式消防竖管平时无水,火灾发生后由消防车通过首层外墙接口向室内干式消防竖管供水,消防队员用自携水带接驳竖管上的消火栓口投入火灾扑救。为尽快供水灭火,干式消防竖管顶端应设自动排气阀。	干式室内消火栓系统的应用场所的室内环境温度也同喷淋系统:低于 4℃(会冰冻)或高于 70℃(会汽化和结垢)
建筑物内设置场所	1. 设置室内消火栓的建筑,包括设备层在内的各层均应设置消火栓。见图 5.7-14 注:因工程的不确定性,设备层是否有可燃物难以判断,另外设备层设置消火栓对扑救建筑物火灾有利,且增加投资也很有限,故本条规定设备层应设置消火栓。当屋顶机房面积不大于屋面面积的 1/4 时,不按设备层计,但空调机房需要设置消火栓;不进人的管道层可不按设备层计 2. 屋顶设有直升机停机坪的建筑,应在停机坪出入口处或非电器设备机房处设置消火栓,且距停机坪机位边缘的距离不应小于 5.0 m,消火栓灭火设计不需要考虑灭直升机航油火灾,寒冷地区消火栓设置应注意防冻要求	

续表

项目	技 术 要 求	说明
建筑物内设置场所	3. 消防电梯前室应设置室内消火栓,并应计入消火栓使用数量。消防电梯前室消火栓的作用是打开消防通道,保证前室安全,向消防队员身上淋水降温,灭火。消防电梯前室消火栓可跨防火门用 4. 对于跃层住宅,如若超过消火栓的保护范围,应在跃层住宅门口加设	
设备配置	1. 应采用 DN65 室内消火栓,并可与消防软管卷盘或轻便水龙设置在同一箱体内 2. 消防水带: 应配置公称直径 65 有内衬里的消防水带:长度不宜超过 25.0 m 消防软管卷盘应配置内径不小于 φ9 的消防软管,其长度宜为 30.0 m 轻便水龙应配置公称直径 25 有内衬里的消防水带,长度宜为 30.0 m 3. 消防水枪: 宜配置当量喷嘴直径 16 mm 或 19 mm 的消防水枪,但当消火栓设计流量为 2.5 L/s 时宜配置当量喷嘴直径 11 mm 或 13 mm 的消防水枪; 消防软管卷盘和轻便水龙应配置当量喷嘴直径 6 mm 的消防水枪 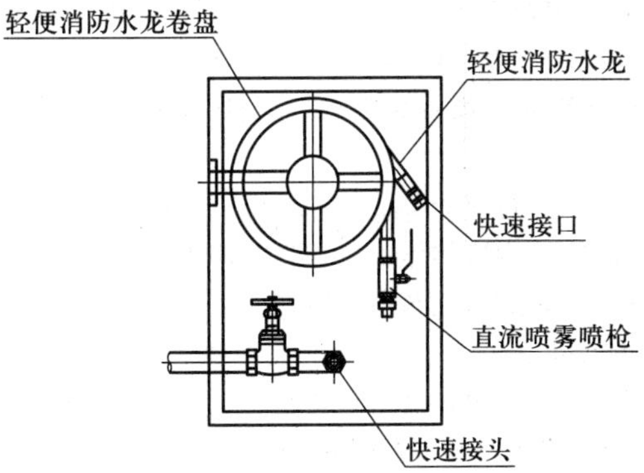 轻便消防水龙示意图	1. 消防软管卷盘:由阀门、输入管路、轮辐、支承架、摇臂、软管及喷嘴等部件组成,以水作灭火剂,能在迅速展开软管的过程中喷射灭火剂的灭火器具。详见标准《消防软管卷盘》(GB 15090—2005) 2. 轻便消防水龙:由专用消防接口、水带及水枪组成的一种小型简便的喷水灭火设备。详见标准《轻便消防水龙》(GA 180—2016) 3. 当消火栓设计流量为 2.5 L/s、配置当量喷嘴直径 11 mm 或 13 mm 的消防水枪时,仍应采用 DN65 室内消火栓
设置位置	建筑室内消火栓的设置位置应满足火灾扑救要求,并应符合下列规定: 1. 室内消火栓应设置在楼梯间及其休息平台和前室、走道等明显易于取用,以及便于火灾扑救的位置,见图 5.7-15 2. 住宅的室内消火栓宜设置在楼梯间及其休息平台 3. 汽车库内消火栓的设置不应影响汽车的通行和车位的设置,并应确保消火栓的开启 4. 同一楼梯间及其附近不同层设置的消火栓,其平面位置宜相同 5. 冷库的室内消火栓应设置在常温穿堂或楼梯间内。	

续表

项目	技术要求	说明
充实水柱	1. 室内消火栓的布置应满足同一平面有 2 支消防水枪的 2 股充实水柱同时达到任何部位的要求。下列场所可采用 1 支消防水枪的 1 股充实水柱到达室内任何部位： ① 建筑高度≤24.0 m 且体积小于或等于 5 000 m³的多层仓库 ② 建筑高度≤54 m 且单元设置一部疏散楼梯的住宅 ③ 跃层住宅和商业网点 ④ 体积≤1 000 m³展览厅、影院、剧场、礼堂、健身体育场所等 ⑤ 体积≤5 000 m³商场、餐厅、旅馆、医院等 ⑥ 体积≤2 500 m³丙、丁、戊类生产车间、自行车库 ⑦ 体积≤3 000 m³丙、丁、戊类物品库房、图书资料档案库 2. 跃层住宅和商业网点的室内消火栓应至少满足一股充实水柱到达室内任何部位，并宜设置在户门附近 3. 高层建筑、厂房、库房和室内净空高度超过 8 m 的民用建筑等场所，消防水枪充实水柱应按 13 m 计算；其他场所，消防水枪充实水柱应按 10 m 计算	
栓口压力	1. 消火栓栓口动压力不应大于 0.50 MPa；当大于 0.70 MPa 时必须设置减压装置 2. 高层建筑、厂房、库房和室内净空高度超过 8 m 的民用建筑等场所，消火栓栓口动压不应小于 0.35 MPa，且消防水枪充实水柱应按 13 m 计算；其他场所，消火栓栓口动压不应小于 0.25 MPa，且消防水枪充实水柱应按 10 m 计算 注： a. 库房一般指工业生产、商业物流等行业的单层、多层、高层以及地下或半地下（包括地下或半地下室）物品储存（含实体体验）的建筑，这些仓库均有可能部分或全部面积是高架仓库；汽车库、民用建筑内（包括其地下或半地下）的库房或仓储间不应在本库房所指范畴之内。 b. 一般城市水压都很低不会超过 0.35 MPa，此时即便是一层都要设置消防水池，在设计时如果采用市政管网直供消防时需要仔细校核栓口压力。 c. 限制消火栓口压力的原因之一是水枪反作用力大，直流水枪难以操持，原因之二是超流量问题严重。因此超过规定值时应采取减压措施。减压措施有：减压孔板、节流管、减压阀、减压消火栓、减压稳压消火栓、减压水枪等，直至减小竖向分区的几何高度。 d. 布置消火栓时，应保证相邻消火栓的水枪（非双出口消火栓）充实水柱同时到达其保护范围内的室内任何部位	
布置间距	宜按直线距离计算其布置间距，并应符合下列规定，见图 5.7-16、图 5.7-17： 1. 消火栓按 2 支消防水枪的 2 股充实水柱布置的建筑物，消火栓的布置间距不应大于 30.0 m 2. 消火栓按 1 支消防水枪的 1 股充实水柱布置的建筑物，消火栓的布置间距不应大于 50.0 m	

项 目	技 术 要 求	说 明
安装高度	建筑室内消火栓栓口的安装高度应便于消防水带的连接和使用,其距地面高度宜为 1.1 m	室内消火栓安装参见国标图集 15S202《室内消火栓安装》
出水方向	应便于消防水带的敷设,并宜与设置消火栓的墙面成 90°角或向下	
试验消火栓	设有室内消火栓的建筑应设置带有压力表的试验消火栓,其设置位置应符合下列规定: 1. 多层和高层建筑应在其屋顶设置,严寒、寒冷等冬季结冰地区可设置在顶层出口处或水箱间内等便于操作和防冻的位置 2. 单层建筑宜设置在水力最不利处,且应靠近出入口 注:a. 试验消火栓设于屋顶应便于使用和排水,消火栓设置到水箱间或者电梯机房时,房间温度应大于5℃。如房间无采暖且冬天温度低于5℃,消火栓及管道需做防冻处理。 b. 当一组水泵供应多栋建筑时,每栋建筑的消火栓系统均宜设置试验消火栓,可为验收和平时检测维护提供方便。 c. 当多层和高层建筑屋面为不上人屋面或坡屋面,设置试验消火栓有困难时,可在顶层设置带压力表的消火栓兼做试验消火栓;同时应考虑消火栓试水时水流的出路,比如附近有外窗供试验消火栓伸出室外。可不设置专门的试验排水管道 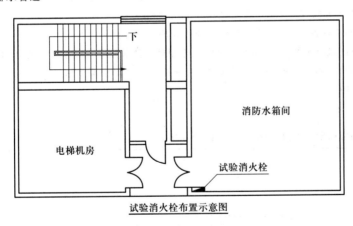 试验消火栓布置示意图	
消防软管卷盘及轻便消防水龙	1. 消防软管卷盘和轻便水龙的用水量可不计入消防用水总量。设置 $DN25$(消防卷盘或轻便水龙)是建筑内员工等非职业消防人员利用消防卷盘或轻便水龙扑灭初起小火,避免蔓延发展成为大火。因考虑到 $DN25$ 等和 $DN65$ 的消火栓同时使用达到消火栓设计流量的可能性不大,为此规定 $DN25$(消防卷盘或轻便水龙)用水量可不计入消防用水总量,只要求室内地面任何部位有一股水流能够到达就可以了	参见国标图集 15S202《室内消火栓安装》

续表

项目	技 术 要 求	说明
消防软管卷盘及轻便消防水龙	2. 住宅户内宜在生活给水管道上预留一个接 DN15 消防软管或轻便水龙的接口。住宅设计中,生活给水管道多数是仅作甩头,后期装修时由业主完善内部管线敷设。在设计中交代洗衣机龙头兼用消防软管或轻便水龙的接口,住宅内部配置专用软管。从生活给水管道上接出消防软管或阀门需注意负压回流污染,根据《建筑给水排水设计规范》(GB 50015—2003)(2009 年版)条文 3.2.5 中 C.3 的要求应设置真空破坏器 3. 当自动喷水灭火系统局部应用系统和仅设有消防软管卷盘或轻便水龙的室内消防给水系统时,可与生产生活给水系统合用	参见国标图集 15S202《室内消火栓安装》
城市交通隧道	1. 隧道内宜设置独立的消防给水系统 2. 管道内的消防供水压力应保证用水量达到最大时,最低压力不应小于 0.30 MPa,但当消火栓栓口处的出水压力超过 0.70 MPa 时,应设置减压设施 3. 在隧道出入口处应设置消防水泵接合器和室外消火栓 4. 消火栓的间距不应大于 50 m,双向同行车道或单行通行但大于 3 车道时,应双面间隔设置 5. 隧道内允许通行危险化学品的机动车,且隧道长度超过 3 000 m 时,应配置水雾或泡沫消防水枪	
安装要求	1. 消火栓出口距地面高度宜为 1.10 m,特殊情况下,最低不低于 0.5 m,最高不超过 1.5 m,栓口出水方向宜向下或与设置消火栓的墙面相垂直 2. 箱体有明装、半明装和暗装方式,建筑装饰标准较高的常用后两种。半明装和暗装时应在墙体砌筑时预留孔洞,留孔尺寸宜大于箱体每边长度 5 cm,并应满足连接消火栓的短管和弯头的安装尺寸要求,特别注意在钢筋混凝土墙体上留孔,见图 5.7-19 3. 各种消火栓及箱的安装详见本节	美国 NFPA 等规定
其他	消火栓和消火栓箱应由明显的红色标志,不应隐蔽和伪装	

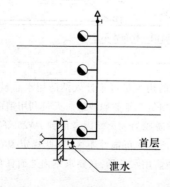

图 5.7-12 干式消防竖管系统示意图

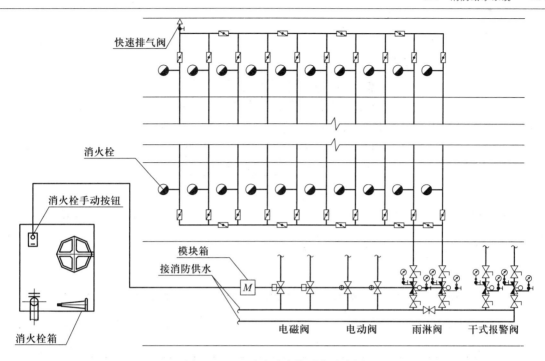

图 5.7-13　干式消火栓系统示意图

注:1. 该系统无需设置消防泵房,不设置高位消防水箱、水带、水枪,立管只配置消火栓栓口,该种建筑的消防水量不计;

2. 电动阀开启时间不超过 30 s,现在售产品不是所有的电动阀都能满足 30 s 开启时间,特别是比较大的阀门比较难满足,如设计中采用需标明要求。

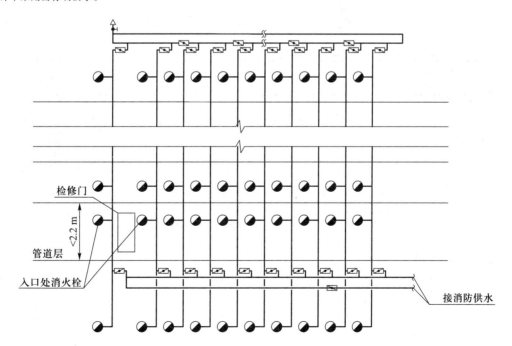

图 5.7-14　设备层及管道层消火栓系统设置示意图

注:层高小于 2.2 m 的管道层且只敷设管道时可不设消火栓,但宜在管道层入口处附近设置两个消火栓以备消防队员灭火使用。

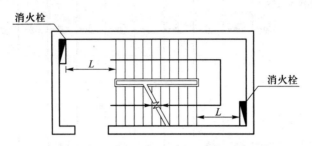

图 5.7-15 楼梯间、休息平台设置消火栓示意图

注:1. 消火栓设置在楼梯间及休息平台时需要满足楼梯间的疏散要求,即满足图示中 L 的距离,L 值由建筑师根据规定确定;

2. 休息平台的消火栓只能计入上、下楼层中的一个楼层。

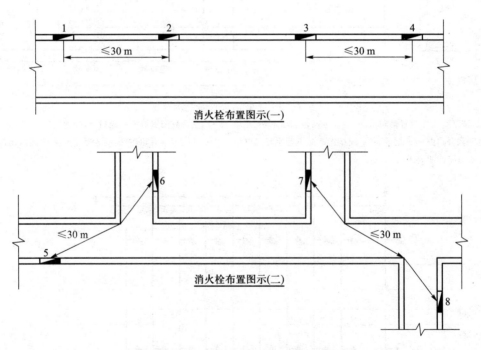

图 5.7-16 室内消火栓布置距离示意图

注:1. 消火栓的距离按人的行走距离计算;

2. 在满足 2 股水柱同时到达任意一点的情况下,消火栓 2 和 3 的距离可大于 30 m。

3. 消火栓设备组件及安装。

消火栓设置位置见图 5.7-18。消火栓留洞尺寸见图 5.7-19。消火栓布置间距见图 5.7-20。

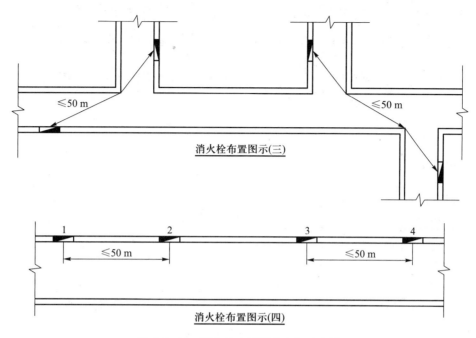

消火栓布置图示(三)

消火栓布置图示(四)

图 5.7-17 消火栓直线距离布置示意图

注:1. 消火栓的距离按人的行走距离计算;

2. 在满足1股水柱同时到达任意一点的情况下,消火栓2和3的距离可大于50 m。

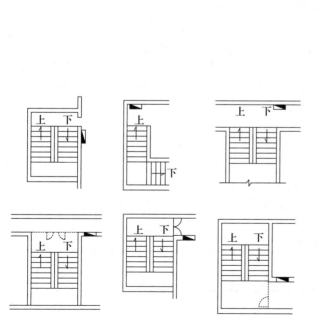

图 5.7-18 消火栓设于楼梯附近之位置

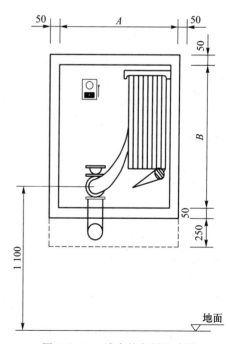

图 5.7-19 消火栓留洞尺寸图

注:B、A 为箱体高、宽外缘尺寸,
深度根据暗装、半明装要求定。

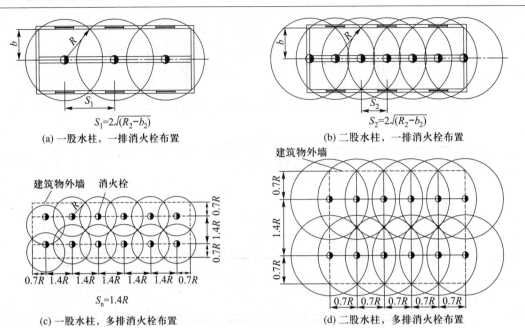

图 5.7-20 消火栓布置间距

S_1—1 股水柱时的消火栓间距;S_2—2 股水柱时的消火栓间距;R—消火栓保护半径;b—消火栓最大保护宽度

（1）室内消火栓组件见表 5.7-9。

表 5.7-9 室内消火栓安装图组件

构件名称	材料	规格	单位	数量		备注
				单栓	双栓	
消火栓箱	钢-铝合金 钢、钢喷塑钢、不锈钢	根据采用的安装 方式和内部组件定				根据装饰标准确定 消火栓箱的材料
室内消火栓	铸铁	$DN50$ $SN65$ 型 ($P_N = 1.6$ MPa)	个	1	2	
直流水枪	铝合金	QZ16/$\varnothing$16 QZ19/$\varnothing$19	支	1	2	
水带	麻质 麻质衬胶 涤纶聚氨酯衬里	$DN50$ $DN65$ $L = 15$ m 或 20 m、25 m	条	1	2	
水带接口	铝	$KN65$				
挂架	钢					
消防按钮		防水型(按钮式或击锤式)				

（2）室内消火栓组件选择。

① 规格选用见表 5.7-10。

② 水带长一般采用 20 m,最长不大于 25 m。水带材质和规格见表 5.7-11。但当最大工作压力>1.0 MPa 时,应采用耐高压的衬胶或涤纶聚氨酯衬里的水带。

表 5.7-10　室内消火栓规格选用

每支水枪出水量	消火栓	水带	直流水枪	水带接口
≥5 L/s	SN65	DN65	DN65×19(QZ19)	KN65
<5 L/s	SN65	DN50	DN50×16(QZ16)	KN50

表 5.7-11　水带材质和规格

品名	型号	管径 DN/mm	工作压力/MPa	爆破压力 /MPa	适应温度 /℃	长度 /m
苎麻水带		50;65	1.0	3.0		20,25
衬胶水带		50;65	0.8	≥2.4	−30~50	20,25
		50;65	1.0	≥3.0		20,25
		50;65	1.3	≥3.9		20,25
涤纶聚氨酯 衬里水带	8	50;65	0.8	2.55	−50~70	15,20,25
	10	50;65	1.0	3.2		
	13	50;65	1.3	3.9		

③ 按钮应选用防水型,按钮式或击捶式。

（3）室内消火栓安装图见国标 15S202"室内消火栓安装"：

① 单栓室内消火栓箱安装图（国标 15S202/4）见图 5.7-21；

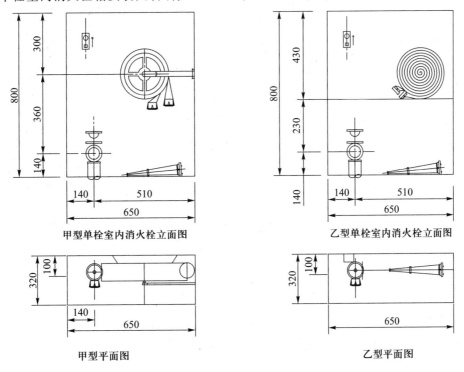

甲型单栓室内消火栓立面图　　　　乙型单栓室内消火栓立面图

甲型平面图　　　　　　　　　乙型平面图

图 5.7-21　单栓室内消火栓箱安装图（国标 15S202）

② 室内消火栓、消防软管卷盘组合型安装图(国标 15S202/12)见图 5.7-22；

③ 双栓室内消火栓箱安装图(国标 15S202/8)见图 5.7-23；

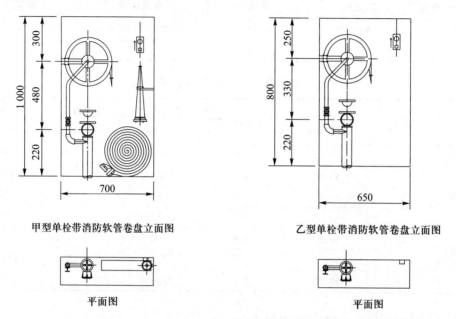

甲型单栓带消防软管卷盘立面图　　　　　　乙型单栓带消防软管卷盘立面图

平面图　　　　　　　　　　　　　　平面图

图 5.7-22　室内消火栓、消防软管卷盘组合(国标 15S202)

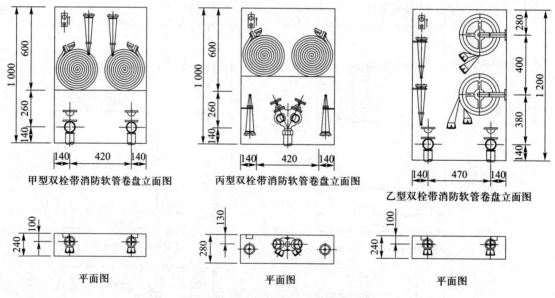

甲型双栓带消防软管卷盘立面图　　丙型双栓带消防软管卷盘立面图　　乙型双栓带消防软管卷盘立面图

平面图　　　　　　　　　平面图　　　　　　　　　平面图

图 5.7-23　双栓室内消火栓箱安装图

④ 甲型单栓带灭火器箱组合式消防柜(国标 15S202/18)见图 5.7-24；

⑤ 薄型单栓带消防软管卷盘组合式消防柜(国标 15S202/21)图 5.7-24。

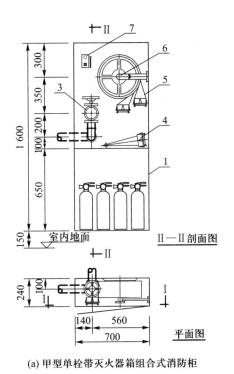

(a) 甲型单栓带灭火器箱组合式消防柜

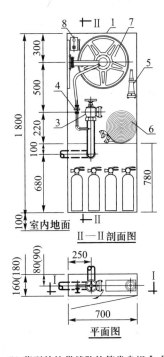

(b) 薄型单栓带消防软管卷盘组合式消防柜

图 5.7-24 组合式消防柜

4. 消防软管卷盘。

(1) 消防软管卷盘技术要求见表 5.7-12。

表 5.7-12 消防软管卷盘技术要求

项 目	技 术 要 求
设置地点	走道、楼梯口附近、明显、便于取用地点
间距	应保证室内地面任何部位有一股水流到达
规格和配套装置要求	1. 栓口直径宜为 25 mm 2. 胶管内径不小于 19 mm,公称压力 $PN \geqslant 1.0$ MPa 3. 胶管长度一般可取 20 m 或 25 m 4. 消防软管卷盘喷嘴口径不应小于 6 mm
最高使用压力	耐压强度可达 1.0 MPa,设计时建议采用不超过 0.8 MPa,超过时应减压
安装	1. 可单独安装,也可与普通消火栓设置在一起,见国标 15S202,简图见图 5.7-22 2. 高度应便于取用 3. 从小区或建筑物内生活饮用水管道上直接接出时,应在消防软管卷盘接出固管上设置真空破坏管
用水量	不计

（2）消防软管卷盘规格见表 5.7-13。

表 5.7-13 消防软管卷盘规格、性能

| 型号 | 胶管规格 | | | 喷嘴口径 /mm | 工作压力 /MPa | 有效射程 /m | 流量/ (L/s) | 消火栓型号 | 生产厂 |
	内径 /mm	长度 /m	盘径 /mm						
SGX24	19	25	868	6~8	1	15	0.2~1.26	SN25(SNA25)	
GX1-3	480 570	19 19	20	480	6	1	15.3	0.2~1.26	SN25	广州、沈阳、西安、北京等消防器材厂
			25		7		16.2			
			30	570	8		17.1			

5.7.3 分区供水

1. 室内消火栓给水系统分类和选择

室内消火栓系统设计,应根据建筑物性质、高度、生产、生活用水要求和水源情况(如市政管网供水水量、水压和水质情况)综合考虑确定。常用的分类和选择见表 5.7-14。工程设计常用多种形式组合。

表 5.7-14 室内消火栓系统分类和选择

分类方式	名称	选择
按系统分类	1. 室内外合用消火栓系统 2. 室内独立消火栓系统 3. 室内消火栓与生产、生活合并系统	管网设置选择可参见图 5.7-1
按给水方式	1. 不分区给水方式 2. 分区给水方式	消火栓栓口静水压大于 1.0 MPa,应以压力分区给水,高层建筑竖向分区高度宜为 45~55 m 范围内
按给水压力	1. 高压消火栓系统 2. 临时高压消火栓系统	详见表 5.7-7
按服务范围	1. 独立消火栓系统 2. 区域集中消火栓系统	1. 每幢建筑独立设置 2. 消火栓与自动喷水系统独立设置或至少应在自动喷水报警阀分开设置 3. 数幢或数十幢建筑可共用一个系统

2. 常用消火栓给水系统图式

根据消火栓系统分类,消火栓系统的给水可有多种图式,设计时应通过方案比较选定。常用图式如下(图式中所示各部组成仅为示意,具体要求见有关章节):

（1）低层建筑和建筑高度≤50 m 的高层建筑,消火栓给水系统图式举例见表 5.7-15。

表 5.7-15　室内消火栓系统常用图式

名称	图式	供水方式说明	适用	供电与控制要求
市政给水直接供给（高压）	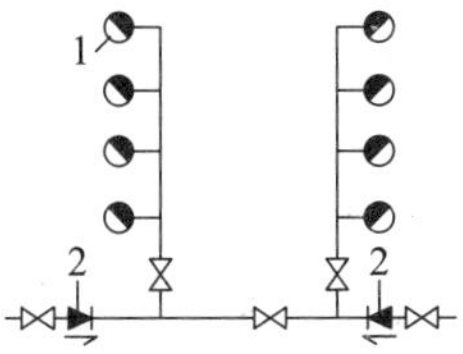 1—室内消火栓；2—倒流防止器	1. 常高压,消火栓打开即可用 2. 室内、外消火栓系统为合用,室内消火栓系统可单设,也可与给水系统合并设,在消防用水管道的起端设倒流防止器 3. 系统由室内管网和消火栓组成	1. 室外两环段进水 2. 室外管网在生产、生活用水量达最大时,仍能满足室内外消防用水量和水压要求 3. 一般用于低层、村镇、车库和地下建筑	建筑规模较大,标准较高时,可在消火栓处设按钮,向本层及其上下层和值班室同时声、光报警
设水泵和水箱供水（临时高压）（一）	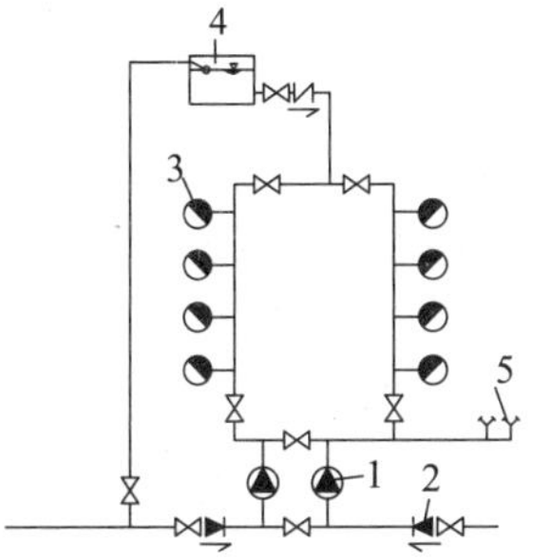 1—消防水泵；2—倒流防止器；3—室内消火栓；4—高位消防水箱；5—水泵接合器；6—水箱补水管	1. 室外为低压,室内为临时高压,室内初期由水箱供水,水泵启动后由水泵供水灭火 2. 在消防水泵的吸水管上设倒流防止器 3. 系统由水泵、管网、水箱和水泵接合器等组成	1. 室外两环段进水 2. 当生产、生活用水量达最大时,市政给水管网仍能满足室内外消防用水量 3. 室外管网允许水泵直接取水 4. 一般用于低层或多层建筑	1. 电源:双电源,双回路 2. 水泵设两台,一用一备,互为备用 3. 水泵控制:手动,消火栓处设启泵按钮,水泵房内就地、消防控制中心远程停泵,水泵房内和消防控制室(中心) 4. 报警:消火栓处启泵按钮动作启动,同时向值班室或控制中心声、光报警
设水泵、水箱和水池供水（临时高压）（二）	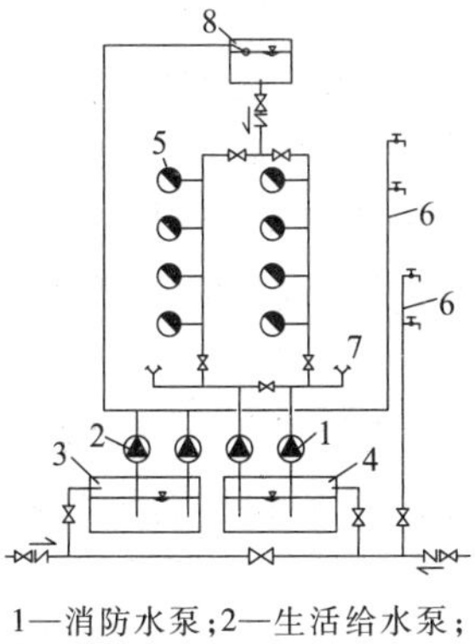 1—消防水泵；2—生活给水泵；3—水池；4—高位消防水箱；5—室内消火栓；6—生活给水；7—水泵接合器；8—水箱补水管	1. 室外为低压,室内为临时高压,初期由水箱供水,水泵启动后由水泵供水灭火 2. 系统由贮水池(或吸水井)、水泵、管网、水箱、消火栓和水泵接合器等组成	1. 室外管网为枝状,需设贮水池供水 2. 室外管网虽为环状,但管径小或压力低,需设水池贮水 3. 室外管网不允许水泵直接取水,需设吸水井或贮水池 4. 一般用于建筑高度小于50m的高层和低层建筑	1. 供电:双电源,双回路 2. 水泵设两台,一用一备,互为备用 3. 水泵控制:手动,消火栓处设启泵按钮,水泵房内就地、消防控制中心远程停泵,水泵房内和消防控制时(中心) 4. 报警:消火栓处启泵按钮动作启动同时向值班室或控制中心声、光报警

（2）建筑高度为 50~100 m 的高层建筑,消火栓给水系统图式举例见图 5.7-25。

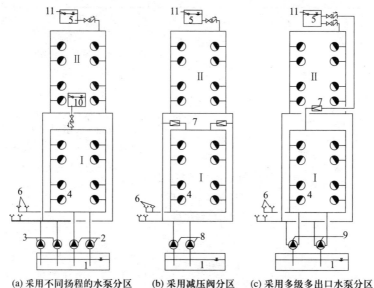

（a）采用不同扬程的水泵分区　（b）采用减压阀分区　（c）采用多级多出口水泵分区

图 5.7-25　高层建筑室内消火栓分区给水图式举例

1—消防水池;2—低区水泵;3—高区水泵;4—室内消火栓;5—屋顶水箱;6—水泵接合器;
7—减压阀;8—消防水泵;9—多级多出口水泵;10—中间水箱;11—水箱补水管

（3）建筑高度大于 100 m 的超高层建筑,消火栓给水系统图式举例见图 5.7-26。

（4）高层（建筑高度大于 50 m）和超高层（建筑高度大于 100 m）建筑消火栓给水系统图式设计时应注意:

① 给水垂直分区。由于建筑高度关系,上下消火栓管道系统压力相差很大,为适应常用管材和消防水带及现场救火人员的操作,应将竖向进行分区,以保证每区消火栓处最大静水压不超过 1.0 MPa。高层建筑竖向分区高度一般宜在 45~55 m 范围内。

② 并联和串联供水问题。一般高层建筑或超高层建筑的消防水池设在地下室或首层（也有设在中间设备层或屋顶的）。常用的供水方式有并联、串联或并联和串联相结合的混合给水方式。

a. 并联给水:给水管网竖向分区,分别用各自专用水泵提升供水。它的优点是水泵布置相对集中于地下室或首层,方便管理,安全可靠。缺点是高区水泵扬程较高,需用耐高压管材和管件,高区在消防车供水压力不足时,水泵接合器已经失去作用。从这点上讲,紧急送水的安全性不如串联好。一般适用于分区不多的高层建筑。如 100 m 之内,或超高层建筑的顶部 100 m 范围内。见图 5.7-25 和图 5.7-26(c)。

b. 串联给水:竖向各区由水泵直接串联向上(图 5.7-26(a))或经中间水箱转输再由泵提升的间接串联(图 5.7-26(b))给水两种方式。它的优点是不需要高扬程和耐高压管材、管件和水泵;可通过水泵接合器并经各转输泵向高区送水灭火。从这点讲,它的供水可靠性比并联好。缺点是水泵分散在各层,管理不便;消防时下部水泵应与上部水泵联动,安全可靠性较差。一般适用于建筑高度超过 100 m,消防给水分区大于 2 区的超高层建筑。

水泵直接串联法的管网供水压力为接力水泵扬程的叠加,设计时应注意离心水泵在小流量高扬程时出现的最大扬程叠加。管道系统的设计强度应满足此要求。

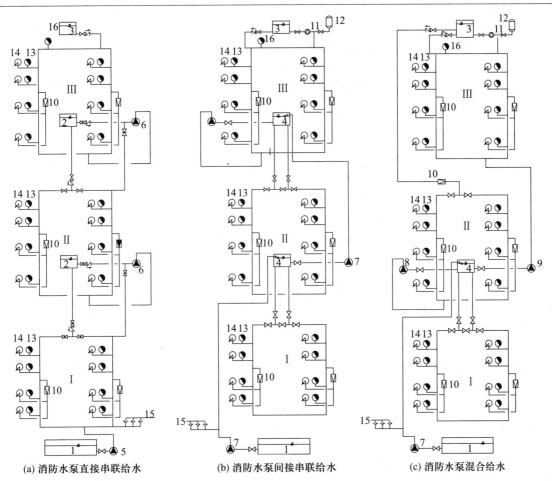

图 5.7-26　超高层建筑室内消火栓分区给水图示举例

1—消防水池;2—中间水箱;3—屋顶水箱;4—中间转输水箱;5—消防水泵;6—中、高区消防水泵;

7—低、中区消防水泵兼转输;8—中区消防水泵;9—高区消防水泵;10—减压阀;11—增压水泵;12—气压罐;

13—室内消火栓;14—消防卷盘;15—水泵接合器;16—屋顶试验消火栓

　　水泵间接串联方式因向水箱输水泵的扬程和流量为定值,而上部消防用水会随水枪开启的支数(水箱可能重力向下,也可能由泵向上抽水或同时向上向下供水)而变化的变值,它可能小于也可能大于向水箱输水的水泵流量,为适应这一情况,转输水箱的容积宜适当放大,建议按0.5~1 h 消防流量计,并不小于36 m³,并使下区水泵输水流量适当大于上区消防水量(如下区输水泵工作点可略偏向大流量低扬程段)。另外,为防止水箱输入水量大于输出水量时的水量大量流失,水箱进水管(即输入水泵出水口)上宜设浮球阀控制,并在此浮球阀前引一小流量出水管,以防止输水泵在浮球阀关闭状态下长期运作,使水泵升温过高,如图5.7-27,也可将溢流水引回消防贮水池。

　　转输消防水泵不宜用水箱水位自动控制频繁起停工作。

　　3. 分区供水技术要求见表5.7-16。

　　(1) 静水压力:

　　消防给水系统管网内水在静止时管道某一点的压力,简称静压(图5.7-28)。

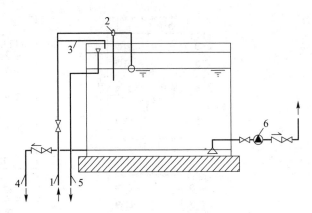

图 5.7-27 间接串联转输水箱进水管

1—进水管(2 根);2—浮球阀;3—进水支管(*DN*25~40);

4—出水管(2 根)(下区管网供水管);5—溢水管;6—转输水泵(2 台,一用一备)

表 5.7-16 分区供水技术要求

项 目	技 术 要 求
分区条件	1. 系统工作压力大于 2.40 MPa 2. 消火栓栓口处静压大于 1.0 MPa 3. 自动水灭火系统报警阀处的工作压力大于 1.60 MPa 或喷头处的工作压力大于 1.20 MPa
分区供水形式	1. 分区供水形式应根据系统压力、建筑特征,经技术经济和安全可靠性等综合因素确定,可采用消防水泵并行或串联、减压水箱和减压阀减压的形式 2. 当系统的工作压力大于 2.40 MPa 时,应采用消防水泵串联或减压水箱分区供水形式
消防水泵串联分区供水	采用消防水泵串联分区供水时,宜采用消防水泵转输水箱串联供水方式,并应符合下列规定,见图 5.7-29: 1. 当采用消防水泵转输水箱串联时,转输水箱的有效储水容积不应小于 60 m³,转输水箱可作为高位消防水箱 2. 串联转输水箱的溢流管宜连接到消防水池 3. 当采用消防水泵直接串联时,应采取确保供水可靠性的措施,且消防水泵从低区到高区应能依次顺序启动 4. 当采用消防水泵直接串联时,应校核系统供水压力,并应在串联消防水泵出水管上设置减压型倒流防止器 5. 高层建筑水泵直接串联供水方式见图 5.7-30
减压阀减压分区供水	采用减压阀减压分区供水时应符合下列规定,见图 5.7-31: 1. 消防给水所采用的减压阀性能应安全可靠,并应满足消防给水的要求 2. 减压阀应根据消防给水设计流量和压力选择,且设计流量应在减压阀流量压力特性曲线的有效段内,并应校核在 150% 设计流量时,减压阀的出口动压不应小于设计值的 65% 3. 每一供水分区应设不少于两组减压阀组,每组减压阀组宜设置备用减压阀

续表

项　目	技　术　要　求
减压阀减压 分区供水	4. 减压阀仅应设置在单向流动的供水管上,不应设置在有双向流动的输水干管上 5. 减压阀宜采用比例式减压阀,当超过 1.20 MPa 时,宜采用先导式减压阀 6. 减压阀的阀前阀后压力比值不宜大于 3:1,当一级减压阀减压不能满足要求时,可采用减压阀串联减压,但串联减压不应大于两级,第二级减压阀宜采用先导式减压阀,阀前后压力差不宜超过 0.40 MPa 7. 减压阀后应设置安全阀,安全阀的开启压力应能满足系统安全,且不应影响系统的供水安全性 注:减压阀的结构形式导致水中杂质和水质的原因可能会造成故障,如水中杂质堵塞先导式减压阀的针阀和卡瑟活塞式减压阀的阀芯,导致减压阀出现故障,因此减压阀应采用安全可靠的过滤装置。另外减压阀是一个消能装置,其本身的能耗相当大,为保证火灾时能满足消防给水的要求,对减压阀的能耗和出流量做了明确要求
减压水箱 分区供水	采用减压水箱分区供水时应符合下列规定,见图 5.7-32: 1. 减压水箱的有效容积、出水、排水、水位和设置场所,应符合其相关规范和标准的规定 2. 减压水箱的布置和通气管、呼吸管等,应符合其相关规范和标准的规定 3. 减压水箱的有效容积不应小于 18 m³,且宜分为两格 4. 减压水箱应有两条进、出水管,且每条进、出水管应满足消防给水系统所需消防用水量的要求 5. 减压水箱进水管的水位控制应可靠,宜采用水位控制阀 6. 减压水箱进水管应设置防冲击和溢水的技术措施,并宜在进水管上设置紧急关闭阀门,溢流水宜回流到消防水池 注:减压水箱减压分区在我国 20 世纪 80 年代和 90 年代中期的超高层建筑曾大量采用,其特点是安全、可靠,但占地面积大,对进水阀的安全可靠性要求高等,规定了减压水箱的有关技术要求

（2）动水压力:消防给水系统管网内水在流动时管道某一点的总压力与速度压力之差,简称动压(图 5.7-28)。

图 5.7-28　水压图示

注:1. 管道中流量 $Q=0$ 时,其该管道上安装的压力表读数为该管道的静水压力值。

2. 管道中流量 $Q>0$ 时,其该管道上安装的压力表读数为该管道的动水压力值。

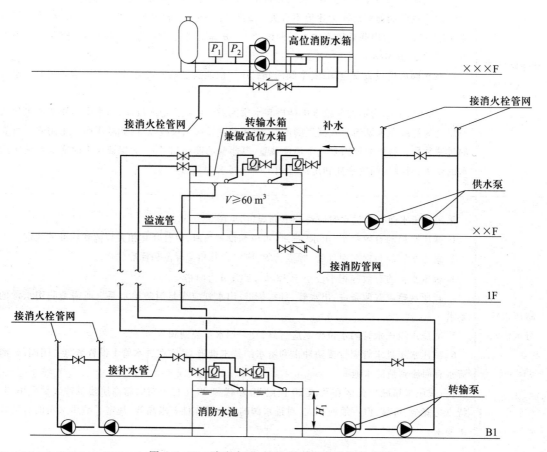

图 5.7-29　消防水泵、转输水泵串联系统示意图

注:1. 转输水箱溢流宜排到下方的消防水池内。

2. 转输水箱兼作高位水箱,可仍按 60 m³ 考虑。

3. 转输水箱应设自动补水管,不可用转输管道兼做补水管。否则,会有自动停泵。

4. 启泵次序:从转输水箱吸水的供水泵先启动,转输泵后启动。

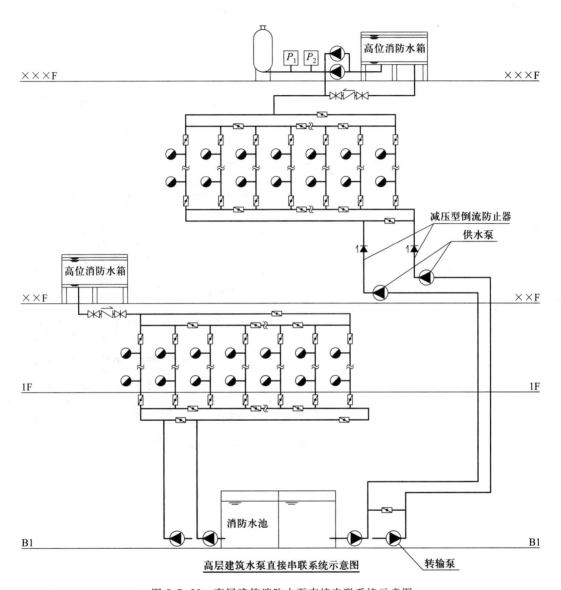

图 5.7-30　高层建筑消防水泵直接串联系统示意图

注:1. 启泵次序:转输泵先启动,供水泵后启动;

2. 转输泵和低区供水泵应分别设置。

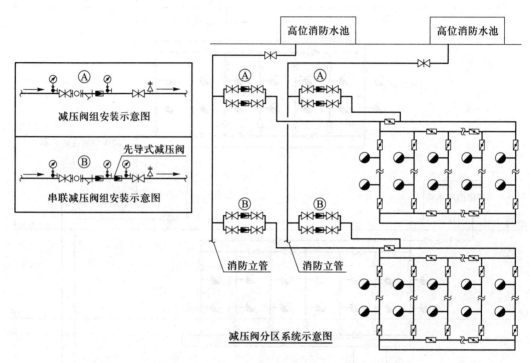

图 5.7-31　减压阀分区系统示意图

注:1. 安全阀的启动压力可设为减压阀阀后静压力+0.4 MPa;

2. 临时高压系统采用减压阀分区时,减压阀组与水泵输水管连接,其设置要求与此图相同。

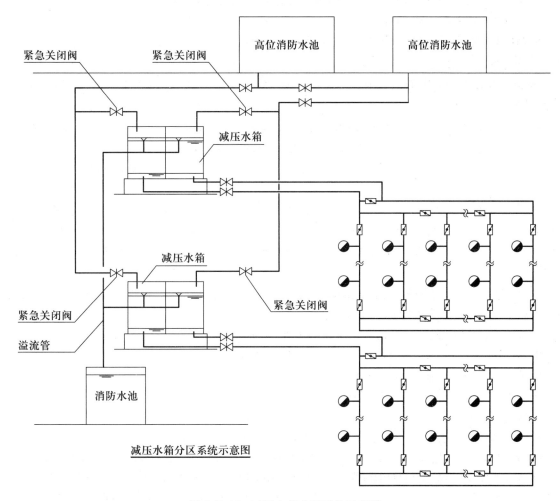

图 5.7-32　减压水箱分区系统示意图

注:本图中减压水箱进水管口处的液位控制阀略;如果减压水箱进水管压力过高,建议采用淹没出流并设置水位控制器控制进水。

【本节精选习题】

1. 下列关于建筑室外消防给水系统设计的叙述中,哪项错误?(　　)

A. 多层建筑与高层建筑的室外消火栓设置要求相同

B. 多层建筑与高层建筑采用的室外消火栓规格、型号相同

C. 多层建筑与高层建筑的室外消火栓均可采用低压制给水系统

D. 多层建筑与高层建筑的室外消防给水系统均可与生产、生活公用给水管道

答案:【A】

解析:A 选项,室外消火栓设置由设计流量来定,多层与高层的室外消火栓设计流量要求不同,故 A 错误。

2. 下列关于高层建筑消火栓给水系统设计的叙述中,哪几项不正确?(　　)

A. 采用高压消防给水系统时,可不设高位消防水箱

B. 建筑高度超过 100 m 的民用建筑,室内消火栓系统应采用分区供水方式

C. 高层建筑电梯间应设置室内消火栓

D. 高层建筑室内外消火栓栓口处的水压不应小于 0.10 MPa

答案:【CD】

解析:高层建筑电梯间应设置室内消火栓,没有这种规定;高层建筑室内外消火栓栓口处的水压不应小于 0.35 MPa。

3. 某超高层办公楼的低区消火栓给水系统设计用水量 40 L/s,由设在避难层的 200 m³ 高位水池重力供水,地下室设置消防水泵和消防水池。判断该低区消火栓给水系统应属于下列哪种系统?(   )

A. 高压系统　　　 B. 临时高压系统　　　 C. 低压系统　　　 D. 临时低压系统

答案:【B】

解析:已知该超高层办公楼的低区消火栓给水系统设计用水量 40 L/s,火灾延续时间为 2.0 h,则该办公楼低区的室内消防用水量应为:40×3.6×2.0 m³ = 288 m³ > 200 m³,由于设在避难层的高位水池容积不够低区的室内消防用水量,灭火过程中需启动消防水泵供水,该低区消火栓给水系统应属于临时高压系统。

4. 某高层住宅室内消火栓给水系统采用临时高压系统,平时用高位水箱稳压,消防水泵设在地下室。该消火栓给水系统在下列哪项条件下应采用分区供水?(   )

A. 高位水箱的内底面与最低处消火栓栓口的高差为 100 m

B. 高位水箱的最高水位与最低处消火栓栓口的高差为 100 m

C. 消火栓给水泵的设计扬程为 1.0 MPa

D. 消火栓给水泵出口的水压为 1.0 MPa

答案:【A】

解析:消防给水系统分区的条件是消火栓栓口处静压大于 1.0 MPa(100 m 水柱),栓口的静压为高位水箱常水位至最低消火栓的静水压力(高差),当高位水箱的内底面与最低处消火栓栓口的高差为 100 m,则高位水箱的最低水位与最低消火栓栓口的高差一定大于 100 m,故要分区,A 正确;对于 B 选项,高位水箱的最高水位与最低消火栓的栓口高差小于 100 m,无需分区;对于 CD 选项,消火栓给水泵的设计扬程和水泵出口的压力为 1.0 MPa,水泵设在地下室,则静水压力小于 100 m,无需分区。

5.8　水力计算

5.8.1　室内消火栓保护半径

室内消火栓的保护半径可按式(5.8-1)计算:

$$R_0 = k_3 L_d + L_s \tag{5.8-1}$$

式中　R_0——消火栓保护半径(m);

k_3——消防水带弯曲折减系数,宜根据消防水带转弯数量取 0.8~0.9;

L_d——消防水带长度(m);

L_s——水枪充实水柱长度在平面上的投影长度。按水枪倾角为 45° 时计算,取 $0.71S_k$(m);

S_k——水枪充实水柱长度,按表中规定取值(m)。

5.8.2 室内消火栓充实水柱及间距

1. 充实水柱

消火栓的计算涉及栓口压力、充实水柱等有关数据计算,基本数据基本固定,所以,计算栓口压力和充实水柱已经简化,高层建筑、厂房、库房和室内净空高度超过 8 m 的民用建筑等场所,消火栓栓口动压不应小于 0.35 MPa,且消防水枪充实水柱应按 13 m 计算;其他场所,消火栓栓口动压不应小于 0.25 MPa,且消防水枪充实水柱应按 10 m 计算。

对于多层民用建筑要尽可能利用市政管道水压设计消防给水系统,为确保市政供水压力达到扑救必需的水枪充实水柱(S_k),应按建筑物层高和水枪的倾角(45°~60°)进行核算,见式(5.8-2)。

$$S_k = \frac{H_1 - H_2}{\sin \alpha} \quad (5.8\text{-}2)$$

水枪的充实水柱长度可按式(5.8-3)计算(取消防水枪距地(楼)面的高度为 1 m):

$$S_k = \frac{H_{层高} - 1}{\sin \alpha} \quad (5.8\text{-}3)$$

式中 S_k——水枪的充实水柱长度(m);

  H_1——室内最高着火点距地面高度(m);

  H_2——水枪喷嘴距地面高度(m);

  $H_{层高}$——保护建筑物的层高(m);

  α——水枪的上倾角,一般可采用45°,若有特殊困难时,亦可稍大些,考虑到消防队员的安全和扑救效果,水枪的最大上倾角不应大于60°。

2. 消火栓间距

(1) 一股水柱

同时使用水枪的数量只有 1 支时,应保证室内任意 1 支水枪的充实水柱能到达其保护范围内的室内任何部位,消火栓的布置如图 5.8-1,消火栓间距按式(5.8-4)计算。

$$S_1 = 2\sqrt{R^2 - b^2} \quad (5.8\text{-}4)$$

式中 S_1——消火栓间距(m);

  R——消火栓保护半径(m);

  B——消火栓最大保护宽度度(m)。

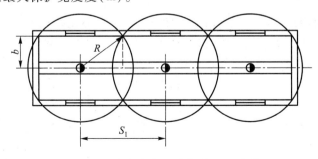

图 5.8-1 消火栓布置示意图(一股水柱)

（2）两股水柱

同时使用水枪的数量有 2 支时,应保证室内任意 2 支水枪的充实水柱能到达其保护范围内的室内任何部位,消火栓的布置如图 5.8-2,消火栓间距按式(5.8-5)计算。

$$S_2 = \sqrt{R^2 - b^2} \tag{5.8-5}$$

式中　S_2——消火栓间距(m);

　　　　R——消火栓保护半径(m);

　　　　B——消火栓最大保护宽度(m)。

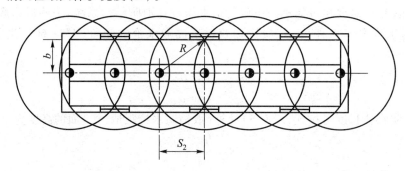

图 5.8-2　消火栓布置示意图(两股水柱)

5.8.3 管网水力计算

1. 计算目的

（1）在满足最不利灭火点所需消防水量和充实水柱的前提下,通过计算确定管网系统管径和水头损失,选择水泵或气压给水装置(或水箱、水塔设置高度)。

（2）根据选定的水泵或气压给水装置,校核管网系统工作压力和消火栓栓口出水压力。若消火栓处最大工作压力(离心水泵在零流量时)大于 1.0 MPa 时,应调整系统压力分区或设减压措施;若栓口出水压力(动压)超过 0.70 MPa 时,应设减压装置,如减压孔板、减压稳压消火栓等。

（3）根据系统最大工作压力选择和校核管网系统管材和配件。

2. 计算方法

（1）每根消防竖管的管径应按通过的流量计算确定。通过的最小流量:低层建筑和高层建筑见表 5.4-16。但高层建筑和高层工业建筑竖管的最小管径不应小于 100 mm。

（2）管网系统的计算:供水量按室内消火栓系统用水量达设计秒流量时计算;当消火栓与其他用水合用系统时,其他用水达最大值(淋浴用水可按计算用水量的 15% 计,浇洒和绿化用水等可不计算在内)时的用水量,应仍能供应全部消火栓用水。

系统设计流量的分配可按最不利着火点和表 5.8-1 要求进行。最不利着火点:对单层建筑(含车库和人防工程),以最高最远的消火栓或两个(多个)消火栓作为设计计算点;多层和高层建筑按最远、最高竖管、次远和第三远竖管流量分配作为最不利计算点。

表 5.8-1　最不利点计算流量分配

低层建筑				高层建筑			
室内消防流量(L/s)=水枪支数×每支流量(L/s)	消防竖管出水枪数/支			室内消防流量(L/s)=水枪支数×每支流量(L/s)	消防竖管出水枪数/支		
	最不利竖管	次不利竖管	第三不利竖管		最不利竖管	次不利竖管	第三不利竖管
5 = 1×5	1			10 = 2×5	2		
10 = 2×5	2						
15 = 3×5	2	1		20 = 4×5	2	2	
20 = 4×5ᵃ	2	2					
20 = 4×5ᵇ	3	1		30 = 6×5	3	3	
25 = 5×5	3	2					
30 = 6×5	3	3		40 = 8×5	3	3	2
40 = 8×5	3	3	2				

注:1. a 适用于古建筑;b 适用于一般建筑;

2. 出两支水枪的竖管,如设置双出口消火栓时,最上一层按双出口消火栓进行计算;

3. 出三支水枪的竖管,如设置双出口消火栓时,最上一层接双出口消火栓加相邻下一层一支水枪进行计算;

4. 本表所示每支水枪流量为最小量,实际值要比此值大,因此系统供水量和供水压力应有一定的富余量。

（3）管道和管道水头损失的计算方法同给水管网,见第 1 章建筑给水。

管道局部水头损失可按沿程水头损失的百分数采用,见表 5.8-2。

管道计算流速不宜大于 2.5 m/s。

进水管上设置的计量设备,不应降低进水管的过水能力。

为计算方便,以下压力和管道水头损失均以 mH_2O 表示（1 MPa = 10^2 mH_2O）。

表 5.8-2　管道局部水头损失

管网性质	沿程水头损失的百分数/%	管网性质	沿程水头损失的百分数/%
消火栓给水管网	10	生产、消防共用给水管网	15
生活、消防共用给水管网	20	生产、生活、消防共用给水管网	20

（4）水箱设置高度:

① 屋顶水箱的设置高度见表 5.6-2。

② 满足最不利点消火栓灭火要求水压的水箱设置高度按下式计算。

$$H = H_q + h_z \tag{5.8-6}$$

式中　H——水箱最低水位与最不利点消火栓之间的垂直高度(m);

　　　H_q——最不利点消火栓所需水压(mH_2O),根据水枪流量和充实水柱计算确定;

　　　h_z——管道沿程和局部水头损失之和(mH_2O)。

(5)管道压力计算:

管道压力可按下式计算(图 5.8-3)。

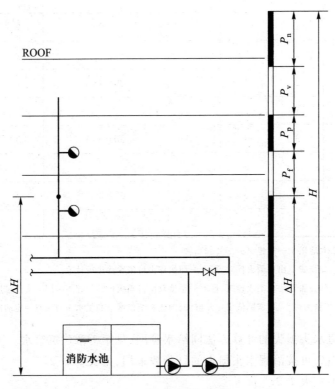

ROOF

消防水池

图 5.8-3　管道压力计算

$$P_n = P_t - P_v \tag{5.8-7}$$

式中　P_n——管道某一点处压力(MPa);

　　　P_t——管道某一点处总压力(MPa)。

$$P_n = H - \Delta H - P_f - P_p - P_v \tag{5.8-8}$$

式中　H——水泵的扬程(MPa);

　　　ΔH——该点管道处和消防水泵位置的几何高差(MPa);

　　　P_f——管道沿程水头损失(MPa);

　　　P_p——管件和阀门等局部水头损失(MPa);

　　　P_v——管道速度水头(MPa)。

注:1. 系统中任一点 n 的(动压)计算时,可按枝状管计算(环网中的另一条管不工作);

　　2. 校核栓口的动压值时,水头损失和速度水头按设计流量计算。

5.8.4 消防水泵扬程计算

消防水泵或消防给水所需要的设计扬程或设计压力,宜按下式计算:

$$P = k_2(\sum P_f + \sum P_P) + 0.01H + P_0 \qquad (5.8-9)$$

式中 P——消防水泵或消防给水系统所需要的设计扬程或设计压力(MPa);

k_2——安全系数,可取 1.20~1.40,宜根据管道的复杂程度和不可预见发生的管道变更所带来的不确定性而定;

H——当消防水泵从消防水池吸水时,H 为最低有效水位至最不利水灭火设施的几何高差;当消防水泵从市政给水管网直接吸水时,H 为火灾时市政给水管网在消防水泵入口处的设计压力值的高程至最不利水灭火设施的几何高差(m);

P_0——最不利点水灭火设施所需的设计压力(MPa)。

5.8.5 减压计算

1. 减压计算

当消火栓栓口出水压力增大,其出水量增大,水枪的反作用力也大,过大的出水量将加速消防贮水的消耗;过大的反作用力将难以使人操作。因此,规范规定消火栓栓口出水压力不应超过 50 mH_2O,超过时应设减压装置,常用减压孔板。减压后的消火栓栓口出水压力应在 H_{xh} ~ 50 mH_2O 之间(H_{xh}—消火栓栓口要求的最小灭火水压)。

减压孔板孔口的选择,应使孔板孔口的水头损失等于(或接近)消火栓处的剩余水压。

当水泵由下向上管网供水时,消火栓栓口处的剩余水压按下式计算:

$$H = H_b - H_{xh} - h_z - \Delta h \qquad (5.8-10)$$

式中 H——计算层最不利点消火栓栓口剩余水压(mH_2O);

H_b——水泵在设计流量时的扬程(mH_2O);

H_{xh}——消火栓栓口所需最小灭火水压(mH_2O);

h_z——计算消火栓与水泵最低吸水面之间的高程差引起的静水压(mH_2O);

Δh——水池经水泵到计算层最不利点消火栓之间管道沿程和局部水头损失之和(mH_2O)。

注:1. 当室内消火栓管网系由室外给水管网直接供水时,上式中的 H_b 可改为室外给水管网的最低供水压力值(mH_2O),h_z 改为计算消火栓与给水引入管之间高程差引起的静水压(mH_2O);

2. 当水泵直接从室外管网抽水时,H_b 应为室外管网最小供水压力和水泵设计扬程的叠加。

当由消防水箱向下供水时,剩余水压按下式计算:

$$H = h_z - H_{xh} - \Delta h \qquad (5.8-11)$$

式中 H——计算层最不利点消火栓栓口的剩余水压(mH_2O);

h_z——消防水箱最低水位与计算层最不利点消火栓栓口之间高差引起的静水压(mH_2O);

H_{xh}——消火栓栓口所需最小灭火水压(mH_2O);

Δh——由消防水箱至计算层最不利点消火栓之间的管道沿程和局部水头损失之和(mH_2O)。

减压孔板安装简图见图 5.8-4。

2. 减压孔板的设置及相关计算

(1)减压孔板的水头损失,应按式(5.8-12)计算:

$$H_k = 0.01\zeta_1 \frac{V_k^2}{2g} \qquad (5.8\text{-}12)$$

$$\zeta_1 = \left(1.75\frac{d_1^2}{d_k^2} \cdot \frac{1.1-\dfrac{d_k^2}{d_1^2}}{1.175-\dfrac{d_k^2}{d_1^2}} - 1\right)^2 \qquad (5.8\text{-}13)$$

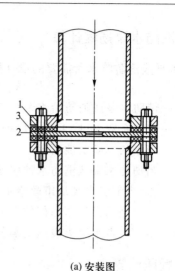

(a) 安装图

式中 H_k——减压孔板的水头损失(MPa);

V_k——减压孔板后管道内水的平均流速(m/s);

g——重力加速度(m/s²);

ζ_1——减压孔板的局部阻力系数,也可按表 5.8-3 取值;

d_k——减压孔板孔口的计算内径,取值应按减压孔板孔口直径减 1 mm 确定(m);

d_1——管道的内径(m)。

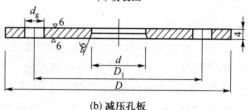

(b) 减压孔板

图 5.8-4 法兰减压孔板和安装图
1—钢制法兰;2—减压孔板(黄铜或
不锈钢制);3—橡胶垫($\delta = 5$ mm)

(2)应设在直径不小于 50 mm 的水平直管段上,前后管段的长度均不宜小于该管段直径的 5 倍。

(3)孔口直径不应小于设置管段直径的 30%,且不应小于 20 mm。

表 5.8-3 减压孔板局部阻力系数

d_k/d_1	0.3	0.4	0.5	0.6	0.7	0.8
ζ_1	292	83.3	29.5	11.7	4.75	1.83

(4)应采用不锈钢板材制作。

3. 节流管的设置及相关计算

(1)节流管的水头损失,应按式(5.8-14)计算:

$$H_g = 0.01\zeta_2 \frac{V_g^2}{2g} + 0.000\,010\,7\frac{V_g^2}{d_g^{1.3}}L_J \qquad (5.8\text{-}14)$$

式中 H_g——节流管的水头损失(MPa);

V_g——节流管内水的平均流速(m/s);

ζ_2——节流管中渐缩管与渐扩管的局部阻力系数之和,取值 0.7;

d_g——节流管的计算内径,取值应按节流管内径减 1 mm 确定(m);

L_1——节流管的长度(m)。

(2)直径宜按上游管段直径的 1/2 确定。

(3)长度不宜小于 1 m。

（4）节流管内水的平均流速不应大于 20 m/s。

4. 减压阀的设置

减压阀的水头损失计算应符合下列规定：

（1）应根据产品技术参数确定，当无资料时，减压阀前后静压与动压差应按不小于 0.10 MPa 计算；

（2）减压阀串联减压时，应计算第一级减压阀的水头损失对第二级减压阀出水动压的影响。

5.8.6 室内消火栓给水系统设计计算

高压消防给水系统设计计算的主要任务是：确定管径，并校核压力。

临时高压消防给水系统设计计算的主要任务是：确定管径，计算水头损失，确定消防水泵的流量和扬程，确定消防水池和消防水箱的有效容积，校核消防水箱的设置高度及增压设施选型。

1. 室内消火栓口处所需的最低水压（H_{xh0}）

室内消火栓口处所需的水压，可按式（5.8-15）计算：

$$H_{xh0} = H_q + h_d + H_k = 10 \times \frac{q_{xh}^2}{B} + 10A_d \cdot L_d \cdot q_{xh}^2 + H_k \qquad (5.8-15)$$

式中　H_{xh0}——消火栓口处所需最低水压（kPa）；

$\quad\quad H_q$——水枪喷嘴处的压力（kPa），$H_q = 10 \times \dfrac{q_{xh}^2}{B}$；

$\quad\quad q_{xh}$——水枪的射流量（L/s）；

$\quad\quad h_d$——水带的水头损失（kPa），$h_d = 10A_d \cdot L_d \cdot q_{xh}^2$；

$\quad\quad A_d$——水带的阻力系数；

$\quad\quad L_d$——水带的长度（m）；

$\quad\quad H_k$——消火栓栓口局部水头损失（kPa），一般取 20 kPa；

$\quad\quad B$——水枪水流特性系数，与水枪喷嘴口径有关，见表 5.8-6。

（1）水枪喷嘴处压力（H_q）。

水枪喷嘴处压力与喷嘴口径和充实水柱长度有关，而水枪的射流量与喷嘴口径、喷嘴形状和水枪喷嘴处压力有关，水枪喷嘴处压力可用式（5.8-16）计算：

$$H_q = 10 \times \frac{\alpha_f \cdot S_k}{1 - \varphi \cdot \alpha_f \cdot S_k} \qquad (5.8-16)$$

式中　H_q——水枪喷嘴处的压力（kPa）；

$\quad\quad S_k$——水枪的充实水柱长度（m）；

$\quad\quad \alpha_f$——与充实水柱长度有关的系数，$\alpha_f = 1.19 + 80(0.01S_k)^4$，也可按表 5.8-4 选用；

$\quad\quad \varphi$——与水枪喷嘴口径有关的阻力系数，见表 5.8-5。

表 5.8-4　α_f 值与充实水柱的关系

S_k	6	8	10	12	16
α_f	1.19	1.19	1.20	1.21	1.24

表 5.8-5 φ 值与水枪喷嘴口径的关系

水枪喷嘴口径/mm	13	16	19
φ	0.016 5	0.012 4	0.009 7

水枪的射流量可由水枪喷嘴处压力确定,按式(5.8-17)计算:

$$q_{xh} = \sqrt{\frac{B \cdot H_q}{10}} \qquad (5.8-17)$$

式中 q_{xh}——水枪的射流量(L/s);

H_q——水枪喷嘴处的压力(kPa)。

表 5.8-6 水枪水流特性系数 B 与水枪喷嘴口径的关系

水枪喷嘴口/mm	13	16	19	22	25
B	0.346	0.793	1.577	2.836	4.727

水枪充实水柱 S_k、喷嘴处压力 H_q 与流量 q_{xh} 之间的关系,见表 5.8-7。

表 5.8-7 直流水枪 S_k-H_q-q_{xh} 的关系

充实水柱长度 S_k/m	不同喷嘴口径的压力和流量					
	13 mm		16 mm		19 mm	
	H_q压力 /kPa	q_{xh}流量 /(L/s)	H_q压力 /kPa	q_{xh}流量 /(L/s)	H_q压力 /kPa	q_{xh}流量 /(L/s)
7	96	1.8	92	2.7	90	3.8
8	112	2.0	105	2.9	105	4.1
9	130	2.1	125	3.1	120	4.3
10	150	2.3	141	3.3	136	4.6
11	170	2.4	159	3.5	152	4.9
12	191	2.6	177	3.7	169	5.2
13	215	2.9	197	4.0	187	5.4

(2)水带水头损失(h_d)按式(5.8-18)计算:

$$h_d = 10 \times A_d \cdot L_d \cdot q_{xh}^2 \qquad (5.8-18)$$

式中 h_d——水带的水头损失(kPa);

A_d——水带的阻力系数,见表 5.8-8;

L_d——水带的长度(m);

q_{xh}符号含义同上式。

表 5.8-8 水带的阻力系数 A_d

水带材质	水带口径		
	50	**65**	**80**
麻织	0.015 01	0.004 30	0.001 50
衬胶	0.006 77	0.001 72	0.000 75

2. 计算层的水枪实际射流量

（1）消防水泵供水工况：如消防水泵由下（如从地下室）向上管网供水时，计算层消火栓口处的压力（H_{xhs}）为：

$$H_{xhs} = H_{xh0} + \Delta h + h_z \tag{5.8-19}$$

式中　H_{xhs}——计算层消火栓口处的压力（kPa）；

　　　H_{xh0}——最不利点消火栓口处的压力（kPa）；

　　　Δh——最不利点消火栓到计算层消火栓之间管路的沿程和局部水头损失之和（kPa）；

　　　h_z——计算层消火栓与最不利点消火栓之间的高差引起的静水压力（kPa）。

（2）消防水箱供水工况：当消防水箱由上向下供水时，计算层消火栓口处的压力（H_{xhs}）为：

$$H_{xhs} = h_z - \Delta h \tag{5.8-20}$$

式中　Δh——消防水箱到计算层消火栓之间管路的沿程和局部水头损失之和（kPa）；

　　　h_z——消防水箱最低水位与计算消火栓栓口之间高差引起的静水压力（kPa）。

（3）计算层水枪的实际射流量（q_{xhs}）为：

$$q_{xhs} = \sqrt{\dfrac{H_{xhs} - H_k}{\dfrac{10}{B} + 10 \cdot A_d L_d}} \tag{5.8-21}$$

式中　q_{xhs}——计算层水枪的实际射流量（L/s）；

其他符号同前。

3. 消火栓栓口的减压计算

消火栓口处剩余压力过大时会造成水枪反作用力过大，导致使用者难以操控，同时出水量大于设计流量，导致消防用水很快用尽，不利于初期火灾的扑救。因此，室内消火栓口处的出水压力超过 0.50 MPa，应在消火栓口处设置不锈钢减压孔板或采用减压稳压消火栓，以消除消火栓口处的剩余水头。为使消火栓保护距离具有可延展性，减压型（减压孔板或减压稳压）消火栓口处的动压力不宜小于 0.45 MPa，并用屋顶消防水箱供水工况进行压力复核。

减压孔板应设置在消防支管上，其水头损失可按式（5.8-22）计算。

$$H_{sk} = \left[\dfrac{1.75\beta^{-2}(1.1 - \beta^2)}{1.175 - \beta^2} - 1 \right]^2 \times \dfrac{V^2}{2g} \times 10^{-2} \tag{5.8-22}$$

式中　H_{sk}——消火栓与孔板组合水头损失（MPa），可参考表 5.8-9；

　　　β——相对孔径，$\beta = \dfrac{d}{D}$；

　　　d——孔板孔径（mm）；

D——消火栓管内径(mm),应根据产品确定,无资料时 $DN50$ 管内径取 53 mm; $DN65$ 管
　　内径可取 68 mm;

V——管内流速(m/s), $V=\dfrac{4q_x}{\pi D^2}\times10^3$;

q_x——水流通过孔板的流量(L/s);

g——重力加速度,取 9.8 m/s²

表 5.8-9　消火栓与孔板组合水头损失

消火栓型号		SN50	SN65
流量 q_x/(L/s)		2.5	5.0
孔板孔径 d/mm	12	0.657 6	—
	14	0.345 8	—
	16	0.196 6	0.836 1
	18	0.118 5	0.511 3
	20	0.076 0	0.327 6
	22	0.048 7	0.218 0
	24	0.032 6	0.149 5
	26	—	0.105 0
	28	—	0.075 3
	30	—	0.054 9
	32	—	0.040 6

4. 管网水头损失

在确定了管网中各管段的设计流量后,在一定范围内选定某一流速即可计算出管径和单位
管长的沿程水头损失,局部水头损失按沿程水头损失的20%计,则可计算出管网系统的总水头
损失。当资料充足时局部水头损失可按管(配)件当量长度法计算。

消防管道内流速一般控制在 1.4~1.8 m/s,最大不宜大于 2.5 m/s。

5. 室内消火栓给水系统设计计算方法与步骤

(1) 根据室内消火栓给水系统平面布置图绘制出系统图。

(2) 确定系统最不利点消火栓和计算管路,对计算管路上的节点进行编号。宜根据阀门位
置把消火栓管网简化为枝状管网。

(3) 室内消火栓给水系统的竖管流量分配,应根据最不利立管、次不利立管……依次分配消
火栓用水量,每根竖管的流量不应小于规范中有关竖管最小流量的规定。

(4) 计算最不利点处消火栓栓口所需水压。

(5) 室内消火栓给水系统横干管的流量应为消火栓设计用水量。

(6) 对计算管路进行水力计算。根据管段流量和控制流速可查相应的水力计算表确定管径

和单位管长沿程水头损失,即可计算管路的沿程和局部水头损失。单位管长沿程水头损失按式(5.8-23)计算:

$$i = \frac{0.000\ 010\ 7V^2}{d_{\mathrm{j}}^{1.3}} \tag{5.8-23}$$

式中　i——每米管道的水头损失(MPa/m);

　　　V——管道流速(m/s);

　　　d_{j}——管道的计算内径(m),按管道内径减 1 mm 取值。

沿程和局部水头损失计算按式(5.8-24)。

① 沿程水头损失:

$$h_{\mathrm{f}} = i \cdot L \tag{5.8-24}$$

式中　h_{f}——沿程水头损失(kPa);

　　　L——管道计算长度(m);

　　　i——管道单位长度水头损失(kPa/m)。

② 局部水头损失:

$$h_{\mathrm{j}} = \sum \zeta \frac{v^2}{2g} \times 10 \tag{5.8-25}$$

式中　h_{j}——管段局部水头损失之和(kPa);

　　　ζ——管段局部阻力系数;

　　　v——沿水流方向局部管件下游的流速(m/s);

　　　g——重力加速度(m/s²)。

(7) 分别按消防水泵和屋顶消防水箱供水工况的枝状管网进行水力计算。

(8) 确定系统所需压力和流量,选择消防水泵、确定消防水池(箱)容积;临时高压给水系统还应校核水箱安装高度、确定是否需设增压稳压设备。

(9) 确定消火栓减压孔板或减压稳压消火栓,减压计算还应满足消防水泵、消防水泵接合器或屋顶消防水箱 3 种供水工况的要求。

【例】 某高级酒店,地下一层,地上 16 层,层高 3.1 m,建筑总高度 50.7 m,总建筑面积为 31 500 m²。市政外网管径为 DN300,有 2 根引入管,管径均为 DN100,市政水压力为 0.3 MPa,市政管网可满足室外消防用水量。试确定室内消火栓给水系统立管的数量、管道管径、消防水箱、消防水池容积和消防水泵的流量、扬程。室内消火栓系统见下图 5.8-5。

解:(1) 确定消火栓间距

① 消火栓充实水柱长度

消火栓充实水柱按下面 3 种方法计算,取其中最大值:

a. α 取 45°,层高为 3.1 m,则:

$$S_{\mathrm{k1}} = \frac{3.1-1}{\sin 45°} \approx 3 \text{ m}$$

b. 本酒店为 50.7 m,根据《建筑设计防火规范》GB 50016—2014 可知,本建筑为一类高层公建。《消防给水及消火栓系统技术规范》GB 50974—2014 第 7.4.12 条第 2 款可得,消火栓栓口动压 0.35 MPa,消防水枪的充实水柱为 13 m(S_{k0})。

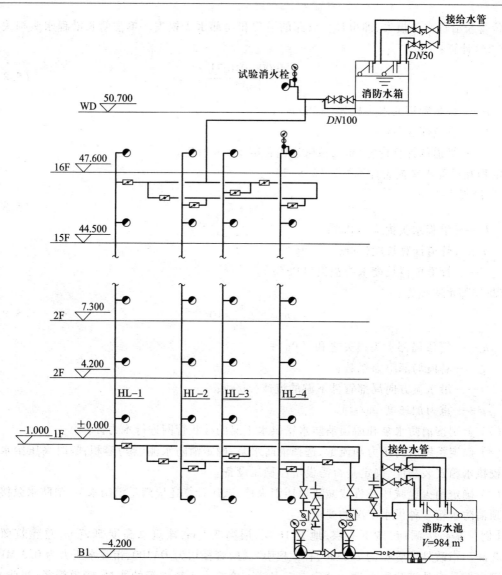

图 5.8-5   消火栓系统图

c. 根据水枪最小出流量 $q_{xh} = 5$ L/s,反算消火栓充实水柱长度:

将 $q_{xh} = 5$ L/s,水枪喷嘴口径为 19 mm 时,$B = 1.577$ 代入:

$$H_q = \frac{q_{xh}^2}{B} = \frac{5^2}{1.577} = 15.85 \text{ mH}_2\text{O} = 158.5 \text{ kPa}$$

根据水枪喷口处压力计算 S_{k2},则:

$$S_{k2} = \frac{H_q}{\alpha_f \cdot (10 + \varphi \cdot H_q)} = \frac{158.5}{1.2 \times (10 + 0.009\ 7 \times 158.5)} \text{ m} = 11.45 \text{ m}$$

$$S_{k\text{设}} = 11.45 \text{ m}$$

通过 3 种方法计算,取其中最大值:13 m。

S_k 既要满足 ≥10 m 的要求,也要满足最小 q_{xh} 要求,公式计算值须复核。一般在工程设计中

q_{xh}按表 5.8-7 直接查取。

根据 $S_{k设} = 11.45$ m 可再计算水枪的实际出流量：

此时，水枪喷嘴处压力

$$H_q = \cfrac{1}{\cfrac{1}{S_{k设} \cdot \alpha_f} - \varphi}$$

将 $S_{k设} = 11.45$ m 代入可得：

$$H_q = \cfrac{1}{\cfrac{1}{S_{k设} \cdot \alpha_f} - \varphi} = \cfrac{1}{\cfrac{1}{11.45 \times 1.20} - 0.009\,7} = 15.85 \text{ mH}_2\text{O} = 158.5 \text{ kPa}$$

水枪口实际出水流量为：

$$q_{xh} = \sqrt{BH_q/10} = \sqrt{1.577 \times 158.5/10} \text{ L/s} = 5.0 \text{ L/s}$$

② 消火栓保护半径

消火栓保护半径根据《消水规》第 10.2.1 条计算，折减系数 k_3 取 0.8。

$R_0 = k_3 L_d + L_s = (0.8 \times 25 + 13 \times 0.71) \text{ m} = 29.23 \text{ m}$，即保护半径为 29.23 m。

③ 消火栓间距及立管根数

室内按 1 排消火栓布置，且应保证 2 支水枪充实水柱同时到达室内任何部位，消火栓间距按下列公式计算，消火栓最大保护宽度 b 根据图纸取 9.4 m。消火栓间距：

$$S = \sqrt{R^2 - b^2} = \sqrt{29.23^2 - 9.4^2} \text{ m} = 27.68 \text{ m}$$

立管数量计算：

$$n = \frac{L}{S} + 1$$

式中　　n——立管数量；

　　　　L——建筑长度（m）；

　　　　S——两股水柱时的消火栓间距（m）。

立管数量为：$n = \dfrac{L}{S} + 1 = \dfrac{58.7}{27.68} + 1 = 3.1 \approx 4$

（2）消火栓给水管网的水力计算

根据《建规》可知，该建筑属于公共建筑一类，火灾危险级别为中危险 I 级，该建筑室内消火栓用水量为 40 L/s，按每支水枪最小流量为 5 L/s，每根立管最小流量为 15 L/s，自最不利立管开始分配流量，流量分配见下表 5.8-10。将水平环状管网断开，按枝状管网计算。消火栓计算简图见下图 5.8-6。

表 5.8-10　立管流量分配表

立管名称	同时作用水枪数量/支	立管流量/（L/s）
最不利立管 HL-1	3	15
次不利立管 HL-2	3	15
HL-3	2	10

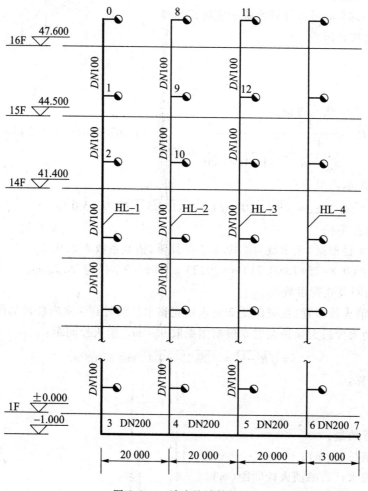

图 5.8-6 消火栓计算简图

① 最不利点(0 点)消火栓压力

计算最不利点消火栓压力 $H_{xh0}=H_q+h_d+H_k=10\times\dfrac{q_{xh}^2}{B}+10A_d\cdot L_d\cdot q_{xh}^2+H_k$

a. 计算 H_q：

根据(1)计算结果 $S_k=13$ m，$\alpha_f=1.19+80(0.01S_k)^4=1.21$，$\varphi=0.0097$，代入式(5.8-16)计算得：

$$H_q=10\times\frac{\alpha_f\cdot S_k}{1-\varphi\cdot\alpha_f\cdot S_k}=10\times\frac{1.21\times13}{1-0.0097\times1.21\times13}\text{ kPa}=0.1857\text{ MPa}$$

b. 计算 13 m 充实水柱时的枪口流量 q_{xh}：

水枪的射流量可由水枪喷嘴处压力确定：

B 查表 5.8-6，取 1.577，代入式(5.8-17)计算得：

$$q_{xh} = \sqrt{\frac{B \cdot H_q}{10}} = \sqrt{\frac{1.577 \times 185.7}{10}} \; L/s = 5.4 \; L/s$$

c. 计算 h_d：

选用 65 mm 麻织水带，水带长度 25 m，查表 5.8-8 知：水带阻力系数 $A_d = 0.004\,30$。由式 (5.8-18)，将 $A_d = 0.004\,30$，$L_d = 25$ m，$q_{xh} = 5.4$ L/s 代入得：

$$h_d = A_d \cdot L_d \cdot q_{xh}^2 = 0.004\,30 \times 25 \times 5.4^2 \; mH_2O = 3.135 \; mH_2O = 31.35 \; kPa$$

该计算结果与《消水规》第 7.4.12 条第 2 款条文说明略有不同，条文说明中直接给定了水带水头损失为 0.046 MPa，因此直接取水带水头损失为 0.046 MPa。

d. 计算室内消火栓口处所需的最低水压 H_{xh0}：

消火栓局部水头损失取 $H_k = 20$ kPa，则最不利消火栓口压力按式(5.8-15)：

$$H_{xh0} = H_q + h_d + H_k = (185.7 + 46 + 20) \; kPa = 251.7 \; kPa = 0.251 \; MPa$$

根据《消防给水及消火栓系统技术规范》GB 50974—2014 第 7.4.12 条第 2 款的规定，最不利消火栓栓口动压不应小于 0.35 MPa，0.251 MPa < 0.35 MPa，考虑到其他因素规定 H_{xh0} 取 0.35 MPa。（本例题以下计算均以最不利消火栓口流量为 5.4 L/s、压力为 0.35 MPa 计算）

② 0-1 管段

该管段只供给 1 个消火栓，管径取消火栓的出口管径 $DN65$。0-1 管段的管道公称口径为 $DN100$，外径为 114.3 mm，壁厚 4.0 mm，管道内径为 $D_{j0-1} = 114.3 - (2 \times 4.0)$ mm = 106.3 mm，计算内径为 $d_{j0-1} = D_{j0-1} - 1 = (106.3 - 1)$ mm = 105.3 mm，则

$$V_{0-1} = \frac{4Q}{1\,000 \pi D_{j0-1}^2} = \frac{4 \times 5.4}{3.14 \times 0.106\,3^2 \times 1\,000} \; m/s = 0.61 \; m/s$$

$$i_{0-1} = \frac{0.000\,010\,7 V_{0-1}^2}{d_{j0-1}^{1.3}} = \frac{0.000\,010\,7 \times 0.61^2}{0.105\,3^{1.3}} \; MPa = 0.000\,074\,6 \; MPa$$

沿程水头损失为：$h_{0-1} = i_{0-1} \cdot l_{0-1} = 0.000\,074\,6 \times 3.1$ MPa = 0.000\,231\,3 MPa

节点 1 消火栓压力为：$H_{xh1} = H_{xh0} + H_{0-1} + h_{0-1} = (0.35 + 0.031 + 0.000\,231\,3)$ MPa = 0.381\,2 MPa

③ 1-2 管段

节点 1 压力下消火栓 1 点的出流量：

$$q_{xh1} = \sqrt{\frac{H_{xh1} - H_k}{\dfrac{10}{B} + 10 A_d L_d}}$$

式中　q_{xh1} ——次不利点 $(n-1)$ 即节点 1 处的流量(L/s)；

$\quad\;\; H_{xh1}$ ——次不利点 $(n-1)$ 即节点 1 处的压力(MPa)；

$\quad\;\; H_k$ ——消火栓局部水头损失，取 0.02 MPa；

$\quad\;\; L_d$ ——水带长度(m)；

$\quad\;\; A_d$ ——水带阻力系数，取 0.004 30；

$\quad\;\; B$ ——水枪水流特性系数，$d_f = 19$ mm 时，取 1.577。

代入数据得：

$$q_{xh1} = \sqrt{\dfrac{H_{xh1}-H_k}{\dfrac{10}{B}+10A_dL_d}} = \sqrt{\dfrac{(0.381\,2-0.02)\times 1\,000}{\dfrac{10}{1.577}+10\times 0.004\,30\times 25}}\ \text{L/s} = 6.98\ \text{L/s}$$

管段 1-2 的流量为消火栓 0 和 1 的流量之和:

即 $q_{1-2} = (5.4+6.98)\ \text{L/s} = 12.38\ \text{L/s}$

1-2 管段的管道公称口径为 $DN100$,外径为 114.3 mm,壁厚 4.0 mm,管道内径、计算内径分别为:

$$D_{j1-2} = (114.3-2\times 4.0)\ \text{mm} = 106.3\ \text{mm}, \quad d_{j1-2} = D_{1-2}-1 = 105.3\ \text{mm}$$

$$V_{1-2} = \dfrac{4Q}{1\,000\pi D_{j1-2}^2} = \dfrac{4\times 12.38}{3.14\times 0.106\,3^2\times 1\,000}\ \text{m/s} = 1.40\ \text{m/s}$$

$$i_{1-2} = \dfrac{0.000\,010\,7V_{1-2}^2}{d_{j1-2}^{1.3}} = \dfrac{0.000\,010\,7\times 1.40^2}{0.105\,3^{1.3}}\ \text{MPa/m} = 0.000\,391\,8\ \text{MPa/m}$$

$$h_{1-2} = i_{1-2}\cdot l_{1-2} = 0.000\,391\,8\times 3.1\ \text{MPa} = 0.001\,21\ \text{MPa}$$

$$H_{xh2} = H_{xh1}+H_{1-2}+h_{1-2} = (0.381\,2+0.031+0.001\,21)\ \text{MPa} = 0.413\,4\ \text{MPa}$$

④ 2-3 管段

$$q_{xh2} = \sqrt{\dfrac{H_{xh2}-H_k}{\dfrac{10}{B}+10A_dL_d}} = \sqrt{\dfrac{(0.413\,4-0.02)\times 1\,000}{\dfrac{10}{1.577}+10\times 0.004\,30\times 25}}\ \text{L/s} = 7.28\ \text{L/s}$$

管段 2-3 的流量为消火栓 0、1 和 2 的流量之和:

即 $q_{2-3} = (5.4+6.98+7.28)\ \text{L/s} = 19.66\ \text{L/s}$

2-3 管段的管道公称口径为 $DN100$,外径为 114.3 mm,壁厚 4.0 mm,管道内径、计算内径分别为:

$$D_{j2-3} = (114.3-2\times 4.0)\ \text{mm} = 106.3\ \text{mm}, \quad d_{j2-3} = D_{2-3}-1 = 105.3\ \text{mm}$$

$$V_{2-3} = \dfrac{4Q}{1\,000\pi D_{j2-3}^2} = \dfrac{4\times 19.66}{3.14\times 0.106\,3^2\times 1\,000}\ \text{m/s} = 2.22\ \text{m/s}$$

$$i_{2-3} = \dfrac{0.000\,010\,7V_{2-3}^2}{d_{j2-3}^{1.3}} = \dfrac{0.000\,010\,7\times 2.22^2}{0.105\,3^{1.3}} = 0.000\,983\,2\ \text{MPa/m}$$

$$h_{2-3} = i_{2-3}\cdot l_{2-3} = 0.000\,983\,2\times 43.5\ \text{MPa} = 0.042\,8\ \text{MPa}$$

$$H_{xh3} = H_{xh2}+H_{2-3}+h_{2-3} = (0.413\,4+0.435+0.042\,8)\ \text{MPa} = 0.891\,2\ \text{MPa}$$

⑤ 3-4 管段

管道 3-4,流量无变化,只计算压力损失,故节点 4 的压力为:

3-4 管段的管径为 $DN200$,外径为 219.1 mm,壁厚 4.0 mm,管道内径、计算内径分别为:

$$D_{j3-4} = (219.1-2\times 4.0)\ \text{mm} = 211.1\ \text{mm}, \quad d_{j3-4} = D_{3-4}-1 = (211.1-1)\ \text{mm} = 210.1\ \text{mm}$$

$$V_{3-4} = \dfrac{4Q}{1\,000\pi D_{j3-4}^2} = \dfrac{4\times 19.66}{3.14\times 0.211\,1^2\times 1\,000}\ \text{m/s} = 0.56\ \text{m/s}$$

$$i_{3-4} = \dfrac{0.000\,010\,7V_{3-4}^2}{d_{j3-4}^{1.3}} = \dfrac{0.000\,010\,7\times 0.56^2}{0.210\,1^{1.3}} = 0.000\,025\,8\ \text{MPa/m}$$

$$h_{3-4} = i_{3-4} \cdot l_{3-4} = 0.000\ 025\ 8 \times 20\ \text{MPa} = 0.000\ 516\ \text{MPa}$$

$$H_{xh4} = H_{xh3} + H_{3-4} + h_{3-4} = (0.891\ 2 + 0.000\ 516)\ \text{MPa} = 0.891\ 7\ \text{MPa}$$

节点 4 与节点 3 的压力差为：$H_{xh4} - H_{xh3} = (0.891\ 7 - 0.891\ 2)\ \text{MPa} = 0.000\ 5\ \text{MPa}$

$$\frac{H_{xh4} - H_{xh3}}{H_{xh3}} \times 100\% = \frac{0.000\ 5}{0.891\ 2} \times 100\% = 0.056\%$$

忽略 3-4 管段之间的损失，认为 3 点和 4 点的压力近似相等。即次不利立管（HL-2）流量的计算结果与最不利立管相同，同理也认为立管 HL-3 管段 12-5 的流量计算结果也与最不利立管 1-2 管段相同。计算结果见表 5.8-11。

表 5.8-11　计算管路水力计算表

节点编号	起点压力/MPa	管道流量/(L/s)	管长/m	管径/mm	流速/(m/s)	i 水力坡降/(MPa/m)	水头损失/MPa	累计水头损失/MPa	终点压力/MPa
0-1	0.35	5.40	3.1	100	0.61	0.000 074 6	0.000 231 3	0.000 231 3	0.381 2
1-2	0.381 2	12.38	3.1	100	1.40	0.000 391 8	0.001 21	0.001 44	0.413 4
2-3	0.413 4	19.66	43.5	100	2.22	0.000 983 2	0.042 8	0.044 24	0.891 2
……	……	……	……	……	……	……	……	……	……
13F（栓口）	-	-	-	-	-	-	-	-	0.447 5
12F（栓口）	-	-	-	-	-	-	-	-	0.481 6
11F（栓口）	-	-	-	-	-	-	-	-	0.515 7
10F（栓口）	-	-	-	-	-	-	-	-	0.549 8
……	……	……	……	……	……	……	……	……	……
3-4	0.891 2	19.66	20	200	0.56	0.000 025 8	0.000 516	0.044 76	0.891 7
4-5	0.891 7	39.32	20	200	1.12	0.000 102	0.002 04	0.046 8	0.893 7
5-6	0.893 7	51.70	20	200	1.48	0.000 178 1	0.003 56	0.050 36	0.897 3
6-7	0.897 3	51.70	3	200	1.48	0.000 178 1	0.000 534 3	0.050 89	0.897 8
7-水泵	0.897 8	51.70	20	200	1.48	0.000 178 1	0.003 56	0.054 45	0.901 4

（3）消火栓减压计算

根据《消水规》第 7.4.12 条第 1 款的规定，当消火栓栓口动压大于 0.50 MPa 时，需设置减压装置进行减压。从表 2 可以看出，从 11 层开始到以下楼层，消火栓栓口动压均大于 0.50 MPa（忽略立管水头损失），故采取在栓口处设置减压孔板（即支管减压）的方式进行减压。

根据式（5.8-22）可得：

$$H_{sk} = \left[\frac{1.75\beta^{-2}(1.1-\beta^2)}{1.175-\beta^2} - 1 \right]^2 \times \frac{V^2}{2g} \times 10^{-2}$$

以 11 层为例,介绍减压孔板计算过程。

① 计算管内流速 V

$$V = \frac{4q_x}{\pi D^2} \times 10^3$$

带入数据 $q_x = 5.4$ L/s,$D = 68$ mm,$V = 1.488$ m/s。

② 计算消火栓与孔板组合水头损失 H_{sk}

由表 2 可知,栓口压力 0.515 7 MPa,减压孔板后压力设为 0.35 MPa。

则消火栓与孔板组合水头损失 $H_{sk} = (0.515\ 7 - 0.35)$ MPa $= 0.165\ 7$ MPa。

③ 计算相对孔径 β

根据式(5.8-22)可得:

$$H_{sk} = \left[\frac{1.75\beta^{-2}(1.1-\beta^2)}{1.175-\beta^2} - 1 \right]^2 \times \frac{V^2}{2g} \times 10^{-2}$$

带入数据 $H_{sk} = 0.165\ 7$ MPa,$V = 1.488$ m/s 可得相对孔径 $\beta = 0.351\ 8$

④ 计算减压孔板孔径 d

$$\beta = \frac{d}{D}$$

带入相对孔径 $\beta = 0.351\ 8$,可得减压孔板孔径 $d = 0.351\ 8 \times 68$ mm $= 23.922\ 4$ mm,取 24 mm。

(4) 消防水池有效容积

计算室外给水管网的补水量。由于外网引入管至消防水池之间的管径为 $DN100$,可按孔口出流公式和经济流速分别计算,取二者较小者作为室外管网补水量:

$$Q = \mu A \sqrt{2gh}$$

式中 μ——为孔口出流系数,为 0.62;

　　　A——孔口断面面积(m^2);

　　　h——为孔口压力(mH_2O),取市政给水压力。

$$Q = \mu A \sqrt{2gh} = 0.62 \times 0.25 \times 3.14 \times 0.1^2 \sqrt{2 \times 9.8 \times 30} \ m^3/s = 0.118 \ m^3/s = 425 \ m^3/h$$

查表可知,$DN100$ 的经济流速为 1.2 m/s,得:

$$Q = \frac{1}{4}\pi D^2 V = \frac{1}{4} \times 3.14 \times 0.1^2 \times 1.2 \ m^3/s = 0.009\ 42 \ m^3/s = 33.9 \ m^3/h$$

取二者较小者,即 33.9 $m^3/h = 9.4$ L/s。

如只考虑室内外消火栓给水系统,消防水池有效容积按下式计算,根据已知条件,室外管网可满足室外消防用水量,因此室外消防补水量为 0,该建筑室内消火栓用水量为 51.70 L/s,室内消火栓系统按火灾延续时间 3 h 计算:

$$V_f = 3.6(Q_n + Q_w - Q_b) \cdot T_b = 3.6 \times (51.70 + 0 - 9.4) \times 3 \ m^3 = 457 \ m^3$$

由于消防水池小于 500 m^3,故只需建 1 个消防水池即可。

2 根引入管同时补水的时间为:$t_1 = \frac{V_c}{2Q} = \frac{457}{2 \times 33.9}$ h $= 6.74$ h

当有 1 根引入管检修时,此时最不利情况下,补水时间为:$t_2 = \dfrac{V_c}{Q} = \dfrac{457}{33.9}$ h = 13.5 h 小于 48 h,满足要求。

(5) 消防水泵扬程及流量

消防水泵扬程计算。设消防水池最低水位相对标高 -3.8 m,最不利消火栓相对标高 48.7 m,则最不利点消火栓与消防水池最低水位或系统入口管水平中心线的高差产生的静水压力:$H_1 = 52.5\ mH_2O = 0.525\ MPa$。

由表 2 计算知,沿程总水头损失即节点 0 至水泵的水头损失之和为 0.054 45 MPa,局部水头损失取沿程水头损失的 20%,即局部水头损失为 0.010 89 MPa,则计算管路沿程和局部水头损失的累计值 $H_2 = (0.054\ 45 + 0.010\ 89)\ MPa = 0.065\ 34\ MPa$。

消防水泵的扬程为:$H_P = H_1 + H_2 + H_{xh0} = (0.525 + 0.065\ 34 + 0.35)\ MPa = 0.940\ 34\ MPa$

故消防水泵扬程 95 m,流量 51.70 L/s。

【本节精选习题】

1. 一栋建筑高度为 96 m 的高层民用建筑,地上部分 24 层,屋顶消防水箱有效容积为 18 m^3,其最低水位至最不利点消火栓的高度为 8.1 m,地下部分 3 层,每层层高 5 m,消防水池、水泵房设在地下一层,水池最低有效水位为 -4.5 m,水泵计算时,系统水头损失按计算高度估算为 0.1 MPa,整个系统水力坡度相同,经计算消火栓栓口最小压力不应小于 0.35 MPa,水泵水头损失为 0.02 MPa,水泵扬程计算时考虑最小安全系数,栓口直径 DN65 mm 的消火栓内径为 68 mm,则第 20 层消火栓的减压孔板最合理的选取方式应为下列何项?(   )

A. 不设减压孔板

B. 选一个孔径为 58.0 mm 的减压孔板

C. 选一个孔径为 20.5 mm 的减压孔板

D. 选一个孔径为 32.5 mm 的减压孔板

答案:【此题无答案】

解析:(1) 每层层高 96/24 m = 4 m,

(2) 水泵扬程 $H = 1.2 \times (10+2)\ m + (4.5 + 23 \times 4 + 1.1 + 35)\ m = 147\ m$,

(3) 单位管长水损 $i = 10/(4.5 + 23 \times 4 + 1.1) = 0.102$,

(4) 第 20 层栓口压力 $P = [147 - (4.5 + 19 \times 4 + 1.1) \times (1 + 0.102) - 2]\ mH_2O = 55.1\ mH_2O > 50\ mH_2O$,需设减压孔板。

按本书本章节式(5.8-12)、式(5.8-13),取 $V_k = [4q_x/(\pi D^2)] \times 10^3$,可得:减压孔板孔口直径 = 31.2 mm。

2. 某高层建筑室内消火栓给水系统采用临时高压系统,消防水泵出水口与最不利点处消火栓栓口的几何高差为 50 m,灭火时消防水泵出水口处压力表读数为 1.0 MPa。若水泵出水口处速度水头为 2 mH_2O,最不利点处消火栓栓口的速度水头为 3 mH_2O,水枪充实水柱不小于 13 m,水泵出水口处至最不利消火栓栓口管路的水头损失为 0.1 MPa。则该消火栓给水系统最不利点处消火栓栓口的动压应为下列哪项?(   )注:1.0 MPa = 100 mH_2O

A. 0.39 MPa

B. 0.37 MPa

C. 0.35 MPa

D. 0.03 MPa

答案:【A】

解析:水泵扬程 $(100+2)\ m = 102\ m$ 水柱,压力表加上水泵流速水头为总水头,即水泵扬程。

最不利点消火栓栓口动压 = $(102 - 50 - 10 - 3)\ MPa = 39\ MPa$,且对于高层建筑,消火栓栓口动压不应小于 0.35 MPa,由于 0.39 MPa 大于 0.35 MPa,故先 0.39 MPa。

3. 图示为某16层单元式普通住宅(建筑高度49.8 m)的室内消火栓给水系统计算简图,则消火栓泵的扬程应不小于哪项?(　　)

已知:① A 点处市政供水压力在 0.15~0.30 MPa 之间;② 管路 AB(A 点至消火栓口 B 的管长 150 m)的沿程水头损失:当流量 Q = 5 L/s,均以 0.08 kPa/m 计;当流量 Q = 10 L/s,均以 0.28 KPa/m 计;流量 Q = 5 L/s 或 10 L/s 时,管路 AB(均含消火栓口)的局部损失均按 85 kPa 计;③ 保证消防水枪流量不小于 5 L/s,且其充实水柱长度不小于 13 m 时,其消火栓栓口动压不应小于 0.35 MPa。

A. 0.47 MPa　　　　B. 0.62 MPa　　　　C. 0.59 MPa　　　　D. 0.44 MP

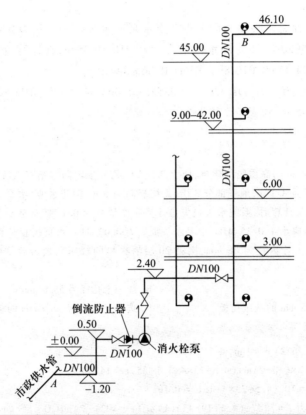

答案:【此题无答案】

解析:市政可提供的供水水压按最低保证值计算水泵扬程;当建筑高度小于 50 m 时,每根竖管的最小流量是 10 L/s,以此判定整个管路的沿程损失按 10 L/s 对应的沿程水头损失。

消火栓水泵扬程:$H=(46.1+1.20+0.028×150+8.5+35-15)/100$ MPa$=0.80$ MPa

5.9　消防排水

设有消防给水系统的建设工程宜采取消防排水措施。排水措施应满足财产和消防设施安全,以及系统调试和日常维护管理等安全和功能的需要。

5.9.1　消防排水设置场所

设有消防给水系统的建设工程宜采取消防排水措施,消防排水措施应满足财产和消防设施安全,以及系统调试和日常维护管理等安全和功能的需要。

下列建筑物和场所应采取消防排水措施:① 消防水泵房;② 设有消防给水系统的地下室;③ 消防电梯的井底;④ 仓库。

5.9.2 消防排水设置要求

消防排水类型及设置要求见表 5.9-1。

表 5.9-1 消防排水类型及设置要求

消防排水类型	设 置 要 求
室内消防排水	1. 室内消防排水宜排入室外雨水管道 2. 当存有少量可燃液体时,排水管道应设置水封,并宜间接排入室外污水管道 3. 地下室的消防排水设施宜与地下室其他地面废水排水设施共用 4. 室内消防排水设施应采取防止倒灌的技术措施
消防电梯的井底排水	消防电梯的井底排水设施应符合下列规定,见图 5.9-1 1. 排水泵集水井的有效容量不应小于 2.00 m³ 2. 排水泵的排水量不应小于 10 L/s
消防测试排水	1. 消防给水系统试验装置处应设置专用排水设施,见图 5.9-2 2. 排水管径应符合下列规定: (1) 自动喷水灭火系统等自动水灭火系统末端试水装置处的排水立管管径,应根据末端试水装置的泄流量确定,并不宜小于 $DN75$ (2) 报警阀处的排水立管宜为 $DN100$ (3) 减压阀处的压力试验排水管道直径应根据减压阀流量确定,但不应小于 $DN100$ 3. 试验排水可回收部分宜排入专用消防水池循环再利用

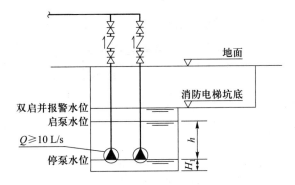

图 5.9-1 消防电梯井排水设施要求

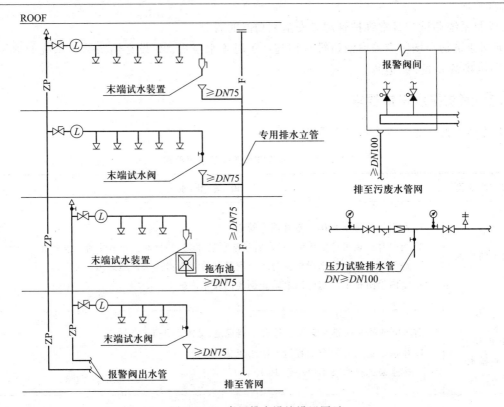

图 5.9-2　专用排水设施设置图示

注:1. 启泵水位 H_1 根据所选泵型,按照标准图集 08S305《小型潜水排污泵选用及安装》确定;

2. h 为集水坑的有效水深,其数值应保证集水坑容积 $\geqslant 2\ m^3$;

3. 试验消火栓水量可以散排至屋面。

5.10　消火栓系统管网及附件

5.10.1　管网系统及管道设置

设计管网系统技术要求见表 5.10-1,管道技术需求见表 5.10-2。

表 5.10-1　管网系统技术要求

管网类型	设 置 要 求
一般要求	1. 下列消防给水应采用环状给水管网: (1) 向两栋或两座及以上建筑供水时 (2) 向两种及以上水灭火系统供水时,见图 5.10-1 (3) 采用设有高位消防水箱的临时高压消防给水系统时 (4) 向两个及以上报警阀控制的自动水灭火系统供水时 2. 向室外、室内环状消防给水管网供水的输水干管不应少于两条,当其中一条发生故障时,其余的输水干管应仍能满足消防给水设计流量

续表

管网类型	设 置 要 求
市政消防给水管网	1. 设有市政消火栓的市政给水管网宜为环状管网,但当城镇人口小于 2.5 万人时,可为枝状管网 2. 接市政消火栓的环状给水管网的管径不应小于 $DN150$,枝状管网的管径不宜小于 $DN200$。当城镇人口小于 2.5 万人时,接市政消火栓的给水管网的管径可适当减少,环状管网时不应小于 $DN100$,枝状管网时不宜小于 $DN150$ 3. 工业园区、商务区和居住区等区域采用两路消防供水,当其中一条引入管发生故障时,其余引入管在保证满足 70% 生产生活给水的最大小时设计流量条件下,应仍能满足规范规定的消防给水设计流量
室外消防给水管网	1. 室外消防给水采用两路消防供水时应采用环状管网,但当采用一路消防供水时可采用枝状管网 2. 管道的直径应根据流量、流速和压力要求经计算确定,但不应小于 $DN100$ 3. 消防给水管道应采用阀门分成若干独立段,每段内室外消火栓的数量不宜超过 5 个 4. 管道设计的其他要求应符合现行国家标准《室外给水设计规范》(GB 50013—2006)的有关规定
室内消防给水管网	1. 室内消火栓系统管网应布置成环状,当室外消火栓设计流量不大于 20 L/s,且室内消火栓不超过 10 个时,除本表第 1 条外,可布置成枝状 2. 当由室外生产生活消防合用系统直接供水时,合用系统除应满足室外消防给水设计流量以及生产和生活最大小时设计流量的要求外,还应满足室内消防给水系统的设计流量和压力要求 3. 室内消防管道管径应根据系统设计流量、流速和压力要求经计算确定;室内消火栓竖管管径应根据竖管最低流量经计算确定,但不应小于 $DN100$ 4. 室内消火栓竖管应保证检修管道时关闭停用的竖管不超过 1 根,当竖管超过 4 根时,可关闭不相邻的 2 根;每根竖管与供水横干管相接处应设置阀门 5. 室内消火栓给水管网宜与自动喷水等其他水灭火系统的管网分开设置;当合用消防泵时,供水管路沿水流方向应在报警阀前分开设置

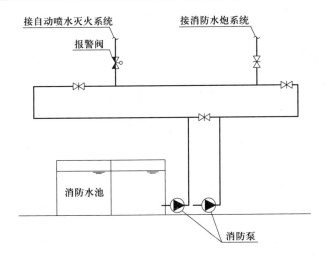

图 5.10-1 两种及以上水灭火系统环状给水管网示意图(图中水泵处阀器件略)

注:1. 示例中自动喷水灭火系统、消防水炮系统共用一套水泵;

2. 供水干管需成环;

3. 不同消防系统管道在报警阀前分开

表 5.10-2　管道技术要求

技术项目	设　置　要　求		
一般要求	1. 管材和管道设计：埋地管道宜采用球墨铸铁管、钢丝网骨架塑料复合管和加强防腐的钢管等管材，室内外架空管道应采用热浸锌镀锌钢管等金属管材，并应按下列因素的综合影响进行选择 （1）系统工作压力 （2）覆土深度 （3）土壤的性质 （4）管道的耐腐蚀能力 （5）可能受到土壤、建筑基础、机动车和铁路等其他附加荷载的影响 （6）管道穿越伸缩缝和沉降缝 2. 消防给水管道不宜穿越建筑基础，当必须穿越时，应采取防护套管等保护措施		
管道工作压力	1. 消防给水系统中采用的设备、器材、管材管件、阀门和配件等系统组件的产品工作压力等级，应大于消防给水系统的系统工作压力，且应保证系统在可能最大运行压力时安全可靠 2. 低压消防给水系统的系统工作压力：应根据市政给水管网和其他给水管网等的系统工作压力确定，且不应小于 0.60 MPa		
压力管道水压强度试验	压力管道水压强度试验的试验压力应符合下表的规定： **压力管道水压强度试验的试验压力**		
	管材类型	系统工作压力 P/MPa	试验压力/MPa
	钢管	≤1.0	$1.5P$，且不应小于 1.4
		>1.0	$P+0.4$
	球墨铸铁管	≤0.5	$2P$
		>0.5	$P+0.5$
	钢丝网骨架塑料管	P	$1.5P$，且不应小于 0.8
埋地管道	管材	当系统工作压力不大于 1.20 MPa 时，宜采用球墨铸铁管或钢丝网骨架塑料复合管给水管道	
		当系统工作压力大于 1.20 MPa 小于 1.60 MPa 时，宜采用钢丝网骨架塑料复合管、加厚钢管和无缝钢管	
		当系统工作压力大于 1.60 MPa 时，宜采用无缝钢管	
	连接方式	钢管连接宜采用沟槽连接件（卡箍）和法兰，当采用沟槽连接件连接时： 1. 公称直径小于等于 $DN250$ 的沟槽式管接头系统工作压力不应大于 2.50 MPa 2. 公称直径大于或等于 $DN300$ 的沟槽式管接头系统工作压力不应大于 1.60 MPa	
	防腐	1. 埋地钢管和铸铁管，应根据土壤和地下水腐蚀性等因素确定管外壁防腐措施 2. 海边、空气潮湿等空气中含有腐蚀性介质的场所的架空管道外壁，应采取相应的防腐措施	

技术项目		设 置 要 求
埋地管道	其他	埋地管道的地基、基础、垫层、回填土压实密度等的要求,应根据刚性管或柔性管管材的性质,结合管道埋设处的具体情况,按现行国家标准《给水排水管道工程施工及验收标准》(GB 50268—2008)和《给水排水工程管道结构设计规范》GB 50332—2002 的有关规定执行。当埋地管直径不小于 $DN100$ 时,应在管道弯头、三通和堵头等位置设置钢筋混凝土支墩
架空管道	管材	1. 当系统工作压力小于等于 1.20 MPa 时,可采用热浸锌镀锌钢管 2. 当系统工作压力大于 1.20 MPa 时,应采用热浸锌加厚钢管或热浸锌无缝钢管 3. 当系统工作压力大于 1.60 MPa 时,应采用热浸锌无缝钢管
	连接方式	架空管道的连接宜采用沟槽连接件(卡箍)、螺纹、法兰、卡压等方式,不宜采用焊接连接: 1. 当管径小于或等于 $DN50$ 时,应采用螺纹和卡压连接 2. 当管径大于 $DN50$ 时,应采用沟槽连接件连接、法兰连接 3. 当安装空间较小时应采用沟槽连接件连接
	防冻及膨胀	1. 架空充水管道应设置在环境温度不低于 5℃ 的区域,当环境温度低于 5℃ 时,应采取防冻措施 2. 室外架空管道当温差变化较大时应校核管道系统的膨胀和收缩,并应采取相应的技术措施
管顶覆土		埋地金属管道的管顶覆土应符合下列规定: 1. 管道最小管顶覆土应按地面荷载、埋深荷载和冰冻线对管道的综合影响确定 2. 管道最小管顶覆土不应小于 0.70 m;但当在机动车道下时管道最小管顶覆土应经计算确定,并不宜小于 0.90 m 3. 管道最小管顶覆土应至少在冰冻线以下 0.30 m 埋地管道采用钢丝网骨架塑料复合管时应符合下列规定: 1. 钢丝网骨架塑料复合管的聚乙烯(PE)原材料不应低于 PE80 2. 钢丝网骨架塑料复合管的内环向应力不应低于 8.0 MPa 3. 钢丝网骨架塑料复合管的复合层应满足静压稳定性和剥离强度的要求 4. 钢丝网骨架塑料复合管及配套管件的熔体质量流动速率(MFR),应按现行国家标准《热塑性塑料熔体质量流动速率和熔体体积流动速率的测定》(GB/T 3682—2000)规定的试验方法进行试验时,加工前后 MFR 变化不应超过 ±20% 5. 管材及连接管件应采用同一品牌产品,连接方式应采用可靠的电熔连接或机械连接 6. 管材耐静压强度应符合现行行业标准《埋地聚乙烯给水管道工程技术规程》(CJJ 101—2004)的有关规定和设计要求 7. 钢丝网骨架塑料复合管道最小管顶覆土深度,在人行道下不宜小于 0.80 m,在轻型车行道下不应小于 1.0 m,且应在冰冻线下 0.30 m;重型汽车道路或铁路、高速公路下应设置保护套管,套管与钢丝网骨架塑料复合管的净距不应小于 100 mm 8. 钢丝网骨架塑料复合管道与热力管道间的距离,应在保证聚乙烯管道表面温度不超过40℃ 的条件下计算确定,但最小净距不应小于 1.50 m

续表

技术项目	设 置 要 求
管顶覆土	9. 架空管道当系统工作压力小于等于 1.20 MPa 时,可采用热浸锌镀锌钢管;当系统工作压力大于 1.20 MPa 时,应采用热浸镀锌加厚钢管或热浸镀锌无缝钢管;当系统工作压力大于 1.60 MPa 时,应采用热浸镀锌无缝钢管
管道设计流速	1. 消防给水管道的设计流速不宜大于 2.5 m/s 2. 自动水灭火系统管道设计流速,应符合现行国家标准《自动喷水灭火系统设计规范》(GB 50084—2007)、《泡沫灭火系统设计规范》(GB 50151—2010)、《水喷雾灭火系统设计规范》(GB 50219—2014)和《固定消防炮灭火系统设计规范》(GB 50338—2003)的有关规定,但任何消防管道的给水流速不应大于 7 m/s

5.10.2 阀门及附件

阀门及附件技术要求见表 5.10-3。

表 5.10-3 阀门及附件技术要求

阀门及附件类型	设 置 要 求
阀门(一般要求)	1. 室外消防给水管网:消防给水管道应采用阀门分成若干独立段,每段内室外消火栓的数量不宜超过 5 个 2. 室内消火栓环状给水管网:每根竖管与供水横干管相接处应设置阀门; 3. 埋地管道的阀门:宜采用带启闭刻度的暗杆闸阀,当设置在阀门井内时可采用耐腐蚀的明杆闸阀 4. 室内架空管道的阀门:宜采用蝶阀、明杆闸阀或带启闭刻度的暗杆闸阀等;阀门材质应采用球墨铸铁或不锈钢阀门 5. 室外架空管道的阀门:宜采用带启闭刻度的暗杆闸阀或耐腐蚀的明杆闸阀;阀门材质应采用球墨铸铁或不锈钢阀门 6. 埋地管道的阀门:应采用球墨铸铁阀门 环网应用阀门分成若干独立段,使在某根引入管或某市政管段故障维修时,通过阀门操作,其余引入管仍能保证消防供水;并使独立段中消火栓数量不宜超过 5 个。一般单体建筑、高层建筑,消火栓较少时,至少应用阀门将环管分成能独立工作的两段,应有明显的标志,室内消防环网和阀门布置见图 5.10-3
自动排气阀	消防给水系统管道的最高点处宜设置自动排气阀
水锤消除装置	1. 消防水泵出水管上的止回阀,宜采用水锤消除止回阀 2. 当消防水泵供水高度超过 24 m 时,应采用水锤消除器 3. 当消防水泵出水管上设有囊式气压水罐时,可不设水锤消除设施
减压阀	减压阀的设置应符合下列规定,见图 5.10-2: 1. 减压阀应设置在报警阀组入口前,当连接两个及以上报警阀组时,应设置备用减压阀 2. 减压阀的进口处应设置过滤器,过滤器的孔网直径不宜小于 4 目/cm² ~ 5 目/cm²,过流面积不应小于管道截面积的 4 倍

续表

阀门及附件类型	设 置 要 求
减压阀	3. 过滤器和减压阀前后应设压力表,压力表的表盘直径不应小于 100 mm,最大量程宜为设计压力的 2 倍 4. 过滤器前和减压阀后应设置控制阀门 5. 减压阀后应设置压力试验排水阀 6. 减压阀应设置流量检测测试接口或流量计 7. 垂直安装的减压阀,水流方向宜向下 8. 比例式减压阀宜垂直安装,可调式减压阀宜水平安装 9. 减压阀和控制阀门宜有保护或锁定调节配件的装置 10. 接减压阀的管段不应有气堵、气阻
倒流防止器	1. 室内消防给水系统由生活、生产给水系统管网直接供水时,应在引入管处设置倒流防止器 2. 当消防给水系统采用有空气隔断的倒流防止器时,该倒流防止器应设置在清洁卫生的场所,其排水口应采取防止被水淹没的技术措施
阀门井	在寒冷、严寒地区,室外阀门井应采取防冻措施
标识	消防给水系统的室内外消火栓、阀门等设置位置,应设置永久性固定标识

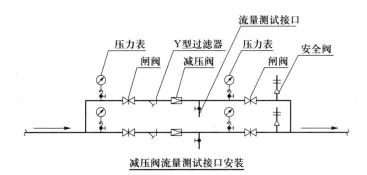

减压阀流量测试接口安装

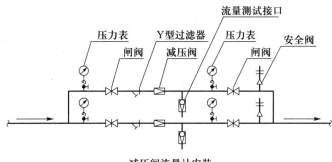

减压阀流量计安装

图 5.10-2 减压阀流量检测装置

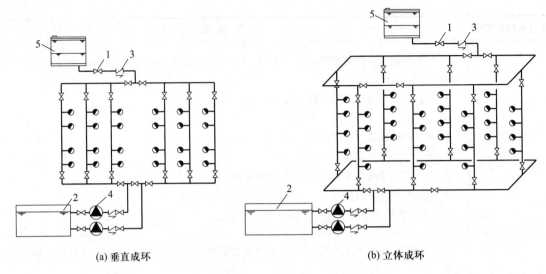

图 5.10-3　室内消防环网和阀门布置示意(阀门设置仅为示意)
1—阀门;2—消防水池;3—止回阀;4—水泵;5—高位水箱

【本节精选习题】

1. 某建筑高度为 68 m 的办公楼的室内消火栓给水系统如图所示(图中消防泵一用一备),下列针对该系统的叙述中,哪几项不正确?( )

A. 每根消防竖管的管径均不应小于 150 mm

B. 每台水泵出水管的流量不应小于 30 L/s

C. 消防水箱的最低有效水位应保证最不利处消火栓栓口的静水压力 ≥ 0.10 MPa

D. 环状管网中的所有阀门必须设信号阀

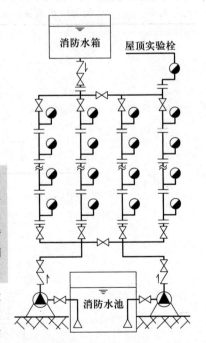

答案:【ABD】

解析:对于一类高层建筑不应小于 0.10 MPa,故 C 正确;消防水泵的出水管应通过全部的消防给水设计流量,消防的设计流量为 40 L/s,故 B 错误;每根消防竖管的管径均不应小于 $DN100$,故 A 错误;环状管网中并非所有的阀门都是信号阀,比如说竖管与横干管相连接处的阀门,故 D 错误。

2. 某小区地势平坦,小区 5 层服务会所(建筑高度 19.80 m)每层设有 2 个室内消火栓,其消防加压设施及消防水池共用小区集中设置的消防加压设施及消防水池,消防水箱利用设在会所北面且比邻会所的高 21 层的住宅楼屋顶消防水箱。下列关于会所室内消火栓给水系统设计的叙述中,哪项正确或合理?( )

A. 会所室内消火栓给水管道可布置成支状

B. 会所每个室内消火栓处应设直接启动消防水泵的按钮

C. 会所室内消火栓给水系统应至少设置一套消防水泵接合器

D. 会所室内消火栓进水管上设置减压阀后,其室内消火栓可不再另设减压设施

答案：【D】

解析：室内消火栓 2×5=10 个，不超过 10 个，可布置成支状，但向两栋或两栋及以上建筑供水时应成环，故 A 不正确。室内消火栓按钮不宜作为直接启动消防水泵的开关，B 不正确。本会所不超过 5 层，可不设水泵接合器，故 C 不正确。会所建筑高度为 19.80 m，忽略室内外高差，如属于公共建筑，则消火栓栓口动压不应小于 0.25 MPa，消火栓口所需的最小水压为 25 m，且不算消火栓室内消防用水量，暂且按 15 L/s 每根竖管计算，则水力坡降小于 0.068，竖管损失小于 19.8×0.068 m=1.35 m，为满足五层消火栓栓口所需压力，室内消火栓进水管减压后压力至少为 (19.8+25+1.35) mH₂O=46.15 mH₂O，小于 0.5 MPa，故室内消火栓可不再另设减压设施。故 D 正确。

5.11 闭式自动喷水灭火系统

5.11.1 系统设置场所

系统设置场所见表 5.3-1（民用建筑消防给水及灭火设施设置要求）、表 5.3-3（汽车库、修车库、停车场消防给水系统设置要求）相关内容。

5.11.2 设置场所火灾危险等级

设置场所火灾危险等级及举例见表 5.11-1。

表 5.11-1 设置场所火灾危险等级及举例

火灾危险等级		特征描述	设置场所举例
仓库危险级	Ⅰ级	火灾危险性大，可燃物多，发热量大、燃烧猛烈和蔓延迅速	食品、烟酒；木箱、纸箱包装的不燃难燃物品等
	Ⅱ级		木材、纸、皮革、谷物及制品、棉毛麻丝化纤及制品、家用电器、电缆、B组塑料与橡胶及其制品、钢塑混合材料制品、各种塑料瓶盒包装的不燃物品及各类物品混杂储存的仓库等
	Ⅲ级		A组塑料与橡胶及其制品；沥青制品等
严重危险级	Ⅰ级	火灾危险性大，可燃物品数量多，火灾时容易引起猛烈燃烧并可能迅速蔓延的场所	印刷厂、酒精制品、可燃液体制品等工厂的备料与车间、净空高度不超过 8 m、物品高度超过 3.5 m 的自选商场等
	Ⅱ级		易燃液体喷雾操作区域、固体易燃物品、可燃的气溶胶制品、溶剂清洗、喷涂、油漆、沥青制品等工厂的备料及生产车间、摄影棚、舞台葡萄架下部
中危险级	Ⅰ级	火灾危险性较大，内部可燃物数量为中等，可燃性也为中等，火灾初期不会引起剧烈燃烧的场所	1. 高层民用建筑：旅馆、办公楼、综合楼、邮政楼、金融电信楼、指挥调度楼、广播电视楼（塔）等 2. 公共建筑（含单、多高层）：医院、疗养院；图书馆（书库除外）、档案馆、展览馆（厅）；影剧院、音乐厅和礼堂（舞台除外）及其他娱乐场所；火车站和飞机场及码头的建筑；总建筑面积小于 5 000 m² 的商场、总建筑面积小于 1 000 m² 的地下商场等 3. 文化遗产建筑：木结构古建筑、国家文物保护单位等 4. 工业建筑：食品、家用电器、玻璃制品等工厂的备料与生产车间等，冷藏库、钢屋架等建筑构件

火灾危险等级		特征描述	设置场所举例
中危险级	Ⅱ级	火灾危险性较大,内部可燃物数量为中等,可燃性也为中等,火灾初期不会引起剧烈燃烧的场所	1. 民用建筑:书库、舞台(葡萄架除外)、汽车停车场、总建筑面积 5 000 m² 及以上的商场、总建筑面积 1 000 m² 及以上的地下商场、净空高度不超过 8 m、物品高度不超过 3.5 m 的自选商场等 2. 工业建筑:棉毛麻丝及化纤的纺织、织物及制品、木材木器及胶合板、谷物加工、烟草及制品、饮用酒(啤酒除外)、皮革及制品、造纸及纸制品、制药等工厂的备料与生产车间
轻危险级		火灾危险性较小,可燃物品较少,可燃性低和火灾发热量较低、外部增援和疏散人员较容易	1. 建筑高度为 24 m 及以下的旅馆、办公楼 2. 仅在走道设置闭式系统的建筑等 3. 建筑高度大于 100 m 的住宅建筑(住宅建筑和非住宅类居住建筑宜采用家用喷头) 4. 大、中型幼儿园 5. 总建筑面积大于 500 m² 的老年人建筑

注:1. 未列入本表的建筑物、构筑物,可比照本表的特征描述确定;

2. 一类高层民用建筑划分范围按照《建规》的有关规定执行;

3. 建筑物内各场所的火灾危险等级及灭火难度存在较大差异时,宜按各场所实际情况确定系统选型与火灾危险等级;

4. 表中的 A 组、B 组塑料橡胶举例参见国标规范《自动喷水灭火系统设计规范》(GB 50084—2017)。

5. 露天场所不宜采用闭式系统。

5.11.3 闭式自动喷水灭火系统分类

闭式自动喷水灭火系统分类及特征见表 5.11-2。

表 5.11-2　闭式自动喷水灭火系统分类及特征

分类特征内容	闭式自动喷水灭火系统	干式自动喷水灭火系统	预作用自动喷水灭火系统
定义	由湿式报警装置、闭式喷头和管道系统组成。该系统在报警阀的上下管道内均经常充满压力水,火灾时喷头破裂,即可喷水灭火。同时,报警阀组发出水力警铃报警,压力开关直接连锁自动启动供水泵(临时高压系统)并报警	由干式报警装置、闭式喷头、管道和充气设备等组成。该系统在报警阀的上部管道内充以有压气体,下部充满压力水。火灾时喷头破裂,管网排气充水灭火。同时,报警阀组发出水力警铃报警,压力开关直接连锁自动启动供水泵(临时高压系统)并报警	由预作用报警阀、闭式喷头、充以有压或无压气体的管道、充气设备和火灾探测系统等组成。该系统在预作用阀的上部管道内平时无水,火灾初期,火灾探测系统动作(或手动)开启预作用阀,使管网充水,成为湿式,温度再升,喷头破裂,喷水灭火。同时,报警阀组发出水力警铃报警,压力开关直接联动自动启动供水泵(临时高压系统)并报警

分类特征 内容	闭式自动喷水灭火系统	干式自动喷水灭火系统	预作用自动喷水灭火系统
系统图式	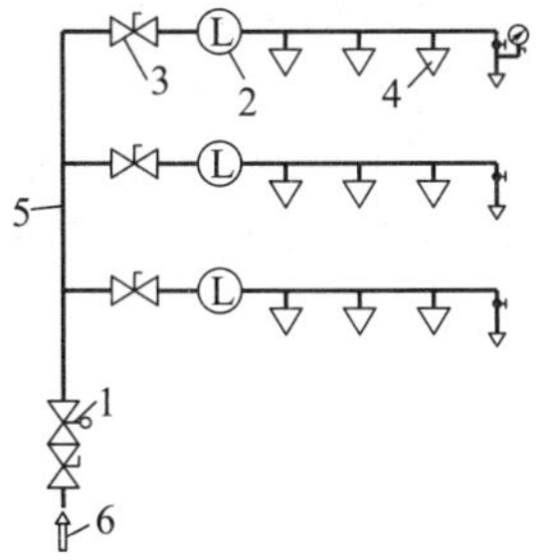 闭式自动喷水灭火 系统示意图 1—湿式报警阀组； 2—水流指示器； 3—信号阀；4—闭式喷头； 5—报警阀后管道；6—水源	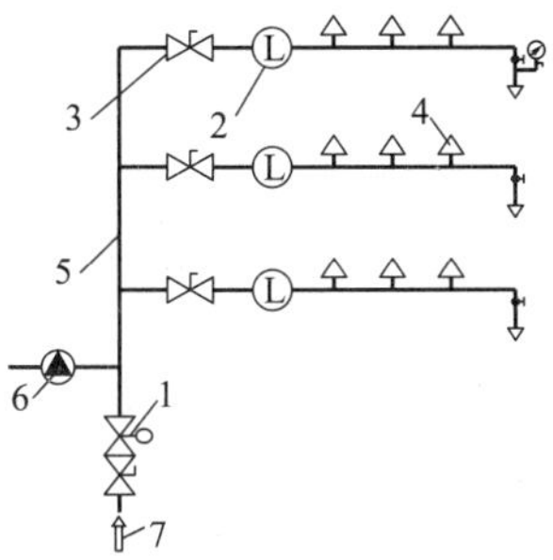 干式自动喷水灭火 系统示意图 1—干式报警阀组； 2—水流指示器；3—信号阀； 4—闭式喷头；5—报警阀后管道； 6—补气增压装置；7—水源	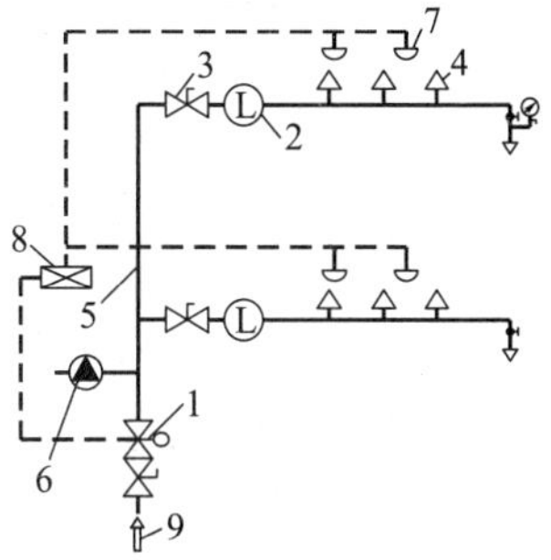 预作用自动喷水灭火系统示意图 1—预作用报警阀组(含电磁阀) (可用干式报警阀或雨淋阀代)； 2—水流指示器；3—信号阀； 4—闭式喷头；5—报警阀后管道； 6—补气增压装置；7—火灾探测器； 8—火灾报警控制箱；9—水源
适用范围	室温不小于4℃，且不大于70℃	室温小于4℃，或高于70℃	1. 处于准工作状态时严禁误喷的场所，宜采用仅有火灾自动报警系统直接控制的预作用系统 2. 处于准工作状态时严禁管道充水的场所和用于替代干式系统的场所，宜采用由火灾自动报警系统和充气管道上设置的压力开关控制的预作用系统 3. 灭火后必须及时停止喷水，应采用重复启闭预作用系统
喷头安装	直立或下垂均可，易碰撞损坏场所应向上安装	向上直立安装，但干式悬吊型喷头可向下安装	向上直立安装
报警阀组系统规模	1. 每组报警阀后喷头数不宜大于800个(吊顶上下设置喷头时，按喷头数量较多的一侧计) 2. 每个报警阀组供水的最高与最低位置喷头，其高程差不宜大于50 m	1. 每组报警阀后管网容积不宜大于1 500 L；设有排气装置时，不宜大于3 000 L 2. 每组报警阀后喷头数不宜超过500个	1. 每组报警阀后喷头数不宜大于800个(吊顶内上下设置喷头时，按喷头数量较多的一侧计)

续表

分类特征内容	闭式自动喷水灭火系统	干式自动喷水灭火系统	预作用自动喷水灭火系统
报警阀组系统规模	3. 串联接入的其他自动喷水灭火系统,应分别设置独立的报警阀,其控制的喷头数应计入湿式报警阀控制的喷头总数内 4. 保护室内钢屋架等建筑构件的闭式系统,应设独立的报警阀组	3. 每个报警阀组供水的最高与最低位置喷头,其高程差不宜大于 50 m 4. 串联接入的其他自动喷水灭火系统,应分别设置独立的报警阀,其控制的喷头数应计入湿式报警阀控制的喷头总数内	2. 每个报警阀组供水的最高与最低位置喷头,其高程差不宜大于 50 m 3. 串联接入的其他自动喷水灭火系统,应分别设置独立的报警阀,其控制的喷头数应计入湿式报警阀控制的喷头总数内
配水管道充水时间	—	配水管道充水时间不宜大于 1 min	1. 由火灾自动报警系统和充气管道上设置的压力开关开启预作用装置的预作用系统,其配水管道充水时间不宜大于 1 min 2. 仅由火灾自动报警系统联动开启预作用装置的预作用系统,其配水管道充水时间不宜大于 2 min
充气压力		见表 5.11-28	见表 5.11-29
检测装置宜设	1. 系统控制阀开启状态 2. 消防水泵电源供应和工作情况 3. 水池、水箱的水位 4. 报警阀和水流指示器的动作情况(当设置时) 5. 系统上各阀门的开启状态	1. 系统控制阀开启状态 2. 消防水泵电源供应和工作情况 3. 水池、水箱的水位 4. 报警阀和水流指示器的动作情况(当设置时) 5. 系统上各阀门的开启状态 6. 最高和最低充气气压显示	1. 系统控制阀开启状态 2. 消防水泵电源供应和工作情况 3. 水池、水箱的水位 4. 报警阀和水流指示器的动作情况(当设置时) 5. 系统上各阀门的开启状态 6. 最低充气气压显示
其他			1. 同一保护区内应设相应的火灾探测装置 2. 发生火灾时,探测器动作应先于喷头的动作 3. 利用有压气体检测管道是否严密的预作用系统,配水管道内的气压值不宜小于 0.03 MPa,且不宜大于 0.05 MPa 4. 系统应设手动操作装置
报警阀	见表 5.11-27	见表 5.11-28	见表 5.11-29

5.11.4　设计基本数据

1. 民用建筑和厂房采用湿式系统时的设计基本参数不应低于表 5.11-3 规定。

表 5.11-3　民用建筑和厂房采用湿式系统的设计基本参数

火灾危险等级		净空高度 h/m	喷水强度/(L/min·m²)	作用面积/m²
严重危险级	Ⅰ级	h≤8	12	260
	Ⅱ级		16	
中危险级	Ⅰ级		6	160
	Ⅱ级		8	
轻危险级			4	

注:1. 系统最不利点处喷头的工作压力不应低于 0.05 MPa;

2. 仅在走道设置单排喷头的闭式系统,其作用面积应按最大疏散距离所对应的走道面积确定;

3. 装设网格、栅板类通透性吊顶的场所,系统的喷水强度应按表 5.11-3 规定值的 1.3 倍确定;

4. 干式系统的作用面积应按表 5.11-3 划定值的 1.3 倍确定。

2. 民用建筑高大净空场所设置自动喷水灭火系统时,湿式系统的设计基本参数不应低于表 5.11-4 的规定。

表 5.11-4　民用建筑高大净空场所的系统设计基本参数

适用场所	净空高度 h /m	喷水强度/ (L/min·m²)	作用面积 /m²	喷头最大间距 S /m
中庭、影剧院、音乐厅、单一功能体育馆等	8<h≤12	20	120	1.8≤S≤3.0
	12<h≤18	22		
会展中心、多功能体育馆等	8<h≤12	22		
	12<h≤18	40		

注:应选用非仓库型特殊应用喷头。

3. 设置自动喷水灭火系统的仓库,系统设计基本参数应符合下列规定:

(1) 堆垛储物仓库不应低于表 5.11-5、表 5.11-6 的规定;

表 5.11-5　堆垛储物仓库的系统设计基本参数

火灾危险等级	储物高度 /m	喷水强度/ (L/min·m²)	作用面积 /m²	持续喷水时间 /h
仓库危险级 Ⅰ级	3.0~3.5	8	160	1.0
	3.5~4.5	8		1.5
	4.5~6.0	10	200	
	6.0~7.5	14		

续表

火灾危险等级	储物高度/m	喷水强度/(L/min·m²)	作用面积/m²	持续喷水时间/h
仓库危险级 Ⅱ级	3.0~3.5	10	200	2.0
	3.5~4.5	12		
	4.5~6.0	16		
	6.0~7.5	22		

注:本表及表 5.11-7、表 5.11-8 适用于室内最大净空高度不超过 9.0 m 的仓库。

表 5.11-6 分类堆垛储物的Ⅲ级仓库的系统设计基本参数

最大储物高度/m	最大净空高度/m	喷水强度/(L/min·m²)			
		A	B	C	D
1.5	7.5	8.0			
3.5	4.5	16.0	16.0	12.0	12.0
	6.0	24.5	22.0	20.5	16.5
	9.5	32.5	28.5	24.5	18.5
4.5	6.0	20.5	18.5	16.5	12.0
	7.5	32.5	28.5	24.5	18.5
6.0	7.5	24.5	22.5	18.5	14.5
	9.0	36.5	34.5	28.5	22.5
7.5	9.0	30.5	28.5	22.5	18.5

注:1. A—袋装与无包装的发泡塑料橡胶;B—箱装的发泡塑料橡胶;

C—箱装与袋装的不发泡塑料橡胶;D—无包装的不发泡塑料橡胶。

2. 作用面积不应小于 240 m²。

（2）货架储物仓库不应低于表 5.11-7~表 5.11-9 的规定;

（3）当Ⅰ级Ⅱ级仓库中混杂储存Ⅲ级仓库的货品时,不应低于表 5.11-10 的规定;

（4）货架储物仓库应采用钢制货架,并应采用通透层板,层板中通透部分的面积不应小于层板总面积的 50%;

（5）采用木制货架及采用封闭层板货架的仓库,应按堆垛储物仓库设计。

表 5.11-7 单、双排货架储物仓库的系统设计基本参数

火灾危险等级	储物高度/m	喷水强度/(L/min·m²)	作用面积/m²	持续喷水时间/h
仓库危险级 Ⅰ级	3.0~3.5	8	200	1.5
	3.5~4.5	12		
	4.5~6.0	18		
仓库危险级 Ⅱ级	3.0~3.5	12	240	1.5
	3.5~4.5	15	280	2.0

表 5.11-8　多排货架储物仓库的系统设计基本参数

火灾危险等级	储物高度/m	喷水强度/(L/min·m²)	作用面积/m²	持续喷水时间/h
仓库危险级 Ⅰ级	3.0~4.5	12	160	1.5
	4.5~6.0	18		
	6.0~7.5	12+1J		
仓库危险级 Ⅱ级	3.0~3.5	12	200	1.5
	3.5~4.5	18		2.0
	4.5~6.0	12+1J		
	6.0~7.5	12+2J		

表 5.11-9　货架储物Ⅲ级仓库的系统设计基本参数

序号	室内最大净高/m	货架类型	储物高度/m	货顶上方净空/m	顶板下喷头喷水强度/(L/min·m²)	货架内置喷头		
						层数	高度/m	流量系数
1	—	单、双排	3.0~6.0	<1.5	24.5	—	—	—
2	≤6.5	单、双排	3.0~4.5	—	18.0	—	—	—
3	—	单、双、多排	3.0	<1.5	12.0	—	—	—
4	—	单、双、多排	3.0	1.5~3.0	18.0	—	—	—
5	—	单、双、多排	3.0~4.5	1.5~3.0	12.0	1	3.0	80
6	—	单、双、多排	4.5~6.0	<1.5	24.5	—	—	—
7	≤8.0	单、双、多排	4.5~6.0	—	24.5	—	—	—
8	—	单、双、多排	4.5~6.0	1.5~3.0	18.0	1	3.0	80
9	—	单、双、多排	6.0~7.5	<1.5	18.5	1	4.5	115
10	≤9.0	单、双、多排	6.0~7.5	—	32.5	—	—	—

注:1. 持续喷水时间不应低于 2 h,作用面积不应小于 200 m²。

2. 序号 5 和序号 8:货架内设置一排货内喷头时,喷头的间距不应大于 3.0 m;设置两排或多排货架内置喷头时,喷头的间距不应大于 3.0×2.4(m)。

3. 序号 9:货架内设置一排货架内置喷头时,喷头的间距不应大于 2.4 m;设置两排或多排货架内置喷头时,喷头的间距不应大于 2.4×2.4(m)。

4. 设置两排和多排货架内置喷头时,喷头应交错布置。

5. 货架内置喷头的最低工作压力不应低于 0.1 MPa。

6. 表中字母"J"表示货架内喷头,"J"前的数字表示货架内喷头的层数。

表 5.11-10 混杂储物仓库的系统设计基本参数

货品类别	储存方式	储物高度/m	最大净空高度/m	喷水强度/(L/min·m²)	作用面积/m²	持续喷水时间/h
储物中包括沥青制品或箱装 A 组塑料橡胶	堆垛与货架	≤1.5	9.0	8	160	1.5
		1.5~3.0	4.5	12	240	2.0
		1.5~3.0	6.0	16	240	2.0
		3.0~3.5	5.0			
	堆垛	3.0~3.5	8.0	16	240	2.0
	货架	1.5~3.5	9.0	8+1J	160	2.0
储物中包括袋装 A 组塑料橡胶	堆垛与货架	≤1.5	9.0	8	160	1.5
		1.5~3.0	4.5	16	240	2.0
		3.0~3.5	5.0			
	堆垛	1.5~2.5	9.0	16	240	2.0
储物中包括袋装不发泡 A 组塑料橡胶	堆垛与货架	1.5~3.0	6.0	16	240	2.0
储物中包括袋装发泡 A 组塑料橡胶	货架	1.5~3.0	6.0	8+1J	160	2.0
储物中包括轮胎或纸卷	堆垛与货架	1.5~3.5	9.0	12	240	2.0

注:1. 无包装的塑料橡胶视同纸袋、塑料包装袋;

2. 货架内置喷头应采用与顶板下喷头相同的喷水强度,用水量应按开放 6 只喷头确定。

4. 仓库及类似场所采用早期抑制快速响应喷头的系统设计基本参数不应低于表 5.11-11 的规定。

表 5.11-11 仓库及类似场所采用早期抑制快速响应喷头的系统设计基本参数

储物类别	最大净空高度/m	最大储物高度/m	喷头流量系数 K	喷头设置方式	喷头最低工作压力/MPa	喷头最大间距/m	喷头最小间距/m	作用面积内开放的喷头/只
仓库危险 Ⅰ 级、Ⅱ 级、沥青制品、箱装不发泡塑料	9.0	7.5	202	直立型	0.35	3.7	2.4	12
				下垂型				
			242	直立型	0.25			
				下垂型				
			320	下垂型	0.20			
			363	下垂型	0.15			

续表

储物类别	最大净空高度/m	最大储物高度/m	喷头流量系数 K	喷头设置方式	喷头最低工作压力/MPa	喷头最大间距/m	喷头最小间距/m	作用面积内开放的喷头/只
仓库危险Ⅰ级、Ⅱ级、沥青制品、箱装不发泡塑料	10.5	9.0	202	直立型	0.50	3.0	2.4	12
				下垂型				
			242	直立型	0.35			
				下垂型				
			363	下垂型	0.20			
	12.0	10.5	202	下垂型	0.50			
			242	下垂型	0.35			
			363	下垂型	0.30			
	13.5	12.0	363	下垂型	0.35			
袋装不发泡塑料	9.0	7.5	202	下垂型	0.50	3.7		
			242	下垂型	0.35			
			363	下垂型	0.25			
	10.5	9.0	363	下垂型	0.35	3.0		
	12.0	10.5	363	下垂型	0.40			
箱装发泡塑料	9.0	7.5	202	直立型	0.35	3.7		
				下垂型				
			242	直立型	0.25			
				下垂型				
			363	下垂型	0.15			
	12.0	10.5	363	下垂型	0.40	3.0		
袋装发泡塑料	7.5	6.0	202	下垂型	0.50	3.7		
			242	下垂型	0.35			
			363	下垂型	0.20			
	9.0	7.5	202	下垂型	0.70			
			242	下垂型	0.50			
			363	下垂型	0.20			
	12.0	10.5	363	下垂型	0.50	3.0		20

5. 货架仓库的最大净空高度或最大储物高度超过规范规定时,应设货架内置喷头,且货架内置喷头上方的层间隔板应为实层板。货架内置洒水喷头的设置应符合下列规定:

(1)仓库危险级Ⅰ级、Ⅱ级场所应在自地面起每3.0 m设置一层货架内置洒水喷头,仓库危险级Ⅲ级场所应在自地面起每1.5~3.0 m设置一层货架内置洒水喷头,且最高层货架内置洒水喷头与储物顶部的距离不应超过3.0 m。

(2)当采用流量系数等于80的标准覆盖面积洒水喷头时,工作压力不应小于0.20 MPa;当采用流量系数等于115的标准覆盖面积洒水喷头时,工作压力不应小于0.10 MPa。

(3)洒水喷头间距不应大于3 m,且不应小于2 m。计算货架内开放洒水喷头数量不应小于表5.11-12的规定。

(4)设置2层及以上货架内置洒水喷头时,洒水喷头应交错布置。

表 5.11-12 货架内开放喷头数

仓库危险级	货架内置喷头的层数		
	1	2	>2
Ⅰ	6	12	14
Ⅱ	8	14	
Ⅲ	10		

注:货架内置洒水喷头超过2层时,计算流量应按最顶层2层,且每层开放洒水喷头数按本表规定值的1/2确定。

6. 除规范另有规定外,自动喷水灭火系统的持续喷水时间,应按火灾延续时间不小于1 h确定。

7. 利用有压气体作为系统启动介质的干式系统、预作用系统,其配水管道内的气压值,应根据报警阀的技术性能确定;利用有压气体检测管道是否严密的预作用系统,配水管道内的气压值不宜小于0.03 MPa,且不宜大于0.05 MPa。

5.11.5 闭式自动喷水灭火系统设计步骤和要求

闭式自动喷水灭火系统设计步骤和要求见表5.11-13。

表 5.11-13 闭式自动喷水灭火系统设计步骤和要求

步骤	要 求	备注
1	确定喷水灭火系统应用和保护范围,采用闭式、开式或水幕等何种形式	见5.11.1节
2	确定建、构筑物的火灾危险等级	见表5.11-1
3	选定系统设计基本数据	见表5.11-3~表5.11-12

续表

步骤	要 求	备注
4	根据喷水系统设计环境(温度)、保护对象等确定设置喷水灭火系统类别	见表 5.11-2
5	根据给水水源形式和供水能力,确定给水系统	见 5.11.6 节图示
6	根据危险等级和保护对象布置喷头和配管	见 5.11.7 节、5.11.9 节
7	根据建筑高度、供水压力和管网最大允许工作压力要求,确定是否需要进行压力分区 (1) 管网最大允许工作压力; 喷头处:工作压力不大于 1.2 MPa; 配水管道:工作压力不大于 1.2 MPa; 报警阀处:不大于 1.6 MPa; 详见右图。 (2) 管网最大工作压力计算 ① 当水泵从贮水池吸水时,按式(5.11-1)计算, $$P_{max} = H_0 - Z \qquad (5.11-1)$$ 式中 P_{max}——喷水管网最大工作压力(MPa)(出现在系统图中最低层); H_0——离心水泵最大扬程(即当流量为零时的扬程)(MPa); Z——最低层配水管与水池最高水位之间高差的静水压(MPa)。 ② 当水泵从市政管网直接抽水时,按式(5.11-2)计算, $$P_{max} = (H_0 + H_m) - Z_1 \qquad (5.11-2)$$ 式中 P_{max}——喷水管网最大工作压力(MPa)(出现在系统图中最低层); H_0——离心水泵最大扬程(即当流量为零时扬程)(MPa); H_m——水泵吸水口处市政给水管网最大供水压力(MPa); Z_1——最低层配水管与水泵中心线之间高差的静水压(MPa)。 (3) 方案和初步设计时,可按建筑高度 45～50 m 进行竖向分区。在施工图设计时,根据选用水泵特性曲线,按上述要求进行计算核实,调整分区高度和压力	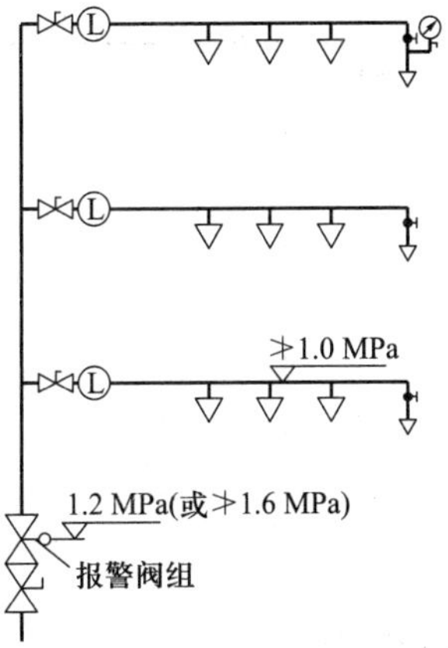 ≥1.0 MPa 1.2 MPa(或≥1.6 MPa) 报警阀组
8	在各分区高度内,根据每个报警阀控制喷头数和阀后管网容积等要求确定设置报警阀个数	见表 5.11-3 中系统规模要求
9	根据喷头和配水管网布置与竖向分区进行水力计算,确定各管段管径和系统水头损失	见本章 5.11.12 节水力计算

续表

步骤	要　　求	备注
10	根据水力计算,选用水泵或确定水箱设置高度	见本章 5.11.12 节水力计算
11	根据持续喷水时间,水源条件,确定水池容积或复核市政供水管网能否满足要求	
12	根据选用水泵或设置水箱高度,核实各系统工作压力;满足管网最不利点最小工作压力要求。若不满足,应进行系统和管径调整	

5.11.6 常用系统图式

1. 高压给水系统

（1）室外给水管网直接供水系统见表 5.11-14。

表 5.11-14 室外市政给水管网直接供水系统

项目	说　　明	备注
系统图示	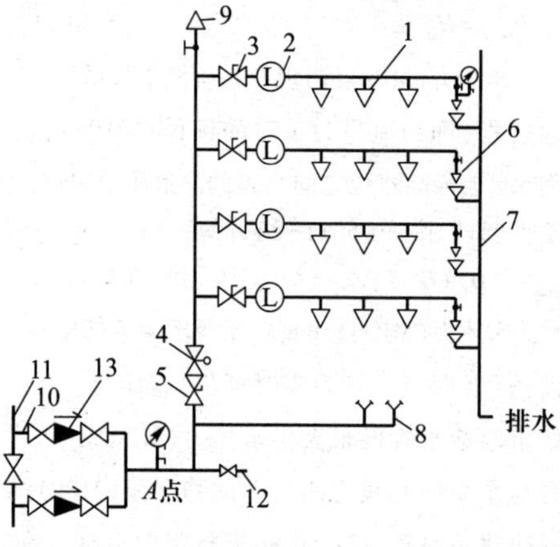 直接由室外给水管网供水图示 1—喷头;2—水流指示器;3—信号阀;4—报警阀组;5—总控制阀;6—试水装置; 7—泄水立管 DN75;8 水泵接合器;9—自动排气阀连截止阀;10—给水引入管; 11—市政给水管;12—通水冲洗排水管 DN100;13—倒流防止器	
工作	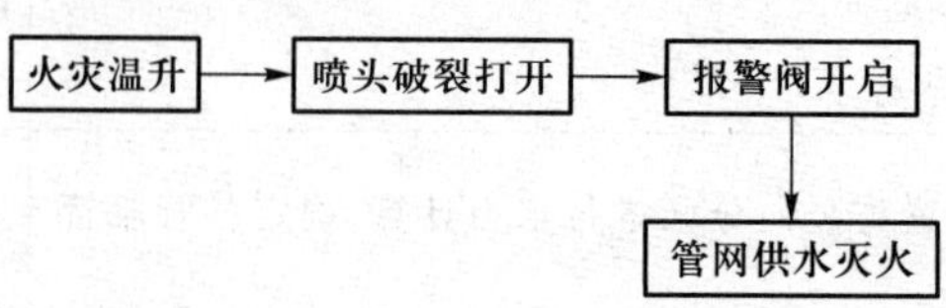 火灾温升 → 喷头破裂打开 → 报警阀开启 → 管网供水灭火	

续表

项目	说 明	备注
报警	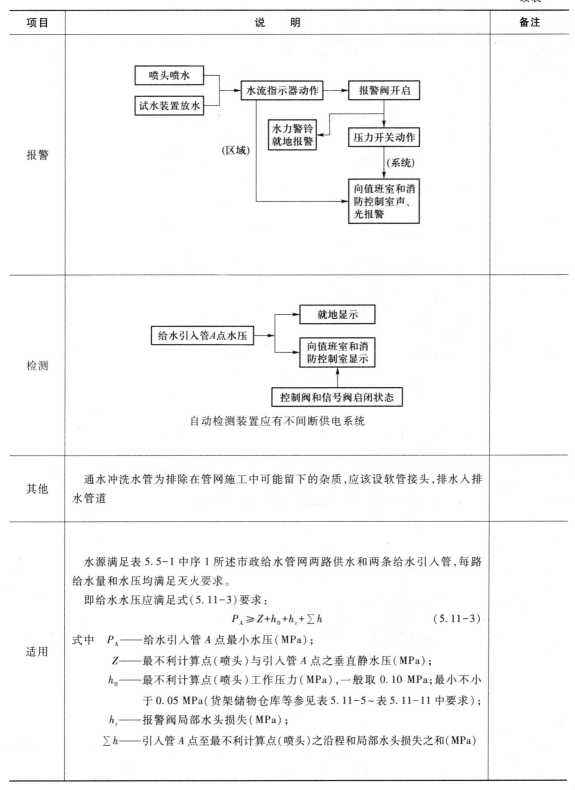	
检测		
其他	通水冲洗水管为排除在管网施工中可能留下的杂质,应该设软管接头,排水入排水管道	
适用	水源满足表 5.5-1 中序 1 所述市政给水管网两路供水和两条给水引入管,每路给水量和水压均满足灭火要求。 即给水水压应满足式(5.11-3)要求: $$P_A \geqslant Z+h_0+h_r+\sum h \qquad (5.11-3)$$ 式中 P_A——给水引入管 A 点最小水压(MPa); Z——最不利计算点(喷头)与引入管 A 点之垂直静水压(MPa); h_0——最不利计算点(喷头)工作压力(MPa),一般取 0.10 MPa;最小不小于 0.05 MPa(货架储物仓库等参见表 5.11-5~表 5.11-11 中要求); h_r——报警阀局部水头损失(MPa); $\sum h$——引入管 A 点至最不利计算点(喷头)之沿程和局部水头损失之和(MPa)	

（2）高位水池供水见表 5.11-15。

表 5.11-15 高位水池供水

项目	说　明	备注
系统图示	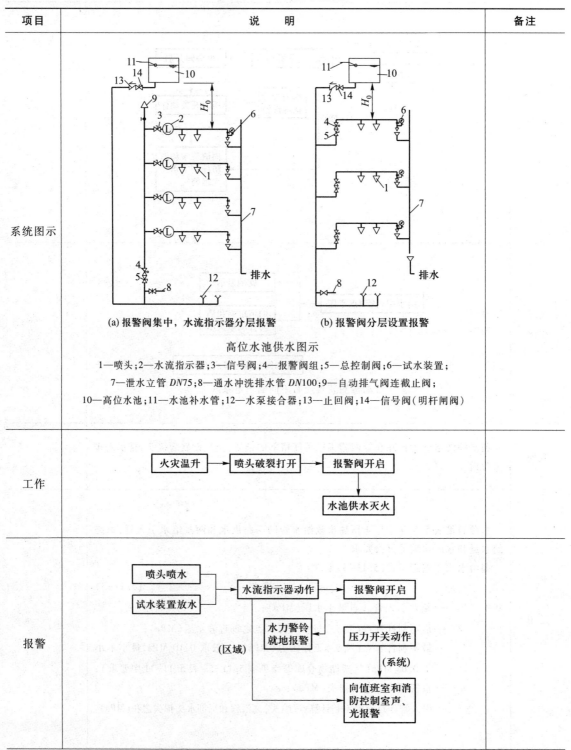 (a) 报警阀集中，水流指示器分层报警　(b) 报警阀分层设置报警 高位水池供水图示 1—喷头；2—水流指示器；3—信号阀；4—报警阀组；5—总控制阀；6—试水装置； 7—泄水立管 $DN75$；8—通水冲洗排水管 $DN100$；9—自动排气阀连截止阀； 10—高位水池；11—水池补水管；12—水泵接合器；13—止回阀；14—信号阀（明杆闸阀）	
工作	火灾温升 → 喷头破裂打开 → 报警阀开启 → 水池供水灭火	
报警	喷头喷水／试水装置放水 → 水流指示器动作（区域）→ 报警阀开启 → 压力开关动作（系统） 水力警铃就地报警 向值班室和消防控制室声、光报警	

项目	说　明	备注
检测	自动检测装置应有不间断供电系统 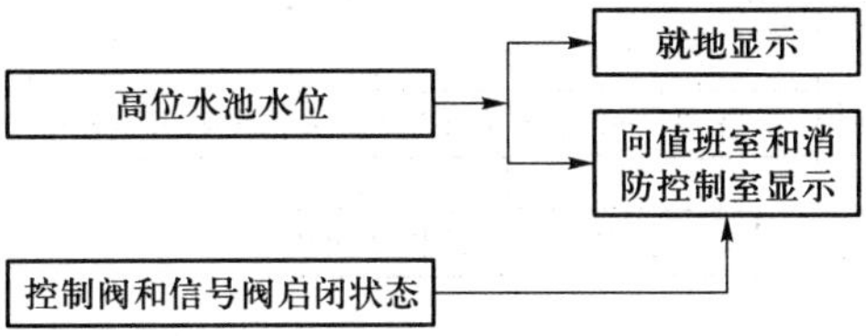 高位水池水位 → 就地显示 高位水池水位 → 向值班室和消防控制室显示 控制阀和信号阀启闭状态 → 向值班室和消防控制室显示	
适用	图(a)、图(b)系统均应同时满足下列要求: 1. 高位水池贮水量(含消防时连续补水量)满足一次灭火用水量 2. 高位水池设置高度应满足式(5.11-4)要求: $$H_0 \geqslant h_0 + \sum h + h_r \qquad (5.11-4)$$ 式中　H_0——高位水池出水管与最不利计算点(喷头)之间的静水压(MPa); 　　　h_0——最不利计算点(喷头)工作压力(MPa),一般取 0.10 MPa;最小不小于 0.05 MPa(货架储物仓库等参见表 5.11-5~表 5.11-11 中要求); 　　　h_r——报警阀局部水头损失(MPa); 　　　$\sum h$——从水池至最不利点(喷头)之沿程和局部水头损失之和(MPa)	

2. 临时高压给水系统

(1) 设水池、水泵和高位水箱供水系统见表 5.11-16。

表 5.11-16　设有水池、水泵和高位水箱供水系统

项目	说　明	备注
系统图示	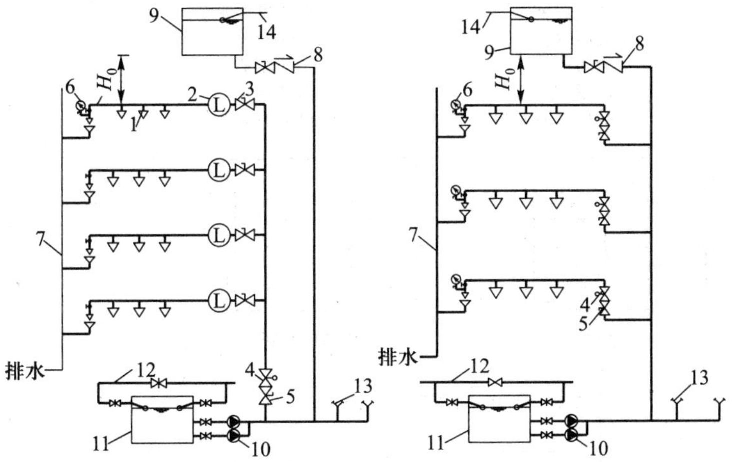 (a)报警阀集中,水流指示器分层报警　(b)报警阀分层设置报警 设有水池、水泵和高位水箱供水图示 1—喷头;2—水流指示器;3—信号阀;4—报警阀组;5—总控制阀;6—试水装置; 7—排水管 DN75(排至室外散水或雨水管道);8—止回阀;9—高位水箱; 10—水泵;11—水池;12—水池补水管;13—水泵接合器;14—水箱补水管	生活、消防合用吸水池时,消防泵出水管上设倒流防止器

项目	说　　明	备注
工作	平时管网受高位水箱静压作用 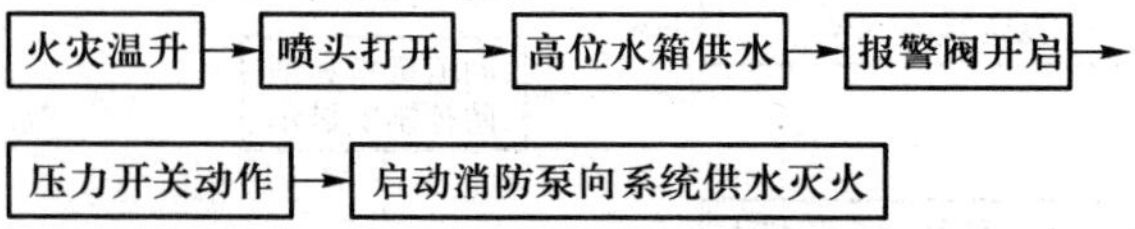 火灾温升 → 喷头打开 → 高位水箱供水 → 报警阀开启 → 压力开关动作 → 启动消防泵向系统供水灭火	
报警	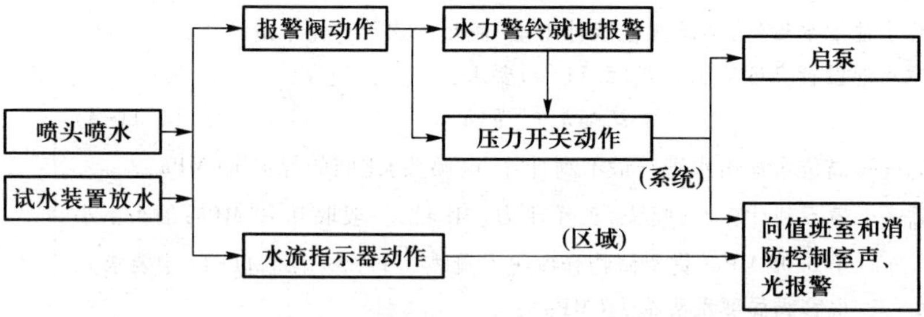	
监测	（1）消防泵供电系统和工作状态（含备用动力）就地显示和向值班室或消防控制室显示 （2）水池和高位水箱正常水位，最低有效水位，溢流水位等，最好是全水位显示，详见图 5.5-9、图 5.6-14 （3）阀门开关显示（包括水流指示器、信号阀、压力开关、报警阀等） 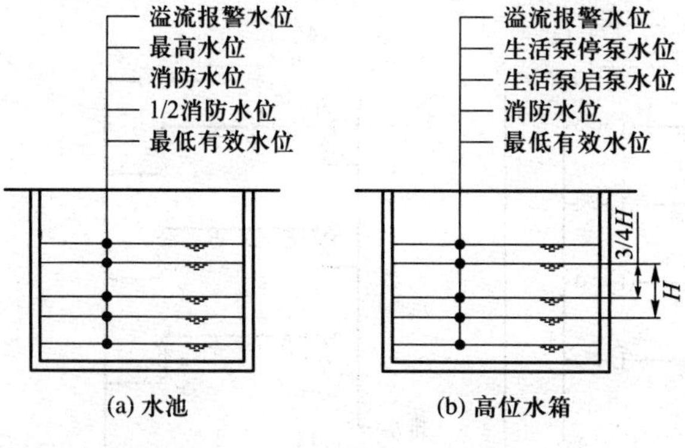 水池、水箱水位监测示意图	
水泵设置	1. 水泵设置： 系统应设置独立的供水泵，并应按一运一备或二运一备比例设置备用泵，其工作能力不应小于其中最大一台消防泵	

续表

项目	说　明	备注
水泵设置	2. 水泵控制—自动/手动 手动:泵房和消防控制室(或值班室)启、停各水泵 自动:报警阀打开带动压力开关动作,自动启泵;消防水泵不应设置具有自动停泵的控制功能	
供电	水泵、报警和检测装置应采用专用供电回路,当生产、生活用电被切断时,应仍能保证消防用电。按二级负荷供电的建筑,宜采用柴油机泵作备用泵	
适用	应同时满足: 水源满足表 5.5-1 中序 2 所述市政给水和消防水池共同条件者	

（2）设水池、水泵和气压供水设备供水系统见表 5.11-17。

表 5.11-17　设有水池、水泵和气压供水设备供水系统

项目	说　明	备注
系统图示	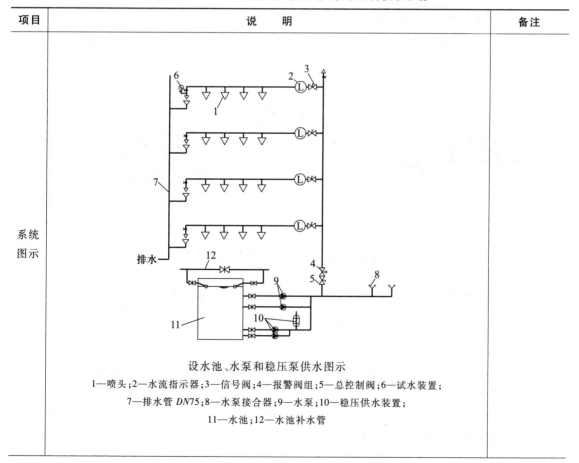 设水池、水泵和稳压泵供水图示 1—喷头;2—水流指示器;3—信号阀;4—报警阀组;5—总控制阀;6—试水装置; 7—排水管 DN75;8—水泵接合器;9—水泵;10—稳压供水装置; 11—水池;12—水池补水管	

项目	说　明	备注
水泵装置及运作	1. 系统应设置独立的供水泵,并应按一用一备或两用一备比例设置备用泵,其工作能力不应小于其中最大一台消防泵。气压供水设备包括稳压泵两台和气压罐,稳压泵一用一备,互为备用,轮换工作,气压罐有效水容积应按系统最不利处 4 只喷头在最低工作压力下的 10 min 用水量确定。干式系统、预作用系统设置的气压供水设备,应同时满足配水干管的冲水要求 2. 水泵控制—自动/手动 (1) 手动:消防泵房和消防控制室(或值班室)启、停水泵 (2) 自动: ① 平时,气压供水设备维持管网压力在 $P_1 \sim P_2$ 之间,压力下降达 P_2 时自动启泵向管网供水升压,当压力升达 P_1 时停泵; ② 火灾温升 → 喷头打开,系统试水 → 管网压力下降达 P_2 时 → 稳压泵启动供水 → 供水量不足,管网压力继续下降达 P_3 时 → 主泵启动供水灭火 ③ 水池达最低水位,自动停泵(含稳压泵组)。 注:主泵启动后,管网压力升高达 P_1 时,稳压泵自动停止	P_1、P_2 的设置按国标图集《消防给水及消火栓技术规范》图示(15S909)
报警	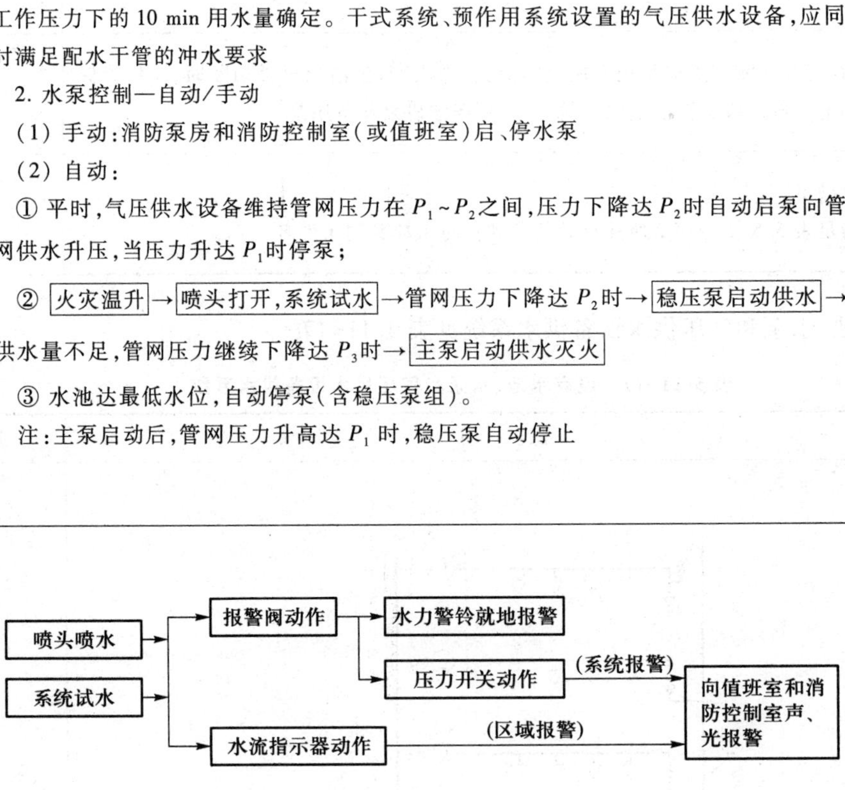	
监测	1. 消防泵和气压供水设备供电电源和工作状态(含备用电源)就地显示和向值班室或消防控制室显示 2. 水池和高位水箱最高水位、消防水位、最低水位、溢流水位等,最好是全水位显示 3. 阀门开关显示(包括水流指示器、信号阀、压力开关、报警阀等)	
供电	水泵、报警和检测装置应采用专用供电回路,当生产、生活用电被切断时,应仍能保证消防用电。按二级负荷供电的建筑,宜采用柴油机泵作备用泵	
适用	水源供水条件满足表 5.5-1 中 2、3 条要求者,需设消防贮水池时	

（3）水泵直接由市政管网抽水系统见表5.11-18。

表 5.11-18　水泵直接由市政管网抽水系统

项目	说　　明	备注
系统图示	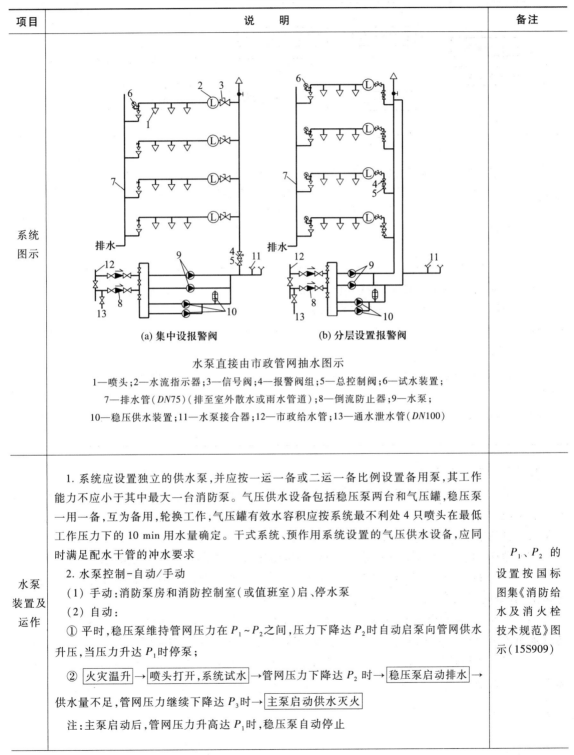<p style="text-align:center">(a) 集中设报警阀　　　　(b) 分层设置报警阀</p><p style="text-align:center">水泵直接由市政管网抽水图示</p><p style="text-align:center">1—喷头;2—水流指示器;3—信号阀;4—报警阀组;5—总控制阀;6—试水装置; 7—排水管(DN75)(排至室外散水或雨水管道);8—倒流防止器;9—水泵; 10—稳压供水装置;11—水泵接合器;12—市政给水管;13—通水泄水管(DN100)</p>	
水泵装置及运作	1. 系统应设置独立的供水泵,并应按一运一备或二运一备比例设置备用泵,其工作能力不应小于其中最大一台消防泵。气压供水设备包括稳压泵两台和气压罐,稳压泵一用一备,互为备用,轮换工作,气压罐有效水容积应按系统最不利处 4 只喷头在最低工作压力下的 10 min 用水量确定。干式系统、预作用系统设置的气压供水设备,应同时满足配水干管的冲水要求 2. 水泵控制-自动/手动 （1）手动:消防泵房和消防控制室（或值班室）启、停水泵 （2）自动: ① 平时,稳压泵维持管网压力在 $P_1 \sim P_2$ 之间,压力下降达 P_2 时自动启泵向管网供水升压,当压力升达 P_1 时停泵; ② 火灾温升 → 喷头打开,系统试水 → 管网压力下降达 P_2 时 → 稳压泵启动排水 → 供水量不足,管网压力继续下降达 P_3 时 → 主泵启动供水灭火 注:主泵启动后,管网压力升高达 P_1 时,稳压泵自动停止	P_1、P_2 的设置按国标图集《消防给水及消火栓技术规范》图示(15S909)

续表

项目	说　　明	备注
报警	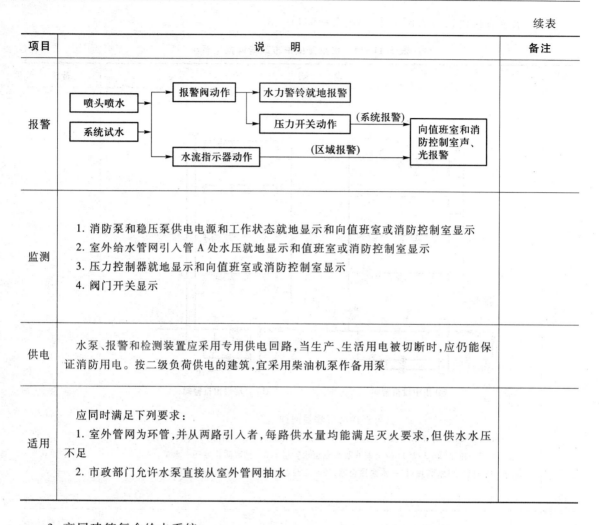	
监测	1. 消防泵和稳压泵供电电源和工作状态就地显示和向值班室或消防控制室显示 2. 室外给水管网引入管 A 处水压就地显示和值班室或消防控制室显示 3. 压力控制器就地显示和向值班室或消防控制室显示 4. 阀门开关显示	
供电	水泵、报警和检测装置应采用专用供电回路,当生产、生活用电被切断时,应仍能保证消防用电。按二级负荷供电的建筑,宜采用柴油机泵作备用泵	
适用	应同时满足下列要求: 1. 室外管网为环管,并从两路引入者,每路供水量均能满足灭火要求,但供水水压不足 2. 市政部门允许水泵直接从室外管网抽水	

3. 高层建筑复合给水系统

（1）图 5.11-1 为分别设低区及高区自动喷水泵给水模式。根据建筑高度,分Ⅰ、Ⅱ、Ⅲ供水区。设水池、水泵和气压供水设备系统,根据楼层及分区分别设低区及高区自动喷淋泵,提供高区及低区自喷给水。高区低区分别设水泵接合器。

（2）图 5.11-2 为利用减压阀进行分区,高区低区合用自动喷淋泵。其余同图 5.11-1。

（3）图 5.11-3 为采用多级多出口消防水泵,高区低区合用自动喷淋泵,但根据不同出口压力接出,其余同图 5.11-1。

（4）图 5.11-4 为设中间消防水箱,高区消防水泵从中间消防水箱吸水,高区自动喷水泵和转输水泵连锁启动。系统最高工作压力根据分区决定,而不是由建筑高度决定。

（5）以上四种是常用自动喷水系统供水图式,设计中应根据实际情况选用,并应根据工程情况予以完善调整。

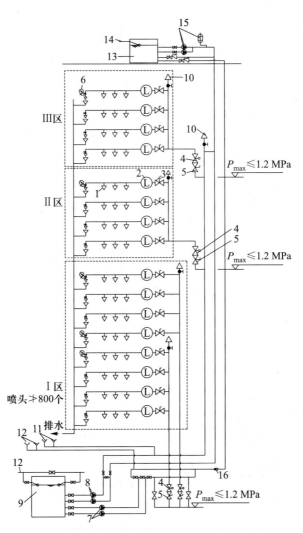

图 5.11-1 高层建筑喷水灭火系统图式之一（采用高区、低区水泵分区）

1—喷头;2—水流指示器;3—信号阀;4—报警阀;5—总控制阀;6—减压阀组;7—Ⅰ区喷淋泵;

8—Ⅱ区喷淋泵;9—消防水池;10—自动排气阀;11—Ⅰ区水泵接合器;

12—Ⅱ区水泵接合器;13—屋顶水箱;14—屋顶水箱进水管;

15—稳压供水装置;16—减压阀组

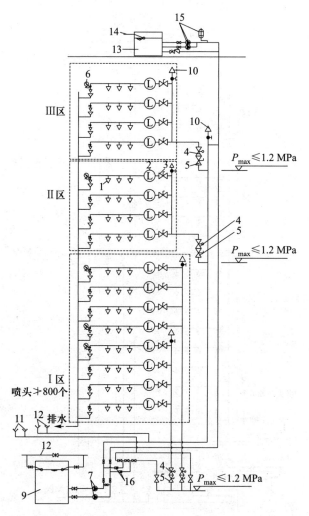

图 5.11-2 高层建筑喷水灭火系统图式之二(采用减压阀分区)

1—喷头;2—水流指示器;3—信号阀;4—报警阀;5—总控制阀;6—减压阀组;7—多级多出口泵;

9—消防水池;10—自动排气阀;11—Ⅰ区水泵接合器;12—Ⅱ区水泵接合器;

13—屋顶水箱;14—屋顶水箱进水管;15—稳压供水装置

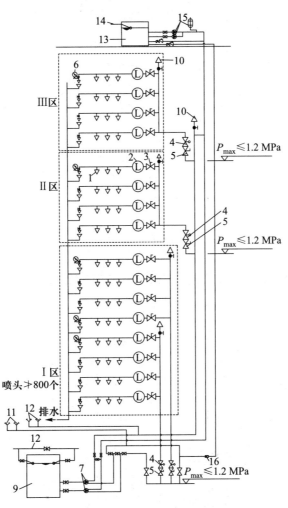

图 5.11-3 高层建筑喷水灭火系统图式之三

（采用多级多出口泵分区）

1—喷头;2—水流指示器;3—信号阀;4—报警阀;5—总控制阀;6—减压阀组;

7—多级多出口泵;8—喷水转输泵;9—消防水池;10—自动排气阀;

11—Ⅰ区水泵接合器;12—Ⅱ区水泵接合器;13—屋顶水箱;

14—屋顶水箱进水管;15—稳压供水装置;16—减压阀组

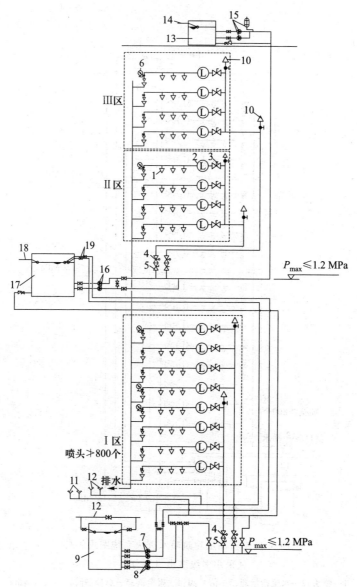

图 5.11-4　高层建筑喷水灭火系统图式之四

（设中间消防水箱）

1—喷头；2—水流指示器；3—信号阀；4—报警阀；5—总控制阀；6—减压阀组；7—Ⅰ区喷水泵；

8—Ⅱ区喷水泵；9—消防水池；10—自动排气阀；11—Ⅰ区水泵接合器；12—Ⅱ区水泵接合器；

13—屋顶水箱；14—屋顶水箱进水管；12—Ⅱ区水泵接合器；13—屋顶水箱；

14—屋顶水箱进水管；15—稳压供水装置；16—Ⅱ区喷水泵；

17—中间消防水箱；18—中间消防水箱进水管；

19—中间消防水箱转输补水管

$P_{\max} \leqslant 1.2\ \mathrm{MPa}$

喷头 ≯ 800 个

5.11.7 喷头及喷头布置

1. 喷头类型

设置闭式系统的场所,洒水喷头类型和场所的最大净空高度应符合表 5.11-19 的规定;仅用于保护室内钢屋架等建筑构件的洒水喷头和设置货架内置洒水喷头的场所,可不受此表规定的限制。

表 5.11-19　洒水喷头类型和场所净空高度

设置场所		喷头类型			场所净空高度 h/m
		一只喷头的保护面积	响应时间性能	流量系数 K	
民用建筑	普通场所	标准覆盖面积洒水喷头	快速响应喷头 特殊响应喷头 标准响应喷头	$K \geqslant 80$	$h \leqslant 8$
		扩大覆盖面积洒水喷头	快速响应喷头	$K \geqslant 80$	
	高大空间场所	非仓库型特殊应用喷头			$8 < h \leqslant 18$
厂房		标准覆盖面积洒水喷头	特殊响应喷头 标准响应喷头	$K \geqslant 80$	$h \leqslant 8$
仓库		标准覆盖面积洒水喷头	特殊响应喷头 标准响应喷头	$K \geqslant 80$	$h \leqslant 9$
		仓库型特殊应用喷头			$h \leqslant 12$
		早期抑制快速响应喷头			$h \leqslant 13.5$

（1）玻璃球闭式喷头,型号和特性见表 5.11-20,外形见图 5.11-5。

表 5.11-20　玻璃球闭式喷头型号和特性

	喷头型号			连接螺纹 /in	公称动作温度/℃	最高环境温度/℃	轭臂色标	喷口直径 /mm	流量特性系数 K
	边墙型	直立型	下垂型						
型号	ZSTB15/57	ZSTZ15/57	ZSTX15/57	ZG1/2″	57	27	橙	11	80
	ZSTB15/68	ZSTZ15/68	ZSTX15/68	ZG1/2″	68	38	红		
	ZSTB15/79	ZSTZ15/79	ZSTX15/79	ZG1/2″	79	49	黄		
	ZSTB15/93	ZSTZ15/93	ZSTX15/93	ZG1/2″	93	63	绿	15	80
	ZSTB15/141	ZSTZ15/141	ZSTBX15/141	ZG1/2″	141	111	蓝		
安装方式	直立或下垂	下垂	直立						
适用条件	1. 用于闭式（湿式、干式、预作用）自动喷水系统中 2. 在环境温度低于 -10℃ 时的干式系统不宜采用 3. 用于雨淋、水幕系统中,作为探测火灾的感温元件								

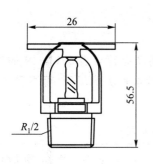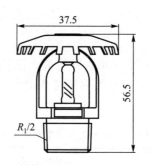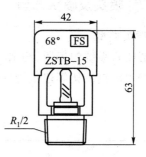

图 5.11-5 玻璃球闭式喷头

（2）易熔合金闭式喷头，型号和特性见表 5.11-21。外形大小与玻璃球闭式喷头相近似。

表 5.11-21 易熔合金闭式喷头型号和特性

型号	喷头型号			公称动作温度/℃	最高环境温度/℃	轭臂色标	喷口直径/mm	流量特性系数 K
	直立型	下垂型	边墙型					
型号	ZSTZ15/72Y	ZSTX15/72Y	ZSTB15/72Y	72	42	本色	12.7	80
	ZSTZ15/98Y	ZSTX15/98Y	ZSTB15/98Y	98	68	白		
	ZSTZ15/142Y	ZSTX15/142Y	ZSTB15/142Y	142	112	蓝		
安装方式	直立	下垂	直立或下垂					
适用条件	同玻璃球闭式喷头，但环境温度低于-10℃时的干式系统可以使用							

（3）装饰性玻璃球闭式喷头，是一种吊顶型喷头，安装在吊顶上。外形见图 5.11-6。特性同普通型玻璃球喷头，见表 5.11-19。

2. 喷头出水量

喷头出水量按式(5.11-5)计算。

$$q = K\sqrt{10P} \qquad (5.11-5)$$

式中 q——喷头流量(L/min)；

P——喷头工作压力(MPa)；

K——喷头流量特性系数，$P=0.1$ MPa 时 $DN15$ 喷头，$K=80$(适合玻璃球、易熔合金和开式喷头)。

由式(5.11-5)求得，当喷头工作压力 P 为 0.1 MPa 时，$q=80$ L/min(1.33 L/s)。

喷头工作压力与出水量关系见图 5.11-7。

3. 喷头选择

喷头应根据建筑平面形式、装饰要求、保护环境、配管位置等多种因素选定。一般可参照表 5.11-22 选择。

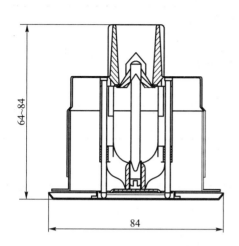

图 5.11-6 装饰性闭式喷头
1—喷头;2—吊顶;3—遮板

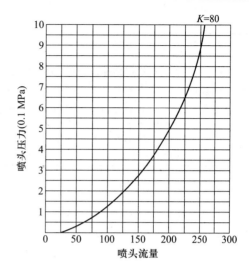

图 5.11-7 喷头压力-流量曲线

表 5.11-22 喷头类型选择

类型	场 所 环 境
吊顶型或装饰型	有吊顶,且装修标准较高的场所,如展厅、餐厅、会议室和宾馆等
直立型直立安装	1. 无吊顶或在闷顶内,配管布置在梁下距离顶板较远,喷头下垂,设置距离超过表 5.11-25 中喷头与吊顶、屋面板、楼板距离的规定的场所 2. 易遭撞击或空间飞扬物较多的场所
下垂型下垂安装	无吊顶或在闷顶内,配管距离顶板较小,喷头下垂设置,其距离满足表 5.11-25 中喷头与吊顶、屋面板、楼板距离的规定的场所;一般建筑吊顶下设置的喷头
边墙型	走道、客房、居室无吊顶或虽有吊顶,但布管、设喷头不妥时的中 Ⅰ 危险级、轻危险级场所
防腐型	应用于有腐蚀性介质的场所
干式喷头	在干式系统中下垂安装时
喷头防护罩	喷头安装高度低于 2.10 m,或易遭撞击的场所应加防护罩
公称动作温度	公称动作温度宜高于环境最高温度30℃。一般: 1. 公共、走道、办公、居住等场所用 68℃级或 72℃级 2. 厨房、不通风橱窗且靠近顶部装有高功率电照明设备处;在蒸汽压力小于 0.1 MPa 的散热器的空气热流趋向的一边距散热器 2~6 m 范围内;在设有保温蒸汽管上方 0.76 m 和两侧 0.3 m 内的空间;在既无绝热措施,又无通风的木板或瓦楞铁皮房顶的闷顶中;在受日光曝晒的玻璃天窗下,可用 93℃级、98℃级(即中温级 79~107℃级) 3. 在蒸汽压力小于 0.1 MPa 的散热器附近 2 m 之内的空间,和在低压蒸汽安全阀旁 2 m 之内,可用 141℃级(或 121~149℃的高温级) 4. 干式系统环境温度可能低于-10℃场所,应用易熔合金喷头

续表

类型	场 所 环 境
公称动作温度	5. 钢屋架保护采用 141℃ 喷头 6. 仓库和严重危险级视物品采用中、高温度级喷头 7. 同一隔间应采用相同热敏性能的喷头
备用喷头	设有自动喷水灭火系统应有备用喷头,其数量不应小于总数的 1%,且每种型号均不得小于 10 只

4. 喷头布置

喷头应布置在顶板或吊顶下易于接触到火灾热气流并有利于均匀布水的位置。当喷头附近有障碍物时,应符合表 5.11-25 中的相关规定或增设补偿喷水强度的喷头。

(1)直立型、下垂型标准覆盖面积洒水喷头的布置。

直立型、下垂型标准覆盖面积洒水喷头的布置,包括同一根配水支管上喷头的间距及相邻配水支管的间距,应根据设置场所的火灾危险等级、洒水喷头类型和工作压力确定,并不应大于表 5.11-23 的规定,且不应小于 1.8 m。

表 5.11-23 直立型、下垂型标准覆盖面积洒水喷头的布置

火灾危险等级	正方形布置的边长/m	矩形或平行四边形布置的长边边长/m	一只喷头的最大保护面积/m²	喷头与端墙的距离 /m	
				最大	最小
轻危险级	4.4	4.5	20.0	2.2	
中危险Ⅰ级	3.6	4.0	12.5	1.8	
中危险Ⅱ级	3.4	3.6	11.5	1.7	0.1
严重危险级、仓库危险级	3.0	3.6	9.0	1.5	

注:1. 设置单排洒水喷头的闭式系统,其洒水喷头间距应按地面不留漏喷空白点确定;

2. 严重危险级或仓库危险级场所宜采用流量系数 $K>80$ 的喷头。

(2)直立型、下垂型扩大覆盖面积洒水喷头的布置。

直立型、下垂型扩大覆盖面积洒水喷头应采用正方形布置,其布置间距不应大于表 5.11-24 的规定,且不应小于 2.4 m。

表 5.11-24 直立型、下垂型扩大覆盖面积洒水喷头的布置

火灾危险等级	正方形布置的边长/m	一只喷头的最大保护面积/m²	喷头与端墙的距离/m	
			最大	最小
轻危险级	5.4	29.0	2.7	
中危险Ⅰ级	4.8	23.0	2.4	
中危险Ⅱ级	4.2	17.5	2.1	0.1
严重危险级	3.6	13.0	1.8	

（3）喷头布置一般要求见表 5.11-25。

表 5.11-25　喷头布置一般要求

项　目	说　明
原则	使受保护房间内任何部位都受到要求设计喷水强度的喷头保护
形式	视建筑平面,常用正方形、长方形和菱形三种
喷水半径 R	喷水半径是喷头布置的主要依据,它代表一个经济数值,在喷头工作时不致出现未被覆盖的空白,也不出现过多的重复覆盖面积。它与危险等级的喷水强度、喷头特性和工作压力有关。可由式(5.11-6)和式(5.11-7)求得: $$R = \cos 45° \sqrt{F} = 0.707\sqrt{F} \qquad (5.11-6)$$ $$F = q/q_0 \qquad (5.11-7)$$ 式中　R——喷水半径(m); 　　　F——喷头保护面积(m^2); 　　　q——喷头出水量(L/min); 　　　q_0——危险等级的喷水强度$[L/(min \cdot m^2)]$
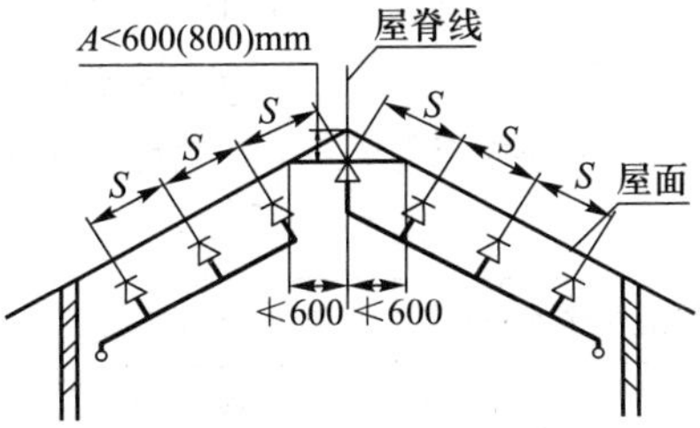 斜屋面下喷头布置示意图	顶板或吊顶为斜面时,喷头应垂直于斜面,并应按斜面距离确定喷头间距 尖屋顶的屋脊处应设一排喷头。喷头溅水盘至屋脊的垂直距离,屋顶坡度≥1/3 时,不应大于 0.8 m;屋顶坡度<1/3 时,不应大于 0.6 m。详图见国标 04S206,斜屋面下喷头布置
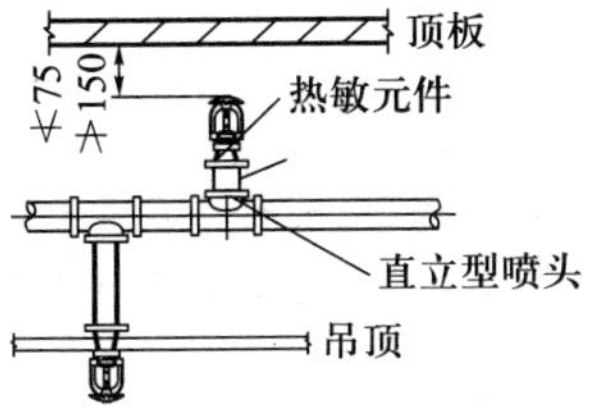 与吊顶、屋面板、楼板距离示意图	喷头溅水盘距离吊顶、屋面板,楼板宜为 7.5~15 cm。如楼板和屋面板的耐火极限等于或大于 0.5 h 的非燃烧体时,不宜大于 30 cm,吊顶型喷头不受此限制

项 目	说 明
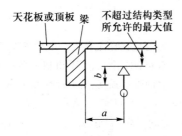 与梁和通风管道的突出物最小距离示意图	应按不影响喷水面积的要求计算确定,一般不应小于下列规定

喷头溅水盘与梁或通风管道的底面的最大垂直距离 *b*		喷头与梁或通风管道的水平距离 *a*/m
标准喷头/m	其他喷头/m	
0	0	*a*<0.3
0.06	0.04	0.3≤*a*<0.6
0.14	0.14	0.6≤*a*<0.9
0.24	0.25	0.9≤*a*<1.2
0.35	0.38	1.2≤*a*<1.5
0.45	0.55	1.5≤*a*<1.8
>0.45	>0.55	*a*=1.8

项 目	说 明
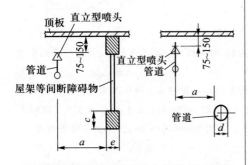 喷头与邻近障碍物的最小水平距离示意图	直立型、下垂型标准喷头的溅水盘以下 0.45 m、其他直立型、下垂型喷头的溅水盘以下 0.9 m 范围内,如有屋架等间断障碍物或管道时,喷头与邻近障碍物的最小水平距离宜符合下面规定,见左图

喷头与邻近障碍物的最小水平距离/m	
c、*e* 或 *d*≤0.2	*c*、*e* 或 *d*>0.2
3*c* 或 3*e*(*c* 与 *e* 取大值)或 3*d*	0.6

项 目	说 明
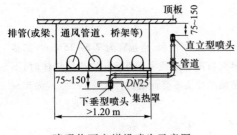 障碍物下方增设喷头示意图	当梁、通风管道、成排布置的管道、桥架等障碍物的宽度大于 1.2 m 时,其下方应增设喷头。增设喷头的上方如有缝隙时应设集热板,见左图

项 目	说 明
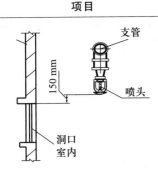 喷头距门、窗、洞口距离示意图	喷头距洞口上表面的距离不应大于 15 cm；距墙面宜为 7.5~15 cm
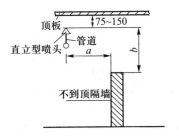 喷头与不到顶隔墙的水平距离示意图	直立型、下垂型喷头与不到顶隔墙的水平距离，不得大于喷头溅水盘与不到顶隔墙顶面垂直距离的 2 倍，$a \leqslant 2b$，见左图
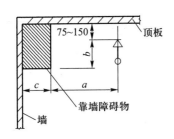 喷头与靠墙障碍物的距离示意图	直立型、下垂型喷头与靠墙障碍物的距离，应符合下列规定，见左图 1. 障碍物横截面边长小于 750 mm 时，喷头与障碍物的距离，应按公式（5.11-8）确定： $$a \geqslant (e-200)+b \qquad (5.11\text{-}8)$$ 式中　a——喷头与障碍物的水平距离（mm）； 　　　b——喷头溅水盘与障碍物底面的垂直距离（mm）； 　　　e——障碍物横截面的边长（mm），$e<750$ mm。 2. 障碍物横截面边长等于或大于 750 mm 或 a 的计算值大于表 5.11-23、表 5.11-24 中喷头与墙距离的规定时，应在靠墙障碍物下增设喷头
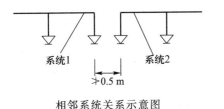 相邻系统关系示意图	同一空间设有两个以上喷水系统时，其两系统的相邻处喷头间距不应大于 0.5 m

（4）仓库内喷头布置要求见表 5.11-26。

表 5.11-26 仓库内喷头布置

项目	说明
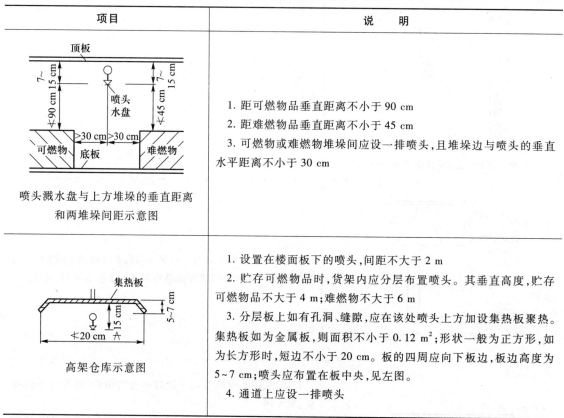 喷头溅水盘与上方堆垛的垂直距离 和两堆垛间距示意图	1. 距可燃物品垂直距离不小于 90 cm 2. 距难燃物品垂直距离不小于 45 cm 3. 可燃物或难燃物堆垛间应设一排喷头,且堆垛边与喷头的垂直水平距离不小于 30 cm
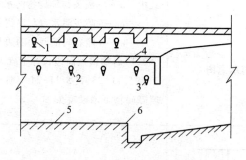 高架仓库示意图	1. 设置在楼面板下的喷头,间距不大于 2 m 2. 贮存可燃物品时,货架内应分层布置喷头。其垂直高度,贮存可燃物品不大于 4 m;难燃物不大于 6 m 3. 分层板上如有孔洞、缝隙,应在该处喷头上方加设集热板聚热。集热板如为金属板,则面积不小于 0.12 m²;形状一般为正方形,如为长方形时,短边不小于 20 cm。板的四周应向下板边,板边高度为 5~7 cm;喷头应布置在板中央,见左图。 4. 通道上应设一排喷头

（5）剧院、舞台的喷头布置要求。

舞台的葡萄棚(架)下部的舞台口设置见图 5.11-8。

图 5.11-8 舞台部位喷头布置

1—闭式喷头;2—开式喷头;3—水幕喷头;4—葡萄架;5—舞台;6—台口

注:1. 舞台的葡萄棚(架)下宜装设雨淋喷水灭火系统。上部如为金属或木结构时,应在屋面板下设闭式自动喷水系统。

2. 舞台口、舞台与侧台、舞台与后台隔墙的孔洞处,应设水幕系统,以防止和隔断火灾的蔓延。

3. 观众厅内座椅至吊顶的垂直高度超过 8 m 时,可不设喷头。其他部位(包括休息厅、小卖部、化妆室、道具室等)均应设喷头。

（6）边墙型喷头布置应符合表 5.11-27 要求。

表 5.11-27　边墙型喷头布置

项　目	要　　　求		
每个喷头最大保护面积和喷头间最大距离安装位置示意见下图 （a）　　　　　（b） 边墙型喷头安装位置图	**边墙型标准喷头的最大保护跨度与间距/m**		
	设置场所火灾危险等级	轻危险级	中危险级 I 级
	配水支管上喷头的最大间距	3.6	3.0
	单排喷头的最大保护跨度	3.6	3.0
	两排相对喷头的最大保护跨度	7.2	6.0
	注:1. 两排相对喷头应交错布置; 　2. 室内跨度大于两排相对喷头的最大保护跨度时,应在两排相对喷头中间增设一排喷头		
喷头布置	1. 直立式边墙型喷头,其溅水盘与顶板的距离不应小于 100 mm,且不宜大于 150 mm,其背墙的距离不应小于 50 mm,并不应大于 100 mm 　水平式边墙型喷头溅水盘与顶板的距离不应小于 150 mm,且不应大于 300 mm 2. 边墙型喷头的两侧 1 m 及正前方 2 m 范围内,顶板或吊顶下不应有阻挡喷水的障碍物		

（7）其他部位喷头布置要求见表 5.11-28。

表 5.11-28　其他部位喷头布置

项　目	说　　　明
设自动喷水系统的建、构筑物内部	1. 净空高度大于 800 mm 的闷顶和技术夹层内应设置洒水喷头,当同时满足下列情况时,可不设置洒水喷头: （1）闷顶内敷设的配电线路采用不燃材料套管或封闭式金属线槽保护 （2）风管保温材料等采用不燃材料制作 （3）无其他可燃物 2. 挑廊:宽度超过 80 cm 的挑廊下应设喷头 3. 风道下:喷头下面有宽度大于 120 cm 的矩形和直径大于 1 m 的圆形风道下面应设喷头
与其相连建筑	设自动喷水系统的建、构筑物与其相连的建筑的下列部位应布置喷头: 1. 存放、装卸可燃物的货棚和月台 2. 运送可燃物的通廊（如皮带运输）
自动扶梯、螺旋梯	1. 穿过楼板的部位,应设喷头或采用水幕分隔,喷头一般沿口边方向布置:建议间距 2.0 m,若小于 2.0 m 时,其中间应设挡水板,距口边距离宜为 0.3~0.5 m 2. 自动扶梯下部位应设喷头,一般采用装饰性喷头,配水支管设于扶梯下挡板上的夹层中

续表

项目	说　　明
装设网格、栅板类通透性吊顶的场所	1. 当通透面积占吊顶总面积的比例大于 70% 时,喷头应设置在吊顶上方 2. 通透性吊顶开口部位的净宽度不应小于 10 mm,且开口部位的厚度不应大于开口的最小宽度 3. 喷头间距及溅水盘与吊顶上表面的距离应符合下表的规定: **通透性吊顶场所喷头布置要求** 表格见下

通透性吊顶场所喷头布置要求

火灾危险等级	喷头间距 S/m	喷头溅水盘与吊顶上表面的最小距离/mm
轻危险级、中危险级 Ⅰ 级	$S \leqslant 3.0$	450
	$3.0 < S \leqslant 3.6$	600
	$S > 3.6$	900
中危险级 Ⅱ 级	$S \leqslant 3.0$	600
	$S > 3.0$	900

项目	说　　明
防火卷帘、防火玻璃墙等防火分隔设施需采用防护冷却系统保护时	1. 喷头应根据可燃物的情况一侧或两侧布置 2. 外墙可只在需要保护的一侧布置

5.11.8　报警阀组和充气装置

1. 湿式报警阀组

湿式报警阀组组成和技术要求见表 5.11-29。

表 5.11-29　湿式报警阀组组成和技术要求

项目	组成和技术要求
组成图示	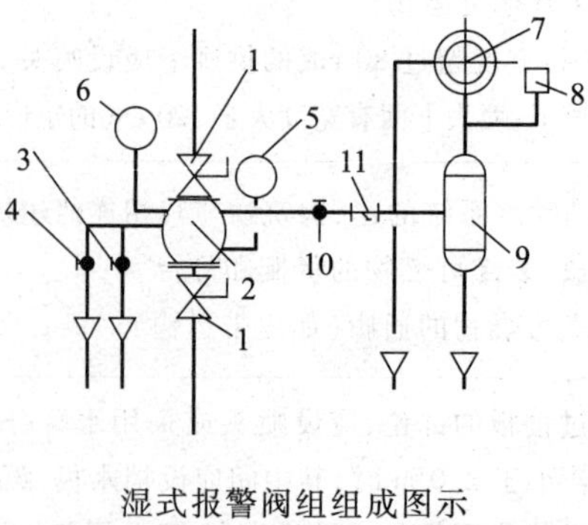 湿式报警阀组组成图示 (部件编号和名称对照本表下栏)

续表

项目	组成和技术要求
部件名称、作用	1. 信号阀(或应设锁定阀位的锁具):系统总控阀。安装和检修管道时关闭,平时常开锁定 2. 湿式报警阀:防水倒流并在一定流量下报警的止回阀 3. 试警铃阀:检测系统可靠性时泄水用 4. 放水阀:检修放空系统用 5. 阀前压力表:观察阀前给水水流压力 6. 阀后压力表:观察阀后管网系统压力 7. 水力警铃:水力驱动发出声响就地报警,工作压力不应小于 0.05 MPa 8. 压力开关:接通电源自动报警或自动控制(水泵起动)。ZSJY-10 压力开关,技术性能为:压力范围 0.1~1.0 MPa;开关触点容量:电压 AC 220 V,24 VDC;电流 3 A 9. 延迟器:克服阀前水压波动引起的误报警 10. 截止阀:切断水力警铃声,平时常开 11. 过滤器:过滤水中杂质
型号、规格 (国产)	1. ZSZ 系列有下列三种:ZSFZ80、100、150 型,DN 分别为 80、100、150 mm,$Pn = 1.2$ MPa 2. ZSS 系列有下列三种:ZSFS100、150、200 型,DN 分别为 100、150、200 mm,$Pn = 1.6$ MPa
报警阀功能要求	1. 当工作压力为 0.14 MPa,出口侧以 15 L/min 的流量放水时,不报警 2. 当工作压力为 0.14 MPa,0.7 MPa 和 1.2 MPa 时: (1) 出口侧相应以 60、80、170 L/min 的流量连续放水时,均应报警 (2) 阀门开启瞬间的压力与系统压力之比应不大于 1.16 3. 当工作压力为 0.14 MPa 时,通向水力警铃接口处的水压不得低于 0.05 MPa
安装要求	1. 宜设在安全及易于操作的地点 2. 报警阀距地面高度宜为 1.2 m 3. 水力警铃的工作压力不应小于 0.05 MPa,应设在有人值班的地点附近,与报警阀连接的管道,其管径应为 20 mm,总长不宜大于 20 m 4. 多组集中布置时,应有判别工作警铃的措施,如警铃排水设隔断排水漏斗等 5. 设置报警阀组的部位应有排水措施,如警铃排水设隔断排水漏斗等 6. 安装要求详见国标图纸
国标图纸	04S206/7~11 系列自动喷水湿式报警装置,甲、乙型安装图 注:甲型,集水管排水,排水管 $DN100$,当报警阀为 $DN200$ 时,排水管为 $DN150$ 乙型,明沟排水,宽度 150 mm,深度不小于 100 mm,坡度 $i = 0.02$

续表

项目	组成和技术要求

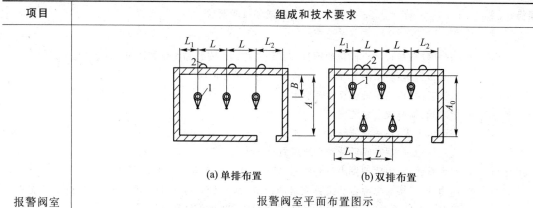

(a) 单排布置   (b) 双排布置

报警阀室平面布置图示

1—报警阀组;2—警铃

报警阀型号	进水管 DN	L_1/mm	L/mm	L_2/mm	B/mm	A/mm	A_0/mm
ZSS100	100	1 230	950	800	350	1 850	—
ZSS150	150	1 280	1 000	900	350	1 850	—
ZSS200	200	1 400	1 200	1 000	400	1 900	—
ZSZ80	80	1 230	900	750	233	—	2 200
ZSZ100	100	1 230	1 200	850	243	—	2 200
ZSZ150	150	1 280	1 250	850	268	—	2 200

(项目栏左侧:报警阀室平面布置)

2. 干式报警阀组

干式报警阀组、充气装置组成和技术要求见表 5.11-30。

表 5.11-30   干式报警阀组、充气装置组成和技术要求

项目	组成和技术要求

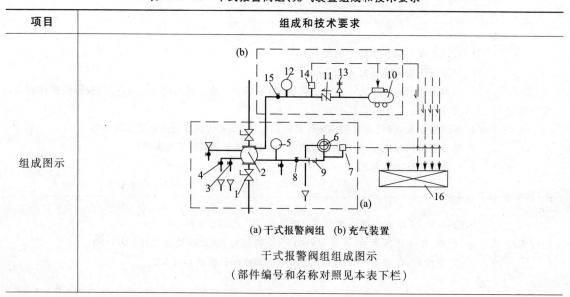

(a) 干式报警阀组   (b) 充气装置

干式报警阀组组成图示

(部件编号和名称对照见本表下栏)

(项目栏左侧:组成图示)

项目	组成和技术要求
部件名称、作用	干式报警阀组 1. 信号阀(或应设锁定阀位的锁具):系统总控阀,安装和检修管道时关闭,平时常开锁定 2. 干式报警阀:防水气倒流,并在一定流量下报警的止回阀 3. 试警铃阀、4. 放水阀、5. 阀前压力表、6. 水力警铃、7. 压力开关、8. 截止阀、9. 过滤器等其功能同湿式报警阀 3、4、5、7、8、10、11 部件(表 5.11-27) 充气装置 10. 空压机:供给系统压缩空气 11. 止回阀:维持系统气压 12. 压力表:指示系统压力 13. 安全阀:防止系统超压 14. 压力控制器:控制空压机起、停 15. 截止阀:关闭,对充气系统检修,平时常开 16. 火灾报警控制器:接受电信号,进行分析并发出指令
管网充气压力和充气量	1. 应与给水水压相匹配。充气压力与设计水压关系: (1) 干式阀充气压力与管网供水压力关系见下图: 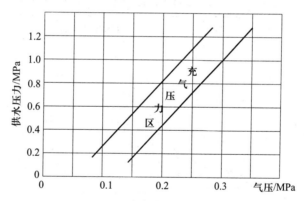 干式阀充气压力与管网供水压力关系 (2) ZSFL 型干湿两用阀充气压力和管网供水压力关系如下:

最大供水压力/MPa	充气压力/MPa	最大供水压力/MPa	充气压力/MPa
0.20	0.16	1.00	0.30
0.40	0.19	1.20	0.33
0.60	0.23	1.40	0.37
0.80	0.26	1.60	0.40

2. 充气时间同预作用系统,见表 5.11-31。给气量不小于 0.15

续表

项目	组成和技术要求
干式报警阀型号、规格	1. ZSLX 系列干式报警阀有:ZSFLX100 型,$DN$100 mm;P_N = 1.2 MPa 2. ZSL 系列干湿两用报警阀有:ZSFL100、150、200 型三种,DN 分别为 100、150、200 mm;PN = 1.6 MPa
安装要求	同湿式报警阀,详见表 5.11-29 表中安装要求
国标图纸	04S206/15~18 自动喷水干式报警装置甲、乙型安装图 注:甲型,集水管排水、排水管 $DN$100。当报警阀为 $DN$200 时,排水管为 $DN$150。乙型,明沟排水,宽度 100 mm,深度不小于 100 mm,坡度 i = 0.02
报警阀室平面布置	同湿式报警阀组,见表 5.11-29 中报警阀室平面布置

3. 预作用报警阀组

预作用报警阀组、充气装置组成和技术要求见表 5.11-31。

表 5.11-31　预作用报警阀组、充气装置组成和技术要求

项目	组成和技术要求
组成图示	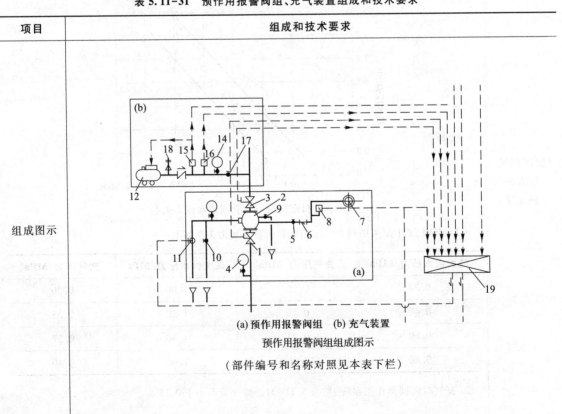 (a) 预作用报警阀组　(b) 充气装置 预作用报警阀组组成图示 (部件编号和名称对照见本表下栏)

续表

项目	组成和技术要求
主要部件 及作用	预作用阀 1. 信号阀(或应设锁定阀位的锁具):系统总控阀。安装和检修管道时关闭,平时常开锁定 2. 预作用阀:采用干式报警阀或雨淋阀代替,控制系统进水,先于喷头开启,系统报警 3. 闸阀:检修系统用 4. 闸前压力表:指示给水水源压力 5. 截止阀:试验警铃用 6. 过滤器:过滤水中杂质 7. 水力警铃:水力声响报警 8. 压力开关:接通电、声、光报警或启动水泵 9. 截止阀:泄放试验管 10. 截止阀:手动开启预作用阀 11. 电磁阀:火灾探测器电动开起预作用阀,技术特性见表 5.12-5 中配套电磁阀 充气装置 12. 空压机:供给系统压缩空气 13. 止回阀:维持系统气压 14. 压力表:指示系统气压 15. 压力控制器:控制空压机起、停,宜采用 YTK 型(国产) 16. 压力控制器:低气压报警 17. 截止阀:关闭,对充气系统检修、平时常开 18. 安全阀:防止系统超压 19. 火灾报警控制器:接受电信号,进行分析并发出指令
管网充气 压力和 充气量	1. 充气压力一般控制在 0.03~0.05 MPa 间,不宜超过 0.05 MPa 2. 充气时间不大于 30 min,对安装低压差动型干式阀的系统,可按不大于 1 h 计 3. 充气量不小于 0.15 4. 充入空气应过滤、干燥、无腐蚀性
预作用阀 型号、规格	采用干式报警阀或雨淋阀代替,雨淋阀 ZSU 系列有 ZSFG100、150、200 型三种,*DN* 分别为 100、150、200 mm
安装要求	同湿式报警阀,详见表 5.11-29 表中安装要求
国标图纸	04S206/21~24 自动喷水预作用报警装置安装图
报警阀室 平面布置	参照湿式报警阀组,见表 5.11-29 中报警阀室平面布置

5.11.9 管道系统

1. 管道和敷设要求见表 5.11-32。

表 5.11-32 管道和敷设

项目		说　明
管道名称	配水支管	直接或通过短立管向喷头供水的管道,DN 不小于 25 mm
	配水管	向配水支管供水的管道,DN 不小于 25 mm
	配水干管	报警阀后向配水管供水的管道
管道布置		1. 自动喷水灭火系统中设有 2 个及以上报警阀组时,报警阀组前应设环状供水管道;环状供水管道上设置的控制阀应采用信号阀,当不采用信号阀时,应设锁定阀位的锁具;报警阀后管道一般为枝状管网,不允许接其他用水设备 2. 配水管两侧每根配水支管控制的标准喷头数:轻、中轻危险级场所不应超过 8 只,同时在吊顶上下安装喷头的配水支管,上下侧均不应超过 8 只,严重危险级及仓库危险级场所均不应超过 6 只 3. 管道中心与建筑结构最小距离: 表格见下 4. 配水支管宜在配水管两侧、配水管宜在配水干管两侧对称布置,以便减小管径、节省投资和方便计算,见下图: 图见下 5. 同层每个防火分区建议设置独立的供水立管供水或设各自独立的水流指示器,以便监控 6. 管道应抬高贴梁或穿梁布置,并应与风管和其他管道平面上错开,以减少管道层占有空间的高度。当与风管和其他管道交错时,喷水管应布置在风管和其他管道的上方,以防其他管道维修时损坏喷水管

（管道布置栏内第 3 点的表格）

公称直径/mm	25	23	40	50	70	80
距离/mm	40	40	50	60	70	80

(a) 端侧中部供水（枝状）　　(b) 端侧端部供水（枝状）

(c) 中部供水（枝状）　　(d) 中端部供水（枝状）

管道布置示意图

1—喷头;2—配水支管;3—配水管;4—配水干管(立管);5—丝堵(供管道清洗排水用)

续表

项目	说　　明
管材和连接	1. 配水管道应采用内外壁热镀锌钢管、内涂层环氧树脂涂覆钢管、氯化聚氯乙烯 (PVC-C)消防专用管或符合现行国家或行业标准,并经国家固定灭火系统质量监督检验测试中心检测合格的涂覆其他防腐材料的钢管,以及铜管、不锈钢管。当报警阀入口前管道采用不防腐的钢管时,应在报警阀前设置过滤器 　自动喷水灭火系统采用氯化聚氯乙烯(PVC-C)管材及管件时,设置场所的火灾危险等级应为轻危险级或中危险级 I 级,系统应为湿式系统,并采用快速响应喷头,且氯化聚氯乙烯(PVC-C)管材及管件应符合:(1) 应符合现行国家标准《自动喷水灭火系统　第19部分　塑料管道及管件》(GB/T 5135.19—2010)的规定;(2) 应用于公称直径不超过 $DN80$ 的配水管及配水支管,且不应穿越防火分区;(3) 当设置在有吊顶场所时,吊顶内应无其他可燃物,吊顶材料应为不燃或难燃装修材料;(4) 设置在无吊顶场所时,该场所应为轻危险级,顶板应为水平、光滑,且喷头溅水盘与顶板的距离不应超过 100 mm 　2. 镀锌钢管应采用沟槽式连接件(卡箍)、丝扣或法兰连接,报警阀前采用内壁不防腐钢管时,可焊接连接 　3. 系统中直径等于或大于 100 mm 的管道,应分段采用法兰或沟槽式连接件(卡箍)连接。水平管道上法兰间的管道长度不宜大于 20 m;立管上法兰间的距离,不应跨越 3 个及以上楼层。净空高度大于 8 m 的场所内,立管上应有法兰 　4. 短立管及末端试水装置的连接管,其管径不应小于 25 mm 　5. 干式系统、预作用系统的供气管道,采用钢管时,管径不宜小于 15 mm;采用铜管时,管径不宜小于 10 mm 　6. 不同管径的管道螺纹连接时,应避免采用补芯,而应采用异径管。弯头上不得采用补芯 　7. 洒水喷头与配水管道采用消防洒水软管连接时,应符合 　(1) 消防洒水软管仅适用于轻危险级或中危险 I 级场所,且系统应为湿式系统 　(2) 消防洒水软管应隐蔽设置在吊顶内 　(3) 消防洒水软管的长度不应超过 1.8 m 　8. 配水管道的连接方式如下:

管道类型	连接方式
镀锌钢管、涂覆钢管	沟槽式连接件(卡箍)、螺纹或法兰连接;当报警阀前采用内壁不防腐钢管时,可焊接连接
铜管	钎焊、沟槽式连接件(卡箍)、法兰和卡压等
不锈钢管	沟槽式连接件(卡箍)、法兰、卡压等连接方式,不宜采用焊接
氯化聚氯乙烯 (PVC-C)管	粘接连接、与其他材质管材、管件之间可采用螺纹、法兰或沟槽式连接件(卡箍)连接

注:铜管、不锈钢管、氯化聚氯乙烯(PVC-C)管应采用配套的支架、吊架

项 目	说 明
管道支、吊架	1. 管道支架、吊架位置不应妨碍喷头的喷水效果,管道支架、吊架与喷头之间的距离不宜小于 300 mm,与末端喷头之间的距离不宜大于 750 mm 2. 管道支架或吊架之间的距离不应大于下表,若管道穿梁安装时,穿梁处可作为一个吊架考虑 表格见下 3. 配水支管上每一直管段、相邻两喷头间的管段设置的不宜少于 1 个,吊架的间距不宜大于 3.6 m 4. 沿屋面坡度布置的配水支管,当坡度大于 1 : 3 时,应采取防滑措施(加点焊箍套),以防短立管与配水管受扭折推力,如图 5.11-9 5. 管道防晃 (1) 配水管一般在中点设一个(固定)防晃支架(管径在 DN50 以下时可不设) (2) 当管道的公称直径等于或大于 50 mm 时,每段配水干管或配水管设置防晃支架不应少于 1 个,且防晃支架的间距不宜大于 15 m,当管道改变方向时,应增设防晃支架。见图 5.11-10 (3) 配水干管、配水管及配水支管的长度超过 15 m(包括 DN50 的配水管和配水支管),每 15 m 长度内最少设 1 个(固定)防晃支架(管径小于等于 40 的管段可不算在内) (4) 管径大于 DN50 的管道拐弯处(包括三通及四通位置)应设 1 个(固定)防晃支架 (5) 防晃支架的强度,应能承受管道、配件及管内水的重量和 50%的水平方向推动力,不损坏或产生永久变形。当管道穿梁时,管道若用铁码紧固于混凝土结构上,则可作为一个防晃支架 (6) 防晃支架的安装简图见图 5.11-11
管道防腐	1. 管道不应敷设在有腐蚀性物质的地方,如必须布置时,应进行防腐保护处理 2. 法兰与镀锌钢管焊接,镀锌层破坏处内外应刷两道樟丹防腐
管道坡度和排水	1. 水平安装的管道宜有坡度,并坡向排水管。充水管道的坡度不小于 0.002,准工作状态不充水管道的坡度不宜小于 0.004 2. 当管道改向,如局部低凹或低于排水管,不能从系统排水管排水时,应在管道上设辅助排水管和控制阀门。辅助排水管管径和要求如下: 表格见下 干式和预作用系统在辅助排水管阀后宜再装一丝堵,排水时打开,防止泄气 3. 每一配水干管和配水管末端宜设三通(单侧配水)或四通(双侧配水),在另一端用丝堵堵塞,以便系统冲洗时排水。如上图

管道支、吊架项目中的表格:

公称直径/mm	25	32	40	50	70	80	100	125	150	200	250	300
距离/m	3.5	4.0	4.5	5.0	6.0	6.0	6.5	7.0	8.0	9.5	11.0	12.0

管道坡度和排水项目中的表格:

喷头数量	辅助排水管/mm	形式和图示
喷头数量小于或等于 5 只	25	堵头
喷头多于 5 只	32	引至排水管

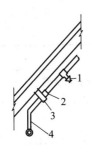

图 5.11-9 斜立配水支管的支架

1—喷头;2—点焊箍套;3—吊管管卡;4—短立管

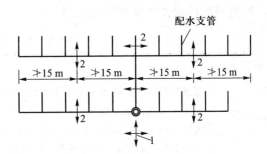

图 5.11-10 管道防晃支架布置

1—表示立管顶端防四方向晃动的支架;

2—表示防振动方向的防晃支架

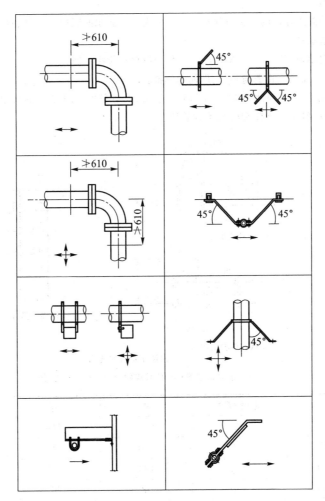

图 5.11-11 管道防晃支架简图

注:图中箭头表示防晃方向

2. 管道附件和设置要求见表 5.11-33。

表 5.11-33　管道附件和设置

项目	说　明
阀门	1. 报警阀后管道除在水流指示器前配套设控制阀和管网末端设泄水阀外,其他均不得设阀门 2. 系统所有阀门应有明显的开闭标志,平时常开。连接报警阀进出口的控制阀应采用信号阀,当不采用信号阀时,控制阀应设锁定阀位的锁具 3. 各类阀门的设置地点(特别在吊顶和管井中安装的阀门),应设有永久性固定标识
水流指示器	1. 作用:湿式系统分区报警(向消防控制中心或值班室),当一个报警阀组仅控制一个防火分区或一个层面的喷头时可不设;干式和预作用系统不宜用叶片式水流指示器,一般可采用分设报警阀代替 2. 设置位置: (1) 除报警阀组控制的喷头只保护不超过放火分区面积的同层场所外,每个放火分区、每个楼层均应设水流指示器 (2) 仓库内顶板下喷头与货架内喷头应分别设置水流指示器 3. 要求:一个喷头工作流量通过,即能动作报警 4. 安装详见下图,它可水平安装,也可垂直安装,水平安装时,上部空间应留足可取出叶片的空间高度;水流指示器前后应有 5DN 的直线管段 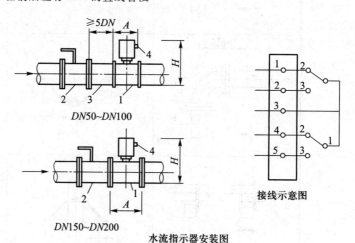 水流指示器安装图 1—水流指示器;2—信号蝶阀;3—短管;4—接线柱

型号	直径/DN	A	H	连接方式
ZSJZ50	50	115	144	螺纹
ZSJZ80	80	130	155	螺纹
ZSJZ100	100	194	178	螺纹
ZSJZ150	150	200	205	法兰
ZSJZ200	200	306	224	法兰

注:ZSJZ 水流指示器用于自动喷水灭火系统中,可水平或垂直安装,最高不动作流量:17 L/min;电源电压:DC24 V,3 A;AC220 V,5 A

续表

项目	说　明
末端 试水 装置	1. 检验系统的可靠性,测试系统能否在开放一只喷头的最不利条件下可靠报警并正常启动 2. 每个报警阀组控制的最不利点喷头处,应设末端试水装置,其他防火分区、楼层均应设置直径为 25 mm 的试水阀。末端试水装置和试水阀应便于操作,且应有足够排水能力的排水设施 3. 末端试水装置由试水阀、压力表以及试水接头组成。试水接头出水口的流量系数,应等同于同楼层或防火分区内的最小流量系数喷头。末端试水装置的出水,应采取孔口出流的方式排入排水管道,见下图;排水立管宜设伸顶通气管,且管径不应小于 75 mm 4. 末端试水装置和试水阀应有标识,距地面的高度宜为 1.5 m,应按采取不被他用的措施 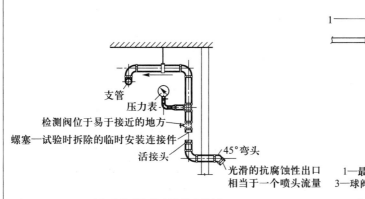 (a) 干式系统的末端试水装置　　　(b) 湿式系统的末端试水装置 1—最不利点处喷头;2—压力表; 3—球阀;4—试水接头;5—排水漏斗 末端试水装置示意图
减压 装置	1. 目的和方法:在多层喷水管网、为均衡各层喷头压力和流量,避免水量浪费,在低层超压部分设置 常用方法:缩小管径增加阻力;设节流管;设减压孔板;设减压阀 2. 缩小管径:增加流速和水头损失,此法应为首选。管中流速控制在不大于 5 m/s 3. 节流管: (1) 直径宜按上游管段直径的 1/2 确定 (2) 要求流速不大于 20 m/s (3) 长度不宜小于 1 m (4) 节流管径宜按下表选用: 表如下: (5) 节流管水头损失 管道水头损失计算按式(5.11-9)计:

节流管径表:

配水干管/mm	50	70	80	100	125	150	200	250
节流管/mm	25	32	40	50	65	80	100	125

$$H_g = \zeta \frac{V_g^2}{2g} + 0.001\,07L\,\frac{V_g^2}{d_g^{1.3}} \qquad (5.11\text{-}9)$$

项目	说　　明

式中　H_g——节流管的水头损失（10^{-2} MPa）；

　　　ζ——节流管中渐缩管与渐扩管的局部阻力系数之和，取值 0.7；

　　　V_g——节流管内水的平均流速（m/s）；

　　　d_g——节流管的计算内径（m），取值应按节流管内径减 1 mm 确定；

　　　L——节流管的长度（m）。

缩小与扩大部分局部水头损失按当量长度计，其值如下表：

管径/mm	50	65	80	100	125	150	200	250
当量长度/m	0.6	1.0	1.0	1.3	1.7	1.5	4.5	4.0

注：表中数据仅适用于公称直径（DN）缩小 1 级时，若直径缩小 2 级，表中当量长度应乘以 3.5 倍；缩小 3 级，当量长度应乘以 9.5 倍。

4. 减压孔板

设置应符合下列要求：

（1）应设在直径不小于 50 mm 的水平支管段上，前后管段的长度不宜小于该管段直径的 5 倍

（2）孔口直径不应小于设置管段直径的 30%，且不应小于 20 mm

（3）安装在直线管段或弯头的水流下游侧的直线段上，与弯头距离 $\not< 5DN$（设置管段）

（4）孔板采用不锈钢制作，孔口应光滑，板厚视管道 DN 按下要求选用，$DN50\sim80$ mm，$\pounds=3$ mm；$DN100\sim150$ mm，$\pounds=6$ mm；$DN200$ mm，$\pounds=9$ mm

（5）孔板水头损失：有多种理论，计算方法并不统一。本章消火栓减压孔板和自动喷水灭火系统设计规范条文说明所推荐的计算方法，其结果也不一样。建议：设计时两者比较一下，并选用较为安全的一种方法，即取用孔板水头损失较大的一种方法。自动喷水规范条文说明推荐的方法如下：

① 管径 $DN50\sim65$ mm 管段孔板水头损失值按下表计算和取用：

管径 $DN50\sim65$ mm 管段孔板水头损失 h　　　　mH_2O

孔板孔径 d/mm	DN50	DN65	孔板孔径 d/mm	DN50	DN65
30	15.296		42		2.803
32	9.024		44		1.882
34	5.376	15.04	46		1.261
36	3.219	9.728	38		0.845
38	1.920	6.362	50		0.565
40	1.139	4.211	52		0.375

注：1. 本表按流量 $Q=8$ L/s 计算

2. 当实际流量为 Q_x（L/s）和选定孔板为 d 时，实际水头损失 h_x（mH_2O）按式（5.11-10）计算：

$$h_x = h\left(\frac{Q_x}{8}\right)^2 \tag{5.11-10}$$

续表

项目	说　明
减压装置	② 管径 $DN80 \sim 150$ mm 时水头损失 h 如下表：

管径 $DN80 \sim 150$ mm 管段孔板水头损失 h　　　　　mH$_2$O

孔板孔径 d/mm	DN80	φ114×5.0	φ140×5.5	孔板孔径 d/mm	φ114×5.0	φ140×5.5	φ159×5.5
40	113.4			72	2.691	7.164	
42	78.48			74	2.07	5.76	
44	65.88			76	1.593	4.644	7.92
46	45.99			78	1.224	3.753	6.489
48	27.18			80	0.936	3.033	5.337
50	19.35			82	0.711	2.457	4.401
52	13.77			84		1.998	3.636
54	9.90			86		1.62	3.006
56	7.047			88		1.314	2.484
58	5.031			90		1.062	2.07
60	3.573			95		0.631	1.314
62		9.9		100		0.369	0.833
64		7.605		105			0.528
66		5.85		110			0.369
68		4.509		115			0.200
70		3.483	8.946				

注：1. 本表按流量 $Q = 30$ L/s 计算

2. 当流量为 Q_x(L/s)和选定孔板为 d 时，实际水头损失 h_x(mH$_2$O)按式(5.11-11)计算：

$$h_x = h \left(\frac{Q_x}{30} \right)^2 \qquad (5.11\text{-}11)$$

5. 比例式减压阀

　　一般宜安装在报警阀前。选用和安装见给水章节。节流管安装位置及节流管示意图如下：

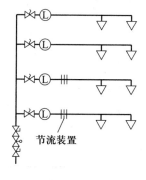

节流管安装位置示意图

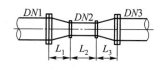

技术要求：$L_1 = DN1$, $L_3 = DN3$

节流管示意图

水泵接合器	形式、个数和安装要求同消火栓系统

3. 管道试压和油漆。

管网安装完毕后,应对其进行强度试验、严密性试验和冲洗。

(1) 管道强度试验要求:根据管网最大工作压力,按表5.11-34要求试压。

表5.11-34 管网试验压力

系统设计工作压力	水压强度试验压力	要 求
≤1.0 MPa	应为设计工作压力的1.5倍,并不低于1.4 MPa	1. 测试点设在系统最低点 2. 管网注水,缓慢升压;达到试验压力后,稳压30 min后,管网应无泄漏、无变形,且压力降不应大于0.05 MPa
>1.0 MPa	管网设计工作压力+0.4 MPa	

(2) 水压严密性试验应在水压强度试验和管网冲洗合格后进行。试验压力应为设计工作压力,稳压24 h应无泄漏。

(3) 管道油漆要求:一般敷设管道防腐和油漆标志要求,配水干管、配水管应做红色或红色环圈标志。红色环圈标志,宽度不应小于20 mm,间隔不宜大于4 m,在一个独立的单元内环圈不宜少于2处;镀锌钢管在吊顶内敷设一般可不刷油漆。

5.11.10 监测装置

为保证自动喷水系统安全可靠工作,应对水源和主要设备、部位进行监测。监测装置设置要求见表5.11-35。

表5.11-35 监测装置设置要求

项目	说 明
监测部位	自动喷水灭火系统的下列工作状态宜设监测 1. 系统的控制阀开启状态(包括报警阀前后信号阀、压力开关、水流指示器和指示器前信号阀等) 2. 消防水泵的电源供应和工作情况(包括备用动力是否处于正常状态的反馈信号) 3. 水池、水箱的水位 4. 干式喷水灭火系统的最高和最低气压 5. 预作用喷水灭火系统的最低气压 6. 报警阀和水流指示器的动作情况
要求	1. 设有消防控制室的建(构)筑物,监测装置信号宜集中控制,应能控制水泵、电磁阀、电动阀等 2. 自动监测装置,应设备用电源(不间断供电)

5.11.11 火灾探测器

火灾探测器种类和设计要求见表5.11-36。

表 5.11-36　火灾探测器种类和设计要求

项目	说　明
作用	在闭式预作用喷水灭火系统和本书 5.12 节所述开式自动喷水灭火系统中,用它来探测火灾,并通过电气自控装置来报警和起动消防设备
分类	基本分三大类: 1. 感温探测器—定温式、差温式和差定温式等 2. 感烟探测器—离子感烟式、光电感烟式等 3. 感光探测器—红外线式、紫外线式
选用	1. 应根据保护物燃烧特性和安装场所环境等因素选用不同种类的探测器 2. 为了提高系统的安全可靠性,一般常用两个同类探测器并联使用
设计要求	1. 同一保护区内应设置相同的火灾探测装置 2. 火灾探测器的动作应先于喷头的动作 3. 当火灾探测系统发生故障时,应采取保证自动喷水灭火系统正常工作的措施 4. 应设手动开启装置 5. 具体设计由电气自控专业进行

5.11.12　水力计算

1. 目的:各类建筑,在规范规定的作用面积和设计喷水强度下,通过水力计算,确定配水管管径、阻力损失、系统设计供水量和供水压力,从而选择供水设备和能力。

2. 系统设计流量。

(1) 喷头出水量。

计算见式(5.11-5)。

(2) 最不利点计算面积。

水力计算选定的最不利点处作用面积宜为矩形,其长边应平行于配水支管,其长度不宜小于作用面积平方根的 1.2 倍。

(3) 系统的设计流量。

应按最不利点处作用面积内喷头同时喷水的总流量确定,见式(5.11-12)。

$$Q_s = \frac{1}{60} \sum_{i=1}^{n} q_i \qquad (5.11-12)$$

式中　Q_s——系统设计流量(L/s);

　　　q_i——最不利点处作用面积内各喷头节点的流量(L/min);

　　　n——最不利点处作用面积内的喷头数。

(4) 设计流量的计算要求。

① 应保证任意作用面积内的平均喷水强度不低于表 5.11-3 和表 5.11-5~表 5.11-10 的规定值。

② 最不利点作用面积内任意 4 只喷头围合范围内的平均喷水强度,轻危险级、中危险级不应低于表 5.11-3 规定值的 85%;严重危险级和仓库危险级不应低于表 5.11-3 和表 5.11-5~

表5.11-10的规定值。

③ 设置货架内置喷头的仓库,顶板下喷头与货架内喷头应分别计算设计流量,并应按其设计流量之和确定系统的设计流量。

④ 建筑内设有不同类型的系统或有不同危险等级的场所时,系统的设计流量,应按其设计流量的最大值确定。

⑤ 当建筑物内同时设有自动喷水灭火系统和水幕系统时,系统的设计流量,应按同时启用的自动喷水灭火系统和水幕系统的用水量计算,并取二者之和的最大值确定。

⑥ 当原有系统延伸管道、扩展保护范围时,应对增设喷头后的系统重新进行水利计算。

⑦ 仅在走道设置单排喷头的闭式系统,其作用面积应按最大疏散距离所对应的走道面积确定。

⑧ 当实际面积小于表5.11-3中规定的作用面积时,可依实际作用面积计算。

3. 管道水力计算。

(1)设计流速。

① 管道内水流速度宜采用经济流速,必要时可超过5 m/s,但不应大于10 m/s。

② 设计时在校核流速是否超过上述规定值时,可按式(5.11-13)计算。

$$V = K_c Q \qquad (5.11\text{-}13)$$

式中 V——流速(m/s);

    K_c——计算管段流速系数(m/L),见表5.11-37;

    Q——计算管段流量(L/s)。

表5.11-37 流速系数值

钢管管径 DN/mm	15	20	25	32	40	50	70	80	100	125	150
K_c/(m/L)	5.85	3.105	1.883	1.05	0.8	0.47	0.283	0.204	0.115	0.075	0.053
铸铁管管径 DN/mm							100	125	150	200	250
K_c/(m/L)							0.127 3	0.081 4	0.056 6	0.031 8	0.021

(2)管道水头损失。

① 管道单位长度的沿程阻力损失应按式(5.11-14)计算:

$$i = 6.05 \left(\frac{q_g^{1.85}}{C_h^{1.85} d_j^{4.87}} \right) \times 10^7 \qquad (5.11\text{-}14)$$

式中 i——管道单位长度的水头损失(KPa/m);

    d_j——管道计算内径(m/s);

    q_g——管道设计流量(L/min);

    C_h——海澄-威廉系数,见表5.11-38。

表5.11-38 不同类型管道的海澄-威廉系数

管道类型	C_h值
镀锌钢管	120
铜管、不锈钢管	130
涂覆钢管、氯化聚氯乙烯(PVC-C)管	140

② 管道的局部水头损失,宜采用当量长度法计算。当量长度见表 5.11-39。

表 5.11-39　当 量 长 度

管件名称	管件直径/mm								
	25	**32**	**40**	**50**	**70**	**80**	**100**	**125**	**150**
45°弯头	0.3	0.3	0.6	0.6	0.9	0.9	1.2	1.5	2.1
90°弯头	0.6	0.9	1.2	1.5	1.8	2.1	3.1	3.7	4.3
三通或四通	1.5	1.8	2.4	3.1	3.7	4.6	6.1	7.6	9.2
蝶阀	—	—	—	1.8	2.1	3.1	3.7	2.7	3.1
闸阀	—	—	—	0.3	0.3	0.3	0.6	0.6	0.9
止回阀	1.5	2.1	2.7	3.4	4.3	4.9	6.7	8.3	9.8
异径接头	32/25	40/32	50/40	70/50	80/70	100/80	125/100	150/126	200/150
	0.2	0.3	0.3	0.5	0.6	0.8	1.1	1.3	1.6

注:1. 过滤器当量长度的取值,由生产厂家提供;

2. 当异径接头的出口直径不变而入口直径提高 1 级时,其当量长度应增大 0.5 倍,提高 2 级或 2 级以上时,其当量长度应增 1.0 倍。

（3）水泵扬程或系统入口的供水压力按式(5.11-15)计算。

$$H = \sum h + P_0 + Z \qquad (5.11\text{-}15)$$

式中　H——水泵扬程或系统入口的供水压力(MPa);

　　　h——管道沿程和局部损失的累计值(MPa),湿式报警阀取值 0.04 MPa 或按检测数据确定、水流指示器取值 0.02 MPa、雨淋阀取值 0.07 MPa;

　　　P_0——最不利点喷头的工作压力(MPa);

　　　Z——最不利点处喷头与消防水池的最低水位或系统入口管水平中心线之间的高程差,当系统入口管或消防水池最低水位高于最低点处喷头时,Z 应取负值(MPa)。

（4）管道水力计算举例。

① 确定最不利点和最不利计算面积。

② 按特性系数法进行水力计算,即作用面积内每个喷头喷水量按该喷头处的水压计算确定,具体方法如下。

a. 首先假定最不利点喷头处水压,求该喷头的出水量,以此流量求喷头①～②之间管段的水头损失;

b. 以第一喷头处所假定的水压加喷头①～②之间管段的水头损失,作为第二喷头处的压力,以求第二个喷头的流量。此两个喷头流量之和作为②～③喷头之间管段的流量,以求该管段中的水头损失。以后依此类推。计算至作用面积内的所有喷头和管道的流量和压力。

c. 当自不同方向计算至同一点出现不同压力时,则低压力方向管段的流量应按式(5.11-16)进行修正:

$$\frac{H_1}{H_2} = \frac{Q_1^2}{Q_2^2} \quad Q_2 = Q_1 \sqrt{\frac{H_2}{H_1}} \qquad (5.11\text{-}16)$$

式中 Q_2——所求低压方向管段的修正后的流量(L/s);

  H_1——低压方向管段计算至此点的压力(mH_2O);

  Q_1——低压方向管段计算至此点的流量(L/s);

  H_2——高压方向管段计算至此点的压力(mH_2O)。

  d. 作用面积后的配水管和配水干管,按其作用面积设计流量,计算管径和水头损失,直至整个系统。

  e. 按整个系统的设计流量和所需压力,选择水泵。

  ③ 计算例题。

【例 1】 中 I 危险级计算举例

  某办公楼,建筑高度 36 m 地下一层(层高 4 m),按《高层民用建筑设计防火规范》(GB 50045—1995)要求,在走道、办公室及地下室设喷头保护。系统设计按中 I 危险级,玻璃球闭式喷头保护,采用临时高压供水,稳压泵维持平时管网压力。

  解: 1. 根据设计,绘制系统最不利层喷头和管道布置计算简图(图 5.11-12)。

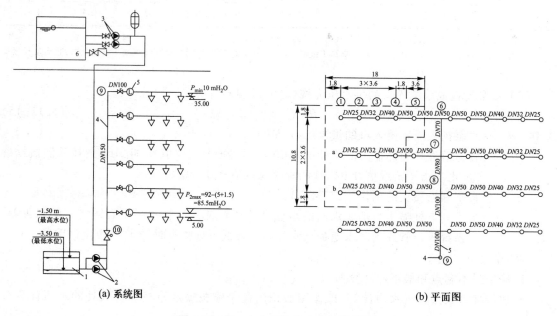

(a) 系统图   (b) 平面图

图 5.11-12 中 I 危险级水力计算简图

1—贮水池;2—喷洒泵;3—稳压泵;4—立管;5—配水干管

  2. 确定最不利位置作用面积(规范规定中 I 危险级的作用面积为 160 m^2):作用面积取长方形,长边根据喷头布置取 14.40 m,短边为 10.8 m,计算作用面积为 14.4×10.8 m^2 = 155.52 m^2 < 160 m^2,不符合规范要求,故在最不利管段上增加一个喷头(12.5 m^2),合计作用面积为 155.52 m^2 + 12.5 m^2 = 168.02 m^2 > 160 m^2。

  3. 从系统最不利点开始进行节点编号(节点包括作用面积内及以后管段喷头处,管道分支连接处及变径处),直至喷水泵处。

  4. 从节点①开始,直至水泵吸水池止,进行水力计算。管段流量仅计算在作用面积范围内的喷头,作用面积外的喷头不计在内。计算结果见表 5.11-40。

表 5.11-40　管道水力计算(中 I 危险级)

节点	管段	接点水压 p/MPa	流量		管径和特性		流速/(m/s)	管长 L/m	管段水头损失 h/MPa $i = 0.000\,010\,7 \cdot \dfrac{V^2}{d_{\mathrm{j}}^{1.3}}$
			节点 q/(L/s)	管段 Q/(L/s)	管径 DN/mm	流速系数/(m/L)			
①		0.1	1.33						
	①~②			1.33	25	1.883	2.50	4.2	0.036
②		0.136	1.55						
	②~③			2.88	32	1.05	3.03	5.4	0.048
③		0.184	1.81						
	③~④			4.70	40	0.8	3.76	6	0.061
④		0.246	2.09						
	④~⑤			6.79	50	0.47	3.19	6.7	0.037
⑤		0.283	2.24						
	⑤~⑥			9.03	50	0.47	4.24	6.1	0.059
⑥		0.342	0.00						
	⑥~⑦			9.03	70	0.283	2.55	7.2	0.016
⑦		0.358	9.24						
	侧支管	a~⑦同①~⑥,但压力不同,流量修正后,Q_{a}~⑦=9.24							
	⑦~⑧			18.27	80	0.204	3.73	7.3	0.029
⑧		0.388	9.61						
	侧支管	b~⑧同①~⑥,但压力不同,流量修正后,Q_{a}~⑦=9.61							
	⑧~⑨			27.88	100	0.115	3.21	26.1	0.058
	⑨~报警阀			27.88	150	0.056	1.56	53.5	0.017
⑩	(报警阀处)压力 0.462 MPa								

报警阀水头损失 0.04 MPa

结论:计算流量 27.88 L/s,系统设计流量　$Q = 160 \times 6/60$ L/s = 16 L/s

管段水头损失　$\sum h = 0.362$ MPa

报警阀水头损失　$h_3 = 0.04$ MPa

最不利喷头工作压力　$P_0 = 0.10$ MPa

最不利点喷头与吸水池最低吸水位之高差的静水压　$z = 0.385$ MPa

要求水泵扬程　$H = \sum h + h_3 + P_0 + Z = (0.362 + 0.04 + 0.10 + 0.385)$ MPa = 0.887 MPa

5. 选泵:选泵两台,一用一备,互为备用。水泵参数如下:

$$Q = 27.88 \text{ L/s} \quad H = 0.887 \text{ MPa}$$

6. 系统最大工作压力不超过管网允许压力值。若大于时,可适当调整管径,以减少水头损失,降低水泵扬程,或采用压力分区给水。

7. 喷头压力和布置间距不超过规范规定值,因而作用面积内的平均喷水强度和任何四个喷头组成的保护面积的平均喷水强度均不会小于 6 L$(\min \cdot m^2)$,故不需复核。

8. 低层减压孔板计算略。

9. 一次消防用水量不小于 $27.88 \times 3.6 \text{ m}^3 = 100.4 \text{ m}^3$(按 1 h 计)。

5.11.13 局部应用系统

1. **系统设置场所**:适用于室内最大净空不超过 8 m 的民用建筑中,局部设置且保护区域总建筑面积不超过 1 000 m^2 的湿式系统。设置局部应用系统的场所应为轻危险级或中危险级 I 级。除本节要求外,局部应用系统尚应符合本章相关要求。

2. **设计基本数据**。

局部应用系统喷水强度不应低于 6 L/$\min \cdot m^2$,持续时间不应低于 0.5 h。

3. **喷头布置**。

(1)局部应用系统应采用快速响应喷头。

(2)局部应用系统保护区域内的房间和走道均应布置喷头。喷头的选型、布置和按开放喷头数确定的作用面积,应符合下列规定:

① 采用流量系数 $K = 80$ 快速响应喷头的系统,喷头的布置应符合中危险级 I 级场所的有关规定,作用面积应符合表 5.11-41 的规定。

表 5.11-41　局部应用系统采用流量系数 $K = 80$ 快速响应喷头时的作用面积

保护区域总建筑和最大厅室建筑面积		开放喷头数
保护区域总建筑面积超过 300 m^2 或最大厅室建筑面积超过 200 m^2		10
保护区域总建筑面积不超过 300 m^2	最大厅室建筑面积不超过 200 m^2	8
	最大厅室内喷头少于 6 只	大于最大厅室内喷头数 2 只
	最大厅室内喷头少于 3 只	5

② 采用 $K = 115$ 快速响应扩展覆盖喷头的系统,同一配水支管上喷头的最大间距和相邻配水支管的最大间距,正方形布置时不应大于 4.4 m,矩形布置时长边不应大于 4.6 m,喷头至墙的距离不应大于 2.2 m,作用面积应按开放喷头数少于 6 只确定。

4. **系统设置**。

(1)采用 $K = 80$ 喷头且喷头总数不超过 20 只,或采用 $K = 115$ 喷头且喷头总数不超过 12 只的局部应用系统,可不设报警阀组。不设报警阀组的局部应用系统,配水管可与室内消防竖管连接,其配水管的入口应设过滤器和带有锁定装置的控制阀。

(2)局部控制系统应设报警控制装置。报警控制装置应具有显示水流指示器、压力开关及消防水泵、信号阀等组件状态和输出启动消防水泵控制信号的功能。不设报警阀组或采用消防加压水泵直接从市政供水管吸水的局部应用系统,应采取压力开关联动消防水泵的控制方式。不设报警阀组的系统可采用电动警铃报警。

5. 系统供水。

(1) 当室内消火栓水量能满足局部应用系统用水量时,局部应用系统可与室内消火栓合用室内消防给水、稳压设施、消防水泵及供水管道。

(2) 无室内消火栓的建筑或室内消火栓系统设计供水量不能满足局部应用系统要求时,局部应用系统的供水应符合下列规定。

① 市政供水能够同时保证最大生活用水量和系统的流量与压力时,城市供水管道可直接向系统供水。在自动喷水管道起端设倒流防止器;

② 市政供水不能同时保证最大生活用水量和系统的流量与压力,但允许消防水泵从城市供水管道直接吸水时,系统可设直接从城市供水管吸水的消防加压水泵,并在水泵吸水管设倒流防止器;

③ 市政供水不能同时保证最大生活用水量和系统的流量与压力,也不允许水泵从市政供水管道直接吸水时,系统应设储水池(罐)和消防水泵,储水池(罐)的有效容积应按系统用水量确定,并可扣除系统持续喷水时间内仍能连续补水的补水量;

④ 可按三级负荷供电,且可不设备用泵;

⑤ 应采取其他有效的防止污染生活用水的措施。

【本节精选习题】

1. 下列有关自动喷水灭火系统设计的说法中,哪几项正确?(   )

A. 宾馆客房可采用边墙型喷头

B. 预作用系统可替代干式系统

C. 无报警阀组的局部应用系统,其配水管可直接与室内消火栓给水立管连接

D. 当仓库顶板下及货架内均设有喷头时,系统设计流量按两者之间的最大值确定

答案:【ABC】

解析:顶板为水平面的轻危险级、中危险级Ⅰ级居室和办公室,可采用边墙型喷头;条文解释:保护场所应为轻危险级,中危险级系统采用时须经特许;宾馆客居属于中危Ⅰ级居室,故 A 正确。替代干式系统的场所应采用预作用系统,故 B 正确。

不设报警阀组的局部应用系统,配水管可与室内消防竖管连接,其配水管的入口处应设过滤器和带有锁定装置的控制阀,故 C 正确。设置货架内置喷头的仓库,顶板下喷头与货架内喷头应分别计算设计流量,并应按其设计流量之和确定系统的设计流量。本题答案选 ABC。

2. 下列哪项建筑物应设置室内自动喷水灭火系统?(   )

A. 高层民用建筑   B. 高层工业建筑

C. 1 470 座位的普通剧院   D. 建筑面积 3 200 m^2 的单层商店

答案:【D】

解析:建筑高度大于 100 m 的住宅建筑宜采用自动喷水灭火系统,故 A 错误,B 错误。

超过 1 500 个座位的其他等级的剧院宜采用自动喷水灭火系统,故 C 错误。

建筑面积 3 200 m^2 的单层商店宜采用自动喷水灭火系统,故 D 正确。

本题答案选 D。

3. 下列哪项自动喷水灭火系统的设置场所可不设置火灾报警系统?(　　)

A. 设置湿式系统的场所 　　　　　　　B. 设置预作用系统的场所

C. 设置雨淋系统的场所 　　　　　　　D. 设置自动控制水幕系统的场所

答案:【A】

解析:湿式系统由闭式喷头动作喷水引起水流指示器动作联动报警,湿式报警阀打开、压力开关动作联动启动喷淋泵供水灭火,可不设置火灾报警系统。故 A 正确。

预作用系统由火灾报警系统联动开启雨淋阀组,故应设置火灾报警系统。

规范推荐的雨淋系统由电气联动,即由火灾报警系统联动,故应设置火灾报警系统。

自动控制水幕系统由电气联动开启雨淋阀喷水灭火,故应设置火灾报警系统;人工操作的设置通用阀门即可。因此本选项应设置火灾报警系统。

本题答案选 A。

4. 某绿化广场下的单层独立地下车库建筑面积 3 850 m², 车位 110 个,设有湿式自动喷水灭火系统。该自动喷水灭火系统中可不设置下列哪项组件?(　　)

A. 报警阀组 　　　　　　　　　　　　B. 水流指示器

C. 压力开关 　　　　　　　　　　　　D. 末端试水装置

答案:【B】

解析:对于选项 B,地下汽车库每个防火分区的最大允许建筑面积为 2 000 m²,汽车库内设有自动灭火系统,其防火分区的最大允许建筑面积可按规定增加一倍,因此本题设置了湿式自动喷水灭火系统的防火分区最大允许建筑面积为 4 000 m²,即 3 850 m² 可作为一个防火分区。

除报警阀组控制的喷头只保护不超过防火分区面积的同层场所外,每个防火分区、每个楼层均应设水流指示器。同时规定当一个湿式报警阀组仅控制一个防火分区或一个层面的喷头时,由于报警阀组的水力警铃和压力开关已能发挥报告火灾部位的作用,故此种情况允许不设水流指示器。因此 B 可不设置。

对于选项 A,自动喷水灭火系统应设报警阀组。

对于选项 C,稳压泵的启停,要求可靠地自动控制,因此规定采用消防压力开关。

对于选项 D,每个报警阀组控制的最不利点喷头处,应设末端试水装置。本题选 B。

5. 某采用网格通透性吊顶,净空高度 7 m,物品堆放高度 3 m 的自选商场,设自动喷水灭火系统,该系统的喷水强度应为哪一项?(　　)

A. 10.4 L/(min·m²) 　　　　　　　　B. 8.0 L/(min·m²)

C. 7.8 L/(min·m²) 　　　　　　　　D. 6.0 L/(min·m²)

答案:【A】

解析:按中危 II 级考虑,喷水强度 8 L/(min·m²),再乘以 1.3 的系数,得 10.4 L/(min·m²)。

6. 图示为采用 $K=80$ 的标准型喷头自动喷水灭火系统,最不利喷头的工作压力为 0.1 MPa,管道的水力计算参数见下表。管道局部阻力按沿程阻力的 30% 计算。则图中点 d 处所需的压力应为哪一项?(　　)

管段	长度/m	管径/mm	i/(m/m)
a–b	2.0	25	0.5
b–c	3.0	40	0.2
c–d	20.0	50	0.2

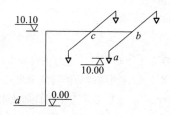

A. 0.256 MPa 　　　B. 0.273 MPa 　　　C. 0.286 MPa 　　　D. 0.312 MPa

答案:【B】

解析:

$$H = \sum h + P_0 + Z$$

沿程水头损失:

$$(2\times0.5+3\times0.2+20\times0.2)\ m = 5.6\ m$$

总水头损失:

$$\sum h = 5.6\times1.3\ m = 7.28\ m$$
$$P_0 = 10\ m, Z = 10\ m$$

所以点 d 处所需的压力为:

$$H = (7.28+10+10)\ m\ H_2O = 27.28\ m\ H_2O = 0.273\ MPa$$

7. 图示为某图书馆书库自动喷水灭火系统最不利点处作用面积内部分喷头布置,喷头流量系数均为 $K=80$。图中喷头 1~4 的流量之和最小不应小于下列哪项?(   )(注:连接喷头与配水支管的短立管的水头损失及水位差忽略不计)

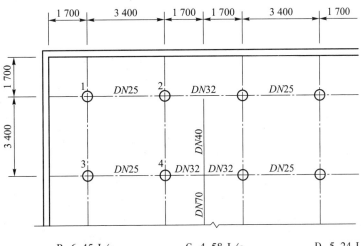

A. 6.17 L/s   B. 6.45 L/s   C. 4.58 L/s   D. 5.24 L/s

答案:【D】

解析:图书馆书库为中危Ⅱ,其喷水强度为 8 L/(min·m²),每个喷头的保护面积为 3.4 m×3.4 m,那么 4 只喷头的在不考虑损失的前提下,流量之和为 8×3.4×3.4×4/60 L/s = 6.17 L/s。从图示及题意知,喷头 1~4 为最不利点处喷头,按照规范要求,其喷水强度校核值最低为规范规定值的 8 L/(min·m²)的 0.85 倍,则最小流量为:6.17×0.85 L/s = 5.24 L/s。

8. 某建筑物仅在走道(走道净宽 1.4 m)设置单排喷头湿式自动喷水灭火系统,该走道最不利点处喷头的最低工作压力为 0.05 MPa,喷头的流量系数 $K=80$,则该走道最不利点处的最大保护间距应是下列哪项?(   )

A. 3.8 m   B. 4.0 m   C. 4.4 m   D. 4.5 m

答案:【B】

解析:$q = K\sqrt{10P} = 80\sqrt{0.5}\ L/min = 56.57\ L/min$ 喷水强度选最小值 4 L/(min·m²),

则保护面积为 $S = 56.57\div4\ m^2 = 14.14\ m^2$,则喷头间距为 $D = 2\sqrt{\dfrac{S}{\pi}-\left(\dfrac{B}{2}\right)^2} = 4\ m$。

9. 自动喷水灭火系统,除吊顶型喷头及吊顶下安装的喷头外,直立型、下垂型标准喷头,其溅水盘与顶板的距离应为下列何项?(   )

A. 不应小于 75 mm,不应大于 150 mm B. 不应小于 50 mm,不应大于 200 mm

C. 不应小于 100 mm,不应大于 250 mm D. 不应小于 150 mm,不应大于 300 mm

答案:【A】

解析:按规范中所规定选 A。

10. 某建筑高层中的可燃油油浸电力变压器室设置水喷雾灭火系统,最不利点水喷雾喷头的作用压力为 36 m 水柱,喷头特性系数(即流量系数)为 91,计算该喷头流量为何值?(　　)

A. 2.53 L/s B. 2.88 L/s C. 1.33 L/s D. 1.07 L/s

答案:【B】

解析:$q = K\sqrt{10P} = 91 \times \sqrt{10 \times 0.36}$ L/min $= 172.7$ L/min $= 2.88$ L/s。

11. 湿式自动喷水灭火系统由下列哪种方式自动启动?(　　)

A. 由温感探测器动作自动启动 B. 由烟感探测器动作自动启动

C. 由温感和烟感两路探测器同时动作自动启动 D. 由闭式喷头动作自动启动

答案:【D】

解析:湿式系统、干式系统应在开放一只喷头后自动启动,预作用系统、雨淋系统应在火灾自动报警系统报警后自动启动。由此可知,湿式系统由闭式喷头动作自动启动,故选 D 项。

12. 下列关于自动喷水灭火系统设置的叙述中,哪项不正确?(　　)

A. 配水干管必须环状布置

B. 减压阀不应设在报警阀下游

C. 高位消防水箱的消防出水管上应设止回阀

D. 局部应用系统在一定条件下可与室内消火栓竖管连接

答案:【A】

解析:向两个及以上报警阀控制的自动水灭火系统供水时,消防给水应采用环状给水管网。单个报警阀控制的自喷系统无需设置环网,A 项不正确;减压阀应设在报警阀组入口前,B 项正确;消防水箱的出水管,应设止回阀,并应与报警阀入口前管道连接,C 项正确;局部应用系统可与室内消火栓合用室内消防用水量、稳压设施、消防水泵及供水管道等,D 项正确。故选 A 项。

5.12　开式自动喷水灭火系统

5.12.1　开式自动喷水灭火系统分类、组成、工作原理

1. 开式自动喷水灭火系统分类见表 5.12-1。

表 5.12-1　开式自动喷水灭火系统分类

分类特征	系统名称	系统构成
按其喷水形式	雨淋喷水系统	由火灾探测系统、雨淋阀、管道和开式喷头等组成,发生火灾时,由火灾自动报警系统或传动管控制,自动开启雨淋报警阀,启动供水泵或直接由管网、水箱向开式喷头一齐供水灭火的自动喷水灭火系统

续表

分类特征	系统名称	系统构成
按其喷水形式	水幕喷水系统	由开式洒水喷头或水幕喷头、雨淋报警阀组或感温雨淋阀,以及水流报警装置(水流指示器或压力开关)等组成的阻火、隔火喷水系统。宜与防火卷帘或防火幕配合使用,起防火隔断作用,亦可单独用来保护建筑物门窗、洞口等部位,起挡烟隔火作用
按淋水管网的充水与否	开式空管系统	采用 ZSFY 型和 ZSFM 型雨淋阀,平时雨淋阀处于关闭状态,入口侧接水源,出口侧接管网,此管网平时为空管,只有在雨淋阀打开系统才充水灭火。一般用于严重危险级的火灾场所
	开式充水系统	采用 ZSFM 型雨淋阀,平时雨淋阀处于关闭状态,入口侧接水源,出口侧管网注满水,注水的水平面高度低于开式喷头所在的水平面(一般在主管路上设置 DN15 的溢流管来维持要求的水平面高度),该系统可以缩短喷头开始喷水时间,一般用于易燃易爆,要求快速动作,高速灭火的特殊危险场所 开式充水系统设置房间的冬季温度不低于 4℃

2. 组成和系统控制图式。

(1) 开式自动喷水灭火系统组成见图 5.12-1。

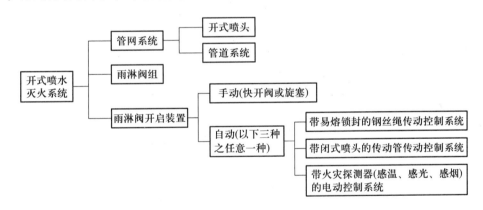

图 5.12-1　开式自动喷水灭火系统组成图

(2) 雨淋系统有三种控制方式,即自动、手动和现场紧急启动。

① 自动控制。自动控制方式适用于火灾危险性大、保护面积大、需要及时启动系统以及不是有人工作的场所。设置这种方式时,还必须同时设现场紧急启动和手动启动方式。自动控制方式有以下三种:

a. 带易熔锁封的钢丝绳传动控制系统。这种系统安装在房间的顶棚下面,钢丝绳依靠拉紧弹簧和拉紧连接器,保持 25 kg 的拉力,使传动阀门处于密封状态。当室内发生火灾,温度上升到一定值时,易熔锁封受热熔化脱开后,钢丝绳失去拉力,传动阀自行开启放水,传动管网压力降低使雨淋阀自行开启。这种系统是用易熔锁封代替传导系统中的闭式喷头,过去在国内军械和炸药工厂中应用较广泛,但目前已较少采用。

b. 带闭式喷头的传动管控制系统。用闭式喷头作为雨淋喷水控制火灾的感温元件,是一种较好的装置。其工作原理是:当室内发生火灾,温度上升到一定值时,闭式喷头放水,引起传导管网水压骤降,使雨淋阀自动开启。传导管内可充水亦可充气。闭式喷头公称动作温度的选用同闭式自动喷水灭火系统。闭式喷头的水平距离一般为 3 m,距顶棚的距离不大于 150 mm。装置闭式喷头的传动管的直径:当传动管充水时为 25 mm,充气时为 15 mm。传动管应有不小于0.005 的坡度坡向雨淋阀。充水传导管网上的传导阀门的高度,不能高于雨淋阀门处工作水压的 1/4。充气传导管网的高度不受限制。

c. 火灾探测器电控制系统。根据保护场所性质,火灾探测器可以采用感光、感烟和感温火灾探测器。火灾探测器接到火灾信号后,通过继电器打开雨淋阀上的电磁阀,排水降压,自动开启雨淋阀。

② 手动启动。手动启动是指在消防控制中心根据火灾探测器判断雨淋保护区域发生火灾,手动按钮按下打开雨淋阀的附属电磁阀,使系统动作,该手动按钮也可能设在保护区域附近。该启动方式适用于设有雨淋阀的各种雨淋系统。

③ 现场紧急启动。手动水力控制方式,采用雨淋阀上的现场紧急启动阀为现场紧急启动,设有带手动快开阀的传导管网和雨淋阀。适用于各种场所的设有雨淋阀的雨淋系统。

在雨淋系统的控制设计中,一般要同时具备下列三种启动供水泵和开启雨淋阀的控制方式:① 自动控制;② 消防控制室(盘)或现场手动远控;③ 雨淋阀处现场紧急手动启动阀。

开式自动喷水灭火系统控制图式举例见图 5.12-2～图 5.12-5 ,图中主要部件编号和名称对照见表 5.12-2。

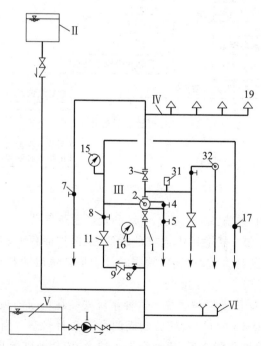

图 5.12-2　现场紧急启动控制雨淋系统(图中编号与名称对照见表 5.12-2)

Ⅰ—水泵;Ⅱ—高位水箱;Ⅲ—雨淋阀组;Ⅳ—喷水管网系统;Ⅴ—贮水池;Ⅵ—水泵接合器(视系统规模大小设或不设)

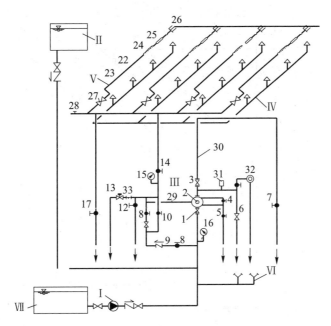

图 5.12-3　易熔锁封控制雨淋系统(图中编号与名称对照见表 5.12-2)

　　Ⅰ—水泵;Ⅱ—高位水箱;Ⅲ—雨淋阀组;Ⅳ—喷水管网系统;

　　Ⅴ—易熔锁封控制传动系统;Ⅵ—水泵接合器;Ⅶ—水池

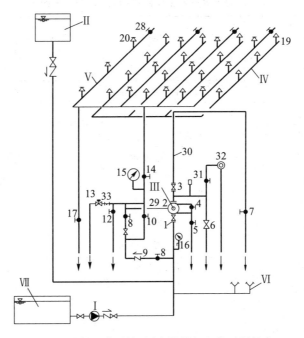

图 5.12-4　闭式喷头控制雨淋系统(图中编号与名称对照见表 5.12-2)

　　Ⅰ—水泵;Ⅱ—高位水箱;Ⅲ—雨淋阀组;Ⅳ—喷水管网系统;

　　Ⅴ—闭式喷头控制传动管网系统;Ⅵ—水泵接合器;Ⅶ—水池

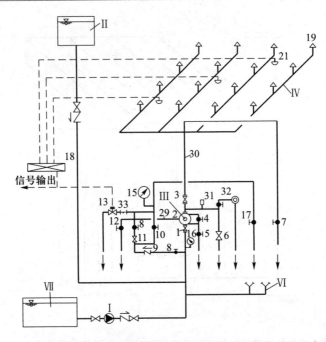

图 5.12-5　火灾探测器电动控制雨淋系统(图中编号与名称对照见表 5.12-2)

Ⅰ—水泵;Ⅱ—高位水箱;Ⅲ—雨淋阀组;Ⅳ—喷水管网系统;Ⅴ—火灾探测系统;Ⅵ—水泵接合器;Ⅶ—水池

表 5.12-2　开式喷水系统主要部件(与图 5.12-2~图 5.12-5 对照)

编号	名称	用途	工作状态	
			平时	失火时
1	信号阀	进水总阀	常开	开
2	雨淋阀	自动控制消防供水	常闭	自动开启
3	信号阀	系统检修用	常开	开
4	截止阀	雨淋管网充水(充水式用)	常开	微开
5	截止阀	系统放水	常闭	闭
6	闸阀	系统放水	常闭	闭
7	截止阀	系统溢水(充水试用)	微开	微开
8	截止阀	检修	常开	开
9	止回阀	传动系统稳压	开	开
10	截止阀	传动管注水	常闭	闭
11	带ϕ3 小孔闸阀	传动管注水	阀闭孔开	阀闭孔开
12	截止阀	试水	常闭	常闭
13	电磁阀(入口前设过滤器)	电动控制系统动作	常闭	开
14	截止阀	传动管网检修	常开	开
15	压力表	测传动管水压	两表相等	水压小
16	压力表	测供水管水压		水压大

续表

编号	名称	用途	工作状态	
			平时	失火时
17	手动旋塞	人工控制泄压	常闭	人工开启
18	火灾报警控制箱	接收电信号发出指令		
19	开式喷头(或水幕喷头)	雨淋灭火(或水幕阻火)	不出水	喷水灭火
20	闭式喷头	探测火灾,控制传动管网动作	闭	开
21	火灾探测器	发出火灾信号		
22	钢丝绳			
23	易熔锁封	探测火灾	闭锁	熔断
24	拉紧联接器	保持易熔锁封受拉力250牛	拉力250牛	接力为0
25	拉紧联接器			
26	固定挂钩			
27	传动阀门	传动管网泄压	常闭	开启
28	截止阀	放气	常闭	常闭
29	传动管			
30	雨淋管			
31	压力开关	启泵和报警		
32	水力警铃			
33	过滤器			

3. 工作原理见图5.12-6。

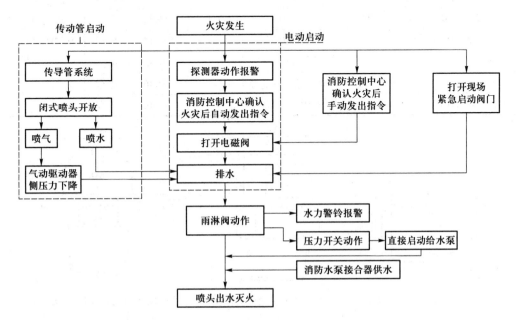

图 5.12-6 开式自动喷水灭火系统工作原理图

5.12.2 主要部件和特征

1. 开式喷头（含水幕喷头）

（1）开式喷头型号和特征见表 5.12-3 和表 5.12-4。水幕喷头大样和喷头压力流量曲线见图 5.12-7。

表 5.12-3 开式喷头型号和特征

型号名称	公称直径 /mm	接管螺纹 /in	外形尺寸 （高）/mm	安装方式	适用 条件	流量特性 系数 K
ZSTK-15(20)双臂下垂型	15(20)	R1/2(R3/4)	48	下垂		80(115)
ZSTK-15(20)单臂下垂型	15(20)	R1/2(R3/4)	48	下垂	雨淋 系统	80(115)
ZSTK-15(20)双臂直立型	15(20)	R1/2(R3/4)	48	直立		80(115)
ZSTK-15(20)双臂边墙型	15(20)	R1/2(R3/4)	60(56)	直立或下垂		80(115)

注：具体布水曲线参照闭式喷头。

表 5.12-4 水幕喷头型号和特征

喷头型号	公称直径 /mm	流量特性参数 K	喷水角度 /°		额定工作压力 /MPa	外形尺寸 D×L /mm	连接螺纹 R	流量公式 /(L/min)
ZSTMC-T 20.5/180	6	20.5	180			28×49	$R_1/2$	
ZSTMC-T 33.1/180	8	33.1	180			28×49	$R_1/2$	
ZSTMC-T 50.3/180	10	50.3	180			28×49	$R_1/2$	$Q=K\sqrt{10P}$
ZSTMC-T 64.1/180	12	64.1	180			28×49	$R_1/2$	K：流量系数；
ZSTMB-T 28.7/80	8	28.7	180		0.1	28×42	$R_1/2$	P：喷头工作压
ZSTMB-T 43/180	10	43	180			28×42	$R_1/2$	力（MPa）；
ZSTMB-T 56/180	12	56	180			28×42	$R_1/2$	Q：流量（L/min）
ZSTMA-T 33/110	10	33	侧向喷 150°	下向喷 110°		28×46	$R_1/2$	
ZSTMA-T 62/110	12	62	150°	110°		28×46	$R_1/2$	

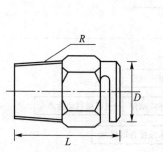
ZSTMB-T水幕喷头外型及尺寸

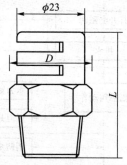
ZSTMC-T水幕喷头外形尺寸

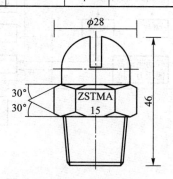
ZSTMA-T水幕喷头外型及尺寸

图 5.12-7 水幕喷头大样和喷头压力流量曲线

（2）开式和水幕喷头出水量计算公式同闭式喷头,见式(5.11-5)。但式中流量特性系数应根据所选喷头型号,取其相应值,见表 5.12-3 和表 5.12-4。水幕喷头和压力流量关系也可由图 5.12-8~图 5.12-10 查得。

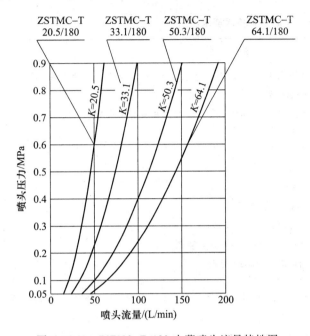

图 5.12-8　ZSTMC-T/180 水幕喷头流量特性图

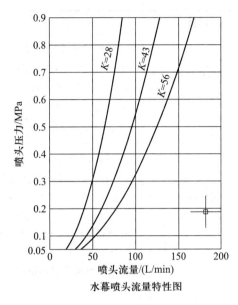

图 5.12-9　ZSTMB-T 水幕喷头流量特性图

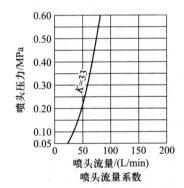

(a) ZSTMA-T 33/110水幕喷头流量与压力关系曲线

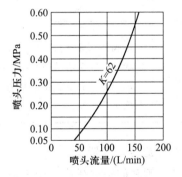

(b) ZSTMA-T 62/110水幕喷头流量与压力关系曲线

图 5.12-10　水幕喷头流量与压力关系曲线

（3）水幕管孔口(缝)出流量计算按式(5.12-1)计算。

$$Q = \varepsilon \phi F \sqrt{2gH} \cdot 10^3 \tag{5.12-1}$$

式中　Q——孔口出流量(L/s);

　　　ε——收缩系数,采用 0.64;

　　　ϕ——流速系数,采用 0.97;

　　　F——孔口截面积,缝宽×缝长(m^2),通常缝宽为 1.2~2.0 mm;

g——重力加速度(9.81 m/s^2);

H——孔口处水压(mH_2O)。

2. 雨淋阀组技术要求见表 5.12-5

表 5.12-5 雨淋阀组技术要求

项目	说明
型号、规格	1. ZSFY 型系列雨淋阀,公称压力 1.6 MPa,其启动方式有气动和液(水)动两种,但阀后不可充水。规格有 $DN$100、150、200 种 2. ZSFM 型系列雨淋阀,公称压力 1.2 MPa,其启动方式采用液(水)动,阀后管网可以充水,规格有 $DN$65、100、150 三种
安装要求	见预作用报警阀,见表 5.11-31 安装要求
国标图纸	04S206/25 电动启动雨淋系统示意图 04S206/26 传动管启动雨淋系统示意图 04S206/28~29 ZSFY 系列雨淋报警阀组安装图 04S206/30~31 ZSFM 系列隔膜雨淋报警阀组安装图 04S206/32~33 DV-1 系列雨淋报警阀组安装图
配套电磁阀	应用于电动开启雨淋阀和闭式预作用阀门的自动喷水灭火系统中。ZSPC 型电磁阀特性如下: | 最高工作压力	最低工作压力	公称通径工作电压 | |---|---|---| | 1.6 MPa | 0.1 MPa | 15~50 mm 交直流各种电压 | 该阀顶部装有指示灯,当阀门通电开启时,该灯发出红色可见信号,表明该阀已处于工作状态。在多组阀门系统安装在一处时,该灯可起确认灯的作用 该阀设计有紧急手动开关,在必要时(如断电)亦可人工启动电磁阀及控制阀门,保证系统正常工作

3. 雨淋阀开启传动装置

(1) 带易熔锁封的钢丝绳传动控制系统见图 5.12-11,此装置目前已很少使用。

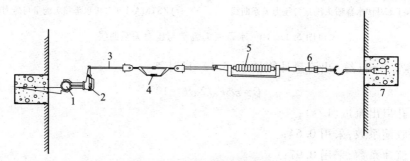

图 5.12-11 易熔锁封传动装置

1—传动管网;2—传动阀;3—钢丝绳;4—易熔锁封;5—拉紧弹簧;6—拉紧连接器;7—墙壁

① 易熔锁封的公称动作温度,应根据房间内在操作条件下可能达到的最高气温选用。见表 5.12-6。

表 5.12-6 易熔锁封选用温度

公称动作温度	适用环境温度
72℃	顶棚下不超过 38℃
100℃	顶棚下不超过 65℃
141℃	顶棚下不超过 107℃

② 传动管网中一般冲水。为防止传动管网水平管静水压对雨淋阀缓开的影响,冲水传动管网上的传动阀门至雨淋高差之静水压不宜高于雨淋阀门处工作水压的 1/4。若超过时,可将传动管网充以压缩空气来代替充水。充水传动管网的充气压力要求见表 5.12-7,充气装置要求见表 5.11-31 中充气装置。

充水传动管道应敷设成大于 0.005 的坡度坡向雨淋阀门。在传动管网的末端或最高点宜设置放气阀。充水传动管网应布置在常年温度高于 4℃ 的房间内。

传动管管径:充水传动管均为 $DN25$ mm;充气传动管均为 $DN15$ mm。

表 5.12-7 充气压力与供水压力的关系

最大供水压力/MPa	传动管网气压范围/MPa	雨淋阀脱开时气压范围/MPa
0.4	0.33~0.40	0.02~0.14
0.6		0.05~0.17
0.8		0.08~0.20
1.0	0.63~0.70	0.11~0.23
1.2		0.14~0.26

③ 易熔锁封:带钢丝绳的易熔锁封,通常布置在雨淋管的上面。易熔锁封之间的水平距离一般为 3 m。距顶棚的距离同闭式喷头并 $\not> 0.4$ m。

如果梁的突出部分大于 0.35 m 时,钢丝绳应布置在两梁之间,如图 5.12-12。当顶棚为人字形时,钢丝绳应顺顶棚安装,中间用吊环吊起,以使易熔锁封距离满足上述要求,如图 5.12-13(a),易熔锁封的位置应避免受各种机械损伤。

如遇保护面积为长方形时,钢丝绳也可以沿长方向布置,在钢丝绳长度不超过 10 m 时,应每隔 7~8 m 增设吊环以防钢丝绳下垂。为了保证易熔锁封熔化后不被吊环卡住,设于易熔锁封与传动阀门之间的吊环与该易熔锁封之间的距离不应小于 1.5 m,如图 5.12-13(b)。

(2)带闭式喷头的传动管网控制系统见图 5.12-14。

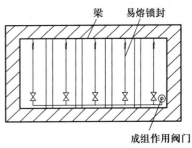

图 5.12-12 易熔锁封按跨度布置

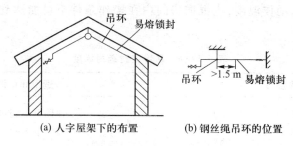

(a) 人字屋架下的布置　　　(b) 钢丝绳吊环的位置

图 5.12-13　易熔锁封的布置

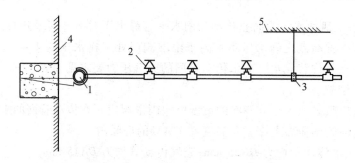

图 5.12-14　闭式喷头传动管网

1—传动管网；2—闭式喷头；3—管道吊架；4—墙壁；5—顶棚

① 闭式喷头公称动作温度的选用和安装要求同闭式自动喷水灭火系统。喷头的水平距离一般为 3 m，并应布置在雨淋管的上方。

② 装置闭式喷头的传动管的直径均为 DN25，设置要求同易熔锁封的钢丝绳传动控制系统，见本节第 3 款。

5.12.3　雨淋喷水灭火系统的适用范围和设计要求

1. 设置场所

（1）燃烧猛烈，水平蔓延迅速，闭式喷头的开放不能及时有效覆盖着火的区域，具体应用范围见表 5.3-1（民用建筑消防给水及灭火设施的设置要求）。

（2）严重危险级 Ⅱ 级场所。

（3）民用建筑和工业厂房室内净高超过 8 m，库房内部设置架内置喷头时室内净高不超过 9 m，采用快速响应早期抑制喷头的仓库不设置架内置喷头时室内净空高度超过 13.5 m，且必须迅速扑灭初期火灾的场所。

2. 设计要求

设计步骤和要求见本章 5.11 节闭式自动喷水灭火系统严重危险级。但应注意下列几点：

（1）设计基本数据见表 5.11-4。其中作用面积：当保护区域内面积小于 260 m² 时，应按喷头全开启喷水计算；当保护面积大于 260 m² 时，应根据火灾特征确定保护区是同时喷水，或分成 2 个或几个区域（一般不超过 4 个）。喷水区域边界的喷头布置应能有效地扑灭分界区的火灾。做法如图 5.12-15 中间加设止回阀。

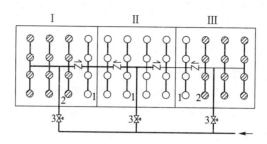

图 5.12-15 相邻喷水保护区喷头布置示意图

Ⅰ Ⅱ Ⅲ—喷水保护区域;1—雨淋阀;2—止回阀;3—小孔闸阀

（2）雨淋阀开启系统探测器,一般应采用闭式喷头传动系统,安装维护方便、节省;但对于易燃、易爆场所,应采用感光探测器等电控装置,加充水式管网,能加快雨淋喷水灭火的速度;对环境温度小于4℃场所,应采用电动控制或易熔锁封。电动控制系统,应为两个独立设置的火灾探测器动作后才能启动雨淋系统,以防误动作。

（3）同一保护区内应设置相同的火灾探测装置,当设置易熔锁封装置时,应设在两排开式喷头中间。所有火灾探测器（包括易熔锁封、闭式喷头、烟、温感探测器等）均应设在开式喷头的上方。

（4）当一组雨淋阀的供水量不能满足一个保护区的供水要求时,可用两组或几组雨淋阀并联安装,同时供水。方法如图5.12-16、图5.12-17。

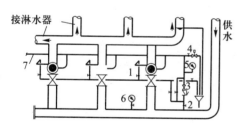

图 5.12-16 雨淋阀并联示例一

1—正在喷水喷头;2—不喷水喷头;3—雨淋阀;

4—电磁阀;5、6—压力表;7—传动管网

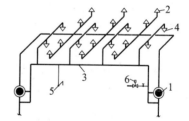

图 5.12-17 雨淋阀并联示例二

1—雨淋阀;2—开式喷头;3—传动管;

4—闭式喷头;5—手动开关;6—电磁阀

（5）在一组雨淋系统装置中,若雨淋阀超过3个时,阀前的供水干管宜采用环状管网。环状管网上应设阀门,检修时关闭的雨淋阀门数量不应超过2个。

（6）雨淋管上开式喷头可向上或向下安装,但在充水式雨淋系统中,喷头应向上安装。并应安装在同一标高上。

（7）为了判明雨淋管中是否充满水,充水式雨淋管中应设溢流管,向雨淋管充水后,并不将充水阀（图5.12-3～图5.12-5）中部件7完全关闭,而使溢流管中不断有水滴滴出,一般保持有2～3滴/s,即表明雨淋管中是充满水的。溢流管标高应低于喷头喷口标高50 mm左右。管径为DN15。溢流排水接入漏斗后排入下水道。在南方不冻地区,可排入室外散水明沟。

（8）管网水力计算方法同闭式自动喷水灭火系统,但喷头按保护区内全喷计算。

（9）在同一建筑内有多组雨淋系统时,应按最大一组雨淋系统计算。

采用临时高压给水系统时,应设高位水箱,共容量应按 10 min 室内消防用水量计,但可不大于 18 m³。

(10)配水管道充水时间不宜大于 2 min。

(11)当采用火灾自动报警系统控制雨淋报警阀时,消防水泵应由火灾自动报警系统、消防水泵出水干管上设置的压力开关、高位消防水箱出水管上的流量开关或报警阀组压力开关直接自动启动;当采用充液(水)传动管控制雨淋报警阀时,消防水泵应由消防水泵出水干管上设置的压力开关、高位消防水箱出水管上的流量开关或报警阀组压力开关直接启动。

5.12.4 水幕系统的适用范围和设计要求

1. 适用范围

需要进行水幕冷却保护和挡烟阻火隔断的部位。但挡烟阻火分隔水幕不宜用于尺寸超过 15 m(宽)×8 m(高)的开口(舞台口除外),具体应用范围见表 5.3-1(民用建筑消防给水及灭火设施的设置要求)。

2. 设计要求

(1)系统组成和控制。

① 水幕系统的组成和控制方法同雨淋喷水灭火系统。只在喷水强度、喷头的选用和布置上与雨淋系统有区别。系统图式见图 5.12-18,系统主要部件见表 5.12-8。

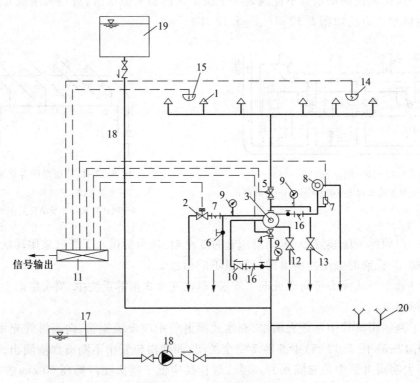

图 5.12-18 水幕系统图式

表 5.12-8 水幕系统主要部件(与图 5.12-18 对照)

编号	名称	用途	工作状态	
			平时	失火时
1	开式喷头	火灾发生时,出水灭火		
2	电磁阀	探测器报警后,联动开启雨淋阀		
3	雨淋报警阀	火灾时自动开启供水,同时输出报警水流信号	常闭	自动开启
4	信号阀	供水控制阀,阀门关时有点信号输出	常开	开
5	试验信号阀	试验雨淋阀时关闭,阀门关时有点信号输出	常开	开
6	手动开启阀	火灾时,现场手动应急开启雨淋阀	常闭	手动开启
7	压力开关	雨淋阀开启时,发出点信号		
8	水力警铃	雨淋阀开启时,发出音响信号		
9	压力表	显示水压		
10	止回阀	控制水流方向		
11	火灾报警控制器	接收报警信号并发出控制指令		
12	泄水阀	系统检修时排空放水	常闭	闭
13	试验放水阀	系统调试或功能试验时打开放水	常闭	闭
14	烟感火灾探测器	烟雾探测火灾,并发出报警信号		
15	温感火灾探测器	温度探测火灾,并发出报警信号		
16	过滤器	过滤水中杂质		
17	消防水池	贮存一次消防用水		
18	水幕系统加压泵	确认火灾后启动,提供消防用水	常闭	开
19	高位消防水箱	稳定系统压力,提供初期消防用水		

② 水幕系统应设独立的报警阀组或感温雨淋阀。

③ 若采用雨淋阀时,雨淋系统的一切控制手段亦可用于此系统。水流报警装置宜采用压力开关,安装详国标 04S206/36。

④ 感温释放阀控制系统前应设信号阀和水流指示器,安装详国标 04S206/37-38。

⑤ 如设置电磁阀时,则必须设置感烟(感光)探测器和自控箱,同时还应并联设置手动阀门。

⑥ 当水幕系统较小,且要求不高时,也可设置手动球阀或蝶阀作为控制阀,而不设电控设备。

⑦ 除手动控制阀直接开启水幕系统方式外,采用其他控制方式启动的同时,均应设手动应急启动装置,手动应急启动装置的设置要求参见雨淋阀。

（2）喷水强度。以沿水幕布置的方向每米长度、每秒喷水量表示。水幕系统的设计基本参数应符合表 5.12-9 的规定：

表 5.12-9 水幕系统的设计基本参数

水幕类别	喷水点高度/m	喷水强度/（L/S·m²）	喷头工作压力/MPa
防火分隔水幕	≤12	2	0.1
防护冷却水幕	≤4	0.5	

注：防护冷却水幕的喷水点高度每增加 1 m，喷水强度应增加 0.1 L/s·m，但超过 9 m 时喷水强度仍采用 1.0 L/s·m。

（3）喷头选用。防护冷却水幕应采用水幕喷头；防火分隔水幕采用开式喷头或水幕喷头，喷头规格、特性见表 5.12-3、表 5.12-4。同一配水支管上应采用相同型号、规格的喷头。

（4）喷头布置。

① 当水幕作为冷却保护使用时，喷头可单排布置并喷向被保护对象；有两个受火面的场所应双面布置防火冷却水幕，见图 5.12-19。图中 S（喷头间距）根据水力条件计算确定，用于保护舞台口的防护冷却水幕应采用开式喷头或水幕喷头，用于保护防火卷帘和防火门的防护冷却水幕应采用水幕喷头。

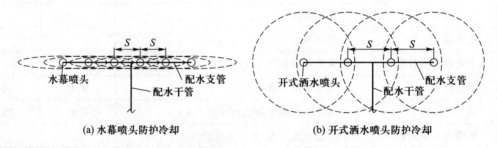

(a) 水幕喷头防护冷却 (b) 开式洒水喷头防护冷却

图 5.12-19 水幕布置示意图

② 当需设防火分隔水幕带时，其有效宽度不应小于 6 m，供水强度不应小于 2 L/（s·m），采用水幕喷头不应少于三排，采用开式喷头时，喷头不应少于二排，且在其上、下部不应有可燃物和可燃构件。安装见图 5.12-20。图中 S（喷头间距）根据水力条件计算确定，防火分隔水幕建议采用开式洒水喷头。

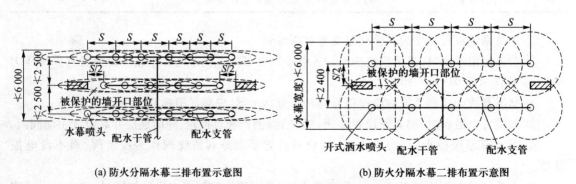

(a) 防火分隔水幕三排布置示意图 (b) 防火分隔水幕二排布置示意图

图 5.12-20 防火分隔水幕带布置

③ 为防止外来火源波及建筑物内,建筑物檐口和窗口水幕喷头布置如图 5.12-21、图 5.12-22 窗口水幕喷头应布置在窗口顶下 50 mm 处,距离玻璃框距为:

窗宽/m	0.90	1.20	1.50	1.80
框距/mm	580	670	750	830

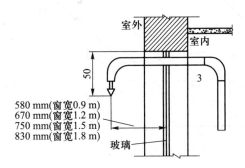

图 5.12-21　窗口水幕喷头布置

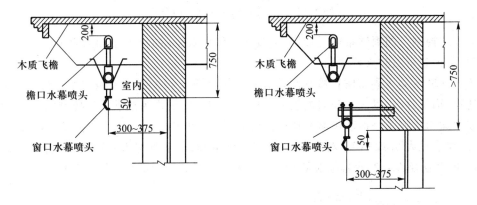

图 5.12-22　檐口水幕喷头的布置玻璃面的距离

④ 建筑物两边均设有水幕喷头时,在转角处,当建筑物的一侧开启喷头时,邻近一边的水幕喷头也应同时开启。管道的布置如图 5.12-23。

⑤ 喷头个数按式(5.12-2)计算。

$$N = q \cdot L / q_0 \tag{5.12-2}$$

式中　N——喷头个数,计算有小数时,进位取整数;

　　　q——喷水强度($L/(s \cdot m)$);

　　　L——保护或防火分隔宽度(m);

　　　q_0——喷头出水量。

⑥ 喷头间距(S)应根据防护范围内喷头个数、保护宽度和布置排数确定。并不应大于下值:单排布置为 2 m;双排和水幕带布置为 2.5 m。

⑦ 喷头应均匀布置,喷水不应有空隙,以防火焰蹿过。

⑧ 每组水幕系统安装的喷头数不宜超过 72 个。

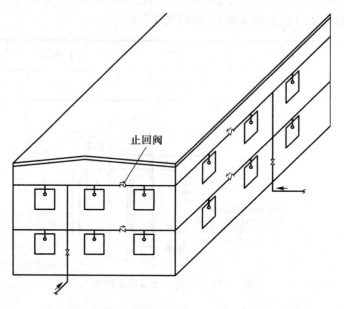

图 5.12-23   建筑物转角处阀门布置

（5）系统控制。同雨淋系统,但对某区或某一保护对象（防火卷帘和防火幕）实施水幕保护时,则应与防火卷帘或防火幕联动。

图 5.12-24 为防火卷帘防护冷却水幕装置安装简图（详图见国标 04S206/38）,可用于轻中危险级的建、构筑物内,以人工开启为主。以玻璃球闭式喷头作为热敏元件控制的一种小口径雨淋阀。玻璃球闭式喷头公称动作温度选用同湿式系统,见表 5.11-19 中公称动作温度。输出控制器型号、规格见表 5.12-10。ZSFW-32 型温感雨淋阀,设下垂型水幕喷头,适用门洞最大宽度为 7.4 m,进水管径 DN32,水幕喷头 6 个,喷头间距 1.4 m,最大供水量为 4.2 L/s。

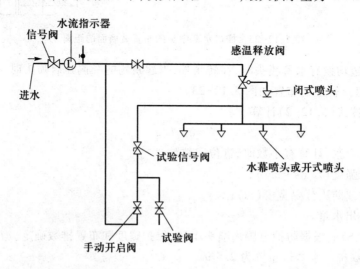

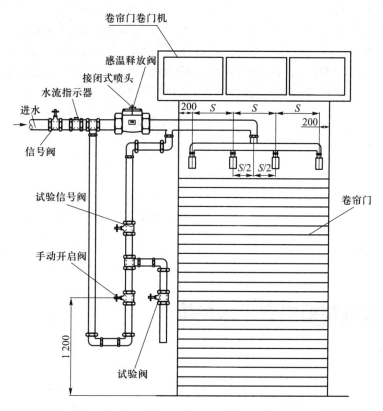

图 5.12-24　防火卷帘防护冷却水幕装置安装简图

表 5.12-10　输出控制器型号、规格选用

型号	进水管 DN	两侧运管直径 DN	水幕喷头数	最大保护宽度 /m	喷头间距 /m	最小供水量 /(L/s)
ZSPD20/S	20	20	2	1.8	1.4	1.4
ZSPD25/S	25	25	4	4.6	1.4	2.8
ZSPD40/S	40	25	6	7.4	1.4	4.2
ZSPD50/S	50	40	8	10.2	1.4	5.6

注:1. 最少供水量是在喷头前水压力 0.1 MPa,出水量 0.7 L/s 时计算求出;

2. 适用于轻、中危险级,对建筑物门窗、洞口等部位防火分隔作用。

【本节精选习题】

1. 某场所(平面尺寸为 60 m×18 m,火灾危险等级为严重危险级 Ⅰ 级)设有雨淋系统,其雨淋系统喷头采用正方形布置,配水支管沿该场所短边平行敷设。则下列该雨淋系统设计方案中,哪项合理?(　　)

A. 设 1 组雨淋阀,系统设计流量按最不利点处作用面积内喷头同时喷水的总流量确定

B. 设 2 组雨淋阀,系统设计流量按 2 组雨淋阀控制其连接的喷头同时喷水的总流量确定

C. 设 3 组雨淋阀,系统设计流量按相邻 2 组雨淋阀控制其连接的喷头同时喷水的总流量的最大值确定

D. 设 4 组雨淋阀,系统设计流量按相邻 2 组雨淋阀控制其连接的喷头同时喷水的总流量的最大值确定

答案:【D】

解析:① 干式系统与雨淋系统的作用面积应符合下列规定:雨淋系统中每个雨淋阀控制的喷水面积不宜大于相关规定的作用面积。② 严重危险 I 级作用面积为 260 m^2。因此雨淋阀数量为 $N = (60 \times 18)/260$ 个 = 4.15 个,如果每个雨淋阀控制的作用面积严格控制在 260 m^2,则应增加一个雨淋阀控制 40 m^2 的作用面积,作用面积太小,不合理,可将此 40 m^2 分到其他 4 个作用面积上去,亦不会增加太多的流量,因此设 4 组雨淋阀是合理的。③ 配水支管沿该场所的短边平行敷设,则该 4 组雨淋阀控制的作用面积并排,长边平行,最多只会出现相邻 2 组作用面积同时作用(作用面积分隔的两边火灾探测器相互影响,故相邻雨淋阀组会同时动作喷水)。

2. 下列开式自动喷水灭火系统中,哪几项是起直接灭火作用的?(　　　)

A. 雨淋喷水系统

B. 水幕喷水系统

C. 水喷雾系统

D. 固定在储油罐中,顶部周边的开式喷水系统

答案:【AC】

解析:BD 是冷却作用。

5.13　水喷雾和细水雾灭火系统

5.13.1　概述

水喷雾和细水雾灭火系统见 5.13-1:

表 5.13-1　水喷雾和细水雾灭火系统

系统	水喷雾灭火系统	细水雾灭火系统
定义	是利用水雾喷头在一定水压下将水流分解成细小水雾滴进行灭火或防护冷却的一种固定式灭火系统。由水源、供水设备、管道、雨淋报警阀组(或电动控制阀、气动控制阀)、过滤器和水雾喷头等组成	是以水为介质,采用细水雾喷头在特定的工作压力下喷出细水雾进行灭火和控火的一种固定式灭火系统。由供水装置(或水和雾化介质的供给装置)、过滤装置、控制阀、细水雾喷头等组件和供水管道组成
特点	1. 水喷雾指水在最小设计工作压力下,经中速水雾喷头喷出的水滴粒径为 400~800 μm 的水雾滴,或经高速水雾喷头喷出的水滴粒径为 300~400 μm 的水雾滴 2. 灭火机理主要为表面冷却,窒息,乳化和稀释 3. 系统为开式 4. 灭火用水量大,水渍损失大	1. 细水雾指水在最小设计工作压力下,经喷头喷出并在喷头轴线向下 1.0 m 处的平面上形成的直径 $D_{v0.50} < 200$ μm,$D_{v0.99} < 400$ μm 的水雾滴。细水雾的水雾滴尺寸要比水喷雾小,更容易被汽化 2. 灭火机理与水喷雾类似,为高效吸热,窒息,阻隔辐射热 3. 系统既可以是开式,也可以是闭式 4. 灭火用水量小,水渍损失小

细水雾灭火系统具有安全、环保、高效、节水,适用范围广等特点,在有些场所可替代气体、常规水喷雾等系统,并可扑灭 A、B、C 类火灾。

5.13.2 适用范围和设置场所

1. 适用范围见表 5.13-2。

表 5.13-2 系统或装置适用范围

序号	系统或装置	适 用 范 围
1	水喷雾灭火系统	可用于扑救固体物质火灾、丙类液体火灾、饮料酒火灾和电气火灾;并可用于可燃气体和甲、乙、丙类液体的生产、储存装置或装卸设施的防护冷却;不得用于扑救遇水能发生化学反应造成燃烧、爆炸的火灾以及水雾会对保护对象造成明显损害的火灾
2	细水雾灭火系统	适用于扑救相对封闭空间内的可燃固体表面火灾、可燃液体火灾和带电设备的火灾;不适用扑救可燃固体深位火灾、能与水发生剧烈反应和产生大量有害物质的活泼金属及化合物的火灾、可燃气体火灾
3	厨房设备细水雾灭火装置	适用于扑灭食用油火灾

2. 设置场所。

(1)水喷雾灭火系统设置场所见表 5.13-3。

表 5.13-3 水喷雾灭火系统设置场所

规范	要 求
《建规》	下列场所应设置自动灭火系统,并宜采用水喷雾灭火系统: 1. 单台容量 40 MV·A 及以上的厂矿企业油浸变压器,单台容量在 90 MV·A 及以上的电厂油浸变压器,单台容量在 125 MV·A 及以上的独立变电站油浸变压器 2. 飞机发动机试验台的试车部位 3. 充可燃油并设置在高层民用建筑内的高压电容器和多油开关室

(2)细水雾灭火系统设置场所见表 5.13-4。

表 5.13-4 细水雾灭火系统设置场所

序号	规范	要 求
1	《建规》	设置在室内的油浸变压器、充可燃油的高压电容器和多油开关室,可采用细水雾灭火系统

续表

序号	规范	要 求
2	《细水雾灭火系统技术规范》（GB 50898—2013）	液压站,配电室、电缆隧道、电缆夹层,电子信息系统机房,文物库,以及密集柜存储的图书库、资料库和档案库,宜选择全淹没应用方式的开式系统
		油浸变压器室、涡轮机房、柴油发电机房、润滑油站和燃油锅炉房、厨房内烹饪设备及其排烟罩和排烟管道部位,宜采用局部应用方式的开式系统
		采用非密集柜储存的图书库、资料库和档案库,可选择闭式系统
3	《电子信息系统机房设计规范》（GB 50174—2008）	A 级电子信息系统机房的主机房应设置洁净气体灭火系统;B 级电子信息系统机房的主机房,以及 A 级和 B 级机房中的变配电、不间断电源系统和电池室,宜设置洁净气体灭火系统,也可设置高压细水雾灭火系统
		C 级电子信息系统机房以及本规范第 13.1.2 条和第 13.1.3 条中规定区域以外的其他区域,可设置高压细水雾灭火系统或自动喷水灭火系统。自动喷水灭火系统宜采用预作用系统

（3）厨房设备细水雾灭火装置设置场所见表 5.13-5。

表 5.13-5 厨房设备细水雾灭火装置设置场所

序号	规范	要 求
1	《建规》	餐厅建筑面积大于 1 000 m² 的餐馆或食堂,其烹饪操作间的排油烟罩及烹饪部位应设置自动灭火装置,并应在燃气或燃油管道上设置与自动灭火装置联动的自动切断装置,食品工业加工场所内有明火作业或高温食用油的食品加工部位宜设置自动灭火装置
2	《厨房设备灭火装置技术规程》（CECS 233:2007）	厨房设备灭火装置:固定安装于公共厨房等高湿热环境中,由灭火剂贮存容器组件、驱动气体贮存容器组件、管路、喷嘴、阀门及其驱动装置、感温器、控制装置、燃料阀等组成,能在发生火灾时自动探测并实施灭火的成套装置
		厨房设备灭火装置适用于控制和扑救厨房内烹饪设备及其排烟罩和排烟管道部位的火灾

5.13.3 水喷雾灭火系统设计

1. 设计基本参数

（1）应根据防护目的和保护对象确定设计基本参数。

（2）设计基本参数包括系统供给强度、持续供给时间、水雾喷头工作压力、系统响应时间、保护对象的保护面积等。系统的供给强度和持续供给时间不应小于表 5.13-6 的规定，系统响应时间不应大于表 5.13-6 的规定。

表 5.13-6 系统的供给强度、持续供给时间和响应时间

防护目的	保护对象			供给强度 $/[L/(min \cdot m^2)]$	持续供给时间 /h	响应时间 /s
灭火	固体物质灭火			15	1	60
	输送机皮带			10	1	60
	液体火灾	闪点 60~120℃ 的液体		20	0.5	60
		闪点高于 120℃ 的液体		13		
		饮料酒		20		
	电气火灾	油浸式电力变压器、油断路器		20	0.4	60
		油浸式电力变压器的集油坑		6		
		电缆		13		
防护冷却	甲$_B$、乙、丙类液体储罐	固定顶罐		2.5	直径大于 20 m 的固定顶罐为 6 h，其他为 4 h	300
		浮顶罐		2.0		
		相邻罐		2.0		
防护冷却	液化烃或类似液体储罐	全压力、半冷却式储罐		9	6	120
		全冷冻式储罐	单、双容罐	罐壁	2.5	
			全容罐	罐顶	4	
				灌顶泵平台、管道进出口等局部危险部位	20	
				管带	10	
		液氨储罐		6		
	甲、乙类液体及可燃气体生产、输送、装卸设施			9	6	120
	液化石油气罐瓶间、瓶库			9	6	60

注：1. 添加水系灭火剂的系统，其供给强度应由试验确定；

2. 钢制单盘式、双盘式、敞口隔舱式内浮顶罐应按浮顶罐对待，其他内浮顶罐应按固定顶罐对待。

（3）水雾喷头工作压力，当用于灭火时不应小于 0.35 MPa；当用于防护冷却时不应小于 0.2 MPa，但对于甲$_B$、乙、丙类液体储罐不应小于 0.15 MPa。

（4）保护对象的保护面积除现行国家标准《水喷雾灭火系统技术规范》（GB 50219—2014）另有规定外，应按其外表面面积确定，并应符合下列要求：

① 当保护对象外形不规则时，应按包容保护对象的最小规则形体的外表面面积确定。

② 变压器的保护面积除应按扣除底面面积以外的变压器油箱外表面面积确定外，尚应包括散热器的外表面面积和油枕及集油坑的投影面积。

③ 分层敷设的电缆的保护面积应按整体包容电缆的最小规则形体的外表面面积确定。

2. 系统组成

（1）系统由水雾喷头、过滤器、雨淋阀组、供水管道、供水设备及探测控制系统等组成。系统除水雾喷头与雨淋系统开式喷头不同外，其余均相同。

（2）水雾喷头、雨淋阀组等必须采用经国家消防产品质量监督检测中心检测，并符合现行的有关国家标准的产品。

3. 系统控制

系统应设有自动控制、手动控制和应急机械启动 3 种控制方式。当响应时间大于 120 s 时，可采用手动控制和应急机械启动两种控制方式。系统控制见表 5.13-7。

表 5.13-7　系 统 控 制

控制方式	要　　　求
自动控制	1. 水喷雾灭火系统的火灾探测、报警部分与供水设备、雨淋阀组等部件应能自动连锁操作，通常由火灾自动报警系统联动，也可由传动管系统联动 2. 火灾自动报警系统的火灾探测器，可采用缆式线型定温火灾探测器、空气管式感温火灾探测器和闭式喷头 3. 当采用闭式喷头时，应采用传动管传输火灾信号。传动管系统有两种控制方式。 （1）传动管直接启动系统：传动管和雨淋阀的控制腔直接连接，雨淋阀控制腔与传动管同时降压，雨淋阀在其入口水压作用下开启，并联锁启动系统 （2）传动管间接启动系统：传动管的压降信号通过压力开关传输至报警控制器启动系统
手动控制	人为远距离操作供水设备、雨淋阀组等系统组件
应急机械启动	人为现场操作供水设备、雨淋阀等系统组件

注：1. 传动管宜采用钢管，长度不宜大于 300 m，公称直径宜为 15~25 mm，传动管上闭式喷头之间的距离不宜大于 2.5 m；

2. 电气火灾不应采用液动传动管；

3. 在严寒与寒冷地区，不应采用液动传动管；当采用压缩空气传动管时，应采取防止冷凝水积存的措施。

4. 系统组件及设置

（1）水雾喷头和喷头布置。

① 水雾喷头种类见表 5.13-8。

表 5.13-8 水雾喷头种类

水雾喷头种类	喷头进口最低水压及水滴粒径	适用范围
中速喷头(撞击式喷头)	进口压力为 0.15~0.50 MPa,水滴粒径为 0.4~0.8 mm	用于防护冷却
高速喷头(离心雾化型水雾喷头)	进口压力为 0.25~0.80 MPa,水滴粒径为 0.3~0.4 mm	用于灭火和控火

② 水雾喷头的选型见表 5.13-9。

表 5.13-9 水雾喷头的选型

序号	设置场所	水雾喷头的选型
1	扑救电气火灾	应选用离心雾化型水雾喷头
2	腐蚀性环境	应选用防腐型水雾喷头
3	粉尘场所及室外	应有防尘帽

③ 喷头布置见表 5.13-10。

表 5.13-10 喷头布置

项目	布置原则
水雾喷头	1. 喷头的布置和数量应根据设计供给强度、保护面积和水雾喷头的特性,使喷头的水雾直接喷向并覆盖保护对象,当不能满足要求时,应增设水雾喷头。水喷雾的设计原则为面积法 2. 水雾喷头、管道与电气设备带电(裸露)部分的安全净距宜符合现行行业标准《高压配电装置设计技术规程》(DL/T 5 352—2006)的规定 3. 水雾喷头与保护对象之间的距离不得大于水雾喷头的有效射程 4. 水雾喷头的平面布置方式可为矩形或菱形。当按矩形布置时,水雾喷头之间的距离不应大于 1.4 倍水雾喷头的水雾锥底圆半径;当按菱形布置时,水雾喷头之间的距离不应大于 1.7 倍水雾喷头的水雾锥底圆半径 5. 水雾锥底圆半径计算公式为 $R = B \cdot \mathrm{tg}\, \theta/2$ 式中 R——水雾锥底圆半径(m); B——水雾喷头的喷口与保护对象之间的距离(m); θ——水雾喷头的雾化角(°),取值范围为 30°、45°、60°、90°、120°

(2) 雨淋阀组见表 5.13-11。

表 5.13-11 雨淋阀组

项目	要求
雨淋阀组	雨淋阀组应设在环境温度不低于4℃并有排水设施的室内,其安装位置宜靠近保护对象、并便于操作。在严寒与寒冷地区室外设置的雨淋报警阀应采用伴热保温措施。阀组集中还是分散设置,应从是否有利于灭火考虑。当防护区彼此相距较远时,宜分散设置,以加快系统的响应速度,否则宜集中设置

5. 管网布置和水力计算

(1) 管网布置宜采用中央中心分配式枝状管网或环状管网。

(2) 管网水力计算同开式自动喷水灭火系统。

6. 设计应注意的问题

（1）当系统保护部位的围护结构的耐火极限满足隔墙不小于 2 h、楼板不小于 1.5 h 时，系统可与建筑物内的自动喷水灭火系统合并，以两者设计用水量大者为系统设计用水量，并满足二者的压力要求。

（2）当保护对象的保护面积较大或保护对象的数量较多时，系统宜设置多台雨淋阀，并利用雨淋阀控制同时喷雾的水雾喷头数量。系统宜参照国家标准图集 04S206 设计。

（3）雨淋阀前的管道应设置可冲洗的过滤器，当水雾喷头无滤网时，雨淋阀后的管道亦应设过滤器。过滤器滤网应采用耐腐蚀金属材料，其网孔基本尺寸为 0.600～0.710 mm。雨淋阀后的管道上不应设置其他用水设施；应在管道的低处设置放水阀或排污口。

5.13.4 细水雾灭火系统设计

1. 设计基本参数

（1）系统设计应包含下列基本参数：喷头的设计工作压力、喷雾强度、安装高度、设计喷雾时间、保护面积（作用面积）、设计流量、贮水量等。

（2）喷头的设计工作压力、喷雾强度应符合表 5.13-12 规定。

表 5.13-12 系统喷雾强度、喷头工作压力

序号	系统名称		应用场所		喷头的工作压力 /MPa	喷头的安装高度/m	系统的最小喷雾强度 /(L/min·m²)	喷头的最大布置间距 /m
1	开式系统	全淹没系统	油浸变压器室，液压站，润滑油站，柴油发电机房，燃油锅炉房等		>1.2 且 ≤3.5	≤7.5	2.0	2.5
			电缆隧道，电缆夹层			≤5.0	2.0	
			文物库，以密集柜存储的图书库、资料库、档案馆			≤3.0	0.9	
			油浸变压器室，涡轮机房等		≥10	≤7.5	1.2	3.0
			液压站，柴油发电机房，燃油锅炉房等			≤5.0	1.0	
						>3.0 且≤5.0	2.0	
			电缆隧道，电缆夹层			≤3.0	1.0	
			文物库，以密集柜存储的图书库、资料库、档案馆			>3.0 且≤5.0	2.0	
						≤3.0	1.0	
			电子信息系统机房	主机工作空间		≤3.0	0.7	
				地板夹层		≤0.5	0.3	
		局部应用系统	用于保护存在可燃液体火灾的场所时，系统设计参数的取值应根据有关权威机构认证的设计参数值确定，且不应超出试验检测参数的范围					

续表

序号	系统名称	应用场所	喷头的工作压力/MPa	喷头的安装高度/m	系统的最小喷雾强度/(L/min·m²)	喷头的最大布置间距/m
2	闭式系统	采用非密集柜储存的图书库、资料库、档案库	≥10	>3.0且≤5.0	3.0	>2.0且≤3.0
				≤3.0	2.0	
			<10	应经试验确定		

注:喷头的最低设计工作压力不应小于1.2 MPa。

(3)系统的设计喷雾时间应符合表5.13-13规定。

表 5.13-13 设计喷雾时间

序号	设计喷雾时间
1	用于保护电子信息系统机房、配电室等电子、电气设备间,图书库,资料室,档案库,文物库,电缆隧道和电缆夹层等场所时,系统的设计持续喷雾时间不应小于30 min
2	用于保护油浸变压器室、涡轮机房、柴油发电机房、液压站、润滑油站、燃油锅炉房等含有可燃液体的机械设备间时,系统的设计持续喷雾时间不应小于20 min
3	用于扑救厨房内烹饪设备及排油烟罩和排烟管道部位的火灾时,系统的设计持续喷雾时间不应小于15 s,设计冷却时间不应小于15 min
4	对于瓶组系统,系统的设计持续喷雾时间可按其实体火灾模拟试验灭火时间的2倍确定,且不宜小于10 min

(4)系统设计参数、设计流量应符合表5.13-14的规定。

表 5.13-14 系统设计参数

序号	系统名称		系统设计参数	系统设计流量
1	开式系统	全淹没系统	防护区数量不应大于3个,单个防护区的容积,对于泵组系统不宜大于3 000 m³,对于瓶组系统不宜超过260 m³。当超过单个防火分区最大容积时,宜将该防护区分成多个分区进行保护	应为最大一个防护区内喷头的流量之和
		区域应用系统	区域应用系统的分区宜均衡。当各分区的火灾危险性相同或相近时,系统的设计参数可根据最大分区的实体火灾模拟试验结果确定;当各分区的火灾危险性存在较大差异时,应分别或同时对各个分区进行实体火灾模拟试验,确定系统设计参数的取值	应为系统被保护区及相邻防护区内的喷头同时开放时的流量之和,取其中最大值

续表

序号	系统名称		系统设计参数	系统设计流量
1	开式系统	局部应用系统	用于保护存在可燃液体火灾的场所时,系统设计参数的取值应根据有关权威机构认证的设计参数值确定,且不应超出试验检测参数的范围	应为系统保护面积内所有喷头的流量之和
2	闭式系统		应根据实体火灾模拟试验结果确定。对于普通场所,闭式系统最不利作用面积 140 m²	应为水力计算最不利作用面积内所有喷头的流量之和

(5)局部应用系统的保护面积应按下列规定确定:

① 对于外形规则的防护对象,应为防护对象的外表面面积;

② 对于外形不规则的防护对象,应为包容防护对象的最小规则形体的外表面面积;

③ 对于可能发生可燃液体流淌火或喷射火的防护对象,除应符合第①、第②款的要求外,还应包括可燃液体流淌火或喷射火可能影响到的区域的水平投影面积。

(6)开式系统的响应时间不应大于 30 s。

采用全淹没应用方式的开式系统,当采用瓶组系统且在同一防护区内使用多组瓶组时,各瓶组应能同时启动,其动作响应时差不应大于 2 s。

2. 系统组成和分类

(1)系统组成:系统应由供水装置、过滤装置、控制阀、细水雾喷头等组件和供水管道组成。

(2)系统分类见表 5.13-15。

表 5.13-15 系 统 分 类

分类方式	系统名称及组成		技 术 特 征
按系统动作方式分类	闭式系统(由闭式细水雾喷头、区域控制阀、供水管网及供水装置等组成)	湿式系统	与喷头连接的管道中充满水并与水源相连。一旦火情引起热感,喷头即刻喷洒
		预作用系统	与喷头相连的管道系统内充满有压或无压气体,在喷头的同一区域内安装有探测系统。探测系统动作后打开阀门,水通过所有开启的喷头喷出
	开式系统(由开式细水雾喷头、分区控制阀、供水管网及供水装置等组成)	全淹没系统	向整个防护区内喷放细水雾,保护其内部所有防护对象
		区域应用系统	向防护区内某特定防护区喷放细水雾
		局部应用系统	向保护对象直接喷放细水雾,保护空间内某具体保护对象的系统应用方式
按供水方式分类	泵组系统		采用泵组对系统进行加压供水的系统
	瓶组系统		采用储水容器储水、储气容器进行加压供水的系统

续表

分类方式	系统名称及组成	技 术 特 征
按系统雾化介质类型分类	单流体系统	通过单一管道系统供给喷头的细水雾系统
	双流体系统	细水雾与雾化介质分别输送至喷头,并在喷头处混合的细水雾系统

3. 系统选择

系统的选择与设计,应综合考虑防护对象的火灾危险性及其火灾特性、设计防火目标、防护对象的特征和环境条件,以及喷头的喷雾特性等因素。

（1）系统动作方式的选择应符合表 5.13-16 的规定。

表 5.13-16　系统动作方式

序号	保护部位	系统动作方式的选择	
1	火灾的水平蔓延速度慢、闭式系统能够及时启动控火、灭火的中危险Ⅰ级、轻危险级场所	宜采用闭式系统	环境温度不低于4℃,且不高于70℃的场所宜采用湿式系统
			环境温度低于4℃,或高于70℃的场所,或系统处于准工作状态时严禁管道漏水、严禁系统误喷的场所,宜采用预作用系统
2	火灾的水平或垂直蔓延速度快、闭式喷头的开放不能及时使喷雾有效覆盖着火区域的火灾危险场所	应采用开式系统	对于室内可燃液体、电气和固体火灾危险场所宜优先选用全淹没系统
			对于预先可以划定危险防护分区,且初期火灾只会局限在设定的分区内的室内危险场所,宜采用分区应用系统
			对于室外或半室外含油电气设备或敞开、半敞开空间内火灾危险场所;火灾仅会发生在某一个设备或设备的某一个或几个点的室内危险场所,宜采用局部应用系统

（2）系统供水方式的选择应符合表 5.13-17 的规定。

表 5.13-17　系统供水方式

序号	保护部位	系统供水方式的选择
1	防护区数量较多、单个防护区的容积较大（系统的设计流量较大）,防护对象距离供水装置较远,符合以上条件之一时	宜选择泵组系统
2	防护区数量较少、单个防护区的容积较小（系统的设计流量较小）,电源及其配电线路不能满足系统工作要求,符合以上条件之一时	宜选择瓶组系统

注:闭式系统不应采用瓶组系统。

4. 系统控制

（1）泵组系统应具有自动、手动控制方式。

（2）瓶组系统应具有自动控制、手动和机械应急操作控制方式，其机械应急操作应能在瓶组间内直接手动启动系统。系统控制见表 5.13-18。

表 5.13-18　系 统 控 制

控制方式	要　　求
自动控制	开式系统、闭式预作用系统的自动控制应能在接收到两个独立的火灾报警信号后自动启动。闭式湿式系统的自动控制应能在喷头动作后，由动作信号反馈装置直接联锁自动启动
手动控制	在消防控制室和防护区入口处，应设置系统手动启动系统
应急操作	应能在泵房就地操作自动系统或在瓶组间内直接手动启动

（3）设置系统的场所以及系统的手动操作位置，应在明显位置设置系统操作说明。手动启动装置和机械应急操作装置应能在一处完成系统启动的全部操作，并应采取防止误操作的措施。不同操作方式在外观上应便于辨别，并应有与所保护场所一一对应的明确标识。

（4）火灾报警控制器应能远程启动消防水泵或瓶组、开式系统分区控制阀，并应能接收消防水泵的工作状态、分区控制阀的启闭状态及细水雾喷放的反馈信号。

（5）系统启动时，应联动切断带电保护对象的电源，并应同时切断或关闭防护区内或保护对象的可燃气体、液体或可燃粉体供给等影响灭火效果或因灭火可能带来次生危害的设备和设施。

5. 系统组件及设置

系统应由供水装置（消防水泵及稳压装置或高压水、气瓶）、过滤装置、控制阀、细水雾喷头等组件和供水管道组成。系统成套产品必须采用经国家固定灭火系统及耐火构件质量监督检验中心检测合格的产品。

（1）供水装置及过滤器见表 5.13-19。

表 5.13-19　供水装置及过滤器

项目	要　　求
供水装置及过滤器	1. 泵组系统的供水装置由储水箱、消防水泵、水泵控制柜（盘）、安全阀等部件组成，并应符合下列规定： （1）储水箱应采用密闭结构，并应采用不锈钢或其他能保证水质的材料制作 （2）储水箱应具有防尘、避光的技术措施 （3）储水箱应具有保证自动补水的装置，并应设置液位显示、高低液位报警装置和溢流、透气及放空装置 （4）消防水泵的测试和泄流水宜回流至储水箱 （5）消防水泵应具有自动和手动启动功能以及巡检功能，巡检周期不宜大于7天，当巡检中接到启动指令时，应能立即退出巡检，进入正常运行状态；主备泵应具有自动切换功能，并应能手动操作停泵；稳压泵应具有自动启、停功能；若发现故障应有声、光报警，并应有记录和存储功能 （6）水泵控制柜（盘）的防护等级不应低于 IP54 （7）安全阀的动作压力应为系统最大工作压力的 1.15 倍

续表

项目	要　　求
供水装置及过滤器	2. 泵组系统应设置独立的水泵,并应符合下列规定: (1) 泵组应设置备用泵。备用泵的工作性能应与最大一台工作泵相同,主、备用泵应具有自动切换功能,并应能手动操作停泵。主、备用泵的自动切换时间不应小于 30 s (2) 闭式系统的泵组系统应采取稳压措施,设置稳压泵。采用稳压泵稳压时,稳压泵的流量不应大于系统中水力最不利点一只喷头的流量,其工作压力应满足工作泵的启动要求;当系统采用柱塞泵时,泵进水端的水压应符合水泵制造商的技术要求;泵组应采用自灌式引水或其他可靠的引水方式 (3) 水泵应采用自灌式引水或其他可靠的引水方式 (4) 水泵出水总管上应设置压力显示装置、安全阀和泄放试验阀 (5) 每台泵的出水口均应设置止回阀 (6) 水泵的控制装置应布置在干燥、通风的部位,并应便于操作和检修 (7) 水泵采用柴油机泵时,应保证其能持续运行 60 min (8) 水泵或其他供水设备应满足系统对流量和工作压力的要求,其工作状态及其供电状况应能在消防值班室进行监视 (9) 泵组系统应至少有一路可靠的自动补水水源,补水水源的水量、水压应满足系统的设计要求。当水源的水量不能满足设计要求时,泵组系统应设置专用的储水箱 3. 瓶组式系统的供水装置应由储水容器、储气容器和压力显示装置等部件组成,储水容器、储气容器均应设置安全阀。同一系统中的储水容器或储气容器,其规格、充装量和充装压力应分别一致。同一系统中的储水容器或储气容器,其规格、充装量和充装压力应分别一致。储水容器组及其布置应便于检查、测试、重新灌装和维护,其操作面距墙或操作面之间的距离不宜小于 0.8 m 4. 瓶组式系统的储水量和驱动气体储量,应根据防护对象的重要性、维护恢复时间等设置备用量。对于恢复时间超过 48 h 的瓶组系统,应按主用量的 100% 设置备用量 5. 系统的水质除应符合制造商的技术要求外,尚应符合下列要求: (1) 泵组系统的水质不应低于现行国家标准《生活饮用水卫生标准》(GB 5749—2006)的有关规定 (2) 瓶组系统的水质不应低于现行国家标准《瓶(桶)装饮用纯净水卫生标准》(GB 17324—2003)的有关规定 (3) 系统补水水源的水质应与系统的水质要求一致 6. 在储水箱进水口处应设置过滤器,出水口或控制阀前应设置过滤器,过滤器的设置位置应便于维护、更换、清洗等操作

续表

项目	要　　求
供水装置及过滤器	7. 过滤器应符合下列规定： （1）过滤器的材质应为不锈钢、铜合金或其他耐腐蚀性能不低于不锈钢、铜合金的材料 （2）过滤器的网孔孔径不应大于喷头最小喷孔孔径的 80% （3）过滤器的摩阻应能满足系统管网水力计算的要求

（2）控制阀：

① 控制阀的功能及布置应符合表 5.13-20 的要求。

表 5.13-20　控　制　阀

序号	控制阀的功能	布置要求
1	闭式系统中的区域控制阀应为带开关锁定或开关指示的阀组	应按楼层或防火分区设置区域控制阀，也可按防护区（房间）设置区域控制阀
2	开式系统分区控制阀应符合下列规定：应具有接收控制信号实现启动反馈阀门启闭或故障信号的功能；应具有自动、手动和机械应急操作功能，关闭阀门应采用手动操作方式；应在明显位置设置对应于防护区或防护对象的永久性标识，并应标明水流方向	应按防护区设置分区控制阀。分区控制阀应设置在防护区外便于操作、检查和维护的位置

② 当控制阀上无系统动作信号反馈装置时，应在控制阀后的配水干管上设置系统动作信号反馈装置。

（3）细水雾喷头及布置见表 5.13-21。

表 5.13-21　细水雾喷头及布置

喷头	喷头选用及布置
细水雾喷头	1. 细水雾喷头应单独或作为系统部件经过国家法定机构型式检验 2. 对于闭式系统，应选择响应时间指数（RTI）不大于 $50(\mathrm{m} \cdot \mathrm{s})^{0.5}$ 的喷头，其公称动作温度宜高于环境最高温度 30℃，同一防护区内应采用相同热敏性能的喷头。高压细水雾系统通常采用 57℃ 喷头 3. 对于环境条件易使喷头喷孔堵塞的场所，应选用具有相应防护措施且不影响细水雾喷放效果的喷头 4. 对于电子信息系统机房的地板夹层，宜选择适用于低矮空间的喷头 5. 用于电气火灾危险场所的细水雾灭火系统不宜采用撞击雾化型细水雾喷头 6. 对于闭式喷头，喷头的布置应确保其感温组件易于接触到火灾热气流。喷头的布置应符合现行国家标准《自动喷水灭火系统设计规范》（GB 50084—2017）的有关规定

（4）供水管网见表5.13-22。

表5.13-22 供 水 管 网

项目	要 求
供水管网	1. 系统的管网及组件应具有防锈、防腐的能力,腐蚀环境下的细水雾灭火系统,应采取防腐蚀保护措施 2. 系统管道应采用冷拔法制造的奥氏体不锈钢管,或其他耐腐蚀和耐压性能相当的金属管道。管道的材质和性能应符合现行国家标准《流体输送用不锈钢无缝钢管》(GB/T 14976—2012)和《流体输送用不锈钢焊接钢管》(GB/T 12771—2008)的有关规定。系统最大工作压力不小于3.5 MPa时,应采用符合现行国家标准《不锈钢和耐热钢牌号及化学成分》(GB/T 20878—2007)中规定牌号为022Cr17Ni12Mo2的奥氏体不锈钢无缝钢管,或其他耐腐蚀和耐压性能不低于牌号为022Cr17Ni12Mo2的金属管道。系统管道连接件的材质应与管道相同 3. 系统管道宜采用专用接头或法兰连接,也可采用氩弧焊接 4. 系统管道应采用防晃金属支、吊架固定在建筑构件上。支、吊架应能承受管道充满水时的重量及冲击,其间距不应大于表5.13-23的规定支、吊架应进行防腐蚀处理,并应采取防止与管道发生电化学腐蚀的措施

表5.13-23 系统管道支、吊架的间距

管道外径/mm	≤16	20	24	28	32	40	48	60	≥76
最大间距/m	1.5	1.8	2.0	2.2	2.5	2.8	2.8	3.2	3.8

6. 水力计算

（1）系统管道的水头损失应按式（5.13-1）计算：

$$P_f = 0.225\ 2\frac{fL\rho Q^2}{d^5} \quad R_e = 21.22\frac{Q\rho}{d\mu} \quad \Delta = \frac{\varepsilon}{d} \qquad (5.13-1)$$

式中 　P_f——管道总水头损失,包括沿程水头损失和局部水头损失（MPa）；

　　　Q——管道的流量（L/min）；

　　　L——管道计算长度（包括管长和管段内管接件、阀门等的当量长度）（m）；

　　　d——管道内径（mm）；

　　　f——摩阻系数,根据R_e和Δ值查图5.13-1确定；

　　　ρ——流体密度（kg/m³）,查表5.13-24确定；

　　　R_e——雷诺数；

　　　μ——动力黏度（cp）,查表5.13-24确定；

　　　Δ——管道相对粗糙度；

　　　ε——管道粗糙度（mm）,钢管为0.001 5 mm,不锈钢管（等同熟铁管）为0.045 mm,不锈钢拉制管（由制造商注明）为0.000 9 mm。

注:当系统的管径大于或等于20 mm且流速小于7.6 m/s时,其管道的水头损失也可按式（5.13-2）计算:

$$P_{\mathrm{f}} = 6.05\,\frac{LQ^{1.85}}{C^{1.85}d^{4.87}} \times 10^4 \qquad\qquad (5.13\text{-}2)$$

式中 C——海澄-威廉系数；对于铜管和不锈钢管，取 130。

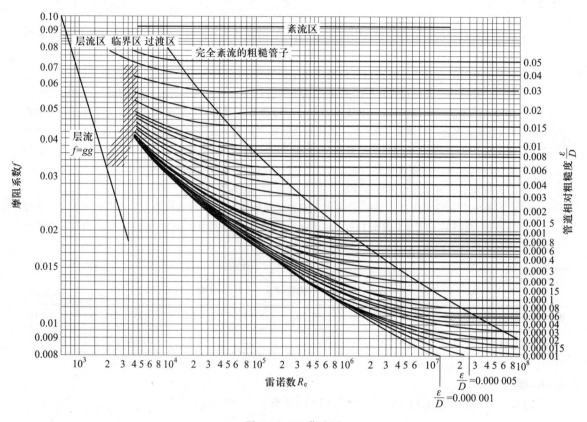

图 5.13-1 莫迪图

表 5.13-24 水的密度及其动力黏度系数

温度/℃	水的密度 ρ/（kg/m³）	水的动力黏度系数 μ/（Pa·S）
4.4	999.9	1.50
10.0	999.7	1.30
15.6	998.8	1.10
21.1	998.0	0.95
26.7	996.6	0.85
32.2	995.4	0.74
37.8	993.6	0.66

（2）系统的设计供水压力应按式（5.13-3）计算：

$$P_{\mathrm{t}} = \sum P_{\mathrm{f}} + P_{\mathrm{e}} + P_{\mathrm{s}} \qquad\qquad (5.13\text{-}3)$$

式中 P_{t}——系统的设计供水压力（MPa）；

P_e——最不利点处喷头与储水箱或储水容器最低水位的高程差(MPa);

P_s——最不利点处喷头的工作压力(MPa);

P_f——管道的总水头损失(MPa),见式(5.13-1)、式(5.13-2)。

(3)喷头的设计流量应按式(5.13-4)计算:

$$q = K\sqrt{10P} \qquad (5.13-4)$$

式中　q——喷头的设计流量(L/min);

　　　K——喷头的流量系数;

　　　P——喷头的设计工作压力(MPa)。

(4)系统的设计流量应按式(5.13-5)计算:

$$Q_s = \sum_{i=1}^{n} q_i \qquad (5.13-5)$$

式中　Q_s——系统的设计流量(L/min);

　　　n——累计计算喷头数;

　　　q_i——计算喷头的设计流量(L/min)。

(5)系统储水箱或储水容器的设计所需有效容积应按式(5.13-6)计算:

$$V = Q_s \cdot t \qquad (5.13-6)$$

式中　V——储水箱或储水容器的设计所需有效容积(L);

　　　t——系统的设计喷雾时间(min)。

7. 设计中应注意的问题

(1)泵组系统每台消防水泵的出水口均应设置止回阀,系统出水总管上应设置压力显示装置、手动测试阀、泄放试验阀和安全阀。

(2)在系统管网的最低点处应设置泄水总阀,并应在每个控制阀上或其后邻近位置设置区域泄水阀。在每个区域控制阀后的管网末端应设置试水阀。试水阀的接口大小应和管网末端的管道一致,测试水应排至建筑工程中的排水系统内或其他安全的地方。

5.13.5　厨房设备细水雾灭火装置

厨房设备细水雾灭火装置应具备以下功能:自动探测火灾,自动实施灭火;自动关闭风机,自动切断燃料供应;喷放细水雾后,能自动切换喷放冷却水,防止复燃;设有手动启动及机械启动机构,在没有电源的非常情况下,也能正常启动,实施灭火;可自动发出声光报警,并向消防控制中心输送火灾信号。

1. 主要技术参数

(1)设计喷雾强度、持续喷雾时间和冷却水供给强度应符合表5.13-25规定。

表 5.13-25　设计喷雾强度、持续喷雾时间和冷却水供给强度

设计喷雾强度/(L/s·m²)			细水雾持续喷雾时间/s	细水雾喷嘴最小工作压力/MPa	冷却水喷嘴最小工作压力/MPa	冷却水持续喷洒时间/min
烹饪设备	排烟罩	排烟管道				
0.04	0.025	0.025	15~60	0.04	0.10	15

（2）厨房设备细水雾灭火装置的保护范围应按防护单元的面积确定,并应符合下列要求:

① 烹饪设备按其最大水平投影面积确定;

② 排烟罩按其滤油网板表面积确定;

③ 排烟管道按所保护的排烟管道内表面积确定。

（3）防护单元内所需设置的喷嘴数量应按式(5.13-7)计算:

$$N = \sum_{i=1}^{n} (S_i W_i / Q) \tag{5.13-7}$$

式中　N——防护单元内所需设置喷嘴数量(应进位取整);

　　　n——保护对象的个数;

　　　S_i——保护对象的面积(m^2);

　　　W_i——保护对象所需的设计喷雾强度[$L/(s \cdot m^2)$];

　　　Q——单个喷嘴的喷射速度(L/s),按产品样本取值。

（4）厨房设备细水雾灭火装置设计用水量应按式(5.13-8)计算:

$$m = (1.05 \sim 1.1) N Q_t \tag{5.13-8}$$

式中　m——厨房设备细水雾灭火装置设计用量(L);

　　　t——灭火器喷射时间(s)。

2. 系统组件

系统组件由贮存装置、瓶头雾化器、细水雾喷头、单向阀、火灾探测器、可燃物气体探测器(可选装)、控制柜等组成。

3. 喷头和喷头布置(表 5.13-26)

表 5.13-26　喷头和喷头布置

项目	要　求
喷头和喷头布置	1. 喷头在最低工作压力时均匀喷射出的雾滴直径,应符合细水雾要求 2. 喷头应有防止油垢或异物等堵塞喷孔的防护装置。防护装置在灭火剂喷放时应能自动脱落或打开,并且不能影响细水雾喷放灭火效果 3. 保护热厨加工设备的喷头宜布置在集油烟罩的前端沿,喷射方向应朝向烹饪区中心。保护集油烟罩的喷头应布置在集油烟罩前端的上部,喷射方向应有效覆盖集油烟罩易燃部位。保护排烟道的喷头应设置在排烟道内防火阀前端的排烟道入口处,喷射方向朝向防火阀;若在防火阀前的排烟道设有转角时,应在转角处设置一个喷头,喷射方向应朝向防火阀 4. 喷头间距应根据喷头有效喷雾距离和有效覆盖圆面积经计算确定。喷头的有效喷雾距离宜为 0.5~1.5 m,喷头的有效覆盖圆面积的直径不小于 1.0 m 5. 一套厨房设备细水雾灭火装置的最不利点喷头与灭火剂贮存装置管道出口的最远距离不宜大于 12 m

4. 贮存装置(表 5.13-27)

表 5.13-27 贮 存 装 置

项目	要　求
贮存装置	1. 贮存装置由贮水瓶、驱动气体贮瓶和阀门驱动装置等组成 2. 应设置在防护部位附近,其环境温度应为 4~55℃。应方便检查和维护,避免油烟熏蒸及热源烘烤 3. 贮水瓶应符合国家现行《压力容器安全技术监察规程》。驱动气贮瓶充装压力不宜大于 6.0 MPa,且不应大于 12.0 MPa,应符合国家现行《气瓶安全监察规程》 4. 贮水瓶宜选用 15 L、25 L 或 40 L 规格的贮瓶。驱动气体贮瓶宜选用 15 L、25 L 规格的贮瓶

5. 设计中应注意的问题

(1)贮水瓶应储存纯净水。驱动气体(雾化介质)应采用氮气或其他惰性气体,不应采用压缩空气。

(2)一个防护区可由一套厨房设备细水雾灭火装置保护,或由多套厨房设备细水雾灭火装置分段保护。防护区内某段发生火灾时,在此段防护区内布置的所有喷头应同时喷放细水雾灭火。灭火剂喷放完毕后,应迅速自动开启冷却水供给阀门,喷头应同时喷放冷却水继续降温。

(3)厨房设备细水雾灭火装置启动时应迅速自动切断厨房设备的电源、关闭燃料阀和排烟道防火阀。燃料供给管道应在进入建筑物前和设备间内,设置自动和手动切断阀。

(4)管材的选用同自动喷水灭火系统。

【本节精选习题】

1. 某高层建筑物地下一层设有大型燃油锅炉房,面积为 40 m×20 m = 800 m²,室内净空高度 6 m,采用水喷雾灭火系统,系统的雨淋阀设置在距锅炉房水平距离 270 m 远的地下 2 层消防水泵房内。该距离在设计中可用于下列何种判断?(　　)

A. 计算系统水头损失和判断系统控制方式

B. 计算系统水头损失

C. 判断系统位置关系

D. 判断系统控制方式和系统位置关系是否合理

答案:【D】
解析:当使用传动管控制系统时,宜采用钢管,长度不宜大于 300 m。因此距离可以判断选取系统控制方式和系统位置关系是否合理。

2. 某丙类液体储罐间(平面尺寸 10.8 m×10.8 m)采用水喷雾灭火系统防护冷却(如图示,喷头及管道均衡布置),水雾喷头的流量系数 $K=28$,则该灌装间的水喷雾灭火系统的最小设计流量 Q 及喷头的最小工作压力 P 应为哪项?(　　)

A. $Q=16.224$ L/s,$P=0.200$ MPa　　　　B. $Q=21.456$ L/s,$P=0.350$ MPa

C. $Q=11.664$ L/s,$P=0.244$ MPa　　　　D. $Q=28.080$ L/s,$P=0.549$ MPa

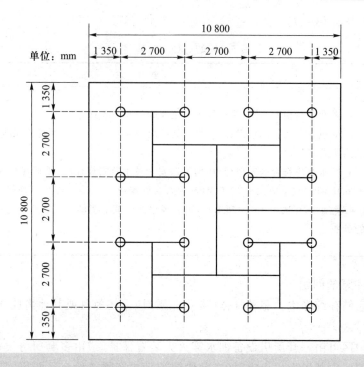

解析:防护冷却时,其设计喷雾强度是 6 L/(min·m²),则系统计算流量为:

$$Q = 6 \times 10.8 \times 10.8/60 \text{ L/s} = 11.664 \text{ L/s}$$

每个喷头均衡布置,则每个喷头流量为:

$$Q = 6 \times 10.8 \times 10.8/60 \text{ L/s} = 11.664 \text{ L/s}$$

$$43.74 = 28 \times \sqrt{10P} \quad P = 0.244 \text{ MPa}$$

3. 某锅炉房设置水喷雾灭火系统进行灭火,其喷头的工作压力应采用下列哪项数值?(   )

A. 0.1 MPa   B. 0.2 MPa   C. 0.3 MPa   D. 0.4 MPa

答案:【D】

解析:水雾喷头的工作压力,当用于灭火时不应小于 0.35 MPa,只有 D 项中的 0.4 MPa 满足要求,选 D 项。

4. 下列关于水喷雾灭火系统的叙述中,哪几项错误?(   )

A. 水喷雾灭火系统可采用闭式喷头探测火灾

B. 水喷雾灭火系统可用于保护油浸式电力变压器

C. 水喷雾灭火系统采用组合分配系统时,防护区数量不应超过 8 个

D. 水喷雾喷头可采用开式喷头或闭式喷头灭火

答案:【CD】

解析:水喷雾灭火系统可采用闭式喷头探测火灾(液动传动管探测火灾),A 正确。水喷雾灭火系统可用于保护油浸式电力变压器,B 项正确。水喷雾没有组合分配系统,只有超细水雾、气体灭火系统才存在组合分配系统,C 错误。水喷雾属于开式系统,只能用开式喷头;细水雾才有闭式系统和开式系统两种分类,D 错误。故选 CD 项。

5. 某建筑的储油间采用水喷雾系统灭火,其系统部分设计说明如下:

① 水喷雾灭火系统采用手动控制和应急操作两种控制方式。

② 雨淋阀组上的压力开关动作时向消防中心报警,水喷雾消防泵由控制室远程手动开启。

③ 应急操作时,人工现场手动打开雨淋阀上的放水阀门,在阀前水压作用下雨淋阀开启,压力开关动作启动水喷雾消防泵。

上述设计说明中有几处是错误的?（　　　）

A. 0 处　　　　　　　　B. 1 处　　　　　　　　C. 2 处　　　　　　　　D. 3 处

> 答案:【C】
>
> 解析:① 错误,理由为:系统应具有自动控制、手动控制和应急机械启动三种控制方式;但当响应时间大于 120 s 时,可采用手动控制和应急机械启动两种控制方式。储油间灭火响应时间为 60 s,故① 错误。
>
> ② 错误,理由为:有两处错误,选 C。
>
> ③ 正确,理由为:应急机械启动指人为现场操纵供水设备、雨淋报警阀等系统组件的控制方式,故③ 正确。

6. 审查某工程水喷雾系统设计图纸时,审查人提出 5 条意见,判断有几条意见是正确的?（　　　）

① 系统未设泄水阀,应补设。

② 系统未设水流指示器,应补设。

③ 系统未设水泵接合器,应补设。

④ 系统过滤器后的管道不应采用衬塑钢管,应修改。

⑤ 系统加压设备虽采用稳压泵稳压,但还应补设高位消防水箱。

A. 2 条　　　　　　　　B. 3 条　　　　　　　　C. 4 条　　　　　　　　D. 5 条

> 答案:【B】
>
> 解析:①"应设泄水阀、排污阀",正确。
>
> ② 水喷雾是开式系统,一启动全部喷头都动作,故无需水流指示器(可参条文 2.1.1),错误。
>
> ③"自喷水喷雾灭火系统均应设置消防水泵接合器",正确。
>
> ④"过滤器后的管道,应采用内外镀锌钢管",另说明下:高温情况下衬塑层容易脱离变形造成过流能力减弱,现在很多太阳能热水器供水采用内衬塑的出现脱离的现象,而起火的时候考虑到管道在火场内的情况,用普通衬塑是不可以的,正确。
>
> ⑤ 水喷雾灭火系统属于水消防系统范畴,其对水源的要求和消火栓、自动喷水灭火系统要求相同。"不设高位消防水箱的建筑,系统应设气压供水设备",错误。

5.14　固定消防炮灭火系统

5.14.1　系统分类

固定消防炮是水、泡沫混合液流量大于 16 L/s,或干粉喷射率大于 7 kg/s,以射流形式喷射灭火剂的装置。按控制方式分为固定消防炮灭火系统和自动消防炮灭火系统。

1. 固定消防炮灭火系统。

固定式消防炮是指安装在固定支架上和固定安装在消防车上的消防炮。

固定消防炮灭火系统由固定消防炮和相应配置的系统组件组成。

固定消防炮系统按喷射介质可分为水炮系统、泡沫炮系统和干粉炮系统,详见表 5.14-1。

表 5.14-1 消防炮系统分类及组成

系统分类	系统定义	喷射介质	组成
水炮系统	喷射水灭火剂的固定消防炮系统	灭火介质为水	水源、消防泵组、管道、阀门、水炮、动力源和控制装置
泡沫炮系统	喷射泡沫灭火剂的固定消防炮系统	灭火介质为泡沫混合液	水源、泡沫液罐、消防泵组、泡沫比例混合装置、管道、阀门、泡沫炮、动力源和控制装置
干粉炮系统	喷射干粉灭火剂的固定消防炮系统	灭火介质为干粉	干粉罐、氮气瓶组、管道、阀门、干粉炮、动力源和控制装置

2. 自动消防炮灭火系统。

自动消防炮灭火系统是能自动完成火灾探测、火灾报警、火源瞄准和喷射灭火剂灭火的消防炮灭火系统。

自动消防炮灭火系统按喷射介质和安装方式系统分类如下表 5.14-2。

表 5.14-2 自动消防炮灭火系统分类

分类		工 作 原 理
按灭火介质分	自动消防水炮灭火系统	以水为灭火剂的自动消防炮灭火系统 火灾时,开启消防泵组及管道阀门,高速水流由喷嘴射向火源
	自动泡沫水炮灭火系统	以泡沫为灭火剂的自动消防炮灭火系统 火灾时,开启消防泵组及管道阀门,消防水流经泡沫混合装置时按一定比例和泡沫原液混合,形成泡沫混合液,高速射流由喷嘴射出
按水炮的安装方式分	固定安装自动消防炮灭火系统	自动消防炮固定安装,能自动完成火灾探测、火灾报警、火源瞄准和喷射灭火剂灭火
	轨道式自动消防炮灭火系统	根据火灾自动报警信号,消防炮沿轨道自动移动至火警区域,实现自动定位和灭火
	隐蔽式自动消防炮灭火系统	根据火灾自动报警信号,消防炮自动从隐蔽处移出,实现自动定位和灭火

3. 固定消防炮灭火系统按水炮的控制方式分为手动炮、远控炮系统,详见表 5.14-3。

表 5.14-3 消防炮系统控制方式

项目	控 制 方 式
手动炮系统	火灾现场附近,手动操作
远控炮系统	远离火场,可远距离控制(通过控制装置有线或无线电遥控)

5.14.2　适用范围

1. 固定消防炮灭火系统和自动消防炮灭火系统在民用建筑工程中的适用和设置场所：

（1）用于保护面积较大、火灾危险性较高、价值较昂贵的重点工程的群组、设备等要害场所，或对工程有特殊消防要求的场所。

（2）根据《建规》中 8.3.5 条规定：根据本规范要求难以设置自动喷水灭火系统的展览厅、观众厅等人员密集的场所和丙类生产车间、库房等高大空间场所，应设置其他自动灭火系统，并宜采用固定消防炮等灭火系统。

2. 下列场所不得使用消防炮灭火系统：

（1）遇水发生爆炸或加速燃烧的物品；

（2）遇水发生剧烈化学反应或产生有毒有害物质的物品；

（3）洒水将导致喷溅或沸溢的液体；

（4）带电设备。

5.14.3　系统选择

1. 系统选用的灭火剂应和保护对象相适应，并应符合表 5.14-4 的规定。

表 5.14-4　各类消防炮系统的使用场所

项　目	使　用　场　所
水炮系统（固定/自动）	适用于一般固体可燃物火灾场所
泡沫炮系统（固定/自动）	适用于甲、乙、丙类液体、固体可燃物火灾场所
干粉炮系统（固定）	适用于液化石油气、天然气等可燃气体火灾场所

注：1. 水炮系统和泡沫炮系统不得用于扑救遇水发生化学反应而引起燃烧、爆炸等物质的火灾；

2. 水炮和泡沫炮可以联用。

2. 设置在下列场所的消防炮灭火系统宜选用远控炮系统或自动消防炮灭火系统，详表 5.14-5。

表 5.14-5　远控炮或自动消防炮设置的场所

项　目	设　置　场　所
远控炮	1. 有爆炸危险性的场所 2. 有大量有毒气体产生的场所 3. 燃烧猛烈，产生强烈辐射热的场所 4. 火灾蔓延面积较大，且损失严重的场所 5. 高度超过 8 m，且火灾危险性较大的室内场所 6. 发生火灾时，灭火人员难以及时接近或撤离固定消防炮位的场所

3. 自动消防炮灭火系统的选用应符合下列要求：

（1）有人员活动的场所，应选用带有雾化功能的自动消防炮灭火系统；

（2）高架仓库和狭长场所宜选用轨道式自动消防炮灭火系统；

（3）有防爆要求的场所，应采用具有防爆功能的自动消防炮灭火系统；

（4）有隐蔽要求的场所，应选用隐蔽式自动消防炮灭火系统。

5.14.4 系统设计

1. 固定消防炮灭火系统

（1）系统设计的一般规定见表 5.14-6。

表 5.14-6 固定消防炮灭火系统设计一般规定

项目	要 求
给水系统	应独立设置，与生产、生活用水管道分开
供水压力	消防水泵的供水压力应能满足系统中水炮、泡沫炮喷射压力的要求
启动时间	水炮系统和泡沫炮系统从启动至炮口喷射水或泡沫的时间不应大于 5 min，干粉炮系统从启动至炮口喷射干粉的时间不应大于 2 min
容量和补给时间	1. 消防水源的容量不应小于规定灭火时间和冷却时间内需要同时使用水炮、泡沫炮、保护水幕喷头等用水量及供水管网内充水量之和。该容量可减去规定灭火时间和冷却时间内可补充的水量 2. 灭火剂及加压气体的补给时间均不宜大于 48 h
其他规定	供水管道不宜与泡沫混合液的供给管道合用。寒冷地区的湿式供水管道应设防冻保护措施，干式管道应设排除管道内积水和空气的设施。管道设计应满足设计流量、压力和启动至喷射的时间等要求

（2）固定消防炮的布置要求见表 5.14-7。

表 5.14-7 固定消防炮的布置要求

位置	布 置 要 求
室内	1. 室内消防炮的布置数量不应少于两门 2. 布置高度应保证消防炮的射流不受上部建筑构件的影响；消防炮的俯仰角和水平回转角应满足使用要求 3. 能使两门水炮的水射流同时到达被保护区域的任一部位 4. 室内系统应采用湿式给水系统，消防炮位处应设置消防水泵启动按钮；湿式给水系统的水量和水压稳定由稳压泵和气压供水设备维持

续表

位置	布置要求
室外	1. 室外消防炮的布置应能使消防炮的射流完全覆盖被保护场所及被保护物,且应满足灭火强度及冷却强度的要求 2. 消防炮应设置在被保护场所常年主导风向的上风方向 3. 当灭火对象高度较高、面积较大时,或在消防炮的射流受到较高大障碍物的阻挡时,应设置消防炮塔;消防炮台的布置应符合下列规定: (1) 甲、乙、丙类液体储罐区、液化烃储罐区和石化生产装置的消防炮塔高度的确定应使消防炮对被保护对象实施有效保护 (2) 甲、乙、丙类液体、油品、液化石油气、天然气装卸码头的消防炮塔高度应使消防炮的俯仰回转中心高度不低于在设计潮位和船舶空载时的甲板高度;消防炮水平回转中心与码头前沿的距离不应小于 2.5 m (3) 消防炮塔的周围应留有供设备维修用的通道 4. 消防炮宜布置在甲、乙、丙类液体储罐区防护堤外,当不能满足以上三条的规定时,可布置在防护堤内,此时应采用远控消防炮并对远控消防炮和消防炮塔采取有效的防爆和隔热保护措施 5. 在消防炮塔和设有护栏平台上设置的消防炮的俯角均不宜大于 50°,在多平台消防炮塔设置的低位消防炮的水平回转角不宜大于 220°

(3) 水炮系统。

① 水炮灭火系统设计计算的基本要求见表 5.14-8。

表 5.14-8　水炮灭火系统设计计算的基本要求

序号	项目	要求
1	水炮的 设计射程	1. 水炮的设计射程应符合消防炮布置的要求 2. 室内布置的水炮的射程应按表 5.14-9 的消防炮的技术参数计算,室外布置的水炮考虑到风向、风力等因素应按射程值的 90% 计算 3. 当水炮的设计工作压力与产品额定工作压力不同时,应在产品规定的工作压力范围内选用 4. 设计工作压力下,水炮的射程可按式(5.14-1)确定: $$D_s = D_e \sqrt{\frac{P_s}{P_e}} \qquad (5.14-1)$$ 式中　D_s——水炮的设计射程(m); 　　　D_e——水炮在额定工作压力时的射程(m); 　　　P_s——水炮的设计工作压力(MPa); 　　　P_e——水炮的额定工作压力(MPa)。 5. 当上述计算的水炮设计射程不能满足消防炮布置的要求时,应调整原设计的水炮数量、布置位置、规格型号、消防水炮的设计工作压力等,直至达到要求为止

序号	项目	要　　求
2	水炮的设计流量	1. 水炮的设计流量可按式(5.14-2)确定: $$Q_s = Q_e \sqrt{\frac{P_s}{P_e}} \qquad (5.14\text{-}2)$$ 式中　Q_s——水炮的设计流量(L/s); 　　　Q_e——水炮的额定流量(L/s); 　　　P_s、P_e——同公式(5.14-1)。 2. 室外消防水炮的额定流量不宜小于 30 L/s
3	连续供水时间	灭火及冷却用水的连续供给时间应符合下列规定: 1. 扑救室内火灾的灭火用水连续供给时间不应小于 1.0 h 2. 扑救室外火灾的灭火用水连续供给时间不应小于 2.0 h 3. 甲、乙、丙类液体储罐、液化烃储罐、石化生产装置和甲、乙、丙类液体、油品码头等冷却用水连续供给时间应符合国家有关标准的规定
4	灭火和冷却用水供给强度	消防水炮灭火及冷却用水的供给强度应符合下列规定: 1. 扑救室内一般固体物质火灾的供给强度应符合国家现行相关标准的规定,其用水量应按 2 门水炮的水射流同时达到防护区任一部位的要求计算。民用建筑的用水量不应小于 40 L/s,工业建筑的用水量不应小于 60 L/s 2. 扑救室外火灾的灭火及冷却用水的供给强度应符合国家现行相关标准的规定 3. 甲、乙、丙类液体储罐、液化烃储罐和甲、乙、丙类液体、油品码头等冷却用水的供给强度应符合国家现行相关标准的规定 4. 石化生产装置的冷却用水的供给强度不应小于 16 L/(min·m²)
5	灭火面积和冷却面积	水炮灭火面积及冷却面积的计算应符合下列规定: 1. 生产、储存、运输甲、乙、丙类液体储罐、液化烃储罐和甲、乙、丙类液体、油品码头的冷却面积的计算应符合国家现行相关标准的规定 2. 石化生产装置的冷却面积应符合《石油化工企业设计防火规范》的规定 3. 甲、乙、丙类液体、油品码头的冷却面积应按式(5.14-3)计算: $$F = 3BL\text{-}f_{max} \qquad (5.14\text{-}3)$$ 式中　F——冷却面积(m²); 　　　B——最大油舱的宽度(m); 　　　L——最大油舱的纵向长度(m); 　　　F_{max}——最大油舱的面积(m²)。 4. 其他场所的灭火面积及冷却面积应按照国家现行相关标准或根据实际情况确定
6	消防总用水量	水炮系统的计算总流量应为系统中需要同时开启的水炮设计流量的总和,且不得小于灭火用水计算总流量及冷却用水计算总流量之和

消防炮的流量、压力、射程和定位时间应满足表 5.14-9 规定。

表 5.14-9　消防炮技术参数

消防炮流量/(L/s)	额定压力/MPa	额定射程/m	定位时间/s
20	0.8	50	≤120
30	0.9	60	
40	0.9	70	

注:当设计压力或设计流量与表中规定不同时,应根据本规程给定的计算公式进行调整和核算消防炮的射程。

② 消防水炮灭火系统原理见图 5.14-1。

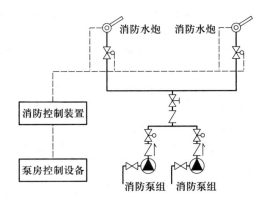

图 5.14-1　消防水炮灭火系统原理图

③ 水炮系统主要由水源、消防泵组、管道、阀门、水炮、动力源和控制装置等组成。

④ 工作原理和系统控制。

a. 工作原理:

火灾发生时,开启消防泵组及管道阀门,高速水流由喷嘴射向火源,隔绝空气并冷却燃烧物,起到迅速扑灭或抑制火灾的作用。消防炮能够做水平或俯仰回转以调节喷射角度,从而提高灭火效果。带有直流-喷雾转换功能的消防水炮能够喷射雾化型射流,该射流的液滴细小、面积大,对近距离的火灾有更好的扑救效果。

b. 水炮控制。

手控炮:由操作人员直接手动控制消防炮,对准着火点喷水灭火。

远控炮:由操作人员通过电气设备间接控制消防炮,对准着火点喷水灭火。

c. 消防水泵控制。

启泵:自动/手动。

自动:管网压力控制启泵。

手动:水炮处启泵按钮启泵、泵房就地启泵、控制中心(室)启泵。

停泵:水炮处启泵按钮停泵、泵房就地停泵、控制中心(室)停泵。

(4) 泡沫炮系统。

① 泡沫炮灭火系统设计计算的基本要求见表 5.14-10。

表 5.14-10　泡沫炮灭火系统设计计算的基本要求

序号	项目	要求
1	泡沫炮的设计射程	计算方法同水炮系统,泡沫炮的射程按表 5.14-9 的 90% 计算
2	泡沫炮流量	1. 泡沫炮的设计流量计算同水炮系统 2. 室外配置的泡沫炮其额定流量不宜小于 48 L/s
3	连续供水时间	泡沫炮灭火系统持续喷射泡沫的时间不应小于 10 min
4	灭火和冷却用水供给强度	扑救甲、乙、丙类液体储罐区火灾及甲、乙、丙类液体、油品码头火灾等的泡沫混合液的连续供给时间和供给强度应符合国家现行相关标准的规定
5	灭火作用面积和冷却面积	消防泡沫炮灭火面积的计算应符合下列规定: 1. 甲、乙、丙类液体储罐区的灭火面积应按实际保护储罐中最大一个储罐横截面积计算。泡沫混合液的供给量应按 2 门消防泡沫炮计算 2. 甲、乙、丙类液体、油品装卸码头火灾的灭火面积应按油轮设计船型中最大油轮的面积计算 3. 飞机库的灭火面积应符合现行国家标准《飞机库设计防火规范》(GB 50284—2008)的规定 4. 其他场所的灭火面积应按照国家现行相关标准或根据实际情况确定
6	其他	1. 消防泡沫炮灭火系统宜喷洒低倍数泡沫混合液 2. 供给消防泡沫炮的水质应符合设计所用泡沫液的要求 3. 泡沫混合液设计总流量应为系统中需要同时开启的消防泡沫炮设计流量的总和,且不应小于灭火面积与供给强度的乘积。混合比的范围应符合现行国家标准《低倍数泡沫灭火系统设计规范》(GB 50151—1992)的规定,计算中应取规定范围的平均值。泡沫液设计总量应为计算总量的 1.2 倍 4. 泡沫液的储存温度应为 0~40℃,且宜储存在通风干燥的房间或敞棚内 5. 自动消防泡沫炮灭火系统的设计除了满足本规程外,还应满足现行国家标准《低倍数泡沫灭火系统设计规范》(GB 50151—1992)的要求

② 泡沫炮灭火系统原理见图 5.14-2。

③ 泡沫炮系统主要由水源、泡沫液罐、消防泵组、泡沫比例混合装置、管道、阀门、泡沫炮、动力源和控制装置等组成。

④ 工作原理和系统控制。

a. 工作原理。

(a) 预混式消防泡沫炮系统。

火灾发生时,开启消防泵组及管道阀门,消防水流经泡沫混合装置时按照一定比例与泡沫原液混合,形成泡沫混合液,高速射流由喷嘴射出。在空中,泡沫混合液与空气混合、发泡形成空气泡沫液。空气泡沫液被投射向火源后,隔绝空气,起到迅速扑灭或抑制火灾的作用。消防炮能够做水平或俯仰回转以调节喷射角度,从而提高灭火效果。

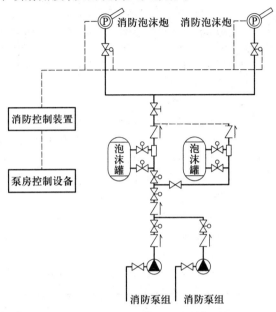

图 5.14-2 泡沫炮灭火系统原理图

(b) 自吸式消防泡沫炮系统。

火灾发生时,开启消防泵组及管道阀门,抽吸泡沫原液与空气形成空气泡沫液并被抛射至空中,空气泡沫液在空中完成发泡。空气泡沫液被投射向火源后,隔绝空气,起到迅速扑灭或抑制火灾的作用。消防炮能够做水平或俯仰回转以调节喷射角度,从而提高灭火效果。

b. 泡沫炮和消防水泵的控制同水炮系统。

(5) 干粉炮系统。

① 干粉炮灭火系统设计计算的基本要求见表 5.14-11。

表 5.14-11 干粉炮灭火系统设计计算的基本要求

序号	项目	要 求
1	干粉炮的设计射程	室内布置的干粉炮的射程应按产品射程指标值计算,室外布置的干粉炮的射程应按产品射程指标值的 90% 计算
2	干粉灭火剂的设计用量	1. 干粉炮系统的单位面积干粉灭火剂供给量可按表 5.14-12 选取 2. 干粉设计用量应符合下列规定: (1) 干粉计算总量应满足规定时间内需要同时开启干粉炮所需干粉总量的要求,并不应小于单位面积干粉灭火剂供给量与灭火面积的乘积;干粉设计总量应为计算总量的 1.2 倍 (2) 在停靠大型液化石油气、天然气船的液化气码头装卸臂附近宜设置喷射量不小于 2 000 kg 干粉的干粉炮系统

续表

序号	项目	要 求
3	连续供水时间	干粉炮系统的干粉连续供给时间不应小于 60 s
4	灭火面积	可燃气体装卸站台等场所的灭火面积可按保护场所中最大一个装置主体结构表面积的 50% 计算
5	其他	1. 干粉炮系统应采用标准工业级氮气作为驱动气体,其含水量不应大于 0.005% 的体积比,其干粉罐的驱动气体工作压力可根据射程要求分别选用 1.4 MPa、1.6 MPa、1.8 MPa 2. 干粉供给管道的总长度不宜大于 20 m,包塔上安装的干粉炮与低位安装的干粉罐的高度差不应大于 10 m 3. 干粉炮系统的气粉比应符合下列规定: (1)当干粉输送管道总长度大于 10 m、小于 20 m 时,每千克干粉需配给 50 L 氮气 (2)当干粉输送管道总长度不大于 10 m 时,每千克干粉需配给 40 L 氮气

表 5.14-12　干粉炮系统的单位面积干粉灭火剂供给量

干粉种类	单位面积干粉灭火剂供给量/(kg/m^2)
碳酸氢纳干粉	8.8
碳酸氢钾干粉	5.2
氨基干粉 磷酸铵盐干粉	3.6

② 干粉炮灭火系统原理见图 5.14-3。

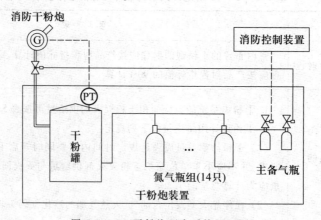

图 5.14-3　干粉炮灭火系统原理图

③ 干粉炮系统主要由干粉罐、氮气瓶组、管道、阀门、干粉炮、动力源和控制装置等组成。

④ 工作原理和系统控制。

a. 工作原理。

火灾发生时,开启氮气瓶组。氮气瓶组内的高压氮气经过减压阀减压后进入干粉贮罐。其中,部分氮气被送入贮罐顶部与干粉灭火剂混合,另一部分氮气被送入贮罐底部对干粉灭火剂进行松散。随着系统压力的建立,混合有高压气体的干粉灭火剂积聚在干粉炮阀门处。当管路压力达到一定值时,开启干粉炮阀门,固气两相的干粉灭火剂高速射流被射向火源、切割火焰、破坏燃烧链,从而起到迅速扑灭或抑制火灾的作用。消防炮能够做水平或俯仰回转以调节喷射角度,从而提高灭火效果。

b. 干粉炮和消防水泵的控制同水炮系统。

2. 自动消防水炮灭火系统

(1) 一般规定见表 5.14-13。

表 5.14-13 自动消防炮灭火系统设计的一般规定

组件	要 求
系统	应独立设置,与生产、生活用水管道分开
火灾探测器、消防炮	火灾探测器、消防炮等设备的设置位置应便于安装和维护
管网	1. 在消防炮给水管网的压力最不利处,应设末端试水装置 2. 给水管网的最高部位应设置自动排气阀 3. 消防泵出口与阀组之间的给水管网应充满压力水 4. 当环境温度低于 4℃ 时,给水管网应采取防冻措施
比例混合器与泡沫混合液	1. 比例混合器前给水管道不宜与泡沫混合液的供给管道合用;当合用时,应有保证泡沫混合液不流入给水管道的措施 2. 泡沫混合液宜采用低倍数泡沫混合液,泡沫液的选择应符合现行国家标准《低倍数泡沫灭火系统设计规范》(GB 50151—1992)的相关规定
其他	同固定消防炮灭火系统

(2) 自动消防水炮灭火系统。

自动消防水炮除下列要求之外,其余均同固定消防水炮:

① 消防炮应带定位器。

② 定位器应采用双波段探测器或火焰探测器,并应有接收现场火焰信息,完成自动瞄准火源的功能。

③ 定位器的探测距离应与消防炮的射程相匹配。

（3）自动消防水炮和泡沫炮的其他设计要求同固定消防炮系统。

5.14.5　水力计算

1. 系统的供水设计总流量应按式（5.14-4）计算：

$$Q = \sum N_p \cdot Q_p + \sum N_s \cdot Q_s + \sum N_m \cdot Q_m \tag{5.14-4}$$

式中　Q——系统供水设计总流量（L/s）；

N_p——系统中需要同时开启的泡沫炮的数量（门）；

N_s——系统中需要同时开启的水炮的数量（门）；

N_m——系统中需要同时开启的保护水幕喷头的数量（只）；

Q_p——泡沫炮的设计流量（L/s）；

Q_s——水炮的设计流量（L/s）；

Q_m——保护水幕喷头的设计流量（L/s）。

【例】某油品码头可停靠 5 万 t 级油轮,油品为甲类,油轮甲板在最高潮位时的高度为 20 m,油轮的最大宽度为 20 m,主油舱长×宽为 50 m×18 m,供水管道 DN200、长 500 m,DN150、长 70 m;泡沫混合液管道 DN200、长 500 m;DN150、长 60 m。

（1）泡沫炮选型计算。

主油舱面积:50 m×18 m＝900 m²;

选用 6% 型氟蛋白泡沫灭火剂,灭火强度为 8.0（L/min·m²）;

灭火用混合液流量:900×8/60 L/s＝120 L/s;

根据泡沫炮的流量系列,可选 120 L/s 的泡沫炮。

（2）泡沫液贮存量计算。

灭火时间为 40 min,混合比以 6.5% 计;

灭火用泡沫液量:40×60×120×6.5% L＝18 720 L;

管道充满的泡沫液量:π/4×（2²×5 000＋1.5²×600）×6.5% L＝1 089.4 L;

泡沫液贮量总量:（18 720＋1 089.4）×120% L＝23 771.3 L

（3）冷却用水量计算。

冷却用水流量:（3×20×50－50×18）×2.5/60 L/s＝87.5 L/s;

根据水炮的流量系列:应选 100 L/s 的水炮。

（4）消防水罐贮水量计算。

设计保护水幕同时开启 2 组,每组保护水幕喷头 5 只,每只流量 3 L/s。

保护水幕流量:2×5×3 L/s＝30 L/s;

泡沫炮系统用水量:120×（100－6.5）%×40×60＋π/4×（2²×5 000＋1.5²×600）L＝286.04×10³ L

冷却供水时间以 6 h 计。

水炮和保护水幕用水量:（100＋30）×6×3 600 L＝2 808×10³ L;

供水管道容积:π/4×（2²×5 000＋1.5²×700）L＝16.93×10³ L;

冷却水供水量:（2 808＋16.93）×120%×10³ L＝3 389.9×10³ L;

2. 供水或供泡沫混合液管道总水头损失应按式（5.14-5）～式（5.14-8）计算：

$$\sum h = h_1 + h_2 \tag{5.14-5}$$

式中 $\sum h$——水泵出口至最不利点消防炮进口供水或供泡沫混合液管道水头总损失(MPa);

h_1——沿程水头损失(MPa);

h_2——局部水头损失(MPa)。

$$h_1 = i \cdot L_1 \qquad (5.14-6)$$

式中 i——单位管长沿程水头损失(MPa/m);

L_1——计算管道长度(m)

h_1——沿程水头损失(MPa)。

$$i = 0.000\,010\,7\,\frac{v^2}{d^{1.3}} \qquad (5.14-7)$$

式中 v——设计流速(m/s);

d——管道内径(m)。

$$h_2 = 0.01\sum \xi \frac{v^2}{2g} \qquad (5.14-8)$$

式中 ξ——局部阻力系数;

v——设计流速(m/s)。

3. 系统中的消防水泵供水压力应按式(5.14-9)计算:

$$P = 0.01 \times Z + \sum h + P_e \qquad (5.14-9)$$

式中 P——消防水泵供水压力(MPa);

Z——最低引水位至最高位消防炮进口的垂直高度(m);

$\sum h$——水泵出口至最不利点消防炮进口供水或供泡沫混合液管道水头总损失(MPa);

P_e——泡沫(水)炮的设计工作压力(MPa)。

5.14.6 系统组件

各消防炮灭火系统中所用组件、技术性能要求见表 5.14-14。

表 5.14-14 消防炮系统组件

组件	要 求
一般规定	1. 消防炮、泡沫比例混合装置、消防泵组等专用系统组件必须采用通过国家消防产品质量监督检验测试机构检测合格的产品 2. 主要系统组件的外表面涂色宜为红色
消防炮	1. 远控消防炮应同时具有手动功能 2. 消防炮应满足相应使用环境和介质的防腐蚀要求 3. 安装在室外消防炮塔和设有护栏的平台上的消防炮的俯角均不宜大于 50°,安装在多平台消防炮塔的低位消防炮的水平回转角不宜大于 220° 4. 室内配置的消防水炮的俯角和水平回转角应满足使用要求 5. 室内配置的消防水炮宜具有直流喷雾的无级转换功能 6. 常用的消防炮规格、性能见表 5.14-16

组件	要 求
泡沫比例混合装置与泡沫液罐	1. 泡沫比例混合装置应具有在规定流量范围内自动控制混合比的功能 2. 泡沫液罐宜采用耐腐蚀材料制作；当采用钢质罐时，其内壁应做防腐蚀处理。与泡沫液直接接触的内壁或防腐层对泡沫液的性能不得产生不利影响 3. 贮罐压力式泡沫比例混合装置的贮罐上应设置安全阀、排渣孔、进料孔、人孔和取样孔 4. 压力式泡沫比例混合装置的单罐容积不宜大于 10 m³。囊式压力泡沫比例混合装置的皮囊应满足贮存、使用泡沫液时对其强度、耐腐蚀性和存放时间的要求
干粉罐与氮气瓶	1. 干粉罐必须选用压力贮罐，宜采用耐腐蚀材料制作；当采用钢质罐时，其内壁应做防腐蚀处理，干粉罐应按现行压力容器国家标准设计和制造，并应保证其在最高使用温度下的安全强度 2. 干粉罐的干粉充装系数不应大于 1.0 kg/L 3. 干粉罐上应设安全阀、排放孔、进料孔和人孔 4. 干粉驱动装置应采用高压氮气瓶组，氮气瓶的额定充装压力不应小于 15 MPa。干粉罐和氮气瓶应采用分开设置的形式 5. 氮气瓶的性能应符合现行国家有关标准的要求
消防泵组与供水	1. 水源要求同自动喷水灭火系统 2. 给水系统宜采用稳高压消防给水系统或高压消防给水系统 3. 稳高压消防给水系统应符合下列规定： （1）应设稳压泵、气压罐，并应与消防泵设在同一泵房内 （2）稳压泵的流量不宜大于 5 L/s，其扬程应大于消防泵的扬程。稳压泵给水管的管径不应小于 80 mm （3）气压罐宜采用隔膜式气压稳压装置，其有效调节容积不应小于 600 L （4）给水系统的稳压泵应联动消防泵。稳压泵的关闭和开启应由压力联动装置控制。稳压泵停止压力值和联动消防泵启动压力值的差值应不小于 0.07 MPa 4. 消防泵和稳压泵的设置应满足下列规定： （1）消防泵的流量应满足消防炮灭火系统流量的要求，其扬程应满足系统中最不利处消防水炮工作压力的要求 （2）消防泵和稳压泵均应设置备用泵，备用泵的工作能力不应小于其中最大一台工作泵的工作能力 （3）每组消防泵的吸水管不应少于 2 根。每组水泵的出水管不应少于 2 根。消防泵、稳压泵的吸水管段应设控制阀；出水管应设闸阀、止回阀、压力表和直径不小于 65 mm 的试水阀 5. 当利用高位水箱（可与消火栓、自动喷水灭火系统合用）充水时，水箱的设置高度应高于最高一门水炮 1 m 以上 6. 消防水泵的出水管上应设泄压阀，宜设回流管 7. 消防炮给水系统应布置成环状管网 8. 给水系统的末端应设试水装置，由试水阀、压力表以及试水接头组成；试水接头的出水应采用孔口出流，并排入排水管道 9. 采用稳高压消防给水系统的消防炮灭火系统，可不设高位消防水箱 10. 采用稳高压消防给水系统或高压消防给水系统时，可不设水泵接合器 11. 其他均同自动喷水灭火系统，详见本章相应内容

组件	要　求
阀门和管道	1. 当消防泵出口管径大于 300 mm 时,不应采用单一手动启闭功能的阀门。阀门应有明显的启闭标志,远控阀门应具有快速启闭功能,且密封可靠 2. 阀组宜安装在距消防炮入口 10 m 以内的水平管道上。阀门启、闭应灵活,密封应可靠 3. 常开或常闭的阀门应设锁定装置,控制阀和需要启闭的阀门应设启闭指示器。参与远控炮系统联动控制的控制阀,其启闭信号应传至系统控制室 4. 干粉管道上的阀门应采用球阀,其公称直径必须和管道管径一致 5. 管道应选用耐腐蚀材料制作或对管道外壁进行防腐蚀处理 6. 在使用泡沫液、泡沫混合液或海水的管道的适当位置宜设冲洗接口。在可能滞留空气的管段的顶端应设置自动排气阀 7. 在泡沫比例混合装置后宜设旁通的试验接口
消防炮塔	1. 应具有良好的耐腐蚀性能,其结构强度应能同时承受使用场所最大风力和消防炮喷射反力。炮塔的结构设计应能满足消防炮正常操作使用的要求 2. 应设有与消防炮配套的供灭火剂、供液压油、供气、供电等管路,其管径、强度和密封性应满足系统设计的要求。进水管线应设置便于清除杂物的过滤装置 3. 室外炮塔应设有防止雷击的避雷装置、防护栏杆和保护水幕;保护水幕的总流量不应小于 6 L/s 4. 泡沫炮应安装在多平台消防炮塔的上平台
动力源	1. 动力源应具有良好的耐腐蚀、防雨和密封性能 2. 动力源及其管道应采取有效的防火措施 3. 液压和气压动力源与其控制的消防炮的距离不宜大于 30 m 4. 动力源应满足远控炮系统在规定时间内操作控制与联动控制的要求

常用的消防炮规格、性能见表 5.14-15。

表 5.14-15　常用的消防炮规格、性能

名称		规格、性能					
		型号	流量/ (L/s)	最大射程	入口法兰	入口工作 压力/MPa	最大额定 压力/MPa
固定炮	水炮	PS-20	20	≥48	*DN*80	0.8	1.2
		PS-25	25	≥50	*DN*80	0.8	1.2
		PS-30	30	≥55	*DN*80	0.8	1.2
		PS-40	40	≥60	*DN*80	0.8	1.2
	泡沫炮	PP-L24	24	≥40		0.8	1.2
		PP-L32	32	≥45		0.8	1.2
		PP-L40	40	≥52		0.8	1.2
		PP-L48	48	≥60		0.8	1.2

续表

名称		规格、性能					
		型号	流量/ (L/s)	最大射程	入口法兰	入口工作 压力/MPa	最大额定 压力/MPa
自动炮	水炮	PSDZ20-LA551	20	50	DN50	0.8	1.6
		PSDZ20W-LA552	20	50	DN50	0.8	1.6
		PSDZ30W-LA862	30	65	DN80	0.9	1.6
		PSDZ40-LA871	40	70	DN100	1.0	1.6
		PSDZ40W-LA872	40	70	DN100	1.0	1.6
		PSKD20	20	50	DN65		0.8
		PSKD30	30	60	DN65		0.8
		PSKD40	40	65	DN100		1.0
		PSKD50	50	70	DN100		1.0
	泡沫炮	PPKD24	24	40			1.2
		PPKD32	32	45			1.2
		PPKD40	40	50			1.2
		PPKD48	48	55			1.2

5.14.7 系统的安装、试压和冲洗

1. 供水系统的安装、试压和冲洗要求参照现行国家标准《自动喷水灭火系统施工及验收规范》(GB 50261—2017)相关规定的要求。

2. 消防泡沫炮的安装应符合现行国家标准《泡沫灭火系统施工及验收规范》(GB 50281—2006)的相关规定。

【本节精选习题】

判断下列哪些系统应按现行《自动喷水灭火系统设计规范》(GB 50084—2017)设计?(   )

A. 雨淋灭火系统　　　　　　　　　　　B. 水喷雾灭火系统

C. 防火分隔水幕系统　　　　　　　　　D. 自动水炮灭火系统

答案:【AC】

解析:水喷雾灭火系统按《水喷雾灭火系统技术规范》(GB 50219—2014)设计。自动水炮灭火系统按《固定消防炮灭火系统设计规范》(GB 50338—2003)设计。本题选 AC。

5.15 大空间智能型主动喷水灭火系统

5.15.1 概述

大空间智能型主动喷水灭火系统由智能型灭火装置(包括表 5.15-1 中所示三种装置)、信号阀组、水流指示器等组件以及管道、供水设施等组成,是能在发生火灾时自动探测着火部位并主动喷水的灭火系统。

5.15.2 智能型灭火装置的类别

智能型灭火装置的类别见表 5.15-1。

表 5.15-1 智能型灭火装置的类别

序号	名称	特征及组成
1	大空间智能灭火装置	灭火喷水面为一个圆形面,能主动探测着火部位并开启喷头喷水灭火的智能型自动喷水灭火装置 该装置由① 智能型红外探测组件;② 大空间大流量喷头;③ 电磁阀组等三部分组成。每个部件均为独立组件
2	自动扫描射水灭火装置	灭火射水面为一个扇形面的智能型自动扫描射水灭火装置 该装置由① 智能型探测组件;② 扫描射水喷头;③ 机械传动装置;④ 电磁阀组等四大部分组成。其中,智能型红外探测组件、扫描射水喷头和机械传动装置为一体化设置
3	自动扫描射水高空水炮灭火装置	灭火射水面为一个矩形面的智能型自动扫描高空水炮灭火装置 该装置由① 智能型红外探测组件;② 自动扫描射水高空水炮(简称高空水炮);③ 机械传动装置;④ 电磁阀组四大部分组成。其中,智能型红外探测组件、自动扫描射水高空水炮和机械传动装置为一体化设置

5.15.3 设置场所及适用条件

1. 适用场所。

(1) 凡国家消防设计规范要求应设置自动喷水灭火系统,火灾类别为 A 类,但由于空间高度较高,采用自动喷水灭火系统难以有效探测,扑灭及控制火灾的大空间(指建筑物内净空高度>8 m,仓库净空高度>12 m)场所。A 类火灾的大空间场所举例见表 5.15-2。

表 5.15-2 A 类火灾的大空间场所举例

序号	建筑类型	设置场所
1	会展中心、展览馆、交易会等展览建筑	大空间门厅、展厅、中庭等场所
2	大型商场、超级市场、购物中心、百货大楼、室内商业街等商业建筑	大空间门厅、中庭、室内步行街等场所

续表

序号	建筑类型	设置场所
3	办公楼、写字楼、商务大厦等行政办公建筑	大空间门厅、中庭、会议厅等场所
4	医院、疗养院、康复中心等医院康复建筑	大空间门厅、中庭等场所
5	机场、火车站、汽车站、码头等客运站场的旅客候机(车、船)楼	大空间门厅、中庭、旅客候机(车、船)大厅、售票大厅等场所
6	购书中心、书市、图书馆、文化中心、博物馆、美术馆、艺术馆、市民中心等文化建筑	大空间门厅、中庭、会议厅、演讲厅、展示厅、阅读室等场所
7	歌剧院、舞剧院、音乐厅、电影院、礼堂、纪念堂、剧团的排演场等演艺排演建筑	大空间门厅、中庭、舞台、观众厅等场所
8	体育比赛场馆、训练场馆等体育建筑	大空间门厅、中庭、看台、比赛训练场地、器材库等场所
9	生产贮存 A 类物品的建筑	大空间厂房、仓库等场所

（2）设置场所的环境温度应不低于 4℃，且不高于 55℃。

2. 大空间智能型主动喷水灭火系统不适用于以下场所：

（1）在正常情况下采用明火生产的场所；

（2）火灾类别为 B、C、D、E、F 类火灾的场所；

（3）存在较多遇水发生爆炸或加速燃烧的物品场所；

（4）存在较多遇水发生剧烈化学反应或产生有毒有害物质的物品场所；

（5）存在因洒水而导致液体喷溅或沸溢的液体场所；

（6）存放遇水将受到严重损坏的贵重物品场所，如档案库、贵重资料库、博物馆珍藏室等；

（7）严禁管道漏水的场所；

（8）因高空水炮的高压水柱冲击造成重大财产损失的场所；

（9）其他不宜采用大空间能智型自动喷水灭火系统的场所。

3. 不同类型智能型灭火装置的适用条件详见表 5.15-3。

表 5.15-3 不同类型智能型灭火装置的适用条件

序号	配置灭火装置的名称	型号、规格	接口直径/mm	标准喷水流量/(L/s)	标准保护半径/m	喷头安装高度/m	设置场所最大净空高度/m	喷水方式
1	大空间智能灭火装置	标准型	DN40	5	≤6	≥6 ≤25	顶部安装≤25 架空安装不限	着火点及周边圆形区域均匀洒水
2	自动扫描射水灭火装置	标准型	DN20	2	≤6	≥2.5 ≤6	顶部安装≤6 架空安装不限 边墙安装不限 退层平台安装不限	着火点及周边扇形区域扫描射水

续表

序号	配置灭火装置的名称	型号、规格	接口直径/mm	标准喷水流量/(L/s)	标准保护半径/m	喷头安装高度/m	设置场所最大净空高度/m	喷水方式
3	自动扫描射水高空水炮灭火装置	标准型	DN25	5	≤20	≥6 ≤20	顶部安装≤20 架空安装不限 边墙安装不限 退层平台安装不限	着火点及周边矩形区域扫描射水

5.15.4 大空间智能型主动喷水灭火系统的选择和配置

1. 系统选择

（1）大空间智能型主动喷水灭火系统的选择，应根据设置场所的火灾类别、火灾特点、环境条件、空间高度、保护区域的形状、保护区域内障碍物的情况、建筑美观要求及配置不同灭火装置的大空间智能型主动喷水灭火系统的适用条件来确定。

（2）大空间智能型主动喷水灭火系统设计原则应符合下列规定：

① 智能型红外探测组件应能有效探测和判定火源；

② 系统设计流量应保证在保护范围内设计同时开放的喷头、高空水炮在规定持续喷水时间内持续喷水；

③ 大空间智能型主动喷水灭火系统的持续喷水灭火时间不应低于1小时，在这一时间范围内，可根据火灾扑灭情况，人工或自动关闭系统及复位；

④ 喷头、水炮喷水时，不应受到障碍物的阻挡。

（3）设置大空间智能型主动灭火系统的场所的火灾危险等级应按现行国家标准《自动喷水灭火系统设计规范》（GB 50084—2017）的规定划分。

（4）火灾危险等级为中危险级或轻危险级的场所可采用配置各种类型大空间灭火装置的系统。

（5）火灾危险等级为严重危险级的场所宜采用配置大空间智能灭火装置的系统。

（6）舞台的葡萄架下部、演播室、电影摄影棚的上方宜采用配置大空间智能灭火装置的系统。

（7）边墙式安装时宜采用配置自动扫描射水灭火装置或自动扫描射水高空水炮灭火装置的系统。

（8）灭火后需及时停止喷水的场所，应采用具有重复启闭功能的大空间智能型主动喷水灭火系统。

（9）大空间智能型主动喷水灭火系统的管网宜独立设置。

（10）当大空间智能型主动喷水灭火系统的管网与湿式自动喷水灭火系统的管网合并设置时，必须满足下列条件：

① 系统设计水量、水压及一次灭火用水量应满足两个系统中最大的一个设计水量、水压及一次灭火用水量的要求；

② 应同时满足两个系统的其他设计要求，并能独立运行，互不影响。

（11）当大空间智能型主动喷水灭火系统的管网与消火栓系统的管网合并设置时，必须满足下列条件：

① 系统设计水量、水压及一次灭火用水量应同时满足两个系统总的设计水量、最高水压及一次灭火用水量的要求；

② 应同时满足两个系统的其他设计要求，并能独立运行，互不影响。

2. 系统配置

（1）大空间智能灭火装置系统及组成见图 5.15-1：

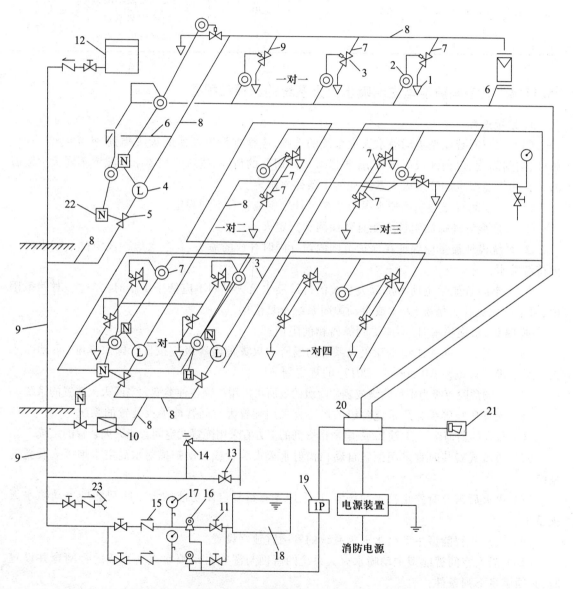

图 5.15-1　大空间智能灭火装置系统组成示意图

1—大空间大流量喷头；2—智能型红外探测组件；3—电磁阀；4—水流指示器；5—信号阀；6—模拟末端试水装置；
7—配水支管；8—配水管；9—配水干管；10—减压阀组；11—手动闸阀；12—高位水箱；13—试水放水阀；
14—安全泄压阀；15—逆止阀；16—加压水泵；17—压力表；18—消防水池；19—水泵控制箱；
20—火灾报警控制器；21—声光报警器；22—信号模块；23—水泵接合器

其中减压阀组、安全泄压阀、加压水泵视需要设置。

（2）自动扫描射水灭火装置系统及组成见图5.15-2。

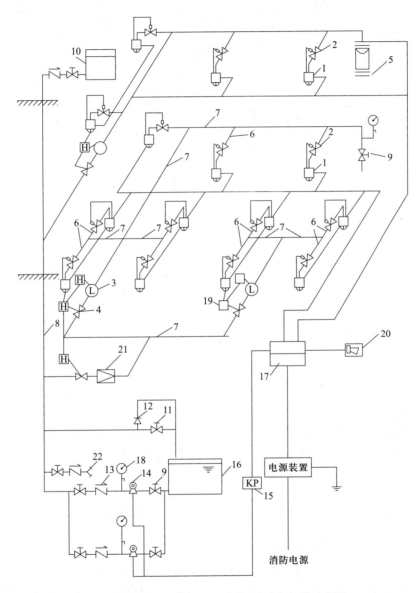

图 5.15-2　自动扫描射水灭火装置系统组成示意图

1—扫描射水喷头+红外探测组件；2—电磁阀；3—水流指示器；4—信号阀；5—模拟末端试水装置；6—配水支管；
7—配水管；8—配水干管；9—手动闸阀；10—高位水箱；11—试水放水阀；12—安全泄压阀；13—逆止阀；
14—加压水泵；15—水泵控制箱；16—消防水池；17—火灾报警控制器；18—压力表；
19—信号模块；20—声光报警器；21—减压阀组；22—水泵接合器

（3）自动扫描射水高空水炮系统及组成见图5.15-3。

3. 工作原理

（1）大空间智能灭火装置灭火系统的单体控制系统工作流程见图5.15-4。

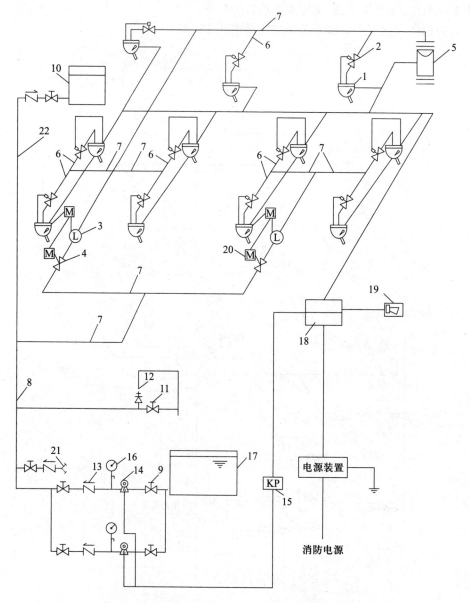

图 5.15-3 自动扫描射水高空水炮系统组成示意图

1—高空水炮+红外探测组件；2—电磁阀；3—水流指示器；4—信号阀；5—模拟末端试水装置；6—配水支管；7—配水管；
8—配水干管；9—手动闸阀；10—高位水箱；11—试水放水阀；12—安全泄压阀；13—逆止阀；14—加压水泵；15—水泵控制器；
16—压力表；17—消防水池；18—火灾报警控制器；19—声光报警器；20—信号模块；21—水泵接合器

（2）大空间智能灭火装置灭火系统的集中控制系统工作流程见图 5.15-5。

（3）自动扫描射水灭火装置灭火系统的单体控制系统工作流程见图 5.15-6。

（4）自动扫描射水灭火装置灭火系统的集中控制系统工作流程见图 5.15-7。

（5）自动扫描射水高空水炮灭火装置灭火系统的单体控制系统工作流程见图 5.15-8。

（6）自动扫描射水高空水炮灭火装置灭火系统的集中控制系统工作流程见图 5.15-9。

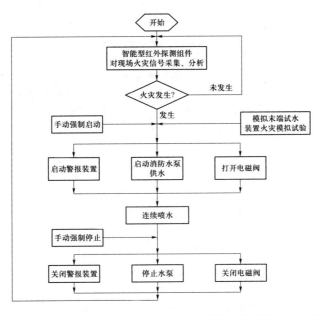

图 5.15-4 大空间智能灭火装置灭火系统的单体控制系统工作流程
（不包括重复启闭系统）

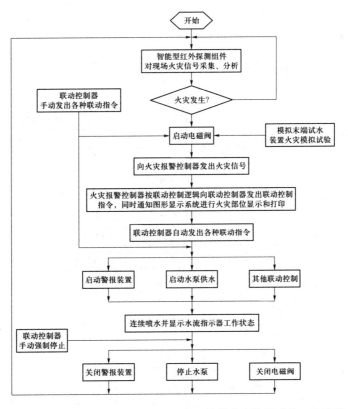

图 5.15-5 大空间智能灭火装置灭火系统的集中控制系统工作流程
（不包括重复启闭系统）

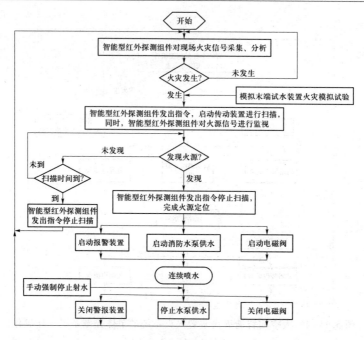

图 5.15-6 自动扫描射水灭火装置灭火系统的单体控制系统工作流程
(不包括重复启闭系统)

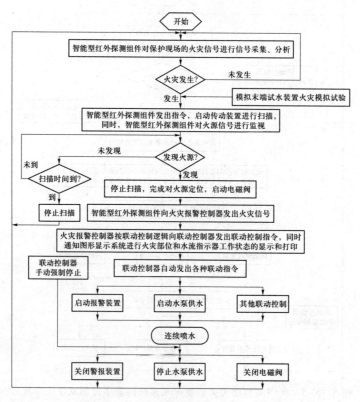

图 5.15-7 自动扫描射水灭火装置灭火系统的集中控制系统工作流程
(不包括重复启闭系统)

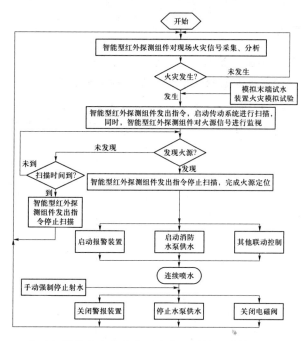

图 5.15-8　自动扫描射水高空水炮灭火装置系统的单体控制系统工作流程
（不包括重复启闭系统）

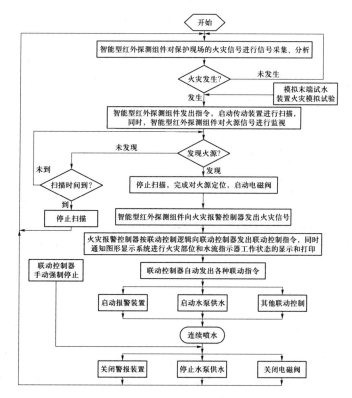

图 5.15-9　自动扫描射水高空水炮灭火装置系统的集中控制系统工作流程
（不包括重复启闭系统）

5.15.5　基本设计参数

1. 单个喷头或水炮的基本设计参数

（1）标准型大空间智能灭火装置喷头的设计基本参数见表 5.15-4。

表 5.15-4　标准型大空间智能灭火装置喷头的设计基本参数

项目	参数	项　　目		参数
接口直径/连接管径/mm	40/50	轻危险级④		8.4×8.4 = 70.56 8×8.8 = 70.4 7×9.6 = 67.2 6×10.4 = 62.4 5×10.8 = 54 4×11.2 = 44.8 3×11.6 = 34.8
喷水流量①/（L/s）	5	矩形布置 保护面积 $a(\text{m}) \times b(\text{m}) = S(\text{m}^2)$	中危险级 Ⅰ级	7×7 = 49 6×8.2 = 49.2 5×10 = 50 4×11.3 = 45.2 3×11.6 = 34.8
喷水强度①/ ［L/（min · m²）］	2.5		Ⅱ级	6×6 = 36 5×7.5 = 37.5 4×9.2 = 36.8 3×11.6 = 34.8
喷头处标准工作压力/MPa	0.25		严重危险级 Ⅰ级	5×5 = 25 4×6.2 = 24.8 3×8.2 = 24.6
配水管水平管道入口处的 压力上限值②/MPa	0.60			
安装高度③ 最高/m	25		Ⅱ级	4.2×4.2 = 17.64 3×6.2 = 18.6
安装高度③ 最低/m	6			
圆形保护半径/m	6			
圆形保护面积/m²	113.04			

注：1. 喷头流量和喷水强度均指在标准工作下的数值，当在其他工作压力下喷头流量应按式（5.15-1）计算：

$$q = K\sqrt{10P} \cdot \frac{1}{60} \tag{5.15-1}$$

式中　　q——喷头流量（L/s）；

P——喷头工作压力（MPa）；

K——喷头流量系数，取 $K = 190$。

2. 配水管水平管道入口处的压力超过表 5.15-4 的限定值时，应设置减压装置，或采取其他减压措施。

3. 安装高度：包括喷头和探头的安装高度（探头应与喷头安装高度相同）；高度最高限值是指喷头平顶棚或吊顶设置时，设置场所地面至顶棚底或吊顶底的最大净空高度；当喷头为边墙式或悬空式安装，且喷头以上空间无可燃物时，设置场所的净空高度可不受限制。

4. 表中设置场所的火灾危险等级根据《自动喷水灭火系统设计规范》（GB 50084—2001）确定。

（2）标准型自动扫描射水灭火装置喷头的设计基本参数见表 5.15-5。

表 5.15-5　标准型自动扫描射水灭火装置喷头的设计基本参数

项目		参数	项目		参数
接口直径/连接管径/mm		20/40	圆形保护半径/m		6
喷水流量①/(L/s)		2	保护面积 /m²	圆形	113.04
喷水强度①/ [L/(min·m²)]	轻危险级	4(扫描角度:90°)			8.4×8.4=70.56
	中危险级Ⅰ级	6(扫描角度:60°)		矩形 a(m)×b(m) = S(m²)	8×8.8=70.4
	中危险级Ⅱ级	8(扫描角度:45°)			7×9.6=67.2
喷头处标准工作压力/MPa		0.15			6×10.4=62.4
配水管水平管道入口处的 压力上限值②/MPa		0.50			5×10.8=54
安装高度③	最高/m	6			4×11.2=44.8
	最低/m	2.5			3×11.6=34.8
最大扇形保护角度/度		360			

注:1. 喷头流量和喷水强度均指在标准工作压力下的数值,当在其他工作压力下,喷头流量应按式(5.15-1)计算,其中喷头流量系数 $K=97$。

2. 配水管水平管道入口处的压力超过表 5.15-5 的限定值时,应设置减压装置,或采取其他减压措施。

3. 安装高度:包括喷头和探头的安装高度(探头应与喷头安装高度相同);高度最高限值是指喷头平顶棚或吊顶设置时,设置场所地面至顶棚底或吊顶底的最大净空高度;当喷头为边墙式或悬空式安装,且喷头以上空间无可燃物时,设置场所的净空高度可不受限制。

4. 设置场所的火灾危险等级根据《自动喷水灭火系统设计规范》(GB 50084—2017)确定。

（3）标准型自动扫描射水高空水炮的基本设计参数如表 5.15-6。

表 5.15-6　标准型自动扫描射水高空水炮灭火装置喷头的基本设计参数

项目		参数	项目		参数
接口直径/连接管径/mm		25/50	圆形保护半径/m		20
喷水流量①/(L/s)		5	保护面积 /m²	圆形	1 256
喷头处标准工作压力/MPa		0.60		矩形 a(m)×b(m) = S(m²)	28.2×28.2=795.24
配水管水平管道入口处的 压力上限值②/MPa		1.0			25×31=775
					20×34=680
安装高度③	最高/m	20			15×37=555
	最低/m	6			10×38=380

注:1. 喷头流量和喷水强度均指在标准工作下的数值,当在其他工作压力下喷头流量应按式(5.15-1)计算:其中的喷头流量系数 $K=122$。

2. 配水管水平管道入口处的压力超过表 5.15-6 的限定值时,应设置减压装置,或采取其他减压措施。

3. 安装高度:包括高空水炮和探头的安装高度(探头应与高空水炮安装高度相同);高度最高限值是指喷头平顶棚或吊顶设置时,设置场所地面至顶棚底或吊顶底的最大净空高度;当高空水炮为边墙式或悬空式安装,且高空水炮以上空间无可燃物时,设置场所的净空高度可不受限制。

4. 轻危险级、中危险级Ⅰ级、中危险级Ⅱ级保护范围及面积相同。

2. 系统设计流量

（1）系统的设计流量应根据最不利点处作用面积内同时开放的喷头(或水炮)数经计算确定。

（2）标准型大空间智能灭火装置的系统设计流量如表 5.15-7；超过 16 个喷头时，按 16 个喷头计算，不足 16 个喷头时，按实际布置喷头数确定。

表 5.15-7　标准型大空间智能灭火装置的系统设计流量

喷头设置方式	列数	喷头布置/个	设计同时开启喷头数/个	设计流量/(L/s)
1 行布置时	1	1	1	5
	2	2	2	10
	3	3	3	15
	≥4	≥4	4	20
2 行布置时	1	2	2	10
	2	4	4	20
	3	6	6	30
	≥4	≥8	8	40
3 行布置时	1	3	3	15
	2	6	6	30
	3	9	9	45
	≥4	≥12	12	60
4 布置时	1	4	4	20
	2	8	8	40
	3	12	12	60
	≥4	≥16	16	80
超过 4 行×4 列布置		≥16	16	80

注：火灾危险等级为轻或中危险级的设置场所，当一个智能型红外探测组件控制 1 个喷头时，最大设计流量可按 45 L/s 确定。

（3）标准型自动扫描射水灭火装置的系统设计流量如表 5.15-8；超过 16 个喷头时，按 16 个喷头计算，不足 16 个喷头时，按实际布置喷头数确定。

表 5.15-8 标准型自动扫描射水灭火装置的系统设计流量

喷头设置方式	列数	喷头布置/个	设计同时开启喷头数/个	设计流量/(L/s)
1行布置时	1	1	1	2
	2	2	2	4
	3	3	3	6
	≥4	≥4	4	8
2行布置时	1	2	2	4
	2	4	4	8
	3	6	6	12
	≥4	≥8	8	16
3行布置时	1	3	3	6
	2	6	6	12
	3	9	9	18
	≥4	≥12	12	24
4行布置时	1	4	4	8
	2	8	8	16
	3	12	12	24
	≥4	≥16	16	32
超过4行×4列布置		≥16	16	32

（4）标准型自动扫描射水高空水炮灭火装置的系统设计流量如表5.15-9；超过9门水炮时，按9门水炮计算，不足9门水炮时，按实际布置水炮确定。

表 5.15-9 标准型自动扫描射水高空水炮灭火装置的系统设计流量

水炮设置方式	列数	水炮布置/个	设计同时开启水炮数/个	设计流量/(L/s)
1行布置时	1	1	1	5
	2	2	2	10
	≥3	≥3	3	15
2行布置时	1	2	2	10
	2	4	4	20
	≥3	≥6	6	30

水炮设置方式	列数	水炮布置/个	设计同时开启水炮数/个	设计流量/(L/s)
3 行布置时	1	3	3	15
	2	6	6	30
	≥3	≥9	9	45
超过 3 行×3 列布置		≥9	9	45

5.15.6 系统组件

所有系统组件均应为经消防主管部门认可的合格产品。系统组件及安装要求见表 5.15-10。

表 5.15-10 系 统 组 件

组件	要 求
喷头及高空水炮	1. 安装高度:根据选用的灭火装置,按表 5.15-4~6 要求设置 2. 各种喷头和高空水炮应下垂式安装 3. 同一个隔间内宜采用同一种喷头或高空水炮,如要混合采用多种喷头或高空水炮,且合用一组供水设施时,应在供水管路的水流指示器前,将供水管道分开设置,并根据不同喷头的工作压力要求、安装高度及管道水头损失来考虑是否设置减压装置 4. 大空间智能型主动喷水灭火系统应有备用喷头(水炮),其数量不应当少于总数的 1%,且每种型号均不得少于 1 只
智能型探测组件	1. 大空间智能型灭火装置的智能型红外探测组件与大空间大流量喷头为分体式设置时,其安装应符合下列规定: (1)安装高度应与喷头安装高度相同 (2)一个智能型探测组件最多可覆盖 4 个喷头(喷头为矩形布置时)的保护区 (3)设在舞台上方时,每个智能型探测组件控制 1 个喷头;设在其他场所时一个智能型探测组件可控制 1~4 个喷头 (4)一个智能型探测组件控制 1 个喷头时,智能型探测组件与喷头的水平安装距离不应大于 600 mm (5)一个智能型红外探测组件控制 2~4 个喷头时,智能型探测组件距各喷头布置平面的中心位置的水平安装距离不应大于 600 mm,以保证覆盖多个喷头 2. 自动扫描射水灭火装置和自动扫描射水高空水炮灭火装置的智能型探测组件与扫描射水喷头(高空水炮)为一体设置,智能型探测组件的安装应符合下列规定: (1)安装高度与喷头(高空水炮)安装高度相同 (2)一个智能型探测组件的探测区域应覆盖 1 个喷头(高空水炮)的保护区域 (3)一个智能型探测组件只控制 1 个喷头(高空水炮) 3. 智能型探测组件应平行或低于天花、梁底、屋架底和风管底设置

续表

组件	要 求
电磁阀	1. 大空间智能型主动喷水灭火系统灭火装置配套的电磁阀,应符合以下条件: (1) 阀体应采用不锈钢或铜质材料 (2) 阀芯应采用浮动阀芯结构 (3) 复位弹簧应设置于水介质以外 (4) 电磁阀在不通电条件下应处于关闭状态 (5) 电磁阀的开启压力不应大于 0.04 MPa (6) 电磁阀的公称压力不应小于 1.6 MPa 2. 电磁阀宜靠近智能型灭火装置设置 3. 若电磁阀设置在吊顶内,宜设置在便于检查维修的位置,在电磁阀的位置应预留检修孔洞,并应有永久性标志 4. 各种灭火装置配套的电磁阀的基本参数如表 5.15-11
水流指示器与信号阀	1. 每个防火分区或每个楼层均应设置水流指示器和信号阀 2. 大空间智能型主动喷水灭火系统与其他自动喷水灭火系统合用一套供水系统时,应独立设置水流指示器和信号阀,且应在其他自动喷水灭火系统湿式报警阀或雨淋阀前将管道分开 3. 水流指示器应安装在配水管上、信号阀出口之后 4. 水流指示器和信号阀的公称压力不应小于系统的工作压力 5. 水流指示器和信号阀应安装在便于检修的位置 6. 信号阀的公称直径应与配水管管径相同
模拟末端试水装置	1. 每个压力分区的水平管网末端最不利点处,应设模拟末端试水装置,但在满足下列条件时,可不设模拟末端试水装置,而设直径为 50 mm 的试水阀: (1) 每个水流指示器控制的保护范围内允许进行试水,且试水不会对建筑、装修及物品造成损坏的场地 (2) 试水场地地面应有完善排水措施 2. 模拟末端试水装置应由压力表、试水阀、电磁阀、智能型探测组件、模拟喷头(高空水炮)及排水管组成,见图 5.15-10,安装位置和要求同自动喷洒系统 3. 试水装置的智能型探测组件的性能及技术要求应与各种灭火装置配置的智能型探测组件相同,与模拟喷头为分体式安装 4. 电磁阀的性能及技术要求与各种灭火装置的电磁阀相同

表 5.15-11 各种灭火装置基本参数

灭火装置名称	安装方式	安装高度	控制喷头(水炮)数	接管管径
大空间智能灭火装置	与喷头分设安装	不受限制	控制 1 个	$DN50$
			控制 2 个	$DN80$
			控制 3 个	$DN100$
			控制 4 个	$DN125 \sim 150$
自动扫描射水灭火装置	与喷头分设安装	不受限制	控制 1 个	$DN40$
自动扫描射水高空水炮灭火装置	与水炮分设安装	不受限制	控制 1 个	$DN50$

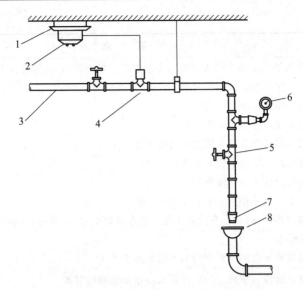

图 5.15-10　模拟末端试水装置组成示意图

1—安装底座;2—智能型红外探测组件;3—最不利点水管(*DN*50);4—电磁阀(*DN*50);

5—截止阀(*DN*50);6—压力表;7—模拟喷头(口径同系统喷头);8—排水漏斗

5.15.7　喷头及高空水炮的布置

1. 高架喷头(水炮)的安装

图 5.15-11~图 5.15-19 分别为不同类型智能型自动灭火装置在不同安装条件下的安装示意图。

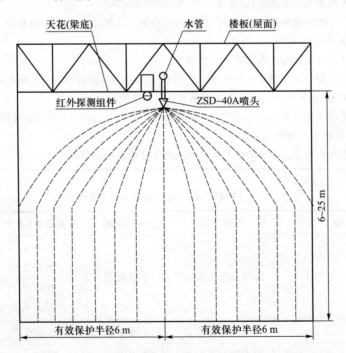

图 5.15-11　单个标准型(ZSD-40A 型)大空间智能灭火装置吊顶式(或悬空式)安装及喷水示意图

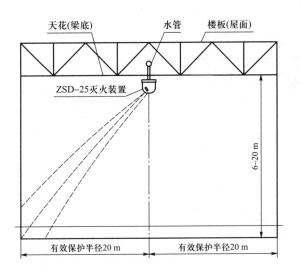

图 5.15-12 单个标准型(ZSS-25 型)
自动扫描射水高空水炮灭火装置吊顶式
(或悬空式)安装及射水示意图

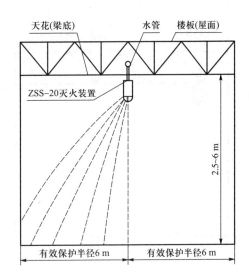

图 5.15-13 单个标准型(ZSS-20 型)
自动扫描射水灭火装置吊顶式
(或悬空式)安装及射水示意图

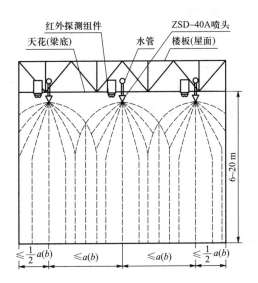

图 5.15-14 多个标准型(ZSD-40A 型)
大空间智能灭火装置吊顶式
(或悬空式)安装及喷水示意图

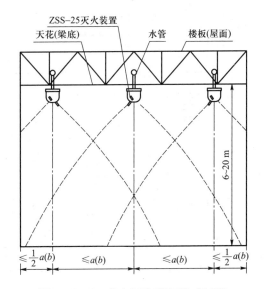

图 5.15-15 多个标准型(ZSS-25 型)
自动扫描射水高空水炮灭火装置吊顶式
(或悬空式)安装及射水示意图

2. 平面布置

(1)大空间智能灭火装置喷头的平面布置

① 标准型喷头的布置间距不应超过表 5.15-4 的规定,喷头与边墙的距离不应超过喷头间距的一半,见示意图 5.15-20。

② 标准型大空间智能灭火装置喷头布置间距不宜小于 2.5 m。

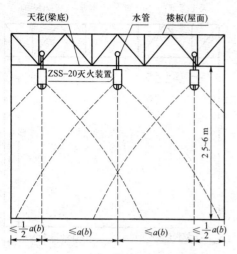

图 5.15-16 多个标准型(ZSS-20 型)
自动扫描射水灭火装置吊顶式
(或悬空式)安装及射水示意图

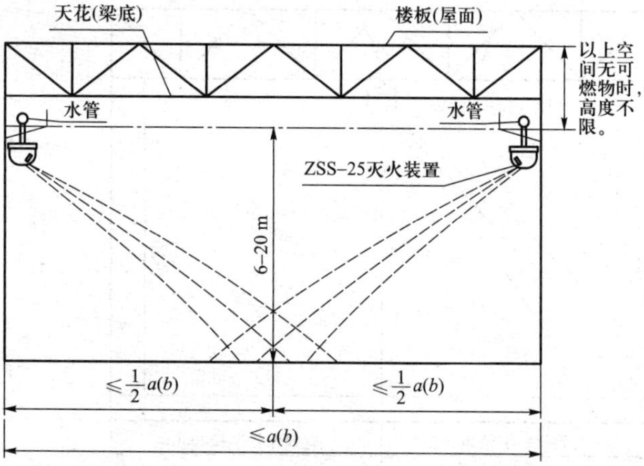

图 5.15-17 标准型(ZSS-25 型)
自动扫描射水高空水炮灭火装置
边墙式安装及射水示意图

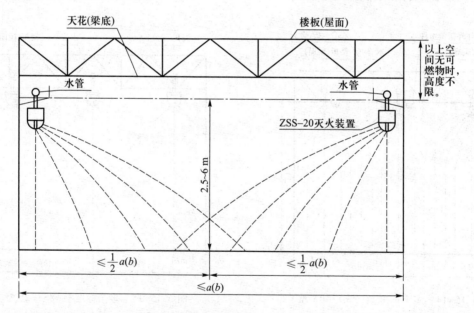

图 5.15-18 标准型(ZSS-20 型)自动扫描射水灭火装置边墙式安装及射水示意图

③ 喷头应平行或低于天花、梁底、屋架和风管底设置。

(2) 自动扫描射水灭火装置喷头的平面布置

① 标准型喷头的布置间距不应超过表 5.15-5 的规定,喷头与边墙的距离不应超过喷头间距的一半。

② 标准型自动扫描射水灭火装置喷头间的布置间距不宜小于 3 m。

③ 喷头应平行或低于天花、梁底、屋架和风管底设置。

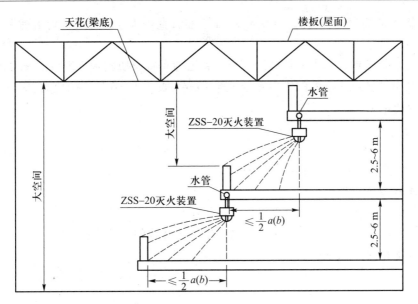

图 5.15-19　标准型(ZSS-20 型)自动扫描射水灭火装置退层式安装及射水示意图

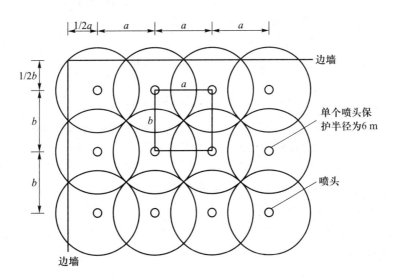

图 5.15-20　喷头与喷头间以及喷头与边墙间布置距离示意

（3）自动扫描射水高空水炮的平面布置

① 标准型水炮的布置间距不应超过表 5.15-6 的规定,喷头与边墙的距离不应超过水炮间距的一半。

② 标准型自动扫描射水高空水炮灭火装置水炮间的布置间距不宜小于 10 m。

③ 高空水炮应平行或低于天花、梁底、屋架和风管底设置。

5.15.8　管道

除下列条款外,均同自动喷水灭火系统的要求。

1. 室内管道的直径不宜大于 200 mm,当管道的直径大于 200 mm 时宜采用环状管双向供水。

2. 管道的直径应根据水力计算确定。配水管道的布置应使配水管入口的压力接近均衡。

3. 配水管水平管道入口处的压力超过表 5.15-4~表 5.15-6 的上限值时,应设置减压装置,或采取其他减压措施。

5.15.9 供水

1. 水源、水泵和水泵接合器同自动喷洒灭火系统。

2. 高位水箱或气压稳压装置。

(1) 非常高压系统应设置高位水箱或气压稳压装置。

(2) 高位水箱底的安装高度应大于最高一个灭火装置的安装高度 1 m。

(3) 高位水箱的容积不应小于 1 m³。

(4) 高位水箱可以与其他自动喷水灭火系统或消防系统的高位水箱合用,但应满足下列要求:

① 当与自动喷水灭火系统合用一套供水系统时,高位水箱出水管可以合用;

② 当与自动喷水灭火系统分开设置供水系统时,高位水箱出水管应独立设置;

③ 消火栓系统的高位水箱出水管应独立设置;

④ 出水管上应设置止回阀及检修阀。

(5) 高位水箱与生活水箱分开设置。

(6) 高位水箱应设补水管、溢流管及放空管。

(7) 高位水箱宜采用钢筋混凝土、不锈钢、玻璃钢等耐腐蚀材料建造。

(8) 高位水箱应定期清扫,水箱人孔、溢流管处应有防止蚊虫进入的措施。

(9) 寒冷地区,可能遭受冰冻的水箱,应采取防冻措施。

(10) 水箱出水管的管径不应小于 50 mm。

(11) 无条件设置高位水箱时或水箱高度不能满足高位水箱底的安装高度大于最高一个灭火装置的安装高度 1 m 的规定时,应设置隔膜式气压稳压装置。稳压泵流量宜为 1 个喷头(水炮)标准喷水流量,压力应保证最不利一个灭火装置处的最低工作压力要求。气压罐的有效调节容积不应小于 150 L。

5.15.10 水力计算

1. 系统的设计流量。

大空间智能型主动喷水灭火系统的设计流量应根据喷头(高空水炮)的设置方式,布置的行数及列数、作用面积内同时开启数等分别按表 5.15-7~表 5.15-9 来确定;也可按式(5.15-2)计算确定:

$$Q_s = \frac{1}{60} \sum_{i=1}^{n} q_i \qquad (5.15-2)$$

式中 Q_s——系统设计流量(L/s);

q_i——系统中最不利点处作用面积内同时开启喷头(高空水炮)的各节点流量(L/min);

n——系统中最不利点处作用面积内同时开启的喷头(高空水炮)数。

2. 喷头的流量。

(1) 喷头(高空水炮)在标准工作压力时的流量按表 5.15-4～表 5.15-6 选定;

(2) 喷头(高空水炮)在其他工作压力下的流量按式(5.15-1)计算确定。

3. 建筑物内同时设有自动喷水灭火系统时,消防水量的计算可按两个系统中最大者选取,可不叠加计算。

4. 管道的水力计算同自动喷水灭火系统。

5. 减压措施同自动喷水灭火系统。

6. 管段的设计流量和估算管径可按表 5.15-12～表 5.15-14 选定。

(1) 大空间智能灭火装置的配水管的设计流量和估算管径可根据表 5.15-12 确定。

表 5.15-12 大空间智能灭火装置的配水管的设计流量和估算管径

管段负荷的最大同时开启喷头数/个	管段的设计流量/(L/s)	管段的配管公称管/mm
1	5	50
2	10	80
3	15	100
4	20	125～150
5	25	125～150
6	30	150
7	35	150
8	40	150
9～15	45～75	150
≥16	80	150

(2) 自动扫描射水灭火装置的配水管的设计流量和估算管径可根据表 5.15-13 确定。

表 5.15-13 自动扫描射水灭火装置的配水管的设计流量及估算管径

管段负荷的最大同时开启喷头数/个	管段的设计流量/(L/s)	管段的配管公称管/mm
1	2	40
2	4	50
3	6	65
4	8	80
5	10	100
6	12	100
7	14	100
8	16	125～150
9	18	125～150
10～15	20～30	150
≥16	32	150

（3）自动扫描射水高空水炮灭火装置的配水管的设计流量及估算管径可根据表 5.15-14 确定。

表 5.15-14　自动扫描射水高空水炮灭火装置的配水管的设计流量及估算管径

管段负荷的最大同时开启喷头数/个	管段的设计流量/（L/s）	管段的配管公称管/mm
1	5	50
2	10	80
3	15	100
4	20	125~150
5	25	150
≥6	30	150
7~8	35~40	150
9	45	150

5.16　气体灭火系统

5.16.1　一般适用场所简述

现行防火设计规范、法规要求需设置气体灭火系统的建筑场所见表 5.16-1。

表 5.16-1　气体灭火系统的设置场所

规范名称	设置场所
《建规》	下列场所应设置自动灭火系统，且宜采用气体灭火系统： 1. 国家、省级或人口超过 100 万的城市广播电视发射塔楼内的微波机房、分米波机房、米波机房、变配电室和不间断电源（UPS）室 2. 国际电信局、大区中心、省中心和一万路以上的地区中心内的长途程控交换机房、控制室和信令转接点室 3. 两万线以上的市话汇接局和六万门以上的市话端局内的程控交换机房、控制室和信令转接点室 4. 中央及省级治安、防灾和网局级及以上的电力等调度指挥中心内的通信机房和控制室 5. A、B 级电子信息系统机房内的主机房和基本工作间的已记录磁（纸）介质库（当有备用主机和备用已记录磁（纸）介质，且设置在不同建筑中或同一建筑中的不同防火分区内时，也可采用预作用自动喷水灭火系统） 6. 中央和省级广播电视中心内建筑面积不小于 120 m² 的音像制品仓库 7. 国家、省级或藏书量超过 100 万册的图书馆内的特藏库；中央和省级档案馆内的珍藏库和非纸质档案库；大、中型博物馆内的珍品仓库；一级纸绢质文物的陈列室 8. 其他特殊重要设备室 注：① 第 1、4、5、8 款规定的部位，可采用细水雾灭火系统； ② 当有备用主机和备用已记录磁（纸）介质，且设置在不同建筑物内或同一建筑内的不同防火分区内时，第 5 款规定的部位可采用预作用自动喷水灭火系统

5.16.2 灭火系统的组成和工作原理

1. 灭火系统的组成

气体灭火系统的组件主要包括:灭火剂的贮存装置(贮存容器、容器阀、集流管等)、启动分配装置(启动气瓶、启动气体管路、选择阀等)、输送释放装置(管道及管道附件、喷头等)、监控装置等。根据防护区的面积、数量以及所采用的灭火剂的不同,系统组成略有不同。

(1)单个防护区可采用单元独立系统,系统组成见图5.16-1。

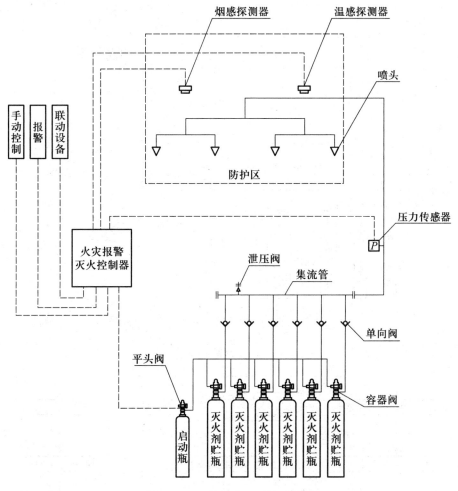

图 5.16-1 单元独立系统示意图

(2)多个防护区可采用组合分配系统,系统组成见图5.16-2。

2. 工作原理

防护区内发生火灾,火灾报警探测器(温感或烟感)报警,设于消防控制中心的自动控制装置(手动状态时由值班人员控制)在接到两个独立的火灾信号后,启动联动装置关闭该防护区开口封闭装置、通风机械和防火阀等设备,同时开启启动瓶瓶头阀、选择分配阀、贮存容器瓶头阀等释放灭火剂灭火。灭火系统工作流程详见图5.16-3。

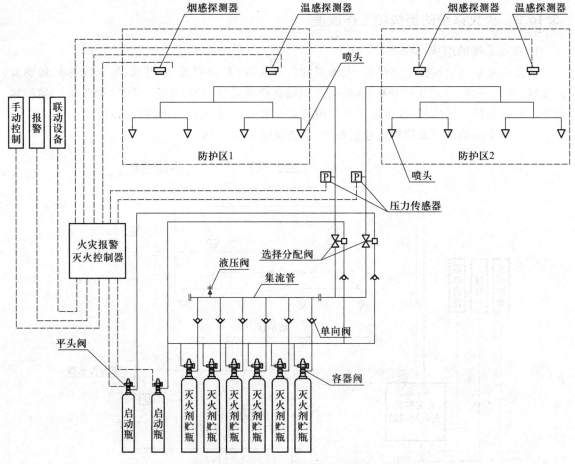

图 5.16-2 组合分配系统示意图

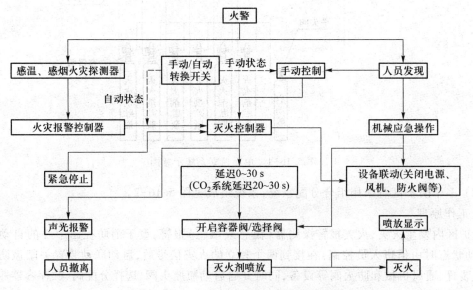

图 5.16-3 气体灭火系统工作流程简图

3. 灭火机理

（1）七氟丙烷灭火系统：吸热降温、降低氧浓度、化学抑制。

（2）IG 541 混合气体、灭火系统：降低氧浓度。

（3）热气溶胶预制灭火系统：吸热降温、化学抑制、降底氧浓度。

（4）二氧化碳灭火系统：主要是窒息，其次是冷却。

5.16.3 常用灭火剂和产品种类、规格

1. 常用灭火剂种类、特性、适用扑救的火灾见表 5.16-2。

表 5.16-2　常用灭火剂的主要类型、特征和适用条件

类别		氢氟烃类	惰性气体类	其他
名称	灭火剂名称	七氟丙烷	IG-541	二氧化碳
	化学名称	HFC-227ea	$N^2+Ar+CO_2$	CO_2
	商品名称	FM200	烟烙尽	—
温室效应潜能值 GWP		2 050	0	1
毒性反应	无毒性反应浓度 NOAEL($V/V\%$)	9	43	空气中浓度达到2%时,会使人感觉不适;浓度达到20%,很快使人中枢神经麻痹,短时间内死亡
	有毒性反应浓度 LOAEL($V/V\%$)	10.5	52	
	近似致死浓度 LC50($V/V\%$)	>80	—	
大气中存活寿命 ALT/a		31~42	0	120
灭火机理		化学抑制、冷却、窒息	窒息	窒息、冷却
适用于扑救的火灾		1. 电气火灾 2. 固体表面火灾 3. 液体火灾 4. 灭火前能切断气源的气体火灾	1. 电气火灾 2. 固体表面火灾 3. 液体火灾 4. 灭火前能切断气源的气体火灾	1. 灭火前能切断气源的气体火灾 2. 液体火灾或石蜡、沥青等可融化的固体火灾 3. 固体表面火灾及棉毛、织物、纸张等部分固体深位火灾 4. 电气火灾
不适用扑救的火灾		1. 硝化纤维、硝酸钠等氧化剂或含氧化剂的化学制品火灾 2. 钾、镁、钠、钛、锆、铀等活泼金属火灾 3. 氰化钾、氰化钠等金属氰化物火灾 4. 过氧化氢、联胺等能自行分解的化学物质火灾 5. 可燃固体物质的深位火灾	1. 硝化纤维、硝酸钠等氧化剂或含氧化剂的化学制品火灾 2. 钾、镁、钠、钛、锆、铀等活泼金属火灾 3. 氰化钾、氰化钠等金属氰化物火灾 4. 过氧化氢、联胺等能自行分解的化学物质火灾 5. 可燃固体物质的深位火灾	1. 硝化纤维、火药等含氧化剂的化学制品火灾 2. 钾、镁、钠、钛、锆等活泼金属火灾 3. 氰化钾、氰化钠等金属氰化物火灾

注：上述灭火剂破坏臭氧层的潜能值 ODP 均为 0。

2. 目前市场常见的主要产品的种类、规格。

（1）七氯丙烷气体灭火系统。

① 灭火剂贮瓶,技术参考尺寸见表 5.16-3。

表 5.16-3　七氯丙烷气体灭火系统贮瓶技术参数及尺寸

灭火剂贮瓶容积/L		40	70	90	120	150	180
贮瓶外形尺寸	直径/mm	219	312	312	366	416	416
	高度/mm	1 345	1 210	1 490	1 450	1 390	1 630
20℃时灭火剂存贮压力/MPa		2.5 MPa、4.2 MPa、5.6 MPa					
灭火剂最大充装量/(kg/瓶)		46	80.5	103.5	138	172.5	207
灭火剂喷放剩余量/(kg/瓶)		<2.5	<3		<4.5	<5	
贮瓶净重/(kg/只)		58	65	76	120	140	152
充装灭火剂后重量/(kg/瓶)		104	145.5	179.5	258	312.5	359

② 柜式(无管网)七氟丙烷灭火装置,技术参数及尺寸见表 5.16-4。

表 5.16-4　柜式(无管网)七氟丙烷灭火装置技术参数及尺寸

单个灭火剂贮瓶容积/L		单瓶组装置						双瓶组装置				
		40	70	90	120	150	180	40	70	90	120	150
灭火剂最大充装量/kg		40	70	90	120	150	180	80	140	180	240	300
20℃时灭火剂存贮压力/MPa		2.5 MPa										
灭火剂喷放剩余量/kg		<3						<6				
装置外形尺寸/mm	长	620			700			1 050			1 090	
	宽	490			610			490			610	
	高	1 880			1 900		2 030	2 030				
装置重量/kg		175	238	265	350	410	470	280	400	510	630	720

③ 喷头等效孔口面积见表 5.16-5。

（2）IG-541 气体灭火系统。

① 灭火剂贮瓶,技术参考尺寸见表 5.16-6。

表 5.16-5 七氟丙烷气体灭火系统喷头等效孔口面积

喷嘴规格代号 No.	接管管径 DN/mm	等效单孔直径/mm	等效孔口面积/mm²	喷嘴规格代号 No.	接管管径 DN/mm	等效单孔直径/mm	等效孔口面积/mm²
1	20	0.79	0.49	9	40	7.14	40.06
1.5		1.19	1.11	9.5		7.54	44.65
2		1.59	1.98	10		7.94	49.48
2.5		1.98	3.09	11		8.73	59.87
3	25	2.38	4.45	12		9.53	71.29
3.5		2.78	6.06	13		10.32	83.61
4		3.18	7.94	14	50	11.11	96.97
4.5		3.57	10.00	15		11.91	111.29
5		3.97	12.39	16		12.70	126.71
5.5		4.37	14.97	18		14.29	160.32
6	32	4.76	17.81	20		15.88	197.94
6.5		5.16	20.90	22		17.46	239.48
7		5.56	24.26	24		19.05	285.03
7.5		5.95	27.81	32		25.40	506.45
8		6.335	31.68				
8.5		6.75	35.74				

表 5.16-6 IG-541气体灭火系统贮瓶技术参数及尺寸

灭火剂贮瓶容积/L		70	80	90	100	120
贮瓶外形尺寸	直径/mm	279	279	325	325	325
	高度/mm	1 460	1 640	1 440	1 575	1 850
20℃时灭火剂存贮压力/MPa		15 MPa				
灭火剂最大充装量/(kg/瓶)		14.77	16.8	18.9	21	25.3
贮瓶净重/(kg/只)		95	106	130	142	165
充装灭火剂后重量/(kg/瓶)		109.7	122.8	148.9	163	190.3

② 喷头等效孔口面积见表 5.16-7。

表 5.16-7　IG-541 气体灭火系统喷头等效孔口面积

喷嘴规格代号 No.	接管管径 DN/mm	单孔直径/mm	等效孔口面积/mm²	喷嘴规格代号 No.	接管管径 DN/mm	单孔直径/mm	等效孔口面积/mm²
2	15	0.8	1.98	13	15　20　25 32　40	5.2	83.61
3	15 20 25 32 40	1.2	4.45	14		5.6	96.97
4		1.6	7.94	15	20 25 32 40	6.0	111.29
5		2.0	12.39	16		6.4	126.71
6		2.4	17.81	18		7.2	160.32
7		2.8	24.26	20		8.0	197.94
8		3.2	31.68	22		8.8	239.48
9		3.6	40.06	24		9.6	285.03
10		4.0	49.48	26	20　25 32　40　50	10.4	334.50
11		4.4	59.87	28		11.2	387.90
12		4.8	71.29	30		12.0	445.30

（3）二氧化碳气体灭火系统。

① 高压二氧化碳气体灭水系统贮瓶，见表 5.16-8。

表 5.16-8　高压二氧化碳气体灭水系统贮瓶

灭火剂贮瓶容积/L		40	70	90
贮瓶外形尺寸	直径/mm	219	267	325
	高度/mm	1 345	1 549	1 426
20℃时灭火剂存储压力/MPa		5.7 MPa		
灭火剂最大充装量/(kg/瓶)		24	42	54
灭火剂喷放剩余量/(kg/瓶)		<2	<3	<4
贮瓶净重/(kg/只)		58	75	120
充装灭火剂后重量/(kg/瓶)		82	117	174

② 整体式低压二氧化碳灭火装置技术参数及尺寸见表 5.16-9。

表 5.16-9　整体式低压二氧化碳灭火装置技术参数及尺寸

装置型号	灭火剂重量/kg	装置外形尺寸/mm				含灭火剂总重量/kg	制冷机组功率/W	装置设备间最小尺寸（长×宽×净高）/m	装置设备间地面荷载/（kg/m²）
		长	宽	高	接管管径				
WLDY-200	200	1 400	750	1 150	32	780	695	3.5×3.0×3.0	≥1 000
WLDY-355	355	1 620	800	1 355	50	1 072	695	3.5×3.0×3.0	≥1 000
WLDY-555	555	1 855	950	1 455	50	1 465	695	4.0×3.0×3.0	≥1 000
WLDY-1000	1 000	2 000	1 100	1 630	80	2 280	931	4.5×3.5×3.5	≥1 500
WLDY-2000	2 000	2 330	1 400	1 980	80	3 578	1 200	4.5×3.5×3.5	≥1 500
WLDY-3000	3 000	3 400	1 450	1 980	80	5 430	2 400	5.5×3.5×3.5	≥1 500
WLDY-4000	4 000	4 400	1 450	1 980	100	7 720	2 400	6.5×4.0×3.5	≥1 500
WLDY-5000	5 000	4 900	1 750	2 180	100	9 570	2 400	6.5×4.0×3.5	≥1 500
WLDY-6000	6 000	4 900	1 750	2 180	125	11 450	3 600	7.5×4.0×3.5	≥1 500
WLDY-8000	8 000	4 900	1 950	2 400	125	14 860	3 600	7.5×4.5×4.0	≥2 000
WLDY-10000	10 000	5 000	2 150	2 500	125	17 500	3 600	7.5×4.5×4.5	≥2 000
WLDY-12000	12 000	5 750	2 150	2 500	150	20 700	4 800	8.0×4.5×4.5	≥2 000
WLDY-14000	14 000	6 250	2 150	2 590	150	23 500	4 800	8.5×4.5×4.5	≥2 000
WLDY-16000	16 000	7 450	2 150	2 590	150	27 500	4 800	9.5×4.5×4.5	≥2 000
WLDY-18000	18 000	6 750	2 350	2 790	150	31 500	6 000	9.5×5.0×5.0	≥3 000
WLDY-20000	20 000	7 550	2 350	2 790	150	35 000	6 000	10.0×5.0×5.0	≥3 000
WLDY-25000	25 000	9 000	2 350	2 790	150	43 000	7 200	11.5×5.0×5.0	≥3 000
WLDY-30000	30 000	11 000	2 350	2 790	150	53 000	7 200	13.5×5.0×5.0	≥3 000

③ 柜式（无管网）高压二氧化碳灭火装置技术参数及尺寸见表 5.16-10。

表 5.16-10　柜式（无管网）高压二氧化碳灭火装置技术参数及尺寸

单个灭火剂贮瓶容积/L		单瓶组装置		双瓶组装置	
		40	70	40	70
灭火剂最大充装量/kg		24	42	48	84
20℃时灭火剂存贮压力/MPa		5.7 MPa			
灭火剂喷放剩余量/kg		<2	<3	<4	<6
装置外形尺寸/mm	长	620		1 050	
	宽	490		490	
	高	1 880		1 880	
装置重量/kg		160	205	270	350

④ 喷头等效孔口面积见表 5.16-11。

表 5.16-11 二氧化碳气体灭火系统喷头等效孔口面积

喷头型号					接管管径 /mm	喷头规格代号 No.	等效孔口面积 /mm²
全淹没型	防尘型	多次喷放型	架空型	槽边型			
ZTE-2Q5	ZTE-2F5	ZTE-2D5	ZTE-2GA	ZTE-2C5	1/2″	5	12.39
ZTE-4Q6	ZTE-4F6	ZTE-4D6	ZTE-4GA	ZTE-4C6		6	17.81
ZTE-4Q7	ZTE-4F7	ZTE-4D7	ZTE-4G7	ZTE-4C7		7	24.26
ZTE-4Q8	ZTE-4F8	ZTE-4D8	ZTE-4G8	—		8	31.68
ZTE-4Q9	ZTE-4F9	ZTE-4D9	ZTE-4G9	—		9	40.06
ZTE-4Q10	ZTE-4F10	ZTE-4D10	ZTE-4G10	—		10	49.48
ZTE-4Q11	ZTE-4F11	ZTE-4D11	ZTE-4G11	—	3/4″	11	59.87
ZTE-4Q12	ZTE-4F12	ZTE-4D12	ZTE-4G12	—		12	71.29
ZTE-4Q13	ZTE-4F13	ZTE-4D13	ZTE-4G13	—		13	83.61
ZTE-4Q14	ZTE-4F14	ZTE-4D14	ZTE-4G14	—		14	96.97
ZTE-4Q15	ZTE-4F15	ZTE-4D15	ZTE-4G15	—	1″	15	111.29

5.16.4 气体灭火系统的分类及适用条件

气体灭火系统的分类及适用条件见表 5.16-12。

表 5.16-12 气体灭火系统的分类及适用条件

分类		主要特征	适用条件
按固定方式分	半固定式气体灭火装置(预制灭火系统)	无固定的输送气体管道。由药剂瓶、喷嘴和启动装置组成的成套装置	适用于保护面积小,容积不大的单独防护区
	固定式气体灭火系统(管网灭火系统)	由贮存容器、各种组件、供气管道、喷嘴及控制部分组成的灭火系统	适用于防护区面积、容积较大的单个防护区或多个防护区采用一套灭火剂贮存装置共同防护时

分类		主要特征	适用条件
按管网布置形式分	均衡管网系统	管网的第一分流点至同一防护区内各喷头的管道阻力损失,其相互间的最大差值不大于20%;每个喷头的设计流量相等;设计时不用考虑灭火剂在管网中的剩余量	管网设计宜优先选择均衡系统
	非均衡管网系统	不具备均衡管网系统的条件;设计时需考虑灭火剂在管网中的剩余量	不具备设置均衡系统的条件时
按系统组成分	单元独立灭火系统	用一套贮存装置单独保护一个防护区或保护对象的灭火系统	适用于防护区设置分散,之间距离远,且各防护区有条件设置独立的钢瓶间
	组合分配灭火系统	用一套灭火剂贮存装置保护两个及两个以上防护区或保护对象的灭火系统	适用于防护区设置集中,钢瓶间设置的位置距各防护区的距离可满足灭火剂输送要求,且每个防护区不同时着火的工程
按应用方式分	全淹没灭火系统	在规定的时间内,向防护区喷射一定浓度的灭火剂,并使其均匀地充满整个防护区的灭火系统	适用于开孔率不超过3%的封闭空间,保护区内除泄压口外,其余均能在灭火剂喷放前自动关闭
	局部应用灭火系统(仅适用于二氧化碳灭火系统)	向保护对象以设计喷射率直接喷射灭火剂,并持续一定时间的灭火系统	保护区在灭火过程中不能封闭,或虽能封闭但不符合全淹没系统所要求的条件。保护对象附近区域的空气流动速度不大于3 m/s。适宜扑灭表面火灾

续表

分类		主要特征	适用条件
按气体种类分	氢氟烃类	贮压式七氟丙烷灭火系统	对大气臭氧层损耗潜能值 ODP=0,温室效应潜能值 GWP=2 050。灭火效率高,设计浓度低,灭火剂以液体贮存,贮存容器安全性好,药剂瓶占地面积小,灭火剂输送距离较短,驱动气体的氮气和灭火药剂贮存在同一钢瓶内,综合价较高 灭火剂输送距离:贮存压力2.5 MPa 的系统不大于 30 m;贮存压力 4.2 MPa 的系统不大于 45 m;贮存压力 5.6 MPa 的系统不大于 60 m	适用于防护区相对集中,输送距离近的工程
		备压式七氟丙烷灭火系统	与贮压式系统不同的是驱动气体的氮气和灭火药剂贮存在不同的钢瓶内。在系统启动时,氮气经减压注入药剂瓶内推动药剂向喷嘴输送,使得灭火剂输送距离大大加长。灭火剂输送距离不大于 150 m	适用于能用七氟丙烷灭火且防护区相对较多,输送距离较远的场所
	惰性气体类	混合气体灭火系统(IG-541)	是一种氮气、氩气、二氧化碳混合而成的完全环保的灭火剂,ODP=0,GWP=0。对人体和设备没有任何危害。灭火效率高,设计浓度较高。灭火剂以气态贮存,高压贮存对容器的安全性要求较高,药剂瓶占地面积大,灭火剂输送距离不大于 150 m。综合价高	适用于防护区数量较多且楼层跨度大,又没有条件设置多个钢瓶站的工程;防护区经常有人的场所
	二氧化碳	高压二氧化碳灭火系统	是一种技术成熟且价廉的灭火剂,ODP=0,GWP<1。灭火效率高。灭火剂以液态贮存。高压 CO_2 以常温方式贮存,贮存压力 5.17 MPa,高压系统有较长的输送距离,但增加管网成本和施工难度。CO_2 本身具有低毒性,浓度达到 20% 会使人致死。灭火剂输送距离不大于 120 m	主要用于工业或仓库等无人的场所,以及扑救固体表面火灾及棉毛、织物、纸张等部分固体深位火灾

续表

分类			主要特征	适用条件
按气体种类分	二氧化碳	低压二氧化碳灭火系统	与高压 CO_2 不同的是低压 CO_2 系统贮存压力 2.07 MPa，采用制冷系统将灭火剂的温度降低到 $-18℃ \sim -20℃$ 才能液化，要求极高的可靠性。灭火剂在释放的过程中，由于固态 CO_2（干冰）存在，使防护区的温度急剧下降，会对精密仪器、设备有一定影响。且管道易发生冷脆现象。灭火剂贮存空间比高压 CO_2 小。灭火剂输送距离不大于 60 m	主要用于工业或仓库等无人的场所，以及扑救不需封闭空间条件的具体保护对象的非深位火灾

5.16.5　系统设计和计算

1. 系统设计

（1）系统设置

① 防护区的划分

防护区是指满足全淹没灭火系统要求的有限封闭空间。防护区宜以单个封闭空间划分。同一区间的吊顶层和地板下需同时保护时，可合为一个防护区，但需在设计计算上做到细致和精确，以保证在极短的灭火剂喷放时间里防护区内灭火剂的浓度均匀分布，成功灭火。不同的灭火系统对防护区面积、体积、环境温度的要求见表 5.16-13。

表 5.16-13　各种气体灭火系统对防护区的要求

对防护区的要求		七氟丙烷	IG-541	二氧化碳
组合分配系统	最多防护区数量/个	8	8	4
	每个防护区最大面积/m²	800	800	—
	每个防护区最大容积/m³	3 600	3 600	
预制灭火系统①	每个防护区最大面积/m²	500	500	
	每个防护区最大容积/m³	1 600	1 600	

② 灭火剂的选择和系统的确定

灭火剂应采用现阶段我国的有关政策法规允许作为哈龙替代产品的清洁灭火剂。灭火剂应根据火灾类型、保护对象、防护区内有无人员经常活动等因素进行选择，做到系统灭火高效、对环境影响小、安全适用、技术可靠、经济合理。常用灭火剂在工程应用中的主要优缺点见表 5.16-14。

表 5.16-14　常用灭火剂在工程应用中的主要优缺点

灭火剂	主要优点	主要缺点
七氟丙烷	1. 灭火效能高,灭火剂用量小,液态贮存,节约贮存空间 2. 在一定浓度以下,对人体无害,可用于保护经常有人停留的场所 3. 目前有较完善的国家、地方相关设计、施工验收规范、标准	1. 属于化学合成制剂,灭火剂本身生产成本高 2. 遇水可形成氢氟酸,对金属具有较强腐蚀性,贮存容器和管道应采取适当的防腐措施 3. 灭火剂输送跟离较短,系统设置受建筑条件约束大
IG-541	1. 组成的混合气体为天然气体,易于获取,灭火剂本身生产成本低 2. 灭火剂输送距离长,适用于防护区较分散、钢瓶间距防护区较远的场所 3. 对人体无毒害作用,可用于保护经常有人停留的场所 4. 目前有较完善的国家、地方相关设计、施工验收规范、标准	1. 灭火剂用量大,气态贮存,所需贮存空间大 2. 贮存压力高,对存储设备及输送管道的承压能力及施工的工艺水平要求高。存储设备、管道以及安装成本高
二氧化碳	1. 二氧化碳为天然气体,易于获取,灭火剂本身生产成本低 2. 灭火效能好 3. 可扑救部分固体物质的深位火灾,以及石蜡、沥青等可熔化固体物质火灾 4. 除全淹没系统外,可用于局部应用灭火系统 5. 目前有较完善的国家、地方相关设计、施工验收规范、标准	1. 灭火浓度对人有毒,全淹没系统不适用于保护经常有人停留的场所 2. 二氧化碳遇水可部分形成碳酸,对贮存容器和管道应采取适当的防腐措施 3. 灭火剂用量大,所需贮存空间大 4. 在释放过程中会有固态 CO_2(干冰)存在,使保护区温度急剧下降,可能会对精密仪器或精密设备造成一定影响

在实际工程中,七氟丙烷气体灭火系统常用于中小型保护区、独立保护区、钢瓶间与保护所,尤其适合用在写字楼、酒店等钢瓶间很小的场所;IG-541 气体灭火系统常用于大型工程,大规模组合分配的项目,如:地铁、机场、电厂、专业的电信大楼、数据中心等;二氧化碳气体灭火系统由于二氧化碳的温室效应以及其较大的毒性,一般仅用于扑救部分固体物质深位火灾、平时无人停留、需要局部保护的场所。

③ 系统类型的确定

系统选型应与灭火剂的选择同时考虑。根据防护区的数量、分布、同时发生火灾的可能性、各防护区的面积、容积等条件,并结合技术、经济等方面的可行性、合理性进行确定。气体灭火系统的主要类型、特征和适用条件见表 5.16-2。

当确定两个或两个以上的防护区不会同时发生火灾时,可采用组合分配系统。但灭火剂用量较小且与组合分配系统设置用量相差太悬殊的防护区不宜参加组合。

④ 灭火剂的贮存要求见表 5.16-15

表 5.16-15　灭火剂的贮存

项目	灭火剂存贮量	贮存装置
贮存要求	1. 灭火剂的贮存量应为防护区的灭火设计用量与贮存容器内的灭火剂剩余量和管网内的灭火剂剩余量之和。组合分配系统的灭火剂贮存量,应按贮存量最大的防护区确定 2. 下列情况系统应按系统原贮存量的 100% 设置备用量 （1）用于重要场所的灭火系统 （2）七氟丙烷、三氟甲烷、IG-541、IG-100 组合分配系统保护 9 个及以上防护区时 （3）七氟丙烷、IG-541 灭火系统的贮存装置 72 h 内不能重新充装恢复工作时 （4）二氧化碳组合分配系统保护 5 个及以上防护区或保护对象时 （5）二氧化碳灭火系统的贮存装置 48 h 内不能重新充装恢复工作时	1. 管网系统的贮存装置应由贮存容器、容器阀和集流管等组成;预制灭火系统的贮存装置,应由贮存容器、容器阀等组成 2. 容器阀和集流管之间应采用挠性连接。贮存容器和集流管应采用支架固定 3. 管网灭火系统的贮存装置宜设在专用贮瓶间内。贮瓶间宜靠近防护区 4. 贮存装置的布置,应便于操作、维修及避免阳光照射。操作面距墙面或两操作面之间的距离,不宜小于 1.0 m,且不应小于贮存容器外径的 1.5 倍 5. 贮存装置的贮存容器与其他组件的公称工作压力,不应小于在最高环境温度下所承受的工作压力。贮瓶间环境温度见表 5.16-21 6. 在贮存容器或容器阀上,应设安全泄压装置和压力表。组合分配系统的集流管,应设安全泄压装置。安全泄压装置的动作压力,应符合相关规范的规定

⑤ 喷头设置

a. 喷头设置的一般要求:

（a）设置在有粉尘、油雾、喷漆作业等防护区的喷头,应有不影响喷射效果的防护装置。

（b）全淹没系统喷头的布置应满足喷放后气体灭火剂在防护区内均匀分布的要求。当保护对象属可燃液体时,喷头射流方向不应朝向液体表面。

（c）全淹没喷头应贴近防护区顶面安装,距顶面的最大距离不宜大于 0.5 m。

（d）局部应用系统在喷头与保护对象之间,喷头喷射角范围内不应有遮挡物。

b. 各灭火系统对喷头设置的特殊要求见表 5.16-16。

表 5.16-16　各灭火系统对喷头设置的特殊要求

灭火系统	喷头设置要求
七氟丙烷	1. 最大保护高度不宜大于 6.5 m 2. 最小保护高度不应小于 0.3 m
IG-541	3. 喷头安装高度小于 1.5 m 时,保护半径不宜大于 4.5 m 4. 喷头安装高度不小于 1.5 m 时,保护半径不应大于 7.5 m

⑥ 管网设计

a. 各系统管网设计要求见表 5.16-17。

表 5.16-17 各系统管网设计要求

灭火系统	喷头设置要求
三氟甲烷 七氟丙烷	1. 管网宜设计为均衡管网 2. 均衡管网要求喷头设计流量应相等,管网的第 1 分流点至各喷头的管道阻力损失,其相互间的最大差值不应大于 20% 3. 管网分流应采用三通管件,其分流出口应水平布置 4. 管网上不应采用四通管件进行分流 5. 系统管网的总容积不宜大于系统灭火剂充装量体积的 80%
IG-541	1. 管网上不应采用四通管件进行分流 2. 管道容积与储存容器的容积比不应大于 66% 3. 集流管中减压设施的孔径和与连接管道直径之比不应超过 13%~15% 4. 喷嘴孔径和其连接的管道直径之比不应超过 11.5%~70%
二氧化碳	管网上不应采用四通管件进行分流

b. 管道和管道附件设计要求见表 5.16-18。

表 5.16-18 管道和管道附件设计要求

项目	设计要求
管材	1. 输送气体灭火剂的管道应采用无缝钢管。其质量应符合现行国家标准《输送流体用无缝钢管》(GB/T 8163—2008)、《高压锅炉用无缝钢管》(GB 5310—2008)等的规定。无缝钢管内外应进行防腐处理,防腐处理宜采用符合环保要求的方式 2. 输送气体灭火剂的管道安装在腐蚀性较大的环境里,宜采用不锈钢管。其质量应符合现行国家标准《流体输送用不锈钢无缝钢管》(GB/T 14976—2012)的规定 3. 输送启动气体的管道,宜采用铜管,其质量应符合现行国家标准《铜及铜合金拉制铜管》(GB 1527—2006)的规定
管道连接	1. 当公称直径小于或等于 80 mm 时,宜采用螺纹连接;大于 80 mm 时,宜采用法兰连接 2. 采用螺纹连接时应符合现行国家标准《60°圆锥管螺纹》(GB/T 1276—1991)的有关规定 3. 采用法兰连接时应符合现行国家标准《凹凸面对焊钢制管法兰》(JB/T 82.2—1994)的有关规定
管道敷设	1. 灭火剂输送管道不应设置在露天 2. 灭火剂输送管道不宜穿越沉降缝、变形缝,当必须穿越时应采取可靠的抗沉降和变性的措施。如:采用挠性连接或者穿刚性套管进行保护,挠性连接的软管应能承受系统的工作压力和温度 3. 低压二氧化碳灭火系统管网中应采取防膨胀收缩措施
其他	1. 钢制管道附件应内外防腐处理,防腐处理宜采用符合环保要求的方式。使用在腐蚀性较大的环境里,应采用不锈钢的管道附件 2. 系统组件与管道的公称工作压力,不应小于在最高环境温度下所承受的工作压力 3. 系统组件的特性参数应由国家法定检测机构验证或测定

（2）对其他专业的设计要求

① 建筑专业

a. 防护区的围护结构及门窗的耐火极限均不宜低于 0.5 h，当防护区的相邻区域设有水喷淋或其他灭火系统时，其隔墙或外墙上的门窗的耐火极限可低于 0.5 h，但不应低于 0.25 h；吊顶的耐火极限不宜低于 0.25 h，当吊顶层与工作层化为同一防火分区时，吊顶的耐火极限不做要求。

b. 防护区围护结构承受内压的允许压强，不宜低于 1 200 Pa。

c. 防护区应设置泄压口，泄压口宜设在外墙上，如防护区不存在外墙，可设于与走廊相隔的内墙上。泄压口下沿应位于防护区净高的 2/3 以上。泄压口面积应根据所采用的灭火剂的种类，按式（5.16-1）计算。

$$F_x = K \frac{Q_x}{\sqrt{P_f}} \tag{5.16-1}$$

式中　F_x——泄压口面积（m^2）；

　　　K——泄压口面积系数，该系数可按表 5.16-19 采用；

　　　Q_x——灭火剂在防护区的平均喷放速率，单位及计算方法可按表 5.16-19 采用；

　　　P_f——围护结构承受内压的允许压强（Pa），应由建筑结构专业给出，表 5.16-20 的数据供参考。

表 5.16-19　泄压口面积计算参数表

灭火剂名称		七氟丙烷	三氟甲烷	IG-541	IG-100	二氧化碳
泄压口面积系数 K		0.15	0.087 2	1.1	0.991	0.007 6
灭火剂在防护区的平均喷放速率 Q	计算公式	$Q=W/t$	$Q=W/t$	$Q=W/t$	$Q=W/t$	$Q=W/t$
	单位	kg/s	kg/s	kg/s	kg/s	kg/min

注：1. W 为灭火剂的设计用量，单位为 kg；

2. t 为灭火剂的喷射时间。采用二氧化碳时，单位为 min；采用其他灭火剂时，单位为 s。

表 5.16-20　建筑物的内压允许压强

建筑物的类型	允许压强/Pa
轻型和高层建筑	1 200
标准建筑	2 400
重型和地下建筑	4 800

d. 喷放灭火剂前，防护区内除泄压口外的开口应能自行关闭。

e. 防护区应有保证人员在 30 s 内疏散完毕的通道和出口。防护区的门应向疏散方向开启，并能自行关闭；用于疏散的门必须能从防护区内打开。

f. 根据防护区的分布和系统类型确定贮瓶间的数量、位置，并通过对灭火剂贮存量的初算及贮存装置的性能参数估算出贮瓶间的大概面积提供给建筑专业。

g. 贮瓶间应符合建筑物耐火等级不低于二级的有关规定及有关压力容器存放的规定，且应有直接通向室外或疏散走道的出口。贮瓶间的门应向外开启。

② 结构专业

a. 根据估算出的灭火剂的用量及所需钢瓶的数量,提出储瓶间地面的荷载要求。

b. 防护区围护结构承受内压的允许压强,不宜低于 1 200 Pa。

③ 暖通专业

a. 气体灭火系统灭火后的防护区应通风换气,不具备自然通风条件防护区,应设置机械排风装置,排风口宜设在防护区的下部(二氧化碳灭火系统排风口距地面高度 460 mm 以内)并应直通室外。换气次数可根据防护区性质考虑,通信机房、电子计算机房等场所的通风换气次数不应小于每小时 5 次(二氧化碳灭火系统各类防护区的通风换气次数均不应小于每小时 4 次)。

b. 贮瓶间应有良好的通风条件,不具备自然通风条件的贮瓶间应设机械排风装置,排风口应设在下部(二氧化碳灭火系统排风口距贮存容器间地面高度不宜大于 0.5 m),可通过排风管直接排出室外。二氧化碳灭火系统贮瓶间正常排风量宜按换气次数不小于 4 次确定,事故排风量应按换气次数不小于 8 次确定。

c. 防护区、贮瓶间应满足系统正常运行对环境温度的要求。见表 5.16-21。

表 5.16-21　采用不同灭火剂的气体灭火系统对防护区和贮瓶间的温度要求

设计参数	三氟甲烷气体灭火系统	七氟丙烷气体灭火系统	IG-100气体灭火系统	IG-541气体灭火系统	二氧化碳气体灭火系统	
					高压系统	低压系统
防护区的环境温度/℃	-10~50	-10~50	≥0	-10~50	—	
贮存装置环境温度/℃	0~50	-10~50	0~50	-10~50	0~49	-23~49

d. 对通风机械和防火阀的自控和关闭要求见下款④中 b 控制要求。

④ 电气专业

a. 一般要求:

(a) 系统供电电源(包括低压二氧化碳系统制冷装置)均应采用消防电源,应符合现行国家有关消防技术标准的规定。采用气动力源时,应保证系统操作和控制需要的压力和气量。

(b) 防护区内的疏散通道及出口,应设应急照明与疏散指示标志。防护区内应设火灾声报警器,必要时,可增设闪光报警器。防护区的入口处应设火灾声、光报警器和灭火剂喷放指示灯,灭火剂喷放指示灯信号,应保持到防护区通风换气后,以手动方式解除。

(c) 贮瓶间内应设应急照明和消防电话。

(d) 经过有爆炸危险、变电、配电、可燃气体、蒸汽等场所的管网,以及布设在以上场所的金属箱体等,应设防静电接地。

b. 控制要求:

(a) 采用气体灭火系统的防护区,应设置火灾自动报警系统,其设计应符合现行国家标准《火灾自动报警系统设计规范》GB 50116—2013 的规定,并应选用灵敏度级别高的火灾探测器。

(b) 管网灭火系统应设自动控制、手动控制和机械应急操作三种启动方式。预制灭火系统应设自动控制和手动控制两种启动方式。二氧化碳局部应用灭火系统用于经常有人的保护场所时可不设自动控制。灭火系统的手动控制与应急操作应有防止误操作的警示显示与措施。

（c）系统应设手动与自动控制的转换装置。当人员进入防护区时,应能将灭火系统转换为手动控制方式;当人员离开时,应能恢复为自动控制方式。防护区内外应设手动、自动控制状态的显示装置。

（d）手动控制装置和手动与自动转换装置应设在防护区疏散出口的门外便于操作的地方,手动控制装置应能在一处完成系统启动的全部操作。机械应急操作装置应设在贮瓶间内或防护区疏散出口门外便于操作的地方。局部应用灭火系统手动装置应设在被保护对象附近。

（e）自动控制装置应在接到两个独立的火灾信号后才能启动。采用自动控制启动方式时,根据人员安全撤离防护区的需要,应有不大于 30 s 的可控延迟喷射;对于平时无人工作的防护区,可设置为无延迟的喷射。

（f）低压二氧化碳灭火系统制冷装置应采用自动控制,且应设手动控制装置。

（g）气体灭火系统的操作与控制,应包括对开口封闭装置、通风机械和防火阀等设备的联动操作与控制。所有防护区域中设置的送排风系统的风口、支管或总管上,应设有在接收到气体灭火系统送出的信号后,可自动关闭防护区的防火阀,使防护区内外的送排风管路隔绝。同时,每个防护区设置的送排风系统的电气控制箱,也应具有在接收到气体灭火系统送出的信号后,能自动关闭送排风机的功能。

（h）各防护区灭火控制系统的有关信息,应传送给消防控制室。

（i）组合分配系统启动时,选择阀应在容器阀开启前或同时打开。

（3）其他设计要求:

① 有人工作防护区的灭火设计浓度或实际使用浓度,不应大于有毒性反应浓度（LOAEL 浓度）,该值应符合表 5.16-2 的要求。

② 防护区内设置的预制灭火系统的充压压力不应大于 2.5 MPa。

③ 设有气体灭火系统的场所,宜配置空气呼吸器。

④ 七氟丙烷、IG-541 灭火系统在一个防护区设置的预制灭火系统,其装置数量不宜超过10 台。同一防护区内的预制灭火系统装置多于 1 台时,必须能同时启动,其动作响应时差不得大于 2 s。

⑤ 同一防护区,当设计两套或三套管网时,集流管可分别设置,系统启动装置必须共用。各管网上喷头流量均应按同一灭火设计浓度、同一喷放时间进行设计。

⑥ 在通向每个防护区的灭火系统主管道上,应设压力讯号器或流量讯号器。

2. 系统计算

（1）设计参数

包括灭火剂的设计浓度和惰化设计浓度。

灭火剂的设计浓度是由其灭火浓度或惰化浓度乘以一个安全系数得来的。几种可燃物共存或混合时,灭火设计浓度或惰化设计浓度,应按其中最大的灭火设计浓度或惰化设计浓度确定。

灭火浓度指在 101 kPa 大气压和规定的温度条件下,扑灭某种火灾所需的气体灭火剂在空气中的最小百分比。惰化浓度指在有火源引入时,在 101 kPa 大气压和规定的温度条件下,能抑制空气中任意浓度的易燃可燃气体或易燃可燃液体蒸汽的燃烧发生所需的气体灭火剂在空气中的最小百分比。

对于氢氟烃类和惰性气体类灭火剂,有爆炸危险的气体、液体类火灾的防护区,应采用惰化设计浓度;无爆炸危险的气体、液体类火灾和固体类火灾的防护区,应采用灭火设计浓度。

① 七氟丙烷灭火系统

a. 七氟丙烷灭火系统的灭火设计浓度不应小于灭火浓度的 1.3 倍,惰化设计浓度不应小于惰化浓度的 1.1 倍。

b. 固体表面火灾的灭火浓度为 5.8%。

c. 图书、档案、票据和文物资料库等防护区,灭火设计浓度宜采用 10%。

d. 油浸变压器室、带油开关的配电室和自备发电机房等防护区,灭火设计浓度宜采用 9%。

e. 通信机房和电子计算机房等防护区,灭火设计浓度宜采用 8%。

f. 防护区实际应用的浓度不应大于灭火设计浓度的 1.1 倍。

g. 其他灭火浓度可按表 5.16-22 的规定取值,惰化浓度可按表 5.16-23 的规定取值。表中未列出的,应经试验确定。

表 5.16-22 七氟丙烷的灭火浓度

可燃物	灭火浓度/%	可燃物	灭火浓度/%
甲烷	6.2	异丙醇	7.3
乙烷	7.5	丁醇	7.1
丙烷	6.3	甲乙酮	6.7
庚烷	5.8	甲基异丁酮	6.6
正庚烷	6.5	丙酮	6.5
硝基甲烷	10.1	环戊酮	6.7
甲苯	5.1	四氢呋喃	7.2
二甲苯	5.3	吗啉	7.3
乙腈	3.7	汽油(无铅,7.8%乙醇)	6.5
乙基醋酸脂	5.6	航空燃料汽油	6.7
丁基醋酸脂	6.6	2 号柴油	6.7
甲醇	9.9	喷气式发动机燃料(-4)	6.6
乙醇	7.6	喷气式发动机燃料(-5)	6.6
乙二醇	7.8	变压器油	6.9

表 5.16-23 七氟丙烷的惰化浓度

可燃物名称	惰化浓度/%	可燃物名称	惰化浓度/%
甲烷	8.0	丙烷	11.6
二氯甲烷	3.5	1-丁烷	11.3
1.1-二氯乙烷	8.6	戊烷	11.6
1-氯-1.1-二氯乙烷	2.6	乙烯氧化物	13.6

② IG-541 灭火系统

a. 灭火设计浓度不应小于灭火浓度的 1.3 倍,惰化设计浓度不应小于灭火浓度的 1.1 倍。

b. 固体表面火灾的灭火浓度为 28.1%。

c. 其他灭火浓度可按表 5.16-24 取值,惰化浓度可按表 5.16-25 的规定取值。表中未列出的,应经试验确定。

表 5.16-24　IG-541 混合气体灭火浓度

可燃物	灭火浓度/%	可燃物	灭火浓度/%
甲烷	15.4	丙酮	30.3
乙烷	29.5	丁酮	35.8
丙烷	32.3	甲基异丁酮	32.3
戊烷	37.2	环己酮	42.1
庚烷	31.1	甲醇	44.2
正庚烷	31.0	乙醇	35.0
辛烷	35.8	1-丁醇	37.2
乙烯	42.1	异丁醇	28.3
醋酸乙烯酯	34.4	普通汽油	35.8
醋酸乙酯	32.7	航空汽油 100	29.5
二乙醚	34.9	Avtur(Jet A)	36.2
石油醚	35.0	2 号柴油	35.8
甲苯	25.0	真空泵油	32.0
乙腈	26.7		

表 5.16-25　IG-541 混合气体惰化浓度

可燃物	惰化浓度/%
甲烷	43.0
丙烷	49.0

③ 二氧化碳灭火系统

a. 全淹没二氧化碳灭火系统设计浓度不应小于灭火浓度的 1.7 倍,并不得低于 34%。可燃物的二氧化碳设计浓度按表 5.16-26 的规定采用。表中未列出的,应经试验确定。

b. 当防护区内存有两种以上可燃物时,防护区的二氧化碳设计浓度应采用可燃物中最大的二氧化碳设计浓度。

表 5.16-26 二氧化碳设计浓度和抑制时间

可燃物名称	物质系数 K_b[1]	设计浓度/%	抑制时间/min[2]
丙酮	1.00	34	—
乙炔	2.57	66	—
航空燃料 115#/145#	1.05	36	—
粗苯(安息油)、苯	1.10	37	—
丁二烯	1.26	41	—
丁烷	1.00	34	—
丁烯-1	1.10	37	—
二硫化碳	3.03	72	—
一氧化碳	2.43	64	—
煤气或天然气	1.10	37	—
环丙烷	1.10	37	—
柴油	1.00	34	—
二甲醚	1.22	40	—
二苯与其氧化物的混合物	1.47	46	—
乙烷	1.22	40	—
乙醇(酒精)	1.34	43	—
乙醚	1.47	46	—
乙烯	1.60	49	—
二氯乙烯	1.00	34	—
环氧乙烷	1.80	53	—
汽油	1.00	34	—
己烷	1.03	35	—
正庚烷	1.03	35	—
氢	3.30	75	—
硫化氢	1.06	36	—
异丁烷	1.06	36	—
异丁烯	1.00	34	—
甲酸异丁酯	1.00	34	—
航空煤油 JP-4	1.06	36	—

续表

可燃物名称	物质系数 K_b[1]	设计浓度/%	抑制时间/min[2]
煤油	1.00	34	—
甲烷	1.00	34	—
醋酸甲酯	1.03	35	—
甲醇	1.22	40	—
甲基丁烯-1	1.06	36	—
甲基乙基酮(丁酮)	1.22	40	—
甲酸甲酯	1.18	39	—
戊烷	1.03	35	—
正辛烷	1.03	35	—
丙烷	1.06	36	—
丙烯	1.06	36	—
淬火油(灭弧油)、润滑油	1.00	34	—
纤维材料	2.25	62	20
棉花	2.00	58	20
纸	2.25	62	20
塑料(颗粒)	2.00	58	20
聚苯乙烯	1.00	34	—
聚氨基甲酸甲酯(硬)	1.00	34	—
电缆间和电缆沟	1.50	47	10
数据贮存间	2.25	62	20
电子计算机房	1.50	47	10
电器开关和配电室	1.20	40	10
带冷却系统的发电机	2.00	58	至停转止
油浸变压器	2.00	58	—
数据打印设备间	2.25	62	20
油漆间和干燥设备	1.20	40	—
纺织机	2.00	58	—

注:1. 可燃物的二氧化碳设计浓度对34%的二氧化碳浓度的折算系数;

2. 维持设计规定的二氧化碳浓度使深位火灾完全熄灭所需的时间。

（2）其他主要设计参数

气体灭火系统其他主要设计参数见表 5.16-27。

表 5.16-27　气体灭火系统其他主要设计参数

设计参数	七氟丙烷气体灭火系统	IG-541 气体灭火系统	二氧化碳气体灭火系统	
			高压系统	低压系统
系统设计温度/℃	20	20	15.6	−20.6
贮存装置环境温度/℃	−10~50	0~50	0~49	−23~49
系统贮存压力	一级增压贮存容器的系统:2.5+0.1 MPa(表压); 二级增压贮存容器的系统:4.2+0.1 MPa(表压); 三级增压贮存容器的系统:5.6+0.1 MPa(表压)	一级充压系统:15 MPa; 二级充压系统:20 MPa	5.17 MPa	2.07 MPa
最大充装量	一级增压贮存容器,不应大于 1 120 kg/m³; 二级增压焊接结构贮存容器,不应大于 950 kg/m³; 二级增压无缝结构贮存容器,不应大于 1 120 kg/m³; 三级增压贮存容器,不应大于 1 080 kg/m³	一级充压系统:211.15 kg/m³; 二级充压系统:281.06 kg/m³	0.6~0.67 kg/L	
灭火剂设计喷放时间	在通信机房和电子计算机房等防护区,设计喷放时间不应大于 8 s;在其他防护区,设计喷放时间不应大于 10 s	灭火剂喷放至设计用量的 95% 时,其喷放时间不应大于 60 s 且不应小于 48 s	全淹没系统不应大于 1 min,当扑救固体深位火灾时,喷放时间不应大于 7 min,并应在前 2 min 内是二氧化碳浓度达到 30%。 局部应用系统不应小于 0.5 min。对燃点温度低于沸点温度的液体和可熔化固体火灾,不应小于 1.5 min	

续表

设计参数	七氟丙烷气体灭火系统	IG-541 气体灭火系统	二氧化碳气体灭火系统	
			高压系统	低压系统
灭火浸渍时间（二氧化碳灭火系统系统为抑制时间）	木材、纸张、织物等固体表面火灾,宜采用 20 min;通信机房、电子计算机房内的电气设备火灾,应采用 5 min;其他固体表面火灾,宜采用 10 min;气体和液体火灾,不应小于 1 min	木材、纸张、织物等固体表面火灾,宜采用 20 min;通信机房、电子计算机房内的电气设备火灾,宜采用 10 min;其他固体表面火灾,宜采用 10 min	全淹没灭火系统固体深位火灾:纤维材料、棉花、纸、塑料、数据贮存间、数据打印间等 20 min;电缆间和电缆沟、电子计算机房、电器开关和配电室等 10 min;但冷却系统的发电机至停转为止	
喷头最小工作压力	一级增压贮存容器的系统:不小于 0.6 MPa;二级增压贮存容器的系统:不小于 0.7 MPa;三级增压贮存容器的系统:不小于 0.8 MPa	一级充压系统:不小于2.0 MPa;二级充压系统:不小于2.1 MPa	不小于1.4 MPa	不小于1.0 MPa

在给排水专业的设计范围内,气体灭火系统归于二次深化设计的范畴,给排水专业的施工图设计深度只为二次深化设计创造条件,设计说明可较详细地提出各种要求,作为设备招标的技术条件。管网计算应由经认证的专业商业软件进行。

【本节精选习题】

1. 工程设计需采用局部应用气体灭火系统时,应选择下列哪种系统?（　　　）

A. 七氟丙烷灭火系统　　　　　　　　　　B. IG-541 混合气体灭火系统

C. 热气溶胶预制灭火系统　　　　　　　　D. 二氧化碳灭火系统

答案:【D】

解析:按应用方式划分,气体灭火系统分为全淹没灭火系统、局部应用灭火系统,而二氧化碳可以应用于局部应用灭火系统。本题选 D。

2. 某博物馆珍宝库长×宽×高 = 30 m×25 m×6 m,拟设置七氟丙烷气体灭火系统,下列系统设置中,哪项正确合理?（　　　）

A. 采用管网灭火系统,设一个防护区

B. 采用管网灭火系统,设两个防护区

C. 采用预制灭火系统,设两个防护区,每区设一台预制气体灭火系统装置

D. 采用预制灭火系统,设两个防护区,每区设两台预制气体灭火系统装置

答案:【A】

解析:同时计算面积因素与体积因素,一个库房不能是两个防护区,可以设两个系统同时开启。

3. 某建筑设置的七氟丙烷管网灭火系统,其储存容器的增压压力为4.2 MPa,下列关于该系统的设计哪项不正确?(   )

    A. 储存容器采用焊接容器

    B. 该系统的设计喷放时间为8 s

    C. 该系统共设置8个选择阀防护9个房间

    D. 管网计算结果:喷头处的工作压力为0.6 MPa(绝对压力)

答案:【D】

解析:储存容器的增压压力为4.2 MPa时,储存容器采用焊接容器,可知 A 正确;该系统的设计喷放时间为8 s,可知 B 正确;每个选择阀可以控制一个防护区,防护区不能简单等同于房间;C 正确。

本题 D 错误。

4. 某电子计算机房分成三个防护区,采用七氟丙烷气体组合分配灭火系统,下列该系统灭火剂储存量的说明中,哪几项是正确的?(   )

    A. 按三个防护区所需总储存量计算

    B. 按三个防护区中储存量最大的一个防护区所需储存量计算

    C. 灭火剂储存量应为最大防护区的灭火剂设计用量、储存容器及管网内灭火剂剩余量之和

    D. 灭火剂储存量均应按系统原储存量的100%设备用量

答案:【BC】

解析:"组合分配系统的灭火剂储存量,应按储存量最大的防护区确定"。故 A 错误,B 正确。"灭火系统的灭火剂储存量,应为防护区设计用量与储存容器的剩余量和管网内的剩余量之和"。故 C 正确。只有在"灭火系统的储存装置72 h内不能重新充装恢复工作"的情况下,才按原系统储存量的100%设置备用量。故 D 错误。

5. 下列关于气体灭火系统设计的叙述中,哪几项正确?(   )

    A. 灭火系统的灭火剂储存量,应为最大防护区的灭火设计用量

    B. 设计管网上不应采用四通管件进行分流

    C. 灭火系统的设计温度,应采用20℃

    D. 扑灭气体类火灾的防护区,必须采用惰化设计浓度

答案:【BC】

解析:灭火剂的储存量包括"防护区内的灭火设计用量"、"储存容器内的灭火器剩余量"和"管网内的灭火剂剩余量"三部分。故 A 错误。

    "管网上不应采用四通管件进行分流"。故 B 正确。

    "灭火系统的设计温度,应采用20℃"。故 C 正确。

    "有爆炸危险的气体火灾才应采用惰化设计浓度"。故 D 错误。答案选BC。

6. 医院的配电机房内采用预制式七氟丙烷气体灭火系统,在机房对角各设置一套预制式七氟丙烷气体灭火系统装置,以下关于该装置的设计,哪几项错误?(   )

    A. 设自动控制和手动控制两种启动方式   B. 每套装置上设置的气体喷头数量相同

    C. 每套装置的充压压力为4.2 MPa   D. 各装置能自行探测火灾并自动启动

答案：【CD】

解析："预制灭火系统应设置自动控制和手动控制两种启动方式"。故选项 A 正确。

两套装置应完全相同，B 正确。

预制灭火系统的充压压力不应大于 2.5 MPa，故 C 错误。

灭火装置无探测功能，感温感烟探测器才是专用火灾探测器，D 错误。答案选【CD】。

7. 某七氟丙烷管网气体灭火系统下列设计中，哪几项错误？（   ）

A. 设自动控制和手动控制两种启动方式

B. 在防护区入口处设置手动与自动控制的转换开关

C. 管道在进入各防护区处，设置选择阀

D. 各喷头上标识有型号和规格

答案：【ABC】

解析：管网气体灭火系统应设置自动控制、手动控制和机械应急操作三种启动方式。故选项 A 错误。

手动和自动转换装置应设在防护区疏散口的门外便于操作的地方，而非入口处。故 B 错误。

选择阀的位置应靠近储存容器且便于操作。故 C 错误。

喷头应有型号、规格的永久性标识。故 D 正确。答案选 ABC。

5.17 建筑灭火器配置

5.17.1 灭火器的配置

灭火器的配置应根据配置场所的危险等级、火灾种类、保护面积和各灭火器的特性，经计算确定。

5.17.2 配置场所的危险等级和火灾种类

1. 配置场所的危险等级应按《建筑灭火器配置设计规范》（GB 50140—2005）分级如下。

（1）民用建筑的危险等级，分为严重危险级、中危险级、轻危险级。详细内容见表 5.17-1。

表 5.17-1 民用建筑灭火器配置场所危险等级的分级及举例

序号	危险等级	描述和举例
1	严重危险级	使用性质重要，人员密集，用电用火多，可燃物多，起火后蔓延迅速，扑救困难，容易造成重大财产损失或人员群死群伤的场所
		建筑举例如下： 1. 县级及以上的文物保护单位、档案馆、博物馆的库房、展览室、阅览室 2. 设备贵重或可燃物多的实验室 3. 广播电台、电视台的演播室、道具间和发射塔楼 4. 专用电子计算机房 5. 城镇及以上的邮政信函和包裹分栋房、邮袋库、通信枢纽及其电信机房 6. 客房数在 50 间以上的旅馆、饭店的公共活动用房、多功能厅、厨房 7. 体育场（馆）、电影院、剧院、会堂、礼堂的舞台及后台部位

续表

序号	危险等级	描述和举例
1	严重危险级	8. 住院床位在 50 张及以上的医院的手术室、理疗室、透视室、心电图室、药房、住院部、门诊部、病历室 9. 建筑面积在 2 000 m² 及以上的图书馆、展览馆的珍藏室、阅览室、书库、展览厅 10. 民用机场的候机厅、安检厅及空管中心、雷达机房 11. 超高层建筑和一类高层建筑的写字楼、公寓楼 12. 电影、电视摄影棚 13. 建筑面积在 1 000 m² 及以上的经营易燃易爆化学物品的商场、商店的库房及铺面 14. 建筑面积在 200 m² 及以上的公共娱乐场所 15. 老人住宿床位在 50 张及以上的养老院 16. 幼儿住宿床位在 50 张及以上的托儿所、幼儿园 17. 学生住宿床位在 100 张及以上的学校集体宿舍 18. 县级及以上的党政机关办公大楼的会议室 19. 建筑面积在 500 m² 及以上的车站和码头的候车(船)室、行李房 20. 城市地下铁道、地下观光隧道 21. 汽车加油站、加气站 22. 机动车交易市场(包括旧机动车交易市场)及其展销厅 23. 民用液化气、天然气灌装站、换瓶站、调压站
2	中危险级	使用性质较重要,人员较密集,用电用火较多,可燃物较多,起火后蔓延较迅速,扑救较难的场所 建筑举例如下: 1. 县级以下的文物保护单位、档案馆、博物馆的库房、展览室、阅览室 2. 一般的实验室 3. 广播电台电视台的会议室、资料室 4. 设有集中空调、电子计算机、复印机等设备的办公室 5. 城镇以下的邮政信函和包裹分栋房、邮袋库、通信枢纽及其电信机房 6. 客房数在 50 间以下的旅馆、饭店的公共活动用房、多功能厅和厨房 7. 体育场(馆)、电影院、剧院、会堂、礼堂的观众厅 8. 住院床位在 50 张以下的医院的手术室、理疗室、透视室、心电图室、药房、住院部、门诊部、病历室 9. 建筑面积在 2 000 m² 以下的图书馆、展览馆的珍藏室、阅览室、书库、展览厅 10. 民用机场的检票厅、行李厅 11. 二类高层建筑的写字楼、公寓楼 12. 高级住宅、别墅 13. 建筑面积在 1 000 m² 以下的经营易燃易爆化学物品的商场、商店的库房及铺面

续表

序号	危险等级	描述和举例
2	中危险级	14. 建筑面积在 200 m² 以下的公共娱乐场所 15. 老人住宿床位在 50 以下的养老院 16. 幼儿住宿床位在 50 张以下的托儿所、幼儿园 17. 学生住宿床位在 100 张以下的学校集体宿舍 18. 县级以下的党政机关办公大楼的会议室 19. 学校教室、教研室 20. 建筑面积在 500 m² 以下的车站和码头的候车(船)室、行李房 21. 百货楼、超市、综合商场的库房、铺面 22. 民用燃油、燃气锅炉房 23. 民用的油浸变压器室和高、低压配电室
3	轻危险级	使用性质一般,人员不密集,用电用火较少,可燃物较少,起火后蔓延较缓慢,扑救较易的场所 建筑举例如下: 1. 日常用品小卖店及经营难燃烧或非燃烧的建筑装饰材料商店 2. 未设集中空调、电子计算机、复印机等设备的普通办公室 3. 旅馆、饭店的客房 4. 普通住宅 5. 各类建筑物中以难燃烧或非燃烧的建筑构件分隔的并主要贮存难燃烧或非燃烧材料的辅助房间

(2)工业建筑危险等级的划分详见《建筑灭火器配置设计规范》(GB 50140—2005)。

2. 配置场所内的火灾种类及燃烧特性见表 5.17-2。

表 5.17-2 配置场所内的火灾种类及燃烧特性

序号	火灾种类	燃烧特性、举例
1	A 类火灾	指固体物质火灾。如木材、棉、毛、麻、纸张及其制品等燃烧的火灾
2	B 类火灾	指液体火灾或可熔化固体物质火灾。如汽油、煤油、柴油、原油、甲醇、乙醇、沥青、石蜡等燃烧的火灾
3	C 类火灾	指气体火灾。如煤气、天然气、甲烷、乙烷、丙烷、氢气等燃烧的火灾
4	D 类火灾	指金属火灾。如钾、钠、镁、钛、锆、锂、铝镁合金等燃烧的火灾
5	E 类(带电)火灾	指带电物体的火灾。如发电机房、变压器室、配电间、仪器仪表间和电子计算机房等在燃烧时不能及时或不宜断电的电气设备带电燃烧的火灾 对于那些仅有常规照明线路和普通照明灯具而且并无上述电气设备的普通建筑场所,可不按 E 类火灾的规定配置灭火器
6	F 类火灾	烹饪器具内的烹饪物(如动植物油脂)火灾

5.17.3 灭火器的特性和适用场所

1. 手提式灭火器类型、规格和灭火级别举例见表 5.17-3。

表 5.17-3 手提式灭火器类型、规格和灭火级别

灭火器种类	灭火剂充装量（规格）		灭火器类型规格代码（型号）	灭火级别	
	L	kg		A 类	B 类
水型	3	3	MS/13	1A	—
			MS/T3		55B
	6	—	MS/Q6	1A	—
			MS/T6		55B
	9	—	MS/Q6	2A	—
			MS/Q9		89B
泡沫	3	—	MP3、MP/AR3	1A	55B
	4	—	MP4、MP/AR4	1A	55B
	6	—	MP6、MP/AR6	1A	55B
	9	—	MP9、MP/AR9	2A	89B
干粉（碳酸氢钠）	—	1	MF1	—	21B
	—	2	MF2	—	21B
	—	3	MF3	—	34B
	—	4	MF4	—	55B
	—	5	MF5	—	89B
	—	6	MF6	—	89B
	—	8	MF8	—	144B
	—	10	MF10	—	144B
干粉（磷酸铵盐）	—	1	MF/ABC	1A	21B
	—	2	MF/ABC2	1A	21B
	—	3	MF/ABC3	2A	34B
	—	4	MF/ABC4	2A	55B
	—	5	MF/ABC5	3A	89B
	—	6	MF/ABC6	3A	89B
	—	8	MF/ABC8	4A	144B
	—	10	MF/ABC10	6A	144B

灭火器种类	灭火剂充装量 （规格）		灭火器类型规格代码 （型号）	灭火级别	
	L	kg		A 类	B 类
卤代烷 （1211）	—	1	MY1	—	21B
	—	2	MY2	（0.5A）	21B
	—	3	MY3	（0.5A）	34B
	—	4	MY4	1A	34B
	—	6	MY6	1A	55B
二氧化碳	—	2	MT2	—	21B
	—	3	MT3	—	21B
	—	5	MT5	—	34B
	—	7	MT7	—	55B

注：灭火级别是指灭火器扑灭火灾的效能。

2. 推车式灭火器类型、规格和灭火级别举例见表 5.17-4。

表 5.17-4　推车式灭火器类型、规格和灭火级别

灭火器种类	灭火剂充装量 （规格）		灭火器类型规格代码 （型号）	灭火级别	
	L	kg		A 类	B 类
水型	20		MST20	4A	—
	45		MST40	4A	—
	60		MST60	4A	—
	125		MST125	6A	—
泡沫	20		MPT20、MPT/AR20	4A	113B
	45		MPT40、MPT/AR40	4A	144B
	60		MPT60、MPT/AR60	4A	233B
	125		MPT125、MPT/AR125	6A	297B
干粉 （碳酸氢钠）	—	20	MFT20	—	183B
	—	50	MFT50	—	297B
	—	100	MFT100	—	297B
	—	125	M&T125	—	297B
干粉 （磷酸铵盐）	—	20	MFT/ABC20	6A	183B
	—	50	MFT/ABC50	8A	297B

续表

灭火器种类	灭火剂充装量 （规格）		灭火器类型规格代码 （型号）	灭火级别	
	L	kg		A 类	B 类
干粉 （磷酸铵盐）	—	100	MFT/ABC100	10A	297B
	—	125	MFT/ABC125	10A	297B
卤代烷 （1211）	—	10	MYT10	—	70B
	—	20	MYT20	—	144B
	—	30	MYT30	—	183B
	—	50	MYT50	—	297B
二氧化碳	—	10	MTT10	—	55B
	—	20	MTT20	—	70B
	—	30	MTT30	—	113B
	—	50	MTT50	—	183B

注：灭火级别是指灭火器扑灭火灾的效能。

3. 各类灭火器的适用场所见表 5.17-5。

表 5.17-5　各类灭火器的适用场所

序号	火灾场所	适用灭火器
1	A 类	水型灭火器、干粉灭火器、洁净气体灭火器等
2	B 类	干粉灭火器、二氧化碳灭火器、灭 B 类火灾的水型灭火器、洁净气体灭火器等 极性溶剂的 B 类火灾场所应选择灭 B 类火灾的抗溶性灭火器
3	C 类	应选择适用于 C 类火灾的干粉灭火器等
4	D 类	扑灭金属火灾的专用灭火器
5	E 类（带电）	选择适用于 E 类火灾的水基型、干粉型、二氧化碳灭火器、洁净气体灭火器等 带电设备电压超过 1 kV 的场所，禁止选择灭火器进行带电扑救
6	F 类	选择适用于 F 类火灾的水基型灭火器等

5.17.4　灭火器的配置计算

灭火器的配置和计算程序见表 5.17-6。

表 5.17-6　灭火器的配置和计算程序

序号	项目	内　　容
1	一般规定	1. 应设置在位置明显和便于取用的地点,且不得影响安全疏散 2. 不得设置在超出其使用温度范围的地点 3. 对有视线障碍的灭火器设置点,应设置指示其位置的标志 4. 灭火器的摆放应稳固,其铭牌应朝外。手提式灭火器宜设置在灭火器箱内或挂钩、托架上,其顶部离地面高度不应大于 1.50 m;灭火器箱不得上锁 5. 不宜设置在潮湿或强腐蚀性的地点。当必须设置时,应有相应的保护措施。设置在室外时,应有相应的保护措施 6. 一个计算单元内配置的灭火器数量不得少于 2 具 7. 每个设置点的灭火器数量不宜多于 5 具 8. 住宅应选用能扑救 E 类火灾的灭火器。当住宅楼每层的公共部位建筑面积超过 100 m² 时,应配置 2 具 2A 的手提式灭火器;不足 100 m² 的按 100 m² 配置 9. 对临时性需配置灭火器的场所,且火灾危险等级不容易界定的,可按中危险的进行配置

序号	项目	火灾场所＼危险等级	严重危险级	中危险级	轻危险级
2	火灾场所配置的单具灭火器最小配置灭火级别	A 类	4A	3A	2A
		B、C 类	144B	89B	34B

注:D 类火灾场所的灭火器最低配置基准应根据金属的种类、物态及其特性等研究确定。E 类火灾场所的灭火器最低配置基准不应低于该场所内 A 类(或 B 类)火灾的规定

序号	项目	火灾场所＼危险等级	严重危险级	中危险级	轻危险级
3	单位灭火级别的最大保护面积/(m²/A) 或 (m²/B)	A 类	40	60	100
		B、C 类	0.5	1.0	1.5

序号	项目	危险等级	灭火器形式	
4	灭火器设置点的最大保护距离/m		手提式灭火器	推车式灭火器
		严重危险级	15	30
		中危险级	20	40
		轻危险级	25	50

A 类火灾场所

续表

序号	项目	内容
4		B、C类火灾场所 | 危险等级	灭火器形式	
	手提式灭火器	推车式灭火器
严重危险级	9	18
中危险级	12	24
轻危险级	15	30 | 注：D类火灾场所的灭火器，其最大保护距离应根据具体情况研究确定。E类火灾场所的灭火器，其最大保护距离不应低于该场所内A类或B类火灾的规定。F类火灾场所的灭火器，其最大保护距离不应超过10 m
5	计算单元（防护单元）和单元面积/m²	计算单元指灭火器配置的计算区域。一般应按下列规定划分： 1. 当一个楼层或一个水平防火分区内各场所的危险等级和火灾种类相同时，可将其作为一个计算单元 2. 当一个楼层或一个水平防火分区内各场所的危险等级和火灾种类不相同时，应将其分别作为不同的计算单元 3. 同一计算单元不得跨越防火分区和楼层 4. 计算单元的保护面积应按其建筑面积确定
6	计算单元灭火器最少需配数量	1. 计算单元的最少灭火器配置数量按式(5.17-1)计算： $$M = \frac{S}{U \cdot R} \qquad (5.17-1)$$ 式中　M——计算单元的最小需配置数量（具）； 　　　S——计算单元的保护面积（m^2）； 　　　U——A类或B类火灾场所单位灭火级别最大保护面积（m^2/A 或 m^2/B）； 　　　R——火灾场所单具灭火器最小配置级别（A/具或B/具）。 2. 幼儿园及其他儿童活动场所、寄宿制学校的宿舍、养老院、医院病房和手术室、歌舞娱乐放映游艺场所、商业服务网点、集贸批发市场、省级以上文物保护单位、地下公共建筑、劳动密集型企业的生产车间和员工集体宿舍等场所的计算单元的最少灭火器配置数量应按式(5.17-2)计算： $$M = 1.3 \frac{S}{U \cdot R} \qquad (5.17-2)$$ 3. 甲、乙、丙类液体储罐区，可燃助燃气体储罐区，可燃材料堆场等的计算单元的最少灭火器配置数量可按式(5.17-3)计算： $$M = 0.3 \frac{S}{U \cdot R}$$
7	灭火器配置的设计计算	分别计算各计算单元中的A类、B类、C类、E类火灾最少需配灭火器的数量M，取最大值；或直接根据D类、F类火灾的保护要求，确定需配灭火器的灭火级别和配置数量 最后，根据灭火器最大保护距离的规定，确定各计算单元中灭火器设置类的位置和数量

5.17.5 灭火器配置中应注意的几个问题

1. 灭火器的选择应考虑灭火器配置场所的火灾种类及危险等级、灭火器的灭火效能和通用性、灭火剂对保护物品的污损程度、使用灭火器人员的体能等因素。

2. 在同一场所,宜选用相同类型和操作方法的灭火器。当同一场所存在不同火灾种类时,应选用通用型灭火器。

【本节精选习题】

1. 中药材库房配置手提式灭火器,它的最大保护距离为以下何值?( )

A. 10 m　　　　　B. 15 m　　　　　C. 20 m　　　　　D. 25 m

> 答案:【C】
> 解析:首先应确定中药材库房的危险等级,为"中危险级",并且为 A 类火灾,最大保护距离 20 m。本题选 C。

2. 某汽车库拟配置手提式磷酸铵盐干粉灭火器,按灭火器最低配置基准应选用下列哪种型号灭火器(汽车库场所主要存在 B 类及 A 类火灾)?( )

A. MF/ABC2　　　　　　　　　　B. MF/ABC3

C. MF/ABC4　　　　　　　　　　D. 以上灭火器型号均不能选用

> 答案:【C】
> 解析:汽车库为"中危险级"。A 类火灾所需单具灭火器最低配置标准是 2A,B 类火灾所需单具灭火器最低配置标准是 5B,应选择 MF/ABC4。本题选 C

3. 下列关于建筑灭火器选型设计的说明,哪项错误?( )

A. 汽油库可选择碳酸氢钠干粉灭火器　　B. 液化石油气储库可选择磷酸铵盐干粉灭火器

C. 铝粉生产车间应配置专用灭火器　　　D. 变配电房配置泡沫灭火器

> 答案:【D】
> 解析:汽油库为 B 类火灾,液化石油气储库为 C 类火灾,铝粉生产车间为 D 类火灾,变配电房为 E 类火灾,D 错误。

4. 下列关于灭火器配置设计的叙述中,哪项不正确?( )

A. 9 层及以下的住宅建筑可不配置灭火器

B. 选择灭火器时应考虑其使用人员的体能

C. 同一防火分区内,灭火器的配置设计计算应相同

D. 原木库房灭火器配置场所的危险等级不属于中危险级和严重危险级

> 答案:【C】
> 解析:A 项,公共部位面积不超过 100 m² 可不设,注意选项中的"可"字;
> B 项,"使用灭火器人员的体能";
> C 项,"灭火器配置的设计与计算应按计算单元进行"注意计算单位与防火分区的不同;
> D 项,原木库房、堆场灭火器配置场所的危险等级为轻危险级。本题选 C。

5. 下列建筑灭火器配置设计。哪项错误?( )

A. 灭火器可以布置在楼梯间内

B. 统一场所可配置两种以上类型灭火器,但其灭火剂相容

C. 灭火器的保护距离是指设置点到最不利点的直线行走距离

D. 轻危险级场所应保证每个计算单元至少有一具灭火器保护

答案:【D】

解析:"沿着经常有人路过的建筑场所的通道、楼梯间、电梯间和出入处设置灭火器,也是及时、就近取得灭火器的可靠保证之一",A 正确;

"在同一灭火器配置场所,当选用两种或两种以上类型灭火器时,应采用灭火剂相容的灭火器",B 正确;

灭火器的保护距离是指设置点到最不利点的直线行走距离,C 正确;

"一个计算单元内配置的灭火器数量不得少于 2 具",D 错误。

6. 下列某二类高层建筑写字楼按 A 类火灾场所设置灭火器的选择中,哪几项是正确的?(　　　)

A. 设灭火级别为 2A 的手提式磷酸铵盐干粉灭火器,保护距离为 20 m

B. 设灭火级别为 1A 的手提式磷酸铵盐干粉灭火器,保护距离为 15 m

C. 设灭火级别为 2A 的手提式磷酸铵盐干粉灭火器,保护距离为 40 m

D. 设灭火级别为 2A 的手提式磷酸铵盐干粉灭火器,保护距离为 15 m

答案:【AD】

解析:二类高层建筑的写字楼属于中危险级,办公楼主要可燃物均为固体,属 A 类火灾;手提式灭火器的最大保护距离为 20 m;单具灭火器最小配置灭火级别 2A。答案选 AD。

7. 下列关于建筑灭火器配置设计的说法中,哪几项不正确?(　　　)

A. 灭火剂不应采用卤代烷灭火剂

B. 最不利点处应至少在 1 具灭火器保护范围内

C. 灭火器可设置在室外,但应采用相应的保护措施

D. 灭火器配置场所的危险等级与其自动喷水灭火系统设置场所的危险等级相同

答案:【AD】

解析:非必要场所不应配置卤代烷灭火器,必要场所可配置卤代烷灭火器,故选项 A 错误;最不利点处应至少在 1 具灭火器保护范围内,选项 B 正确;灭火器可设置在室外,但应采用相应的保护措施,选项 C 正确;灭火器配置场所的火灾危险等级与自动喷水灭火系统设置场所的火灾危险等级确定依据不同,二者并不相同,故选项 D 错误。故本题答案为 AD。

8. 某建筑高度为 45 m 的办公楼设有地下室(作为停车库和设备机房)。则该地下室车库部位手提灭火器的保护距离不应超过下列哪项数值?(　　　)

A. 9 m　　　　　　　B. 12 m　　　　　　　C. 15 m　　　　　　　D. 20 m

答案:【B】

解析:该办公楼危险等级为中危险级,地下室车库部分火灾种类为 A、B 类,手提灭火器的保护距离不应超过 12 m。故本题答案为 B。

第6章 建筑中水

6.1 概述

6.1.1 基本概念

中水是将各种排水经过适当处理,达到规定的水质标准后,可在生活、市政、环境等范围内杂用的非饮用水。从地域上可分为城市中水、区域中水、建筑小区中水和建筑物中水。建筑中水是建筑物中水和建筑小区中水的总称。建筑中水的用途主要包括绿化用水、冲厕、街道清扫、车辆冲洗、建筑施工、消防以及景观环境用水等范围。中水利用是污水资源化的一个重要方面,由于有明显的社会效益和经济效益,已受到世界各国的重视,因此,在缺水城市和地区,应积极推广和应用。

6.1.2 设计条件和原则

中水工程设计条件和原则详见表 6.1-1。

表 6.1-1　中水工程设计条件和原则

设计条件	1. 应按照当地政府或政府主管部门的有关规定(含条例、规程等),配套建设中水设施 　如北京市 1987 京政发 60 号文"北京市中水设施建设管理试行办法",2001 年 6 月,再次发布"关于加强中水设施建设管理的通告",对中水设施建设和管理做出如下规定,凡在本市行政区域内新建下列工程,应按规定配套建设中水设施: 　(1) 建筑面积 2 万平方米以上的旅馆、饭店、公寓等 　(2) 建筑面积 3 万平方米以上的机关、科研单位,大专院校和大型文化体育等建筑 　(3) 建筑面积 5 万平方米以上,或可回收水量大于 150 立方米/日的居住区和集中建筑区等 　(4) 现有建筑属上述(1)、(2)项规定范围内的应根据条件逐步配套建设中水设施。应配套建设中水设施的建设项目,如中水来源水量或中水回用水量过小(小于 50 立方米/日),必须设计安装中水管道系统 　2. 缺水城市和缺水地区,经技术经济比较合理时,在征得建设方的同意后,应建设中水设施 　3. 中水设施的建设应符合当地政府主管部门的要求或规定,工程设计应符合《建筑中水设计规范》(GB 50336—2002)的规定

续表

设计原则	1. 中水工程的设计应符合本节 6.1.2 条设计条件的要求 2. 缺水城市和地区在各类建筑或建筑小区总体规划设计时,应包括污水、废水、雨水资源的综合利用和中水设施建设的内容 3. 中水设施必须与主体工程同时设计,同时施工,同时使用 4. 中水工程设计应根据可利用原水的水质、水量和中水用途,进行水量平衡和技术经济分析,合理确定中水水源、系统形式、处理工艺和规模。中水工程设计应做到安全可靠、经济适用、技术先进 5. 采取合理、有效的技术措施,确保中水系统的功能和效益。鼓励采用国内外成熟的先进工艺 6. 中水工程设计必须采取确保使用、维修的安全措施,严禁中水直接或间接进入生活饮用水给水系统及可能产生的误接、误用

6.2　中水原水及水量计算

6.2.1　中水原水的选择

中水原水即作为中水水源而未经处理的水。中水原水选择技术要求详见表 6.2-1。

表 6.2-1　中水原水选择技术要求

项目	技 术 要 求
一般要求	1. 一般取自生活排水和其他可利用的稳定、可靠的水源 2. 原水水量应能满足处理水量的要求 3. 按照水量平衡需要,可选择的种类和选取顺序一般为沐浴排水、盥洗排水、空调循环冷却水系统排污水、冷凝水、游泳池排污水、洗衣排水、普通厨房排水、冲厕排水 4. 雨水可作为中水原水或补充水源,但设计中应解决好雨水量的不稳定性和冲击负荷、雨水的分流、溢流和初期雨水的弃流等问题 5. 公共餐厅内的厨房排水不宜作为中水水源 6. 传染病医院、结核病医院污水和放射性废水,不得作为中水水源
单体建筑中水原水	1. 根据排水的水质、水量、排水状况和中水回用的水质、水量及其他相关情况来确定 2. 优先选用优质杂排水 3. 室外的雨水或污水不宜引入室内进行处理
建筑小区中水原水	1. 根据水量平衡和技术比较确定,优先选用水量充裕、稳定、污染物浓度低、水质处理难度小,安全且居民易接受的中水水源,如小区内冲厕排水以外的生活排水(通常称为杂排水) 2. 其他可作为建筑小区中水原水的有: (1) 小区或城市污水处理厂出水 (2) 小区附近相对洁净的工业排水,水质、水量必须稳定,并有较高的使用安全性 (3) 小区生活污水

6.2.2 中水原水水质

1. 建筑中水原水水质

中水原水主要来自建筑物的生活排水,原水的水质随着建筑物所在区域及使用性质的不同,其污染成分和浓度各不相同,各类建筑各种排水水质,设计时应根据实测水质调查分析确定。在无实测资料时,可参照表6.2-2选定。选用表中数值时应注意,建筑排水的污染浓度与用水量有关,用水量越大,其污染浓度越低,反之则越高。

2. 建筑小区中水原水水质

当采用生活排水作小区中水水源且无实测资料时,各种排水的污染浓度同建筑中水原水水质,参照表6.2-2确定;当采用城市污水处理厂出水为水源时,可按污水处理厂实测出水水质取值,或根据污水处理厂执行的排放标准,按照《城镇污水处理厂污染物排放标准》(GB 18918—2002)中城镇污水处理厂水污染物排放基本控制项目最高允许排放浓度(日均值)取值,详见表6.2-3。

表 6.2-2　各类建筑各种排水污染浓度表　　　　　　　　　　　mg/L

类别	住宅			宾馆、饭店			办公楼、教学楼			公共浴室			餐饮业、营业餐厅		
	BOD_5	COD_{cr}	SS	BOD_5	COD_{cr}	SS	BOD_5	COD_{cr}	SS	BOD_5	COD_{cr}	SS	BOD_5	COD_{cr}	SS
冲厕	300~450	800~1 100	350~450	250~300	700~1 000	300~400	260~340	350~450	260~340	260~340	350~450	260~340	260~340	350~450	260~340
厨房	500~650	900~1 200	220~280	400~550	800~1 100	180~220	—	—	—	—	—	—	500~600	900~1 100	250~280
沐浴	50~60	120~135	40~60	40~50	100~110	30~50	—	—	—	45~55	110~120	35~55	—	—	—
盥洗	60~70	90~120	100~150	50~60	80~100	80~100	90~110	100~140	90~110	—	—	—	—	—	—
洗衣	220~250	310~390	60~70	180~220	270~330	50~60	—	—	—	—	—	—	—	—	—
综合	230~300	455~600	155~180	140~175	295~380	95~120	195~260	260~340	195~260	50~65	115~135	40~65	490~590	890~1 075	255~285

表 6.2-3　水污染物排放基本控制项目最高允许排放浓度(日均值)　　　mg/L

序号	基本控制项目	一级标准		二级标准	三级标准
		A 标准	B 标准		
1	化学需氧量(COD)	50	60	100	120
2	生化需氧量(BOD_5)	10	20	30	60
3	悬浮物(SS)	10	20	30	50

续表

序号	基本控制项目		一级标准		二级标准	三级标准
			A 标准	B 标准		
4	动植物油		1	3	5	20
5	石油类		1	3	5	15
6	阴离子表面活性剂		0.5	1	2	5
7	总氮(以 N 计)		15	20	—	—
8	氨氮(以 N 计)		5(8)	8(12)	25(30)(30)	—
9	总磷 (以 P 计)	2005 年 12 月 31 日前建设的	1	1.5	3	5
		2006 年 1 月 1 日起建设的	0.5	1	3	5
10	色度(稀释倍数)		30	30	40	50
11	pH		6~9			
12	粪大肠菌群数/(个/L)		10^3	10^4	10^4	—

注:1. 下列情况下按去除率指标执行:当进水 COD 大于 350 mg/L 时,去除率应大于 60%;BOD 大于 160 mg/L 时,去除率应大于 50%;

2. 括号外数值为水温>12℃时的控制指标,括号内数值为水温≤12℃时的控制指标。

6.2.3 水量计算

中水用水量一般按建筑各种用水量占总用水量的比例确定,中水原水收集项目的排水量占整个排水量的比例同给水。

1. 中水用水量计算

(1)用水量及比例

建筑给水的用水量按各类建筑的用水定额和用水单位数经计算确定,详见本书给水章节。建筑内各种用水(如冲厕、沐浴、盥洗、洗衣等)占用水量的比例应根据实测资料确定,无实测资料时,可参照表6.2-4选取。

表 6.2-4　部分建筑物分项给水百分率　　　　　　　　%

项目	住宅	宾馆、饭店	办公楼、教学楼	公共浴室	餐饮业、营业餐厅
冲厕	21.3~21	10~14	60~66	2~5	6.7~5
厨房	20~19	12.5~14	—	—	93.3~95
沐浴	29.3~32	50~40	—	98~95	—
盥洗	6.7~6.0	12.5~14	40~34	—	—
洗衣	22.7~22	15~18	—	—	—
总计	100	100	100	100	100

注:沐浴包括盆浴和淋浴。

（2）中水用水量计算

① 冲厕用水量计算：

中水冲厕用水量同生活给水冲厕用水量，可按表 6.2-4 中冲厕用水占生活用水量的百分率，采用式（6.2-1）计算确定。

$$Q_c = 1.1 \cdot Q_d \cdot b \tag{6.2-1}$$

式中　Q_c——冲洗厕所中水用水量（m^3/d）；

　　　 1.1——考虑漏损的附加系数；

　　　 b——冲洗厕所占日用水量的百分比（%），见表 6.2-4；

　　　 Q_d——建筑生活给水量（m^3/d）。

② 浇洒、绿化、道路保洁用水量计算：

同给水，详见本书给水章节。

③ 中水作采暖系统补充水量可按循环水量的 2%~3% 计。

④ 汽车冲洗、空调冷却水补水等中水用水量计算按照本书有关章节规定的用水量计算方法进行。

⑤ 中水日用水量即为最高日中水用水量，可按式（6.2-2）计算确定：

$$Q_z = \sum Q_{zi} \tag{6.2-2}$$

式中　Q_z——最高日中水用水量（m^3/d）；

　　　 Q_{zi}——各项中水日用水量（m^3/d）。

2. 中水原水量计算

中水原水量即为收集利用的建筑各项排水量的总和。根据《建筑中水设计规范》（GB 50336—2002）规定，其值应为平均日排水量的总和。各项排水占整个生活排水的比值同生活给水。中水原水量按式（6.2-3）计算确定：

$$Q_Y = \sum \beta \cdot Q \cdot b \tag{6.2-3}$$

式中　Q_Y——中水原水量（m^3/d）。

　　　 β——建筑物按给水量折减为排水量的折减系数，一般取 0.8~0.9。

　　　 Q——建筑物最高日生活给水量，按《民用建筑节水设计标准》（GB 5055—2010）中的节水用水定额计算确定（m^3/d）。

　　　 b——各类建筑物的分项给水百分率应以实测资料为准，在无实测资料时，可参照表 6.2-4 选取。

中水原水处理量一般为中水用水量的 110%~115%，以保证中水处理设备的安全运转。

【本节精选习题】

1. 下列关于中水水质分析与比较中，哪项不正确？（　　　）

A. 沐浴废水有机物的污染程度：住宅＞宾馆＞公共浴室

B. 同一类建筑生活污废水有机物的污染程度：厨房＞洗衣＞沐浴

C. 综合污水 SS 的污染程度：营业餐厅＞住宅＞宾馆

D. 生活污水的可生化程度：洗衣＞沐浴＞厨房

答案:【D】

解析:中水原水水质应以实测资料为准,在无实测资料时,各类建筑物各种排水的污染浓度参照表6.2-2确定:

可生化程度由 BOD_5 反映,故 D 错误。

2. 以下哪项不宜作为建筑物中水系统的水源(   )?

A. 盥洗排水　　　　B. 室外雨水　　　　C. 游泳池排水　　　　D. 空调冷却系统排水

答案:【B】

解析:盥洗排水、空调循环冷却系统排水、游泳池排水均可作为建筑物中水水源;设计中应掌握一个原则,就是室外的雨水或污水宜在室外利用,不宜再引入室内。

3. 某住宅楼设中水系统,以优质杂排水为中水水源。该建筑的平均日给水量为 100 m^3/d,最高日给水量折算成平均日给水量的折减系数以 0.7 计,分项给水百分率 b 及按给水量计算排水量的折减系数见下表所示。则可集流的中水原水量应为下列何项(   )?

A. 36.4 m^3/d　　　　B. 89 m^3/d　　　　C. 33.3 m^3/d　　　　D. 52 m^3/d

系数项目	冲厕	厨房	淋浴	盥洗	洗衣
$b/\%$	21	20	31	6	22
β	1.0	0.8	0.9	0.9	0.85

答案:【D】

解析:优质杂排水应不含冲厕粪便水及厨房排水,100 m^3/d 即为平均日给水量:

$$Q_Y = \sum \alpha \times \beta \times Q \times b = (100 \times 0.31 \times 0.9 + 100 \times 0.06 \times 0.9 + 100 \times 0.22 \times 0.85) \ m^3/d = 52 \ m^3/d$$

6.3 中水水质标准

1. 不同用途的中水,应符合不同的水质标准,见表6.3-1~表6.3-4。

表 6.3-1   中水利用水质标准

序号	中水用途	水质标准
1	城市杂用水	《城市污水再生利用城市杂用水水质》(GB/T 18920—2002)(见表6.3-2)
2	景观环境用水	《城市污水再生利用景观环境用水水质》(GB/T 18921—2002)(见表6.3-3)
3	冷却、洗涤、锅炉补给等工业用水	《城市污水再生利用工业用水水质》(GB/T 19923—2005)(见表6.3-4)
4	食用作物、蔬菜浇灌用水	《农田灌溉水质标准》(GB 5084—2005)
5	采暖系统补水等其他用途	达到相应使用要求的水质标准
6	同时满足多种用途时	按最高水质标准确定

表 6.3-2　城市杂用水水质标准

序号	指 标		项 目				
			冲厕	道路清扫、消防	城市绿化	车辆冲洗	建筑施工
1	pH		6.0~9.0				
2	色（度）	≤	30				
3	嗅		无不快感				
4	浊度/NTU	≤	5	10	10	5	20
5	溶解性总固体/(mg/L)	≤	1 500	1 500	1 000	1 000	—
6	5 日生化需氧量 BOD$_5$/(mg/L)	≤	10	15	20	10	15
7	氨氮/(mg/L)	≤	10	10	20	10	20
8	阴离子表面活性剂/(mg/L)	≤	1.0	1.0	1.0	0.5	1.0
9	铁/(mg/L)	≤	0.3	—	—	0.3	—
10	锰/(mg/L)	≤	0.1	—	—	0.1	—
11	溶解氧/(mg/L)	≥	1.0				
12	总余氯/(mg/L)		接触 30 min 后≥1.0,管网末端≥0.2				
13	总大肠菌群/(个/L)	≤	3				

注:混凝土拌合用水还应符合《混凝土用水标准》(JGJ 63—2006)的有关规定。

2. 中水利用水质还应满足下列要求:

(1)卫生上应安全可靠,卫生指标如大肠菌群数等必须达标;

(2)应符合人们的感官要求,即无不快感觉,以解决人们使用中水的心理障碍,主要指标有浊度、色度、嗅、LAS 等;

(3)不应引起设备和管道的腐蚀和结垢,主要指标有 pH、硬度、蒸发残渣、TDS 等。

表 6.3-3　景观环境用水的再生水水质指标　　　　　　　　　　　mg/L

序号	项 目		观赏性景观环境用水			娱乐性景观环境用水		
			河道类	湖泊类	水景类	河道类	湖泊类	水景类
1	基本要求		无漂浮物,无令人不愉快的嗅和味					
2	pH（无量纲）		6~9					
3	5 日生化需氧量（BOD$_5$）	≤	10	6		6		
4	悬浮物（SS）	≤	20	10		—[a]		
5	浊度/NTU	≤	—[a]			5.0		
6	溶解氧	≥	1.5			2.0		
7	总磷（以 P 计）	≤	1.0	0.5		1.0	0.5	
8	总氮	≤	15					

续表

序号	项　目		观赏性景观环境用水			娱乐性景观环境用水		
			河道类	湖泊类	水景类	河道类	湖泊类	水景类
9	氨氮（以 N 计）	≤	5					
10	粪大肠菌群/（个/L）	≤	10 000	2 000	500	不得检出		
11	余氯ᵇ	≥	0.05					
12	色度（度）	≤	30					
13	石油类	≤	1.0					
14	阴离子表面活性剂	≤	0.5					

注：1. 对于需要通过管道输送再生水的非现场回用情况必须加氯消毒；而对于现场回用情况不限制消毒方式；

2. 若使用未经过除磷脱氮的再生水作为景观环境用水，鼓励使用本标准的各方在回用地点积极探索通过人工培养具有观赏价值水生植物的方法，使景观水的氮满足表中的要求，使再生水中的水生植物有经济合理的出路；

3. a：—表示对此项无要求；

b：氯接触时间不应低于 30 min 的余氯。对于非加氯方式无此项要求。

表 6.3-4　再生水用作工业用水水源的水质标准

序号	控制项目		冷却用水		洗涤用水	锅炉补给水	工艺与产品用水
			直流冷却水	敞开式循环冷却水系统补充水			
1	pH		6.5~9.0	6.5~8.5	6.5~9.0	6.5~8.5	6.5~8.5
2	悬浮物（SS）（mg/L）	≤	30	—	30	—	—
3	浊度/NTU	≤	—	5	—	5	5
4	色度/度	≤	30	30	30	30	30
5	生化需氧量（BOD_5）/（mg/L）	≤	30	10	30	10	10
6	化学需氧量（COD_{cr}）/（mg/L）	≤	—	60	—	60	60
7	铁/（mg/L）	≤	—	0.3	0.3	0.3	0.3
8	锰/（mg/L）	≤	—	0.1	0.1	0.1	0.1
9	氯离子/（mg/L）	≤	250	250	250	250	250
10	二氧化硅（SiO_2）	≤	50	50	—	30	30
11	总硬度（以 $CaCO_3$ 计 mg/L）	≤	450	450	450	450	450
12	总碱度（以 $CaCO_3$ 计 mg/L）	≤	350	350	350	350	350
13	硫酸盐/（mg/L）	≤	600	250	250	250	250
14	氨氮（以 N 计 mg/L）	≤		10①	—	10	10
15	总磷（以 P 计 mg/L）	≤		1	—	1	1
16	溶解性总固体/（mg/L）	≤	1 000	1 000	1 000	1 000	1 000

续表

序号	控制项目		冷却用水		洗涤用水	锅炉补给水	工艺与产品用水
			直流冷却水	敞开式循环冷却水系统补充水			
17	石油类/(mg/L)	≤	—	1	—	1	1
18	阴离子表面活性剂/(mg/L)	≤	—	0.5		0.5	0.5
19	余氯②/(mg/L)	≥	0.05	0.05	0.05	0.05	0.05
20	粪大肠菌群/(个/L)	≤	2 000	2 000	2 000	2 000	2 000

注:1. 当敞开式循环冷却水系统换热器为铜质时,循环冷却系统中循环水的氨氮指标应小于 1 mg/L;

2. 加氯消毒时管网末梢值。

【本节精选习题】

下列关于中水水质的叙述中,哪几项不符合我国现行中水水质标准要求?(   )

A. 城市杂用水和景观环境用水的再生水水质指标中对总氮无要求

B. 中水用于消防、建筑施工时,其水质应按消防用水水质要求确定

C. 城市杂用水水质指标中对水的含油量无要求

D. 与城市杂用水其他用途相比,冲厕用水对阴离子表面活性剂的要求最严格

答案:【AD】

解析:根据水质标准要求:A 不符合相关规范的事实,B、C 均符合事实,D 应为车辆冲洗对阴离子表面活性剂要求最严格。

6.4 中水管道系统

6.4.1 中水系统形式

1. 单体建筑中水宜采用原水污、废分流,中水专供的完全分流系统。

完全分流系统是指中水原水的收集系统和建筑的其他排水系统是完全分开的,即排水系统采用污废分流形式,而建筑的生活给水与中水供水也是完全分开的系统,也就是通常所说的"双下水、双上水"。

完全分流系统具有以下特点:

(1) 水量易于平衡。一般情况,有沐浴设备的建筑的优质杂排水或杂排水的水量,经处理后可满足冲厕等杂用水水量要求。

(2) 处理流程可以简化。由于原水水质较好,可减轻中水处理系统的负荷,减少占地面积,降低造价。

(3) 减少污泥处理困难以及产生臭气对建筑环境的影响。

(4) 中水处理系统容易实现设备化,管理方便。

(5) 中水用户容易接受。

2. 建筑小区中水可采用下列系统形式：

建筑小区中水系统形式选用详见表 6.4-1。

表 6.4-1 建筑小区中水系统形式选用

系统形式	系统释义	系统特点	适用范围
全部完全分流系统	指原水分流管系和中水供水管系覆盖全区所有建筑物的系统，即小区内全部采用两套排水管和两套供水管的系统	管线比较复杂，设计施工难度较大，管线投资较高，但具有水量易于平衡、处理流程简化、用户容易接受等优点	可用于水价较高的地区，尤其用在中水建设处于起步阶段的地区
部分完全分流系统	与全部完全分流系统类似，只是分流系统只覆盖了小区内的部分建筑物	同上	大多数地区
半完全分流系统	指无原水分流管系（原水为生活污水或外接水源），只有中水供水管系，或只有废污水分流管系而无中水供水管系，处理后的中水用于河道景观、绿化等室外杂用的系统，也就是通常所说的"单下水、双上水"，或"双下水、单上水"	管线比较简单，设计施工难度较小，管线投资较少	大多数地区
无分流简化系统	指建筑物内无废污水分流管系和中水供水管系的系统，中水不进入建筑物内，只用在小区绿化、喷洒道路、水景观和人工河湖补水、地下车库地面冲洗和汽车清洗等用途，中水原水采用生活污水或是外接水源	管路设计简单，管线投资比较低	已建小区的增建中水工程

6.4.2 中水原水收集系统

1. 中水原水收集系统分为合流系统和分流系统两种类型。

（1）合流系统。

将生活污水和废水用一套排水管道排出的系统。合流系统的集水干管可根据中水处理站位置要求设置在室内或室外。这种集水系统具有管道布置设计简单、水量充足稳定等优点，但是由于该系统将生活污废水合并，即系统中的水为综合污水，因此它同时还具有原水水质差、中水处理工艺复杂、用户对中水接受程度差等缺点，同时处理站容易对周围环境造成污染。

合流系统的管道设计要求和计算同建筑排水设计，见本书建筑排水章节。

（2）分流系统。

将生活污水和废水根据其水质情况的不同分别排出的系统，即污废分流系统。排水分流后，将水质较好的排水作为中水原水，水质较差的排水则进入污水处理构筑物或直接排入下水道。

分流系统的特点及设计要点详见表 6.4-2。

表 6.4-2　分流系统特点及设计要点

分流系统特点	1. 中水原水水质较好。分流出来的废水一般不包括粪便污水和厨房的油污排水,有机物污染较轻,BOD_5、COD_{cr} 均小于 200 mg/L,优质杂排水可小于 100 mg/L,中水处理流程简单,处理设施投资较低 2. 中水水质保障性好,符合人们的习惯和心理要求,用户容易接受 3. 中水处理站对周围环境造成的不利影响小 4. 缺点是原水水量受限制,并且需要增设一套分流管道,增加了管道系统的费用,同时增加管路设计和施工的难度
分流系统设计要点	1. 适于设置分流系统的建筑主要有宾馆、饭店、公共浴室、洗衣房,以及有集中盥洗设备的办公楼和写字楼 2. 在管道间内设置专用废水立管,无管道间时宜在不同的墙角设置废水立管 3. 便器与洗浴设备宜分设或分侧布置,为接管提供方便 4. 废水支管应尽量避免与污水支管交叉 5. 集水干管设在室内外均可,应根据原水池的位置来确定

2. 中水原水收集系统设计要点详见表 6.4-3。

表 6.4-3　中水原水收集系统设计要点

中水原水收集系统设计要点	1. 原水管道系统宜按重力流设计,当重力流管道埋深太深而不经济时,可采取局部提升等措施 2. 原水系统应计算原水收集率,收集至中水处理站的原水总量不应低于回收排水项目给水总量的 75% 3. 室内外原水管道及附属构筑物均应采取防渗、防漏措施,并应有防止不符合水质要求的排水接入的措施,并盖应做"中水"标志 4. 原水系统应设分流、溢流设施和超越管,宜在流入中水处理站之前能满足重力排放要求 5. 当有厨房排水进入原水系统时,应先经过隔油处理后,方可进入原水收集系统 6. 原水应计量,宜设置瞬时和累计流量的计量装置,如设置超声波流量计和沟槽流量计等。当采用调节池容量法计量时应安装水位计 7. 当采用雨水为水源补充或中水水源时,应有可靠的调储设施,并具有初期雨水剔除和超量溢流功能

6.4.3　中水供水系统

中水供水系统组成和供水方式,除应注意下列诸点外,其余均同给水,详见本书第 1 章给水。

1. 中水供水系统必须独立设置,中水管与生活给水管严禁有任何方式的接通。

2. 中水管道一般采用塑料管、衬塑复合管或其他给水管材,由于中水具有轻微腐蚀性,因此中水管不得采用非镀锌钢管。

3. 中水管道在室内可明装或暗装,标识为浅绿色。

4. 中水贮存池(箱)宜采用耐腐蚀、易清垢的材料制作,钢板池(箱)内、外壁及其附配件均应采取防腐蚀处理。

5. 中水管道上一般不得装设取水龙头。当装有取水口时,必须采取严格的防误饮、误用的防护措施。如带锁龙头、明显标示不得饮用等。

6. 绿化、浇洒、汽车冲洗宜采用有防护功能的壁式或地下式给水栓,并在附近设置不得饮用标识。

7. 应根据使用要求安装计量装置。

【本节精选习题】

建筑小区的中水系统形式可以采用下列哪几种?(　　　)

A. 全部完全分流系统　　　　　　　B. 部分完全分流系统

C. 不完全分流系统　　　　　　　　D. 中水供水与生活给水合流系统

答案:【ABD】

解析:建筑小区中水可采用以下系统形式:1. 全部完全分流系统;2. 部分完全分流系统;3. 半完全分流系统;4. 无分流管系的简化系统可知,A、B、D 正确。

6.5　中水水量平衡

6.5.1　平衡的基本概念

水量平衡是指对原水、处理量与中水用量和自来水补水量进行计算、调整,使其达到与用水平衡和一致,它是保证中水系统设施设计合理经济、安全运行、保证供给的重要依据。

水量平衡不仅要保持总量的一致,还要保持在时间延续上的协调一致。为保证处理设施能够连续和均匀地运行,须将不均匀的原排水进行调节,并应将中水量和使用量调整平衡。水量平衡设计主要包括水量平衡计算及调整、绘制水量平衡图、采取相应技术措施等内容。

6.5.2　平衡计算及调整

1. 中水原水量和中水用水量平衡计算及调整。

(1) 确定中水使用范围和中水原水收集范围。

中水使用范围:包括用水项目(如冲厕、绿化、洗车、采暖系统补水等)及其用水点分布情况(如集中区域、分散点、高度等)。

中水原水收集范围:包括收集项目(如优质杂排水、杂排水或生活排水)及其收集点分布情况。

(2) 按本章 6.2.3 节中水用水量计算方法计算各项中水用水量和总用水量。用水量计算应包括中水处理站自身消耗用水量,此值一般取各项用水量之和的 5%~15%。

(3) 按本章 6.2.3 节中水原水量计算方法计算各项原水量和原水总量。

(4) 比较原水量和中水用水量的平衡关系。使原水总量不小于总用水量。

(5) 若原水总量大于中水总用水量,则应扩大中水用水范围或缩小原水收集范围;若原水总量小于中水总用水量,则应扩大原水收集范围或缩小中水用水范围,使其相匹配。

(6) 对于距中水处理站较远的分散收集点和用水点,原水收集和中水供给需增加较大投资,或收集量和用水量较少,或供水系统扬程较高而造成不够经济合理时,对于这部分原水或中水,可不进行收集或供给。

（7）中水单位处理成本随处理水量的提高而降低,节水效益随着处理规模的增大而增强,所以在水量调整时,应注意将可收集的原水尽量收集起来,进行处理回用,在中水用量不多时,应考虑分期从更大的范围去开辟中水用户,在高效益、低成本的前提下调节水量平衡。

（8）水量平衡图。

为使中水系统水量平衡规划更明显直观,应绘制水量平衡图。该图是用图线和数字表示出中水原水的收集、贮存、处理、使用之间量的关系。主要内容应包括如下要素:

① 中水原水收集项目和部位及原水量,建筑的排水量、排放量。

② 中水处理量及处理消耗量。

③ 中水各用水点的用水量及总用水量。

④ 自来水用水量,对中水系统的补给量。

⑤ 规划范围内的污水排放量、回用量、给水量及其所占比率。

计算并表示出以上各量之间的关系,不仅可以借此协调水量平衡,还可明显看出节水效果。水量平衡例图见图 6.5-1。

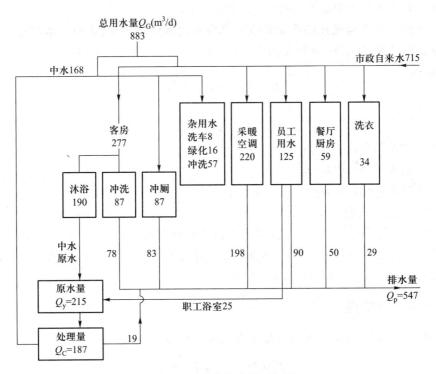

图 6.5-1　某宾馆水量平衡图

2. 中水原水量和处理量的平衡计算及调整。

由于收集中水原水的水量与处理构筑物的处理量不能同步,应设原水调节池进行贮存调节。

（1）中水设计处理能力按式（6.5-1）计算:

$$Q_q = (1+n)Q_{PY}/T \qquad (6.5-1)$$

式中 Q_q——中水设施处理能力(m^3/h);

Q_{PY}——经水量平衡计算后的中水原水量(m^3/d),当中水原水量大于中水用水量时,应以中水用水量来确定系统设计处理能力;

T——中水设施每日设计运行时间(h/d);

n——设施自耗水系数,一般取值为 5%~10%。

(2)原水调节池调节容积可按式(6.5-2)及式(6.5-3)计算。

连续运行时:

$$Q_{yc} = (0.35~0.50)Q_c \tag{6.5-2}$$

间歇运行时:

$$Q_{yc} = 1.2Q_q \cdot T \tag{6.5-3}$$

式中 Q_{yc}——原水调贮量(m^3);

Q_c——中水日处理量(m^3/d);

Q_q——中水设施处理能力(m^3/h);

T——设备最大连续运行时间(h)。

当采用批量处理法时,原水调贮量应按需要确定。

3. 中水处理出水量和中水用量的平衡计算及调整。

中水处理构筑物连续处理的水量和中水供应量之间的不平衡,需设中水贮存池进行调节。中水贮存池容积可按式(6.5-4)及式(6.5-5)计算:

连续运行时:

$$Q_{zc} = (0.25~0.35)Q_z \tag{6.5-4}$$

间歇运行时:

$$Q_{zc} = 1.2(Q_q \cdot T - Q_{zt}) \tag{6.5-5}$$

式中 Q_{zc}——中水贮存调节量(m^3);

Q_z——最大日中水用量(m^3/d);

Q_{zt}——最大连续运行时间内的中水用量(m^3);

Q_q、T 符号意义同前。

中水贮存调节量应包括中水贮存池及高水箱贮水量之和。

4. 中水系统的总调节容积,包括原水池(箱)、处理水池(箱)、中水贮存池(箱)及高水箱等调节容积之和,一般不小于中水日处理量的100%。

6.5.3 水量平衡措施

除采取贮存调节外,水量平衡其他措施详见表 6.5-1。

表 6.5-1 水量平衡措施

平衡措施	措施释义	具 体 方 法
运行调节	利用水位信号控制处理设备自动运行,并合理调整确定控制的水位和运行班次,主要是对原水泵运行的控制,分为双控和单控	1. 单控,原水泵启动以调节池内的水位控制方式进行,采取一定的技术措施,尽量减小中水池的自来水补水空间。一般情况下,采用单控方式比较简单有效

续表

平衡措施	措施释义	具 体 方 法
运行调节		2. 双控,即原水泵的启动由中水池内水位和调节池内水位共同控制,采用双水位控制时,原水泵启动水位应设在自来水补水控制水位之上
中水使用调节	中水用水量较大时,应扩大原水收集范围;中水原水量较大时,应充分开辟中水使用范围	不能直接接入的杂排水,可采取局部提升的方式引入;浇洒道路、绿化、冷却水补水、采暖系统补水等,以调节季节性不平衡
应急补充	中水贮水池或中水高位水箱上应设自来水补水管,作应急使用,从而保障中水供水的平衡和安全。但应避免中水补水作为长期补水用。如果有这种情况,应缩小中水供水范围,部分用水点直接用自来水供给,以免自来水压力损失和对自来水的两次提升	中水池的自来水补水能力是按中水系统的最大时用水量设计的,比中水处理设备的产水能力要大。为了控制中水池的容积尽可能多地容纳中水,而不被自来水补水占用,补水管的自动开启控制水位应设在中水池下方水量的1/3处;自动关闭的控制水位应在下方水量的1/2处。这样,可确保中水池上方1/2以上的池容积用于存放中水
分流、溢流和超越	用来应对原水量出现瞬时高峰、设备故障检修或用水短时间中断的紧急情况,是实现系统水量平衡的重要手段,同时也是保证中水处理设施安全的一个重要措施	在中水系统中设置分流、溢流和超越等设施

【本节精选习题】

1. 下列有关建筑中水系统水量平衡措施的描述,哪项错误?( )

A. 原水调节池是用来调节原水量与处理量之间水量平衡的

B. 溢流会造成水的浪费,故选择水量平衡措施时不得采用溢流方式

C. 通过自动控制合理调整处理设备的运行时间是水量平衡措施之一

D. 中水贮水池设置自来水补水管也是水量平衡措施之一

答案:【B】

解析:原水系统应设分流、溢流设施和超越管。B项错误。故选B项。

2. 某旅馆中水用于冲厕,总用水量为14.5 m^3/d,中水处理设备每天运行6 h,处理水量16 m^3/d,则中水储水池的有效容积应为何值?( )

A. 1.8 m^3　　　　B. 10.80 m^3　　　　C. 12.42 m^3　　　　D. 14.90 m^3

答案:【D】

解析:中水调节池间歇运行时:

q_1(中水平均小时用水量)$= Q/24 = 14.5/24\ m^3/h = 0.60\ m^3/h$

q_2(中水设施处理能力)$= 16/6\ m^3/h = 2.67\ m^3/h$

$W = 1.2 \times t \times (q_2 - q_1) = 1.2 \times 6 \times (2.67 - 0.60)\ m^3 = 14.90\ m^3$

3. 某小区设有全日 24 h 中水供水系统,中水系统设计供水量为 400 m³/d,中水处理设施间歇运行(早上 8:00 至下午 18:00)。则中水贮存池的最小有效容积应为下列哪项?(　　)

A. 100 m³　　　　　　B. 140 m³　　　　　　C. 328 m³　　　　　　D. 352 m³

答案:【C】

解析:当为间歇运行时,中水贮存池的最小有效容积为:

$$W_2 = 1.2t_1(Q_{2(h)} - Q_{3(h)}) = 1.2 \times Q_3\left[(1+n) - \frac{t_1}{T}\right] = 1.2 \times 400 \times \left[(1+10\%) - \frac{10}{24}\right] \text{ m}^3 = 328 \text{ m}^3$$

4. 某宾馆最高日用水量 120 m³/d,淋浴排水单独收集作为中水原水,中水处理站处理后的出水用于小区绿地浇洒,其中水设计用水量 15 m³/d,则中水处理站原水调节溢流设施的最小溢流量应为下列哪项?(　　)

A. 8.48 m³/d　　　　B. 9.32 m³/d　　　　C. 14.91 m³/d　　　　D. 15.66 m³/d

答案:【A】

解析:中水处理水量为中水日用水量的 1.15 倍,溢流量为可收集原水水量与中水处理水量之差:

$$Q_1 = 0.67 \times 0.8 \times 120 \times 40\% \text{ m}^3/\text{d} = 25.728 \text{ m}^3/\text{d}$$

$$Q_2 = (1+n)Q_3 = (1+15\%) \times 15 \text{ m}^3/\text{d} = 17.25 \text{ m}^3/\text{d}$$

$$Q_0 = [Q_1 - Q_2] = (25.728 - 17.25) \text{ m}^3/\text{d} = 8.48 \text{ m}^3/\text{d}$$

5. 某居住小区内用水量情况如下图。住宅自来水用水量 80 m³/d,公共建筑自来水用水量 60 m³/d,服务设施自来水用水量 160 m³/d;冲厕及绿化等用水采用中水,需水量 213 m³/d,中水站原水收集率按 75% 计,中水处理站自耗水量按 10% 计,经水量平衡计算,该中水供水系统所需城市自来水补水量为以下何值?(　　)

A. 不需要补水　　　　B. 10.5 m³/d　　　　C. 51 m³/d　　　　D. 118.5 m³/d

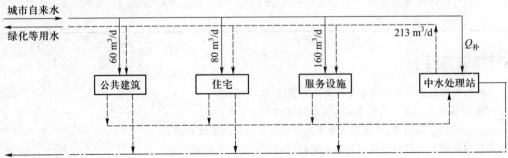

答案:【B】

解析:中水原水可收集量:(80+60+160)×75% m³/d = 225 m³/d

在中水原水收集过程中损耗了取 10%,则需水量已知为 213 m³/d,所以自来水补水量 = 213−225×(100%−10%) m³/d = 10.5 m³/d

6.6　中水处理工艺

6.6.1　确定处理工艺的原则

中水处理工艺流程应根据中水原水的水质、水量和中水的水质、水量及使用要求等因素,经技术经济比较后确定。

1. 确定处理工艺的依据

确定中水处理工艺主要需要考虑以下因素：

（1）原水的水量、水质；

（2）中水的水量、水质；

（3）当地的自然环境条件（如气候等）；

（4）运行管理水平；

（5）经济性。

2. 确定处理工艺的原则

选用中水处理工艺应当符合以下原则：

（1）技术先进，安全可靠，处理后出水能够达到回用目标的水质标准；

（2）经济适用，在保证中水水质的前提下，尽可能节省投资、运行费用和占地面积；

（3）处理过程中，噪声、气味和其他因素对环境不造成严重影响；

（4）应有经过一定时间的运行实践，已达实用化的处理工艺流程。

6.6.2 处理工艺流程

根据不同的原水情况选定不同的处理工艺流程。优质杂排水或杂排水处理工艺流程详见表 6.6-1，生活排水常用处理工艺流程详见表 6.6-2，污水处理厂（站）二级处理出水常用处理工艺流程详见表 6.6-3。

表 6.6-1　优质杂排水或杂排水处理工艺流程

序号	工艺名称	预处理	主处理工艺	后处理
1	物化处理	原水→格栅→调节池→	→絮凝沉淀或气浮→过滤→	消毒→中水
2	生物处理和物化处理相结合	原水→格栅→调节池→	→生物处理→沉淀→过滤→	消毒→中水
3	微滤/超滤膜分离	原水→格栅→调节池→预处理→	→微滤/超滤膜分离→	消毒→中水

表 6.6-2　生活排水常用处理工艺流程

序号	工艺名称	预处理	主处理工艺	后处理
1	生物处理和深度处理结合	原水→格栅→调节池→	→生物处理→沉淀→过滤→	消毒→中水
2	生物处理和土地处理相结合	原水→格栅→	→厌氧调节池→土地处理→	消毒→中水
3	曝气生物滤池	原水→格栅→调节池→预处理→	→曝气生物滤池→	消毒→中水
4	膜生物反应器	原水→格栅→调节池→预处理→	→膜生物反应器→	消毒→中水

注：表中所指原水包括生活废水和生活污水，生活污水应先经化粪池预处理后与生活废水汇合进入格栅和以后的处理流程。

表 6.6-3　污水处理厂（站）二级处理出水常用处理工艺流程

序号	工艺名称	预处理	主处理工艺	后处理
1	物化法深度处理	二级处理出水→调节池→	→絮凝沉淀或气浮→过滤→	消毒→中水
2	物化与生化相结合	二级处理出水→调节池→	→微絮凝过滤→生物活性炭→	消毒→中水
3	微滤/超滤膜分离	二级处理出水→调节池→	→微滤/超滤膜分离→	消毒→中水

6.6.3　处理工艺选用要点

常用处理工艺选用要点详见表 6.6-4。

表 6.6-4　常用处理工艺选用要点

序号	工艺名称	工艺流程	技术特点	适用范围	设计要点
1	物化处理	原水→格栅→调节池→絮凝沉淀或气浮→过滤→（活性炭吸附）→消毒→中水	物化处理方法，无需生物培养，具有设备体积小、占地省、可间歇运行、管理维护方便等特点	原水的有机物浓度较低（$COD_{cr} \leqslant 100\ mg/L$，$BOD_5 \leqslant 50\ mg/L$ 和 $LAS \leqslant 4\ mg/L$），住房率浮动较大或间歇性使用的建筑物，特别适用于高档公寓、宾馆的洗浴废水	1. 工程中一般采用气浮工艺，而不是絮凝沉淀，絮凝气浮可以设备化，占地小，适用于层高较小的地下室等 2. 气浮和过滤对悬浮物去除效果较好，对溶解性有机物的去除效果较差，但对洗涤剂有一定的去除效果。设计中应对原水有机物浓度指标严格控制 3. 为了保证水质处理的效果，最好在气浮和过滤后，增加活性炭吸附装置，并在设计中明确，根据实际水质情况，半年至1年更换活性炭
2	生物接触氧化	原水→格栅→调节池→生物接触氧化→沉淀→过滤→消毒→中水	生物接触氧化是一种成熟实用的处理工艺。它对原水适应性强，经济实用，运行管理方便，对操作管理水平的要求较低	适用范围较广，对于杂排水、生活排水和二级出水均适用	1. 接触氧化池的曝气应尽量做到布气均匀 2. 曝气量宜按 BOD_5 的去除负荷，即进出水 BOD_5 的差值计算，根据工程实际情况取值 $40 \sim 60\ m^3/kg\ BOD_5$，也可参考一些工程实例进行设计。球形填料曝气强度要求比固定填料小 3. 当接触氧化池面积过大时，接触氧化池的供气量设计，应根据曝气强度的需要进行设计，满足池体搅动强度的需要。一般情况下，最低曝气强度不小于 $20\ m^3/m^2 \cdot h$

序号	工艺名称	工艺流程	技术特点	适用范围	设计要点
2					4. 生物接触氧化池内建议采用弹性立体填料,使用寿命长,价格便宜。也采用安装和维修较为方便的球形填料 5. 接触氧化池宜连续运行,当采用间歇运行时,在停止进水时要考虑采用间断曝气的方法来维持生物活性
3	周期循环活性污泥法(CASS)	原水→格栅→CASS池→中间水池→沉淀→过滤→消毒→中水	间歇式活性污泥法的改进工艺,连续进水,间断排水,在一个池内完成水质均化、初次沉淀、生物降解、二次沉淀。不单独设置调节池,将调节池与CASS合建在一起,统称CASS池。该工艺具有抗冲击负荷能力强、系统运行稳定可靠的特点	以生活排水为原水的小区中水	1. 小区生活污水必须经化粪池预处理后,才能流入CASS池内 2. 沉淀工艺之前应设置混合反应池(或装置),以保证混凝效果 3. 中水池的容积应能满足CASS池的批次出水要求 4. 由于集中出水,短期流量大,要保证消毒反应时间 5. 处理站一般设置于室外地下
4	毛管渗滤土地处理	原水→格栅→厌氧调节池→毛管渗滤土地处理→消毒→中水	系统运行稳定可靠,抗冲击负荷能力强;无需建设复杂的构筑物,综合投资和运行费用低;运行管理简单,便于维护	分散的居民点、休假村、疗养院、机关和学校等小规模的污水处理地点,并与绿化相结合,对于杂排水和生活排水均适用	1. 布置在草坪、绿地、花园等之下的土壤中,日处理 $1\ m^3$ 生活污水大约需占用 $8\ m^2$ 土地 2. 根据小区内建筑物的位置,处理装置可集中设置,也可分散设置,就地回用 3. 根据地形地势,利用自然地形,宜采用重力流布置 4. 处理装置应设置在冻土层之下 5. 当毛管渗滤处理装置设置在硬质地面(如道路、广场等)之下时,硬质地面的面积不得超过装置占地总面积的 50%

续表

序号	工艺名称	工艺流程	技术特点	适用范围	设计要点
5	膜生物反应器	原水→调节池→预处理→膜生物反应器→消毒→中水	在活性污泥法的曝气池中设置微滤膜,用微滤膜替代二沉池和后续的过滤装置,将生化与物化处理在同一池内完成,并对原水中的细菌和病毒具有一定的阻隔作用。该工艺具有耐冲击负荷能力强、有机污染物及悬浮物去除效率高、出水水质好、结构紧凑占地少、污泥产量少、自动化管理程度高等优点	适用于以生活排水和有机物浓度较高的杂排水为原水的中水系统	1. 膜组件的寿命是影响中水工程投资、设备运行管理和运行成本的主要问题,应根据膜材质、组件结构形式等因素,尽量采用质量好,寿命长的膜 2. 膜生物反应器具有对水中细菌和病毒的阻隔功能,但工艺流程中不可缺少消毒环节 3. 采用抽吸出水的办法降低动力消耗,增加产水量 4. 宜设置自动计量、在线监测等设备,提高自动化管理水平

【本节精选习题】

1. 某住宅和宾馆各设有一套连续运行的中水处理设施,其原水为各自的综合排水。两者处理能力、处理工艺及出水水质完成相同。则下列两套设施接触氧化池气水比的叙述中正确的是哪项?(　　)

A. 两套设施中接触氧化池所要求的气水比相同

B. 设在宾馆的接触氧化池所要求的气水比较小

C. 设在住宅的接触氧化池所要求的气水比较小

D. 气水比应根据接触氧化池所采用的水力停留时间确定

答案:【B】

解析:接触氧化池曝气量可按 BOD_5 的去除负荷计算,宜为 $40\sim80$ m^3/$kgBOD_5$,杂排水取低值,生活污水取高值。实际中由于住宅污水中粪便污水相比宾馆所占比例较大,因此宾馆气水比相对较小。

2. 下列有关建筑中水处理系统设计要求的描述,哪几项错误?(　　)

A. 原水为优质排水时,可不设格栅

B. 原水为生活污水时,一般应设一道格栅

C. 原水为杂排水时,设置原水调节池后可不再设初次沉淀池

D. 原水为洗浴排水时,污水泵吸水管上设置毛发聚集器后,处理系统可取消格栅

答案:【ABD】

解析:中水处理系统中应设格栅,AD项错误;当以生活污水为中水原水时,一般应设计中、细两道格栅,B项错误;当原水为优质杂排水或杂排水时,设置调节池后可不再设置初次沉淀池,C项正确。故选 ABD 项。

3. 下列 4 种中水原水与其处理方案的组合中,哪几项是合理正确的?(　　　)

① 洗浴废水 BOD$_5$<60 mg/L　　　　　　　a. 微孔过滤

② 有机物浓度较低 LAS<30 mg/L　　　　　b. 生物处理和深度处理结合

③ 有粪便的生活污水　　　　　　　　　　c. 物化处理法

④ 污水处理厂二级处理出水　　　　　　　d. 生物接触氧化法

A. ③+d　　　　　B. ②+c　　　　　C. ①+b　　　　　D. ④+a

答案:【BD】

解析:A项,含粪便中水水源应采用二段生物处理与物化处理相结合的处理工艺;B项原水中有机物浓度较低和阴离子表面活性剂(LAS)小于 30 mg/L 时可采用物化方法;C项当洗浴废水含有较低的有机污染浓度 BOD$_5$ 在 60 mg/L 以下,宜采用生物接触氧化法;D 微孔过滤处理工艺流程为:二级处理出水→调节池→微孔过滤→消毒→中水。

6.7　中水处理设施

6.7.1　预处理设施(设备)设计要点

以生活污水为原水的中水处理工程,宜在建筑物粪便排水系统中设置化粪池;以厨房排水为原水的中水处理工程,应设置隔油池。预处理设施(设备)设计要点详见表 6.7-1。

表 6.7-1　预处理设施(设备)设计要点

序号	名称	设 计 要 点
1	化粪池	见本书第 2 章建筑排水
2	隔油池	见本书第 2 章建筑排水
3	格栅	(1) 形式:宜选用机械格栅 (2) 数量及要求: ① 当原水为杂排水时,可设置一道格栅,栅条空隙宽度不大于 10 mm ② 当原水为生活排水时,可设置两道格栅,第一道为粗格栅,栅条空隙宽度为 10~20 mm,第二道为细格栅,栅条空隙宽度取 2.5 mm ③ 格栅流速宜取 0.6~1.0 m/s ④ 设在格栅井内时,格栅倾角不小于 60°。格栅井须设置工作台,其高度应高出格栅前最高设计水位 0.5 m,工作台宽度不宜小于 0.7 m,格栅井应设置活动盖板

序号	名称	设 计 要 点
4	毛发聚集器	（1）以洗浴（涤）排水为原水的中水系统,污水泵吸水管上应设毛发聚集器 （2）设计要求： ① 过滤筒（网）的有效过水面积应大于连接管截面积的 2.0 倍 ② 过滤筒（网）的孔径宜采用 3 mm ③ 具有反洗功能和便于清污的快开结构 ④ 过滤筒（网）应采用耐腐蚀材料制造
5	原水调节池	（1）容积计算见式（6.5-2）、式（6.5-3） （2）池内宜设置预曝气管,曝气量不宜小于 $0.6 \ m^3/(m^3 \cdot h)$ （3）池底部应设有集水坑和泄水管,并应有不小于 0.02 坡度,坡向集水坑,池壁应设爬梯和溢水管。当采用地埋式时,顶部应设人孔和直通地面的排气管 （4）中、小型中水工程的调节池可兼用作提升泵的集水井
6	初次沉淀池	（1）原水为优质杂排水或杂排水时,设置调节池后可不再设置初次沉淀池 （2）原水为生活排水时,对于规模较大的中水处理站,可根据处理工艺要求设置初次沉淀池

6.7.2 主处理设施设计要点

主处理设施设计要点详见表 6.7-2。

表 6.7-2 主处理设施设计要点

序号	名称	设 计 要 点
1	气浮池	1. 一般采用溶气泵或微气泡发生器溶气 2. 设计参数： （1）接触室水流上升流速一般为 10~20 mm/s （2）气浮池有效水深一般为 2~2.5 m （3）气浮池水力停留时间一般取 15~30 min,表面水力负荷取 2~ 5 $m^3/(m^2 \cdot h)$ （4）溶气水回流比取处理水量的 10%~30% （5）气浮池上部设集沫槽,可采用水冲溢流排渣或刮渣机排渣 3. 混凝剂投加： （1）混凝剂一般采用硫酸铝或聚合氯化铝 （2）投药点在原水泵吸水管上 （3）按处理水量定比投加,并充分混合。采用聚合氯化铝时,混凝剂投加量一般为 5~10 mg/L

续表

序号	名称	设 计 要 点
2	生物接触氧化池	1. 生物接触氧化池由池体、填料、布水装置和曝气系统等部分组成 2. 供气方式宜采用低噪声的鼓风机加布气装置、潜水曝气机或其他曝气设备,布气装置的布置应使布气均匀,一段处理流程气水比一般为 3~6:1,二段处理流程气水比一般为 8~15:1 3. 水力停留时间:处理洗浴废水时,不应小于 2 h;处理生活污水时,应根据原水水质情况和出水水质要求确定,但不宜小于 3 h 4. 填料:宜采用易挂膜、耐用、比表面积较大、维护方便的固定填料或悬浮填料,填料比表面积一般不小于 280 m²/m³。当采用固定填料时,安装高度不小于 2.0 m;当采用悬浮填料时,装填体积不应小于池容积的 25% 5. 填料体积:可按填料容积负荷和平均日污水量计算,容积负荷一般为 1 000~1 800 kg BOD₅/(m³·d),计算后按水力负荷或接触时间校核 6. 曝气量:可按 BOD₅ 的去除负荷计算,宜为 40~80 m³/kg BOD₅,杂排水取低值,生活污水取高值
3	膜生物反应器 (MBR)池	1. 水力停留时间:处理杂排水时,不应小于 2 h;处理生活污水时,应根据原水水质情况和出水水质要求确定,但一般不应小于 3 h 2. 容积负荷:一般为 1~4 kg COD/(m³·d) 3. 污泥负荷:一般为 0.05~0.2 kg COD/(kg·d) 4. 污泥龄: (1) 当采用好氧处理流程时,污泥龄一般不大于 360 d (2) 当中水有除磷要求,采用缺氧-好氧处理流程时,污泥龄应根据原水中的总磷浓度以及除磷药剂的种类和投加量综合确定,一般不大于 30 d 5. 污泥浓度:一般为 3 000~12 000 mg/L 6. 膜通量与膜的制作材料、膜的类型等因素有关,一般为 10~25 L/(m²·h)设计时应按膜制造商提供的技术要求确定,并根据工程经济情况适当增加 10%~20% 的富余膜面积
4	二次沉淀池	1. 处理水量较小时,絮凝沉淀池和生物处理后的沉淀池宜采用竖流式沉淀池或斜板(管)沉淀池 2. 水量较大时,应参照《室外排水设计规范》(GB 50014—2006)中有关内容的要求设计

序号	名称	设 计 要 点
5	竖流式沉淀池	1. 表面水力负荷宜采用 0.8~1.2 m³/(m²·h) 2. 中心管流速不大于 30 mm/s 3. 中心管下口应设喇叭口及反射板,板面距泥面不小于 0.3 m;排泥斗坡度应大于 45°(一般宜为 55°~60°) 4. 池子直径或正方形的边与有效水深比值不大于 3 5. 沉淀时间宜为 1.0~2.0 h 6. 沉淀池宜采用水力排泥,静水压力不应小于 1.5 m,排泥管直径不小于 80 mm 7. 沉淀池集水应设出水堰,其出水最大负荷不应大于 1.70 L/(s·m)
6	斜板(管)沉淀池	1. 沉淀池宜采用矩形 2. 表面负荷宜采用 1~3 m³/(m²·h) 3. 斜板(管)间距(孔径)宜大于 80 mm,板(管)斜长宜取 1 000 mm,倾角宜为 60° 4. 斜板(管)上部清水深度不宜小于 0.5 m,下部缓冲层高度不宜小于 0.8 m 5. 停留时间宜为 30~60 min 6. 进水采用穿孔板(墙)布水,出水采用锯齿形出水堰,出水最大负荷不应大于 1.70 L/(s·m) 7. 宜采用水力排泥,静水压力不应小于 1.5 m,排泥管直径不小于 80 mm
7	过滤	1. 中水过滤宜采用过滤池或过滤器,当采用新型滤器、滤料和新工艺时,可按实际试验资料设计 2. 采用压力过滤器时,滤料可选用单层或双层滤料,滤料常用石英砂、无烟煤,常用过滤设备的技术参数见表6.7-3
8	活性炭吸附	1. 常采用压力滤器形式,滤器数目一般不少于 2 个 2. 过滤器炭层高度应根据出水水质和工作周期决定: (1) 一般不宜小于 3.0 m,常用炭层高度 4.5~6 m,串联进行 (2) 过滤器中炭层高和过滤器直径比一般为 1:1 或 2:1 3. 接触时间: (1) 当出水 COD_{cr} 要求为 10~20 mg/L 时,采用 10~20 min (2) 当出水 COD_{cr} 要求为 5~10 mg/L 时,采用 20~30 min (3) 对于物化处理一般采用 30 min 4. 炭的 COD_{cr} 负荷能力为 0.3~0.8 kg COD_{cr}/kg 炭 5. 滤速一般为 6~10 m/h 6. 反冲洗强度一般为 12~15 L/(s·m²) 7. 过滤器应进行防腐处理

表 6.7-3 常用过滤设备的技术参数

设备类型	滤速 /(m³/h)	反冲洗强度 /[L/(m²·s)]	反洗时间 /min	最大运行阻力 /m	滤料级配	
					粒径/mm	厚度/mm
石英砂压力过滤器	8~12	12~15	5~7	≥9	石英砂 0.5~1.0	600~800
					承托层 3~25	250~350
双层滤料压力过滤器	12	10~12.5	8~15	≥8	上层无烟煤 下层石英砂	500 250
					承托层 3~25	250~350

6.7.3 后处理设施(设备)设计要点

后处理设施(设备)设计要点详见表 6.7-4。

表 6.7-4 后处理设施(设备)设计要点

序号	名称	设 计 要 点
1	消毒设备	1. 中水处理必须设有消毒设施 2. 设计要求: (1) 消毒剂宜采用次氯酸钠、二氧化氯、二氯异氰尿酸钠或其他消毒剂 (2) 消毒剂宜采用自动定比投加方式,应与被消毒水充分混合接触 (3) 采用氯化消毒时,加氯量一般为 5~8 mg/L(有效氯),消毒接触时间应大于 30 min;当中水水源为生活污水时,应适当增加加氯量和接触时间 3. 当处理站规模较大并采取严格的安全措施时,可采用液氯作为消毒剂,但必须使用加氯机 4. 选用次氯酸钠消毒剂时应注意: (1) 投加量按有效氯量计算,一般商品次氯酸钠溶液含有有效氯为 10%~12% (2) 投加方式:商品溶液采用溶液投加设备定比投加;次氯酸钠发生器制取后直接投加 5. 接触消毒池宜单独设置,其容积可计算包括在中水池之中
2	中水池	1. 容积及高位水箱计算均见本章 6.5.2 节 3 款 2. 自来水补水管设计要求: (1) 自来水的应急补水可设在中水调节池或高位水箱中,但要求只能在系统缺水时补水,补水控制水位应设在缺水报警水位 (2) 管径按中水最大小时供水量计算确定 (3) 补水管上应设水表计量 (4) 应有确保不污染自来水的措施,如设置空气隔断,见给水章节

污泥处理设计按《室外排水设计规范》(GB 50014—2016)中的有关要求执行。

【本节精选习题】

1. 某酒店客房最高日用水量 275 m³,平均日用水量 220 m³。拟将收集的客房沐浴、盥洗废水处理后用于客房冲厕、浇洒等杂用,其最高日用水量为 90 m³。则中水处理设施的处理能力(日运行时间按 16 h 计)应为下列哪项(沐浴、盥洗分项给水百分率 55%;排水量折减系数取 0.9;中水水源量安全系数取 1.1)? (   )

A. 5.0 m³/h

B. 6.2 m³/h

C. 6.8 m³/h

D. 8.5 m³/h

答案:【B】

解析:

可收集原水水量:$Q_Y = \sum \alpha \times \beta \times Q \times b = 220 \times 0.55 \times 0.9$ m³/d $= 108.9$ m³/d

用于中水水源水量:$Q_{PY} = Q_Y \times 1.1 = 90 \times 1.1$ m³/d $= 99$ m³/d < 108.9 m³/d,故原水满足中水用水量要求。

$$q = \frac{Q_{PY}}{t} = \frac{99}{16} \text{ m}^3/\text{d} = 6.2 \text{ m}^3/\text{d}$$

故选 B。

2. 下列关于建筑中水处理设计,哪几项正确? (   )

A. 建筑中水处理应在前段设置化粪池进行预处理

B. 优质原水调节池可以代替二次沉淀池

C. 小规模建筑中水处理系统产生的污泥允许排入化粪池处理

D. 建筑中水处理可采用土地处理和曝气生物滤池处理

答案:【CD】

解析:对于选项 A,以生活污水为原水的中水处理工程,应在建筑物粪便排水系统中设置化粪池;前提是"生活污水",若是杂排水或优质杂排水,不用设化粪池,A 错误;

对于选项 B,当原水为优质杂排水或杂排水时,设置调节池后可不再设置初次沉淀池,选项 B 是二次沉淀池,故 B 错误;

对于选项 C,中水处理产生的沉淀污泥、活性污泥和化学污泥,当污泥量较小时,可排至化粪池处理,C 正确;

对于选项 D,参见《中水规》P58 可知 D 正确;故本题选 CD。

6.8 中水处理站设计

6.8.1 处理站位置确定

中水处理站设置位置应根据建筑的总体规划、中水原水收集点和中水用水供应点的位置、水量、环境卫生和管理维护要求等因素确定,确定原则见表 6.8-1。

表 6.8-1　中水处理站位置确定原则

序号	处理站类型	处理站位置确定原则
1	建筑内处理站	1. 单体建筑的中水处理站宜设在建筑物的最底层,建筑群(组团)的中水处理站宜设在其中心建筑的地下室或裙房内 2. 中水处理站应独立设置 3. 应避开建筑的主立面、主要通道入口和重要场所,选择靠近辅助入口方向的边角,并与室外结合方便的地方 4. 高程上应满足原水的自流引入和事故时重力排入污水管道
2	小区处理站	1. 应按规划要求独立设置,处理构筑物宜为地下式或封闭式 2. 应设置在靠近主要集水和用水地点,应有车辆通道 3. 处理站应与环境绿化结合,应尽量做到隐蔽、隔离和避免影响生活用房的环境要求,其地上建筑宜与建筑小品相结合 4. 以生活排水为原水的地面处理站与公共建筑和住宅的距离不宜小于 15 m

6.8.2　设计要求

1. 处理站的大小,可按处理流程和使用要求确定。处理构筑物、设备应布置合理、紧凑,满足构筑物的施工、设备安装、管道敷设及维护管理的要求。构筑物、设备一般可按工艺流程顺序排列,简化管路布置,并留有发展及设备更换的余地。

2. 水处理间高度应满足最高的处理构筑物及设备的安装和维修要求。顶部有人孔的设备或构筑物,其人孔上方应有不小于 0.8 m 的净空。

3. 水处理间应有满足最大设备的进出口。药剂贮存和制备用房应满足药剂、设备的运输要求。

对于建筑小区中水处理站,加药贮药间和消毒药剂制备贮药间,宜与其他房间隔开,并有直接通向室外的大门,对于建筑内中水处理站宜单独设置药剂贮存间。

4. 处理站设计,应满足主要处理环节运行观察、水量计量、水质取样化验监(检)测和进行中水处理成本核算的条件。如设通行梯道、采样孔口等。

5. 处理站有适应处理工艺要求的采暖、通风、换气、照明、给水排水设施。

(1) 有人员操作的室温一般宜为 16℃,当采用生物处理方式时,应满足处理工艺要求;

(2) 换气次数一般可为 8~12 次/h,排气口宜与建筑物结合设置,设在建筑物的顶部;

(3) 处理系统的供电等级应与中水用水设备的用水要求相适应。照明应满足运行管理要求,在需要观测的主要设备处,应设照明灯,灯具应采用防潮型,并应设应急灯。当有可能产生易爆气体时,配电应采取防爆措施;

(4) 处理站内应设集水坑,当不能重力排放时,应设潜水泵排水。排水泵一般设两台,一用一备,排水能力不应小于最大小时来水量。

6. 对中水处理中产生的臭气应采取有效的除臭措施,如稀释法、天然植物提取液法、活性炭吸附法、化学法、催化法等,并应通风排气。

7. 处理站设计中,应尽量避免采用产生有毒、有害气体或易损害人员健康的处理方法和设备,否则应采取有效的防护措施,确保安全。

8. 中水处理站产生的噪声值应符合国家标准《城市区域环境噪声标准》(GB 3096—2008)的要求。应选用低噪声的设备,当采用空压机、鼓风机时宜单独设置在经隔音处理的房间内。采用的机电设备的基础,应采取隔振措施,管道应采用可曲挠橡胶接头隔振,并采用隔振支、吊架等。

9. 处理站应具备污泥、渣等清除、存放和外运的条件。

第7章 游泳池及水上游乐设施

7.1 游泳池（馆）给水排水工程设计的基本内容

　　游泳池是人工建造的供人们在水中进行游泳、健身、戏水、休闲等各种活动的不同形状、不同水深的水池，是竞赛游泳池、公共游泳池、专用游泳池、私人游泳池及休闲游乐池的总称。游泳池及水上游乐设施的设计应符合技术先进、安全可靠、经济合理、卫生环保、节水节能、管理方便等原则。

　　游泳池给水排水设计的要求，见表7.1-1。

表 7.1-1　游泳池（馆）给水排水设计要求

基本要求	世界级游泳竞赛池的要求
1. 技术先进、卫生环保、节水节能、安全可靠、经济合理 2. 水质洁净透明、感官性状好 3. 池水不发生交叉感染 4. 池水中化学药品的副产物（氯胺气味）少 5. 舒适度好，满足不同人群的水温要求	1. 清澈、洁净的池水水质（参见表7.4-2中国际泳联规定） 2. 平静的池水水面 3. 水温"恒定"：(26±1)℃ 4. 足够的池水深度：游泳为2.0 m，水球为1.8~2.0 m，花样游泳为2.5~3.0 m，跳水池为5.5~6.0 m 5. 池水湍流最小 6. 洁净透明的水下清晰度 7. 最大限度的消除水浪对运动员的影响（10条泳道只使用8条泳道，采用池岸溢流式回水） 8. 满足国际泳联（FINA）要求

　　游泳池（馆）给水排水工程设计的基本内容，详见表7.1-2。

表 7.1-2　游泳池（馆）给水排水工程设计的基本内容

应设计的内容	本节涵盖的内容
1. 生活给水和热水系统 2. 饮用（开水）系统 3. 中水系统 4. 空调冷却水循环系统 5. 消防灭火系统 6. 生活污水（废水）排水系统 7. 屋面雨水排水 8. 建筑物内水景水系统	1. 竞赛、训练、游乐用游泳池池水循环过滤净化系统 2. 跳水池 （1）池水循环过滤净化系统 （2）池水表面制波系统 （3）安全气浪系统 （4）放松池池水循环过滤净化系统 3. 热身池池水循环过滤净化系统 4. 水疗池 5. 水上娱乐池

7.2　游泳池（馆）定位

1. 游泳池（馆）设计前，需明确以下问题：① 游泳池的用途；② 游泳池是露天型还是室内型。因不同用途的游泳池对池水水质的要求不完全一致。游泳池的用途及分类，见表 7.2-1。

表 7.2-1　游泳池的用途及分类

用途	竞赛用游泳池	专用游泳池	公共游泳池	训练用游泳池	水疗浴池	水上娱乐池
分类	1. 世界级 2. 洲际级 3. 国家级 4. 省（市）级 5. 业余级	1. 教学用 2. 会所（俱乐部）用 3. 残病人用 4. 私人用 5. 特殊训练用	1. 旅馆型 2. 健身型 3. 学校型 4. 儿童、幼儿型 5. 社区型	1. 国家专业队用 2. 省（市）专业队用 3. 业余队用 4. 潜水训练用 5. 旅游表演用	1. 海水浴型 2. 温泉浴型 3. 药物浴型 4. 热水浴型	1. 戏水池 2. 滑道跌落池 3. 环流河 4. 造浪池

注：1. 竞赛用游泳池含跳水池、花样游泳池、水球池；

2. 训练用游泳池除与注 1 相同用途外，还含潜水游泳池、浮力训练池；

3. 上述表格中的竞赛用游泳池比较特殊，不同名称对应不同的竞赛级别，并应设计相应的配套设施，具体见表 7.2-2。

2. 游泳比赛级别的划分及配套设施，见表 7.2-2。

表 7.2-2　不同游泳竞赛级别及配套设施

所指名称	竞赛级别		配套设施
	国家级游泳竞赛	国家级以上	
1	全国运动会	奥林匹克运动会	1. 游泳热身池
2	全国城市运动会	世界性单项运动会	2. 跳水放松池 3. 跳水淋浴
3	全国单项运动会	世界大学生运动会	4. 跳水池水面制波
4	—	亚洲运动会	5. 训练池跳水池应设安全气浪

7.3　游泳池的规格

1. 竞赛用游泳池分：(1) 标准池；(2) 短池。平面形状为矩形。

2. 非竞赛用游泳池可与竞赛池一样，亦可以自行确定。

3. 水上游乐池、水疗池的尺寸大小由专业公司确定。

4. 游泳池的平面尺寸及水深详见表 7.3-1。

表 7.3-1　游泳池平面尺寸及水深

游泳池类别		泳池长度/m	泳池宽度/m	泳道宽度/m	泳道数量/条	附加宽带/m	有效水深/m	
							浅端	深端
竞赛池	国家级以上	50	25	2.5	10	—	2.0	2.2
		25	25	2.5	10	—	2.0	2.2
	省(市)级	50	21	2.5	8	每边 0.5	1.8~2.0	2.0
		50	16	2.5	6	每边 0.5	1.8~2.0	2.0
水球池	男	30	20	—	—	每端 0.3	2.0	2.0
	女	25	17	—	—	每端 0.3	2.0	2.0
花样游泳池		30	30(20)	—	—	—	3.0	3.0
跳水池		25,30	25,21	—	—	跳板高度/m	有效水深/m	
						1.0	2.0	
						3.0	3.7	
						跳台高度/m	有效水深/m	
						1.0	3.2	
						3.0	3.5	
						5.0	3.7	
						7.5	4.5	
						10.0	6.0	
公共游泳池	初学用	由业主定或建筑师视具体情况定					1.2~1.4	1.4~1.6
	成人用						1.8	2.0
	中小学生用	50,25	21,16	2.0	10,8	—	≤1.2	≤1.4
	儿童用	由业主定或建筑师视具体情况定		—		—	0.6~0.8	1.0~1.2
	幼儿用			—		—	0.3~0.4	0.4~0.6

注:1. 竞赛游泳池的准确尺寸以体育工艺要求为准;

2. 训练池参照竞赛池确定。

7.4　游泳池水源、水质及水温

　　游泳池是为运动员和游泳爱好者提供在水中竞赛、训练、戏水游乐、健身及医疗康复之用,水即为游泳池的主体,且池水与人身紧密接触,离开水就无从谈游泳池。因此,水质是游泳池设计的立足点。

7.4.1 水源

通常是城市自来水,可以采用地下水(含地热水)、泉水或河水、水库水,但适用范围是淡水。

7.4.2 水质

1. 游泳池池水水质的好坏直接关系到游泳池的品质和游泳者的健康,池水水质应卫生、健康、舒适,基本要求详见表 7.4-1。同时,水质卫生标准的确定关系到池水净化处理工艺流程的确定、净化设备的配置和运行成本的高低,应根据游泳池的用途、服务对象和当地的经济水平选用最符合实际的池水水质标准。游泳池和水上游乐池的池水水质应符合我国现行行业标准《游泳池水质标准》(CJ 244—2007)的规定(表 7.4-2),此标准是经过净化处理后的水送入游泳池与未被净化的水混合以后应达到的最低要求的水质标准。对于世界级比赛用和有特殊要求游泳池的池水水质,除满足此标准外,还应符合国际游泳联合会(FINA)(2002~2005)标准(表 7.4-2)及相关专业部门的要求。

表 7.4-1 游泳池的水质要求

序号	基 本 要 求	细 则 内 容
1	感官性状好	水的浊度低、色度小、无气味、无臭、无肉眼可见物质
2	不含病原微生物	无大肠菌、无致病菌,一般细菌含量极微量
3	不含有害化学物质	氯仿、溴仿及重金属
4	舒适度较高	对人体无危害、对建筑结构无腐蚀,温度适宜

表 7.4-2 游泳池池水水质标准

序号	项目	标 准 标 号		
		国家标准 (GB 9667—1996)	国家行业标准 (CJ 244—2007)	国际泳联(FINA) (2002~2005 年)
1	水温	22~26℃	23~30℃	26℃±1℃
2	pH	6.5~8.5	7.0~7.8	7.2~7.6(电阻值 10.13~10.14 Ω) 宜使用电子测量
3	浑浊度	≤5 NTU	≤1 NTU	≤0.1 FTU,滤后入池前测定值
4	尿素	≤3.5 mg/L	≤3.5 mg/L	—
5	游离性余氯	≤0.3~0.5 mg/L	0.2~1.0 mg/L	0.3~0.6 mg/L(DPD 液体)
6	细菌总数[①]	≤1 000 个/mL	≤200 CFU/mL	(21±0.5)℃(24 h、48 h、72 h) (37±0.5)℃(24 h、48 h)
7	大肠菌数[②]	≤18 个/L	每 100 mL 不得检出	每 100 mL 池水不得检出

序号	项目	标准标号		
		国家标准 （GB 9667—1996）	国家行业标准 （CJ 244—2007）	国际泳联（FINA） （2002~2005 年）
8	有毒物质	《工业企业设计 卫生标准》 （TJ 36—1979）	—	—
9	化合性余氯	—	≤0.4 mg/L	≤0.4 mg/L
10	臭氧 （采用臭氧消毒时）	—	≤0.2 mg/m³ （水面上空气中）	
11	溶解性总固体（TDS）	—	≤原水 TDS+1 500 mg/L	—
12	氧化还原电位（ORP）	—	≥650 mV	≥700 mV
13	氰尿酸	—	≤150 mg/L	—
14	三卤甲烷（THMs）	—	≤200 μg/L	宜<20 μg/L
15	绿脓杆菌	—	—	每 100 mL 池水不得检出
16	清晰度	—	—	能清晰看见整个游泳池底
17	密度	—	—	kg/dm³（20℃时测定值）
18	高锰酸钾消耗量	—	—	池水中最大总量 10 mg/L，其他水 最大量 3 mg/L
19	室内游泳池的 空气温度	—	—	至少比池水温度高 2℃（由于建 筑原因）

注：1. 国际泳联要求测定密度的作用尚不清楚；

2. ① 国际泳联标准称菌落；② 国际泳联标准称大肠埃希氏杆菌。

2. 游泳池原水是指供给游泳池用水水源未经游泳池循环净化处理系统处理的水，通常包含初次充水、重新换水和正常运行使用过程中的补充水。原水水质和游泳池、水上游乐池的淋浴等生活用水水质，均应符合现行国家标准《生活饮用水卫生标准》（GB 5749—2006）的要求；当采用自备水源如地下水（含地热水）、泉水或河（江）水、水库水作为游泳池的初次充水、换水和正常使用过程中的补充水时，其水质亦应符合现行国家标准《生活饮用水卫生标准》（GB 5749—2006）的要求；若达不到此要求时，应进行净化处理以达到该标准的要求。一般推荐游泳池原水采用城市自来水。

7.4.3 水温

游泳池的水温与游泳人员的安全、舒适度、耗能及运行成本等关系密切。将池水温度控制规定的合理范围,对满足使用和节能有重要意义。为此,对于室内不同游泳池的池水温度可按表 7.4-3 的规定选用。室外露天游泳池的水温按表 7.4-4 选用。

表 7.4-3 室内游泳池的池水设计温度

序号	游泳池的用途和类型		池水设计温度/℃	备注
1	竞赛类	竞赛游泳池	25~27	—
		花样游泳池		
		水球池		
		跳水池	27~28	
2	专用类	教学池	25~27	—
		训练池		
		热身池		
		冷水池	≤16	室内冬泳池
		社团池	27~28	—
3	公共游泳池	成人池	27~28	—
		儿童池	28~29	
		残疾人池	29~30	
4	水上游乐池	成人戏水池	27~28	—
		幼儿戏水池	29~30	
		造浪池	27~28	
		环流河		
		滑道跌落池		
		放松池、按摩池	36~38	与跳水池配套
5	多用途池		25~28	—
6	多功能池			

表 7.4-4　露天游泳池的池水设计温度

序号	类型	池水设计温度/℃
1	有加热装置	26~28
2	无加热装置	≥23

7.5　游泳池的给水方式

　　游泳池的给水方式分为 3 种形式,包括循环净化供水系统、直流净化供水和水质符合要求的直流供水、定期换水供水系统,其中直流净化供水和水质符合要求的直流供水只在水质、水温满足要求及水源充沛时或季节性较强的泳池,可以考虑采用,一般不推荐广泛采用。游泳池的 3 种给水方式详见表 7.5-1。

表 7.5-1　游泳池的给水方式

序号	给水方式	优点	缺点	备注
1	循环净化供水	1. 节约水资源和能源 2. 池水水质稳定 3. 水质能自动化监控	1. 建设费用较高 2. 管理要求高	推荐选用
2	1. 直流净化供水 2. 水质符合要求的直流供水	1. 水质能经常保持清新 2. 建设费用较循环净化供水方式低 3. 适用于季节性开放的游泳池	1. 经常排放部分池水浪费水资源 2. 应用受地域及气候条件限制 3. 部分排水排入天然水源时要进行无毒化处理	不推荐选用
3	定期换水供水	1. 建设费用低 2. 管理简单	1. 水质不易保证 2. 浪费水资源 3. 换水时影响泳池使用 4. 排水要进行无害化处理	不推荐选用

【本节精选习题】

　　选择游泳池循环给水方式的叙述中,哪项是错误的?(　　　)

　　A. 顺流式循环给水方式不再适用于竞赛游泳池

　　B. 游泳池采用混流式循环给水方式时,宜设置平衡水池

　　C. 游泳池宜按池水连续 24 小时循环进行设计

　　D. 游泳池池水水面标高不同的多个池子共用一个循环净化系统时,各池进水管上应设控制阀门

答案:【B】

解析:"竞赛和训练游泳池的池水,团体专用游泳池,应采用逆流式或混合流式池水循环方式"。A 正确。

"池水采用逆流式和混流式循环时,应设置均衡水池"。B 错误。

"池水循环宜按连续 24 h 循环进行设计"。注意该说法并不意味着循环周期是 24 h。C 正确。

"水上游乐池采用多座互不连通的池子共用一套池水循环净化系统时,应符合下列规定:1. 净化后的池水应经过分水装置分别接至不同用途的游乐池;2. 应有确保每个池子的循环水流量、水温的设施。"应经过分水装置分别接至不同用途的游乐池,每个池子接管应设阀门。D 正确。

7.6 池水循环净化处理系统工艺流程的选择

从贯彻节约用水和环境保护的角度考虑,游泳池应设置循环净化水系统。循环净化水系统是将使用过的游泳池的池水,经过管道用水泵按规定的流量从池内抽出,并依次送入过滤、加药、加热和消毒等工艺工序使池水得到澄清并达到卫生标准后,再送回游泳池重复使用的系统。

7.6.1 池水循环净化处理工艺流程选择应考虑因素

池水循环净化处理工艺流程选择应考虑因素:

1. 原水水质:如城镇自来水、自备地下水、自备温泉水、海水等;
2. 游泳池负荷大小及变化规律:竞赛池、训练池、公共池;
3. 环境条件:室内游泳池、室外露天游泳池;
4. 池水水质卫生要求;
5. 使用化学药品的品种;
6. 操作人员的经验及管理水平;
7. 建设费用;
8. 运行成本。

7.6.2 池水循环净化处理工艺

1. 游泳池净化三要素

游泳池池水循环净化处理的理论基础是稀释理论,净化处理工艺包含池水循环、池水过滤和池水消毒 3 个过程,具体包含内容见表 7.6-1。具体设计详见后续内容。

水质监测指标:① 浑浊度;② pH;③ 余氯;④ 臭氧浓度。

2. 池水循环净化处理工艺选择

净化工艺可根据过滤器的形式按下列要求选定:

(1) 池水循环净化工艺流程应根据游泳池的用途、水质要求、游泳负荷、消毒方式等因素经技术经济比较后确定。

(2) 如采用石英砂过滤器时,宜采用图 7.6-1 所示的池水净化工艺流程。

表 7.6-1　游泳池池水净化的三大要素

三大要素	池水循环	池水过滤	池水消毒
包含内容	1. 循环水泵 2. 水力分配 3. 循环配水管 4. 泳池给水口及回水口	1. 预过滤设备(毛发聚集器) 2. 主过滤设备(任选其一) (1)石英砂过滤器 (2)硅藻土过滤器 (3)可逆式过滤器(不适用竞赛池) 3. 混凝剂辅助过滤(仅适用石英砂过滤)	1. 主消毒设备 (1)臭氧+长效消毒 (2)氯制品溶液消毒 (3)二氧化氯 (4)紫外线+长效消毒 2. 水质平衡 (1)pH 调整 (2)除藻剂

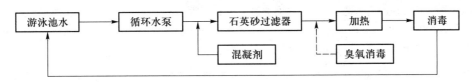

图 7.6-1　石英砂过滤设备池水净化工艺流程

（3）如采用硅藻土过滤器时,宜采用图 7.6-2 所示的池水净化工艺流程。

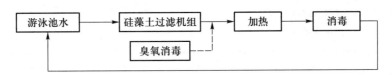

图 7.6-2　硅藻土过滤器池水净化工艺流程

（4）如采用臭氧消毒时,应按（2）、（3）款所示池水净化工艺流程中虚线和实线所示要求执行。

（5）石英砂过滤器和硅藻土过滤器池水净化工艺不同。石英砂过滤器为保证过滤精度,需要设置絮凝剂投加装置这一工序。硅藻土本身就能截留 2 μm 以上的水中杂质,故不需要投加絮凝剂。

7.6.3　池水功能循环水系统

1. 环流河推流水系统
2. 滑道润滑水供水系统
3. 造浪池的水造浪系统
4. 水疗池的水力按摩系统
5. 卡通喷水小品

【本节精选习题】

1. 下面四个游泳池循环净化处理系统图示中,哪一项是正确的? 图中①—公共池;②—训练池;③—竞赛池;④—跳水池。（　　）

⊠循环水净化处理装置

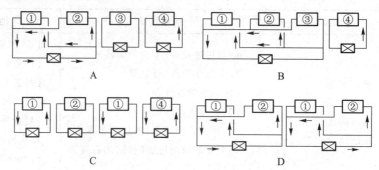

答案:【C】

解析:不同使用要求的游泳池应分别设置各自独立的池水循环净化过滤系统,但水上游乐池采用多座互不连通的池子共用一套池水循环净化系统时,应符合下列规定:1. 净化后的池水应经分水器分别接至不同用途的游乐池;2. 应有确保每个池子的循环水流量、水温的措施。

2. 某水上游乐中心设有公共池、竞赛池、训练池、跳水池,池水循环净化处理系统的主要设计参数见下表,则正确的系统设计应为下述何项?(　　　)

A. a,b 合一循环系统,c,d 设独立循环系统

B. a,b,c 合一循环系统,d 设独立循环系统

C. b,c 合一循环系统,a,d 设独立循环系统

D. a,b,c,d 均设独立循环系统

	公共池(a)	竞赛池(b)	训练池(c)	跳水池(d)
循环方式	顺流	逆流	逆流	逆流
循环次数/(次/d)	6	6	6	3
水温(℃)	27	27	28	28

答案:【D】

解析:"竞赛类、跳水池、训练池和公共池应分别设置各自独立的池水循环净化给水系统"。

3. 对于游泳池的净化处理工艺,下列哪种说法不正确?(　　　)

A. 硅藻土过滤器的过滤精度优于石英砂过滤

B. 泳池可利用市政自来水进行反冲洗

C. 利用泳池水进行反冲洗有利于改善泳池水质

D. 过滤器反冲洗水泵应设置备用泵

答案:【D】

解析:过滤器为保证过滤精度,故需要设置絮凝剂投加装置这一工序。硅藻土本身就能截留 2 μm 以上的水中杂质,所以不需要投加絮凝剂这一工序。因此可认为硅藻土过滤器的过滤精度优于石英砂过滤。故 A 正确。

过滤器宜采用池水进行反冲洗;如采用城市生活饮用水反冲洗时,应设隔断水箱。故认为可利用市政自来水进行反冲洗。但是要注意不能利用城市自来水水压直接冲洗,间接可以。故 B 正确。

用池水冲洗过滤器,既能达到使过滤器去污的目的,还能增加游泳池的补充水量,有利于稀释池水盐类及防止池水老化,故予以推荐。过滤器的反冲洗水的水源质量作了规定。利用池水作反冲洗水源时,因其水温较高,为达到较好的冲洗效果,所需水量较大,由于为温水池故消耗了一定的能源。但对游泳池来讲,补水量较大,有利于改善泳池的水质。故C正确。

池水循环净化系统循环水泵不宜设置备用泵。如选用石英砂过滤器,宜设备用泵。但对于选用硅藻土过滤器时,因硅藻土过滤机组是由过滤器、循环水泵、助凝剂桶组成统一机组,机组是同时工作或停止,不存在设备用泵之说。过滤器反冲洗水泵,宜采用循环水泵的工作水泵与备用水泵并联的工况设计,并应按反冲洗所需的流量和扬程校核、调整循环水泵的工况参数。D错误。

4.关于游泳池循环水的净化处理工艺设计,下列哪几项正确?(　　)

A.过滤器罐体承受压力不宜小于0.85 MPa

B.单层石英砂滤料过滤器宜采用气、水组合反冲洗

C.过滤器应根据游泳池池水水质的实时监测结果确定其每天所需的运行时间

D.与双层或三层滤料过滤相比,单层石英砂滤料压力过滤器所需的反冲洗强度较低

答案:【BD】

解析:A错误,应该是0.6 MPa;过滤器宜按24 h连续运行设计,C错误;D相对合理;因此BD正确。

5.游泳池可采用石英砂过滤器或硅藻土过滤器对池水进行循环净化处理,下列关于石英砂过滤器、硅藻土过滤器特点的叙述中,哪几项正确?(　　)

A.当采用硅藻土过滤器时,可不投加絮凝剂

B.对于石英砂过滤器,只要其进、出口压差小于0.06 MPa就可不进行反冲洗

C.对于板框式硅藻土过滤器,其进、出口压差小于0.07 MPa时不需进行反冲洗

D.当采用石英砂过滤器时,既可采用压力过滤方式,也可采用重力过滤方式

答案:【ABCD】

解析:硅藻土本身就能截留2 μm以上的水中杂质,所以不需要投加絮凝剂这一工序,A项正确。

对于石英砂过滤器,其进、出口压差小于0.06 MPa时,可不进行反冲洗,B项正确。

板框式硅藻土过滤器,其进、出口压差小于0.07 MPa时不需进行反冲洗,C项正确。

当采用石英砂过滤器时,既可采用压力过滤方式,也可采用重力过滤方式,D项正确。

7.7　池水循环

7.7.1　池水循环基本要求

池水循环的基本要求详见表7.7-1。

表 7.7-1　池水循环的基本要求

序号	技 术 要 求
1	水流分布均匀、不出现短流和涡流、不出现死水区、消除细菌、藻类繁殖隐患
2	保证池水用过后能及时更新替换
3	池水表面不出现漂浮物,池底无沉积污物

续表

序号	技 术 要 求
4	保证池水不同深度、不同部位处的水温和余氯量均匀一致
5	有利于卫生条件及环境的保持
6	方便施工安装、维修管理

7.7.2 池水循环方式

池水循环方式是为保证游泳池的进水水流均匀分布,在池内不产生急流、涡流、死水区,且回水水流不产生短流,使池内各部位水温和消毒剂均匀一致而设计的进水与回水的水流组织方式。通常分为逆流式池水循环方式、顺流式池水循环方式和混流式池水循环方式 3 种。具体的技术特点详见表 7.7-2。

表 7.7-2 池水循环方式

循 环 方 式	技 术 特 点
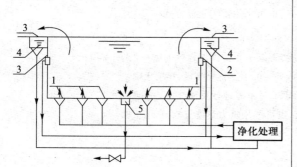 逆流式游泳池水循环方式 组成结构: 1—给水口; 2—吸污接口; 3—溢流水槽格栅盖板; 4—溢流回水槽及回水口; 5—泄水口	1. 循环水量通过游泳池两侧壁或四周壁上设置的溢流堰溢流至池壁外侧的溢流回水槽内,汇入回水口,通过回水管重力流至均衡水池,再由循环水泵从均衡水池吸水送至过滤器去除水中的杂质,降低回水浑浊度,经过消毒杀菌、加热、水质平衡等工序的处理后,经设在池底的给水口送入游泳池继续使用 2. 此种循环方式能快速及时地将池水表面脏污悬浮物及油膜排出,保持水面洁净 3. 能满足池内水流均匀,不出现短流、涡流及死水区,保证净化处理后的水与待净化的池水交换更新,使池内水质均匀 4. 池水水温和水中消毒剂含量在池内分布均匀 5. 池底配水系统的管道可埋于池底垫层内,也可以将池底架空采用穿池底的方式,具体做法由设计人员经技术经济比较后确定 6. 适用于竞赛、训练用游泳池及会所、俱乐部等专业游泳池,但此类泳池不允许设吸污口等吸污系统

续表

循 环 方 式	技 术 特 点
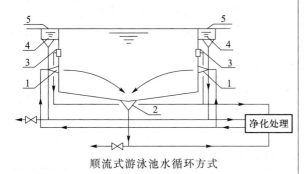 顺流式游泳池水循环方式 组成结构: 1—给水口; 2—回水口(可兼作吸水口); 3—吸污接口; 4—溢流水槽及溢水口; 5—溢流水槽格栅盖板	1. 循环水量由游泳池池底的回水口将使用过的池水,经循环水泵抽出送入过滤器除去回水中颗粒状及胶质状杂质,降低池水浑浊度,并对其进行消毒杀菌,加热后再由设在游泳池两端壁或两侧壁池水水面下的给水口送入游泳池内,完成循环供给 2. 给水口设在游泳池端壁上或侧壁上 3. 回水口不得少于 2 个,位置应满足各个给水口至回水口水流流程基本一致;回水口与泄水口不可合用 4. 吸污系统由池底吸污器、吸污接口、吸污管道、吸污水泵或循环水泵及过滤器组成 5. 吸污管道为独立管道系统,但应接至池水净化系统的循环水泵的吸水管上,并设置阀门独立控制,利用池水净化系统的设备去除水中的杂质达到滤后水重复利用的节水目的 6. 顺流式池水循环方式给水口下面的池底处易产生死水区,池底较易沉积污物 7. 此种循环方式适用于露天游泳池、公共游泳池及水上游乐园
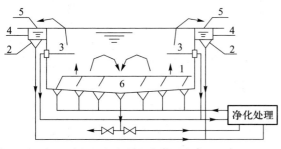 混流式游泳池水循环方式 组成结构: 1—给水口; 2—溢流回水口; 3—吸污接口; 4—溢流回水槽及回水口; 5—溢流回水槽格栅盖板; 6—池底回水口(可兼作泄水口)	1. 循环水量的 60%~70%经游泳池池岸溢流回水槽送至均衡水池,其余 30%~40% 的循环水量从游泳池池底的回水口流入均衡水池,再由循环水泵从均衡池吸水送至过滤器去除水中杂质,降低回水浑浊度,并对滤后水消毒杀菌、加热、水质平衡后,将全部循环水量经池底给水口送回游泳池继续使用 2. 池底回水的水量由流量调节阀或专用水泵进行控制 3. 池底配水管道可埋设在池底垫层内,也可将池底架空采用穿池底的方式进行敷设,具体做法由设计人员经技术经济比较确定,但吸污口吸污系统不允许用于此类泳池 4. 池底回水口的数量不得少于 2 个;池底给水口的布置与逆流式池水循环要求相同 5. 此种循环方式不仅能及时将池水表面的悬浮物及油膜迅速排出,而且能将池底的少量积污物质利用流入池底回水口,水流将污物冲刷至回水口并将其送入均衡水池,保持游泳池池底的清洁 6. 适用于竞赛、训练用及会所、俱乐部等专用游泳池

注:公共游泳池、露天游泳池和水上游乐池推荐采用顺流式,造浪池一般采用混流式。

7.7.3 池水循环周期

1. 确定循环周期的因素

（1）泳池使用性质；

（2）泳池每日游泳人数；

（3）消毒剂种类及消毒方式；

（4）净化设备的形式及运行方式（24 h 连续运行、间断式运行）。

2. 循环周期设计参数

一般按照国家现行行业标准《游泳池给水排水工程技术规程》（GJJ 122—2008）的规定按表 7.7-3 选用。

表 7.7-3　游泳池池水循环净化周期

序号	游泳池分类		池水深度 /m	循环次数 /（次/d）	循环周期 /h
1	竞赛类	竞赛游泳池	2.0	6~4.5	4~5
		花样游泳池	3.0	4~3	6~8
		水球池	1.8~2.0	6~4	4~6
		跳水池	5.5~6.0	3~2.4	8~10
2	专业类	教学池	1.4~2.0	6~4	4~6
		训练池			
		热身池	1.35~1.60		
		残疾人池			
		冷水池	1.8~2.0	6~4.5	4~6
3	公共游泳池	社团池	1.35~1.60	6~4	4~6
		成人游泳池	1.35~2.00	6~4.5	4~6
		大学校池			
		成人初学池	1.2~1.6	6~4	4~6
		中学校池			
		儿童池	0.6~1.0	24~12	1~2
4	水上游乐池	成人戏水池	1.0~1.2	6	4
		幼儿戏水池	0.3~0.4	>24	<1

序号	游泳池分类		池水深度 /m	循环次数 /(次/d)	循环周期 /h
4	水上游乐池	造浪池	2.0~0	12	2
		环流河	0.9~1.0	12~6	2~4
		滑道跌落池	1.0	4	6
		放松池、按摩池	0.9~1.0	80~48	0.3~0.5
5	多用途池		2.0~3.0	6~4.5	4~5
6	多功能池		2.0~3.0	6~4.5	4~5
7	私人游泳池		1.2~1.4	4~3	6~8

　　注:1. 上表中的循环次数和循环周期对应关系是基于循环次数按 1 d 即 24 h 计,实际池水的循环次数可按每日使用时间与循环周期的比值确定;

　　2. 同一游泳池有两种使用水深时,其深水区与浅水区应分别按上表中相应水深规定的循环周期分别计算其循环次数,这样做的目的主要在于有效保证池水水质均匀;

　　3. 循环周期决定循环水量。

7.7.4　循环流量

　　循环流量是计算净化和消毒设备的重要数据,计算方法有以下两种:

　　1. 按国家现行行业标准《游泳池给水排水工程技术规程》(GJJ 122—2008)规定的公式进行计算,详见式(7.7-1)。

$$q_c = \frac{V_P \cdot \alpha_P}{T_P} \tag{7.7-1}$$

式中　q_c——游泳池的循环流量(m^3/h);

　　　V_P——游泳池的水容积(m^3);

　　　α_P——游泳池的管道和设备的水容积附加系数,一般取 $\alpha_P = 1.05 \sim 1.10$;

　　　T_P——游泳池的池水循环周期(h)。

　　需要注意以下几点:

　　(1) V_P 和循环泵流量之间的关系,通常有 $V_P \geqslant 5 \min Q_{泵}$。

　　(2) 循环流量和过滤水量存在一定的对应关系,通常,过滤水量应满足循环流量的要求,即:

$$q_c = n \times A_单 \times V_滤 \tag{7.7-2}$$

式中　n——过滤器(罐)数量;

　　　$A_单$——单个过滤器/池表面积;

　　　$V_滤$——过滤速度。

　　2. 亦可按图 7.7-1 计算。

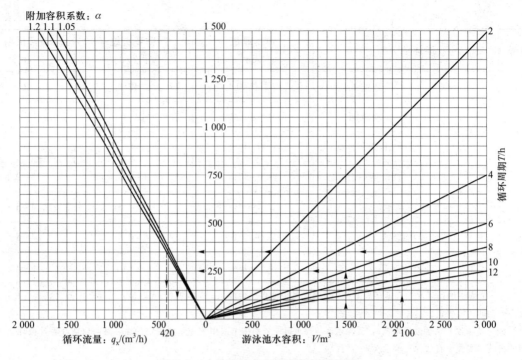

图 7.7-1 游泳池水的循环流量计算图

注:使用方法。由泳池容积 V 处垂直向上引线,与所选用的循环周期 T 斜线相交,以该交点向左引线与泳池容积附加系数 α 斜线相交,以该交点垂直向下引线与循环流量 q_x 相交,该交点所指示的数值即为所求得的游泳池循环流量 q_x 值。

7.7.5 循环水泵

对于不同用途的游泳池、水上游乐池等所用的循环水泵应单独设置,以利于控制各自的循环周期和水压;当各池不同时使用时也便于调节,避免造成能源浪费。

循环水泵的基本要求,详见表 7.7-4。

表 7.7-4 循环水泵的基本要求

项目	技 术 要 求	备注
流量	不小于式(7.7-1)的计算值	指总流量
扬程	$$H=(h_1+h_2+h_3+h_4+h_5+h_6)\cdot\alpha$$ 式中 H——循环水泵的扬程(m); h_1——循环给水管道水头损失(m); h_2——压力过滤器的阻力损失(mH_2O); h_3——水加热器的阻力损失(mH_2O); h_4——毛发聚集器阻力损失(mH_2O); h_5——给水口阻力损失(mH_2O); h_6——流出水头(mH_2O); α——保证系数	1. 单台工作泵,取 $\alpha=$ 1.0 2. 多台工作泵,取 $\alpha=$ 1.1 3. 水泵扬程 $=\alpha\times$水泵 计算扬程

续表

项目	技 术 要 求	备注
数量	1. 池水循环净化系统规定工作主泵不宜少于 2 台 2. 选用石英砂过滤器,宜设置备用水泵;选用硅藻土过滤器,不存在设备备用一说 3. 功能循环给水系统的循环水泵,可不设置备用水泵 4. 滑道润滑水循环水泵必须设置备用水泵	
性能及材质	1. 效率不低于 70% 2. 节能低转速离心水泵 3. 低噪声 4. 材质宜为不锈钢、青铜 5. 耐腐蚀	
吸水方式	1. 应为自灌式吸水 2. 每台泵宜设独立的吸水管	
管道附件	1. 吸水管上毛发聚集器之前应装阀门 2. 出水管上应装设止回阀、阀门、压力表及隔震短管 3. 水泵吸水管内水流速度宜采用 1.0~1.2 m/s 4. 水泵出水管内水流速度宜采用 1.5~2.0 m/s	
其他	1. 循环水泵允许兼作过滤器的反冲洗泵,但应以反冲洗过滤器要求校核循环水泵的工况 2. 兼作反冲洗泵时,可按工作泵与备用泵同时运行设计 3. 水泵位置宜靠近平衡水池、均衡水池或顺流式循环方式的游泳池回水口处 4. 设在楼层中的循环水泵应设置减振基础 5. 吸水喇叭口的直径不宜小于吸水管直径的 1.5 倍	

7.7.6 循环管道

循环管道由循环给水管和循环回水管组成。循环管道技术要求见表 7.7-5。

表 7.7-5 循环管道的技术要求

序号	项目	技 术 要 求
1	流速	1. 循环给水管水流速度宜选用 1.5 m/s,最大不超过 2.0 m/s 2. 循环回水管水流速度一般为 0.7~1.0 m/s
2	管材	1. 内壁衬防腐材料的金属管 2. ABS 塑料管 3. PVC-C 塑料管 4. PVC-U 给水塑料管

续表

序号	项目	技 术 要 求
3	管道附件	管道上的阀门宜采用明杆阀门或蝶阀,材质宜为不锈钢
4	管道敷设	1. 尽量沿游泳池周边做管廊,将管道敷设在管廊内,方便检修 2. 管沟、管廊敷设有困难时,可埋地敷设,但应有可靠的防腐措施 3. 塑料管埋地敷设时,应有可靠的保护措施
5	管道压力	1. 管道公称压力不宜小于 1.0 MPa 2. 输送液体温度超过 20℃时,管道耐压应考虑因输送液体温度的升高而衰减

【本节精选习题】

1. 某宾馆公共游泳池分为成人区和儿童区,每日开放 10 h,下列关于游泳池池水循环净水系统的设计,哪项正确?(   )

A. 游泳池成人区,儿童区共用循环系统,每天循环次数为 7 次

B. 游泳池成人区,儿童区共用循环系统,每天循环次数为 5 次

C. 游泳池成人区,儿童区分设循环系统,每天循环次数分别为 2 次、5 次

D. 游泳池成人区,儿童区分设循环系统,每天循环次数分别为 1 次、5 次

答案:【C】

解析:池水的循环次数可按每日使用时间与循环周期的比值确定。成人次数为 $10/(4\sim6)=2.5\sim1.67$ 儿童次:$10/(1\sim2)=10\sim5$

2. 某室内公共游泳池由成人池和儿童池组成,其中:成人池容积 252 m³,儿童池容积 168 m³,则该游泳池的总循环流量最小不应小于下列哪项?(   )

A. 126.0 m³   B. 132.3 m³   C. 147.0 m³   D. 154.4 m³

答案:【B】

解析:不同池子的循环给水管道应分开各自独立设置,循环流量分开计算后叠加。

$q_{1c}=(V_{1p}\times\alpha_{1p})/T_{1p}$,$q_{2c}=(V_{2p}\times\alpha_{2p})/T_{2pqze}=q_{1c}+q_{2c}=(V_{1p}\times\alpha_{1p})/T_{1p}+(V_{2p}\times\alpha_{2p})/T_{2p}=(252\times1.05)/6+(168\times1.05)/2$ m³/h$=132.3$ m³/h

7.8   池水过滤

过滤是池水净化处理的关键性工序,同时也是不可缺少的环节。具有去除池水中的固体颗粒、悬浮物及部分微生物,从而降低池水的浑浊度以获取洁净透明水质的作用。

7.8.1   预过滤设备的作用及要求

泳池中的预过滤设备主要是毛发聚集器,主要用来阻止池水中毛发、树叶、纤维等杂物的通过,防止这些污物进入过滤设备破坏滤料层,影响过滤效率和出水水质;同时保护水泵。预过滤设备是池水净化处理中不可缺少的设备。毛发聚集器的技术要求参见表 7.8-1。

表 7.8-1 毛发聚集器的技术要求

序号	项目	技 术 要 求
1	数量	每台泵配量一套
2	构造	1. 壳体耐压不小于 0.4 MPa 2. 水流阻力小 3. 构造简单,拆卸方便,易清洗 4. 外壳正压不渗水,负压不漏气 5. 滤筒(网)孔眼直径不大于 3 mm,开孔间距不大于 5 mm,且孔眼总面积不小于进水接管截面积的 2 倍;如为过滤网,应为 10~15 目
3	材料	1. 外壳宜为牌号为 S30408 号不锈钢 2. 滤筒(网)为铜或不锈钢丝网
4	设置位置	循环水泵吸水管上阀门之后

7.8.2 主过滤设备

1. 主过滤器类型

主过滤器类型见表 7.8-2。

表 7.8-2 主过滤设备的类型

分类方式	类 型
按水流状态分	1. 压力式过滤器 2. 重力式过滤器(快滤池、无阀滤池) 3. 可逆式压力过滤器
按使用滤料分	1. 石英砂压力过滤器 2. 石英砂、无烟煤双层压力过滤器 3. 聚苯乙烯塑料珠压力过滤器 4. 纤维球压力过滤器 5. 硅藻土压力过滤器
按过滤器形式分	1. 卧式压力过滤器 2. 立式压力过滤器 3. 可逆式压力过滤器 4. 壁挂式压力过滤器
按过滤速度分	1. 低速过滤器(滤速不大于 7 m/h) 2. 中速过滤器(滤速 15~25 m/h) 3. 高速过滤器(滤速 26~35 m/h)
按材质分	1. 不锈钢压力过滤器 2. 碳钢压力过滤器 3. 玻璃钢压力过滤器 4. 聚乙烯塑料压力过滤器

2. 主过滤器结构

（1）石英砂压力过滤器如图 7.8-1 和图 7.8-2 所示。

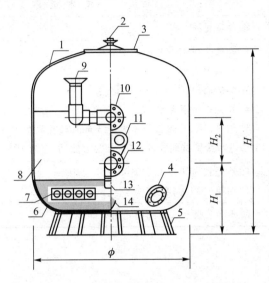

图 7.8-1 立式石英砂压力式过滤器图

1—罐体；2—排气管接口；3—装料孔；4—卸料孔；5—支座；6—承托层；7—配（集）水管；8—滤料层；

9—布水器（口）；10—进水管接口；11—压力表接口；12—出水管接口；13—配水管；14—泄水管接口

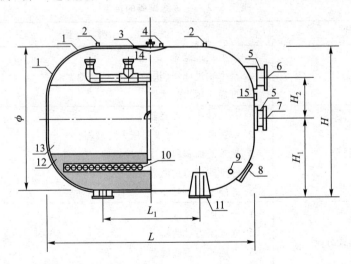

图 7.8-2 卧式石英砂压力式过滤器

1—罐体；2—吊环；3—装料孔；4—排气管接口；5—压力表接口；6—进水管接口；7—出水管接口；8—卸料孔；

9—泄水管接口；10—配（集）水管；11—支座；12—承托层；13—滤料层；14—布水器（口）；15—铭牌

（2）可再生烛式硅藻土过滤器，如图 7.8-3 所示。

3. 主过滤器选型

（1）主过滤器选型原则。

主过滤器是水循环系统净化系统中极为重要的工艺工序设备，因此选型应遵守表 7.8-3 的要求。

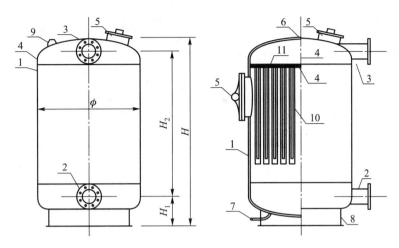

图 7.8-3　烛式硅藻土压力式过滤器

1—罐体;2—进水管接口;3—出水管接口;4—压力表接口;5—检修孔;6—排气管接口;

7—泄水管接口;8—支座;9—吊耳;10—滤元;11—滤元固定板

表 7.8-3　主过滤器的选型原则

选 型 原 则	设 置 要 求
1. 出水量应等于及大于 7.7.4 节的规定 2. 宜选用压力式过滤器,方便实现自动化控制 3. 过滤效率和过滤精度高,出水水质稳定 　(1) 石英砂过滤器宜选用中速压力过滤器,并配混凝剂投加装置 　(2) 竞赛及训练、专用泳池宜选用可再生硅藻土压力过滤器 4. 内部布水和配水均匀,不产生短流,反冲洗水量小,效果好,排污少 5. 设备体形小、安装方便、节约占地面积 6. 材质坚固、耐腐蚀、不渗水、不产生二次水质污染 7. 操作简单、维护管理方便、运行费用低	1. 用途不同的游泳池、娱乐池、水疗池应分开设置 2. 相同用途的水疗池,水质、水温相同时可多座池子合用过滤器 3. 每座游泳池的过滤器不少于 2 台,可不设备用

（2）主过滤器相关计算与选型。

① 过滤面积计算。

a. 游泳池的池水过滤器一般采用压力式过滤器,其过滤器所需过滤面积按式(7.8-1)计算:

$$F_z \geqslant \frac{q_x}{v} \tag{7.8-1}$$

式中　F_z——过滤器所需的总过滤面积(m^2);

　　　q_x——池水的循环流量(m^3/h);

　　　v——过滤速度(m/h)。

b. 过滤器所需面积亦可按图 7.8-4 选定。

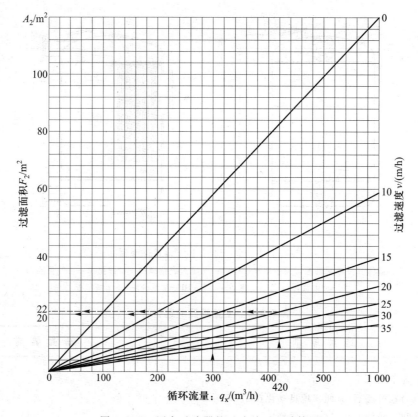

图 7.8-4　压力过滤器的过滤总面积计算图

　　使用方法:根据图中横坐标循环流量数值垂直向上,与设计选定的过滤速度斜线相交,再从该交点沿横坐标向左引线与代表过滤面积的纵坐标相交,该数值即为过滤器的过滤面积。

　　② 过滤器数量计算。

　　压力过滤器的数量,按式(7.8-2)计算:

$$n = \sqrt{\frac{4F_z}{D^2}} \tag{7.8-2}$$

式中　　n——压力式过滤器的数量,根据机房面积、高度、运输条件等因素确定;

　　　　F_z——压力式过滤器所需总面积(m^2),按式(7.8-1)计算确定;

　　　　D——单个压力式过滤器的直径(m),由设计人确定,但最小直径不得小于 0.8 m,最大不得超过 2.6 m。压力式过滤器的直径 D 可由图 7.8-5 查得。

　　图 7.8-5 使用方法:从图中横坐标右侧以计算求得过滤器总面积数值。垂直向上,与设计选定的过滤器数量的斜线相交,再从该交点沿横坐标向左引线与代表过滤器直径的斜弧线相交,再从该交点垂直向下引线与图中横坐标相交,该交点即为所需过滤器的直径。

　　③ 过滤器过滤介质的选用。

　　a. 分类。

　　(a)重质滤料:石英砂、无烟煤、石榴石、沸石、陶粒、铁矿砂。

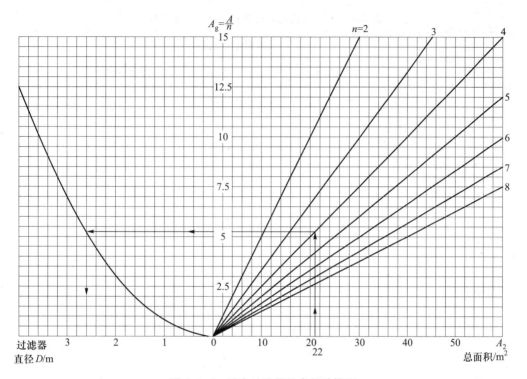

图 7.8-5　压力过滤器的直径计算图

（b）轻质滤料：硅藻土、纤维球。

b. 基本要求。

（a）颗粒滤料应符合《水处理用滤料》（CJ/T 43—2005）的规定。

（b）硅藻土滤料应符合《硅藻土卫生标准》（GB/T 14936—1994）和《食品工业用助滤剂硅藻土》（QB/T 2088—1995）的规定。

④ 滤料层的组成和过滤速度。

a. 滤料层的主要功能是要截留和吸附池水中的悬浮杂质，使之得到澄清洁净，其次是滤除池水中的部分病原微生物。

b. 滤料层的厚度取决于滤料的种类、粒径组成、滤前水质、滤后水质和过滤速度。国家现行行业标准《游泳池给水排水工程技术规程》（CJJ 122—2008）对此作出如表 7.8-4 的规定。

c. 过滤滤速。

（a）过滤出水水质决定于滤速和滤料组成。

（b）影响滤速的因素有：滤料组成和级配、滤料层厚度、池水净化流程，设计时要综合考虑这几方面因素。

（c）竞赛池、公共池、专用池、休闲游乐池等选用石英砂压力过滤器时，宜采用 15~25 m/h 中速过滤，私人池、放松池等选用石英砂压力过滤器时，滤速可超过表 7.8-4 中规定的滤速值。

d. 过滤速度和滤料组成之间的关系见表 7.8-4。

表 7.8-4 压力过滤器的滤料组成和过滤速度

序号	滤料种类		滤料组成粒径/mm			滤速度 /(m/h)
			粒径/mm	不均匀系数 K_{80}	厚度/mm	
1	单层滤料	级配 石英砂	$D_{min}=0.50$ $D_{max}=1.00$	<2.0	≥700	15~25
		均质 石英砂	$D_{min}=0.60$ $D_{max}=0.80$	<1.40	≥700	15~25
			$D_{min}=0.50$ $D_{max}=0.70$			
2	双层滤料	无烟煤	$D_{min}=0.85$ $D_{max}=1.60$	<2.0	300~400	14~18
		石英砂	$D_{min}=0.50$ $D_{max}=1.00$		300~400	
3	多层滤料	沸石	$D_{min}=0.75$ $D_{max}=1.20$	<1.70	350	20~30
		活性炭	$D_{min}=1.20$ $D_{max}=2.00$	<1.70	600	
		石英砂	$D_{min}=0.80$ $D_{max}=1.20$	<1.70	400	
4	硅藻土		700 号	—	1~2 (0.5~1.0 kg/m²)	3.5~5.0

注:1. 其他滤料如纤维球、树脂、纸芯等,按生产厂商提供并经有关部门认证的数据选用;

2. 滤料的相对密度:石英砂 2.5~2.7;无烟煤 1.4~1.6;重质矿石 4.4~5.2;

3. 压力过滤器的承托层厚度和卵石粒径,根据配水形式按生产厂提供并经有关部门认证的资料确定。

⑤ 滤料承托层。

a. 为保证配水系统的配水能均匀地分布到滤料层底部和防止滤料泄漏,颗粒滤料层应在配水装置上部设承托层。

b. 承托层由粗砂和细砾石分层组成。

(a) 大阻力配水系统的组成,详见表 7.8-5;

(b) 中阻力配水系统应以粒径大于配水管缝隙宽度的细石组成,其厚度不小于 150 mm(从配水管顶算起);

(c) 小阻力配水系统以大于滤头缝隙宽度的粗砂或细石组成,其厚度不小于 100 mm(从滤头顶算起)。

表 7.8-5　大阻力配水系统承托层的组成和厚度

层次(自上而下)	材料	粒径/mm	厚度/mm
1	卵石	2.0~4.0	100
2	卵石	4.0~8.0	100
3	卵石	8.0~16.0	100
4	卵石	16.0~32.0	100(从配水系统管顶算起)

　　c. 硅藻土滤料的承托层即由纤维布和支撑纤维布的骨架组成的滤元。

　　⑥ 过滤器的反冲洗。

　　a. 滤料层在滤水过程由于截留污染的积累,水头损失增加,过滤效率降低,致使池水不能有效去除水中杂物,造成池水水质恶化。为保证池水水质,恢复过滤器的过滤功能,就应该对过滤器进行反冲洗,以清除滤料中的污染物质。

　　b. 反冲洗频率应以设计要求确定,当设计无要求时可按下列规定确定。

　　(a) 石英砂滤料:当过滤器的进水与出水的压力差达到 50 kPa 时,就应进行反冲洗。如过滤器连续运行或停用时间超过 5 d,但压差未达到规定时,为防止截留污物固化,亦应对其进行反冲洗。

　　(b) 硅藻土滤料:当过滤器的进水与出水的压力差达到 70 kPa 时,就应进行反冲洗。烛式硅藻土过滤器的硅藻土可多次循环使用。故每日停用时,可不进行反冲洗,次日可继续预涂使用。它的工作周期一般为 15~20 d。

　　c. 反冲洗强度。

　　(a) 颗粒滤料反冲洗强度的大小应以彻底洗刷掉黏附在滤料表面上的污染物质和保证滤料不流失为准。

　　(b) 硅藻土滤料以彻底冲洗掉黏附在滤布表面的硅藻土为准。

　　(c) 反冲洗方法分为水反冲洗和气-水组合反冲洗两种,具体要求详见表 7.8-6 和表 7.8-7 的规定。

表 7.8-6　颗粒压力过滤器反冲洗强度、膨胀率和反冲洗时间

序号	滤料类别	反冲洗强度/[(L/s·m²)]	膨胀率/%	冲洗持续时间/min
1	单层石英砂滤料	12~15	45	10~8
2	双层滤料	13~16	50	10~8
3	三层滤料	16~17	55	7~5

　　注:1. 设有表面冲洗装置的过滤器,冲洗强度可取表中数据的低限值;

　　2. 本表为水温 20℃时的数据,如采用城市生活饮用水冲洗时,应根据全年水温、水质变化进行调整,水温每增减 1℃,冲洗强度相应增减 1%;

　　3. 选用冲洗强度应考虑所使用的絮凝剂品种的因素;

　　4. 膨胀率数值仅作为压力过滤器设计计算之用;

　　5. 设有表面冲洗装置时,表面冲洗强度:固定式宜为 2~3 L/(s·m²)、旋转式宜为 0.50~0.70 L/(s·m²);冲洗持续时间均为 4~6 min。

表 7.8-7　过滤器气-水组合时的冲洗强度和反冲洗时间

序号	滤料类别	先气冲洗		后水冲洗	
		强度 /[(L/s·m²)]	持续时间 /min	强度 /[(L/s·m²)]	持续时间 /min
1	单层细砂滤料	15~20	3~1	8~10	7~5
2	双层(煤、砂)滤料	15~20	3~1	6.5~10	6~5

注:1. 气冲洗时的供气压力应为滤层厚度与滤料层积污阻力之和;积污阻力可取 0.03 MPa;

2. 气冲洗时的气体应为不含油、不含任何杂质的洁净气体。

　　d. 石英砂过滤器的反冲洗水量可查图 7.8-6 获得。

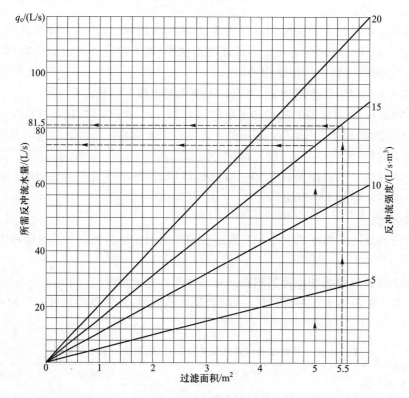

图 7.8-6　石英砂压力过滤器的反冲洗水量计算图

　　图 7.8-6 使用方法:从图中横坐标找出单个过滤器的过滤面积点位,以该点向上引垂线与选用的反冲洗强度斜线相交,再以此交点向左引水平辅助线与表示反冲洗水量的垂直坐标相交,该交点所示数值即为该单个过滤器反冲洗所需的水流量值。

　　e. 反冲水源及反冲洗水泵。

　　(a)推荐用游泳池水作为反冲洗水源。用游泳池池水冲洗时宜采用气-水组合冲洗,先气洗再水洗。

　　(b)如采用城镇自来水冲洗时,应设隔断水箱不得直接与市政给水管连接。

　　(c)反冲洗水泵宜与循环水泵合用。

　　f. 过滤器应单个逐一反冲洗,不得 2 台或 2 台以上同时冲洗。

7.8.3 辅助过滤装置

1. 由于石英砂等颗粒过滤器只能滤除 10~15 μm 的悬浮杂质,很难满足游泳池的水的浑浊度要求。根据世界卫生组织的资料介绍,向池水中投加混凝剂后,可以去除 7 μm 以上的悬浮杂质。
2.《游泳池给水排水工程技术规程》(CJJ 122—2008)规定,过滤器采用石英砂、无烟煤等重质滤料时,应配套设置混凝剂投加设备及 pH 调整剂。
3. 混凝剂投加在过滤器之前,并保证进过滤器前不少于 10 s 的接触时间。

7.8.4 游泳池用化学药品

1. 基本要求:
(1) 应有当地卫生部门批准认可文件;
(2) 对人的健康无害,并不对池水产生二次污染;
(3) 不得与水中有机物发生反应,产生有毒物质;
(4) 应能快速溶解,且方便使用。
2. 常用混凝剂、pH 调整剂、除藻剂的优缺点和投加量(在无实验资料时)、投加要求,详见表 7.8-8。

表 7.8-8 混凝剂、pH 调整剂和除藻剂设计投加量

分类	药剂名称	特性	投加量 /(mg/L)	投加要求(湿式投加)	备注
混凝剂	硫酸铝(精制、粗制)$Al_2(SO_4)_3 \cdot 18H_2O$	1. 水解作用缓慢 2. 精制含无水硫酸铝50%~52% 3. 粗制含无水硫酸铝20%~25%	1~3	1. 溶液浓度不宜大于5% 2. 连续投加 3. 宜由探测器反馈自动调整投加量	
	明矾(硫酸铝钾)$Al_2(SO_4)_3 \cdot K_2SO_4 \cdot 24H_2O$	4. 适用水温:20~40℃ 5. 水的 pH 在 6.5~7.2 之间,混凝效果好	3~5		
	绿矾(硫酸亚铁)$Fe_2SO_4 \cdot 7H_2O$	1. 腐蚀性大 2. 矾花形成快,且块大 3. 适用于高浊度高碱度的水	5~10		
	聚合氯化铝(碱式氯化铝)$Al_n(OH)_mCl_{3n-m}$(简写 PAC)	1. 效果好,出水过滤性能好,色度低,腐蚀小 2. 固体含氧化铝40%~50%,液体含氧化铝8%~10% 3. 温度适应性广 4. pH 适用范围大(pH = 5~9)	3~10		

续表

分类	药剂名称	特性	投加量 /(mg/L)	投加要求 （湿式投加）	备注
除藻剂	蓝矾（硫酸铜） $CuSO_4 \cdot 5H_2O$	1. 极易溶于水 2. 使水呈蓝色 3. 能抑制藻类生长	1	1. 溶液浓度不宜大于5% 2. 间断投加 3. 投加时间由水质化验或探测器反馈	
pH 调整剂	碳酸钠 （纯碱苏打）Na_2CO_3	无毒、无腐蚀性	3~5	1. 溶液浓度不宜大于5%，但硫酸、盐酸不大于3% 2. 间断投加 3. 投加时间由探测器反馈或水质化验定	
	烧碱 NaOH	1. 有腐蚀性 2. 溶于水放大量热			
	盐酸（HCL） 硫酸（H_2SO_4）	有腐蚀	1~3		

3. 投加方式：为减少对设备、管道及建筑结构造成腐蚀和防止对操作人员带来伤害，泳池药品投加方式均应采用湿式投加。

7.8.5 计量泵

化学药品推荐采用计量泵压力式湿式投加，计量泵的特点及要求详见表7.8-9。

表7.8-9 计量泵的形式及特点、要求

计量泵	材质	配套设施	特点
液压驱动隔膜泵	1. 聚丙烯 2. 不锈钢	1. 聚丙烯或 ABS 塑料溶液桶和管材 2. 电动搅拌器 3. 探测器	流量范围广
机械驱动隔膜泵			流量范围较小
柱塞式计量泵			适用于高压力系统

注：计量泵一般不设备用泵。不同化学药品溶液的投加系统应分开设置，不得混用。

【本节精选习题】

1. 下列关于游泳池过滤器的设计要求中，哪项是错误的？（   ）

A. 竞赛池、训练池、公共池的过滤器应分开设置，不能共用

B. 过滤器的数量不宜少于2台，且应考虑备用

C. 压力过滤器应设置布水、集水均匀的布、集水装置

D. 为提高压力过滤器的反洗效果，节省反洗水量，可设气、水组合反冲洗装置

答案：【B】

解析：竞赛池、训练池、公共池的过滤器应分开设置，不能共用，A正确。可不设备用过滤器。B错误。压

力过滤器应设置布水、集水均匀的布、集水装置,C正确。为提高压力过滤器的反洗效果,节省反洗水量,可设气、水组合反冲洗装置,D正确。

2. 某室内游泳池循环水流量为 550 m³/h,循环水过滤拟采用 4 个立式压力滤罐,其滤料采用单层石英砂,粒径为 0.5~0.85 mm,滤层厚度为 800 mm。取滤速 v=20 m/h,计算单个压力滤罐的直径应为以下哪项值?(　　)

A. 5.92 m　　　　B. 2.42 m　　　　C. 2.10 m　　　　D. 2.96 m

答案:【D】

解析:$Q=q_c$ 且 $Q=n×A×v=4×(\pi D^2/4)×20=550D=2.96$ m。

3. 某标准游泳池平面尺寸为 50 m×25 m,水深为 2.0 m,循环水采用多层滤料过滤器过滤,循环周期 5 h,水容积附加系数 $\alpha=1.05$,选用 4 台过滤器,则过滤器的最小直径应为下列哪项?(　　)

A. 2.52 m　　　　B. 2.82 m　　　　C. 2.36 m　　　　D. 4.00 m

答案:【C】

解析:循环流量 $q_c=\alpha_p×V_p/T_p=1.05×(50×25×2)/5$ m³/h$=525$ m³/h,每台过滤器流量:525/4 m³/h$=131.25$ m³/h,多层滤料最大滤速取 30 m/h,则过滤器最小面积$=131.25/30$ m²$=4.375$ m²,对应 $d=2.36$ m。

4. 某游泳池平面尺寸为 50 m×25 m,平均水深为 1.6 m,采用石英砂过滤,滤速为 20 m/h,循环周期 8 h,选用 3 台过滤罐,其反冲洗强度为 15 L/m²s,反冲洗时间 5 min。则一次反冲洗至少需要多少水量?(　　)

A. 19.69 m³　　　　B. 59.06 m³　　　　C. 39.38 m³　　　　D. 11.72 m³

答案:【A】

解析:$q_c=\alpha_p×V_p/T_p=50×25×1.6×1.05/8$ m³/h$=262.5$ m³/h

$Q=n×A×v=4×A×20=q_c=262.5$,故 $A=4.38$ m²,$V_f=q×A×T=15×10^{-3}×4.38×5×60$ m³$=19.71$ m³。计算结果接近答案 A。

7.9　池水消毒

1. 游泳池和水上游乐池的池水循环水净化处理工艺流程中必须配套池水消毒工艺工序,对池水进行杀菌处理。消毒剂的功能及要求,如表 7.9-1 所示。

2. 常见的消毒方式有臭氧消毒、氯消毒和紫外线消毒,同时还有长效消毒剂如二氯异氰尿酸钠和三氯异氰尿酸盐。常用消毒剂的优缺点、投加方式、投加量不同,如表 7.9-2 所示。

表 7.9-1　池水消毒剂的功能及要求

消毒目的	功能要求	选用要求
1. 杀灭池水中的病原微生物,如细菌、大肠菌、病毒等 2. 氧化池水中的有机物和无机物,如皮屑、护肤品、化妆品、汗液等悬浮物 3. 防止游泳池游泳者的交叉感染	1. 杀菌快速高效,并有持续杀菌能力 2. 与原水兼容,且不污染和不改变水质 3. 对人体无危害或危害极小 4. 杂质少,与水接触后副产物少 5. 对设备、管道及建筑结构腐蚀小	1. 应获得当地卫生主管部门的认可 2. 能快速、简便检测在水中的浓度 3. 能实现在线实时检测 4. 尽量就地取材

表 7.9-2 常用消毒剂的优缺点和投加量

消毒剂	设计投加量 /(mg/L)	优点	缺点	投加方式
液氯	≤3 (以纯氯计)	1. 易溶于水,消毒效率高,有持续消毒功能 2. 投量易控制、成本较低 3. 设备体积小	1. 易产生气味,刺激和腐蚀作用 2. 有三致(致癌、致畸、致病)副产物产生 3. 贮存和运输应采取安全措施 4. 氯有毒,应有防漏氯措施,使用中注意安全 5. 会降低池水 pH	1. 负压自动投加 2. 严禁直接注入池水 3. 投在循环水泵吸水管内或加热设备之后的压水管内 4. 投加点应位于 pH 调节剂投加完之后
次氯酸钠	≤3 (以纯氯计)	1. 易溶于水,消毒效率高,有持续消毒功能 2. 能现场制备,成品易采购 3. 比液氯安全、方便	1. 有效浓度低,用量多,成本比液氯高 2. 成品易受日光、温度影响分解、失效,不宜久存 3. 易产生气味,刺激和腐蚀作用 4. 有三致(致癌、致畸、致病)副产物产生	1. 宜连续自动投加 2. 可重力投加在循环水泵吸水管内;也可压力式投加在循环水系统加热设备之后的压水管内 3. 投加点应位于 pH 调节剂投加点之后
次氯酸钙	≤3 (以纯氯计)	1. 消毒效率高,有持续消毒功能 2. 设备简单、价格低 3. 粉剂含氯 20%~30%,片剂含氯 60%~70% 4. 存放寿命长	1. 易增加池水浊度 2. 有氯酚味 3. 易受光、热、潮作用后失效 4. 会使池水 pH 增高	同次氯酸钠要求
二氧化氯	2~5	1. 易溶于水,消毒效率高,有持续消毒功能 2. 消毒能力不受池水 pH 及环境影响,也不改变池水 pH 3. 不产生"三致"副产物	1. 易在池水表面形成二氧化氯气层,人吸入有害健康 2. 现场制备复杂,价格高 3. 现场测试困难 4. 易使池水变色	1. 宜现场制备自动投加,并与循环水泵连锁 2. 现场制备会产生氢气,要有防爆措施 3. 制备现场及投加间应有独立通风

续表

消毒剂	设计投加量 /（mg/L）	优点	缺点	投加方式
紫外线	有效波长在 230~360 nm 时的剂量： 1. 露天泳池为 40 mJ/cm^2 2. 室内泳池为 60 mJ/cm^2	1. 消毒过程不产生有害及有毒副产物 2. 不改变池水性质及成分，对池水及环境不产生二次污染 3. 杀菌广谱性高，能杀灭各类细菌、病毒，特别能杀灭贾第鞭毛虫及隐孢子虫 4. 消毒效果不受水温变化影响 5. 设备运行不产生噪声，不腐蚀设备 6. 占地面积小，运行安全、可靠，维护简单	1. 消毒效果受池水浑浊度影响较大，理想水浊度不超过 3 NTU 2. 无持续杀菌功能 3. 紫外线消毒器出水口需增设过滤网，以防灯爆裂碎片进入池内 4. 紫外灯管的反应器应为高光洁度的材质制造 5. 目前尚无中压紫外线灯管产品	1. 推荐采用中压紫外线消毒 2. 必须配套长效消毒装置 3. 紫外线消毒器设在循环水系统过滤器之后的循环水管道上
臭氧	1. 全流量半程式消毒时为 0.8~1.0 mg/L 2. 分流量和全流量全程式消毒时为 0.4~0.6 mg/L	1. 原料取自空气中的氧气，使用完后的副产物仍是氧气，故可使游泳池周围环境空气清新 2. 杀菌性能强，在极短时间内可将细菌、病毒、孢子、芽孢等杀灭 3. 具有除色、除味、除臭和絮凝功能 4. 对游泳者皮肤不造成伤害	1. 是有特殊臭味的有毒不稳定气体，空气中的浓度不得超过 0.2 mg/m^3 2. 对水中的氨、氮去除效果较差，对水中有机氯化物无氧化效果 3. 对大多数金属具有腐蚀作用	1. 应现场负压氧气法制备 2. 应采用负压自动投加 3. 投加在过滤器之后的循环水管内 4. 要配套设置臭氧与水混合的反应罐，并保证反应时间不少于 2 min 5. 视具体工程确定是否设长效消毒装置

注：1. 长效消毒剂有氯气、氯制品、溴制品等；

2. 室外和阳光直接照射的游泳池宜采用含有稳定剂的消毒剂，其中稳定剂有二氯异氰尿酸钠和三氯异氰尿酸盐；

3. 制取次氯酸钠溶液设备的氢气管应引至室外；

4. 臭氧消毒时，采用分流量的全程式臭氧消毒系统时，分流量臭氧消毒的流量不应小于游泳池循环水流量的 25%。此外，臭氧作为消毒剂时，应设置独立的排风设施。

【本节精选习题】

1. 以下有关游泳池臭氧全流量、分流量消毒系统的叙述中，哪一项是正确的？（　　）

A. 全流量消毒系统是对全部循环水量进行消毒

B. 分流量消毒系统仅对 25% 的循环水量进行消毒

C. 因臭氧是有毒气体,故分流量、全流量消毒系统均应设置剩余臭氧吸附装置

D. 分流量消毒系统应辅以氯消毒,全流量臭氧消毒系统可不设长效辅助消毒设备

答案:【A】

解析:分流量臭氧消毒的流量不应小于循环水流量的 25%。全流量和分流量消毒系统均对所有循环水量消毒。A 项正确,B 项错误。全流量臭氧投加系统应设剩余臭氧吸附装置。C 项错误。应辅以氯消毒,氯投加量按允许余氯量计算确定。D 项错误。

2. 游泳池循环水采用臭氧消毒时,下列哪几项说法不正确?(　　　)

A. 臭氧投加量应按池水容积确定

B. 臭氧消毒系统应设剩余臭氧吸附装置

C. 由于臭氧的半衰期较长,宜辅以氯消毒

D. 采用臭氧消毒时,应设臭氧-水混合器

答案:【ABC】

解析:臭氧投加量应按游泳池循环流量计算,A 错误;全流量半程式臭氧消毒时,应设置活性炭吸附罐。B 错误。由于臭氧的半衰期很短,在水中仅 15~20 min,它没有持续消毒功能,所以使用臭氧消毒的游泳池,应视其用途、类型和臭氧消毒方式,决定是否还应辅以长效消毒剂。臭氧的半衰期较短,应辅以氯消毒。C 错误。D 项正确。

3. 关于游泳池的消毒,下列哪几项做法不符合要求?(　　　)

A. 游泳池必须设置池水消毒工艺

B. 消毒设备的投加系统应能自动控制

C. 采用臭氧消毒应设置活性炭吸附罐

D. 输送臭氧气体的管道、阀门、附件应采用 306L 或 316L 不锈钢材质

答案:【CD】

解析:选项 A,游泳池的循环水净化处理系统中必须设有池水消毒工艺,故 A 不当选;选项 B,消毒设备的选择应符合下列规定:投加系统应能自动控制,且安全可靠,故 B 不选;选项 C,全流量半程式臭氧消毒时,应设置活性炭吸附罐;故不是所有情况都要设置吸附罐,C 选。选项 D,306L 是不可行,需要 316L,D 要选。

7.10 水质平衡

7.10.1 水质平衡的要素

1. pH
2. 碱度(TA)
3. 钙硬度(Ca)
4. 溶解性总固体(TDS)
5. 水温

7.10.2 水质平衡的目的、参数控制及实施措施

水质平衡的目的、参数控制及实施措施,详表 7.10-1。

表 7.10-1　水质平衡的目的及参数

水质平衡的目的	水质平衡控制的基本参数	实施措施
1. 提高水的舒适度 2. 提高消毒剂的消毒效果 3. 保护泳池、设备和管道	1. pH （1）pH 的理想范围：pH = 7.4~7.6 （2）pH>7.6：氯系药品消毒速度减慢，水呈浑状，设备易结垢，对人的眼睛和皮肤有刺激 （3）pH<7.4：水呈浑浊状，消毒过后，藻类会繁殖，腐蚀设备	1. 消毒剂为氯气、氰尿酸时，向水中投加碱，使水 pH 维持在 7.2~7.6 之间 2. 消毒剂加次氯酸钠、次氯酸钙、氯片时，向水中投加酸，使水的 pH 维持在 7.2~7.6 之间
	2. 碱度（TA） （1）是对水中溶解的碱性盐的度量。衡量池水抵抗 pH 改变能力的物理量，目的是控制 pH 的变化 （2）碱度最佳范围为 60~200 mg/L	1. 碱度小于 60 mg/L 时，向水中加碱提高碱度 2. 碱度大于 200 mg/L 时，向水中投加酸减小碱度
	3. 硬度（Ca） （1）硬度最佳范围为 200~400 mg/L （2）硬度小于 200 mg/L，对建筑材料有腐蚀 （3）硬度大于 400 mg/L，会形成水垢和沉淀，影响水的浊度和加热设备的效率	1. 钙硬度的危害尚无统一认识 2. 硬度小于 200 mg/L 时，加碱提高硬度 3. 硬度大于 400 mg/L 时，加酸降低硬度
	4. 溶解性总固体（TDS） （1）指水中溶解物质的总量 （2）最佳范围：不超过原水溶解性总固体量加 1 500 mg/L	1. 超过最佳范围时，按每位游泳者每日补充 30 L 新鲜水稀释 2. 对过滤设备按规定进行反冲洗
	5. 水温 （1）最佳温度：详见表 7.4-3 （2）水温高污染快，消毒剂消毒量大，化学药品挥发快，余氯不易控制 （3）使池水 pH 发生变化	1. 控制池水温度在设计范围 2. 泳池最高水温不超过 30℃

7.10.3　水质平衡药品投加

水质平衡所用化学药品采用湿式投加，投加要求详见表 7.8-8。

7.11 池水加热

7.11.1 用热特点及热源选择

用热特点及热源选择见表 7.11-1。

表 7.11-1 游泳池用热特点及热源选择

加热目的	用热特点	热源选择
1. 保持池水舒适度 2. 防止池水过高过低所产生的弊病 (1) 过高会产生闷热、缺氧,环境质量变差 (2) 室内湿度增加使建筑结构、设备腐蚀加快 (3) 池水中微生物繁殖加快 (4) 能源消耗增加 (5) 水温过低,游泳者易产生肌肉痉挛和引起心脏疾患	1. 用热负荷不均匀 (1) 池水初次加热,用热负荷大 (2) 池水正常使用过程中用热负荷较小 2. 用热负荷与环境情况有关 (1) 泳池环境气温低于池水温度,所需热负荷大 (2) 泳池环境气温高于池水温度,所需热负荷小	1. 有条件的地区应优先采用温度不低于 400℃ 的余热和废热、太阳能、热泵作为热源 2. 充分利用城市或区域锅炉房供热的热力网作为热源 3. 利用建筑内锅炉房供热热源 4. 自设燃油、燃气或电力作热源

7.11.2 用热量计算

1. 游泳池初次加热所需热量按式(7.11-1)计算:

$$Q_c = V_c \cdot \rho \cdot c(T_d - T_f)/h \qquad (7.11-1)$$

式中 Q_c——游泳池初次加热所需热量(kJ/h);

V_c——游泳池的池水容积(L);

ρ——水的密度(kg/L),可近似取 $\rho = 1$;

c——水的比热容[kJ/(kg·℃)],可近似取 $c = 4.18$[kJ/(kg·℃)];

T_d——池水设计温度(℃);

T_f——池水初次充水的原水温度(℃);

t_h——加热时间(h),一般按 24~72 h 计。

2. 池水表面蒸发损失所需热量按式(7.11-2)计算:

$$Q_z = \frac{1}{\beta} \cdot \rho \cdot \gamma (0.017\,4v_\omega + 0.022\,9)(P_b - P_q)\frac{B}{B_s'} \cdot A_s \qquad (7.11-2)$$

式中 Q_z——池水表面蒸发所损失的热量(kJ/h);

β——压力换算系统,取 $\beta = 133.32$ Pa;

ρ——水的密度(kg/L),可近似取 $\rho = 1$;

γ——与池水温度相等的饱和蒸汽的蒸发汽化潜热(kJ/kg);

$v_ω$——池水表面上的风速(m/s),室内游泳池:0.2~0.5 m/s,室外游泳池:2.0~3.0 m/s;

P_b——与池水温度相等的饱和空气的水蒸气分压力(Pa);

P_q——游泳池的环境空气温度相等的水蒸气分压力(Pa);

A_s——游泳池的水表面面积(m^2);

B——标准大气压力(kPa);

B′——当地的大气压力(kPa)。

3. 池水表面传导损失的热量按式(7.11-3)计算:

$$Q_{ch} = α · c · A_s(T_d - T_Q) \qquad (7.11-3)$$

式中 Q_{ch}——池水表面传导损失的热量(kJ/h);

α——池水表面的传导率,近似取 α=33.5 kJ/(m^2·h·℃);

T_Q——池水上空的空气温度(℃),室内游泳池:按空调采暖温度计,室外游泳池:按泳池开放期间的最冷月的平均最低温度计;

其他符号同前。

4. 游泳池的水表面蒸发、池底、池壁、管道和设备等传导所损失的热量,应按游泳池水表面蒸发损失热量的20%计算确定。

5. 游泳池的水表面蒸发、池底、池壁、管道和设备等传导所损失的热量(Q_{cz}),也可查图 7.11-1 选用。

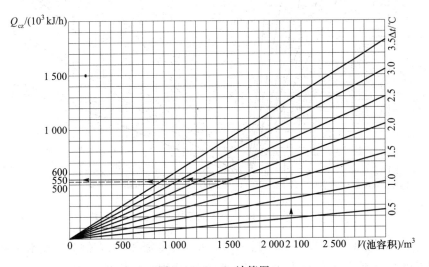

图 7.11-1 Q_{cz}计算图

(1) 图 7.11-1 使用说明:如一座室内游泳池已知 V_c=2 100 m^3,每日池水温降值取 $\triangle t$=1.5℃。从横坐标找到 2 100 m^3处,向上作垂直线与图中池水每日自然温降值斜线 Δt=1.5℃ 交于一点,再从该交点向左作水平横线与左侧纵坐标 Q_{cz}相交,该交点的数值 550×10^3(kJ/h)即为该泳池 Q_{cz}值。

(2) 游泳池池水每日温降值,可按表 7.11-2 选定。

表 7.11-2 游泳池池水每日自然温降值 Δt

游泳池类别	夏季池水温降/℃	冬季池水温降/℃
室内游泳池	0.1~0.5	1.0~1.5
室外游泳池	0.2~1.0	1.5~3.5

6. 游泳池补充新水加热所需的热负荷按式(7.11-4)计算:

$$Q_b = \frac{\rho \cdot V_b \cdot c(T_d - T_f)}{t_h} \qquad (7.11\text{-}4)$$

式中 Q_b——游泳池补充新水加热所需热量(kJ/h);

      V_b——游泳池每天需要补充新水的水量(L/d);

      t_h——加热时间(h),按每日运行时间定;

其他符号同前。

(1) Q_b 亦可查图 7.11-2 取得。

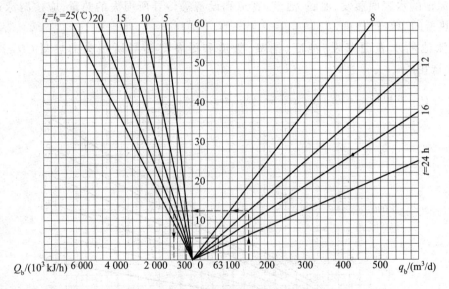

图 7.11-2 游泳池补充水加热所需的热量计算图

(2) 图 7.11-2 使用说明:横坐标左侧为补充水加热所需热量,右侧为补充水用量,上横坐标左侧为池水温度与补充水的计算温度差;中间纵坐标为冷水温度,右侧纵坐标为补充水加热时间。

7. 加热设备全流量加热时,加热设备供水口与出水口温度差可按式(7.11-5)计算:

$$\Delta t = \frac{Q}{1\,000\alpha \cdot \gamma \cdot q_X} \qquad (7.11\text{-}5)$$

$$Q = Q_z + Q_{ch} + Q_b \qquad (7.11\text{-}6)$$

式中 Δt——加热设备进水口与出水口的温度差(℃);

      Q——池水加热所需的热量(kJ/h);

其他符号同前。

(1) Δt 亦可查图 7.11-3 取得。

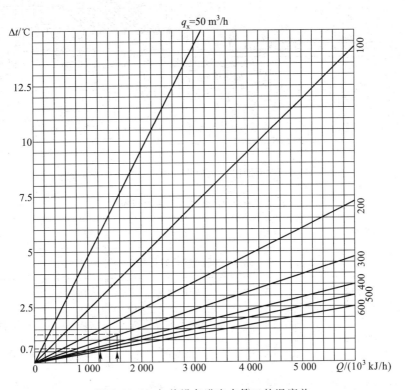

图 7.11-3 加热设备进出水管口的温度差

(2) 图 7.11-3 使用说明:图中横坐标为池水加热所需热量 Q,左侧纵坐标为加热设备进水口与出水口的温度差 Δt,右侧纵坐标为池水的循环流量 q_x。

7.11.3 加热方式

1. 全流量加热由于加热设备进水口与出水口的温度差太小,没有合适的加热设备可供选用,故游泳池的池水加热极少采用。

2. 分流量加热:即将需要加热的池水分为被加热和不被加热两部分。被加热的池水应符合下列要求:

(1) 被加热水的流量不应小于全部池水循环流量的 25%;

(2) 被加热水在加热设备出水口的水温不宜超过 40℃,以方便与未被加热的池水能有效地混合均匀。

3. 太阳能间接式加热系统原理见图 7.11-4,其设备编号名称对照表见表 7.11-3。

(1) 技术特点:

池水消毒采用氯消毒剂,但不得采用液氯。如采用其他消毒药剂,应经当地卫生主管部门认可。

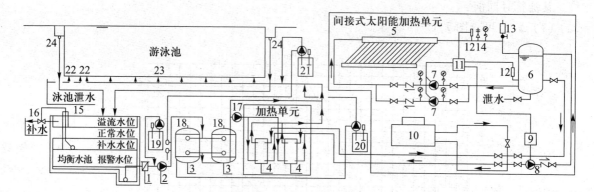

图 7.11-4 太阳能间接式加热游泳池池水系统原理图

表 7.11-3 设备编号名称对照表

编号	设备名	编号	设备名	编号	设备名
1	毛发聚集器	9	辅助热源温控器	17	增压泵
2	循环水泵	10	辅助热源	18	放气阀
3	过滤器	11	太阳能热水温控器	19	混凝剂投加装置
4	加热器	12	温控阀	20	pH 调整剂投加装置
5	太阳能集热器	13	自动放气阀	21	消毒剂投加装置
6	蓄热水箱	14	安全阀	22	池底回水口
7	太阳能蓄热循环泵	15	电子液位计	23	池底布水口
8	太阳能热水循环泵	16	补水浮球阀	24	溢流回水槽回水口

（2）注意事项：

① 设备、装置的容量、数量由设计人根据具体工程计算确定。

② 设计人应按工程设计计算所得实际的设备、装置数量绘制池水净化工艺流程图。

③ 水质监测控制要求由设计人定。

④ 如为露天泳池根据使用要求确定是否取消加热单元。

⑤ 如选用硅藻土过滤器，则不设第 19 号设备。

4. 太阳能直接式加热系统原理见图 7.11-5，其设备编号名称对照表见表 7.11-4。

（1）技术特点：

① 集热器进水、出水温差为 1~3℃。

② 系统利用太阳能感应探头、水温感应探头和循环水泵及辅助热源实行自动控制。

③ 集热器应根据季节实行并联或串联。如图中 A 管线所示，以确保不超温。

④ 屋面面积需求较大。

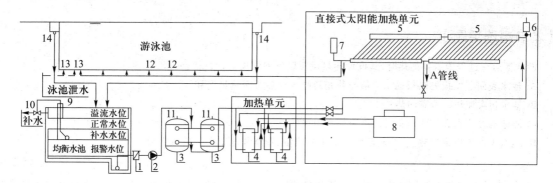

图 7.11-5　太阳能直接式加热游泳池池水系统原理图

表 7.11-4　设备编号名称对照表

编号	设备名	编号	设备名	编号	设备名
1	毛发聚集器	6	自动放气阀	11	放气阀
2	循环水泵	7	真空吸气阀	12	池底布水口
3	过滤器	8	辅助热源	13	池底泄水口
4	加热器	9	电子液位计	14	溢流水槽及溢水口
5	太阳能集热器	10	补水浮球阀		

（2）注意事项：

① 设备、装置的容量、数量由设计人根据具体工程计算确定。

② 设计人应按工程设计计算所得实际的设备、装置数量绘制池水净化工艺流程图。

③ 水质监测控制要求由设计人定。

④ 如为露天泳池根据使用要求确定是否取消加热单元。

7.11.4　加热设备

加热设备的选用要点详见表 7.11-5。

表 7.11-5　加热设备选用要点

选用原则	设备选择要点
1. 换热或加热效率高、节能 2. 设备被加热水侧的阻力小 3. 设备体积小、重量轻 4. 设备结构简单、安全可靠、操作灵活、维护方便 5. 设备材质耐化学药品的腐蚀	1. 热源为高压、蒸汽及高温热水时,宜选用不锈钢板式换热器 2. 有条件应选用不对称通道板式换热器,使被加热水侧阻力损失不超过 0.02 MPa 3. 热源为太阳能及热泵时,应设辅助热源 4. 加热或换热设备应按 2 台设备配置,以适应初加热时 2 台同时运行,平时维温时一台运行另一台备用 5. 池水加热及换热设备应与游泳者淋浴用热水加热或换热设备分开设置 6. 加热或换热设备应配置精度不大于 0.5℃ 的温度控制装置

【本节精选习题】

游泳池运行过程中需要加热时,其设计耗热量应以下列哪项为计算依据?(　　)

A. 池水表面蒸发损失热量的 1.2 倍与补充新鲜水加热所需热量之和

B. 池水初次加热时所需的热量

C. 游泳池溢流水和过滤设备反冲洗时排水损失的热量

D. 池水表面蒸发损失热量、补充新鲜水加热需热量、管道和池壁损失热量之和

答案:【A】

解析:池水加热所需热量应为下列各项耗热量的综合:1. 池水表面蒸发损失的热量;2. 池壁和池底传导损失的热量;3. 管道和净化水设备损失的热量;4. 补充新鲜水加热所需要的热量。综合以上,故选 A。

7.12　池水水质监测

水质监测由在线监测和人工监测两部分组成,两者同时进行不得互相替代。池水水质监测内容及系统控制要点详见表 7.12-1。

表 7.12-1　池水水质监测及系统控制内容及设计要点

在线监测的内容	人工监测的内容	系统控制设计要点
1. 氯消毒时 游泳池进水和回水的游离性余氯、pH、浑浊度、温度等 2. 臭氧消毒时 游泳池进水和回水的剩余臭氧量;反应罐出水中臭氧含量;活性炭吸附罐出水中的臭氧含量;臭氧发生器的臭氧产量、臭氧浓度、进气量、进气压力和温度等 3. 加药设施 混凝剂、药品消毒剂、pH 调整剂、除藻剂等投加量;药液浓度、药液桶液位等、分流量臭氧消毒和加热的分流量等	1. 池水中的游离性余氯、化合性余氯、浑浊度、水温、尿素、pH 等 2. 池水中的细菌总数和总大肠菌群数 3. 池水的钙硬度、碱度、溶解性总固体 4. 池水中的氰尿酸、三氯甲烷 5. 池水中的氧化还原电位(ORP) 6. 泳池水表面 0.3~0.5 m 处空气中的臭氧含量	1. 全自动控制 (1) 系统的设备运行、阀门开启、仪表反馈等均具有上下位计算机操作、监视、工艺参数显示、故障报警等功能 (2) 系统工作过程的数据采集、数据处理和显示功能、数据超限或不足的报警功能 (3) 系统故障自诊断、自动断流保护、自校电子系统及声光报警 (4) 氯瓶间氯泄漏和臭氧发生器间臭氧泄漏超限报警 (5) 各种水泵、加药泵运行状况、相互联锁故障显示报警 (6) 不同游泳池系统控制应分开设置 (7) 自动控制系统应设设备就地控制 2. 半自动控制 (1) 水质监测为全自动控制 (2) 池水净化设备采用人工控制

7.13　游泳池和水上游乐池的专用配件及技术要求

游泳池和水上游乐池的专用配件及技术要求详见表 7.13-1。

表 7.13-1　游泳池的专用配件及技术要求

序号	配件名称	设置位置	技术要求
1	给水口	池壁给水口： (1) 设在端壁时应设在泳线正下方 (2) 设在侧壁时应以距壁 1.5 m 处开始每隔 3.0 m 设一个 (3) 给水口距泳池水面一般为 0.5~1.0 m (4) 泳池水深超过 2.5 m 时,应上下错层设置,最下层给水口距池底表面不小于 0.5 m 池底给水口： (1) 设在泳道线在池底的投影线上 (2) 给水口距泳池端壁水平距离为 1.5 m (3) 给水口间距不超过 3.0 m	1. 给水口的数量应满足循环水量的要求,且出水流量应为可调形式 2. 数据根据每个给水口的出流量按池水循环流量计算确定,且应大于循环流量 3. 构造应为喇叭口形状并带格栅护板,格栅孔隙不大于 8 mm 4. 格栅孔隙流速不宜超过 1.0 m/s 5. 接管管径： (1) 池壁设置时不宜大于 80 mm (2) 池底设置时不宜大于 50 mm 6. 材质:铜、不锈钢、PVC-C 塑料、ABS 塑料等耐腐蚀不变形材料 7. 池壁所有给水口应位于同一标高线上
2	回水口	逆流式循环： (1) 均匀设在池壁外侧的溢流回水槽内 (2) 亦可集中在槽内某一位置集中设置一个回水口,水槽在此处应予以下沉 顺流式及混合流式池水循环： (1) 设在游泳池池底最低处 (2) 回水口表面应与所在处池底表面相齐平,且应固定牢靠	1. 回水口数量根据每个回水口的回水量按池水循环流量计算确定,且应大于循环流量 2. 回水口的回水流量宜为可调形式 3. 回水口应为消声形式 1. 回水口数量不少于 2 个 2. 回水口应设格栅盖板,格栅空隙不大于 8 mm 3. 格栅空隙的流速不大于 0.2 m/s,其面积应大于连接管的 4 倍 4. 两个以上回水口时,连接管与回水口不允许串联 5. 回水管内的流速不宜大于 0.7 m/s 6. 回水口材质:铜、不锈钢、PVC-C 塑料及 ABS 塑料,且表面应平整光洁 7. 以上要求在相关规范中均为强制性条文

序号	配件名称	设置位置	技术要求
3	泄水口	1. 设在池底最低处 2. 顺流式及混合流式池水循环可与回水口合用	泄水口数量按 4～8 h 将池水全部泄空计算
4	溢流回水槽	1. 沿池壁外侧设置： (1) 竞赛用泳池沿两侧壁外侧设置 (2) 跳水池和非竞赛泳池可沿泳池四周壁外侧设置 2. 溢流回水槽允许兼作空调回风沟	1. 溢流回水槽的断面尺寸按泳池的循环流量计算确定 2. 最小断面尺寸：槽宽 200 mm、槽深 200 mm 3. 溢流水堰纵向标高应保持水平，容许误差不超过 ±2 mm，以防溢水短流 4. 溢流水槽沿泳池岸一侧应有不小于 5‰ 的坡度坡向泳池 5. 与泳池相邻一侧的槽壁与铅垂线应有 10°～12° 的倾斜夹角 6. 槽上口应覆盖 ABS 塑料格栅盖板，且表面应与池岸相平，格栅空隙不超过 8 mm 7. 槽内回水口允许集中或分散设置，槽底应以不小于 5‰ 的坡度坡向回水口 8. 回水口应为防噪声型
5	溢水槽	同溢流回水槽第 1 项	1. 溢水槽的断面尺寸按泳池循环水量的 10% 确定 2. 最小断面尺寸：槽宽 150 mm、槽深 150 mm 3. 其余要求同溢流回水槽第 3 项至第 8 项
6	吸污口	1. 仅适用于非竞赛类游泳池 2. 设在泳池两侧壁上 3. 竞赛用泳池及大型泳池应采用自动吸污机清扫池底污物	1. 泳池长度为 50 m 时，每一侧壁可等距设 3 个吸污口 2. 泳池长度为 25 m 时，每一侧壁可等距设 2 个吸污口 3. 不规则形状泳池宜每 20 m 设一个 4. 吸污口位于泳池水面下 0.5 m 处，各吸污口应在同标高线处，不得突出池壁 5. 吸污口接管应与池水净化系统的回水管、供水管分开设置

序号	配件名称	设置位置	技术要求
7	撇沫器	1. 用于水面面积不大于 150 m² 的无条件设置池岸溢流水槽的高沿泳池、游乐池及水疗池 2. 设在池壁上	1. 公共游泳池 45.6 m² 设一个;家庭泳池 74.4 m² 设一个;水疗池每 9.4 m² 设一个 2. 受水口无浮板,则口中心与泳池水面相平;受水口有浮板,则浮板顶沿与池水面相平 3. 不得突出池内壁 4. 露天池时,受水口应面向主导风向 5. 应为独立的管道系统
8	冲洗池岸水龙头	1. 冲洗方式:皮带龙头冲洗及花管式冲洗 2. 有观众看台时,设在两侧看台墙的下端 3. 无观众看台时,可设在专用井内或装饰立柱内	1. 采用冲洗龙头时,每侧直径不小于 DN20 的水龙头 2 个 2. 采用冲洗花管时,应每 10 m 为一管段,每一管段设控制阀门
9	冲岸排水沟	1. 观众看台墙或泳池岸外边沿设置排水沟,亦可与泳池溢水槽或溢流回水槽并列相邻设置 2. 沿观众看台墙或泳池岸外边沿设若干个地漏	1. 冲洗水量 室内泳池:1.0 L/(m²·次) 室外泳池:2.0 L/(m²·次) 2. 冲洗历时:每次约 30 min 3. 冲洗次数:以池岸不干燥为准 4. 冲洗水水质应符合《生活饮用水卫生标准》(GB 5749—2006)

7.14 配套设施

7.14.1 洗净设施

洗净设施的内容、作用、技术要求,详见表 7.14-1。

表 7.14-1 洗净设施的内容及技术要求

序号	设施名称	作用	技术要求	备注
1	浸脚消毒池	1. 游泳者必须使用通过(为保证游泳池的池水不被污染,防止池水产生传染菌) 2. 对游泳者的脚部进行消毒	1. 宽度与泳池更衣室至泳池游泳者出入通道相同,长度不小于 2.0 m 2. 消毒液的有效深度不小于 0.15 m 3. 消毒液的有效含氯浓度应保持在 5~10 mg/L 4. 消毒液更换时间不超过 4 h 5. 应有给水龙头及排水口,池底应以 1% 的坡度坡向排水口 6. 池子应耐腐蚀和防滑	

序号	设施名称	作用	技术要求	备注
2	强制淋浴	1. 可设在浸脚消毒池之前或之后,也可与之合并设置 2. 清洗游泳者身体上和脚部的浮尘及细菌	1. 宽度与游泳者出入的通道相同,长度不小于2.0 m 2. 淋浴喷头不少于3排,每排间距不小于0.8 m 3. 每排顶部喷头不少于3个,两侧喷头每侧喷头不少于2个。最底层喷头距通道地面0.8 m,喷头间距0.8 m(侧喷头的设置属可选) 4. 采用多孔花管喷水时,出水口直径不小于0.8 mm,出水孔间距不大于0.4 m 5. 喷头或多孔喷水花管的设置高度不小于2.20 m 6. 水温:冬季为38℃~40℃;夏季为35℃~38℃。亦有资料认为水温以高出池水温度2℃计 7. 喷水的开启采用光电感应自动控制,且反应时间不超过0.5 s,喷水持续时间不少于6 s 8. 水质应符合《生活饮用水卫生标准》(GB 5749—2006)	一般用于水上游乐池及公共泳池
3	浸腰消毒池	1. 设在强制淋浴之前或之后 2. 对游泳者的下身进行消毒	1. 有效长度不小于1.0 m(不含入池及出池的踏步或坡道),有效消毒液深度不小于0.9 m 2. 坡道坡度不大于15°,踏步高度不超过0.2 m,踏步宽度不小于0.2 m 3. 两侧应设扶手 4. 池子两端地面应有不小于1%坡度坡向池内 5. 池内消毒液应为流动更新型,消毒液的氯含量不小于5~10 mg/L	国内尚无设置实例

7.14.2 专用设施

专用设施的内容及技术要求,详见表7.14-2。

表7.14-2 专用设施内容及要求

序号	设施名称	作用	技术要求
1	跳水池水面制波	1. 帮助跳水人员从跳台及跳板下跳时能准确判断水池水面,保证空中动作造型优美完成 2. 不同用途的跳水池均应设置水面制波和喷水制波装置(此为强制性条文)	1. 常用水面制波由喷水制波和起泡制波两部分组成 2. 水波应为均匀的小波浪,不得出现翻滚大波。波高按25~40 mm设计,喷水压力不小于0.1 MPa 3. 喷水制波由升降式喷水嘴或设在跳台或跳板支柱上的固定喷嘴向池水面喷水造波,喷嘴直径不小于20 mm 4. 起泡制波为在池底安装空气喷嘴,向水中喷压缩空气造波,空气压力不宜小于0.2 MPa: (1)喷气嘴直径为1.5~3.0 mm,喷嘴布置详见《游泳池给水排水工程技术规程》(CJJ 122—2008)规定 (2)空气应洁净、无油污、无色、无味 (3)喷气嘴、供气管埋设在池底垫层内,材质为PVC-C塑料、不锈钢、铜等

序号	设施名称	作用	技 术 要 求
2	安全气浪	1. 训练跳水池可设置此装置 2. 在跳水池水面上制造一个具有一定高度和弹性、松散的近似"海绵状"的气水混合的泡沫层 3. 防止跳水人员因空中造型动作失误非正常入水造成的水击伤害	1. 造波供水装置设置在跳台或 3.0 m、5.0 m、7.5 m 跳板在池底水平投影的正前方 0.5 m 处向外布置 2. 空气造浪由网格形供气环管构成,环形网格管尺寸 (1) 3.0 m 跳板为宽 1.0 m,长 3.5 m (2) 5.0 m 和 7.5 m 跳板为宽 1.0 m,长 4.0 m (3) 10.0 m 跳台为宽 2.5 m,长 5.0 m (4) 供气环管应均匀设置数量不少于 40 个孔径为 8 mm 的喷头管嘴,材质为不锈钢、铜、耐压 PVC-C 塑料等管 (5) 不同跳台、跳板的供气管和环管应分开设置 3. 安全气浪形成时间不超过 3 s,持续时间不宜少于 12~15 s。供气压力不小于 0.4 MPa 4. 供气气质应洁净、无油污、无色和无味
3	淋浴器	1. 为跳水人员完成一轮跳水后冲洗身体上含有消毒剂的残留池水 2. 淋浴	1. 位置应在跳水池池岸一侧 2. 淋浴器的数量不少于 2 个,间距不小于 0.9 m,且不设隔断板 3. 供水水质应符合《生活饮用水卫生标准》(GB 5749—2006),供水温度宜为 36℃~38℃ 4. 淋浴排水不得排入跳水池
4	放松池	为跳水人员完成一轮跳水后,进行消除疲劳、舒缓情绪、平静紧张心情之用	1. 放松池可采用土建型或成品移动型 2. 形状可为圆形或矩形,以能满足 4~6 人同时使用确定尺寸大小 3. 供水系统按循环净化池水系统设计 4. 供水水质应符合《公共浴池水质标准》(CJ/T 325—2010)要求 5. 池四周池壁设水力按摩喷嘴,并符合《公共浴场给水排水工程技术规程》(CJJ 160—2011)的要求
5	移动池岸	1. 为提高游泳池的使用率和不同群体分别同时进行活动 2. 通过沿游泳长度方向移动将一座游泳池分为两座泳池使用	1. 移动池岸的宽度为 1.0~1.5 m 2. 移动池岸分隔墙板应有保证池水正常循环的过水孔口或缝隙

7.15 游泳池的初次充水、补水、均衡水池

7.15.1 充水、补水技术要求

1. 初次充水、泄空后再充水及正常使用过程的补水要求详见表 7.15-1。

表 7.15-1 游泳池充水、补水技术要求

序号	内容	技 术 要 求
1	水质	应符合《生活饮用水卫生标准》(GB 5749—2006)要求
2	补充水量	1. 按本书表 7.15-2 规定计算 2. 亦可按本书图 7.15-1 查得
3	补水方式	通过平衡水池、均衡水池及补水水箱间接补水。如用市政给水管直接补水时,补水管应加真空破坏器,防止回流污染(此为强制性条文)
4	充水方式	1. 将自来水管接入池水净化系统加热设备之后的循环给水管上向池内充水 2. 自来水管上加阀门和倒流防止器
5	初次充水持续时间	1. 竞赛类和专用类游泳池不宜超过 48 h 2. 休闲类游泳池不宜超过 72 h
6	管径计算	1. 补水管: (1) 补水管按游泳池每天开放时间计算确定 (2) 按过滤器反冲洗水量及夜间泳池停止开放时进行核算 (3) 以其中管径最大者作为补水管管径 2. 充水管: (1) 游泳池按 24~48 h 充满泳池计算确定 (2) 游乐池按 48~72 h 充满水池计算确定 (3) 多座游泳池时,可分座按 24 h 不同时充水计算确定

2. 游泳池在开放使用状态下,每天补水量按表 7.15-2 规定的百分数计算确定,也可从图 7.15-1 中查得。

表 7.15-2 游泳池每天补水量占池水容积的百分数

游泳池类型和特点	比赛、训练、跳水用游泳池		公共游泳池		儿童幼儿游泳池		家庭泳池	
	室内	露天	室内	露天	室内	露天	室内	露天
补水量/%	3~5	5~10	5~10	10~15	≥15	≥20	3	5

注:1. 水球池、游泳和跳水合建游泳池每天补水量占池水容积的百分数为 5%;

2. 直流给水系统的游泳池的补水量,每小时不得小于游泳池水容积的 15%;

3. 游泳池和水上游乐池的最小补水量应保证在一个月内能将池水全部更新一次;

4. 如卫生防疫部门有规定时,还应符合卫生防疫部门的有关规定。

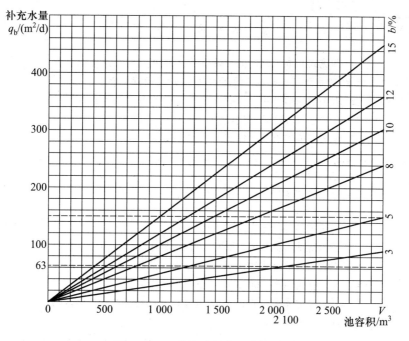

图 7.15-1　游泳池补水量计算图

7.15.2　平(均)衡水池

平(均)衡水池的技术要求,详见表 7.15-3。

表 7.15-3　平(均)衡水池技术要求

序号	项目	技术要求	备注
1	容积	$$V_p = V_f + 0.08q_c$$ $$V_j = V_1 + V_2 + V_3$$ 式中　V_p——平衡水池容积(m^3); V_j——均衡水池容积(m^3); V_f——单个最大过滤器反冲洗所需水量(m^3); q_c——游泳池的循环水量(m^3/h); V_1——每位游泳者入池后挤出的水量(m^3),取 $V_1 = 0.05 \sim 0.06\ m^3$; V_2——系统设备(过滤器、加热器、毛发过滤器等)内水容积与单个过滤器反冲洗水量之和(m^3); V_3——池水循环系统运行时所需水量(m^3)	1. V_3 = 游泳池水面积与溢流水回水水层厚度之乘积 2. 溢流回水水层厚度一般取 5~10 mm

续表

序号	项目	技 术 要 求	备注
2	设置条件	1. 顺流式和混合式的池水循环系统中,循环水泵从池底直接吸水,吸水管过长影响水泵吸水高度时,宜设置平衡水池 2. 多个游乐池共用一组循环水泵,致使循环水泵无条件设计成自灌式时,宜设置平衡水池 3. 逆流式或混合流式循环时,应设置均衡水池	
3	位置	1. 靠近过滤器机房 2. 在毛发聚集器之前作循环泵吸水池	
4	构造	1. 逆流式循环给水系统时,游泳池泄水管可接入平衡水池 2. 顺流式池水循环时,池内底表面应低于游泳池内底表面不小于700 mm,逆流式泳池不受此限,但池内最高水面应低于溢流回水管管底300~500 mm 3. 补水及充水管设在该池内,其浮球阀门的管口应高出水面高度不小于150 mm	
5	材料	1. 钢筋混凝土,内表面进行防腐处理 2. 玻璃钢 3. 钢板焊制,内壁应进行防腐涂层	

7.15.3 补水水箱

1. 顺流式池水循环系统一般宜设补水水箱间接向游泳池补水。

2. 补水水箱设置的技术要求详见表7.15-4。

表7.15-4 游泳池补水水箱技术要求

序号	项目	技 术 要 求
1	设置条件	1. 循环水泵直接从池底回水口吸水时 2. 无平衡水池和均衡水池时
2	设置位置	靠近游泳池池水循环水泵间,池顶距建筑结构最低点净距不小于800 mm
3	有效容积	1. 补水水箱兼回收游泳池的溢水用途时,应按循环流量的5%~10%计算确定,亦可按下式计算: $$V = V_1 + V_2$$ 式中 V——补水水箱的有效容积(m^3); V_1——每位游泳者入池挤出的水量(m^3),可取 $V_1 = 0.05 \sim 0.06\ \mathrm{m}^3$; V_2——顺流式池水循环时的溢流水量(m^3) 2. 补水水箱只做补水用时,不宜小于游泳池的小时补水量,同时不得小于2.0 m^3

续表

序号	项目	技 术 要 求
4	水箱接管	1. 水箱进水管管径按小时补水量计算确定 2. 水箱进水管装设真空破坏器、检修阀门、液位控制阀门 3. 水箱出水管上应装止回阀 4. 水箱应设溢水管、通气管、水位指示器、人孔等
5	材质	1. 不对池水产生二次污染 2. 一般宜用不锈钢、涂塑或搪瓷钢板、玻璃钢

【本节精选习题】

1. 某顺流式循环游泳池,池水容积 2 820 m³,循环水净化系统管道和设备内的水容积 40 m³,循环周期为 4 h,则平衡水池的最小有效容积为下列哪项?（　　）

A. 36 m³ 　　　　B. 40 m³ 　　　　C. 60 m³ 　　　　D. 83 m³

答案:【C】

解析:该游泳池的循环流量为:$q_C = Va_p/T_P = (2\,820+40)/4\ \text{m}^3/\text{h} = 715\ \text{m}^3/\text{h} = 11.92\ \text{m}^3/\text{min}$。

平衡水池最小有效容积满足至少 5 分钟循环泵流量,为:$V_P = 5\text{min}q_c = 5×11.92\ \text{m}^3 ≈ 60\ \text{m}^3$,C 正确。

2. 某室外儿童游泳池的池水面积为 150 m²,平均有效水深为 0.8 m,设补水水箱补水,且泳池循环水泵从补水水箱中吸水加压至净化处理设施进行净化处理。则该补水水箱的最小有效容积应不小于下列哪项?（　　）

A. 1.0 m³ 　　　　B. 2.0 m³ 　　　　C. 3.2 m³ 　　　　D. 6.3 m³

答案:【C】

解析:补水水箱有效容积同时兼回收游泳池的溢水用途时,应按循环流量的 5%~10% 计算确定,题目指明游泳池循环水泵从补水水箱中吸水加压至净化处理设施进行净化处理,则可判断该补水水箱同时兼回收游泳池的溢水用途。$V_{\text{min补水水箱}} = 5\%×q_c = 5\%×1.05×150×0.8/2\ \text{m}^3 = 3.2\ \text{m}^3$,C 正确。

参 考 文 献

1. 中国建筑设计研究院.《建筑给水排水设计手册》[M].2 版.北京:中国建筑工业出版社,2008.

2. 刘文镔.《给水排水工程快速设计手册 3:建筑给水排水工程》[M].北京:中国建筑工业出版社,1998.

3. 住房和城乡建设部工程质量安全监管司,中国建筑标准设计研究院.《全国民用建筑工程设计技术措施:给水排水》[M].北京:中国计划出版社,2009.

4. 住房和城乡建设部工程质量安全监管司,中国建筑标准设计研究院.《全国民用建筑工程设计技术措施:规划·建筑·景观》[M].北京:中国计划出版社,2009.

5. 姜文源,周虎城,等.《建筑和小区给水排水工程》[M].北京:中国建筑工业出版社,2000.

6. 刘振印,傅文华,张国柱,等.《民用建筑给水排水设计技术措施》[M].北京:中国建筑工业出版社,1997.

7. 黄晓家,姜文源.《自动喷水灭火系统设计手册》[M].北京:中国建筑工业出版社,2002.

8. 张学魁,张烨.《建筑气体灭火系统》[M].北京:化学工业出版社,2006.

9.《民用建筑太阳能热水系统工程技术手册》[M].2 版.北京:化学工业出版社,2011.

10. 林选才,刘慈慰,等.《给水排水设计手册(第 3 册):建筑给水排水工程》[M].北京:中国建筑工业出版社,1998.

11. 黄晓家,姜文源.《建筑给水排水工程技术与设计手册》[M].北京:中国建筑工业出版社,2010.

12. 华北地区建筑设计标准化办公室.《建筑设备施工安装通用图集》[M].北京:华北地区建筑设计标准化办公室,2007.

13. 王烽华.《卤代烷替代药剂暨灭火系统工程设计手册》[M].北京:中国建筑工业出版社,1999.

14. 北京市建筑设计研究院.《建筑设备专业技术措施》[M].北京:中国建筑工业出版社,2006.

15. 中国建筑设计研究院机电专业设计研究院.《游泳池给水排水工程技术手册》[M].北京:中国建筑工业出版社,2010.

16. 中南建筑设计院股份有限公司.《建筑工程设计文件编制深度规定(2016 版)》[M].北京:中国计划出版社,2016.

17. 中国工程建设标准化协会组织.《建筑给水排水设计规范》(2009 年版)[S]:GB 50015—2003.北京:中国计划出版社,2010.

18. 公安部天津消防研究所和公安部四川消防研究所.《建筑设计防火规范》[S]:GB 50016—2014. 北京:中国计划出版社,2014.

19. 中华人民共和国公安部.《消防给水及消火栓系统技术规范》[S]:GB 50974—2014. 北

京:中国计划出版社,2014.

20. 中华人民共和国公安部.《自动喷水灭火系统设计规范》[S]:GB 50084—2017.北京:中国计划出版社,2017.

21. 中华人民共和国公安部.《自动喷水灭火系统施工及验收规范》[S]:GB 50261—2017.北京:中国计划出版社,2017.

22. 公安部天津消防研究所.《气体灭火系统设计规范》[S]:GB 50370—2005.北京:中国计划出版社,2006.

23. 中华人民共和国公安部.《水喷雾灭火系统技术规范》[S]:GB 50219—2014.北京:中国计划出版社,2014.

24. 中华人民共和国公安部.《细水雾灭火系统技术规范》[S]:GB 50898—2013.北京:中国计划出版社,2013.

25. 中国工程建设标准化协会.《厨房设备灭火装置技术规程》[S]:CECS 233:2007.北京:中国计划出版社,2007.

26. 中华人民共和国公安部.《固定消防炮灭火系统设计规范》[S]:GB 50338—2003.北京:中国计划出版社,2003.

27. 公安部上海消防研究所.《固定消防炮灭火系统施工与验收规范》[S]:GB 50498—2009.北京:中国计划出版社,2009.

28. 中国工程建设标准化协会.《大空间智能型主动喷水灭火系统技术规程》CECS263:2009.北京:中国计划出版社,2009.

29. 中华人民共和国公安部.《建筑灭火器配置设计规范》[S]:GB 50140—2005.北京:中国计划出版社,2005.

30. 中国石油天然气集团公司.《石油天然气工程设计防火规范》[S]:GB 50183—2004.北京:中国计划出版社,2004.

31. 中国石化工程建设公司.《石油库设计规范》[S]:GB 50074—2014.北京:中国计划出版社,2014.

32. 中华人民共和国公安部.《二氧化碳灭火系统设计规范(2010 年版)》[S]:GB 50193—1993.北京:中国计划出版社,2010.

33. 中华人民共和国公安部.《干粉灭火系统设计规范》[S]:GB 50347—2004.北京:中国计划出版社,2004.

34. 中国人民解放军总后勤部基建营房部.《建筑中水设计规范》[S]:GB 50336—2002.北京:中国计划出版社,2003.

35. 天津化工研究设计院.《循环冷却水用再生水水质标准》[S]:HG/T 3923—2007.北京,2007.

36. 天津市市政工程设计研究院.《城市污水再生利用工业用水水质》[S]:GB/T 19923—2005.北京:中国标准出版社,2005.

37. 中华人民共和国国家质量监督检验检疫总局.《蒸汽和热水型溴化锂吸收式冷水机组》[S]:GB/T 18431—2014.北京,中国标准出版社,2014.

38. 中国建筑设计研究院.《游泳池给水排水工程技术规程》[S]:CJJ 122—2008.北京:中国

建筑工业出版社,2008.

39. 中国石化工程建设公司.《汽车加油加气站设计与施工规范》[S]:GB 50156—2012. 北京:中国计划出版社,2012.

40. 中国航空工业规划设计研究院.《飞机库设计防火规范》[S]:GB 50284—2008. 北京:中国计划出版社,2009.

41. 中华人民共和国建设部.《火力发电厂与变电站设计防火规范》[S]:GB 50229—2006. 北京:中国计划出版社,2007.

42. 中国建筑标准设计研究院.《房屋建筑制图统一标准》[S]:GB/T 50001—2010. 北京:人民出版社,2011.

43. 中华人民共和国住房和城乡建设部.《建筑给水排水制图标准》[S]:GB/T 50106—2010. 北京:中国建筑工业出版社,2010.

防伪查询说明

用户购书后刮开封底防伪涂层,利用手机微信等软件扫描二维码,会跳转至防伪查询网页,获得所购图书详细信息。也可将防伪二维码下的 20 位密码按从左到右、从上到下的顺序发送短信至 106695881280,免费查询所购图书真伪。

反盗版短信举报

编辑短信"JB,图书名称,出版社,购买地点"发送至 10669588128

防伪客服电话

(010)58582300